山东省地质矿产资源与环境调查项目（鲁财预指〔2019〕1号）资助
山东省重大创新工程深地资源勘查开采专项（2017CXGC1602、2017CXGC1208）资助

山东省古生物图册

SHANDONG SHENG GUSHENGWU TUCE

宋香锁　刘书才　　等 编著
杜圣贤　陈　诚

中国地质大学出版社
ZHONGGUO DIZHI DAXUE CHUBANSHE

图书在版编目(CIP)数据

山东省古生物图册/宋香锁等编著. —武汉:中国地质大学出版社,2020.10
ISBN 978-7-5625-4868-3

Ⅰ.①山…
Ⅱ.①宋…
Ⅲ.①古生物-山东-图集
Ⅳ.①Q911.725.2-64

中国版本图书馆 CIP 数据核字(2020)第 180129 号

| 山东省古生物图册 | 宋香锁 刘书才 杜圣贤 陈 诚 | 等 编著 |

| 责任编辑:谢媛华 方 焱 韩 骑 李焕杰 | 责任校对:张咏梅 |
| 选题策划:张 旭 毕克成 段 勇 | |

出版发行:中国地质大学出版社(武汉市洪山区鲁磨路388号)	邮政编码:430074
电 话:(027)67883511 传 真:(027)67883580	E-mail:cbb@cug.edu.cn
经 销:全国新华书店	http://cugp.cug.edu.cn
开本:787 毫米×1092 毫米 1/16	字数:1421 千字 印张:55.5
版次:2020 年 10 月第 1 版	印次:2020 年 10 月第 1 次印刷
印刷:湖北新华印务有限公司	
ISBN 978-7-5625-4868-3	定价:698.00 元

如有印装质量问题请与印刷厂联系调换

《山东省古生物图册》
出版编撰委员会

主　　编：宋香锁　刘书才
副 主 编：杜圣贤　陈　诚
技术指导：张增奇　王先起　牛保祥
编写人员：宋香锁　杜圣贤　刘凤臣　陈　诚　陈　军
　　　　　　于学峰　田京祥　杨　斌　罗文强　梁吉坡
　　　　　　唐璐璐　仵康林　张文佳　陈文芳　陈文韬
　　　　　　高黎明　刘书才　张尚坤

山东省地质科学研究院
自然资源部金矿成矿过程与资源利用重点实验室
山东省金属矿产成矿地质过程与资源利用重点实验室

科技成果出版指导委员会

主　　任：翟裕生
副 主 任：陈毓川　李廷栋　赵鹏大　莫宣学　侯增谦
　　　　　毛景文
委　　员（按姓氏笔画排列）：
　　　　　于学峰　毛景文　邓　军　叶天竺　田京祥
　　　　　李廷栋　李宏骥　宋明春　张天祯　陈毓川
　　　　　赵鹏大　侯增谦　洪　飞　莫宣学　韩作振
　　　　　翟裕生

科技成果出版编撰委员会

主　　任：于学峰
副 主 任：田京祥　何茂传　徐国强　郭宝奎　王加田
　　　　　鞠杰伟
委　　员（按姓氏笔画排列）：
　　　　　于学峰　王加田　王　卿　田京祥　许庆福
　　　　　孙伟清　寿冀平　李大鹏　李洪奎　杨　斌
　　　　　何茂传　张义江　张太平　张庆利　张尚坤
　　　　　张增奇　陈国栋　单　伟　赵　伟　徐卫东
　　　　　徐国强　郭宝奎　熊玉新　鞠杰伟　魏　健

序

　　古生物化石是亿万年前被埋藏并保存于地层中的生物遗体或遗迹,为人们追索地球及生命的演化,确定地层时代,恢复古地理、古气候、古生态提供了重要的直接证据,同时也是地球科学和生命科学必不可少的研究对象。

　　山东地层发育良好,出露齐全,并赋存有丰富的古生物化石,一代代的地质学家和古生物学家曾在此考察,并获得大量化石资料和丰硕研究成果。19 世纪末至 20 世纪初,李希霍芬对山东省新泰植物化石的描述,丁文江、翁文灏带领农商部地质研究所的学生在山东泰安的地质考察,谭锡畴在山东张夏和泰安地区发现的三叶虫化石等,所有这些对山东古生物研究都具有奠基性意义。20 世纪二三十年代,谭锡畴对山东蒙阴、莱芜进行白垩纪地层调查并发现了鱼、龟和恐龙等化石,他在蒙阴宁家沟(现属新泰市)发现了中国第一具蜥脚类恐龙——师氏盘足龙。1923 年,谭锡畴在莱阳将军顶一带又首次发现比较完整的谭氏龙化石,使莱阳成为中国恐龙研究发祥地;1923 年,葛利普对山东中生代地层研究后出版了《山东之白垩纪化石》;周赞衡于 1923 年发表了我国学者原创的古植物学论文《山东白垩纪植物化石》;李四光、俞建章、计荣森等分别对山东的蜓、头足、叶肢介化石进行过研究;杨钟健(1935)在山东临朐山旺村新生代硅藻土页岩中发现并采集了极为丰富的动物、植物化石,命名了中新世"山旺统"地层单位。20 世纪 30—50 年代,杨钟健、周明镇等在山东莱阳开展了恐龙化石调查与发掘,发现了大量的恐龙蛋化石;卢衍豪、董南庭详细测制研究了山东张夏—崮山地区寒武纪地层剖面,建立了寒武纪三叶虫生物地层序列。地质前辈们积累了大量宝贵资料成果,为山东古生物地层研究打下了坚实的基础。

　　中华人民共和国成立以来,特别是改革开放以来,经过山东广大地质工作者的艰苦奋斗,山东地层古生物研究取得了重要进展,运用年代地层、生物地层、层序地层、事件地层等多重地层划分方法重新厘定了山东地层序列,初步厘清了省内区域地层对比关系,并在与国内外地层对比方面取得了许多重要证据。近些年来,在利用古生物特别是微体古生物化石确定寒武系与奥陶系、白垩系与古近系等几个重要地层界线的研究方面,取得了重要进展。古生物研究也为山东省古生物化石资源保护提供了技术支撑,建立了如诸城、山旺、莱阳等一批以古生物化石为特色的国家级或省级自然保护区和地质公园,对促进山东省的经济发展和文化旅游事业做出了重要贡献。山东所拥有的具有华北典型特征的寒武纪三叶虫动物群,以莱阳、诸城等地为集中产地的中生代恐龙生物群和临朐的新生代山旺生物群,在国内外享有盛誉。

本图册共描述古生物化石 1948 个种(不含未定种),归为 14 个门 913 个属,编制了 152 个化石图版。它们既是山东地质历史和生物演化的证据,又是百年来山东地史古生物研究的宝贵档案,内容丰富,描述系统而全面,反映了山东各地质时期古生物的发育和地层赋存的总貌,有重要科学意义。在化石对象选取和图文内容方面,本图册既突出重点,又兼顾全面;既把握专业性,又考虑通俗性;既便于教学和科研人员研究及地质工作者使用,又为广大古生物化石爱好者观赏及青少年科普教育提供了便利。总之,本图册是一部内容全面、兼具科研意义和实用价值的工具书。鉴于此,特为之序,以飨读者。

中国科学院院士

殷鸿福

2019 年 12 月 30 日

殷鸿福,1935 年生于浙江舟山,1956 年毕业于北京地质学院地质系,1961 年于该校研究生毕业,地层古生物学及地质学家,博士生导师,中国科学院院士,政协第九、第十届全国委员,全国地层委员会副主任。曾任中国地质大学(武汉)校长、教育部地球科学教学指导委员会主任、中国古生物学会副理事长、国务院学位委员会委员、国际地层委员会三叠系分会副主席、二叠系—三叠系界线工作组主席、国际地质对比计划 359 项主席等职。他所带领的科研团队在我国浙江长兴煤山建立了全球二叠系—三叠系界线层型(金钉子);曾获得国家自然科学奖二等奖(3 项)、中国古生物学会尹赞勋奖及终身成就奖、中国地质学会李四光地质科研奖、何梁何利基金科学技术进步奖、教育部科技进步奖一等奖(3 项)、湖北省自然科学奖一等奖及国土资源部科学技术奖一等奖等奖项;被授予湖北省特等劳动模范、全国先进工作者、全国野外工作突出贡献者、全国最美教师等称号。

前　言

　　山东省古生物化石资源十分丰富，门类齐全，分布广泛，研究历史悠久。百余年来，国内外地层古生物学家均在此取得了极其丰富的研究成果，然而这些成果多形成于不同年代，分散在不同期刊、专著或成果报告甚至有关学者个人所存手稿中，查找和利用有诸多困难。本图册对以往相关资料进行了广泛收集，共计 400 余份。资料收集涉及到省内外地矿系统、国内外科研院所及高校等。这些资料极大地丰富了本图册内容，提高了成果水平。

　　本图册在《山东古生物手册》（1990，内部印刷）所描述的 600 余属种的基础上，结合新汇集的各类资料，对包括沟鞭藻、轮藻、硅藻、孢粉、植物大化石、有孔虫、蜓、层孔虫、珊瑚、腕足、双壳、腹足、头足、三叶虫、介形虫、叶肢介、昆虫、牙形石、笔石、鱼类、两栖类、爬行类、鸟类和哺乳类等在内的共计 14 个门 913 个属 1948 个种（不含未定种）进行了描述，制作化石图版 152 版。这是首次对山东古生物化石进行完整系统地总结，也是山东省首部古生物门类较齐全的化石工具书。

　　关于古生物分类系统，以往不同研究者采用的分类方案不尽相同。我们本次采用了由何心一、徐桂荣主编的《古生物学教程》（1987）中的分类方案，将古生物分为古植物和古动物两个界，二者以下再划分为门、纲、目、科、属、种。孢粉分类法依据丁惠、张锡麒主编的《微体古生物学简明教程》（1995）。化石描述到种，本书对属征及其以上分类单位特征未进行专门描述。在古生物化石描述顺序方面，动物界在前，植物界在后。其中，对动物界力求按由低等到高等的顺序描述，以往认为分类位置不明的牙形石仍未列入界和门。

　　关于化石赋存层位和地质时代的认定，本图册采用的是 2014 年发表在《山东国土资源》上的《山东省地层划分对比》一文中的方案，其中寒武纪年代地层仍沿用了传统的"3 统 10 阶"的划分方案。

　　本图册在化石描述方面，在专业性的前提下，突出化石的宏观特征，特别是种属间重要的或明显的区别，意在让更多的地质工作者在野外工作过程中便于掌握，能更好地指导地层划分对比，以充分体现图册的应用性和对生产实践的指导意义。

　　本图册在描述化石种属和图版内容的选取方面，重点考虑了山东各地层单元常见且具有重要层位意义和特征明显、易于辨认的化石，也有的是具有区域特色的化石，既考虑到了代表性、全面性，又体现了实用性和特色性。

　　鉴于近几年来，山东在利用牙形石确定寒武系与奥陶系的界线和利用轮藻、介形虫等微体古生物化石重新厘定白垩系与古近系的界线等方面取得了重大进展，本图册首次将牙形石、轮藻等微体古生物化石列入化石描述内容，并编制微体化石图版64版，这对山东省微体古生物化石研究将起到重要的推动作用。

在本图册编著过程中，我们虽尽了最大努力，但仍有诸多不尽如人意之处。例如部分资料虽有所记载，但因形成时间过久，原始资料仍难以查找，致使某些方面的化石资料尚显欠缺；有的图片因形成时间久远，虽已尽力进行处理，但仍有不清晰之处；个别资料较老和地质信息过简，其化石层位及地质时代确认较困难，或许会有不准确之处；等等。

在本图册编撰过程中，中国科学院南京地质古生物研究所、中国科学院古脊椎动物与古人类研究所、中国地质科学院地质研究所、山东博物馆、山东山旺国家地质公园博物馆、中国石油化工集团胜利油田勘探开发研究院等单位的有关古生物专家，给予了帮助和指导，在此一并感谢。

编著者

2019年12月1日

目 录

1 山东地层概况 ·· (1)
　1.1 太古宙地层 ··· (1)
　1.2 元古宙地层 ··· (5)
　1.3 古生代地层 ··· (6)
　　1.3.1 寒武纪—奥陶纪地层 ··· (6)
　　1.3.2 石炭纪—二叠纪地层 ··· (7)
　1.4 中生代地层 ··· (8)
　　1.4.1 三叠纪—侏罗纪地层 ··· (8)
　　1.4.2 白垩纪地层 ·· (8)
　1.5 新生代地层 ··· (9)
　　1.5.1 古近纪地层 ·· (9)
　　1.5.2 新近纪地层 ··· (10)
　　1.5.3 第四纪地层 ··· (10)

2 古生物类型及分布特征 ··· (11)
　2.1 植物化石主要类型及分布 ·· (16)
　2.2 动物化石主要类型及分布 ·· (16)

3 动物化石描述 ··· (18)
　3.1 原生动物门 Protozoa ·· (18)
　　3.1.1 䗴目 Fusulinids ·· (21)
　　3.1.2 非䗴有孔虫目 Foraminifera ·· (38)
　3.2 腔肠动物门 Coelenterata ·· (56)
　　3.2.1 珊瑚纲 Anthozoa ·· (60)
　　3.2.2 水螅纲 Hydrozoa ··· (60)
　3.3 腕足动物门 Brachiopoda ·· (62)
　3.4 软体动物门 Mollusca ··· (66)
　　3.4.1 双壳纲 Bivalvia ·· (66)

· V ·

  3.4.2 腹足纲 Gastropoda ……………………………………………… (75)
  3.4.3 头足纲 Cephalopoda …………………………………………… (107)
 3.5 节肢动物门 Arthropoda ………………………………………………… (124)
  3.5.1 三叶虫纲 Trilobita ………………………………………………… (124)
  3.5.2 鳃足纲 Trilobita …………………………………………………… (151)
  3.5.3 介形虫纲 Ostracoda …………………………………………… (156)
  3.5.4 昆虫纲 Insecfa ……………………………………………………… (221)
 3.6 半索动物门 Hemichordata ……………………………………………… (272)
 3.7 脊索动物门 Chordata …………………………………………………… (276)
  3.7.1 硬骨鱼纲 Osteichthyes ………………………………………… (276)
  3.7.2 两栖纲 Amphibia ……………………………………………………(288)
  3.7.3 爬行纲 Reptilia ……………………………………………………… (289)
  3.7.4 鸟纲 Aves ……………………………………………………………… (295)
  3.7.5 哺乳纲 Mammalia …………………………………………………… (299)

4 植物化石描述 …………………………………………………………………… (365)
 4.1 硅藻门 Bacillariophyta ………………………………………………………… (368)
 4.2 沟鞭藻门 Dinoflagellates ……………………………………………………… (369)
 4.3 轮藻门 Charophyta ……………………………………………………………… (434)
 4.4 蕨类及种子蕨类植物门 Pteridophyta et Pteridospermopsida ………………… (448)
  4.4.1 石松纲 Lycopsida ………………………………………………… (448)
  4.4.2 楔叶纲 Sphenopsida ……………………………………………… (449)
  4.4.3 真蕨纲和种子蕨纲 Filices et Pteidospermosida ………………… (452)
 4.5 裸子植物门 Gymnospermae ……………………………………………………… (460)
  4.5.1 苏铁纲 Cycadopsida ……………………………………………… (460)
  4.5.2 银杏纲 Ginkgopsida ……………………………………………… (461)
  4.5.3 科达纲 Cordaitopsida …………………………………………… (462)
  4.5.4 松柏纲 Coniferopsida …………………………………………… (462)
  4.5.5 茨康纲 Czekanowskiopsida ………………………………………… (464)
 4.6 被子植物门 Angiospermae ……………………………………………………… (464)
 4.7 孢子和花粉 Spores and Pollen …………………………………………………… (471)
  4.7.1 孢子大类 Proximegerminantes ………………………………… (471)
  4.7.2 花粉大类 Pollenites …………………………………………… (512)

5 牙形石 …………………………………………………………………………… (552)

主要参考文献 ……………………………………………………………………………… (573)
索 引 …………………………………………………………………………………… (578)
化石图版说明及图版 ……………………………………………………………………… (647)

1 山东地层概况

山东省跨华北板块(陆块)和苏鲁造山带两个一级大地构造单元。山东省地层区划总体隶属于华北-柴达木地层大区华北地层区,进一步划分为华北平原地层分区、鲁西地层分区、鲁东地层分区和胶南-威海地层分区。另外,东部海域零星地层归属扬子-华南地层大区的扬子地层分区。

华北平原地层分区是指聊考断裂以西和齐广断裂以北的广大区域,全被第四系覆盖,以巨厚的新生代地层并含丰富的微体古生物化石和油、气矿产资源为特征。鲁西地层分区是指华北平原地层分区以南、安丘-莒县断裂以西的区域,以早古生代地层发育并大面积出露为特征。济南张夏—崮山地区是我国华北寒武系标准剖面所在地,寒武纪地层层序完整,富含三叶虫等多门类化石。鲁西巨厚的奥陶系含有的古生物化石则以头足类为特征。另外,牙形石具有重要的地层学意义。除古生代地层外,在本地层分区的小型断陷盆地有中、新生代地层发育,临朐山旺拥有"化石宝库",这里含化石的硅藻土页岩层堪称"万卷书"。鲁东地层分区是指安丘-莒县断裂以东地区,以前寒武纪地层和中生代白垩纪地层发育为特征,前寒武纪地层都经受了不同程度的变质作用,除新元古代地层内有藻类化石外,其他仅见有微古植物化石。然而在胶莱盆地大面积分布的白垩纪地层中,有丰富的恐龙化石和被称为"莱阳生物群"的多门类生物化石。

由于各地层分区地层发育情况不同,岩石组合特征和所含化石不同,其地层划分也有不同。综合各地层分区地层单位划分,山东省岩石地层划分见表1-1。

1.1 太古宙地层

山东太古宙地层均为中、深层次的变质岩系,分布于不同的地层分区内,在鲁西地层分区有中太古代沂水岩群和新太古代泰山岩群、济宁群,在鲁东地区有中太古代唐家庄岩群和新太古代胶东岩群。

沂水岩群是在沂水地区呈岛状、透镜状、条带状包体残存于新太古代变质变形花岗侵入岩中的一套经历了麻粒岩相变质的表壳岩系,其岩性为麻粒岩、紫苏变粒岩、黑云变粒岩和斜长角闪岩,根据岩石组合特征可划分为两个岩组,即下部由二辉麻粒岩、紫苏变粒岩、磁铁石英岩组成的石山官庄岩组和上部由紫苏辉石透辉石斜长角闪岩、黑云变粒岩组成的林家官庄岩组。沂水岩群未见化石赋存。

唐家庄岩群呈零星包体残存于莱阳、莱西、栖霞一带的新太古代英云闪长岩中,主要由磁铁石英石、二辉麻粒岩、黑云变粒岩和斜长角闪岩组成,未发现化石存在。

表1-1 山东省地层划分对比表

中国年代地层				地质年龄(Ma)	山东岩石地层																	
					华北-柴达木地层大区																	
					华北地层区																	
宇	界	系	统	阶		华北平原地层分区					鲁西地层分区								鲁东及胶南-威海地层分区				
显生宇 PH	新生界 Cz	第四系 Q	全新统 Qh	(待建)		黄河组 Qhh	小坨子组 Qhx	旭口组 Qhxk	潍北组 Qhw	白云潮组 Qhb	黄河组 Qhh	白云潮组 Qhb	潍北组 Qhw	沂河组 Qhl	泰安组 Qht	寒亭组 Qht	潍北组 Qhw	山前组 Qs	泰安组 Qht	沂河组 Qhl	寒亭组 Qht	潍北组 Qhw
					0.0117	黑土湖组 Qhh					黑土湖组 Qhh			临沂组 Qhl				山前组 Qs	黑土湖组 Qhh			
			更新统 Qp	萨拉乌苏阶	0.126	平原组 Qpp					平原组 Qpp				大站组 Qpdb	大埠组 Qpdb			大站组 Qpd	大埠组 Qpdb		
				周口店阶	0.781									沂源组 Qpyy	羊栏河组 Qpy	于泉组 Qpyq	史家沟组 Qps		羊栏河组 Qpy	柳奇组 Qpl		史家沟组 Qps
				泥河湾阶	2.588									小埠岭组 Qpx					小埠岭组 Qpx			
		新近系 N	上新统 N₂	麻则坝阶	3.6	黄骅群 NH	明化镇组 上段 N_2m^s				明化镇组 上段 N_2m^s			白彦组 N₂Qpby	巴漷河组 N₂b			临朐群 NL	尧山群 Ny	尧山组 Ny		
				高庄阶	5.3		下段 N_2m^x				下段 N_2m^x											
			中新统 N₁	保德阶	7.25		馆陶组 上段 N_1g^s				馆陶组 上段 N_1g^s											
				蠡河阶	11.6																	
				通古尔阶	15.0		下段 N_1g^x				下段 N_1g^x				山旺组 N_1s								
				山旺阶											牛山组 N_1n								
				谢家阶	23.03																	
		古近系 E	渐新统 E₃	塔木布阶	28.39	济阳群 EJ	东营组 E₃d	一段 E_3d^1															
				鲁克阶				二段 E_3d^2														
				乌兰布拉格阶	33.80			三段 E_3d^3														
			始新统 E₂	蔡家冲阶	38.87		沙河街组 $E_{2-3}s$	一段 E_3s^1			大汶口组 $E_{2-3}d$	上段 E_2d^3											
				垣曲阶	42.67			二段 E_3s^2				中段 E_2d^2											
				伊尔丁曼哈阶	48.48			三段 E_3s^3														
				阿山头阶				四段 E_2s^4				下段 E_2d^1			五图群 E_2W	小楼组 E_2x			五图群 E_2W	小楼组 E_2x			
				岭茶阶	55.8±0.2		孔店组 $E_{1-2}k$	上段 E_2k^1			朱家沟组 E_2z				李家崖组 E_2l				李家崖组 E_2l				
			古新统 E₁	池江阶	61.7±0.2			中段 E_1k^2			常路组 K_2E_1c				朱壁店组 E_2zb				朱壁店组 E_2zb				
				上湖阶	65.5±0.3			下段 E_1k^3			卞桥组 K_2E_1b												
显生宇 PH	中生界 Mz	白垩系 K	上白垩统 K₂	绥化阶	79.1						王氏群 K_2-E_1W	固城组 K_2g			红土崖组 K_2h					胶州组 K_2E_1j			
																			王氏群 K_2-E_1W	金岗口组 K_2j			
				松花江阶	86.1							辛格庄组 K_2xg								红土崖组 K_2h	史家屯段 K_2h^s		
				农安阶	99.6							林家庄组 K_2lj								辛格庄组 K_2xg			
																				林家庄组 K_2lj			
			下白垩统 K₁	辽西阶			青山群 K_1Q				青山群 K_1Q	方戈庄组 K_1fg			大盛群 K_1D	孟瞳组 K_1mt			青山群 K_1Q	方戈庄组 K_1fg			
												石前庄组 K_1sq				寺前村组 K_1s				石前庄组 K_1sq			
																田家楼组 K_1t							
																马朗沟组 K_1ml							
												八亩地组 K_1b				大土岭组 K_1dt				八亩地组 K_1b			
					119											小店组 K_1x				后奇组 K_1h			
				热河阶			莱阳群 K_1L				莱阳群 K_1L	马连坡组 K_1m							莱阳群 K_1L	马连坡组 K_1m	法家茔组		
												城山后组 K_1c								莱山后组 K_1lc	曲格庄组 K_1q		
												水南组 K_1s								杜村组 K_1d	龙旺庄组 K_1lw		
																				止凤庄组 K_1z	杨家庄组 K_1y	水南组 K_1s	
												林寺山组 K_1l								林寺山组 K_1l			
				冀北阶	130															瓦屋奇组 K_1w			
					145																		
		侏罗系 J	上侏罗统 J₃	未建阶			淄博群 J_2-K_1Z	三台组 J_3K_1s				三台组 J_3K_1s											
			中侏罗统 J₂	玛纳斯阶																			
				石河子阶				坊子组 J_2f				坊子组 J_2f											
			下侏罗统 J₁	硫磺沟阶	180±4																		
				永丰阶	195±4																		
					199.6																		
		三叠系 T	上三叠统 T₃	佩枯错阶																			
				亚智梁阶																			
			中三叠统 T₂	新铺阶								二马营组 T_2e											
				关刀阶	247.2																		
			下三叠统 T₁	巢湖阶	251.1		石千峰群 T_1S	刘家沟组 T_1l				石千峰群 T_1S	刘家沟组 T_1l											
				印度阶(殷坑阶)	252.17			孙家沟组 T_1s					孙家沟组 T_1s											

续表1-1

中国年代地层					地质年龄(Ma)	山东岩石地层			
						华北-柴达木地层大区			
宇	界	系	统	阶		华北地层区			鲁东及胶南-威海地层分区
						华北平原地层分区	鲁西地层分区		
显生宇 PH	古生界 Pz	二叠系 P	乐平统 P_3	长兴阶	254.14	石盒子群 $P_{2-3}\hat{s}$	孝妇河组 P_3x	石盒子群 $P_{2-3}\hat{s}$	孝妇河组 P_3x
				吴家坪阶	260.4		奎山组 P_2k		奎山组 P_2k
			阳新统 P_2	冷坞阶			万山组 P_2w		万山组 P_2w
				孤峰阶			黑山组 P_2h		黑山组 P_2h
				祥播阶		月门沟群 C_2-P_2Y	山西组 $P_{1-2}s$	月门沟群 C_2-P_2Y	山西组 $P_{1-2}s$
				罗甸阶					
			船山统 P_1	隆林阶			太原组 C_2P_1t		太原组 C_2P_1t
				紫松阶	299.0				
		石炭系 C	上石炭统 C_2	逍遥阶			本溪组 C_2b 潮田铁铝岩段 C_2b^h		本溪组 C_2b 潮田铁铝岩段 C_2b^h
				达拉阶					
				滑石板阶	318.1±1.3				
			下石炭统 C_1	罗苏阶					
				德坞阶					
				维宪阶					
				杜内阶	359.58				
		泥盆系 D	上泥盆统 D_3		385.3				
			中泥盆统 D_2		397.5				
			下泥盆统 D_1		416.0				
		志留系 S	普里道利统 S_4		418.7				
			罗德洛统 S_3		422.9				
			温洛克统 S_2		428.2				
			兰多维列统 S_1		443.8				
		奥陶系 O	上奥陶统 O_3	赫南特阶	445.6				
				钱塘江阶		马家沟群 $O_{2-3}M$	八陡组 $O_{2-3}b$	马家沟群 $O_{2-3}M$	八陡组 $O_{2-3}b$
				艾家山阶	458.4		阁庄组 O_2g		阁庄组 O_2g
			中奥陶统 O_2	达瑞威尔阶			五阳山组 O_2w		五阳山组 O_2w
					467.3		土峪组 O_2t		土峪组 O_2t
				大坪阶			北庵庄组 O_2b		北庵庄组 O_2b
					470.0		东黄山组 O_2d		东黄山组 O_2d
			下奥陶统 O_1	益阳阶	477.7	九龙群 ϵ_4-O_1J	三山子组 ϵ_4O_1s	九龙群 ϵ_4-O_1J	三山子组 ϵ_4O_1s a段 O_1s^a 亮甲山组 O_1l
				新厂阶	485.4				b段 O_1s^b
		寒武系 ϵ	芙蓉统 ϵ_4	牛车河阶			炒米店组 ϵ_4O_1c		c段 ϵ_4s 炒米店组 ϵ_4O_1c
				江山阶					
				排碧阶					
				凤山阶			崮山组 $\epsilon_{3-4}g$		崮山组 $\epsilon_{3-4}g$
				长山阶	497.0				
				古丈阶					
				崮山阶					
			第三统 ϵ_3	王村阶		长清群 $\epsilon_2-O_1\hat{c}$	张夏组 $\epsilon_3\hat{z}$ 上灰岩段 $\epsilon_3\hat{z}^u$ 盘车沟段 $\epsilon_3\hat{z}^p$ 下灰岩段 $\epsilon_3\hat{z}^l$	长清群 ϵ_3-O_1J	张夏组 $\epsilon_3\hat{z}$ 上灰岩段 $\epsilon_3\hat{z}^u$ 盘车沟段 $\epsilon_3\hat{z}^p$ 下灰岩段 $\epsilon_3\hat{z}^l$
				张夏阶					
			第二统 ϵ_2	台江阶			馒头组 ϵ_3m 上页岩段 ϵ_3m^u 洪河段 ϵ_3m^h 下页岩段 $\epsilon_{2-3}m^l$ 石店段 ϵ_2m^s		馒头组 ϵ_3m 上页岩段 ϵ_3m^u 洪河段 ϵ_3m^h 下页岩段 $\epsilon_{2-3}m^l$ 石店段 ϵ_2m^s
				徐庄阶					
				毛庄阶	509.0				
				都匀阶			朱砂洞组 $\epsilon_2\hat{z}$ 李官组 ϵ_2l		朱砂洞组 $\epsilon_2\hat{z}$ 丁家庄段 $\epsilon_2\hat{z}^d$ 上灰岩段 $\epsilon_2\hat{z}^u$ 余粮村段 $\epsilon_2\hat{z}^y$ 下灰岩段 $\epsilon_2\hat{z}^l$ 李官组 泥岩段 ϵ_2l^m 砂岩段 ϵ_2l^{sa}
				龙王庙阶					
				沧浪铺阶					
				南皋阶					
			纽芬兰统 ϵ_1	筇竹寺阶	521.0				
				梅树村阶 晋宁阶	541.0				

续表1-1

中国年代地层				地质年龄(Ma)	山东岩石地层				
					华北—柴达木地层大区				扬子-华南地层大区
					华北地层区				扬子地层区
宇	界	系	统	阶	华北平原地层分区	鲁西地层分区	鲁东地层分区		胶南-威海地层分区	连云港地层分区
元古宇 Pt	新元古界 Pt₃	震旦系 Z	上震旦统 Z₂	灯影峡阶	550			蓬莱群 Nh-ZP	香夼组 Z₂x		
				吊崖坡阶	580						
			下震旦统 Z₁	陈家园子阶		石旺庄组 Z₁s	石旺庄组 Z₁s { 白云岩段 Z₁sᵈʷ / 灰岩段 Z₁sᶫʰ / 砂质灰岩段 Z₁sˢʰ }		南庄组 Z₁n	朋河石岩组 Z₁p.	
				九龙湾阶	610	浮来山组 Z₁f	浮来山组 Z₁f	土门群			
		南华系 Nh	上南华统 Nh₃		635	佟家庄组 Nh₂₋₃t	佟家庄组 Nh₂₋₃t { 页岩段 Nh₂₋₃tᵖ / 灰岩段 Nh₂₋₃tᶫ / 砂岩段 Nh₂₋₃tˢ }	辅子夼组 Nh₂f		云台岩群 花果山岩组 Nh₂h.	
			中南华统 Nh₂		660						
			下南华统 Nh₁		725	二青山组 Nh₁e	二青山组 Nh₁e { 页岩段 Nh₁eᵖ / 灰岩段 Nh₁eʰ / 砂岩段 Nh₁eˢ }	豹山口组 Nh₁b			
		青白口系 Qb			780	黑山官组 Qbh	黑山官组 Qbh { 页岩段 Qbhᵖ / 砂岩段 Qbhˢ }				
	中元古界 Pt₂		待建		1000						
		蓟县系 Jx			1400						
		长城系 Ch			1600		芝罘群 ChZ	东口组 Chd	五莲群 ChW	坤山组 Chk	
					1800			兵营组 Chb		海眼口组 Chh	
								老爷山组 Chl			
	古元古界 Pt₁	滹沱系 Ht					粉子山群 HtF { 岗嵛组 Htg / 巨屯组 Htj { 二段 Htj² / 一段 Htj¹ } / 张格庄组 Htzg { 三段 Htzg³ / 二段 Htzg² / 一段 Htzg¹ } / 祝家夼组 Htz / 小宋组 Htx }	荆山群 HtJ { 陡崖组 Htd { 水桃林(片岩)段 Htdˢ / 徐村(石墨岩系)段 Htdˣ } / 野头组 Hty { 定国寺(大理岩)段 Htyᵈ / 祥山(变粒岩)段 Htyˣ } / 禄格庄组 Htl { 光山(大理岩)段 Htlᵍ / 安吉村(片岩)段 Htlᵃ } }			
太古宇 Ar		新太古界 Ar₃			2300						
					2500		济宁群 { 洪福寺组 Ar₃h / 颜店组 Ar₃yd / 翟村组 Ar₃z }				
						泰山岩群 Ar₃T.	泰山岩群 Ar₃T. { 柳杭组 Ar₃l / 山草峪组 Ar₃s / 雁翎关组 Ar₃y / 孟家屯岩组 Ar₃m }	胶东岩群 Ar₃J. { 郭格庄岩组 Ar₃g. / 苗家岩组 Ar₃mi. }			
					2800						
	中太古界 Ar₂				3200		沂水岩群 Ar₂Y.(?) { 林家官庄岩组 Ar₂l. / 石山官庄岩组 Ar₂s. }	唐家庄岩群 Ar₂T.(?)			

注：① ▽为已确立的金钉子。
② "中国年代地层"一栏采用第四届全国地层会议2013年方案(试用稿)，但为了对比应用方便，在寒武系部分同时保留了原三统划分方案。

泰山岩群呈带状残片出露于鲁西地区的沂源、新泰、莱芜和章丘等地，为一套由斜长角闪岩、透闪阳起片岩、黑云变粒岩和石英岩组成的角闪岩相变质火山-沉积岩系，岩层中未曾发现过化石。根据岩石组合特征自下而上划分为4个组(岩组)：孟家屯岩组以含石榴石、黑云母的石英岩为特征；雁翎关组以斜长角闪岩为主，夹有众多层变粒岩及透闪阳起片岩，斜长角闪岩中发育变余气孔、杏仁和枕状构造；山草峪组则是一套以黑云变粒岩为主的岩石组合，可见有变余粒序层理；柳杭组是以斜长角闪岩、黑云变粒岩为主夹变质砾岩、绢云片岩等的岩石地层单位。

胶东岩群以包体形态展布于胶北地区栖霞、招远、蓬莱等地的新太古代英云闪长岩中，为一套变粒岩、斜长角闪岩夹磁铁石英岩组合，根据岩石组合特征由下而上分为苗家岩组和郭格庄岩组。

济宁群是仅据钻孔资料建立的岩石地层单位，局限分布于济宁城东至兖州一带，是一套以千枚岩为主夹变质砂岩、火山碎屑岩及磁铁石英岩的岩石组合，岩层中发现有疑源类化石，根据岩性组合特征，自下而上划分为翟村组、颜店组和洪福寺组。

1.2 元古宙地层

山东元古宙地层包括分布于鲁东的古元古代荆山群、粉子山群，中元古代芝罘群、五莲群和新元古代蓬莱群、朋河石岩组；分布于鲁西的新元古代土门群；另外在日照以东的车牛山、达山、平山等岛屿还分布有新元古代云台岩群花果山岩组。

古元古代荆山群为一套角闪麻粒岩相—角闪岩相变质岩系，主要岩性为石榴砂线黑云片岩、大理岩、透辉岩、石墨片麻岩、长石石英岩、黑云变粒岩及麻粒岩等。根据岩性组合的不同，自下而上划分为禄格庄组、野头组和陡崖组。

古元古代粉子山群分布于鲁东地区的莱州、平度、蓬莱、福山及五莲等地，主要岩石组合为大理岩、黑云变粒岩、透闪岩、磁铁石英岩、斜长角闪岩及浅粒岩等，自下而上划分为小宋组、祝家夼组、张格庄组、巨屯组和岗嵛组。

芝罘群局限分布于烟台芝罘岛及其邻近的岛屿，其岩石组合为石英岩夹磁铁矿层及大理岩，自下而上可划分为老爷山组、兵营组和东口组。

五莲群分布于五莲城北的海眼口村—孙家岭—南院、山王家庄—福禄头、坤山等地及胶南县王台地区，为一套经受了绿片岩相—角闪岩相变质作用的陆源碎屑、火山岩-浅海碳酸盐岩沉积建造，主要岩性组合为各种变粒岩、片岩夹大理岩。按岩石组合及原岩建造特征自下而上划分为海眼口组、坤山组。二者之间为整合接触关系，局部地区为断层接触关系。坤山组产微古植物化石：*Leiominuscula* cf. *minuta*，*Leiopsophosphaera* sp.，*Lophominuscula* cf. *prima*，*Lophominuscula* sp.。

朋河石岩组主要分布于莒南县朋河石、王家道村峪等地，主要岩性为变质砂砾岩夹变质石英砂岩、千枚岩、黑云绢云片岩。原岩均为一套浅变质至未变质的浅海相沉积岩系。在邻区的江苏石桥地区见有穴面球形藻 *Trematosphaeridium* sp.，片藻类 *Laminarites* sp.和多孔体 *Polyporata obsoleta*，但该类微古化石的延限时间较长，对地层的划分意义不大。

云台岩群花果山岩组仅分布于山东省东南沿海平山岛、达山岛及车牛山岛等几个小岛上，主要岩性为浅粒岩夹白云变粒岩、变质熔结凝灰岩等。岩石具变余火山碎屑结构及变余韵律层理，低绿片岩相变质。

蓬莱群分布于鲁东地区的栖霞、福山、蓬莱、长岛等地，是一套由千枚岩、板岩、石英岩和结晶灰岩组成的浅变质岩系，自下而上划分为豹山口组、辅子夼组、南庄组和香夼组4个组。

在这 4 个组中均发现有较丰富的微古植物化石,并自下而上可建立 3 个组合:第一组合分布于豹山口组上部,以大量的 *Bavlinella*,*Trachysphaeridium*,*Paleamorpha* 和较多的 *Baculimorpha brevis*,*Leiofusa* 为特征;第二组合分布于辅子夼组下部,以丰富的 *Trachysphaeridium*,*Trachyminuscula* 和较多的 *Paleamorpha*,*Conusmorpha brevis*,*Leiofusa*,*Baculimorpha brevis* 等为特征;第三组合分布于南庄组和香夼组,以丰富的 *Trachysphaeridium*,*Paleamorpha*,*Leiofusa* 和较多的 *Conusmorpha brevis*,*Baculimorpha brevis*,*Nephromorpha regularis* 等为特征。除此之外,在香夼组灰岩中还赋存有藻类化石和叠层石(*Turusania*)。

土门群集中分布于沂沭断裂带及其西侧的昌乐、安丘、莒县、苍山、沂水、枣庄等地,是一套由砂岩、页岩和灰岩组成的浅海相沉积岩系,由下而上划分为黑山官组、二青山组、佟家庄组、浮莱山组和石旺庄组。土门群所含化石主要是微古植物,还见大型疑源类和藻类,微古植物化石集中分布于黑山官组—佟家庄组,分两个组合:下部组合以丰富的 *Asperatopsophosphaera* sp.,*Pratosphaeridium* sp.,*Trachysphaeridium* sp. 为特征;上部组合以富含 *Laminarites* sp.,*Orygmatosphaeridium* sp. 和较多的 *Asperatopsophosphaera* sp.,*Trachysphaeridium* sp. 等为特征。叠层石组合分布于佟家庄组上部和石旺庄组,主要有 *Conophyton*,*Jurusania*,*Tungussia*,*Baicalia* 等。

1.3 古生代地层

山东古生代地层比较发育,广泛出露于鲁西地层分区和隐伏于华北平原地层分区,主要包括早古生代寒武纪—奥陶纪地层和晚古生代石炭纪—二叠纪地层。

1.3.1 寒武纪—奥陶纪地层

山东寒武纪—奥陶纪地层,分布于沂沭断裂带安丘-莒县断裂以西广大鲁西地区,其中在鲁西地层分区大面积出露,而在华北平原地层分区则隐伏于新生界之下。岩层主要由一套巨厚的海相碳酸盐岩和少部分砂页岩组成,自下而上包括早—中寒武世的长清群、中寒武世—早奥陶世的九龙群和中—晚奥陶世的马家沟群。

长清群属陆表海碎屑岩-碳酸盐岩沉积岩系,主要岩性为砂岩、页岩夹灰岩、白云岩等,依其岩石组合特征由下而上划分为李官组、朱砂洞组、馒头组,其中,上部两个组的灰岩和页岩层中含有较多的三叶虫化石及少量双壳、腕足、单板类化石。三叶虫化石自下而上可建立 8 个生物带,即 *Megapaleolenus* 带、*Redlichia chinensis* 带、*Yaojia yuella* 带、*Ruichengella - Hsuchuangia* 带、*Ruichengaspis* 带、*Sunaspis* 带、*Poriagraulos* 带和 *Bailiella* 带。

九龙群的地质时代为中寒武世—早奥陶世,主要由碳酸盐岩组成,夹有泥质页岩,由下而上划分为张夏组、崮山组、炒米店组、三山子组,局部地区还发育亮甲山组。炒米店组及其以下层位所含化石以丰富的三叶虫为特色,另有双壳、腕足、软体螺、角石及牙形石;张夏组和炒米店组内的叠层石具有典型性;三山子组和亮甲山组所含化石以角石类为主,在灰岩层中含丰富的牙形石。九龙群的三叶虫化石自下而上建有 12 个生物带,即 *Lioparia* 带、*Crepicephalina* 带、*Amphoton - Taitzuia* 带、*Yabeia* 带、*Blackwelderia - Damesella* 带、*Drepanura*

带、*Chuangia* 带、*Changshania - Irvingella* 带、*Kaolishania* 带、*Ptychaspis - Tsinania* 带、*Quadraticephalus* 带和 *Mictosaukia* 带,这 12 个三叶虫化石带时代为中寒武世张夏期—晚寒武世凤山期。三山子组白云岩中含头足类化石,建有 *Barnesoceras - Dakeoceras* 带,时代属早奥陶世新厂期。

马家沟群的时代属中—晚奥陶世,由灰岩、白云岩互层构成,自下而上划分为东黄山组(白云岩)、北庵庄组(灰岩)、土峪组(白云岩)、五阳山组(灰岩)、阁庄组(白云岩)和八陡组(灰岩)。该群灰岩层中富含头足类和牙形石化石,各组还见有腹足、叠层石和层孔虫。头足类化石自下而上建有 6 个生物带,即 *Polydesmia zuezshanensis* 带、*Qrdosoceras quasilinea* 带、*Stereoplasmoceras pseudoseptum* 带、*Bassleroceras* 带、*Tofangoceras pauciannulatum - Dideroceras* 带和 *Gonioceras badouense* 带。

山东晚寒武世凤山期—奥陶纪地层中所含牙形石对于生物地层划分和确定年代地层界线具有重要意义,综合前人取得的研究成果,自下而上可划分为 14 个牙形石带,即①*Proconodontus tenuiserratus* 带,②*P. posterocostatus* 带,③*P. muelleri* 带,④*Eoconodontus notchpeakensis* 带,⑤ *Cordylodus proavus* 带,⑥ *C. intermedius* 带,⑦ *C. lindstromi - Iapetognathus* 带,⑧*C. angulatus* 带,⑨*Aurilobodus leptosomatus - Loxodus dissectus* 带,⑩*Tangshanodos tangshanensis* 带,⑪*Acontiodus linxiensis - Eoplacognathus suecicus* 带,⑫*Plactodina onychodonta* 带,⑬*Aurilobodus serratus* 带,⑭*Belodina compressa - Microcoelodus symmetricus* 带。根据牙形石生物地层及其与国内外对比,可确定寒武系与奥陶系的界线位于⑦牙形石带之底,即在炒米店组内部。中奥陶统与晚奥陶统之界线位于⑭牙形石带之底,即大致位于八陡组底界。

1.3.2 石炭纪—二叠纪地层

山东石炭纪—二叠纪地层仅分布于安丘-莒县断裂以西的鲁西地区。其中在鲁西地层分区的淄博一带出露较好,有代表性剖面,其他地区只零星出露;在华北平原地层分区,全部隐伏于深部。石炭纪—二叠纪地层属海陆交互-陆相沉积,是由砂页岩夹少量灰岩组成的含煤岩系,由下而上分为月门沟群和石盒子群。

月门沟群是由泥页岩、细—粉砂岩夹多层灰岩和煤层组成的含煤岩系,由下而上包括本溪组、太原组和山西组,含丰富的动物化石,动物化石类型主要有蜓类、珊瑚、腕足、头足、腹足和海百合等,植物以蕨类为主。蜓类化石仅赋存于太原组灰岩夹层中,自下而上可划分为 5 个生物带,即①*Profusulinella parva* 带,②*Fusulina - Fusulinella* 带,③*Triticites simplex* 带,④*Pseudoschwagerina* 带,⑤ *Triticites boshanensis* 带。根据化石组合及与区内外对比,可将石炭系与二叠系界线置于③与④生物带之间,即在太原组的下部。植物化石在泥页岩和粉砂岩中大量出现,本溪组内为 *Neuropteris - Linopteris* 组合带,太原组内为 *Neuropteris ovota - Lepidodendron posthumii* 组合带,山西组内为 *Emplectopteris triangularis - Taeniopteris* spp. - *Emplectopleridium alatum* 组合带。

石盒子群主要为陆相沉积的细—粗砂岩、泥页岩,夹铝土岩及煤线,具粗细相间的特点,自下而上划分为黑山组、万山组、奎山组和孝妇河组。所含化石以植物化石为主,总体可分两个植物组合带,下部位于黑山组的是 *Emplectopteris triangularis - Taeniopteris* spp. -

Cathaysiopteris whitei 组合带，上部位于万山组至孝妇河组的是 *Gigantonoclea hallei* – *Fascipteris* spp. – *Lobatannularia ensifolia* 组合带。

1.4 中生代地层

山东中生代地层均为陆相沉积成因。

1.4.1 三叠纪—侏罗纪地层

山东三叠纪—侏罗纪地层包括三叠纪的石千峰群、二马营组和侏罗纪的淄博群，主要出露于鲁西地层分区的淄博、章丘、新泰、蒙阴等地，隐伏于华北平原地层分区。

石千峰群为一套陆相沉积的红层，由砂砾岩、粉砂岩和泥岩组成。

二马营组仅发现于聊城一带钻孔中，主要由砂岩、粉砂岩夹泥岩组成，产轮藻化石，下部为 *Stellatochara* 组合，上部为 *Stenochara* 组合。另外含有较多的孢粉化石。

淄博群的下部为坊子组，以灰色粉砂细砂岩、泥质碳质页岩为主，夹有煤层，为湖沼相沉积，富含植物化石和叶肢介等动物化石，植物大化石属 *Coniopteris* – *Phoeniopteris* 植物群，孢粉化石则属 *Cyathidites* – *Quadraeculina* 组合。上部三台组主要为紫红色砂砾岩，个别地区见夹有粉砂质泥岩，泥页岩中产孢粉化石，属 *Converrucosisporites* – *Maculatisporites* 组合。叶肢介称 *Palaeolimnadia* 叶肢介动物群。

1.4.2 白垩纪地层

山东白垩纪地层十分发育，在鲁东、鲁西和华北平原各地层分区都有分布，尤以鲁东地层分区分布面积更广。由于分布的断陷盆地所处大地构造位置和沉积期火山活动的不同，其岩石组合差异较大，故划分为不同的群，群间在地质时代上并非完全是上下关系。属于早白垩世的有莱阳群、青山群、大盛群，属于晚白垩世（甚至可延至古新世）的是王氏群。莱阳群广泛分布于鲁东地区及鲁西地区的蒙阴、新泰一带，在华北平原地层分区则隐伏于新生界之下，是由砂砾岩、泥页岩组成的河湖相沉积岩系，有时见有泥灰岩和火山碎屑岩夹层。整个莱阳群厚度巨大，最厚可达 8000m。根据其岩石组合特征，可划分为瓦屋夼组、林寺山组、止凤庄组、水南组、龙旺庄组、杨家庄组、杜村组、曲格庄组、城山后组、马连坡组和法家茔组共 11 个组级岩石地层单位，它们之间总体是由老到新，但部分组间也存在同时异相。

莱阳群除以砾岩为主的林寺山组、止凤庄组、法家茔组和马连坡组未见化石外，其他各组均含丰富的古生物化石，尤以水南组含化石极富，称为"莱阳生物群"，与"热河生物群"可类比。生物化石主要类型有鱼类、昆虫、叶肢介、双壳类、腹足类、介形类、爬行类、植物大化石及孢粉化石等。水南组内昆虫达 70 余种；植物包括裸子类、苏铁类，构成以裸子植物为主体的 *Cupressinocladus* – *Brachyphyllum* 植物群；叶肢介以 *Yanjiestheria* 为主，见有多个种；腹足类属 *Probaicalia* – *Amplovalavta* 组合。诸城皇华恐龙足迹化石群产于杨家庄组。

青山群是一套火山喷发岩系，局部夹正常沉积的碎屑岩，分布于鲁东地层分区和鲁西地层分区，自下而上以喷发旋回分为后夼组、八亩地组、石前庄组和方戈庄组。该群内发现有硅化木和恐龙骨骼化石。

大盛群主要分布于沂沭断裂带，为河湖相碎屑岩组合，见有火山岩夹层，自下而上划分为小店组、大土岭组、马朗沟组、田家楼组、寺前村组和孟疃组。其中田家楼组和孟疃组是以细粉砂岩及泥岩为主的湖相沉积地层，富含生物化石，主要类型为叶肢介、腹足、双壳、介形、鱼类、植物大化石及孢粉等。腹足类为 $Probaicalia-Amplovalvata$ 组合，孢粉属于 $Schizaeoisporites-Classopollis-Exesipollenites-Tricolpites$ 组合。大盛群田家楼组保存有密集分布、个体完整的恐龙足迹，典型产地有诸城、莒南、临沭等地。

王氏群主要分布于鲁东地层分区和鲁西地层分区，是河湖相沉积的红色碎屑岩系，根据岩性特征自下而上划分为林家庄组、辛格庄组、红土崖组、金岗口组和胶州组，各组均含古生物化石，其类型有爬行类、腹足、双壳、叶肢介、介形类以及孢粉、轮藻等植物化石。王氏群是山东省内产恐龙化石的重要层位，莱阳、堵城一带的王氏群产有较多的恐龙骨骼化石、恐龙蛋化石，有棘鼻青岛龙、巨大山东龙、意外诸城角龙等。

1.5　新生代地层

山东新生代地层非常发育，包括古近纪地层、新近纪地层和第四纪地层，广泛分布于华北平原地层分区和鲁东、鲁西地层分区的山间盆地或断陷盆地。

1.5.1　古近纪地层

山东古近纪地层分布广泛，分布于鲁西地层分区各断陷盆地的有官庄群或五图群。官庄群下部有一部分时代为晚白垩世。在华北平原地层分区，有济阳群、官庄群大面积隐伏于新近系和第四系之下。

官庄群是一套以河湖相沉积为主，间有山麓堆积的砂砾岩、泥岩夹泥灰岩的沉积岩组合，自下而上划分为固城组、卞桥组、常路组、朱家沟组和大汶口组。除朱家沟组未见化石外，其他各组均含生物化石，以介形、轮藻、腹足类为主，还见有双壳、脊椎动物以及藻核形石、孢粉等化石。根据化石出现的层位以及属种分布，自下而上可划为6个轮藻化石组合、10个介形化石组合、9个腹足化石组合和4个孢粉化石组合。依据各类化石组合及与国内外对比结果，确定白垩系与古近系的界线位于卞桥组下部，也就是说官庄群下部固城组和卞桥组底部时代属晚白垩世，以上属古近纪。

五图群分布于临朐、昌乐、安丘和龙口等地，主要岩性为砾岩、砂岩和泥岩，局部见有泥灰岩及煤层，自下而上划分为朱壁店组、李家崖组和小楼组，各组均赋存有生物化石，主要类型有哺乳类、介形、腹足、轮藻和孢粉，尤以李家崖组化石更为丰富。其内介形属 $Eucypris\ wutuensis$ 组合，轮藻属于 $Peckichara\ wutuensis$ 组合，孢粉属于 $Pinaceae-Ulmipollenites-Ulmoideipites$ 组合。

济阳群主要分布于华北平原地层分区，为以泥岩夹砂岩为主的含油气地层，自下而上可分为孔店组、沙河街组和东营组。该群所含化石主要有介形、轮藻、腹足类和孢粉等，自下而上可划分为 8 个介形类化石组合、4 个轮藻化石组合和 5 个孢粉化石组合（亚组合）。见于孔店组中段的有 *Eucypris wutuensis* 介形组合，*Peckichara wutuensis* 轮藻组合，Pinaceae - Ulmipollenites - Ulmoideipites 孢粉组合；见于沙河街组四段的有 *Gyragona qingjiangica* 轮藻组合，*Quercoidites* 高含量（27%～50%）孢粉组合，该段中下部有 *Cyprinotus igneus* 介形组合，上部有 *Austrocypris levis* 介形组合；见于沙河街组三段的有 *Huabeinia chinensis* 介形组合，*Shandongochara decorosa* 轮藻组合，*Quercoidites* 高含量（27%～50%）孢粉组合；见于沙河街组二段的有 *Camarocypris elliptia* 介形组合，*Charites producta* 轮藻组合；见于沙河街组一段的有 *Phacocypris huiminensis* 介形组合；见于东营组的有 *Naedlersphaera ulmensis* 轮藻组合，其下、中段有 *Chinocythere unicuspidata* 和 *Dongyingia inflexicostata* 两个介形组合和 *Ulmipollenites undulosus - Piceaepollenites* 孢粉组合；见于东营组上段的为 Juglandaceae - Tiliaepollenites minimus 孢粉组合。

1.5.2　新近纪地层

山东新近纪地层包括临朐群、黄骅群及巴漏河组和白彦组（上部延至早更新世）。

黄骅群主要分布在华北平原地层分区，隐伏于第四系之下，以杂色泥岩为主，夹有砂砾岩层，自下而上划分为馆陶组和明化镇组，含化石类型主要有介形、腹足、双壳、轮藻、孢粉及脊椎动物化石，产于馆陶组的有 *Heterocypris formalis - Cyprinotus linjiaensis - Ilyocypris dongshanensis* 介形组合，*Unio* cf. *submodavicus - Cuneopsis kenliensis - Lamprotula (Parunio) shandongensis* 双壳组合，*Lychnolhamnus yanchengensis - Sphaerochara minor* 轮藻组合，Pinaceae - Sporotrapoidites - Betulaceae 孢粉组合。

临朐群主要分布于鲁西地区的临朐、昌乐、安丘、沂水等地及鲁东地区的栖霞、蓬莱等地，主要由玄武岩、黏土岩及硅藻土组成，自下而上划分为牛山组、山旺组和尧山组。其上、下以火山岩为主，中间的山旺组为火山口湖泊相沉积的泥岩和硅藻土页岩，被称为"万卷书"和"化石宝库"，含丰富精美的多门类化石，称为"山旺生物群"，计有昆虫、腹足、双壳、介形类、爬行类、两栖类、哺乳类、鸟类、鱼类以及各种植物化石。

巴漏河组局限分布于章丘巴漏河沿岸，以及广饶、桓台至东阿、平阴一带，由淡水灰岩、泥灰岩及砂砾岩组成，内含哺乳、爬行、腹足、介形类和轮藻化石，尤以哺乳类为典型，可称为"三趾马动物群"。

白彦组发育于鲁西地层分区早古生代碳酸盐岩区的高、中级夷平面上，为保存于溶沟、溶洞中的以硅质为主的砂砾岩及黏土、砂、砾等松散堆积物。

1.5.3　第四纪地层

第四纪地层广泛分布于华北平原地层分区和鲁西、鲁东地层分区的山间盆地或断陷盆地。根据岩性及成因可分为平原组、小埠岭组、沂源组、大埠组、于泉组、大站组、柳斥组、羊栏河组、史家沟组、黑土湖组、临沂组、山前组、旭口组、潍北组、寒亭组、沂河组、白云湖组、泰安组、黄河组和小坨子组共 20 个组。其中羊栏河组含丰富的哺乳动物化石，沂源组含哺乳动物和沂源猿人化石，大站组、临沂组、黑土湖组均见哺乳动物化石。

2 古生物类型及分布特征

山东省在各地质时代含化石的地层中发现了丰富的动植物化石,根据以往资料和本次调查结果初步统计,计913个属,本书描述的化石分类及化石类型、地层分布分别见表2-1、表2-2。

表2-1 本书描述的山东省古生物化石目及以上分类

类别	门	纲(类)	目
动物界	原生动物门	有孔虫纲	蜓目、非蜓有孔虫目
	腔肠动物门	珊瑚纲	四射珊瑚目
		水螅纲	层孔虫目
	腕足动物门	具铰纲	扭月贝目
		腕铰纲	石燕目
	软体动物门	双壳纲	古梳齿目、弱齿目、古异齿目、异齿目
		腹足纲	古腹足目、中腹足目、基眼目、柄眼目
		头足纲	短棒角石目、爱丽斯木角石目、原珠角石目、内角石目、直角石目、棱角菊石目
	节肢动物门	三叶虫纲	球接子目、莱得利基虫目、耸棒头虫目、褶颊虫目、镜眼虫目、齿肋虫目
		鳃足纲	叶肢介目
		介形虫纲	速足目
		昆虫纲	同翅目、异翅目、双翅目、蜻蜓目、䗛蠊目、纺足目、直翅目、革翅目、鳞翅目、鞘翅目、膜翅目
		甲壳纲	介甲目、介形目

续表 2-1

类别	门	纲（类）	目
动物界	半索动物门	笔石纲	树形笔石目
	脊索动物门	硬骨鱼纲	弓鳍鱼目、鲤形目、华南鱼目、狼鳍鱼目
		两栖纲	有尾目、无尾目
		爬行纲	龟鳖目、鳄目、有鳞目、鸟臀目、蜥臀目
		鸟纲	驼鸟目、雁形目、鸡形目、鹤形目、隼形目
		哺乳纲	多瘤齿兽目、鳞甲目、原真兽目、食虫目、狸兽目、灵长目、啮齿目、肉齿目、食肉目、裂齿兽目、中兽目、踝行目、全齿目、恐角兽目、南方有蹄目、踝节目、奇蹄目、偶蹄目、翼手目、长鼻目、多尖齿兽目、伪齿兽集目
植物界	硅藻门	硅藻纲	无壳缝目
	沟鞭藻门	沟鞭纲	膝沟藻目、多甲藻目、目未定
	轮藻门	轮藻纲	轮藻目
	蕨类及种子蕨类植物门	石松纲	鳞木目
		楔叶纲	楔叶目、木贼目、瓢叶目
		真蕨纲和种子蕨纲	楔羊齿类、大羽羊齿类、栉羊齿类、美羊齿类、座延羊齿类、带羊齿类、畸羊齿类、脉羊齿类
		分类不明	肾掌蕨
	裸子植物门	苏铁纲	苏铁杉目
		银杏纲	银杏目
		科达纲	科达目
		松柏纲	松柏目
		茨康纲	茨康目
	被子植物门	双子叶植物纲	杨柳目、锦葵目、卫矛目、胡桃目、睡莲目、堇菜目、荨麻目、金缕梅目、无患子目、鼠李目、蔷薇目、壳斗目、樟目
	孢粉	孢子大类、花粉大类	
分类不明	牙形石		

2 古生物类型及分布特征

表2-2 山东省地层及赋存的古生物化石类型

地质年代		地质年龄(Ma)	岩石地层单位							已发现主要古生物化石类型及地层分布
第四纪	全新世		黄河组	白云湖组	小坨子组	旭口组	潍北组	寒亭组	沂河组	泰安组	山前组
		0.011			临沂组						
	更新世		平原组	大站组 羊栏河组	黑土湖组 沂潭组	小埠岭组	于泉组	大埠组 史家沟组 柳亭组			
		2.588		白彦组	巴漏河组	尧山组					
新近纪	上新世	5.3	黄骅群	明化镇组		临朐群	山旺组		植物大化石 — 叶肢介 — 非蜷有壳虫 — 腹足类 — 双壳类 — 介形虫 — 脊椎动物 — 昆虫类 — 孢粉 — 沟鞭藻 — 硅藻 — 轮藻		
	中新世	23.03		馆陶组			牛山组				
古近纪	渐新世	33.8	济阳群	东营组 沙河街组	官庄群	大汶口组	五图群	小楼组 李家崖组 朱壁店组			
	始新世	55.8±0.2		孔店组	朱家沟组 常路组						
	古新世	65.5±0.3			卞桥组 固城组		王氏群	红土崖组 辛格庄组 林家庄组			
白垩纪	晚白垩世										
	早白垩世		青山群	方戈庄组 石前庄组 八亩地组 后夼组		大盛群	孟瞳组 寺前村组 田家楼组 马朗沟组 大土岭组 小店组		植物大化石 — 叶肢介 — 非蜷有壳虫 — 腹足类 — 双壳类 — 介形虫 — 脊椎动物 — 昆虫类 — 孢粉		
			莱阳群	马连坡组 城山后组 止凤庄组	法家茔组 杜村组 杨家庄组 林寺山组 瓦屋夼组		曲格庄组 龙旺庄组 水南组				
		145									
侏罗纪	晚侏罗世		淄博群	三台组							
	中侏罗世			坊子组							
	早侏罗世	199.6									
三叠纪	晚三叠世										
	中三叠世	247.2		二马营组					植物大化石 — 孢粉		
	早三叠世	252.17	石千峰群	刘家沟组 孙家沟组							

续表2-2

地质年代	地质年龄(Ma)	岩石地层单位			已发现主要古生物化石类型及地层分布
二叠纪 晚二叠世	260.4	石盒子群	孝妇河组		植物大化石、非䗴有孔虫、双壳类、腹足类、叶肢介、介形虫、孢粉、䗴、珊瑚
二叠纪 中二叠世		石盒子群	奎山组		
二叠纪 中二叠世		石盒子群	万山组		
二叠纪 中二叠世		石盒子群	黑山组		
二叠纪 早二叠世	299.0	月门沟群	山西组		
二叠纪 早二叠世		月门沟群	太原组		
石炭纪 晚石炭世			本溪组	潮田铁铝岩段	
石炭纪 早石炭世	359.58				
泥盆纪	416.0				
志留纪	443.8				
奥陶纪 晚奥陶世	458.4	马家沟群	八陡组		腹足类
奥陶纪 中奥陶世		马家沟群	阁庄组		
奥陶纪 中奥陶世		马家沟群	五阳山组		
奥陶纪 中奥陶世		马家沟群	土峪组		
奥陶纪 中奥陶世	470.0	马家沟群	北庵庄组		
奥陶纪 中奥陶世		马家沟群	东黄山组		
早奥陶世	485.4	九龙群	三山子组	a段 / b段 / c段 亮甲山组	叠层石、腕足类、双壳类、介形虫、三叶虫、笔石、牙形石
寒武纪 芙蓉世		九龙群	炒米店组		
寒武纪 芙蓉世		九龙群	崮山组		
寒武纪 芙蓉世		九龙群	张夏组	上灰岩段 / 盆车沟段	
寒武纪 芙蓉世	497.0	九龙群	张夏组	下灰岩段	
寒武纪 第三世	509.0	长清群	馒头组	上页岩段 / 洪河段 / 下页岩段 / 石店段	
寒武纪 第二世		长清群	朱砂洞组	丁家庄段 / 上灰岩段 / 余粮村段 / 下灰岩段	
寒武纪 第二世		长清群	李官组	泥岩段 / 砂岩段	
纽芬兰世	521.0 / 541.0				

2 古生物类型及分布特征

续表2-2

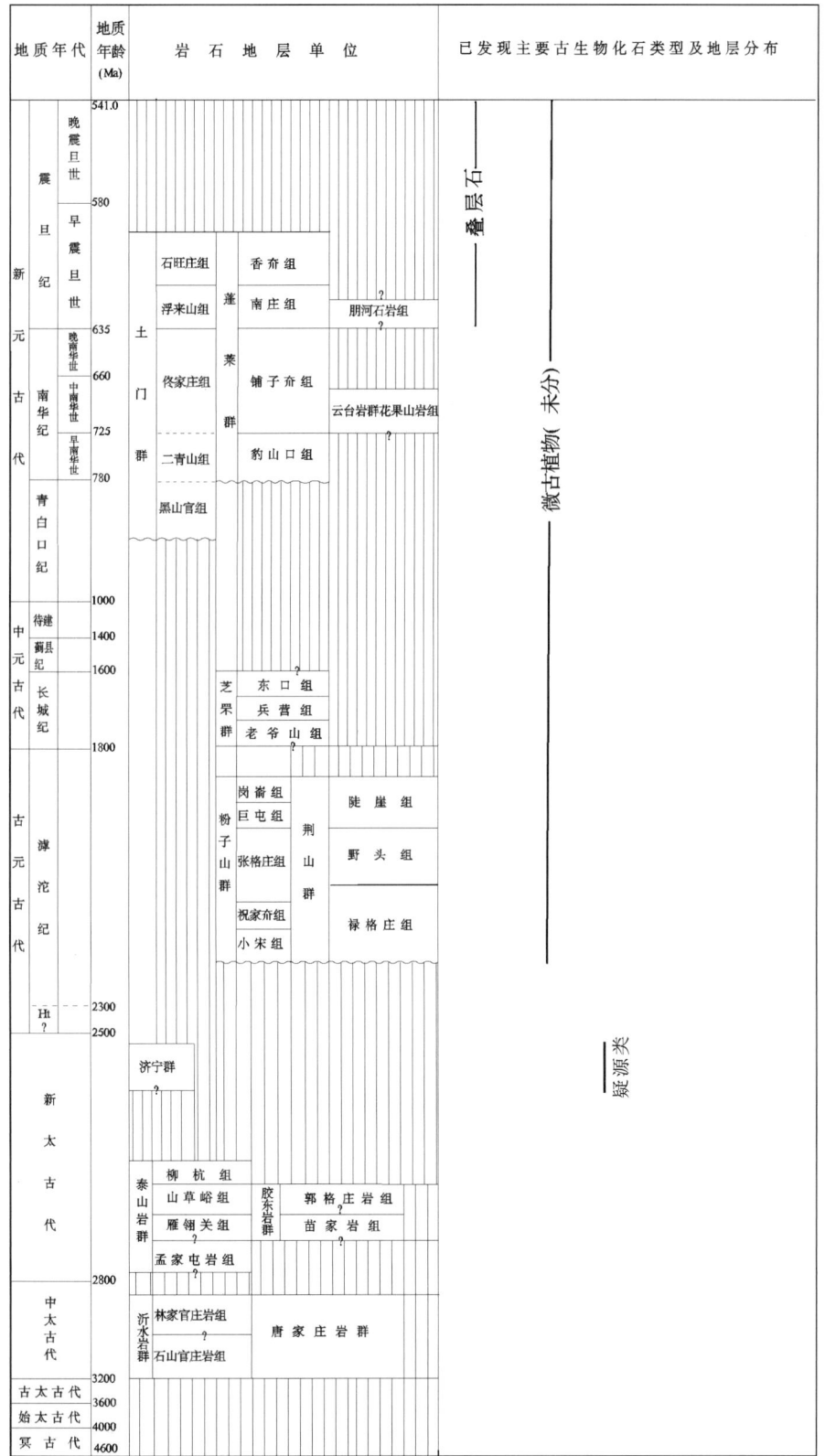

2.1　植物化石主要类型及分布

　　菌藻类植物是低等植物的统称,是地球上最早出现并延续至今的生物。山东已经发现的低等植物化石主要为叠层石、轮藻、硅藻和沟鞭藻类。叠层石是蓝藻和菌类共同作用的生物遗迹化石,在山东省震旦纪地层中就大量出现,而且是该时代地层划分对比的重要依据。它具有造礁功能,在寒武纪炒米店组形成了藻礁景观。山东省震旦纪和寒武纪地层中的叠层石具有重要的科研价值。轮藻只有其藏卵器易保存为化石,中、新生代地层中有丰富的轮藻化石赋存,是该时代陆相地层划分对比的重要依据。硅藻化石极为丰富,可形成硅藻土矿层,但分布局限,集中产于临朐山旺一带的中新统山旺组中。地史上沟鞭藻出现于志留纪,而山东省最早发现于胜利油田古近纪地层中,其研究程度较高。

　　蕨类植物是最早登陆的高等植物,泥盆纪登陆,延续至今,是石炭纪、二叠纪煤层的主要造煤植物。在山东省化石多产于太原组、山西组、石盒子群,侏罗纪的坊子组也有蕨类植物化石产出。淄博地区石炭纪、二叠纪地层发育齐全,也是蕨类植物化石发现最多的地点。

　　裸子植物是比蕨类植物进化高等的种子植物,是多年生木本植物,乔木或灌木。该门类根据生殖器官、茎叶结构特征分为种子蕨纲、苏铁纲、银杏纲、科达纲、松柏纲等。出现于晚石炭世,延续至今,繁盛于中生代,故人称中生代是裸子植物时代。山东省发现的裸子植物化石主要产在莱阳群水南组。

　　被子植物是植物界中结构最完善的高等种子植物,分为乔木、灌木、藤木、草本 4 类,包括双子叶和单子叶 2 个纲。最早产出在侏罗纪,在新生代占据统治地位。山东省发现的被子植物大化石产在山旺组中,主要分布于临朐山旺一带。

　　孢粉是孢子和花粉的总称。孢子是蕨类植物的繁殖器官,花粉是种子植物的繁殖器官,只要有蕨类植物和种子植物的存在,就有孢粉。孢粉个体小,质量小,容易传播,分布非常广泛,是进行地层对比的重要依据。

2.2　动物化石主要类型及分布

　　山东省动物化石包括脊椎动物和无脊椎动物两大类,其类型较多,现将主要类型及分布简述如下。

　　笔石全为海生生物,多营漂浮生活,少数营固着生活,化石分布广,具世界对比意义。山东省产出的笔石化石为树形笔石目,其地史分布主要为晚寒武世—早奥陶世,产出在晚寒武世—早奥陶世的炒米店组。山东省发现笔石的地区有新泰、济南、泰安市大汶口和临沂市沂南等地。

　　蜓类又名纺锤虫,是一种已绝灭的原生有孔虫动物,是划分石炭系与二叠系界线及与区内外对比的重要化石依据。山东省产出的蜓类化石均在太原组灰岩中,地理分布非常广泛。

　　珊瑚属腔肠动物门珊瑚纲,古生代出现,延续至今。其化石在山东省仅见于淄博市冯八峪太原组灰岩中,与鲢类等化石共生。珊瑚化石不仅有地层对比意义,而且由于其特定的生活环境,更具指相意义。

腕足类从寒武纪出现,一直延续到现在,在山东省古生代海相地层中广泛分布。

腹足类自奥陶纪出现,一直延续到现在。山东省海生的腹足类化石主要产出在马家沟群和太原组灰岩中;陆生淡水腹足类化石产出在莱阳群、王氏群、官庄群、五图群、济阳群的泥页岩中。腹足类在陆相地层对比中有一定作用。

头足类出现于寒武纪,繁盛于奥陶纪,以后逐渐衰退。山东省头足类化石主要产出在寒武纪的炒米店组和奥陶纪的马家沟群厚层灰岩中。

双壳类地史分布从晚古生代直到现代。双壳类和腹足类一样,也是陆相地层对比中常用的古生物类别,在山东古生代—新生代地层中广泛分布。

三叶虫是节肢动物门中已绝灭的一个纲,全为海生,营底栖爬移或漂游生活,是山东省寒武纪地层中最丰富的化石类型,是地层划分对比的重要依据。三叶虫身体扁平,背侧披以坚固的甲壳,腹侧有腹膜和附肢。背甲被两条背沟纵分为一个轴叶和两个肋叶,自前而后又横分为头甲、胸甲和尾甲三部分,故名三叶虫。三叶虫最早出现于早寒武世,绝灭于二叠纪,是古生代的常见生物,尤其以寒武纪最为兴盛。由于寒武纪地层在山东省广泛发育,因此,三叶虫化石在山东省分布广泛,对划分对比寒武纪地层发挥了极为重要的作用。

介形类属节肢动物,壳长一般 $0.4 \sim 2\text{mm}$,从寒武纪出现,一直生活到现代。这类化石在山东省中新生代地层划分对比中具有重要作用。

叶肢介属节肢动物,山东省在莱阳群水南组、王氏群辛格庄组、大盛群田家楼组等早白垩世地层及蒙阴盆地的侏罗纪地层中都有发现叶肢介化石。

昆虫属节肢动物,山东省在莱阳市莱阳群水南组、临朐群山旺组发现了大量精美的昆虫化石,是确定地层时代的重要依据。

脊椎动物包括鱼纲、两栖纲、爬行纲、鸟纲和哺乳纲,山东省发现脊椎动物化石的地层有:莱阳群水南组、杨家庄组,王氏群红土崖组,官庄群常路组,五图群李家崖组,临朐群山旺组,新近纪巴漏河组及第四纪地层。特别需要指出的是,白垩纪的恐龙化石和古近纪的哺乳动物化石对划分地层起着决定性作用。

牙形石个体大小一般为 $0.1 \sim 5\text{mm}$,从寒武纪出现,一直延续到三叠纪末。牙形石分布广泛,数量丰富,是目前国际年代地层单位——"阶"建立的主要依据之一。山东省已发现牙形石的重要产地有济南市长清、章丘,莱芜和潍坊市的临朐、青州等地,产出层位为寒武系—奥陶系,主要赋存于张夏组、崮山组、炒米店组、三山子组和马家沟群。

3 动物化石描述

3.1 原生动物门 Protozoa

䗴类又名纺锤虫,单细胞原生动物。最小不到1mm,大者20～30mm。䗴壳形状多样,以长、宽等参数表示,按长宽比例可将䗴壳归为长轴型、等轴型、短轴型3类。䗴具多房室包旋壳,常呈纺锤形或椭圆形,有时呈圆柱形,少数壳短呈球形或透镜状。䗴壳形态与构造,见图3-1～图3-3。初房位于壳中央,初房上的圆形开口为细胞质溢出的通道。细胞质不断增长,同时向轴的两端伸展,包裹初房,此轴称为旋轴。旋壁前端向内弯折形成隔壁,两条隔壁之间即为一个窄长的房室。按此方式依次增长形成多房室。旋壁绕旋轴一圈即构成一个壳圈。终室前方的前壁上不具开孔,而靠壁孔与外界相通。

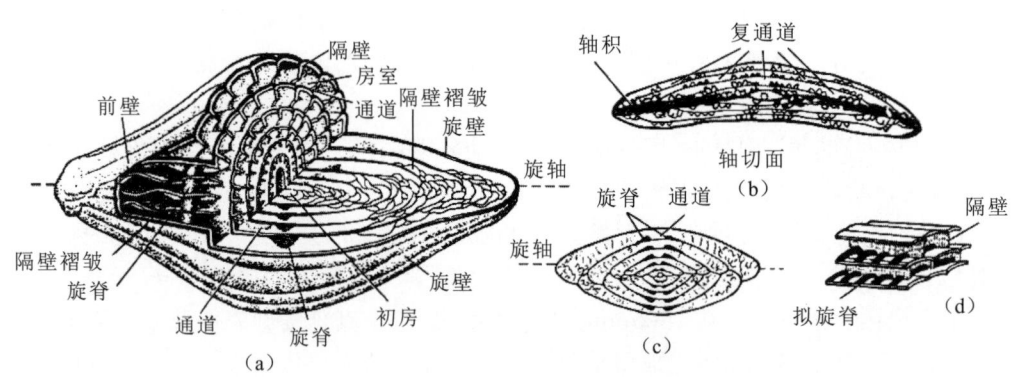

图3-1 䗴壳的构造
(a)壳的剖视图;(b)、(c)轴切面;(d)壳内立体构造
(据武汉地质学院古生物教研室,1980)

䗴壳隔壁基部中央有一个开口,各隔壁的开口彼此贯通形成通道,通道两侧有次生堆积物,这些次生堆积物随通道从内到外盘旋成两条隆脊叫旋脊。有的䗴类具几个甚至十几个通道。某些高级的䗴类,在隔壁基部有一排小孔,叫列孔,其功效与通道相同。列孔旁侧可形成多条次生堆积物,叫拟旋脊。部分旋脊不发育的䗴类,沿轴部可有次生钙质物充填,称为轴积。由于䗴类为包旋壳,只能在各种切面上进行内部构造的观察和研究。一般主要用下面3种切面:①轴切面,即通过初房平行于旋轴的切成。②旋切面,通过初房垂直于旋轴的切面。

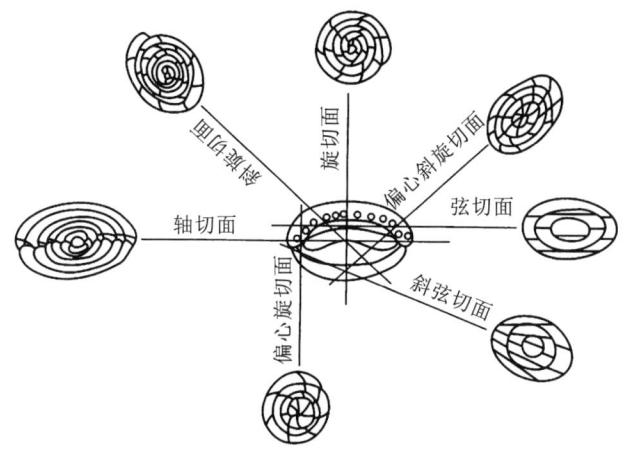

图 3-2 蜓壳切面方向
（据武汉地质学院古生物教研室，1980）

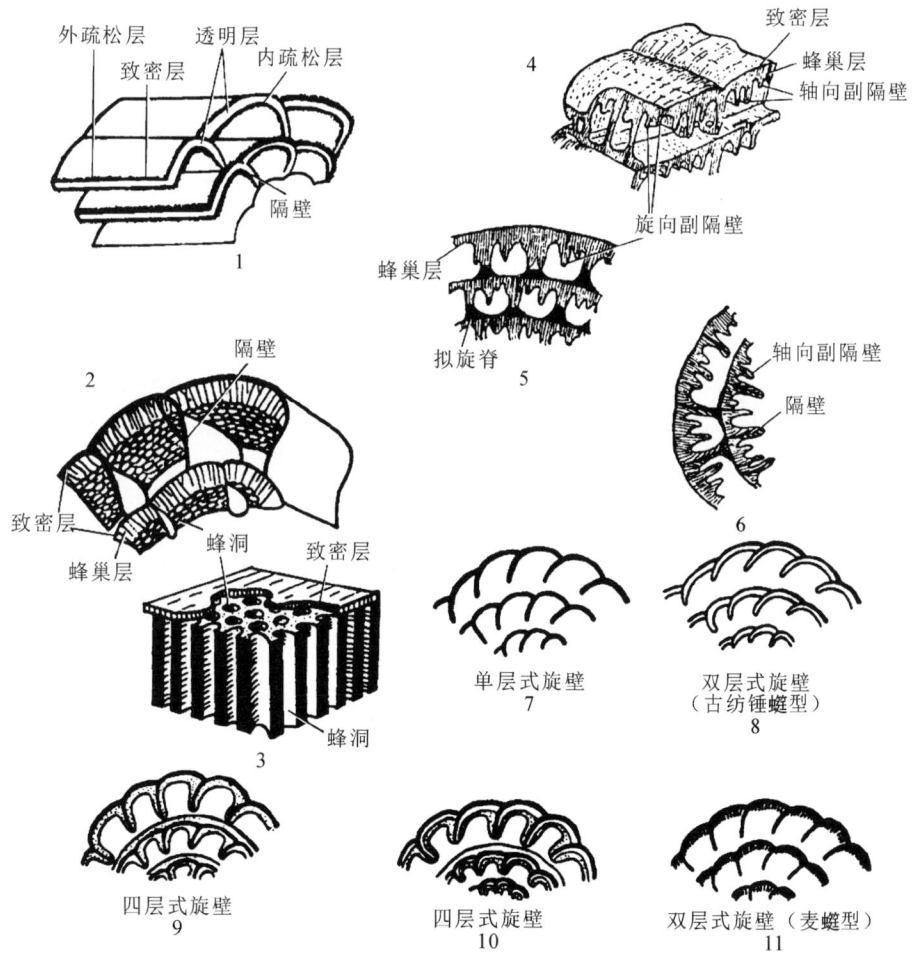

图 3-3 蜓壳旋壁的微细构造
1. 蜓壳的分层结构；2～6. 蜂巢层结构；7～11. 旋壁构造类型
（据武汉地质学院古生物教研室，1980）

③弦切面,未通过初房,平行于旋轴的切面。蜓壳旋壁具分层结构,由原生壁和次生壁组成。前者包括致密层、透明层或蜂巢层。后者包括内、外疏松层。

致密层:一层黑色薄而致密的层,显微镜下呈一条黑线,所有的蜓都具致密层。

透明层:在致密层之内,为一浅色透明的壳质层。

蜂巢层:位于致密层之内,为一较厚而具蜂巢状构造的壳层,在垂直旋壁的切面上呈梳状。

疏松层:通常为不太致密、不均一的灰黑色层,附在致密层的表面,位于致密层之外的称外疏松层,位于壳壁内表面的称内疏松层。终壳圈外表面不见外疏松层,说明它们是一种次生堆积。

蜓壳旋壁类型可分为以下几类。

单层式:旋壁仅由一致密层组成。有些原始蜓类旋壁仅由一层浅灰色的疏松物质组成,称为原始层。

双层式:可分两种类型。一是由致密层及透明层组成,称为古纺锤蜓型旋壁;二是由致密层及蜂巢层组成,称麦蜓型旋壁。

三层式:分为两种类型。旋壁由致密层和内、外疏松层组成的称原小纺锤蜓型旋壁。在一些高级蜓类中,旋壁由致密层、蜂巢层及内疏松层组成,称费伯克蜓型旋壁。

四层式:旋壁由致密层、透明层及内疏松层、外疏松层组成,称小纺锤蜓型。

副隔壁:在二叠系中出现的许多蜓类中,其蜂巢层局部规则地下延聚集,形成比隔壁略短的薄板,称副隔壁。薄板方向与旋轴平行,即与隔壁平行的叫轴向副隔壁;薄板方向与旋轴垂直,即与隔壁直交的叫旋壁副隔壁。

通道:在壳体的中部,由于隔壁底部收缩,留下一个半圆形、新月形或长方形孔道,它沟通各个壳室,为原生质流通的孔道,称通道。

复通道:有的蜓壳中,所留的孔道有多个时,称复通道。

列孔:在某些高等蜓类中,每一个隔壁底部,形成一排圆形小孔,叫列孔。

旋脊:通道两侧,绕中轴旋卷,有两条粗脊,称旋脊。

拟旋脊:介于列孔之间,有很多像旋脊一样连续的脊状物。

轴积:某些蜓类,沿中轴方向,尤其在初房两侧,充满一片黑而不透明的次生堆积物,称为轴积。

3.1.1 蜓目 Fusulinids

小泽蜓科 Ozawainellidae Thompson et Foster, 1937
密勒蜓属 *Millerella* Thompson, 1943
微小密勒蜓 *Millerella minuta* Sheng
（图版 1, 图 1）

壳微小,盘形。3 圈,长 0.06mm,宽 0.2mm,轴率 0.3∶1。旋壁很薄。隔壁不褶皱。旋脊小。通道窄而低。初房圆,外径 0.02mm。

产地及层位:淄博;太原组底部。

小泽蜓属 *Ozawainella* Thompson, 1935
肿小泽蜓 *Ozawainella turgida* Sheng
（图版 1, 图 2）

壳小,厚凸镜形,脐部膨胀。5.5 圈,长 0.52mm,宽 1.1mm,轴率 0.47∶1。旋壁厚,由致密层及内、外疏松层组成。隔壁平直。旋脊不大。通道三角形。初房圆,外径 0.06mm。

产地及层位:淄博;太原组底部。

伏芝加尔小泽蜓 *Ozawainella vozhgalica* Safonova
（图版 1, 图 3）

壳小,凸镜形,脐部内凹。5.5 圈,长 0.4mm,宽 1.1mm,轴率 0.36∶1。旋壁由致密层及内、外疏松层组成。隔壁平直,旋脊小,向两极延伸。通道近三角形。初房外径 0.05mm。

产地及层位:淄博;太原组底部。

施特拉氏小泽蜓 *Ozawainella stellae* Manukalova
（图版 1, 图 4）

壳小,扁透镜形,壳缘尖锐,脐部微凹。6 圈,长 0.35mm,宽 1.6mm,轴率 0.21∶1。各圈壳室的高度由内向外逐渐增加,最后一圈放松较快。旋壁薄,在外圈由致密层及内、外疏松层组成。隔壁平直。旋脊小,呈三角形。通道低而宽。初房微小,外径 0.04mm。

产地及层位:淄博;太原组底部。

前施特拉氏小泽蜓 *Ozawainella preastellae* Rauser
（图版 1, 图 5）

壳小,凸镜形,壳缘尖锐。5 圈,长 0.32mm,宽 1.34mm,轴率 0.24∶1,壳圈包卷较松。旋壁薄,由致密层及内、外疏松层组成。旋脊肥硕,呈带状。通道低而窄,呈裂隙状。初房小,外径约 0.04mm。

产地及层位:淄博;太原组底部。

莫斯科小泽蜓 *Ozawainella mosquensis* Rauser
（图版1，图6）

壳小,厚凸镜形,壳缘尖锐,脐部内凹。6圈,长0.55mm,宽1.33mm,轴率0.42：1。旋壁薄,在外圈似由致密层及内、外疏松层组成。隔壁平直。旋脊发育,呈带状,向两极延伸。通道窄而高。初房微小,外径约0.03mm。

产地及层位:淄博;太原组底部。

克拉斯诺卡姆斯克小泽蜓 *Ozawainella krasnokamski* Safonova
（图版1，图7）

壳小,凸镜形,壳缘圆。5圈,长0.34mm,宽0.77mm,轴率0.44：1。旋壁薄,三层式。隔壁下直。旋脊小。通道裂隙状。初房外径0.04mm。

产地及层位:淄博;太原组底部。

角状小泽蜓 *Ozawainella angulata* (Colani)
（图版5，图11）

壳微小,凸镜状。壳缘非常锋锐,侧坡近乎平直。中轴很短,脐部微凸,一般3～4圈,长约0.16mm,宽约0.4mm,轴率0.4：1。旋壁很薄,由致密层及不明显的内、外疏松层组成,旋脊及通道均不清晰。初房外径0.04mm。

产地及层位:新汶;太原组。

新史塔夫蜓属 *Neostaffella* M. Maclay,1959
似球形新史塔夫蜓 *Neostaffella sphaeroidea* (Ehrenberg)
（图版1，图8）

壳小,近正方形。8圈,长1.1mm,宽1.4mm,轴率0.78：1。旋壁较薄,由致密层及内、外疏松层组成。隔壁平直。旋脊呈块状,向两极延伸。通道显著,近长方形。初房圆,外径0.08mm。

产地及层位:淄博;太原组底部。

盘县新史塔夫蜓 *Neostaffella panxianensis* (Chang)
（图版1，图9）

壳小,亚方形,脐部内凹,中部微凹。7.5圈,长1.17mm,宽1.62mm,轴率0.72：1。旋壁由致密层及内、外疏松层组成。旋脊发达,呈条带状。通道宽而高,内圈上呈三角形,外圈上呈长方形。初房不清楚。

产地及层位:淄博;太原组底部。

近正方新史塔夫蜓　*Neostaffella cuboides*（Rauser）
（图版 1，图 10）

壳小，近正方形，脐部内凹。5.5 圈，长 0.86mm，宽 0.96mm，轴率 0.9∶1。旋壁由致密层及内、外疏松层组成。旋脊非常大。通道显著。初房圆，外径 0.08mm。

产地及层位：淄博；太原组底部。

克何屯新史塔夫蜓　*Neostaffella khotunensis*（Rauser）
（图版 1，图 11）

壳小，近方形。4 圈，长 0.52mm，宽 0.6mm，轴率 0.87∶1。旋壁由致密层及内、外疏松层组成。旋脊发育。通道窄而高。初房圆而小，外径 0.09mm。

产地及层位：淄博；太原组底部。

亚方形新史塔夫蜓　*Neostaffella subquadrata*（Grozdilova et Lebedeva）
（图版 1，图 12）

壳小，亚方形。脐部内凹。7 圈，长 1.14～1.37mm，宽 1.36～1.63mm，轴率 0.84∶1，各圈包卷较紧。旋壁由致密层及内、外疏松层组成。旋脊发育，呈块状。通道高而宽。初房小，外径 0.01mm。

产地及层位：淄博；太原组底部。

苏伯特蜓科　Schubertellidae Skinner，1931
微纺锤蜓属　*Fusiella* Lee et Chen，1930
穆氏微纺锤蜓　*Fusiella mui* Sheng
（图版 1，图 13）

壳小，纺锤形，中部微拱，两极钝尖。4.5 圈，长 1mm，宽 0.32mm，轴率 3.1∶1，最初 2 圈呈内卷虫式，包卷很紧，具中轴与外圈中轴以角度相交。旋壁薄，由致密层及内、外疏松层组成。隔壁平直。轴积发育，呈块状。旋脊小。通道低而宽。初房微小，外径约 0.03mm。

产地及层位：淄博；太原组底部。

标准微纺锤蜓少圈亚种　*Fusiella typica sparsa* Sheng
（图版 1，图 14）

壳小，纺锤形，中部凸出，两极钝尖。5 圈，长 1.1mm，宽 0.37mm，轴率 3.0∶1，最初 2 圈内卷虫式，其中轴与外圈中轴以角度相交。旋壁薄，三层式。隔壁平直，轴积较弱。旋脊小。通道低而较宽。初房外径 0.03mm。

产地及层位：淄博；太原组底部。

标准微纺锤蜓延伸亚种 *Fusiella typica extensa* Rauser
（图版 1, 图 15）

壳小, 长纺锤形, 中部微拱, 两极钝圆。4.5 圈, 长 1.1mm, 宽 0.28mm, 轴率 3.92∶1, 内圈呈内卷虫式, 包卷很紧, 其中轴与外圈中轴以角度相交。旋壁薄, 由致密层及内、外疏松层组成。旋脊小, 在外圈上呈两个小黑点。通道低而宽, 轴积发育。初房小, 外径约 0.02mm。

产地及层位: 淄博; 太原组底部。

长微纺锤蜓 *Fusiella longissima* Zhang et Zhou
（图版 1, 图 16）

壳小, 长纺锤形, 中轴微弯曲, 中部一边强凸, 另一边平或微凸, 两极钝圆。5～6 圈, 长 1.66～2.9mm, 宽 0.37～0.55mm, 轴率 4.5∶1～5.4∶1, 内圈呈内卷虫式, 包卷很紧, 内圈中轴与外圈中轴呈角度相交。旋壁由致密层及内、外疏松层组成。隔壁在两极微皱。旋脊小。通道低而宽, 轴积发育。初房小, 外径 0.03～0.05mm。

产地及层位: 淄博; 太原组底部。

苏伯特蜓属 *Schubertella* Staff et Wedekind, 1910

宽松苏伯特蜓椭圆亚种 *Schubertella lata elliptica* Sheng
（图版 1, 图 17）

壳微小, 椭圆形, 中部微拱, 两极钝圆。3.5 圈, 长 0.52mm, 宽 0.26mm, 轴率 2∶1, 包卷较紧, 内圈呈内卷式包卷, 其中轴与外圈中轴呈角度相交。旋壁很薄, 在内圈未分化, 外圈上似由致密层和内疏松层组成。旋脊发育。通道低而窄。初房微小, 外径约 0.03mm。

产地及层位: 淄博; 太原组底部。

金氏苏伯特蜓 *Schubertella kingi* Dunbar et Skinner
（图版 1, 图 18）

壳微小, 长纺锤形, 中部微拱, 两极钝尖。3.5 圈, 内圈呈内卷虫式包卷, 其中轴与外圈中轴以角度相交, 长 0.84mm, 宽 0.26mm, 轴率 3.2∶1。旋壁很薄, 仅在外圈上见由致密层和内疏松层组成。隔壁仅在两极微皱。旋脊发育。通道低而宽。初房微小, 外径约 0.03mm。

产地及层位: 淄博; 太原组底部。

昧苏伯特蜓 *Schubertella obscura* Lee et Chen
（图版 4, 图 10）

壳非常微小, 近乎椭圆形或亚球形。2.5～3 圈, 长 0.3～0.43mm, 宽 0.2～0.3mm, 轴率 1.21∶1～1.5∶1, 最初一圈为球形, 其中轴有时和外圈斜交。旋壁极薄, 不甚清楚, 似由两层组成。隔壁平直。旋脊显著, 其高约为各相当壳室的 1/3。通道低而窄。如果从壳体的比例来看, 初房显得较大, 外径 0.05～0.07mm。

产地及层位: 淄博; 太原组底部。

展苏伯特䗴 *Schubertella elongata*, Sheng
(图版3,图16)

只有1个标本保存较好。壳小,纺锤形至长纺锤形,两极钝圆。3圈,长约0.52mm,宽约0.2mm,第二圈近乎椭圆形,轴率2∶1;第三圈(即最后一圈)为纺锤形,轴率2.6∶1;最初一圈的中轴与外圈的中轴近乎正交。旋壁很薄,由一层匀致层构成,在第二圈上的厚度为0.007mm。隔壁平直。旋脊显著,其高约为各相当壳室的1/2。通道宽而较高。初房未见。

产地及层位:淄博;太原组。

布尔顿䗴属 *Boultonia* Lee,1927
威尔斯氏布尔顿䗴 *Boultonia willsi* Lee
(图版1,图19)

壳微小,长纺锤形。5圈,包卷较紧,内2圈中轴与外圈轴正交,长约0.9mm,宽约0.2mm,轴率约4.5∶1。旋壁很薄,由致密层和透明层构成。隔壁薄,褶皱较强。旋脊小,每圈都有。初房很小。

产地及层位:淄博;太原组。

柔布尔顿䗴 *Boultonia gracilis* (Ozawa)
(图版5,图10)

壳很小,小而柔,近乎圆柱形,中部略凸,两极锐尖。6圈,包卷很紧,长1.65mm,宽0.31mm,轴率5.5∶1。旋壁及隔壁均甚薄,隔壁强烈褶皱。旋脊显著,每圈都有,呈两小黑点。通道显明,一般窄而高,在第五圈上宽0.04mm,在第六圈上宽0.065mm。初房圆而较大,外径0.03mm。

产地及层位:新汶;太原组。

陈氏尔顿䗴 *Boultonia cheni* Ho
(图版6,图1)

壳微小,长纺锤形,中部微凸,两极尖锐。4.5~5圈,长1.5~2mm,宽0.2~0.34mm,轴率5.7∶1~6.6∶1。旋壁很薄,最后一圈最厚,约0.01mm,由两层组成。隔壁在每个壳圈上都褶皱,较强,一般褶曲高为壳室的1/2。初房外径0.03~0.04mm,轴积很轻微。

产地及层位:新汶;太原组。

纺锤䗴科 Fusulinidae Moeller,1878
小纺锤䗴属 *Fusulinella* Moeller,1878
薄克氏小纺锤䗴 *Fusulinella bocki* Moeller
(图版1,图22)

壳小,粗纺锤形,中部强凸,两极钝尖。5圈,长2.33mm,宽1.25mm,轴率1.68∶1。旋壁由致密层、透明层及内、外疏松层组成。隔壁仅在两极微皱,旋脊很发育,通道高而窄。初房小,外径约0.07mm。

产地及层位:新汶;太原组底部。

高级小纺锤蜓 *Fusulinella provecta* (Sheng)
(图版2,图1)

壳中等,纺锤形,侧坡微拱,两极钝尖。5圈,长3.10mm,宽1.03mm,轴率3.0:1。旋壁由致密层、透明层及内、外疏松层组成。隔壁仅在两极微皱。旋脊非常显著。通道低而宽。初房小而圆,外径约0.12mm。

产地及层位:淄博;太原组底部。

肥小纺锤蜓 *Fusulinella obesa* (Sheng)
(图版2,图2)

壳小,粗纺锤形,中部强凸,侧坡微拱,两极钝圆。4圈,长1.56mm,宽0.82mm,轴率1.9:1。旋壁由致密层、透明层及内、外疏松层组成。隔壁仅在两极微皱,旋脊发育,通道明显。初房小而圆,外径约0.12mm。

产地及层位:淄博;太原组底部。

假薄克氏小纺锤蜓 *Fusulinella pseudobocki* (Lee et Chen)
(图版2,图3)

壳小,纺锤形,中部外凸,两极钝尖。4.5圈,长2.5mm,宽1.0mm,轴率2.5:1,内圈包卷较紧,外圈渐松。旋壁由致密层、透明层及内、外疏松层组成。隔壁中部平直,在两极褶皱较强,特别是最后一圈在两极延伸长,其隔壁褶皱也较强。旋脊非常显著,自通道向两极延伸。通道窄而较高。初房小而圆,外径0.11mm。

产地及层位:淄博;太原组底部。

松柔小纺锤蜓 *Fusulinella fluxa* (Lee et Chen)
(图版2,图4)

壳中等,纺锤形,中部微拱,两极宽圆。4圈,内部2圈包卷较紧,末圈放松,同时向两极延伸较长。长3.2mm,宽1.15mm,轴率2.8:1。旋壁由致密层、透明层及内、外疏松层组成。隔壁在两极褶皱强烈,形成松而简单的网状构造。旋脊发育,每周都有。通道高而宽。初房小,外径约0.1mm。

产地及层位:淄博;太原组底部。

松卷小纺锤蜓 *Fusulinella laxa* Sheng
(图版2,图5)

壳中等,纺锤形,中部凸出,两极钝尖。6.5圈,包卷较松,长3.42~4.28mm,宽1.56~

1.92mm,轴率2∶1～2.1∶1。最初2圈中轴短,亚球形,其余各圈渐变为纺锤形;旋壁较薄,由致密层、透明层及内、外疏松层组成。隔壁在两极微皱。旋脊显著。通道低而宽。初房小而圆,外径0.05～0.1mm。

产地及层位:淄博;太原组底部。

原小纺锤蜓属 *Profusulinella* Rauser et Beljaev,1936
小原小纺锤蜓 *Profusulinella parva* (Lee et Chen)
(图版5,图13)

壳微小—小,粗纺锤形—纺锤形。一般4～6圈,轴率1.2～2.1。旋壁由致密层及内、外疏松层组成。隔壁平直,或在两极微微褶皱。旋脊很大,每圈都有。

产地及层位:淄博;太原组。

似纺锤蜓属 *Quasifusulina* Chen,1934
凯佑氏似纺锤蜓 *Quasifusulina cayeuxi* (Deprat)
(图版5,图8)

壳大,短柱状,中部微凹,两极浑圆。6.5圈,长约6.7mm,宽约2.5mm,轴率约2.7∶1。旋壁由致密层和蜂巢层组成,致密层不连续。隔壁下半部褶皱,很规则,褶曲近四方形,轴积特别发育。初房较大,外径约0.3mm。

产地及层位:淄博;太原组。

弓形似纺锤蜓 *Quasifusulina arca* Lee
(图版5,图9)

壳大,枕状,中部微凹,两极浑圆。6圈,长约8.3mm,宽约2.25mm,轴率约3.7∶1。旋壁薄,由致密层和蜂巢层组成。隔壁全面褶皱,褶曲排列规则,轴积发育,沿中轴部分呈扇状分布。初房圆,外径约0.25mm。

产地及层位:淄博;太原组。

长似纺锤蜓 *Quasifusulina longissima* (Moeller)
(图版6,图2)

壳中等到大,有时巨大,圆柱形或亚圆柱形。常见者5圈,有时可达6圈,长5.14～7.4mm,宽1.13～1.74mm,轴率约4.5∶1。旋壁极薄,外圈只有0.03mm,由2层组成,致密层不连续,蜂巢层极细,有时甚至看不清楚。隔壁仅限于下半部褶皱,很规则,轴切面上呈"□"形排列,第1圈—第5圈的宽度依次为0.50mm、0.73mm、1.03mm、1.3mm、1.62mm。旋脊无。通道低。初房相当大,形状不一,有球形、矩形及肾形等,球形者外径约0.38mm。

产地及层位:新汶;太原组。

紧捲似纺锤蜓 *Quasifusulina compacta* (Lee)
(图版 6,图 3)

这个种和长似纺锤蜓很接近,所不同的是壳圈包卷很紧,旋壁较薄,两极尖锐。第 1 圈—第 6 圈宽度依次为 0.44mm、0.58mm、0.80mm、1.04mm、1.34mm、1.67mm。初房外径 0.25mm 左右。

产地及层位:新汶;太原组。

太子河蜓属 *Taitzehoella* Sheng,1951
太子河太子河蜓 *Taitzehoella taitzehoensis* Sheng
(图版 1,图 20)

壳小,菱形,中部强凹,侧坡内凹,两极钝尖。7 圈,长 1.76mm,宽 1.0mm,轴率 1.76∶1,各圈包卷很紧。旋壁极薄,由致密层和内疏松层组成。旋脊显著,呈两个小黑点,其高度约为壳室的 3/4。通道高,近乎方形。初房外径 0.03mm。

产地及层位:淄博;太原组底部。

太子河太子河蜓延伸亚种 *Taitzehoella taitzehoensis extensa* Sheng
(图版 1,图 21)

壳小,菱形。7 圈,长 1.96～2.28mm,宽 0.98～1.08mm,轴率 2∶1～2.13∶1。旋壁两层式。隔壁在两极呈波状褶曲。旋脊显著,每圈都有。初房外径约 0.04mm。

产地及层位:淄博;太原组底部。

纺锤蜓属 *Fusulina* Fischer de Waldheim,1829
谢尔文氏纺锤蜓 *Fusulina schellwieni* (Staff)
(图版 2,图 6)

壳中等,纺锤形,中部强凸,侧坡陡峻,两极钝尖。6.5 圈,长 3.7mm,宽 1.6mm,轴率 2.3∶1。旋壁由致密层、透明层及内、外疏松层组成。隔壁褶皱较强而规则。旋脊显著,每圈都有。通道窄而高。初房不清楚。

产地及层位:济宁;太原组底部。

畔沟纺锤蜓 *Fusulina pankouensis* (Lee)
(图版 2,图 7)

壳大,长纺锤形,中轴微弯,一边强凸,另一边平或内凹,两极钝尖。5.5 圈,长 8.6mm,宽 1.79mm,轴率 4.8∶1。旋壁由致密层、透明层及内疏松层、外疏松层组成。隔壁强烈褶皱。旋脊见于内部 2 圈。轴积很发育。初房圆,外径约 0.21mm。

产地及层位:淄博;太原组底部。

似纺锤蜓状纺锤蜓 *Fusulina quasifusulinoides* Rauser
（图版2，图8）

壳中等,亚圆柱形,中部微拱,两极钝圆。6圈,长5.4mm,宽1.68mm,轴率3.2∶1。旋壁由致密层、透明层及内、外疏松层组成。隔壁强烈褶皱,褶曲较规则。旋脊仅见内部几圈。通道低而宽,轴积发育。初房圆,外径约0.26mm。

产地及层位：淄博；太原组底部。

筒形纺锤蜓 *Fusulina cylindrica* Fischer
（图版1，图23）

标本保存不甚完整。壳小至中等,长纺锤形,中部微拱,两极钝尖。3圈,长3.15mm,宽0.75mm,轴率4.2∶1。旋壁由致密层、透明层及内、外疏松层组成。隔壁强烈褶皱。旋脊仅见于内圈。通道低而宽,轴积淡,沿中轴呈条带状分布。初房外径约0.2mm。

产地及层位：淄博；太原组底部。

似筒形纺锤蜓 *Fusulina quasicylindrica* (Lee)
（图版2，图9）

壳中等,长纺锤形,中轴微弯,中部一边凸,一边平,两极钝圆。5.5圈,长5.6mm,宽1.47mm,轴率3.8∶1。旋壁很薄,在外圈由致密层、透明层及内、外疏松层组成。隔壁强烈褶皱,褶曲比较规则。旋脊不清楚。通道低而宽,轴积轻微,仅见于内圈。初房外径约0.18mm。

产地及层位：淄博；太原组底部。

似筒形纺锤蜓大初房亚种 *Fusulina quasicylindrica megaspherica* Sheng
（图版3，图1）

壳中等,长纺锤形,中部一边微拱,另一边平,两极钝尖。4.5圈,包卷较松,长5.9mm,宽1.4mm,轴率4.2∶1。旋壁由致密层、透明层及内、外疏松层组成。隔壁强烈褶皱。旋脊仅见于内圈,轴积轻微,沿中轴分布于内部2圈。初房大,外径约0.28mm。

产地及层位：淄博；太原组底部。

长极纺锤蜓 *Fusulina longitermina* Zhang et Zhou
（图版3，图2）

壳大,长纺锤形,中部一边微拱,另一边平,侧坡平缓,两极钝尖。正模有6圈,各圈包卷较紧,长9.1mm,宽1.42mm,轴率6.4∶1。旋壁由致密层、透明层及内、外疏松层组成。隔壁强烈褶皱,褶曲在中部和侧坡比较规则,呈半圆形,其高度约为壳室的2/3,在两极呈网状构造。旋脊发育于内圈。通道低而宽,轴积很发育,除最外一圈,呈条带状沿中轴分布于整个壳圈。初房小,外径0.21mm。

产地及层位：淄博；太原组底部。

昆仑镇纺锤蜓 *Fusulina kunlunzhengensis* Zhang et Zhou
（图版 3，图 3）

壳大，长纺锤形或亚圆柱形，中轴微弯，中部一边强凸，另一边平或微凹，两极钝尖。正模 5.5 圈，包卷较松，长 7.1mm，宽 1.68mm，轴率 4.2∶1。旋壁由致密层、透明层及内、外疏松层组成。隔壁强烈褶皱，在中部褶曲比较规则，呈三角形，其高度几乎达壳室之顶，在侧部和两极呈泡沫状构造。旋脊较发育，见于内圈。通道低而宽。初房圆，外径 0.21～0.3mm。

产地及层位：淄博；太原组底部。

比德蜓属 *Beedeina* Galloway，1933 emend，Ishii，1957
美丽比德蜓 *Beedeina pulchella* (Grozdilova)
（图版 3，图 4）

壳大，长纺锤形，中轴微弯，中部微拱，侧坡平缓，两极钝尖。8.5 圈，包卷紧，内圈为内卷虫式包卷，其中轴与外圈中轴以角度相交，长 8.2mm，宽 1.58mm，轴率 5.2∶1。旋壁由致密层、透明层及内、外疏松层组成。隔壁强烈褶皱，褶曲在中部较规则。旋脊发育，每圈都有。通道高而窄，轴积轻微。初房小，外径约 0.08mm。

产地及层位：淄博；太原组底部。

今野氏比德蜓 *Beedeina konnoi* (Ozawa)
（图版 2，图 10、11）

壳小，纺锤形，中部凸，两极钝尖。4～5 圈，长 2.05～2.6mm，宽 0.92～1.1mm，轴率 2.2∶1～2.36∶1。最初一圈中轴短，为椭圆形，以后逐渐变为纺锤形。旋壁薄，在内圈由致密层、透明层及内、外疏松层组成。隔壁褶皱，中部次之。旋脊明显，每圈都有。通道窄而高。初房圆而小，外径 0.12～0.17mm。

产地及层位：淄博；太原组底部。

假今野氏比德蜓 *Beedeina pseudokonnoi* (Sheng)
（图版 2，图 12）

壳中等，纺锤形，中部外凸，两极钝尖。5 圈，长 3.4mm，宽 1.2mm，轴率 2.8∶1。旋壁由致密层、透明层及内、外疏松层组成。隔壁在内圈上褶皱较弱且规则，在最外一圈褶皱较强而不甚规则。旋脊发育，每圈都有。通道在内圈窄，外圈较宽。初房圆，外径约 0.2mm。

产地及层位：淄博；太原组底部。

假今野氏比德蜓长型亚种 *Beedeina pseudokonnoi longa* (Sheng)
（图版 3，图 5）

壳中等，长纺锤形，中部微凸，两极钝尖。6 圈，长 5.5mm，宽 1.74mm，轴率 3.16∶1。旋壁由致密层、透明层、外疏松层组成。隔壁在内圈褶皱较弱且规则，在外圈上褶皱较强而不规则。旋脊显著。通道在内圈窄,外圈宽。初房外径约0.21mm。

产地及层位:淄博;太原组底部。

劳梭氏比德鳕 *Beedeina rauserae* (Chernova)
(图版2,图13)

壳中等,纺锤形,中部凸,两极钝尖。7圈,首圈呈内卷虫式包卷,其中轴与外圈中轴以角度相交,长4.5mm,宽1.55mm,轴率2.9∶1。旋壁由致密层、透明层及内、外疏松层组成。隔壁褶皱在内圈上较弱而规则,在外圈上较强而不规则。旋脊发育,每圈都有。通道窄而高,轴积发育。初房小,外径0.05mm。

产地及层位:淄博;太原组底部。

乌利丁比德鳕 *Beedeina ulitinensis* (Rauser)
(图版3,图6)

壳中等,长纺锤形,中部微凸,两极钝圆。6圈,最后一圈的一极特别伸展并放宽,另一极不放宽,钝尖,长5.6mm,宽1.4mm,轴率4∶1。旋壁由致密层、透明层及内、外疏松层组成。隔壁褶皱强烈。旋脊发育,见于内部3圈。通道低而窄,轴积分布于内部4圈。初房外径约0.16mm。

产地及层位:淄博;太原组底部。

假聂特夫比德鳕 *Beedeina pseudonytvica* (Sheng)
(图版3,图7)

壳中等,纺锤形,中部强凸,两极钝而略圆。6.5圈,长4.8mm,宽1.95mm,轴率2.46∶1。旋壁由致密层、透明层及内、外疏松层组成。隔壁褶皱强烈。旋脊较发达。通道低而宽,轴积轻微。初房圆,外径约0.2mm。

产地及层位:淄博;太原组底部。

杨氏比德鳕 *Beedeina yangi* (Sheng)
(图版2,图14)

壳中等,长纺锤形,中部凸,两极锐尖。4圈,长3.6mm,宽1.16mm,轴率3.1∶1。旋壁薄,由致密层、透明层及内、外疏松层组成。隔壁褶皱强烈,褶曲比较规则,在两极呈泡沫状构造。旋脊见于内圈。通道低而宽。初房较大,外径约0.25mm。

产地及层位:淄博;太原组底部。

原麦鳕属 *Protriticites* Putrja,1948
松原麦鳕 *Protriticites rarus* Sheng
(图版3,图8)

壳小,纺锤形,中部外凸,两极钝尖。4圈,长2mm,宽0.95mm,轴率2.1∶1。旋壁在最初 3 圈由致密层、透明层及内、外疏松层组成,在外圈上似缺少透明层。隔壁在中部平直,两极呈波状褶皱。旋脊发育。通道明显。初房小,外径约 0.08mm。

产地及层位:淄博;太原组底部。

牛毛岭原麦蜓 *Protriticites niumaolingensis* Sheng
(图版 5,图 12)

壳很小,近乎椭圆形,中部拱起,两极圆钝。4 圈,长约 1.74mm,宽约 0.9mm,轴率 1.93:1,最初 3 圈包卷很紧,最后一圈放松。旋壁很薄,最内 3 圈由 4 层组成,透明层很薄,所有这 4 层均为微孔贯穿,最后一圈的旋壁由致密层及穿有微孔构造的原始层组成。隔壁在中部平直,在两极微皱。隔壁孔散布在两极的隔壁上,其他地方未见。旋脊大,其高为各相当壳室内的 1/3~1/2。通道低而窄。初房外径 0.1mm。

产地及层位:淄博;太原组。

普德尔蜓属 *Putrella* Rauser,1951
卢氏普德尔蜓 *Putrella lui* Sheng
(图版 4,图 1)

壳中等,亚圆柱形,中部一边微拱,一边平或微凹,两极钝圆。3.5 圈,长 4.6mm,宽 1.15mm,轴率 4:1。旋壁由致密层及内疏松层组成。隔壁强烈褶皱,褶曲窄而高,两极呈网格状构造。旋脊仅见于初房。通道不明显。初房小,外径约 0.15mm。

产地及层位:淄博;太原组底部。

希瓦格蜓科 Schwagerinidae Dunbar et Henbest,1930
希瓦格蜓属 *Schwagerina* Moeller,1877
博山希瓦格蜓 *Schwagerina boshanensis* Zhang et Zhou
(图版 5,图 2)

壳巨大,长纺锤形,中部一边微拱,一边微凹,侧坡平缓,两极钝圆并伸长。5.5 圈,各圈都包卷较紧,长约 10.5mm,宽 2.4mm,轴率 4.4:1。旋壁由致密层和蜂巢层组成,在内圈上薄,在外圈上厚。隔壁强烈褶皱,褶曲很不规则,在中部互相重叠,在两极和侧部形成泡沫状构造。旋脊微小,仅见于初房。通道不明显,无轴积。初房圆,外径约 0.2mm。

产地及层位:淄博;太原组。

弯曲希瓦格蜓 *Schwagerina flexa* Zhang et Zhou
(图版 5,图 3)

壳中等,亚圆柱形,中部一边凸,一边内凹,侧坡陡,中轴弯曲,两极钝尖。6 圈,包卷较紧,内部 3 圈包卷更紧,呈纺锤形,最外一圈自两极迅速向外延伸,呈亚圆柱形,长 7mm,宽 1.4mm,轴率 5:1。旋壁由致密层和蜂巢层组成。隔壁强烈褶皱,褶曲呈三角形,在中部较规则,其高度常达壳室之顶,在两极和侧部呈网状构造。旋脊仅见于内圈,无轴积。初房圆而小,外径0.08mm。

产地及层位:淄博;太原组。

李希霍芬氏希瓦格蜓　*Schwagerina richthofeni* (Schellwien)
（图版5,图4）

壳大,长纺锤形,中部微拱,两极钝圆。6圈,内圈包卷较紧,外圈放松,长约9.0mm,宽约2.3mm,轴率约3.9∶1。旋壁由致密层和蜂巢层组成。隔壁全面规则褶皱,两极有网格状构造。旋脊无。通道不明显。初房圆而小,外径约0.2mm。

产地及层位:淄博;太原组。

虫状希瓦格蜓　*Schwagerina erucaria* (Schwager)
（图版5,图5）

壳大,近乎圆柱形,中部微凸,两极特别伸长。5.5圈,长8mm以上,宽约2.2mm,轴率约4∶1。旋壁由致密层和蜂巢层组成。隔壁褶皱规则,在内圈上比外圈上强,两极呈网状构造。旋脊无。通道很窄。初房外径约0.2mm。

产地及层位:淄博;太原组。

日本希瓦格蜓　*Schwagerina japonica* (Gümbel)
（图版4,图9）

壳大,纺锤形,中部相当凸,两极稍圆。4.5圈,长5mm以上,宽约2.8mm,轴率约2∶1。旋壁由致密层和蜂巢层组成,蜂巢层相当粗。隔壁全面强烈褶皱,褶曲窄高,常达壳室之顶。旋脊无。初房外径约0.4mm。

产地及层位:淄博;太原组。

李氏希瓦格蜓　*Schwagerina leei* Sheng
（图版4,图8）

壳中等,纺锤形,中部强凸,两极钝尖。4.5圈,长约3.5mm,宽约1.75mm,轴率2∶1。旋壁由致密层和蜂巢层组成。隔壁较薄,全面强烈褶皱,不甚规则,在两极形成复杂的网状构造。旋脊无。初房圆,外径约0.3mm。

产地及层位:淄博;太原组。

拟普通希瓦格蜓　*Schwagerina paragregaria* (Rauser)
（图版5,图6）

壳中等,长纺锤形,中部凸,侧坡平缓,两极钝尖。6圈,各圈包卷较紧,内部2圈更紧,长5.9mm,宽1.7mm,轴率3.5∶1。旋壁由致密层和蜂巢层组成。隔壁褶皱强烈,褶曲在中部比较规则,呈半圆形,在两极和侧部呈网状构造。旋脊小,仅存在于内部 2 圈。轴积轻微,沿中轴呈条带分布于内部 3 圈中。初房圆而小,外径约 0.1mm。

产地及层位:淄博;太原组。

枕形希瓦格䗴 *Schwagerina cervicalis* (Lee)
(图版 5,图 7)

壳中等,纺锤形,中部宽平,侧坡陡斜,两极钝尖。8 圈,最初 2 圈包卷很紧,其后壳圈逐渐放松,长 5.5mm,宽 2.0mm,轴率 2.75:1。旋壁由致密层和蜂巢层组成。隔壁褶皱强烈,且不规则,轴积发育,除最外一圈均被布满。旋脊小,仅见于内圈。初房圆而小,外径约 0.1mm。

产地及层位:淄博;太原组。

阿木山希瓦格䗴 *Schwagerina amushanensis* Sheng
(图版 6,图 4)

壳大,长纺锤形,中部一边微凸,另一边微凹,两极钝尖。5.5 圈,长 7.66～8.38mm,宽 2.4～2.5mm。轴率 3.19:1～3.35:1,各圈的宽度依次为 0.45mm、0.70mm、1.07mm、1.57mm、2.16mm。旋壁较厚,2 层,蜂巢层较粗。旋壁在内圈厚约 0.033mm,在外圈厚 0.06～0.08mm。隔壁较薄,全部全面褶皱,非常强烈,近两极区褶皱常紧而不规则,在中央部分褶皱宽松。旋脊小,只在最初 2～3 圈上可以见到,通道在内圈上窄,在外圈上较宽。初房圆,外径 0.27～0.3mm。

产地及层位:淄博;太原组。

那托斯特希瓦格䗴 *Schwagerina nathorsti* Staff et Wedekind
(图版 6,图 5)

壳中等,纺锤形,中部强凸,两极钝尖。一般有 6 圈,有时可达 7 圈,最初数圈包卷很紧,其后渐松,最初 2～3 圈的旋壁似由一层组成,未见有蜂巢层构造,第三圈以后始有蜂巢层出现,一般长 5.3～6mm,宽 2.3～2.4mm,轴率 2.2:1～2.31:1。各圈的宽度依次为 0.31mm、0.49mm、0.73mm、1.12mm、1.71mm、2.33mm。隔壁较厚,全面强烈褶皱,不甚规则,近两极处更不规则。旋脊在内圈很显著,在外圈未见。通道在内圈小而窄,在外圈较宽,为长方形。初房圆,外径 0.13～0.16mm。

产地及层位:淄博;太原组。

那托斯特希瓦格䗴宽松变种 *Schwagerina nathorsti* var. *laxa* (Lee)
(图版 6,图 6)

这个变种和标准种的区别:壳较大(长 8mm,宽 2.24mm);壳圈稍多,经常有 7 圈;两极延伸较长;最后两圈包卷松而宽,变种名即由此而来。

各圈的宽度依次为 0.25mm、0.44mm、0.71mm、1.04mm、1.34mm、1.71mm、2.24mm。初房外径约 0.14mm。旋壁厚度在第 1 圈及第 2 圈各为 0.03mm,第 3 圈至第 5 圈各为 0.044mm,最后 2 圈约为 0.056mm。

产地及层位:淄博;太原组。

高尚希瓦格蜓 *Schwagerina nobilis* (Lee)
(图版 6,图 7)

壳中等,纺锤形,中部凸,两极尖。5~6 圈,长 4~6mm,宽 1.33~2mm,轴率一般约 3:1,各圈的宽度依次为 0.25mm、0.40mm、0.64mm、1.09mm、1.76mm。旋壁厚,2 层,蜂巢层粗。隔壁较厚,褶皱强而规则。旋脊小,仅见于内圈。通道窄而较高。初房外径 0.08~0.14mm。

产地及层位:淄博;太原组。

李希霍芬希瓦格蜓华丽变种 *Schwagerina richthofeni* var. *speciosa* (Lee)
(图版 2,图 15)

壳中等,纺锤形,中部微凸,两极略尖。6 圈,长约 6.66mm,宽 3.13mm,轴率一般约 2.1:1,各圈的宽度依次为 0.41mm、0.72mm、1.24mm、1.93mm、2.64mm、3.64mm。旋壁构造、隔壁褶皱均和标准种相同。旋脊无。通道小而窄。初房圆,外径 0.28mm。

产地及层位:淄博;太原组。

平常希瓦格蜓 *Schwagerina vulgaris* (Schellwien)
(图版 6,图 8)

壳中等到大,粗纺锤形,中部强凸,侧坡膨大,两极钝尖。5.5~6.5 圈,一般长约 5.15mm,宽约 3.5mm,轴率约 1.47:1。所有壳圈的包卷均较松,第 2 圈至第 6 圈的宽度依次为 1.12mm、1.49mm、2.7mm、3.67mm、4.55mm。旋壁很厚,2 层,蜂巢层很粗。旋壁在第 6 圈厚约 0.11mm。隔壁褶皱强,不甚规则,其在内圈几乎全面褶皱,在最外圈只有下半部褶皱。旋脊无。通道不甚清楚。初房圆,外径 0.11~0.33mm。

产地及层位:淄博;太原组。

麦蜓属 *Triticites* Girty,1904
博山麦蜓 *Triticites boshanensis* Zhang et Zhou
(图版 3,图 10)

壳小,纺锤形,中部凸,侧坡平斜。4 圈,内部 3 圈包卷较紧,最外一圈向两极伸长,长 1.9mm,宽 0.6mm,轴率约 3:1。旋壁较薄,由致密层和蜂巢层组成。隔壁强烈褶皱,中部褶曲呈半圆形,排列稀疏且较规则,两极较复杂。旋脊发育,每圈均有。初房圆而小,外径约 0.1mm。

产地及层位:淄博;太原组。

山东麦蜓 *Triticites shandongensis* Zhang et Zhou
（图版 3，图 9）

壳小，纺锤形，中部凸，侧坡平斜，两极钝尖。3 圈，长 2mm，宽 0.71mm，轴率约 2.8∶1。旋壁较薄，由致密层和蜂巢层组成。隔壁强烈褶皱，褶曲在中部呈半圆形，排列紧密而规则，外圈上常达壳室之顶，在两极呈网格状构造。旋脊仅见于内圈，在切面上呈两个小黑点。通道低窄，初房圆。

产地及层位：淄博；太原组。

小麦蜓 *Triticites parvulus* (Schellwien)
（图版 3，图 11）

壳小，纺锤形，中部凸，侧坡圆滑，两极钝尖。5.5 圈，长约 2.6mm，宽约 1.1mm，轴率约 2.4∶1。旋壁由致密层和蜂巢层组成。隔壁强烈褶皱，不甚规则，两极呈疏松的网格状构造。旋脊小，每圈都有。初房小而圆。

产地及层位：淄博；太原组。

亚那托斯特氏麦蜓 *Triticites subnathorsti* Lee
（图版 3，图 12）

壳小，外形近乎菱形。5.5 圈，最初 3 圈包卷较紧，外部 2 圈较松，长约 2.7mm，宽约 1.4mm，轴率约 1.9∶1。旋壁由致密层和蜂巢层组成。隔壁在内圈上褶皱弱，外圈上全面褶皱，褶曲很宽松，高度达壳室之顶。旋脊在内圈上明显，自通道两侧延伸至两极，在外圈上缺失。初房小而圆。

产地及层位：淄博；太原组。

黄练峡麦蜓 *Triticites huanglienhsiaensis* Chen
（图版 4，图 4）

壳中等，纺锤形，中部钝尖。5 圈，长约 4.1mm，宽约 1.6mm，轴率约 2.5∶1。旋壁由致密层和蜂巢层组成。隔壁褶皱仅限于下部 2/3 面上，不规则而强烈，两极有较复杂的网格状构造。旋脊小，每圈都有。初房小。

产地及层位：济宁；太原组。

简单麦蜓 *Triticites simplex* (Schellwien)
（图版 4，图 5）

壳大，长纺锤形。5.5 圈，最初 2 圈包卷较紧，其次各圈依次放松，长约 6.4mm，宽约 1.8mm，轴率约 3.6∶1。旋壁由致密层和蜂巢层组成。隔壁褶皱弱而不规则，两极有简单的网格状构造。旋脊小，但每圈都有。初房圆，外径约 0.18mm。

产地及层位：济宁；太原组。

皱壁䗴属 *Rugosofusulina* Rauser,1937
大皱壁䗴 *Rugosofusulina gigantea* Zhong et Zhou
(图版 4,图 6)

壳巨大,亚圆柱形,中部一边强凸,一边平或微凹,侧坡平斜,两极钝圆。6圈,内圈包卷较紧,呈粗纺锤形,从第3圈起壳圈渐放松,呈亚圆柱形,长大于10mm,宽3.2mm,轴率约3.8∶1。旋壁由致密层和蜂巢层组成,局部致密层起波状褶皱。隔壁强烈褶皱,不规则,褶曲在中部窄而高,常达壳室之顶,最外半圈上褶曲呈半圆形,高度较低,约占壳室1/2,两极呈复杂的网格状构造。轴积轻微,仅见内部2圈。旋脊小,仅见于内圈。初房圆,外径约0.26mm。

产地及层位:淄博;太原组。

健壮皱壁䗴 *Rugosofusulina valida* (Lee)
(图版 4,图 7)

壳大,纺锤形,中部一边凸,一边微凹,两极钝圆。4.5圈,长约6.2mm,宽约2.2mm,轴率约2.8∶1。旋壁由致密层和蜂巢层组成,致密层起波状褶皱。隔壁全面褶皱,褶曲排列较松,不规则,轴积发育于内圈。初房圆,外径约0.3mm。

产地及层位:淄博;太原组。

复褶皱壁䗴 *Rugosofusulina complicata* (Schellwien)
(图版 5,图 1)

壳大,近似圆柱形,中部平,两极钝尖。5圈,长约8.9mm,宽约2.5mm,轴率约3.6∶1。旋壁由致密层和蜂巢层组成,旋壁上具齿状褶皱。隔壁全面褶皱,褶曲极不规则,在两极形成复杂的网格状构造,轴积弱,仅见于内圈。初房圆,外径约0.4mm。

产地及层位:淄博;太原组。

阿尔卑褶皱壁䗴 *Rugosofusulina alpina* (Schellwien)
(图版 6,图 9)

壳中等,壳形不甚规则,一般为圆柱形,长度无从测得。4圈,有时可达5圈,宽约2.51mm,各圈的宽度依次为0.50mm、0.74mm、1.17mm、1.80mm、2.51mm。旋壁薄,褶皱比较显著,在最后一圈上厚约0.06mm,蜂巢层较细。隔壁薄,全面强烈而不规则地褶皱,两极有网孔构造。旋脊仅见于内圈,极小。通道低而窄。初房圆,外径约0.32mm。

产地及层位:济宁;太原组。

古代褶皱壁䗴 *Rugosofusulina prisca* (Ehrenberg)
(图版 6,图 10)

壳中等,不对称纺锤形,中部一边常比另一边凸,两极钝圆。一般有5圈,长4.11mm,宽

1.68mm，轴率 2.4：1，各圈的宽度依次为 0.32mm、0.56mm、1.05mm、1.56mm、1.05mm、1.56mm、2.07mm。旋壁薄而褶曲，由 2 层组成，第 5 圈最厚，约 0.05mm。隔壁较旋壁更薄，全面强烈褶皱，不甚规则。旋脊极小，仅见于内圈。通道不明显。初房圆，外径 0.17～0.23mm。

产地及层位：济宁；太原组。

假希瓦格蜓属 *Pseudoschwagerina* Dunbar et Skinner，1936
老假希瓦格蜓 *Pseudoschwagerina gerontica* Dunbar et Skinner
（图版 4，图 2）

壳大，椭圆形，中部强凸，侧坡陡斜，两极钝圆。8 圈，内部 4 圈包卷很紧，呈纺锤形，从第 5 圈起迅速放松，呈椭圆形，长 7.5mm，宽 4.9mm，轴率 1.5：1。旋壁由致密层及蜂巢层组成。隔壁褶皱因受到挤压破碎而不规则。旋脊仅见于内部 4 圈，似呈三角形，其高度约占壳室的 2/3。通道低而宽。初房小而圆，外径约 0.15mm。

产地及层位：淄博；太原组。

乌登氏假希瓦格蜓 *Pseudoschwagerina uddeni* Beede et Kniker
（图版 4，图 3）

壳大，粗纺锤形，侧坡内凹，两极尖圆。6 圈，最初 2 圈包卷很紧，从第 3 圈起骤然放松，最末一圈略有收紧，长约 8.4mm，宽 4.85mm，轴率 1.7：1。旋壁由致密层和蜂巢层组成。隔壁褶皱在中部弱，呈低而宽的褶曲，在两极强，呈泡沫状。旋脊小，仅见于首圈。初房小，外径约 0.3mm。

产地及层位：淄博；太原组。

3.1.2 非蜓有孔虫目 Foraminifera

砂盘虫科 Ammodiscidae Reuss，1862
砂盘虫属 *Ammodiscus* Reuss，1862
小型砂盘虫 *Ammodiscus parvus* Reitlinger，1950
（图版 3，图 14）

壳盘形，继初房之后，第二管状房室围绕初房平旋。3.5 圈，1～3.5 圈的外径依次为 0.08mm、0.14mm、0.24mm、0.32mm。壳壁胶结型，口孔位于管状房室的末端。初房外径 0.04mm。

产地及层位：新汶；太原组。

球旋虫属 *Glomospira* Rzehak，1885
规则球旋虫 *Glomospira regularis* Lipina，1949
（图版 3，图 13）

壳体为不规则的亚球形，第二管状房室围绕初房稍作绕旋，但以接近同一平面的扭旋为主,壳短径为 0.30mm,长径为 0.38mm。壳壁由暗色细粒状层组成。初房不很清晰,近椭圆形,外短径约为 0.02mm,长径为 0.04mm。

产地及层位:聊城;太原组。

双重球旋虫 *Glomospira dublicata* Lipina,1949
（图版 3,图 15）

壳体切面近圆球形。早期管状房室围绕初房绕旋,晚期则接近在同一平面上扭旋。最大壳径 0.63mm。壳壁由暗色粒状层组成。初房球形,外径 0.06～0.09mm。

产地及层位:新汶;太原组。

砂旋虫属 *Ammovertella* Cushman,1928
山西砂旋虫 *Ammovertella shanxiensis* Xia et Zhang
（图版 4,图 11）

壳体由初房及第二管状房室组成。除首圈平旋外,第二管状房室围绕初房周期性地作正向、反向"Ω"形不封闭的平旋。管状房室呈肠状,不很规则,逐渐加粗,最大壳径 0.76mm,壳壁厚而粗糙,胶结型。第二管状房室终端宽度为 0.16mm。初房圆小,外径 0.02mm。

产地及层位:新汶;太原组。

串珠虫科 Textulariidae Ehrenberg,1833
旋织虫属 *Spiroplectammina* Cushman,1927
概观旋织虫 *Spiroplectammina conspecta* Reidinger,1950
（图版 4,图 12）

壳体狭长,最初近 2 圈平旋,其后壳体伸直且房室呈双列式,壳体总长 0.76mm,平旋部分壳径 0.23mm。伸展期长 0.52mm,宽 0.26mm,具房室 5.5 对。壳壁厚,胶结型,双列期隔壁交错生长,末端膨大并弯曲呈钩状,与对隔壁不连接,隔壁向上缓突呈弧形。

产地及层位:新汶;太原组。

拟节房虫科 Nodosinellidae Rhumbler,1895
格涅茨虫属 *Geinitzina* Spandel,1901
后石炭格涅茨虫 *Geinitzina postcarbonica* Spandel,1901
（图版 4,图 13）

壳体呈圆锥体,纵切面呈规则楔形,单列式,由 9 个近于矩形的带状房室组成。房室高度、宽度逐渐加大,后生房室微超覆于前一房室,壳高 0.30mm,壳宽 0.19mm。壳壁由纤维状透明外层及极薄而致密的暗色内层组成。隔壁近平而微微向上缓突。初房圆球形,外径 0.04mm。

产地及层位:聊城;太原组。

斯潘德尔格涅茨虫平坦变种 *Geinitzina spaodeli* var. *plana* Lipina,1949

(图版 3,图 17)

壳体纵切面呈短柱形,单列式,由 8 个不很规则的带状房室组成,房室中部近平或微向上缓突,侧部弯曲呈弧形,房室较低。壳高 0.43mm,壳宽 0.23mm。壳壁不很清晰,似由纤维状透明外层及暗色内层组成。隔壁中部近平或微呈弧形,侧部弯曲显著。初房扁卵形,外径 0.04～0.10mm。

产地及层位:新汶;太原组。

厚壁虫属 *Pachyphloia* Lange,1925

林娜氏厚壁虫 *Pachyphloia linae* (M. Maclay,1954)

(图版 2,图 16)

壳体纵切面呈长圆柱形,早期壳体较宽,晚期逐渐变细。单列式,具 9～10 个房室,最初几个房室呈明显弯曲弧形,房室低矮;晚期房室渐呈弯月形至半圆形,一般中部房室宽度最大。壳高 0.65～0.70mm,壳宽 0.20～0.22mm。壳壁由纤维状透明层构成,在早—中期壳壁显著加厚,致使壳体早—中期宽度大于晚期宽度。初房近圆形,外径 0.04～0.06mm。

产地及层位:新汶、聊城;太原组。

剑形厚壁虫 *Pachyphloia lanceolata* M. Maclay,1954

(图版 2,图 17)

壳体纵切面呈细长楔形,始端尖锥状,中部壳体宽度最大,晚期略微收缩,末端圆钝。单列式,房室 7～8 个,最初 1～4 房室增大较迅速,最后几个房室大小变化不显著,房室呈较规则的半圆形。壳高 0.46～0.50mm,壳宽 0.16～0.24mm。壳壁纤维状透明层,在壳体中部壳壁加厚显著。隔壁内侧呈半圆形,外侧近平。初房圆形,外径 0.03～0.04mm。

产地及层位:新汶;太原组。

古串珠虫科 Palaeotextularia Galloway,1933

古串珠虫属 *Palaeotextularia* Schubert,1921

长隔壁古串珠虫厚壁变种 *Palaeotextularia longiseptata* var. *crassa* Lipina,1948

(图版 7,图 1)

壳体圆锥形。双列式,7 对逐渐加大的房室。壳长 0.94mm,壳宽 0.54mm。壳壁 2 层,暗色粒状外层及纤维放射状透明内层。隔壁末端膨大,早期隔壁较长,交错穿插而不连接;晚期隔壁较短,交错排列,但不穿插或连接,缝合线内凹。缘内口孔单一,始端角约 50°。初房圆形,外径 0.16mm。

产地及层位:聊城;太原组。

相关古串珠虫 *Palaeotextularia consobrina* Lipina,1948

(图版 7,图 2)

壳体纵切面呈楔形。双列式,7 对房室,逐渐增大,排列较为紧密。壳高 1.05mm,壳宽

0.56mm。壳壁由钙质暗色粒状外层及纤维状透明内层组成。隔壁较长,末端膨大,与前一房室的隔壁末端在壳体中部相连。初房外径 0.13mm。

产地及层位:聊城;太原组。

武安古串珠虫 *Palaeotextularia wuanensis* Xia et Zhang
(图版 7,图 3)

壳体钝圆锥形。双列式,具 3～3.5 对迅速增大的房室。壳长 0.66～0.80mm,壳宽 0.60～0.82mm。壳壁 2 层,暗色粒状外层及纤维状透明内层。隔壁呈向侧上方突出的弧形,早期隔壁较长,几近连接;晚期隔壁较短,交错生长,略互相穿插,但不相连。缘内口孔单一,缝合线微凹,始端角 60°～70°。初房圆形,外径 0.12～0.14mm。

产地及层位:聊城;太原组。

马家沟古串珠虫 *Palaeotextularia majiagouensis* Xia et Zhang
(图版 7,图 4)

壳体尖锥形。双列式,具 7～8 对排列紧凑密集,逐渐加大的房室。壳长 0.69～0.84mm,壳宽 0.39～0.52mm。壳壁 2 层,暗色粒状外层及纤维状透明内层。隔壁微微向上缓突,末端膨大,较长,除晚期少数隔壁外,早—中期隔壁与对侧隔壁部分重叠并连接,缝合线微微内凹,极不明显。初房圆,外径 0.08～0.09mm。

产地及层位:新汶;太原组。

拟普通古串珠虫 *Palaeotextularia paracommunis* (Reitlinger,1950)
(图版 7,图 5)

壳体呈近圆锥体。双列式,具 6.5 对迅速加大的房室。壳长 1.62mm,壳宽 0.90mm。壳壁 2 层,由暗色粒状外层及纤维状透明内层组成。早期隔壁呈较平缓的弧形(略短、末端膨大、交错生长不连接),晚期隔壁呈强烈弯曲的拱形,较长,交错生长并连接,缘内口孔,缝合线内凹。初房圆形,外径 0.16mm。

产地及层位:新汶;太原组。

似长椭圆形古串珠虫 *Palaeotextularia quasioblonga* Xia et Zhang
(图版 7,图 6)

壳体在纵切面上呈楔形。双列式,具 5.5～6 对逐渐加大的房室,房室较为宽松。壳长 0.76～1.25mm,壳宽 0.44～0.55mm。壳壁由暗色粒状外层及纤维状透明内层组成。隔壁弧形,早期略平缓,晚期呈拱形。早期隔壁末端显著膨大,晚期较不显著。早期隔壁较短,交错生长并略为穿插,但不相连;晚期隔壁长,与对侧隔壁连接,晚期缝合线内凹。初房近球形,外径 0.10～0.15mm。

产地及层位:新汶;太原组。

梯状虫属 *Climacammina* Brady, 1873
伸长梯状虫 *Climacammina procera* Reitlinger, 1950
（图版 7，图 7）

壳体呈微弯曲细长圆柱形。壳长 1.34mm，壳宽 0.58mm。早期房室双列式，5 对房室，其大小大体相等；晚期房室单列式，房室 2 个，大小亦相等。壳壁由暗色粒状外层及纤维状透明内层组成。在双列期早期，隔壁稍长，末端膨大，交错生长而不连接；在双列期晚期，隔壁变短，末端膨大，与对隔壁近似于对称状生长。单列期房室隔壁末端加厚及膨大现象均不显著。单列期房室具数量稀少的筛状口孔。初房近圆形，外径 0.08～0.12mm。

产地及层位：新汶；太原组。

似瓣状梯状虫 *Climacammina valvulinoides* Lange, 1925
（图版 7，图 8）

壳体呈细长圆锥体。早期双列式，具 3 对高度近等，宽度渐大的房室。晚期单列式，具 7～9 个高度增加缓慢、宽度增加显著的弧形带状房室。壳体长度可达 3.66mm，宽度可达 2.00mm，双列阶段壳长 0.84～1.00mm。壳壁 2 层，由暗色粒状外层及纤维状透明内层组成。早期隔壁较长，与对侧隔壁连接；晚期隔壁较短，末端加厚或微微弯曲。单列房室口孔筛状，缝合线微凹。初房近圆形，外径可达 0.46～0.56mm。

产地及层位：新汶；太原组。

筛串虫属 *Cribrogenerina* Schubert, 1908
北方筛串虫 *Cribrogenerina borealis* Xia et Zhang
（图版 7，图 9）

壳体纵切面近似于梯形。单列式，具 3 个高度相近但宽度渐增的呈平缓弧形的带状房室。壳长 1.14～1.38mm，壳宽 1.20～1.52mm。壳壁 2 层，由暗色粒状外层及纤维状透明层形成。隔壁短，末端膨大、弯曲，略呈钩状，筛状口孔发育。缝合线微凹。初房扁卵形，短外径 0.24～0.26mm，长外径 0.60～0.80mm。

产地及层位：新汶；太原组。

最大筛串虫 *Cribrogenerina maxima* (Lee et Chen, 1930)
（图版 7，图 10）

壳体纵切面呈窄而高的等腰梯形。单列式，由 5～6 个高度近等、宽度渐增、近于平直的带状房室组成。壳长可达 2.56mm，宽可达 1.92mm。壳壁由暗色粒状外层及纤维状透明内层组成。隔壁平或微微向侧部倾斜，末端加厚或膨大，口孔筛状。初房扁卵形，长外径达 0.60，短外径 0.28mm。

产地及层位：新汶；太原组。

巨大筛串虫卵形变种 *Cribrogenerina gigas* var. *oviformis* (Morozova,1949)

（图版 7,图 11）

壳体纵切面近宽楔形,早期钝尖,中期最宽,晚期宽度略为缩小。单列式,具 7 个高度近等的略呈弧形弯曲的带状房室,早—中期房室宽度逐渐加大,最末端 2 个房室宽度变小。壳长 2.28mm,壳宽 1.50mm。壳壁由暗色粒状外层及纤维状透明内层组成。隔壁微向上弯突,末端膨大并弯曲呈钩状,缝合线微凹,口孔筛状,筛孔稀而粗。初房近圆形,外径约 0.60mm。

产地及层位：新汶；太原组。

德克虫属 *Deckerella* Cushman and Waters,1928

阿蒂德克虫 *Deckerella artiensis* Morozova,1949

（图版 7,图 12）

壳体呈尖长圆锥形,壳长 2.16mm,壳宽 0.76mm。早期双列阶段,始端尖锐,最初 1～6 个房室较小,逐渐加大,至第 7 个房室开始,迅速加大,壳体亦迅速加宽,计 8 对房室。晚期单列阶段,具 4 个高度相近、宽度增加极为缓慢的带状房室。双列期壳体长 1.20mm,单列期壳体长 0.96mm。壳壁由暗色粒状外层及纤维状透明层组成。晚期单列阶段隔壁短,末端膨大,略呈钩状。单列房室口面具缝状口孔两个。初房呈圆形,外径 0.10mm。

产地及层位：新汶；太原组。

细长德克虫 *Deckerella gracilis* Reidinger,1950

（图版 7,图 13）

壳体早期双列阶段呈尖圆锥体形,晚期单列阶段呈短柱形。早期具双列房室 7 对,房室逐渐加大,排列整齐规则；晚期具单列房室 3 个,高度、宽度都较为接近。壳长 1.44mm,壳宽 0.58mm。壳壁 2 层,由暗色粒状外层及纤维状透明内层组成。双列阶段早期隔壁长,与对侧隔壁连接；晚期隔壁短,末端膨大,交错排列而不连接。单列期隔壁短,末端膨大弯曲,略呈钩状。单列期房室口面具缝状口孔 2 个,缝合线微凹。在单列期始端,壳体略微变细,壳体发育两期性明显。初房呈圆形,外径 0.09mm。

产地及层位：新汶；太原组。

四房虫科 *Tetrataxis* Galloway,1933

四房虫属 *Tetrataxis* Ehrenberg,1843

山西四房虫 *Tetrataxis shanxiensis* Xia et Zhang

（图版 7,图 14）

壳体纵切面呈伞状,顶角 130°,个别可达 140°,顶角与侧壁较为浑圆。正模标本一侧见房室 8 个,另一侧见 5 个。壳高 0.45mm,壳径 1.55mm。壳壁由暗色粒状外层及纤维状透明内层组成。隔壁呈较平缓的弧形,微向下突出。早期隔壁较长,可与对侧隔壁连接；晚期隔壁短,与对侧隔壁不连接。脐部宽而内凹。初房透镜形,正模标本初房长径0.34mm。

产地及层位:新汶;太原组。

宽松四房虫 *Tetrataxis lata* Bugush et Juferev,1962
（图版7,图15）

壳体低锥形,顶角约110°,侧坡陡斜,每侧具房室6～7个。壳高0.32mm,壳径0.98mm。壳壁由暗色粒状层及纤维状透明内层组成。隔壁近水平状,晚期略呈弧形。初房扁透镜状,长径约0.34mm。

产地及层位:新汶,聊城;太原组。

松旋四房虫 *Tetrataxis latispiralis* Reitlinger,1950
（图版7,图16）

壳体低锥形,顶角100°,侧坡斜直,每侧具房室5～6个。壳高0.39mm,壳径0.81mm。壳壁由暗色粒状外层及纤维状透明内层组成。隔壁呈向侧下方突出的弧形,早期隔壁较长,晚期隔壁较短。初房扁卵形,长径0.15mm。

产地及层位:新汶;太原组。

来宾四房虫 *Tetrataxis laibinensis* Lin,1978
（图版7,图17）

壳体纵切面似馒头状,顶角及侧壁浑圆呈抛物线形。顶角120°,每侧具房室5～6个。壳高0.75mm,壳径0.99mm。壳壁由暗色粒状外层及纤维状透明内层组成。早期隔壁长,与对侧隔壁相连;晚期隔壁短,与对侧隔壁不连接。隔壁近平而微向下突,呈舒缓的弧形,排列较为规则整齐。初房近扁透镜形,长径0.32mm。

产地及层位:新汶;太原组。

锥形四房虫 *Tetrataxis conica* Ehrenberg,1880
（图版7,图18）

壳体锥形,顶角80°～90°,每侧房室7～8个。壳高0.94～1.20mm,壳径1.46～1.60mm。壳壁由暗色粒状外层及纤维状透明层组成。隔壁向下缓突,呈弧形。早期隔壁长,与对侧隔壁相连,晚期隔壁短,与对侧隔壁不相连。脐部内凹,缝合线平。初房形状不很规则,外径0.25mm。

产地及层位:聊城;太原组。

始最大四房虫 *Tetrataxis eomaxima* Putrja,1956
（图版7,图19）

壳体呈伞形,顶角100°。侧坡近斜直而微凹,每侧具房室7～8个。壳高0.47mm,壳径

1.22mm。壳壁由暗色粒状外层及纤维状透明内层组成。早—中期隔壁较长,与对侧隔壁连接;晚期隔壁短,与对侧隔壁不连接,隔壁呈向下缓突的弧形。初房不规则,长径约0.15mm。

产地及层位:新汶;太原组。

微小四房虫 *Tetrataxis minima* Lee et Chen,1930
(图版 7,图 20)

壳近锥形,壳顶角近100°。壳顶及侧壁圆滑呈抛物线形,一侧见房室5个,一侧见房室3个。壳高0.30mm,壳径0.49mm。壳壁由暗色粒状外层及纤维状透明内层组成。隔壁略呈向下突出的弧形,早期隔壁与对侧隔壁相连,晚期不连。脐部及缝合线内凹。初房扁透镜形,长径0.15mm。

产地及层位:新汶;太原组。

平室四房虫 *Tetrataxis planolocula* Lee et Chen,1930
(图版 7,图 21)

壳体锥形,顶角约100°。侧坡微微波折,纵切面可见房室7对,房室增长缓慢,普遍较大,近于水平排列,比较规则。壳高0.60mm,壳径1.04mm。壳壁由暗色粒状外层及纤维状透明内层组成。早期隔壁较长,近平,与对侧隔壁连接;晚期隔壁较短,略呈向下微突的弧形,与对侧隔壁不连接。初房扁透镜形,长径为0.10mm。

产地及层位:聊城;太原组。

中间四房虫 *Tetrataxis media* Vissarionova,1948
(图版 7,图 22)

壳体弯月形,顶角约100°。顶角及侧坡均呈圆滑的抛物线形,每侧具房室4~5个,脐部深凹。壳高0.40mm,壳径1.04mm。壳壁由暗色粒状外层及纤维状透明内层组成。早期隔壁长,与对侧隔壁相连;晚期隔壁短,与对侧隔壁不连接,隔壁呈向下突出的弧形。初房扁透镜状,长外径0.30mm。

产地及层位:聊城;太原组。

双列砂虫科 Biseriamminidae Chernysheva,1941
球瓣虫属 *Globivalvulina* Schubert,1921
小球瓣虫 *Globivalvulina minima* Reidinger,1950
(图版 8,图 1)

壳近半圆形,房室双列,交错生长,并围绕同一轴平旋,1.5圈。外圈每列由5个逐渐增大的房室组成,唯最后一房室显著增大,其高略小于壳径的1/2。壳径0.28mm。壳壁由薄的暗色粒状外层及微透明厚层纤维状内层组成。缘内口孔缝状。

产地及层位:聊城;太原组。

内卷虫科　Endothyridae Brady,1884
布拉迪虫属　*Bradyina* Moller,1878
萨马尔布拉迪虫　*Bradyina samarica* Reitlinger,1950
（图版 8,图 2）

壳近椭圆形,壳缘宽突,脐部微凹。2 圈,包卷较松。隔壁稀疏,与前壁间形成的角度较小。主壳径 0.62～0.50mm,脐部壳厚 0.42～0.32mm,最大壳厚 0.52～0.50mm。壳壁为暗色外层及厚的内部疏状层,初房外径 0.08mm。

产地及层位:新汶;太原组。

龙门塔布拉迪虫　*Bradyina longmentaensis* Xia et Zhang
（图版 8,图 3）

壳小,椭圆形,壳缘浑圆,内部壳圈脐部微凹,最后一圈脐部平或微凸。正模标本 2.5 圈,壳径 0.36mm,壳厚 0.26mm。初房外径 0.06mm。其他标本壳径 0.39～0.30mm,壳厚 0.26～0.20mm,壳壁由暗色致密外层及粗疏状内层组成,壳体侧部具少量次生沉积物。

产地及层位:新汶;太原组。

山西布拉迪虫　*Bradyina shanxiensis* Xia et Zhang
（图版 8,图 4）

壳近球形,壳缘浑圆,脐部微凹,平旋或包旋,内部壳圈局部露旋。正模标本 3 圈,壳径 0.44mm,壳厚 0.40mm。壳壁在最后一圈最厚,其厚为 0.03mm。一般标本 2.5～3.5 圈,壳径 0.06～0.36mm,壳厚 0.40～0.46mm。壳壁由暗色致密层及清晰的疏状层组成。初房外径 0.04～0.08mm。

产地及层位:新汶;太原组。

波塔尼氏布拉迪虫　*Bradyina potanini* Venukoff,1889
（图版 8,图 5）

壳呈鹦鹉螺形,壳缘宽圆,脐部微凹,平旋或包旋,3.5 圈。早期壳圈包卷较紧,最后一圈显著放松,其室高为此圈以前壳圈高度的 2 倍多,壳体的厚度亦明显增加。壳径 2.04mm,壳厚 1.80mm。壳壁首圈薄,外部数圈迅速加厚,壳壁 2 层,暗色致密内层及厚层粗疏状内层。初房外径 0.10mm。

产地及层位:新汶;太原组。

精致布拉迪虫　*Bradyina lepida* Reitlinger,1950
（图版 8,图 6、7）

壳近椭圆形,壳缘方圆,脐部微凹。2 圈,包卷松。壳径 0.60～0.49mm,壳体最大厚度

0.40~0.30mm。壳壁为暗色致密外层及内部疏状层。初房外径 0.09mm。

产地及层位：新汶、聊城；太原组。

微小布拉迪虫 *Bradyina minima* Reitlinger,1950
（图版 8,图 8）

壳鹦鹉螺形,壳缘浑圆,脐部内凹,2.5~3 圈,平旋或包旋。首 2 圈包卷紧,最后一圈显著放松。壳径 0.71~0.62mm。壳壁 2 层,由暗色致密外层及内部疏状层组成。壳体最大厚度 0.60~0.50mm。初房外径 0.08~0.06mm。

产地及层位：新汶；太原组。

塔拉索夫氏布拉迪虫 *Bradyina tarassovi* Bugush,1963
（图版 8,图 9）

壳近球形,壳体厚与外径相等或略大于外径,平旋或包旋。2.5 圈,隔壁与前壁间的交角小,隔壁稀疏,最后一圈具 5 条隔壁。壳径 0.95~0.70mm,壳体最大厚度 0.95~0.72mm。壳壁由薄层暗色致密外层及粗疏状内层组成。初房外径 0.06mm。

产地及层位：新汶；太原组。

少隔壁布拉迪虫 *Bradyina pauciseptata* Reitlinger,1950
（图版 8,图 10）

壳近卵形,壳缘宽圆,平旋或包旋。2 圈,壳圈宽度逐渐增大。隔壁少,各圈仅见 3 个房室。壳径 0.40~0.36mm。脐部厚 0.20mm,壳缘最大厚度 0.28mm。壳壁由暗色致密外层及粗疏状内层组成。初房外径 0.04~0.10mm。

产地及层位：新汶、聊城；太原组。

扭曲虫属 *Plectogyra* Zeller,1950
巴斯基尔扭曲虫 *Plectogyra baschkirica* Potievskaya,1964
（图版 8,图 11）

壳具 3 圈,第 1、2 圈中轴斜交,末圈中轴与内部壳圈中轴正交。首圈包卷较紧,其后逐渐放松。末圈具 6~7 个房室,次生沉积在外圈房室底部局部出现,为黑色突起。壳壁由外部极薄致密层及稍暗粒状内层组成。初房外径 0.04mm。

产地及层位：新汶；太原组。

小扭曲虫 *Plectogyra minuta* (Reitlinger,1950)
（图版 8,图 12）

壳呈盘形,壳缘宽圆,脐部微凹。2.5 圈,首圈与外圈中轴斜交。壳径 0.32mm,脐部厚 0.13mm,壳最大厚 0.16mm。壳壁 2 层,由黑色线状致密层及厚而暗色的粒状层组成。初房外径 0.06mm。

产地及层位：新汶；太原组。

拟扭曲虫属　*Paraplectogyra* Okimura,1958
褴褛型拟扭曲虫　*Paraplectogyra pannusaeformis* (Shlykova,1951)
（图版 8，图 13）

壳呈盘形，壳缘方圆，两脐内凹。3 个包旋扭旋壳圈，各圈中轴相互斜交。壳径 0.44mm，脐部厚 0.20mm，壳最大厚度 0.23mm。第 2 圈壳壁由透明层及上、下暗色粒状层组成，第 3 圈由暗色粒状层组成，局部能见中部的透明层。初房外径 0.04mm。

产地及层位：新汶；太原组。

节房虫科　Nodosaria Ehrenberg,1838
节房虫属　*Nodosaria* Lamarck,1812
河津节房虫　*Nodosaria hejinensis* Xia et Zhang
（图版 8，图 14）

壳呈圆柱形，由初房及 5 个单列房室组成。房室为椭圆形，由始端至末端房室的高度及宽度均极微弱地增长。壳高 0.88mm，宽 0.18mm。隔壁在中部微凸，缝合线垂直壳轴。壳壁由内部暗色致密层及外部较厚透明层组成。口孔圆而简单，位于隔壁中部，最大口径为 0.05mm。初房圆形，外径 0.12mm。

产地及层位：聊城；太原组。

中国节房虫　*Nodosaria sinensis* Xia et Zhang
（图版 8，图 15）

壳近柱状，首端稍尖圆，9～10 个单列房室，早期 6～7 个房室稍低，房室的高度增大缓慢，而宽度逐渐增大，房室宽常大于高，呈卵圆形至长方形。第 6 个或第 7 个房室显著增高，而其后房室的变化不大，房室的高与宽几乎相等，个别房室高略大于宽。壳高 1.22～1.03mm，壳宽 0.24～0.22mm。初房外径 0.11～0.08mm。壳壁由内部暗色致密内层及纤维透明外层组成。口孔位于隔壁中部，圆形。正模标本壳高 1.10mm，壳宽 0.24mm。初房外径 0.11mm。

产地及层位：新汶；太原组。

哲斯节房虫　*Nodosaria zhesiensis* Xia et Zhang
（图版 8，图 16）

壳体在纵切面呈窄楔形，5 个单列房室，前 3 个房室高与宽几乎相等，后 2 个房室高略大于宽。早期房室的隔壁较平，晚期房室的隔壁微凸，房室近方形—卵圆形。壳高 0.38mm，壳宽 0.11mm。壳壁由暗色致密内层及纤维透明外层组成，初房外径 0.04mm。

产地及层位：新汶；太原组。

大节房虫 *Nodosaria grandis* Lipina,1949
(图版 8,图 17)

壳体在纵切面上近柱形。初房大,其后由 5~7 个较大的房室组成,房室的高及宽自始端至末端均略微增大,但个别房室也有比前一房室小的情况。隔壁平,房室两侧微外凸,形成似算盘珠形的房室,房室高与宽相近,或宽略大于高。壳高 1.12~1.03mm,壳宽 0.26~0.24mm。壳壁 2 层,由暗色极薄内层及透明纤维状外层组成。口孔位于隔壁中部,因而简单。初房外径 0.07~0.17mm。

产地及层位:新汶;太原组。

长节房虫 *Nodosaria longissima* Suleimanov.,1949
(图版 8,图 18)

壳体在纵切面呈长楔形。成虫具 12 个房室。壳高 0.81mm,壳宽 0.15mm。房室的高及宽逐渐增大。隔壁平,房室两侧直,形成近方圆形的房室。常见的其他标本壳高 0.61~0.40mm,壳宽 0.16~0.11mm,具 7~8 个房室。壳壁由内部暗色致密层及外部厚的透明层组成。初房外径 0.09~0.07mm。

产地及层位:新汶;太原组。

涅恰耶夫节房虫 *Nodosaria netchajewi* Cherdynzev,1914
(图版 8,图 19)

壳体近短柱形,两端稍窄,由初房及 8 个单列房室组成,房室自始至终逐渐增长,最后一房室宽比前一房室的稍窄。壳高 0.29mm,壳宽 0.08mm。壳壁由透明纤维状外层及暗色极薄致密内层组成。初房外径 0.03mm。

产地及层位:新汶;太原组。

假橡果虫属 *Pseudoglandulina* Cushman,1929
不相称假橡果虫 *Pseudoglandulina inepta* Lin,1978
(图版 8,图 20)

壳体在纵切面呈楔形,由初房及 7 个单列房室组成。房室之宽自始端向末端迅速增长,而高度增长极缓慢。隔壁微凸。房室近弯月形。壳高 0.71mm,最大宽度 0.54mm。壳壁由暗色粒状薄层及透明纤维状内层组成。初房外径 0.08mm。

产地及层位:新汶;太原组。

小粟虫科 Miliolidae
五玦虫属 *Quinqueloculina* Orbiguy,1926
半缺五玦虫 *Quinqueloculina seminula* (Linné)
(图版 8,图 21)

壳椭圆形,横切面近三角形,长一般为宽的 1.5 倍,壳缘宽圆,多室面凸起较高,见 4 个壳室,中间第 3 室凸起呈圆脊状,第 5 室外露不明显。少室面较平,见 3 个壳室,其中间壳室较少,且不凸起。壳室稍膨起,宽度几乎不变。缝合线弯曲,稍凹,壳基部宽圆,末端稍尖。壳口椭圆形,口唇不明显,口齿顶端分叉,壳壁光滑。壳长 0.40～0.63mm,壳宽 0.2～0.36mm,壳厚 0.17～0.28mm。

产地及层位:惠民;明化镇组。

亚恩格五玦虫 *Quinqueloculina subungeriana* Serova
（图版 8,图 22）

壳椭圆形,横切面三角形,长约为宽的 1.5 倍。多室面膨起,见 4 个室,第 3 室膨起很高,呈尖锐棱脊或稍钝,第 9 室外露很少,呈狭的棱脊状。少室面较平,见 3 个室,中间壳室稍外露。壳室稍弯曲,横切面呈"V"字形,室面较平,其宽度不变。壳基部宽圆,末端稍尖。缝合线弯曲,下凹。口面稍倾斜,壳口半圆形,具短的颈与窄的口唇,口齿较小,棒状,壳壁光滑,较厚。壳长 0.51～0.70mm,壳宽 0.36～0.56mm,壳厚 0.26～0.37mm。

产地及层位:滨县;平原组。

平坦五玦虫 *Quinqueloculina complanata* (Gerke et Issaeva)
（图版 8,图 23）

壳近椭圆形,横切面呈长圆形,壳缘宽圆,多室面稍膨起,见 4 个壳室,中间壳室稍凸起,微斜,呈棱脊状;少室面较平,见 3 个壳室,其中间壳室外露很少。壳室膨起,靠近基部弯曲较强,宽度向末端变窄,缝合线弯曲,稍凹,壳基部圆。口端近平,壳口半圆形,具短口齿,壳壁光滑。壳长 0.51mm,壳宽 0.28mm,壳厚 0.21mm。

产地及层位:惠民;明化镇组。

阿卡尼五玦虫圆形亚种 *Quinqueloculina akneriana rotunda* (Gerke)
（图版 8,图 24）

壳近圆形,略长,横切面呈圆三角形,壳缘宽圆。多室面膨起,见 4 个壳室,第 3 室凸起呈圆脊状,而第 5 室外露很少。少室面较平,见 3 个壳室,其中间壳室外露很少。壳室弯曲,膨起,其宽度不变。缝合线弯曲,下凹;壳基部宽圆,末端稍尖。口面微斜,壳口呈半圆形。壳壁光滑,在靠近壳缘处具少数微弱的条纹壳饰。壳长 0.41mm,壳宽 0.33mm,壳厚 0.23mm。

产地及层位:乐陵;平原组。

扭转五玦虫 *Quinqueloculina contorta* d'Orbigny
（图版 8,图 25）

壳长椭圆形,壳缘宽平或稍膨起。多室面较膨起,见 4 个壳室,第 3 室凸起成圆脊状,第 4 室外露很少,有时稍凸起。少室面较平,其中间壳室稍凸起呈圆脊状。壳室弯曲,横切面近方形,缝合线弯曲,下凹。壳基部圆,末端稍尖,具短的颈,壳口近圆形,口齿呈"T"字形,壳壁具细小凹坑。壳长 0.51~0.60mm,壳宽 0.28~0.31mm,壳厚 0.16~0.17mm。

产地及层位:垦利;平原组。

轮虫科　Rotaliidae
卷转虫属　*Ammonia* Brumnich,1772
微温卷转虫　*Ammonia tepida*(Cushman)
(图版 8,图 26)

壳双凸,背面较腹面凸,2.5~3 个壳圈。壳缘圆,瓣状。最后壳圈具 6~7 个壳室,依次增大迅速,室面膨起,腹面壳室近脐端一般延伸至脐部成薄片状。缝合线在背面微弯曲,镶边不明显,早期壳圈与壳表平或略凸。最后壳圈下凹,在腹面近放射状排列,仅在近脐部突然扭曲,宽而深凹,两侧常具小的疣状壳饰。脐大,深凹,部分被壳室延伸的薄片所盖,壳口开于腹面最后壳室的基部。壳径 0.35~0.43mm,壳厚 0.21~0.23mm。

产地及层位:惠民;明化镇组。

青盛卷转虫　*Ammonia aomoriensis*(Asano)
(图版 9,图 1)

壳低圆锥状,背面凸,腹面较平,2~3 个壳圈,壳缘圆,瓣状。最后壳圈具 7 个壳室,背面室面平,最后少数室面微膨起,腹面室面膨起。缝合线在背面弯曲,微镶边,早期壳圈与室面平,后期壳圈微凹,在腹面放射排列或微弯曲,下凹。脐小,略凹。壳口缝状,位于腹面最后壳室的基部。壳径 0.3~0.4mm,壳厚 0.21mm。

产地及层位:惠民;明化镇组。

巴达维卷转虫　*Ammonia batava*(Hofker)
(图版 9,图 2)

壳凸镜状,背面近平,腹面凸,具 2.5 个壳圈,壳缘亚圆,略呈瓣状。最后壳圈具 9 个壳室,腹面膨起。缝合线在背面微弯曲,早期壳圈与室表齐平,最后少数壳室间下凹,腹面近放射状排列,宽而深凹,其边缘两侧呈不规则的缺刻状。脐小,下凸,被数个小的壳质凸起所填充。壳口为半圆形的小坑,位于最后壳室腹面的基部。壳径 0.31mm,壳厚 0.13mm。

产地及层位:惠民;明化镇组。

同现卷转虫　*Ammonia annectens*(Parker et Jones)
(图版 9,图 3)

壳在本属中比较大,双凸,壳缘亚尖锐,具镶边。壳室数目多,最后壳圈达 10~12 个,大小整齐,在背面呈长方形,依次均匀增大,缝合线明显,镶边不连续,在腹面放射状排列,粗细不均,接近壳缘部分隔壁破裂,呈沟槽状,脐部封闭或微开放。壳口位于腹面最后壳室内边缘。壳径 0.77~1.05mm,壳厚 0.47~0.53mm。

产地及层位:垦利;平原组。

高锅卷转虫 *Ammonia takanabensis*（Ishizaki）
(图版 9,图 4)

壳低螺旋式,略扁,背面近平,腹面较凸,2.5～3 个壳圈,壳缘尖锐至亚尖锐,微镶边。最后壳圈具 8 个壳室,室面平,仅最后 1～2 室轻微膨起。缝合线明显,在背面稍弯曲,具狭的镶边,与室表平或微凹,在腹面近脐端宽而下凹,近放射状排列。脐小,下凹,被一个或多个小的脐凸所盖。壳口位于最后壳室的基部,呈半圆形或略扁长。壳径 0.37～0.41mm,壳厚 0.20mm。

产地及层位:垦利;平原组。

日本卷转虫 *Ammonia japonica*（Hada）
(图版 9,图 5)

壳双凸,正面视近亚圆形,约 3 个壳圈。壳缘圆,最后少数壳室微呈瓣状。最后壳圈有 9 个壳室,依次逐渐增大。缝合线明显,在背面近放射排列,与室表齐平,在腹面放射排列,近脐部宽而下凹,大部分与室表平。脐大,下凹,被粗颗粒状壳饰所盖。壳口小,呈半圆形,开于最后壳室腹面基部近脐端。壳径 0.47mm,壳厚 0.25mm。

产地及层位:垦利;平原组。

荷兰卷转虫 *Ammoma batava*（Hofker）
(图版 9,图 6)

壳凸镜状,背面近平,腹面凸,具 2.5 个壳圈,壳缘亚圆,略呈瓣状。最后壳圈 9 个壳室,腹面膨起;缝合线在背面微弯曲,早期壳圈与室表齐平,最后少数壳室间下凹,腹面近放射状排列,宽而深凹,其边缘两侧呈不规则的缺刻状。脐小,下凹,被数个小的壳质凸起所填充。壳口为半圆形的小坑,位于最后壳室腹面的基部。壳径 0.31mm,壳厚 0.13mm。

产地及层位:惠民;明化镇组。

假轮虫属 *Pseudorotalia* Reiss et Merling,1958
施罗特假轮虫 *Pseudorotalia schroeteriana*（Parker et Jones）
(图版 10,图 8)

壳大,圆锥形,背面近平或微凸,腹面高凸,壳缘具隆起的镶边。壳室数目多,最后壳圈具 8～11 个壳室。缝合线明显,在背面直或微弯曲,在腹面放射状排列,缝合线具发育的镶边,其上面有粗孔。脐部凸,有一圆形大脐凸,上面有圆形小孔。壳口大,呈宽缝状,位于最后壳室基部,从壳缘伸向脐部。壳径 1.05mm,壳厚 0.73～0.75mm。

产地及层位:垦利;平原组。

星轮虫属 *Asterorotalia* Hofker,1950
亚三刺星轮虫 *Asterorotalia subtrispinosa*（Ishizaki）
(图版 10,图 9)

壳呈三角形,两面微凸。壳缘亚尖锐,具镶边,瓣状,有 3 根刺。最后壳圈具 9 个壳室,迅速增大。缝合线明显，镶边式，在背面略凸于壳表，在腹面宽而凹，放射状排列，为补充壳室所盖。补充壳室呈星状排列，其边缘具镶边或瘤节状壳饰。脐部为透明壳质物所盖，壳口椭圆形，开于最后壳室的基部。壳径 0.67mm，壳厚 0.46mm。

产地及层位：沾化；平原组。

上穹虫科 Eponididae
上穹虫属 *Eponides* Montfort，1808
布兰科上穹虫 *Eponides blancoensis* Brady
（图版 9，图 7）

壳较小，轮廓近圆形。壳缘视半圆形，背面高凸，腹面微凸，具 3 个壳圈，壳缘亚尖锐，镶边不发育。最后壳圈具 8 个壳室，依次增大。背面室面较平，腹面略凸。缝合线在背面早期壳圈不明显，在最后壳圈弯曲，具狭的镶边，不凸起，腹面下凹，放射状排列。脐部具颗粒状壳饰。壳口低拱形。壳径 0.28mm，壳厚 0.17mm。

产地及层位：惠民；明化镇组。

圆盘虫科 Discorbidae
瓣饰虫属 *Valvulineria* Cushman，1926
佐渡瓣饰虫 *Valvulineria sadonica* Asano
（图版 9，图 8）

壳稍长圆形，低螺旋式，背面微凸，腹面中间下凹，2 个壳圈。壳缘宽圆，瓣状，最后壳圈具 8 个壳室，依次迅速增大。室面膨起。缝合线弯曲，下凹。脐部下凹，被宽的瓣唇所盖。壳口低拱形，从壳缘伸向脐部。壳径 0.27mm，壳厚 0.12mm。

产地及层位：惠民；明化镇组。

抱环虫属 *Spiroloculina* d'Orbigny，1826
光滑抱环虫 *Spiroloculina laevigala* Cushman et Todd
（图版 10，图 6）

壳椭圆形，两侧扁，中间凹下，壳缘圆。具 4 个壳圈，7~8 个弯曲圆筒形壳室，最后 2 壳室增长很快。壳室膨起，其宽度不变，缝合线弯曲，深凹。后期壳室稍包卷相邻的早期壳室，壳两端宽圆，具圆筒形颈，有窄的口唇，口面平，壳口近圆形，具"T"形口齿，壳壁光滑。壳长 0.92~0.93mm，壳宽 0.67~0.68mm，壳厚 0.21~0.30mm。

产地及层位：滨县；平原组。

希望虫科 Elphidiidae
希望虫属 *Elphidium* de Montfort，1808
茸毛希望虫 *Elphidium hispidulum* Cushman
（图版 9，图 9）

壳圆，双凸。壳缘锐圆，稍呈瓣状。最后壳圈具 10 个壳室。缝合线平，后期微凹，凹坑不很清楚,脐部隆起,有若干小的壳质凸疣。壳壁满布以茸刺,近壳缘处发育平行于壳缘的褶纹。壳口为一列小孔。壳径0.5mm,壳厚0.17mm。

产地及层位:惠民;明化镇组。

北海道希望虫(比较种) *Elphidium* cf. *hokkaidoense* Asano
(图版9,图10)

壳呈凸镜形,壳缘锐圆,最后少数壳室呈瓣状。脐部隆凸,有一小的圆形脐塞。最后壳圈具壳室12个左右。缝合线凹,凹坑短。壳壁光滑,早期部分具有微弱的旋纹。壳口为一列小孔。壳径0.4mm,壳厚0.17mm。

产地及层位:惠民;明化镇组。

棍形希望虫 *Elphidium clavatum* Cushman
(图版9,图11)

壳小,近圆形,两侧扁,壳缘宽圆。最后壳圈具11~13个壳室。脐部稍隆起,中央有一稍隆起的脐塞。缝合线清楚,微弯,镶边式,凹坑少而短小。壳壁光滑,透明,壁孔清楚。壳口为一列圆孔。壳径0.22~0.3nm,壳厚0.1~0.12mm。

产地及层位:惠民;明化镇组。

山东希望虫 *Elphidium shandongensis* He et Hu
(图版9,图12)

壳厚凸镜形,壳缘锐圆。脐部隆凸,具有2个大而凸的圆形脐塞,上无圆孔。壳室10~15个。缝合线微凹,凹坑约占壳室长度的1/3,每列有5个左右。壳壁光滑,口面近三角形,壳口为一列小孔。壳径0.32~0.35mm,壳厚0.17~0.2mm。

产地及层位:惠民;明化镇组。

艾比里厄希望虫 *Elphidium ibericum* (Schrodt)
(图版9,图13)

壳较大,凸镜形,壳缘锐圆,脐部有大的圆形脐塞,隆凸于壳表,上有少数粗孔,最后壳圈具壳室14~17个,缝合线清楚,可见缝合线管道,管道孔每列10余个。壳壁光滑。壳口为一列小孔。壳径0.45~0.57mm,壳厚0.2~0.27mm。

产地及层位:惠民;明化镇组。

异地希望虫 *Elphidium advenum* (Cushman)
(图版9,图14)

壳呈凸镜形,壳缘尖锐,具棱脊。最后壳圈具10~15个壳室。缝合线弯曲,凹下,凹坑约占壳室长度1/4,每列约10个。脐部凸起,盖有一圆形壳质物。口面近三角形,壳口为一列小孔。壳壁光滑。壳径 0.38～0.4mm,壳厚 0.17mm。

产地及层位:惠民;明化镇组。

希望虫(未定种) *Elphidium* sp.
(图版 9,图 15)

壳大而扁,壳缘尖锐或有一棱边。脐部大、平,上有少数圆孔。后期壳圈部分露旋。壳室多,21～24 个。缝合线平,管道孔细密,每列 10 余个。壳壁光滑。壳口一列小孔。壳径 0.74～0.76mm,壳厚 0.27～0.30mm。

产地及层位:惠民;明化镇组。

花室虫属 *Cellanthus* de Montfort,1808
艾比里厄花室虫 *Cellanthus ibericum* (Schrodt)
(图版 10,图 1)

壳较大,凸镜形,壳缘锐圆,脐部有大的圆形脐塞,隆凸于壳表,上有少数粗孔,最后壳圈具壳室 14～17 个。缝合线清楚,可见缝合线管道,管道孔每列 10 余个。壳壁光滑。壳口为一列小孔。壳径 0.45～0.57mm,壳厚 0.2～0.27mm。

产地及层位:惠民;明化镇组。

多口虫属 *Polystomellina* Yabe et Hanzawa,1923
圆盘多口虫 *Polystomellina discorbinoides* Yabe et Hanzawa
(图版 9,图 16)

壳呈螺旋式,两侧不对称,壳缘亚尖锐,面可见部分早期壳圈,腹面具有一大的脐。壳室多,最后壳圈达 20 个左右,背面凹坑每列约 8 个。壳壁光滑,壁孔细。壳口缝状,从壳缘至腹面。壳径 0.62mm,壳厚 0.12mm。

产地及层位:垦利;明化镇组。

诺宁虫科 Nonionidae
诺宁虫属 *Nonion* Moutfort,1808
尼科巴诺宁虫(比较种) *Nonion* cf. *nicobarense* Cushman
(图版 10,图 2)

壳稍长于宽,壳缘锐圆,脐微凹。最后壳圈具壳室 10 个左右。缝合线镶边式。壳壁具粗孔。壳口为一列小孔。壳径 0.32mm,壳厚 0.12mm。

产地及层位:惠民;明化镇组。

小诺宁虫属 *Nonionella* Cushman,1926

耳状小诺宁虫 *Nonionella auricula* Heron-Allen et Earland

（图版 10，图 3）

壳椭圆形，两侧扁平，壳缘圆，呈瓣状，背面可见最后壳圈及部分早期壳室，腹面仅见最后壳圈。最后壳圈具壳室 8～9 个，增长快。缝合线凹，直或稍弯曲，口面高，近椭圆形。壳壁光滑，壁孔细。壳口缝状。长径 0.35mm，短径 0.27mm，壳厚 0.15mm。

产地及层位：惠民；明化镇组。

星诺宁虫属 *Astrononion* Cushman et Edwards,1937

意大利星诺宁虫 *Astrononion italicum* Cushman et Edwards

（图版 10，图 4、5）

壳轮廓圆，两侧扁，壳缘锐圆，最后几壳室微呈瓣状。壳室 8～9 个，补充壳室细管状。脐部凹，壳壁光滑，壁孔较粗。壳口为一列小孔。壳径 0.45mm，壳厚 0.2mm。

产地及层位：惠民；明化镇组。

索尔达抱环虫 *Spiroloculina soldanii* Fornasini

（图版 10，图 7）

壳椭圆形，两侧扁，中间下凹。壳缘平，具双棱脊。见 3 个壳圈，壳室增长很快，其宽度不变，横切面呈方形，早期壳室外边有时比后期相邻壳室内边稍高。缝合线弯曲，明显下凹。壳室两端宽圆，具圆筒形颈，有窄的口唇，口面平，壳口近圆形，口齿呈"T"字形，壳壁较粗。壳长 0.70～0.80mm，壳宽 0.57～0.61mm，壳厚 0.16～0.21mm。

产地及层位：垦利；平原组。

3.2 腔肠动物门 Coelenterata

珊瑚纲绝大多数具外骨骼，以钙质为主，少数具钙质或角质的骨轴，共骨多由方解石骨针组成，且位于中胶层内。

根据软体的特点，如触手、隔膜数目与排列，以及硬体骨骼特征，一般将珊瑚纲分为下列几个亚纲：一是横板珊瑚亚纲，几乎全为复体，具钙质骨骼，隔壁一般发育微弱，而横板特别发育。生存时代为晚寒武世—三叠纪。二是四射珊瑚亚纲，又称皱纹珊瑚亚纲，外壁上常具纵脊或横的皱纹，单体或复体，钙质骨骼，一级隔壁仅在 4 个部位生长，隔壁数一般为 4 的倍数。生存时代为中奥陶世—二叠纪。三是六射珊瑚亚纲，隔膜成对或不成对，典型六射珊瑚隔壁在个体的 6 个部位生长，分若干级，数目一般为 6 的倍数。大多数具钙质骨骼，生存时代为三叠纪—现代。四是八射珊瑚亚纲，有 8 个隔膜，触手也为 8 个，具羽状分支，具钙质或角质骨轴，化石发现始于中泥盆世，繁盛于三叠纪—现代。

四射珊瑚的外形有单体和复体之分(图3-4、图3-5),单体外形变化多样,但多数呈角锥状或弯锥状,又可根据珊瑚顶角大小和弯直程度细分为若干种类型。复体外形可分为丛状与块状两大类,丛状又分为枝状和笙状,块状又分为多角状、多角星射状、互通状、互嵌状。

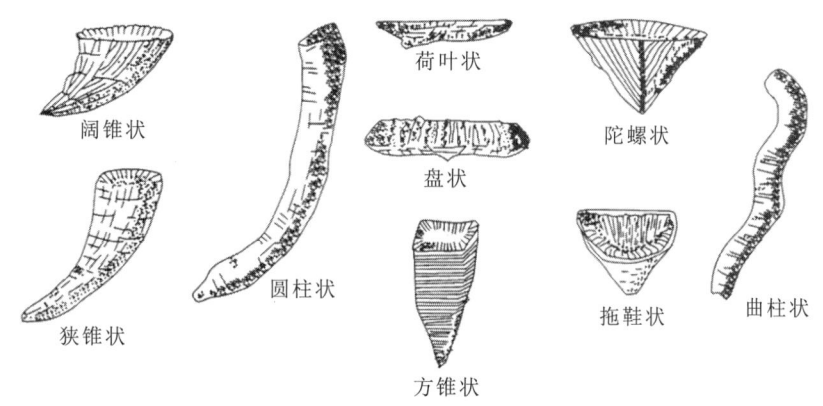

图3-4 四射珊瑚单体外形
(据武汉地质学院古生物教研室,1980)

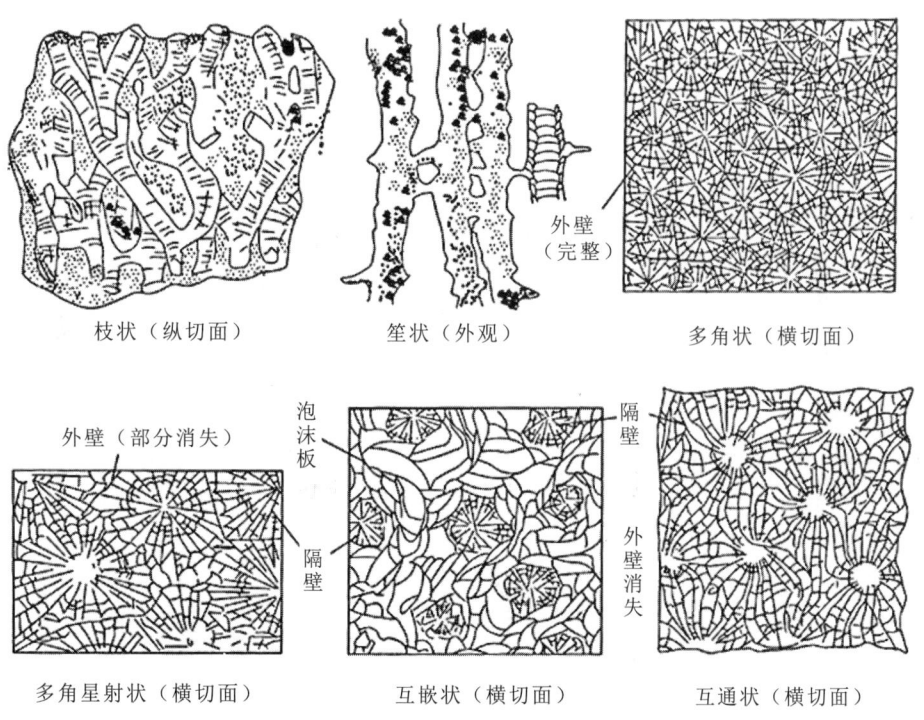

图3-5 四射珊瑚复体外形
(据武汉地质学院古生物教研室,1980)

四射珊瑚的外部构造包括珊瑚的外壁、表壁及萼部等（图3-6～图3-9）。

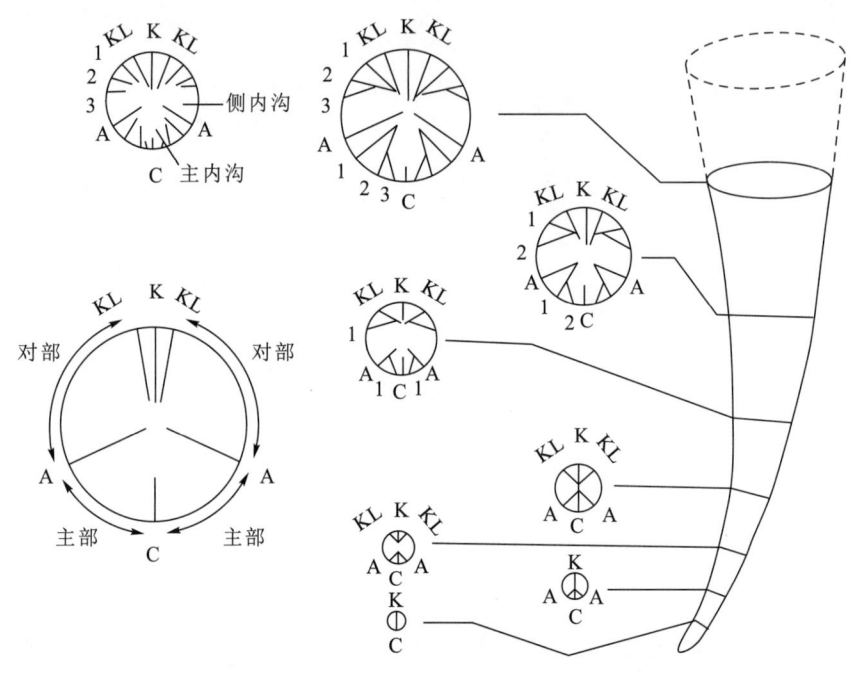

图 3-6 隔壁发生、主内沟形成及侧内沟位置示意图
（据武汉地质学院古生物教研室，1980）

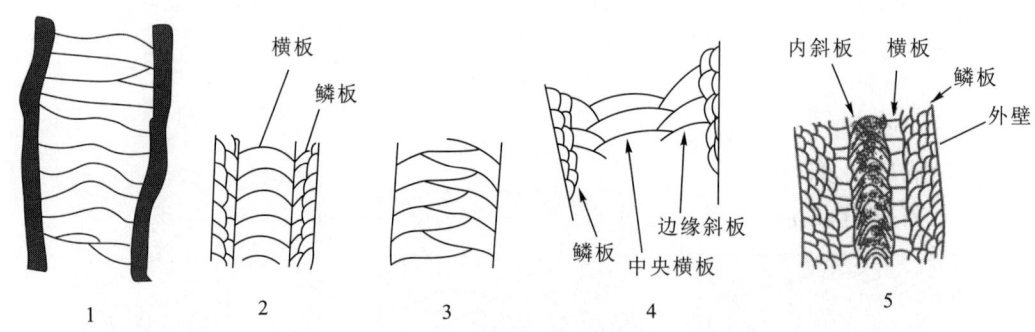

图 3-7 横板类型及其分化
（据武汉地质学院古生物教研室，1980）

包围珊瑚体的墙壁称壁，是珊瑚早期发育的基本构造。壁外的一层灰质薄膜称表壁，是珊瑚体壁下垂部分在上移过程中分泌的生长线纹，细的称生长线，较粗的称生长皱。萼部是珊瑚体末端的杯状凹穴，为珊瑚虫栖息生长之所。

四射珊瑚的内部构造可分为纵列构造（包括隔壁）、横列构造（包括横板、鳞板、泡沫板）、轴部构造（包括中轴、中柱等）。

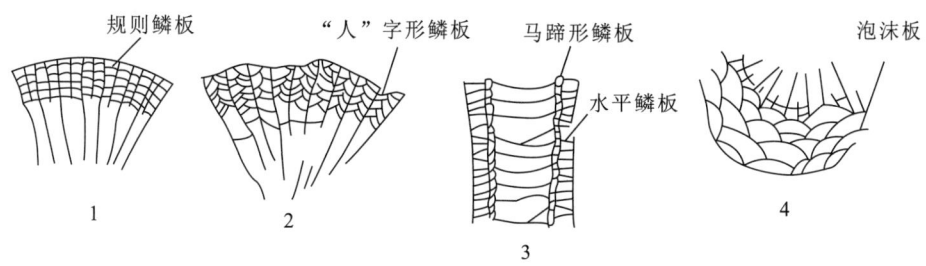

图 3-8 鳞板和泡沫板
（据武汉地质学院古生物教研室，1980）

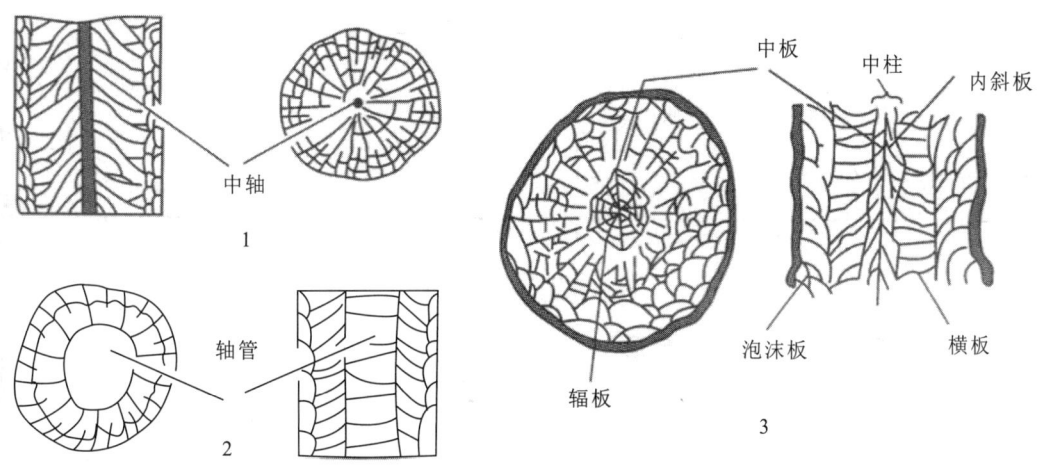

图 3-9 轴部构造
（据武汉地质学院古生物教研室，1980）

珊瑚体内纵向辐射排列的薄板称隔壁。隔壁可分原生隔壁和后生隔壁。原生隔壁包括主隔壁、对隔壁、2个侧隔壁和2个对侧隔壁。原生隔壁生长后，每一轮次生长4个，即在主隔壁和2个侧隔壁之间、侧隔壁和对侧隔壁之间各生一个。到成年期各轮次的隔壁近等长称一级隔壁，一级隔壁之间较短的隔壁称二级隔壁，一级隔壁与二级隔壁之间更短的隔壁称三级隔壁。

珊瑚体内横向的薄板称横板，横板所在的部位称横板带。横板的形态有完整的、不完整的、水平面拱的，分为轴部和侧部的及组成复中柱内的斜板类型。

鳞板是位于隔壁之间，大小规则，呈鱼鳞状上拱的小板，一排至多排，一般连续，上下叠复。

泡沫板是大小不规则的凸板，在边缘可切断隔壁的一般称边缘泡沫板，另有一种小泡沫板有时充满珊瑚体内腔，此时隔壁不发育，或仅呈刺状。

珊瑚轴部的实心灰质轴称单中柱。部分类型辐部有中板，中板两侧有一些辐板，辐板间有斜板，横切成蛛网状称复中柱。

3.2.1 珊瑚纲 Anthozoa

四射珊瑚目 Tetracoralla E. Haeckel, 1870
顶柱珊瑚科 Lophophyllidiidae Moore et Jeffords, 1945
顶柱脊板珊瑚属 *Lophocarinophyllum* Grabau, 1922
顶柱脊板珊瑚(未定种) *Lophocarinophyllum* sp.
（图版10，图10）

小型单体珊瑚，圆锥状，外壁厚。一级隔壁伸达中心，但只有对隔壁与中轴相连，隔壁两侧具斜列或平列的脊板。次级隔壁甚短，呈脊状。主内沟显著，无鳞板。

产地及层位：淄博；太原组。

假拟内沟珊瑚(未定种) *Pseudozaphrentoides* sp.
（图版10，图11）

圆锥状单体珊瑚，无轴部构造，主内沟发育。隔壁两级，隔壁在鳞板带薄，主部一级隔壁在横板带常加厚，主隔壁短。鳞板呈"人"字形或同心状，横板平缓，两侧下倾。

产地及层位：淄博；太原组。

袁氏珊瑚属 *Yuanophylloides*
拟袁氏珊瑚(未定种) *Yuanophylloides* sp.
（图版10，图12）

圆锥状小型单体珊瑚。隔壁两级，内端一般不达中心。少年期主隔壁、对隔壁于中心相连且微弱加厚形成板状中柱；成年期长而薄的板状中柱仅与对隔壁相连，同时主隔壁缩短。鳞板带窄，鳞板小，呈同心状排列。横板不完整，向中心上升。

产地及层位：淄博；太原组。

3.2.2 水螅纲 Hydrozoa

层孔虫是腔肠动物门水螅虫纲的一目，营底栖固着海生生活，全为群体。硬体外形有层状、圆柱形、扁球形、瘤形、树枝形及不规则形。大的群体可宽达2m，厚达1m，小的直径不足1cm。

层孔虫目 Stromatoporoidea Nicholson et Murie, 1878
拉贝希层孔虫科 Labechiidae Nicholson, 1879
小拉贝希层孔虫属 *Labechiella* Sugiyama, 1939
粗小拉贝希层孔虫 *Labechiella crassa* Dong
（图版11，图1、2）

共骨层状，厚约15mm，化石风化面上见有星根构造，未见乳头状突起。支柱长而粗，可穿过若干细层，2mm 内有 4～5 个，每个宽约 0.26mm，弦切面上呈孤立的圆孔状和珠链状。细层较平整，有的稍有褶曲，2mm 内有 4 层。

产地及层位：章丘韩家庄；马家沟群。

拉贝希层孔虫属 *Labechia* Edwards et Haime, 1851

章丘拉贝希层孔虫 *Labechia changchiuensis* Ozaki

（图版 11，图 3、4）

共骨为圆柱状，支柱在风化面上呈现出许多大小不同的陷孔。共骨含有长而圆的支柱，有的在基部向上分叉。泡沫组织宽而平，呈薄而平行分布的层状组织，也有的呈泡沫状组织，2mm 内有 7～9 层。支柱可穿过若干水平层组织，2mm 内有 5～6 个，每个宽 0.10～0.31mm，在弦切面上呈孤立的圆点状或不规则点状。

产地及层位：章丘孟家峪；马家沟群。

青家庄拉贝希层孔虫 *Labechia chingchiachuangensis* Ozaki

（图版 11，图 5、6）

共骨块状或厚层状，具厚层。支柱粗而长，可穿过若干泡沫组织，2mm 内有 3 个，每个宽 0.42mm。水平组织由半圆形向上凸的相互叠覆的泡沫板组成。泡沫板的内层呈纤维状，厚 0.21mm，外层为薄而致密的板。泡沫组织的排列有紧有疏，大小也不等。未见星根。

产地及层位：章丘青家庄；马家沟群。

犁沟层孔虫属 *Aulacera*

北庄犁沟层孔虫 *Aulacera peichuangensis* Ozaki

（图版 11，图 7、8）

共骨圆柱状。中央有中轴，但没有外壁结构，而有弯曲的泡沫状。共骨的外边缘层由相互叠覆的小泡沫板组成，2mm 内有 10 层或 10 层以上。在中轴带的周围有若干厚层，含有 3～16 层泡沫组织，厚度是变化的，间距一般为 1.2mm。支柱有时可以见到，可穿过厚层。中轴的直径为 7mm。

产地及层位：章丘北庄；马家沟群。

罗森层孔虫属 *Rosenella*

窝峪罗森层孔虫 *Rosenella woyuensis* Ozaki

（图版 11，图 9）

共骨的完整外形不清楚，主要由泡沫板组成，泡沫板的大小变化很大，常呈同心状伸展。泡沫板的中间为黑色致密板，厚 0.05mm，上、下为黑色纤维层，共厚 0.40mm。泡沫板高 0.30～0.50mm，宽 1.2～4.0mm。支柱不发育，只在泡沫板上呈细刺状，有些泡沫板上未见。

产地及层位：博山窝峪；马家沟群。

鲁网层孔虫属 *Ludictyon*

泡沫鲁网层孔虫 *Ludictyon vesiculatum* Ozaki

（图版 11，图 10、11）

共骨柱状，含有疏密相间的相互叠覆排列的泡沫组织，每一组泡沫组织向上隆起成列。泡沫板高 0.5~4.0mm，一般在 2mm 内有 7~9 个，泡沫板上常有短支柱或齿状刺，2mm 内有 8 个。微细构造致密状含有丛毛物。

产地及层位：章丘北庄；马家沟群。

3.3 腕足动物门 Brachiopoda

腕足动物是海生底栖的无脊椎动物，单体群居，具真体腔，不分节而两侧对称（软体构造见图 3-10）。壳质主要为钙质或几丁磷灰质，壳体由大小不等的两瓣壳组成，一般茎孔所在的壳较大，为腹壳，另一较小的称背壳（图 3-11）。

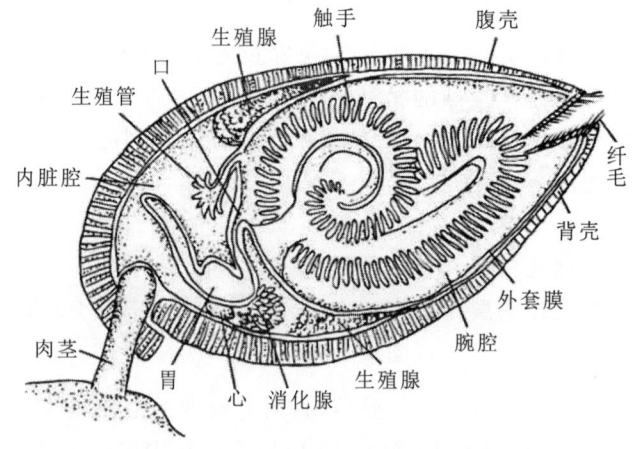

图 3-10 腕足动物软体构造

（据童金南和殷鸿福，2007）

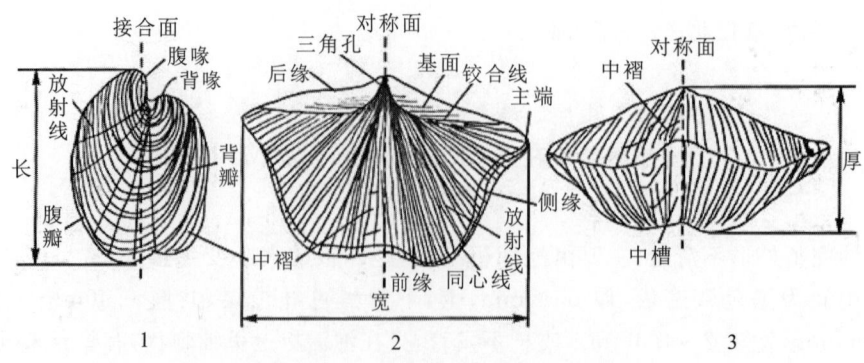

图 3-11 腕足动物的定向及硬体构造名称

弓石燕：1. 侧视；2. 背视；3. 前视

（据童金南和殷鸿福，2007）

3 动物化石描述

具铰纲 Articulata
扭月贝目 Strophomenida òpik, 1934
长身贝科 Productidae Gray, 1840
始围脊贝属 *Eomarginifera* Muir-Wood, 1930
弱小始围脊贝 *Eomarginifera pusilla* (Schellwien)
（图版10，图13）

个体小，壳宽大于壳长，近方形，壳宽约10mm，铰合线等于壳宽。腹壳强烈隆凸，喙部尖锐弯曲，壳顶稍平，侧坡平缓。在喙前附近壳面作钝而强的膝曲。耳翼大，主端锐角状。中槽在壳顶区仅是一低平的凹陷，自膝曲处开始变得相当狭深。壳线细弱而圆，同心线限于壳顶区。

产地及层位：淄博；太原组。

长刺始围脊贝叶状变种 *Eomarginifera longispina* var. *lobata* (Schellwien)
（图版10，图14）

个体小，横方形，铰合线等于壳宽。腹壳强烈隆凸，壳顶匀凸，在后1/3处作圆滑的膝曲。喙部尖锐，向前迅速扩大。中槽始于喙前不远处，始部平坦，在膝曲处的前方逐渐变深增宽。壳面具细壳线，同心线细弱。

产地及层位：淄博；太原组。

轮刺贝科 Echinoconchidae Stehli, 1954
波斯通贝属 *Buxtonia* Thomas, 1914
波斯通贝（未定种） *Buxtonia* sp.
（图版10，图15）

贝体中等，近长方形。腹壳高凸，喙尖而弯曲，略微膝曲。中槽浅平，始于壳顶。壳面饰有断续的壳线，其上具壳刺，刺基长圆形。同心线粗，不连续分布于壳顶区。

产地及层位：淄博；太原组。

网格长身贝科 Dictyoclostidae Stehli, 1954
网格长身贝属 *Dictyoclostus* Muir-Wood, 1930
太原网格长身贝 *Dictyoclostus taiyuanfuensis* (Grabau)
（图版11，图12）

贝体中等大小，铰合线为最大壳宽。腹壳高凸，在前部膝曲，后部强烈规则弯曲，中槽发育。壳线宽窄不一，膝曲处每5mm发育4条，前缘多为7条左右。同心线发育，在后部与壳线组成网格状，其交点形成瘤突。壳线于拖曳部弯曲，并饰有少量粗大而不规则的壳刺。耳翼基部壳刺排列成行。

产地及层位：淄博；太原组。

乌拉尔网格长身贝 *Dictyoclostus uralicus*（Tschernyschew）
（图版11,图13）

贝体较大,铰合线等于壳宽,腹壳强烈隆凸。耳翼大,显著突伸于侧缘之外并卷曲,中槽宽。壳线粗强,同心线显著,后部略显网格状,交点处具壳刺。耳翼外侧壳刺集中,壳体中前部壳线规则,每5mm发育有6条左右。

产地及层位:淄博;太原组。

后峪网格长身贝 *Dictyoclostus houyüensis* Ozaki
（图版11,图14）

贝体中等,次方形,铰合线为最大壳宽。腹壳强凸,侧坡倾斜较陡。耳翼发育,有许多大的刺基。中槽宽而深,始于喙前不远处。壳线与其间隙宽度相同或略大,在喙前附近以插入式或分叉增加。同心线在后方1/3处与壳线组成网格状。壳线脊顶上具多数壳刺。

产地及层位:淄博;太原组。

腕铰纲 Brachiarticulata
石燕目 Spiriferida Waagen,1833
石燕科 Spiriferidae King,1846
分喙石燕属 *Choristites* Fischer de Waldheim,1825

巴夫洛夫分喙石燕 *Choristites pavlovi*（Stuckenberg）
（图版12,图1）

贝体中等,次方形,铰合线为最大壳宽,主端尖翼状。腹壳微凸,喙部尖,两肩下凹,铰合面高。中槽发育,后部棱状,前部稍圆,内有一条中央壳线,边缘壳线有3~4对。侧区前缘每侧约有16条壳线,后部较细,向前变宽圆。

产地及层位:淄博;太原组。

山东分喙石燕 *Choristites shantungensis* Ozaki
（图版12,图2）

贝体大,宽53mm,长50mm。半圆形,铰合线短于或等于壳宽。腹壳强凸而规则,喙部厚而弯,铰合面凹曲,三角孔相当大。中槽浅显,槽内具一中央壳线,边缘壳线在喙前附近向槽内分叉2次。侧区壳线相当粗圆,间隙较窄,每侧各有15条。

产地及层位:淄博;太原组。

务子分喙石燕 *Choristites wutzuensis* Ozaki
（图版12,图3）

贝体大,壳宽54mm,长41mm。近五角形,铰合线为最大壳宽,主端发育为清楚的耳翼。腹壳强凸,喙部极尖而弯曲。铰合面强凹呈三角形,三角孔大。中槽始部似一窄沟,前部宽浅,底部微凹。边缘壳线强,于喙前向中槽内分出 2 对壳线,当其中再分叉时槽底又出一低平中央壳线。侧区壳线均在喙前附近分叉 2 次,每侧各有 14 条以上。同心纹细密,略呈层状。

产地及层位:淄博;太原组。

雅沃斯基分喙石燕 *Choristites yavorski* (Fredericks)
(图版 12,图 4)

腹壳高凸,最凸处位于顶部,喙部瘦长,强烈弯曲,略超过铰合线。中槽浅而宽,两壁与其余壳面圆滑相连,槽底有一中沟,自喙向前缘逐渐加宽。边缘壳线自喙前不远处及体腔区向中槽内分叉 2 次。侧区壳线脊顶浑圆,间隙窄深,每侧各有 11~12 条。

产地及层位:淄博;太原组。

陶斯赫德分喙石燕 *Choristites trautscholdi* (Stuckenberg)
(图版 12,图 5)

壳体大,宽 61mm,长 57mm,近梯形,铰合线等于最大壳宽,主端近方形。腹壳强隆而规则。喙部强烈弯曲,壳顶高耸,两肩显著凹曲。铰合面中部强烈内凹,呈三角形。中槽始部呈窄圆的沟状,向前逐渐为一简单的中央壳线所代替;中槽前部宽而显著,共有壳线 11 条;边缘壳线向侧区分出一条两分叉的壳线。侧区壳线均于喙前 10~15mm 处分叉,每侧 16~20 条。

产地及层位:济宁;太原组。

先期分喙石燕 *Choristites priscus* (Eichwald)
(图版 12,图 6)

贝体大,近方形。铰合线直,短于最大壳宽。铰合面凹曲,呈狭长三角形,面上有横纹。两肩微凹,近壳顶呈尖棱状,主端钝圆。壳顶高隆,喙部尖锐而弯曲。中槽较狭深,呈沟状。后部有 2~3 条细弱的壳线,随中槽向前扩展逐渐加粗,至前缘可达 8 条。

产地及层位:济宁;太原组。

新石燕属 *Neospirifer* Fredericks,1919
簇状新石燕 *Neospirifer fasciger* (Keyserling)
(图版 12,图 7)

贝体中等,轮廓横长,铰合线为最大壳宽,主端尖。腹壳缓凸规则,喙部尖而微拱。铰合面凹曲,强烈倾斜。中槽发育,后部棱角状,前部稍圆。中槽两侧的边缘壳线向槽内分出 4 对壳线,前 3 对往往分叉 2 次。侧区各有壳线 3~4 束。壳面饰有美丽的层状同心线。

产地及层位:淄博;太原组。

马丁贝科　Martiniidae Waagen, 1883

马丁贝属　*Martinia* McCoy, 1844

光面马丁贝　*Martinia glabra* (Martin)

（图版 12，图 8）

贝体近中等，近椭圆形。腹壳沿纵向缓和地弯曲；喙顶突伸，两侧微凹；喙部显著弯曲。中槽始自壳顶，后部及中部呈显著的窄沟状，在前缘附近迅速增宽。壳面饰有规则的同心纹。

产地及层位：淄博；太原组。

3.4　软体动物门　Mollusca

3.4.1　双壳纲　Bivalvia

双壳纲一般具有两个互相对称、大小一致的瓣壳，每瓣壳本身前后一般不对称，其上、下、前、后边缘分别称作背缘、腹缘、前缘和后缘（图 3-12、图 3-13）。

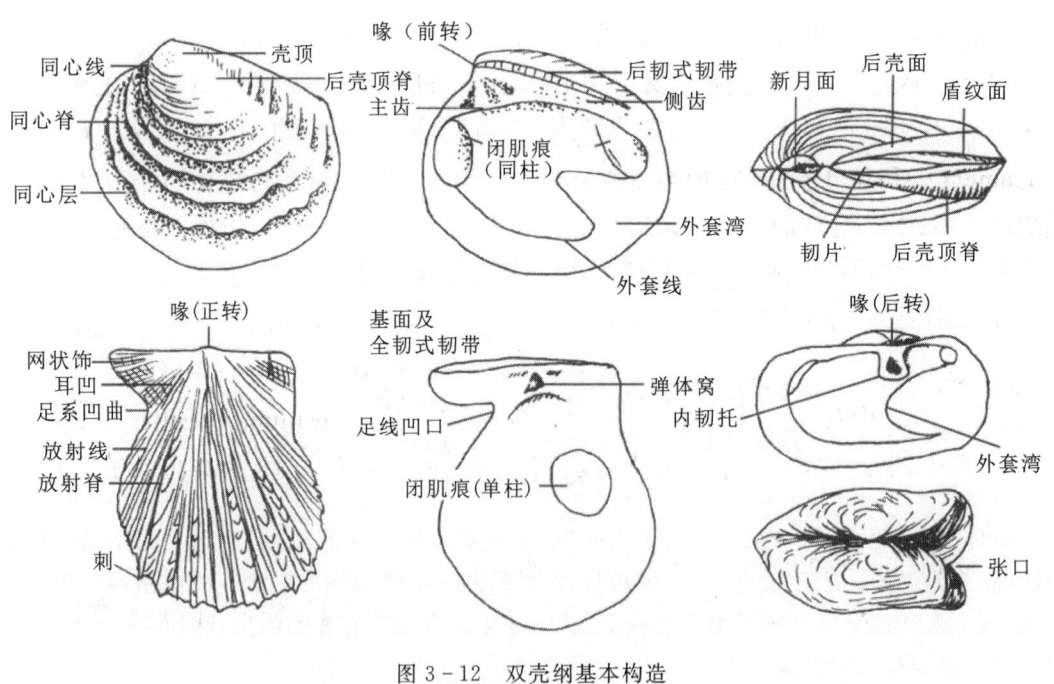

图 3-12　双壳纲基本构造

（据童金南和殷鸿福，2007）

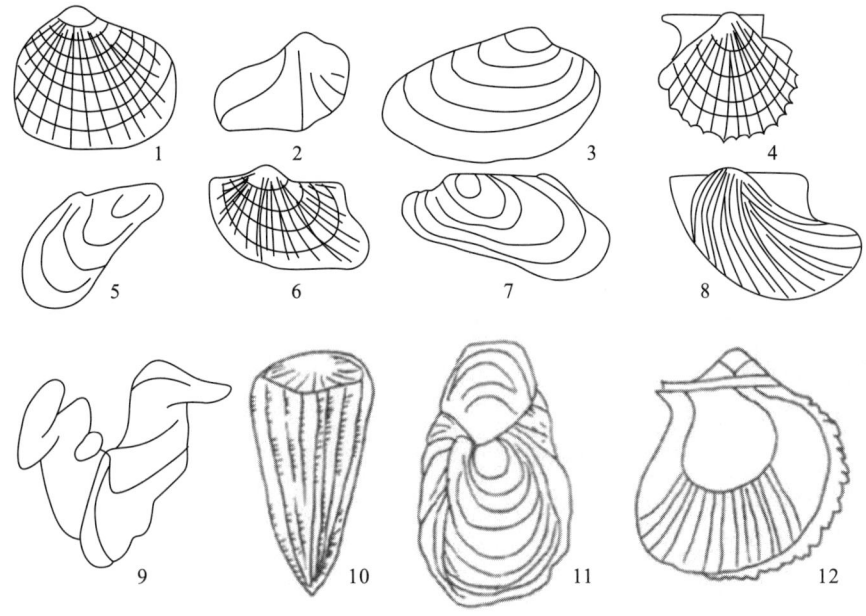

图 3-13 双壳纲的壳形

1. 圆形;2. 三角形;3. 卵形;4. 扇形;5. 壳菜蛤形;6. 四边形;7. 偏顶蛤形;8. 斜扇形;9. 不规划形;
10. 珊瑚形;11. 左壳掩覆;12. 左凸右平

(据童金南和殷鸿福,2007)

古梳齿目 Palaeotaxodonta
梳齿蛤科 Ctenodontidae Wohrmann,1893
古尼罗蛤属 *Palaeoneilo* Hall et Mhitfield,1869
古尼罗蛤(未定种) *Palaeoneilo* sp.

(图版 12,图 17)

壳较小,椭圆形,壳长约为壳高的 2 倍。前部短,后部长,两端均为圆弧形,腹边呈宽弧形。壳顶位于铰缘之上,距前端约为壳长的 1/3 处。壳面具细密的同心线。

产地及层位:济宁;太原组。

弱齿目 Dysodonta Neumayr,1883
扭海扇科 Streblochondriidae Newell,1938
扭海扇属 *Streblochondria* Newell,1938
扭海扇(未定种) *Streblochondria* sp.

(图版 12,图 10)

壳小,斜卵形,略膨凸,明显后斜。背边直,壳顶尖,微前斜,略靠后,不超过背边。前耳长,三角形,耳凹深,足丝凹口发育;后耳短,末端尖锐。壳面同心层发育,同心层间尚具细的同心线。放射线也较发育。耳部同心层发育,前耳尚具 3 条放射脊。

产地及层位:淄博;太原组。

燕海扇科　Aviculopectinidae Meek et Hayden,1864
燕海扇属　*Aviculopecten* McCoy,1851
河口燕海扇(近似种)　*Aviculopecten* cf. *dupontesi* Mansuy
(图版 11,图 15)

壳小,近圆形,略前斜。铰边短于壳宽。壳顶超过背边。前耳小,末端直角状,耳凹明显;后耳大,呈三角形。壳面饰有放射脊,脊间沟宽度与放射脊相同。放射脊插入式增长,首级放射脊始于壳顶,二级放射脊常在中部以上出现,近壳边大多与首级放射脊同宽。同心生长线在脊上和脊间同样明显。

产地及层位:济宁;山西组。

古异齿目　Palaeoheterodonta Newell,1965
珍珠蚌科(?)　Margaritiferidae? Hass,1940
蒙阴蚌属　*Mengyinaia* Chen,1984
土格里蒙阴蚌　*Mengyinaia tugrigensis* (Martinson)
(图版 12,图 11、12)

壳较大,横狭长形,最大壳长 78mm,壳长与壳高之比约 3∶1。壳顶宽钝,不高过铰缘,位于距前端 1/4 处。前缘圆,背缘微曲,腹缘中部有宽而不显的凹入,背、腹缘近于平行,后腹角圆。凸度大,约大于高度的 2/3。

产地及层位:蒙阴;莱阳群杨家庄组。

蒙阴蒙阴蚌　*Mengyinaia mengyinensis* (Grabau)
(图版 12,图 13、14)

壳较小,狭长形,后部的壳高略大,背、腹边近于平行。壳顶宽低,位于壳长的前端 1/5 处。前缘圆凸,中等凸度,约为壳高的 1/2。前背部的凹陷和翘鼻状的前背角都很明显。后壳顶脊宽圆,较清楚。壳面前中部有不很明显的凹陷。

产地及层位:蒙阴;莱阳群杨家庄组。

中村蚌科　Nakamuranaiadidae Guo,1981
中村蚌属　*Nakamuranaia* Suzuki,1943
青山中村蚌　*Nakamuranaia chingshanensis* (Gbau)
(图版 12,图 15)

斜梯形。壳高约为壳长的 3/5。壳顶约位于壳长前端的 2/5 处。前缘圆弧形,后缘常呈斜切状。

产地及层位:莱阳;莱阳群曲格庄组。

朱家庄中村蚌 *Nakamuranaia zhujiazhuangensis* Ding
(图版 12,图 16)

壳中等大小,斜三角形。前部短宽,后部斜伸。前缘与圆弧形的腹缘均匀相连,后缘斜切状,与腹缘构成明显的后腹角,后背缘斜切形。中等膨凸。壳嘴尖,前转,突出于铰缘之上。壳面具弱的同心线。

产地及层位:莱阳;莱阳群曲格庄组。

青山中村蚌(亲近种) *Nakamuranaia* aff. *chingshanensis* (Grabau)
(图版 13,图 1)

本种壳形较短,高与长之比较原种型稍大,后缘斜切不明显,壳顶略靠后等特征与原种型有所不同。

产地及层位:莱阳;莱阳群曲格庄组。

长中村蚌 *Nakamuranaia elogata* Gu et Ma
(图版 13,图 2)

壳长与壳高之比大于 2∶1。前端凸圆,后背缘明显斜切,与腹缘以锐角相交,腹缘宽圆。壳顶位于壳长前端的 1/5～3/10 之间。

产地及层位:莱阳;莱阳群曲格庄组。

永康中村蚌 *Nakamuranaia yongkangensis* Gu et Ma,1976
(图版 13,图 3)

壳长椭圆形,长 13mm,高 8mm,生长后期较横长,前端较窄,略不等侧而前部略长,后背边斜切。后壳顶脊在上部显著而呈棱状,至生长后期后腹角渐不显著。壳顶区在幼年期以后也渐宽大。

产地及层位:莱阳朱家庄;青山群后夼组。

近圆中村蚌 *Nakamuranaia subrotunda* Gu et Ma,1976
(图版 13,图 4)

与青山中村蚌的区别:壳近圆形,长高比多在 1.2∶1～1.4∶1 之间,后背端斜切或略斜切。其他特征多与该种相同,壳顶区两侧的壳顶褶曲与该种同样地发育。壳体长 18～20mm,高 16～17mm。

产地及层位:莱阳朱家庄;青山群后夼组。

寿昌中村蚌 *Nakamuranaia shouchangensis* Ma,1980
(图版 13,图 5)

横椭圆形,长 25～34mm,高 10～16mm,壳高与长的比例为 0.43∶1～0.5∶1,壳顶后的高度明显大于壳前。后边缘较前边缘宽圆。壳顶位于壳前的 3/10 处。后壳顶脊在壳顶区较明显,向后腹角逐渐展平。

产地及层位:莱阳朱家庄;青山群后夼组。

椭圆中村蚌 *Nakamuranaia elliptica* Ma,1980
(图版 13,图 6)

横椭圆形,长 12～18mm,高 7～9mm,壳高与长之比为 0.51：1～0.56：1,壳顶后的高度略高于壳顶前,后背边斜切不显,较前边略圆,背边凸弧形。壳顶位于壳长靠前的 2/5～1/2 处。后壳顶脊颇显。

产地及层位:莱阳朱家庄;青山群后夼组。

日本蚌科 Nippononaiadidae Kobayashi,1968
日本蚌属 *Nippononaia* Suzuki,1941
莱阳日本蚌 *Nippononaia laiyangensis* Ma
(图版 13,图 7)

壳近椭圆形,长 26mm,高 16mm,壳高约为壳长的 3/5。前缘圆,腹缘宽弧形,后铰边较短,后背边略斜切。壳顶钝,前转,约位于壳长靠前的 1/4 处。壳面饰有放射脊和生长线,自后腹角至后背角之间仅有 5 根后斜侧脊,中间"V"形饰的后一组脊达腹边缘者亦有 5 根,前一组脊似未达前腹缘,前侧斜脊达前缘。生长线不规则,在后腹部则呈波纹状。

产地及层位:莱阳;莱阳群曲格庄组。

朱家庄日本蚌 *Nippononaia zhujiazhuangensis* Ma
(图版 13,图 8)

壳中等大小,横椭圆形,壳长为壳高的 2 倍。前缘圆,腹缘宽弧形,后背边近于平直,后背角钝角状,后腹角较窄圆。壳顶前转,微突出铰缘,约位于壳长靠前端 1/3 处。后壳顶脊颇显著,水管区略呈斜坡。壳面布满放射脊和同心线,水管区具后斜侧脊 10 根左右,中间"V"形饰的后一组脊约 10 根,它们与后斜侧脊在后壳顶脊上交成"人"字形,但壳前部的放射脊较后部的细而密。同心线在后腹缘处略呈波纹状。

产地及层位:莱阳;莱阳群曲格庄组。

中国日本蚌(相似种) *Nippononaia* cf. *sinensis* Nie
(图版 13,图 9)

壳中等大小,长椭圆形。壳高约为壳长的 1/2。前缘圆,后部延伸,后缘斜切,后端略为缩尖。壳顶前转,略突于铰缘,约位于壳长前端的 1/4 处。后壳顶脊显著。壳面放射脊略明显,中间"V"形饰的后一组放射脊颇宽,伸达腹缘,但前一组不清楚。

产地及层位:莱阳;莱阳群曲格庄组。

奇异蚌科 Peregrinoonchiidae Chen et Lan,1936
假嬉蚌属 *Pseudohyria* MacNeil,1936
乌蛤形假嬉蚌 *Pseudohyria cardiiformis* (Martinson)
(图版 13,图 10、11)

壳较大而膨凸,其凸度约为壳长的 2/5。横卵形或椭圆形。前缘圆,腹缘宽弧形,后背缘近于直或稍斜曲,几乎与腹缘平行,后背角缓圆或呈钝角形。壳顶凸出,前转,稍突出于铰线之上。后壳顶脊不明显。壳面约有 20 根放射脊,向前逐渐变窄而平伏,同心线呈波纹状。盾纹面狭长。

产地及层位:诸城;王氏群红土崖组。

戈壁假嬉蚌(亲近种) *Pseudohyria* aff. *gobiensis* MacNeil
(图版 13,图 12、13)

壳中等大小,近圆形或近梯形。前缘圆,腹缘宽圆或弧形。背缘凸曲,后背边略斜切。壳顶钝圆,突于铰缘之上,位近中央。

产地及层位:诸城;王氏群红土崖组。

褶珠蚌科 Plicatouniodidae Kobayashi,1968
褶珠蚌属 *Plicatounio* Kobayashi et Suzuki,1936
诸城褶珠蚌(褶珠蚌) *Plicatounio (Plicatounio) zhuchengensis* Ma
(图版 13,图 14)

壳体大,横椭圆形,壳长约为壳高的 2 倍。中等膨凸,其前部较扁平。后背边平直,前背边略斜曲,前缘圆,缓圆地通到宽弧形的腹边缘。壳顶低平,前转内曲,很少突出铰线之上。后壳顶脊宽圆。后部壳面有 4～5 根很粗强的放射褶,其前壳面上的放射褶逐渐趋于低平,最后被波纹状同心线代替。放射褶有 15 根以上,每根褶上又有很多细放射线,放射褶均较放射状的沟宽些。

产地及层位:诸城;王氏群红土崖组。

湖南褶珠蚌(光褶珠蚌) *Plicatounio (Lioplicatounio) hunanensis* Zhang
(图版 13,图 15)

壳中等大小,横长形,壳长约为壳高的 2 倍。前缘圆,腹缘凸弧形,后铰边斜直,后背边明显斜切,使后背角十分宽钝,后腹角窄圆,略向后伸。壳顶钝,前转,约位于壳长靠前端的 1/3 处。后壳顶脊宽圆。

产地及层位:诸城;王氏群红土崖组。

裂齿蛤属 *Schizodus* de Verneuil et Murchison,1844

山东裂齿蛤 *Schizodus shandongensis* Liu

(图版 12,图 9)

壳较大,卵三角形,前边圆,后边略延伸。壳体适度膨凸,最大凸度在壳顶附近。外脊明显,自壳顶伸至后腹角,并向上弯曲。壳面具细的同心生长线。

产地及层位:淄博;太原组。

珠蚌科 Unionidae Fleming,1828

珠蚌属 *Unio* Retzius,1788

翘鼻珠蚌 *Unio obrutschewi* Martinson

(图版 14,图 10)

壳较大,长椭圆形,前部壳高显著小于后部。前背边上斜,前腹边微凸,向腹边斜伸,腹边长,曲度很小,后边圆。中等膨凸。后壳顶脊宽圆不明显。壳顶宽扁,略前倾,距前端约 1/3 壳长。

产地及层位:诸城;莱阳群杨家庄组。

近摩尔达维亚珠蚌(比较种) *Unio* cf. *submoldavicus* Huang et Wei

(图版 14,图 11、12)

中等大小,横长四边形,背、腹边近于平行,壳长约为壳高的 2.5 倍,壳顶小,前转内褶,位于前背部,具 2 条后壳顶脊,其背部一条脊较窄而低。壳顶区双钩状构造保存清晰,并沿双钩处形成纵向的两列瘤饰,每列约 3 粒,其余壳面仅布满浅、细的同心生长线。

前异齿型,齿式为(5a)3a、3b、4a、2a、2b、4b,其中 5a 锥形或不发育,前假主齿 2a、3a 和 4a 短片板状或短片状;后部片状齿均呈长片板状。前闭壳肌痕深,似光滑,其内侧的小伸、缩足肌痕亦较深。

产地及层位:垦利;馆陶组。

楔蚌属 *Cuneopsis* Simpson,1900

近卵形楔蚌(比较种) *Cuneopsis* cf. *subovata* Huang et Wei

(图版 14,图 13)

壳长 45mm,壳高 3mm,斜楔形,壳厚重,中等膨凸。壳顶被磨光,内褶,位近前背边,后铰边斜直,前边近截形,斜向宽弧形的腹边,后边略上翘,尖圆。壳顶饰不清,具 2 条后壳顶脊,背部 1 条不很清晰。壳面仅见浅、细的同心生长线或同心环。

前异齿型,齿式为(5a)3a、3b、4a、2a、2b、4b,其中 5a 和 4a 似有些后斜,3a 三角锥状,几乎与铰边垂直,2a 斜劈状。后部片状齿上具垂直齿面的刻痕。前闭壳肌痕深,其内侧的小伸、缩足肌痕清晰;后闭壳肌痕较浅,内具半圆形的同心线,外套线简单。茁突清晰可见。

产地及层位:垦利;馆陶组。

垦利楔蚌 *Cuneopsis kenliensis* Qi
(图版 14,图 14)

壳长 25.6mm,壳高约 14mm,长楔形。壳瓣较厚重,中等膨凸。外韧带,后韧式。壳顶前转,内褶,几乎不突出铰线之上,约位于壳长前方的 1/4 处。壳顶区被磨损,具 2 条后壳顶脊,但其背部 1 条脊较弱、低,从壳顶至后背部逐渐尖灭。水管区坡度较陡,其上除同心生长线外,还具一些羽毛状斜放射线,其余壳面仅布满同心生长线。

前异齿型,齿式为 5a、3a、3b、4a、2a、2b、4b,其中前假主齿 5a 和 4a 呈薄片状,3a 三角锥状,几乎与前铰边垂直,2a 斜劈状;后部片状齿均长片板状,齿上似光滑。前闭壳肌痕深,内具深刻的刻痕(不呈树枝状),其内侧的小伸、缩足肌痕深;后闭壳肌痕较浅,光滑,其内侧的小缩足肌痕亦浅。后闭壳肌痕之后的茧突很清晰。

产地及层位:垦利;馆陶组。

丽蚌属 *Lamprotula* Simpson,1900
山东丽蚌(准珠蚌) *Lamprotula (Parunio) shandongensis* Qi
(图版 14,图 15)

壳长 42mm,壳高 39.5mm,卵圆形。壳厚重,颇膨隆。外韧带,后韧式。壳顶前转,位于前背部,离前背端稍远,后铰边下斜,稍弯曲,呈宽弧形通到后边,后边呈锹形,前腹边略向后收缩,腹边呈凸弧形。壳顶区被磨损,保存良好时可能具双钩状壳顶饰,后壳顶脊 2 条,背面 1 条较低而圆。水管区坡度颇显,其上具 7 根以上呈宽"V"形斜放射状侧脊,其余壳面仅见同心状生长线。

绞板宽厚,前异齿型,齿式为(5a)3a、3b、4a、2a、2b、4b,其中前假主齿(5a)发育不佳,4a 短片状,前斜,与 2a 在壳顶下连接呈"八"字形,3a 三角锥状,上具较强的沟脊,几乎与铰边垂直;后部片状齿 2b 和 3b 均呈片板状,4b 呈片状,均较光滑。前闭壳肌痕深,其内未见有刻痕,其旁的小伸、缩足肌痕清晰可见;后闭壳肌痕较浅,其内侧上方的小缩足肌痕亦浅。外套线简单。后闭壳肌痕之后的茧突清晰可见。

产地及层位:垦利;明化镇组。

异齿目 Heterodonta Neumayr,1883
兰蚬科 Corbiculidae Gray,1847
兰蚬属 *Corbicula* Mergele von Muhlfeld,1811
玉门"中兰蚬"(相似种) *"Corbicula (Mesocorbicula)"* cf. *yumenensis* Gu
(图版 13,图 16)

壳小,卵圆形。背边短,前、后、腹缘均宽圆。膨凸,边缘部分凸度均较大。壳顶尖突,位近于中央。壳面见有同心状壳饰。

产地及层位:蒙阴;大盛群田家楼组。

手取"中兰蚬" *"Corbicula（Mesocorbicula）"tetoriensis* Kobayashi et Suzuki

（图版 13，图 17）

壳较小，斜圆三角形。前缘宽圆，腹缘宽弧形，后缘较窄圆并向后下方略伸，后背边略斜切。后壳顶脊略明显。壳顶约位于壳长靠前端的 1/3 处。

产地及层位：蒙阴；莱阳群杨家庄组。

豆蚬科 Pisidiidae Gray，1857

球蚬属 *Sphaerium* Scopli，1777

山东球蚬 *Sphaerium shantungense*（Grabau）

（图版 13，图 18）

壳长 8mm，约为壳高的 2 倍，壳后部的高较前部稍大。后背边稍斜切。壳顶小，位于壳长靠前端的 1/3 处。壳面具同心状纹饰。

产地及层位：胶县；王氏群辛格庄组。

延边球蚬 *Sphaerium yanbianense* Gu et Wen

（图版 14，图 1）

壳较小，圆三角形，壳长 12mm。后背边略斜切，后腹角窄圆。中等膨凸。后壳顶脊尚明显。壳顶高凸，约位于壳长靠前端的 1/3 处。壳面饰有同心状壳饰。

产地及层位：诸城；王氏群辛格庄组。

热河球蚬 *Sphaerium jeholense*（Grabau）

（图版 14，图 2）

壳相当小，近方圆形，长 2.5mm。后背边圆弧形，有时略斜切，后腹角宽圆。中等膨凸，后壳顶脊尚显著。壳顶偏前，位近壳长前端的 1/3 处。壳面具同心状纹饰。

产地及层位：蒙阴；大盛群田家楼组。

浦江球蚬 *Sphaerium pujiangense* Gu et Ma

（图版 14，图 3）

壳相当小，横长卵形，壳长 6.5mm。后腹角窄圆。较膨凸，凸度微小于壳高。后壳顶脊较发育。壳顶高突，显著前转，约位于壳长靠前端的 1/3 处。壳面具同心状纹饰。

产地及层位：蒙阴；大盛群田家楼组。

莱阳球蚬 *Sphaerium laiyangense* Chen

（图版 14，图 4）

壳相当小，横椭圆形，壳长 4.5mm。前、后背边在壳顶下弧形相接，形成宽缓弯曲的铰缘。背、腹角均圆滑。腹缘宽拱形。中等凸度并均匀。后壳顶脊弱或消失。壳顶小，突出铰缘,弯曲前转,位于近铰缘中央稍前处。

产地及层位:诸城;王氏群辛格庄组。

威留球蚬 *Sphaerium wiljuicum* (Martinson)
(图版14,图5、6)

壳相当小,卵椭圆形,壳长4~9mm。前缘宽圆,腹缘宽弧形,后缘窄圆或斜切状,后背角圆钝,后腹角窄圆。很膨凸。后壳顶脊宽圆缓凸。壳顶高突于铰缘之上,前转,位于近中央稍偏前处。壳面具同心状纹饰。

产地及层位:诸城;大盛群田家楼组。

卵形球蚬 *Sphaerium ovalis* (Rammelmeyer)
(图版14,图7)

壳较大,卵圆形,壳长23mm。前缘宽圆,腹缘宽拱曲度小,后缘略斜切,背缘微拱,后背角圆钝,后腹角窄圆。后壳顶脊尚明显。壳顶低钝,微突出铰缘,位于中央稍前处。壳面见有弱的同心状纹饰。

产地及层位:诸城;王氏群辛格庄组。

谭氏球蚬 *Sphaerium tani* Grabau
(图版14,图8、9)

壳较小,近圆形,壳长4.5~11mm。前、后腹缘及后背缘均圆。壳顶圆钝,前转,突出于铰缘之上,位于近中央稍前处。壳面见同心状纹饰。

产地及层位:莱阳;王氏群。

3.4.2 腹足纲 Gastropoda

腹足纲是软体动物中最大的一个纲,足位于身体腹面,是扁平的爬行器官。底栖生活,头部的触角、眼等器官发达。口腔中有齿舌,呈带状,是一条软体基膜上着生的许多排横列小齿,齿的数目、排列与形状各有不同,是现代腹足动物的重要分类根据之一。

腹足纲的壳形有盘旋壳、陀螺壳、卵形壳、塔形壳、包旋壳、圆锥形壳、蛹形壳、左旋壳、右旋壳、锥形壳、双锥形壳、指状突起。

螺壳的定向是将壳顶朝上,壳口面向观察者,此时绝大多数螺壳壳口在观察者右方者称右旋壳,极少数在左方的称左旋壳。顶端称为壳顶,与壳顶相对的一端称为壳底。

古腹足目　Archaeogastropoda
全脐螺科　Euomphalidae Koninck,1881
松旋螺属　*Ecculiomphalus* Portlock,1843
松旋螺（未定种）　*Ecculiomphalus* sp.
（图版 15，图 1）

壳大，螺壳松旋，上侧具旋棱，下侧窄圆。旋棱上部的生长线不规则弯曲。
产地及层位：淄川土峪；中奥陶统五阳山组。

弯口螺科　Sinuopeidae Dall in Zittel－Eastman,1913
圆脐螺属　*Straparollus* Montfort,1810
博山圆脐螺　*Straparollus poshanensis*（Ozaki）emend. Wang
（图版 15，图 2）

壳体平旋，具 4 个螺环。螺塔低，稍下降。壳面在近缝合线处生长线粗，壳口处呈束状。螺环圆。体螺环迅速增大。壳口下降。脐宽。
产地及层位：淄博；上石炭统。

神螺科　Bellerophontidae
包旋螺属　*Euphemites* Warthin,1930
包旋螺（未定种）　*Euphemites* sp.
（图版 15，图 3）

壳体小，近球形，包旋。壳面具粗旋脊及细生长线，旋脊未及口缘。
产地及层位：济宁；太原组。

卷螺科　Helicinidae
双形褶螺属　*Dimorphoptychia* Sandberger,1871
奇特双形褶螺　*Dimorphoptychia speciosa* Li
（图版 19，图 5、6）

壳小，锥形，壳高 4.8mm，壳宽 7.3mm，具 7 个螺环。壳顶钝，螺塔低，各螺环增长规则，它们的周缘近平直或微凸。缝合线浅但清晰。体螺环大，其周缘窄圆弧形，基部微凸，无脐孔。壳口半圆形，外唇厚，略外卷。壁唇区有微薄的加厚壳质，其上有 3 枚强度相当、彼此平行的壁唇褶，上方者最长，而下方者最短；基褶 1 枚，结核状；腭唇褶 1 枚，片状。胎壳表面光滑，其余各环上均饰有间距较宽而相当清楚的生长肋。有时还见微细的旋向线，两者相交形成不明显的网格状壳饰。在壳体基部，生长肋的强度逐渐减弱或消失。
产地及层位：昌乐；五图群。

中腹足目　Mesogastropoda
瓶螺科　Ampullariidae
中屠螺属　*Mesolanistes* Yen,1946
莱阳中屠螺　*Mesolanistes laiyangensis* Yu
（图版 15,图 4）

壳小,左旋,壳顶低略突起,具 4～5 个规则增大的螺环。螺环面宽凸,缝合线深。壳口及壳饰保存较差。

产地及层位：莱阳；王氏群。

豆螺科　Bithyniidae Fisher,1885
豆螺属　*Bithynia* Leach,1818
蒙阴豆螺　*Bithynia mengyinense* Grabau
（图版 15,图 5、6）

内模标本。高 11mm,宽 9.5mm,仅保存 4 个迅速增大的螺环,壳顶脱落。体螺环包住前一螺环的 1/3。缝合线深。壳口卵圆形。脐孔狭小并被厚的内唇所覆盖。壳面光滑,仅饰以细生长线。成年壳顶角为 60°,幼年壳顶角为 54°。

产地及层位：蒙阴；上侏罗统。

梨形豆螺　*Bithynia pyriformis* Xia
（图版 15,图 7）

壳体中等大小,壳质厚,长卵形,由 4～5 个螺环组成。壳顶钝,螺塔低。环面平凸,被深凹的缝合线所分隔。末螺环高大,约占壳高的 3/4,周缘宽阔,位于螺环中部,底部微凸。末两环具狭窄但圆凸的肩部。壳口大,梨形,口缘厚且完整,上端角状,具凹陷痕迹,下端圆,外唇弧形,内唇呈圆弧形,轴唇略凹。具脐缝,有时被内唇所覆盖。壳面饰有细生长线。

产地及层位：垦利；馆陶组。

单家寺豆螺　*Bithynia shanjiasiensis* Xia
（图版 15,图 8、9）

壳中等大小,似卵形,具 4～5 个圆凸的螺环。壳顶钝,螺塔部螺环规则增长,末螺环迅速增大。第一、二螺环面光滑。第二螺环面饰有生长线和细密的旋线,两者相交成网格状纹饰。末螺环明显凸胀且高大,约占壳高的 3/4。缝合线明显深陷。壳口大,呈梨形,上端角状,下端宽圆,外唇弧形,壁唇斜,稍凸,轴唇厚,略凹。具脐缝。

产地及层位：滨州、垦利；黄骅群。

河北豆螺（比较种）　*Bithynia* cf. *hebeiensis* Yu et Pan(MS)
（图版 15,图 10）

壳体中等大小,卵锥形,由 4 个圆凸的螺环组成。螺塔低,螺塔部的螺环规则增长,末螺环迅速增大。螺环面圆凸，被深陷的缝合线所分隔，螺环旋绕达于周缘之下。周缘宽圆。底部凸圆，具脐缝。壳口大，卵圆形，上端窄圆，下端宽圆，口缘简单，全缘式，外唇弯曲，壁唇贴在前一螺环壁上且倾斜，轴唇近于直。壳面光滑，饰有不明显的细生长线。

产地及层位：博兴；沙河街组四段上部。

豆螺（未定种） *Bithynia*(*Sierraia*) sp.
（图版 16，图 1）

旋轮形，角质口盖，内圈边缘凸起形成突面，突面在内唇边处稍凹。核近前端。外圈窄，饰以同心线。

产地及层位：垦利；明化镇组。

副豆螺属 *Parabithynia* Pilsbry, 1928
厚唇副豆螺 *Parabithynia crassilabia* Youluo
（图版 15，图 11）

壳体小，长卵形，壳质厚，由4个螺环组成。螺塔低，壳顶尖，螺环面宽圆，缝合线中等深。末螺环胀大，周缘宽圆，壳口近卵圆形，上端钝角状。口缘连续，外唇中等厚，内唇宽厚，并翻贴于末螺环壁上，无脐。壳面光滑，仅饰以不显著的生长线。

产地及层位：垦利；沙河街组。

微小副豆螺 *Parabithynia minuta* Youluo
（图版 14，图 16）

壳体微小，壳质厚，球圆形，具3个螺环。螺塔低，壳顶钝，圆锥形。末螺环骤然胀凸，似球形，约占壳高的5/6。螺塔部的螺环微凸，缝合线浅。底部平凸，无脐孔。壳口小且倾斜，呈卵形，上端钝角状，下端圆，口缘厚，略收缩，全缘式，外唇弯曲，壁唇倾斜。壳面光滑，壳饰特征不明。

产地及层位：垦利；沙河街组一段下部。

微黑螺科 Micromelaniidae
微黑螺属 *Micromelania* Brusina, 1874
串珠微黑螺 *Micromelania monilifera* Youluo
（图版 15，图 12、13）

壳体中等大小，壳高1.8mm，塔锥形，胎壳脱落，仅保存下部7个螺环。螺塔部各螺环增长缓慢且有规则，螺环近于平，并为沟状缝合线所分隔。上部螺环的上、下两侧各有一列由细粒突起组成的旋脊。粒状突起之间有横肋相连，横肋不很显著。从第5螺环开始，在上、下细粒旋脊之间，还有1条粒状旋脊，并由不明显的横肋相连。末螺环高大，周缘宽圆，饰有5条粒状旋脊，周缘旋脊最为粗大，并由横脊相连接。底部微凸，具有1条不明显的旋脊。无脐。

壳口卵圆形,上端窄,下部宽圆,外唇略破损,内唇宽厚。

产地及层位:滨州;东营组。

圆黑螺属 *Gyromelania* Wenz,1938
辛镇圆黑螺 *Gyromelania xinzhenensis* Youluo
(图版 15,图 14)

壳体中等大小,壳高 12.6mm,塔锥形,壳顶已破损,仅保存 6 个螺环。螺塔高,螺环面近于平,增长规则。末螺环高大,约为壳高的 1/3。壳面饰有光滑的旋脊多条,近上、下缝合线的两条旋脊粗大,其间饰以细旋脊 3~4。缝合线深。无脐。壳口小,斜卵形,上端角状,下端圆。

产地及层位:垦利;沙河街组。

埃默氏螺属 *Emmericia* Brusina,1870
环唇埃默氏螺 *Emmericia circuliformis* Youluo
(图版 15,图 15)

壳体中等大小,卵锥形,壳质较坚固,壳顶钝。由 4~4.5 凸螺环组成,以深的缝合线分隔。第一螺环圆,为胎壳,突起。螺塔中等高,圆锥形。螺塔部螺环规则增长。末第二螺环的下缝合线之上具 1 条细旋线。末螺环大,呈球形,约占壳高的 3/4。壳口大,略斜,卵圆形,上端窄圆。口缘连续,内、外唇近等宽,外唇卷翻在背面形成一弧形的沟槽,壁唇翻贴于末螺环壁上。轴唇弯曲,翻转盖住部分脐孔。脐窄深。壳面光滑,饰以细生长线。

产地及层位:垦利;沙河街组一段—东营组三段下部。

前贝加尔螺属 *Probaicalia* Marlinson,1949
前贝加尔螺(未定种) *Probaicalia* sp.
(图版 14,图 17)

壳体微小,塔锥形,壳顶破坏,仅保存最后 5 个螺环。螺塔高,螺环圆凸,缝合线深,体螺环略高大,约占壳高的 1/3。壳口似卵圆形。无脐孔。壳面隐约可见细生长线,上部螺环面可见 2 条旋棱。

产地及层位:蒙阴;上侏罗统。

渤海螺科 Bohaispiridae
永安螺属 *Yonganospira* Youluo
粗永安螺 *Yonganospira costata* Youluo
(图版 15,图 16、17)

壳体微小,塔形,由 5 个螺环组成。螺塔高,壳顶钝。螺环角状,增长规则,末螺环增长稍快,缝合线浅,第一螺环光滑,为胎壳,乳突状,后部螺环具有粗旋脊。第二螺环具有 1 条不明显的旋脊,第三、四螺环各具有两条旋脊,近上缝合线处的上旋脊细。位于周缘上的下旋脊粗。两条旋脊的中间为一旋凹带,其上、下两侧面均平斜。末螺环上具有 3 条粗旋脊,上斜面凹斜,中部被分隔成两条不等距的、深的旋凹带。脐腔宽凹,脐缘被一条呈弧形弯曲的脐脊所环绕。壳口小,紧缩,圆形,并略向前延伸,口缘薄。

  产地及层位:垦利;沙河街组。

宽唇螺属　*Labrosa* Youluo
宽唇宽唇螺　*Labrosa labrosa* Youluo
(图版 15,图 18)

  壳小,卵锥形,由 5 个具瘤粒的螺环组成。壳顶钝,螺塔中等高,螺环增长缓慢且规则。末螺环胀大,缝合线浅,略斜。第一螺环光滑,为胎壳,后部螺面上具有 1 排粗大的旋向瘤脊,上部螺环的瘤脊位于周缘上,向下延伸与下缝合线相连。末螺环上的瘤脊斜行排列,瘤粒粗大,瘤粒的间隙宽大于瘤粒,并由旋脊所连结,在腹侧的瘤粒向下延伸成横肋,横肋的下端形成长柱状的瘤突,这些瘤突组成一不显著的下部瘤粒旋脊。背侧的下部具有一条粗大的底部旋脊,底部旋脊向前延伸至底部。壳口卵圆形,口缘宽环状,外唇卷翻显著。壁唇宽厚,翻转并贴于末螺环壁上。脐孔小且深凹,具有 1 条粗大呈弧形弯曲的脐孔。

  产地及层位:无棣;东营组。

跑螺科　Thiaridae
拟黑螺属　*Melanoides* Olivier,1804
坨庄拟黑螺　*Melanoides tuozhuangensis* Youluo
(图版 15,图 19)

  壳体中等大小,细长,塔锥形,壳顶断损,仅保存下部 9 个螺环。螺环相当高,螺环增长规则,螺环面微凸,近上缝合线处有 1 条由细粒状突起组成的旋脊。旋脊宽且略突起,颗粒窄圆,粒与粒间隙几乎等宽。壳面还饰有生长线和横肋,在末螺环上的横肋呈"S"形弯曲。生长线细密。无脐。壳口卵圆形,上端角状,下部窄圆,外唇呈宽弧形,壁唇略弯曲,轴唇翻转,近于直。

  产地及层位:滨州、垦利;沙河街组。

花纹拟黑螺　*Melanoides floristriata* Youluo
(图版 15,图 20)

  壳体中等大小,壳高约 1.6mm,长塔形,上、下部螺环均破损,仅保存中部 6 个螺环。螺环增长规则,螺环面平直,缝合线中等深,壳面饰以粒状突起及横肋。上部的一个螺环具有 1 条尖锐的旋棱,旋棱由不显著的细粒状突起组成;下部螺环在近上、下缝合线处各具 1 列瘤粒状突起,下列瘤粒粗大,两列瘤粒之间由细横肋所连结。末螺环增长略快,周缘直,下瘤粒的下部还具有 2 条细粒状旋脊。壳口破损,仅见内唇翻贴于末螺环壁上。

  产地及层位:垦利;沙河街组。

天津螺属 *Tianjinospira* Youluo

单列瘤天津螺 *Tianjinospira monostichophyma* Youluo

（图版 15，图 21）

壳体中等大小，高锥形，壳顶钝，由 4～5 个螺环组成。螺塔中等高，螺环规则增长，末螺环迅速增大，以深的缝合线分隔。第一螺环为胎壳，光滑，突起。第二螺环角状，周缘位于螺环的近下部，具 1 排肋状瘤，瘤与瘤间隙近等宽。第二末螺环上的瘤状突起位于螺环的下半部，瘤粒变粗。末螺环高大，约占壳高的 2/3，周缘上的瘤状突起向上，向下延伸成长瘤状，最高点在中部，瘤的间隙大于瘤的宽度。壳口大，斜卵圆形，口缘连续，外唇薄，壁唇厚翻贴于末螺环壁上，轴唇稍翻转。脐缝状。

产地及层位：无棣；东营组。

刺柱螺属 *Coptostylus* Sandberger,1872

东方刺柱螺 *Coptostylus orientalis* Sandberger,1872

（图版 15，图 22）

壳中等大小，卵锥形，具螺环 6 个。螺环中等高，壳顶略破损，末螺环高大，约占壳高的 2/3。上部螺环增长缓慢且有规则，螺环面微凸圆，缝合线略深。末螺环迅速增大，周缘宽圆，并向底部迅速收缩。无脐。壳口破损，上端尖角状，内唇粗厚，壁唇斜，轴唇近于直。壳面饰有生长线和旋线。生长线细且略弯曲，旋线细。

产地及层位：垦利；沙河街组。

田螺科 Viviparidae Gray,1840

田螺属 *Viviparus* Montfort,1810

平滑田螺 *Viviparus demolita*（Heude）

（图版 16，图 2）

壳体中等大小，卵锥形，具 5 个规则增大的螺环。壳顶钝，螺塔低。螺环面宽平，螺环旋绕达周缘，缝合线浅。末螺环迅速增大，约占壳高的 3/4。周缘宽圆，位于螺环的中部，壳口圆卵形，上端宽角状，下端宽圆。壳面仅饰有细生长线。底部略凸。具脐缝。

产地及层位：垦利；馆陶组。

环棱螺属 *Bellamya* Jousseaume,1886

梨形环棱螺 *Bellamya purificata*（Heude）

（图版 16，图 3）

壳体中等大小，壳质中厚，卵形，具有 6 个螺环。螺塔呈低圆锥形，螺塔部的螺环面平凸，缝合线明显。末螺环膨胀，周缘圆凸，位于螺环的下部。壳面较光滑，饰有细生长线和旋线。壳口圆卵形，上端锐角状，下端圆。外唇薄而简单，内唇略厚，壁唇薄且贴于末螺环上。具狭窄脐缝。

产地及层位：垦利；馆陶组。

硬环棱螺 *Bellamya lapidea* (Hende)
(图版 16, 图 4、5)

壳体中大, 宽长卵形, 具有 6 个螺环。螺塔低, 圆锥形, 约为壳高的 1/3。螺塔部各螺环规则增长。螺环面微凸, 表面饰有 2 条极细的旋纹并把螺环面分成近乎相等的 3 个部分。末螺环胀大, 饰有 3 条不明显的旋棱, 以周缘旋棱最显著, 位于螺环的下部。壳口卵形, 上端角状, 下端圆；外唇简单, 内唇稍厚呈弧形, 壁唇翻贴于末螺环上。具脐缝。壳面饰有生长线。

产地及层位：垦利；馆陶组、明化镇组。

圆田螺属 *Cipangopaludina* Hannibal, 1912
渤海圆田螺 *Cipangopaludina bohaiensis* Youluo
(图版 16, 图 6)

壳体极大, 圆锥形, 螺塔高, 壳顶缺损, 约由 5 个螺环组成。螺环面圆凸, 缝合缝相当深。末螺环高大, 约占整个壳体高度的 2/3。周缘圆凸, 并向底部逐渐倾斜。底部宽凸。脐孔窄小。壳口大, 斜卵形, 前端窄圆, 外唇薄, 弧形, 略翻转。壳面饰有生长线, 生长线细且弯曲。

产地及层位：滨州；东营组二段。

似瘤田螺属 *Tulotomoides* Wenz, 1939
旋脊阶状似瘤田螺 *Tulotomoides aspericarinata* Youluo
(图版 16, 图 7、8)

壳体中大—大, 外形与阶状似瘤田螺相似, 壳质厚, 由 5 个螺环组成。壳顶尖, 螺塔短, 圆锥形, 螺环面宽, 增长规则, 具有平台状的肩部, 缝合线中等深。末螺环胀大, 周缘凸圆, 肩部宽且平, 肩角处具一条粗旋脊, 突出于肩部之上, 其下为一旋凹带。壳口卵圆形, 内唇紧贴于末螺环壁上。脐孔小而深。壳面饰有粗而密的生长线, 末螺环的后半环生长线弯曲, 近壳口处更甚。

产地及层位：滨州、垦利；沙河街组。

旋脊似瘤田螺 *Tulotomoides spiralicostata* Youluo
(图版 16, 图 9)

壳体大, 高锥形, 壳质厚, 由 6 个螺环所组成。壳顶尖, 螺塔约为壳高的 1/3, 螺环面宽圆, 饰有生长线, 肩部具有 1 条旋脊。末螺环胀大, 周缘圆凸, 肩部的旋脊逐渐变得粗大, 生长线亦较上部螺环明显。壳口近椭圆形, 上端角状, 下端宽圆, 因受压而略变形, 内唇紧贴于末螺环壁上。

产地及层位：垦利；沙河街组二段上部。

似瘤田螺（未定种） *Tulotomoides* sp.
（图版 16，图 10）

壳体小，卵锥形，早期螺环破损，仅保存 5 个螺环。螺塔圆锥形，增长规则，螺环具似平台状的肩部，肩角具 1 条粗旋脊。缝合线深。末螺环胀大。周缘凸圆，位于螺环下部，周缘之上螺环面平斜。壳口卵圆形。底部微凸，脐孔小而深。壳面饰有生长线。

产地及层位：垦利；馆陶组。

垦利螺属 *Kenliospira* Xia

属征：壳体中大，似圆三角形。螺环面平凸。壳顶钝，螺塔低。末半个螺环明显下斜达周缘之下。周缘钝角状位于螺环底部边缘。壳口似三角形，口缘厚，底部平。脐孔狭窄或缺。壳面饰以细生长线。

分布时代：新近纪。

仙河镇垦利螺 *Kenliospira xianhezhenensis* Xia
（图版 16，图 11）

壳体中等大小，似圆三角形，壳顶钝，由 6 个规则增长的螺环组成。螺塔中等高，呈宽圆锥形，螺塔部螺环旋绕达周缘。螺环面平凸，缝合线深，呈沟形。从第二末环起具狭窄肩部。末螺环迅速增大，约占壳高的 2/3，近壳口处明显下斜达周缘之下，底部边缘呈钝角状旋棱，即末螺环的周缘棱。壳口似三角形，外唇呈弧形，内唇倾斜，壁唇翻转贴于壳壁，上端角状，外唇下部和内唇下部均呈宽圆形，故壳口下部成宽"U"形。底部平具脐隙。壳面饰有明显细生长线，有时夹有较粗生长线。

产地及层位：垦利；馆陶组。

锥形垦利螺 *Kenliospira conica* Xia
（图版 17，图 1）

壳体中大，似圆三角形，由 5 个平凸螺环组成。螺塔低，呈圆锥形，约占壳高的 1/4。螺环规则增长，具圆凸且狭窄的肩。缝合线浅。末螺环凸胀，近壳口处明显下斜达周缘之下，其高度、宽度接近。周缘圆角状位于底部边缘。底部平凸，无脐。壳口似三角形，上端角状，下部呈"U"字形，外唇薄，轴唇厚圆弧形。壳面光滑，仅饰有生长纹和生长线。

产地及层位：垦利；馆陶组。

肩螺属 *Campeloma* Rafinesque，1819
刘氏肩螺 *Campeloma liui* Chow
（图版 15，图 23）

壳体中大，由 5 个迅速增长的螺环构成，壳高大于壳宽。体螺环大，几乎占壳高的一半。螺塔高。壳顶尖圆，顶角 50°，每一螺环约为前一螺环高度的 2 倍，周缘微凸，肩部发育，肩角圆,缝合线较浅。壳口略呈方形,底端平直;转弯处成圆角,上端尖圆;外唇平直,内唇略翻转。具明显的脐线。壳饰保存极差。壳高约20mm,壳宽14.2mm。

产地及层位:莱阳;王氏群。

肩螺(未定种) Campeloma sp.
(图版17,图2、3)

壳体中等大小,宽锥形,螺塔上部破损,仅保存最后3个螺环。螺环增长规则,体螺环增长较迅速,周缘宽圆,缝合线略深,壳饰保存不好,但隐约可见生长线和细旋线。

产地及层位:莱阳;王氏群。

盘螺科 Valvatidae
盘螺属 Valvala Muller,1774
圆形盘螺 Valvata suturalis Grabau
(图版16,图12~14)

内模标本。螺塔低而光滑,由4个较迅速增大的圆螺环构成。胎壳没保存。上部螺环彼此旋绕,缝合线深陷。壳口宽卵形,前端宽圆。脐宽2.5mm。壳高8.5mm,壳宽9mm。

产地及层位:蒙阴;水南组。

扩口盘螺 Valvata ringentis Youluo
(图版16,图15、16)

壳体很小,扁圆形,壳宽大于壳高,由3个螺环组成。壳顶圆,螺塔很低,螺环面凸圆。上部两个螺环增长规则,末螺环骤然增大,尤以壳口处为甚。第一螺环为胎壳,光滑,透明。第二螺环面饰有细生长线,随着螺环的增长,生长线越变越粗,至壳口处则成粗的横肋。壳口扩大,近圆形,口缘薄,部分已破损。脐孔大而深。

产地及层位:博兴;东营组二段。

诸城高盘螺 Valvata(Cincinna)zhuchengensis Pan
(图版15,图24)

壳体微小,低宽圆锥形,约具4个螺环,壳顶钝圆。螺塔部螺环增长缓慢,体螺环稍高大且圆凸。缝合线深且明显。螺环圆凸。底部具明显的脐孔。壳口似圆形。壳面饰有较粗的生长线和不规则分布的生长肋。

产地及层位:诸城;莱阳群。

扁平高盘螺 Valvata(Cincinna) applanata Youluo
(图版17,图4)

壳体陀螺形,壳宽大于壳高,3~4个螺环组成。螺环面凸圆,缝合线深。壳顶钝圆,螺塔低。第一螺环平旋,第二环至第三螺环增长规则。末螺环高大,约为前一螺环高度的3倍。

壳口圆形,口缘薄。脐孔小而深。壳面光滑,生长线明显。

产地及层位:博兴、垦利;沙河街组。

肋盘螺属 *Costovalvata* Polinski,1932
微小肋盘螺 *Costovalvata minuta* Youluo
（图版 17,图 5）

壳体很小,陀螺形,壳宽大于壳高,由 2.5 个螺环组成。壳顶钝圆,螺塔短。螺环面圆凸,缝合线深。螺塔部各螺环增长规则,末螺环则骤然胀大。壳面具有细的模肋,肋间隙近于等宽,以末螺环的后半环最为显著。壳口高大,上端角状,下端宽圆,口缘薄。底部具有小而深的脐孔,脐径约占底侧宽度的 1/4。

产地及层位:滨州;沙河街组一段下部。

旋脊螺属 *Liratina* Lindholm,1906
蛇庄旋脊螺 *Liratina tuozhuangensis* Youluo
（图版 17,图 6）

壳体近于盘形,壳宽(4.71mm)大于壳高,由 4 个螺环组成。螺塔低平,螺环面圆,缝合线深。第一个和第二个螺环近于平旋,第二末螺环高起。末螺环增长较快,其宽度大于第二末螺环宽度的 2 倍多。壳面饰以较粗的生长线,由第二螺环开始至第二末螺环具有 1 条旋脊。壳口形状不明。脐孔特征也不清楚。

产地及层位:垦利;沙河街组。

基座旋脊螺(?) *Liratina? hedobia* Youluo
（图版 17,图 7）

壳体微小,盘形,壳宽大于壳高。具有螺环 3 个,螺环的上侧面宽圆,周缘圆凸。早期螺环增长规则,末螺环增长较快,尤以完口处更为显著。第一个和第二个螺环面光滑,末螺环饰有细密的横脊,横脊向后斜曲。底部具有 1 条粗的旋脊。脐孔大而深。壳口略扩大,因破损,形状不明。

产地及层位:垦利;沙河街组。

转旋螺属 *Tropidina* Adams,1854
丽网转旋螺(?) *Tropidina? bellireticulata* Youluo
（图版 17,图 8）

壳体微小,壳质坚厚,壳宽大于壳高,低陀螺形。具 2～3 个增长较快的螺环。壳顶平,螺塔微高起,缝合线深。第一螺环为胎壳,圆凸,饰有细密的网格状壳饰。末螺环饰有 4 条旋棱和两条细旋脊。上旋棱粗,位于螺环的上侧面,周缘的上、下两侧各有旋棱 1 条。下旋棱则位于脐缘。脐壁尚有 1 条细旋脊。另一条细旋脊位于近上缝合线。螺环的上侧面凹斜,周缘面被旋棱分隔成 3 条旋凹带。壳口近圆形,口缘薄。脐孔小而深,约占壳径的 1/3,脐壁陡直,脐孔内能见到所有的螺环。壳面饰有粗密的生长线。

产地及层位:垦利;沙河街组。

大盘螺属 *Amplovalvata* Yen,1952
大盘螺(未定种) *Amplovalvata* sp.
(图版 17,图 9~11)

此标本受挤压变形,壳体保存不全,似陀螺形,中等大小,约具 6 个螺环。壳顶尖,螺塔圆锥形,螺环缓慢增长,体螺环迅速增大,似盘形。底部平凸,具脐隙。壳口倾斜,似圆形。壳面可见不明显的细生长线。

产地及层位:蒙阴;上侏罗统。

圆螺科 Cyclophoridae
圆螺属 *Cyclophorus* Montfort,1810
粗壮圆螺 *Cyclophorus robustus* Li
(图版 19,图 7、8)

壳较大,低锥形或马蹄形,壳高 15.0mm,壳宽 18.0mm,具 6 个迅速增长的螺环,尤以体螺环最为明显。各螺、环的周缘圆凸,缝合线深,成年壳体的口缘连续且为圆形。脐孔窄而深,表面具较粗的生长肋和细的生长线。壳口高 9.0mm,壳口宽 9.0mm。

产地及层位:昌乐;始新世五图群。

螺科 Hydrobiidae Fischer,1885
螺属 *Hydrobia* Hartmann,1821
螺(未定种) *Hydrobia* sp.
(图版 17,图 17、18)

壳体微小,高锥形,上部螺环破损,仅保存最后 4 个螺环。螺塔高,螺环增长规则,体螺环高大,约占壳高的 2/3,螺环面微凸。缝合线深陷。壳口保存不全,似为卵形。

产地及层位:莱阳;王氏群。

河边螺科 Amnicolidae
河边螺属 *Amnicola* Gould et Haldeman,1841
诸城河边螺 *Amnicola zhuchengensis* Pan
(图版 17,图 19)

壳体小,圆卵形,约具 3 个螺环。壳顶破损,螺塔低,圆锥形,螺塔部的螺环增长缓慢,螺环面圆凸。体螺环高大且膨凸,呈球形,约占壳高的 3/4。缝合线明显。底部具狭窄的脐孔。壳口大,圆卵形,上端宽角状,下端圆。壳饰保存不佳,仅在底部隐约可见细生长线。壳高

6.5mm,壳宽 5.0mm。壳口高 4.0mm,壳口宽 3.3mm。

产地及层位:诸城;王氏群。

河边螺(未定种) *Amnicola* sp.
(图版 17,图 20)

壳小,圆卵形,具 3 个半螺环。壳顶钝,螺塔低,约占壳高的 1/4,末螺环高大且圆凸,壳口圆卵形,具脐孔,壳面饰有不明显的生长线。

产地及层位:垦利;馆陶组。

水螺科 Hydrobiidae
松圈螺属 *Lyogyrus* Gill,1863
柱形松圈螺 *Lyogyrus cylindricus* Youluo
(图版 17,图 21)

壳体小,螺塔锥形,细长。壳顶破损,仅保存 2 个螺环。螺环面凸。末螺环增宽较慢,前半环凸,后半环松旋,并向下延伸,呈管状。壳口小,卵圆形,无脐,细横肋。

产地及层位:滨州;沙河街组。

北镇松圈螺 *Lyogyrus beizhenensis* Youluo
(图版 17,图 22)

壳体小,由 3 个螺环组成。壳顶钝,螺塔部呈锥形,上部螺环增长较慢,末螺环则迅速增长,周缘圆凸,后半环松旋,且向右下方伸长,松旋部分向壳口方向逐渐缩小。壳口小,卵圆形,口缘薄,无脐。

产地及层位:滨州;沙河街组一段下部。

圆松螺属 *Lysiogyrus* Youluo
横肋圆松螺 *Lysiogyrus costatus* Youluo
(图版 17,图 23)

壳体小,卵形,螺塔低锥形,壳顶钝圆,具螺环 5 个。第一螺环低平,光滑。第二螺环增长缓慢,圆凸,出现一些生长线。第三螺环面宽圆,生长线逐渐加粗,并出现间隔不等的细横肋。第四螺环增长开始加快,螺环面圆凸,周缘浑圆,横肋逐渐变粗,肋间隙宽窄不一,约有 28 条横肋;横肋之间尚饰有细生长线和明显的细旋线。第五螺环即末螺环,增长迅速,凸胀,约占壳体高度的 3/4,下降显著,后半环则逐渐松旋;近壳口的 1/4 螺环则完全松旋。上侧棱角状,外侧宽平,内侧面凹斜,底侧圆形。壳口略紧缩,近圆形,口缘完整,内唇粗厚,外唇较薄。螺环面宽凸,横肋逐渐变弱消失,旋线细且密集。底部圆凸,具有 1 条钝旋脊。

产地及层位:商河;沙河街组。

长颈圆松螺 *Lysiogyrus longicollus* Youluo

（图版 17，图 24）

壳体中等大小，长卵形，螺塔圆锥形，壳顶钝，具螺环 5 个。第一个和第二螺环光滑，螺环面圆凸。第三螺环凸圆，缝合线深，饰有细生长线和细旋线。第四螺环增长迅速，周缘浑圆，饰有生长线和旋线，生长线细且略斜，旋线细且密集，呈微波状弯曲。末螺环高大，约占壳体高度的 1/3，周缘宽圆并缓慢地斜向底部，底部具 1 条粗旋脊，底部旋脊之下有 1 条窄凹带。后半螺环急剧下降，近壳口约 1/4 的螺环则完全松旋，上侧角棱角状，外侧面宽圆，内侧面凹凸状。旋线细密，呈微波状弯曲，生长线细且不明显。壳口紧缩显著，近圆形，口唇粗厚。

产地及层位：商河；沙河街组。

本氏螺属 *Benedictia* Dybowski, 1875

古老本氏螺(?) *Benedictia? antiqua* Youluo

（图版 18，图 1、2）

壳体中等大小，卵锥形，具 4～5 个圆凸的螺环。壳顶尖，螺塔中等高，圆锥形，螺塔部的螺环规则增大，末螺环迅速增大且凸胀，约占壳高的 3/5，螺环面圆凸。螺环旋绕达于螺环的下部。周缘圆凸，缝合线深，呈沟形，底部凸，具不明显的脐缝。壳口大，圆卵形，口缘连续。壳面光滑，饰有不明显的细生长线。

产地及层位：垦利；沙河街组。

小里氏螺属 *Reesidella* Yen, 1951

微小小里氏螺 *Reesidella micra* Pan

（图版 18，图 3、4）

壳体微小，长卵形，约具 4 个螺环。壳顶钝圆，螺塔部的螺环增长缓慢。体螺环迅速增大且膨凸，约占壳高的 2/3。螺环具不明显的肩部，周缘宽圆，缝合线深，壳口保存不全，似卵形，上端角状，底部无脐孔。

产地及层位：莱阳；王氏群。

永康螺属 *Yongkangia* Yii, 1980

角状永康螺 *Yongkangia angularia* Pan

（图版 18，图 5）

壳体小，双凸形，约具 4 个螺环。壳顶尖，螺塔低圆锥形，螺环增长缓慢；体螺环迅速增长，约占壳高的 3/4，中部具 1 条明显的角状周缘棱，至壳口处略不明显，周缘棱上、下侧的螺环面倾斜且微凸。底部平且微凸，具狭窄的脐隙。壳口呈圆四边形。壳面隐约可见细生长线。壳高 6.6mm，壳宽 6.0mm；壳口高 5.0mm，壳口宽 4.0mm。

产地及层位：诸城；王氏群。

水螺属　*Hydrobia* Hartmann,1821

柳桥水螺　*Hydrobia liuqiaoensis* Youluo

（图版19,图24、25）

壳体小,长锥形,由5个明显圆凸的螺环组成。壳顶钝,螺塔高,螺塔部螺环规则增长,末螺环增长较快,呈圆卵形,壳面光滑,饰有明显的细生长线。周缘圆凸,位于螺环的中部。缝合线深,呈沟形。底部圆凸,具脐缝。壳口圆卵形,上端宽角伏,下端圆,外唇弯曲呈弧形,壁唇倾斜,轴唇短。

产地及层位：博兴；沙河街组。

水螺（未定种）　*Hydrobia* sp.

（图版19,图26）

壳体小,窄锥形,由6个螺环组成。壳顶钝,螺环面圆凸,缝合线深。末螺环高大,约占壳高的一半。周缘宽圆,位于螺环中部。壳面光滑。壳口保存不完整。

产地及层位：垦利；馆陶组。

帕氏螺属　*Paladilhia* Bourguignat,1865

中国辽河螺　*Paladilhia*（*Liaohenia*）*sinensis* Youluo

（图版20,图1、2）

壳体中等大小,高锥形。壳顶钝,由6～7个平的或略为凸起的、旋转较松的螺环组成,以浅且略斜的线状缝合线分隔。螺塔高锥形,约占壳高的一半,螺塔部各螺环规则增长。末螺环迅速增长且松旋,呈圆筒状,后半环向前弯曲且略下降,在它的上侧和下侧各具1条旋脊,旋脊分别延至壳口的上端和底部。壳面饰有细生长线和旋线。生长线粗且斜,旋线不明显,有的螺环上有时可以见到1～4条数目不等的旋线。壳口扩大,斜卵形,口缘连续,宽厚且卷翻。

产地及层位：垦利；沙河街组。

前壮螺属　*Prososthenia* Neumayr,1869

前壮螺（未定种）　*Prososthenia* sp.

（图版20,图3、4）

壳小,窄长卵锥形。壳顶破损,仅保存4个螺环。螺塔部螺环规则增长,壳面饰以粗横肋。末螺环高,卵柱形,壳口破。

产地及层位：垦利；馆陶组。

沼螺属　*Parafossarulus* Annandale,1925

纹沼螺　*Parafossarulus striatulus*（Benson）

（图版20,图5、6）

壳体中等大小,椭圆形或长圆锥形。由5～6个缓慢增长的螺环组成。壳顶尖,螺塔高圆锥形。缝合线浅。末螺环膨大。壳面具有不明显的细生长纹及明显细旋线或突起的旋棱,二者在末螺环及第二末螺环上较明显,形成网格状饰纹。壳口圆卵形,口缘厚且完整。无脐孔或呈缝状。

产地及层位:垦利、滨州;馆陶组。

钝角沼螺 *Parafossarulus subangulatus*(Martens)
(图版 20,图 7)

壳体中等大小,长卵锥形,壳质坚厚,由 5 个螺环组成。螺塔呈圆锥形,末螺环略膨胀。壳面饰有明显的生长线及较粗的旋棱,螺环面上饰有等距分布的 3 条粗旋棱,螺环旋绕达第三条旋棱之下,底部饰有等距分布的 5 条较细旋线。缝合线深。壳口似卵形,上端角状,下端圆角状,内唇加厚且翻贴在末螺环上。脐孔明显,部分被轴唇所覆盖。

产地及层位:垦利;馆陶组。

麦氏螺属 *Marstonia* Baker,1926
茎麦氏螺? *Marstonia? culma* Xia
(图版 20,图 8)

壳体小,卵锥形,由 4 个凸圆的螺环组成,壳面光滑,饰以细生长线。壳顶钝,螺塔呈低锥形,约占壳高的 1/4。螺塔部各螺环规则增长,后一螺环宽度为前一螺环宽度的 2 倍。末螺环迅速增大且凸胀,后半环略下斜,周缘圆凸,位于螺环中部。缝合线深陷。壳口大,似卵形,上端宽圆角状,下端宽圆,口缘连续,内唇略加厚且翻贴于末螺环上。具脐缝。

产地及层位:垦利;明化镇组。

膨胀麦氏螺 *Marstonia inflata* Wang
(图版 20,图 9)

壳体卵锥形,顶部螺环破损,仅保存 3.5 个螺环。螺环圆凸,增长迅速。末螺环胀大且高。壳口圆卵形,上端较圆,口缘连续而薄。壁唇稍厚,外唇弧形。脐孔缝状。

产地及层位:垦利;明化镇组。

喇叭口麦氏螺 *Marstonia bucciniformis* Youluo
(图版 19,图 27)

壳体很小,长卵形,由 4 个螺环所组成,壳面光滑,仅饰以细密的生长线。壳顶钝,螺塔短,螺环面圆凸,缝合线深,末螺环凸胀,周缘圆凸。壳口圆形,口缘向外翻卷成喇叭口形,并向右下侧略为延伸。脐孔缝状。

产地及层位:垦利;沙河街组。

截螺科 Truncatellidae

截螺属 *Truncatella* Risso,1826

孤东截螺 *Truncatella gudongensis* Xia

（图版21,图1）

壳体微小,似圆柱形,由4个螺环组成。壳顶端似截状,螺塔柱形,约占壳高的2/5。螺环增长规则,螺环面圆凸。缝合线深,微斜。末螺环高大。周缘圆凸,位于螺环的中上部,壳面光滑,饰有不明显生长线。壳口小,斜卵形,上端角状,下端略宽圆。外唇弧形,轴唇厚稍凹,近于直且翻转。无脐。

产地及层位：垦利；馆陶组。

潍县截螺 *Truncatella weixianensis* Youluo

（图版19,图28）

壳体小,卵柱形,壳顶端截状,光滑。后部4个螺环增长规则,螺环面宽平。末螺环高大,约占壳高的一半,周缘宽凸,并向底部逐渐缩小。壳面光亮,饰有生长线,生长线细且略为弯曲。壳口窄小,近半圆形,上端狭窄,下端略宽圆,外唇宽弧形,内唇翻转。无脐。

产地及层位：昌乐；孔店组二段。

塔螺属 *Pyrgula* Cristofori et Jan,1832

三脊塔螺(?) *Pyrgula? tricarinata* Youluo

（图版21,图14）

壳体塔锥形,由5个具有旋脊的螺环组成。螺塔高,约为整个壳高的一半,第一螺环小而圆,光滑,为胎壳。第二螺环具有1条不明显的旋脊。第三个和第四螺环的周缘上各具2条旋脊,第三螺环为后一螺环所包旋。末螺环略胀大,具3条粗旋脊。周缘角状。壳口圆形,口缘薄,脐孔浅。

产地及层位：垦利；沙河街组。

细棱塔螺 *Pyrgula subtilicarinata* Youluo

（图版21,图15）

壳体微小,卵锥形,由3个螺环组成。壳顶钝,螺塔短,增长规则。缝合线中等深。第一螺环的前半环光滑,凸圆,为胎壳,后半环开始出现1条不显著的旋脊。第二螺环具2条旋脊,2条旋脊的中间形成一条旋凹带,旋凹带的上、下两侧平斜。末螺环增长很快,胀大,具3条较粗的旋脊,在螺环的中部形成2条近等宽的旋凹带,上斜面宽斜。壳口圆形,前端略向前伸,口缘中等厚。脐孔缝状。

产地及层位：商河；沙河街组。

狭口螺科　Stenothyridae
恒河螺属　*Gangetia* Ancey,1890
短圆恒河螺　*Gangetia brevirota* Youluo
(图版19,图29、30)

壳小,锥卵形,由3.5个螺环组成。螺塔低,约占壳高的1/5。螺环面圆凸,缝合线深。壳面光滑,仅饰以细生长线。上部螺环增长规则,后一螺环为前一螺环高度的2倍。末螺环胀大,周缘圆凸,并逐渐斜向底部。壳口中等大小,卵圆形,口缘薄内唇稍加厚。脐孔宽深。

产地及层位:商河、垦利;沙河街组。

长圆恒河螺　*Gangetia longirota* Youluo
(图版19,图31)

壳小,近圆柱形,为4个凸胀的螺环所组成。壳顶钝,螺塔不高,约为整个壳高的1/3。螺环面凸圆,缝合线深。壳面光滑,仅饰有细密的生长线。上部螺环增长规则,后一螺环高度均为前一螺环高度的2倍,末螺环胀大,周缘凸圆,并向下部缓慢收缩。壳口小,卵圆形,口缘薄且简单。脐孔深。

产地及层位:商河、广饶;沙河街组—东营组。

狭口螺属　*Stenothyra* Benson,1856
胜利狭口螺　*Stenothyra shengliensis* Youluo
(图版20,图10、11)

壳小,近纺锤形,壳质厚。由5个螺环组成。壳顶小,略尖。螺塔短,螺环面宽圆,缝合线略浅。末螺环凸胀,尤以左侧更甚,腹侧略扁平。壳口卵圆形,内唇厚,翻卷,紧贴于末螺环上,口缘的上端角状。无脐。

产地及层位:垦利;沙河街组。

收缩狭口螺　*Stenothyra aductis* Youluo
(图版20,图12)

壳体近纺锤形,由4个螺环组成。壳顶钝圆。螺塔短,约占壳高的1/3,壳面光滑。螺环面圆凸,缝合线浅。末螺环高,周缘宽圆,向壳口处逐渐收缩,腹侧微凸。壳口小,卵圆形,并向下方伸长,口缘薄。无脐。

产地及层位:垦利;沙河街组。

网饰狭口螺　*Stenothyra cancellata* Youluo
(图版20,图13、14)

壳体很小,近卵锥形,由5个凸的螺环组成。壳顶突起,螺塔短。螺塔部各螺环增长规则,圆凸,缝合线深。末螺环胀大,周缘凸圆,腹侧扁平。螺环面光亮,饰有生长线和细旋沟,最后的两个螺环壳面上旋沟细密,与生长线相交成网格状的壳饰。壳口小,卵圆形,口缘薄。脐缝状。

产地及层位:垦利;沙河街组。

少纹狭口螺 *Stenothyra paucilineata* Youluo
(图版 20,图 15)

壳体中等大小,宽卵形,由 5 个螺环组成。螺塔短,壳顶略尖,上部螺环规则增长,螺环面宽圆,缝合线深。末螺环胀大,腹侧扁平,周缘宽圆。壳面饰有横脊和旋线,横脊细,在最后 2 个螺环上粗细不一,分布不规则,旋线细而密。壳口收缩,卵圆形,口缘厚。脐缝状。

产地及层位:垦利;沙河街组。

细纹狭口螺 *Stenothyra striata* Youluo
(图版 20,图 16)

壳体中等大小,卵圆形,由 5 个螺环组成。螺塔锥形,胎壳脱落,螺塔部各螺环增长规则,螺环面宽圆,并为浅的缝合线所分隔。末螺环高大,约占壳高的 2/3,左、右两侧凸圆,背侧和腹侧均扁平,并向下部逐渐收缩。壳面光亮,饰有生长线,生长线粗,在末螺环上的则呈脊状,分布均匀,弯曲明显。壳口,紧缩,呈宽卵形;外唇宽弧形,内唇厚,略翻转。无脐。

产地及层位:垦利;沙河街组。

滨州狭口螺 *Stenothyra binxianensis* Youluo
(图版 20,图 17)

壳体高大,卵锥形,壳质厚,壳面光滑,由 5 个螺环组成。壳顶尖锐。第一螺环为胎壳,半透明,乳突状。螺塔低,约占壳高的 1/3。螺塔部各螺环规则增长,肩部凸圆,肩部之下逐渐平缓。缝合线深。末螺环高大,略胀大,腹侧平,周缘宽圆,逐渐斜向底部。壳口略收缩,斜卵形,口缘连续,内唇略加厚,翻转。无脐。

产地及层位:滨州;沙河街组。

大民屯狭口螺 *Stenothyra damintunensis* Youluo
(图版 20,图 18)

壳体小,梭形,壳顶略尖,壳面光滑,具细生长线,由 4 个平的或略为凸起的螺环组成,以浅的缝合线分隔。螺塔宽锥形,约占壳高的 1/4。螺塔部螺环平,增长均匀,旋绕达于周缘。末螺环高,呈略为胀凸的筒形,腹侧平,向下部逐渐收缩。壳口小,圆形,收缩。口缘连续,简单,中等厚。脐缺或缝状。

产地及层位:垦利;沙河街组。

均匀狭口螺 *Stenothyra paritis* Youluo
(图版 20,图 19、20)

壳体小,卵锥形,由 4～5 个螺环组成,壳面光滑,仅饰有不显著的生长线,生长线细密。

壳顶钝圆,螺塔短,约为壳高的1/3。末螺环凸胀,缝合线深。上部螺环增长缓慢,螺环面宽圆,末螺环增长快,周缘凸圆,腹侧略扁平。壳口小,收缩,圆形,口缘中等厚。脐缝状。

产地及层位:广饶;沙河街组。

山东狭口螺 *Stenothyra shandongensis* Youluo
(图版21,图2)

壳体卵锥形,由5个螺环组成,壳顶钝,壳面饰有细密的生长线,螺塔略高,约占壳高的2/5。早期螺环增长规则,肩部窄,周缘宽圆。末螺环胀大,腹侧扁平,周缘凸圆。最后2个螺环的上斜面宽平,肩角上为一条尖锐的旋脊,旋脊的下侧凹,形成一条窄的旋凹带。壳口小,卵圆形,口缘不厚,脐孔缝状。

产地及层位:垦利;沙河街组。

翻唇狭口螺(?) *Stenothyra*(?)*eversilabia* Youluo
(图版21,图3、4)

壳体中等大小,长锥形,由5~6个螺环组成,壳面饰有细密的生长线。第一螺环光滑,为胎壳,前半环平旋,向上翘起,后半环正常旋转。第二、三螺环圆凸,第二末螺环逐渐平斜。末螺环胀大,周围缘宽圆,腹侧扁平。壳口长卵形,略收缩。口缘微向外翻卷,壁唇宽,并翻贴于末螺环上。无脐。

产地及层位:无棣;东营组二段。

瘤脊底脊螺 *Stenothyra*(*Basilirata*)*nodilirata* Youluo
(图版21,图5)

壳体大,卵锥形,由4~5个螺环组成。壳顶钝圆,螺塔中等高。第一、二螺环光滑,圆凸。第三螺环开始出现横肋,肋间隙大于肋的宽度。第四螺环横脊的下端明显加粗,近上缝合线处出现1条旋脊,该旋脊延至末螺环。末螺环增长较快,周缘凸,背、腹两侧皆扁平,横肋粗。少数横肋中部粗厚,隆起成瘤状。背侧的底部具有1条底部旋脊,底部旋脊尖锐,呈宽弧形弯曲,逐渐向口缘延伸。壳口小,收缩,卵圆形,上端钝圆。口缘厚,壁唇宽,并翻贴于末螺环壁上。无脐。

产地及层位:无棣、垦利;沙河街组。

旋脊底脊螺 *Stenothyra*(*Basilirata*)*spiralis* Youluo
(图版21,图6、7)

壳体中等大小,卵锥形,由5个螺环组成。壳顶钝,螺塔低。螺环面宽圆,缝合线深。早期螺环增长缓慢,末螺环增长较快,周缘凸圆。第二末螺环的肩部饰有1条细旋脊,该旋脊延至末螺环时变粗。末螺环的腹侧扁平,背侧的下部有1条细的底部旋脊。壳口收缩,圆形,口缘中等厚。脐孔小而深。

产地及层位:垦利;东营组。

车镇底脊螺 *Stenothyra（Basilirata）chezhensis* Youluo
（图版 21，图 8、9）

壳体中等大小，塔锥形，由 5~6 个螺环组成。壳顶小，圆形，螺环高，锥形，螺环宽圆，增长缓慢。早期 1.5 个螺环半透明，为胎壳，饰有细密的旋纹。第二螺环的后半环开始出现细密的生长线。末螺环增长迅速且胀大，周缘凸圆，背、腹两侧均扁平。从第二末螺环起，具一窄平的上斜面，肩部为一旋脊所限，该旋脊延至末螺环变粗。背侧的下部具有 1 条底部旋脊，底部旋脊向口缘延伸。壳口小，收缩，卵圆形。口缘薄。脐孔缝状。

产地及层位：无棣；东营组二段。

白塔底脊螺 *Stenothyra（Basilirata）turrita* Youluo
（图版 21，图 10、11）

壳体中等大小，塔锥形，由 5 个螺环组成。壳面饰有细密的生长线，壳顶钝圆，螺塔高锥形，约占壳面的 1/2。第一螺环为胎壳，具有细密的旋纹。第二螺环近下缝合线处具有 1 条尖锐的细旋脊，该旋脊一直延伸至末螺环时变粗。缝合线深。末螺环胀大，周缘凸圆，肩部圆脊状，背、腹两侧皆扁平，背侧的下部具有 1 条底部旋脊，底部旋脊向口缘延伸。壳口小，收缩，卵圆形，口缘连续，外唇厚。脐孔缝状。

产地及层位：无棣；东营组。

小狭口螺属 *Stenothyrella* Wenz，1938
垦利小狭口螺 *Stenothyrella kenliensis* Youluo
（图版 21，图 12）

壳体小，长卵形，螺塔锥形，壳顶钝。末螺环高大，约占壳高的 2/3。螺塔各螺环宽圆，近上、下缝合线处略有收缩，缝合线微斜，后一螺环高度约为前一螺环的 2 倍。螺环面光亮，仅饰有略弯曲的生长线，生长线细且斜曲明显。壳口小，卵圆形，紧缩，下斜显著，口缘厚且完整。

产地及层位：垦利；沙河街组。

凹顶螺属 *Caviumbonia*
塔螺型凹顶螺 *Caviumbonia pyrguloides* Youluo
（图版 21，图 13）

壳体中等大小，矮塔形，由 3 个角状螺环组成，塔顶凹，螺塔短，约为壳高的 1/4。第一螺环为胎壳，顶端光滑，窄圆，并向壳轴方向下倾，后半环正常旋转形成一个下凹的壳顶，且具有 1 条尖锐的旋棱。上斜面平斜，下部陡直。第二螺环开始出现细密的生长线，肩部明显，窄而平坦，肩角处具有 1 条较细的旋脊，周缘旋棱粗，旋棱的上侧平斜，下部近于直。末螺环胀大，周缘角状，腹侧扁平，肩部宽且向外略倾斜，饰有 3 条旋棱和生长线，肩角上的 1 条最为粗大，位于中部的 1 条旋棱最突起，但延伸至腹侧逐渐减弱，下部的 1 条旋棱在背侧明显，延至腹侧逐渐消失。生长线较粗且密集,在末螺环上的前斜显著。壳口小,卵圆形,收缩,口缘厚。脐孔大而凹深。

产地及层位:无棣;东营组。

拟沼螺科 Assimineidae
卵拟沼螺属 *Ovassiminea* Thiele,1927
球形卵拟沼螺 *Ovassiminea globula* Xia
(图版 21,图 16、17)

壳大,似球形,由 4 个螺环组成,壳面光滑,饰有细生长线;壳顶钝,螺塔低,约占壳高的 1/5。早期螺环增长缓慢且规则,螺环旋绕周缘之上,末螺环迅速增大且明显胀凸,似球形。周缘凸圆,位于螺环中部。底部圆凸。具脐缝。缝合线深陷。壳口卵梨形,倾斜,全缘式,上端钝角状,下端宽圆,外唇薄,弧形,壁唇翻贴在末螺环上,轴唇稍厚呈弧形。

产地及层位:垦利;馆陶组。

溪螺科 Amnicolidae Tryon,1863
中旋壳螺属 *Mesocochliopa* Yen et Reeside,1946
中旋壳螺(未定种) *Mesocochliopa* sp.
(图版 18,图 6、7)

壳体微小,似球形,具 5 个螺环。壳顶钝圆,螺塔突起,螺塔部的螺环增长缓慢。体螺环迅速膨大似盘状,螺环具圆凸的肩部,缝合线深,底部具一明显的脐孔,壳口似卵形,口缘保存不全。

产地及层位:诸城;王氏群。

基眼目 Basommatophora
实椎螺科 Lymnaeidae Broderip,1839
土蜗属 *Galba* Schrank,1803
赵石坡土蜗 *Galba zhaoshipoensis* Zhu
(图版 17,图 12)

壳体小,长卵形,由 3 个螺环组成。螺塔很低,约占壳高的 1/6。螺环增长迅速,第二螺环比第一螺环宽 2 倍。末螺环高大且凸胀明显。缝合线较深。壳口大,半圆形,上端圆角状,下端宽圈。外唇薄,宽圆形,壁唇翻贴于末螺环上,轴唇翻卷。脐缝状。

产地及层位:垦利;明化镇组。

蒙阴土蜗 *Galba mengyinensis* Pan
(图版 17,图 13、14)

壳体微小且细长,呈似纺锤形,约具 3 个螺环。壳顶钝圆,螺塔低,体螺环窄长呈长卵形,约占壳高的 3/4。螺环面平凸。缝合线微倾斜且明显。周缘宽圆并逐渐向基部明显地收缩。壳口狭窄细长呈窄月形，上、下端呈尖角状，壁唇倾斜，轴唇短，略扭曲。壳面饰有不明显的细生长线。

产地及层位：蒙阴；青山群。

球形土蜗 *Galba sphaira* Pan
（图版 17，图 15、16）

壳体极微小，长卵形，约具 4 个螺环。壳顶钝圆，螺塔低，体螺环迅速增大且圆凸，呈圆卵形，约占壳高的 4/5。螺环面圆凸。缝合线微倾斜。体螺环周缘宽圆，并逐渐斜向基部并略收缩。壳口狭窄，窄月形，上、下端呈圆角状，外唇弯曲，壁唇倾斜，轴唇短，近于直。壳面饰有不明显的细生长线。

产地及层位：蒙阴；青山群。

椎实螺属 *Lymnaea* Larmack, 1799
滨县椎实螺 *Lymnaea binxianensis* Youluo
（图版 18，图 17）

壳体中等大小，由 4 个螺环组成。壳顶尖锐，螺塔短，锥形，增长快，螺环面凸圆。壳面光滑，仅饰有不显著的生长线。缝合线深。末螺环胀大，增长较快，周缘凸圆，生长线明显，近壳口处生长线更粗。壳口卵圆形，上端窄圆，下端宽圆。脐缝状。

产地及层位：滨州；沙河街组四段下部。

滴螺科 Physidae
滴螺属 *Physa* Draparnaud, 1801
金刚口滴螺 *Physa jingangkouensis* Pan
（图版 18，图 8）

壳大，壳高 24.8mm，壳宽 17.5mm，左旋，近卵形，约具 5 个螺环。壳顶尖，螺塔凸起，呈圆锥形，螺环增长缓慢且规则。体螺环极为膨大，呈圆卵形，约占壳高的 4/5，外侧宽圆并逐渐斜向基部。缝合线浅而倾斜。壳口倾宽月形，壳口高 19.5mm，壳口宽 11.5mm。上端角状，下端宽圆，外唇和壁唇呈弧形，轴唇倾斜。壳面饰有细密的生长线。

产地及层位：莱阳；王氏群。

山东滴螺 *Physa shantungensis* Yen
（图版 18，图 9、10）

壳较小，近纺锤形，壳高 5.61mm，壳宽 3.0mm，具 5 个螺环。螺塔较低，圆锥形，其高度接近壳高的 1/3，环渐次规则增长，周缘微外凸，缝合线明显。体螺环高大，略膨凸，最大宽度位于其中部，由此向基部迅速收缩。壳口窄月形，上端尖角状，下端窄弧形，外唇薄，其外缘宽弧形,轴唇短而直,壳口高 3.6mm,壳口宽 1.6mm。具一狭窄的脐隙。壳面具很细的生长线。

产地及层位:昌乐;五图群。

近柱状滴螺　*Physa subcylindrica* Youluo
（图版 18,图 11）

壳体小,左旋,近柱形,由 3 个螺环组成。螺塔低且小,壳顶尖,末螺环极为胀大,并向底部逐渐扩大。螺塔部各螺环缓慢地增大,螺环宽圆,缝合线浅;末螺环迅速增大,约占整个壳高的 7/8,肩部窄,略平斜,周缘宽圆,缓慢地向底部逐渐扩大。壳面光滑,仅饰有细生长线。壳口尖卵形,上端尖角状,下部宽圆,外唇宽弧形,壁唇斜,轴唇略扭曲。无脐。

产地及层位:昌乐;孔店组。

昌乐滴螺　*Physa changleensis* Youluo
（图版 18,图 12）

壳体微小,左旋,卵形,具螺环 2～3 个。螺塔低,壳顶钝,末螺环长卵形。螺环面宽圆,底部略凸,无脐。壳口长卵形。

产地及层位:昌乐;孔店组二段。

扩口滴螺　*Physa ringentis* Youluo
（图版 18,图 13）

壳体很小,左旋,长卵形,由 2 个螺环组成。壳顶略尖,螺塔很短,末螺环相当胀大,螺环面圆凸,壳面光滑,为浅而斜的缝合线所分隔。壳口大,梨形,上端角状,下端宽圆,口缘薄,不连续。无脐。

产地及层位:垦利;沙河街组。

单饰螺属　*Aplexa* Fleming,1820

瘦单饰螺五图亚种　*Aplexa macilenta wutuensis* Li
（图版 18,图 14）

壳中等大小,壳高 11.3mm,壳宽 5.0mm,左旋,壳体瘦长,近梭形,具 6 个螺环。壳顶尖,顶角约 50°,螺塔较高,大致相当于壳体高度的 1/3,环在宽度上增长均匀,早期 4 个螺环在高度上也按一定比例增长,但第二末螺环的高度增长很快,大致比第四螺环大 1 倍。体螺环略宽,但不膨凸。各螺环的周缘均为宽弧形。缝合线深浅适宜,微斜。壳口高 6.2mm,壳口宽 3.4mm,壳口上端尖角状,下端窄弧形,缘宽圆,轴唇较短,近于直立。

产地及层位:昌乐;五图群。

端正单饰螺　*Aplexa normalis* Li
（图版 18,图 15）

壳中等大小,壳高 11.2mm,壳宽 6.0mm,长卵圆形或较凸的梭形,由 6 个螺环组成。螺塔中等高度,约为壳体高度的 1/4,各螺环增长规则,在高度上一般按 1∶2 的比例增长,它们的周缘微外凸。缝合线稍斜且明显。体螺环高大,增长迅速。壳口高 7.0mm,壳口宽 3.5mm,壳口呈拱形或近半月形,上端尖角状,下端窄圆,其高度较大,稍大于壳高的一半。外唇薄,外缘宽弧形;轴唇无扭曲现象。无脐孔。除胎壳外,其余各螺环表面上见有微细生长纹。

  产地及层位:昌乐;五图群。

单饰螺(未定种) *Aplexa* sp.
(图版 18,图 16)

  壳中等大小,壳高 11.0mm,壳宽 4.9mm,梭形,具 6 个螺环,它们的周缘均圆凸而且增长均匀,壳顶尖。螺塔略短,大约占壳体高度的 1/4。体螺环不膨凸,壳口窄长,壳口高 5.6mm,壳口宽 2.8mm。轴唇短而直,无扭曲现象。壳面有细的生长线。

  产地及层位:昌乐;五图群。

耳螺科 Ellobiidae
褶襞螺属 *Zaptychius* Walcott,1883
诸城褶襞螺 *Zaptychius zhuchengensis* Pan
(图版 18,图 18、19)

  壳体微小,长纺锤形,约具 4 个螺环。壳顶破损,螺塔中等高,螺环规则增长;体螺环迅速增长,高且细长。螺环面平且微凸。缝合线倾斜。壳口破损,但轴唇可见 2 个明显倾斜的轴壁褶,上壁褶较下壁褶大而粗壮,二壁褶间明显下凹呈沟状。壳面饰有明显的生长线。无脐孔。

  产地及层位:诸城;王氏群。

古白螺属 *Palaeoleoea* Wenz,1522
中国古白螺 *Palaeoleuca sinensis* Yen
(图版 18,图 20、21)

  壳体极小,壳高 1.5mm,壳宽 0.8mm,尖卵圆形或卵锥形,具 5～6 个螺环。螺塔较高,但不及壳高的一半,壳顶较钝,顶角约 60°。早期几个螺环增长较均匀,第二末螺环在高度上增长较快。各螺环周宽圆,缝合线近于平直,且很清楚,其下似有不明显的肩。壳口近心形,壳口高 0.7mm,壳口宽 0.42mm,上端收缩成角状,下端窄弧形。外唇薄,不外卷;轴唇短,中部有 1 枚近于平直的轴褶;在壁唇上亦有 1 枚相当粗壮的壁唇褶,位置略偏于壁唇下方,长度超过壳口宽的一半,壳面上有极微细的生长纹。

  产地及层位:昌乐;五图群。

弯顶螺科　Acroloxidae
假小曲螺属　*Pseudancylastrum* Lindholm, 1909
金刚口假小曲螺　*Pseudancylastrum jingangkouensis* Pan
（图版 18, 图 22）

壳体小，壳质薄，帽形，中等突起，长与宽比约为 2∶1。壳顶位于壳后端近 1/4 处，且向左侧明显倾斜。口缘宽长卵形，前缘宽圆且略宽于后端。壳面光滑，饰有明显的同心线和隐约可见的放射纹。

产地及层位：莱阳；王氏群。

古精螺属　*Palaeancylus* Yen, 1948
东方古精螺（比较种）　*Palaeancylus* cf. *orientalis* Yu
（图版 20, 图 21）

当前的标本与余汶的山西垣曲群河堤组的该种典型标本特征相近。不同点在于前者壳高较低。壳长 2.8mm，壳宽 2.0mm，壳高 0.9mm。

产地及层位：昌乐；五图群。

扁卷螺科　Planorbidae
小旋螺属　*Gyraulus* Charpentier, 1837
山东小旋螺　*Gyraulus shandongensis* Youluo
（图版 18, 图 23）

壳体中等大小，盘形，右旋，由 4 个螺环组成。螺塔略平凸，高于周缘。螺环面很宽，迅速增长，缝合线深，线状。第一螺环光滑，为胎壳，略低。第二螺环以后出现微细且斜曲的生长线。末螺环迅速增长，其宽度相当于第二末螺环宽度的 2 倍，螺环面稍凸且向周缘缓慢倾斜压缩，生长线明显增粗，弯曲，周缘脊状。

产地及层位：垦利；沙河街组—东营组。

小旋螺（未定种）　*Gyraulus* sp.
（图版 18, 图 24）

壳体微小，右旋，壳宽仅 1mm；盘旋，仅具 2 个迅速增长的螺环，并为深陷的缝合线所分隔。壳上侧面凹下，下侧面宽凹，第一螺环小，凹下。第二螺环逐渐增大且圆凸，周缘位于螺环的下侧，呈钝角状。

产地及层位：诸城；王氏群。

小泡螺属　*Bulinus* Muller, 1781
永安塔滴螺　*Bulinus* (*Pyrgophysa*) *yonganensis* Youluo
（图版 18, 图 25）

壳体微小，细长，近柱形，左旋，由 3 个细长的螺环组成。壳顶圆且光滑，缝合线斜，末螺环高,螺环侧面直。壳口细长,上端略呈角状,下端宽圆,口缘略破损。无脐。壳面光滑,仅饰有不太显著的生长线。

产地及层位:垦利;沙河街组。

小河北螺属 *Hopeiella* Yu et Pan,1965
小河北螺(未定种) *Hopeiella* sp.
(图版 18,图 26)

壳小,左旋,近梨形,由 3 个螺环组成。壳顶破,螺塔低,略突出于末螺环之上。螺环上侧面窄圆,并被明显的缝合线分隔。末螺环骤然胀大,近壳口处胀大更加明显。壳口长卵形,上端窄圆,下端宽圆。脐孔中大且深,脐壁陡,脐缘钝角状。壳面饰有细生长线及旋线。

产地及层位:垦利;馆陶组。

高锥小河北螺 *Hopeiella alticonica* Youluo
(图版 18,图 27)

壳体中等大小,左旋,梨形,具螺环 4 个。第一螺环凸起,光滑,为胎壳。第二、三螺环缓慢增长,上侧面窄,周缘宽斜,缝合线浅。末螺环迅速增长,较为胀大,约占壳高的 4/5。周缘宽圆,肩部窄,底部凸圆。具脐孔,脐孔中等宽,约占壳径的 1/4。壳口卵圆形,上端窄圆,下部宽圆,外唇宽弧形,壁唇翻贴在末螺环壁上,轴唇半圆形。壳面饰纹保存较差,但能见到细旋纹和生长线。

产地及层位:博兴;沙河街组。

特殊小河北螺 *Hopeiella speciosa* Youluo
(图版 18,图 28)

壳体小,近梨形,具螺环 4 个。第一螺环突起,光滑,为胎壳。第二、三螺环缓慢增长。末螺环迅速增长,螺塔低锥形,高出于末螺环之上。末螺环高大,约占整个壳高的 1/7。周缘宽凸,底部凸圆。脐孔窄。壳口近肾形,上端窄圆,下部宽圆,外唇弧形,壳面光滑,仅饰有细生长纹。

产地及层位:博兴;沙河街组。

中华扁卷螺属 *Sinoplanorbis* Yu 1965
平旋中华扁卷螺 *Sinoplanorbis planospiralis* Youluo
(图版 18,图 29)

壳体中等大小,壳宽 3.4mm,盘旋,壳顶脱落,仅保存后部 2～3 个螺环。螺环略凸起,呈锥形,其高度与末螺环的高度相当。末螺环盘旋,增长较快,其宽度约大于壳高的 2 倍。螺塔部各螺环增长规则,环外侧圆凸,肩部窄,缝合线深。末螺环的上侧面逐渐变为圆凸。周缘钝角状,底侧圆凸。脐孔宽大,约大于壳体宽度的 1/2。壳口扁卵形,上、下两侧宽弧形,外唇尖角状。壳面饰纹保存较差。末螺环的生长线细,旋线不清楚。

产地及层位:昌乐;孔店组。

中间中华扁卷螺 *Sinoplanorbis intermedia* Yu et Pan(MS)

(图版 15,图 25)

壳体中等大小,左旋,近扁卷螺型,由 3~4 个螺环组成。壳宽大于壳高。螺塔低锥形,相当突起,但不高出于末螺环之上。第一螺环圆,光滑,为胎壳,后部螺环增长缓慢,末螺环迅速增大,尤以近壳口处扩大更为显著。末螺环的上侧面窄圆,环外侧宽圆,下侧圆凸。脐孔宽大,约占壳径的 1/3。壳饰保存不完整,但能见到生长线和旋线。壳口近椭圆形,上端窄圆,下部宽圆。壳口的高度大于宽度,其比例为 3∶2。

产地及层位:博兴;沙河街组。

连接中华扁卷螺 *Sinoplanorbis conjungens* Yu et Pan(MS)

(图版 18,图 30)

壳体中等大小,左旋,近扁卷螺形,螺塔低,其高度低于末螺环,具螺环 3 个。第一螺环窄凸,为胎壳,光滑且呈乳突状突起。第二螺环增长较快,上侧面渐由窄圆变为宽平,并饰有旋脊 4~5 条,周缘钝角状,环外侧平斜,旋脊细密。末螺环近盘旋,迅速增高增大,高宽近于相等,它的宽等于螺塔部各螺环宽度总和的 3 倍。随着壳体的增长,螺环的上侧面窄圆,环外侧宽圆,底侧圆凸。脐孔窄,约占壳径的 1/4。壳面光滑,饰有生长线和旋脊,生长线细且略弯曲。旋脊细密。壳口近梨形,上端窄,下部宽圆,外唇弧形,壁唇近于直,轴唇略弯曲。

产地及层位:博兴;沙河街组。

圆扁旋螺属 *Hippeutis* Charpentier,1837

大脐圆扁旋螺 *Hippeutis umbilicalis* (Benson)

(图版 19,图 1、2)

壳体小,呈厚圆盘形,由 3 个迅速增大的螺环组成。壳顶凹入,末螺环膨大,包裹前面螺环的一部分,环面宽大且圆凸,并斜向周缘,周缘呈钝角状,位于壳体下部。壳面光滑,仅饰以细生长线,壳上侧面微凹下,下侧面略平,均能见及内部各螺环的一部分。壳口三角形。脐孔深而窄,呈漏斗状。

产地及层位:垦利、临邑;馆陶组、明化镇组。

圆棱螺属 *Carinulorbis* Yen,1949

永安圆棱螺 *Carinulorbis yonganensis* Youluo

(图版 19,图 3)

壳体中等大小,圆盘形,螺塔部凹下,底侧微凸,具螺环 3 个。第一螺环小,低沉,呈钝脊状。第二螺环的上侧面微凸,近边缘处窄凹,边缘钝脊状。第三螺环迅速增长,其宽度约为内部两螺环宽度的 2 倍。缝合线深陷。底部窄凸,脐孔中等大小,脐缘钝脊状。壳面饰纹保存不好。壳口下部破损,近五角状。

产地及层位:垦利;沙河街组。

类扁卷螺属 *Planorbarius* Froriep,1806
蒙古类扁卷螺 *Planorbarius mongolicus* Popova
(图版21,图20、21)

壳体中等大小,高圆盘形,由4个螺环组成。螺环增长迅速。壳上侧面微凹下沉,下侧面具宽且浅的脐,能清楚见到所有内部螺环。化石因壳口受挤压变形,脐孔不深。

产地及层位:高青、临邑;馆陶组。

扁卷螺属 *Planorbis* Geffroy,1767
扁卷螺(未定种) *Planorbis* sp.
(图版21,图22)

壳体中等大小,圆盘形,由5个螺环组成。早期螺环缓慢增长,最后两个螺环迅速增大。壳的上侧面微凹下,被深陷的缝合线分隔。螺环面圆凸。周缘圆,位于螺环的中部。末螺环及壳口保存极差。脐孔小而深。

产地及层位:广饶;馆陶组。

弗氏螺科 Ferrissidae
曲肿螺属 *Anchlastrum* Bourguignat,1853
卷顶小钩曲螺 *Anchlastrum* (*Uncacylus*) *rursapiculum* Youluo,1914
(图版19,图4)

壳体微小,壳质极薄,笠状。壳体的长度大于宽度,前边缘宽于后边缘,故壳口为长卵形。壳顶后弯曲且凸向右侧,靠近右边缘,同时向下旋卷。壳面饰有同心状的生长线及放射线,顶部的放射线粗且密,放射线向口缘渐消失,它们与生长线相交成极明显的细网格状的装饰。壳体高度为2.7mm。

产地及层位:垦利;沙河街组。

曲螺科 Ancylidae
曲螺属 *Ancylus* Muller,1774
宁海曲螺 *Ancylus ninghaiensis* Youluo
(图版21,图18)

壳小,笠形。中等突起,长度大于宽度,前边缘窄圆,后边缘宽圆。壳顶钝圆,并有加厚的壳质,靠近后部。侧面平陡。壳面饰有细密的生长线及放射线,生长线细密,放射线粗,两者相交成蛛网状的壳饰。后部边缘已破损。

产地及层位:垦利;沙河街组。

双脐螺属 *Biomphalaria* Preston,1910
双脐螺(未定种) *Biomphalaria* sp.
(图版21,图19)

壳体中等大小,近盘旋,具有3个螺环。上侧面平,塔顶微凹。第一螺环面狭窄且微凹,第二螺环增长较快,上侧面圆凸,近上缝合线处具有 1 条粗旋脊并延至壳口。旋脊至缝合线为窄的斜面。末螺环宽圆,后半环下降不明显。壳口卵圆形。脐孔中等大小且深陷,约占壳宽的 1/3。

产地及层位:禹城;馆陶组。

柄眼目 Stylommatphora
琥珀螺科 Succineidae
琥珀螺属 *Succinea* Draparnaud,1801
东营琥珀螺 *Succinea dongyingensis* Youluo
(图版 21,图 23)

壳体大,斜卵形,壳面饰有粗生长线,具螺环 3 个。螺塔低,壳顶钝,螺环圆凸,缝合线斜,中等深陷。末螺环极大,约占整个壳高的 4/5,周缘凸圆,缓慢地斜向底部,底部略凸。无脐。壳口卵圆形,外唇宽弧形,内唇略弯曲。

产地及层位:滨州;沙河街组。

假喙螺属 *Pseudarinia* Yen,1952
细长假喙螺 *Pseudarinia elongata* Yen
(图版 19,图 9、10)

壳小,左旋,窄锥形或近圆柱形,壳高 2.8mm,壳宽 0.95mm,具 5~6 个螺环。各螺环增长均匀,它们的周缘近于平直或略外凸。缝合线清晰,略斜,其下有不明显的肩。螺塔较高,其高度大于整个壳体高度的一半。体螺环不膨凸。壳口高 0.91mm,壳宽 0.42mm。壳口近斜卵圆形,上端角状,下端窄弧形;外唇薄;轴唇近于直立,其中部有 1 枚大致与缝合线平行的轴褶。该褶发育于壳体幼年期并沿壳轴旋延达成年壳体之口部。脐孔裂隙状。壳面仅有极细的生长纹。

产地及层位:昌乐;五图群。

蛹螺科 Pupillidae
蛹螺属 *Pupilla* Fleming,1828
简单蛹螺 *Pupilla simplexa* Li
(图版 19,图 11)

壳小,蛹形,壳高 4.3mm,壳宽 2.5mm,由 7 个螺环组成。早期的 5 个螺环增长比例均匀,一般后一螺环的高度是前者的 1.5 倍;第二末螺环在宽度上的增长比例显著减小,它的宽度几乎与体螺环的宽度相等。壳顶钝圆。各螺环周缘宽阔弧形。缝合线较浅而近直。螺塔较高,其高度几乎占壳体高度的一半。壳口高 1.4mm,宽 1.4mm,近马蹄形,轴缘短而斜,外唇缘微外卷,壳口内未见齿突。壳表上仅见较粗的生长线。

产地及层位:昌乐;五图群。

拟蛹螺属 *Pupoides* Pfeiffer,1854
稀少拟蛹螺(拟弱蛹螺) *Pupoides*(*Ischnopupoides*) *pracus* Li
（图版19,图12）

壳较小,短柱状,具6个螺环。壳顶钝圆,螺塔较高,但不足壳高的1/2。各螺环周缘微微外凸,而且在高度上增长较均匀,早期4个螺环在宽度上大致依次规则增长,第二末螺环宽度的增长速度减小。体螺环较窄长,其宽度较其前者增加甚微。早期的1.5个螺环为胎壳,其表面光滑,其余各螺环表面具不明显的生长肋和细的生长线。

产地及层位：昌乐;五图群。

古老拟蛹螺(拟弱蛹螺) *Pupoides* (*Ischnopupoides*)*antiquus* Yu et Wang
（图版19,图13）

壳体有6个螺环,长卵圆形,壳高为壳宽的2倍,体螺环高度大于壳高的一半,壳口内无褶,壳面具生长肋和生长线。上述特点与该种典型标本大致相同。

产地及层位：昌乐;五图群。

拟蛹螺(拟弱蛹螺)(未定种) *Pupoides*（*Ischnopupoides*）sp.
（图版19,图14）

壳较小,短柱状,壳高2.5mm,壳宽1.4mm,具5个螺环。各螺环增长均匀,它们的周缘均为圆弧形。缝合线相当清楚,体螺环较高大,其高度约相当于螺塔高的11倍。壳顶钝圆,壳顶角约为45°。壳口高0.84mm,壳口宽0.79mm,壳口半圆形,口缘外卷,壳口内无褶。具窄小的脐隙。壳面上具有细致而规则的生长肋。

产地及层位：昌乐;五图群。

始新拟蛹螺(拟蛹螺) *Pupoides*（*Pupoides*）*eocenicus* Li
（图版19,图15）

壳小,近圆锥形,具6个螺环,壳顶较尖,顶角约60°。各螺环在宽度上增长较快且较均匀,但它们在高度上有时不按一定规律增长。体螺环宽大,其高度相当于壳高的2/3。壳口马蹄形或半月形,口缘外卷,轴唇缘较长且略倾斜,外唇缘宽圆弧形,壳口内无褶,壳表面上有细的生长肋。壳高3.1mm,壳宽1.7mm;壳口高1.1mm,壳口宽0.85mm。

产地及层位：昌乐;五图群。

瞳孔蜗牛科 Corillidae
类扭口螺属 *Plectopyloides* Yen,1969
白垩类纽口螺 *Plectopyloides cretacous* Yen
（图版19,图16、17）

壳中等大小,宽低锥形,具8～9个旋绕很紧的螺环,体螺环周缘窄弧形,在近口缘处体螺环明显下降。壳口半圆形,壁唇区具加厚壳质,离口缘 6mm 处具 4 枚腭褶、1 枚基褶、1 枚轴褶和 4 枚壁唇褶。脐孔大。壳面具生长线。壳高 7.0mm,壳宽 11.5mm。

产地及层位:昌乐;五图群。

美丽类扭口螺　*Plectopyloides bellus* Li
（图版 19,图 18、19）

壳体中等大小,偏圆透镜体。螺塔低矮,其高度不足壳高 1/4,有 8 个增长均匀而且旋绕很紧的螺环。体螺环周缘圆凸,壳口半月形,口缘明显翻卷,壁唇区具加厚壳质。在离口缘 6mm 处具 4 枚腭褶、1 枚基褶和 4 枚壁唇褶。壳面上具生长线和不规则的生长肋。壳高 6.5mm,壳宽 13.0mm;壳口高 5.0mm,壳口宽 3.2mm。

产地及层位:昌乐;五图群。

蜗牛科　Fruticicolidae
中国蜗牛属　*Cathaica* Moellendorff,1884
彩带中国蜗牛　*Cathaica fasciola* (Draparnaud)
（图版 19,图 20）

壳体中等大小,呈低圆锥形,由 5.5 个螺环组成。每一螺环旋绕达于前一螺环周缘之下。壳顶钝,螺塔低矮,早期螺环缓慢增长。末螺环胀大,缝合线显著。壳口椭圆形。脐孔小而深。

产地及层位:商河;明化镇组。

太谷中国蜗牛　*Cathaica taiguensis* Guo
（图版 19,图 21、22）

壳小,似球形,螺塔低,由 5 个圆且旋较紧的螺环组成。缝合线深,螺环增长缓慢。末螺环圆且高大。周缘圆,位于螺环面上部,底部圆。壳口狭窄,近半月形。脐孔小而深。

产地及层位:禹城;明化镇组。

古老中国蜗牛　*Cathaica antiqua* Li
（图版 19,图 23）

壳中等大小,稍扁,壳高 7.3mm,壳宽 12.0mm,具 5 个螺环。螺塔较低,壳顶钝。各螺环增长规则。体螺环宽大而且微膨凸,其周缘窄,圆弧形。早期的 1.5 个螺环为胎壳,其上有微细的点粒状壳饰,其余各螺环具细致而规则的生长线。壳口高 5.3mm,壳口宽 6.2mm,口缘外卷,脐孔中等大小,脐孔边缘近于陡直。

产地及层位:昌乐;五图群。

钻头螺科　Subujinidae
钻子螺属　*Opeas* Albers,1854
昌乐钻子螺　*Opeas changleensis* Li
(图版 16,图 17)

壳小,长螺钉形或近长柱形,壳高 5.3mm,壳宽 1.5mm,具 7 个缓慢而规则增长的螺环。每个螺环的高度与宽度之比为 2∶3,它们的周缘宽弧形。缝合线清晰而且近于平直。壳顶较钝。螺塔高,约占壳高的 3/5。体螺环不膨凸,最大宽度位于其中部。壳口近梨形,上端角状,下端窄弧形,轴缘近直,外缘宽圆,壳口高 1.1mm,相当于体螺环高的 3/5,壳口宽 0.84mm。壳表较光滑,仅有极微细的生长纹。

产地及层位:昌乐;五图群。

3.4.3　头足纲　Cephalopoda

头足纲是软体动物门中发育最完善、最高级的一个纲,包括鹦鹉螺类、杆石、菊石、箭石和章鱼、乌贼等。头足动物两侧对称,头在前方而显著,头部两侧具发达的眼,中央有口,口内有角质颚片。据软体与硬体的关系,头足纲可分为两大类,即外壳类和内壳类。

头足类壳的形状有直形、弓形、环形和旋卷形等(图 3-14、图 3-15)。

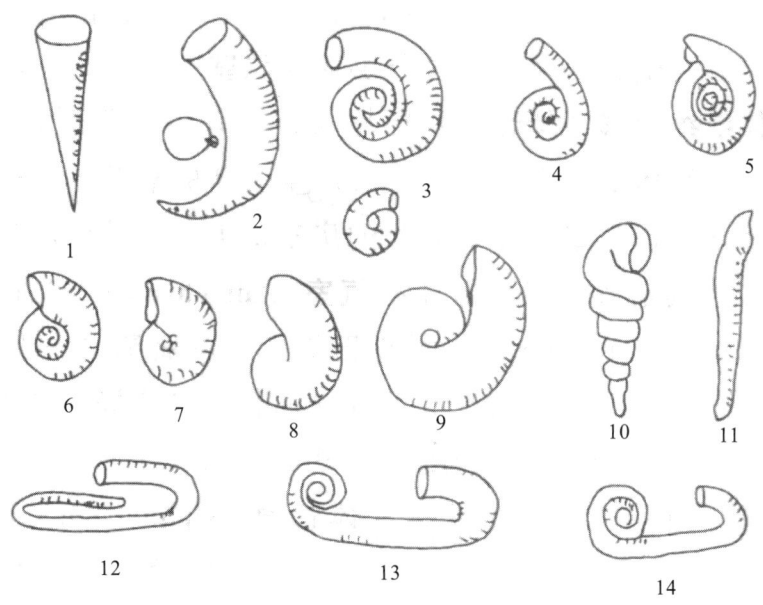

图 3-14　头足纲壳形
1. 直形壳;2. 弓形壳;3. 环形壳;4. 半旋形壳;5. 外卷壳;6. 半内卷壳;7. 半内卷壳;
8、9. 内卷壳;10. 螺旋壳;11～14. 异形壳

(据童金南和殷鸿福,2007)

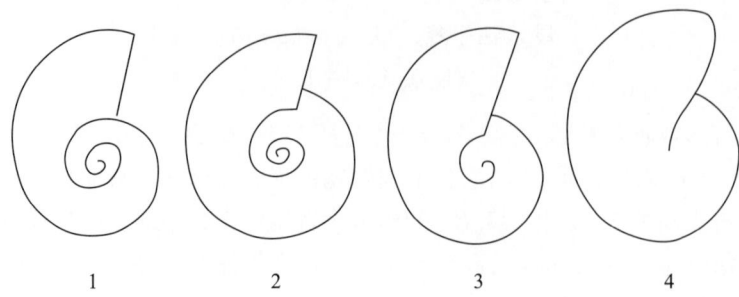

图 3-15 头足类旋卷的类型
1. 外卷；2. 半外卷；3. 半内卷；4. 内卷
（据武汉地质学院古生物教研室，1980）

菊石动物的隔壁边缘与壳壁内面相接触的线称缝合线（图 3-16～图 3-20）。

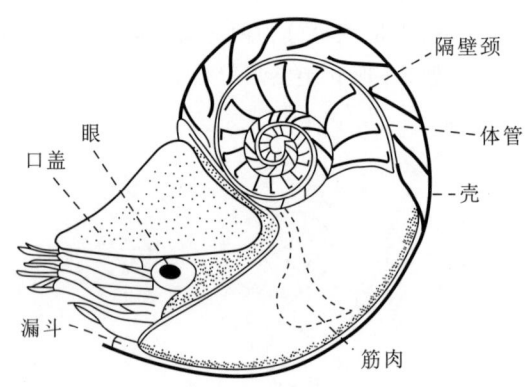

图 3-16 鹦鹉螺软硬体构造
（据赵金科等，1965）

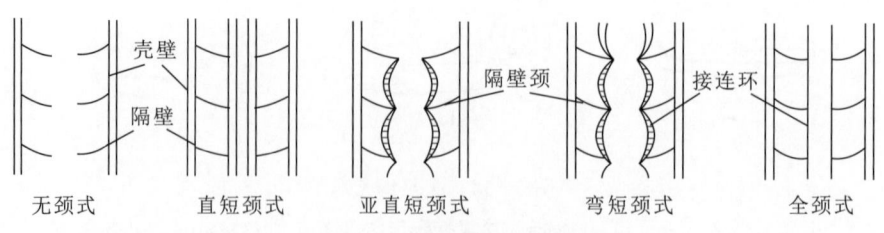

图 3-17 鹦鹉螺体管类型
（据童金南和殷鸿福，2007）

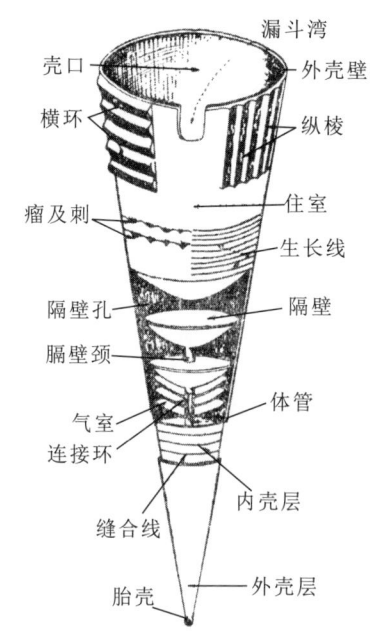

图 3-18 直角石壳的构造
（据武汉地质学院古生物教研室，1980）

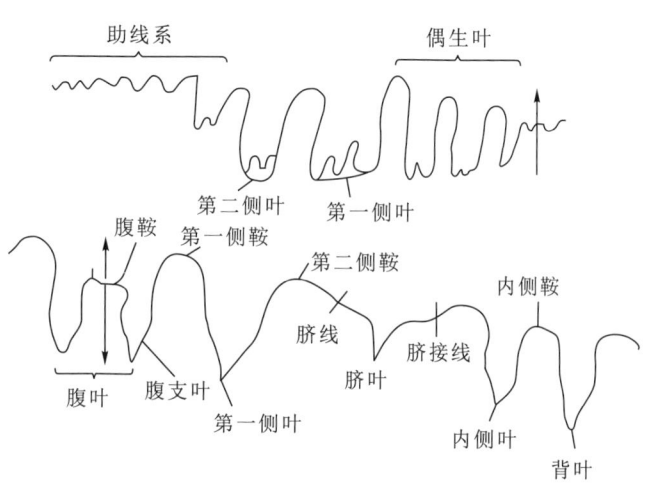

图 3-19 菊石缝合线构造
（据童金南和殷鸿福，2007）

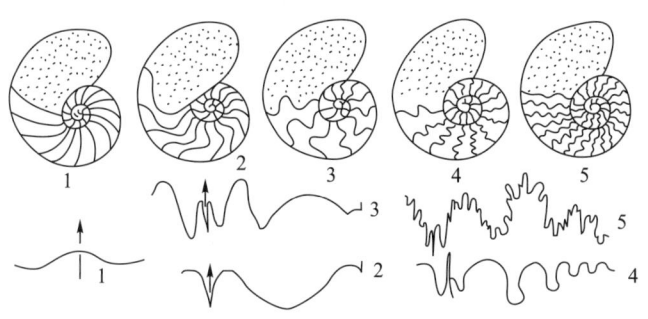

图 3-20 菊石缝合线类型
1. 鹦鹉螺型；2. 无棱菊石型；3. 棱菊石型；4. 齿菊石型；5. 菊石型
（据童金南和殷鸿福，2007）

短棒角石目 Plectronocerida Flower，1964

短棒角石科 Plectronoceratidae Kobayashi，1935

短棒角石属 *Plectronoceras* Ulrich et Foerste，1933

寒武短棒角石(相似种) *Plectronoceras* cf. *cambria* (Walcott)

（图版 21，图 24）

1 块成年期个体标本，保存长度仅 6mm，包括 19 个气室及很短的一部分住室，背腹与两侧直径之比为 4∶3。体管在腹边缘，宽约为壳径的 1/6。隔壁凹度为气室的一半，隔壁密度 5～8 个，隔壁颈亚直领式，长为气室高度的 1/3。另一块标本代表气壳早期阶段的断片，保存长度5mm,始端宽2mm,前端宽4mm,包括11个气室。

产地及层位:济南;上寒武统凤山阶。

鲁南角石属　*Lunanoceras* Chen et Qi,1979
横隔膜鲁南角石　*Lunanoceras precordium* Chen et Qi
（图版22,图1、2）

个体较大,微作内腹式弯曲,气壳前端的直径可达25mm,扩大率1:5。横断面亚圆形。体管在腹边缘。隔壁颈外弯陡急;连接环膨大程度早期较弱,向前增强。横隔膜规则弯弧形,凹面向前,与隔壁近等距排列。

产地及层位:枣庄陶庄;上寒武统凤山阶。

场山鲁南角石　*Lunanoceras changshanense* Chen et Qi
（图版22,图3）

壳形直,直径扩大率1:5。横断面卵圆形,腹宽背窄。体管在膜边缘,隔壁颈长,弯领式,颈部尖窄。连接环微弱膨大。沿隔壁颈具加厚的灰质沉积。横隔膜见于始端,很细弱,呈弧形,气室低,5mm长度内可排列4个,前端排列6个。

产地及层位:枣庄陶庄;上寒武统凤山阶。

始横隔膜角石属　*Eodiaphragmoceras* Chen et Qi,1979
中国始横隔膜角石　*Eodiaphragmoceras sinense* Chen et Qi
（图版22,图4、5）

个体较大,微弱内腹式弯曲,腹缘近直,背缘弯曲。壳径增长较快,气壳前端的直径达26mm。隔壁颈向体管两侧方向外弯,连接环膨大,呈舌状弯曲。背部隔壁颈近直,亚全领式,连接环粗厚,向始端方向延伸较长,与隔壁颈重叠。横隔膜近平直,由背向腹始端倾斜,密度与隔壁间距大致相当。缝合线由宽浅的侧叶及背侧鞍组成。

产地及层位:枣庄陶庄;上寒武统凤山阶。

爱丽斯木角石目　Ellesmeroceratida Flower
始克拉克角石属　*Eoclarkoceras* Chen et Qi,1979
亚弓始克拉克角石　*Eoclarkoceras subcurvatum*（Kobayashi）
（图版22,图6）

个体小,弓锥形,始端弯曲较强烈,向前逐渐展直,直径增长迅速。体管在腹边缘,宽相当壳径的1/5。隔壁颈半领式向前逐渐过渡为亚全领式。横隔膜弯弧形,具膜间灰质充填。气室低,幼年期仅0.3mm,成年期达1mm。

产地及层位:枣庄陶庄;上寒武统凤山阶。

淮河角石科 *Huaiheceratidae* Zou et T.E.Chen,1979
 淮河角石属 *Huaiheceras* Zou et Chen,1979
  外腹淮河角石 *Huaiheceras exogastrum* Chen et Qi
   （图版22,图7）

  个体大,长锥形,微弱外腹式弯曲,气壳扩大率1∶20,住室部分直径稳定,宽30mm。体管在腹边缘,宽相当壳体直径的1/6。隔壁颈长0.5mm,微弱内斜。连接环保存较少,呈直形,厚度适中。气室高度稳定,1.2mm左右,密度11个,隔壁较浅平。

  产地及层位：枣庄陶庄；上寒武统凤山阶。

弱环角石科 *Acaroceratidae* Chen,Qi et T.E.Chen,1979
 微山湖角石属 *Weishanhuceras* Chen et Qi,1979
  稀奇微山湖角石 *Weishanhuceras rarum* Chen et Qi
   （图版22,图8）

  壳近直,直径扩大率1∶8,横断面亚圆形,腹部稍窄。体管在腹边缘,宽相当壳径的1/7~1/6。隔壁颈亚直领式,非常短,腹部微弱外弯。体管腹部具粗厚的节状灰质沉积。气室高度为1.1mm,密度6个,向前增加到8个。缝合线腹部呈鞍形上升。

  产地及层位：枣庄陶庄；上寒武统凤山阶。

弱环角石科 *Acaroceratidae* Chen,Qi et T.E.Chen,1979
 弱环角石属 *Acaroceras* Chen,Qi et Chen,1979
  内弯弱环角石 *Acaroceras endogastrum* Chen,Qi et Chen
   （图版25,图11）

  个体中等,长弯锥形。微作内腹式弯曲,扩大率1∶9,横断面亚圆形。体管在腹边缘,宽相当壳径的1/8~1/7。体管节不膨大。隔壁颈直短领式,长度稳定,0.3~0.4mm,相当气室的1/4~1/3。连接环细薄。气室密度4个,向前逐渐递增到8个。气室高度稳定,1mm左右。

  产地及层位：枣庄陶庄；上寒武统凤山阶。

  窄管弱环角石 *Acaroceras stenotubulum* Chen et Qi
   （图版25,图12）

  壳近直,微弱内腹式弯曲,扩大率1∶10。横断面微弱两侧收缩,腹窄背宽。体管甚细,在腹边缘,宽相当壳体直径的1/9。隔壁颈长0.3mm,相当气室高度的1/4,连接环细薄。气室高度由0.8mm向前增长到1.2mm,密度6个。

  产地及层位：枣庄陶庄；上寒武统凤山阶。

半领弱环角石 *Acaroceras semicollum* Chen et Qi
(图版 25,图 13)

壳直,直径扩大率 1∶8,两侧收缩,横断面亚圆形,窄缘在腹部。体管位于腹缘,宽相当壳体直径的 1/7。隔壁颈半领式,长 0.6mm。连接环细薄,气室密度 5 个,隔壁下凹度约为 1 个气室。

产地及层位:枣庄陶庄;上寒武统凤山阶。

短形弱环角石 *Acaroceras curtum* Chen et Qi
(图版 25,图 14)

住室仅保存 10mm 长。气壳部分扩大率为 1∶12,前端直径 7.6mm。住室直径向前增长非常少,横断面亚圆形,两侧微弱收缩。体管在腹边缘,宽相当壳径的 1/7,隔壁颈长 0.3mm,为气室高度的 1/4,连接环稍细于隔壁颈,气室高 1.1mm,密度 7 个。

产地及层位:枣庄陶庄;上寒武统凤山阶。

多壁弱环角石 *Acaroceras multiseptatum* Chen et Qi
(图版 25,图 15)

壳直,扩大率 1∶9～1∶8,横断面呈两侧收缩的亚圆形。体管在腹边缘,宽相当壳径的 1/6。隔壁颈长 0.2mm,相当于气室高的 1/3,前端为气室高的 1/5。连接环细薄。气室高 0.8mm,密度 9～10 个。缝合线近横直。

产地及层位:枣庄陶庄;上寒武统凤山阶。

腹叶弱环角石 *Acaroceras ventrolobatus* Chen et Qi
(图版 25,图 16)

壳近直,扩大率 1∶10,横断面亚圆形,微弱两侧收缩。隔壁颈长 0.7mm,大于气室高的一半。连接环很细,始端稍增厚。气室密度 5 个,高 1.2mm,缝合线由腹向背上升明显,在腹中部具窄而浅的腹叶。

产地及层位:枣庄陶庄;上寒武统凤山阶。

细长弱环角石 *Acaroceras gracile* Chen et Qi
(图版 26,图 1)

个体较小,壳近直形,扩大率 1∶20,气壳前端直径仅 5mm。横断面亚圆形,腹稍窄一些,背腹直径与两侧直径之比为 4.4∶4。体管在腹边缘,宽相当壳径的 1/9～1/8。隔壁颈直短领式。气室高度 1mm,密度 4～5 个。

产地及层位:枣庄陶庄;上寒武统凤山阶。

高房弱环角石 *Acaroceras altocameratum* Chen et Qi

（图版 26，图 2）

壳近直，横断面亚圆形，扩大率 1∶10。体管在腹边缘，宽相当壳径的 1/6。隔壁颈长 0.7～0.8mm，相当于气室高的 1/3～1/2。连接环与隔壁颈等厚。气室高 1.8mm，向前递增到 2.3mm，密度 4～5 个。

产地及层位：枣庄陶庄；上寒武统凤山阶。

沿河角石目 Yanhecerida Chen et Qi，1979

沿河角石科 Yanheceratidae Chen et Qi，1979

始内角石属 *Archendoceras* Chen et Qi，1979

锥隔膜始内角石 *Archendoceras conipartitum* Chen et Qi

（图版 22，图 9）

壳近直，扩大率 1∶5，横断面卵圆形，腹宽背窄，背腹直径与两侧直径之比为 3∶2。体管在腹边缘，宽相当壳径的 1/5。隔壁颈较长，亚全领式，呈微弱的弯弧形，个体的成年期阶段隔壁颈逐渐展直，长度逐渐缩短为半领式。横隔膜锥状，较细薄，不易保存，未发现灰质沉积充填。气室高度 0.8mm，前端为 0.6mm。

产地及层位：枣庄陶庄；上寒武统凤山阶。

原珠角石目 Protactinoceratida Chen et Qi，1979

原珠角石科 Protactinoceratidae Chen et Qi，1979

中华缓角石属 *Sinoeremoceras* Kobayashi，1933

枣庄中华缓角石 *Sinoeremoceras zaozhuangense* Chen et Qi

（图版 22，图 10）

壳内弯，弓锥形，气壳前端直径最大，达 26mm。住室短，稍长于壳径，直径向前微弱收缩。体管在腹边缘，宽相当壳径的 1/5。体管节扁盘状，由腹向背倾斜，宽与高的比值为 5∶1。隔壁颈外弯陡急，下缘长，向前逐渐短缩，颈部尖窄。横隔膜直斜状，膜间为灰质沉积充填。气室高度稳定，为 0.9～1.0mm。缝合线由宽浅的侧叶及背腹鞍组成。

产地及层位：枣庄陶庄；上寒武统凤山阶。

多叶中华缓角石 *Sinoeremoceras foliosum* Chen et Qi

（图版 22，图 11、12）

壳粗短，微弱内腹弯曲，气壳部分直径扩大率 1∶3，近前端直径为 21mm，由此向前逐渐收缩。体管横断面为背腹收缩的扁圆形。隔壁颈为阿门角石式，外弯陡急，颈甚短，下缘长，连接环向气室内强烈膨大。体管节扁盘状，由背向腹前上升。横隔膜直斜，与隔壁等距排列，其间被灰质充填。气室低矮，5mm 长可排列 6 个，前端为 9 个。缝合线近横平。

产地及层位：枣庄陶庄；上寒武统凤山阶。

短锥中华缓角石 *Sinoeremoceras breviconicum* Chen et Qi
(图版 22,图 13)

壳短粗,内腹式弯曲,直径增长甚快。体管在腹边缘,宽相当于壳径的 1/5～1/4。隔壁颈外弯急,颈尖窄,下缘较长;连接环始前端与隔壁接触很宽。体管节为倾斜的扁盘状,高与宽的比为 1∶5。横隔膜直斜状,膜间为灰质沉积所充填。气室低,高度约为 0.7mm。

产地及层位:枣庄陶庄;上寒武统凤山阶。

湾湾角石属 *Wanwanoceras* Kobayashi,1934
鲁南湾湾角石 *Wanwanoceras lunanense* Chen et Qi
(图版 22,图 14)

壳粗短,弓锥形,内腹式弯曲,直径扩大率 1∶3。横断面卵圆形,两侧收缩,腹宽背窄,两侧直径与背腹直径的比为 3∶4。体管在腹边缘,宽相当壳径的 1/6～1/5。隔壁颈较长,弓领式,向前逐渐变直,长度达气室高度的 3/4。连接环始端外弯,前端近直。体管始端具陡斜的横隔膜及体管沉积,气室高 1.1～1.2mm。

产地及层位:枣庄陶庄;上寒武统凤山阶。

原珠角石属 *Protactinoceras* Chen et Qi,1979
大体管原珠角石 *Protactinoceras magnitubulum* Chen et Qi
(图版 23,图 9、10)

壳锥形,扩大率 1∶2。体管粗大,在腹部的近边缘,宽度相当于壳径的 1/2,向前增宽趋缓,最大直径 5～6mm;体管节宽,扁串珠状,高与宽的比可达 1∶9,连接环膨大强烈。隔壁孔较粗,最宽处 4mm,隔壁颈弓形,下缘与颈部长度近等。连接环始前端与隔壁重叠很宽。横隔膜双曲形与隔壁等距排列,膜间被灰质沉积充填。

产地及层位:枣庄陶庄;上寒武统凤山阶。

鲁南原珠角石 *Protactinoceras lunanense* Chen et Qi
(图版 23,图 11)

壳近直,扩大率 1∶5,气壳前端最大直径达 17mm。体管在腹边缘,宽约为壳径的 1/3,体管节扁盘状,高与宽比为 1∶5,隔壁孔较宽,最大达 2.2mm。隔壁颈短,弓形,连接环与隔壁接触非常宽,前端收缩部分的隔壁为颈斜领式。横隔膜与隔壁等距排列,呈双曲形。膜间被灰质沉积充填。气室低矮,高度稳定,为 0.6～0.7mm。

产地及层位:枣庄陶庄;上寒武统凤山阶。

泡珠角石属 *Physalactinoceras* Chen et Qi,1979
水泡泡珠角石 *Physalactinoceras bullatum* Chen et Qi
(图版 23,图 12)

壳短锥形,扩大率 1∶2。横断面卵圆形。腹宽背窄。体管位于壳的腹边缘,宽相当壳径的 1/4。体管节腹部舌形弯曲,隔壁颈的下缘较长,颈区尖窄。连接环膨大强烈,始前端均与隔壁接触较宽。背部隔壁颈直径式或微弱内斜。横隔膜近横直,呈很浅的弯弦形,向腹前上斜,与体管节等距排列。膜间具灰质沉积充填。气室高度 0.9mm,密度 17 个。

产地及层位:枣庄陶庄;上寒武统凤山阶。

短锥泡珠角石 *Physalactinoceras breviconicum* Chen et Qi
（图版 23,图 13）

壳短锥形,扩大率 2∶5。因背缘微弯略显内腹式弯曲。壳两侧收缩,横断面卵圆形,腹较背宽,背腹直径与两侧直径的比为 4∶3。体管在腹边缘,宽相当壳径的 1/5。隔壁颈短,在腹部为阿门角石式,背部直短领式。连接环向背侧呈球珠状弯曲。横隔膜弯弧形,膜间为灰质沉积充填。气室低,高度稳定,5mm 长可排列 6 个。

产地及层位:枣庄陶庄;上寒武统凤山阶。

场山泡珠角石 *Physalactinoceras changshanense* Chen et Qi
（图版 24,图 1、2）

壳体粗大,微弱内腹弯曲,横断面腹宽背窄,体管在腹边缘,宽相当壳径的 1/5。隔壁颈在背部呈直领式,长 0.2mm,连接环呈亚圆形弯曲。气室高度约 0.7mm,密度 28 个。

产地及层位:枣庄陶庄;上寒武统凤山阶。

巴恩斯角石属 *Barnesoceras* Flower,1964
凸扩展巴恩斯角石 *Barnesoceras lentiexpansum* Flower
（图版 22,图 15）

壳体较大,呈角锥状弯曲。直径为 10mm,近住室基部为 16mm。体管在壳体的近腹边缘。隔壁较密,腹部隔壁倾斜较陡。隔壁颈为直短领式,连接环较粗厚。体管内有较隔壁稀疏的横隔膜。气室高度为 1mm。

产地及层位:淄川东峪东村;三山子组 b 段。

内角石目 Endocerida Teichert,1933
原房角石科 Protocameroceratidae Kobayashi,1937
冶里角石属 *Yehlioceras* Shimizu et Obala,1939
冶里冶里角石 *Yehlioceras yehliense* (Grabau) emend. Obata
（图版 23,图 1）

所保存的仅为体管,体管始部 10mm 长度内向上部迅速扩大,体管表面有约 3mm 间距倾斜较缓的横线,腹侧稍凹。

产地及层位:淄川东峪东村;三山子组 a 段。

蛹状冶里角石　*Yehlioceras pupoides* Chen et Liu

（图版 22，图 16）

体管近直，横断面圆形，始端短锥形。内隔壁线 10mm 内可排列 6 条。

产地及层位：新泰汶南；三山子组 a 段。

朝鲜角石科　Coreanoceratidae Chen，1976
朝鲜角石属　*Coreanoceras* Kobayashi，1931
三角朝鲜角石　*Coreanoceras triangular* Chen

（图版 22，图 17、18）

体管横断面微弱收缩。始端 11mm 呈短锥形。体房腔短浅，背尖窄，腹部具低的纵向突起。

产地及层位：新泰汶南；三山子组 a 段。

河北角石属　*Hopeioceras* Shimizu et Obata，1936
马底幼氏河北角石　*Hopeioceras mathieui* (Grabau) emend. Obata

（图版 22，图 19）

体管增大率很小，横切面呈圆形。表面有微弱倾斜的细纹，体管中心具有横切面呈圆形的内体房，顶角很小。

产地及层位：淄川东峪东村；三山子组 a 段。

弯鞘角石科　Cyrtovaginoceratidae Flower，1958
三叉角石属　*Trifurcatoceras* Obata，1940
中村氏三叉角石　*Trifurcatoceras nakamurai* Obata

（图版 23，图 3）

体管长约 180mm，距始端 30mm 部位的直径约 13mm，距始端 90mm 部位的直径为 26mm。内体房的体管近始端附近呈三叉状，内体房角约 35°。

产地及层位：淄川土峪；五阳山组。

东北角石科　Manchuroceratidae Kobayashi，1933
沂蒙山角石属　*Yimengshanoceras* Chen et Qi，1979
长锥沂蒙山角石　*Yimengshanoceras longiconicum* Chen et Qi

（图版 23，图 4）

个体较大，微弱内腹弯曲。隔壁颈半领式到亚全领式。连接环粗厚，气室低矮，在腹边缘，体管横断面呈背腹收缩的扁圆形。叠锥体直径增长率为 1∶9，前端最大直径为 25mm。体管腔深 60mm，锥角 20°～25°。

产地及层位：淄博八陡；五阳山组。

珠角石目　Actinoceratida Foerste et Teichert
多泡角石科　Polydesmiidae Kobayashi,1940
多泡角石属　*Polydesmia* Lorenz,1906
管杯多泡角石　*Polydesmia canaliculata* Lorenz
（图版 23,图 5、6）

壳直锥形,横断面近圆形。体管大,位于中央,直径约为壳径的 1/2。隔壁颈珠角石式,颈部长,下缘短。连接环呈舌形弯曲,与隔壁颈重叠很宽。体管节扁球状,辐射管倾斜,与中央管之间的夹角为 45°左右。隔壁排列密集。

产地及层位:新泰汶南;北庵庄组。

桌子山多泡角石　*Polydesmia zuezshanense* Chang
（图版 23,图 7）

壳体较大,呈直角锥状,横断面圆形。体管大,位置近中心,直径约为壳径的 1/2。隔壁低矮,密度 11～13 个。体管的辐射管以 30°角向下倾斜。

产地及层位:新泰汶南;北庵庄组。

渡边多泡角石　*Polydesmia watanabei* Kobayashi
（图版 23,图 8）

体管直形,始端部分呈微弱内腹弯曲。在体管直径长度内可排列 6 个体管节。辐射管与中央管夹角为 50°。

产地及层位:新泰汶南;北庵庄组。

鄂尔多斯角石属　*Ordosoceras* Chang,1959
似线鄂尔多斯角石　*Ordosoceras quasilineatum* Chang
（图版 23,图 2）

壳直角石式,横断面圆形。体管粗,位置近中心,直径约为壳径的 1/3。气室低,6 个气室高相当于壳径长。隔壁颈珠角石式,颈区长,下缘短,向外强烈弯曲。连接环由半环形的弯曲及下竖部分组成。

产地及层位:章丘水龙洞;北庵庄组。

链角石科　Ormocera Saemann,1853
链角石属　*Ormoceras* Stokes,1840
中央链角石　*Ormoceras centrale*（Kobayashi et Matumoto）
（图版 24,图 3、4）

个体较大,直壳,直径增长缓慢,扩大率 1∶8,横断面圆形。体管粗,在壳体中部,宽度接近壳径的 1/3。体管节扁球形,宽与高的比为 3∶2,前端 2∶1。隔壁颈弓形,下缘与垫区长 1mm。隔壁孔宽为体管的 1/3。中心管粗且中空,直径 1mm,向前递增到 3.5mm。支管与中心管直交,周腔窄长,气室密度 4.5 个,气室沉积发育,由壁前及壁后沉积组成,并互相接触形成假隔壁线。

产地及层位:淄川梨峪口、新泰汶南;北庵庄组。

裸链角石 *Ormoceras nudum* (Endo)
(图版 24,图 5)

壳直,横切面扁圆形,体管稍偏中心。体管直径相当壳径的 1/5。隔壁颈弓形。体管节呈宽的心脏形,上端近于水平。放射管呈水平状,延伸到环节的中央。连接环下端稍收缩。7 个气室的高度相当于壳径的长度。

产地及层位:新泰汶南;五阳山组。

亚中心链角石 *Ormoceras subcentrale* Kobayashi
(图版 24,图 6)

壳直角石式,扩大率 1∶8。横切面椭圆形,长轴与短轴之比为 10∶7。体管位于中央,呈算珠状,体管环节亚球形,其宽度等于壳径的 1/4。隔壁下凹度等于 1 个气室的高度。

产地及层位:淄川土峪;五阳山组。

五顶角石科 Wutinoceratidae Shimizu et Obata,1936
中五项角石属 *Mesowutinoceras* Chen,1976
盘形中五顶角石 *Mesowutinoceras discoides* Chen
(图版 24,图 7)

壳直,扩大率 1∶9,横断面圆形,体管近中心。直径为壳径的 1/3。体管节宽扁,宽与高之比为 3∶1。隔壁颈为阿门角石式,外弯急,下缘长 1.0～1.6mm。连接环的始前端与隔壁接触较宽。中心管粗,与辐射管近直交。气室密度为 8 个,气室沉积发育。

产地及层位:新泰汶南;北庵庄组。

阿门角石科 Armenoceras Troedsson,1926
阿门角石属 *Armenoceras* Foerst,1924
谭氏阿门角石 *Armenoceras tani* (Grabau)
(图版 24,图 8)

壳中等大小,扩大率为 1∶5,横断面略呈椭圆形。体管位置偏中心,直径为壳径的 1/3。隔壁颈外弯较急,下缘较长,与隔壁近重叠,颈部较短。连接环膨大,体管节宽扁。7～8 个气室高度相当于壳径长,隔壁下凹度为 1 个气室,气室内灰质沉积发育。

产地及层位:淄博八陡及淄川土峪;五阳山组。

复州阿门角石 *Armenoceras fuchouense* (Endo)
（图版 24，图 9）

横切面呈卵圆形。体管为圆形。隔壁颈强烈弯曲,颈短缘宽,连接环强烈弯曲,体管节串珠状。10 个气室的高度相当于壳的径长。

产地及层位:淄川土峪;五阳山组。

满州阿门角石 *Armenoceras manchuroense* (Kobayashi)
（图版 24，图 10）

壳中等大小,扩大率 1∶6～1∶4。横断面呈背腹收缩的卵圆形。体管位置偏中心,直径稍小于壳径的 1/2。隔壁下凹度为 2 个气室。

产地及层位:淄博八陡;五阳山组。

亚缘阿门角石 *Armenoceras submarginale* (Grabau)
（图版 24，图 11）

壳体中等大小,扩大较快,横断面近卵圆形。体管位置略近边缘,其直径相当壳径的 1/2。体管节在隔壁颈处强烈收缩,隔壁孔宽度约为体管宽度的 2/3。隔壁下凹度为 1～2 个气室。

产地及层位:淄博八陡;五阳山组。

李氏阿门角石 *Armenoceras richthofeni* (Frech)
（图版 24，图 12）

壳直,横断面近椭圆形。体管位于壳中心,直径为壳径的 1/3。隔壁密,气室低,11～13 个气室高度相当于壳径长。隔壁下凹度为 2～3 个气室。体管节宽而扁。气室内灰质沉积发育。

产地及层位:淄博八陡;五阳山组。

富氏阿门角石 *Armenoceras resseri* Endo
（图版 24，图 13）

横切面圆形,体管位于中央。当壳径为 22mm 时,体管直径为 7mm。气室高度为 3.5mm。体管内填有珠状沉积。

产地及层位:淄川土峪;五阳山组。

尼比角石属 *Nybyoceras* Troedsson, 1926
隐尼比角石 *Nybyoceras cryptum* Flower
（图版 24，图 14）

壳体直径增长快,体管位于壳体中部偏腹位。体管前端略收缩。隔壁颈阿门角石式。体管节最大直径 8.8mm,两侧稍为不对称,腹侧垫区较背侧大。连接环强烈膨大。辐射管双曲形,不分叉。气室密度7个。

产地及层位:淄博八陡;五阳山组。

塞尔扣克角石属 *Selkirkoceras* Foerst,1929
小型塞尔扣克角石 *Selkirkoceras minutum* Chen et Liu
（图版 24,图 15）

标本为体管的始端部分。体管小型,塔形,向前收缩非常明显。隔壁颈为阿门角石型,颈非常短,下缘较长,外弯,可与隔壁接触。连接环与隔壁重叠较宽。体管内具中心管及缓弧形的支管,支管边缘分叉,到达体管节中部。

产地及层位:淄博八陡;五阳山组。

斯托博角石属 *Stolbovoceras* Balaschov,1962
北方斯托博角石 *Stolbovoceras boreale* Balaschov
（图版 25,图 1）

壳直,扩大率1∶10,横断面背腹收缩。体管近腹边缘,管相当壳径的1/4。体管节高与宽的比为1∶3。隔壁颈甚短,外弯急,腹部呈锐角状,并具有很宽的垫区,宽1mm,向前增至2mm。背部没有垫区,隔壁密度10～11个。

产地及层位:淄博八陡;五阳山组。

伦比角石科 Lambeoceratidae Flower,1975
霍尔角石属 *Hoeloceras* Sweet,1958
沂蒙山霍尔角石 *Hoeloceras yimengshanense* Chen et Liu
（图版 25,图 2、3）

直角石式壳,扩大率1∶6。横断面半圆形,腹部扁平。体管中等大小,在腹部的近边缘。隔壁密度11个。缝合线由宽浅的腹叶及低的侧鞍组成。隔壁颈较短,在隔壁孔处急弯,下缘近平卧,连接环的始端与隔壁重叠较宽。中心管偏近体管的背部。支管微下斜,与连接环前端相交。

产地及层位:新泰汶南;五阳山组。

休伦角石科 Huroniidae Foerste et Teichert,1930
盘珠角石属 *Discoactinoceras* Kobayashi,1927
五阳山盘珠角石 *Discoactinoceras wuyangshanense* Chen et Liu
（图版 25,图 4）

壳中等大小。体管在腹边缘,体管腹缘呈锯齿状,隔壁孔大。隔壁颈短而弯曲,连接环的腹始端与隔壁颈重叠较宽。体管节高与宽之比为1∶5。体管内中心管宽,向前微张口,辐射管缓弧状。

产地及层位:新泰汶南;五阳山组。

平腹盘珠角石 *Discoactinoceras platyventrum* Chen et Liu
(图版 25,图 5、6)

壳直,扩大程度缓慢。腹部扁平,背部拱圆。体管粗,扁圆形,位置近腹缘。体管节呈碟状,隔壁孔宽,孔径为体管节宽度的 5/7,体管节宽度与高度之比为 5∶1。隔壁颈极短,弯钩状。连接环的始端与隔壁部分重叠。体管内部沟系复杂。气室低,在壳径长度内可排列 16 个气室。

产地及层位:章丘水龙洞;五阳山组。

棱角石科 Gonioceratidae Hyatt,1884
棱角石属 *Gonioceras* Hall,1847
八陡棱角石 *Gonioceras badouense* Chen et Liu
(图版 26,图 9)

壳大,扩大率为 1∶4。横断面平凸形,腹部宽平,背部拱圆。体管小,位置近腹缘,体管节串珠状,隔壁颈为阿门角石式。隔壁密度 19 个,隔壁下凹度为 5~6 个气室,腹边缘形成窄而低的鞍。

产地及层位:淄博八陡;八陡组。

中心棱角石 *Gonioceras centrale* Chen
(图版 26,图 10)

体管近壳中心,横断面较高。体管节宽度相当于高度的 2 倍。隔壁孔窄,相当于宽度的 1/5。连接环始端平卧状,与隔壁接触较宽。

产地及层位:淄博八陡;八陡组。

翼棱角石 *Gonioceras alarium* Chen
(图版 26,图 11)

个体大,横断面平凸形,腹部扁平,背部拱圆。体管位于中部,隔壁颈为阿门角石式。体管节呈扁球状,宽度为高度的 3 倍。腹部体管节沉积较发育,呈悬垂状及层束状。

产地及层位:淄博八陡;八陡组。

直角石目 Orthocerida
直角石科 Orthoceratidae
汶南角石属 *Wennanoceras* Chen,1976
肋汶南角石 *Wennanoceras costatum* Chen
(图版 25,图 7)

壳圆柱形,扩大率 1∶14。壳表具高而窄的横环,环间较宽圆,排列较隔壁疏,4 条横环间距与 5 个隔壁间距相当。体管居中,圆柱形,宽度为壳径的 1/7～1/6,气室沉积发育。

产地及层位:新泰汶南;五阳山组。

假北极角石属 *Pseudoskimoceras* Shimizu et Obata,1936

偏管假北极角石 *Pseudoskimoceras marginale* (Endo)

（图版 25,图 8）

壳直或略微弯曲,扩大率 1∶9～1∶8,横断面近圆形。壳表具倾斜的横环,在壳径长度内可排列 5 个横环和 7 个气室。体管细,位置偏离中央,直径为壳径的 1/5。隔壁颈弓领式,体管节呈珠状,气室内具不规则灰质沉积。

产地及层位:淄博八陡;北庵庄组。

特鲁德逊角石科 Troedssonellidae Kobayashi,1935

环巴茨角石属 *Cyclobuttsoceras* Chen,1976

汶水环巴茨角石 *Cyclobuttsoceras wenshuiense* Chen

（图版 25,图 9）

壳直,壳表具横环,扩大率为 1∶8,横断面圆形。体管偏离中心,直径为壳径的 1/4。连接环微弱膨胀,隔壁颈为亚直领式,中心管居中偏腹部。在壳径长度内可排列 3 个横环和 4 条隔壁。气室沉积发育。

产地及层位:新泰汶南;五阳山组。

灰角石科 Stereoplasmoceratidae Kobayashi,1934

豆房沟角石属 *Tofangoceras* Kobayashi,1927

少环豆房沟角石 *Tofangoceras pauciannulatum* Kobayashi

（图版 25,图 10）

壳直,壳表具横环,扩大率 1∶10,横环与隔壁互相平行,两个横环间有 2～3 个气室。体管窄,位于壳中央,直径为壳径的 1/6～1/5。体管节亚圆柱状,微弱膨大。5 个气室高度相当壳径长,隔壁下凹度为 1 个气室高。

产地及层位:淄川土峪;五阳山组。

灰角石属 *Stereoplasmoceras* Grabau,1922

假隔壁灰角石 *Stereoplasmoceras pseudoseptatum* Grabau

（图版 26,图 3）

个体大,直角石式,扩大率 1∶9,横断面呈圆形。体管位于中央偏背部,直径为壳径的 1/5～1/4。隔壁颈短,微弱弯曲。连接环微膨大,隔壁下凹度为 1 个气室。4～6 个气室的高度相当壳径长。气室沉积发育,沿壁前及壁后分布,呈假隔壁状。

产地及层位:淄博八陡;五阳山组。

马家沟灰角石 *Stereoplasmoceras machiakouense* Grabau

（图版 26，图 4）

壳形近圆柱状，扩大极缓慢。体管近中心，直径约为壳径的 1/4。隔壁颈弯短领式。连接环稍膨胀。隔壁下凹度为 1 个气室。4～5 个气室高度相当于壳径长。气室沉积非常发育，主要为壁前沉积，常呈假隔壁状。

产地及层位：淄博八陡；五阳山组。

高原角石属 *Kogenoceras* Shimizu et Obata，1936

休伦高原角石 *Kogenoceras huroniforme* Shimizu et Obata

（图版 26，图 5）

壳直，扩大缓慢，壳表具倾斜的横环，横断面呈圆形。体管细，位置偏离中心，直径为壳径的 1/6。隔壁颈亚直领式，微外斜。体管节呈倒梨形，隔壁密，5～6 个气室高度相当于壳径长。横环稀疏，2 个横环间距内可排列 3 个气室。隔壁下凹度为 1 个气室，气室内具灰质沉积。

产地及层位：新泰汶南；北庵庄组。

蛟龙高原角石 *Kogenoceras jiaolongense* Chen et Liu

（图版 26，图 6）

壳直，扩大率约为 1∶10。壳表具稀而尖窄的横环。体管偏背方，直径为壳径的 2/13。体管节较长，呈倒梨形。隔壁颈短，微弯曲。气室密，7 个气室高度相当于壳径长。隔壁下凹度为 1 个气室。气室内灰质沉积发育。

产地及层位：淄博八陡；北庵庄组。

弯曲高原角石 *Kogenoceras curvatum* Zou

（图版 26，图 7）

壳细长，呈微弱"S"形扭曲，壳表具倾斜的横环，扩大缓慢，横断面圆形。体管细，位于壳中央与腹壁之间，直径为壳径的 1/6～1/5。体管节呈前宽后窄的心脏形。隔壁颈短，稍弯曲，气室密度 7～8 个。隔壁下凹度为 1 个气室。气室内灰质沉积发育。

产地及层位：新泰汶南；北庵庄组。

假直角石科 Pseudorthoceratidae Flower et Goster，1935

始孔角石属 *Eostromatoceras* Chen，1976

中管始孔角石 *Eostromatoceras meditubulum* Chen

（图版 26，图 8）

壳直，扩大率 1∶7，横断面圆形。体管位置偏中心，直径为壳径的 1/3，体管节呈倒梨形，向前张开。隔壁孔窄，相当于体管直径的 1/2，隔壁颈为弓领式。体管沉积发育，内层为环领沉积,致密而不成层状,外层结构较粗,由隔壁孔向前端延伸较远。气室高,壳径长度内可排列 3 个气室,气室沉积丰厚。

产地及层位:淄博八陡;八陡组。

礼饼角石辟属 *Domatoceras*
礼饼角石(未定种) *Domatoceras* sp.
(图版 26,图 12)

标本为外模。旋卷形壳,厚盘状,腹侧部窄圆或亚角状,壳的最厚处位于脐缘的外侧。壳面饰有细弯的生长纹。腹侧部下方具瘤状物。

产地及层位:淄博;太原组。

棱角菊石目 Goniatitida
马希木菊石科 Maximitidae
新缓菊石属 *Neoaganides*
新缓菊石(未定种) *Neoaganides* sp.
(图版 26,图 13、14)

壳体小,扁球状,具窄圆的腹部。壳面光滑,脐闭合。缝合线的腹叶较窄,侧叶的下端变尖,鞍部均圆。

产地及层位:济宁;太原组。

石炭菊石属 *Anthracoceras*
石炭菊石(未定种) *Anthracoceras* sp.
(图版 27,图 1)

壳体内卷,近圆形。腹部宽圆,侧面扁平,脐部明显。缝合线的鞍、叶均圆滑,无分化。

产地及层位:济宁;太原组。

3.5 节肢动物门 Arthropoda

3.5.1 三叶虫纲 Trilobita

三叶虫是节肢动物门中已绝灭的一个纲,全为海生,营底栖爬游生活,因虫体横向分中轴、左右两叶,纵向分头、胸、尾 3 部分,故名"三叶虫"(其背甲构造如图 3-21)。寒武纪早期出现,二叠纪末灭绝。三叶虫化石大量赋存于寒武纪地层中,长清区张夏、崮山,莱芜九龙山,新泰盘车沟,莒县鸡山,淄川峨庄以及泰安大汶口等地是典型的三叶虫化石产地。

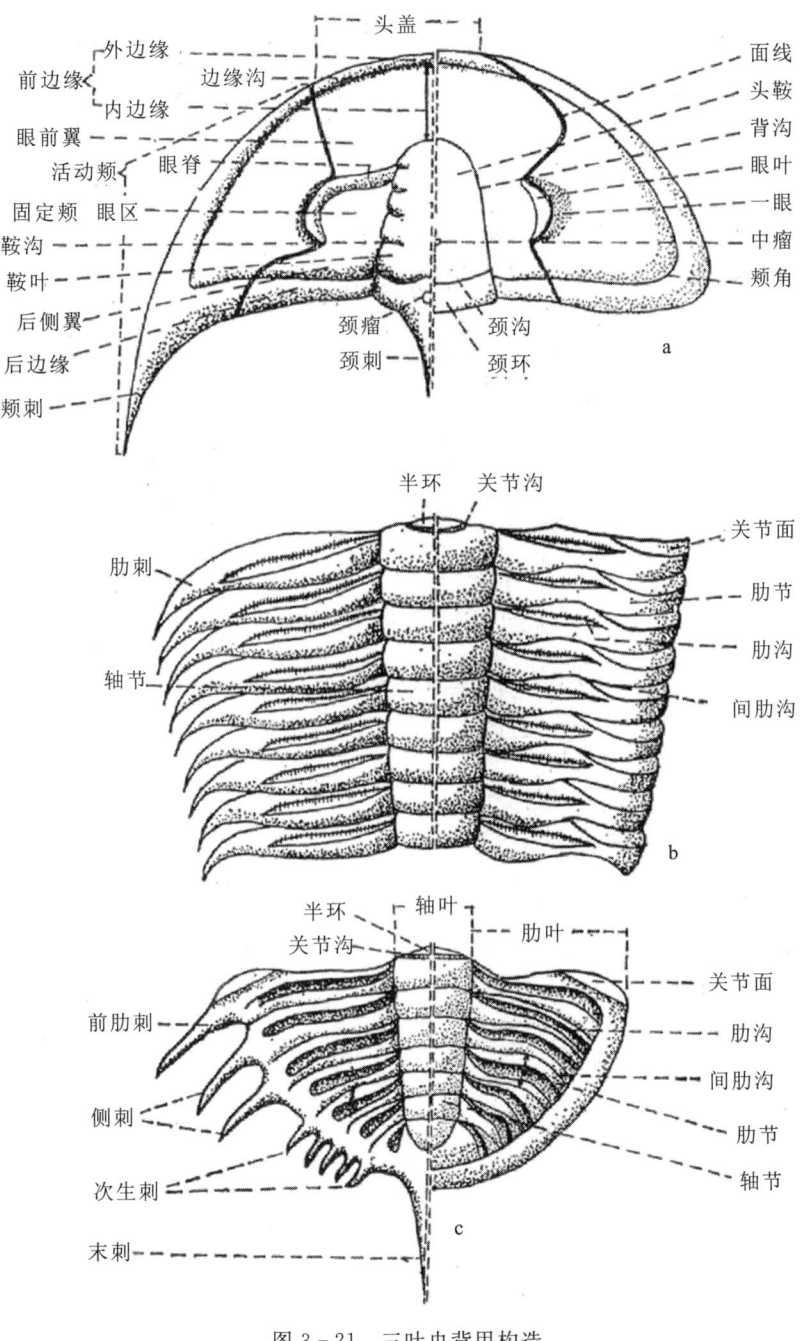

图 3-21 三叶虫背甲构造
(据童金南和殷鸿福,2007)

球接子目 Agnostida Kobayashi,1935

胸针形球接子属 *Peronopsis* Corda,1847

辽东胸针形球接子 *Peronopsis liaotungensis* (Resser et Endo)

(图版26,图15)

头部的边缘较窄。头鞍的前叶较短、较圆。尾部中轴较长,后部逐渐收缩,末端较尖并与边缘沟接触。后侧方向上有一对侧刺。

产地及层位:淄川杨庄;张夏组。

莱得利基虫目 Redlichiida Richter,1933

莱得利基虫科 Redlichiidae Poulsen,1927

莱得利基虫属 *Redlichia* Cossmen,1902

岱崮莱得利基虫 *Redlichia*(*R.*) *daiguensis*

(图版27,图2)

头盖较长,头盖上具小瘤点,头鞍突起较高,呈筒锥形,向前收缩缓慢,前缘圆润,具3对宽浅的头鞍沟,第一对较短,后两对较深,在头鞍中部相连并向后弯曲。颈沟两侧深,中部宽而浅。颈环两侧窄而中部宽,后缘具1个小瘤。无内边缘。外边缘平凸,向前拱曲,表面具纹饰。前边缘沟两侧深,在头鞍前部变浅,沟内具1排近等距分布的小陷孔。眼脊短,眼叶向外弯曲,后端伸至颈环两侧后缘的相对水平位置,与背沟有一窄的距离。面线前支向外向前直线斜伸,与头鞍中轴夹角约70°。

产地及层位:蒙阴岱崮;馒头组。

沂蒙莱得利基虫 *Redlichia*(*R.*) *yimengensis*

(图版27,图3)

个体较大,头盖纵向较长。头鞍粗壮,强烈凸起,近圆柱形,向前略收缩,前端宽圆,表面具密集瘤点,具3对头鞍沟,第一对短而浅,第二、三对清楚,横穿头鞍,向中部变浅。3对头鞍沟均向后斜伸。颈沟中等深度,在中部稍浅,向后拱曲。颈环具一强壮颈瘤。外边缘平凸,向前拱曲,无内边缘。前边缘沟深,向两侧变浅。眼叶长,向外强烈弯曲,其后端伸至颈环中部相对水平位置上,并靠近头鞍。面线前支向前向外直线斜伸,与头鞍中轴夹角约60°。

产地及层位:蒙阴岱崮;馒头组。

东山莱得利基虫 *Redlichia*(*R.*) *dongshanensis*

(图版27,图11)

虫体较小,头盖近方形。头鞍锥形,向前收缩,前端圆润。具3对头鞍沟,第一对短而浅,后两对较深,向后斜伸并横越头鞍,但中部变浅。颈环宽度均匀,颈沟两侧深中部浅,向后拱曲。背沟较浅,与头鞍沟会合处较深。眼叶长大,前端接近背沟,后端距背沟稍远。外边缘凸起,内边缘较窄,有时在头鞍前端形成小隆起。前边缘沟深度中等,沟内具较密集的小陷孔,面线前支与头鞍中轴夹角约 70°。

产地与层位：蒙阴岱崮；馒头组。

中华莱得利基虫 Redlichia chinensis Walcott
（图版 27，图 4）

头鞍锥形，狭而长。前端圆润，几乎伸至外边缘。头鞍沟 3 对，固定颊狭。眼叶长大，呈弯弓状，末端与头鞍相连。面线前支横向水平伸出，与头鞍中线成 90°的交角。

产地及层位：沂源平地庄及长清张夏；下寒武统龙王庙阶。

村上氏莱得利基虫 Redlichia murakamii Resser et Endo
（图版 27，图 5）

本种与 R. chinensis 的主要区别是面线前支横向延伸略短，眼前翼水平延伸亦较短，眼叶较窄。前边缘沟内有 1 排明显的凹坑。

产地及层位：苍山燕桂山；下寒武统龙王庙阶。

著目莱得利基虫 Redlichia nobilis Walcott
（图版 27，图 6）

头鞍略作圆柱形，向前缓慢收缩。内边缘极窄，外边缘凸起，眼叶长大。面线前支向两侧倾斜伸出，与头鞍中轴成 60°～70°的交角。

产地及层位：枣庄半湖；下寒武统龙王庙阶。

短莱得利基虫属 Breviredlichia Zhang et Lin，1980
汪崖短莱得利基虫 Breviredlichia wangyaensis
（图版 27，图 7）

标本为一副模。虫体较大。头盖平缓凸起，呈亚方形。头鞍宽大，呈筒状，两侧几乎平行，中部略收缩，前端宽圆。有 3 对头鞍沟，第一对较浅，第二、三对较深，约呈圆弧形向后拱曲，且越向后其弯曲度越大。颈环中部宽，具微弱颈瘤。外边缘平凸，无内边缘，前边缘沟深。眼前翼极小，凸起呈三角形。眼叶长而窄，微向外弯曲，其后端伸至颈环中部相对水平位置，并靠近头鞍。面线前支短，向外并向前斜伸，与头鞍中轴夹角约 65°

产地及层位：蒙阴野店汪崖；馒头组。

椭圆头虫科 Ellipsocephalidae Matthew，1887
大古油栉虫属 Megapalaeolenus Chang，1966
凤阳大古油栉虫 Megapalaeolenus fengyangensis (Chu)
（图版 27，图 8）

头鞍向前明显扩大，前端宽圆。具 4 对头鞍沟。颈环中部宽，后缘上具一小颈疣。眼叶大，固定颊平缓凸起。

产地及层位：沂南孙祖；朱砂洞组。

耸棒头虫目 Corynexochida Kobayashi,1935
叉尾虫科 Dorypygidae Kobayashi,1935
叉尾虫属 *Dorypyge* Dames,1883
李氏叉尾虫 *Dorypyge richthofeni* Dames
(图版 27，图 10；图版 29，图 14)

头盖近似梯形。头鞍凸起显著，前端略有收缩，鞍沟不显。颈环有一长颈刺，固定颊狭而凸起，前边缘极窄。背沟较深，靠前端凹坑显著。头盖背壳上布满瘤点。尾部中轴长而高凸，向后略变窄，后端圆，边缘上第5对尾刺粗长。

产地及层位：苍山鲁城；张夏组。

长眉虫科 Dolichometopidae Walcott,1916
双耳虫属 *Amphoton* Lorenz,1906
女神双耳虫 *Amphoton deois* (Walcott)
(图版 27，图 12)

头鞍长方形，中部略微收缩，前端较后端宽。头鞍沟微弱，颈沟浅而宽，颈环中部宽，有1个中瘤，眼叶长大，围绕头鞍两侧。

产地及层位：苍山鲁城、淄川杨庄；张夏组。

复州虫属 *Fuchouia* Resser et Endo,1935
刺复州虫 *Fuchouia spinosa* Chang
(图版 27，图 13)

头鞍呈长方形，前端较圆，有2对头鞍沟。颈沟浅，颈环上有一颈刺。眼叶窄，眼脊较短。固定颊较窄，约有头鞍宽度的1/3。外边缘平而直，没有内边缘。

产地及层位：莱芜九龙山；张夏组。

峨庄虫属 *Ezhuangia* Qiu et Liu,1983
山东峨庄虫 *Ezhuangia shandongensis* Qiu et Liu
(图版 28，图 1)

头盖较大。头鞍呈长方形，前端略有扩大，中后部向内收缩。具4对清楚的头鞍沟，最后一对分叉。颈沟浅，向后拱曲，背沟浅，在头鞍前侧角的位置呈近三角形的浅坑。眼叶长大。固定颊窄，约为头鞍底部宽度的一半。内、外边缘近乎等宽。

产地及层位：淄川峨庄；张夏组。

孙氏盾壳虫科 Sunaspidae Zhang et Jell,1987
　　光滑盾壳虫属 *Leiaspis* Wu et Lin,1980
　　　　水峪光滑盾壳虫 *Leiaspis shuiyuensis* Wu et Lin
　　　　　　（图版31,图11、12）

　　头盖近似方形,头鞍近长方形,中间向内略为收缩,顶端切平。背沟极浅,隐约可见。未见头鞍沟,颈沟不显。眼脊略凸起于壳面之上,较窄。外边缘较宽,凸起;内边缘平滑。前边缘沟宽而浅。尾部轮廓为半圆形,平缓凸起,中轴细长,轴环节沟和肋沟宽而浅。

　　产地及层位:薛城袁家寨;中寒武统徐庄阶。

光盖虫科 Leiostegiidae Bradley,1925
　　庄氏虫属 *Chuangia* Walcott,1911
　　　　刺庄氏虫 *Chuangia batia*(Walcott)
　　　　　　（图版34,图1、2）

　　头鞍截锥形,鞍沟微弱,无内边缘,前边缘向横直。颈沟浅而狭,颈环中部稍宽。固定颊较宽,后侧翼大。眼叶小,位于头部中线之后。尾部宽,中轴凸出,肋部宽大,分节不明显。

　　产地及层位:长清崮山、苍山下村;上寒武统长山阶。

　　瓶鞍虫属 *Ampullatocephalina* Lu et Qian,1983
　　　　两分瓶鞍虫 *Ampullatocephalina bifida* Lu et Qian
　　　　　　（图版35,图15）

　　头盖似梯形。头鞍长瓶形,前部1/3处向内明显收缩,后部膨大。具有3对深的头鞍沟,前两对短,后一对长且向后急斜。颈沟深,颈环大。固定颊在眼处极窄。眼叶小,位于头鞍横中线之前。外边缘极窄,向前稍尖凸。

　　产地及层位:长清崮山;上寒武统长山阶。

褶颊虫目 Ptychopariida Swinnerton,1915
　　小素木虫科 Shirakiellidae Kobayashi,1935
　　　　小素木虫属 *Shirakiella* Kobayashi,1935
　　　　　　引长小素木虫 *Shirakiella elongata* Kobayashi
　　　　　　　　（图版28,图3）

　　头部半圆形,头鞍长,呈截锥形,无头鞍沟;背沟明显,固定颊窄。内边缘宽,略凸起。

　　产地及层位:苍山下村;上寒武统长山阶。

宝石虫科 Nileidae Angelin, 1854
裸壳虫属 *Psilostracus* Chang, 1963
馒头裸壳虫 *Psilostracus mantoensis* (Walcott)
（图版28，图5）

头鞍向前逐渐收缩，有3对极模糊的头鞍沟。边缘沟极浅。很不清晰。内边缘较宽，外边缘略窄。眼脊较低平。

产地及层位：长清张夏；中寒武统毛庄阶。

中脊裸壳虫 *Psilostracus carinatus* Lu et Chu
（图版28，图6）

本种头鞍具一显著的中脊和3对较清楚的头鞍沟。眼脊粗壮，并显示有一小沟。内边缘平缓凸起，与眼前翼一起呈向前拱曲的带状，并在眼前翼内具有1对自眼叶前端向内斜伸至边缘沟的脊线。颈环中部略较两侧宽。

产地及层位：长清张夏；中寒武统毛庄阶。

长清裸壳虫 *Psilostracus changqingensis* Lu et Chu
（图版28，图7）

头鞍较窄长，头鞍沟相对较浅，边缘沟较深但较窄，外边缘较宽（纵向），颈环中部很宽，向两侧迅速变窄。

产地及层位：长清张夏；中寒武统毛庄阶。

褶颊虫科 Ptychopariidae Matthew, 1887
馒头山虫属 *Mantoushania* Lu et Chu, 1988
似锥形馒头山虫 *Mantoushania subconica* Lu et Chu
（图版28，图8）

个体小。头鞍凸起，较长，向前迅速收缩，前端圆润，似锥形。具4对头鞍沟，后两对向内向后伸延，分叉；前两对短，向内向前斜伸。背沟在头鞍前端宽而深。颈环窄，靠后缘具一颈刺，颈沟宽而深。内边缘凸起，其上布满放射状细纹；外边缘平缓凸起，边缘沟宽而浅。眼脊粗壮，眼叶中等大小。固定颊凸起，较宽。

产地及层位：长清张夏；中寒武统毛庄阶。

山东盾壳虫属 *Shantungaspis* Chang, 1957
刺山东盾壳虫 *Shantungaspis aclis* (Walcott)
（图版28，图9）

头盖近似方形，横向较宽。头鞍微向前收缩，前端截切，具3对清楚的头鞍沟，后1对分叉。背沟及颈沟深，颈环中部宽，有一向后并向上斜伸的颈刺。前边缘凸起，较窄。内缘亦隆起，常见有网状的放射线纹，眼脊凸起，由头鞍前侧水平伸出。

产地及层位：长清张夏；中寒武统毛庄阶。

东方山东盾壳虫 *Shantungaspis orientalis* (Endo et Resser)
（图版28,图10）

这个种与 *S. aclis* 不同之处是头鞍虽呈切锥形,但两侧角圆润,外边缘纵向较窄和颈环较窄,中部具一小瘤。

产地及层位:长清张夏;中寒武统毛庄阶。

桥头盾壳虫属 *Qiaotouaspis* Guo et An, 1982
山东桥头盾壳虫 *Qiaotouaspis shandongensis* Lu et Chu
（图版28,图11;图版29,图1）

头盖宽,平缓凸起。背沟在头鞍两侧窄而深,在前端变浅。头鞍短,呈截锥形,具3对头鞍沟,后1对分叉。颈环中部宽,靠近后缘具一小颈疣。内边缘宽大,在头鞍前端呈一穹堆状隆起。边缘沟窄而较深,外边缘窄,向上翘起。眼脊粗壮,与眼叶相连。固定颊宽大,平缓凸起,向背沟及后侧翼方向倾斜。

尾部小,中轴宽,向后逐渐收缩,后端圆润,横沟浅,分成3节及1末节。肋叶上肋沟窄而深,间肋沟浅,无明显边缘沟。

产地及层位:长清张夏;中寒武统毛庄阶。

小姚家峪虫属 *Yaojiayuella* Lin et Wu, 1980
小眼小姚家峪虫 *Yaojiayuella ocellata* Lin et Wu
（图版29,图2）

头盖亚梯形,头鞍切锥形,顶端平。眼叶小,眼脊平伸。内边缘轻微隆起呈穹堆形,前边缘沟浅而清楚。

产地及层位:沂源平地庄;中寒武统毛庄阶。

前扩小姚家峪虫 *Yaojiayuella diversa* Lin et Wu
（图版29,图3）

头盖平缓凸起,头鞍切锥形,顶端平。有3对头鞍沟,前2对呈坑状,后1对分叉。颈环向后弯曲,中部宽,两侧窄。眼叶小,眼脊近于平伸。固定颊较头鞍稍窄,后侧翼宽大。内边缘穹堆状隆起较微弱,外边缘平缓凸起,横向较宽。

产地及层位:长清张夏;中寒武统毛庄阶。

张夏小姚家峪虫 *Yaojiayuella zhangxiaensis* Lu et Chu
（图版29,图4）

头盖宽,平缓凸起。头鞍切锥形,具3对模糊不清的头鞍沟。颈沟窄但清楚,颈环中部宽,并具一小中瘤。内边缘中部微微隆起,横向宽度均匀。外边缘中部略向前凸出。眼叶中等大小,位于头盖中部。固定颊平缓凸起。面线前支微向外分散延伸。

产地及层位:沂源平地庄;中寒武统毛庄阶。

魏集盾壳虫属 *Weijiaspis* Qiu,1983
毛庄魏集盾壳虫 *Weijiaspis maozhuangensis* Lu et Chu
(图版29,图5)

头鞍凸起,向前收缩,中部略内缩,前端平圆,近似截锥形。具4对鞍沟,最后1对较长,分叉。背沟深而宽,颈沟宽而浅。内边缘凸起,较宽;外边缘厚而凸起,于两侧末端变窄。边缘沟分成3段,中部向前拱曲呈弧形,此弧形两末端与两侧的衔接处较深,呈长坑状。眼脊清楚,眼叶中等大小。固定颊平凸。

产地及层位:长清张夏;中寒武统毛庄阶。

拟贡宁虫属 *Paragunnia* Qiu,1983
宽锥形拟贡宁虫 *Paragunnia bathyconica* Qiu
(图版29,图6)

头鞍凸,呈粗短的锥形。具3对浅的头鞍沟,末1对分叉。颈环两端窄,中部宽,且向后伸出短而翘起的刺。眼叶粗而长,斜凸在固定颊上,向外较拱曲。眼脊粗壮,斜伸。固定颊平缓凸起,约为头鞍宽度的1/2。外边缘凸;内边缘平缓凸起,向上有粗放射脊线。壳面有密集小粒点。

产地及层位:枣庄唐庄;中寒武统毛庄阶。

淄博盾壳虫属 *Ziboaspis* Chang,1963
光滑淄博盾壳虫 *Ziboaspis laevigatus* Chang
(图版29,图7)

头盖凸起,呈方形。背沟两侧较前端略深。头鞍呈切锥形,前端平圆,没有头鞍沟。颈沟浅而宽,颈环凸起。固定颊平缓凸起。眼叶窄而长。内边缘较宽,平缓凸起,前边缘窄。

产地及层位:莒县鸡山;中寒武统毛庄阶。

东方褶颊虫属 *Eosoptychoparia* Chang,1963
巨智部氏东方褶颊虫 *Eosoptychoparia kochibei* (Walcott)
(图版29,图8)

头盖较宽。头鞍呈切锥形,有3对模糊的头鞍沟。内边缘中部有穹堆状凸起;外边缘较窄。眼叶小,眼脊直并直达背沟。

产地及层位:莒县鸡山;张夏组。

小淄博壳虫属 *Ziboaspidella* Lu et Chu,1988
宽边小淄博壳虫 *Ziboaspidella latilimbata* Lu et Chu
(图版35,图6)

头鞍凸起,两侧向前逐渐收缩,前端圆润,近似锥形,一般不见头鞍沟。颈沟浅而宽。内边缘较宽,平凸;外边缘凸起,较宽。眼脊低,眼叶窄长,位于头盖中后部。固定颊平凸,其宽度约为头鞍底部宽度的 1/2。

产地及层位:长清张夏;中寒武统毛庄阶。

登封虫科　Tengfengiidae Chang,1963
登封虫属　*Tengfengia* Hsiang,1962
登封虫(未定种)　*Tengfengia* sp.
（图版 29,图 9）

头盖中等凸起,近似方形。头鞍窄长,中部明显收缩,前端平圆,具 4 对头鞍沟,最后 1 对分叉,内边缘略凸起,其宽度与外边缘几近相等;外边缘向前上方逐渐翘起,沿外缘呈细带状凸起,边缘沟窄而深,由数十个小细孔排列组成。眼脊窄而清楚,自头鞍前端向外、向后斜伸,眼叶粗壮,位于相对头鞍的中后部。面线前支自眼叶前端向前、向外延伸,到达外边缘即明显地向内斜切;后支自眼叶后端向两侧略向后延伸。壳表面具小疣点。内边缘表面不但小疣点密集,而且还布满放射状细线纹。

产地及层位:长清张夏;中寒武统徐庄阶。

鲁国登封虫　*Tengfengia*（*Luguoia*）*luguoensis*
（图版 29,图 10、11）

个体大。头盖近似方形。头鞍凸起,向前略微缩,具 4 对头鞍沟,内边缘宽,有一脊线与边缘沟平行,表放射状细线纹;外边缘凸起,呈脊状,眼脊短,较粗壮,前端与最前一对头鞍沟相接。眼叶大,呈新月形,大约位于头盖相对的中至后部。面线前支自眼叶前端向前、向外斜伸,后又向前、向内呈一弧形翻转,向内切于前缘;后侧边缘沟深而宽,后侧边缘呈窄脊状。

尾部近似半椭圆形。中轴凸起,较宽而短,向后收缩,向后伸出一三角形的中脊,分成 3 个轴节及 1 个末叶,横沟宽而深,末叶上还有 1 道非常浅的横沟。

产地及层位:长清张夏;中寒武统徐庄阶。

钝锥形虫科　Conocoryphidae Angelin,1854
毕雷氏虫属　*Beiliella* Matthew,1885
兰氏毕雷氏虫　*Beiliella lantenoisi*（Mansuy）
（图版 29,图 12、13;图版 30,图 1、2）

头部呈半圆形。头鞍呈锥形,凸出,具 3 对模糊的头鞍沟。固定颊宽,无眼或不清楚。眼脊低,由头鞍前侧方向外斜伸,并逐渐消失。内边缘微略凸起。胸部有 14 个胸节,肋节上有肋沟,肋节末端肋刺较短。尾部小,中轴分为 3 节及 1 末端圆润的末叶,肋沟浅,但清晰。尾边缘较平。

产地及层位:长清张夏;中寒武统徐庄阶。

裂头虫科 Crepicephalidae Kobayashi,1935

徐庄虫属 *Hsuhuangia* Lu et Zhu,1983

徐庄徐庄虫 *Hsuchuangia hsuchuangensis*（Lu）

（图版30,图3）

尾部具1对极大的边缘侧刺,由尾部两旁肋叶的中部伸出。

产地及层位:长清张夏;中寒武统徐庄阶。

吕梁山徐庄虫 *Hsuchuangia lüliangshanensis* Zhang et Wang,1985

（图版30,图4、5）

头盖宽,近似四边形。头鞍大,向前收缩,前端圆润。头鞍前内边缘窄,外边缘翘起,较内边缘宽或近似相等。眼脊粗壮,自头鞍两前侧角向外略向后延伸,眼叶中等大小。后侧边缘横宽,后侧边缘沟宽而深。尾部中轴凸起,向后伸出至尾后缘,末端圆润,分成5节,末节较长。肋叶较平,具肋沟,前3对沟向两侧延伸至边缘侧刺内。

产地及层位:长清张夏;中寒武统徐庄阶。

长头徐庄虫 *Hsuchuangia longiceps*

（图版30,图6～8）

头盖中等凸度,头鞍窄而长,凸起,向前收缩,前端圆润,近似截锥形,具3对非常浅的头鞍沟。背沟深而窄,颈沟浅,中部略向后弯曲;颈环宽度均匀。内边缘略凸起,外边缘凸起,仅为内边缘宽度的1/2,前边缘沟深。眼脊短而粗壮,自头鞍两前侧角向外略向后伸延,眼叶较大,位于头盖的中前部至中后部。固定颊非常窄,仅为头鞍底部宽的1/4。面线前支自眼叶前端向前略向两侧分散伸展,后支短,向外略向后斜伸,表面具小疣点。

尾部长仅为宽的1/2,除两侧刺外,近似矩形。中轴凸起,向后收缩,末端圆润,分成3个轴节及1末叶,末叶内见1道非常浅的横沟。肋叶被4对肋沟分成5对肋节,并向后、向外侧伸出1对很长的侧刺。口板轮廓近似卵形,中心体大而凸起,表面具同心圆状皱纹,前翼平（但破损,保存不全）。两侧边缘窄而凸起,后及侧边缘沟均深而窄。后叶新月形,后缘圆润。

产地及层位:长清张夏;中寒武统徐庄阶。

小裂头虫属 *Crepicephalina* Resser et Endo in Kobayashi,1935

达米小裂头虫 *Crepicephalina damia*（Walcott）

（图版30,图9、10）

头鞍平缓凸起,向前略有收缩,顶端宽圆。有3对头鞍沟,最后1对向内、向后伸延形成颈沟前的三角形的头鞍叶;前两对比较模糊。眼脊低而宽,眼叶大,内边缘窄,外边缘平。

尾部两侧近于平行,略为凹入,后边近于平直,中轴显著,分3个轴环节及1个较大的末节。尾刺较大,向后、向外分散延伸。

产地及层位:长清崮山、沂水五山;中寒武统张夏阶。

四角尾虫属 *Tetraceroura* chang,1963

四角尾虫（未定种） *Tetraceroura* sp.

（图版30,图11）

尾部凸起,呈方形。中轴凸起较高,分节清楚。肋叶平缓凸起,肋沟清楚。有两对尾刺,后一对位于尾部的后侧角,刺粗而较长；前一对尾刺位于尾部的前侧角,刺小而较短。

产地及层位：长清崮山；张夏组。

沟肋虫科 Solenopleuridae Angelin,1854

沟肋虫属 *Solenoparia* Kobayashi,1935

女海神沟肋虫 *Solenoparia beroe*（Walcott）

（图版30,图12）

头鞍强烈凸出,似三角形,被极深的背沟所围绕。固定颊较宽,内边缘窄,鞍沟显著。背壳上布满小瘤。

产地及层位：长清崮山；张夏组。

芮城似沟肋虫 *Solenoparia*（*Plesisolenoparia*）*ruichengensis* Zhang et Yuan

（图版30,图13）

头盖凸起,亚方形。头鞍强烈凸起,锥形。具3对头鞍沟,后一对内端分叉明显。固定颊平缓凸起,眼脊凸起,眼叶小。前边缘沟深。内边缘较外边缘宽。

产地及层位：沂源平地庄；中寒武统徐庄阶。

狭缘似沟肋虫 *Solenoparia*（*Plesisolenoparia*）*angustilimbata* Lu et Chu

（图版30,图14）

头盖凸起,近似梯形。头鞍强烈凸起,近似锥形,前端圆润,具3对头鞍沟,最后1对较长,向后、向内伸延,内端分叉明显；中间1对较后面1对略短,向内伸出,偶见分叉现象；前面1对短而浅,向内较横直伸延。背沟较深。颈沟深而宽,中部略向后弯曲。内边缘窄,尤其在头鞍前更窄,凸起,横向呈窄带状。边缘沟宽,由内边缘向前逐渐下斜而变深；外边缘高高翘起,前缘略向前拱出。固定颊凸起,较宽。眼叶中等大小,眼脊明显。

产地及层位：长清张夏；中寒武统毛庄阶。

沟肋虫（未定种） *Solenoparia* sp.

（图版31,图1）

头鞍凸起较高,短而宽,向前迅速收缩,前端尖圆,近似三角形,头鞍沟非常浅。背沟深而宽,颈沟窄而深。颈环凸起,与头鞍凸度相似,中部较宽,向两侧变窄。内、外边缘纵向长度几近相等,但外边缘厚而凸起。眼叶小,位于头盖中部,眼脊模糊不清。固定颊凸起,其宽度约为头鞍底部宽的1/2。后侧边缘沟深而窄。这个头盖的主要特征是头鞍短而宽,近似三角形。

标本保存不好,种名难以确定。

产地及层位:长清张夏;中寒武统徐庄阶。

卷尾虫属 *Eilura* Resser et Endo,1935
枣庄卷尾虫 *Eilura zaozhuangensis* Lin
(图版 31,图 2、3)

头盖横宽,呈梯形。头鞍凸起较高,呈等边三角形。有 3 对头鞍沟,前一对短而浅,平伸;第二对略向后斜伸;后一对长而深。颈环窄。头鞍两侧背沟深而宽,头鞍前背沟较浅。内边缘极窄,微凸。外边缘中部宽,向两侧显著变窄。固定颊凸起,眼叶中等大小,眼脊长。壳面上布满大小不等的瘤点。尾部近三角形。中轴凸起,呈圆柱状,后端圆,具 8 个轴环节和 1 个关节半环。

产地及层位:枣庄;中寒武统张夏阶。

鄂尔多斯虫科 Ordosiidae Lu,1954
李维斯虫属 *Levisia* Walcott,1911
优美李维斯虫 *Levisia agenor* (Walcott)
(图版 31,图 4)

头鞍呈椭球形,凸起甚高,颈沟圆而清楚。颈环呈亚三角形。背沟窄而清楚。固定颊凸起,并向眼叶方向倾斜。后侧翼短,后侧沟窄。没有内边缘,外边缘宽。

产地及层位:长清崮山;张夏组。

太子虫属 *Taitzuia* Resser et Endo,1935
太子虫(未定种) *Taitzuia* sp.
(图版 30,图 15)

头鞍及固定颊凸起,头鞍较大。鞍沟不清楚,前边缘沟与头鞍前部背沟会合。前边缘平,较宽,由边缘沟斜向上并向前翘起。

产地及层位:长清崮山;张夏组。

后孟虫属 *Houmengia* Qiu,1983
后孟后孟虫 *Houmengia houmengensis* Qiu
(图版 28,图 2)

头盖小,近梯形。头鞍凸起,呈横宽的切锥形。具 4 对浅坑状头鞍沟,前两对略向上斜伸,较短;后两对向后斜伸,较长。颈沟清晰,中部向前拱曲。眼脊窄而凸,眼叶中等大小。固定颊较宽,约为头鞍底部宽的 2/3。内边缘狭,外边缘宽并向前上方翘起。

产地及层位:枣庄后孟;徐庄阶。

壮头虫属 *Menocephalites* Kobayashi, 1935

无誉壮头虫 *Menocephalites abderus*（Walcott）

（图版 30，图 16）

头鞍凸起，后一对鞍沟显著，斜向后伸，在头鞍后侧部形成 1 对亚三角形的头鞍叶。颈沟、背沟及边缘沟均较深，固定颊较窄，外边缘窄而凸起。壳面上布满不规则的瘤点。

产地及层位：长清崮山；张夏组。

始太子虫属 *Eotaitzuia* Zhang et Yuan, 1980

水峪始太子虫（近似种） *Eotaitzuia* cf. *shuiyuensis* Zhang et Yuan, 1980

（图版 35，图 1）

与模式种 *Eotaitzuia shuiyuensis* 非常近似，其主要不同是当前标本的头鞍较长，底部较宽，且向前迅速收缩及前边缘较宽且较平。由于标本较少，保存也欠佳，故暂时包括在 *shuiyuensis* 内。

产地及层位：长清张夏；中寒武统徐庄阶。

博山虫属 *Poshania* Chang, 1957

博山博山虫 *Poshania poshanensis* Chang

（图版 31，图 5）

头盖呈亚梯形。头鞍截锥形，鞍沟不清楚。固定颊凸起，较头鞍略窄。无内边缘。边缘沟向前拱曲，内端与轴沟相连。

产地及层位：莱芜九龙山；张夏组。

小井上虫属 *Inouyella* Resser et Endo, 1935

北小井上虫 *Inouyella peiensis* Resser et Endo

（图版 31，图 8）

头盖呈半圆形。头鞍平缓凸起，呈锥状，前端切平，有模糊的头鞍沟。颈沟浅，背沟在头鞍两侧及前部都很明显。固定颊平缓凸起，向前急剧倾斜并与眼前翼会合。内边缘呈特殊的三角形，两侧向下倾斜，中部有一圆形穹堆状的隆起。外边缘窄而圆。

产地及层位：长清崮山；张夏组。

野营虫科 Agraulidae Raymond, 1913

毛孔野营虫属 *Poriagraulos* Chang, 1963

小型毛孔野营虫 *Poriagraulos nanum*（Dames）

（图版 30，图 17）

头鞍呈长卵形。眼脊及眼叶不明显。颈沟不够清楚，颈环后尖出。内边缘及外边缘分离不清楚。

产地及层位：淄川杨庄；中寒武统徐庄阶。

似野营虫属 *Plesiagraulos* Chang, 1963
田师付似野营虫 *Plesiagraulos tienshihfuensis* (Endo)
(图版 31, 图 6)

头盖呈半椭圆形, 平缓凸起。头鞍切锥形, 具 3 对模糊的头鞍沟, 颈环中部宽, 呈三角形。固定颊平, 约有头鞍宽度的一半。眼脊窄, 由头鞍前侧角向外并微向后斜伸。眼叶小。内边缘与外边缘连在一起, 不易分开。

产地及层位: 莒县鸡山; 中寒武统毛庄阶。

井上形虫属 *Inouyops* Resser, 1942
长刺井上形虫 *Inouyops longispinus* Zhang et Yuan
(图版 34, 图 14)

头鞍凸起。有 4 对较清楚的头鞍沟。颈环凸起, 向后延伸成强大的颈刺。背沟清楚。固定颊平缓凸起。眼脊凸起, 眼脊与眼叶呈新月形, 眼叶较大。内边缘强烈凸起, 外边缘窄而平缓凸起。

产地及层位: 莒县鸡山; 中寒武统徐庄阶。

短形井上形虫 *Inouyops brevica* Zhang
(图版 34, 图 15)

头盖近方形。头鞍向前逐渐收缩, 具 3 对头鞍沟, 末一对分叉。固定颊较窄。颈刺粗壮。内、外边缘近乎等宽, 微微隆起。

产地及层位: 费县麦楂山; 中寒武统徐庄阶。

井上虫属 *Inouyia* Walcott, 1911
宽井上虫(相似种) *Inouyia* cf. *capax* (Walcott)
(图版 34, 图 16)

头盖平缓凸起, 呈半圆形。头鞍呈长方形, 略向前收缩, 有 3 对短而浅的头鞍沟。固定颊略窄, 眼脊水平伸出。内边缘凸起甚高, 横向延长呈穹堆状。壳面具瘤点。

产地及层位: 淄川杨庄; 中寒武统徐庄阶。

矛刺井上虫属 *Lonchinouyia* Chang, 1963
持械矛刺井上虫 *Lonchinouyia armata* (Walcott)
(图版 34, 图 17)

头盖呈半椭圆形, 凸起中等。颈沟短, 不够清楚, 颈环向后伸出一极大的颈刺。背沟在头鞍前方及两侧深而宽。固定颊与头鞍的宽度相同, 凸起极高。内边缘较固定颊凸起更高亦更宽。眼叶小, 眼脊窄而清楚。

产地及层位: 新泰汶南; 中寒武统徐庄阶。

矢部虫属 *Yabeia* Resser et Endo, 1935
光滑矢部虫 *Yabeia laevigata* Resser et Endo
(图版 34, 图 18)

头盖呈长方形, 头鞍平缓凸起, 向前逐渐收缩, 顶端圆, 没有头鞍沟。颈沟宽而浅。颈环两侧窄, 中部宽。眼脊低, 眼叶小。内边缘凸起, 较宽。外边缘窄。边缘沟模糊。

产地及层位: 长清崮山; 张夏组。

假似野营虫属 *Pseudoplesiagraulos* Lu et Chu, 1988
毛庄假似野营虫 *Pseudoplesiagraulos maozhuangensis* Lu et Chu
(图版 31, 图 7)

头盖近似方形, 平缓凸起。背沟非常浅。头鞍向前收缩迅速, 具 3 对非常模糊的头鞍沟。颈沟浅而宽。颈环中部宽, 呈倒三角形, 无颈刺。内边缘凸起, 向外边缘缓慢下倾。眼脊平, 眼叶中等大小, 位于头盖中部。

产地及层位: 长清张夏; 中寒武统毛庄阶。

褶劳伦斯虫属 *Ptyctolorenzella* Lin et Wu, 1980
徐庄褶劳伦斯虫 *Ptycholorenzella xuzhuangensis*
(图版 35, 图 2)

头鞍中等凸起, 向前缓缓收缩, 前端平圆, 呈截锥形, 具 3 对浅的头鞍沟, 最后一对分叉, 第二对向内、向后斜伸, 前面一对向内、略向前伸出。颈沟近于平直, 颈环中部宽。内边缘窄(纵向)而略凸起; 外边缘凸起, 中部较宽(纵向), 向两侧变窄, 边缘沟较宽, 中等深度; 前缘中部呈弧形弯曲。固定颊略凸起, 其宽度约为头鞍宽的 1/2, 向背沟方向倾斜。眼叶较小, 位于头鞍相对的中部; 眼脊窄而凸起, 由头鞍前侧角向两侧略向后延伸。面线前支由眼叶前端向前平行或略向外伸展, 越过边缘沟即圆润地向内并向前斜伸; 后支由眼叶后端向两侧并略向后延伸。壳面几近光滑, 未见皱纹构造。

产地及层位: 长清张夏; 中寒武统徐庄阶。

皱纹褶劳伦斯虫 *Ptyctolorenzella rugosa* Lin et Wu
(图版 35, 图 3)

头盖凸起, 前端极圆。头鞍向前收缩呈切锥形, 有 3 对头鞍沟。颈环中部极宽, 呈半圆形。固定颊的宽度约为头鞍宽度的 1/2。眼脊窄而凸起, 眼叶短而窄。内边缘平缓凸起, 外边缘较宽。

产地及层位: 嘉祥土山集; 中寒武统徐庄阶。

李三虫科 Lisaniidae Chang, 1963
李三虫属 *Lisania* Walcott, 1911
瘤刺李三虫 *Lisania bura* (Walcott)
（图版 31，图 9）

头鞍凸起，没有头鞍沟。颈沟窄而清楚。颈环平缓凸起，中部向后鼓胀。背沟窄而浅。前边缘的前缘非常圆，与头鞍及眼前翼之间有一窄的边缘沟将两者分开。

产地及层位：长清崮山；张夏组。

青地虫属 *Aojia* Resser et Endo, 1935
刺青地虫 *Aojia spinosa* Resser et Endo
（图版 31，图 10）

头鞍大，拱起向前略为收缩。颈环向后伸出 1 个粗刺。边缘沟与头鞍前部背沟会合，无内边缘。固定颊窄，眼叶大。

产地及层位：淄川杨庄；张夏组。

原附栉虫科 Proasaphiscidae Chang, 1963
中条山盾壳虫属 *Zhongtiaoshanaspis* Zhang et Yuan, 1980
中条山盾壳虫（未定种） *Zhongtiaoshanaspis* sp.
（图版 32，图 11）

头盖次方形。头鞍凸起，大而长，锥形，前端圆润，具 3 对极模糊的头鞍沟。背沟宽而较深。眼脊凸起，眼叶较大。固定颊约有头鞍宽度的 1/2。内边缘宽，向边缘沟下倾；外边缘凸起、窄。

产地及层位：沂源平地庄；中寒武统徐庄阶。

芮城山盾壳虫（近似种） *Zhongtiaoshanaspis* cf. *ruichengensis* Zhang et Yuan, 1980
（图版 32，图 12）

头盖保存不全，与模式种 *Z. ruichengensis* 相比，此种头鞍略长、略宽。

产地及层位：长清张夏；中寒武统徐庄阶。

河南盾壳虫属 *Honanaspis* Chang, 1959
卢氏河南盾壳虫 *Honanaspis lui* Chang
（图版 31，图 13）

背壳呈长卵形，头部呈半圆形。头鞍呈切锥形，有 3 对宽而浅的头鞍沟。颈沟窄而浅。眼叶窄。固定颊约有头鞍宽度的 1/3。内边缘略微凸起，与外边缘宽度相同。活动颊较固定颊宽，后部有一短的颊刺。胸部有 13 个胸节，中轴向后逐渐变窄。尾部小、横宽。

产地及层位：长清张夏；中寒武统徐庄阶。

河南河南盾壳虫 *Honanaspis honanensis* Chang,1959
(图版 32,图 1、2)

背壳呈长卵形。胸部具 13 个胸节。头鞍呈截锥形,前端平圆,具 4 对浅的头鞍沟。眼脊窄,眼叶较大,平缓凸起,约有头鞍长的 1/2。内边缘略微凸起,外边缘略翘起,前缘向前拱曲,边缘沟浅而宽。面线前支由眼叶前端向外并向前斜伸,壳面具瘤点。尾部小,呈半椭圆形,中轴有 5～6 节。肋叶三角形,具 4～5 条肋沟,边缘平。

产地及层位:长清张夏;中寒武统徐庄阶。

小原附栉虫属 *Proasaphiscina* Lin et Wu,1980
馒头山小原附栉虫 *Proasaphiscina mantoushanensis*
(图版 32,图 3、4)

头盖中等凸度,近似方形。头鞍凸起,近似柱形,前端平圆,中部略收缩,具 3 或 4 对非常浅的头鞍沟,最后一对分叉,头鞍两侧的背沟较前端深。颈沟清晰,中部略向后弯曲,颈环凸起,中部略宽于两侧,并具一小中疣。头鞍前内边缘与外边缘的宽度几近相等,外边缘明显凸起,中部较宽,两侧较窄,边缘沟宽而浅。固定颊略凸起。眼脊粗壮,由头鞍两前侧角向后、向外伸出。面线前支向前略向外分散伸出,越过边缘沟又转向内延伸,切于前缘。

产地及层位:长清张夏;中寒武统徐庄阶。

小山西虫属 *Shanxiella* Lin et Wu,1980
珍奇小山西虫 *Shanxiella rara* Lin et Wu
(图版 35,图 7)

头盖长,前缘呈圆弧形,头鞍呈亚长方形,有 3 对浅而宽的头鞍沟。背沟窄而清楚,颈环中部有一颈疣。固定颊窄,后侧翼宽。眼叶窄而较短;眼脊斜伸,窄而短,其内端位于头鞍前侧角之后。内边缘较窄,微向前向下倾斜,与翘起的外边缘宽度相近。

产地及层位:嘉祥土山集;中寒武统徐庄阶。

小东北虫属 *Manchuriella* Resser et Endo,1935
乐小东北虫 *Manchuriella macar* (Walcott)
(图版 31,图 15)

头盖平缓凸起。头鞍长方形,前端略呈切锥形,鞍沟不显。眼叶靠后,眼脊低而清楚。内边缘较宽,边缘沟窄而清楚。

产地及层位:莒县鸡山;张夏组。

斯氏盾壳虫属 *Szeaspis* Chang,1959

网形斯氏盾壳虫 *Szeaspis reticulatus* Chang

(图版 31,图 16)

头鞍呈锥状,前端较圆,有 3 对极模糊的头鞍沟。眼叶长,凸起,向外弯曲。内边缘有中等宽度并有放射状网线分布。边缘沟窄而深,沟内有 1 排小陷孔。外边缘中部较宽,两端较窄。

产地及层位:博山姚家峪;张夏组。

附栉虫科 Asaphiscidae Raymond,1924

辽阳虫属 *Liaoyangaspis* Chang,1957

巴氏辽阳虫 *Liaoyangaspis bassleri* (Resser et Endo)

(图版 31,图 17)

头盖平缓凸起。头鞍呈锥形,比较光滑,头鞍沟不清楚。头鞍前部的内边缘略有下凹,与外边缘宽度相同。颈环较窄,颈沟窄而浅。固定颊凸起,中等宽度。眼脊隆起,眼叶中等大小。

产地及层位:薛城谷山;中寒武统张夏阶。

小无肩虫科 Anomocarellidae Hupe,1953

小无肩虫属 *Anomocarella* Walcott,emend. Resser et Endo,1937

中华小无肩虫 *Anomocarella chinensis* Walcott

(图版 32,图 5、6)

头盖略呈四边形。头鞍平缓凸起。可见 3 对头鞍沟。固定颊约有头鞍宽度的一半。内边缘在头鞍前部较窄,两侧变宽。外边缘的后缘在中线位置向后有一钝角形的突起。尾部呈半圆形,肋叶向外并向后平缓倾斜,侧边及后边略微向上翘起。

产地及层位:淄川杨庄;张夏组。

后小无肩虫属 *Metanomocarella* Chang,1957

长方形后小无肩虫 *Metanomocarella rectangula* Chang

(图版 32,图 7)

头盖凸起,背沟窄而深。头鞍呈长方形,有 4 对头鞍沟。眼叶凸起,眼脊明显。固定颊凸起显著。内边缘凸起,较窄。眼前翼向外侧急剧倾斜。外边缘凸起,中部宽并向后有一鼓胀的突出物。

产地及层位:长清崮山及费县许家崖;张夏组。

卢氏虫属 *Luia* Chang,1957
标准卢氏虫 *Luia typica* Chang
（图版32,图8）

头鞍宽大,前端较圆。有4对头鞍沟。颈沟宽而浅,轴沟很窄。眼叶小而窄,眼脊凸起。固定颊较窄,有头鞍中部宽度的1/3。内边缘平,较外边缘略宽。边缘沟窄而浅。眼前翼及内边缘上布满放射状的细纹线。

产地及层位：博山；张夏组。

北山虫属 *Peishania* Resser et Endo,1935
拱曲北山虫 *Peishania convexa* Resser et Endo
（图版32,图9）

头盖呈亚方形,凸起较高。头鞍向前略为收缩,顶端圆,鞍沟不显。固定颊宽。外边缘凸起,与内边缘以一清楚的边缘沟分开。

产地及层位：费县许家崖；张夏组。

光滑北山虫属 *Liopeishania* Chang,1963
光滑北山虫（未定种） *Liopeishania* sp.
（图版32,图10）

头鞍锥形,前端较圆。头鞍沟及轴沟等均不清楚。颈环较窄,颈沟浅而模糊。固定颊约有头鞍宽度的一半。眼叶小。内边缘较窄,向前向下倾斜,外边缘较宽。

产地及层位：莱芜九龙山；中寒武统张夏阶。

小平凡虫属 *Plebiellus* Wu et Lin,1980
无沟小平凡虫 *Plebiellus obsoletus* Wu et Lin
（图版35,图12）

头鞍切锥形,鞍沟不显,中线位置有一线状的细脊,眼脊平凸。外边缘凸起,内边缘由头鞍顶部向前倾斜。

产地及层位：费县许家崖；张夏组。

济南虫科 Tsinaniidae Kobayashi,1933
济南虫属 *Tsinania* Walcott,1914
发状济南虫 *Tsinania canens* (Walcott)
（图版32,图13）

头盖近四边形,头鞍微凸。背沟、颈沟及头鞍沟皆难以辨别。眼叶小,半圆形。尾部呈圆滑的亚三角形。轴部颇窄,轴沟和肋沟极微弱,壳面光滑。

产地及层位：长清崮山；上寒武统凤山阶。

孙氏盾壳虫属 *Sunaspis* Lu,1953

光滑孙氏盾壳虫 *Sunaspis laevis* Lu

（图版32,图14、15）

头、尾大小同等,极为光滑。头鞍略为长方形,不太明显。眼叶中等大小,具有眼脊。前边缘略凹下,内边缘及外边缘分界不清晰。尾部分节明显,中轴每节上具1对不明显的小瘤。

产地及层位：嘉祥土山集、长清张夏；中寒武统徐庄阶。

德氏虫科 Damesellidae Kobayashi,1935

德氏虫属 *Damesella* Walcott,1905

帕氏德氏虫 *Damesella paronai* (Airaghi)

（图版31,图14）

头鞍切锥形,有3对头鞍沟,第一对头鞍沟极模糊；第二对及第三对头鞍沟清楚、较短,向内并向后倾斜。固定颊平缓凸起,眼脊斜向延伸。头鞍前部没有内边缘,外边缘厚而凸起。壳面布满瘤点。

产地及层位：长清崮山；中寒武统张夏阶。

蝴蝶虫属 *Blackwelderia* Walcott,1906

中华蝴蝶虫 *Blackwelderia sinensis* (Bergeron)

（图版32,图16）

头盖宽。头鞍截锥形,具3对头鞍沟：第一对头鞍沟仅为一小而浅的坑所代表；第二对短,中等强度；第三对强壮。固定颊强烈凸起,眼叶比头鞍凸起为高。头鞍前内边缘凹陷,外边缘竖起、横直。尾部除侧刺外为半圆形。中轴由4个环节和1个末叶组成。肋节伸出形成7对等长的边缘刺。

产地及层位：新泰汶南；上寒武统崮山阶。

帕氏蝴蝶虫 *Blackwelderia paronai* (Airaghi)

（图版32,图17、18）

头鞍截锥形,与固定颊以一强壮的背沟分开。颈沟深,固定颊向着眼叶高起,无眼脊,外边缘竖起呈尖锐的脊；尾部三角形,中轴锥形。边缘上具有短的刺,边缘刺向后伸出,以第6对刺最长。

产地及层位：淄川杨庄；上寒武统崮山阶。

王冠头虫属 *Stephanocare* Monke,1903

李氏王冠头虫 *Stephanocare richthofeni* Monke

（图版33,图1）

头鞍截锥形,头鞍沟2对。背沟及颈沟深。缺失内边缘,外边缘凸起呈波状,前缘为锯齿状。

产地及层位:淄川杨庄;上寒武统崮山阶。

蝙蝠虫属 *Drepanura* Bergeron,1899
璞氏蝙蝠虫 *Drepanura premesnili* Bergeron
（图版 33,图 2、3）

头鞍凸起,后部宽大。具 3 对头鞍沟,后一对非常强壮,向着轴部倾斜,并向后弯曲。眼小,紧靠头鞍前部。尾部中轴短,锥形。1 对侧刺强壮而向后伸出,后边缘之间具锯齿形的刺。

产地及层位:新泰汶南;上寒武统崮山阶。

宽甲虫属 *Teinistion* Monke,1903
兰氏宽甲虫 *Teinistion lansi* Monke
（图版 33,图 4）

头鞍凸起,呈锥形。具两对头鞍沟。内边缘极窄且凹下,外边缘中部宽,向两侧变窄。眼脊强壮,固定颊较宽。

产地及层位:长清崮山;上寒武统崮山阶。

小叉尾虫属 *Dorypygella* Walcott,1905
标准小叉尾虫 *Dorypygella typicalis* Walcott
（图版 28,图 4）

尾部横半圆形,中轴短。以 2 个狭而浅的横沟分成 2 个前节和 1 个末叶。肋叶低下,有 5 对浅的肋沟,前部的边缘节部分内外延伸横过边缘成一强壮的刺。后端有 4 对向后伸的侧刺。

产地及层位:泰安大汶口;上寒武统崮山阶。

新泰虫属 *Xintaia* Zhang,1983
盘车沟新泰虫 *Xintaia panchegouensis* Zhang
（图版 35,图 13、14）

头鞍长方形,前端平,有 1 对水滴状的头鞍基叶,具 3 对坑状鞍沟,第一对与背沟相连,第二对位于头鞍内侧,第三对向后倾斜。颈沟窄,颈环宽而平直。无内边缘,前缘窄。固定颊窄,眼叶大,位于头鞍的中后部,后侧翼窄。尾部前缘半圆形。中轴短,分为 2 个环节和 1 个末节。肋部宽,分为 5 个肋叶。后缘具 5 对近等长的肋刺和 1 对小的中刺。

产地及层位:新泰汶南;上寒武统崮山阶。

山东虫属 *Shantungia* Walcott,1905
刺状山东虫 *Shantungia spinifera* Walcott
（图版33,图5）

头鞍小,切锥形。背沟在两侧深,前边缘向前伸出一长而强壮的头刺。
产地及层位:新泰汶南;上寒武统崮山阶。

贝氏虫属 *Bergeronites* Kuo,1965
喀氏贝氏虫 *Bergeronites ketteleri*（Monke）
（图版27,图9）

尾部上一对长刺之间有6对较短的刺,所有的刺均是外面的比里面长,中轴之后的边缘无刺。
产地及层位:嘉祥东焦城;上寒武统崮山阶。

蒿里山虫科 Kaolishaniidae Kobayashi,1935
满苏虫属 *Mansuyia* Sun,1924
东方满苏虫 *Mansuyia orientalis*（Grabau）Sun
（图版33,图6、7）

头鞍切锥形,眼叶大,眼脊清楚,内边缘下凹,外边缘上翘。尾轴凸起,亚锥形,侧刺细长,内弯。
产地及层位:泰安蒿里山;上寒武统长山阶。

蒿里山虫属 *Kaolishania* Sun,1924
丘疹蒿里山虫 *Kaolishania pustulosa* Sun
（图版33,图8、9）

头鞍截锥形,具3对头鞍沟,后一对深而宽,向后倾斜延伸。前边缘窄而凹下,眼脊明显。尾部近似方形,具短而宽的侧刺。表面具有强壮的瘤点。尾大,近方形,轴叶狭而细,1对大的侧刺直接向后但略向外延伸。
产地及层位:泰安蒿里山;上寒武统长山阶。

孟克虫科 Monkaspidae Kobayashi,1935
辽宁虫属 *Liaoningaspis* Chu,1959
太子河辽宁虫 *Liaoningaspis taitzehoensis* Chu
（图版33,图10）

头盖近四方形。头鞍似柱形,具2对浅而微弱的头鞍沟。背沟窄但清楚;颈沟窄、浅。眼叶大,眼脊微弱。固定颊窄。
产地及层位:淄川杨庄;上寒武统崮山阶。

双刺头虫科 Diceratocephalidae Lu,1954

双刺头虫属 *Diceratocephalus* Lu,1954

刺状双刺头虫 *Diceratocephalus armatus* Lu

(图版33,图11)

头鞍切锥形,背沟深,眼叶极小,内外边缘不分。边缘的前侧端延长成一对先向外然后向内的强壮的前刺。

产地及层位:莱芜九龙山;上寒武统崮山阶。

峨庄双刺头虫 *Diceratocephalus ezhuangensis* Qiu et Liu

(图版33,图12)

此种与 *D. armatus* Lu 的主要区别在于头鞍前端圆,背沟较浅,前边缘较宽。

产地及层位:淄川杨庄;上寒武统崮山阶。

光壳虫科 Liostracinidae Raymond,1937

光壳虫属 *Liostracina* Monke,1903

克氏光壳虫 *Liostracina krausei* Monke

(图版33,图13)

个体小,头鞍锥形。固定颊甚宽。眼小,位于后端。内边缘上具一中沟。

产地及层位:淄川杨庄;上寒武统崮山阶。

发冠虫科 Komaspididae Kobayashi,1935

小伊尔文虫属 *Irvingella* Ulrich et Resser,1924

太子河小伊尔文虫 *Irvingella taitzuhoensis* Lu

(图版33,图14)

头盖短、宽。具2对头鞍沟,后一对互相连接。无内边缘,前边缘窄。眼叶长大,后侧翼极短。

产地及层位:沂源牛心崮;上寒武统长山阶。

爱汶虫科 Elviniidae Kobayashi,1935

泰山虫属 *Taishania* Sun,1935

泰安泰山虫 *Taishania taianensis* Sun

(图版33,图15)

头鞍方形,具有3对宽、浅呈短坑状的头鞍沟。背沟深而清楚,固定颊极窄。内边缘微凸,和外边缘之间以一宽而浅的沟相隔。

产地及层位:泰安蒿里山;上寒武统长山阶。

次方形庄氏虫 *Chuangia subquadrangulata* Sun
(图版 34,图 3、4)

头鞍近梯形,背沟宽而清楚。无内边缘,外边缘呈脊状。尾部轴节宽,肋叶平伸。
产地及层位:淄川杨庄;上寒武统长山阶。

长山虫科 Changshaniidae Kobayashi,1935
长山虫属 *Changshania* Sun,1923
锥形长山虫 *Changshania conica* Sun
(图版 33,图 16)

头鞍近似锥形,细长,光滑。背沟浅而清楚。眼叶长,固定颊窄。
产地及层位:沂源牛心崮;上寒武统长山阶。

相等长山虫 *Changshania equalis* Sun
(图版 34,图 5)

内边缘清楚的凹下且较狭(纵向)。外边缘等宽且凸起。眼叶大而长,向后延伸几乎接近于颈沟。固定颊窄。
产地及层位:博山源泉;上寒武统长山阶。

褶盾虫科 Ptychaspididae Raymond,1924
褶盾虫属 *Ptychaspis* Hall,1863
亚球形褶盾虫 *Ptychaspis subglobosa* (Grabau) Sun
(图版 34,图 6)

头鞍大,除宽大的亚球形前叶外,两侧近于平行。2 对头鞍沟完整相连。眼叶小,长伸,位于第一对头鞍沟附近,和固定颊之间以一弯曲的沟相隔。前边缘窄而强烈向下倾斜。
产地及层位:淄川杨庄;上寒武统凤山阶。

章氏虫属 *Changia* Sun,1924
中华章氏虫 *Changia chinensis* Sun
(图版 34,图 7)

头鞍长伸,次圆柱形,针对眼叶处往内收缩,具 3 对短的头鞍沟。颈沟宽而浅,眼叶中等大小,突起。前边缘略凸,很宽,从头鞍前的背沟向头盖前缘下斜。
产地及层位:苍山下村;上寒武统凤山阶。

方头虫属 *Quadraticephalus* Sun,1924
华氏方头虫 *Quadraticephalus walcotti* Sun
（图版 34,图 8）

头鞍长方形。具 3 对头鞍沟。固定颊窄,眼叶小,位于第二对头鞍沟附近。前边缘略凸,宽大。背沟深而宽圆。

产地及层位：长清崮山及淄川东峪东村；上寒武统凤山阶。

索克虫科 Saukiidae Ulrich et Resser,1930
原索克虫属 *Prosaukia* Ulrich et Resser,1933
大汶口原索克虫 *Prosaukia tawenkouensis* Sun
（图版 34,图 9、10）

头鞍近长方形,后头鞍沟清楚且相连。固定颊很窄,眼叶大。外边缘稍微隆起,和内边缘之间以一宽而横深的前边缘沟相隔。尾部横椭圆形,侧缘急剧向后弯曲。肋沟及间肋沟清楚,边缘宽大而下凹。

产地及层位：淄川东峪东村；上寒武统凤山阶。

杂索克虫属 *Mictosaukia* Shergojd,1975
公主杂索克虫 *Mictosaukia callisto*（Walcott）
（图版 34,图 11）

头鞍中等凸起,后头鞍沟深而相连。颈沟深,颈环中部宽。前边缘沟宽而深,前边缘平凸。

产地及层位：淄川东峪东村；上寒武统凤山阶。

宝塔虫科 Pagodiidae Kobayashi,1935
宝塔虫属 *Pagodia* Walcott,1905
芽形宝塔虫 *Pagodia buda* Resser et Endo
（图版 34,图 12）

头鞍柱形,头鞍沟模糊不清。眼叶小,眼脊不清。固定颊相对较宽,壳面粗糙。

产地及层位：苍山下村；上寒武统凤山阶。

栉虫科 Asaphidae Burmeister,1843
古等称虫属 *Eoisotelus* Wang,1938
东方古等称虫 *Eoisotelus orientalis* Wang
（图版 34,图 13）

尾部半圆形,前侧略后斜,壳面光滑。中轴窄,宽度约为尾宽的 1/5。背沟宽而深,尾轴后端圆润,边缘极宽,在轴后的部分强烈下凹。

产地及层位：淄博八陡；马家沟群北庵庄组。

横尾虫科 Plagiuridae Hupé
小芮城虫属 *Ruichengella* Zhang et Yuan,1980
三角形小芮城虫 *Ruichengella triangularis* Zhang et Yuan
(图版35,图10)

头盖凸起,三角形。头鞍强烈凸起,截锥形,有3对浅的头鞍沟,背沟清楚。颈环向后延伸强大的颈刺。固定颊呈窄长的三角形。内边缘缺失,外边缘凸起。

产地及层位:长清张夏;中寒武统徐庄阶。

劳伦斯虫科 Lorenzellidae Chang,1963
晋南虫属 *Jinnania* Lin et Wu,1980
芮城晋南虫 *Jinnania ruichengensis* Lin et Wu
(图版35,图8)

头盖长。头鞍相对较短,有3对浅沟。眼脊凸起,由头鞍前侧角附近微向后延伸。内边缘宽,微微隆起,呈穹堆形。前边缘沟宽而深,强烈向前弯曲。外边缘凸起,向前拱曲呈新月形。

产地及层位:淄川沂源;中寒武统徐庄阶。

武安虫科 Wuaniidae Zhang et Yuan,1981
芮城盾壳虫属 *Ruichengaspis* Zhang et Yuan,1980
规则芮城盾壳虫 *Ruichengaspis regularis* Zhang et Yuan
(图版35,图9)

头盖次方形。头鞍凸起,向前收缩缓慢,前端平圆。头鞍沟模糊,中线位置见一模糊的中脊。背沟深而宽。固定颊隆起。前边缘宽,隆起较高,中部尤甚,似穹堆状。

产地及层位:莱芜九龙山;中寒武统徐庄阶。

芮城小芮城虫 *Ruichengella ruichengensis* Zhang et Yuan
(图版35,图11)

本种与 *R. triangularis* 的主要区别是固定颊较窄长,后边缘向后延伸与面线后支相交成锐角。

产地及层位:费县许家崖;中寒武统徐庄阶。

舒马德虫科 Shumardiidae Lake,1907
小轻巧虫属 *Elaphraella* Lu et Qian,1983
小型轻巧虫 *Elaphraella microforma* Lu et Qian
(图版35,图16)

头部半椭圆形。头鞍粗大,圆锥形,具3对短的头鞍沟。颈沟深。前边缘、固定颊和后侧翼连成一体,呈倒"V"字形。壳面布满瘤点。

产地及层位:泰安蒿里山;上寒武统长山阶。

镜眼虫目 Phacopida Salter,1864
马里达虫属 *Mareda* Kobayashi,1942
马里达虫(未定种) *Mareda* sp.
(图版 35,图 4)

尾部长,中轴凸起,向后逐渐收缩,轴横沟宽浅而清楚。肋部具有互相平行的肋沟及间肋沟,两者皆急陡地向后弯曲,边缘缺失。

产地及层位:长清崮山;上寒武统凤山阶。

齿肋虫目 Odontopleurida Whittington,1959
密西斯库虫科 Missisquoiidae
副拟柯尔定虫属 *Parakoldinioidia* Endo,1937
标准副拟柯尔定虫 *Parakoldinioidia typicalis* Endo
(图版 35,图 5)

头鞍凸起,呈长方形,第一对鞍沟微弱,第二对及第三对较强。背沟在两侧强壮。固定颊上斜。前边缘窄而下凹,前边缘沟缺失,不分内外边缘。

产地及层位:淄川东峪东村;上寒武统凤山阶。

3.5.2 鳃足纲 Trilobita

叶肢介,即为介甲目动物,属节肢动物门鳃足纲的一个目,具有左右两瓣大小、形状近似的几丁质壳,多呈斜卵形、半圆形、椭圆形等,壳的大小一般只有几毫米,最大可达 4cm,壳面一般具细而规则的生长线。叶肢介地史分布很广,从泥盆纪到现代均有,山东省中生代、古近纪和新近纪地层中赋存有丰富的叶肢介化石。

叶肢介目 Conchostraca
古渔乡叶肢介科 Palaeolimnadiidae Tasch,1956
古渔乡叶肢介属 *Palaeolimnadia* Raymond,1946
白田坝古渔乡叶肢介 *Palaeolimnadia baitianbaensis* Chen
(图版 35,图 17)

壳瓣小,长 2.5mm,高 1.5mm,轮廓近椭圆形。胎壳大,呈宽卵形,从背缘前端起占据其长度的 2/3,占整个壳瓣的 1/3。前、后缘均较圆,腹缘呈宽弧形向下拱曲,后腹区略有斜伸扩大现象。生长带窄而多,约 12 条,上面看不到装饰。

产地及层位:蒙阴;坊子组。

川北古渔乡叶肢介 *Palaeolimnadia chuanbeiensis* Shen
(图版 35,图 18)

壳瓣小,成年个体长 3.2mm,高 2.1mm,轮廓近方圆形。胎壳大,亦近方圆形,微凸于背缘之上。背缘短,胎壳从它的前端起约占其长度的 1/2,占壳高的 1/3。前、后缘及腹缘均较直,后腹缘稍圆。生长带中等宽度,约 20 条,上面看不到微细纹饰。

产地及层位:蒙阴;坊子组。

龙门山古渔乡叶肢介 *Palaeolimnadia longmenshanensis* Shen
(图版 36,图 1)

壳瓣中等大小,长 4.8mm,高 2.5mm,长高之比近于 2∶1。轮廓长椭圆形。胎壳长而大,从背缘前端起约占其长度的 3/4,占壳高的 2/5,呈长卵形。前缘及腹缘较直,后缘圆,后腹缘稍凸出,腹边缘略有破损。生长带窄,约有 17 条,上面见不到可靠的微细纹饰。

产地及层位:蒙阴;坊子组。

胶东古渔乡叶肢介(?) *Palaeolimnadia? jiaodongensis*
(图版 36,图 2)

壳瓣呈椭圆形,全模标本壳长 8mm,高 5mm。胎壳大,亦呈椭圆形,占壳瓣的 1/2～2/3,背缘微拱,前缘及后缘较圆,腹缘微向下拱曲。生长带较宽而少,3～5 条。生长带上装饰不清楚。

产地及层位:诸城;莱阳群。

真叶肢介科 Euestheriidae Defretin,1965
真叶肢介属 *Euestheria* Deperet et Mazeran,1912
近圆形真叶肢介 *Euestheria taniiformis* (Zaspelova)
(图版 36,图 3)

壳瓣小,近圆形,长 4.2mm,高 3mm。背缘微上拱,壳顶位于其中部并略凸出于其上。前、后缘均较直,腹缘呈宽弧状向下拱曲。壳瓣腹部和中部生长带中等宽度,向背部变窄变密,总数在 20～30 条之间,上面的装饰不清楚。

产地及层位:蒙阴;坊子组。

山东真叶肢介 *Euestheria shandongensis* Chen
(图版 36,图 4)

壳瓣中等大小,椭圆形,长 5mm,高 3.5mm。背缘长,略向上拱,壳顶小,位于近前端,但不凸出于其上。前缘、后缘均圆,腹缘呈宽弧形向下拱曲,前、后高近于相等。生长线细,生长带宽而平,靠近腹缘的几条变窄,总数在 20 条左右。生长带上具有小网状装饰,印在外模上是一些密集的小点粒。

产地及层位:蒙阴;坊子组。

山丹真叶肢介(亲近种) *Euestheria* aff. *shandanensis* Chen
(图版36,图5)

壳瓣中等大小,近方圆形,长4.8mm,高3.4mm。背缘直长,壳顶小,位于中前部,但不凸出于其上。前缘、腹缘直,后缘较圆,前高大于后高。生长带中等宽度,将近30条,上面有小网状装饰,排列很密,在印模上为小点粒。

产地及层位:蒙阴;坊子组。

东方叶肢介科 Eoestheriidae Zhang et Chen,1976
东方叶肢介属 *Eosestheria* Chen,1976
长形东方叶肢介 *Eosestheria elongata* (Kobayashi et Kusumi)
(图版36,图6)

壳瓣大,长椭圆形,长16mm,高8.5mm。背缘直长,壳顶位于近前端。前缘、后缘圆,腹缘宽缓向下拱曲。生长带中等宽度,靠近壳顶附近因保存不好,仅在腹区和中部能辨认20条以上。壳瓣前部和上部的生长带上具有不规则的中网状装饰,向下、向后过渡为线脊状装饰。

产地及层位:蒙阴;大盛群田家楼组。

凌源东方叶肢介 *Eosestheria lingyuanensis* Chen
(图版36,图7)

壳瓣中等大小,斜方—椭圆形,长9mm,高6mm。前缘、后缘均较直,腹缘宽缓向下拱曲。背缘短而直,保存不完整,壳顶情况不明,但后背角明显。生长带宽而平,靠腹缘的2~3条略变窄,总数在16条左右。生长带上主要是一些中网状装饰,网形不规则,仅在后腹部分布有少许线脊状装饰,线脊细而不规则。

产地及层位:蒙阴;大盛群田家楼组。

米氏东方叶肢介(相似种) *Eosestheria* cf. *middendorfii* (Jones)
(图版36,图8)

壳瓣大,卵圆形,长15mm,高10mm。背缘长而微拱,壳顶位于其近前端。前缘宽圆,后缘窄圆,腹缘向下宽缓拱曲,前高大于后高。生长带中等宽度,在腹部与中部能辨认的约22条。纹饰保存不好,仅后腹部隐约看到线脊状构造。

产地及层位:蒙阴;大盛群田家楼组。

金刚山东方叶肢介(相似种) *Eosestheria* cf. *jingangshanensis* Chen
(图版36,图9)

壳瓣大,斜椭圆形,长14mm,高9mm。背缘短而直,壳顶位于近前端。前缘短而微向外凸,后缘圆并向后扩张,腹缘宽缓下拱,前高微小于后高。靠腹缘的生长带窄而密,中部的生长带中等宽度,靠背部的生长带保存不佳,总数在30条以上。壳瓣前部和上部的生长带上具不规则的中网状装饰,向腹部和后部过渡为线脊装饰,线脊常分叉。网格在印模上表现为台瘤状物,在中部有线性排列。

产地及层位:蒙阴;大盛群田家楼组。

延吉叶肢介属 *Yanjiestheria* Chen,1976
诸城延吉叶肢介 *Yanjiestheria zhuchengensis* Shen
(图版36,图10)

壳瓣中等大小,呈楔形,外形如双壳类的费尔干蚌 *Ferganoconcha*,长 10.5mm,高 4.5mm。背缘长而微拱,胎壳位于近中部。前缘微拱,后缘较圆,腹缘较平,前高小于后高。生长线多而细密,数目不清。

产地及层位:诸城;莱阳群。

囊状延吉叶肢介 *Yanjiestheria sacciformis* Shen
(图版36,图11)

壳瓣中等大小,呈舌形,壳长小于壳高,长 6mm,高 9mm。背缘短而向上拱曲,胎壳位于其近中部。前缘、后缘较直,腹缘圆并向后腹部扩伸。生长带多而密,数目不清。生长带上具小网及细线装饰,彼此逐渐过渡。

产地及层位:诸城;莱阳群。

中华延吉叶肢介山东亚种 *Yanjiestheria sinensis shandongensis* Shen
(图版36,图12;图版37,图1)

壳瓣中—大,椭圆形,长 9.5～12.5mm,高 6～8mm。背缘较平,胎壳位于中前部。前缘较直,后缘圆,腹缘呈弧形向下拱曲,前高等于或略大于后高。生长线较细,微凸,约 30 条。生长带宽度一般,较平。背部及前部的生长带上具细小的网状装饰,向腹部变为线脊状饰,至后腹部线脊装饰常变得很微弱。线脊装饰约占壳瓣的 1/2。

产地及层位:诸城;王氏群辛格庄组。

中华延吉叶肢介 *Yanjiestheria sinensis* (Chi)
(图版36,图13)

壳瓣中等大小,椭圆形,长 9mm,高 8mm。背缘长,前部微拱,壳顶位于前端。前缘较直,后缘圆,腹缘向下宽缓拱曲。生长线细,生长带中等宽度。

产地及层位:莱阳;莱阳群。

庆尚延吉叶肢介 *Yanjiestheria kyongsangensis* (Kobayashi et Kido)
(图版37,图2、3)

壳瓣大,长椭圆形,长 12mm,高 7.5mm。背缘长,中部微拱,壳顶位于其前部。前缘直,后缘、腹缘圆,前高略小于或等于后高。生长带窄而密,总数多于 35 条。生长带上主要是密集的细线状装饰,排列比较规则;靠近背部和前部则分布有不规则的小网状装饰,二者是逐渐过渡关系。

产地及层位:诸城;王氏群辛格庄组。

浙江延吉叶肢介 *Yanjiestheria chekiangensis* (Novojilov)
(图版 37,图 4)

壳瓣中等大小,近圆形,长 9.5mm,高 8mm。背缘短。壳顶位于前部。前缘直,后缘、腹缘圆。生长线细,生长带密,多于 35 条。壳瓣前部的生长带上密布不规则的小网状装饰,后部的生长带上分布有从小网状装饰逐渐过渡的细线状装饰,细线较直,排列也较规则。

产地及层位:诸城;莱阳群。

长壳延吉叶肢介 *Yanjiestheria longa* Chen,1981
(图版 37,图 5)

壳瓣大,长椭圆形,长 13mm,宽 7.5mm。背缘直而长,壳顶位于前端与中央之间,前缘较圆,后缘宽圆,腹缘向下宽而平缓拱曲,前高小于后高。生长线细,生长带宽平,壳瓣下半部约 15 条,总数在 30 条以上。

产地及层位:海阳;莱阳群。

前曹延吉叶肢介 *Yanjiestheria qiancaoensis* Shen
(图版 37,图 6)

壳瓣中等大小,近圆形,长 10.5mm,壳高 8.5mm。背缘微拱,壳顶位于中前部。前缘、后缘及腹缘均较圆,前高约等于后高。生长线细而微凸,生长带宽度中等,约有 30 条。生长带上只有细小的网孔状装饰,向腹部和后腹部变为细密的细线装饰。

产地及层位:诸城;王氏群辛格庄组。

玉门延吉叶肢介(比较种) *Yanjiestheria* cf. *yumenensis* (Chang et Chen)
(图版 37,图 7)

壳瓣呈椭圆形,个体中等大小。背缘微向上拱曲,胎壳位于中前部。前缘及后缘较直,腹缘呈弧状向下拱曲。生长带宽度中等,有 30 余条。生长带上具有小网状过渡的细线状装饰。

产地及层位:海阳;莱阳群。

皖南延吉叶肢介 *Yanjiestheria wannanensis* Chen et Shen,1982
(图版 37,图 8)

壳瓣近斜方形,长 9.5mm,高 7mm,背缘短,壳顶部略高出,壳顶位于壳前部,前缘、腹缘宽弧状,生长带中等宽度,多于 30 条,壳顶部位保存不好,不可辨认。装饰未保存。

产地及层位:莱阳大明村二蹬子山;莱阳群。

近方形延吉叶肢介 *Yanjiestheria quadratoides* Chen et Shen,1982

(图版 37,图 9)

壳瓣近方形,个体中等大小,长 7.5mm,高 5.5mm。背缘长,微拱,壳顶位于中部稍偏前。前缘、腹缘较直,前高与后高近于相等或略大于后高。生长带较宽,约 20 条,靠近胎壳部保存不好而不好辨认。生长带前部为不规则网状装饰,腹部及后腹部多过渡为线脊状装饰。

产地及层位:莱阳黄崖底钓鱼台;莱阳群。

直线叶肢介科 Orthestheriidae Chang et Chen,1975

似直线叶肢介属 *Orthestheriopsis* Chen,1976

似直线叶肢介(未定种) *Orthestheriopsis* sp.

(图版 37,图 10)

壳瓣小,近椭圆形,长 4.6mm,高 3.4mm。背缘较短,壳顶位于近中部。前缘、后缘及腹缘均圆,前高小于后高。生长带宽,约 12 条,其上具有疏而较粗的线脊状装饰,线脊偶尔分叉,线间有横耙相连。

产地及层位:莱阳;莱阳群曲格庄组。

3.5.3　介形虫纲　Ostracoda

介形虫个体微小,壳长一般在 0.4～2.0mm 之间,具 2 个壳瓣,软体被包在两瓣之内,身体两侧对称,不分节,分头部和躯干部,无腹部,有附肢 7 对,胸部末端生有 1 对尾叉,消化系统由位于头部腹侧的口、食管、胃、肠及位于身体后端的肛门组成,无鳃。

多数介形虫两瓣不等大。较大壳瓣常以边缘叠覆于较小壳上,称超覆或叠覆。多数介形虫草壳面具各种不同的纹饰,主要有瘤、槽、刺、细纹、细脊和斑点等。在介形虫壳前背部还有一圆形小结或小坑称眼痕,有些介形虫的前腹部具钩状突起称喙,喙后的缺口称凹痕。

速足目 Podocopida Müller,1894

金星介科 Cyprididae Baird,1845

金星介属 *Cypris* Müller,1776

德卡里金星介 *Cypris decaryi* Gautheir

(图版 37,图 11、12)

壳体大,长 1.47mm,宽 0.96mm,高 0.93mm,侧视近三角形。背缘中部强烈拱起,呈角状弯曲,后背缘直。腹缘近直。两端为下斜的圆弧形,前端稍宽。右壳前缘似冠状突起超出左壳前缘。最大高度位于中部偏前。左壳大,沿自由边缘叠覆右壳。背视厚凸镜形,两端变尖。最大宽度位于壳体中部偏后。壳面饰不均匀的细网纹。

产地及层位:临朐山旺;牛山组。

昌邑金星介 *Cypris changyiensis* Bojie,1978
(图版 38,图 1)

壳体中等大小,壁较厚,侧视近椭圆形,正模长 1.48mm,高 0.92mm,宽 0.80mm。最大高度位于中部略偏前。背缘均匀外拱,向两端近等倾斜;腹缘近直。前端略高于后端,两者在中部交会略呈圆角状的后极端。左瓣略大于右瓣,以前背缘叠覆更显著。壳面具浅蜂窝,前部具小疣,腹部可见垂直毛细孔。背视近卵形,凸度均匀、较大,近中部最宽,前端窄尖。端视近心形。

产地及层位:昌邑;孔店组。

胜利村金星介 *Cypris shenglicunensis* Bojie,1978
(图版 38,图 2)

壳体大,壁较厚,侧视近等腰三角形,正模长 1.70mm,高 1.12mm,宽 1.00mm。背缘中部强烈拱起呈钝角状,向两端近等倾斜;腹缘近直。两端近等高,前端略窄于后端,最大高度位于中部。左瓣大于右瓣,叠覆较均匀。壳面具浅斑点纹饰。背视近卵形,凸度较大,近中部最宽。

产地及层位:垦利;沙河街组。

垦利金星介 *Cypris kenliensis* Gou,1978
(图版 38,图 3)

壳体中等大小,壁较厚,侧视近椭圆形。正模长 1.52mm,高 0.92mm,宽 0.94mm。背缘均匀弓形弯曲,中部最高;腹缘近直。两端近等高,前端稍下倾,略窄圆;后端圆。左瓣大于右瓣,以前、后背缘和腹缘叠覆更显著。壳面具斑点纹饰。背视近卵形,凸度大而均匀,最宽位于中部略偏后。

产地及层位:垦利;沙河街组。

纯化金星介 *Cypris chunhuaensis* Bojie
(图版 38,图 4)

壳体较大,壁较厚,侧视近三角形或半圆形。正模长 1.60mm,高 1.05mm,宽 1.00mm。背缘中部强烈圆拱,成为全壳最高处;腹缘近直。前端上部斜宽圆,下部圆;后端上部陡斜,下部略窄圆。壳面具斑点纹饰,其排列略平行于背缘、腹缘,向两端收敛。背视近椭圆形,凸度大,最宽位于中部略偏后。端视腹面宽平,近心形。

产地及层位:博兴;沙河街组。

伸长金星介 *Cypris distensa* Gu et Sun
(图版 38,图 5)

壳侧视近长三角形,近模长 1.15mm,高 0.70mm,宽 0.75mm。前端略宽圆,后端略窄圆,前端略高于后端。背缘外拱,最大高度近中部;腹缘近直。背视凸度大,后端微宽于前端,中部略偏后处最厚。完整双瓣宽度大于壳高。左瓣大于右瓣,前背角叠覆明显。壳面具蜂窝。

产地及层位:沾化;明化镇组下段。

中星介属 *Mediocypris* Schneider, 1956
山东中星介 *Mediocypris shandongensis* Shan et Zhang
（图版39,图1、2）

雌性壳体大,壁厚,侧视近长椭圆形。正模长1.78mm,高0.98mm。背缘直,微后倾;腹缘中前部微凹。前端略高、圆,微向下倾斜;后端陡圆。腹缘边缘带转折处成微凸起的细棱脊。放射毛细管带中等宽,内板与毛细管带近等宽,毛细管直。壳面具定向排列的细纹状蜂窝,中部蜂窝粗浅,前、后端具小疣。

雄性壳比雌性壳略小些,壳体伸长些。背缘直、长,与腹缘近于平行,腹缘中前部微凹。前端圆,上部微倾斜;后端陡圆。两瓣腹部边缘带转折处成一细脊平行于边缘,内板与毛细管带近等宽,毛细管直,壳面具定向排列的细纹状蜂窝,中部蜂窝比较粗浅,前、后端具小疣。左、右瓣后部精巢痕清楚。

产地及层位:垦利;馆陶组。

蒙古金星介属 *Mongolocypris* Szczechura, 1978
分布蒙古金星介 *Mongolocypris distributa* (Stankevitch, 1974)
（图版39,图3、4）

壳体大,长1.71mm,高0.91mm,宽0.74mm,侧视呈长圆形。背缘微外弯,腹缘微内凹。两端近等高,前端斜圆,后端方圆。左壳大,沿自由边缘叠覆右壳;右壳后腹角具小突起,沿腹缘指向后端。背视长卵形,后端钝圆,前端窄圆。最大壳宽位于中部偏右。壳面光滑。

产地及层位:莱阳;王氏群。

河星介属 *Potamocypris* Brady, 1870
山旺河星介 *Potamocypris shanwangensis* Zheng, 1870
（图版39,图8、9）

壳体小,长0.52mm,高0.28mm,宽0.24mm,侧视近肾形。背缘呈弧形弯曲,最大高度在近中部;腹缘近直,中部稍内凹。两端向下延伸,后端窄圆至尖圆。右壳大,沿背缘、腹缘叠覆左壳,以腹缘显著。背视近锥形,前端尖,后端次之,最大宽度在后部。壳面布满浅细的网坑。

产地及层位:临朐山旺;山旺组。

尖尾河星介 *Potamocypris acuta* Shan et Zhang
（图版 39，图 10）

壳体小，侧视近菱形。正模长 0.58mm，高 0.30mm，宽 0.16mm。背缘外拱，中偏前最高，向两端倾斜，腹缘近平直。前端窄圆，后端向下斜切，后腹向后延伸成尖尾状。右瓣大于左瓣，叠覆左壳的背、腹缘。壳面布满小窝。

产地及层位：垦利；明化镇组。

前扁河星介 *Potamocypris praedeplanata* (Shan et Zhang)
（图版 39，图 11、12）

壳体小，侧视近肾形。正模长 0.61mm，高 0.31mm，宽 0.20mm；副模长 0.61mm，高 0.31mm，宽 0.17mm。背缘外拱，近中部最高，腹缘近直。前端伸长，扁平，后端斜圆。右瓣大，叠覆左瓣的背、腹缘。壳面具浅蜂窝。

产地及层位：垦利；明化镇组。

真星介属 *Eucypris* Vavra, 1891
托斯提真星介 *Eucypris tostiensis* Khand
（图版 40，图 1、2）

壳体中等大小，长 1.13mm，高 0.61mm，宽 0.52mm，侧视近长椭圆形。背缘均匀外拱，腹缘中间微内凹。前缘宽圆，后缘钝圆。壳体中间偏前最高。壳高稍大于壳长的一半。左壳大，沿自由边缘叠覆右壳，前背缘和腹缘最明显。背视长卵形，中后部最宽。壳面光滑。

产地及层位：诸城；王氏群。

幼稚真星介 *Eucypris infantilis* (Lubimova)
（图版 40，图 3、4）

壳体中等大小，长 0.72mm，高 0.44mm，宽 0.36mm，侧视似卵圆形。背缘弧形外拱，腹缘近直。前、后端近等高，前缘稍宽。壳体近中部最高。左壳近中部略大于右壳。背视橄榄形，中后部最宽。壳面光滑。

产地及层位：莱阳；莱阳群曲格庄组。

寻常真星介 *Eucypris modica* Cao, 1985
（图版 40，图 5、6）

壳体中等大小，长 1.07mm，高 0.52mm，宽 0.44mm，侧视长卵形，长为高的 2 倍。背缘外弯，腹缘中部内凹。前缘宽圆，后缘上部陡斜，下部窄圆。壳体中部稍前最高。左壳大，沿腹缘及后缘叠覆右壳。背视纺锤形。最大宽度位于中部。壳面光滑。

产地及层位：莱阳；王氏群。

山东真介 *Eucypris shandongensis* Zheng
（图版 40，图 7）

壳体中等大小，长 0.92mm，高 0.52mm，侧视近椭圆形。背缘弧形弯曲，腹缘直或中部内凹，两端近等圆。壳体最大高度位于近中部。壳面光滑或略显网纹。

产地及层位：临朐牛山；牛山组。

五图真介 *Eucypris wutuensis* Bojie，1978
（图版 40，图 8）

壳体中等大小。正模长 1.06mm，高 0.62mm，宽 0.42mm；副模长 0.87mm，高 0.48mm，宽 0.31mm。壁较薄，近肾形。背缘中部角状弯曲，向两端近相等倾斜，腹缘中部微凹。前端略高于后端，宽圆，后端圆。左瓣大于右瓣，沿活动边缘叠覆，前背缘更显著。壳面具明显的蜂窝装饰，两端有稀少的小疣。背视近纺锤形，凸度中等，前端尖，后端钝，最宽位于中部略偏后。

产地及层位：昌邑；孔店组二段。

扁平真介 *Eucypris applanata* Bojie，1978
（图版 40，图 9）

壳体中等大小。正模长 1.57mm，高 1.04mm，宽 0.70mm；副模长 1.48mm，高 0.92mm，宽 0.59mm。壁较薄，近卵形。背缘中部偏前处呈钝角状弯曲，向两端微弧形倾斜，但向前端的倾斜略小；腹缘中部偏后处凹。前端宽圆，后端窄圆。两瓣明显不等，左瓣大于右瓣，沿活动边叠覆，背缘中部内卷略高耸于右瓣背缘之上。壳面具浅蜂窝。背视纺锤形，凸度均匀，近中部最宽。

产地及层位：商河；沙河街组一段。

乐陵真介 *Eucypris lelingensis* Bojie，1978
（图版 40，图 10）

壳体中等大小。正模长 1.38mm，高 0.78mm，宽 0.48mm；副模长 1.32mm，高 0.75mm，宽 0.50mm。壁较厚，近肾形。背缘中部拱起，向两端弧形倾斜，但向前倾斜十分和缓，腹缘微凹。前端均匀宽圆，后端窄圆。壳面光滑。背视纺锤形，凸度较小，最宽位于中部偏后。

产地及层位：济阳；沙河街组。

纯洁真介 *Eucypris albata* Bojie，1978
（图版 40，图 11）

壳体中等大小，正模长 1.03mm，高 0.55mm，宽 0.45mm。壁较薄，近卵形。背缘中部偏前处拱起，向两端微弧形倾斜；腹缘略向外弯，仅在中间微凹。前端圆，后端窄圆。左瓣大于右瓣，叠覆微弱。壳面光滑。背视凸度较大，中部最宽，呈橄榄形，前、后两端近等。

产地及层位：商河；沙河街组四段。

北镇真星介 *Eucypris beizhenensis* Bojie,1978
（图版 40,图 12）

壳体中等大小,正模长 1.20mm,高 0.70mm,宽 0.70mm。壁较厚,近肾形,前 1/3 处最高。背缘中后部近直,后倾,腹缘凹。前端宽圆,后端圆。左瓣略大于右瓣,沿前、后背缘叠覆显著。壳面具明显的蜂窝及稀少的小疣。背视膨胀,近卵形,宽与高度近等,近中部最宽。

产地及层位:禹城;沙河街组四段。

潍坊真星介 *Eucypris weifangensis* Bojie,1978
（图版 40,图 13）

壳体中等大小,正模长 0.92mm,高 0.50mm,宽 0.36mm。壁较薄,近肾形。背缘拱,中部偏前处最高;腹缘近直,中部微凹。前端上缘向下倾斜,下缘向上弯,两者在中部相连呈微凸出的圆角状;后端均匀圆形。左瓣大于右瓣,前、后背缘叠覆微显。壳面光滑。背视近纺锤形,均匀凸起,近中部最宽。

产地及层位:昌乐;孔店组。

胖真星介 *Eucypris inflata* Sars,1903
（图版 40,图 14）

壳体中等大小,近模长 1.08mm,高 0.60mm。侧视近三角形。前端宽圆,后端窄圆,明显向下收缩。背缘显著外拱,中部偏前处最高,腹缘中部明显内凹。壳面具小窝。

产地及层位:滨州;明化镇组。

纹星介属 *Virgatocypris* Malz et Moayedpour,1973
三角纹星介 *Virgatocypris triangularis* Bojie,1978
（图版 41,图 1）

壳体中等大小,侧视近三角形。正模长 1.30mm,高 0.72mm,宽 0.50mm。背缘圆拱,中部最高,向两端弧形下斜;腹缘内凹。两端上部微弧形倾斜,下部圆。前端宽圆,略高于后端;后端窄。壳面具有极细的、排列均匀的纵向细纹。背视纺锤形,中部最宽,两端尖窄、近等。

产地及层位:垦利;沙河街组二段。

细纹纹星介 *Virgatocypris striata* Bojie,1978
（图版 41,图 2）

壳体中等大小,壁薄,近肾形。正模长 1.20mm,高 0.68mm。背缘中部偏前处拱起并形成壳的最高处;后背缘近直、后倾,后背角略显、宽钝;腹缘中部内凹显著。前端宽圆;后端上部近直倾斜,下部窄圆。壳面具纵向排列的细纹。内视及透视铰合构造简单,左瓣为沟,向两端变宽深,弯曲呈新月形;右瓣为凸边,与左瓣的沟相适应;钙化壁宽,毛细管带窄,放射毛细管直、密。背视纺锤形,中部最宽,两端近等。

产地及层位:垦利;沙河街组三段。

开通介属 *Kaitunia* Tsao,1959
三角形开通介(相似种) *Kaitunia* cf. *triangula* Li
(图版41,图3、4)

壳体较小,长0.58mm,高0.36mm,宽0.30mm,侧视似三角形。背缘呈角状弯曲,前背缘弧形弯曲,后背缘直,急剧后倾,腹缘近直,前缘宽圆,后缘窄圆。左壳稍大于右壳,腹缘叠覆较明显。背视似纺锤形。壳体中偏前最高,中偏后最宽。壳面光滑。

产地及层位:蒙阴;大盛群田家楼组。

美星介属 *Cyprinotus* Brady,1886
肖庄美星介 *Cyprinotus xiaozhuangensis* Bojie,1978
(图版41,图5)

壳体中等大小,壁较薄,侧视近三角形。正模长1.05mm,高0.63mm,宽0.41mm。右壳背缘圆拱较强烈,最高位于中部偏后;左壳背缘平缓弯曲近直,腹缘凸。两瓣强烈不等,左瓣沿自由边叠覆右瓣,但右瓣背缘中部内卷高耸于左瓣。背视长卵形,近中部最宽。壳面光滑,近前缘具小结节。

产地及层位:武城;沙河街组二段。

肥实美星介 *Cyprinotus altilis* Bojie,1978
(图版41,图6)

壳体较大,侧视近肾形。正模长1.33mm,高0.73mm,宽0.55mm。背缘中部拱起,中部略偏后为全壳最高处,腹缘近直。前端略窄圆,后端圆。两瓣略不等,左瓣沿自由边微叠覆右瓣,而右瓣的背缘中部微超越左瓣。壳面光滑,右瓣中背部呈很明显的鼓包状凸起。背视凸度均匀,近中部最宽。

产地及层位:博兴;沙河街组四段。

安全美星介 *Cyprinotus tutus* Bojie,1978
(图版41,图7)

壳体大,壁较厚,侧视近椭圆形。正模长1.68mm,高1.00mm,宽0.93mm。背缘弓形弯曲,最高位于中部略偏后;腹缘近直。前端圆;后端弧形下斜,至腹部呈窄圆。左瓣微大于右瓣,沿自由边叠覆,在背缘中部则右瓣微超越左瓣。壳面光滑,右瓣中背部微呈鼓包状凸起。背视近卵形,最宽位于中部偏后。

产地及层位:垦利;沙河街组二段。

火红美星介 *Cyprinotus igneus* Bojie
（图版 41,图 15）

壳体小,侧视近卵形。正模长 0.70mm,高 0.45mm,宽 0.42mm。背缘中部微呈角状弯曲,向两端倾斜度略大,腹缘微凸,前、后端圆。左瓣大于右瓣,腹缘和前、后背缘叠覆略显著。背视凸度较大,最大凸起位于中部略偏后,壳面光滑,前端近边缘具小结节。

产地及层位:商河;沙河街组四段。

南星介属 *Austrocypris* Bojie,1978
后翘南星介 *Austrocypris posticaudata* Bojie,1978
（图版 41,图 8）

壳体大,壁薄,侧视近肾形。正模长 1.82mm,高 0.88mm,宽 0.77mm。背缘弓形外拱,中部最高,前背缘倾斜且微凹;两端近等高,前缘圆;后缘向上斜切与后背缘相交呈上翘的锐角;腹缘中部凹,后腹缘钝圆。左瓣稍大,并微叠覆右瓣。壳中部凸起明显,向周缘变扁。背视呈匀称的纺锤形,两端几乎相等,两侧圆弧形弯曲,近中部最宽。端视呈扇形。壳面光滑。

产地及层位:博兴;沙河街组四段。

光滑南星介 *Austrocypris levis* Bojie,1978
（图版 41,图 9）

壳体中等大小,侧视近肾形。正模长 1.63mm,高 0.80mm,宽 0.68mm。背缘弓形,前、后背缘倾斜近等,中部最高,前端圆,后端向上截切,后腹缘钝圆弯曲,腹缘中部凹。其他特征与模式种类同。

在一破损的左瓣上,见到闭壳肌痕 6 枚组成一群,上部的一枚较大,其长轴与大颚肌痕的长轴方向近于平行,最下部的一枚较小。

产地及层位:商河;沙河街组四段。

异星介属 *Heterocypris* Clous,1893
非调和异星介 *Heterocypris* cf. *incongruens* (Ramdohr,1808)
（图版 41,图 10、11）

壳体中等大小,长 0.98mm,宽 0.45mm,高 0.60mm,侧视卵形。背缘弧形弯曲,腹缘近直,或中前部微内凹。前端圆,低于后端,后端宽圆。最大高度位于中部。左壳大,沿自由边缘叠覆右壳。背视长卵形,前端较后端窄,最大宽度位中后部。壳面光滑。

产地及层位:临朐牛山;牛山组。

正式异星介 *Heterocypris formalis* (Schneider,1963)
（图版 41,图 12）

壳侧视近卵圆形,近模长 0.89mm,高 0.53mm,宽 0.43mm。背缘外拱,最大高度在中间,超过体长的 1/2。前背缘向前倾,在前端收缩成卵圆形;后背缘向后倾,后端斜圆形。腹缘在中前部略内凹。背视长卵形,前端窄圆,后端圆,中后部最宽。壳面光滑。

产地及层位:沾化;馆陶组上段。

牛庄异星介 *Heterocypris niuzhuangensis* (Shan et Zhang)
(图版 41,图 13、14)

壳体中等大小,近卵形。正模长 0.81mm,高 0.52mm,宽 0.40mm;副模长 0.88mm,高 0.53mm,宽 0.42mm。背缘微外拱,中部为全壳最高处,腹缘外凸。前、后端圆且近等高。背视长卵形,凸度中等,中后部最宽。壳面具蜂窝状纹饰。

产地及层位:垦利;明化镇组上段。

宽卵异星介 *Heterocypris latiovata* (Bojie,1978)
(图版 41,图 17)

壳体小。正模长 0.66mm,高 0.43mm,宽 0.34mm;副模长 0.55mm,高 0.38mm。壁厚,侧视近卵形。背缘中部圆拱,成为全壳最高处;腹缘稍外凸。后端高于前端,背视近卵形,中部略偏后最宽。内视左壳铰合构造为沟,无饰板宽于毛细管带。壳面光滑。

产地及层位:临邑;东营组三段。

狼星介属 *Lycopterocypris* Mandelsdam,1956
幼稚狼星介 *Lycopterocypris infantilis* Lubimova,1956
(图版 55,图 6)

壳体中等大小,侧视肾形或近三角形。长 0.68~0.71mm,高 0.41~0.43mm,宽 0.28~0.31mm。背缘外拱,从中部向两端倾斜。腹部近直至中部微内凹。前后端近等高,且呈圆形弯曲;左瓣大于右瓣,沿前、后端及腹缘超覆后者;壳中部最高,壳最大宽度在壳的中后部,壳面光滑。

产地及层位:莱阳;青山群后夼组。

破损狼星介 *Lycopterocypris contrita* Lubimova,1956
(图版 55,图 7)

壳近三角形,长 0.83mm,高 0.54mm,宽 0.31mm,中等大小。背缘外拱,近前 1/3 处呈圆角形,然后向两端倾斜;腹缘内凹,在后 1/3 处非常明显。前端宽圆,后端尖圆。壳前 1/3 处最高,最大宽度位于壳前 1/3 处。壳面光滑。

产地及层位:莱阳;青山群后夼组。

球星介科 Cyclocypris Brady et Norman,1889
球星介属 *Cyclocypris* Brady et Norman,1889
肥球星介 *Cyclocypris obese* Tian,1982
（图版 41,图 18、19）

壳体小,长 0.47mm,高 0.33mm,宽 0.36mm,侧视近圆形。背缘弧形外弯,腹缘微凸。前、后缘近等圆。最大壳高位于中部,等于或小于壳宽。左壳大,沿周缘叠覆右壳。两壳凸度大,背视卵圆形,中部最宽,后端圆,前端较窄。壳面光滑。

产地及层位：蒙阴；大盛群田家楼组。

滨海球星介 *Cyclocypris binhaiensis* Hou,1982
（图版 42,图 1）

壳体中等大小,近圆形。近模长 0.65mm,高 0.46mm,宽 0.38mm。凸度强。背缘强烈外拱,从壳最高处向前端倾斜,比向后端略陡；腹缘弧形外凸。前端均匀宽圆,后端均匀窄圆,前端高于后端,壳最高在中部略偏前。左瓣略大,沿自由边缘微叠覆右瓣,腹缘叠覆较明显,右瓣背缘微高出左背缘。壳面具浅蜂窝。

产地及层位：庆云；馆陶组上段。

冰球星介 *Cyclocypris glacialis* Schneider,1988
（图版 42,图 2）

壳体小,近卵形。近模长 0.52mm,高 0.35mm,宽 0.34mm。背缘圆,中部最拱；腹缘中前部外凸。前端窄圆,后端圆,前端低于后端。壳面光滑。

产地及层位：广饶；明化镇组上段。

昌乐球星介 *Cyclocypris changleensis* Bojie
（图版 41,图 20）

壳体小,近卵形。正模长 0.48mm,高 0.34mm,宽 0.34mm。背缘中部偏后强拱,成为全壳最高处,向前端倾斜略大；腹缘近直。前端低于后端,窄圆；后端圆形。左瓣微大于右瓣,以腹缘叠覆较明显。壳的凸度大,宽度和高度近相等,最大宽度位于中部略偏后,向前端逐渐变扁。壳面光滑。

产地及层位：昌乐；孔店组二段。

小卵石球星介（比较种） *Cyclocypris* cf. *caleulaformis* Yuan
（图版 41,图 21）

壳体小,长 0.50mm,高 0.33mm,宽 0.32mm,侧视呈不正卵形。前端高于后端,前缘缓圆,后缘有些收缩,并急剧弯成圆形。左瓣大于右瓣,全缘叠覆,最大叠覆位于腹部、背部。背缘拱起,腹缘略内凹。最大高度位于中部稍偏前,最大厚度位于中部偏后,壳面光滑。

产地及层位：莱阳；青山群后夼组。

丽星介属 *Cypria* Zenker, 1854
明亮丽星介 *Cypria luminosa* Bojie, 1978
（图版 42, 图 3）

壳体小，近卵形。正模长 0.70mm，高 0.45mm，宽 0.30mm。背缘中部略偏后圆拱，成为全壳最高处，向前端倾斜明显；腹缘近直。前、后端圆。左瓣略大于右瓣，以腹缘叠覆较显著。壳面光滑。背视两侧较平坦，凸度小且均匀，最大宽度位于中部略偏后。

产地及层位：利津；沙河街组。

拱形丽星介 *Cypria camerata* Bojie, 1978
（图版 42, 图 4）

壳体小，近卵形。正模长 0.48mm，高 0.30mm，宽 0.18mm。最高位于中部略偏后。背缘拱，向两端近相等倾斜；腹缘直。两端近等圆，前端微斜。左瓣微大于右瓣，叠覆微弱。壳面光滑。背视扁卵形，两端近等。

产地及层位：临邑；沙河街组四段。

达蒙介属 *Damonella* Anderson, 1966
纯净达蒙介 *Damonella albicans* Zhao, 1985
（图版 42, 图 5、6）

壳体中等大小，侧视卵圆形。长 0.80mm，高 0.50mm，宽 0.37mm。背缘外拱，腹缘微外凸。前端微低于后端，前缘向下斜圆，后缘圆。最大高度位于中后部。左壳沿前缘、腹缘叠覆右壳，腹缘叠覆较强，右壳在背缘中后部和后缘叠覆左壳。背视橄榄形，最大宽度在中后部。壳面光滑。

产地及层位：蒙阴；大盛群田家楼组。

火把山达蒙介 *Damonella huobashanensis* Zhao, 1982
（图版 42, 图 7、8）

壳体中等大小，侧视卵圆形。长 0.70mm，高 0.50mm，宽 0.37mm。背缘外拱，腹缘微凸。前端低于后端，前缘稍向下斜的圆形，后缘宽圆形。最大高度位于中部稍偏后。左壳稍大，沿前缘、腹缘叠覆右壳，腹缘叠覆较强。背视长卵形，最大宽度位于中后部。壳面光滑。

产地及层位：蒙阴；大盛群田家楼组。

似金星介科 Paracyprididae Sars, 1923
小河星介属 *Potamocyprella* Huang et Lai, 1978
整齐小河星介 *Potamocyprella bella* Bojie, 1978
（图版 42, 图 9）

壳体小，不规则梯形。正模长 0.48mm，高 0.26，宽 0.18mm。前 1/3 处最高。背缘直，微向后倾;腹缘中部凹。前端上部倾斜,下部窄圆(标本前末稍缺损);后端倾斜;后极端尖锐。左瓣大,沿活动边微叠覆右瓣。背视纺锤形,中部最宽,背槽清楚。壳面光滑,中腹部具一长瘤。

产地及层位:临邑;沙河街组三段。

梯形小河星介 *Potamocyprella trapezoidea* Bojie,1978
（图版42,图10）

壳体小,壁薄,侧视不规则梯形。正模长0.63mm,高0.32mm。前1/3处最高。背缘直,向后倾斜;腹缘强凹。前端上部斜圆,下部向前下方略伸展呈窄圆;后端倾斜,上腹缘构成尖角形的后极端。壳面光滑。闭壳肌痕为3点;下面两枚近圆形,水平方向排列,相互毗连;上面一枚略呈长圆形。内板前端较宽,毛细管带较宽,放射毛细管密、直。

产地及层位:垦利;沙河街组三段。

尖尾小河星介 *Potamocyprella acuta* Bojie,1978
（图版42,图11）

壳体小,侧视不规则肾形。正模长0.57mm,高0.32mm,宽0.27mm。背缘均匀拱曲,中部最高;腹缘凹,至前端明显下弯。前端斜圆;后端斜长,向后延伸,与腹缘相交成锐圆角。左瓣微大于右瓣,叠覆微弱。壳面光滑,中腹部具一瘤。背视菱形,近中部最厚。

产地及层位:高青;沙河街组。

华星介属 *Chinocypris* Bojie,1978
东营华星介 *Chinocypris dongyingensis* Bojie,1978
（图版42,图12、13）

壳体小,侧视近三角形。正模长0.68mm,高0.41mm,宽0.29mm。前端略高于后端,前者上部弧形下斜,至中线以下变为均匀圆形;后者弧形倾斜,与后腹缘呈锐圆角相交。背缘强拱,中部有一凹口;腹缘近中部微凹。左壳大,沿自由边缘叠覆右壳,背缘略高耸于右壳,中部向外翻卷成"U"形。壳体最大高度位于中部。背视纺锤形,均匀凸起,近中部最厚。壳面光滑。闭壳肌痕5枚,前3枚呈微弧排列,其中上下2枚伸长,后两枚近圆形。

产地及层位:渤海岸;东营组三段。

翼星介属 *Pterygocypris* Bojie,1978
燕尾翼星介 *Pterygocypris fureata* Bojie,1978
（图版42,图14）

壳体小,伸长,长度略大于壳高的2倍,侧视近不规则三角形。正模长0.58mm,高0.27mm,宽0.34mm。背缘近中部略呈角状弯曲,成为全壳最高处,向两端近相等倾斜;腹缘中部微凹。前端向前伸展,窄圆;后端向后延伸,上部下凹,呈尾突状。左瓣微大于右瓣,叠覆微弱。壳面具微弱的细纹,大致纵向延伸,至两端收敛;两瓣的后端中上部呈凹陷,其下呈翼状龙脊。壳的凸起度极大,由背部向腹侧迅速膨胀,腹面宽平。背视卵形,凸度大,近中部最宽,宽度大大超过高度。

产地及层位:垦利;沙河街组三段。

尖尾翼星介 *Pterygocypris caudata* Bojie,1978
(图版 42,图 15)

壳体小,伸长,长度超过壳高的 2 倍,侧视不规则肾形。正模长 0.60mm,高 0.25mm,宽 0.25mm。背缘近中部微呈角状,成为全壳最高处,向两端近等倾斜;腹缘中部内凹;两端窄圆,但前端稍宽,左瓣略大于右瓣,沿前、后背缘和腹缘微叠覆。壳面光滑。后端中部略凹,凹的下侧呈龙脊状翼。背视壳凸起度大,最大凸度位于中腹部;宽度和高度近等。

产地及层位:临邑;沙河街组四段。

宽尾翼星介 *Pterygocypris laticaudata* Bojie,1978
(图版 42,图 16)

壳体小,侧视近肾形。正模长 0.53mm,高 0.27mm,宽 0.30mm,长度近壳高的 2 倍。背缘拱,前 2/5 处最高;腹缘近直。前端高于后端,均匀圆;后端弧形下斜,与腹缘锐圆相接。左瓣微大于右瓣,沿前、后背缘及腹缘微叠覆。两瓣后端中部微凹,凹下侧有微弱的翼状凸起。壳面具微弱的纵向排列的蜂窝。壳凸度大,中腹侧最凸;腹面宽阔。端视两侧下部浑圆弯曲。背视近卵形,近中部最宽,宽度大大超过高度。

产地及层位:惠民;东营组三段。

长形翼星介 *Pterygocypris longa* Bojie,1978
(图版 42,图 17)

壳体小,伸长。正模长 0.65mm,高 0.26mm,宽 0.27mm。长度超过壳高的 2 倍,侧视长肾形。背缘均匀拱曲,向两端等斜下倾;腹缘中部微凹;前、后两端均倾斜,至腹部呈窄圆,后端更窄于前端。左瓣大于右瓣,叠覆微弱。壳面光滑。背视长纺锤形,近中腹部最凸。后视底部较圆。

产地及层位:临邑;沙河街组四段。

小星介属 *Miniocypris* Bojie,1978
纯洁小星介 *Miniocypris mera* Bojie,1978
(图版 42,图 18)

壳体小,壁薄,侧视不规则肾形。正模长 0.43mm,高 0.23mm。背缘拱,近中部最高,向前端倾斜度略小于后端,腹缘中部和前 1/4 处内凹,前端圆,后端弧形下斜,与腹缘呈锐圆相接。壳面具浅蜂窝。铰合构造简单,右瓣铰合为刃状边。无饰板较宽,毛细管带窄,具短、直的毛细管。闭壳肌痕为 4 枚:前 3 枚略长,呈陡斜的直行排列;后 1 枚呈圆形。左瓣略大,沿前、后背缘及腹缘微叠覆右瓣。背视纺锤形,凸度均匀,近中部最宽。

产地及层位:垦利;沙河街组三段。

近三角小星介 *Miniocypris subtriangularis* Bojie,1978
（图版 42，图 19）

壳体小，侧视近不规则长三角形。正模长 0.62mm，高 0.32mm，宽 0.25mm。背缘中部弓形弯曲，向两端近相等倾斜，腹缘中部微凹，前端上部倾斜，下部窄圆；后端弧形下斜，后缘与腹缘构成更狭窄的后极端。左瓣略大于右瓣，叠覆极微弱。壳面光滑。背视纺锤形，凸度均匀，中部最宽，两端近等。

产地及层位：平原；沙河街组。

近等腰小星介 *Miniocypris subaequalis* Bojie,1978
（图版 42，图 20）

壳体小、长，壁薄，侧视近等腰三角形。正模长 0.62mm，高 0.32mm，宽 0.24mm。背缘中部似角状弯曲，向两端相等倾斜，后背缘与后缘相会处微呈钝角状弯曲；腹缘近直或微凹。前后端均下斜窄圆，后端更窄。左瓣大于右瓣，沿活动边微叠覆右瓣。壳面光滑。背视中稍偏后最宽，呈纺锤形，两端窄、近等。

产地及层位：博兴；沙河街组四段。

尖尾小星介 *Miniocypris caudate* Bojie,1978
（图版 42，图 21）

壳体小，侧视长肾形。正模长 0.54mm，高 0.24mm，宽 0.17mm。背缘弧形外拱，近中部最高；腹缘中部微凹。前端圆，中部略外凸；后端上部倾斜，下部稍上翘，后末端尖。壳面光滑。背视窄长，两侧中部平坦，两端尖、近等。

产地及层位：博兴；东营组三段。

异形小星介 *Miniocypris dissimilaris*（Bojie,1978）
（图版 42，图 22）

壳体小。正模长 0.72mm，高 0.30mm，宽 0.26mm。壁较薄，伸长，长度超过壳高的 2 倍。背缘近直或微拱；腹缘中部偏前内凹。前端窄圆；后端下倾，后极端锐圆。左瓣大于右瓣，叠覆微弱。背视窄长，后 1/3 处最宽。壳面光滑。

产地及层位：滨州；东营组二段。

伸长小星介 *Miniocypris extensa*（Bojie,1978）
（图版 42，图 23）

壳体小，侧视长肾形，近中部最高。正模长 0.65mm，高 0.35mm，宽 0.27mm。背缘拱曲；腹缘中部微凸。前端窄圆，上部平缓倾斜；后端呈上部陡斜的窄圆形。左瓣大于右瓣，沿前、后背缘和腹缘叠覆较显著。背视近梭形，后 1/3 处最宽。壳面光滑。

产地及层位：临邑；东营组三段。

三角小星介 *Miniocypris triangalaris*（Bojie,1978）
（图版 42,图 24）

壳体小,侧视近三角形。正模长 0.60mm,高 0.32mm,宽 0.23mm。背缘近中部略呈角状弯曲,向前端近直的倾斜,向后端微弧形倾斜;腹缘中部稍外凸。前端窄圆;后端斜长,后极端尖锐。左瓣略大于右瓣、叠覆微弱。背视狭长,近纺锤形,最大凸度位于后 1/3 处。向后端收缩变尖。壳面光滑。

产地及层位:商河;东营组三段。

宁海介属 *Ninghainia* Bojie,1978
小刺宁海介 *Ninghainia minispinata* Bojie,1978
（图版 42,图 25）

壳体中等大小,壁薄,呈不规则肾形。正模长 1.03mm,高 0.63mm,前 1/3 处最高。背缘直,略向后倾斜;腹缘中部微凹。前端宽圆,后端略窄圆。壳面具长形的蜂窝状纹饰,腹部最凸处有一中空的长刺。左瓣微大于右瓣,叠覆微弱。腹部凸起、下垂,端视底面呈倒"W"形。

产地及层位:垦利;沙河街组二段。

钩刺宁海介 *Ninghainia uncinata* Bojie,1978
（图版 42,图 26）

壳体小,壁薄,不规则肾形。正模长 0.60mm,高 0.38mm,前 1/3 处最高。背缘直,向后倾斜较大;腹缘近直。前端圆,后端窄圆。壳面具浅蜂窝状纹饰,腹部偏后有一中空弯曲的刺;壳腹部凸起,腹侧下垂。钙化壁窄,垂直毛细孔发育。

产地及层位:垦利;沙河街组三段。

翅刺宁海介 *Ninghainia alatispinata* Bojie,1978
（图版 43,图 1）

壳体小,壁薄,不规则肾形。正模长 0.60mm,高 0.38mm。前 1/3 处最高。背缘近直,显著后倾;腹缘凹。前端宽圆,后端窄圆。壳面具微弱的蜂窝状纹饰,中腹部具一中空长刺。壳周缘下凹,形成一个明显的饰边,饰边上具明显、定向排列的疣状小粒。壳腹部凸起,腹侧下垂。端视呈翼状伸展。钙化壁窄,织边清楚。

产地及层位:垦利;沙河街组三段。

玻璃介科 Candonidae Daday,1900
玻璃介属 *Candona* Baird,1846
蒙阴玻璃介 *Candona mengyinensis* Huang et Gou,1988
（图版 43,图 2）

壳体侧视肾形,前端圆,后端窄圆且下倾。背缘后 1/3 处最高并折曲,腹缘中前部内弯。

左壳大,壳面光滑。内板中等宽,毛细管带窄。放射状毛细管密、直短。雌壳长 0.66mm,高 0.33mm;雄壳长 0.66mm,高 0.35mm。

产地及层位:蒙阴;始新统。

假双压玻璃介 *Candona pseudobicompressa* Shan et Zhang,1997
（图版 43,图 3）

壳体正模长 0.98mm,高 0.55mm。侧视近梯形,最大高度位于后 1/4 处。背缘近直,略前倾;腹缘中部微内凹。前端微斜圆,后端陡圆。左瓣大于右瓣,在腹缘叠覆明显。壳面具明显蜂窝,前部具稀少的小疣。

产地及层位:垦利;馆陶组上段。

东辛玻璃介 *Candona dongxinensis* Shan et Zhang,1997
（图版 43,图 4、5）

壳体正模长 0.80mm,高 0.37mm,宽 0.25mm,侧视呈长梯形,最大高度位于后 1/4 处。背缘近直,略前倾;腹缘中部内凹。前端窄圆,后端宽圆。左瓣大于右瓣,在腹部和前、后背缘处叠覆明显。前、后端扁平。壳面具明显的蜂窝。

产地及层位:垦利;明化镇组上段。

蓝田玻璃介 *Candona cantianensis* Lee,1966
（图版 43,图 6）

个体中等大,不规则肾形。近模长 0.81mm,高 0.38mm,宽 0.29mm。壳最高在后 1/3 处。背缘由壳最高处向前微倾斜,腹缘中前部内弯较明显。前端窄圆,上部斜切;后端较圆。左瓣大,沿腹缘叠覆右瓣明显。壳面光滑。

产地及层位:垦利;明化镇组上段。

近昆特依玻璃介 *Candona subkunteyiensis* Shan et Zhang,1997
（图版 43,图 7）

壳体正模长 0.81mm,高 0.38mm,宽 0.25mm。侧视近长肾形。背缘与腹缘近平行,背缘中部微内凹,腹缘近直。前端正圆,后端向下斜圆。左瓣大于右瓣,腹缘叠覆明显。壳面光滑。

产地及层位:垦利;明化镇组上段。

近扁平玻璃介 *Candona subplanus* Shan et Zhang,1997
（图版 43,图 8、9）

壳体中等大小,长肾形。正模长 1.35mm,高 0.60mm。最大高度位于后 1/3 处。背缘直,微向前倾;腹缘中前部内凹。前端宽圆,后端背部倾斜,下部窄圆。左瓣大于右瓣,后背缘叠覆明显。内板中等宽。壳面光滑。

产地及层位：沾化；馆陶组上段。

扁平玻璃介　*Candona planus* Yuan
（图版 43，图 10、11）

近模长 1.02～1.10mm，高 0.48～0.55mm。雌性个体呈不规则肾形。背缘直，倾向前端；腹缘中前部内凹，后部微内凹。前端圆，微下垂；后端背部倾斜，然后垂圆向腹缘。左瓣大于右瓣，后背缘叠覆明显。壳面光滑。

雄性个体长肾形，背缘外拱，腹缘中前部强凹。前端圆，后端较宽圆。前腹缘处具一小瘤。精巢痕清楚。

产地及层位：沾化；馆陶组上段。

假扁平玻璃介　*Candona pseudoplanus* Shan et Zhang, 1997
（图版 43，图 12）

壳体中等大小，不规则长肾形。正模长 1.39mm，高 0.57mm；副模长 1.30mm，高 0.56mm。最大高度位于后 1/2 处。背缘直长、前倾，后背斜，中部微凹；腹缘中前部内凹。前端圆，后端下部内凹，后段中部尖圆。内板中等宽，前、后端内板近等宽。壳面光滑。

产地及层位：沾化；馆陶组上段。

直角形玻璃介（比较种）　*Candona* cf. *rectangulata* Hao
（图版 43，图 13）

壳体较小，侧视近长肾形。长 0.77mm，高 0.33mm，宽 0.22mm。背缘均匀外拱，腹缘中后部内凹。前缘上部斜圆，下部近直；后缘上部斜，中下部钝圆。左壳稍大于右壳。凸度较小，背视扁平。壳面光滑。

产地及层位：莱阳金刚口；王氏群金刚口组。

伸延玻璃介　*Candona protensa* Bojie, 1978
（图版 43，图 14）

壳体中等大小，长肾形。正模长 0.96mm，高 0.50mm，宽 0.38mm；副模长 1.00mm，高 0.50mm，宽 0.38mm。最大高度位于后 1/3 处。背缘微拱，较平缓；腹缘中部偏前微凹。前端圆，后端上部弧形下斜，下端窄圆。背视长扇形，凸度均匀，最大宽度约位于中部。壳面光滑。

产地及层位：东明；沙河街组三段。

曼氏玻璃介　*Candona mantelli* Jones, 1888
（图版 43，图 15）

壳体小，近肾形。正模长 0.75mm，高 0.43mm，宽 0.27mm；副模长 0.72mm，高

0.41mm，宽 0.26mm。最大高度位于后 1/3 处。背缘拱，向两端弧形倾斜，腹缘中部凹。前端圆，后端斜圆。背视两侧较平，后端钝圆。壳面光滑。

产地及层位：垦利；沙河街组。

干净玻璃介 *Candona detersa* Chen, 2002
(图版 43，图 16)

壳体中等大小，近肾形。正模长 1.10mm，高 0.55mm，宽 0.35mm，近中部最高。背缘拱，腹缘中部偏前内凹，前、后端微向上呈不等的斜圆。后背缘倾斜并向内凹，后极端窄圆。左瓣沿周缘叠覆右瓣，以背缘尤显。背视纺锤形，两端尖扁近等，近中部最宽。壳面光滑。

产地及层位：垦利；沙河街组二段。

双凹玻璃介 *Candona biconcave* (Bojie, 1978)
(图版 43，图 17)

壳体中等大小，不规则五角形。正模长 1.10mm，高 0.50mm，宽 0.20mm。后背角处呈角状弯曲，形成壳的最高处；背缘中部直而前倾，前背斜微凹，后背斜凹；腹缘中部及近后端处均内凹；前端宽圆，前腹缘弯曲均匀；后端陡直，上、下部均呈角状弯曲，尤以下部更锐。壳面光滑，局部具精细的网纹。内板中等宽，前、后端内板近等宽，但前端略宽。毛细管带窄，毛细管直、密；垂直毛细孔分布较散。闭壳肌痕属玻璃介亚科类型。

产地及层位：垦利；沙河街组三段。

奇玻璃介 *Candona mira* (Bojie, 1978)
(图版 44，图 1)

壳体中等大小，不规则肾形，最大高度位于后 2/5 处。正模长 1.45mm，高 0.82mm，宽 0.57mm。背缘中、前部直，前倾较大，后背斜短、微凹；腹缘中偏前处强凹。前端圆、下垂；后端为较陡直的宽圆状。左瓣大于右瓣并沿周缘微叠覆。背视橄榄形，最大宽度位于中部略偏后。壳面光滑，两瓣腹缘前 1/4 处各有 1 个小疣。

产地及层位：博兴；沙河街组四段。

金光玻璃介 *Candona aurata* Bojie, 1978
(图版 44，图 2)

标本为一右瓣，近肾形，最大高度位于后 1/4 处。正模长 1.68mm，高 0.90mm，宽 0.41mm。背缘微拱、前倾；腹缘中部略偏前强凹；两端下垂，圆度近等，后端上部倾斜，形成斜圆的后端；前端下腹缘处具一小刺。内板中等宽，前端宽约为后端的 2 倍。毛细管带很窄，毛细管细、密、直。壳面光滑，垂直毛细孔密。闭壳肌痕清晰。

产地及层位：垦利；沙河街组三段。

粗壮玻璃介 *Candona viriosa* Bojie,1978
（图版 44,图 3）

壳体中等大小,近斜三角形,最大高度约位于后 1/3 处。正模长 0.88mm,高 0.51mm,宽 0.43mm。背缘中部微弧形,前倾；前、后背缘向两端倾斜不等,与内凹明显的腹缘两端连接,形成较圆的前端及窄圆的后端,两端均微向下伸展。左瓣叠覆右瓣,沿前、后背缘及腹缘中部叠覆最明显。壳面光滑。背视近卵形,凸度较大,最大宽度位于后 1/3 处。

产地及层位:高青；沙河街组三段。

怪形玻璃介 *Candona carraeformistenuis* Bronstein,1947
（图版 44,图 4）

壳体中等大小,为伸长的肾形。正模长 1.26mm,高 0.54mm,宽 0.37mm,长度超过高度的 2 倍。背缘中部近直；前背斜内凹显著,后背斜缓；腹缘前 1/3 处内凹较大；前、后端圆,但前端较后端宽圆。左瓣大于右瓣,叠覆弱但均匀。壳面光滑。背视长纺锤形,最大宽度位于近中部。

产地及层位:垦利；沙河街组三段。

对称玻璃介 *Candona symmetrica* Bojie,1978
（图版 44,图 5）

壳体中等大小,壁薄,长肾形。正模长 0.81mm,高 0.39mm,宽 0.20mm。背缘均匀拱起,中部为全壳最高处并向两端对称倾斜；腹缘近中部凹。两端向下倾斜,近等圆,后端微窄于前端。左瓣大于右瓣,沿周缘叠覆,以背缘略显。壳面光滑。背视窄长,两端窄尖,近中部最宽。

产地及层位:垦利；沙河街组三段。

后圆玻璃介 *Candona postirotunda* Bojie,1978
（图版 44,图 6）

壳体小,近肾形。长 0.63mm,高 0.36mm。背缘直、短,与腹缘近平行；腹缘中部凹；前端向下斜圆,略低于后端；后半部最高。壳面光滑。

产地及层位:滨州；沙河街组二段。

长圆玻璃介 *Candonia longitera* Bojie,1978
（图版 44,图 7）

壳体较小,壁薄,透明,近肾形。长 0.77mm,高 0.40mm,宽 0.30mm。背缘微微均匀拱起；腹缘中部宽弧形内凹。两端等高,呈对称圆形。左瓣微大于右瓣,叠覆不明显。壳面光滑。背视近纺锤形,最大宽度位于中部略偏后。

产地及层位:滨州；沙河街组二段。

小玻璃介属 *Candoniella* Schneider,1956
光亮小玻璃介 *Candoniella candida* Hao,1974
（图版44,图8）

壳体小,侧视近长椭圆形。正模长0.47mm,高0.23mm,宽0.22mm。背缘近直微拱,腹缘中间微内凹。前后缘宽弧形弯曲。中部最高,前端稍低于后端。左壳微大于右壳,沿周缘叠覆右壳。背视长卵形,中间最宽。壳面光滑。

产地及层位:莱阳;王氏群。

纯净小玻璃介 *Candoniella albicans* (Brady),1956
（图版44,图9）

壳体小,近梯形。近模长0.59~0.60mm,高0.31~0.34mm,宽0.20~0.22mm。背缘直,与腹缘近平行;腹缘中部微凹;两端等圆,上部微倾斜,下部圆。壳面具规则的蜂窝装饰。

产地及层位:临朐;济阳群。

曲背小玻璃介 *Candoniella dorsicamura* Bojie,1978
（图版44,图10）

壳体小,近肾形。正模长0.68mm,高0.35mm,宽0.26mm,最大高度近中部。背缘拱起;腹缘中部微凹。前端微高于后端,前端圆,后端窄圆微下垂。左瓣微大于右瓣,叠覆不明显。背视纺锤形,近中部最宽,壳面光滑。

产地及层位:沾化;济阳群。

凋萎小玻璃介 *Candoniella marcida* Mandelstam,1961
（图版44,图11）

壳体小,壁薄,近梯形。正模长0.75mm,高0.37mm。背缘直,微后倾;腹缘中部微凹;前端略高,上部倾斜,下部圆;后端弧形下斜,和腹缘以窄圆相连。壳面具细斑点。内板在前端略宽于后端。背视凸度匀称,两侧平缓,两端钝、近等。

产地及层位:垦利;沙河街组三段。

小爬星介属 *Herpetocyprella* Daday,1909
五图小爬星介 *Herpetocyprella wutuensis* Bojie
（图版44,图12）

壳体中等大小,近肾形。正模长0.95mm,高0.56mm,宽0.42mm。背缘弧形外拱,中部略偏前,为全壳最高处;腹缘中部微凹。前端宽圆;后端窄圆。左瓣大于右瓣,沿活动边叠覆。壳面具明显的蜂窝,两端具小疣,中部具一较大的圆瘤;壳的中前背部微凹陷。背视纺锤形,均匀凸起,中部最宽,背槽清楚。

产地及层位:昌邑;孔店组二段。

景玻璃介属 *Candonopsis* Vavra,1891
任丘景玻璃介 *Candonopsis renqiuensis* Bojie,1978
(图版 44,图 13)

壳体中等大小,近长方形。长 1.10mm,高 0.53mm,宽 0.38mm,长度超过高度的 2 倍。背缘近直前倾,后 1/3 处最高,并由此近直后倾。前端均匀圆;后端陡圆。左瓣大于右瓣,沿前、后背缘叠覆明显。背视凸度不大,前端窄于后端。中偏后部最宽。壳面光滑。

产地及层位:临邑;东营组二段。

直景玻璃介 *Candonopsis recta* Bojie,1978
(图版 44,图 14)

壳体中等大小,近肾形或长卵形。正模长 1.05mm,高 0.53mm,宽 0.37mm,最大高度位于后 1/3 处。背缘微拱,中部近直,微前倾;腹缘中部微凹。两端近等圆。左瓣大于右瓣,沿前、后背缘及腹缘中部叠覆明显。壳面光滑。背视扁卵形,两侧平缓,中部偏后最宽。

产地及层位:平原;沙河街组二段。

似玻璃介属 *Paracandona* Hartwig,1899
真织似玻璃介 *Paracandona euplectella* (Robertson,1889)
(图版 44,图 15)

壳为不规则长椭圆形。长 0.56~0.67mm,高 0.22~0.34mm,宽 0.28~0.34mm。背缘直;腹缘凹,两者近平行。前端低于后端,圆形;后端略宽圆。左瓣略大于右瓣。壳面具蜂窝和结节。背视椭圆形,凸度大,宽度略超过壳高。

产地及层位:临朐;济阳群。

假玻璃介属 *Pseudocandona* Kaufmann,1900
德州假玻璃介 *Pseudocandona dezhouensis* Bojie,1978
(图版 44,图 16)

壳体小,近梯形。正模长 0.68mm,高 0.50mm,宽 0.40mm;副模长 0.70mm,高 0.50mm,宽 0.40mm。背缘微拱;腹缘微凸。两端上部倾斜,下部近等圆。左瓣大于右瓣,沿活动边叠覆,以腹部更明显。壳面光滑。凸度中等,最大凸度位于中部略偏后。背视背槽宽深。

产地及层位:平原;沙河街组三段。

一疣假玻璃介 *Pseudocandona longinodosa* Bojie,1978
(图版 44,图 17)

壳体小,近梯形。正模长 0.45mm,高 0.32mm,宽 0.24mm;副模长 0.47~0.54mm,高 0.33~0.38mm,宽 0.28~0.32mm。背缘微拱;腹缘近直。前端上部弧形下斜;后端为较陡的弧形倾斜。左瓣微大于右瓣,沿活动边微叠覆。壳面具细、弱的网纹,中腹部有一微向前倾斜的长瘤。背视矛形,后 1/3 处最宽。

产地及层位:广饶;沙河街组三段。

二疣假玻璃介　*Pseudocandona bipapalata* Bojie,1978
（图版 44,图 18）

壳体小,近梯形。正模长 0.45mm,高 0.30mm;副模长 0.45～0.55mm,高 0.30～0.37mm,宽 0.23mm。正模标本为右瓣。最大高度位于前 1/3 处。背缘直,微后倾;腹缘近直。前端上部弧形下斜,下部圆;后端弧形倾斜,至腹部收缩呈窄圆。壳面具精细的网纹,有前、后两个瘤;前瘤位于中腹部,向前腹角延伸并倾没于壳面,背视呈羽状凸起;后瘤位于前瘤之后,微呈长形,其伸长方向指向后腹角。铰合构造同玻璃介属。闭壳肌痕由 6 点组成,前排 4 点,后排 2 点,两排最下方的一点最小,前排上方一点最大,各点排列紧密,与玻璃介属肌痕类似。整壳体可见左瓣大于右瓣,沿前、后背缘和腹缘叠覆明显。

产地及层位:滨州;沙河街组三段。

四疣假玻璃介　*Pseudocandona quadripapalata* Bojie,1978
（图版 44,图 19）

壳体小,近梯形。正模长 0.55mm,高 0.33mm,宽 0.26mm;副模长 0.53mm,高 0.33mm,宽 0.29mm,最大高度位于后部。背缘直,微前倾;腹缘微凹。前端上部倾斜呈斜圆;后端陡斜,与腹缘构成窄圆。左瓣大于右瓣,沿前、后背缘和腹缘微叠覆右瓣。壳面具细弱网纹,在后腹部有 4 个略为长形的小瘤,近正方形排列。背视凸度中等,后 1/3 处最宽,背槽清楚。

产地及层位:垦利;沙河街组三段。

双列疣假玻璃介　*Pseudocandona bicostata* Bojie,1978
（图版 44,图 20）

壳体小,近梯形。正模长 0.55mm,高 0.40mm,宽 0.30mm;副模长 0.43mm,高 0.28～0.33mm,宽 0.20～0.22mm。背缘直,与腹缘近平行;腹缘近直,微凸。前端圆,上部倾斜;后端陡斜,与腹部相连呈窄圆。左瓣大于右瓣,沿前、后背缘及腹缘叠覆明显。壳面饰以蜂窝,并具上、下两列瘤,前者为一长形瘤,大致与背缘平行;后者由 3～4 个长形小瘤组成,向前腹角倾斜。背视近卵形,中后部最宽。

产地及层位:博兴;沙河街组三段。

大假玻璃介　*Pseudocandona magna* Bojie,1978
（图版 45,图 1）

壳体中等大小,近梯形。正模长 0.78mm,高 0.48mm,宽 0.40mm;副模长 0.80mm,高 0.49～0.51mm,宽 0.37～0.45mm。最大高度位于后 1/3 处。背缘微拱,略前倾;腹缘近直。前端圆,上部倾斜;后端斜圆。左瓣大于右瓣,沿活动边叠覆。壳面光滑。背视近卵形,中等凸起、均匀,最大宽度位于中部略偏后。

产地及层位:垦利;沙河街组二段。

盲星介属 *Typhlocypris* Vejdovsky,1882
中华盲星介 *Typhlocypris sinensis* (Bojie,1978)
(图版45,图2)

壳体中等大小,近三角形。正模长1.43mm,高0.80mm,宽0.50mm。左瓣背缘近中部强拱,形成最大高处;前、后背缘不等地向两端倾斜,与中部微凹的腹缘相连,形成斜圆的前端及锐圆的后端。左、右瓣明显不对称,左瓣大,背缘中部强烈内卷且高耸于右瓣背缘之上,沿其他边缘叠覆较小。背视长纺锤形,凸度较小,近中部最宽。壳面光滑。

产地及层位:商河;沙河街组。

拱形盲星介 *Typhlocypris camerata* (Bojie,1978)
(图版45,图3)

壳体小,圆三角形,近中部最高。正模长0.78mm,高0.55mm,宽0.28mm。背缘中部拱,前背斜微凹,后背斜近直;腹缘近直。两端钝圆、近等。左瓣大,沿周缘叠覆右瓣,左瓣背缘中部明显地高耸于右瓣之上。背视长纺锤形,凸度略小,近中部最宽,前端较后端更窄尖。壳面光滑。

产地及层位:垦利;沙河街组。

结星介属 *Tuberocypris* Swain,1947
鼓包结星介 *Tuberocypris gibbosa* (Bojie,1978)
(图版45,图4)

壳体中等大小,近短肾形。正模长1.63mm,高1.03mm,最大高度位于后1/3处。背缘拱起,从最高处微前倾;后背斜缓斜向两端,与近中部微内凹的长的腹缘相连,形成斜圆的前端及陡直的后端。壳凸度不均,中偏后部凸起最强,呈鼓包,向两端迅速变扁。壳面光滑。

产地及层位:博兴;沙河街组三段。

纺锤玻璃介属 *Fusocandona* Bojie,1978
相等纺锤玻璃介 *Fusocandona equalis* Bojie,1978
(图版45,图5)

壳体中等大小,不规则梯形。正模长1.12mm,高0.62mm,宽0.45mm。背缘微拱,近直;腹缘中部偏前处微凹。前端圆,上部弧形前倾,在左瓣前缘中部具尖部,但右瓣无此特征;左瓣的后端弧形倾斜,和微上翘的后腹缘相交呈平伸的后尖部,右瓣的后极端锐圆,没有尖部。左瓣大于右瓣,沿活动边叠覆。壳面光滑或具微弱的蜂窝状网纹。

产地及层位:临邑;东营组三段。

大纺锤玻璃介 *Fusocandona magna* Bojie,1978
（图版 45,图 6）

模式标本略受挤压。壳体大,近长梯形。正模长 1.85mm,高 0.95mm。背缘近直,微拱；腹缘中部凹。右瓣前端圆,上部弧形倾斜,后端狭窄；左瓣前端具尖,后极端收缩呈尖刺。左瓣叠覆右瓣,背缘叠覆特强。壳面光滑。背视窄长。放射毛细管带较宽,毛细管密度中等,少数分叉。

产地及层位：博兴；东营组三段。

兴隆台纺锤玻璃介 *Fusocandona xinglongtaiensis* Bojie,1978
（图版 45,图 7）

个体中等大,壳壁极薄,近肾形。正模长 1.98mm,高 0.68mm。背缘微拱,前、后背缘呈弧形弯曲,或后缘中部近直。左壳前尖部短小,与体中线等高。后尖部微翘,低于体中线。腹缘中部内凹。背视壳体凸度均缓,中部最厚,两端尖。壳面光滑。

产地及层位：商河；沙河街组三段。

长脊纺锤玻璃介 *Fusocandona longicostata* Bojie,1978
（图版 45,图 8）

模式标本为挤压破损的左瓣。个体大,壁厚,近纺锤形。正模长 2.39mm,高 1.40mm,近中部最高。背缘拱；腹缘中部微凹。前、后两端弧形倾斜,至下部收缩呈尖部。壳面具明显的蜂窝,腹部有一与腹缘平行的长脊。

产地及层位：垦利；东营组二段。

商河纺锤玻璃介 *Fusocandona shangheensis* Bojie,1978
（图版 45,图 9）

壳体中等大小,伸长。正模长 1.20mm,高 0.57mm,宽 0.45mm。长度超过高度的 2 倍,最大高度位于中部略偏后。背缘拱；腹缘中部偏前处凹。两端狭窄,前、后尖部均位于体中线之下；后尖部向后延伸较长。左瓣大,沿两端上部和腹缘叠覆右瓣,在两尖部无叠覆,只是左瓣具尖部,超越右瓣。壳面光滑。背视纺锤形,两端特尖,两侧圆拱,中部稍偏前最厚。

产地及层位：商河；东营组三段。

沾化纺锤玻璃介 *Fusocandona zhanhuaensis* (Bojie,1978)
（图版 45,图 10）

壳体很大,壁薄,不规则椭圆形。正模长 3.12mm,高 1.62mm。最大高度位于中部偏前明显突出的前背角处。背缘近直、后倾；腹缘微凸。前端高于后端,宽圆；后端上部以一弯曲部向背缘过渡,中部直后倾,向下与腹缘构成略伸长而尖锐的后极端。壳面光滑。壳瓣中腹部凸起最大。内板前端宽；放射毛细管分散，较粗。背视丘形，两端尖窄。

产地及层位：沾化；东营组三段。

里海介属 *Caspiolla* Manderstam,1956
精美里海介 *Caspiolla compta*（Bojie,1978）
（图版 45,图 11）

壳体大，不规则肾形。正模长 1.68mm，高 0.90mm，宽 0.42mm，最大高度位于后 1/3 处。背缘自最高处向两端倾斜，前、后背斜近等；腹缘凹，在前 1/3 处最凹。前端圆，微向下倾；后端上、下部倾斜近等，相遇呈锐圆。左瓣叠覆右瓣，以背缘、腹缘最明显。壳面光滑。背视窄长，凸度较小，最大宽度位于中部略偏后。

产地及层位：临邑；沙河街组三段。

均称里海介 *Caspiolla aequalis*（Bojie,1978）
（图版 45,图 12）

壳体大，近矩形。正模长 1.50mm，高 0.77mm，宽 0.55mm；副模长 1.33mm，高 0.73mm。背缘直、长，微微前倾；腹缘中部略偏前内凹。前端均匀圆；后端上部微凸且向下斜，与后腹缘相遇呈窄圆。左瓣大，沿周缘叠覆右瓣。背视橄榄形，近中部最宽。壳面光滑。

另一右瓣内视可见发育而分散的垂直毛细管；放射毛细管直、密。

产地及层位：武城；沙河街组三段。

鞍状里海介 *Caspiolla sagmaformis*（Bojie,1978）
（图版 45,图 13）

雌性壳体中等大小，近梯形。正模长 0.88mm，高 0.52mm，宽 0.35mm；副模长 0.88～0.98mm，高 0.53～0.63mm，宽 0.32～0.35mm。前、后两端不等圆，上部均倾斜；后端窄圆于前端；背缘、腹缘中部均微凹并近于平行。左瓣大于右瓣且沿其周缘叠覆。背视近纺锤形，后 1/3 处最宽。壳面光滑。

雄性侧视外形与雌性相似，凸度略小，最大凸度位于近中部；壳的腹缘前 1/2 处有一小瘤状凸起。

产地及层位：临邑；沙河街组三段。

后凸里海介 *Caspiolla posticonvexa*（Bojie,1978）
（图版 45,图 14）

雌性壳体中等大小，近圆梯形。正模长 1.30mm，高 0.70mm，宽 0.48mm；副模长1.30～1.41mm，高 0.72～0.82mm，宽 0.48～0.50mm，最大高度位于后 1/3 处。背缘近直或微外弯，略前倾；腹缘中部凹。前端宽圆；后端窄尖。左瓣沿后背角至后尖端的中部加厚凸出呈小瘤状鼓包，左瓣叠覆右瓣，又以背缘叠覆尤甚。背视纺锤形，近中部最宽。壳面光滑。

雄性壳侧视外形与雌性壳相似,但无小瘤状鼓包,而在左瓣腹缘前 1/2 处有一小瘤状凸起。背视中后部最宽。

产地及层位:禹城;东营组二段。

高形里海介 *Caspiolla elata* (Bojie,1978)
(图版 45,图 15)

壳体中等大小,近梯形。正模长 1.32mm,高 0.75mm,宽 0.48mm。最大高度位于前 1/3 处。背缘中部近直,微后倾;腹缘近直。前端圆,后端尖圆。两瓣强烈不等,左瓣背缘中部高耸于右瓣,并沿前、后缘及腹缘叠覆右瓣,但腹缘中部更显著。背视纺锤形,中部凸度略大,形成最大宽度,两端窄尖。壳面光滑。

产地及层位:垦利;东营组二段。

里海金星介属 *Caspiocypris* Mandelstam,1956
矩形里海金星介 *Caspiocypris longiquadrata* (Bojie,1978)
(图版 46,图 1)

壳体中等大小,近矩形。正模长 1.21mm,高 0.75mm,宽 0.53mm。最大高度位于后 1/4 处。背缘近直微前倾;腹缘中偏前内凹。前端呈斜圆,微下倾;后端特钝、陡圆。左瓣沿背缘、腹缘叠覆最明显。壳面光滑。背视橄榄形,两端近等,凸度均匀,最大凸度位于近中部。

产地及层位:博兴;沙河街组三段。

等高里海金星介 *Caspiocypris equiprocera* (Bojie,1978)
(图版 46,图 2)

壳体中等大小,近梯形。正模长 1.06mm,高 0.70mm,宽 0.40mm;副模长 0.92mm,高 0.55mm,宽 0.37mm。背缘中部直且与腹缘近平行,前斜近直或微外凸,后背斜微凹;腹缘中部凹。前端、后端圆,后端窄于前端。左瓣大,沿周缘叠覆右瓣,以背、腹缘叠覆略大。背视长卵形;凸度中等、均匀,最宽位于后 1/2 处。壳面光滑。

产地及层位:利津;沙河街组三段。

短背介科 Notodromadidae Kaufmann,1900
柔星介属 *Cyprois* Zenker,1854
对称柔星介 *Cyprois symmetrica* Wu et Zhou,1979
(图版 46,图 3、4)

壳体中等大小,长 0.99m,高 0.66mm,宽 0.41mm,侧视圆三角形。背缘外拱,腹缘中部微内凹。两端均圆弧形,前缘稍宽于后缘,除在腹缘中部外,右壳超越左壳。背视凸镜形。最大高度及宽度均位于壳体中部。壳面光滑或饰细网纹。

产地及层位:诸城;王氏群辛格庄组。

土星介科　Ilyocyprididae Kaufmann,1990
土星介属　*Ilyocypris* Brady et Norman,1889
隆起土星介　*Ilyocypris gibba*（Ramdohr,1808）
（图版 46,图 5）

壳体中等大小,侧视近肾形。长 0.86mm,高 0.46mm。背缘近直,中部微内凹,前背缘明显,腹缘中部内凹。前缘保存不完整,后缘圆弧形；两端近等高,最大高度在前背缘处。左壳大于右壳。背中前部有 2 条横槽,后槽下方有一不明显的小窝；两槽之间及其前、后各具一瘤,后槽之后的瘤大,其尖端指向后上方。中腹部具一小瘤。壳面具蜂窝状装饰。

产地及层位：临朐山旺；山旺组。

独山土星介　*Ilyocypris dunschanensis* Mandelstam,1963
（图版 46,图 6、7）

壳体中等大小,近长椭圆形。近模长 0.83～0.90mm,高 0.39～0.46mm,宽 0.24～0.25mm。前端宽圆,上部斜切,后端方圆；背缘直,向后倾,腹缘中部内弯明显。前背侧两横槽的下段后斜,槽间脊上的瘤弱小,横槽前后具两个瘤,后背瘤较前背瘤大。壳面具蜂窝状装饰。

产地及层位：滨州；黄骅群。

布氏土星介　*Ilyocypris bradyi* Sars,1890
（图版 46,图 8）

壳体中等大小,长椭圆形。近模长 0.83mm,高 0.45mm。前端宽圆,上部斜切,后端均匀圆。背缘直,腹缘中部内弯明显。沿壳前缘、后缘有零星的端刺。壳面具蜂窝状装饰。

产地及层位：垦利；明化镇组上段。

近美丽土星介　*Ilyocypris subpulchra* Yang
（图版 46,图 9）

壳近长椭圆形。近模长 0.94mm,高 0.50mm。前端圆,顶部斜切,高于后端；后端均匀圆。腹缘中部内弯明显。中前背部两横槽窄、深,两槽之间及其前后有 3 个背瘤,后背瘤较尖,圆锥形,向后弯指；中、前背瘤小、圆,但前背瘤较大。腹部有 4 个小瘤,后腹瘤较大、圆；2 个中腹瘤紧靠在一起,呈长脊状；前腹瘤呈短脊状。壳前中部略偏下有 1 个形状不规则的小瘤。前、后端有 1 排稀而细的端刺,壳前、后部分有零星的小结节。壳面具蜂窝状装饰。

产地及层位：垦利；明化镇组上段。

后膨土星介　*Ilyocypris salebrosa* Stepanaitys
（图版 46,图 10、11）

近模长 0.96～1.02mm,高 0.51～0.52mm。雌性个体椭圆形。背缘直,微向后倾,腹缘中部内凹。前端略斜圆,后端圆。前背侧槽深,下端后斜。背部有 3 个瘤,后背瘤膨大,超越背缘,前背瘤较小、圆,中背瘤很小。腹部有2个瘤,后腹瘤近圆,中腹瘤呈脊状鼓起,不太明显。在前、后端有零星的端刺,壳面具蜂窝装饰。雄性个体与雌性个体的特征大致相近。但雄性个体呈长椭圆形,后背瘤小而低平。

产地及层位:垦利;明化镇组上段。

孤岛土星介 *Ilyocypris gudaoensis* Shan et Qu
（图版46,图12、13）

壳体中等大小,长椭圆形。正模长0.85mm,高0.45mm。前端宽圆,上部斜切,后端圆,前端明显高于后端。背缘平直,向后倾斜;腹缘中部内弯明显。背部具3个瘤:前背瘤较小、圆;后背瘤较大,圆锥形,向后指;中背瘤不明显。腹部有2个瘤,后腹瘤位于近后腹角处,中腹瘤较小。沿前边缘下部具1条隆脊。壳面具蜂窝状装饰。

产地及层位:沾化;馆陶组上段。

似浪游土星介 *Ilyocypris paraerrabundis* Li,1983
（图版46,图14）

壳体中等大小,近长椭圆形。近模长0.78～0.87mm,高0.45mm,宽0.30～0.32mm。后端膨胀,向前端逐渐低平。前端高,圆弧形;后端微斜圆,背缘直,微后倾,前、后背角钝;腹缘微凹。左瓣大于右瓣。背部2条横槽长,后斜。壳中部具一粒痕,为肌痕所在处。壳面具蜂窝状装饰。

产地及层位:垦利;沙河街组二段。

柳桥土星介 *Ilyocypris liuqiaoensis* Bojie,1978
（图版46,图15）

壳体小,近矩形。正模长0.68mm,高0.38mm,宽0.27mm。背缘直,前、后背角较明显;前端宽圆,上部倾斜;后端近方圆,低于前端;腹缘内凹。左瓣大于右瓣,沿前、后背角处微叠覆。壳的最大高度在前背角处。背中、前部具有2条横槽,后槽的下方具一粒痕;两槽之间及其前、后各具一圆瘤,后槽后面的瘤粗大,尖端指向后上方;在腹部后1/3处及后腹部各具一小圆瘤。壳面具粗蜂窝状网纹。

产地及层位:博兴;沙河街组四段。

刺星介属 *Rhinocypris* Anderson,1941
蒙阴刺星介 *Rhinocypris mengyinensis* Zhao,1985
（图版46,图16、17）

壳体中等大小,侧视近长椭圆形。长0.76mm,高0.37mm,宽0.30mm。背缘直,稍后倾;腹缘近直。前缘宽圆;后缘圆。壳体近中前部最高。壳体中、前部自背缘有两条横槽:后槽深,末端具一粒痕;前槽较短。两槽间及其前、后具3个瘤,中间的瘤最小,后瘤大,缓隆起。

左壳较大,沿前缘叠覆右壳。壳面具弱网纹,前端有小结节。

产地及层位:蒙阴;大盛群田家楼组。

侏罗侏罗刺星介 Rhinocypris jurassica jurassica (Martin,1940)
(图版 46,图 18、19)

壳体小,侧视近椭圆形。长 0.48mm,高 0.27mm,宽 0.23mm。背缘直,微后倾,前背角清楚;腹缘直至微内凹。最大高度位于壳前 1/4 处。左壳大于右壳,腹缘叠覆明显。自背缘中部至壳中部有一"V"形中槽,其下方有一痘痕;中槽前另有一窄"V"形槽,较短;前槽前、后各有一瘤,前者较大;中槽之后呈球状突起。壳面具细网纹及大量的刺状结节。背视长卵形,最大宽度位于壳后 1/3 处。前端钝尖,后端圆。

产地及层位:蒙阴;大盛群田家楼组。

女星介科 Cyprideidae Martin,1940
女星介属 Cypridea Bosquet,1852
圆形假伟星女星介 Cypridea (Pseudocypridina) tera (Su)
(图版 39,图 5)

壳体较大,长 1.46mm,高 0.91mm,宽 0.69mm,侧视长椭圆形。背缘外弯,腹缘近直。前、后端均圆。壳体最大高度在壳前 1/3 处。左壳大,沿腹缘和两端叠覆右壳,腹缘叠覆最明显。背视长卵形,最大壳宽位于壳后 1/3 处。壳面光滑。

产地及层位:诸城;王氏群。

似圆形假伟星女星介 Cypridea (Pseudocypridina) paratera Cao
(图版 39,图 6、7)

壳体较大,长 1.46mm,高 0.96mm,宽 0.72mm,侧视近半圆形。背缘弧形外弯曲,腹缘中部微外弯。前缘略宽于后缘,圆弧形;后缘上部略斜,壳体中部最高。左壳大,沿自由边缘叠覆明显。壳喙粗大,背视长卵形,最大壳宽位于中后部。壳面光滑。

产地及层位:诸城;王氏群。

女星介(未定种) Cypridea sp.
(图版 46,图 20、21)

壳体中等大小,侧视近椭圆形。长 0.87mm,高 0.60mm,宽 0.37mm。背缘直,微后倾,前背角明显;腹缘外凸。前缘宽圆形;上部斜切;后缘圆。壳喙短而清楚。左壳大,沿腹缘叠覆明显。左壳后腹角较明显。壳体凸度较强。背视似纺锤形,中后部最宽,两壳铰合线低于背缘呈凹槽状。壳面光滑。

产地及层位:蒙阴;大盛群田家楼组。

科斯库女星介 *Cypridea koskulensis* Mandelstam,1958
(图版 46,图 22、23)

壳体大,呈不正的椭圆形。长 0.975mm,高 0.575mm,宽 0.450mm。背缘直,后斜;腹缘近直或微外凸,中部略内凹,向后收缩。前端高,呈圆形弯曲,上部斜,与背缘近成角状,后端窄圆。右瓣大,沿前缘、腹缘、后缘叠覆左瓣,以腹缘最强,在后腹缘形成明显的自由边,右背缘略高出左瓣之上。壳近前 1/4 处最高,近中后部最厚。前腹缘具短粗的喙,凹痕短浅,较不清楚,壳面具蜂窝状网纹和不规则的零星小瘤刺。

产地及层位:莱阳;莱阳群曲格庄组。

朱家庄女星介 *Cypridea zhujiazhuangensis* Guan, 1989
(图版 47,图 1、2)

壳体小,侧视长椭圆形。长 0.725mm,高 0.400mm,厚 0.200mm,最大高度在前 1/5 处。前端斜圆;后端低,圆形。背缘直,自最高处向后倾斜;腹缘平直,中部微内凹。右瓣大于左瓣,沿腹缘叠覆。背视扁椭圆形,凸起弱,最大厚度在中后部。铰合区微凹,构成浅槽。凹痕浅,壳喙小。壳面具弱斑点,沿背缘有 1 排小瘤。沿前、后缘发育小结节。

产地及层位:莱阳;莱阳群曲格庄组。

常路女星介 *Cypridea changluensis* Zhao,1985
(图版 47,图 3、4)

壳体中等大小,侧视卵形。长 0.83mm,高 0.50mm,宽 0.36mm。背缘直,后倾;腹缘外凸;前缘宽圆,上部斜切;后缘窄圆,收缩较强。壳喙较短,凹痕清楚。左壳大,沿腹缘叠覆右壳明显,右壳背缘高出左壳。背视近纺锤形,近中部偏后处最宽,铰合线低于背缘,呈凹槽状。壳面光滑。

产地及层位:蒙阴;大盛群田家楼组。

山东女星介 *Cypridea shandongensis* Zhao,1985
(图版 47,图 5、6)

壳体中等大小,长 1.10mm,高 0.70mm,宽 0.53mm,侧视椭圆形。背缘直长,微后倾;腹缘近直。前缘宽圆,上部斜切;后缘圆形。壳喙短,凹痕清楚。左壳大,沿周缘叠覆右壳,腹缘叠覆较强,左壳高出右壳。壳体凸度较大。背视凸镜形,中部最宽。中后部铰合线呈凹槽状。壳面有小瘤。

产地及层位:蒙阴;大盛群田家楼组。

穴状女星介 *Cypridea cavernosa* Galeeva,1955
(图版 47,图 7、8)

壳体较大,长 1.35mm,高 0.82mm,宽 0.63mm,侧视长椭圆形。背缘直,向后端倾斜,前背角隆起；腹缘近直；最大高度在前背角处，两端均为宽圆，壳喙及凹痕清楚。左壳大，沿自由边缘叠覆右壳。背视长卵形，最大宽度在后 1/3 处，铰合区呈"V"字形凹槽。

产地及层位：诸城；王氏群。

蒙阴女星介 *Cypridea mengyinensis* Cao,1985
（图版 47，图 9、10）

壳体中等大小，侧视近不规则卵圆形。长 1.07mm，高 0.72mm，宽 0.52mm。背缘略外弯，稍后倾；腹缘微外弯；前缘斜宽圆，上部斜切；后缘方圆。前背角宽钝，左壳后腹角外展。最大高度位于壳前 1/3 处。左壳大，沿自由边缘叠覆右壳。壳喙小，凹痕清楚。背视透镜状，中部最宽。两壳铰合区形成浅"V"形凹槽。壳面饰细网纹及前、后端零星小结节。

产地及层位：蒙阴；大盛群田家楼组。

多刺女星介（比较种） *Cypridea* cf. *multispinosa* Hou,1958
（图版 47，图 11）

壳体中等大小，侧视近卵圆形。长 1.02mm，高 0.61mm，宽 0.55mm。背缘在铰合区直，微后倾，后背缘下斜；腹缘近直；前缘宽圆，上部微斜；后缘较窄圆。左壳大，沿自由边缘叠覆右壳，腹缘叠覆最明显。喙短钝，凹痕不明显。背视橄榄形，凸度大。两壳铰合区呈"V"形凹槽。表面饰有不规则的瘤及网纹。

产地及层位：蒙阴；大盛群田家楼组。

维季姆女星介（相似种） *Cypridea* cf. *vitimensis* Mandelstam,1955
（图版 47，图 12）

壳体中等大小，侧视为不规则的卵圆形。长 1.13mm，高 0.66mm。前端斜宽圆；后端为下斜的窄圆。背缘微外弯，后倾，最大高度位于壳前 1/4 处。壳喙小而清楚，凹痕较浅。壳面有清楚的网状纹饰及小结节。

产地及层位：蒙阴；大盛群田家楼组。

膨胀乌鲁威里女星介 *Cypridea tumida* Ye
（图版 47，图 13）

壳体中等大小，侧视近椭圆形。长 0.99mm，高 0.61mm，宽 0.48mm。背缘近直，稍后倾，前背角明显；腹缘外弯；前缘斜宽圆，上部斜切；后缘圆。最大壳高在壳前 1/4 处。壳喙小，凹痕短浅。右壳大，沿自由边缘叠覆左壳。背视近长卵形，最大壳宽位于壳后 1/3 处。壳面光滑。

产地及层位：莱阳；莱阳群曲格庄组。

近蒙阴女星介 *Cypridea submengyinensis* Hou
（图版47，图14）

壳体中等大小，侧视椭圆形。长1.10mm，高0.63mm，宽0.46mm。背缘近直，后倾，前背角明显，约位于壳前1/3处；腹缘近直；前缘斜宽圆；后缘圆。壳体前背角处最高。壳喙清楚。右壳大，沿周缘叠覆左壳，腹缘叠覆强。背视纺锤形，中后部最宽，铰合区低于背缘成凹槽。壳面光滑。肌痕清楚。

产地及层位：蒙阴；大盛群田家楼组。

莱阳女星介 *Cypridea laiyangensis* Cao,1985
（图版47，图15）

壳体中等大小，侧视近长方形。长0.91mm，高0.56mm，宽0.40mm。背、腹缘长直，近平行，腹缘中部微内凹。前缘略宽于后缘，均呈圆形，前、后背角圆钝。最大高度位于前背角处。左壳大，在腹缘叠覆右壳明显，后端具明显的反射边。壳喙粗钝，凹痕清晰。壳体近中背部稍凹。背视两侧近平行，后端宽钝，前端较窄，最大宽度在中后部。壳面饰消晰的细网纹。

产地及层位：莱阳；王氏群。

类女星介科 Talicyprididae Hou,1982
类女星介属 *Talicypridea* Khand,1977,emend.,Hou,1982
网纹类女星介 *Talicypridea reticulata* (Szczechura,1978)
（图版47，图16）

壳体较小，侧视近椭圆形。长0.69mm，高0.44mm，宽0.35mm。背缘微外弯，腹缘中部微内凹。左壳大，叠覆右壳的前背缘、后缘及腹缘。右壳前腹部具冠状突起，伸出左壳前缘及腹缘处。背视楔形，后端最宽。两壳铰合处形成凹槽。壳面光滑或具网纹。

产地及层位：莱阳；王氏群。

冠金星介属 *Cristocypris* Ye,1981
近膨胀冠金星介 *Cristocypris subturgida* Cao,1985
（图版47，图17）

壳体中等大小，侧视近长方形，后端较圆。长0.77mm，高0.36mm，宽0.41mm。最高处在壳前1/4处。左壳稍大于右壳，在前背部叠覆右壳。右壳前缘中下部具冠状突起伸出左壳前缘外面。背视近卵形，中后部最宽，向前逐渐变尖。壳宽大于壳高。壳面饰细网纹及小结节。

产地及层位：莱阳；王氏群。

方星介科 Qudracyprididae Hou, 2002
小豆介属 *Phacocypris* Bojie, 1978
豆状小豆介 *Phacocypris pisiformis* Bojie, 1978
（图版 46，图 24）

壳体小，侧视短肾形。正模长 0.55mm，高 0.33mm，宽 0.26mm，最大高度约位于前 2/5 处。前背角钝圆，腹缘近直；前端圆，后端略窄圆。左瓣大，沿前背缘和腹缘明显叠覆右瓣。背视扁卵形，两侧平缓，凸度均匀，后 1/3 处最宽；背槽清楚。壳面光滑，局部具精细的网纹。左瓣铰合构造为沟。毛细管带很窄，无饰板宽度约为毛细管带的 2.5 倍；放射毛细管短、直，密度中等。

产地及层位：垦利；东营组三段。

林家小豆介 *Phacocypris linjiaensis* Bojie, 1978
（图版 46，图 25）

壳体小，壁厚，侧视短肾形。正模长 0.48mm，高 0.35mm，宽 0.32mm。背缘微拱，稍后倾；腹缘近直；前端稍高于后端，略宽圆；后端圆。左瓣大，沿自由边缘叠覆右瓣，前、后背缘和腹缘叠覆明显。壳面具精细网纹；中央肌痕处平坦。凸度大，后 1/3 处最宽；闭壳肌痕为 4 枚，前 3 枚呈陡倾的直行排列，其中上、下两枚微伸长，后 1 枚呈圆形。

产地及层位：惠民；东营组三段。

通滨小豆介 *Heterocypris tongbinensis* (Bojie, 1978)
（图版 41，图 16）

壳体小，近长肾形。正模长 0.65mm，高 0.36mm，宽 0.32mm，长度略小于高度的 2 倍。背缘中部似角状弯曲，向前端倾斜度略大于向后端，腹缘近直；前端略低于后端，前端圆，微倾斜，后端钝圆。左瓣大于右瓣，沿前、后背缘及腹缘中部叠覆较显。背视扁卵形，前端尖锐，后端圆钝，后 1/3 处最宽。壳面光滑。

产地及层位：东明；沙河街组。

高大小豆介 *Phacocypris ampla* Bojie, 1978
（图版 47，图 18）

壳体近中等大小，壁较厚，侧视近肾形。正模长 0.78mm，高 0.48mm，宽 0.30mm。背缘前 2/5 处呈钝角状弯曲，为全壳最高处；腹缘微凹。前端上部倾斜呈斜圆，下部圆；后端左瓣大于右瓣，沿自由边微叠覆右瓣。背视似橄榄形，两侧均匀平缓弯曲，近中部最宽。壳面具精细网纹。

产地及层位：惠民；东营组二段。

细长小豆介 *Phacocypris longa* Bojie,1978
(图版 47,图 19)

壳体小,长肾形。正模长 0.52mm,高 0.26mm,宽 0.21mm,长度为壳高的 2 倍。背缘均匀拱起,腹缘中部微凹,两端等高对称圆形。左瓣微大于右瓣,叠覆微弱。背视突度较小,似梭形,近中部最宽。壳面光滑。

产地及层位:临邑;沙河街组。

盘河小豆介 *Phacocypris panheensis* Bojie,1978
(图版 47,图 20)

壳体小,侧视近肾形。正模长 0.58mm,高 0.33mm,宽 0.28mm,前 1/3 处最高。背缘均匀拱曲并稍后倾,腹缘中部微凹。前端高圆,后端向下倾斜,窄圆。左瓣略大于右瓣,叠覆微弱。背视纺锤形,凸度均匀近中部最宽。壳面光滑。

产地及层位:临邑;沙河街组下部。

樊家小豆介 *Phacocypris fanjiaensis* Bojie,1978
(图版 47,图 21)

壳体小,壁较厚,侧视短卵形。正模长 0.64mm,高 0.42mm,宽 0.35mm。背缘中部角状弯曲,成为全壳最高处,向两端相等倾斜;腹缘微凸或近直。前后端等高,均圆形弯曲。左瓣大于右瓣,沿前背缘和腹缘中部叠覆最明显。背视近卵形,凸度均匀,后 1/3 处最宽。壳面具精细的网纹。

产地及层位:惠民;东营组三段。

商家小豆介 *Phacocypris shangjiaensis* Bojie,1978
(图版 46,图 26)

壳体小,侧视近长肾形。正模长 0.69mm,高 0.40mm,宽 0.28mm。背缘微拱,腹缘中部微凹,两者近平行。前端稍斜圆;后端圆,前、后端等高。左瓣叠覆右瓣,背视似橄榄形,后 1/3 处最宽。壳面光滑。

产地及层位:阳信;东营组三段。

长形小豆介 *Phacocypris porrecta* Bojie,1978
(图版 48,图 1)

壳体小,壁薄,长肾形。正模长 0.55mm,高 0.30mm,宽 0.28mm。背缘中部近直、微后斜,在前 2/5 处拱起,成为全壳最高处;腹缘近直。前、后端近等高,前端上部微斜圆。左瓣微大于右瓣,叠覆微弱。背视扁卵形,后 1/3 处最宽。壳面具精细的网纹。

产地及层位:惠民;东营组三段。

有瘤小豆介 *Phacocypris nodosa* Bojie,1978
（图版 48,图 2）

壳体小,壁厚,近卵圆形。正模长 0.55mm,高 0.35mm,宽 0.27mm,最大高度位于前 1/3 处。背缘近直,后倾;腹缘在中前部微内凹。前端宽圆,后端圆。左瓣大于右瓣,叠覆较弱。背视凸起均匀,两侧平缓,最大宽度位于中部,背槽清楚。壳面布满小瘤。

产地及层位:临邑;东营组二段。

瘤星介属 *Ammocypris* Bojie
多疣瘤星介 *Ammocypris verrucosa* Bojie,1978
（图版 48,图 3）

雌性壳体小,不规则梯形。正模长 0.45mm,高 0.27mm,0.28mm,前 1/3 处最高。背缘直,后倾;腹缘中部明显内凹。前端斜圆;后端陡斜,与腹部锐圆相交。左瓣大,沿前、后背缘和腹缘中部微叠覆右瓣。壳面具蜂窝状网纹并满布小疣,中部有一较大的圆瘤。背视卵形,凸度大,中部稍偏后最宽。端视近三角形腹部膨大,腹面宽平。雄性壳体侧视外形和壳饰同雌性,背视凸度较小,最大宽度位于中后部,向前减薄,后端钝,窄圆。

产地及层位:垦利;沙河街组三段。

蜂窝瘤星介 *Ammocypris favosa* Bojie,1978
（图版 48,图 4）

壳体小,近长梯形。正模长 0.48mm,高 0.25mm,宽 0.18mm,最大高度位于前 1/3 处。背缘直,微后倾;腹缘在中部略偏前处内凹。前端圆,后端窄圆。左瓣大于右瓣,沿自由边叠覆右瓣。背视长卵形,后 1/3 处最宽。壳面具明显的蜂窝状网纹,中部有一小圆瘤。

产地及层位:垦利;沙河街组三段。

湖女星介科 Limnocyprididae Mandelstam,1948
土形介属 *Ilyocyprimorpha* Mandelstam,1956
济南土形介 *Ilyocyprimorpha jinanensis* Bojie,1978
（图版 48,图 5）

壳体中等大小,壁较厚,侧视近长椭圆形。正模长 1.28mm,高 0.72mm。背缘直,微向后倾,背角较明显;腹缘内凹。前、后端近等圆,前端上部微斜。左瓣微大于右瓣,叠覆不明显。背中前部有一宽的凹陷,向下延伸至壳中部;凹陷之前于前背部偏下具一较大的瘤,其顶部具粒状小结节,在凹陷之后近壳的中腹部具一粗大的刺状瘤,尖端微指向后方。壳面具有较多的结节,排列无明显规律,大致与壳缘近平行,略呈环带状。背视凸度大,后 1/3 处最厚。

产地及层位:广饶;沙河街组三段。

大瘤土形介 *Ilyocyprimorpha amplonodosa* Bojie,1978
（图版48,图6）

壳体大,侧视近长椭圆形。正模长1.35mm,高0.65mm。背缘近直,微后倾,腹缘中部微凹;两端近等斜圆,前端略高。左瓣微大于右瓣,叠覆不明显。背中前部具有1个浅的凹陷。壳中部具有1个粗大的瘤。壳面具明显的蜂窝装饰及分布不规则的小瘤。背视近菱形。

产地及层位:高青;沙河街组三段。

疣状土形介 *Ilyocyprimorpha nodosa* Bojie,1978
（图版48,图7）

壳体中等大小,侧视长椭圆形。正模长0.83mm,高0.46mm。背缘近直;腹缘内凹。前端微高,两端近等圆。左瓣微大于右瓣,叠覆不明显。背视凸度均匀,中部最宽。壳面具有较多、分布不规则的小结节。

产地及层位:高青;沙河街组三段。

隐土菱介属 *Cryptobairdia* Sohn,1960
柯氏隐土菱介 *Cryptobairdia coryelli* (Roth et Skinner,1931)
（图版48,图8）

壳体大,短高,侧视近卵圆形。前端宽圆,后端窄,顶角尖,低于体中线;背缘拱形,且自中部呈等弧状弯向两端;前背斜稍短,后背斜稍长;腹缘圆滑外弯。背视壳体肥厚,两端尖,壳中部最厚。左瓣大,沿周边叠覆右瓣,以背、腹缘中部叠覆最强,前、后腹缘最微。背部接合线中段后倾、内凹;腹部接合线中段弯曲;壳面光滑。

产地及层位:新汶;太原组。

准噶尔介科 Djungaridae Gou et Hou
准噶尔介属 *Djungarica* Galleva,1977
准噶尔介（未定种） *Djungarica* sp.
（图版48,图9）

标本保存差。壳体中等大小,长1.29mm,高0.77mm,侧视似卵圆形。背缘弧形外拱,中、后部向下斜;腹缘近直。前缘宽圆;后缘向腹部收缩,呈尖圆。最大高度位于壳体中前部。

产地及层位:莱阳;莱阳群曲格庄组。

凸准噶尔介（?） *Djungarica? convexa*
（图版48,图10、11）

壳体大,凸,壁厚,侧视卵圆形。正模长1.025mm,高1.05mm,宽0.925mm,最大高度在中部稍前方。背缘拱形,自壳最高处向两端弯曲;腹缘平直,中部微凹。前端圆,均匀,高于后端;后端窄圆形,向下垂斜。左瓣大,沿自由边缘叠覆右瓣,在前端超覆较宽,呈勺状伸出。背视椭圆形,凸,最大厚度接近壳高,位于壳中部。壳面光滑。

产地及层位:莱阳;莱阳群曲格庄组。

蒙古介属 *Mongolianella* Mandelstam,1956
莱阳蒙古介 *Mongolianella laiyangensis* Guan,1989
（图版48,图12、13）

壳体大,侧视长椭圆形。正模长1.375mm,高0.675mm,厚0.525mm,最大高度在前1/3处。前端圆,高于后端;后端斜,窄圆至尖圆,尖端在体中线之下并靠近体中线。背缘弧形外弯,无明显背角;腹缘中部内凹显著。左瓣大,沿自由边缘叠覆右瓣,在腹缘叠覆较强。背视纺锤形,最大厚度在中部偏后方。壳面光滑。

产地及层位:莱阳;莱阳群。

枣星介科 Ziziphocyprididae Chen,1965
枣星介属 *Ziziphocypris* Chen,1965
西氏枣星介 *Ziziphocypris simakovi* (Mandelstam,1956)
（图版48,图14、15）

壳体中等大小,侧视卵圆形。长0.73mm,高0.50mm,宽0.36mm。背、腹缘微外凸。前、后端近于等高,为圆形。壳体的中部最长、最高,中后部最宽。左壳大,沿腹缘叠覆右壳。铰合线长且直,低于背缘成狭长的凹槽。壳面饰纵向排列的细线纹脊,沿壳的周缘有2～3条细纹脊。

产地及层位:莱阳;莱阳群曲格庄组。

华北介科 Huabeinidae Bojie,1978
华北介属 *Huabeinia* Bojie,1978
单刺华北介 *Huabeinia unispinata* Bojie,1978
（图版48,图17）

壳体大,壁厚,近肾形。正模长1.83mm,高1.05mm,宽0.80mm。背缘中部直且向后倾,前、后缘上部倾斜,下部弧形弯曲;前端宽圆,高于后端;后端窄圆;腹缘长,中部内凹。左瓣大于右瓣,前背缘叠覆明显。壳体最大高度在前1/3处。壳面具有明显的蜂窝状网纹,近中部最凸起处具一空心的粗刺。背视呈菱形,铰合线处内凹似浅槽状。

未成年个体前背角明显凸出。背视两侧凸度均较缓。

产地及层位:广饶;沙河街组。

脊刺华北介 *Huabeinia costatispinata* Bojie,1978
（图版48,图18）

壳体大,近梯形。正模长1.95mm,高1.24mm,宽0.79mm。背缘中部凹,微后倾,前后缘上部向下倾斜较长，下部窄弧形弯曲，腹缘长、近直。左瓣大，沿自由边叠覆右瓣，在前、后背角叠覆强，沿腹缘叠覆水弱。左瓣背部高耸，超过右瓣。背视凸度均匀，中部最宽，铰合线内凹，呈左右不对称凹槽；壳面蜂窝状网纹，左右瓣腹侧增厚似隆脊，此脊两端收敛，中部外弯超越腹缘，形成狭长较平的腹面。中部具一短刺。

产地及层位：滨州、临邑；沙河街组三段。

梯形华北介 *Huabeinia trapezoidea* Bojie,1978
（图版 48，图 19,20）

壳体大，壁厚，梯形。正模长 1.85mm，高 1.15mm，宽 0.95mm。两端下部圆，前端上部倾斜，较短，中、下部弧形弯曲，后端上部倾斜较长，下部弧形弯曲并稍拉长；背缘短、直、微后倾，或与腹缘近平行；腹缘长、近直或中部微凹。左瓣大于右瓣，沿自由边叠覆右瓣，在前背角处叠覆特别明显。背视长卵形，最宽在中略偏后部。壳面具明显蜂窝状网纹。

有些壳体后端较窄圆，上部倾斜。壳体长度较大。背缘、腹缘近平行。背视中部稍收缩。本种有两种壳形：一种壳形后端较圆，背视中部最宽呈橄榄形，端视下部钝圆，上部窄；另一种壳形是后端下部向后延伸呈窄圆，上部倾斜明显，背视近长卵形，两侧平缓。根据已发现精巢的永安华北介两性壳形变化，前者可能为雌性，后者可能为雄性。

产地及层位：临邑、无棣；沙河街组三段。

后斜华北介 *Huabeinia postideclivis* Bojie,1978
（图版 48，图 21、22）

壳体大，壁厚，近梯形。正模长 1.75mm，高 1.13mm，宽 0.75mm。背缘中部短、直，与腹缘近于平行或微后倾；前缘上部倾斜较短，后缘上部倾斜较长，腹缘近直，或中部微凹。左瓣大，叠覆右瓣，背缘、腹缘叠覆更明显。背视铰合处似凹槽，两瓣凸度均匀，中部最宽，两端尖。壳面具蜂窝状网纹。

该种中的某些个体后端延斜长形成窄圆的后腹端，可能属雄性；另一些个体后缘直长、陡倾，可能属雌性。

产地及层位：临邑；沙河街组三段。

三角华北介 *Huabeinia triangulata* Bojie,1978
（图版 48，图 23、24）

壳体大，壁厚，近三角形。正模长 1.61mm，高 1.05mm，宽 0.81mm，近中部最高。背缘强外拱，前、后缘上部斜切，下部弧形弯曲；腹缘近直或微外弯；前端比后端高。左瓣大于右瓣，除铰合边外均有叠覆，前、后背缘及腹缘中部尤甚。背视纺锤形，铰合缘处内凹似浅槽，中后部最宽。壳面具细弱网纹，左瓣或左、右瓣腹部有边缘脊。

产地及层位：无棣；沙河街组三段。

永安华北介 *Huabeinia yonganensis* Bojie,1978
(图版 48,图 25)

壳体大,壁厚,近肾形。正模长 1.88mm,高 1.08mm,宽 0.85mm。背缘中段近直,较长并微后倾;前缘上部倾斜短,中下部弧形弯曲,后缘上部倾斜较长并微外弯,下部窄弧形弯曲;腹缘微内凹。左瓣大,沿周缘叠覆右瓣,前、后背缘及腹缘叠覆明显。背视凸度强,中部最宽,向两端均缓减薄至尖;端视壳中、腹部膨胀,至背部变窄。壳面具有明显的蜂窝状网纹。

雄性左瓣后背部膨胀,壳面具有分布不规则的小疣。内视后部见精巢印痕。前、后腹缘具锯齿状小刺。端视两侧凸度均匀,端视背部较雌性个体宽圆。

产地及层位:博兴;沙河街组三段。

原始华北介 *Huabeinia primitiva* Bojie,1978
(图版 49,图 1)

壳体特别大,壁厚。正模长 2.63mm,高 1.58mm,宽 1.27mm,最大高度位于前 1/3 处。背缘中部直,后倾;腹缘近直,前端宽圆,上部倾斜;后端窄圆,上部倾斜较直、陡。左瓣大,并沿自由边叠覆右瓣。背视长卵形,中偏后最宽,铰合边处呈浅内凹槽状。壳面蜂窝状网纹细弱。

产地及层位:博兴;沙河街组三段。

东营介属 *Dongyingia* Bojie,1978
大东营介 *Dongyingia magna* Shu et Sun
(图版 48,图 16)

壳体大,侧视近宽肾形。正模长 2.10mm,宽 0.60mm,高 1.10mm。背缘直,后倾;腹缘近直;前缘宽圆;后缘圆。壳前 1/3 处最高。前背部具一明显的浅凹带。左壳大,沿活动边叠覆右壳,前、后背缘处叠覆明显。背视纺锤形,背槽明显。壳面具微弱的浅细蜂窝状网纹。

产地及层位:沾化;沙河街组三段。

弯脊东营介 *Dongyingia inflexicostata* Bojie,1978
(图版 48,图 26)

壳体大,壁很厚,近半圆形。正模长 1.70mm,高 1.10mm,宽 0.75mm。背缘中部直,微后倾,前、后背缘倾斜,前者较缓,后者略陡;前端高,宽圆;后端较窄圆;腹缘近直。背缘自中部增厚成隆脊,并沿前、后背缘向前、后背部延伸。左瓣大,沿活动边缘叠覆右瓣,前、后背缘叠覆明显。侧视背部具两个纵向排列的椭圆形的大瘤,腹中部有 1 条向上弯的弓形脊。背视纺锤形,两端尖、近等;背槽明显。壳面具浅蜂窝状网纹。

产地及层位:临邑;东营组二段。

微弯脊东营介 *Dongyingia mininflexicostata* Bojie,1978
(图版 49,图 2)

壳体大,壁厚,近半圆形或近梯形。正模长 1.75mm,高 1.15mm,宽 0.75mm。背缘微外拱或中部短直并微向后倾,前、后背缘向下倾斜,后者较长、陡;前缘宽弧形弯曲;后缘窄弧形弯曲并拉低;腹缘长直,与背缘近于平行。壳前 1/3 处最高。左壳大,沿自由边缘叠覆右壳,在前背缘叠覆最明显。背视两侧凸起度均匀。铰合处内凹似槽。壳面装饰粗蜂窝状网纹。腹中部具有一条微弯的脊,中背部具有 5 个近椭圆形的瘤。背侧有 4 个近等大的瘤,成正方形排列,另有 1 个瘤较大,位于腹侧的中央。背缘中部增厚似隆脊,向前、后背缘延伸。

产地及层位:垦利;东营组二段。

唇形脊东营介 *Dongyingia labiaticostata* Bojie,1978
(图版 49,图 3~5)

壳体大,壁厚,近半圆形。正模长 2.07mm,高 1.45mm,宽 0.98mm。弧形,中部短、直,微后倾;前、后背缘倾斜,较陡;前端宽圆;后端低、窄圆;腹缘长、近直。壳最大高度在前 1/3 处。左瓣沿活动边叠覆右瓣,在前背缘叠覆较强。背缘加厚成脊,沿前、后端向腹缘延伸,与腹中部的唇形脊相联;背侧中部有 2 个丘状瘤;中部偏腹部有一个较低平的圆瘤。壳面具有极细的、大致呈纵向排列的细纹,以及由细纹组成的很小的浅窝。背视凸度均匀,铰合边内凹似槽。

产地及层位:沾化;东营组三段。

长脊东营介 *Dongyingia longicostata* Bojie,1978
(图版 49,图 6)

壳体大,壁厚,近三角形。正模长 1.91mm,高 1.29mm,宽 0.91mm。背缘角状外拱,前 1/3 处最高,向两端呈微弧形倾斜;前端宽圆;后端窄圆;腹缘近直。背视纺锤形,前端略窄于后端,背缘中部具有短而不明显的背槽。左瓣大于右瓣,背、腹缘中部叠覆明显。腹侧中部具一纵向的脊,脊的两端微向上弯。壳表有很细的、大致成纵向排列的细纹,以及由细纹组成的不规则的小窝。

产地及层位:渤海岸;东营组二段。

双球脊东营介 *Dongyingia biglobicostata* Bojie,1978
(图版 49,图 7)

壳体大,壁厚,近半圆形,凸度中等。正模长 2.12mm,高 1.70mm,宽 1.20mm。背缘弧形外拱;前端宽圆;后端圆;腹缘微凸。壳前 1/3 处最高。左瓣明显大于右瓣,沿活动边缘叠覆,前、后背缘及腹缘叠覆非常明显。壳面具有很细的、大致呈纵向排列的细纹,以及由细纹组成的小窝状纹饰;腹中部具有 1 条棒状脊,脊的两端强烈膨胀成球形,且向上弯。

产地及层位:沾化;东营组二段。

正脊东营介 *Dongyingia recticostata* Bojie,1978
(图版 49,图 8)

壳体大,壁厚,椭圆形。正模长 1.90mm,高 1.22mm。背缘弧形外拱;前缘宽圆,后缘窄圆并拉低；腹缘微凹，最大高度位于壳前 1/3 处。凸度均匀，最大凸度在中部偏后，两端尖，端视壳体上尖下宽。腹侧中部有一椭圆形的脊状瘤，其长轴为横向；背侧有一不规则的椭圆形的瘤，瘤的上端向后背缘延伸，该瘤的前下方有一不明显的浅凹，凹的前下方还有一个不明显的圆瘤。左壳大，沿背缘叠覆右壳明显。壳面具蜂窝状网纹。

幼壳前端明显高，其他特征类似成年。左瓣大于右瓣，前、后背缘叠覆较明显。

产地及层位：博兴；东营组二段。

小脊东营介 *Dongyingia minicostata* Bojie, 1978
（图版 49，图 9）

壳体大，壁厚，近椭圆形。正模长 1.75mm，高 1.13mm，宽 0.80mm。背缘近直，微后倾；前端宽圆；后端窄圆；腹缘近直。壳前 1/3 处最高。左瓣大于右瓣，前、后背缘及腹缘叠覆明显。端视近三角形，上窄下宽，有明显的腹平面。腹侧中部具 1 条向前腹缘倾斜的脊，脊的后端微向下弯，腹视此脊左右对称外弯。背视凸度中等，两端尖，后 2/5 处最宽。壳面具明显的蜂窝状网纹。

幼年壳前端明显高于后端，腹中部的脊较短小。

产地及层位：渤海岸；东营组二段。

粗糙东营介 *Dongyingia impolita* Bojie, 1978
（图版 49，图 10）

壳体甚大，壁很厚，不规则肾形。正模长 2.34mm，高 1.62mm，宽 1.02mm。背缘中部近直、短，向后倾斜，前端上部微斜，下部宽圆；后端上部倾斜段长，下部窄圆。壳前 1/3 处最高。左瓣大，沿活动边缘叠覆右瓣明显，在背缘超覆于右壳。铰合线内视凸度中等，中后部最宽，铰合线内凹成明显槽状。表面具细而密的小粒状装饰。

产地及层位：临邑；东营组二段。

羊角东营介 *Dongyingia criusicornuta* Bojie, 1978
（图版 49，图 11）

壳体大，壁厚，近半圆形。正模长 1.90mm，高 1.25mm，宽 0.90mm。背缘外拱，前、后背缘向下倾斜，后背缘倾斜段较长；前端宽圆；后端拉低、窄圆；腹缘近直。左瓣大于右瓣，沿前、后背缘及腹缘叠覆明显。壳前 1/3 处最高。壳面具明显蜂窝状网纹。左瓣背缘增厚成脊，前背角处具一角状刺；右瓣前背角处为一不明显的小瘤，腹中部具有 1 个较粗壮的瘤。

产地及层位：利津；东营组三段。

古老东营介 *Dongyingia veta* Bojie, 1978
（图版 49，图 12）

壳体中等大小，壁厚，长肾形。正模长 1.28mm，高 0.70mm，宽 0.55mm。背缘圆弧形，腹缘微凹。前端较后端宽圆。左瓣大，沿前、后背缘叠覆明显。壳前 1/3 处最高。壳面具有大致呈纵向排列的蜂窝状网纹，中背部具有 2 个明显的圆瘤。背视两侧匀称，两端钝，铰合线内凹似槽。

产地及层位：惠民；东营组二段。

瘤脊东营介 *Dongyingia nodosicostata* Bojie, 1978
（图版 49，图 13、14）

壳体大，壁厚，近卵形。正模长 1.40mm，高 0.97mm；副模长 1.62mm，最高位于前 1/3 处。背缘中部近直，微向后倾斜；腹缘近直；前、后端近等圆。壳面在前背部和近背缘、腹缘中部各有一个明显的、略为长圆形的瘤，还具排列均匀的、不规则的圆瘤和脊状瘤。铰合构造简单，左瓣为铰合沟；无饰板路宽于毛细管带；放射毛细管直，密度中等。

产地及层位：垦利；东营组二段。

花瘤东营介 *Dongyingia florinodosa* Bojie, 1978
（图版 50，图 1）

壳体大，壁很厚，近椭圆形。正模长 2.32mm，高 1.58mm，宽 1.02mm。背缘近直，微后倾；腹缘微凸。前端宽圆，后端圆。壳前 1/3 处最高。左瓣大，沿活动边叠覆右瓣，前、后背缘及腹缘叠覆较强。背视两端近等，中后部最厚，铰合线内凹成明显的槽。壳面具蜂窝状网纹及有一定排列的瘤；腹侧两排半球状的瘤与腹缘近平行，靠近腹缘的一排瘤大小不等、基部相连；背部的瘤无明显的分布规律；壳面除背中部的浅凹内无瘤外，其他部分均布满大小不等的瘤，所有瘤的表面都密布小颗粒。

产地及层位：临邑；东营组二段。

拱星介属 *Camarocypris* Bojie, 1978
椭圆拱星介 *Camarocypris elliptica* Bojie, 1978
（图版 50，图 2）

壳体大，壁厚，侧视近椭圆形。正模长 1.68mm，高 1.12mm，宽 0.87mm，最大高度位于近中部或略偏前。背缘拱；腹缘近直，腹部微凸出于活动边之外。前端均匀宽圆；后端上部斜，下部圆，窄于前端。左瓣大，沿自由边缘叠覆右瓣，以前、后背缘叠覆明显，腹缘叠覆微弱。背视近长卵形，后端较钝，后 1/3 处最宽。壳面具微弱的蜂窝状纹饰。

产地及层位：垦利；沙河街组二段。

梯形拱星介 *Camarocypris trapezoidea* Bojie, 1978
（图版 50，图 3）

壳大，壁厚，侧视近梯形。正模长 1.45mm，高 0.95mm，宽 0.70mm，最大高度位于前 1/3 处。背缘微拱，稍后倾，腹缘近直。前端圆，后端向下倾斜呈窄圆。左瓣大，叠覆右瓣，沿背、腹缘叠覆明显。背视扁似橄榄形,约在后 1/3 处最宽;背槽明显。端视呈短卵形。壳面具浅蜂窝状纹饰。

产地及层位:垦利;沙河街组三段。

卵形拱星介 *Camarocypris ovata* Bojie,1978
(图版 50,图 4)

壳体大,壁厚,侧视近卵形。正模长 1.67mm,高 1.20mm,宽 0.95mm,最大高度位于中部。背缘弧形弯曲;腹缘微凸;两端宽圆,近等高。左瓣大,沿两端和腹缘微叠覆右瓣。背视窄卵形,中后部最宽,后端较前端钝。端视呈短卵形。壳面光滑,垂直毛细孔发育,较密。闭壳肌痕 6 点排成 2 行。钙化壁中等宽,毛细管带窄,织边发育。

产地及层位:垦利;沙河街组三段。

长形拱星介 *Camarocypris longa* Bojie,1978
(图版 50,图 5)

壳体大,壁厚,侧视宽肾形。正模长 1.85mm,高 1.12mm,宽 0.78mm。背缘微拱;腹缘中部微凹。两端近等高,宽圆。左瓣叠覆右瓣,沿前、后背缘叠覆明显。背视近卵形,中偏后最宽。壳面具浅蜂窝状纹饰。

产地及层位:垦利;沙河街组二段。

坨庄介属 *Tuozhuangia* Bojie,1978
半圆坨庄介 *Tuozhuangia semirotunda* Bojie,1978
(图版 50,图 6)

壳体大,壁厚,侧视近半圆形。正模长 1.67mm,高 1.05mm,宽 0.55mm,最大高度约位于前 1/3 处。背缘拱形;腹缘近直,微凹。前端略高宽圆;后端上部倾斜宽圆,下部圆。左瓣大于右瓣,沿自由边叠覆,在前背角叠覆明显。壳面中部具 2 个瘤,各位于闭壳肌痕区的前、后;围绕这 2 个瘤为一断续的由 5~6 个不等长的瘤脊组成的环形脊,这些瘤脊的排列,一般在背部的 2~3 个较大,大致和背缘平行,在腹部的 3 个,前腹瘤较长,后 2 个近圆,但在中腹部的 1 个成刺状;沿壳周围呈脊状凸起。垂直毛细孔发育。背视两端扁、近等。内视左瓣铰合构造为沟,其两端宽深。边缘带中等宽,钙化壁略宽于毛细管带,放射毛细管粗、直、中等密度。织边发育,沿瓣两端和腹缘凸出呈脊状。闭壳肌痕 6 枚组成一群,上部的一枚较长,其长轴与大颚肌痕的长轴方向近于平行,下部的 2 枚较小。

产地及层位:垦利;沙河街组三段。

翼刺坨庄介 *Tuozhuangia alispinata* Bojie,1978
(图版 50,图 7)

壳体大,壁厚,侧视近肾形。正模长 1.82mm,高 1.10mm,最大高度约位于前 1/3 处。背缘拱,腹缘内凹。两端下垂,前端上部斜宽圆,下部圆;后端上部倾斜,下部窄圆。近前、后缘处壳壁加厚成耳状脊。壳面具明显的蜂窝状网纹,腹部有一指向后方的翼状中空刺。背视中部凸度较强,形成最大的厚度,最凸处即翼状刺的所在部位。内视边缘带中等宽,织边明显。

产地及层位:垦利;沙河街组二段。

倾斜坨庄介 *Tuozhuangia acclinia* Bojie,1978

(图版 50,图 8、9)

壳体大,壁厚,侧视近半圆形。正模长 1.43mm,高 0.90mm,宽 0.62mm,前 2/5 处最高。背缘外拱中部近直、后倾;腹缘近直。前端稍下倾,上部斜宽圆,下部圆;后端圆。左瓣大于右瓣,沿前、后背缘及腹缘叠覆明显。背视纺锤形,近中部最宽。壳的前、后缘略加厚,形成不明显的耳状脊。壳面蜂窝状纹饰明显,中腹部具一粗刺,其基部略膨大。

产地及层位:武城;沙河街组三段。

河北介属 *Hebeinia* Bojie,1978

近三角河北介 *Hebeinia subtriangularis* Bojie,1978

(图版 50,图 10)

壳体略大,侧视近三角形。正模长 1.61mm,高 1.04mm,宽 0.76mm。背缘在中部略偏前呈角状弯曲,为全壳最高处;后背缘明显下倾,腹缘近直,在后部似微凹。前端宽圆,显著宽于后端;后端上部弧形倾斜,下部窄圆。左瓣大,沿自由边明显叠覆右瓣,前背缘叠覆最强。背视纺锤形,近中部最宽;背缘中后部具微弱的背槽。壳面具微弱蜂窝状纹饰。

产地及层位:商河;东营组二段。

蜂窝河北介 *Hebeinia favosa* Bojie,1978

(图版 50,图 11)

壳体巨大,壁厚,侧视近宽卵形。正模长 2.42mm,高 1.68mm。背缘中部角状弯曲,成为全壳最高处;腹缘微凸。前端稍高、宽圆;后端圆,略窄于前端。壳面具有定向排列的浅蜂窝。壳凸度中等,中部最厚。

产地及层位:禹城;东营组三段。

拟结星介属 *Tuberocyproides* Swain,1947

斜槽拟结星介 *Tuberocyproides sulcata* Bojie,1978

(图版 50,图 12)

壳体大,壁厚,侧视近长矩形。正模长 1.83mm,高 0.90mm,后 1/3 处最高。背缘直,略向前倾斜;腹缘中部凹。前端略低,宽圆形;后端自后 1/3 处弧形下斜,与腹缘交会成低而锐尖并稍上翘的末端。壳面具蜂窝和不规则的、分散的小疣;前背部具一圆瘤,中背部有一短浅的横凹,凹下部连接一条后倾的斜槽,该斜槽由中背部延伸至后端;斜槽中部两侧壳面凸起较大,分别形成了斜槽两侧的最高部。背视凸起均匀,两端近等,最宽位于中部偏后。在副模上显示出左瓣大于右瓣,沿活动边叠覆,它的后极端已损坏。幼年和未成年壳背缘直而后倾,前端明显高于后端;后端微弧形倾斜,与腹缘呈锐圆相接。

产地及层位:垦利;沙河街组二段。

垦利拟结星介 *Tuberocyproides kenliensis* Bojie,1978
(图版 50,图 13)

壳体大,壁厚,侧视近长矩形。正模长 1.58mm,高 0.90mm,宽 0.72mm,前 1/3 处最高。背缘近直,微后倾;腹缘中部凹。两端斜圆,前端较后端更宽圆。左瓣大于右瓣,沿活动边叠覆,后背缘最显。壳面具峰窝状纹饰,在两端有颗粒状装饰,中腹部发育 1 条微前倾的短脊;壳面其余部分可见不规则的、不甚明显的小瘤。背视纺锤形,近中部最宽,两端近等。

产地及层位:垦利;东营组三段。

洼星介属 *Glenocypris* Bojie,1978
光滑洼星介 *Glenocypris glabra* Bojie,1978
(图版 50,图 14)

壳体大,壁较薄,不规则椭圆形。正模长 1.83mm,高 1.13mm,前 1/3 处最高。背缘较直,向后倾斜;腹缘中部略偏前内凹。前端上部倾斜,下部圆;后端浑圆。左瓣大于右瓣,沿前、后背角稍叠覆。壳面光滑,中背部有一宽浅的凹陷;凸度中等,最大凸度位于中部略偏后。

产地及层位:临邑;沙河街组下部。

具瘤洼星介 *Glenocypris nodosa* Bojie,1978
(图版 50,图 15)

壳体大,壁较厚,不规则椭圆形。正模长 1.63mm,高 0.98mm,宽 0.67mm。背缘直,微后倾;腹缘中部凹。前端弧形倾斜明显,与腹缘相交呈向下伸展的窄圆;后端均匀圆。左瓣大于右瓣,沿前、后背缘叠覆。壳面具浅蜂窝;壳中背部有一宽浅凹陷,其后有两个瘤:上面一个较大,呈钝锥状,位于中部;下面一个略呈长形,位于腹部。

产地及层位:临邑;沙河街组下部。

椭圆洼星介 *Glenocypris elliptica* Bojie,1978
(图版 50,图 16)

壳体大,壁较厚,近椭圆形。正模长 1.55mm,高 0.88mm。背缘近平直,微后倾;腹缘中部微凹。两端均匀圆,前端稍宽圆。壳面饰有极微弱的颗粒装饰。左瓣大于右瓣,叠覆微弱。背视纺锤形,近中部最宽。

产地及层位:临邑;沙河街组下部。

西营介属 *Xiyingia* Bojie,1978

光亮西营介 *Xiyingia luminosa* Bojie,1978

（图版 51,图 1）

壳体大,近长方形。正模长 1.70mm,高 0.88mm,宽 0.60mm,最大高度约位于壳长的 1/4 处。背缘直、长,与腹缘近于平行;腹缘中部微凹。前端圆;后端呈斜弧形弯曲,下部圆。左瓣大于右瓣,沿前、后背缘和腹缘中部叠覆右瓣。背视近梭形,凸度小而均匀;近中部最宽。壳面光滑。透光观察毛细管发育,密、直,不分叉。雌性右瓣的后部可见两条卵巢痕。闭壳肌痕由 6 点组成一群,上部一点斜长,长轴与大颚肌痕的长轴方向近于平行,下部的两点较小。

产地及层位:渤海岸;沙河街组。

大西营介 *Xiyingia magna* Bojie,1978

（图版 51,图 2）

壳体大,侧视近肾形。正模长 2.30mm,高 1.15mm,宽 0.81mm,最大高度位于前 1/3 处。背缘短、近直,中前部微凹稍后倾;腹缘中前部凹。前端略高、圆,微向下倾斜;后端向后下方伸长呈窄圆。左瓣叠覆右瓣,沿前背缘、后背角及腹缘中部叠覆较明显。背视近长柱形,凸度均匀,前 1/3 处略宽。壳面光滑。

产地及层位:垦利;东营组三段。

长西营介 *Xiyingia longa* Bojie,1978

（图版 51,图 3）

壳体大,近长椭圆形。正模长 1.80mm,高 0.85mm,宽 0.55mm。长度大于高度的 2 倍。背缘直、长,与腹缘近于平行;腹缘中部微凹。前端圆,上部微倾斜;后端向下伸长呈窄圆。左瓣叠覆右瓣,沿前、后背缘及腹缘叠覆明显。背视近梭形,最宽位于后 1/3 处。壳面光滑。

产地及层位:沾化;沙河街组上部。

瓜星介属 *Berocypris* Bojie,1978

指纹瓜星介 *Berocypris striata* Bojie,1978

（图版 51,图 4）

壳体大,壁厚,长椭圆形。正模长 1.72mm,高 0.97mm,宽 0.77mm。背缘直、长;腹缘中部微凹,两者近平行。两端近等高,前、后缘均宽弧形弯曲。左瓣大于右瓣,沿前、后背缘叠覆明显。壳面具指纹状细纹;壳的中背部侧扁似浅凹,并具小的瘤、脊。背视长卵形,两端圆,后端比前端钝,凸度均匀,近中部稍宽。端视卵圆形。钙化壁中等宽,前端略宽于后端;无饰板宽度略宽于毛细管带,放射毛细管细、直,密度中等;垂直毛细孔发育。闭壳肌痕为 6 点:前排 4 点呈弧形排列,后排 2 点各呈圆形。

产地及层位:博兴;东营组二段。

椭圆瓜星介 *Berocypris elliptica* Bojie,1978

(图版51,图5)

壳体中等大小,正椭圆形。长1.49mm,高0.97mm,宽0.77mm。背、腹缘近直,近平行;两端近等高,前、后缘宽弧形弯曲,或后缘下部微倾斜。左瓣大于右瓣,沿前背缘及腹缘叠覆明显。壳面具有大致呈纵向排列的细纹及由细纹组成的小窝。背视近卵形,两端圆,凸度均匀,近中部最厚宽。

产地及层位:垦利;东营组三段。

鞋星介属 *Crepocypris* Bojie,1978
河北鞋星介 *Crepocypris hebeiensis* Bojie,1978

(图版51,图6)

壳体中等大小,侧视近鞋底形。正模长1.35mm,高0.85mm。背缘近直,后倾;腹缘中部微凹。前端高于后端,均匀圆;后端窄圆。壳面具平行于边缘的细纹,沿前背至前缘有一明显的隆起带,隆起带后呈凹陷带;壳前背部具一浅凹陷。

产地及层位:沾化;东营组三段。

宏星介属 *Megacypris* Bojie,1978
矩形宏星介 *Megacypris longiquadrata* Bojie,1978

(图版51,图7)

壳体略大,壁较厚,近矩形。正模长1.70mm,高0.90mm,宽0.63mm。背缘损坏;腹缘中部凹。前端圆,上部倾斜;后端斜圆,向下与腹缘交会呈钝圆状,其顶点微收缩,呈刺状,并直指下方。左瓣大于右瓣,沿前、后背缘叠覆较明显。壳面光滑。背视较狭长,两端窄尖,凸度均匀,两侧中部平并形成最宽处。透视可见放射毛细管带较宽,毛细管细、直、密。

产地及层位:临邑;东营组三段。

义和庄宏星介 *Megacypris yihezhuangensis*(Bojie,1978)

(图版51,图8)

壳体中等大小,壁薄,近肾形。正模长1.56mm,高0.85mm,最大高度位于前1/3。左壳背缘中段近直而右壳背缘外拱;腹缘近直或中部微凹。前端高并具上、下两个尖部,上尖部位于前缘中部,下尖部位于前端和腹缘的交会处;上、下尖部间的边缘呈截切状;后端弧形下斜,与后腹缘相交成尖锐的后极端。壳面具细网纹。

产地及层位:沾化;东营组三段。

广北介属 *Guangbeinia* Bojie,1978
李家广北介 *Guangbeinia lijiaensis* Bojie,1978

(图版51,图9)

壳体大,三角形。正模长1.55mm,高1.13mm,宽0.61mm,最大高度位于中部略偏前背缘强烈拱起,不等地向两端倾斜,前背缘短、微凹,后背缘长近直;前端高,宽圆;后端向下拉低,窄圆;腹缘长,近直或微内凹。左瓣大,沿活动边叠覆右瓣,前、后背及腹缘叠覆显著,在背缘高耸于右瓣之上。背视两侧凸起度均缓,中偏后部最宽,左瓣背缘增多似脊。壳面光滑,局部具有微弱的细网纹。透光观察可见密、直、不分叉的毛细管。

在一破损的左瓣上,见到闭壳肌痕6点组成一群,上部1点较长、大,其长轴与大颚肌痕的长轴方向近于平行,下部的2点特别小。

产地及层位:渤海岸;沙河街组上部。

辛镇广北介 *Guangbeinia xinzhenensis* Bojie,1978

(图版 51,图 10)

壳体大,壁厚,近三角形。正模长 2.07mm,高 1.50mm;副模长 1.95～2.06mm,高 1.35～1.41mm,宽 1.00mm。最大高度位于近中部。背缘圆拱;腹缘中部微凹。前端宽圆;后端窄圆。背视中部膨胀,两端窄。壳面光滑,近中腹部凸成鼓包状。副模为一破损的整壳,左瓣大于右瓣,沿周缘叠覆右瓣,以背部更甚。

产地及层位:垦利;沙河街组。

华花介科 Chinocytheridae Hou,2007
华花介属 *Chinocythere* Li et Lai,1978
粗面华花介 *Chinocythere impolita* Li et Lai,1978

(图版 51,图 11)

壳体小,侧视近矩形。正模长 0.65mm,高 0.42mm。背缘直,前、后背角明显;前端上部弧形倾斜,下部圆,微下垂;后端略窄于前端;腹缘中部微凹。前缘窄扁,随后壳凸起并沿前背部形成脊。背部后槽前、后各具一圆形瘤,后端具一短瘤状的横脊。壳面具粗蜂窝状装饰。背视除前端扁尖外,凸起均匀,两侧近平行。

产地及层位:临邑;东营组二段。

瘦小华花介 *Chinocythere vasca* Gang et Zhang,1978

(图版 51,图 12)

壳体较小,侧视近矩形。正模长 0.70mm,高 0.45mm。背缘直,前、后背角钝圆;腹缘中部凹。前端斜宽圆,微下垂;后端圆。背中、前部具有2条横槽,前槽之前有1条脊状隆起,两槽间有一瘤状隆起;后腹部具一指向后方的刺状小瘤。壳面光滑。背视两侧中部平直,微后倾,前1/3处最厚,前端窄尖。端视近方圆,腹缘外凸。

产地及层位:利津;东营组三段。

精细华花介 *Chinocythere exquisita* Hou et Ge,1978

(图版 51,图 13)

模式标本为右瓣。个体小,壁薄,侧视近斜卵形。正模长 0.59mm,高 0.32mm。背缘直,前、后背角明显；腹缘中部内凹。前端圆，上部微斜，下部微下垂；后端圆弧形向腹缘前倾。背中、前部各具1条横槽，两槽间有一小圆瘤，后背部具有1个不明显的小刺，刺的尖端指向后上方。壳面具蜂窝状装饰。

产地及层位：博兴；东营组二段。

美丽华花介 *Chinocythere bella* Geng et Li,1978
（图版51，图14）

壳体小，侧视近长矩形。正模长0.57mm，高0.31mm。背缘直，前、后背角较明显；腹缘内凹。前、后端均呈斜圆，前缘上部与后缘下部近于平行。前边缘扁平。背中、前部各具1条横槽，后槽较长，延伸至腹部；前背角处具一脊状隆起，两槽间及后背部、后腹部、后部各具一大小不等的圆形瘤。壳面具蜂窝。背视前端窄尖，后端两侧相交近直角。端视近方形。

产地及层位：商河；沙河街组。

三刺华花介 *Chinocythere trispinata* Hou et Shan,1978
（图版51，图15）

壳体中等大小，侧视近不规则长卵形。正模长0.85mm，高0.48mm。背缘直，前、后背角钝、明显，且增大成小瘤疣状凸；腹缘前中部内凹。前端圆，上部倾斜，下部下垂；后端向腹缘前倾显著呈斜圆。背中前部具有2条横槽，前槽短浅因而不甚明显；后槽深长，延伸至腹部。前端平行前缘有1条隆起，隆起上端延伸至前背角处形成一瘤状小刺。背部两横槽之间有一圆形小瘤；后槽之后于后背部有一指向后上方的小刺；腹中部隆起，在槽前近壳中央有一不明显的小瘤，槽后于隆起的后端具一不明显的指向后方的小刺；后端近中部有一垂直壳面的锥形刺。壳面光滑。

产地及层位：临邑；东营组二段。

中刺华花介 *Chinocythere medispinata* Cai et Xu,1978
（图版51，图16）

壳体中等大小，侧视近长方形。正模长0.81mm，高0.46mm。背缘直，前、后背角明显；腹缘微凹。前端斜宽圆，上部倾斜，下部下垂；后端向腹缘呈微弧形向前倾斜的斜圆。背中前部具有2条横槽，后槽深长，延伸至腹部。壳中部于横槽之前具一指向后端的刺。壳面光滑或具有不明显的网纹。

产地及层位：商河；东营组三段。

多粒华花介 *Chinocythere verrucosa* Hou et Huang,1978
（图版51，图17）

模式标本为右瓣。个体小，侧视近切卵形。正模长0.58mm，高0.33mm。背缘直，前、后背角明显；前端向下呈斜圆；后端下部向腹缘倾斜，上部收敛呈锐圆；腹缘近直。背中前部具有 2 条横槽,后槽延伸至腹中部,槽间及其前、后各具有 1 个瘤状隆起。腹部具脊状隆起,脊的后端具有 1 个指向后方的小刺,后端的中后部具一小瘤。壳面满布极小的粒状凸起。背视前端窄尖,最大厚度在壳后 1/3 处的后方。

产地及层位:垦利;沙河街组二段。

细长华花介 *Chinocythere macra* Hou et Shan,1978
（图版 51,图 18）

壳体中等大小,特长。正模长 0.90mm,高 0.40mm,高度小于长度的 1/2。背缘直长;腹缘近直,与背缘近平行。前端宽圆;后端向腹缘倾斜,呈窄圆。背中前部具有 2 条横槽,后槽较深长,延伸至腹中部,两槽间及其前、后各具一小瘤;壳中部于后横槽之前有一短刺,刺的尖端微指向后方;后腹部具一瘤状凸起。背视凸度较大。壳面具粗蜂窝状装饰。

产地及层位:沾化;沙河街组二段。

东营华花介 *Chinocythere dongyingensis* Hou et Shan,1978
（图版 51,图 19）

壳体小,背缘直、长,前、后背角明显。正模长 0.75mm,高 0.48mm。前端斜宽圆,前缘区较窄;后端中下部呈斜弧形,向腹缘倾。背中、前部具有两条横槽,前槽短浅,后槽深长,延伸至腹中部。壳面有 5 个瘤和刺,背中部 2 横槽之间有一小而不明显的瘤状凸起,横槽前、后各具一粗刺;腹中部横槽之前为一粗刺,其顶端指向后方,槽后具一瘤;近后缘中部有一垂直壳面的小刺。壳面光滑。端视略近方形。

产地及层位:利津;东营组二段。

六刺华花介 *Chinocythere sexspinota* Li et Lai,1978
（图版 51,图 20）

壳体小—中等;侧视近斜卵形。正模长 0.65mm,高 0.38mm。背缘直,背角明显,前端宽圆;后端下部向下斜,窄圆。壳面上有 6 个锥形瘤状刺,其中 3 个位于背部横槽之间及前后侧,2 个位于腹中部横槽前后侧,另一个位于后端近后缘中部。壳面具蜂窝状装饰。

产地及层位:商河;沙河街组。

瘤凸华花介 *Chinocythere strumosa* Li et Lai,1978
（图版 51,图 21）

壳小,侧视不规则卵形。正模长 0.45mm,高 0.25mm。前端宽圆,上部倾斜,下部微下垂;后端窄圆,向腹缘前倾;背缘直,前、后背角明显;腹缘近直。背中前部具有 2 条横槽,后槽延伸至腹部,两槽之间及其两侧各具一圆形瘤,后侧瘤大而尖,超出背缘;腹中部横槽两侧各具一瘤,前瘤略近壳中部;后部具一垂直壳面的瘤。壳面具蜂窝状装饰。

产地及层位:滨州;东营组二段。

二刺华花介 *Chinocythere bispinata* Li et Lai,1978
(图版 51,图 22)

壳体小,侧视近长矩形。正模长 0.72mm,高 0.40mm,高度近长度的 1/2。背缘直、长,前、后背角明显,且增厚成极小的疣状凸起;腹缘近直,中部微凹。前端圆,上部微弧斜,下部稍下垂,前缘区较宽扁;后端圆弧形,微向腹缘前倾。背中前部具有 2 条不十分明显的横槽,后槽稍长,延伸至壳中部;后背部在横槽之后具 1 个瘤状刺,其尖端指向后方;腹中部具有 1 条脊,延伸至后腹部形成一尖端指向后方的瘤状刺。背视最大宽度在后 1/2 处。腹视腹平面明显。壳面光滑。

产地及层位:垦利;沙河街组。

普通华花介 *Chinocythere usualis* Huang et Ge,1978
(图版 52,图 1)

壳体小,侧视近不规则肾形。正模长 0.72mm,高 0.45mm。背缘直、较短;前端宽圆;后端圆;腹缘内凹。壳最大高度在前背角处。背中前部有 2 条横槽,后槽较深长,延伸至中腹部;前槽的前侧有 1 条小脊,两槽间有一圆瘤;后背部有一圆形隆起,隆起之上有一小刺;腹部具 1 条长脊,脊的后端形成刺。背视前缘区扁、宽平,壳最大宽度在后 1/2 偏后处。壳面光滑。

产地及层位:垦利;沙河街组三段至二段。

惠民华花介 *Chinocythere huiminensis* Li et Lai,1978
(图版 52,图 2)

壳体中等大小,侧视不规则肾形。正模长 1.00mm,高 0.55mm。背缘直,微向后倾斜;腹缘中部微凹。前端宽圆,后端略窄圆。壳的最大高度在前背角处。背中前部具有 2 条横槽,后槽略长,延伸至壳的中部,后槽之后背部具一粗大的锥形瘤;腹部具脊,脊的后端形成一小瘤。背视前缘扁平,最大宽度在壳的后 1/3 处。壳面光滑。

产地及层位:商河;沙河街组三段。

角刺华花介 *Chinocythere cornispinata* Geng et Shan,1978
(图版 52,图 3)

个体小,侧视不规则长卵形。正模长 0.60mm,高 0.32mm。背缘近直,前端宽圆;后端向腹缘前倾呈斜窄圆;背中前部具有 2 条不明显的横槽;腹部隆起,具脊;前背角处具一指向后上方的粗刺。壳面饰以细蜂窝状装饰。

产地及层位:禹城;东营组二段。

后脊华花介 *Chinocythere posticostata* Huang et Shan,1978
(图版 52,图 4)

壳体中等大小,侧视近长椭圆形。正模长 0.83mm,高 0.45mm。背缘直、长;腹缘内凹。

前端圆,微下垂;后端圆,下部弧形稍向腹缘前倾。背中前部有 2 条横槽,后槽较深长,延伸至腹中部;前背部于前槽的前侧有 1 条脊状隆起,后横槽的后面有一瘤状隆起;腹中部于后横槽两侧各具一长刺,刺的尖端指向后方;壳后部具一横向的脊状瘤。背视见前、后端扁尖。壳面光滑。

产地及层位:滨州;沙河街组二段。

大槽华花介 *Chinocythere macrosulcata* Cai et Li,1978
(图版 52,图 5)

壳体大,近长方形。正模长 1.20mm,高 0.68mm。背缘近直,腹缘微内凹。前端宽圆,上部倾斜,前缘区宽扁;后端圆弧形微向腹缘前倾。背中前部具宽而深的"V"形槽,前背角处具一粗刺,背部后 1/3 有一基部较大的锥形瘤。腹缘中部膨大形成粗大的隆脊,脊的后端形成一指向后侧方的锥形瘤。壳面光滑。

有些个体壳面具蜂窝,壳中部于横槽之前具一指向后方的瘤。

产地及层位:博兴;东营组三段。

眼瘤华花介 *Chinocythere oculotuberosa* Huang et Shan,1978
(图版 52,图 6)

壳体中等大小,侧视不规则长矩形。正模长 1.22mm,高 0.72mm。背缘直,前、后背角明显;腹缘中部明显内凹。前端宽圆,上部倾斜不明显,下部微下垂;后端圆,下部稍向腹缘呈弧形倾斜。背中前部具有一条深宽的"V"形横槽。槽前具一粗大的瘤,槽后为一瘤状隆起超越后背缘。前缘区宽扁。壳面光滑。

产地及层位:利津;东营组二段。

四刺华花介 *Chinocythere quadrispinata* Huang et Shan,1978
(图版 52,图 7)

壳体中等大小,侧视近长方形。背正模长 0.92mm,高 0.55mm。背缘直,前、后背角明显;腹缘微内凹。前端宽圆,上部稍倾斜,前缘区宽扁;后端宽圆,向腹缘微前倾。前背角处有一指向后方的圆锥形短刺,后背部具一刺状瘤,两者之间成一宽深的槽;腹中部于横槽之前有一指向后端的短刺;后腹部具一指向后端的刺状瘤。背视最大宽度在前 1/3 处。壳面光滑。

产地及层位:商河;东营组三段。

四瘤华花介 *Chinocythere quadrinodosa* Geng et Shan,1978
(图版 52,图 8)

壳体中等大小,侧视近长方形。正模长 1.03mm,高 0.63mm。背缘直、长,前、后背角明显;腹缘中部微凹。前端宽圆,前缘区宽扁;后端宽圆,微向腹缘前倾。背前中部具有 2 条横槽,前槽短浅、不明显,与后槽组成一宽槽,后槽深长,延伸至腹部;前背角与后背部各具一短刺;中腹部隆起,其上有2个粗刺,刺的基部膨大,其尖端指向侧后方。前缘具锯齿状端刺,壳面具粗蜂窝。

产地及层位:沾化;东营组三段。

沙河街华花介 *Chinocythere shahejieensis* Li et Lai,1978
(图版52,图9)

个体小,近卵形。正模长0.75mm,高0.50mm。背缘直,前、后背角较明显;前端已破损;后端圆弧形,下部向腹缘前倾。背中前部具有2条横槽,前槽短,后槽伸长;后背部具一粗瘤;后腹部具一基部膨胀指向后方的刺。壳面光滑。

产地及层位:商河;东营组三段。

前宽华花介 *Chinocythere praebrevis* Huang et Shan,1978
(图版52,图10)

壳体中等大小。正模长1.20mm,高0.70mm。背缘直、长,前、后背角明显;腹缘中部内凹。前端上部倾斜,中、下部圆,明显下垂,前缘具有锯齿状的端刺;后端窄圆,中下部向腹缘前倾。背前中部具有由2条横槽所组成的较明显宽槽,后槽长,延伸至腹部;前、后背缘及近后缘中部各具一圆锥形的粗短刺,刺的尖端均指向后方。背视前端扁尖,两侧较平缓,约至后1/4处开始收缩。壳面具浅蜂窝状装饰。

产地及层位:垦利;东营组二段。

厚肥刺华花介 *Chinocythere carnispinata* Cai et Li,1978
(图版52,图11)

壳体中等大小,近短肾形。正模长0.97mm,高0.60mm。背缘直、长,前、后背角明显;腹缘中部微凹。前端斜宽圆,下部下垂,前缘区略宽扁平;后端呈弧形向腹缘前倾。前背部具2条横槽,前槽短浅,后槽深且延伸至腹中部,两横槽之间及其前、后各具一指向上方的瘤;腹部具有2个粗短的瘤,瘤的基部强烈膨大,相互连结为一个整体,前瘤的顶部变尖且向后弯呈刺状。背视略近纺锤形,前端很窄,两侧明显膨胀呈圆弧形;后端收缩。端视近三角形;背部窄,向下逐渐变宽,腹缘近宽平,两瓣结合处微凸,壳面具细蜂窝。

产地及层位:利津;东营组三段。

三峰华花介 *Chinocythere tricuspidata* Bojie,1978
(图版52,图12)

正模标本为左瓣,近切卵形。正模长1.03mm,高0.65mm。背缘直、长,前、后背角明显;腹缘中部微凹。前端宽圆,下部微下垂,前缘区扁平,相对较宽;后端圆弧形向腹缘前倾。前背部具有2条横槽,前槽不明显,后槽深直,延伸至腹部。背缘在两横槽之间有一小圆瘤;前槽之前和后槽之后各具一瘤状刺,前刺明显地指向后方,腹部具有2个指向后方基部、强烈膨大且相连在一起的瘤状刺。壳面具蜂窝。背视略近纺锤形,前端窄尖,后端收缩,中部膨胀成圆弧形。端视腹缘宽,中部微凹。

产地及层位:沾化;东营组三段。

双峰华花介 *Chinocythere bicuspidata* Hou et Ge,1978
(图版 52,图 13)

正模标本为右瓣。正模长 1.13mm,高 0.60mm。壳体中等大,侧视近平行四边形。背缘直、长,前、后背角明显;腹缘中部内凹。前、后端均为斜弧形弯曲,前缘区略宽,扁平。背中前部具有 2 条横槽,由于前槽很短,极不明显而呈现为 1 条深宽槽,垂直延伸至腹中部;背缘宽槽两侧,各具一超出背缘的瘤状刺;腹部槽两侧各具一指向后端的瘤状刺,刺的基部强烈膨胀,相互连结成一整体。壳面光滑。背视前端窄,后端收缩,中部明显膨大。端视腹部宽大,背部较窄,中部近直。

产地及层位:商河;东营组三段。

长刺华花介 *Chinocythere longispinata* Shan et Ge,1978
(图版 52,图 14)

壳体中等—大。正模长 1.65mm,高 0.95mm。背缘长,近直;腹缘内凹。前端上部倾斜,中、下部圆,微显下垂,前缘区扁,较宽;后端呈圆弧形向腹缘微倾。背部具 2 条横槽,前槽短浅,后槽宽深且直延伸至腹部。背缘在两横槽的前、后侧均具一长刺;腹部在横槽两侧各具一粗大的长刺,刺的基部明显膨大,尖部显著变细并向后弯;后缘近后背角处具一长刺,其尖端指向后方。壳面光滑。

产地及层位:博兴;东营组三段。

伸展华花介 *Chinocythere extensa* Shan et Duan,1978
(图版 53,图 1、2)

正模标本为已破损的左瓣。正模长 1.00mm,高 0.50mm。壳体中等大,壁薄,侧视近长方形。背缘长、近直;腹缘中部内凹。前端宽圆;后端呈圆弧形向腹缘前倾。背缘中前部具有 2 条横槽,后槽较前槽略深,近前、后背角及壳体后 1/4 处各具一长刺,近后背角处的刺指向后方。壳面光滑。

产地及层位:沾化;东营组三段。

平方王华花介 *Chinocythere pingfangwangensis* Shan et Yu,1978
(图版 53,图 3)

正模标本为已破损的左壳,中等大,近长方形。正模长 1.05mm,高 0.56mm。背缘直,前、后背角较明显;腹缘中部微凹。前端已破损;后端圆。前背部具有 2 条明显的横槽,后槽较长;前背部于横槽之前具有一粗瘤;中腹部于横槽之前具一粗大的圆瘤,瘤的顶端指向后方,槽后具一个粗大的脊状瘤,瘤的后上方具一指向后端的刺。背视前缘扁,壳的最大厚度在后部。壳面光滑。

产地及层位:滨州;沙河街组二段。

紧密华花介 *Chinocythere densa* Shan et Yu,1978
(图版 53,图 4)

壳体小,侧视近长圆形。正模长 0.78mm,高 0.40mm。背缘直,腹缘中部内凹。前端圆,下部微下垂;后端斜圆,向腹缘前倾;两端近等高。背中前部具有 2 条横槽,两横槽间有 1 个圆形小瘤。前槽的前侧有 1 条脊状隆起,后槽之后有一略长的瘤。壳后部膨胀。背视近楔形。壳面具蜂窝状装饰。

产地及层位:博兴;东营组二段。

豆形华花介 *Chinocythere fabaeformis* Shan et Yu,1978
(图版 53,图 5)

壳体小,侧视近卵圆形。正模长 0.45mm,高 0.25mm。背缘直,前、后背角处钝圆;腹缘微外拱。前端圆,上部微倾斜;后端稍窄圆,下部微斜。背中前部具有 2 条横槽,后槽略长,延伸至中部;腹部微隆起,在后腹部形成瘤状凸起。腹视腹平面较宽。壳面具蜂窝状装饰。

产地及层位:武城;沙河街组三段。

具翼华花介 *Chinocythere alata* Bojie,1978
(图版 53,图 6)

壳体小,侧视近豆形,背视近橄榄形,端视近正方形。正模长 0.52mm,高 0.49mm。背缘直,前背角明显,后背角钝圆;腹缘近直。前端宽圆,上部微倾,前缘区较扁、窄;后端窄圆。背部具有 2 条短而深的横槽,两横槽间及槽前各具一脊状隆起,槽后有一粗大的圆瘤;腹部隆起、下垂,与腹缘形成腹平面,隆起的后部收缩成一指向后方的刺状瘤。壳面具明显的蜂窝状装饰。

产地及层位:武城、沙河街组三段。

舟形华花介 *Chinocythere cymbiformis* Bojie,1978
(图版 53,图 7)

壳体小,瘦长。正模长 0.50mm,高 0.25mm。背缘直、长,前、后背角明显;前端向下呈斜宽圆,后端窄圆;腹缘微凹,腹中部隆起并向前,后部、背部变扁,隆起的后部具有一个指向后下方的小刺。背中前部具有 2 条不明显的横槽,壳后部膨胀。壳面具蜂窝状装饰。

产地及层位:博兴;沙河街组。

翼刺华花介 *Chinocythere spinisalata* Shan et Zhao, 1978
(图版 53,图 8)

壳体小,细长,侧视似歪卵形。正模长 0.47mm,高 0.22mm。背缘直,较短;腹缘中部内凹。前端斜圆,上部倾斜,下部下垂;后端窄圆。腹中部隆起,具一翼状刺。腹视腹面宽,两翼近三角形。端视两侧宽扁。壳面具蜂窝状装饰。

产地及层位:禹城;东营组三段。

长舟形华花介 *Chinocythere longicymbiformis* Shan et Ge, 1978
(图版 53,图 9)

壳体小,瘦长,近长方形。正模长 0.55mm,高 0.25mm。背缘直、长,前、后背角明显,并微增厚成不明显的凸起;前端宽圆;后端斜圆弧形,向腹缘前倾。前背部具 2 条横槽,后槽略深长,延伸至腹中前部;腹中部具一纵脊,脊的后端形成指向后上方的刺。壳面具浅蜂窝。有些个体后端特别伸长,而宽度相对变小,腹部的脊也较低。

产地及层位:博兴;沙河街组四段。

腹脊华花介 *Chinocythere ventricosta* Shan et Huang, 1978
(图版 53,图 10)

壳体小,侧视近长卵形。正模长 0.43mm,高 0.25mm。背缘直,前、后背角较明显;腹缘中部凹;前端宽圆,微下垂;后端窄圆。背部的 2 条横槽浅宽而短;腹部具 1 条粗长的纵脊。壳面有网纹装饰。背视两壳近等,凸度中等,最大厚度近中部,前端扁平。

产地及层位:博兴;沙河街组四段。

极小华花介 *Chinocythere minuscula* Cai et Yang, 1978
(图版 53,图 11)

壳体小,侧视近长方形。正模长 0.43mm,高 0.23mm。背缘直、长,前、后背角明显;前端圆,前缘区窄扁;后端圆,下部向腹缘微前倾;腹缘中部内凹。背中前部具 2 条横槽,两槽之间及前槽之前各具一明显的圆瘤;后部近后缘中部处具一不规则的瘤状隆起;腹中部具 1 条细脊。壳面具有粗显的蜂窝。

产地及层位:商河;东营组三段。

长矩华花介 *Chinocythere longiquadrata* Shan et Chen, 1978
(图版 53,图 12)

壳体小—中等,侧视近斜四边形。正模长 0.80mm,高 0.41mm,高度约等于长度的 1/2。背缘直、长,前、后背角明显;腹缘中部内凹。前端圆,上部倾斜,下部微下垂,前缘区宽扁;后端呈弧形向腹缘前倾。背中前部具有 2 条横槽,前槽短浅,后槽深长,延伸至腹部;后背部具一圆形的瘤状隆起,隆起之上具一不明显的小刺;腹中部具 1 条脊状隆起,隆起的后部形成一尖端指向后方的小刺；后端近后缘中部有一尖端向后的小刺。壳面光滑。背视近梭形，最大宽度在中部偏前。

产地及层位：渤海岸；沙河街组。

长形华花介 *Chinocythere longa* Shan et Li,1978
（图版 53，图 13）

壳体小，侧视近长卵形，高度小于长度的 1/2。正模长 0.72mm，高 0.32mm。背缘直，前、后背角明显；腹缘中部内凹。前端圆，上部微斜，下部下垂；后端圆弧形向腹缘前倾。背中前部具有 2 条横槽，后槽延伸至腹部，两横槽之间及前背角处各有 1 个小圆瘤；背中部于后槽之后具一顶端指向后上方的锥形瘤。腹中部于后槽之后具一尖端指向后下方的瘤状刺；后端有 3 个不明显的小瘤。壳面粗糙。

产地及层位：禹城；东营组三段。

亚角华花介 *Chinocythere subcornuta* Shan et Shi,1978
（图版 53，图 14）

壳体小，侧视不规则长方形。正模长 0.75mm，高 0.42mm。背视近直；前、后背角明显，且增厚成极小的疣状凸起；腹缘中部微凹。前端宽圆，后端斜圆，向腹缘微弧形前倾。前端有 1 条弧形脊状隆起与前缘平行，并延伸至前背角处膨胀而成一脊状瘤。背中前部具有 2 条横槽，前槽较短浅，后槽较深长，延伸至腹部，两槽之间及槽后各具一瘤，后瘤大且超越背缘指向后上方；在腹中部槽前具一小瘤，槽后具一指向后方的瘤；后端具 3 个瘤，前 2 个瘤较大。壳面密布极小的粒状凸起。

产地及层位：禹城；东营组二段。

七疣华花介 *Chinocythere septinodosa* Shan et Cai,1978
（图版 53，图 15）

壳体小，侧视近卵形。正模长 0.62mm，高 0.37mm。背缘直，前、后背角明显；腹缘近直，微向前倾。前端上部倾斜，下部圆；后端略窄圆。背中前部具有 2 条横槽，前槽短浅而不明显，后槽较深长，延伸至腹中部；背部两横槽之间及其两侧各具一瘤，后槽后侧的瘤粗大，尖端指向后上方，并超越背缘之外；在腹中部后槽的两侧各具一锥形小瘤；后端近后腹缘及近后缘中部处各具一小圆瘤。壳面具蜂窝装饰。

产地及层位：垦利；沙河街组二段。

七刺华花介 *Chinocythere septispinata* Shan et Cai,1978
（图版 53，图 16）

壳体中等大小，侧视近长方形。正模长 0.87mm，高 0.35mm。背缘直，前、后背角明显；腹缘中部内凹。前端宽圆；后端圆，后腹缘已破损。前缘区宽扁；后缘区窄扁。背中前部具有

2条横槽,前槽短浅而不明显,后槽略深并延至腹中部;前槽两侧及腹中部于横槽之前各具一圆锥形的小瘤,后槽后侧于背、腹部各具一粗大的刺,其尖端分别指向后上方和下方;后端的后中部及后背部各具一小圆瘤。壳面光滑。

产地及层位:临邑;沙河街组三段。

多角华花介 *Chinocythere multicornuta* Shan et Cai,1978
(图版53,图17)

正模标本为左瓣,壳小,侧视近长方形。正模长0.75mm,高0.38mm。背缘直、长,前、后背角明显;腹缘近直,与背缘近平行。前端圆,上部微斜;后端陡直,后背角近直角。背中前部有2条横槽,前槽短浅,后槽深长并延伸至腹中部,两横槽间及其前、后均具有瘤状隆起;中腹部强烈隆起,并被横槽分割,横槽前侧形成一粗刺,横槽后侧形成一大圆瘤,大圆瘤的后方伸出一个指向后方的刺;壳中部的横槽两侧各具一小瘤;后端背部、中部及后腹部均布有小瘤。壳面具细蜂窝状装饰。

产地及层位:沾化;东营组二段。

粗刺华花介 *Chinocythere asperispinata* Shan et Cai,1978
(图版53,图18)

壳体小,侧视近长方形。正模长0.73mm,高0.38mm。背缘直、长,前、后背角近等;腹缘近直,与背缘近平行。两端等高,近等圆。背中前部具有2条横槽,前槽短浅,后槽深长并延伸至腹中部,两横槽之前、后各有1个瘤状隆起;腹中部于横槽之前具一脊状隆起,横槽之后具一指向后方的粗刺,刺的基部较扁,近脊状;壳后部隆起。壳面具浅蜂窝状装饰。

产地及层位:高青;东营组三段。

多瘤华花介 *Chinocythere tuberosa* Shan et Li,1978
(图版53,图19)

正模标本为左瓣,壳小,侧视近长方形。正模长0.70mm,高0.35mm。背缘直、长,前、后背角明显;腹缘近直,与背缘近平行。前端圆;后端呈弧形向腹缘前倾。背中前部具有2条横槽,后槽延伸至腹部;从前背角沿前槽的前侧具一脊,两槽之间具一不明显的小瘤,后槽后侧具一基部较大的瘤;腹中部具有3个瘤,后腹部具有1个粗刺;后背部一小瘤向前倾。壳面满布小粒。

产地及层位:高青;东营组二段。

胖多瘤华花介 *Chinocythere carnituberosa* Cai et Yang,1978
(图版53,图20)

壳体中等大小,侧视近切卵形。正模长0.97mm,高0.57mm。前端宽圆,上部微倾斜;后端呈弧形,向腹缘前倾。背缘直、长,前、后背角明显,且增厚成极小的疣状凸起;腹缘微弧形外凸,内视中部凹。前缘区较宽、扁平;背中前部具2条横槽,前槽短,后槽长并延伸至腹中部,两横槽之间具一圆形的瘤,前槽的前缘具一横脊状隆起,向上延伸至前背角;腹中部于横槽之前具一圆锥形的瘤,基部膨胀,横槽之后的背、腹部各具一个很大的近脊状的瘤,瘤的上部等于或微大于其基部;后背部近后背角处具一小瘤,各瘤内视都是空心的。壳面具明显的蜂窝。

有些个体后背部近后背角处无小瘤。

产地及层位:沾化;东营组三段。

肥大华花介 *Chinocythere carnosa* Shan et Li,1978
(图版53,图21)

壳体中等大小,侧视近卵圆形。正模长0.71mm,高0.45mm。背缘直,较短;前、后背角钝圆;腹缘微凸。前端圆,上部倾斜,前缘区窄扁;后端窄圆。背中前部具有2条横槽,前槽短而深,后槽深长并延伸至腹部,前槽两侧各具一脊状小隆起,后槽后于后背部具有一粗大的瘤状隆起;腹缘具一粗大的脊状隆起,隆起的中部被后横槽隔开,槽前的隆起较低,向前端倾没,槽后的隆起较大而高;后端近后腹部于脊状隆起之后有一小圆瘤。壳面具蜂窝状装饰。腹视腹平面较宽。

产地及层位:利津;沙河街组三段。

丰满华花介 *Chinocythere opima* Shan et Li,1978
(图版53,图22)

正模标本为右壳,侧视近宽卵形。正模长0.75mm,高0.50mm。背缘直,较短,后背角明显,前背角钝圆;腹缘弧形外凸,内视中部微凹。前端上部弧形倾斜,下部圆,微下垂;后端稍窄圆。前缘区扁平,较宽。背中前部具有2条横槽,前槽短,后槽长且延伸至腹中部,前槽两侧各具一脊状隆起,槽前的隆起向上延伸至前背缘,后背部具有1个粗大的锥形瘤;腹部具有1条粗的凸起很高的且中部被后横槽分割的脊,槽前的脊略低且向前缘倾没,槽后的脊较高,其顶部等于或微大于基部,脊的后端具小刺;后端近后缘中部处具有1个乳头状的小瘤。壳面粗糙,凹凸不平,具有明显的蜂窝状装饰。

产地及层位:垦利;沙河街组三段。

蜗角华花介 *Chinocythere helicina* Li et Lai,1978
(图版53,图23)

正模标本为左瓣,壳小。正模长0.68mm,高0.35mm;背缘直,前、后背角明显;前端圆,上部倾斜,下部微下垂;后端收缩呈窄圆;后腹缘明显前倾,腹缘弧形外凸。腹视中部微凹。前缘区宽、扁平。背中前部具有2条横槽,前槽短浅,后槽深长且延伸至腹缘;后背部具1个锥形的瘤状刺,尖端指向后上方;腹部具1条隆脊,脊的中部被横槽分割,脊的腹侧面较陡,背侧面向背部逐渐倾没,脊的前端向前缘倾没,其后端具一指向后下方的刺;后端的中后部具一小瘤。壳面蜂窝明显。

产地及层位:垦利;沙河街组三段。

大头华花介 *Chinocythere megacephalota* Li et Lai,1978

（图版53,图24）

正模标本为左瓣,壳小。正模长0.48mm,高0.25mm。背缘直,前、后背角明显；腹缘凸,内视中部凹。前端圆,上部倾斜,下部微下垂；后端收缩呈窄圆,转向腹缘前倾。背中前部具2条横槽,后槽长,延伸至腹中部,前槽两侧及腹中部横槽之前各具一粗瘤,后槽之后的背、腹部各具1个大长刺,刺的基部较粗大,后腹部的刺基部较扁,略呈脊状。瓣的两端具小疣,壳面具明显蜂窝状装饰。

产地及层位：垦利；沙河街组二段。

浪花介科 Cytheridae Baird,1850

圆星介属 *Metacypris* Pinto et Sanguinetii,1958

大同圆星介 *Metacypris datongensis* Wang

（图版54,图6）

壳体小,侧视近卵形,凸度强。近模长0.53～0.58mm,高0.33～0.36mm,宽0.43～0.46mm。前端窄,向下方斜圆；后端近方圆,略高于前端。背缘近直、短；腹缘微外拱。腹部向外及下方膨胀并超越腹缘,腹部接触边内凹。壳中后部最高、最厚。背视向前方急剧收缩。壳面饰有近同心状的弱网纹。

产地及层位：垦利；明化镇组上段。

庙沟圆星介 *Metacypris miaogouensis* Chen

（图版54,图7）

壳体中等大小,侧视近卵圆形。成体长0.80mm,高0.47mm；幼体长0.45mm,高0.28mm。背缘均匀拱弯；腹缘近直,中间稍外弯。壳体的后部膨胀,近圆球形,渐向前部压缩。背视后端肥钝,后缘接触边向内凹。壳面饰细条纹,腹部条纹呈纵向排列。壳体中后方最高,后部偏腹方最厚。

产地及层位：诸城；王氏群辛格庄组。

常州圆星介 *Metacypris changzhouensis* Chen,1965

（图版54,图8）

壳体小,近卵形。长0.69mm,高0.39mm。背缘外拱,向两端弧形倾斜；腹缘近直。前端窄圆；后端圆弧形向下弯曲。壳中部微偏后处最高。前背部具不明显的浅凹。背视近心形,后端最膨胀,向前端逐渐变扁。腹视腹缘中部内凹,腹面宽,中部凹。壳面具近似同心圆状的条纹脊。未成年个体,壳中部具网纹,腹部具条纹脊,前端高,腹缘微凸。

产地及层位：昌邑；孔店组二段。

白花介属 *Leucocythere* Kaufmann, 1892

背瘤白花介 *Leucocythere dorsotuberosa* Huang, 1984

（图版 54，图 29）

近模长 0.71～0.77mm，高 0.35～0.43mm。雌性壳体长肾形。背缘直，向后倾；腹缘中部微内凹。前端宽圆，上部倾斜；后端圆，前端高于后端。腹部有一脊状凸起，后背部有一瘤。前背有两横沟。壳面具网状装饰。雄性壳体较长，两端近等高。背缘长、直，腹缘内凹明显。

产地及层位：广饶；明化镇组上段。

柄花介属 *Stipitalocythere* Li et Lai, 1978

长柄花介 *Stipitalocythere longa* Li et Lai, 1978

（图版 54，图 1）

正模标本为左瓣，瓣小，侧视近长方形。正模长 0.46mm，高 0.20mm。背缘直、长；腹缘微凹，与背缘近平行。前端宽圆，上部微弧形倾斜；后端中下部向腹缘斜切，后腹角钝、明显，后背角向后伸成柄状。背中前部具有两条横槽，后槽延伸至腹中部；腹部具 1 条不十分明显的隆脊，脊的中部被横槽隔开，前部向前缘倾没，后部至后腹部形成瘤。背视前、后缘扁平，最大宽度在后 1/2 处。壳面光滑。

产地及层位：垦利；沙河街组下部。

简单柄花介 *Stipitalocythere simpla* Li et Shan, 1978

（图版 54，图 2）

壳体小，侧视近长方形。正模长 0.48mm，高 0.22mm。背缘直、长；腹缘微凹；前端宽圆；后端下部斜切，后缘上部呈柄状收缩。背中前部有 2 条不明显的横槽，前槽短浅，不明显；后槽较深长，延伸至中腹部。后腹部扁。背视近梭形，凸度小，两侧弯曲较均匀，两端稍扁平。壳面光滑。

产地及层位：广饶；沙河街组下部。

瘤脊柄花介 *Stipitalocythere costata* Shan et Li, 1978

（图版 54，图 3）

正模标本为右瓣，瓣小，近长方形。正模长 0.52mm，高 0.29mm。背、腹缘近直，近平行；前端宽圆；后端上、下部均截切，中部成柄状收缩。背中前部具有 2 条宽槽，后槽延伸至腹中部。前背部于前槽之前具一横脊，后背部于后槽之后具一粗瘤；腹部具隆脊。壳面具粗蜂窝状装饰。

产地及层位：博兴；沙河街组下部。

湖花介科　Limnocytheridae Klie,1938
　　双槽金星介属　*Bisulcocypris* Pinto et Sanguinetii,1958
　　　　山东双槽金星介　*Bisulcocypris shandongensis*（Shu et Sun,1958）
（图版54,图4、5）

壳体中等大小,侧视近长卵形。正模长0.90mm,高0.50mm,宽0.50mm。背缘近直,腹缘中部微凹,前、后背角明显。前端低,上部倾斜,下部窄圆;后端高,宽圆。背视长心脏形,后1/4处最宽,向前渐窄,中前背部具两槽。壳面纹饰不清。

产地及层位:沾化;孔店组。

　　湖花介属　*Limnocythere* Brady,1868
　　　　孤岛湖花介　*Limnocythere gudaoensis* Shan et Qu
（图版54,图9、10）

雌性近椭圆形。正模长0.70mm,高0.40mm;副模长0.88mm,高0.43mm。前端较宽圆,上部斜切,后端圆,前端高于后端。背缘直,向后端倾斜,腹缘中部显著内凹。前缘区宽扁。中前背部有2条横槽,前槽宽、较深,后槽窄、浅,其末端前侧有一很小的凹坑。两横槽间及中粒痕前侧,各有1个不明显的小圆瘤。腹部隆起。壳面具蜂窝状装饰。雄性与雌性个体的特征基本一致,唯雄性个体较长,凸度较小,前、后端近等高。

产地及层位:沾化;馆陶组上段。

　　　　光滑湖花介　*Limnocythere luculenta* Livental
（图版54,图11、12）

近模长0.55～0.91mm,高0.30～0.45mm。雌性壳体近肾形。前段宽圆,后端窄圆,前端高于后端。背缘近直,向后倾斜;腹缘中部内凹。前背两横沟。腹部具一长脊,壳面有蜂窝状装饰。雄性个体长椭圆形,前、后端近等高,腹脊短而扁。

产地及层位:滨州、广饶;黄骅群。

　　　　带形湖花介　*Limnocythere cinctura* Mandelstam
（图版54,图13、14）

壳体中等大小,近椭圆形。近模长0.62～0.65mm,高0.36～0.38mm。前端圆,后端略窄圆,前端高于后端。背缘直,向后端倾斜;腹缘近直。除腹缘中部外,自由边缘都被压缩。两横槽间中粒痕前侧,各具1个很不明显的小圆瘤。平行于中、后腹缘及后端有1条很细的弧形长脊。壳面具蜂窝状装饰。

产地及层位:惠民;黄骅群。

　　　　潍县湖花介　*Limnocythere weixianensis* Li et Lai,1978
（图版54,图15）

正模标本为雄性个体,壳中等大,不规则肾形。正模长0.98mm,高0.56mm。背缘短直,向前端倾斜；前端窄圆；后端宽圆，显著高于前端；腹缘前 1/3 处明显内凹。背中前部具有 2 条很不明显的横槽，后槽略长，延伸至壳的中部；腹中、前部具有一条不明显的脊状隆起，后背部明显膨胀，后腹部扁平，形成一不规则的倒"V"形浅槽。背视前缘扁平，最大宽度在壳的后 1/3 处。壳面光滑。雌性个体背缘呈微弧形外拱，两槽间的小瘤较明显，前、后端近等高，壳面具蜂窝状装饰。

产地及层位：临邑；济阳群。

网状湖花介 *Limnocythere dectyophora* Li et Lai, 1978
（图版 54，图 16）

正模标本为右瓣。个体较小，不规则卵形。正模长 0.69mm，高 0.40mm。背缘近直，腹缘中部内凹明显。前端圆，后端向上斜圆。背中前部具有 2 条横槽，前槽短浅，后槽深长，延伸至中腹部，后槽的后侧在背、腹部及两槽之间各具 1 个瘤状凸起，但腹部的一个较大而明显。壳面具网纹装饰。

产地及层位：博兴；沙河街组四段。

昌邑湖花介 *Limnocythere changyiensis* Bojie
（图版 54，图 17）

正模标本为左瓣，个体小，近肾形。正模长 0.64mm，高 0.34mm。背缘微弧形外拱；两端近等高、等圆；腹缘微凹。前、后缘扁平。背中前部具有 2 条明显的横槽，前槽短浅；后槽深长，延伸至中腹部。后背部于横槽之后具一粗大的脊状瘤；腹中部具脊状隆起，隆起的后部形成粗大的脊状瘤。壳面具蜂窝状装饰。

产地及层位：临邑；孔店组二段。

后凹湖花介 *Limnocythere posticoncava* Hou et Shan, 1978
（图版 54，图 18）

壳体中等大小，侧视近长方形。正模长 0.88mm，高 0.42mm。背缘直，前背角不显，后背角明显；前端圆；后端上部微倾斜，中、下部圆；腹缘内凹；前缘宽，扁平；后缘很窄较扁。背中前部具有 2 条不太清晰的横槽，前槽短浅而不明显；后槽较深长，延伸至中腹部。腹中部具有 1 条较窄的纵脊，后腹部有 1 个较窄的倒"V"形横槽。近后端强凸。背视近楔形，后端特钝，前端极扁尖。壳面光滑。

产地及层位：禹城；沙河街组三段。

清楚湖花介 *Limnocythere pellucida* Hou et Shan, 1978
（图版 54，图 19）

壳体小，近长方形。正模长 0.75mm，高 0.40mm。背缘直，腹缘内凹。前端圆，上部微弧形倾斜；后端宽圆，略低于前端；前、后缘扁平。背中前部具有 2 条不甚清晰的横槽，后槽略深长,延伸至中腹部;后背部至后端的下部隆起呈瘤状;腹中部具 1 条明显的脊状隆起,在 2 个隆起之间形成 1 条从壳中部至后腹部的斜槽。背视突度小,壳面光滑。

产地及层位:垦利;沙河街组二段。

瘤凸湖花介 *Limnocythere nodosa* Li et Lai,1978
（图版 54,图 20）

壳体中等大小,近椭圆形。正模长 0.79mm,高 0.46mm。背缘近直;腹缘中部微凹。前端宽圆;后端窄圆。背中前部具有 2 条横槽,前槽短浅;后槽深长,延伸至腹中部;背部两横槽之间具一圆瘤,后槽之后侧也具一小圆瘤;腹中部在横槽之后有一较大的脊状瘤。背视近菱形。壳面具蜂窝状装饰。

产地及层位:广饶;沙河街组四段。

背隆湖花介 *Limnocythere dorsiconvexa* Huang et Ge,1978
（图版 54,图 21）

正模标本为右瓣,个体小,近卵形。正模长 0.50mm,高 0.25mm,背缘中部近直而短,前、后背缘呈微弧形倾斜;前端圆;后端窄圆;腹缘中部微凹。背中前部具 2 条横槽,前槽短浅;后槽深长,延伸至腹中部;两横槽之间有一小圆瘤,后背部于横槽之后至后端的中后部具 1 条与后背缘近平行的长脊。腹中部隆起,隆起之上有 2 个被横槽隔开的锥形瘤,槽前的瘤近腹中部,槽后的瘤近腹中部。背视前缘尖扁,最大凸度在壳后 1/3 处。壳面具蜂窝状纹饰。

产地及层位:博兴;沙河街组四段。

纹瘤湖花介 *Limnocythere striatituberosa* Geng et Shan,1978
（图版 54,图 22）

正模标本为右瓣,壳小,近卵圆形。正模长 0.32mm,高 0.16mm。背缘近直,前端圆;后端圆弧形向腹缘前倾;腹缘中部内凹。腹部呈脊状隆起,周缘扁平,前、后缘较宽;背部具有由 2 条横槽组成的浅凹。壳面具大致成纵向排列的网孔,孔边联成细条纹。

有些个体壳较长,近矩形,凸度较小,最大厚度相对偏前。

产地及层位:博兴;沙河街组四段。

具刺湖花介 *Limnocythere armata* Li et Lai,1978
（图版 54,图 23）

壳体小,近长方形。正模长 0.78mm,高 0.40mm。背缘直、长,前后背角较明显;前端圆,上部微弧形倾斜;后端上部圆,下部向腹缘前倾;腹缘中部内凹。背中前部具有 2 条横槽,后槽较深长,延伸至腹中部;腹中部具一不明显的脊状隆起,隆起的后部形成一指向后方的短刺。背视呈中间稍凹的纺锤形,前缘端更尖扁。壳面光滑。

产地及层位:禹城;沙河街组。

后刺湖花介 *Limnocythere postispinata* Shan et Li,1978
(图版 54,图 24)

壳体中等大小,侧视近长方形。正模长 0.85mm,高 0.47mm。背缘直,腹缘内凹。前端宽圆,后端圆弧形向腹缘前倾。壳的最大高度在前背角处。背中前部具有 2 条横槽,后槽较深长,延至腹中部;腹中部微隆起,至后腹部形成一微弱的脊状隆起,后腹缘处具一锥形小瘤。壳面光滑。

产地及层位:临邑;东营组二段。

三瘤湖花介 *Limnocythere trinodosa* Shan et Li,1978
(图版 54,图 25)

壳体小,近矩形。正模长 0.48mm,高 0.25mm。背缘近直,两端圆,唯前端上部稍截切,前缘窄扁;腹缘中部内凹。背中前部有 2 条浅横槽,前槽短;后槽延伸至中腹部,后槽后侧近背部具 1 个较长的近于垂直壳面的刺状瘤。腹中部在横槽之前及后腹部近后腹缘处各具一小圆瘤。壳面具有浅蜂窝状装饰。

产地及层位:博兴;沙河街组四段。

隆脊湖花介 *Limnocythere costata* Cai et Liu,1978
(图版 54,图 26)

壳体中等大小,前端宽圆。正模长 1.11mm,高 0.60mm。上部微弧形倾斜;后端向上呈斜窄圆;背缘近直;腹缘内凹。背中前部有 2 条横槽,前槽浅短,不明显;后槽宽而深长、延伸至腹中部。后背部在横槽之后具一纵向的脊状瘤;腹中部具有 1 条凸起很高的隆脊,脊的前端向前缘倾没;后端在后腹部形成瘤状脊。背视前、后端均较尖扁,中部凸起明显,近背缘增厚呈脊状。

产地及层位:武城;沙河街组二段。

长帽形湖花介 *Limnocythere longipileiformis* Shan et Li,1978
(图版 54,图 27)

壳体小,近长肾形。正模长 0.70mm,高 0.33mm。背缘中部近直,向后倾斜;前端宽圆;后端窄圆;腹缘中部内凹。背中前部有 2 条横槽,前槽短浅且不明显;后槽较长,延伸至壳中部。前缘宽、扁平,中腹部隆起。背视近梭形,前后两端尖而近等。壳面光滑。

产地及层位:博兴;沙河街组四段。

永安湖花介 *Limnocythere yonganensis* Shan et Li,1978
(图版 54,图 28)

壳体小,近长卵形。正模长 0.65mm,高 0.30mm。壳的高度不及长度的一半。背缘直,前背角较明显;腹缘内凹。前端圆,微下垂;后端窄圆。前、后缘扁平,前缘较宽。背中前部具有 2 条横槽,后槽稍深长并延伸至壳中部。后腹部较扁平,向上形成倒"V"形横槽;后部及腹中部隆起明显,共同形成纵向反"S"形隆起。壳面中部见网纹。

产地及层位:垦利;沙河街组三段。

达尔文介科 Darwinulidae Brady et Norman,1889
达尔文介属 *Darwinula* Brady et Robertson,1885
斯氏达尔文介 *Darwinula stevensoni* (Brady et Robertson)
(图版 54,图 30)

壳体长卵形。近模长 0.51～0.52mm,高 0.24～0.26mm,宽 0.25～0.26mm。前端窄圆,向下倾斜,后端圆。背缘近直,微前倾,前背缘急下倾;腹缘近直。左瓣大,腹、背叠覆明显。背视近楔形,前端尖,后部近圆,壳面光滑。

产地及层位:广饶;明化镇组上段。

小豆荚达尔文介(相似种) *Darwinula* cf. *leguminella* (Forbes)
(图版 55,图 1)

壳体中等大小,侧视长椭圆形。长 0.800mm,高 0.375mm,厚 0.375mm,最大高度在后端。背缘直,前斜。前端圆,低于后端;后端上部斜圆。左瓣大于右瓣,沿腹缘叠覆。壳凸,背视楔形,后端最厚。壳面光滑。与模式种的区别为后端上部斜圆。

产地及层位:莱阳;莱阳群曲格庄组。

小豆荚达尔文介 *Darwinula leguminella* (Forbes)
(图版 55,图 2、3)

壳体较小,侧视长卵形。长 0.72mm,高 0.33mm,宽 0.30mm。背缘微外弯,前倾;腹缘前 1/3 处内凹。前缘窄圆,后缘宽圆。左壳大,沿自由边叠覆右壳,中腹部叠覆明显。背视近楔形,前尖后圆,壳体最大高度及宽度均在后 1/3 处。壳面光滑。

产地及层位:蒙阴;大盛群田家楼组。

莱阳达尔文介 *Darwinula laiyangensis* Cao
(图版 55,图 4、5)

壳体较小,侧视近楔形。正模长 0.64mm,高 0.25mm,宽 0.22mm。背缘缓外弯,稍前倾;腹缘中前部内凹。两端圆形,后缘稍宽于前缘。右壳大,在腹缘处叠覆左壳明显。壳体中后部最高、最宽。背视似棒状,两侧近平行,向前、后端收缩。壳面光滑。

产地及层位:莱阳;莱阳群曲格庄组。

3.5.4 昆虫纲 Insecfa

昆虫纲属节肢动物门,这类生物比任何动物都具多样性,有水中漂浮的、陆地爬行的,还有空中飞翔的。其身躯分为头、胸、尾三部分。最早发现于泥盆纪,一直延续至今。昆虫的软体很难保存为化石,只有在特定的环境条件下,才能形成化石。山东省莱阳市莱阳群水南组泥页岩和临朐县山旺村山旺组硅藻土页岩中,富含保存完整、形态精美的昆虫化石。

同翅目 Homoptera
叶蝉科 Cicadellidae
眼叶蝉属 *Mesoccus*
泥生眼叶蝉 *Mesoccus lutarius* Zhang
（图版 55,图 10）

头略窄于前胸;复眼圆;触角丝状;后唇基大,长宽近相等;前唇基三角形;喙甚细长;足胫节具刺;跗节 3 节,第 2 节甚短;前翅端部可分辨 R_{1b}、R_s、M_{3+4}、CuA 和 r—m;腹部见 6 节,产卵器长,达腹长的 1/2,端部尖锐。虫体长 6.3mm,宽 2.2mm。

产地及层位:莱阳;莱阳群。

卵蚜科 Oviparosiphidae Shaposhskov,1977
卵蚜属 *Oviparosiphum* Shaposhnikov,1972
宽形卵蚜 *Oviparosiphum latum*
（图版 55,图 12）

本种有 2 个标本,均带展开的翅,前翅保存较好,其中 1 个标本的后翅保存前缘部分。

虫体较大,宽大,头横宽,前缘弓形,后缘颇直或微曲。头部保存不好,触角 5 节。胸部发达,尤以中胸为大,近圆形,中胸分 4 叶,两侧叶及中叶平行排列,后叶宽大。中胸后方有一宽且浓的色带,胸部长 0.8mm。小盾片呈半圆形。腹部的节数不清,轮廓近半圆形,左右两个腹管圆形,可能是腹管脱落后遗留的痕迹。生殖片发达且长,呈三角形,侧缘处粗壮色浓。足细长,后足股节长 1mm,胫节长 1.2mm,跗节 2 节,第 1 跗节长,约为第 2 跗节的 2 倍,末端 1 对爪。翅长,盖于虫体很远,C 向上斜伸,远处微弯曲,Sc＋R＋M＋Cu 主干倾斜与 M 几乎平行伸出;Pt 显著;R 弯曲;Rs 从翅痣中部或稍前发出,斜向顶缘;M 主干从翅痣基部发出,向下斜伸,至分支处转为曲折,并相继斜伸出 3 支脉,即 M_1、M_2、M_{3+4};M 主干与 M_{3+4} 几乎成一斜线;CuA_1 与 CuA_2 倾斜,基部发达,不退化,相距甚近,但不会合;CuA_1 与 CuA_2 的基部有变弱,甚至可能退化,这种特征在现生蚜虫中常有出现,仍然反映了种内的变异特点,不宜作为种间分类特征来建立新种,应同归一种,CuA_1 与 M 远离,其宽度约为 CuA_1 与 CuA_2 的宽度的 4.5 倍。后翅仅见翅的前缘和 Sc＋R＋M 主干。

虫体长 2.8mm;前翅长 5mm。

产地及层位:莱阳团旺镇西;莱阳群水南组。

膨胀蚜属 *Expansaphis*
卵形膨胀蚜 *Expansaphis ovata*
（图版 55,图 13）

虫体中等大小,卵形,褐黑色种类。头前伸,半圆形,触角 5 节,伸向两外侧,触角保存完整,次生感觉圈排列规则,基节小,椭圆形;柄节比基节略细,但稍长;第 3 节长约为柄节的 2 倍,其上可见 2 个圆形的次生感觉圈;第 4 节稍细,其长度相当于第 3 节,有 2 个次生感觉圈;第 5 节基部短,原生感觉圈不明晰,鞭状部渐细,长于基部,触角全长 0.9mm。额瘤 2 个,位于头部前方两触角的内侧,呈三角形,互相分离,相距较远,两额瘤之间浅且平缓,较为特殊。复眼位于头之两侧,长卵形;单眼 3 只,互相分离,呈倒"品"字形排列;头的侧缘倾斜,后缘近乎平直;头部长 0.3mm,宽 0.7mm。前胸背板窄,呈条状;中胸发达,其前部发育 3 个显著的小叶,前叶小,椭圆形,两侧叶大,紧靠前叶,肾形,两侧叶的后缘中央呈倒"V"形,3 个胸叶呈"品"字形排列,颜色暗浓,中胸背板后缘中央有一三角形的凹陷;小盾片半圆形;后胸宽大,呈长方形;胸部长 1.1mm,宽 1.1mm。前足股节基部细,端部宽,长 0.4mm;胫节细长,长 0.7mm;跗节 2 节,第 1 节短小,圆形,第 2 节长为第 1 节的 2 倍,其末端具 1 对爪,爪呈弯钩形,其他特征不清楚;中足股节不清楚,胫节细长,长约 0.8mm。腹部卵形,共有 9 节,第 2 节最宽,约 1.05mm;第 6 节长,有 1 对腹管,但腹管脱落,仅保留 1 对腹管痕,腹管痕圆形;第 7、8 节突然变细。尾板出露,呈三角形,宽且大,整个尾板部分有黑色斑纹,为毛列着生处,但毛列脱落,标本上看不太清楚;末端见有 1 对生殖板,生殖板尖锐,呈倒"八"字形。腹部长 1.2mm,宽约 1.05mm。前翅呈刀形,基部收缩,前缘平缓,在翅中部的后方向下弯曲,后缘倾斜向下,C 粗、浓,周围有小颗粒,颗粒在基部增多,翅痣大,长纺锤状,色浓而显著,约占前缘的 1/4;Sc+R+M+Cu 发自翅基部,此脉粗壮色浓,周围有暗色细颗粒,平行于 C,一直延伸至翅中部的前方,向下分出 Cu;Sc+R+M 这段脉弯曲,呈弓形,在翅底的前方向下弯曲后分出 M;Sc+R 呈弓形向上沓曲,一直到翅痣的末端;Rs 发自翅痣中部的后方,较短,伸向缘端,并稍向上弯曲,M 在翅痣的前端附近与主干分离,主干向下倾斜弯曲,约在 Rs 基部的下方发出 M_3,M_1+M_2 继续向前延伸,在距翅缘约一半的地方两脉分离,此脉呈叉形;M_3 与 M_1+M_2 分离后,继续倾斜并延伸至缘端;Cu 的基部会合,并明显膨胀呈瘤形,此点尤为特殊,CuA_1 倾斜伸至翅的缘端,CuA_2 倾斜延伸向翅的臀缘,两脉呈"八"字形;前翅长 3.8mm,宽 1.1mm;后翅小,翅的基部收缩,前缘开始向上倾斜,至翅中部弯曲并向下倾斜;端缘圆,臀缘圆滑过渡,翅脉简单、退化,Sc+R+Cu 主干弯曲,向下分出 Cu 后的这一段弯曲,呈弓形,并伸延至翅的端缘,Cu 基部会合,并膨胀呈瘤状,CuA_1 向下微倾一段后,向下弯曲,伸至缘端;CuA_2 短,比 CuA_1 陡直,延伸达翅的臀缘。

虫体长 2.6mm;前翅长 3.85mm,后翅长 1.8mm。

产地及层位:莱阳团旺镇西;莱阳群水南组。

宽缘膨胀蚜 *Expansaphis laticosta*
(图版 56,图 1)

虫体黑褐色,头前伸,近椭圆形,头部仅保存一个轮廓,其他特征不清晰,头部长 0.5mm,宽 0.8mm;触角 5 节,次生感觉圈圆形,横向排列。胸部发达,前胸小,窄条状;中胸大,近圆形;后胸宽于前胸;胸部长 0.9mm,宽 0.9mm。标本中仅保存前足,股节基部细,端部宽圆,长 0.4mm;胫节细长,长 0.85mm;跗节有 2 节,第 1 节长,第 2 节短,其他特征不清楚。腹部轮廓近三角形,由于标本保存不好,分节不清楚,但可见 2 个清晰的腹管痕,腹管痕呈卵圆形,腹管脱落未保存；尾节保存部分生殖器，呈三角形，尾节末端可见1对生殖片，呈倒"八"字形，腹部长1.1mm，宽0.9mm。两前翅横展，右前翅折叠，左前翅清晰，翅基部收缩，前缘微弯，C粗、色浓，基部稍向上倾斜，在翅痣的前方弯曲后向下倾斜，翅痣近长卵形，长约为宽的3倍；前缘区显著，也较宽大，Sc开始平行于C，在翅痣的前方伸达翅缘。R+M+Cu主干发自翅基部，R+M+Cu和Sc之间，色浓加重，呈带状，通连翅痣；R脉与主干分离后，向下倾斜，约在翅痣的中部弯曲向上倾斜伸达翅痣；Rs发自约翅痣的中部，弓形；M分3支，M_{3+4}和M主干分离后，向下倾斜至缘端，M_1和M_2呈叉形；CuA_1和CuA_2的基部膨大，呈瘤状，此特征显著，较为独特，CuA_1和CuA_2的基部相距较近，但不相连，CuA_1倾斜伸达缘端，CuA_2较陡直。

虫体长2.5mm；前翅长2.5mm，宽1.1mm。

产地及层位：莱阳团旺镇西；莱阳群水南组。

近卵蚜属 Paroviparosiphum Zhang, Zhang, Hou et Ma

胖近卵蚜 *Paroviparosiphum opimum* Zhang et al.

（图版55，图11）

头大，横宽，近三角形；胸部粗壮，呈半圆形，两侧各具一个缘刺；前翅长约为宽的3倍；翅痣中等大小；C和Sc+R+M小弧状弯曲；M_{1+2}柄甚短；CuA_1长约为CuA_1长的1.7倍；腹部非常短，腹管圆形，产卵器呈2个三角形。虫体长1.92mm，宽3.39mm。

产地及层位：莱阳；莱阳群。

蜡蝉科 Fulgoridae

丽蜡蝉属 *Limois*

山旺丽蜡蝉 *Limois shanwangensis*（Hong）

（图版56，图2）

头比前胸背板显窄，侧视与虫垂直，牛角状；翅的边缘突起，中央具2条纵脊；前翅较长，为宽的2.8～3.2倍；翅面黄褐色，斑纹黑褐色，变化不大，翅中的一块大，翅基呈圆形，翅端大型，通常不规则，斑纹所占面积不及1/2；后翅黑褐体长约25mm；翅长约46mm。

产地及层位：临朐山旺；山旺组。

蟪蝉科 Tettigarctidae Becker-Migdisova, 1949

中国蝉属 *Sinocicadia*

山东中国蝉 *Sinocicadia shandongensis*

（图版56，图3）

虫体呈长椭圆形，头前方前伸，呈三角形，喙部隐约可见，但结构不清楚。胸部发达，较宽，后胸节后缘之宽与腹部基部几乎等宽而衔接，最宽2.8mm；足保存中、后足，足型特征相同，股节宽扁，约3倍于胫节之宽，中间有1条中沟，长1.3mm；胫节细长，但坚硬，下方背侧有胫刺，排列规则向下斜伸，胫端刺比较明显，胫节长2mm，腹部较宽，在标本中见6节比较清晰,节呈长矩形,排列整齐,棕色,在图影中显示清楚,腹末为外生殖器,长和宽几乎相等,各约 1mm,大体上可见生殖板和阳茎侧突,未见阳茎,生殖板位于外侧,保存时下方翻转;阳茎侧突强壮,紧靠生殖板,较宽于生殖板。前翅较宽,顶部更宽,向翅基收缩,长与宽之比约为 2.2∶1,前缘微弓形,从 R_1 之后与端缘明显呈圆滑过渡;Sc 弓形,在翅中点之后止于 R_1 之前;R 主干几乎平直,在翅中点前(即在 Rs 发出点)突然向上斜伸,末端曲向翅缘,在向上斜伸这段脉之间,发出分支,形成 R_1 和 R_2(有的学者统称此 2 支脉为 R_1),R_1 短,约为 R_2 的 1/2,末端也微曲向顶缘,Rs 与 R 呈 20°交角伸出,缓伸向后行,近翅端分叉,叉脉间较宽;M 基部向下倾斜,至与 CuA 会合点之后又微微向下斜伸,近翅端分支为 M_{1+2} 和 M_{3+4},分支较早于 Rs,支脉呈叉形;Cu 在近翅基分 CuA 和 Cup,CuA 向上斜伸与 M 会合,然后迅速分离向下斜伸,在翅中点之后不远分 CuA_1 和 CuA_2,CuA_1 伸出方向大致与主干相同,CuA_2 向下斜伸较短;Cup 与 Cu 主干方向相同,向下斜伸直达后缘,末端稍靠近 CuA_2;仅见 A_1,向下斜伸,末端离 Cup 较远。全翅有 3 支横脉,r—rs 垂直,始端位于 R_1 发出点;r—m 垂直,位于 Rs 和 M 的主干,但迟于 r—rs,稍早于 m—Cu;r—rs 倾斜,在 CuA 分支点稍后。

虫体长 7mm,宽 2mm;前翅长 6.5mm,宽 3mm。

产地及层位:莱阳团旺李格庄;水南组。

蚜科 Aphididae Buckton,1881

二叉蚜属 *Schizaphis* Borner,1952

黄揭二叉蚜 *Schizaphis cnecopsis* Lin

(图版 56,图 7)

虫体近椭圆形,长 3mm,宽 1mm。化石标本保存为侧视,体色黄褐色。头部卵圆形,触角失落。前胸节小于后面两胸节;中胸和后胸几乎相等,3 对足失落。左右翅重叠保存,前翅略大,翅脉粗,共 4 条斜脉;翅痣不很发达,达止翅顶;R 脉较短且直,源于翅痣基部,斜行到翅顶缘,略短;M 脉分叉,Cu 脉(有的称 Cu_1 脉)弯曲,A 脉(有的称 Cu_2 脉)斜、直。腹部圆锥状,尾片顶部较尖。

产地及层位:东营孤北;沙河街组。

孙氏蚜属 *Sunaphis*

山东孙氏蚜 *Sunaphis shandongensis*

(图版 56,图 8)

虫体中等大小,黑褐色种类。头前伸,呈半圆形,头之后缘平且直,触角伸向头前方两侧,长 1.4mm。标本触角保存较好,见有 6 节,柄节小,梗节稍大于柄节,第 3 节变长,长约为梗节的 2 倍,第 4 节短于第 3 节,第 5 节和第 4 节长度相当,第 6 节的基部小,鞭状部渐细,顶部收缩迟缓,不甚尖锐,鞭状部长约为基部的 2 倍,触角的柄节和梗节上着生有圆形颗粒,可能为触角毛着生处,触角的第 3~6 节上布满不规则排列的感觉圈,感觉圈圆形;触角长 1.3mm。头前缘处的 1 对额瘤互相靠近,呈"M"形;头两侧倾斜,后侧角显著,头长 0.3mm,宽 0.45mm。前胸窄,条状;中胸显著,近卵形,中胸背板上可见有 4 个显著的胸叶,其前叶较大,卵圆形,靠近前方,两侧叶较小,近圆形,后叶小,呈卵形,位于两侧后方,小盾片呈半圆形;后胸宽大,胸部长 1mm,宽 0.8mm。前足股节基部收缩,较小,端部宽大,长 0.6mm;胫节细长,长 0.85mm;跗节有 2 节,第 1 跗节小,第 2 跗节长约为第 1 跗节之 2 倍,第 2 跗节的末端着生 1 对爪,爪尖锐,其他特征不清晰。两前翅展开,左前翅折叠,右前翅保存较好,翅基部收缩,前缘向上倾斜,前缘区较宽,F 翅痣大,长椭圆形;C 自基部稍向上倾斜,在翅中部靠后的地方向下倾斜,缓伸至翅的端缘;Sc+R+M+Cu 发自翅的基部,主干脉和 C 脉之间色浓,此主干脉开始平行于 C 脉,Sc 在翅痣的前方伸达前缘,Sc+R+M+Cu 这一段粗浓平直,很长;Sc+R+M+CuA$_1$ 一段短,仅约 Sc+R+M+Cu 的 1/6,Sc+R+M 段约为 Sc+R+M+CuA$_1$ 的 2 倍;R 在翅痣前方开始向上倾斜,一直伸向前缘,此段脉呈弓形;Rs 发自翅痣中部的前方,一直向下倾斜伸至缘端;M 主干发自翅痣的基部,基部一直向下倾斜,约在 Rs 基部的下方分成 M$_{1+2}$、M$_3$,M$_{1+2}$ 稍微倾斜,行至 Rs 中部的下方,两脉分开,呈叉形,各自伸达缘端,M$_3$ 与主干分开后,向下倾斜伸达缘端;CuA$_1$、CuA$_2$ 各自发自 Sc+R+M+Cu 主干,CuA$_1$ 和 CuA$_2$ 两脉相距甚近,仅为 Sc+R+M+Cu 段的 1/6,此特征尤为特殊,CuA$_1$ 倾斜伸达缘端,CuA$_2$ 较陡直。

虫体长大于 2mm;前翅长 4mm,宽 1.9mm。

产地及层位:莱阳团旺镇西;水南组。

莱阳孙氏蚜 *Sunaphis laiyangensis*

(图版 56,图 9)

虫体黑褐色,头前伸,横卵形。触角伸向头的两侧前方,见有 6 节。第 1 节近方形,色浓,呈暗褐色,此特征较为特殊;第 2 节略小,其上着生圆形颗粒,可能为已脱落的触角毛之基部;第 3 节长,约为第 1、2 节之和的 2 倍;第 4 节与第 3 节长度相当;第 5 节略短;第 6 节最长,基部粗壮,且色浓,呈暗褐色,鞭状部比基部长,末端收缩,甚为尖锐。第 3~5 节着生次生感觉圈,感觉圈呈圆形,排列密集但不规则,触角长 1.2mm。两触角基部内侧,头前缘处,有两个额瘤,两额瘤不靠近,中间坦阔;头的后缘平直,两侧缘显著,头部长 0.25mm,宽 0.45mm。胸部发达且大,胸部长 0.75mm,宽 0.8mm。前胸窄。中胸背板可分为 4 个胸叶。前叶在前,呈扇形;两侧叶在后,呈卵形,互相紧靠;后叶三角形,很小,紧靠两侧叶之间。后胸较宽,小盾片大,呈半圆形。右前足清晰,股节棒状,长 0.3mm,胫节细长,长 0.45mm,第 1 跗节很小,第 2 跗节大,约为第 1 跗节之 3 倍,第 2 跗节端部着生 1 对爪,两爪呈叉形。中足未保存。后足股节基部小,端部宽,长 0.45mm,胫节细且短,仅长 0.5mm,第 1 跗节小,第 2 跗节略大,末端着生 1 对爪,爪呈叉形,爪的基部宽腹部近三角形,保存不好,分布不清楚。腹管痕似圆形,末端隐约可见尾片,但特征不清晰,腹部长约 1.2mm,宽约 1.1mm。两前翅横展,靠近端缘处折叠,翅呈刀形,基部收缩,前缘自基部略向上倾斜,约至翅中央处开始向下倾斜,呈弓形,前缘区宽阔,翅痣大。Sc+R+M+Cu 主干自基部发出,长、直且粗浓,Sc+R+M+CuA$_1$ 短,仅达前者 1/3,Sc 在翅痣的前方突然进入前缘,Rs 发自翅痣中部的下方,缓慢伸向缘端,M 发自翅痣的前方,有 3 支,M 主干开始向下倾斜一段,然后分出 M$_1$+M$_2$,约在 Rs 1/2 处的下方,两脉分离,呈叉形,各自伸达缘端,M$_3$ 继续沿主干方向向下斜伸达缘端,CuA$_1$、CuA$_2$ 发出较早,基部不相连,此间距短于 Sc+R+M,仅相当于 Sc+R+M+Cu 的 1/3,此点尤为特殊。

虫体长大于 2.2mm；前翅长 4mm。

产地及层位：莱阳团旺镇西；水南组。

扁蚜科　Hormaphididae Mordriko, 1908
柄蚜属　*Petiolaphis*
莱阳柄蚜　*Petiolaphis laiyangensis*
（图版 57，图 1、2）

虫体中等大小，黑褐色种类。头前伸，横宽，前缘宽阔，后缘凹入，侧缘倾斜，头长 0.2mm，宽 0.4mm。头的前缘处发育 2 个额瘤，互相分离，相距甚远，两额瘤间坦阔。触角 6 节，全长 0.7mm，短于头胸之和。第 1~6 节长度比例为：1>2<3>4>5<6。第 3~5 节各有排列不规则的次生感觉圈，次生感觉圈呈圆形。第 6 节基部小，原生感觉圈不清楚，鞭状部长，其他特征不清。头前缘处有 1 对额瘤，向前凸出。复眼不清晰，似肾形，单眼 3 个，圆形，呈"品"字形排列。胸部骨片色浓加厚，呈深棕黑色，前胸背板窄，长方形。中胸发达，轮廓近圆形，其前缘平缓，略向两侧倾斜，弓形，两侧缘圆滑过渡，胸侧缘保存有 2 个缘瘤，大且呈圆形，后缘直，中胸背板可分 3 叶，前叶圆形甚大，两侧叶近半圆形，比前叶小。小盾片大，呈半圆形，长 0.15mm，宽 1.2mm。后胸呈长条状，略宽于前胸。胸部长 0.8mm，宽 0.9mm。3 对足保存较完整，前足股节基部小、端部大，长 0.5mm，胫节长 1.0mm，胫端部有 1 个发达的胫端刺，跗节 2 节，保存不清，但可见第 1 跗节短小，第 2 跗节长约第 1 跗节的 2 倍，其他特征不清晰。中足股节长 0.5mm，胫节长 0.85mm，胫节有胫端刺，跗节保存不清楚。后足股节基部收缩，端部扩张宽大，长 0.5mm，胫节长，长 1.0mm，胫端发育 1 个胫端刺，跗节 2 节，第 1 跗节小，第 2 跗节长约是第 1 跗节的 2 倍。虫体腹部保存不清楚，腹节数不清，腹管痕圆形，尾片宽大，呈三角形，尾片的两侧缘色浓加深，其他特征不明晰，腹部长 1.4mm，宽 0.8mm。前翅呈长圆形，翅基部收缩，端部圆滑过渡，后缘宽阔，大部分标本前翅的后缘折叠。Sc、R、M 发自翅的基部，一直伸达翅痣，翅痣大且长；Sc、R、M 脉之间颜色浓厚，呈黑褐色，并一直连通于翅痣，形成 Sc+R+M；Rs 发自翅痣，中部之前，基部向下倾斜，缓慢伸向缘端，此脉呈弓形；M 在靠近 Rs 不远处和 Sc+R+M 主干分离，基部向下倾斜，并分出 M_1 和 M_2，M_1 和 M_2 开始并行，在翅痣末端的下方分离，各自伸达缘端，呈叉形；M_3 和 M_1、M_2 分离后，继续向下斜，伸达端部；CuA_1 和 CuA_2 在翅靠近基部约 1/3 处从 Sc+R+M 主干上分离，两脉基部合并成柄状向下倾斜，此特征较为独特，伸出不远两脉分离，CuA_1 向下倾斜伸达缘端，CuA_2 斜直，伸达翅的后缘。

虫体长 2.4mm；前翅长 3.5mm，宽 1.4mm。

产地及层位：莱阳团旺镇西；水南组。

类柄蚜属　*Petiolaphioides*
山东类柄蚜　*Petiolaphioides shandongensis*
（图版 57，图 3）

虫体中等大小，褐黑色种类。头前伸，宽大于长，横卵形；头之前缘平缓，隐约可见 2 个额瘤,互相分离,两额瘤间平缓宽阔。触角伸向前方两侧,右触角保存清晰,共见有 6 节。第 1、2 节小,几乎等大;第 3 节长且大,大于第 1、2 节之和,次生感觉圈圆形,稀疏排列,不规则;第 4 节短于第 3 节;第 5 节比第 4 节细,稍短于第 4 节;第 6 节基部小,圆形,鞭状部小,约是基部的 1/2,端缘急剧收缩,呈圆形,较为特殊,未见有原生感觉圈,触角长约 1.2mm。头部长 0.2mm,宽约 0.8mm。胸部近圆形,胸部长 0.75mm,宽 0.85mm。前胸窄,呈条状;中胸发达,分为 3 叶,中叶小,向前靠近,呈卵圆形;两侧叶长卵形,排列如"八"字形,两侧叶和后胸之间形成一个三角形的凹陷;后胸大且色浓,呈宽条形,尤为独特;后胸两侧缘的下方各发育 1 个缘瘤,长卵形,甚大;小盾片小,半椭圆形;左前足保存较清晰,股节基部细,长约 0.65mm;腔节细长,长约 0.8mm;跗节 2 节,第 1 跗节大,约为第 2 跗节的 2 倍,第 2 跗节小,其他特征不清楚。仅保存前翅,两前翅展开,翅基部收缩,前缘基部稍向上倾斜,中部弯曲后向下微倾至端缘;C 粗浓,Sc 细长,开始平行于 C,在翅痣的前方向上伸至前缘;翅痣大且色浓,R+M+Cu 发自翅基部,此段脉粗壮色浓;Rs 发自翅痣中部的下方,基部向下倾斜后弯曲伸达缘端,此脉呈弓形;M 自翅痣的前方向下发出,于翅痣的下方分为 2 支,1 支为 M_{1+2},行至不远两脉分离,呈叉形,1 支为 M_{3+4},一直向下倾斜缓伸达缘端;Cu 发自约翅的 1/3 处,基部会合成 1 支,向下不远两脉分开,呈叉形各自伸达缘端。

虫体长大于 2mm;前翅长 3.70mm,宽 1.0mm。

产地及层位:莱阳团旺镇西;水南组。

革翅蝉科 Scytinopteridae Handlirseh,1904

裂翅蝉属 *Schizopteryx* Hong

山东裂翅蝉 *Schizopteryx Shandongensis* Hong

(图版 57,图 4~7)

虫体中等,外形梭状,褐色至黑褐色,长与宽之比约 3∶1。头顶向前伸,顶钝,喙强壮,从后头伸出,额之后有 1 条弧形黑带;前胸背板发达,梯形,前缘平,但两侧有 2 个显著的前侧角,中央有一个明显的突角;后缘微呈弧形,两侧缘圆滑;小盾片呈三角形,宽大于长,基部宽度约为前胸背板后缘宽度的 1/2,但长不大于前胸背板。腹部在背面保存时,可见其轮廓和节数及其形状,腹部的下节,第 2~4 节为体最宽部位,每节弓形。雄虫外生殖器发达,外伸,抱握器对称,基节宽大,指节中末端突然弯曲变细尖,形成钩形,末端似有一个针刺装饰,两节总长为 1.2~1.8mm,宽 0.5~0.2mm。后足细长,基节和转节因背面保存未见,股节发达,宽大,长 3.5mm,宽 0.3mm,胫节明显变细长,长 3.5~4mm,宽 0.15~0.2mm,无距或刺。跗节很长,总长大于胫节,由 3 节组成,第 1 跗节很长,3mm,稍短于胫节,但 2 倍长于第 2、3 跗节,第 2、3 跗节各自的长度为 0.75mm,末端有 1 对爪,翅长与宽之比约 2∶1,整个脉纹稀少,翅室少且大为特点,前缘弓形,后缘较直,端缘倾斜过渡。前缘脉呈宽阔的弓形;亚前缘脉紧靠前缘,在翅后离开前缘脉稍远;在前缘中点之前有一个开裂的楔片,向前弯曲,伸达径脉,为翅的重要特征;径脉在翅基与前缘脉会合、分离后,远离前缘脉斜伸,至翅后 2/3 处突然向上垂直交于亚前脉;径分脉从径脉发出极迟,分支也迟,主干有相当一段,近端缘始分 2 支,为 R_{S1} 和 R_{S2};前支很短,向上交于亚前缘脉,后支伸至端角附近与亚前缘脉末端会合;中脉在翅长 1/3 处楔片的前方与径脉合并,两脉分离后,基部弧形伸至 lm—cu 后,转向下伸,斜直,并与 2m—cu 会合后,继续伸出一段始分 2 支,即 M_1 和 M_2;在个别的标本中,2m—cu 不直接与中脉主干相会,而是交会于 M_2,大多数的脉纹分布规则如前一种情况,不能因为个别特征的变异易建新亚种,甚至新种,易于引起错误和混乱。中脉前支和后支均呈弓形,相距较远,形成中脉后室宽阔;前肘脉倾斜,与 2m—cu 会合后转为弓形向下伸出,末端与后肘脉相会;臀脉斜直,交于后缘;爪片外缘有一个明显的角度,较长;全翅仅有 1 支中横脉(m—m),2 支中肘横脉(m—cu)、5 个后室、3 个内室。翅的前缘区、径区和部分后室披刻点装饰,其他脉区也饰有不同深浅的褐色。虫体长 8~15mm;翅长 7~9mm。

产地及层位:莱阳沐浴店北泊子;水南组。

蝉科 Cicadidae Latreille,1802
绍蟟属 *Meimuna* Distant,1905
中新世绍蟟 *Meimuna miocenica*
(图版 58,图 1、2)

虫体黑褐色。虫体较粗短,大型。虫体长 42.5mm;复翅保存长 34.7mm,后翅长 23.2mm。头部三角形,复眼之间的距离为头长的 1.3 倍。复眼保存较模糊,色浅,似中等大小,近圆形。前胸背板梯形,后缘宽于前缘,侧缘保存不佳;中胸背板宽阔,近方形,后缘"X"部位未见抬高。腹部见 8 节,近卵形,宽于胸部,长为头顶至中胸背板后缘长度的 1.3 倍,但两侧保存不佳,因此鼓膜盖的外缘分辨不清。各腹节有稀疏的短毛,腹末第 7、8 两节组成三角形,甚大,长于 5、6 两节长度之和,腹末亦有毛丛。复翅和后翅无色透明,无任何色斑或色带;复翅除翅顶和前缘脉端部约 1/2 未保存外,其余保存完好;翅脉红褐色;C(前缘脉)粗壮,Sc+R(亚前缘脉和径脉)甚粗壮,深褐色;R 室(径室)狭长,长是宽的 8.8 倍;M(中脉)分叉点在 R 室基部 1/3 之后,M_{1+2}(中脉前分支)和 M_{3+4}(中脉后分支)夹角甚小,两者向翅端部缓慢分歧;r—m(径中横脉)略短于 M 分叉点至 r—m 之间的 M_{1+2};$1R_5$ 室(第 5 径室第 1 室)端部未保存;$1M_2$ 室(第 2 中室第 1 室)狭长,长为宽的 6.7 倍,m(中横脉)明显短于 m—cu(中肘横脉),后者略波状弯曲;M_1 室(第 1 中室)和 $2M_2$ 室(第 2 中室第 2 室)端部未保存;M_3 室(第 3 中室)和 M_4 室(第 4 中室)长形;CuA(前肘脉)分叉之后的 CuA_1(前肘脉前分支)直,在 m—cu 之后未明显折曲;2cua(第 2 肘臀室)相当长,几乎与 1cua(第 1 肘臀室)等长,两者皆为三角形;1A(第 1 臀脉)甚粗壮。后翅较狭长,$2R_5$ 室(第 3 径室第 2 室)明显狭长,端部变窄,其他翅室狭长;2cua 室宽于 $2R_5$ 室,与 1cua 室近等宽;分割 M_1 室和 $1R_5$ 室的 M_1 短于 r—m,长于 m—cu;1A 之后的臀域向上折叠。

产地及层位:临朐山旺;山旺组。

科位置未定 Familiae Incertae Sedis
类蝉属 *Cicadoides*
东方类蝉 *Cicadoides orientalis*
(图版 56,图 4)

材料为 1 个腹面保存的标本,带 1 对前翅,前右翅保存清楚,左翅在显微镜下可以看清楚,但在图影中翅端部分比较清楚;足保存不完全,仅见后足,胫节和跗节更为清晰。

虫体小型,头钝圆,腹末外突;头部前缘明显前突;眼角圆形,位于头之两侧;喙强壮,但是保存不完整;胸部发达,分节在标本中不清。后胸后缘的宽与腹部基节之宽几乎相等;腹部宽,第 3～5 节为腹部最宽,各腹节呈长矩形,腹末明显收缩外伸,构造不清,不易判断雄虫或雌虫。足强壮,股节宽扁,明显宽于胫节,长 1mm,胫节明显变细,但长于股节 2 倍,长 2.2mm,在背、腹侧有 1 排粗壮的刺,刺排列稀疏,靠胫节下方刺较多;跗节 3 节,长 0.8mm,第 1 节最长,约为第 3 节的 2 倍,第 2 节长约第 1 节的 2/3,第 3 节最短,第 1、2 跗节末端有 1 对鬃,3 个跗节的长短关系:第 1 跗节＞第 2 跗节＞第 3 跗节,末节有 1 对强壮的爪,并有 1 个近圆形的中垫。前右翅稍宽,长与宽之比约为 2:1,前缘微弓形,端缘渐尖过渡;Sc 基部保存不清楚,仅断续可见,以后向上曲向前缘,几乎达翅中点;R 基部缓伸,但迅速弯曲向上,中间稍近前缘,近末端又稍离前缘,并分 R_1 和 R_2,R_1 曲向前缘,R_2 向下斜交于 Rs_1;Rs 在近翅长靠近翅基 1/3 处从 R 发出,发出时弓形,在翅中点之后分 Rs_1 和 Rs_2,2 支脉呈叉形,伸达翅缘,Rs_1 曲折后伸,在 r－rs 处为该脉弯曲最高部位,Rs_2 基部向下斜伸,以后缓伸达翅缘;M 基部在翅基与 R 合并,以后向下斜伸,此脉在标本中断续可见,近翅中点之前分前、后支,前支斜伸,至近翅端又分为 M_1 和 M_2,后支仅 1 支,在 m－m 会合点突然曲向翅缘;CuA 倾斜,远处见 CuA_1,但未见 CuA_2,按 CuA_1 与 Cup 非常宽的间距判断,应有支脉 CuA_2 位于此两脉之间;Cup 倾斜,横脉见有 3 支,在 Rs_1 与 Rs_2 之间有 1 支横脉 rs－rs,垂直,使径分脉之间形成一个关闭的径室(r),此室弯曲状,长约径分室(rs)之 2 倍,在径分脉之间有 1 支垂直且短的横脉 rs－rs,使径分脉之间形成一个径分室(rs),此室呈五角形;在 Rs_2 与 M_1 之间有 1 支短且垂直的横脉(rs－m),与 rs－rs 几乎等长,使径脉与中脉之间形成一个关闭的径中室(rm);在中脉之间有 1 支倾斜的横脉 m－m,明显长于 rs－rs,与 r－rs 几乎等长,使中脉间形成一个中室,明显长于径分室 1.5 倍。

虫体长 4mm,宽 1.5mm;前翅长 4.5mm,宽 1.2mm。

产地及层位:莱阳团旺镇西;莱阳群水南组。

山东类蝉 *Cicadoides shandongensis*
(图版 56,图 5)

材料为 1 个标本,腹视保存,有 1 对张开的前翅,左右翅脉纹及腹部各节保存清晰,足保存不清楚。

虫体微小,较宽,腹末收缩外突,头横宽,前缘宽阔,唯中央向前突,但口器保存不清。胸部发达,横宽,宽略大于长,后胸节后缘圆滑,腹部基部很短,两侧与后胸节不连,并裸露于外,腹部第 2 节明显变宽,第 2～5 节为腹部最宽部位,从第 6 节之后明显收缩,腹部宽与胸宽相等,为 1.5mm,长 1.7mm,末端露出外生殖器,生殖板较长,阳茎侧突,强壮,其他部位界线不清。前翅长,盖于腹部以远,前缘微呈弓形,与端缘尖圆过渡,Sc 基部可见,向上斜直,但远处保存不清;R 缓伸,远处分 R_1 和 R_2,前者短,约后者长之一半或稍长;Rs 在翅中点之前从 R 呈 30°发出,与 R_2 几乎等度弯曲,直达顶缘;M 向下斜伸,分支明显迟于 Rs 发出点,前支(MA)几乎平伸,远出分出 2 支,即 M_1、M_2,2 支几乎等长,后支(MP)倾斜,是 M 主干的继续,至 m—cu 之后开始分支为 M_3 和 M_4，M_3 向上曲折似中横脉，然后折向端缘，并再度分一支，M_4 向下曲向翅缘；CuA 主干斜直，分支迟于 M，但与 R 分支几乎处于同一水平位置，或稍迟，远处分支为 CuA_1 和 CuA_2；Cup 倾斜，末端靠近 CuA_2，臀脉未保存。

虫体长 3.5mm，宽 1.5mm；前翅长 3.2mm，宽 1.05mm。

产地及层位：莱阳团旺镇西；莱阳群群水南组。

异翅目　Heteroptera
仰泳蝽科　Notonectidae
仰泳蝽属　*Clypostemma*
瘦华唇仰泳蝽　*Clypostemma petila* Zhang
（图版 57，图 8）

头小且尖；喙粗大，三角形，末端达前足基节；腹侧具长毛，中部毛长；后足胫节与跗节纤细，泳毛甚短。虫体长 12.1mm，宽 3.2mm。

产地及层位：莱阳；莱阳群。

拟仰蝽属　*Notonectopsis*
中国拟仰蝽　*Notonectopsis sinica*
（图版 59，图 2）

虫体中等，窄长，褐黑色种类。头向前伸，前缘浑圆，构造特征保存不清楚。前胸背板轮廓清楚，宽稍大于长，宽 2mm，长 1.5mm，前缘中央明显凹陷呈弧形，后缘中央微突，前缘稍窄于后缘。两侧缘倾斜圆滑过渡，无明显的前、后角。小盾片三角形，基部略窄于前胸背板后缘，长 0.8mm，宽 1.5mm。足保存不完全，但可见游泳型的特点。前翅窄长，有颗粒装饰，前部翅宽（即革片和爪片之宽）窄于端部，端部扩大，成为翅最宽部位（宽 1.5mm），前缘前一段平缓，至 R 末端之后向端部倾斜，并与翅端尖圆过渡，R 和 M 基部合并为 R+M，此脉呈延伸很长一段，近革片端缘，R 与 M 分离，R 突然向上斜伸与革片端缘平行，斜伸达前缘；M 继续向下斜伸至革片端缘，Cu 发自翅基，较 R+M 细，但很显著，此脉呈微弧形向上伸出，末端靠近 M 而远离爪缝；爪片与革片界线清楚，并以爪缝分界，爪缝显著，与 R+M 一样，呈开裂状；A 不很清楚。革片以其倾斜的端缘与膜片分界，膜片扩大，伸长，其上有 4 条褐棕色色带，中间 2 条明显，近前、后 2 条不明显。

虫体长 10mm，宽 1.7mm；前翅长 7mm，最宽 1.1mm。

产地及层位：莱阳团旺镇南李格庄；水南组。

中蝽科　Mesolygaeidae
中蝽属　*Mesolygaeuse*
莱阳中蝽　*Mesolygaeus laiyangensis* Ping
（图版 57，图 9、10）

中型水生食肉性蝽类。成虫虫体贫褐色至黑褐色；头中等大小；复眼圆形；触角 4 节，第 2

节最长;喙4节,第3节长于其余各节长度之和;后足显长,跗节略短于胫节,第1跗节甚短;半鞘翅革片、爪片和膜片划分明显,翅脉粗壮;前缘具裂口,甚长,膜片具5个封闭的翅室;虫体长5~7mm。幼虫头半圆至钝三角形,触角、喙和足更粗壮;跗节通常1节,偶见后足跗节2节;前胸背板前、后缘较平直。虫体长3.5~5mm。

产地及层位:莱阳;莱阳群。

开翅蝽属 *Schizopteryx* Hong,1984
湖泊开翅蝽 *Schizopteryx lacustris*
(图版60,图1、2)

成虫头横阔,宽为长的2.3倍。复眼中等大小,互相远离,位于前胸背板前缘两侧,圆形,通常为淡黄褐色,难以分辨。喙甚短,通常前伸,分节不清,略长于头部。触角甚细,几乎无色,4节,第1节粗,约为第2节长的1/3,其余各节长度近相等,总长与头和前胸背板长度之和近相等。前胸背板横阔,在中部被分割成上、下两部分,上部分近梯形,前、后缘略弯曲,后缘宽于前缘;下半部甚横阔,显宽于上半部分。小盾片三角形,宽显大于长。足通常颜色浅,黄褐色,个别标本呈淡褐色。前、中足显短,跗节与胫节近等长;后足显长。股节长于胫节,前者宽约为后者宽的2倍;跗节(不包括爪)与胫节近等长,第2节长为第3节长的1.8倍;爪长,约为第3跗节长度的一半。半鞘翅长为宽的2.5~3倍;翅脉较细。缘片裂口位于近翅基部,深达近R+M分叉点,裂口宽,其周围翅面尤其是在裂口偏翅基部翅面颜色显深,为深褐色,其余翅面为淡褐色。腹部可见8节,最宽处位于第2、3腹节。雄性腹末近半圆形;雌性外生殖器后伸,显露,钝三角形,产卵瓣数目不清,颜色通常较浅。虫体长6.6~8.5mm,宽3.5~3.7mm。幼虫颇似成虫,虫体卵圆形,最宽处位于虫体中部偏腹末;扁平种类。头甚横阔,宽超过长的3倍。前胸背板横阔,前、后缘平直。前、中足显短;后足显长。股节粗于和长于胫节,跗节(不包括爪)略短于胫节,1节,爪粗壮,三角形,约为跗节长度的一半。腹部宽大于长,8节,各腹节中央向上折曲。虫体长6.1mm,宽3.9mm。

产地及层位:莱阳南李格庄;莱阳群。

山东开翅蝽 *Schizopteryx shandongensis* Hong
(图版55,图14)

大型水生肉食性蝽类,成虫虫体褐色,近椭圆形,扁平;头短,触角4节,甚细,通常不可分辨;复眼圆形;喙短;小盾片半圆形,后足显长,跗节长于胫节,第1节甚短;半鞘翅黄褐色;前缘裂口宽;膜片端半部见元脉和纹饰。虫体长10~14mm。幼虫颇似成虫,椭圆形;头小,半圆形;喙通常前伸;前胸背板前、后缘较平直;翅芽端部处最阔;跗节通常一节,与胫节等长;腹节中央向上折曲。虫体长8.5~10mm。

产地及层位:莱阳;莱阳群水南组。

蝎蝽科 Nepidae Latreille,1802

长蝎蝽属 Laccotrephes Stal,1865

大长蝎蝽（相似种） *Laccotrephes* cf. *robustus* Stal

（图版67,图3）

头小,近三角形;前胸背板近方形,宽为长的1.5倍,明显内凹;小盾片近五边形;前足股节甚粗,腹面具凹陷;前翅长,3.4倍于宽,几乎覆盖腹末;爪片大且长;腹末三角形,端部较尖锐。虫体长34～36mm,宽11.1～13.7mm。

产地及层位:临朐山旺;山旺组。

长蝽科 Lygaeidae Schiller,1829

胶东蝽属 *Jiaodongia* Hong

马尔山胶东蝽 *Jiaodongia maershanensis* Hong

（图版58,图6）

虫体褐色,头部前突,上唇较宽,额唇基缝呈弧形;复眼不清楚;触角无保存。前胸背板中央向两侧外突,向前、后收缩,向内弯曲;前缘两侧具明显的前侧角,中间直,后缘直,中央中点微向后突;小盾片宽大,端缘无明显角形,但长不大于前胸背板,小盾片三角形,基部宽,约占前胸背板后缘的大部分;足细长,翅长与宽之比约3:1,脉纹清晰,前缘微弓形,加厚,翅面上具有宽大的楔形的翅痣(Pt),长几乎占翅长之2/5;R基部与前缘脉合并,微倾斜,向后伸出,几乎平伸达端缘,末端终止于端缘;M基部与径脉基部几乎平行,会合于翅基,但迅速呈宽阔的弧形,末端与径脉会合,中脉有3～4支脉,几乎互相平行达翅缘;Cu在近翅中点之前与中脉合并,分离后呈弓形伸达后缘,与臀脉会合;A倾斜;爪片较宽大,并有爪缝。虫体长6.2～9.8mm,宽3～3.5mm;翅长6.5～7mm。

产地及层位:莱阳;莱阳群。

划蝽科 Corixidae Leach,1815

中划蝽属 *Mesocorixa*

南李格庄中划蝽 *Mesocorixa nanligezhuangensis*

（图版58,图7）

虫体中等,棕褐色。头部横宽,但构造特征保存不很清楚。前缘浑圆,前胸背板和小体片保存一部分;足无保存,特征不详。腹部宽大,见有6节,第2～4腹节为最宽处,以后各节向腹末迅速变尖,各节弯曲,矩形。

前翅轮廓和脉纹清晰,基部宽,向翅端尖圆,长与宽之比约3.5:1,前缘基部穹形,向后几乎平缓伸达顶角,后缘微向上呈弧形;Sc基部微曲与前缘远离,向后平伸紧靠前缘并与其平行后伸达顶角,但不进入前缘而消失;R与M合并后又与Cu合并,形成R+M+Cu,此脉较短,斜行不远与Sc合并为Sc+R+M;R+M几乎平伸,末端越过翅的中点,但不交会于Sc或翅缘;Cu与R+M分离后,退化了很短的一段;A_1倾斜,但微呈弧形,A_2在臀角处弯曲,以后与臀缘平行伸出,并与A_1末端会合,合并脉稍伸出一小段。翅面颜色有浓淡之分,翅基部色淡为棕色,中间色浓为褐色,端部颜色介于上述两种颜色之间,在翅面显示夺目;翅面革片和膜片之间无明显分界,但与爪片分界清楚,爪缝明显。虫体长 8.5mm;前翅长 7.5mm,宽 2mm。

产地及层位:莱阳团旺镇西;水南组。

小希加划蝽属 *Sigarella* Y. Popov,1971
窄形小希加划蝽 *Sigarella tenuis*
(图版 57,图 11)

虫体小型,棕色种类,头部前突,但构造不很清楚。前胸背板发达、宽大,宽约为长的 1.5 倍,其上中央无纵脊;按前胸背板和前翅爪片保存的形状和位置判断,小盾片较小,三角形,这点与其属征相近。足未保存,但见到前基节为圆形,互相远离。腹部保存不清楚,可见痕迹数节,节微弓形,腹末似有三角形的生殖板(?)。前翅窄长,似长三角形,基部很宽,向翅端变尖,前缘向翅端倾斜,Sc 缺失,R 和 M 合并脉为 R+M,此脉斜向顶部,但未进入前缘;近翅基与 Cu 合并为 R+M+Cu,此脉与 R+M 呈一小的角度;M 向下斜伸不远而消失;爪片三角形,爪缝发达,斜直。

虫体长大于 5mm(可能 5.5～6mm);前翅长 4.8mm,宽 1.5mm。

产地及层位:莱阳团旺李格庄;水南组。

拟划蝽属 *Corixopsis*
团旺拟划蝽 *Corixopsis tuanwangensis*
(图版 57,图 12)

虫体小型,褐色至棕色种类,头在标本中未见到,前胸背板发达,横宽,长 0.8mm,宽 1.6mm,宽与长之比为 2∶1,前胸背板的前缘呈明显的弓形,与侧缘圆滑过渡,后缘波形,中央向前凹,在背板中间有 2 条对称弯曲的横纹,后一条横纹的形状与前胸背板的后缘等度弯曲,前胸背板的中央色淡而两侧色暗,在前胸背板后缘与小盾片之间的分界线中央有一个暗色的圈,甚为特殊。小盾片三角形,但前缘呈微弓形,长于侧缘。腹部的节数被翅掩盖不清,腹末数节可见其轮廓。前缘倾斜微弓形,翅基收缩,端部明显扩大。Sc 短,曲向前缘,R 和 M 合并为 1 支 R+M,R 末端越过翅中点不远,微向上曲向前缘,M 向下斜伸,较短,R+M 近翅基部与 Cu 合并,爪片上有 1 支臀脉,仅保存基部一段,按保存这段脉的趋势呈微弯曲。虫体长 4mm(保存部分),宽 2mm;翅长 3.2mm;宽 1.2mm。

产地及层位:莱阳团旺镇西;水南组。

红蝽科 Pyrrhocoridae Amyotet Seruille,1843
中红蝽属 *Mesopyrrhocoris*
色带中红蝽 *Mesopyrrhocoris fasciata*
(图版 59,图 1)

虫体小型,褐至棕色种类,似梭形,翅面色带夺目。头前伸,中叶和侧叶保存较好,中叶稍长于侧叶,也稍突于侧叶,长 0.5mm。眼位于头之两侧前胸背板前缘两侧,近圆形。触角长

2.7mm,位于头的上方,4 节。第 1 节卵形,长 0.2mm;第 2 节突然变长,为 4 节中最长的一节,并且宽于第 3、4 节,长 1mm;第 3、4 节突然变细呈线状,第 3 节稍长,为 0.8mm,第 4 节长 0.7mm。触角最重要特征是第 2 节又宽又长,暗褐色,在触角各节中甚为夺目和特殊,而第 3、4 节突然变细呈线状。前胸背板近梯形,前方有一横沟缢缩,形成前叶、后叶,前叶横宽似矩形,但无明显前侧角,前叶隆起部与前胸背板前缘有明显凹陷横沟以分界;后叶宽大,中间有 1 个近圆形的淡色斑,甚为特殊;前胸背板之前、后缘均呈微弧形,长 1.5mm,宽 1.8mm。小盾片三角形,基部稍窄于前胸背板后缘,两侧微弯,末端下垂而长,长 0.7mm,宽 1.5mm。3 对足型相同,足细长,但股节宽。跗节 3 节,各节分节不很清楚,但非游泳式足型,足上无刺、毛等装饰。前翅前缘明显弓形,前部窄,向端部扩大,翅面分革片、膜片和爪片,分界清楚,翅面上有 4 条色带。革片上有 3 条明显的色带,第 1 条色带是 R+M 的位置,基部细,向远处扩大,之后收缩间断,近革片端缘又出现;第 2 条色带是 Cu 的位置,弯曲,呈三角形,在爪片末端处为此色带最宽部位,末端靠近第 1 条色带后端。在爪片上有 3 条色带:第 1 条色带是 A_1 的位置,基部宽,向远处变尖;第 2 条色带为 A_2 位置,形状与革片第 2 条色带形状相似;第 3 条色带在翅基与小盾片之间。膜片上有细而规则且向后分布的脉,但不成网。腹部在膜片上显露出来,见后 7 节,每节呈方形,后侧角较为明显,在腹末中生殖板三角形露出。虫体长 6.8mm,宽 3.5mm;前翅长 4mm,最宽 1.2mm。

产地及层位:莱阳团旺镇南李格庄;水南组。

花蝽科 Anthocoridae Amyot et Serville,1843
  中花蝽属 Mesanthocoris
  棕色中花蝽 *Mesanthocoris brunneus*
  (图版 59,图 3)

虫体中等,棕色种类,呈长椭圆形头向前伸,长 1.5mm,宽 1~1.2mm,眼近圆形,紧靠前胸背板前缘两侧,向外突;眼的前方有 1 对触角,触角向前又向外斜伸,由 4 节组成,第 1、2 节较第 3、4 节粗宽,后两节突变为线状,4 节的长短为 0.8mm、2mm、1.8mm、1.5mm;喙见 3 节,第 1 节很长,从头顶伸出,第 2、3 节变短,但后者稍细,3 节长度分别为 1mm、0.8mm、0.5mm;前胸背板发达,前缘明显窄于后缘,近平伸,后缘明显向前凹入,前胸背板靠前方有横缢束,分前、后部,中央有一纵沟,分割前叶为两部分;后缘的两侧角呈圆滑过渡。前胸背板长 2mm,最宽 3.4mm。小盾片大,发达,三角形,在小盾片后方有一条强烈向后弯曲的横沟,盾片基部有一半圆,中央有一条纵直的纵沟相连接,从盾片的基部直达末端。胸部十分发达,长 5mm,宽 3.5mm,前胸节很发达,长几乎与中、后胸节相等,后两节分界不很清楚。3 对足的足型相同,中基节靠近后基节而远离前基节,基节之间互相紧靠,股节粗壮,而胫节明显变细为足。基节椭圆形,股节基部细股端明显扩大,胫节细长,宽度均匀,其上有 2 排刺,胫端有毛丛,跗节 3 节,第 1 节最长,第 2 节最短,第 3 节中等,3 节的长短为第 1 节>第 3 节>第 2 节。

腹部见 8 节,股节呈弓形,尤其第 4 腹节之后,腹末有生殖构造,雌虫产卵片呈刀形,很发达。

前翅前部窄,向端部扩大,披细毛;革片、爪片和膜片分界清楚,革片上有数支脉,R 未达革片端缘而消失,M 和 Cu 合并成 M+Cu,M 和 Cu 延伸至革片中间而消失,爪片中有 1 条色带始宽末细,但未伸至臀角而消失;革片和爪片上披毛,排列较稀,不规则,毛端向后。虫体长12mm;翅长7mm,宽3.8mm。

产地及层位:莱阳团旺镇南李格庄;水南组。

珠革蝽科 Actinescytinidae Evans,1956
卵臭虫属 Ovicimex
莱阳卵臭虫 Ovicimex laiyangensis
（图版59,图4）

小型,卵形,头无保存。前胸背板横宽,前缘呈宽阔的弓形,后缘中央稍直,向两侧微微向上斜伸与前缘会交。宽与长之比约2∶1。小盾片近半圆形,末端圆滑,靠下方有一弯月形暗色带,中间宽,沿小盾片两侧向上变细;在小盾片基部中央有一个色暗的三角形,颇为特殊。前翅盖于虫背,脉序清楚,翅前缘呈宽阔的弓形,与端缘呈圆形过渡。Sc 细而清晰,分布于翅基部附近,基部与R+M近翅基合并为 R+M,至 R_1 处两脉分离,在分离点发出孔,倾斜向上,斜伸止于前缘;Rs 的 R 似继续也在 R_1 发出点发出,向后斜伸,至翅长1/3处先后发出3支分脉,即 Rs_1、Rs_2 和 Rs_3,前两支较短,倾斜,后一支之后开始分前、后支,以后各支又分支,形成 M_{1+2} 和 M_{3+4},前、后两支主干几乎等长,但后支分支稍早于前支。CuA 弯曲,至 2m—cu 后急速曲向爪缝并与之会合;爪缝清晰,有 2 支臀脉,A_1 倾斜,A_2 在臀角处曲折,两脉末端会合,有一小段的合并脉。3 支横脉,r—m 倾斜,长度与 2m—cu 相近,两支横脉均长于 1m—cu。虫体长保存有 7mm,宽 5mm;翅长 6mm,宽 2.6mm。

产地及层位:莱阳团旺镇南李格庄;水南组。

蝽科 Pentatomidae Leach,1815
辉蝽属 Carbula Stal,1864
红角辉蝽(亲近种) Carbula aff. crassiventris (Dallas)
（图版59,图9）

虫体腹面保存标本,黄褐色,虫体宽卵形。保存长13.7mm,估计总长约15.5mm;保存宽10.2mm,估计总宽12.7mm。头部保存基部1/2,端半部缺失。复眼中等大小,圆形,接近前胸背板前缘。喙细长。除基部未见外,其余皆完整。细长,分节不清,止于后足基节之间。前胸背板侧角向侧展较长,略向上翘起。小盾片可见压痕,长略大于宽。足中等粗细,颜色与虫体一致。腹部见 6 节,各节中央明显向上弯曲;腹末生殖节近半圆形,详细构造难以分辨,颜色略深。虫体满布黑色刻点,腹末和侧缘附近较稀疏。

产地及层位:临朐山旺;山旺组。

缘蝽科 Coreidae Leach,1815
绿竹缘蝽属 Cloresmus Stal,1873
近褐竹缘蝽 Cloresmus ambzmodestus
（图版60,图3）

虫体右侧保存标本,深褐色。虫体长182mm,触角长0.3mm。头部三角形;复眼圆形,位于头中部略偏基部;喙长达到中胸腹板中央,第 1 节达到复眼的中央,第 2 节明显长于第 1 节,触角与虫体同色,唯第 4 节基半部色浅,为黄褐色,第 1 节短于第 2 节,后者与第 3 节近等长,第 4 节长约与 2、3 两节之和相等。前、中足长短近相等,股节略长且宽于胫节,深褐色;胫节红褐色;跗节基部 1、2 节黄褐色,第 3 节深褐色;后足股节甚粗且长,棒状,中部略宽于基部和端部,因保存的原因,其腹面特征不清;胫节细长,不短于股节,至少在中部腹面可分辨小齿。中胸短于前胸,后者短于后胸。前翅仅保存基部,颜色与虫体相同。腹部上半部缺失,可见 5 节,各节长度近相等,唯第 5 节似较短,仅保存很小一部分。

产地及层位:临朐山旺;山旺组。

普缘蝽属 *Plinachtus* Stal,1873
化石普缘蝽 *Plinachtus fossilis*
(图版 60,图 4)

虫体左侧保存标本,黑色。虫体长 19.65mm,前翅长 14.74mm。头部较长,长 1.49mm,钝三角形;复眼不可分辨;触角第 1 节略粗且略长于第 2 节,端部稍变宽,平三棱形,第 2 节基半部红褐色,端半部与第 1 节同为黑色,亦非三棱形,3、4 两节未保存,第 1、2 两节长度分别为 4.70mm、4.48mm;喙较粗,至少超过中胸,端部未保存,分节不清。前胸背板侧面观狭长三角形,前胸侧板宽大,两者密布黑色刻点,但底色为红褐色;胸部其余部分保存不佳。足保存不佳,各足股节似长柱形,后足股节仅略粗且长于前、中足股节;各足胫节细长,但端半部为黄褐色,基半部与股节为黑色。腹部黑色,至少可见 6 节,近长卵形。前翅黄褐色,革片和爪片颜色略深于膜片,满布黑褐色刻点,膜片纵脉黄褐色,至少 10 条,彼此近平行。

产地及层位:临朐山旺;山旺组。

猎蝽科 Reduviidae Latreille,1807
猎蝽属 *Reduvius* Lamarck,1801
硅藻猎蝽 *Reduvius diatomus*
(图版 60,图 5、6)

虫体背面保存标本,黑褐色。虫体长 13.69mm,宽约 4.10mm。头小,椭圆形,长 1.91mm;复眼保存不佳,似甚小,近圆形,位于头中部偏后两侧;触角细长,分节不清,为头长的 5.9 倍;喙短粗,黄褐色,短于头长。前胸背板长 2.19mm,前角间宽 0.89mm,侧角间宽 2.87mm,前叶为后叶长的 1/3,小盾片较大,但端部分辨不清。前足股节粗于中、后足股节,胫节细长,端部未保存,跗节未保存;中足股节粗于后足股节,但短于后者,胫节细长,不短于股节;后足胫节甚细长,明显长于股节,跗节分辨不清。前翅革片的基部、与膜片相邻的前缘域的顶部以及膜片与爪片相邻的内侧角为深褐色,其余部分为浅黄褐色;膜片上具 2 个翅室。腹部椭圆形,粗壮,宽于胸部,至少可分辨 6 个腹节,第 4、6 腹节中央各具 1 个近圆形的褐斑。

产地及层位:临朐山旺;山旺组。

山东猎蝽 *Reduvius shandongianus*

（图版61，图1～3）

2块标本为正反两个面，每块标本上有2个个体，虫体黑褐色。虫体长14.61mm，触角长8.52mm。头大，侧面观近三角形，长2.70mm；复眼大，卵圆形，位于头中部明显偏基部；喙长略大于头长，各节长度为0.85mm、1.30mm、0.90mm；触角各节长为2.15mm、2.15mm、1.64mm、2.78mm，总长为头长的3.15倍。前胸背板被挤压，但可见前叶远短于后叶。后足股节长柱状，几乎与胫节等宽。前翅革片全部褐色，但在前缘域的顶部和与爪片相邻的膜片内侧角颜色加深，为深褐色；膜片为浅黄褐色，具2个翅室，翅脉也为浅黄褐色，前翅长10.81mm；后翅狭长，略短于前翅，翅脉分辨不清。腹部较细瘦，长椭圆形，仅可分辨端部5个腹节。

产地及层位：临朐山旺；山旺组。

木虱科 Psyllidae Latreille, 1807

木虱属 *Psylla* Geoffroy, 1762

孤北木虱 *Psylla gabeiensis* Lin

（图版56，图6）

两块保存很好的木虱标本，互为正负。触角头部小，宽大于长，头前方平截；胸部略大，背部中央高起，3个胸节分界不明显。左前足和左后足部分保存，十分粗壮，左前足前伸，股节粗短，胫节略细于股节，但较股节长；左后足大于前足，股节粗大，胫节长度几乎与股节相等。前翅大，翅脉强，R+M+Cu略短，R脉紧靠翅前缘，Rs脉缓向后弯，达翅顶缘；M脉分叉；Cu脉于基部分叉，向后弯曲达翅后缘。腹部狭于胸部，但较长，腹末尖小。

产地及层位：东营孤北；沙河街组。

纺足目 Embioptera

正尾丝蚁科 Clothodidae Tillyard, 1937

正尾丝蚁属 *Clothonopsis*

中新拟正尾丝蚁 *Clothonopsis miocenica*

（图版61，图4）

1个保存完整的虫体，似行走姿态，头、胸、腹、前翅及足保存完整，为分类提供了依据。虫体中等大小，褐黑色种类。头前伸，较小，头部长1.3mm，宽1.2mm，长稍大于宽，椭圆形，前颚粗壮，呈钳形，内缘具齿，齿数不明，见有唇须3节，第1节短且粗，第2节基部细，缘端略粗，第3节膨大，约为第2节的3.5倍，1对清晰的触角窝位于复眼的前方，圆形，触角保存不完整，节呈念珠状，柄节长，基部较细，向上渐变宽，至端部最宽，梗节宽于鞭节，约2倍，近方形；鞭节仅保存3节，每节近椭圆形，复眼较发达，轮廓肾形，位于头之两侧。各胸节发达，前胸背板小盾片清晰，较大，半圆形，中、后胸背板发达，胸部长3.5mm，宽2.1mm。前足股节短，股节的基部和端部收缩，中部最宽，长2mm，宽0.4mm，胫节细长，宽度变化不大，约为股节的1/2，长2mm，宽0.25mm，跗节3节，细而长，第1跗节长1.1mm，第2跗节长0.9mm，

第 3 跗节保存不完整,其长度超过 1mm;中足股节仅保存一部分,胫节端部略宽,长 2mm,宽 0.3mm,第 1 跗节长 1.1mm,第 2、3 跗节保存不完整;后足股节粗壮,基部略收缩,靠近端部处最宽,长 2mm,宽 0.45mm,胫节长 3.8mm,宽 0.3mm,仅保存第 1 跗节,长 1.9mm。胫节有端刺 1 个,有时又有 1 对粗壮的短刺,腹部窄,长 8mm,宽 3.3mm,可见有 9 节,每节短矩形,腹部末端可见 2 个生殖片(?),其后方尖锐,呈三角形。前翅呈长椭圆形,基部收缩,前缘弓形,约至翅的中部开始向下倾斜,端缘圆,后缘呈弧形,翅前缘加厚,Sc 自基部稍向上缓伸,约至翅中部的后方进入前缘,前缘区很宽大,为胫区宽的 2 倍多,R 始自基部后,紧靠且平行于 Sc,近翅端明显向下弯曲,并缓伸进入翅的缘端,Rs 发自 R 的 1/3 处,基部与 MA 合并为 Rs+MA 向下倾斜,约至翅中部的后方,两脉呈叉形分离,均达翅缘;M 基部与 CuA 会合,与 CuA 分离后又分支为 MA 和 MP,MA 开始向上和 R 会合为 R+MA,行至不远与 R 分离,又与 Rs 会合成 Rs+MA,以后两分离,各自进入缘端;MP 呈弓形;A 自基部向下倾斜进入后缘。虫体长 12.6mm,翅长 10mm。

产地及层位:莱阳南李格庄;莱阳群。

双翅目 Diptera Linnacus,1758

大蚊科 Tipulidae Leach,1815

古沼大蚊属 *Palaeolimnobia*

莱阳古沼大蚊 *Palaeolimnobia laiyangensis* Zhang et al.

(图版 61,图 5)

头小。复眼大。触角长,16 节,为头长的 1.9 倍;喙柔软;额明显突出;颈细长;中胸背板高凸,球形;足基节短且粗;翅 C 及 R 粗,具毛,余脉细弱;Sc 甚弱;Rs 在 Sc 终点垂直线分叉,主干与分支等长,前分支复分;R 与 Rs 前分支之间似有弱的横脉;M 前、后分支长;r—m 位于 Sc 终点的垂直线上,斜向翅基;M 前后分支复分,各小支短;CuA 端部非常细弱;A 具扇状分支;平衡棒小,近卵圆形;腹部瘦长,9 节。虫体长 10.86mm,翅长 8.44mm。

产地及层位:莱阳;莱阳群。

摇蚊科 Chironomidae Macquart,1838

隐翅幽蚊属 *Chironomaptera*

群集隐翅幽蚊 *Chironomaptera gregaria* (Grabau)

(图版 61,图 6、7)

成虫触角、胸部和腹末 2~3 节暗褐色至黑褐色,其余淡黄褐色;头宽为头长的 2 倍;触角 14 节,基节卵形,12~14 节长柱形;复眼大;足短且粗,披短毛;翅无色透明,翅脉通常不可分辨;腹部 9 节,腹末两侧具圆形生殖附器。雄性触角具羽毛;雌性触角无羽状毛,第 8 腹节具 3 个圆形受精囊。虫体长 5~8.2mm,宽 1.4mm 左右。蛹头胸部卵形;腹部 7 节,具长毛。虫体长 6~8mm,宽 1.8~2.1mm。

产地及层位:莱阳;莱阳群。

瘦隐翅幽蚊 *Chironomaptera vesca* Kalugina

（图版60，图7）

成虫纤长，除胸部和腹末黑褐色，其余褐色；头小，横宽；喙长；触角12节，端部数节显长；胸部粗壮，卵圆形；足纤长，通常黄褐色，胫节具长毛，前足胫节具一个长距；翅无色透明，翅脉通常不可分辨；腹部瘦长，9节，腹末生殖附器较小，圆形至半圆形；雄性触角具羽状长毛；雌性无羽状长毛，第8腹节具3个圆形受精囊。虫体长6～7mm，宽1～1.1mm。蛹腹末尖尾角不呈镰刀形，通常向后直伸。虫体长7.1～7.6mm，宽1.6～1.8mm。

产地及层位：莱阳；莱阳群。

拟摇蚊属 *Tendipopsis*
彩色拟摇蚊 *Tendipopsis colorata*

（图版62，图1）

虫体小，长11.5mm；前伸头，长稍大于宽，两侧复眼呈肾形；下颚须伸出部分不清楚；触角保存不清。前胸背板窄，弯曲，中胸背板发达，后胸较短，从背部保存看，胸不如腹宽。足细长，胫节明显长于腹节，但短于跗节，足的形状与现生摇蚊相似，第1跗节最长，余者较短；隐约可见至少1个胫端距。腹部为虫体最宽处，由7节组成，最宽处为第3～5节，腹基和腹末收缩，每个腹节的后缘中央有1个半圆形的暗色斑块，每节的前后侧角有色斑，但与两侧的和中间的色斑不连接，形成了独特之点。雄虫腹末伸出发达的抱握器，基部宽，末端呈钩形，向内弯曲，形成钳形，这种形状与现生摇蚊的明显不同，后者有基节、指节之分。生殖器官的不同，实则是属内分类的重要依据。翅窄长约4倍于宽，端缘尖圆过渡，基部微收缩；Sc细弱，在标本中保存不清楚，隐约可见；R粗浓，倾斜，末端随前缘微向后伸，较短，仅穿过翅中点较远；Rs发出较早，约翅长近翅基1/4处发出，分Rs_1和Rs_2，Rs_1基部呈微弧形，此脉微呈弓形，伸向端缘，Rs_2相继发出，基部圆滑，继之与Rs_1等度曲向翅最远端缘，即位于翅端缘中间；Rs_1和Rs_2基部各自呈圆滑发出，不显斜切的斜线，这与现生摇蚊的Rs基部呈斜切状不同；r—m倾斜，稍短于Rs_2的基部，比横脉交于M_{1+2}柄上；M_{1+2}仅保存柄的一段，分支在r—m之后；M_4和CuA基部合并，远处分离，A_1保存一段。虫体长11.5mm，宽2.5mm；翅长8mm，宽2mm。

产地及层位：莱阳团旺镇西；水南组。

准摇蚊科 Paratendipedidae
准摇蚊属 *Paratendipes*
莱阳准摇蚊 *Paratendipes laiyangensis*

（图版62，图2）

虫体小，灰黑色种类，披浓密的毛，翅亦披毛；头部大，近圆形，下颚须露出部分；触角基部粗壮，此后明显变细，较短，不长于头、胸长之和，节数不清；胸部发达，中胸背板高耸；小盾片半圆形。足一般较细，基节小，长1.1mm；腹节宽且长于胫节，长1.5mm，胫节长于腹节，长1.8mm，但稍短于跗节，跗节长2mm，第1跗节长0.7mm，与摇蚊第1跗节长有明显区别。5

个跗节的长短关系为1＞2＞3＞5＞4,跗节末有1对肥厚的爪;足上披稀疏的毛。腹部长,基部宽,向腹末明显变小,似锥状,最后3节更细,腹末伸出发达的外生殖器,抱握器未有基节和指节之分,见有片状钩形,末端向内弯曲,似见1片小抱握器。平衡棒的基部和锤部宽大,变粗,中间的梗节变细,长0.7mm。翅窄长,前缘微呈弓形,端缘尖圆过渡,基部收缩;C粗浓;Sc细弱,越过翅中点不远,进入前缘;R倾斜,与Sc平行,末端伸向前缘;Rs在翅中点之前从R发出,基部圆滑,Rs_1的基部稍长于Rs_2基部,Rs_1与R几乎平行,末端与R相距较远;Rs_2基部圆滑,在R末端下方几乎同一水平位置分支,两支脉呈叉形分开;在径区远处有不规则的横脉,有时形成网状;M前支在r—m以后不远分M_1和M_2,分支早于Rs_2,M_4与CuA在r—m之前分离;A_1弓形。C脉、R脉、Rs脉、M脉上无毛,CuA、A_1脉未见。虫体长6.2mm;翅长5.3mm,宽1.5mm。

产地及层位:莱阳团旺镇西;水南组。

团旺准摇蚊 *Paratendipes tuanwangensis*

（图版62,图3）

虫体基本特征和大小与上述种基本相同。头较小,前伸,几乎圆形,唯宽稍大于长,触角、口器不清。前胸背板窄条状,中胸发达,背板高耸;小盾片半圆形,与背板呈一角度,后胸节较小。足长,基节发达但不长,股节明显宽,长1.4mm,腔节显著宽于腔节,长1.7mm;腔节长1.7mm,略长于股节,见有1个腔端距;5个跗节中第1跗节最长,但短于其他4个跗节,5个跗节长短关系为1＞2＞3＞5＞4。腹部长筒形,前5节的宽度较均匀,后3节突然变细小,腹末有外生殖器,但保存不清楚。翅窄长,基部收缩,长宽比为3.5∶1,翅形和脉与上述种相似,前缘微弓形,Sc细弱,与R靠近,R向上斜伸,进入前缘;Rs在翅中点之前从R发出,分Rs_1、Rs_2,后者再分叉;Rs_3、Rs_2基部圆滑,前者稍长于后者;Rs_2主干和Rs_1、R几乎相互平行,至远处散开;r—m倾斜,连接于Rs_2主干和M_{1+2}主干之间;M_{1+2}主干在r—m之前保存不清,但分支早于Rs_2;M_4和CuA分离点早于Rs分支点,几乎处于同一水平位置;A_1微弓形。翅上有毛。虫体长6mm;翅长5mm,宽1.3mm。

产地及层位:莱阳团旺镇西;水南组。

灌木准摇蚊属 *Thamnifendipes*
活泼灌木准摇蚊 *Thamnifendipes vegetabilis*

（图版62,图4）

虫体小,黑色种,头小前伸。正模标本的头朝下保存,被胸部掩盖,仅露出一部分,其他标本头小前伸,近圆形。口器很清楚,露出部分的下颚须;触角保存良好,向两侧伸出,由18节组成,基节膨大,近圆形,以后各节变小,前11节较宽短,以后7节向末端逐渐变细长,触角不长于头胸之和。胸部比腹部稍宽,中胸最发达,小盾片呈半圆形,后胸背基部宽阔,但迅速收缩。足细长,股节稍宽,与腔节几乎等长或微短,腔节有密毛,有1对腔端距;5个跗节中第1跗节最长,以后各节变短,5个跗节长短关系为1＞2＞3＞5＞4,附末1对爪。腹部9节,第3～5节最宽,从第7～9节变小,尤其第8、9节更小,第7腹节靠下中间有3个生殖孔,三角形排列，上一下二，第8、9节有时不清。

翅呈椭圆形，长宽之比约2.5∶1，前缘呈弓形，向端部尖圆过渡，Sc向上斜伸，近翅中点进入前缘；R基部与Sc紧靠，在Rs基部同一水平上方之后逐渐离开Rs，两脉末端相距较远；Rs基部曲折，长约r-m的2倍；Rs_1与Rs_2的基部几乎等长，Rs_1、Rs_2与R几乎等度平行弯曲，Rs_2再次分支，叉脉也等度随翅缘向后弯曲，中脉3支，M_{1+2}在远处分离为M_1和M_2，M_4与CuA合并后再与M_{1+2}合并；A_1见1支。虫体长6.5mm，宽1.5mm；翅长5.5mm，宽2mm。

产地及层位：莱阳团旺镇西；水南组。

中国摇蚊科 Sinotendipedidae
中国摇蚊属 *Sinotendipes*
团旺中国摇蚊 *Sinotendipes tuanwangensis*
（图版62，图5）

虫体细小，很长，黑色种类。头近圆形，宽略大于长，头之两侧有1对弯形的复眼，互相分离，前方有1对触角，很短，不长于头，基节稍大，以后各节很细，约10节；颈部窄且短；前胸背板窄，弯曲，胸部发达，呈椭圆形，中胸更为发达，小盾片较大，弯月形，后胸小，背板半圆形，足细长，宽度变化不明显，具有细蚊类的特点，但较后者长，后足腹节可达股节第7节，长3.5mm，胫节较细长，长4mm，有1个胫端距；跗节更长，约4.2mm，有1对爪。腹部长筒形，9节，从第1～6节几乎等宽，第7节稍窄，且短，第8、9节明显变细小，末端伸出外生殖器，外生殖器呈钳形，末端向内弯曲。翅窄长，约4倍于宽，前缘一段倾斜，至远处尖圆过渡；Sc细弱，很长，越过翅中点较远倾斜；R与Sc几乎平行，末端随翅缘向后伸，Rs有3支，在翅中点之前从R发出，Rs_1基部弯曲，继之向上微倾斜，交于R；Rs_2的基部与Rs_1几乎等长，开始平伸，远处突然向上曲向端缘；Rs_3基部弯曲处与Rs基部的长度相近，向下斜行，与Rs_2方向相反，末端随翅缘向后伸出，交于翅缘，止于翅端缘1/2稍强；r-m明显长于Rs_3基部的曲折处，倾斜；M_{1+2}在近翅基与M_4合并，M_{1+2}弧支，在r-m之后不远突然向上弯曲，远处交于Rs_3，甚为特殊。M_4+CuA与M_{1+2}分离后向下斜伸，远处两脉分离；A_1很长，斜伸；A_2很短。虫体长9mm；翅长8mm，宽2mm。

产地及层位：莱阳团旺镇西；水南组。

蚊科 Culicidae
幽蚊属 *Mesochaoborus*
张三营中幽蚊 *Mesochaoborus zhangshanyingensis* (Hong)
（图版62，图6）

头侧视近三角形；复眼近肾形；触角14节；喙锥状；胸部粗壮，腹侧片狭三角形；翅长约为宽的3倍；C粗壮；其余各脉清晰；Sc止于翅长3/4处；R几达翅顶；Rs主干明显短于其前分支的柄长；Rs后分支直；M_{1+2}的柄长于M_1；M_4的基部与r-m连接，略斜向翅基，在与m-cu连接处转向翅后缘；m-cu较短；腹部长筒状，7节。虫体长5.8～8.5mm；翅长4.4～6mm。

产地及层位：莱阳；莱阳群。

毛角大蚊科 Trichoceridae Enwards,1928（＝Petauristidae）
中角大蚊属 *Mesotrichoceta*
莱阳中毛角大蚊 *Mesotrichoceta laiyangensis*
（图版 63,图 1）

虫体细长,头向前伸,触角丝状,但节数和形状不清；眼大,位于头之两侧；下颚须细长,见露出后 3 节,即第 2～4 节,第 2 节稍短于第 3 节,第 4 节很长,约为第 3 节长的 2 倍。虫体细长,各节宽度均匀。翅宽短,长约宽的 2 倍,前缘前段平缓,以后明显向后倾斜,与端部钝圆过渡,其上有前缘缘毛,止于 Rs_2 与 R_{3+4} 之间,毛向后伸出。Sc 仅见后一小段,向上交于前缘,未见分支；R 粗浓,平缓,末端随前缘向后交于端缘,未见分支；R 粗浓,平缓,末端随前缘向后交会于端缘,未分支；Rs 在翅中点之前,远离翅基,从 R 发出,向下缓伸,在 R 末端稍前分支为 Rs_1 和 Rs_2,前者明显短于后者,约后者长的 1/2；Rs_{3+4} 的基部在翅中点之前,盘室上方发出,基部曲折,与 r—m 显一直线,并稍长于 r—m,Rs_{3+4} 向下缓伸与 Rs_2 几乎等度曲向翅端；M 倾斜,在翅中点之前开始分支,M_{1+2} 在盘室后方不远开始分离,呈叉形达翅端,M_3、M_4 各自达翅端,CuA 倾斜,m—cu 很长,连于 M_4 曲折处；d 很大,五角形。A_1 很长,弓形。虫体长 11mm；翅长 9mm,宽 3mm。

产地及层位：莱阳团旺镇南李格庄；水南组。

细大蚊科 Gracilitipulidae
细大蚊属 *Gracilitipula*
亚洲细大蚊 *Gracilitipula asiatica*
（图版 62,图 8）

虫体细长,头前伸下垂,似乎要脱落,头小,近圆形,但眼很大,几乎占据头的大部分；眼在正常保存中背视呈椭圆形,位于头之两侧,但不互相紧靠,前方有 1 对触角,触角基节粗大,近圆形,以后各节由粗变细,雄触角各节短小,轮生羽毛状,保存时向前方收拢似帚状；雌触角的前数节较粗,以后各节变细,节上有节毛；口器保存时不易辨认,但前伸部分柔软,可能是喙部。未见下颚须。头长 0.5～0.7mm,胸部发达,中胸背板高耸；小盾片半圆形；整个胸部呈椭圆形,长 2～2.2mm；足细长,后足腹节长 1.8～2.2mm,胫节长 2～2.2mm,有个别标本中,清晰可见 1 对距,跗节 5 节,明显长于胫节,长 2.5～3.8mm。

腹部细长,似长筒状,9 节,第 1 节较宽短,以后各节明显变长,即由方形至长方形,末端倒数 2 节变短小,紧密衔接。雄性的抱握器发达,钳状；雌性的第 8、9 节有 3 个圆形的生殖孔,呈三角形排列,腹长 3.5～4mm。

翅窄长,前后缘突,基部虽有收缩趋势,但仍然很宽,端缘尖圆过渡；C、R 粗浓,有毛；Sc 细弱,隐约可见,末端不分叉,而是交于 C；R 与 Sc 几乎平行,末端微微弯曲,Rs 发出点不明,其支脉几乎平行,等度弯曲,Rs 有 3 支脉,通常后支再分叉,分支稍早于 M；M 的前、后支的柄很长,各自分支很迟,靠近翅端；CuA 向下伸,末端微弯曲；A 很弱,不易看清,可能有 2～3 支。

虫体长 6.5～11mm,通常 6.5～7.5mm；翅长 5～9mm,宽 2.3～2.5mm。

产地及层位：莱阳团旺镇南李格庄；水南组。

亚洲幽蚊科 Asiochaoboridae
亚洲幽蚊属 Asiochaoborus
窄形亚洲幽蚊 Asiochaoborus tenuous
（图版63，图2）

虫体细长，头小，前伸，近圆形，口器发达，但不能全部见到，仅见下颚须的后2～3节，末节最长；眼肾形，很大，位于头之两侧，但不互相靠紧，为离眼式；头长0.7～0.8mm，宽0.7～0.8mm，触角稍长于头，但短于头和胸长之和，触角向前斜伸，右触角弯曲，左触角向前斜伸，由13节组成，丝状，各节向末端变小，胸部近圆形，发达，但各胸节界限不清，胸长与宽近等，约1.5mm；足细长，宽度均匀，股节3.5～4.5mm；胫节4～5mm；跗节5节，长3.5～4.5mm，第1跗节最长，跗节总长度短于胫节。腹部窄长，筒形，由9节组成，第3～5节为腹部最突处，各节呈矩形，外生殖器保存不清楚，腹部长4.3mm。翅窄长，约宽的4倍，前缘平缓，至端缘向下呈方形与翅端圆滑过渡；Sc细弱，与前缘等度弯曲，越过翅中点以远，伸达顶缘；R不明显粗浓于其他脉，与Sc等度弯曲；Rs发自R，远离翅基，延伸至翅中点之前和翅中点之后相继发出Rs_1·Rs_2，并随翅缘伸出；Rs_1脉约在翅长1/3处分支，支脉向下微微曲向翅缘，呈叉形；Rs在翅中点稍前发出，基部曲折，以后明显弯曲，达翅尖端处；r—m在Rs_2曲折处，连于M_{1+2}柄上；M主干在翅基附近保存隐约可见，在r—m之后保存清楚，向下微微弯曲，在Rs分支向下之后开始分叉，M_2呈叉形；M_4主干微弯曲，在r—m下方稍后分M_3、M_4，CuA微弓形；m—m隐约可见；A_1较长，A_2很短。虫体长4～7mm，通常6.5～7mm；翅长4～7mm，通常7mm，宽1.5～1.6mm。

产地及层位：莱阳团旺镇西；莱阳群。

中国幽蚊属 Sinochaoborus
分支中国幽蚊 Sinochaoborus dividus
（图版63，图3）

虫体小，腹细长，头前伸，近圆形，1对复眼肾形，外缘圆滑，内缘弯曲，离眼式；触角仅保留基部，节数不清；下顿须保存较好，5节，第1节仅露出小部分，第2节粗壮，稍长于第1节，第3节稍变细且长，也稍长于第4节，第4节较细，第5节最长，且细。5节的长短关系为5＞4＞3＞2＞1。头长、宽近等，约0.8mm，圆形。前胸前缘缩小，与头有明显分界，胸部发达，各胸节界限不清。足细长，宽度均匀，具有幽蚊类的特点，但跗节短于胫节。腹部细长，各节宽度近等，各呈矩形，腹末生殖构造保存不清楚，翅窄长，仅保存1对翅，左翅向左侧伸出，右翅向下斜伸保存，在图影中右翅后缘被割断，Sc细弱，越过翅中点不远伸达端角；R稍粗，且直，与Sc几乎平行，直向端角，未见全翅，左翅脉序清楚，翅长约为宽的3倍；翅前缘平缓，向端缘缓伸，圆滑过渡，Sc细弱，越过翅中点不远伸达端角；R稍粗，且直，与Sc几乎平行，直向端角，末端微曲向翅缘；Rs基部微弯，发自翅长1/3处，向后缓伸，在翅中点之后开始分支，虽在命名上有前后支之别，但3支支脉几乎相继发出，梳形，前、后支区分不明显。Rs基部曲折部分长约为r—m长的1.5倍（Rs的支脉命名各家不一，有的将Rs_1的分支和Rs_2分别命名为R_1、

R_2、R_3（R 仍称为 R），有的将上述 R_1 和 R_2 统称 Rs 的前支 Rs_1，R_3 称为 Rs_2，本书采用后者的命名）；M 分支系统清楚，前支向下斜伸至 Rs 分支稍后下方，分支为 M_1、M_2，后支 M_4 在 Rs 基部发出点几乎同一水平的下方与 CuA 分离，M_4 与 CuA 呈叉形直达翅缘（M_4 的命名问题各家也不尽然相同，有的将 M_4 命名为 M_{3+4}，也有仅称 M_4，该种本文采用后一命名）；A_1 倾斜，较长，A_2 短；m—cu 短，稍前于 r—m，几乎垂直。虫体长 6.2mm，宽 1mm；翅长 6mm，宽 1.5mm。

产地及层位：莱阳团旺镇西；莱阳群。

拟幽蚊属 *Chaoboropsis*
长肢拟幽蚊 *Chaoboropsis longipedalis*
（图版 63，图 4、5）

虫体小，窄长，胸部发达，腹部细长，筒形；头小，前伸，近圆形，长略大于宽，长 0.4mm，宽 0.3mm；触角细长，丝状，节数不清；胸部发达，长圆形，中胸节发达，长 1.2mm，宽 0.9mm；小盾片较大，近半圆形。腹部筒形，9 节，第 3～5 节为腹部最宽部位，以后各节变小，尤其第 7 节以后明显收缩变尖，腹末伸出生殖器，但不清楚，腹长 2.2mm，宽 0.7mm。足细长，宽度均匀，第 5 跗节，很长。窄长的翅长为宽的 3 倍多，前缘微向上斜伸，远处与端缘过渡，止于 Rs_1 与 Rs_2 之间，其上有脉毛，均向后斜伸；Sc 较短，伸达翅中点左右，细弱，其上无毛；R 与 Sc 几乎平行向上伸，其上披毛；Rs 远离翅基从 R 发出，基部长，开始圆滑，继之与 R 平行向上斜伸；Rs_1 在翅后约 1/3 处开始分支，支脉末端向上曲向翅缘，Rs_2 的基部有曲折部分，继之与 Rs_1 平行向下斜伸，直达端缘中央部位，其上有毛，中脉结构不清楚，大体可见与 Mz 分支很迟，M_4 与 CuA 很早会合；A_1 长，A_2 短。虫体长 3.8mm，宽 0.9mm；翅长 3.3mm，宽 0.8mm。

产地及层位：莱阳团旺镇西；莱阳群。

孙氏幽蚊属 *Sunochaoborus*
莱阳孙氏幽蚊 *Sunochaoborus laiyangensis*
（图版 63，图 6、7）

虫体小，头近圆形，前伸，两侧有 1 对很大的肾形复眼，占头之大部分；触角正常生长，先向前伸后向两侧伸出，基部大，以后各节细，向末端逐渐变细；触角轮生羽毛状与摇蚊类相同，触角丝状，16 节，其长不超过头、胸长之和；下颚须见有 4 节（第 1 节未见），长 1.1mm，第 2、3 节粗壮，且短，第 4 节明显变细长，末节最细。各节长短关系为 4＞1＞3＞2。胸部发达，长稍大于宽；足细长，胫节长于股节，有 2 个发达的胫端距，5 节跗节中，第 1 跗节最长。腹部 9 节，细长，各节背片和腹片保存清晰，均呈矩形，腹部长 3.2mm。雌虫第 6、7 节之间有 3 个生殖孔，呈三角形排列。翅窄长，3 倍于宽，前缘倾斜，至端缘呈圆滑过渡，Sc 很微弱，有的标本隐约可见越过翅中点，但大部分不清；R 粗壮，与前缘几乎等度弯曲，达顶缘，Rs 基部很短，弯曲，在翅中点之前，约翅长 1/3 处开始分为 Rs_1、Rs_2；Rs_1 的基部呈弧形，明显长于 Rs_2 的基部曲折部分，Rs_1 向后伸，在中点左右开始分支，均微向后弯曲；Rs 基部曲折，曲折处与 r—m 呈一角度连接，Rs_2 向后与 Rs_1 等度曲向翅缘；M 倾斜，M_1 与 M_2 分支点与 Rs_1 分支点几乎同一水平,其他脉分布情况不太清楚。虫体长 5.3～8mm,通常 6～6.5mm;体宽 1.2～1.6mm;翅长 5～6mm,宽 1.2～1.5mm;触角长 2.2mm。

产地及层位:莱阳团旺镇西;莱阳群。

邻捻蕈蚊科　Pleciofungivoridae Rohdendprf,1946
中邻捻蕈蚊属　*Mesopleciofungivora*
马氏中邻捻蕈蚊　*Mesopleciofungivora martynovae*
（图版 64,图 1）

虫体小,头圆形,长与宽均为 0.5mm;下颚须保存不完整,两眼位于头侧,互相分离;眼内侧稍上方有 1 对触角,细长,1.2mm,丝状,末端数节界限不清,12～15 节,由基部向末端逐渐变细;颈部小;胸部近圆形,长稍大于宽,中胸背板发达,后胸节小,并与腹部连接,胸部长 1mm,宽 0.3mm;足细长,股宽短,胫节细长于股节,但稍短于跗节,跗节 5 节,末端 1 对爪,腹部 9 节,第 3～5 节为腹最宽部位,末 3 节明显变小,长 2.3mm,宽 0.75mm。翅卵形,长宽比约 2∶1,前缘倾斜,远处与端缘圆滑相连,Sc 短,约在翅长中点以内进入前缘;R 紧靠 Sc,越过翅中点之后,进入前缘;Rs 近翅基从 R 发出,基部倾斜,至 r-m 之后向上伸出开始斜伸,远处明显弯曲,抵达端缘;Rs 的支脉很短,微曲向翅缘;Rs 基部长约为 r-m 长的 2 倍,r-m 短,垂直于 M_{1+2} 主干,M_{1+2} 在 r-m 之后不远迅速分 M_1 和 M_2,弓形;在 M_1 与 Rs_2 之间的区域远处有 2 支斜脉,第 1 支位于 Rs_1 基部几乎同一水平下方发出,倾斜交于 Rs_2,第 2 支斜脉与第 1 支平行倾斜,并与 Rs_2 末端会合;M_4 与 M_{1+2} 合并后,与 CuA 合并,均呈微弓形伸达翅缘。虫体长 3.8mm,宽 0.9mm;翅长 2.5mm,宽 1.3mm。

产地及层位:莱阳团旺镇西;水南组。

始昏蚊属　*Eohesperinus* Rohdendorf,1946
宽形始昏蚊　*Eohesperinus latus*
（图版 64,图 2）

虫体小,强壮,胸部发达,腹宽;头横宽,口器不清,眼大,圆形;触角清楚,基部宽大,而迅速变细且短,左触角伸出后绕一圈伸出,左触角向外伸,节数不清,但细小紧密,估计 10～13 节,触角长 0.5mm。胸部发达,有"V"形缝(?),小盾片斜伸,与中胸背板呈一角度,胸长 1.5mm。腹部椭圆形,长 2mm,第 3～5 节最宽,最后 2 节迅速变小,未见生殖构造。足披毛,腹节长 1.5mm,胫节稍长,长 1.7mm,甚为特殊;仅见 1 个距,5 个跗节,长 1.5mm,有 1 对爪。翅轮廓椭圆形,后缘叠于虫体,脉不清,C、R、Rs 清楚、粗壮、Sc 细弱,不达翅长的一半,即在 Rs 基部之后不远进入前缘,基部与 R 靠近平行,末端突然曲向前缘;R 斜直,仅末端突然向上交于前缘;Rs 基部倾斜,长约 r-m 长的 1.5 倍,末端向下曲向翅缘,在 Rs 远处弯曲处似有斜脉向上交于翅缘;r-m 倾斜;仅见 M_{1+2} 的一段,其余者不完全。虫体长 4mm;翅长 3mm,宽 1.2mm。

产地及层位:莱阳南李格庄;水南组。

准邻捻蕈蚊属 *Parapleciofungivora*
三角形准邻捻蕈蚊 *Parapleciofungivora triangulata*
（图版63，图8）

虫体小，头大，向前，向下伸，横宽；眼椭圆形；侧视1对触角互相紧贴，均向前，向上伸出，基节圆形，宽大，从梗节及以后各节向末端逐渐变细小，呈串珠状，14节，长1mm。胸部高耸，发达，中缝和侧缝清楚；小盾片与中胸背板呈一角度；后胸小。足细长(?)，股节宽短，胫节明显变长，长1mm，有2个胫端距；5个跗节长于胫节，长1.2mm。腹部长筒形，卷曲，9节，各节宽度均匀，仅最后2节明显变小，1对翅张开，重叠保存，翅呈三角形，以此特征作为种名；前缘倾斜，以后渐呈弓形，至顶角尖圆滑过渡，端缘倾斜；Sc细短，在翅中点之前进入前缘；R粗浓，很长且直，延至Sc末端之后向后弯曲，交于顶角，Rs弯曲基部倾斜，约r—m长的1.5倍，支脉1支，在远处发出，似Rs主干的继续，末端随翅缘向后弯曲，即支脉非向上伸出，此为重要特征，M的前支脉很早分离，支脉很长，以后与后支(M_4)、再与CuA合并；CuA弯曲。虫体长3.5mm；翅长2.5mm，宽1.3mm。

产地及层位：莱阳团旺镇西；水南组。

邻捻毛蚊科 Pleciomimidae Rohdendorf，1946
小毛蚊属 *Pleciomimella* Rohdendorf，1946
小形小毛蚊 *Pleciomimella parva*
（图版64，图3）

虫体小，长2.8mm，宽1mm。胸部发达，近圆形。翅呈长椭圆形，前缘平缓，端缘尖圆过渡；Sc细直，与R几乎平行，末端微斜交于前脉，长约翅长的1/3；R斜直，末端微曲上前缘，Rs靠近翅基发出，几乎平直，Rs基部稍长于r—m；M三支、M_{1+2}分支点很早，在r—m之后不远分为M_1和M_2，使支脉很长，颇特殊；M_4倾斜；CuA的主干弯曲；M和CuA在近翅基合并。

产地及层位：莱阳团旺镇西；水南组。

长径小邻捻毛蚊(?) *Pleciomimella? longiradiata*
（图版64，图4）

小型种类，虫体粗壮，胸部发达，筒形，头较小，近圆形，前伸，眼小；触角向前弯曲发出，约16节，各节近柱形，触角不长于头、胸之和。足细长，股节明显宽短于胫节，胫节长于股节，似有1对距，与跗节几乎等长或稍短；跗节更细长，5个跗节长短关系为1>2>3>4≈5，跗末有1对细丝爪。腹节见8节，第8节上有3个生殖孔，上2下1，呈三角形排列，腹节呈矩形，第4、5节为虫体最宽大部分。翅宽短，长宽比约2.5∶1，前缘强壮，C和R显著；Sc细弱，伸至翅中点附近；R粗浓，很长，微弯曲，几达翅顶缘为本种主要特征，该脉末端突然向上曲向翅缘；Rs细，基部曲折，长约r—m长的1.3倍，以后转为弓形，末端向下弯曲；M_3支、r—m位于M_{1+2}主干上，M_{1+2}与M_4合并后，再与CuA合并；CuA微弓形。虫体长5mm；翅长4mm，宽1.6mm。

产地及层位：莱阳团旺镇西；莱阳群。

狼毛蚊属 *Lycoriomimodes* Rohdendorf,1946
卵形狼毛蚊 *Lycoriomimodes ovatus*
(图版 64,图 5)

虫体粗壮,头大,见有椭圆形的复眼,前方有 1 对触角,右支向上,弯曲,共 13 节,基节近圆形,宽大,以后各节突然变细小,前 5 节近圆形,以后各节逐渐变细长。翅呈卵形,前、后缘突,前缘脉直达 R_3,R 远处明显弯曲,末端随翅缘后伸;Rs 基部保存不清,此脉强烈弯曲,与 R 几乎等度弯曲、平行;M_1 与 M_2 呈叉形,分支于远处,M_4 和 CuA 弯曲,但基部保存不甚清楚。虫体长 6mm;触角长 2mm;翅长 3.5mm,宽 1.7mm。

产地及层位:莱阳团旺镇西;水南组。

小奇脉毛蚊属 *Mimallactoneura* Rohdendorf,1946
团旺小奇脉毛蚊 *Mimallactoneura tuanwangensis*
(图版 64,图 6)

虫体小,头前伸,近圆,隐约可见椭圆形的眼;触角细长,丝状,节小且密,节数不清,长 1.8mm;足细长,后股节长 1.5mm,胫节长 2mm,跗节 5 节,长 2.5mm,胫节有 2 个距。腹部细长,9 节,呈长椭圆形,长宽比为 3∶1;前缘区很宽,R 几乎斜直,粗显;Sc 细弱,前段与 R 靠近平行,远处分开与 R 远离,曲向前缘;Rs 在翅中点之前从 R 发出,基部倾斜,在 r−m 之后转为向上弯曲,达翅缘;径区似有数支横脉;Rs 基部长约 r−m 的长 4 倍,M、CuA 细弱,不太清楚,隐约可见 M_{1+2},交会于 M_4,M 主干交会于 CuA,4 支脉呈叠瓦式分布,r−m 位于 M_{1+2} 主干上。虫体长 3mm;翅长 4.5mm,宽 1.5mm。

产地及层位:莱阳团旺镇西;水南组。

始帜毛蚊科 Eopleciidae Rohdendorf,1945
甘肃帜毛蚊属 *Gansuplecia* Hong
三孔甘肃帜毛蚊 *Gansuplecia triporata* Hong(MS)
(图版 64,图 8)

虫体小,头小,圆形前伸,颈部明显,使头、胸分界明显,眼肾形,位于头之两侧,眼内侧上方有 1 对触角,细长丝状,长 1.6mm,不长于头胸之和,约 13~15 节,基节较大,以后各节向端部变细。雄虫触角轮生羽毛。胸部发达,前胸背板窄条状,中胸高耸,背板十分发达,侧面观呈方形,小盾片半月形,与胸背板呈一角度,后胸背板向下倾斜,并与腹部基节连接。足细长,股节稍宽于胫节,通常 1.5~1.6mm;胫节略长且细,长 1.7~1.8mm,有 2 个强壮的胫端距;跗节长于胫节,5 节,第 1 跗节最长,跗节长 2.6~2.8mm;足上披毛。腰部筒形,9 节,最后 3 节很小,易被忽视,第 3~5 节为腹最宽部位。翅较宽,长宽比 2∶1~2.5∶1,翅呈椭圆形,翅基较宽,端部尖圆过渡,前缘微呈弓形,后缘微弧形。Sc 细长,伸达翅中点或越过不远进入前缘,因此脉细弱,有的标本未见。R 粗,向上斜直伸出,仅末端曲向前缘,Rs 基部微弯曲,延伸不远发出 Rs_1,以后又分出 Rs_2,Rs 的主干通常波形,Rs_1、Rs_2、Rs 的主干和 R 通常近平行,等度曲向翅后伸出,Rs_1 很长,Rs_2 长短不一,但 Rs_1 一般长于 Rs_2 支脉长的 2 倍左右;r−m 几乎位于翅上下两部分中间,但此属的 r—m 位置有变化,有时位于 Rs_2 或 Rs 主干上。M 分 3 支,M_{1+2} 通常在 r—m 之后分离,叉脉一般在 M_4+CuA,M_4 与 CuA 很早就合并,在翅基 M_{1+2} 和 M_4+CuA 合并;CuA 通常弯曲,弯曲程度不完全相同。A 通常 1 支,倾斜。

虫体长 6~7mm;翅长 4~5mm,宽 1.5~1.7mm。

产地及层位:莱阳团旺镇西南李格庄;水南组。

原毛蚊科 Protopleciidae Rohdendorf,1946
孙氏祆毛蚊属 *Sunoplecia* Hong,1983
弯曲孙氏祆毛蚊 *Sunoplecia curvata*
(图版 65,图 1)

虫体小,黑色,头稍大,近圆形;颈部窄细,微弓形,复眼近圆形,发达,触角向前,痕迹可辨,但节数不清;胸部发达,宽阔,中胸节隆起,小盾片半月形,后胸节腹部宽大,见有 7 节,第 3~4 节最宽,以后逐渐变小,每节色浓,分界清楚;足粗短,股节略宽短于胫节,跗节 5 节,第 1 跗节最长,余者短小,足上均有毛。

翅长,椭圆形,前缘相当一段近平伸,远处微弯曲,端缘圆形过渡;Sc 和 M 细弱,Sc 基部与 R 几乎合并、平行,末端突然向上弯曲至前缘;R 粗浓,近倾斜,基部突然向上斜伸;Rs 基部倾斜,Rs_1 与 R 几乎平行,Rs_2 基部倾斜,与 Rs_1 相距较宽于 Rs_1 与 R 之宽,Rs_2 的远处向下微弯曲;r—m 位于 Rs_2 基部与 M_{1+2} 柄上,与 Rs 同样明显;M_3 支脉,M_{1+2} 在远处分支,叉形,M_4、CuA 细弱,在显微镜下需旋转标本,才能隐约可见在此两脉之间有 1 支 m—cu 横脉连接;翅脉有毛。

虫体长 3.2mm;翅长 2.5mm,宽 1.2mm。

产地及层位:莱阳团旺镇西;水南组。

假祆毛蚊属 *Pseudoplecia*
卵形假祆毛蚊 *Pseudoplecia ovata*
(图版 65,图 2)

虫体小型,头部轮廓不清,但眼保存好,胸部发达,腹 9 节,扁筒形,腹末有发达的外生殖器,抱握器强壮,末端尖,微向内弯曲;足宽扁,毛密集,股节稍宽于胫节,长 1.2mm;胫节稍长,长 1.5mm,第 1 胫节明显宽,相当以后 4 个跗节之长,尤其第 2 胫节很长且宽,约后 3 个跗节宽的和,即后 3 个胫节突然变短;跗节末端有 1 对爪,强壮,5 个跗节之长 1.5mm。翅呈卵形,前后缘突,向端缘尖圆过渡,R 几乎平伸,越过翅中点,末端向上曲向前缘;Rs 基部倾斜,继之转为与 R 平行;不远分支,支脉微弯曲,基部长约 r—m 的 2 倍;M 主干斜伸,几乎位于翅的中央,在翅中点开始依次发出 3 支,M 的主干很长,形成自己的系统;Cu 主干倾斜较长,但短于 M 主干,约在 Rs 基部同一水平位置下方开始分 CuA 和 CuP,CuA 明显弯曲,CuP 呈弓形,自成系统;r—m 位于 Rs_2 与 M 主干。

虫体长 5.5mm;翅长 4mm,宽 1.5mm。

产地及层位:莱阳团旺镇西;水南组。

毛蚊科 Bibionidae Kirby, 1837

叉脉毛蚊属 *Plecia* Wiedemann, 1828

刺叉脉毛蚊 *Plecia spinula* Zhang

(图版 65,图 3)

头横宽；复眼极大,左右接触；胸部梯形；前、中足胫节端部内缘有一小刺；翅上半部黑褐色,下半部深褐色；翅痣不可分辩,R_S 翅长约 1/3 处由 R 分出；R_{2+3} 长为 R_{4+5} 的 1/2；r—m 长与 M_{1+2} 分叉点至 r—m 的距离等长；腹部粗壮,8 节,腹末圆润。虫体长 11mm；翅长 8.2mm。

产地及层位：临朐山旺；山旺组。

肿毛蚊属 *Bibio* Geoffroy, 1764

扁肿毛蚊 *Bibio ventricosus* Zhang

(图版 65,图 4)

头小,黑色,圆形,侧视其后缘常为胸部所掩盖；胸部近长方形；中胸盾片侧视长椭圆形,黄褐色,其余黑褐色；足黑色或黑褐色；胫端距和爪为红褐色；爪垫黄褐色；翅狭长,翅顶不及腹末；翅面深褐色,前半部黑褐色；C 与 R 以及翅痣周围为黑色；翅脉粗壮；腹部粗壮,黑色至黑褐色,见有 7 节。虫体长 14.5~15.6mm；翅长 10.41~1.3mm。

产地及层位：临朐山旺；山旺组。

脉毛蚊属 *Aortomima*

山东脉毛蚊 *Aortomima shandongensis* Zhang et al.

(图版 62,图 7)

头大,卵圆形；复眼大,长卵形；触角长,丝状,15 节；胸部卵圆形；翅长为宽的 2.3 倍；R 止于翅中略偏端部的 C 上；Rs 显弧状弯曲；M 前分支的柄短,前小支向上弯曲,后小支平直；M 主干的柄与 M 前分支的树长度近相等；M 后分支斜且直；CuA 中部弯曲；足细长,披毛丛；腹部粗壮,腹末较尖锐。虫体长 3.37mm；翅长 2.5mm。

产地及层位：莱阳；莱阳群。

蚋科 Simulliidae Newman, 1834

蚋属 *Simulium* Latreilie, 1802

腹蚋(?) *Simulium? ventricum* Lin

(图版 65,图 5)

小型昆虫,保存十分完整,虫体长 2.3mm。由于黄铁矿充填,化石标本呈黑色。翅阔且短,左右两翅重叠。

头部侧视卵圆形,前方较宽,口器略狭,触角短粗,位于头前上方,触角节数量不清。

胸部侧视卵圆形,短粗,中央前部高起,粗壮；3 个胸节分界不清；翅大且宽阔,臀域发达。

3对胸足粗壮,前基节较大,转节不清楚,股节粗大,胫节细长;中足略直,稍大于前足,中基节与前足大小相似,中股节的大小几乎与前股节接近,胫节细长,其宽约等于中股节宽的一半;跗节较胫节细,但较胫节长。后足为最大的一对足。

腹部侧视十分宽大,较胸部长;第1腹节最大,腹背板强,腹板小于背板;第2～4腹节的背板厚且强,它们的腹板可见;自第5腹节起渐小,腹侧膜薄。

产地及层位:东营孤北;沙河街组。

扁足蝇科 Platypezidae Fallen,1817
中国盗蝇属 *Sinolesta* Hong et Wang,1988
宽形中国盗蝇 *Sinolesta lata* Hong et Wang,1988
(图版65,图6)

虫体小型,黑色种类;触角小,节数不清;胸部发达;小盾片大,半圆形,胸部有鬃;足粗、短,股节更宽厚,胫节细长于股节,1对距,跗节长于股节,第1跗节最长,跗末有1对爪;腹宽8节,第7、8节明显变小;翅前缘及脉披毛,Sc很长,越过翅中点以远,几乎达顶缘,脉清晰,发出不远与R合并,近末端突然与R分离,向上进入前缘;R粗壮,平缓,Rs分前支(前分支)和后支(后分支),分支点在r—m稍前;M分前支、后支(M_{1+2}),前支分叉呈叉形,后支1支(M_{3+4});CuA与M近翅基部合并,形成CuA+A_1;A_2不清晰;b_1窄长;D短小于b_2,b_1约2倍于D,b_2与D几乎等大。

虫体长3～4mm,宽1.2～2mm;翅长2.5～3.4mm,宽1～1.5mm。

产地及层位:莱阳团旺镇西;水南组。

莱阳古钻蝇 *Palaeopetia laiyangensis* Zhang
(图版64,图7)

胸部长卵形;小盾片半圆形,中部具2根小盾鬃;具1根肩鬃和2根背侧片鬃;足粗且短,股节和胫节具短毛,翅前缘部略弯曲;Sc与R有相当长一段合并,止于翅长约2/3的前缘上;R直且粗;Rs分支长,近平行;M_1基部甚弱;r—m斜,且距m—m甚近,在翅长4/5处似有1条2r—m;臀室端部不及A_1长度的1/2;腹附部6节,宽卵形,基部狭窄,腹末半圆形。虫体长2.7mm;翅长2.63mm。

产地及层位:莱阳;莱阳群。

伪大蚊科 Rhyphidae Newman,1834
中短翅伪大蚊属 *Mesobrachyopteryx*
山东中短翅伪大蚊 *Mesobrachyopteryx shandongensis*
(图版65,图7)

虫体中小型,黑色种类,头小,向下斜伸,圆形,长、宽各1mm;眼大,圆形,位于头两侧;下颚须露出部分2节,粗壮;触角保存不好,粗短,约5节;胸部发达,前胸背板窄条状,中胸发达,中胸背板高耸呈弓形,小盾片半圆形,呈背板斜交;后胸稍小,但亦发达。胸部长3mm,宽

2.4mm。足粗壮，宽扁；前、中足宽扁，尤其股节、胫节更明显，但跗节明显变细；后足的股节、胫节较前、中足为细，跗节明显变短，但总长大于胫节；5个跗节中第1跗节最长，约为第2、3跗节的总长，第4跗节最小，第5跗节稍长，有1对强壮的爪。跗节最重要的特征是第2~5节突然变短小，甚为特殊。腹部粗壮，从侧面看，与胸部等宽，使整个虫体的胸、腹变化不显，腹部8节，最后2节明显变小，每个腹节呈矩形，其上分布有浓与淡的黑色，即两侧和中央色浓，突出。腹长4.5mm，宽2.2mm。翅1对，侧面保存，部分重叠，但脉纹非常清楚；翅呈卵圆形，明显短于腹末，故以短翅为属名。翅长宽比为2.2∶1。前缘呈弓形，后缘微弧形，与端缘圆滑过渡，翅基宽，前缘有毛；Sc细弱，但较其他种类稍细而清晰，末端曲向前缘；R粗浓，紧靠Sc，几乎斜直，末端稍曲向前缘；Rs基部斜伸，以后转折向上斜伸，远处分出1支脉，呈叉形，它们的末端散开；r－m很短，垂直；Rs基部约r－m长的2.5倍；M基部倾斜，在Rs基部发出点稍前水平位置下方开始分前、后支，前支在r－m之后不远分M_1和M_2，后支在r－m的同一水平下方开始分支为M_3和M_4，使中脉有4支完整的支脉：M_1，M_2，M_3，M_4；在M_2与M_3之间有1支中横脉m－m，使中脉区有1个封闭的盘室(d)，盘室呈五边形，前窄后宽；CuA中间明显弯曲；m－cu显著，垂直；A见2支A_1伸至翅缘。

虫体长8.5mm，宽2.4mm；翅长4mm，宽1.8mm。

产地及层位：莱阳团旺镇西；水南组。

长须毛虻科　Nemestrinidae Macquart,1834
中国长须毛虻属　*Sinonemestrius*
团旺曲脉虻　*Sinonemestrius tuanwangensis*
（图版65，图8）

翅前缘平缓，前缘脉加厚，几乎伸至端缘的一半；翅后缘弧形，基部收缩，翅端明显尖圆过渡。Sc较R细弱，但仍然可见很长，约在翅长2/3处进入前缘；R粗浓，稍弱于前缘，紧靠Sc，两脉几乎平行，向后伸，延至顶缘后，末端微微向下曲向翅缘，与Rs_{1+2}的末端会合；Rs基部短，倾斜，明显短于r－m，与r－m会合后迅速转折向后、向下微微斜伸，约在翅中心分支，Rs_{1+2}中央突然向上曲向R的末端与之会合；Rs_{3+4}基部向下斜伸，曲折后开始分Rs_3和Rs_4，Rs_3向下强烈弯曲，甚为特殊，Rs_4倾斜向下伸至翅缘，但两脉末端不明显散开；M与CuA在翅基合并，但两者在翅基附近迅速分离，M主干向下斜伸，至Rs_{3+4}发出点稍后下方分前、后支，前支(M_{1+2})继续沿主干方向斜伸，继之向下曲折，与Rs_3、Rs_4分支点同一水平位置下方开始分M_1和M_2，M_1平缓伸至翅缘，M_2向下曲折后，又强烈向上弯曲，末端靠近M_1；中脉后支(M_{3+4})的主干向下斜伸，继之分M_3和M_4，M_3明显弯曲，曲折后斜伸，末端与M_3紧靠，但不会合；CuA与M分离后向下斜伸，至m－cu之后下曲折斜伸至翅缘；A_1倾斜，末端紧靠CuA，A_2短而不明显。翅腋保存不清。

前缘室(c)明显宽于亚前缘室(Sc)，但两者都很窄长；1个缘室(r；或称径室r、1r)前窄后宽；亚缘室(或径分室；1rs或r2或2r)有2个，为1rs和2rs；第1亚缘室1rs弯曲，明显长于2rs的2倍，第2亚缘室2rs倾斜；径中室(rsm)后室有4个，称第1~4后室(也称中室)，室的形状变化很大，各不相同；肘臀室(cua；也称臀室)很长，末端很窄。盘室(d；也称中室)很长，约宽的2倍;基室有2个,第1基室(1b;也称前基室)靠上,明显小于第2基室;第2基室(2b;也称后基室)很长。

横脉4支,分别为r—m、rs—m、m—m、m—cu,长度相差不大。

翅上有深浅不同的色带、色斑,前缘室后端与第1亚缘室(1rs)中间处有1块、臀区有块黑色斑纹;翅中间和翅端各有斜伸的黑色色带。

翅长13mm,宽5.5mm。

产地及层位:莱阳团旺镇西;水南组。

鹬虻科 Rhagionidae Latreille,1882
中鹬蟾虻属 *Mesorhagioprhryne*
强壮中鹬蟾虻 *Mesorhagiophryne robusta*
(图版65,图9)

头保存小部分,横宽,左眼保存较好,似椭圆形,右眼保存不全,两眼位于头之两侧,几乎紧靠,眼由无数小眼组成,小眼清晰,一般呈六角形或不规则的多边形;胸部发达,但明显窄于腹部。足较短,其上有密毛,前足股节长1.2mm,胫节长1.8mm,跗节5节,与胫节几乎等长;中、后足型与前足相同,较前足为长。腹部长圆形,节间不明显,隐约仅见6节。翅呈长卵形,长宽比约2:1,前缘粗浓,斜伸,至端缘呈圆形过渡,Sc斜直,几达翅之中点;R基部与Sc平行,斜直越过翅中点以远达顶缘;R基部向翅缘斜伸不远,在盘室前端上方开始分支,支脉叉状等度,微向下曲向翅缘;M主干很长,分支较迟,使盘室靠后,M有4支脉,分别为M_1、M_2、M_3、M_4;r—m位于Rs分支之后;m—cu位于M_4与CuA末端保存,是否与CuA会合不清楚。虫体长13mm;翅长10mm,宽5mm。

产地及层位:莱阳团旺镇西;水南组。

可疑鹬蟾虻 *Mesorhagiophryne incerta*
(图版65,图10)

虫体中等,侧面保存,不易观虫宽特点。翅呈长卵形,前缘较直,Sc隐约可见较短,不越过翅中点;R粗浓,斜直,越过翅中点;Rs基部长远处与R几乎平行,分支很迟,r—m位于Rs_2的基部曲折处,M柄长,在翅中点稍前分支,4支脉规则倾斜,盘室窄长,几乎位于翅中间;CuA弯曲;m—cu靠前。

虫体长大于11mm;翅长10mm,宽约5mm。

产地及层位:莱阳团旺镇西;水南组。

古水虻科 Palaeostriomyiidae Rohdendorf,1951
拟水虻属 *Stratiomyopsis*
粗壮拟水虻 *Stratiomyopsis robusta*
(图版66,图1)

虫体小型,黑色种类。头前伸,横宽,喙部向外伸,但构造不清楚;眼大,位于头两侧,呈椭圆形,两眼之间有 1 对触角,侧面保存,多少有些互相遮盖,前 3 节向后斜伸,芒细小,后前伸,触角第 1 节最宽大,近圆形,第 2、3 节相继变小,呈扁圆形,芒很细,4 节末端逐渐变小,触角长 0.4mm;胸部发达,高耸,前胸背板较宽,窄长状;中胸背板隆高,弓形,小盾片小,半月形;腹部基部宽,向腹末明显收缩,节数不清。足较细,但不明显变长,股节较胫节宽且短,胫节较长;5 个跗节稍长于胫节。腹末伸出外生殖器,由基节和指节组成,呈钩形,向内弯曲,末端尖锐,互相交叉,长 0.3mm。

翅较宽,长宽比约 3:1,翅掩盖腹末较远,前缘平缓,向端弯曲,呈尖圆过渡,后缘稍平缓;Sc 弱,隐约可见比较长,近翅中点;R 粗壮,斜直,抵达顶缘;Rs 发出迟,基部向后倾斜,继之转向上斜伸,端部微弯曲,远处分叉,Rs 基部长约 r—m 长的 1.5 倍;Rs_2 倾斜,末端随翅缘向后伸;M 主干长,在 Rs 基部发出点同一水平分支,支脉在盘室后端均匀排列,形成独立系统;CuA 弓形;A_1 短。

虫体长 1.5mm,最宽 0.6mm;翅长 2mm,宽 0.7mm。

产地及层位:莱阳团旺镇西;水南组。

中水虻属 *Mesostratiomyia*
莱阳中水虻 *Mesostratiomyia laiyangensis*
(图版 66,图 2)

虫体微小,黑色种类,头前伸,较宽,但稍窄于胸部;头两侧有 1 对眼,眼大,明显突出;触角保存不清,隐约可见,很短,节数不清;胸部高耸,背板呈弓形,后胸发达,呈弓形向后;足较宽短,胫节稍长于股节,第 1 跗节最长,末端有 1 对爪,并有爪垫,呈椭圆形,并有 1 个扁圆形的中垫;腹部较长,基部宽,向腹迅速变尖,节数不清。

翅掩盖腹末较远,宽短,长宽比为 2:1,前缘呈弓形,向端部圆形过渡;Sc 很短,细弱,不达翅之中点;在 Rs 基部之前进入前缘;R 斜直,很长,越过翅之中点以远,直达顶缘;Rs 发出迟,在翅中点稍前发出,以后分支,支脉 1 支。M 倾斜,在 Rs 基部之前分前、后支,支脉再度分支形成 4 支,分别为 M_1、M_2、M_3、M_4,排列规则;盘室(d)前端尖,斜切,后端宽;CuA 保存不清楚,断续可见;似有 m—cu。

虫体长 2.2mm;翅长 2.2mm,宽 1mm。

产地及层位:莱阳团旺镇西;水南组。

原窗虻科 Protomphralidae Rohdendorf,1938
中窗虻属 *Mesomphrale*
亚洲中窗虻 *Mesomphrale asiatica*
(图版 66,图 3)

虫体小型,黑色种类,头横宽;触角见有 3 节,第 1 节稍小于第 2 节,椭圆形,第 3 节变小,细长,芒位于顶端,较长;头后有数根鬃毛排列位置不清;胸部发达,高耸,小盾片半圆形;足宽短,前足股节长 1mm,胫节 1.2mm,跗节 5 个,突然变小,各节都短小;后足股节长 1.2mm,胫节长 1.4mm,未保存跗节。翅呈椭圆形,前缘微弓形;Sc 仅见交于前缘的一段,约翅长之1/3;

R粗显,几乎斜直,Rs在Sc末端的前下方从R发出,向下倾斜,分Rs_1、Rs_2;Rs_1向后伸,在R末端稍前开始分3支,呈同一倾斜方向交于翅缘;Rs_2向后斜伸,基部长于r—m;中脉主干长,隐约可见4支;CuA弓形;m—cu与r—m几乎等长。腹部节数不清,但腹末数节明显变尖。虫体长4mm,宽1.5mm;翅长3.5mm,宽1.2mm。

产地及层位:莱阳团旺镇西;水南组。

蜻蜓目 Odonata
古蜓科 Aeschnidiidae Handlirsch,1906
中新古蜓属 *Miopetalura*
山旺中新古蜓 *Miopetalura shanwangica* Zhang
(图版66,图4)

前、后翅淡红褐色;具众多节前、节后横脉;翅痣红褐色;R_2和R_3端部宽阔,具1条插脉;R_3与IR_3之间具2列翅室;IR_3之间具8列翅室;无Rspl;R_{4+5}与MA间具4列翅室;三角室上边长为基边长的1.3倍;后翅与前翅的主要不同之处为R与IR_3之间具3列翅室;IR_3间具11列翅室;Mspl短,A栉状分支;三角室上边长为基边长的1.9倍;臀套不明显。前翅长43.2mm,后翅长40.5mm。

产地及层位:临朐山旺;山旺组。

弓蜓科 Corduliidae
长足蜓属 *Epophthalmia*
室长足蜓 *Epophthalmia zotheca* Zhang
(图版66,图5)

前翅狭长;节前、节后横脉多,节前横脉上、下几乎连接;翅痣短宽,黑褐色,下方具两条横脉;三角室基边为上边长的1.5倍,三角室中无或具1条横脉;亚三角室具1条横脉;上三角室内具3条横脉;IR_3简单;后翅与前翅主要不同之处为上三角室具2～3条横脉;三角室上边为基边长的1.7倍,无横脉;亚三角室小,无横脉;臀套近方形,9个小室;臀角圆润。前翅长49mm,后翅长49.4mm。

产地及层位:临朐山旺;山旺组。

中国蜓属 *Sinaeschnidia* Hong,1965
黑山沟中国蜓 *Sinaeschnidia heshankowensis* Hong,1965
(图版66,图6)

仅见后翅宽,翅基也较宽。前缘脉中间微微下陷;Sc在翅基与前缘脉靠近,继之迅速远离,至结脉附近明显靠近该脉,并横穿结脉,延伸不远始与前缘脉等度弯曲,此脉延伸至结脉与翅痣之间稍靠前或靠后终止;在C与Sc之间有1支插脉,此脉在距翅基不远处开始分叉,越过2PN之后至N之间,叉脉又合并,并通过结脉后约5横脉而消失,此脉延伸过程中不与Sc合并,而且一直与之分离的特点,与本属模式种有些差别,但是这种差异,不足以作为种间分类依据,应视为种内变异特征。R 与 Sc 靠近,几乎等度弯曲伸出,Rs 分 5 支;Rs_1 在结脉之后明显向上与 R 几乎等度弯曲,伸出;Rs_2 在亚结脉下端从 Rs 发出,与 Rs_1 相交角度较大,在 Rs_1 与 Rs_2 之间较宽,有数支插脉,均弓形向后伸,横脉密集,翅室较小;Rs_3 在亚结脉之前较远处从 Rs 发出,紧靠 Rs_2,向后伸出;Rs_{4+5} 发出位置较 Rs_3 基部稍前,倾斜,后段明显弯曲;Rs_3—Rs_{4+5} 区甚为宽阔,其中 Rspl 显著倾斜,末端弯细薄,发出很多插脉,插脉有 2 组形式,其中一组与 Rspl 脉呈一角度。MA 发出后,前段平缓伸出,后段呈弓形伸达翅缘,在 MA－Cup 区甚为宽大,Mpl 脉倾斜,显著,在此脉发出很多倾斜的插脉,MA 的基部与 Rs 会合后再与 R 会合,形成 R+M;Cu 与 A 互相靠近,此脉区仅有 1 排横脉;Cup 显著弯曲;臀脉比较复杂,分支多,大致方向是向下斜伸,支脉有时分离而合并,臀区有无数的网脉,形成蜂窝状翅室,排列不规则。三角室(T)显著宽大,上方宽下方窄变尖,中央有一纵脉曲折分割,但此纵脉不直达三角室底部,在此纵脉曲折的部分有 2 排翅室交错排列,三角室最上方有 1 排垂直的横脉形成一横列式排列的翅室,这些翅室有时形成蜂窝状;弓脉短,明显;2 支结前横脉,为 1PN 和 2PN,lPN 下端与 Rs 基部连接,这与模式种略有不同,后者的 1PN 位于 Rs 基部稍靠前处,2PN 位于三角室前方正上方,这点与模式种基本相同,而后者此横脉稍向前倾斜有所差异;此外还有翅痣补脉和斜脉;翅面有 4 条暗棕色且宽的色带,与翅方向呈垂直方向排列,前 1、2 色带宽约 12mm,后 2 条色带较窄,宽约 10mm。

后翅长保存 55mm,宽保存 22mm。

幼虫特征,虫体保存不完整,虫体保存 8 个腹节,呈扁筒形,各节大小差别不明显,每节呈矩形,无明显的后侧角,但两侧呈弧形,中央突起;腹末有 3 个近圆形的尾叶;股节较胫节略宽短,长 5.5mm,腔节明显细长,长 8mm,跗节仅见 2 节,长度几乎相等,第 1 跗节短,第 2 跗节明显变长,约第 1 节长的 2 倍。

虫体长大于 35mm(保存部分),宽 8mm。

产地及层位:莱阳团旺镇南李格庄;水南组。

蜚蠊目　Blattaria Burmeister,1829

蜚蠊科　Blattidae Stephens,1829

大蠊属　*Periplaneta* Burmeister,1838

林大蠊　*Periplaneta hylecoeta* Zhang

(图版 67,图 1)

头部近卵形,基部为前胸背板所掩盖;复眼大;触角细长,具 50 余节;前胸背板梯形,前缘平直,后缘和侧缘弯曲,宽为长的 1.4 倍,中部具"I"形斑;后足胫节两侧各具 1 列强刺;前翅污褐色,革质,长为宽的 3.2 倍;肩域短于臀域;R 较直,7 分支;M 在翅中与 R 有连接点,与 CuA 之间有 1 条斜脉,共 3 分支;CuA 分支多,不少于 15 条;A 9 分支,皆交于 CuP;后翅浅于前翅;Sc 简单;R11 分支;M3 分支;CuA 不少于 11 分支;腹部 10 节;肛上板短,后缘中部具三角形尖突;下生殖板横阔,端部中央内凹;尾须长,11 节;腹刺长。虫体长 32mm;前翅长 34.8mm。

产地及层位:临朐山旺;山旺组。

中蠊科　Mesoblattinidae Handlirsch,1908

扇蠊属　*Rhipidoblattina* Handlirsch,1908

南李格庄扇蠊　*Rhipidoblattina nanligezhuangensis*

（图版 66，图 7）

虫体较长，翅掩盖子虫体末端。头前伸，呈角圆形，长与宽几乎相等，长 3mm，宽 3mm，在头的前端露出 2 节，似应下颚须露出部分；右上侧露出部分似为上颚，其他棕色的部位不太清楚，不易确定构造名称。前胸背板横宽，近横椭圆形，长 4mm，宽 6.7mm。仅见前足的胫节部分；腹部节数保存不清，尾须多节，折叠而保存于虫体之上。前翅窄长，3 倍于宽，前缘与后缘的中间相当一段互相平行，基部较宽，末端有收缩变尖趋势；Sc 倾斜，简单，仅带 2 支脉，长与臀区几乎相等；R 基部微弯曲，在臀区中央的上方之后转为平缓，支脉较多，约 16~17 支，支脉有时分叉，约占翅面宽的 1/2；M 简单，保存不全，可能分前、后两支，以后各支又分叉；CuA 的支脉呈栉状，4~5 支，有时支脉再分叉；Cup 弯曲，A_1 短，交会于 Cup；也分支，以后各支不分叉。后翅宽大，但保存不好，脉区之间不易确定。

虫体长约 21mm，宽 6.5mm；前翅长 16mm，宽 6mm。

产地及层位：莱阳团旺镇南李格庄；水南组。

莱阳蠊属　*Laiyangia*

精细莱阳蠊　*Laiyangia delicatula* Zhang

（图版 55，图 8）

头半圆形，大部分被前胸背板所掩盖；触角细丝状；前胸背板透明，宽大于长；后足胫节具两列强刺；前翅长为宽的 3.1 倍，Sc 简单，几乎达到翅中；肩域甚狭窄；R 弯曲，10 分支，最后 2~3 分支复出，M 约在翅中分叉，共 7 小支，CuA 或多或少栉状分支，7 小支；臀域较高，6 条简单的臀肢，指向臀角；R 及 M 域具插脉；无横脉。虫体长 9.9mm，宽 7.8mm。

产地及层位：莱阳；莱阳群。

直翅目　Orthoptera Latreille,1873

拟螽科　Locustopseidae Handlirsch,1906

中拟螽属　*Mesolocustopsis*

中国中拟螽　*Mesolocustopsis sinica*

（图版 66，图 8）

前翅窄长，从 6 个标本统计，长与宽之比为 6∶1，翅基部和中部宽度相差不大，但明显窄于顶部，测量的最大宽度指顶部而言；C 倾斜，较短，约前缘长度 1/3 弱，带有倾斜的支脉，支脉有时稀疏排列，不均匀；Sc 很长，缓缓向上斜伸，至顶部转弯曲直达顶部后缘，带一系列的支脉；R 接近于 Sc，并与 Sc 几乎等度弯曲，孤支，一直伸达顶角翅端的中点左右；Rs 在翅中点左右从 R 发出，基部微倾斜，以后转为缓伸，并与 R 等度弯曲，至顶部最宽处之前开始分支，支脉相继发出，共有 4 支，支脉缓慢下伸；MA 前段与 R 几乎平行，至分支之前与 R 稍分离；M 分支明显迟于 Rs 发出点，相继发出 2 支，使中脉前支共 3 支，分别归于 M_1 和 M_2；CuA_1 合并为 $MP+CuA_1$，此脉强烈弯曲，以后在翅中部靠前与 CuA_2 合并，近翅基该脉又与 Cup 合并，在翅基又与 MA 会合（也就是说，M 在翅基与 Cu 合并，以后 MA 与 MP 分开，MP 与 Cu 的合并脉向下斜伸，继之 MP 和 CuA 与 Cup 分开）；Cup 越过翅中点较远，占翅长之 2/3 强，末端靠近 CuA_2；臀脉 2 支（?），A_1 向下缓伸，很短，稍长于 C 脉；在 Rs、M、Cu 脉间有插脉，插脉曲折，与横脉连接，横脉有各种形式，如"Y""∧"">＜"等；翅面棕色—暗棕色，在翅面夺目。

前翅长 23~26mm，宽 4~4.5mm。

产地及层位：莱阳团旺镇南李格庄；水南组。

伪蝗属 *Pseudoacrida*
前缘伪蝗（相似种） *Pseudoacrida* cf. *costata* Lin
（图版 55，图 9）

前翅通常与后翅叠加保存；前翅脉序特征颇似宁夏六盘山群所产 *P. costata* Lin；后翅特征与前翅相似，但前缘域不发达；Cup 简单；轭域发达。通常反复折叠；局部横脉有时呈网状。后翅长 18~25mm。

产地及层位：莱阳；莱阳群。

革翅目 Dermaptera Leach,1815
球螋科 Forficulidae Burr,1907
异螋属 *Allodahlia* Verhoeff,1902
山旺异蠼螋 *Allodahlia shanwangensis* Zhou
（图版 67，图 2）

头近五边形；触角 10 或 12 节，第 8 节端部和第 9 节或第 9、10 两节淡褐色，其余黑褐色；复眼中等大小，近圆形，"Y"形缝显著；前胸背极宽大于长；革翅肩角圆润，后缘平截；足红褐色；臀板短宽，尾狭强大，基部相距甚远，内缘中部具 1 个小齿。雌虫尾狭基部相邻，端部略内弯；臀板小，近方形，端部平截。虫体长 13~16.2mm；尾狭长 4.7~7.8mm。

产地及层位：临朐山旺；山旺组。

鳞翅目 Lepidoptera Linnaeus,1758
蝙蝠蛾科 Hepialidae Stephens,1829
蝙蝠蛾属 *Oiophassus*
夜独蝙蝠蛾 *Oiophassus nycterus* Zhang
（图版 67，图 4）

前翅长三角形，顶略尖锐，后缘波状，长为宽的 2.1 倍；Sc 在翅中分叉，Sc_1 短，Sc_2 止于翅长约 2/3 处；R_1 与 Sc 平行，在后者端点处强烈上弯，其后正常，止于翅长 4/5 处；后翅显短于前翅，长为宽的 1.8 倍；Sc 近 R_1，止于翅中，后者止于翅长 2/3 处；R_3 自翅中发出，止于近翅顶；R_5 远离 R_4 向翅基强烈折曲，与 r—m 呈一条直线，后者与 M_{1+2} 连接；M_1 在中部近 R_5；M 间横脉与 m—cu 在一条直线上，与 CuA_1 组成"Y"形；CuA 分叉略迟于 M 分叉。前翅长 25.8mm；后翅长 17.5mm。

产地及层位：临朐山旺；山旺组。

鞘翅目　Coleoptera Coleoptera Linnaeus,1758
步甲科　Carabidae Latreille,1802
大头步甲属　*Magnirabus*
黑色大头步甲　*Magnirabus furvus*
（图版67,图5、6）

虫体中等,棕色种类。头前伸,1对上颚发达,前伸,末端呈钩形,向内弯曲,唇基和额宽阔。触角位于头侧缘靠内,11节,丝状,基节较宽,前5节细长,后5节似珠状,节的基部细,向端部渐扩大。眼位于头两侧之中间。前胸背板呈矩形,前、后缘几乎等宽,两侧倾斜,无前、后侧角。股节明显宽扁,但胫节突然变细,跗节节数不清,勉强可见5节。鞘翅基部平,向翅端变尖,其上光滑。虫体黑色,但触角为棕色。

虫体长7mm,宽2.5mm;鞘翅长3.5mm,宽1.2mm;触角长1.5mm。
产地及层位:莱阳团旺镇西;水南组。

黑步甲属　*Atrirabus*
山东黑步甲　*Atrirabus shandongensis*
（图版68,图1）

这是一个典型的步甲,虫体中等,长形。头前伸,前缘前突,伸出1对强壮的上颚,上颚呈三角形,末端微向内弯,内缘有4对锯齿状齿,张开保存。触角由11节组成,基节突然膨大,椭圆形,以后各节变细,继之又变圆柱状,即前5节呈长柱状,以后5节变为圆柱状,第7节较小,最后1节(即第11节)变大,也是5节中最大的1节。眼保存在前胸背板前缘前方,椭圆形,微向外斜伸。整个头长1.5mm,宽1.2mm。前胸背板前缘稍窄于后缘,前、后缘近平伸,两侧缘弯曲,尤其中间更明显,前缘稍后有1条横沟,其侧端起于前倾角,均向中央倾斜交会于前胸背板的中沟,中沟不很发达,前段稍明显,向后微弱。前胸背板长1.5mm,宽1.8mm。小盾片小,三角形。前足保存较好,中、后足保存不全,股节宽扁,稍长于胫节,胫节细,跗节各节界线不清。腹部被鞘翅掩盖,仅见3节,臀板小,后缘突出,露于鞘端缝之内。鞘翅很长,基部钝圆,鞘端尖,其上有8～9支纵沟,沟由坑点连成,前、后鞘边无坑点装饰。鞘翅盖于腹末以远。

虫体长7.7mm,宽2.5mm;鞘翅长4.5mm,宽1.2mm;触角长1.8mm。
产地及层位:莱阳团旺镇西;水南组。

原腿甲科　Protoscelidae Medveder,1968
原腿甲属　*Protoscelis* Medveder,1968
团旺原腿甲　*Protoscelis tuanwangensis*
（图版68,图2）

虫体较长,腹稍宽;头前伸,呈三角形,口器未保存,眼部分外突,头长1mm,宽0.8mm。前胸背板似矩形,前、后缘几乎等宽,呈微弧形,侧缘不外突,与前、后缘圆滑过渡,长2mm,宽1.7mm。后足股节明显宽扁,胫节突然变细,长度与股节相似,长0.8mm,足一般较短。鞘翅窄长,长 3mm,宽 0.8mm,其上光滑。虫体长 5mm,宽 1.6mm;鞘翅长 3mm,宽 0.8mm。

产地及层位:莱阳团旺镇西;水南组。

马德拉步甲(相似种) *Calosoma* cf. *maderae* Fabricius
(图版 68,图 3)

虫体金属绿色,极易氧化为黑色;头三角形;上颚发达,镰刀形;复眼卵圆形;触节 11 节,第 2 节长为第 3 节长的 1/4～1/3;前胸背板宽为长的 1.2 倍,后缘略长于前缘,中央具弱纵缝;小盾片中等大小,近三角形;鞘翅肩角略显著,近方形,鞘面上具 18 条纵沟,沟中见细刻点,行距隆起,皆为横沟分割,呈鳞片状斑纹。虫体长 31～39.2mm,宽 11.5～16.2mm。

产地及层位:临朐山旺;山旺组。

金龟子科 Searahaeidae Latreille,1802
原金龟子属 *Proteroscarabaeus* Grabau,1923
巴依萨原金龟子 *Proteroscarabaeus baissensis* Nikritin,1971
(图版 68,图 4)

虫体稍大,头前伸,有发达的上颚,上颚似有 2 对颚齿,头长 2mm,宽 3mm。前胸背板前缘窄于后缘,其中有 1 个标本的前缘稍窄于后缘,两侧外突;圆滑过渡,有明显的前侧角,无后侧角,前胸背板长 2.5～3mm,宽 4～4.5mm。足发达,中基节较靠近于前基节而远离后基节,基节呈椭圆形,股节膨大,发达,胫节保存不完整。腹部可见数节,宽度均匀,唯臀板半月形。鞘翅盖于腹末,基部宽,前、后缘相当一段近平行,末端突然斜尖。鞘面似有稀疏的沟纹,未见其他装饰。

虫体长 10.5～11.5mm,宽 6～6.5mm;鞘翅长 6～7mm,宽 3～3.25mm。

产地及层位:莱阳团旺镇西;水南组。

丽金龟科 Rutelidae Mac Leay,1819
异丽龟属 *Anomala* Samouelle,1819
钝圆异丽龟 *Anomala amblobelia* Zhang
(图版 70,图 1)

虫体黑色;头近半圆形;唇基近梯形;复眼大,卵形;前胸背板横阔,侧缘较平直,前侧角钝圆;头和前胸背板未见刻点;小盾片中等大小,钝三角形;前胸腔节近端部外缘具 2 个齿;鞘翅基边平且宽,端部较圆润。虫体长 22.9mm,宽 13.9mm。

产地及层位:临朐山旺;山旺组。

粪金龟科 Geotrupidae Mac Leay,1819
类粪金龟子属 *Geotrupoides* Hira,1906
瘤状类粪金龟子 *Geotrupoides nodusus*
(图版 68,图 5)

虫体宽大,呈椭圆形;头前伸,保存模糊;从腹面保存时反映出前胸背板横宽的痕迹,前角前突;胸部发达,横宽;前足未见,中足发达,中基节互相紧靠,宽大,股节宽,胫节突然变细;后基节横宽,远端扩大,几乎互相紧靠,股节扁棒状,向股端稍变细,胫节突然变细,但侧缘及跗节均未保存。腹部5节,臀板未外露,第1~5节由宽大变窄小,末端圆滑,各节宽度相差不大。鞘翅长与宽之比为2∶1,其上沟纹清楚,前缘边(缘析)很宽,其上有不规则的斑点;后缘边稍窄,其上有一细的沟纹,但无斑点装饰;鞘中有11支沟纹,第5、6支沟纹,第7、8支沟纹的基部与端部会合成封闭的沟纹,第9~11支沟纹的基部有不规则的斑点,每支沟纹上有1列瘤突,排列密集。稍基倾斜,鞘端钝圆。

虫体长大于8mm,宽4.5mm;鞘翅长7mm,宽2.3mm。

产地及层位:莱阳团旺镇西;水南组。

吉丁虫科 Buprestidae Leach,1815
大背板吉丁虫属 *Macronotus*
团旺大背板吉丁虫 *Macronotus tuanwangensis*
(图版68,图6)

1个背视保存的标本,一般保存较好,尤其触角、后足、前胸背板保存比较完整,前、中足保存不全。

虫体小型,头前突,前缘宽阔。触角位于头之后方两侧缘内,由11节组成,基节较其他节为宽,呈椭圆形,前5节突然变细长,似柱形,最后5节突然变宽短,每节基部细,似有柄连接,但迅速向端缘扩大,一直至末节,末节稍大一些,全长3.5mm。前胸背板宽大,为这种类型的特色,前缘稍窄于后缘,侧缘倾斜,外形近方形,但后缘呈波形,向内凹,使后缘有3个边的形式,盘区近圆形突起,色暗。盘区顶方有1条横沟,向盘区之外曲向前胸背板侧缘。小盾片小,三角形,长1mm,宽1.2mm。

后右足保存较好,基节圆形,互相分离,股节宽短,长0.9mm,胫节突然变细,长1mm,跗节保存不清楚。鞘翅窄长,基部宽,翅端变尖,其上未见装饰。

虫体长4.3mm,宽1.8mm;鞘翅长3.5mm,宽0.9mm;触角长3.5mm。

产地及层位:莱阳团旺镇西;水南组。

丸甲科 Byrrhidae Latreille,1806
京西盘甲属 *Jingxidiscus* Hong nom
卢尚坟京西盘甲 *Jingxidiscus lushangfenensis* (Hong,1981)
(图版68,图7)

虫体小型,外形盘状,头小,额下垂,并隐于前胸背板前缘之下;眼圆形,保存不完全。保存前、后足,基节近圆形,互相靠近,股节膨大且长,但胫节和跗节均未保存。腹部数节为隐伏型。鞘翅盖于虫背,微长于腹末,特征不详。

虫体长4.5mm,宽3mm。

产地及层位:莱阳团旺镇西;水南组。

埋葬虫科 Silphidae Latreille,1807

中国埋葬虫属 *Sinosilphia*

斑点中国埋葬虫 *Sinosilphia punctata*

（图版68,图8）

虫体小型,棕色种类。头前伸,口器保存较好,上颚呈钩形,末端向内弯曲;下颚须分别露出2节(左下颚须)和3节(右下颚须),唇基较宽大,口器部分长0.2mm。触角向两侧伸出,由10节组成,丝状,基节膨大,约第2节的1.5倍,第3节突然变细小,为触角的重要特征,前4节较细,以后向末端各节逐渐变大,末节最长,每节基部细长,向端缘扩大。

前胸背板近矩形,前、后缘几乎等宽,前缘平伸,后缘向后突,两侧缘圆滑,中央有一中沟,使盘区分割为左、右两区,两区的中间突起,光滑,无装饰,长0.7mm,宽1mm。小盾片半月形,横宽。足保存不全,见有中、后足,股节较宽扁,胫节细长于股节,跗节5节,较长。腹部见5节,末节向外突出,其他数节呈矩形,鞘翅窄长,缝端开裂,使臀板露出,前、后缘边显著,鞘基宽而鞘端变小,其上无纵沟,而有显著的刻点。虫体棕色,头、前胸背板、鞘翅为棕色,眼、口器、触角、足为浅黄色。

虫体长4.4mm,宽2mm;鞘长3mm,宽1mm;触角长1.4mm。

产地及层位:莱阳团旺镇南李格庄;水南组。

隐翅虫科 Staphylinidae Latreille,1802

中生隐翅虫属 *Mesostaphylinus* Zhang

莱阳中生隐翅虫 *Mesostaphylinus laiyangensis* Zhang

（图版68,图9）

头长为宽的1.5倍;复眼似小,位于头中部两侧;触角11节,为头长的1.5倍;上颚内缘无齿;无颈;前胸背板略短于头;鞘翅长为前胸背板长的1.5倍;足短、粗;跗节5节;腹部长柱状,第7节色淡,具长毛;腹末具2个尾须,大,三角形,长与第7节近相等,亦具长毛。虫体长17.6mm,宽3.2mm。

产地及层位:莱阳;莱阳群。

隐翅虫属 *Lathrobium* Gravenhorst,1802

实拉隐翅虫 *Lathrobium gensium* Zhang

（图版69,图1）

头大,卵圆形;复眼小,圆形;上颚细长,顶尖锐;触角11节,为头长的2倍,除第11节端部为淡褐色外,其余黑褐色;颈显著;前胸背板显窄于头,近长卵形,前缘平截,后缘显弯;足黑色,唯后足胫节之后为深褐色;跗节5节;鞘翅近方形,前侧角圆润,后缘平截;腹部细长,筒状,见有7节;腹末尾刺剑形,顶尖锐,毛丛粗且长。虫体长10.3mm。

产地及层位:临朐山旺;山旺组。

暗石隐翅虫 *Laostaphylinus nigritellus* Zhang
(图版59,图5)

头长宽近相等;上颚细,端部尖锐;复眼似位于头前部两侧;前胸背板宽于头,长宽近相等,前缘略波状弯曲,鞘翅长为前胸背板长的1.25倍;足短且粗;腹部柱状,末端3节的两侧具长毛,腹末浑圆,未见尾须。虫体长4.94mm,宽0.98mm。

产地及层位:莱阳;莱阳群。

棕石隐翅虫 *Laostaphylinus fuscus* Zhang
(图版58,图8)

头长宽近相等,上颚中等粗细,较短且直;复眼似位于头中部两侧;前胸背板宽略大于长;鞘翅梯形;足短且粗,胫节和跗节色浅于股节;腹部长筒状,4~7节两侧具排列成行的长毛,腹末具长毛。虫体长4.07mm,宽1.01mm。

产地及层位:莱阳;莱阳群。

中国隐翅虫属 *Sinostaphylina*
南李格庄中国隐翅虫 *Sinostaphylina nanligezhuangensis*
(图版69,图2)

虫体中等,头前伸,上颚伸出,末端向内弯曲,上颚之下露出2节,可能为下颚须;触角保存不全,可见第1节膨大,约3倍于第2节,以后3节与第2节大小相近,余者各节未保存。两眼位于头两侧之内侧上方,头两侧中央明显外突,使头在外形看似六角形,头长2.5mm。前胸背板似碗形,前缘明显窄于后缘,两侧缘圆滑与后缘过渡,长1mm,宽2.5mm,其上无装饰;小盾片小,呈角圆形。胸部发达,仅见背面被鞘翅掩盖,鞘翅革质,基部宽,前、后缘几乎互相平行,末端似截断,但向前、后角倾斜,2个翅嵌合的缝端有1个半圆形的缺口,在附近的翅上色暗,较为夺目,长5mm。足保存不全,基节近圆形,股节明显变宽,扁棒状,长2.5mm,宽0.7~1mm,胫节仅保存一小段,明显变细。

腹部很长,见8节,各节宽度均匀,末端收缩,仅在第5、6节的后侧角伸出长毛,第7节末伸出较多的毛丛。虫体长13mm,宽3mm。

产地及层位:莱阳团旺镇南李格庄;水南组。

郭公甲科 Cleridae Latreille,1802
郭公甲属 *Thanasimus* Latreille,1829
带状郭公甲 *Thanasimus taenianus* Zhang
(图版69,图3)

头大,近方形;复眼较小,三角形;触角11节,为头长的1.4倍,第3~8节细,基部显窄于端部,第9~11节呈棒状;前胸背板宽为长的1.1倍,前缘宽于后缘;足跗节见4节;鞘翅宽于前胸背板,在近端部1/3处有1条宽的黑褐色横向条带,鞘翅基部内缘、近基部1/3处的外缘及端角具黄褐色斑纹,端角较尖锐。虫体长 7.5mm,宽 2.5mm。

产地及层位:临朐山旺;山旺组。

花甲科　Dascillidae Guérin,1823
花甲属　*Dascillus* Latreille,1796
山东花甲　*Dascillus shandongianus* Zhang
（图版 69,图 4）

虫体红褐色;头黑褐色,三角形;上颚近三角形,内缘中部具 1 个齿;复眼圆形;触角 11 节,第 3 节长于第 5 节;前胸背板梯形,通常掩盖头后缘;足黄褐色;跗节 2～4 节,双叶片状;鞘翅淡红褐色,肩角圆滑,端角显著;后翅发达;R 长;r 与 r—m 呈一条直线;R_S 钩状;R_3 长;M_1 紧靠 M_4+Cu;A_2 具 4 分支;2 条 cu—a;腹部见 7 节;腹末产卵器通常后伸,淡黄褐色。虫体长 11.2～17mm,宽 4.5～5.2mm。

产地及层位:临朐山旺;山旺组。

伪瓢虫科　Endomychidae Leach,1815
角伪瓢虫属　*Engonius* Gestaecker,1857
槽形角伪瓢虫　*Engonius alviolatus*（Hong）
（图版 69,图 5）

头钝三角形,复眼之后为前胸背板所掩盖;复眼长卵形,深褐色,横向;上颚粗,不长;触角 11 节,粗且长,棒节为 3 节,顶平截;前胸背板显宽于头,前侧角明显前伸,较尖锐,近后缘处具"U"形缝;小盾片小,半圆形;足粗壮,股节近端部淡褐色;跗节 3 节,深褐色;鞘翅具金属光泽,长方形,肩角较圆润,端角亦圆润,中部只 2 个圆形斑纹,未达内缘或外缘;雄虫前足胫节内缘只 1 个长斜刺;雌虫缺失。虫体长 6.8～8.4mm,宽 3.8～4.1mm。

产地及层位:临朐山旺;山旺组。

天牛科　Cerambycidae Leach,1815
长角象天牛属　*Mesocacia* Heller,1926
近黑象天牛　*Mesocacia pulla* Zhang
（图版 70,图 2）

虫体黑色,长卵形;头横阔;复眼新月形;触角长为虫体长的 2 倍,第 3 节略长于第 4 节;前胸背板近方形,后缘略宽于前缘;小盾片小,半圆形;鞘翅基边平直,显宽于前胸背板,肩角略圆润,内、外缘近平行,端角较显著。虫体长 28mm,宽 11mm。

产地及层位:临朐山旺;山旺组。

象甲科 Curculionidae Leach,1817

树皮象属 *Hylobius* Germar,1817

丰富树皮象 *Hylobius plenus* Zhang

（图版 70,图 3）

头较大,横宽;喙粗壮,长为宽的 3.5 倍,背部中央具纵隆线,具稀疏瘤状刻点;索节 1 略长于索节 2,几乎与索节 7 等长,棒节明显,共 3 节;前胸背板宽为长的 1.6 倍,满布密集大刻点,刻点常彼此沟通,形成皱纹;小盾片小;鞘翅隆凸,近长三角形,肩角和端角圆润,具 10 条行纹,窄于行间,行纹中具长方形和方形密集刻点;后足股节腹面具 1 个小齿。虫体长 10.4～12.9mm,宽 5.3～7.6mm。

产地及层位：临朐山旺；山旺组。

瘿象属 *Balanobius* Jekel,1861

无齿瘿象 *Balanobius edentis* Zhang

（图版 70,图 4）

虫体黑色,卵形;头中等大小;复眼大,圆形;喙长为前胸背板长的 1.9 倍;触角红褐色,柄节略短于索节,索节 1 长,且宽于索节 2,棒卵形,分节 3;前胸背板短,似有刻点;小盾片小,三角形;后足股节宽且短于胫节;鞘翅长为头、胸长度之和的 2.3 倍;基边较平直,肩角不显著,行纹细弱。虫体长 2.47～2.60mm;喙长 1.08mm。

产地及层位：临朐山旺；山旺组。

长扁甲科 Cupesidae Latreille,1825

长扁甲属 *Cupes* Fabricius,1801

长形长扁甲 *Cupes longus*

（图版 70,图 6）

虫体中等,黑色种类。头前伸,横宽,触角位于复眼的前方,向两侧斜伸,第 1 节膨大,第 2 节小,靠近基部处收缩,但不强烈,端部宽阔且平直,呈暗黑色,较特殊。其他各节丝状,从第 3 节以后宽度渐小,末端细小,共有 18 节。复眼位于头之前缘的两侧,头顶处有 2 条钩状脊和突状的装饰,脊上方各有 1 个瘤状突起,尤为独特。头部长 1.5mm,宽 2mm,前胸背板似梯形,前缘略窄于后缘,其上有黑色花纹,可能是黑色脱落保留的残迹,长 1.8mm,宽 2.8mm,小盾片小;鞘翅窄长,基部微倾斜,前缘平直,约在 4/5 处开始向下微弯,缘端尖圆,后缘平直,鞘翅上有 4 支发育的纵脉（或脊）,粗壮而清晰,第 1 支在缘角附近消失,第 2 支与第 4 支的末端会合,呈锐角,第 3 支呈插入式进入第 2 支与第 4 支之间,约至第 2 与第 4 支的会合处消失,2 支纵脉之间有 2 排发育的翅室,呈不规则交错排列,是典型的长扁甲类型。鞘翅长 9.6mm,宽 2.25mm,腹部被鞘翅掩盖,节数不清。虫体长 14.2mm。

产地及层位：临朐山旺；山旺组。

强壮长扁甲属 *Forticupes*
莱阳强壮长扁甲 *Forticupes laiyangensis*
(图版70,图7)

头前伸,颚和其他口器特征不清楚;触角仅有痕迹,节数和形状不清。头长 2mm,宽约 1mm。前胸背板近方形,宽稍大于长,长 2mm,宽 3.5mm;前缘微微向后凹,后缘稍直,后角不明显过渡;前角不向前突,盘区微突起,中央色暗。鞘翅基本嵌合,但在鞘端开裂,使鞘翅末端尖处于鞘翅之中央,其上有数支脉,前缘区由基部明显宽阔,迅速变窄,伸至鞘端;R 弓形,伸至鞘端,不远分出 Rs,在 R 与 Rs 之间有 4 排翅室,翅室很小,M、Cu 与 Rs 等度曲向鞘沟后缘;A 保存不清楚。在 Rs 与 M、M 与 Cu 之间有 2 排翅室,翅室大且对称排列,但至脉端部位翅室混乱排列。

虫体长 13mm,宽 6mm;鞘翅长 9mm,宽 3mm。

产地及层位:莱阳团旺镇西;水南组。

棕长扁甲属 *Fuscicupes*
小形棕长扁甲 *Fuscicupes parvus*
(图版71,图1)

虫体小型,棕色种类。头前伸,上颚保存不清楚,眼大,圆形,位于头内侧,触角无保存,头长 0.5mm,宽 0.35mm。前胸背板近方形,前缘宽几乎等于后缘,前侧缘角圆滑,后缘直,其上无装饰,在近后缘中央处稍凹陷,色暗。前胸背板长 0.6mm,宽 0.7mm。足无保存,仅见后基节,圆形,互相分离。鞘翅有左、右鞘,其上有数支不清楚的脉纹,翅窄长,长 1.7mm,宽 0.5mm。腹部见 56 节,节简单,腹较宽,1mm。虫体长 2.8mm,宽 1mm;鞘翅长 1.7mm,宽 0.5mm。

产地及层位:莱阳团旺镇西;水南组。

绣花长扁甲属 *Picticupes*
团旺绣花长扁甲 *Picticupes tuanwangensis*
(图版71,图2、3)

虫体小型,黑色种类。头呈长三角形,向前伸出,口器特征保存不清楚,1 对眼,椭圆形,位于头两侧缘中间,部分眼突于侧缘之外。眼的前方有一触角,触角较短,不长于头和前胸背板之长,几达前胸背板后缘,触角 11 节,基节较小,但第 2 节突然膨大,长为第 3 节长的 2 倍,以后各节逐渐变小,节呈捻珠状,全长 2.2mm。前胸背板呈宽阔的梯形,前、后缘呈弧形,两侧缘倾斜,有明显的前、后侧角,前胸背板中央两侧有 2 条纵沟,使之分割为 3 个区域,中区隆起,隆起部分色暗,中央又有 1 个椭圆形的圈,前胸背板长 1.5mm,宽 3.1mm。

前足基节互相紧靠,近圆形,股节扁棒状,胫节和跗节无保存。中足基节互相分离,但分离不远,近圆形,股节向上斜伸,胫节变细,较股节稍短,跗节数节,但保存不全。后基节互相紧靠,股节明显宽扁,但胫节跗节无保存。腹部见 5 节,臀板露于鞘缝开裂之中。

鞘翅窄长,基部宽,几乎平,向翅端变尖,翅面上有 R、Rs、M、Cu 4 支脉,均等度曲向后缘,在径区有2列小的翅室,其他脉区有2列大的翅室,翅室呈交错排列,比较特殊的为 M 和 Cu 在末端不合并为 M+Cu。

虫体长 9.8mm,宽 4.8mm;鞘翅长 7mm,宽 2.4mm;触角长 1.5mm。

产地及层位:莱阳团旺镇西;水南组。

刺甲属 *Coptoclalva*
长肢刺甲 *Coptoclalva longipoda* Ping
（图版 58,图 3、4）

大型水生肉食性甲虫。成虫黑褐色—黑色,椭圆形;头小,横阔;半圆形;复眼大,后部为前胸背板所掩盖;前足捕捉足,中、后足游泳足,胫节和跗节扁阔;鞘翅甚长,具小刻点和数条细弱纵沟;后翅发达,可以飞翔;虫体长 40mm 左右。幼虫长筒形;头横阔,近方;上颚发育,内缘具齿;足形态同成虫,但前足内缘具长刚毛,各足跗节 1 节;腹末具 1 对长刺,粗壮。虫体长根据龄期不同从数毫米至约 40mm。

产地及层位:莱阳;莱阳群。

小刺甲属 *Coptoclavisca*
大眼小刺甲 *Coptoclavisca grandioculus* Zhang
（图版 58,图 5）

头大,三角形;复眼甚大,近长卵形;上颚小,尖锐;头中央具"Y"形缝;前胸背板横阔,宽为长的 2.1 倍,前侧角甚尖锐;足纤长,各节细柱形;跗节 5 节;鞘翅基部与前胸背板后缘等宽,鞘上无纹饰和纵沟;腹部见 5 节,腹末圆润。虫体长 5.3mm,宽 2.4mm。

产地及层位:莱阳;莱阳群。

膜翅目 Hymenoptera Linnaeus,1758
锤角叶蜂科 Cimbicidae Leach,1817
大叶蜂属 *Clavellaria* Olivier,1789
双色大叶蜂 *Clavellaria bicolor* Zhang
（图版 71,图 4）

头大,横宽;触角 5 节,第 5 节棒状;胸部横阔;前胸背板窄;中胸前盾片三角形;后小盾片菱形;前翅淡褐色;翅痣基部及 R 端部下方具深褐色斑带;前、后翅翅脉粗壮,基部呈黄褐色,端部呈黑褐色;腹部长卵形,见 8 节,每节前缘具一深褐色条带。虫体长 18.4mm;前翅长 14.6mm。

产地及层位:临朐山旺;山旺组。

叶蜂科 Tenthredinidae Leach,1819
古莱叶蜂属 *Palaeathalia*
莱阳古莱叶蜂 *Palaeathalia laiyangensis* Zhang
（图版 59,图 6）

头横宽。触角不少于 11 节,1、2 节短,其余长柱形。胸部圆形。前翅 Sc 呈横脉形式。Rs

基部甚短;M 长;2r—rs 不完整,2r—m、3r—m 保存痕迹;2mcu 室大于 1mcu 室;后翅 m—cu 位于 3r—m 偏翅端部;a 室短。腹部 8 节,稍宽于胸。虫体长 5.9mm;前翅长约 4.8mm。

产地及层位:莱阳;莱阳群。

姬蜂科 Ichneumonidae Latreille,1802
姬蜂属 *Areoleta*
方室姬蜂 *Areoleta quadrivenosa* Zhang
(图版 71,图 5)

头大,三角形;复眼大;上颚具 2 个齿;触角 33 节或 34 节,端部黑褐色,略长于虫体;胸部粗壮,卵形;足跗节淡褐色,其余深褐色;前翅淡褐色,近三角形;翅痣褐色;3r 室长为宽的 1.6 倍;2+3rm 室甚小,横方,具柄;后翅 CuA 基部倾;cu—a 与 A 垂直;腹部细弱,见 7 节;腹柄具刻点;产卵器略弯曲,为腹末厚度的 1.5 倍。虫体长 12.8mm;前翅长 10.8mm。

产地及层位:临朐山旺;山旺组。

隐冠姬蜂 *Stemmogaster celata* Zhang
(图版 71,图 6)

头大,五边形;复眼大;触角 13 节,第 1 节粗,第 2 节短于第 3 节;前胸背板梯形,窄且短;中胸背板和并胸腹节缝发育;前翅 1+2r 室短于 3r 室;2rm 室大,梯形;3r—m 保存与 Rs 连接的一部分;1mcu 室小;1m—cu 与 Rs+M 连接;cu—a 位于 M 偏翅基侧;腹部短,倒梨形,5 节,第 3 节颜色浅;产卵器短。虫体长 4.1mm;前翅长 2.3mm。

产地及层位:莱阳,莱阳群。

蝶姬蜂属 *Pimla* Fabricius
粗腿蝶姬蜂 *Pimla amplifemura* Lin
(图版 72,图 4~6)

保存有虫体,右前翅,3 对足只留股节,左前翅残存翅基,后翅失落。虫体长 8.5mm,光滑,棕褐色,有的标本虫体充填褐铁矿,故呈铁锈色。头部圆形,头前方略向前凸出,头后缘较胸部狭小。

胸部椭圆形,前、后缘大小几乎相似,中部略大些。前、中和后三胸节的分界不清。

右前翅保存好,外形似三角形,翅基稍狭,翅顶圆;右后翅未保存。前翅缘直,顶角凸出,臀角圆,翅室呈菱形,第 1、2 回归脉存在。

左前翅仅保存了翅基部,其余部分已失落。

足 3 对,粗强,所有的基节和转节皆不清;前、中和后足的股节膨大,其中后足胫节保存,细长。腹部长,几乎相当于胸长;第 2、3 腹节较小,呈梯形;第 4 腹节横宽,其长约为第 3 腹节的 2 倍,第 5~7 三个腹节大于第 4 腹节,所有腹节的后缘均高起呈肋状,第 8 腹节小于第 7 腹节,圆钝形。产卵管起于第 7 腹节的后缘中央。

产地及层位:东营孤北;沙河街组。

无疹蝶姬蜂 *Pimla impuncta* Lin
（图版 73，图 1）

化石标本 2 块，保存有虫体、足和前翅基部。

虫体长 7mm（不包括产卵管长度），化石呈褐色，足被褐铁矿填充，铁锈色。

头圆，略横宽，前方圆突，头后缘较直，左触角保存较右边完整，呈丝状。

胸卵圆形，前、中、后 3 个胸节，光滑；前翅不完整，仅近前缘部分翅脉保存，Sc＋R 脉增厚，翅痣三角形，不发育，其余的脉皆失落。后翅略狭，Sc＋R 较细，清晰，M 和 CuA 不发达，r－m 横脉淡弱，m 横脉于中部开裂。

足 3 对，强；前足的右边保存较好，基节不清，转节三角形，较小；股节长，胫节细，稍长于股节。中足股节大，中胫节长于中股节。后足股节膨大，发达，后胫节强。

腹部长于胸部，第 2、3 腹节稍狭小，腹部最宽处接近腹末部分。

产地及层位：东营孤北；沙河街组。

举腹姬蜂科 Aulacidae Schucard，1841
拟姬蜂属 *Aulacopsis*
莱阳拟姬蜂 *Aulacopsis laiyangensis*
（图版 71，图 7）

头横宽，在标本中头向下，口器不清；胸部发达，尤其中胸背板，其上有沟；有发达的小盾片，呈半月形；腹部宽，各节界限不清，见有 6 节，末端有较长的产卵器，长 1.5mm；足细长，股节略宽短于胫节，长 0.8mm，胫节长 1mm，跗节未保存。

前翅宽短，基部明显收缩，但不成柄，翅端尖圆过渡，端缘倾斜，翅呈三角形；前缘 C.R，Rs 粗显，C 倾斜，向上斜伸，在 Rs 之后尖圆过渡；R 平行于 C，止在翅痣后端；Rs 基部短，倾斜，发自 Pt 始端之前方，并与 r－m 和 cu－a 联成曲线，继之向后向下斜伸，在与 M 会合点后分支为 Rs_1 与 Rs_2；Rs_1 转向上缓伸，至退化了的中横脉残迹之后，突然向上斜伸至翅缘；Rs_2 向下曲伸，未达翅缘退化；此脉与 M_1 合并，M＋Cu 基部与 R 会合，超过 r－m 之后不远与 CuA 分开；M 分支为 M_1 和 M_2，M_1 向上斜伸与 Rs 会合后又转向下伸；M 与 CuA 分离后曲向翅缘；CuA 向下曲伸，A 仅见 1 支；Pt 楔形；r－rsl 支垂直于 Pt 中间，长于 Rs 基部约 1.5 倍；rs－m 很短，位于 Pt 中间下方，使 d 很小；r－m 很长，约 Rs 基部长之 2 倍；rs－m 略短于 r－rs；cu－a 较长，与 r－m 几乎等长，或稍短；2 个径室，1r 窄长于 2r，后者稍宽；2rm 宽大，四角形，小于 1mcu；d 很小，角圆形；1mcu 很大，前方宽大，后方突然变窄，1cuA 明显小于 2cua；rm 三角形，sm 长形，主要翅室的大小关系如下：1mcu＞2≈1r＞1r＞2rm。

虫体长 3mm；前翅长 2.5mm，宽 15mm。

产地及层位：莱阳团旺镇西；水南组。

蚁科　Formicidae Latreille,1807

蚁属　*Formica* Linnaeus,1758

临朐蚁　*Formica linquensis* Zhang

（图版72,图1）

头圆形；上颚长方形，顶齿长且尖锐，咀嚼缘具2~3个齿；唇基横方形；复眼大，近圆形；触角树节长约为鞭节长的1/2,超过头后缘,触角脊短；胸部长卵形；足细长；股节颜色深于胫节和跗节；翅淡黄褐色,翅脉颜色浅；腹柄近圆形,侧视近三角形,顶较钝圆,很低；柄后腹5节,稍微呈筒状。虫体长8mm；前翅长6.1mm。

产地及层位：临朐山旺；山旺组。

木蚁属　*Camponotus* Mayr,1861

山旺木蚁　*Camponotus shanwangensis* Hong

（图版72,图2）

头钝三角形；上颚三角形；复眼大,近圆形；雌蚁触角12节,端部颜色较浅；胸部长卵形；足细；翅褐色,翅脉粗壮；3r室长为1+2r室的1.3倍,端部具1个小的三角形副室；腹柄大,横卵形,侧视钝三角形；柄后腹粗壮,长卵形。虫体长15~18mm；前翅长12.2~13.6mm。

产地及层位：临朐山旺；山旺组。

蜜蜂科　Apidae Latreille,1802

蜜蜂属　*Apis* Linnaeus,1758

中新蜜蜂　*Apis miocenica* Hong

（图版72,图3）

头黑色,近方形；中胸背板近三角形；小盾片窄条带状；后小盾片稍微呈三角形；并胸腹节较大；足黄褐色至红褐色；前、后翅几乎无色透明；脉序特征颇似现存种*A. mellifera* Linnaeus,腹部毛丛直立,第5、6两腹节红褐色,基部4节黄褐色,环带褐色,很窄。虫体长14.4mm；前翅长8.3mm。

产地及层位：临朐山旺；山旺组。

古蜜蜂属　*Palaeapis* Hong

北泊子古蜜蜂　*Palaeapis beiboziensis* Hong

（图版73,图2、3）

虫体长,褐黑色,头略宽于胸,腹部椭圆形；头前伸,长小于宽,长2mm,宽2.5mm,上唇前突,前缘圆滑；上颚强壮,向内弯曲,似有1颗齿；唇基宽阔,2倍于长；额很宽阔,被额唇基缝所分割,额唇基缝向后伸呈弧形；复眼位于头之两侧,肾形,中间内缘明显向内凹陷,内侧似有眼侧脊；眼侧区很大；单眼3个,呈三角形排列,中央1个最大,两侧2个较小,均呈不规则的圆形；单眼区和额区均无装饰；复眼之后为颊,但颊与额眼区界限不清楚；触角窝不很清楚；由于保存所致,触角离开触角窝,长4mm,相当头长的2倍,但不超过虫体之长,由13节组成,柄节膨大,鞭节基部数节较细,但向末端数节变粗,触角向前斜伸,左触角保存时曲折;从蜜蜂总科判断雄雌种类的依据,除了生殖构造以外,一般来讲,触角13节为雄,12节为雌,描述标本的触角保存13节,故也判断为雄虫标本。由于背面保存,腹面可见到的下颚须,下唇须以及唇舌均未见到。胸部发达,前胸背板很窄,似向两侧延伸;中胸背板十分发达,占胸部的大部分,中盾片大,方形;小盾片发达,半圆形,基部宽,占中盾片后缘的大部分,与近代蜜蜂类明显不同;后胸背板较窄,带状;中胸前、后侧片发达;并胸腹节位于后胸背板之后,不很明显,腹部椭圆形,7节,黑色,第4节为腹最宽部位,黑色分布呈波形。前、中足脱落,仅保存后足,宽扁,基节宽大,股节发达,长1.8mm,宽0.6mm,胫节明显变细,长1.8mm,基部较窄,向胫端变宽为0.4mm,这点与近代蜜蜂类不同;跗节3节,第1跗节略宽,长0.9mm,宽0.2mm,其他跗节轮廓不甚清楚,披毛极少。翅基部有发达的翅基片,前翅保证较好,后翅保存不完整,前缘在翅痣之前一段斜直,翅痣之后呈弧形,在端缘过渡;翅痣显著,很长;径脉紧靠前缘脉,在翅痣之后较远离;径分脉在翅痣中点之前从径脉发出,基部向前向下斜伸,在与基脉(rs—m)连接处,曲折转向翅后向下斜伸,至翅中点之后开始分2支,即Rs_1、Rs_2,前支向上斜伸,至r—rs之后转向向上呈弧形伸达翅缘,后支基部很短,迅速与第2中脉合并,斜伸达翅缘;中脉远离翅基与径脉合并,向下斜伸至翅中点之后分2支,即M_1、M_2,前支向上斜,继之与第2径分脉合并,后支向下斜伸,至2m—cu会合后转向向上斜伸达翅缘;CuA+A倾斜达后缘;全翅有7支横脉,即rs—m、r—rs、lrs—m、Zrs—m、m—m、lm—cu、Zm—cu,其中2rs—m弯曲。所有的纵脉均伸达翅缘,这点与近代蜜蜂科明显不同,后者纵脉未伸达翅缘而迅速消失。

虫体长8mm,宽3mm;触角长4mm,由13节组成;前翅长3.5mm,宽2.5mm。

产地及层位:莱阳沐浴店北泊子;莱阳群。

拜萨蜂科　Baissodidae Rasnitsyn,1975
　　山东蜂属　*Shandongodes*
　　　石化山东蜂　*Shandongodes lithodes* Zhang
（图版59,图8）

头中等大小,宽大于长。复眼大,长卵形。触角第1节球形,第2节粗,第3节短,余长柱形。前胸背板梯形,中胸背板具纵缝。足短且粗,后足胫腔节具一个长距,前翅3r室端部尖锐,1rm室长;1+2r室几乎与2rm+3rm室等长,短于3r室;3rm室显长于2rm室;2mcu室大。腹部长卵形,6节。虫体长11.9mm;前翅长5.6mm。

产地及层位:莱阳;莱阳群。

长节叶蜂科　Xyelidae Newman,1834
　　异鞘蜂属　*Xyelecia* Ross,1932
　　　解家河异鞘蜂　*Xyelecia xiejiaheensis* (Hong)
（图版70,图5）

头卵圆形;上颚镰刀形;复眼大,肾状;触角第3节短于端丝,后者30节;足淡褐色;翅淡褐色；Sc_1 止于 R 和 Rs 分叉点主直线的 C 上，Sc_2 短；翅痣周围加厚，深褐色，中央有亮斑；Rs 基部长为 M 基部长的 1/2；2rm 室横方形；后翅 2rm+3rm 室长为宽的 3 倍；M 基部折曲；CuA 室长于 1rm 室；腹部 10 节，腹末圆润。虫体长 8.4mm；前翅长 7mm。

产地及层位：临朐山旺；山旺组。

科未定

寡脉细蜂属 *Oligoneuroides*

华东寡脉细蜂 *Oligoneuroides huadongensis* Zhang

（图版 59，图 7）

头大，横宽。复眼中等大小。触角超过 15 节，为虫体长度的 1/2。胸部卵形；并胸腹节有纵缝，三角形。足细长。腹柄细长，具 2 条纵线。前翅翅底细长；3r 室狭长。产卵器长约为虫体的 1/3。虫体长 4.6mm；前翅 3.7mm。

产地及层位：莱阳；莱阳群。

3.6 半索动物门 Hemichordata

笔石动物的个体很小，一般仅有 1～2mm 或更小，但笔石体的长度一般可达几十毫米，最长可达 70cm。笔石动物的骨骼分为胎管、胞管、笔石枝及笔石体。

胎管：为第一个个体所分泌的圆锥形外壳，它是笔石体生长发育的基础。胎管可分为两部分，近尖端部分称基胎管，近口管部分称亚胎管。基胎管上常具螺旋状纹，亚胎管上常具与口缘近平行的环状生长线。

胞管：是笔石体和几丁质外壳，为中空长管。正笔石仅有一种胞管，即正胞管，其一端向外开口，叫胞管口，另一端则与相邻胞管互相连贯串通，叫共通沟。正胞管变化很大，有各种不同类型，是分类的主要依据。树形笔石胞管除了有正胞管之外，还有副胞管、茎胞管。

笔石枝：许多胞管连接构成笔石枝。在一个笔石枝上，胞管口所在的一侧为腹侧，与之相反的一侧为背侧。正笔石目在笔石枝背部放多胞管的始端互相连通的部分，称共通管，相当于树形笔石目贯通的茎胞。笔石枝形成分支有两种方式，为正分枝和侧分枝。

笔石体：由笔石枝构成，正笔石目的一个笔石体少则 1 枝，多则可达数十枝不等。

笔石簇：一些笔石体有时聚生在一个浮胞上，形成的一个综合体。

笔石纲 Graptolithoina

树形笔石目 Dendroidea Nicholson，1872

树形笔石科 Dendrograptidae Roemer in Frech，1897

网格笔石属 *Dictyonema* Hall，1851

汶河网格笔石 *Dictyonema wenheense* Lin

（图版 73，图 4）

笔石体细长锥形，高 20mm，宽 11mm，轴角 45°～75°，笔石枝纤细，宽 0.5～0.6mm，正分枝,分枝角 30°~40°,分枝间距不等,5mm 内有 5 个枝。

在侧压的笔石枝上可以见到正胞管、副胞管。正胞管为直管状,保存似锯齿状,腹缘直,口缘微向内凹,口尖明显外突,5mm 内约有 6 个胞管。副胞管位于正胞管的背侧。

产地及层位:泰安大汶口;炒米店组。

五顶山网格笔石安徽亚种　*Dictyonema wutingshanense anhuiense* Lin
（图版 73,图 5、6）

笔石体为圆锥形,轴角 80°~100°,可见到 3 个原始枝。笔石枝纤细,直或微曲,排列平行,枝宽 0.3~0.5mm,分枝角 5°~10°,始部似呈分枝带。10mm 距离内有 12~14 枝。横靶稀少,纤细。胎管为细长锥形。

胞管(正胞管)直管状,仅见于侧压的笔石枝上,呈锯齿状,腹缘直,口缘平,口尖外突,5mm 内具有 7~8 个胞管。副胞管为细小维管,相间交错于正胞管的一侧。

产地及层位:新泰纸坊庄;炒米店组。

无羽笔石属　*Callograptus* Hall,1865
盘形无羽笔石　*Callograptus discoides* Lin
（图版 74,图 1）

笔石体呈宽锥形或团扇形,高 19mm,宽 20.5mm,轴角 50°。笔石枝纤细,宽度均一,0.4~0.5mm,正分枝,分枝带不明显。

正胞管直管状,腹缘直,近口部微向外凸。口缘平或外凸,口尖显著;排列紧密,5mm 内有 6~7 个胞管。

产地及层位:泰安大汶口;炒米店组。

塔形无羽笔石　*Callograptus turriculatus* Lin
（图版 73,图 7）

笔石体为细长锥形,末部加宽呈扇形,长宽之比为 1:1。轴角 50°~60°,向末部扩大为 100°~110°,从胎管生出 3 个原始枝。笔石枝直或微弯曲,宽 0.4~0.6mm,正分枝,未见横靶。

胎管为细长锥管。胞管(正胞管)直管状,10mm 内有 15~16 个胞管。

产地及层位:新泰纸坊庄;炒米店组。

蓬松无羽笔石　*Callograptus villus* Lin
（图版 74,图 2）

笔石体高大,为长锥形,高超过 40mm,宽 25mm。笔石枝纤长,始端弯曲剧烈,末部呈平行状或微呈波状弯曲,宽度均一,0.5~1.0mm,正分枝,分枝角小。排列紧密,5mm 内有 7~10 个枝。无横靶,偶见绞结。

胞管为细长直管,侧压呈锯齿状,10mm 内有 12~14 个胞管。副胞管性质不明。

产地及层位:新泰纸坊庄;炒米店组。

斯氏无羽笔石 *Callograptus staufferi* Ruedemann
（图版 73，图 8）

笔石体为锥形，高 14mm，宽 11mm。笔石枝直或微弯曲，分枝间距 1.0～4.5mm，分枝角 25°～30°，无横靶。胞管为锯齿状，倾角小，掩盖 1/3，5mm 内有 6 个胞管。

产地及层位：苍山大炉；炒米店组。

羽状无羽笔石 *Callograptus pennatus* Lin
（图版 74，图 3）

笔石体呈细长锥形，高 22mm，宽 12mm，始端具有一根状构造。笔石枝细长，枝宽均一，为 0.7～0.8mm。正分枝，相邻两枝间距离大体和枝宽相当，5mm 内有 7 个枝。无横靶和绞结。

胞管清晰，为细长管状，侧面保存为锯齿状，口缘内凹，腹缘直，形成纤细口尖外突，夹角约 5°，相邻胞管掩盖极少，5mm 内有 6～7 个胞管。

产地及层位：新泰纸坊庄；炒米店组。

树笔石属 *Dendrograptus* Hall, 1858
矮小树笔石 *Dendrograptus diminutus* Lin
（图版 72，图 7）

笔石体极小，灌木形，高 4～7mm，宽 2～6mm。短矮的笔石茎为始端的块茎状附连物所包裹，然后向上分出 2 枝，夹角 20°左右。笔石枝纤细，波状弯曲，宽 0.3～0.5mm。

正胞管为直管状，腹缘近直，至口部时微向外凸，口缘平缓，倾角小，5mm 内有 5 个胞管。副胞管不清。

产地及层位：沂南仙姑山；炒米店组。

平底树笔石 *Dendrograptus flatus* Lin
（图版 74，图 4）

笔石体小，底平、鹿角状，两枝间夹角 30°～40°，高 5～7.5mm，宽 4～5.5mm，笔石枝稀疏，向两侧上斜生长。笔石枝细直，宽度均一，正压时宽 0.4～0.5mm，侧压时宽 0.6～0.7mm，分枝不规则，分枝一般 1～2 次，最多 3 次，夹角 40°左右。

胞管（正胞管）为细直管状。长 1.5～2mm，口部宽 0.4mm，口缘平，腹缘直，口尖外突，倾角 20°，5mm 内有 5 个胞管。副胞管性质不明。

产地及层位：苍山大炉；炒米店组。

霍氏树笔石 *Dendrograptus hallianus* (Prout)
（图版 74，图 5、6）

笔石体较小，呈树形分叉，高 11mm，宽 9mm。主枝直，次级枝呈平行状或似平行状，位于主枝的一侧,枝宽 0.5mm,与主枝成 40°夹角,5mm 内约有 5 个枝。有的次级枝向末端再分枝,分枝不规则。

胞管保存不佳,仅有的正分枝上见有圆形或椭圆形的口穴,5mm 内约有 8 个胞管口部印痕(可能有 7 个胞管)。

产地及层位:苍山大炉;炒米店组。

裸茎树笔石 *Dendrograptus nadicaulis* Lin
(图版 74,图 9)

笔石体直立,高 23mm,宽 6～7mm。笔石枝稀疏,粗壮。笔石始端有块茎状附着盘。主茎粗短,长 2mm,宽不足 1mm,主茎末端分出 2 枝,夹角 25°。

正胞管为简单直管,腹缘直,口缘平。排列紧密,5mm 内有 7 个胞管,副胞管不清。

产地及层位:沂南仙姑山;炒米店组。

下弯树笔石 *Dendrograptus pronus* Lin
(图版 75,图 1)

笔石体,小树形,高 11.7mm,宽 10mm。始端有 1 个平底的附着盘,直径 2mm 左右。笔石枝直或微曲向上方生长,宽度均一,正分枝宽 0.4mm,侧分枝宽 0.7～0.8mm,分枝不规则。

正胞管为简单直管,侧压似锯齿形,腹缘直,微内凹,口缘平,口尖显著,倾角 30°,相邻胞管掩盖为其长的 1/3～1/2,5mm 内有 6 个胞管。

产地及层位:泰安大汶口;炒米店组。

抽芽树笔石 *Dendrograptus pullulans* Lin
(图版 75,图 2、3)

笔石体小,呈灌木形,高 7.5～12mm,宽 4.5～7.2mm。主茎短,其始端带有根状附着盘,呈椭圆形。主茎末端向上生出笔石枝,枝粗壮,直或折曲,宽 0.4～0.5mm,分枝无规则,分枝角小,15°～30°。

胞管(正胞管)为细长直管,侧压时呈锯齿状,腹缘直,口缘平或内凹,口尖向外伸展,5mm 内有 4～6 个胞管,副胞管性质不明。

产地及层位:苍山大炉、沂南仙姑山;炒米店组。

细葱树笔石 *Dendrograptus cepaceous* Lin
(图版 74,图 10)

笔石体呈树形,细小微弯。高 8.4mm,宽为 4mm。主茎长 1.5mm,宽 0.3～0.4mm,始部与蹼形根状构造相连,根盘构造直径约 0.6mm,带有明显的根须,末端同时分出 4 枝,夹角 30°左右。笔石枝纤细,微向一侧弯曲。

正胞管侧压似锯齿状,长约 0.8mm,口部宽 0.15mm。腹缘直,口缘平,倾角小,相邻胞管掩盖极少,5mm 内约有 4 个胞管。副胞管性质不明。

产地及层位:新泰纸坊庄;炒米店组。

西伯利亚笔石属 *Siberiograptus* Obut,1963
简单西伯利亚笔石 *Siberiograptus simplex* Lin

(图版 74,图 8)

笔石体小,结构简单,由一弯曲的或直而折曲的笔石枝所组成。偶见分枝,笔石枝纤细,长 6~21.5mm,宽度均一,1.2~2.0mm(横过两侧胞管的口部)。

胞管(正胞管)两侧交错排列,粗大直管,向口部急剧增宽,并呈孤立状。腹缘直,口缘平,口穴清楚,口尖外突,倾角小,20°左右。在笔石枝的同一侧 5mm 内有 2~3 个胞管。

产地及层地:沂南界湖;炒米店组。

多枝西伯利亚笔石 *Siberiograptus polycladus* Lin

(图版 74,图 7)

笔石体小,多枝形,由一粗短的茎和若干笔石枝所组成,高 3~6mm,宽 3.3~7.7mm。笔石茎粗短,其始端与附着盘连接。附着盘呈平扁椭圆形,直径为 1.2mm,茎的末部生出若干笔石枝。枝直或弯曲,宽 0.8~1.2mm。

胞管(正胞管)粗壮直管,近口部孤立外突,两侧交错排列,腹缘直,近口部则向外伸展,口缘平缓,口尖外突。相邻胞管掩盖甚少,在笔石枝的同一侧 5mm 内有 3 个胞管。副胞管、茎胞管不易区分。

产地及层位:沂南界湖;炒米店组。

3.7 脊索动物门 Chordata

3.7.1 硬骨鱼纲 Osteichthyes

硬骨鱼纲属于鱼形动物,鱼形动物包括全部水生、冷血、鳃呼吸、自由活动的脊椎动物,不具有五趾型四肢,具有发育的鳍。脊索动物门包括无颌纲、盾皮鱼纲、棘鱼纲、软骨鱼纲和硬骨鱼纲。

奇鳍和偶鳍:除去无颌类以外,其他的鱼形动物都具有真正的鳍。背、臀、尾鳍不成对,位于身体的对称面上,统称奇鳍。胸鳍和腹鳍成对,在身体左右两侧对称生长,统称偶鳍或对鳍。

尾鳍:分为不同的类型。①对生尾。脊柱延伸到鱼体的末端,常见于原始的鱼类,也称为原尾者。②歪形尾。尾部脊柱延入尾鳍上叶,而且上叶比下叶长,常见于软骨鱼类和硬鳞鱼类。③半歪尾。尾部脊柱只部分伸入背叶,其尾鳍外形轮廓已接近正形尾,在全骨鱼类中常见。④正形尾。尾鳍的背、腹叶几乎完全对称,脊柱末端有 2~3 节尾椎骨上弯,同时最后几节脊椎的脉弧形成宽扁的尾下骨。

鳞：鱼类的外骨骼,分4种类型。①盾鳞。为软骨鱼类所特有,形小,其形如古盾,不易观察,用手摸时有粗糙感。②硬鳞。鳞呈菱形,板关,表面光亮,有一层坚硬的釉层。③圆鳞。形圆而薄的骨质片,外面无闪光质层。④栉鳞。基本构造同圆鳞,不同处是鳞片游离部分的边缘呈锯齿状。

鲤形目 Cypriniformes
  鲤科 Cyprinidae Bonaparte,1937
    鲁鲤属 *Lucyprinus*
      临朐鲁鲤 *Lucyprinus linchiiensis*(Young et Tchang) 1936
        （图版75,图4、5）

鱼体纺锤形,侧扁,背腹缘浑圆,体高大于头高,头长小于头高,口端位,吻钝,侧缘鳞约28个。尾鳍分叉,尾柄高为尾柄长1.4倍。圆鳞,咽齿为次臼齿形,3行齿。

全长80～104mm,最大223.5mm。体长为体高的1.9倍,为头长的2.3～2.9倍,为头高的2.2～2.6倍,为尾柄长的5.3～7.3倍,为尾柄高的5.2～6.8倍,尾柄高为尾柄长1.4倍。头部中等大小,颅顶短宽无孔隙,额骨宽,向后外侧延伸,顶骨小,方形,枕骨感觉沟在顶骨后缘通过,上枕骨不插入两顶骨间,上枕骨发育呈片状三角形,翼耳骨位于顶骨外侧,其后有两小块条状骨为后颞骨。筛骨保存差,侧筛骨无突起,眼眶中等大小,位于头部中央。副蝶骨横贯眼眶中央,上眶骨大,半圆形;眶下骨见到4块,第1眶下骨(泪骨)呈三角形,第2眶下骨近半月形,第3眶下骨肾形,第4眶下骨矩形;方骨扇形,侧突短,续骨短粗,外翼骨长条状紧靠方骨前缘。内翼骨、后翼骨界线不清。腭骨可能较短,仅见2个关节头。口端位,口裂小,十分倾斜,吻钝,下颌关节在眼眶之前,上颌骨前半部向上隆起略呈三角形,后半部收缩成窄条状,至末端又膨大成关节头。前上颌骨具吻突。下颌较上颌略突出,齿骨冠状突较窄,前端略下垂。鳃盖骨垂直延长,上窄下宽,后缘浑圆,前下角尖,表面有纵向纹饰,前鳃盖骨上支略长于下支,下鳃盖骨窄,间鳃盖骨较宽。匙骨保存不好,上匙骨窄长,后匙骨长而粗壮,鳃条骨3对。

脊椎约27个(包括头后几个),前面4个椎体不清楚,能见到第4椎体的横突和部分三角骨,第3椎体髓棘长,片状,第4椎体髓棘细条状。

背鳍位于腹鳍起点略后,背鳍条Ⅳ.11,臀鳍起点与背鳍基末端相对,臀鳍条Ⅳ.5,背鳍、臀鳍都具带锯齿的硬棘,腹鳍条约Ⅱ.11,胸鳍约有18个分支鳍条。侧线鳞在鱼体中央通过,约有28个,尾柄短粗,尾鳍分叉,尾鳍条Ⅰ.17.1圆鳞具同心纹。

下咽齿,多为侧扁程度不等的次臼齿形齿,其次为次圆锥形和近圆柱形齿。虽化石咽弓难以保存,但根据咽齿的数目、形状、大小仍能推测其排数、主行齿及外行齿。例如标本V.893,见18个齿,除4个已损坏,尚见到14个,其中A－c_1齿的齿冠稍高,齿冠长1.328mm,呈略侧扁的圆柱状,咀嚼面在齿冠顶部呈一凹面或中央略隆起的凹面,具齿尖,可能是主行齿的第1、2齿;D—J呈次臼齿形,齿冠最长2.324mm,其次2.156～1.826mm,各个齿的侧扁程度略有差别,咀嚼面光滑无沟纹,具微弱齿尖,推测都是主行齿;J—K齿的齿冠长与齿冠高几乎相等，0.99～1.07mm，齿侧扁，咀嚼面呈一近圆形的斜面，具微弱齿尖，为第2行齿；L为一小齿，齿冠长仅0.83mm，仅保存上半部齿，齿冠侧扁，咀嚼面倾斜，具微弱齿尖，推测为第3行齿。

产地及层位：临朐山旺；山旺组。

司氏鲁鲤 *Lucyprinus scotti* (Young et Tchang) 1936
（图版75，图6）

鱼体略高，短纺锤形，背腹缘弧形，由鱼体最高处向吻端及尾鳍基收缩变窄，体高大于或等于头高，头长略大于头高。体长为体高的1.7～2.1倍，为头长的1.7～2.6倍，为头高的1.7～2.2倍，为尾柄长的6.9～7.9倍，为尾柄高的5.2～6.1倍。体高为尾柄长的2.9～4.3倍，为尾柄高的2.8～2.9倍。尾柄高为尾柄长的2倍。额骨宽短，顶骨方形，筛骨宽且前端延伸，侧筛骨短，翼耳骨、上枕骨破碎，但上枕骨明显。能见到部分隆起的上耳骨，眼眶中等大小，眶骨保存差，舌颌骨垂直，方骨宽扇形，续骨破碎。口端位，口裂倾斜，吻略尖，下颌较上颌稍突出。齿骨具冠状突，上颌骨未保存，前上颌骨具吻突且侧支较宽。鳃盖骨垂直延长，鳃盖骨后缘的长度为前缘长度的一半，其前下角为锐角。前鳃盖骨、间鳃盖骨保存差。下鳃盖骨较窄小。匙骨破碎，上匙骨窄长，后匙骨细长，鳃条骨3对。

背鳍位于腹鳍略后，鳍式Ⅲ～Ⅳ.10～11。臀鳍位于背鳍基末端相对或略后，鳍式Ⅲ.5，两者都有带锯齿的硬棘。胸鳍位置略高，鳍条长达腹鳍起点，约10根分支鳍条。侧线鳞见到16～17个，侧线鳞从鱼体中央通过，尾柄短高，尾鳍深分叉。圆鳞，表面具同心纹。

下咽齿见2个齿：一个咽齿齿冠略窄，齿尖明显，咀嚼面在齿冠顶部呈一凹面，可能为主行齿的第1齿；另一个为次臼齿形，咀嚼面呈一倾斜面，表面有纵向褶纹，具微弱齿尖，估计也是主行齿之一。

产地及层位：临朐山旺；山旺组。

扁鲤属 *Platycyprinus*
奇异扁鲤 *Platycyprinus mirabilis*
（图版75，图7）

正型标本，为一条完整的鱼。

体长为体高的1.3倍，为头长的1.4倍，为尾柄长的5.5倍，为尾柄高的3.8倍。头高为头长的1.7倍。尾柄高为尾柄长的1.5倍。

鱼体几近圆形，体高，头高大于头长，体高大于头高，颅顶宽短，额骨长矩形，顶骨短宽，几乎与额骨宽度相等。枕区、筛区保存差，侧筛骨不大，翼耳骨破碎，有上眶骨，泪骨呈三角形，第3、4眶下骨较大但保存不好，眶上感觉沟明显可见，口端位，口裂小，上颌短小且完全倾斜，上颌骨不完整，其后半部窄长，前上颌骨具吻突。下颌较上颌突出，齿骨具冠状突。鳃盖骨窄长，上窄下宽，后缘浑圆，前下角尖，表面饰放射纹和细小瘤状突起。前鳃盖骨上下支相交约140°，表面饰有少量瘤状突起。下鳃盖骨、间鳃盖骨与一般鲤科鱼类相同，匙骨被鳞片覆盖，有上匙骨。

背鳍位于背缘中点,略后于腹鳍起点,分支鳍条约 11 个,臀鳍位于背鳍基中点之下,鳍式Ⅲ.5,两者都有带锯齿的硬棘,胸鳍长达腹鳍起点,约有 15 个分支鳍条。腹鳍约 11 个鳍条。背鳍起点距吻端显著大于距尾鳍基,腹鳍距胸鳍小于距臀鳍,臀鳍距腹鳍大于距尾鳍基。尾柄高大于尾柄长,尾鳍浅分叉。侧线鳞 21~22 个,从鱼体中央通过,圆鳞。

下咽齿在标本上见到 4 个咽齿,除一个破损外,其中 1 个近圆锥形应为主行齿的第 1 齿,另外 2 个次臼齿形咽齿,齿冠侧扁,具微弱齿尖,咀嚼面倾斜,光滑,依其大小推测也为主行齿之一。

产地及层位:临朐山旺;山旺组。

齐鲤属 *Qicyprinus*
山旺齐鲤 *Qicyprinus shanwangensis*
（图版 75,图 8）

正型标本,为一条较完整的鱼。

背鳍前缘和尾鳍后部缺损。背鳍距吻端显著大于距尾鳍基,腹鳍距胸鳍小于距臀鳍,腹鳍距臀鳍几乎等于距尾鳍基。尾柄长大于尾柄高。体长为体高的 2.8~3 倍,为头长的 2.4~2.8 倍,为头高的 3~3.5 倍,体长为尾柄长的 5.8~6.3 倍,体高为尾柄高的 2.4~2.7 倍,为尾柄长的 2~2.2 倍。尾鳍深分叉,下咽齿 3 行,咽齿有次臼齿形齿和侧扁形齿。

体长 107~244mm,鱼体长纺锤形,侧扁,背腹缘呈弧形或背缘在背鳍前隆起,腹缘较平直。

头部额骨较短宽,顶骨方形,翼耳骨窄,筛区保存不好,侧筛骨位于上眶骨之前,枕骨未保存。眼眶中等大小,上眶骨半圆形,眶下骨见到 4 块,其中泪骨较大呈三角形,第 2 眶下骨不完整,估计较窄长。第 3 眶下骨肾形,第 4 眶下骨倒梯形,眶下骨感觉沟明显。方骨宽扇形,续骨短。后翼骨、外翼骨和内翼骨均有部分出露。口端位,口裂小,上颌十分倾斜,前上颌骨的吻突和侧支较粗,能见到隅骨和关节骨。鳃盖骨上有明显的放射纹,前鳃盖骨上支略长于下支,下鳃盖骨呈镰刀形。背鳍起点位于腹鳍略后,鳍条Ⅲ.11,臀鳍条Ⅲ.5,二者均具带锯齿硬棘。胸鳍条长达腹鳍,约 15 根鳍条。腹鳍条约 8 根,侧线鳞约 27 个,从鱼体中央通过,圆鳞具同心纹。

下咽齿有近圆柱形、次圆锥形、次臼齿形和侧扁形。侧扁形齿的齿冠短宽,较臼齿形齿更加侧扁,近于扁片形,其咀嚼面倾斜,表面有纵向细纹,具微弱齿尖。标本 H11.062 见到 18 个咽齿,据其形状大小看其中近圆柱形和次圆锥形齿,推测是主行齿的第 1、2 齿。次臼齿形齿和侧扁形齿也都为主行齿。个体更小的咽齿可能为第 2 行齿。标本 H11.063 的 2 个个体大的为主行齿,2 个个体小的咽齿可能为第 2、3 行齿。

产地及层位:临朐山旺;山旺组。

颌须鮈属 *Gnathopogon* Bleeker,1860
大头颌须鮈 *Gnathopogon macrocephala* (Young et Tchang) 1936
（图版 76,图 1）

体长为体高的 4.1 倍,为头长的 3.1 倍,为头高的 3.4 倍,约为尾柄长的 5 倍,为尾柄高

7.6 倍。头长为眼径的 3 倍。为尾柄长的 1.6 倍，为尾柄高的 2.6 倍。尾柄长为尾柄高的 1.6 倍。背鳍起点距吻端大于距尾鳍基。

全长 47～62mm 的小鱼，鱼体窄长，纺锤形，侧扁，头长大于头高。口端位，背缘平直。

头部额骨窄长，顶骨方形较额骨略窄，两额骨间以"S"形缝线相交，颅顶无孔，眶上感觉沟不向内分支，枕骨感觉沟直，并紧靠顶骨后缘通过。上枕骨不插入两顶骨间，上枕脊破损。翼耳骨前窄后宽，略近似三角形，翼耳骨外侧边缘有颞感觉沟通过并与次眶感觉沟相连。翼耳骨的后侧角有 1 块带感觉沟的小骨，可能是上颞骨。上筛骨矩形，前端不延伸，后缘固着于额骨。侧筛骨发育，无指向泪骨的侧突。舌颌骨双头关节与蝶耳-翼耳骨相连。方骨宽扇形，其后突粗长，续骨长，外翼骨小，呈椭圆形贴在方骨前侧，内翼骨，后翼骨被围眶骨盖住。无方骨-翼骨孔。标本能见到近于完整的腭骨，腭骨长，粗壮，无泪突，腭骨的前关节与上筛骨相连，后关节与内翼骨相连。眼眶中等大小，上眶骨半圆形，围眶骨 5 块，泪骨和第 2 眶下骨不易保存，但泪骨上的感觉沟清楚可见，第 3、4 眶下骨长椭圆形，第 5 眶下骨小，也不易保存。副蝶骨直。贯穿眼眶中部。口裂小，前上颌骨有吻突，上颌骨无前背突，后部背突与腭骨相连，上颌骨末端略尖。齿骨较窄短，冠状突窄，齿骨后端有一隅骨，关节骨小，感觉沟从隅骨、齿骨通过。下颌关节位于眼眶中线之前。

鳃盖骨上窄下宽，前缘长，前下角为锐角，前鳃盖骨上支与下支几乎相等，上、下支交角略大于直角，感觉沟在靠近前鳃盖骨后缘处通过。下鳃盖骨镰刀形，间鳃盖骨与前鳃盖骨下支等长。匙骨较短，近三角形，其后下角尖锐。后匙骨细长，匙骨上端覆盖一长条状骨片为上匙骨，鳃条骨 3 对。

脊椎 34 个，其中尾椎 17 个，体椎 17 个。前面 4 个椎体保存差，但第 4 个椎体上横突和部分三角骨尚能见到。肋骨 13 对长达腹缘，神经棘长，几达背缘。未见上神经棘，有上髓弓小骨、背肋和腹肋。背鳍位于腹鳍略前，背鳍条Ⅲ.7，臀鳍条Ⅲ.6，两者均无硬棘。胸鳍条约 12 根，腹鳍条约 7 根。尾鳍深分叉，尾鳍条Ⅰ.17.Ⅰ。

下咽齿齿冠高窄，略呈前后侧扁的锥形，具弯钩状齿尖，咀嚼面宽，光滑，呈一弧形凸面，其内侧边较锐。见到 7 个咽齿，其中 4 个齿较大。见有 5 个咽齿排成一列，个体都较大。从其咽齿大小、排列形式推测可能为第 2 行齿。

产地及层位：临朐山旺；山旺组。

山旺颌须鮈 *Cnathopogon shanwangensis*
（图版 76，图 2）

正型标本，为一条完整的小鱼。

鱼体细长，体侧扁，背腹缘平直。口端位，吻尖，口裂小，眼眶略靠前上方，背鳍位于腹鳍起点略前，背鳍条Ⅲ.7，臀鳍条Ⅲ.6，胸鳍条约 10 根，腹鳍条 7～8 根。脊椎 34 个，尾柄细长，尾鳍分叉。背鳍起点距吻端略大于距尾鳍基，臀鳍距腹鳍小于距尾鳍基。体长为体高的 5.9 倍，为头长的 3.6 倍，为头高的 5.1 倍，为尾柄长的 5.3 倍。头长为眼径的 3.4 倍。尾柄长为尾柄高的 2.2～2.7 倍。

产地及层位：临朐山旺；山旺组。

似雅罗鱼属 *Plesioleuciscus*

中新似雅罗鱼 *Plesioleuciscus miocenicus*（Young et Chang）1936

（图版 76，图 3、4）

背鳍起点至吻端距大于至尾鳍基距，尾柄长大于尾柄高，体长为体高的 2.7～4.5 倍，为头长的 3.1～3.5 倍，为头高的 4.3 倍，为尾柄长的 5.1～6.6 倍。头长为眼径的 2.7～3.3 倍。尾柄长为尾柄高的 1.52～1.6 倍。

鱼体纺锤形，全长 41～86mm，个别鱼长 132mm，背部平直或略带弧形，腹部浑圆，头高略小于体高，口端位或亚上位，吻钝或锐。额骨前窄后宽，两额骨间交线略弯曲，眶上感觉沟至额骨增宽处向内分出一侧支伸达额骨后缘，眶上感觉沟向后延伸与翼耳骨上的后眶一颗感觉沟相接。顶骨大，略呈方形，两顶骨交线呈波状，枕骨感觉沟靠近顶骨后缘通过，翼耳骨大，其宽度几乎与顶骨相等。沿翼耳骨外侧边缘通过的后眶一颗感觉沟十分明显，蝶耳骨在翼耳骨前出露一小部分，翼耳骨后侧有一个不很发育的棘状突起为翼耳突，翼耳突之后有一后颞骨，后颞骨上的感觉沟与枕骨感觉沟及上眶感觉沟相连，未见上颞骨。上枕骨只留下残片，能见到破碎的外枕骨，上枕骨两侧各有一块上耳骨。上筛骨略呈方形，较额骨略窄，其后缘呈直线固着于额骨前端，上筛骨前有一块中央凹、两侧凸的骨突为前锄骨前端，上筛骨两侧为侧筛骨，呈三角形，侧筛骨无后突和前突，无前筛骨。见到额骨的上眶感觉沟之前有一短细的柱状骨为鼻骨。舌颌骨短粗。双头关节与翼耳骨、蝶耳骨相接，舌颌骨主干前侧为一扩大的薄片。方骨扇形，表面粗糙不平，方骨后突粗长，方骨主体与其后突之间的叉裂较长，续骨长条形，紧贴在后翼骨上。外翼骨、后翼骨及内翼骨通常被围眶骨盖住，上眶骨半圆形，围眶骨 5 块，泪骨常被挤压在腭骨上而仅见感觉沟，第 2 眶下骨窄长，第 3 眶下骨肾形，较第 2 眶下骨大，第 4 眶下骨常被压碎在舌颌骨上，可能呈长椭圆形，第 5 眶下骨小，位于翼耳骨与上眶骨之间，形状不清但感觉沟明显。副蝶骨直，横穿眼眶中部。

匙骨呈弧形，后下角略尖，上匙骨呈矩形且有感觉沟通过。鳃盖骨垂直延长，上窄下宽，前鳃盖骨上支与下支等长，感觉沟在前鳃盖骨中线通过，并在上、下支相交处分出 3～4 个小枝，下鳃盖骨镰刀形，间鳃盖骨大，与前鳃骨下支等长。尾舌骨长扇形，角舌骨马鞍形无孔。

口裂不大，前上颌骨具侧支和吻突，侧支长且向后变细，上颌骨前端有一小支撑腹面吻突（rpm），插入前上颌骨前端内侧，上颌骨背缘中部下凹，上颌骨末端尖细。下颌较上颌突出，能见到关节骨和隅骨。齿骨喙状突窄，齿骨前端缝合处不低。下颌关节位于眼眶垂直中线之前。鳃条骨 3 对。

脊椎 34 个，体椎 17 个，尾椎 17 个，肋骨 13 对，长达腹缘。有上髓弓小骨和上肋小骨。脑颅后的第一个椎体常被鳃盖覆盖，第 2、3 椎体上的神经弧和第 3 椎体上的神经棘都扩大成片状。第 4 椎体的神经棘呈顶端尖细的长条状，第 4 椎体的横突粗壮并向腹侧下方延伸略向前弯曲，末端渐细。韦伯氏器的 4 块小骨只见到 1 块最大的三角骨位于第 3 椎体之下，标本的第 4 椎体横突之后露出一小部分悬器。

背鳍起点略后于腹鳍起点，背鳍条Ⅲ.7，第一根不分支鳍条呈一小刺紧靠第二根不分支鳍条，支持骨 8 根，前面 3 根扩大成片状。胸鳍条Ⅱ.16～17，腹鳍条约 8 根，腹鳍骨深度分叉达全长的 1/2，臀鳍条Ⅲ.7～9，支持骨 8 根。背鳍起点距吻端显著大于距尾鳍基，腹鳍距臀鳍小于距胸鳍。尾鳍分叉,分支鳍条一般为 17 根,也有 15～16 根,尾鳍上、下叶各有 8～9 个辅助小鳍条。

上述标本大部分都保存咽齿,咽齿齿冠呈侧扁圆锥形,齿尖向后弯略偏于咀嚼面,咀嚼面呈狭长条状,表面光滑,边缘不呈波状,较平。据齿尖和破碎咽齿痕迹计有 20 个齿,其中 10 个齿较大,2 个齿较小,以上咽齿数除了可能有的替换齿外,从咽齿大小、形状仍能推测为 3 行齿,其中主行齿 5 个,2 行齿 2 个。

产地及层位:临朐山旺;山旺组。

优美似雅罗鱼 *Plesioleuciscus nitidus*
(图版 76,图 5)

鱼体小,头中等大小,眼眶大,口裂十分倾斜,背腹缘略呈弧形,体长为体高的 3 倍,为头长的 2.9 倍,为头高的 3 倍,为尾柄长的 6.5 倍。头长为眼径的 2.5 倍。体高为尾柄高的 2.5 倍。尾柄长为尾柄高的 1.2 倍。尾鳍深分叉,未见鳞片。咽齿侧扁圆锥形,齿尖弯钩状,咀嚼面窄条状。

全长 35mm,体纺锤形,侧扁,鱼体最高处在头后,向尾部逐渐变窄,背腹缘略呈弧形。

头部中等大小,头长大于头高,额骨短宽,上枕骨仅留残片,不插入两顶骨间,紧靠顶骨外侧的翼耳骨大,宽度略小于顶骨,翼耳骨上的后眶一颞感觉沟与眶上感觉沟相连。筛区保存差,仅见部分筛骨与额骨前缘相接,上眶骨前为侧筛骨,鳃盖骨与眼眶之间能见到部分舌颌骨,方骨不完整,呈扇形,续骨长条状,翼骨未保存。眼眶大,副蝶骨贯穿眼眶中上部,上眶骨小。围眶骨保存不好,在眼眶下缘与方骨之上有一块半椭圆形骨片,其上缘隐约可见感觉沟,估计是眶下骨。鳃盖系统同一般鲤科鱼类。匙骨保存不好,后匙骨细长。角舌骨马鞍形无孔。

口端位,口裂中等大小,上颌十分倾斜几乎垂直,前上颌骨侧支窄长,具吻突,下颌较上颌稍突出,齿骨略窄长,冠状突位于齿骨后半部,下颌关节靠近眼眶前缘之下,鳃条骨 3 对。

脊椎 34 个,体椎 18 个,尾椎 16 个,肋骨 14 对长达腹缘,具上髓弓小骨和上肋小骨,未见上神经骨。背鳍起点位于腹鳍之后。背鳍条Ⅲ.7,胸鳍条约 14 根,腹鳍较大约 8 根鳍条。臀鳍位于背鳍基末端之后,臀鳍条Ⅲ.8。尾鳍深分叉,尾鳍条Ⅰ17.Ⅰ。背鳍起点距吻端显著大于距尾鳍基,腹鳍距胸鳍约等于距臀鳍。尾鳍上、下叶各有 5～6 个辅助小鳍条。未见鳞片。

下咽齿齿冠呈侧扁圆锥形,齿冠长约 0.49mm,宽约 0.33mm,齿尖较锐,略向后弯钩,咀嚼面呈窄沟状,其边缘呈波状,但因修理标本时不慎将咀嚼面边缘损坏使这一特征在标本上已不明显。标本上能见到 7 个咽齿,其大小相似,难以判断咽齿排数。

产地及层位:临朐山旺;山旺组。

弥河鱼属 *Miheichthys*
山东弥河鱼 *Miheichthys shandongensis*
(图版 77,图 2)

鱼体小,头大,头高等于体高,背腹缘呈弧形,背鳍Ⅲ.8,臀鳍Ⅱ.9,胸鳍Ⅰ.12,脊椎 30 个。

背鳍起点至吻端距显著大于至尾鳍基。臀鳍至尾鳍距大于至腹鳍距。腹鳍至臀鳍距大于至胸鳍距,体长为体高的1.8倍,为头长的2.3倍,为头高的1.8倍,为尾柄长的4.6倍。尾柄高大于尾柄长,尾鳍分叉。未见鳞片。

鱼体曾受轻微挤压,全长约28.5mm,体高头大。鱼体最高处在头后至背鳍起点之间,由身体最高处向后变窄,背腹缘均呈弧形,头高大于头长,颅顶短宽,额骨矩形,顶骨与额骨等宽,顶骨长为额骨的1/2,枕区未保存,枕骨感觉沟在顶骨后缘通过,翼耳骨大,与顶骨、额骨相邻,筛区破碎。侧筛骨大略呈三角形。副蝶骨直,贯穿眼眶中部,眼眶后有一块长条状骨片可能为眶下骨,翼骨部分保存差,方骨扇形,续骨窄条状。口端位,口裂中等大小,上下颌部十分倾斜,前上颌骨具吻突,其侧支后端残缺。齿骨短,冠状突高,位于齿骨中央。鳃盖系统长,鳃盖骨大,矩形,间鳃盖骨大,下鳃盖骨小,前鳃盖骨上下支等长,其外缘以90°相交,匙骨未保存,后匙骨粗壮。鳃条骨3对,粗短。

脊椎见到26个,估计头后还有4个,体椎17个,尾椎13个。椎体高大于宽,肋骨长达腹缘,有上肋小骨和上髓弓小骨。背鳍略呈三角形,背鳍基短,位于腹鳍与臀鳍之间,背鳍Ⅲ.8,支持骨9个,臀鳍三角形,鳍式Ⅱ.9,末根分支鳍条由2根合并而成,支持骨11个。胸鳍位略高,胸鳍条长达腹鳍起点,鳍式Ⅰ.12。腹鳍不完整。尾柄高,尾鳍分叉,末端残缺,未见鳞片。咽齿呈侧扁锥形,具弯钩状齿尖,咀嚼面窄长光滑。标本上能见到2行齿,每一行有4个齿,推测为主行齿和第2行齿,主行齿中最大的一个仅保留齿根痕迹,第2行齿略小。齿尖都指向鱼体左侧,根据这2行齿的形状、大小相差不大,推测应有第3行更小的咽齿存在。

产地及层位:临朐山旺;山旺组。

谭氏鱼属 *Tanichthys*
宁家沟谭氏鱼 *Tanichthys ningjiagouensis*
(图版79,图1)

正型标本,为一条较为完整的鱼(缺失背鳍和尾鳍)。

鱼体较大,全长120～200mm。体呈纺锤形,背缘平直。最大体高处略后于腹鳍起点。体长为头长的3.5～4.0倍,为体高的3.0～3.8倍。

顶骨近长方形,后缘平滑,略后凸,后下侧向内凹进。额骨呈梯形,长大于顶骨,后部比顶骨宽,前缘观察不清。顶骨、额骨及顶-额骨间界线均不清。眶上感觉管沿额骨偏外侧延伸,在与顶骨交会处向后下方微弯,往后伸达顶骨后部。眶上管前端有一细片状骨片,可能为鼻骨。上颞骨三角形,与对侧骨片不相连,上颞联合横贯其中。膜质翼耳骨呈不规则细长片状,头区主侧线纵贯而过。在顶骨内侧后下部,可见到一明显的孔状结构,结合上述顶骨和翼耳骨的外部形态,推测此结构很可能为颞窗。上枕骨不插入顶骨后缘,其后上部可能有枕骨脊。

眼眶中等大小,眼径约为头长的1/3。眶上骨可能已愈合于额骨。眶前骨可能呈液滴。眶下骨可见4块:第1块细棒状;第2块不规则梯形,后下角伸长;第3、4块为很大的四边形,完全覆盖眼后缘与前鳃盖骨间颊区。眶下感觉管沿各眶下骨眼缘分布。蝶耳骨保存不好,可能呈三角形。

鳃盖骨大,约占头长1/4,近呈肾形,高大于长,后下部有放射纹。前鳃盖骨上枝长,下枝相对宽短,两枝外缘交角略大于直角。前鳃盖感觉管沿上枝偏前缘和下枝上缘通过,在下枝向后下缘发出 5~6 个短小分枝。下鳃盖骨小,为长三角形。间鳃盖骨呈宽短三角形,但大部为前鳃盖骨下枝所掩盖。鳃条骨纤细,可观察到 7 对。

口裂较大,颌关节约与眼眶后缘相对。前上颌骨三角形,有一短小升突,口缘约有 8 枚较粗壮的牙齿。上颌骨细长、平直,口缘有齿。上颌骨前端略膨大成突,与前上颌骨成简单关节。未观察到辅上颌骨。齿骨较细长,口、腹缘均较平直,不形成明显的冠状突,口缘约有 20 枚尖锥形齿。感觉管沿齿骨偏下部通过。可见到部分翼骨、方骨和舌颌骨。方骨扇形,前下方以较大关节突与下颌相关节。续骨细楔形,插入方骨及其骨突之间。方骨上方保存有部分后翼骨,为薄片状。舌颌骨残破,可能以双头与脑颅相关联。内翼骨未保存。外翼骨细长片状,其上有无牙齿难以肯定。副蝶骨保存欠佳,仅见其横贯眼眶中部,腹面有若干齿痕。

共有 42~45 个脊椎,其中躯椎 21~23 个,尾椎 21~22 个。

椎体高略大于长。椎体外侧有 3~5 个纵脊。椎体横突不很发达,肋骨似与横突直接关节。肋骨 20~21 对,均较粗大,除最后几对外,其余都几乎伸达腹缘。前 27 个脊椎的神经弧未愈合,且有成对的上髓弓小骨。约有 22 根上神经棘。

鳍后颞骨叉状。上匙骨近楔形,头部感觉管斜穿其后上部,与侧线相会。匙骨镰形,硕壮。胸鳍宽大,位低,约有 10 根鳍条,其中第一分节不分叉,鳍条粗大,几乎伸达腹鳍起点。腹鳍小,近居胸、臀两鳍起点之中,约有 6 根鳍条;基鳍骨近长三角形。

背鳍基短,起点大约相对于第 27 枚脊椎,鳍条数 Ⅲ~Ⅳ.9~10,前几根鳍条短小,不分叉,其余均为分叉鳍条,最后一根自基部一分为二;鳍条支持骨 11 根,第 1 根宽片状,其他为针状。臀鳍基较长,其起点约前于背鳍起点 1.5 个脊椎,鳍条数 Ⅲ~Ⅳ.15~17;鳍条支持骨 16~18 根。

尾鳍分叉浅,鳍条数 Ⅰ+8+8+Ⅰ,此外,上、下叶基部各有约 10 根辅助鳍条。尾骨骼与狼鳍鱼等原始骨舌鱼类相似。2 个末端尾椎和第 1 尾前椎略向后上方翘起。第一末端尾椎连接 2 个尾下骨,其中第 1 尾下骨远端扩大成宽片状;第 2 个末端尾椎连接 4 个顺序变小的尾下骨。末端尾椎和 6 个尾下骨彼此分离,尚未出现互相愈合的迹象。2 个末端尾椎连接的尾下骨与 4 个尾前椎的神经棘和脉棘伸长膨大分别支持尾鳍上、下叶鳍条。有 4 根尾神经骨,前 3 根长,向前延伸超过第 2 个末端尾椎,最后一根短小。尾上骨 1 块,与尾神经骨近平行展布。第一尾前椎上有一完整的神经棘。

鳞片大而薄,保存不好。可见细密的同心生长纹,基部放射纹较少,未见网状结构。

产地及层位:新泰;莱阳群水南组。

鲅属 *Barbus* Cuvier, 1817

临朐鲅 *Barbus linchüensis* Young et Tchang

(图版 79,图 2)

体长为体高的 2.3 倍,为头长的 2.5~3 倍。下眶骨大。前鳃盖骨小于鳃盖骨,间鳃盖骨三角形,鳃盖骨大,矩形。头长为眼径的 3.5 倍。有侧线,侧线鳞 26 行,背鳍与侧线间及腹鳍基与侧线间各有鳞 5 列。脊椎约 27 个。背鳍下有神经间棘 14 根,臀鳍之上有血管间棘 7

根。肋骨约 14 对。背鳍有 11 根分叉鳍条和 4 根不分叉鳍条,最后 1 根不分叉鳍条强硬而具锯齿。背鳍起点距尾基比距吻端为近,在腹鳍起点之前。臀鳍具 5 根分叉和 3 根不分叉的鳍条,最后 1 根不分叉鳍条强硬而具锯齿,臀鳍起点在背鳍之后。胸鳍长达腹鳍,而腹鳍不达臀鳍。尾鳍深叉型,每叶具 10 根长和 6 根短的鳍条。

产地及层位:临朐山旺;山旺组。

司氏鲅 *Barbus scotti* Young et Tchang
(图版 79,图 3)

体长为体高的 2 倍,为头长的 3 倍。头长为眼径的 3.5 倍。前鳃盖骨小于鳃盖骨。鳃盖骨大,矩形,具放射沟。间鳃盖骨三角形。有侧线,侧线鳞 29 行,侧线与背鳍和腹鳍间各有鳞 5 列。神经间棘 12~13 根,血管间棘 6~7 根。背鳍具 11 根分叉和 4 根不分叉鳍条,最后 1 根不分叉鳍条强硬而具锯齿,背鳍起点在腹鳍之后。臀鳍具 5 根分叉和 3 根不分叉鳍条,最后 1 根不分叉的鳍条强硬而具锯齿。尾鳍深叉型,每叶具 10 根长和 6 根短的鳍条。胸鳍仰达腹鳍,腹鳍未达臀鳍。

产地及层位:临朐山旺;山旺组。

雅罗鱼属 *Leuciscus* Cuvier,1817
中新雅罗鱼 *Leuciscus miocenicus* Young et Tchang
(图版 78,图 8)

体长为头长的 3 倍,为体高的 3.3 倍。头长为眼径的 3.5 倍。口居前端偏上。鳃盖骨大,矩形,比前鳃盖骨大,间鳃盖骨三角形。脊椎 34~35 个,末端具一尾下骨。肋骨 14 对。背鳍下具 10 根神经间棘,臀鳍之上具约 9 根血管间棘。背鳍无硬刺,具 7 根分叉和 3 根不分叉鳍条,背鳍起点距尾基较距吻部为近,在腹鳍之后。胸鳍未达腹鳍,腹鳍未达臀鳍。尾鳍叉型,每叶具 10 根长和 6 根短的鳍条。

产地及层位:临朐山旺;山旺组。

麦穗鱼属 *Pseudorasbora* Bleeker,1859
大头麦穗鱼 *Pseudorasbora macrocephala* Young et Tchang
(图版 80,图 1)

体长为体高的 5 倍,为头长的 3.25 倍。口裂垂直。眼大,鳃盖骨大于前鳃盖骨。脊椎约 34 个。肋骨约 14 对。背鳍无硬刺,具 7 根分叉和 4 根不分叉鳍条,背鳍起点距尾基较距吻端为近,与腹鳍相对。臀鳍具 6 根分叉和 3 根不分叉鳍条。胸鳍未达腹鳍,腹鳍未达臀鳍。尾鳍叉型。

产地及层位:临朐山旺;山旺组。

鳅科 Cobitidae
花鳅属 *Cobitis* Linnaeus
长胸鳍花鳅 *Cobitis longipectoralis*
（图版77,图3）

正型标本,为一条近于完整的鱼。

鱼体小,细长且侧扁,背腹缘平直。头小,口亚下位,吻部略向前伸出。头长大于头高,体长为体高的7.6倍,为头长的4.7倍,为尾柄长的7.6倍,为尾柄高的12倍。头长为眼径的4倍。尾柄长为尾柄高的1.6倍。背鳍起点至吻端距大于至尾鳍基距,腹鳍至胸鳍距大于至臀鳍距,臀鳍至腹鳍距大于至尾鳍距。

额骨窄长,顶骨较小,二者界线隐约可见,颅顶表面未见感觉沟。额骨之前有一些破碎骨片为前锄骨与筛骨合成的一个复合骨片称为筛锄骨,其功能是加强筛区,使适应在卵石中生活。筛锄骨的背面中央有一窄条状骨,所见部分可能为上筛骨。筛锄骨之前两侧有一对前筛骨,前筛骨与前面的上颌骨及后面的腭骨、筛锄骨的关系都不清楚。筛锄骨两侧的腭骨独立,保存时略有位移,腭骨的两端有明显的关节面。侧筛骨发育很好,向后侧下方延伸至副蝶骨之下,形成一个眼下刺,眼下刺长而分叉,长度超过眼部中线。侧筛骨前端延伸至眶蝶骨。眶蝶骨在筛锄骨之后的两侧,从颅顶背面观察则在额骨之前。副蝶骨直,其后部扩大,并与额骨两侧的突伸部分相接。上枕骨和外枕骨均已破碎。方骨仅保存与下颌相关节的关节面和方骨后突。插入方骨后突的续骨已破碎。眼眶大,位于头部中央。眶上骨、眶下骨均未见,在侧筛骨和眼眶之下有一些条形小骨,可能是眶下感觉沟小骨。在现生花鳅亚科中,眶上骨宽而薄,不易保存,并且眶上骨、眶下骨都是独立存在的,互不连接,因此这些骨片很容易散落。

上颌骨排除在口缘之外,由前上颌骨单独组成,前上颌骨有侧支和吻突。齿骨有明显背突。隅骨和齿骨大小几相等且彼此关节很松。关节骨小,位于隅骨下面。

鳃盖系统保存差,鳃盖骨菱形,能见到鳃盖骨的关节头。鳃盖骨前缘、下缘平直,前下角为锐角。前鳃盖骨细长,上、下支几乎等长,交角略大于90°,表面未见感觉沟。间鳃盖骨窄长。匙骨窄弓形。后匙骨细长。角舌骨窄,无孔。

脊椎42个,其中体椎20个,尾椎22个。韦伯氏器保存不好,因此第1椎体游离,第2、3椎体愈合等特征已无法辨认,但第2和第3椎体上的神经棘愈合成一扩大的骨片,即椎骨神经复合体(陈景星等称此骨片为复合髓棘)却清楚可见。尚能见到紧靠复合髓棘有一粗壮骨片,为第4椎体的神经棘,又称第4髓弓。此外在第5椎体之后的每个椎体髓弓基部都有1个前关节突。

背鳍位于腹鳍起点之前,背鳍条Ⅲ.7。臀鳍基短,鳍条Ⅲ.5。胸鳍窄长,胸鳍条8～9根,最长鳍条达9mm,其长度超过胸鳍至腹鳍距的1/3。

尾骨骼的第一尾前椎与第一末端尾椎愈合成复合尾椎,1个尾神经骨与复合尾椎愈合形成尾杆骨。复合尾椎上有1个短的神经棘。尾上骨1个,尾下骨5个。副尾下骨与复合尾椎关节。第1尾下骨宽,可能由2个尾下骨愈合而成,支持下叶尾鳍条。其余尾下骨支持尾鳍上叶鳍条。尾鳍近于截形,后缘略呈弧形。尾鳍条Ⅰ.14.Ⅰ。未见鳞片。

产地及层位:临朐山旺;山旺组。

弓鳍鱼目 Amiiformes
中华弓鳍鱼科 Sinamiidae Berg,1940
中华弓鳍鱼属 *Sinamia* Stensio,1935
师氏中华弓鳍鱼 *Sinamia zdanskyi* Stensio
(图版77,图1)

体呈长梭形,稍侧扁。头低平,中等大,全长为头长的4～5倍,头长大于头高,为体高的2倍。板骨通常为每侧4块,相邻者愈合。顶骨愈合成一块,其前缘突伸,插入两额骨之间。额骨长大。吻骨呈宽"V"字形。眶上骨5～6块,眼眶后有2块较小的长方形眶后骨,不十分向后延伸,使该骨与前鳃盖骨之间存在较大的空隙。辅上颌骨1块,窄而长。鳃条骨多,其前方有一大的咽板骨,上下颌均生有1列大的锥形齿。成年个体的椎体骨化完整。背鳍甚长,其起点在腹鳍之前,鳍条疏而短。臀鳍甚短,颇小于背鳍。背鳍条和臀鳍条的远端分节分叉。尾鳍半歪型,鳞叶甚短,后缘凸圆,鳍条粗壮,数目少且排列稀。鳞片菱形,长大于高,硬鳞质层厚。躯干部(除背部)的鳞片后缘有若干锯齿。

产地及层位:莱阳;莱阳群。

华南鱼目 Huananaspoformes
华南鱼科 Huananaspodae
亚洲鱼属 *Asialepis*
中华亚洲鱼 *Asialepis sinensis* Woodward
(图版77,图4)

体呈纺锤形,身体最高部位在胸鳍、腹鳍之间,体高约为全长的1/4。头大,吻端圆钝,头长、头高几乎与体高相等。眼大。口缘具大的锥形齿。脊椎43～45个,最末3个尾椎上扬。背鳍起点位于臀鳍起点之前1～2个脊椎。尾鳍分叉浅。

产地及层位:莱阳;莱阳群。

狼鳍鱼目 Lycopteriformes
狼鳍鱼科 Lycopteridae Cockerell,1925
狼鳍鱼属 *Lycoptera* Miiller,1848
中华狼鳍鱼 *Lycoptera sinensis* Woodward,1901
(图版78,图1、2)

体呈纺锤形,身体最高部位于胸鳍、腹鳍之间,体高为全长的1/5～1/4。头大,吻端圆钝,头长略大于头高,与体高几乎相等。眼大,位于头前部。口裂大,伸达眼窝后缘,口缘上、下均具有锥形齿,副蝶骨粗壮,横贯眼窝中部,其腹侧有锥状齿,额骨长大,鳃盖骨较大,呈长方形,上部稍窄,各角圆钝,其表面可见到以关节窝为中心的放射纹。前鳃盖骨略呈镰刀状,上肢窄长,下肢短而宽,有感觉沟贯穿于上、下肢,在上、下肢相交部有3～4个向下方伸出的分叉,上下肢交角成钝角,鳃条骨细长。

脊椎骨有44~45个,椎体高大于长,中部略收缩,最末3个尾椎上扬。肋骨19对,有纵沟贯及全长。末端7个尾椎的脉棘均伸长支持尾鳍,上神经棘细直,间插于神经棘之间。

胸鳍较大,有鳍条9根。腹鳍小,背鳍小于臀鳍,其起点位于臀鳍起点之前1~2个脊椎骨,具12根鳍条,内支持骨11根,细而长。臀鳍大,鳍条16根,内支持骨14根左右。尾鳍分叉浅,具Ⅰ+15+Ⅰ根鳍条。鳞圆形,表面可见放射纹,侧线平直,居脊椎下方,平行脊椎伸向尾柄。

产地及层位:莱阳;水南组。

莱阳狼鳍鱼 *Lycoptera laiyangensis*
(图版78,图3~7)

体呈纺锤形,体长在85~90mm,最大体高位于胸鳍、腹鳍之间,约28mm,体长为体高的3倍左右,头长与头高几乎相等,略大于头高,吻端钝圆,口裂大,直达眼窝后缘,上颌骨较大,前窄后宽,齿骨也较大,上下口缘均有1列锥形齿,副蝶骨粗壮,横贯眼窝中部,其腹侧有锥形齿。眼大,且靠近头的前部,眼眶周围骨片保存不好,不清楚,额骨长大,顶骨也较大,均不甚清楚,鳃盖骨较大,呈长方形,上部稍窄,4个角钝圆。下鳃盖骨保存不好,不清楚,鳃条骨纤细而长,匙骨较大。脊椎42~43个,最末3个尾椎上扬,椎体呈圆筒形,中部急剧收缩呈线轴状,排列成串珠状,这一特征尤以尾部更为明显,肋骨18~19对,细长,呈细柱状,未见纵沟或者纵沟不发育,末端6~7个尾椎的脉棘均伸长支持尾鳍,上神经棘细长,间插于神经棘之间,胸鳍较大,腹鳍较小,背鳍小于臀鳍,其起点位于臀鳍起点之前1~2个脊椎骨。背鳍条12~13根,内支持骨可见10条。臀鳍条12根,内支持骨可见10~11条。尾鳍分叉浅,具Ⅰ+15+Ⅰ鳍条,鳍条分节,节宽大于长。鳞片圆形,表面有同心状生长线,前部具放射纹。

产地及层位:莱阳;水南组。

3.7.2 两栖纲 Amphibia

有尾目 Caudata
蝾螈科 Salamandridae
原螈属 *Procynops*
中新原螈 *Procynops miocenicus* Young
(图版78,图9)

体小,四肢纤弱。尾短于体长的1/2。全身可能具匀细的瘤状斑点,但无大背或两侧大的斑点。头大小和一般性质与*Cynops orientalis*(David)很相似,但头部较伸长,鼻孔较靠后,眼孔三角形与之略有区别。个体比之后者小1/4~1/3,为已知蝾螈之最小种。

产地及层位:临朐山旺;山旺组。

无尾目　Salientia
蛙科　Ranidae
蛙属　*Rana*
玄武蛙　*Rana basaltica* Young
（图版79，图4）

个体较小。头骨呈三角形，头长小于头宽。脊椎9个，第2脊椎椎弓横突强大。前肢与 *R. asiatica* Bedriaga 无明显差别，仅桡、尺骨在比例上较大。腰带结构短而宽大，其宽度约与亚洲蛙相当，但长度稍大于后者的1/2。胫骨、腓骨较股骨稍长，二者总长小于体长。足部较胫骨、腓骨稍长，蹼未达趾端。

产地及层位：临朐山旺；山旺组。

蟾蜍科　Bufonidae
蟾蜍属　*Bufo*
临朐蟾蜍　*Bufo linquensis* Young
（图版80，图2）

头较大，头宽显著大于头长，吻宽圆。上颌无齿，亦无犁骨齿。副蝶骨前突极短，不及两侧突间宽度的1/2。脊椎8个，均前凹型，椎横突粗壮发达。尾杆骨与荐椎呈双髁关节，且发育尾杆骨嵴。荐椎横突宽大，与身体长轴垂直相交。肩带弧胸型。腹带略呈"U"形，无髂嵴，坐骨结节发达。后肢短粗，股骨"S"形弯明显。胫骨短，跗节长于胫骨的1/2。

产地及层位：临朐山旺；山旺组。

锄足蟾科　Pelobatidae
大锄足蟾属　*Macropelobates*
强壮大锄足蟾　*Macropelobates cratus* Hao
（图版80，图3）

一种体形硕大的锄足蟾类。头极宽大，顶面具膜质外壳。上颌发育栉状细齿，犁骨齿显著退化，腭骨发达。蝶筛骨完全骨化，侧骨与腭骨愈合。脊椎9个，均前凹型，无椎间垫。荐椎横突极展宽，成扇状。肩带弧胸型，腰带较长，坐骨板状后伸。后肢短而粗壮，足长于胫骨，前拇指特化成挖掘器官。

产地及层位：临朐山旺；山旺组。

3.7.3　爬行纲　Reptilia

爬行动物是脊椎动物亚门的一个纲，绝大部分为陆生，少数生活于水中，但均用肺呼吸，有卵生和胎生两种繁殖方式。最早出现于石炭纪，盛于中生代，现代只有残存的类别，如龟、鳖、鳄类等。

龟鳖目 Chelonia
中国龟科 Sinemydidae Yeh,1961
中国龟属 *Sinemys* Wiman,1930
圆镜中国龟 *Sinemys lens* Wiman
(图版 80,图 4)

甲壳椭圆形,宽约为长的 3/5。椎板 8 块,多较狭长,除第 1、8 块外,多呈宽边朝前的六角形,第 8 块后部常退缩。上臀板 2 块,第 1 块常呈圆形;第 2 块横宽,包围第 1 块的后缘。肋板 8 对。缘板 11 对,腹甲前、后叶狭,具菱形或亚菱形的腹甲中窗。

产地及层位:新泰;水南组。

泥龟科 Dermatemydidae Gray,1870
北山龟属 *Peishanemys* Bohlin,1953
宽边北山龟 *Peishanemys latipons* Bohlin
(图版 80,图 5)

甲壳宽大,近圆形。椎板 8 块,狭长方形。肋板完全,最后几对不在中线处相遇。上臀板 2 块。肋缘缝在肋缘沟之上。下缘盾完全。内腹甲大,骨桥宽,腹甲前后短。未成年个体腹甲中央有腹甲窗。

产地及层位:莱阳;青山群。

平胸龟科 Platysternidae Gray,1870
板龟属 *Scutemys* Wiman,1930
盖板龟 *Scutemys tecta* Wiman
(图版 79,图 5～7)

原始材料主要为头骨。头骨相当宽而短。眼眶在头骨部两侧。前额骨大,呈五角形。额骨小,呈三角形,其外侧不到眼孔。顶骨大。上颚骨小。下颚骨的缝合线短。头骨个别盖有盾板。

产地及层位:新泰;水南组。

龟科 Emydidae Gray,1825
地平龟属 *Terrapene* Merrem,1820
文化地平龟 *Terrapene culturalia* Yeh
(图版 81,图 1～3)

甲壳长形。背甲高凸。骨板薄。椎板横宽,由前往后逐渐加宽,第 1 椎板前缘宽度小于后缘。肋板自第 2 对始左右宽度逐渐变狭。无侧嵴,但有不连续的背嵴。腹甲前狭后宽,前缘锐圆而后缘钝圆。股盾的中间宽度仅有腹盾的 1/5。股肛沟的游离端腹甲不内凹。

产地及层位:泰安;临沂组。

两爪鳖科 Carattochelyidae Boulenger, 1887
无盾龟属 *Anosteira* Leidy, 1871
山东无盾龟 *Anosteira shantungensis* Cheng
(图版 81,图 4)

甲壳扁平,长和宽相近。颈板宽大,约为长的 2 倍,前缘中央微内凹。椎板 7 块,第 1 块最大,且前窄后宽。肋板近边缘处的刻纹细密而弯曲,近中部的粗直,不连续且疏,近椎板处平滑而不明显。

产地及层位:临朐;五图群。

鳖科 Trionychidae Bell, 1828
鳖属 *Amyda* Oken, 1816
临朐鳖 *Amyda linchüensis* Yen
(图版 82,图 1)

个体不甚大,估计背甲约 165mm。无前椎板。第 1、2 椎板都呈侧边朝后的六角形,第 2 椎板的长度仅为第 1 椎板的 70% 左右。第 1 肋板内缘长而外缘短,第 2、3 肋板则是内缘短而外缘长。椎板和肋板上布满凹斑纹饰,肋板外缘无凹斑,呈一平滑的环带。肋条扁宽,突出于肋板边缘之外。头骨构造为典型鳖类式。

产地及层位:临朐;五图群。

鳄目 Crocadylia
阿吐波鳄科 Atoposauridae Gervais, 1871
山东鳄属 *Shantungosuchus* Young, 1961
莒县山东鳄 *Shantungosuchus chühsiensis* Yong
(图版 81,图 5)

小型鳄类,头骨从上看为拉长的三角形,嘴部细小而尖。牙齿深埋在牙根孔中,且彼此很靠近。颈椎 7 个,背 18 个,荐椎 2 个,尾椎只保存 11 个。颈椎的椎体较短,而背椎较长。四肢骨细小,前肢较长,尺骨比肱骨稍短,而胫骨显著比股骨长。

产地及层位:莒县;水南组。

钝吻鳄科 Alligatoridae
钝吻鳄属 *Alligator*
鲁钝吻鳄 *Alligator luicus* Li et Wang
(图版 99,图 1、2)

头骨短小。表面颅刻纹发育。吻的长度小于颅区长度,吻的基部宽度大于其吻长。上颌骨与前额骨,鼻骨与泪骨互成对角接触。眶前嵴不发育。上颞凹较宽大,呈长椭圆形。

产地及层位:临朐山旺;山旺组。

有鳞目 Squamata
穴蜥科 Amphisbaenidae Gray,1825
昌乐蜥属 *Changlosaurus* Young,1961
五图昌乐蜥 *Changlosaurus wutuensis* Young
（图版80，图6）

较大的穴蜥类，比 *Crythiosaurus mongoliensis* 大1倍多。上颌骨上部和前额骨、鼻骨部分凹陷，前额骨小，眼孔下无齿。牙粗壮而具锐尖，大小相间，排列较紧。

产地及层位：昌乐；五图群。

游蛇科 Colubridae Gray,1825
中新蛇属 *Mionatrix* Sun,1961
硅藻中新蛇 *Mionatrix diatomus* Sun
（图版79，图8）

身体中等大小，长0.5～1m。牙齿细小，分布紧密。上颌齿15个左右，牙齿向后稍增大，最后两齿无特殊增大现象，牙齿之间无间隙。腭骨齿约11个，翼骨齿极细小，沿内边缘分布。翼骨呈扁三角形。椎下突遍及全身，突起较短，但前后高度相当，无向后增高现象。

产地及层位：临朐山旺；山旺组。

鸟臀目 Ornithisehia Seeley
鸭嘴龙科 Hadrosauridae Cope,1869
山东龙属 *Shantungosaurus* Hu,1974
巨型山东龙 *Shantungosaurus giganteus* Hu
（图版82，图2～6）

正型标本 头骨后部。

可归于正型标本头骨部分的骨骼有左方骨、左上颚骨、右上颚骨、左前颚骨、左齿骨后部、右齿骨、部分前齿骨、锄骨最前端和右轭骨。

副型标本 第Ⅲ颈脊椎、荐部脊椎和右坐骨。

头骨长，后部宽而高，顶面较平，自上颞颥孔后部向前至额骨部分明显向下凹入。齿骨牙列长，有60～63个齿沟，牙前无牙齿部分较长。荐部脊椎由10个脊椎骨组成，腹面有较深的直沟。坐骨直长，末端有极微弱扩展的小尖顶。动物个体很大，全长14m以上。

左上颚骨的营养孔约55个，右上颚骨的营养孔约57个。

颈脊椎有完整的神经棘，有较完整的横突，神经棘较高于埃德蒙托龙和阿纳托龙。

荐部脊椎由1～10个脊椎骨合成，腹面有较深的直沟，贯穿了由前后脊椎合并而成的横棱。

肱骨上部较窄于中国谭氏龙。三角棱向下略有收缩。尺骨、桡骨和手掌骨以装架的骨骼为例：肱骨左996mm，右987mm；尺骨左1015mm，右1025mm；桡骨左886mm，右910mm。

尺骨略长于肱骨，较长于桡骨，尺骨的鹰嘴突较突出，高出关节面约 80mm。桡骨较直，上下端稍有扩大，比较明显。上下两边直列的条纹都非常清楚。

耻骨较短而宽阔，坐骨中部因病态局部稍为肿厚。坐骨直长，占全长 3/4 的中后部位前后宽窄一致，不同于阿纳托龙的后部略窄。坐骨末端有一极微弱的小尖顶。坐骨茎直长，闭凹口内空腔较大，闭口突较宽，突出不强烈。

产地及层位：诸城；王氏群。

诸城龙属 *Zhuchengosaurus* Zhao
巨大诸城龙 *Zhuchengosaurus maximus* Zhao
（图版 83，图 1~7；图版 84，图 1~12；图版 85，图 1~5）

个体巨大，前肢细小，后肢粗长；头骨粗壮而长，后面平陷，在中央部位有一纵脊。鼻孔大，枕部高，吻部低。自上颞颥孔面后部向前至额骨处强烈下凹，上颞颥孔后部向前至额骨强烈向下，额骨后部有一较粗的横脊。颧骨较平整，略向外突。方骨弯曲。上颌骨呈粗壮三角形，下颌骨高，底部平直，下牙床薄，牙列稍长于前端无牙部分。齿骨的冠状突起垂直于齿骨上缘。荐椎部分由 9 个椎体组成，其腹面较平，仅在中央处有一不明显的凹陷；耻骨略弯，坐骨突发达。坐骨长而直，干部较细，无足状膨胀及扩粗的远端。头部包括头骨、方骨、上颌骨、下颌骨、齿骨、前齿骨、冠状骨。

产地与层位：诸城龙骨涧；王氏群下部辛格庄组。

青岛龙属 *Tsintaosaurus*
棘鼻青岛龙 *Tsintaosaurus spinorhinus* Young
（图版 85，图 6、7）

头骨的鼻骨形成管状突起，向上前方伸出，其末端加宽。头骨后上部有很发育的横棱。上颞颥孔左右宽，前额骨末端微向上卷曲。牙齿数目较少。荐部脊椎似有 8 个脊椎骨合成，腹侧有明显的中间直棱，后有沟状。脊椎约为颈部 11 个，背部 15 个，尾部 60 个。前肢、肩胛骨硕大，末端宽阔，肱骨较桡骨为长；后肢、肠骨上部相当隆起，坐骨末端成原始足状扩大，股骨硕大，末端穿孔，胫骨比股骨略长。

产地及层位：莱阳；王氏群。

鹦鹉嘴龙科 Psittacosauridae Osborn，1923
鹦鹉嘴龙属 *Psittacosaurus* Osborn，1923
中国鹦鹉嘴龙 *Psittacosaurus sinensis* Young
（图版 86，图 1）

个体较小，正模标本全长 675mm。头骨短而宽，颧骨突居中，颧骨突中棱很发达，下颌前端与上颌齐平。颈椎约 9 个，背椎 13 个，荐椎 6 个，尾椎 31 个左右。腹肋不很发达。上牙 8 个，下牙 9 个，第 5 个牙最大，每牙中棱前后各 4 条小棱。胫骨甚长于股骨。

产地及层位：莱阳；下白垩统青山群。

杨氏鹦鹉嘴龙 *Psittacosaurus youngi* Chao
(图版 85,图 8)

体长中等,全长小于 1m。头骨在已知所有种中为最短,头长大于头宽,其比例为 88%。颅顶骨中棱较发达,颧骨突位置偏后,至头后端距离为头长的 1/3。枕骨大孔发达,为枕髁的 2 倍。耳缺不明显。方骨窝很发育。上、下颌牙齿皆 8 个,其中上颌的第 4 个牙最大;牙齿中棱前后各有 3 条小棱。椎体平凹型,背椎 15 个,荐椎 7 个,第 2 荐椎最大。肋骨粗壮,肠骨上缘棱脊发达。

产地及层位:莱阳;下白垩统青山群。

谭氏龙属 *Tanius* Wiman,1929
莱阳谭氏龙 *Tanius laiyangensis* Zhen
(图版 83,图 8)

荐部脊椎由 9 个脊椎骨组成,第 6~9 脊椎骨的腹面有较深的直沟,并穿过由前后两个脊椎所并成的横棱。荐部脊椎的神经棘较高,呈薄片状,横突几乎呈水平状,最后两个较大。髋骨比较粗壮,肠骨突较小。

产地及层位:莱阳;王氏群。

肿头龙科 Pachycephalosauridae Sternberg,1945
小肿头龙属 *Micropachycephalosaurus*
红土崖小肿头龙 *Micropachycephalosaurus hongtuyanensis* Dong
(图版 85,图 9)

标本为一小的肿头龙,身长 50~60cm。头顶上一鳞骨肿厚,但比较平,不拱起,上颞孔不封闭。头上无明显的隆起栉饰。下颌骨较高,牙齿纤细,单排,牙齿的外侧有中嵴,前后侧有对称的小齿。荐椎体双平型,有 6 个愈合的荐椎,第 2 荐椎体膨大,横突与荐肋愈合,变得粗壮。荐部上有荐背肋。

产地及层位:莱阳;王氏群。

蜥臀目 Saurischia
巨齿龙科 Megalosauridae Hexley,1869
凶暴霸王龙属 *Tyrannosaurus* Osborn,1905
凶暴霸王龙(相似种) *Tyrannosaurus* cf. *rex* Osborn
(图版 86,图 3)

标本为 4 颗牙齿。所有牙根均未保存,齿冠部分均较宽扁,并稍向后弯曲,自基部前后缘向牙尖方向都有锯齿状构造,其中最大一个齿冠保存长度 103mm,基部宽度 38.5mm,中部厚度 25mm,颇与凶暴霸王龙接近。

产地及层位:诸城;王氏群。

爬行动物的蛋化石

网形蛋科 Dictyoolithidae Zhao,1994

网形蛋属 *Dictyoolithus* Zhao,1994

蒋氏网形蛋 *Dictyoolithus jiangio*

（图版 86，图 4）

正型标本为 4 枚完整程度不同的蛋化石。

蛋壳一般由 2～3 个长短不一的基本结构单元重叠一起组成。在某些部位,蛋壳层则由 3～4 个相对比较短小的基本结构单元重叠一起组成。蛋壳外表面的气孔形状不规则。

这 4 枚蛋在同一地点被发现,可能是一窝蛋,或代表一窝蛋的一部分。蛋化石呈扁圆形, 有的比较扁平。D738 和 D739 两枚蛋比较完整。

蛋壳呈暗灰色,外表面无纹饰,比较平滑。在低倍镜下观察,可见外表面有近乎圆形、长椭圆形、方形、马蹄形或不规则形的气孔,但分布疏密很不均匀,气孔大小不一,最大气孔直径为 0.3mm,最小为 0.04mm。蛋壳厚度 1.50～1.65mm。蛋壳的基本结构单元像树枝呈不规则分支。

产地和层位:莱阳；王氏群红土崖组。

分类位置不明

圆形蛋属 *Oölithes* Young

短圆形蛋 *Oölithes spheroides* Young

（图版 86，图 5）

蛋较小,短圆形,平均长度约 80mm,横大径与长径之比为 77∶92,横大径与横短径相差不大,大端与小端之差不显著。蛋面具小丘点形纹饰,并介以低凹部分。蛋壳厚度相差较大,为 1.1～3.3mm,平均厚约 2mm。蛋壳内面不平滑,乳突层相对厚度较大,乳突特别发育。棱柱层分带清楚,气孔道直,上部扩大,气孔外口低凹。据研究,可能为肉食龙类的蛋。

产地及层位:莱阳；王氏群。

厚皮圆形蛋 *Oölithes megadermus* Young

（图版 86，图 6）

蛋壳巨厚,在 5～7mm 之间。蛋面粗糙,具鸡皮疙瘩装饰。棱柱层被气孔道所穿凿,气孔外口极宽。乳突层不够发育,乳突不清楚。

产地及层位:莱阳；王氏群。

3.7.4 鸟纲　Aves

鸟类虽不是唯一能飞行的脊椎动物,但它对飞行的适应是最成功的。它具有大的髓腔, 愈合的骨骼,发达的肌肉,保持恒体温的羽毛,这都是助其飞翔的体格条件。

始祖鸟是最早发现的鸟类化石,它产于德国晚侏罗世。大小如乌鸦,体外披有羽毛,颌骨长满锋利的牙齿,前肢已变为翼,具有长长的尾巴。研究认为始祖鸟身体结构有许多特点与小兽脚类恐龙相似,可能来源于恐龙。始祖鸟并不是现代鸟的祖先,但代表了从兽脚类恐龙分化出来最早的一个分支。

鸵鸟目　Struthioniformes
鸵鸟科　Struthionidae
鸵鸟属　*Struthio* Linnaeus,1758
安氏鸵鸟　*Struthio anderssoni* Lowe

（图版86,图2）

蛋较大,椭圆形或卵圆形,两极直径 66~193mm,中道直径 135~155mm,过极周长 480~555mm,中道周长 433~482mm。蛋壳较厚,为 2~2.6mm。蛋壳表面光滑,有外膜,并常附有土状胶结物及有溶蚀现象。

产地及层位:济南;第四系。

雁形目　Anseriformes
鸭科　Anatidae
中华河鸭属　*Sinanas*
硅藻中华河鸭　*Sinanas diatomas* Yeh

（图版87,图1）

标本为一副基本完整的骨架。个体中等大小,颈略长,颈椎数 13 个以上。肋骨稍长于尺骨、桡骨。胫骨相对较长,而跗跖骨甚短,但粗壮。4 趾,前 3 后 1,后趾稍高而短,其他 3 趾很细长。

产地及层位:临朐山旺;山旺组。

鸡形目　Galliformes
雉科　Phasianidae
山东鸟属　*Shandongornis*
山旺山东鸟　*Shandongornis shanwangensis* Yeh

（图版87,图2）

个体中等大小。头大,嘴锋短粗有力,锥状。上嘴锋稍长于下嘴锋,前端略下弯,但不成钩状。前肢发达,腿细长,但跗跖骨的长度大于胫骨长度的一半。4 趾不等,趾粗壮,第一趾较其他趾为短,位置略高。

产地及层位:临朐山旺;山旺组。

临朐鸟属　*Linquornis*
硕大临朐鸟　*Linquornis gigantis* Yeh

（图版87,图3）

标本为无头和颈部的部分骨架。个体硕大,骨骼粗壮。跗跖骨虽较中趾加爪为长,但仍短于胫骨。不等趾足,后趾短而略高。趾爪骨壮健有力,但趾关节不显著突出,爪骨左右侧扁,末端不强烈下钩。

产地及层位:临朐山旺;山旺组。

鹤形目 Gruiformes
秧鸡科 Rallidae
杨氏鸟属 *Youngornis*
秀丽杨氏鸟 *Youngornis gracilis* Yeh

(图版 87,图 4)

标本为一件较完整的鸟类骨架。个体不大,颈稍长,嘴锋短壮,短于跗跖骨。肱骨长度较尺骨、桡骨为大,腿骨纤长,但跗跖骨仍短于胫骨。4 趾,前 3 后 1,为常态足。后趾发达,稍高,基本上可与前 3 趾平置。各趾骨及爪均纤长,中趾加爪的长度大于跗跖骨的长度。

产地及层位:临朐山旺;山旺组。

隼形目 faleoniformes Seebohm,1890
鹰科 Aeeipitridae Maynard,1580
齐鲁鸟属 *Qiluornis*
泰山齐鲁鸟 *Qiluornis taishanensis*

(图版 98,图 4)

正型标本 保存不全的脊柱、腰带和完整的右后肢。

特征 大型鸟类。颈椎和背椎的腹下突不发育。背椎神经棘长。最后一枚荐椎的横突特别粗壮。跗跖骨与股骨接近等长,股骨之长约为胫跗骨长的 2/3。胫跗骨强壮,腓骨约为胫跗骨长的 3/4。跗跖骨第 2 趾滑车具滑车翼。第 1、2 脚爪发育,第 4 爪小。

标本测量 脊柱保存长 350mm,愈合荐骨 107mm,腰带保存长 140mm,腰带保存最宽 73mm;股骨长 123mm,股骨体横宽 22mm,胫跗骨全长 183mm,近端最宽 30mm;跗跖骨长 120mm;第 1 趾长 60mm。

标本颈椎至后部的游离尾椎基本呈连续关节。颈椎和胸椎侧向保存,但愈合荐骨、尾椎及腰带为腹侧保存。脊柱和腰带部分骨片破损,腰带后部不全。尾综骨没有保存。右侧股骨基本完整,左侧股骨仅存近端;右胫跗骨和附足腆滑基本完整;第 1~3 趾骨保存完好,仅爪尖稍破损。

在所保存的脊椎中仅有最后 2 枚胸椎的椎体完整,最前面的 1 枚颈椎有部分椎体。

在愈合荐骨之前有 13~14 枚椎体保存,其中有 5~6 枚颈椎向前变小。胸椎神经棘比较高,关节突也长。后部胸椎神经棘更高,还可看出蜂窝状构造。从颈椎到胸椎,其腹面没有任何现生猛禽类具有的腹下突,而是平凹型的。

愈合荐骨大部横突缺失,其腹面保存完好,在愈合荐骨之前有 2 枚愈合腰椎和 2 枚愈合胸椎。愈合腰椎的椎体短,但比较宽,有一腹沟;愈合胸椎的椎体长,但无腹沟,而是中央有一条低的岭,最前端的一枚愈合胸椎与后者断裂开来,并有些错位。现生猛禽愈合胸椎一般都是3枚，而齐鲁鸟仅为2枚。愈合荐椎包括5～6枚荐椎，它们已愈合相当好，椎体界限已难辨认，其椎体腹面增宽，基本为一平面，而没有现生猛禽类的腹沟。最后一枚荐椎的横突很强壮，两侧都保存很好，这是该鸟的一大特征，现生猛禽类没有如此明显的构造。在荐椎之后尚有3～4枚较小的尾椎与愈合荐骨联合在一起，最后一枚愈合尾椎末端向后两侧扩展，其横突也相当长，之后尚保存4枚更小的游离尾椎。

腰带：髂骨（肠骨）髋臼前翼破损，仅能观察其轮廓。其间的骨片多半不全，但近髋臼处，骨骼边缘稍厚，腹面观髂斜峙非常大，髂骨髋臼后翼比前翼宽，但骨片亦不全。因为腹面挤压，髋臼孔看不到，耻骨仅存前部分，与髂骨、坐骨比较，相当细弱，近端尚未与髂骨、坐骨完全愈合，因此其最前端即耻骨突尚能清晰可见，位于髋臼的后侧，不向前伸，耻骨后伸的耻骨尖断裂开来。耻骨内侧即是坐骨的部分骨骼，它保存得较耻骨多。坐骨翼边缘亦比较粗厚，右侧保存得较多，其边缘与髂骨紧相贴近，但并不愈合，这是原始性的表现。

股骨：齐鲁鸟的股骨保存了内侧面，比较圆扁，显得特别粗壮。近端最突出的是股骨头，大而圆，内上侧已有明显的股骨头韧带凹。近端仅较骨体稍扩展，但其他构造不明显，骨体表面光滑，分布于骨体前后的肌间线都不明显。股骨远端关节髁观察不全，外髁虽较发育，但构造简单。

胫跗骨呈内侧覆压，故近端的胫内峙清晰可见，前缘较直，并明显突出于骨体之外。由于胫峙的出现，胫跗骨近端显得比较扩展，上段的骨体也比较粗壮。胫跗骨体较宽，但远端较细，有些呈后侧覆压，所以内、外两个关节髁都能观察到，关节裸都较小，保存尚好。远端内关节髁的内侧面有一突出的内韧带突，髁间窝比较浅、宽。腓骨细长，近端较圆，远端逐渐尖灭，约为胫跗骨长的3/4。

跗跖骨也保存内侧面，近端与骨体断开，但顶面内侧还紧紧地与胫跗骨远端内髁相关节，还可以观察到一个比较大而圆的内侧杯状窝，近端的其他构造缺失。从内侧仍可观察到骨体自上而下有一较大的凹面延伸，这是由猛禽跗跖骨片前后较薄而致。接近远端，内侧长而较深的第1跖骨窝发育特别清楚。第1跖骨长，并呈关节状态保留在此窝内；第2跖骨滑车就在第1跖骨窝的内下侧，并已有了较发育的滑车翼，在滑车翼的中央有一较大的副韧带窝；第3跖骨滑车仅保存一部分；第4跖骨滑车未保存。已保留的滑车间切迹比较浅。就保存的部分可以看出，跗跖骨骨体是相当宽的，而且侧向压扁，内侧边特别薄，中段至第1跖骨窝的上缘，骨体内边缘向后折转，这是大、中型猛禽的共同特征。跗跖骨的跖骨滑车末端基本处于同一水平线上，这是猛禽类区别于其他鸟类的共同特征之一。

趾骨和趾爪是齐鲁鸟保存最好的部分，但第4趾仅有一趾爪保存。从保留的趾骨看，第1趾最大、最粗壮，近端扩展，远端的滑车左右两侧收缩变窄，滑车韧带窝发育，证明它已具有比较强的抓握能力。第1趾爪大而钩曲，第1趾与其他3趾相对，从而形成猛禽类强大而有力的捕捉动物的脚趾构造。第2趾粗壮，第1趾节较短，只有第2趾节的一半长，趾爪也较大，与第1趾爪相似。第3趾的4个趾节骨保存都很好，与第2趾比较，要细而长，为最长的趾，但趾爪没有第1、2趾爪强大弯曲；第1趾节最长，第3趾节次之，第2趾节最短。第4趾爪是最小的一个，其长约为第2趾爪的一半。第1、2、4节趾爪都保留很发育的屈肌结节。

产地及层位：临朐山旺；山旺组。

3.7.5 哺乳纲 Mammalia

哺乳纲是脊椎动物中最高等的一类,体一般分为头、颈、躯干、尾和四肢 5 部分,外披毛发,恒温,大多胎生,以乳汁哺育幼兽。最早发现于三叠纪,新生代极为繁盛,化石极多,临朐山旺哺乳动物化石以其多样性、典型性闻名中外。

  多瘤齿兽目 Multituberculata Cope, 1884
  新斜沟齿兽科 Neplagiaulacidae Ameghino, 1890
  拟间异兽属 *Mesodmops* Tong et Wang, 1994
  道森拟间异兽 *Mesodmops dawsonae* Tong et Wang, 1994
    (图版 88,图 1、2;图 3-22)

正型 破碎的头骨保存右 DP1~M2、左 M1~2 和零散的左 DP1、DP3 及 P4,同一个体的存 i1 和 p4~m2 的右下颌骨,不完整的左下颌骨,存 p4、m1 和 m2,还有 2 颗脱落的门齿。
  存 i1 和 p4 的右下颌骨,存 i1 和 p4 的左下颌骨,零散的左 p4 和右 M1~2。

特征 中等大小的新斜沟齿兽。p4 齿冠低,前后延长,第一锯齿高稍大于标准齿长的 1/3,即比 *Mesodma* 稍高,明显地低于 *Neoplagiaulax*、*Ectypodus* 和 *Parectypodus*;P4 侧面

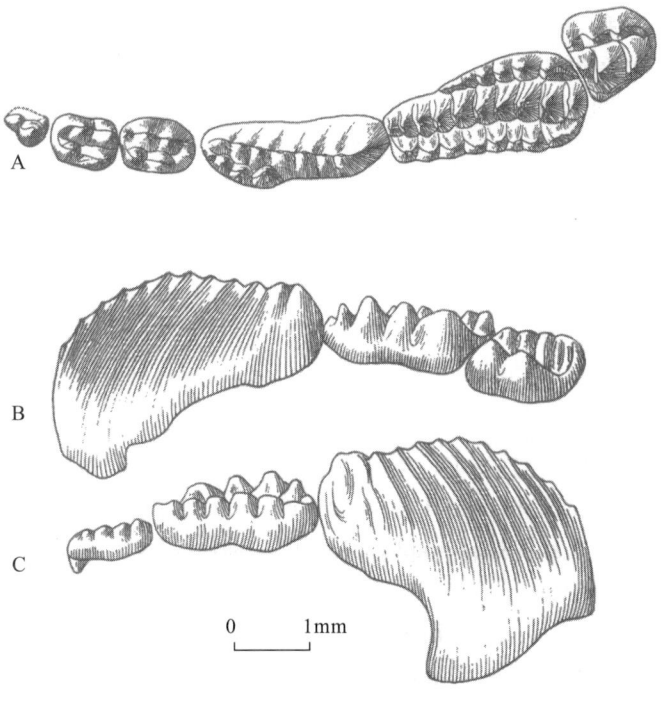

图 3-22 道森拟间异兽上、下颊齿冠面视(A)和侧面视(B)(C)
(据童永生和王景文,2006)

视呈三角形。齿尖式为 4∶7,齿尖比 *Mimetodon* 多,最后一个锯齿最高;M1 齿尖式是 8∶10∶5,齿尖数不如 *Mimetodon* 多;p4 的齿长大于 m1 和 m2 齿长的总和。无 p3。

产地及层位:昌乐五图;五图群。

鳞甲目? Pholidota Weber,1904
侨兽科 Epoicotheriidae Simpson,1927
晨兽属 *Auroratherium* Tong et Wang,1997
中华晨兽 *Auroratherium sinense* Tong et Wang,1997
(图版 88,图 3、4;图 3-23)

正型 不完整的头骨和左、右下颌骨,头骨上保存一左上门齿,左右犬齿,左 P3、M1 和已脱落的左 P1 和 P2,左下颌骨存一下门齿、下犬齿和 7 颗犬齿后颊齿,右下颌骨 m3 已脱落。

特征 齿式:1·1·4·2?/1·1·4·3。下前臼齿间有短的齿隙,p1 小,p2 缺少下前尖,p3 由大的下原尖和小的后跟尖组成,p4 下前尖和下后尖清楚;下白齿冠低,前后齿根已愈合,下原尖和下次尖发育,但其他齿尖易被磨蚀;p3 简单,主尖侧扁;上白齿呈圆角的三角形,唇侧由前尖和后尖组成,舌侧由前后延长的原尖组成。下颌骨细长,水平支前后几乎等高,具有很弱的近中侧支架和内侧下颌骨沟。

产地及层位:昌乐五图;五图群。

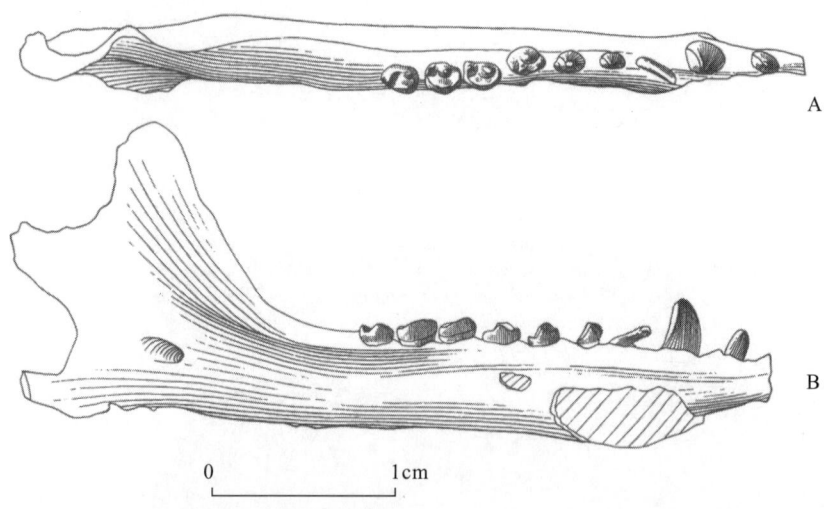

图 3-23 中华晨兽左下颌骨冠面视(A)和侧面视(B)

(据童永生和王景文,2006)

原真兽目 Proteutheria Romer,1966
狐科 Leptictidae Gill,1872
亚洲狐属 *Asioictops*
麦氏亚洲狐 *Asioictops mckennai*
（图版 88,图 8;图 3-24）

正型 破残的上颌骨,保存右 P2 和 M1~3,左 C~P4 和 M3,以及 4 颗上门齿。

特征 4 个前臼齿,P3 长大于宽;P3~M3 前附尖发育,前附尖区向前突出;P4 和上臼齿前后收缩,牙齿横宽,前尖和后尖基部高度愈合,无次尖;P4 前小尖大,后小尖弱;M2 前尖和后尖孪生,唇侧齿带连续,齿带包围原尖;M1 和 M3 前、后齿带发育,但不围绕原尖内侧基部。

描述 上颌骨已残缺,前上颌骨已损坏,4 颗上门齿散落在上颌骨的周围。在 4 颗上门齿中有两颗大小相近,比较大（基部长 10mm,齿冠高 16mm）,另两颗较小（基部长约 8mm,冠高约 12mm）。两颗较小的上门齿顶端磨蚀较深,有可能是 I3,另两颗较大者磨蚀较浅,或许是 I2。上犬齿比相邻的牙齿大,门齿化为单根齿,侧扁,牙齿前缘较陡直,后缘较倾斜（长 13mm,高约 17mm）。

犬齿和前臼齿之间无齿隙,P1 小,单根齿,壮实,侧向不收缩。P2 为双根齿,前后延长,主尖粗壮,前端基部有一隐约的突起,后端的突起比较明显。

P3 冠面呈三角形,长大于宽,为三根齿,前尖高、粗壮。在前尖的后方有一前后延长的、低小的后尖。原尖与前尖相对,有发育的原尖前棱伸向前尖,缺少伸向后尖的棱脊。前附尖

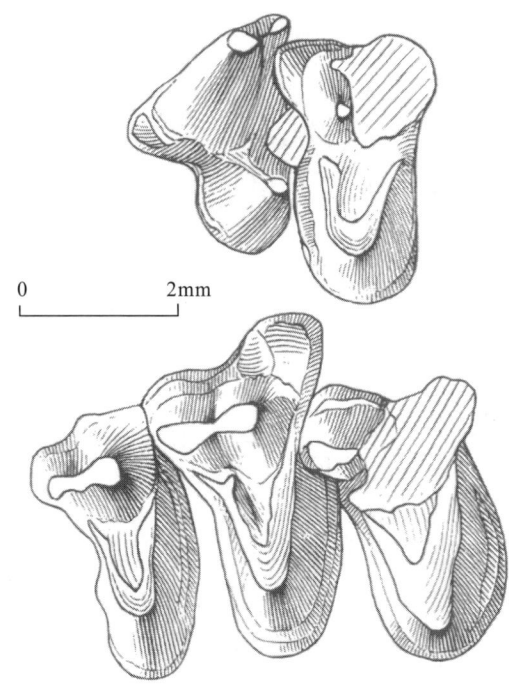

图 3-24 麦氏亚洲狐上颊齿冠面视
（据童永生和王景文,2006）

区在前尖基部向前突出，前附尖发育，后附尖则弱。唇侧齿带仅在后尖基部存在，前齿带从原尖基部伸达前尖舌侧基部。

P4 保存不佳，后尖部分已损坏，从原尖前、后棱和前、后小尖的存在来看，P4 已高度臼齿化。牙齿前后收缩，横宽，前尖相当高大，原尖前棱短，伸达前小尖，原尖后棱向后外方坡降，伸至后小尖。无次尖。前小尖大，基部呈长椭圆形，前小尖前棱伸到前尖前内侧基部。后小尖弱。前附尖和前附尖区发育。唇侧齿带保存前半部分，从前附尖向后延伸，包围前尖基部。前、后齿带发育，齿带未包围原尖基部。

3 颗上臼齿中，只有 M2 保存完整。上臼齿前后收缩，短宽，无次尖。可能都有发育的前附尖，前附尖区向前外方突出。M2 的后尖几乎与前尖等大，基部相连，两尖大部分愈合。由于磨蚀较深，小尖已难以观察。但从原尖前棱中部略向三角凹突出来推断，前小尖可能相当发育。至于后小尖，在标本上已无痕迹，但从原尖末端分出向前外方延伸的短棱和伸向后尖后方的棱脊来推断，M2 后小尖可能存在，可能不大发育。前附尖大，强烈地向前突出，形成发育的前附尖区。唇侧齿带连续，包围前尖和后尖基部。前、后齿带发育，并围绕原尖基部。M1 和 M3 可能与 M2 相近，但齿带不包围原尖舌侧基部。

产地及层位：昌乐五图；五图群。

影猴属 *Scileptictis*

简单影猴 *Scileptictis simplus*

（图版 88，图 9～11；图 3-25）

正型 不完整的左右上颌骨和右下颌骨，右上颌骨存有完好的 P2～M2 和不完整的 M3，左上颌骨保存了已变形的 P3～M2，右下颌骨存有 c～m1。

归入标本 存 p3～m3 的右下颌骨和颊齿已损坏的右上颌骨和一单个的左 m1。

特征 p3～4 相对横宽，p3 前缘的小尖比较清楚，后跟尖较小，主尖后棱上无附尖。p4 跟座较宽，跟座下内尖和下内尖棱清楚。下臼齿三角座前后收缩，下前尖舌位，靠近下后尖，m3 跟座较宽。

描述 正型标本的上、下颌骨出自一块小煤块，磨蚀情况相近，可认为是同一个体。上颌骨保存不佳，但上颊齿相当完整。

P2 双齿根，侧扁，齿冠高，具小的后缘尖。

P3 三齿根，冠面呈正三角形，外侧有 2 个齿尖，前尖高大，后尖低小，两尖唇、舌侧壁陡直，与原尖之间有"U"形谷。原尖相当发育，位置居中，尖高约是前尖高的 1/2。前附尖缺失，使前尖前壁直立。无齿带。

P4 臼齿化，形态介于 P3 和上臼齿之间。后尖比前尖低，两尖基部相连，有浅沟将两尖分开。原尖尖高相当于前尖高的 2/3，前、后棱虽已磨蚀，但仍可见前棱伸至前尖前内侧，后棱到达后尖后侧基部。原尖前棱上的前小尖小，后棱上的后小尖似较大。前附尖小，向前突出。与前面的前臼齿一样，无齿带。

上臼齿与上前臼齿一样，齿带缺失。M1 和 M2 形态与大小相近，M3 则较小。

M1、M2 与 *Palaeietops* 一样横宽，不如 *Prodiaeodon* 那样前后收缩。前尖和后尖基部相连，愈合部分相当于前尖高度的 1/2。后尖明显地比前尖低小。原尖基部不如 *Prodiaeodon* 收缩，前、后棱上的前小尖和后小尖虽已磨蚀，但还看得出其位置比较接近前尖和后尖。原尖前棱和原尖后棱分别伸至前尖前侧面和后尖的后内侧面。无次尖。附尖不大，前附尖较明显，向前外方突出，后附尖小，伸向后方。无前、后齿带和外齿带。与 M1～2 相比，M3 原尖基部更显前后收缩。

下颌骨细长，m1 处下颌骨高为 4.2mm。颏孔在 p2 后齿根下方，联合部较斜，后延至 p2 前缘下方。上升支高，前缘与水平支斜交。冠状突有些向后弯曲，髁状突不大，略高于齿列，角突向后突出，末端向上卷曲。

下犬齿明显比 p1 高大，齿冠高度与 p3 齿高相近。犬齿有些向后弯曲，与 p1 之间有短的齿隙。

下前臼齿之间有齿隙，前面的下前臼齿之间齿隙稍大。p1 小，简单，单尖，单根。p2 侧扁，双根，有很弱的前缘尖和清楚的后跟尖。p3 相对横宽，基部前缘的小尖比较显著，主尖后棱伸达较小的后跟尖，在主尖后棱上无突起。p4 臼齿化，三角座由下原尖、下前尖和下后尖组成。下后尖稍低于下原尖，在下原尖的舌侧，下前尖相对低小，向前突出，与下原尖和下后尖之间有宽阔的隔离。跟座比三角座短窄，下面记述的窄跟影猴的跟座更小。下次尖很清楚，并有斜脊向前伸至三角座的后壁。在下次尖的舌侧有一小尖（可能是下内尖），两尖之间有浅的齿谷将两尖分开。从舌侧小尖沿牙齿舌缘向前下方伸出一弱棱（下内尖棱），但不与三角座后壁连接，跟凹向舌侧开放。无下次小尖。

P4 和下臼齿之间无齿隙，3 颗下臼齿大小相近，三角座前后收缩。下臼齿下后尖与下原尖大小相近，下前尖较小。下前尖靠近下后尖，呈"孪生"状，下前尖位置稍靠前外方。跟座较宽大，有清晰的下次尖、下次小尖和下内尖，无下内小尖。下次小尖大致居中，下内尖棱低弱，跟凹没有完全封闭。

产地及层位：昌乐五图；五图群。

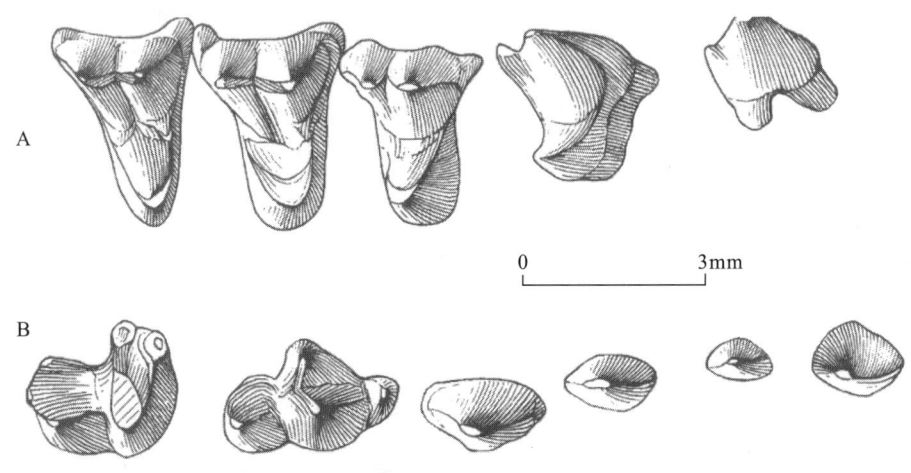

图 3-25　简单影猴上(A)、下(B)颊齿冠面视
(据童永生和王景文，2006)

窄跟影猴 *Scileptictis stenotalus*

(图版 89,图 1;图 3-26)

正型 保存 c 和 p2~m3 的右下颌骨和一颗可能属于同一个体的上门齿。

特征 下犬齿比较高瘦,p2 后棱中部有一细小的小尖;p3~4 比较侧扁,p3 前缘的小尖较小,后跟尖较大,在主尖后棱上有一清晰的小尖;p4 跟座较窄,舌侧的棱脊弱;下臼齿窄长,三角座不大,前后收缩,下前尖较小,有些唇位下前脊弱,也较短;m3 跟座窄小。

描述和比较 下颌骨标本上存留 c 和 p2~m3,以及 p1 的齿槽。新种的犬齿似乎比 p3 稍高,比属型种的犬齿高瘦。下前臼齿之间有小的齿隙,p1 为单根齿,不大。p2 为双根齿,侧扁,主尖未保留,有明显的后跟尖,主尖后棱上有一细小的突起。类似的小尖在属型种 *Seiletietis simplus* 不存在,但出现在 *Palaeietos multicuspis* 的 p2 上,而且比较发育。p3~4 比较延长,侧扁,p3 外侧面形态与 *Prodiaeodon puercensis* 的 p3(Novacek,1977)相似,在主尖后棱上有一清晰的小尖,但牙齿前缘的基部小尖和后跟尖都不如后者发育。p4 臼齿化程度高,下原尖和下后尖大致等大,下前尖低小,远远地突出在前缘,与下原尖与下后尖之间距离相等。跟座大小和形态与属型种相近,但比属型种更窄、更简单,下内尖沿舌缘延伸的棱脊(下内尖棱)弱,与斜脊之间的齿谷不明显。下臼齿的形态与属型种相差较大,三角座不如属型种那样前后收缩。下前尖较小,位置在下后尖前外方,与下后尖之间有沟分开,下前脊弱,也较短。这个标本的 m3 较 m2 小,其跟座也明显地比属型种窄小。

与下颌骨在一起的还有一上门齿,门齿呈抹刀状,唇侧面形态与 *Leptietis dakotensis* 的 I3 有一点相似,这一门齿可能是窄跟影的 I3。

产地及层位:昌乐五图;五图群。

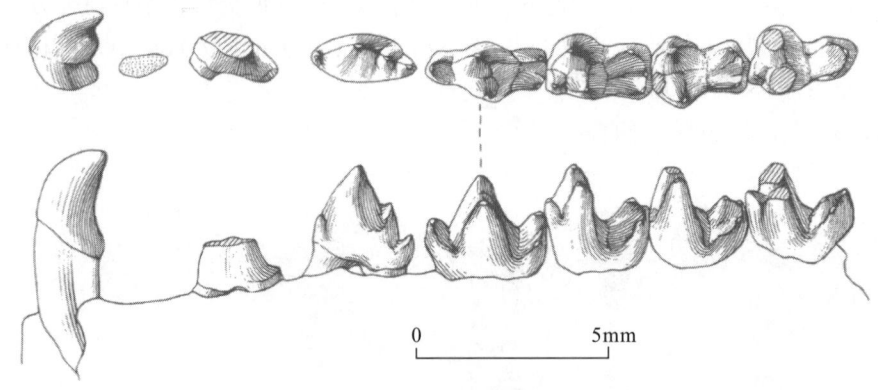

图 3-26 窄跟影猴下颊齿测量

(据童永生和王景文,2006)

食虫目 Insectivora Cuvier,1817

猬科 Erinaceidae Fischer Yon Waldheim,1817

山东猬属 *Luchenus*

似猬山东猬 *Luchenus erinaceanus*

(图版 88,图 5~7;图 3-27)

正型 右下颌骨,具 i1~m3。

归入标本 同一个体的存 P2～M2 的左上颌骨和存 c～m3 的右下颌骨,存 p4～m3;右下颌骨,存 p1～m2 和 i1～3、c 及 m3 齿槽。

特征 齿式:? · 1 · 4 · 3/3 · 1 · 4 · 3。i1 齿根略大于 i2 和 i3,下犬齿退化,p1 为单根齿;p2 和 p3 为双根齿,具初始的下前尖和后跟;p4 在形态上和大小上与 p3 有明显的不同;p4 下前尖和下后尖不大,跟座短宽,后侧棱舌端常有小突起;下臼齿明显地向后逐个变小,m1 和 m2 下次小尖虽小,但相当清楚,在牙齿中线的舌侧;m3 下次小尖大,与下内尖孪生;P2 小,双齿根;P3 呈三角形,3 根,有初始的次尖,P4 是最大的上颊齿,后附尖脊明显,次尖发育;M1 稍大于 凹,M1 和 M2 小尖清楚,次尖发育。

描述 下颌骨水平支浅,m1 处高约 1.5mm,下缘平直。颏孔 2 个,分别在 p2 和 p3 的下方。联合部稍斜,向后延伸到犬齿的下方。

下门齿 3 个,齿冠已损坏,只有 i2 部分存在。下门齿齿根向前倾斜,从正型标本的齿根看,3 颗门齿大小相近,但 i1 似稍大,i2 次之。i2 齿冠侧扁,舌面有纵向中隆。

下犬齿前白齿化,比 i3 和 p1 稍大,向前倾斜,与 p1 之间有时具短的齿隙。下犬齿扁长,从侧面看,呈楔形。主尖有一向后延伸的弱棱,伸向后侧基部小尖。

P1 为单根齿,外形如犬齿,但较小。

p2 为双根齿,前后延长。下前尖小,但清楚,位置较高,稍低于主尖。后跟和后跟尖亦很清楚,但不大。p2 前后有时有短的齿隙。

p3 尺寸比 p4 小得多,但稍大于 p2。形态与 p2 相近,不过更粗壮,下前尖更明显,后跟和后跟尖亦较发育,无下后尖。

P4 与 p3 在形态和尺寸上有明显的区别。p4 主尖低壮,下原尖基部向外膨大,形成外张型齿,并有下前尖和下后尖。下前尖和下后尖相对细小,两尖分别突出在下原尖的前侧端和舌侧的基部。跟座简单,短而宽,后侧棱发育,在后侧棱的舌侧端常有小突起。

m1 与 m2 形态相近,m1 比 m2 大。m1 三角座与跟座之间的高差相对明显,下臼齿类似外张型齿,即三角座和跟座唇侧基部有些向外扩张。三角凹深,三角座稍向前倾斜。下原尖相当发育,下前尖和下后尖明显比下原尖低小。下前尖和下后尖大小相近,下前尖呈棱脊状,下后尖呈锥状,两者与下原尖之间有"V"形谷相隔,似有 2 条棱脊由下后尖顶端分别伸向下原尖前内侧和后内侧基部。斜脊明显,伸达三角座后壁,终于下原尖和下后尖之间的"V"形谷下方。下次中凹不深。下内尖和下次尖大小相近,下内尖棱低,向前伸达下后尖的后侧基部,使跟凹封闭。下次小尖小,但清楚,有些靠近下内尖。m2 下后尖几乎与下原尖等大,下内尖明显升高,下次小尖不大发育。

m3 小,下后尖粗壮,比下原尖更高大。跟座延长,下次小尖与下内尖近于等大,靠近下内尖,突出在舌侧。

P4 的形态大致与 P3 相似,但比 P3 大得多,是上颊齿中最大的一颗牙齿。与 p3 相比,原尖发育,并相对向前位移,几乎与前附尖相对。前尖非常强大,远比原尖高大。次尖相当明显,远离原尖,位置在原尖的后内方。前附尖清楚,附尖区向前突出。后附尖脊强大,与主尖之间似无凹缺相隔。后齿带在原尖后方向舌侧突出。

M2 比 M1 稍小,但两者形态相似。上臼齿横宽,呈长方形。前尖和后尖大小相近,呈三角锥状,不像同层的 *Changlelestes* 那样尖锐,相对粗钝。次尖发育,在原尖的后方,并有弱棱伸向原尖。小尖发育,后小尖比前小尖大。附尖区较窄,前、后附尖清楚,后附尖脊弱。原尖前棱短、高,原尖后棱较长、较低。前小尖前棱与后小尖后棱分别伸向前附尖和后附尖。前、后齿带短,从原尖基部伸到前、后小尖的下方。外齿带连续,无内齿带。

产地及层位:昌乐五图;五图群。

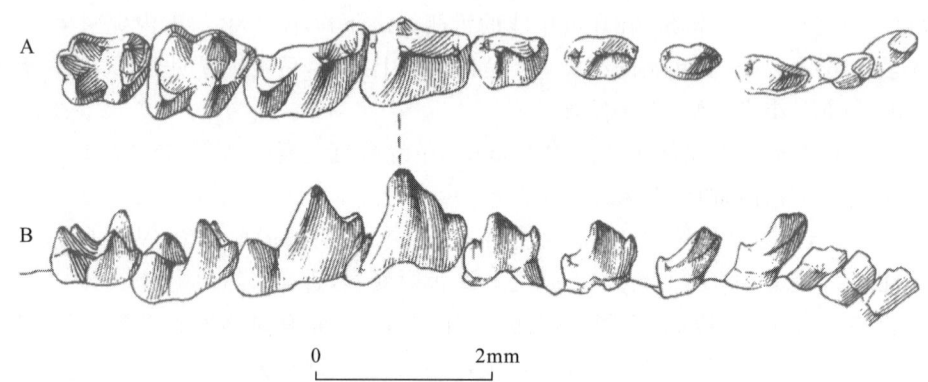

图 3-27 似猬山东猬右下颊齿冠面视(A)和唇侧视(B)

(据童永生和王景文,2006)

半猴猬科 Amphilemuridae Heller,1935
  类毛猬属 *Hylomysoides*
    齐地类毛猬 *Hylomysoides qiensis*

(图版89,图2;图3-28)

正型 一对下颌骨,左下颌骨存 i1~m3,右下颌骨存 i3~m3 和 i1 齿根。

特征 小型猬形动物,下犬齿门齿化。前面的下前臼齿简单;p3 下原尖较低,具有若隐若现的下前尖,后跟大;p4 前臼齿化,下原尖高瘦、直立,下后尖不大发育,具椭圆形的跟凹;3 颗下臼齿的齿长相近,齿尖相对尖锐,三角座不大,前后收缩,三角座高、直,下前尖有些唇位斜脊指向三角座后壁的中部,下内尖棱向前延伸到下后尖,形成封闭的跟凹;m3 下次小尖增大,居中。

描述 下颌骨细长,有 2 个颏孔,分别在 p2 和 p3 的下方。

下门齿呈抹刀状,紧密排列,不大倾斜,近于直立。3 颗门齿大小相近,i1 稍大于其他 2 颗门齿,i3 最小。下门齿唇侧面呈卵形,侧向收缩,使牙齿长远大于宽。舌侧面微凹,具垂直的微弱中隆,唇侧面微凸。犬齿门齿化,直立,侧扁,比 i3 略大。与 i3 之间似无齿隙,但与 p1 之间有短的齿隙。犬齿形态与下门齿相近,但前侧缘较短,后侧缘较长,舌侧面中隆相对明显。

4 颗下前臼齿,p1、p2 和 p3 之间有短的齿隙。p1 为单根齿,有些向前倾斜,但不像 *Changlelestes* 和 *Luchenus* 的 p1 那样向前匍匐。牙齿侧面呈楔形,侧扁,在后侧基部有一小尖。p2 外形如 p1,但比 p1 大,直立,具双齿根。p3 比 p2 低壮,两者外形相近。下原尖与 p2 齿冠高度相近,直立,基部不大,向外扩大。在 p3 下原尖的前下方有或隐或现的下前尖。后跟发育,后跟尖显著。下颊齿在大小和形态上的界线在 p3 和 p4 之间。p4 比 p3 大得多,形态也比较复杂。p4 的三角座高、直立,由下原尖、明显的下前尖和初始的下后尖组成。下原尖较高、粗壮,基部不向外扩大,即不像猬科动物那样呈外张型齿。下前尖显著,位于下原尖的前内侧,与下原尖之间有较深的齿谷分开。下后尖小,在下原尖内侧呈结节状的突起。跟座低、延长,后跟尖较明显。后跟尖伸出 2 条弱棱,一条是沿牙齿后内侧缘延伸的弱棱,另一条是向前伸展到三角座后壁中部的棱脊。这两条弱棱围成一椭圆形跟凹,无明显的下内尖和下次小尖。

3 颗下臼齿齿长相近,m3 略小,不像猬科动物那样下臼齿向后明显变小。齿尖相对尖锐。下臼齿三角座高、直立,前后收缩不明显。下前尖大致呈低锥状,有些唇位在下原尖的前内方,在下后尖的前外方。下前尖棱由下前尖向外下方伸出,与下原尖前棱相接,两棱脊形成 "V" 形谷。下后尖大小与下原尖相近,两尖横向排列,使下后脊几乎与齿列垂直。跟座比三角座稍宽,但明显比三角座低,从侧面看,下次尖的高度约是下原尖的 1/2。下次尖低钝,斜脊伸至三角座后壁中部,下次中凹较浅。下内尖前棱延长到下后尖后壁,形成封闭的跟凹。下次小尖较大,大致居中,并向后突出。m2 大小和形态与 m1 相近,但下前尖棱较长,跟座较窄。m3 窄长,跟座延长,下次小尖增大,并向后突出。

产地及层位:昌乐五图;五图群。

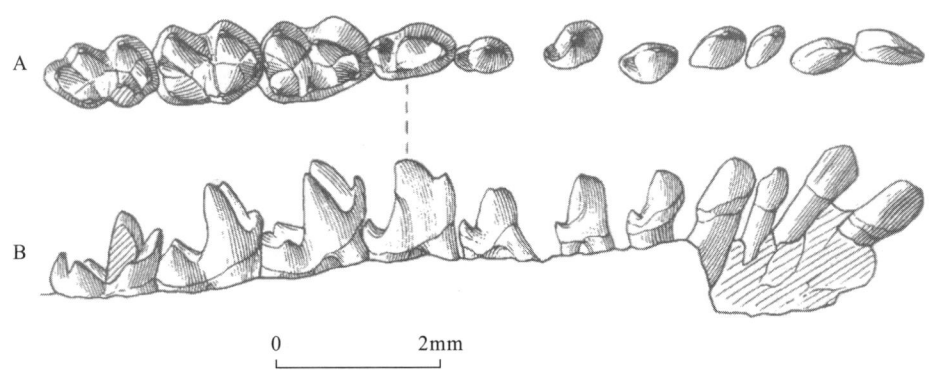

图 3-28 齐地类毛猬左下颊齿冠面视(A)和舌侧视(B)

(据童永生和王景文,2006)

齐鲁猬属 *Qilulestes*

席氏齐鲁猬 *Qilulestes schieboutae*

(图版 89,图 3;图 3-29)

正型 颌骨,存有 c~p1 和 p3~m2,以及 p2 的齿槽和 i2~3 的部分齿槽。

特征 小型猬形动物。下犬齿前臼齿化;p1 为单根齿,p2 为双根齿,p3 齿冠较高,p4 下原尖高瘦,下前尖发育;下臼齿三角座有些向前倾斜,下前尖舌位,斜脊伸向下后尖,跟凹不完全封闭。

描述 从保存下来的 i2~3 的部分齿槽来看,i2 和 i3 齿根大小相当接近,i2 稍大一些。下犬齿前臼齿化,与 p1 一样具有楔形齿冠,侧扁,在牙齿的后基部有一突起,但 p1 齿冠有些向前倾斜。这两颗牙齿后侧面已明显磨蚀,似乎 p1 更严重。p1 为单根齿,其后面的 2 个牙槽说明 p2 为双根齿。p3 明显比 p1 大,主尖较高,具有初始的下前尖,依附在主尖的前下方。从舌侧面看,p3 应有较大的后跟,可能在经磨蚀后跟尖已消失。p4 的下前尖很明显与原尖前棱相接,形成"V"形谷。下原尖后棱已磨损,未见下后尖的痕迹,推测可能有下后尖,但下后尖不很发育。跟座虽短,在跟座的后内端有一突起。

  m1 和 m2 磨蚀严重,牙齿似由 2 个"V"形脊组成。这两颗牙齿大小相近,三角座和跟座少许前倾,三角座前后有些收缩。下前尖舌位,在下后尖的前方。斜脊长,似伸至下后尖,下次中凹较深。下次小尖可能不大,也不大向后突出。下内尖棱较弱,因而跟凹不完全封闭。

  产地及层位:昌乐五图;五图群。

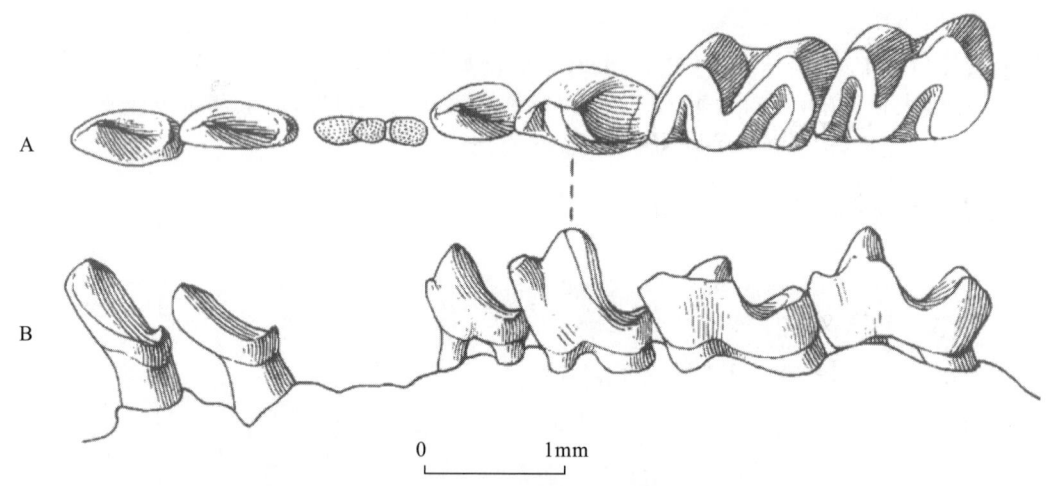

图 3-29 席氏齐鲁鼩下颊齿冠面视(A)和舌侧视(B)

(据童永生和王景文,2006)

昌乐鼩科 Changlelestidae Tong et Wang, 1993

昌乐鼩属 *Changlelestes* Tong et Wang, 1993

深裂昌乐鼩 *Changlelestes dissetiformis* Tong et Wang, 1993

(图版 89,图 4、5;图 3-30、图 3-31)

正型 右上颌骨和左右下颌骨。

新增材料 左右上、下颌骨和左 I1~3,右上颌骨存 C~M3 和右下颌骨存 i2~m2。

特征 齿式:3·1·4·3/3·1·4·3。I1~3 呈镰刀状,具小跟尖,I1 明显大于 I2 和 I3,呈三叶状;上犬齿强大;P1~2 小,P1 单根,P2 双根;P3~4 无次尖;上白齿中央棱清楚,小尖发育,小尖前后棱显著,M1~2 具初始的次尖,后附尖脊相对较弱;i1 略大,i2 和 i3 不退化,切割缘上有小尖;下犬齿匍匐;p1 和 p2 单根,p3 不退化,p4 下前尖发育,但低矮,下后尖不大;m1~2 斜脊伸至下后尖,下次小尖清楚,与下内尖之间有一明显的凹缺。

  产地及层位:昌乐五图;五图群。

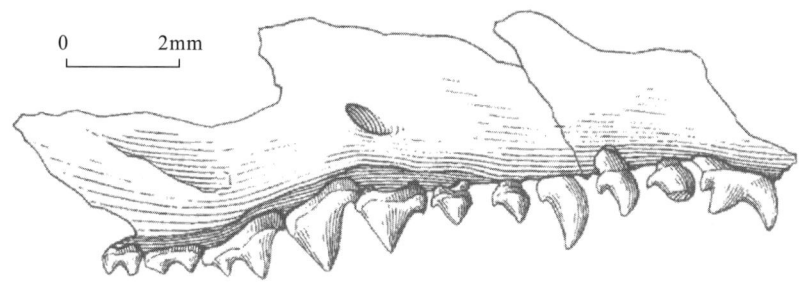

图 3-30 深裂昌乐鼩右上颌骨和左前颌骨(反转)侧面视
(据童永生和王景文,2006)

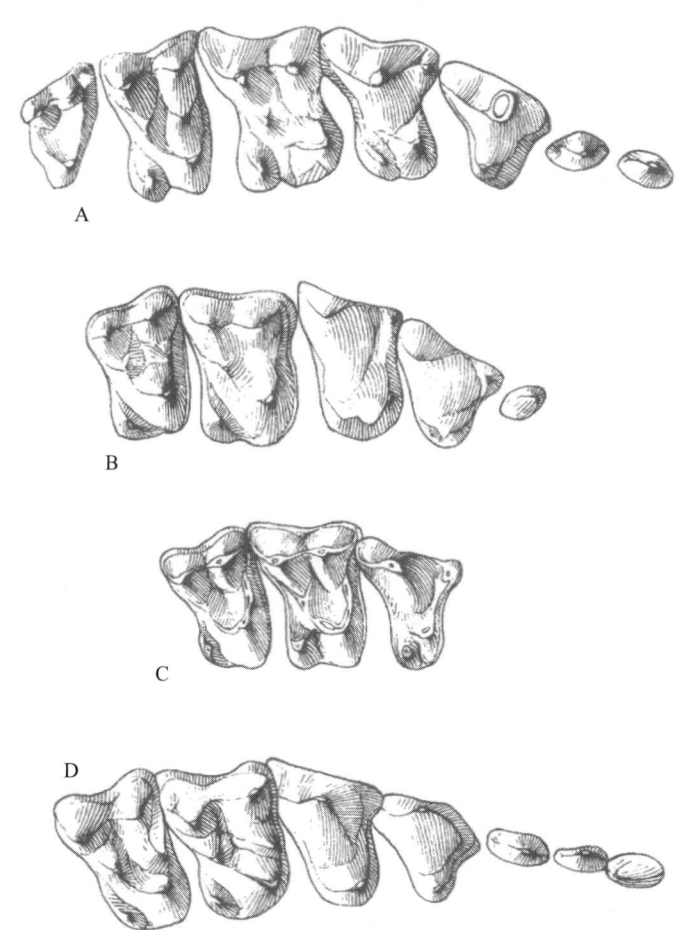

图 3-31 齿鼩(A)、鼬鼩(B)、猬形鼩(C)与昌乐鼩(D)的上颊齿比较(无比例尺)
(据童永生和王景文,2006)

夜鼩科（?） Nyctitheriidae? Simpson, 1928
鼹鼩属 *Talpilestes*
亚洲鼹鼩 *Talpilestes asiatica*

（图版 89，图 6；图 3-32）

正型 不完整的头骨和下颌骨。

特征 小型食虫类，齿式完全。3 个门齿，大小相近，I1 呈双叶形，i2 和 i3 切割缘上有小突起；上、下犬齿高瘦、直立；P1/1 单根齿，P2/2 为双根齿，P1/1 和 P2/2 形态相近，但后者稍大于前者；P3 可能为三根齿，具初始的后尖，p3 大小介于 p2 和 p4 之间，主尖高锐；P4/4 臼齿化程度高，P4 后尖小但很清楚，具清楚的后附尖脊，次尖架大，但次尖低小；p4 三角座远大于跟座，下前尖向前内方突出，下后尖大，下次小尖和下内尖小于下次尖，有延长的下内尖棱，使跟座封闭；臼齿大小向后变小，上臼齿前尖和后尖相对舌位、前尖和后尖间的齿谷较深，具初始的中附尖，外脊呈"W"形脊，M1 的前尖前棱和后棱不如 M2 的发育；m1~2 三角座比跟座宽大，下前尖呈棱脊状，下后尖呈锥状，m3 跟座窄长，封闭，下次小尖在后内方。

描述 一个头骨和下颌骨咬合很紧的标本，但标本侧向挤压，头骨后半部缺失。为了研究方便，谢树华先生细心将头骨和下颌骨分开。

头骨吻部突出，眶下孔在 P4 上方。齿式为 3·1·4·3/3·1·4·3。上门齿仅 I1 保存，从齿根看，I1 和 I2 大小相近，I3 似乎略小。I1 侧向收缩，前后延长，齿冠外侧面稍凸，内侧面有些凹。齿冠呈双叶状，前叶高大，在主尖的前方有一小突起。在外侧面，前叶和后叶之间有一凹面。后叶较低，较短。3 个上门齿间似有齿隙。上犬齿高瘦，横切面呈椭圆形，前缘呈圆弧状，后缘较收缩。上犬齿高约是齿长的 3 倍。

P1 为单根齿，由高大的主尖和低小的后跟尖组成。主尖前钝后锐，前缘陡，后缘缓，有锐脊从主尖伸向后跟尖。P2 为双根齿，齿冠形似 P1，但比 P1 大，后跟尖更为发育。两侧凹的舌侧部分已损坏，可能为根齿，在前尖的后方有一小的突起，可认为是初始的后尖。前附尖区明显，向前突出。唇侧齿带连续。P4 大，横宽。前尖高大，后尖虽低小，但也很明显，前尖和后尖之间有一齿谷将两齿尖分开。前尖前缘陡直，后尖有脊伸向后附尖，前附尖发育，强烈地向前突出。原尖很发育，几乎与前尖等高，前、后壁较陡直，原尖前棱伸至前小尖，后棱伸达后附尖。次尖架大，强烈地向后内方突出，次尖不大，但很明显。唇侧齿带从后附尖延伸到前尖基部。

两侧上臼齿的舌侧部分已损坏，除 M3 外其他牙齿的唇侧部分保存较好。M1~2 前尖和后尖分得较开，与其他五图食虫类比较，位置有些向舌侧位移。M1 前尖的前后棱比较纤弱，尤其是左侧 M1 的前尖前棱，前尖后棱向后外方延伸，与向前外方延伸的后尖前棱相遇，形成初始的中附尖，介于前尖和后尖之间的齿谷较深。前尖前棱有时伸达前附尖，后尖的前、后棱相对发育，后尖后棱伸至后附尖。这样，前尖和后尖的前后棱构成了"W"状的外脊。前附尖向前外方突出，附尖区相当大。唇侧齿带明显、连续。M2 形态与 M1 相近，但前尖前、后棱更发育，前尖和后尖间的齿谷更开阔。M3 小，前尖的前棱和后棱似乎更加明显。

下颌骨细长，颏孔 2 个，前颏孔在 p2 前齿根下方，后颏孔在 p3 下方。3 个下门齿之间似无齿隙，i1 齿冠已缺失，i2 和 i3 齿冠完整保留。i1 和 i2 的齿冠有些向前匍匐，切割缘有小的突起,因此,从侧面看呈手套状,后缘基部有一小突起,形似大拇指。主尖外壁稍凸,内壁凹。下犬齿直立,齿冠很高,前后缘几乎是直的,接近顶端时才有些向后弯曲。

下前臼齿之间的齿隙不发育,p1 为单根齿,向前匍匐,在 p1 的前后有很短的齿隙。p2 为双根齿,主尖在前齿根的上方,前方基部有一很小的下前尖,后跟尖显然比 p1 的大。p3 主尖较高、锐,近于直立,下前尖和后跟相对较大。p4 臼齿化程度高,远比前面的下前臼齿大、复杂,三角座由高大的下原尖、下原尖后内方的下后尖和小的下前尖组成。下后尖在下原尖的后内方,下前尖在下原尖的前内方,三角凹向舌侧开放。跟座较低,由明显的下次尖和清楚的下次小尖和下内尖组成。斜脊伸向三角座的后壁,下内尖棱较弱,却使下跟凹封闭。

下臼齿依次向后变小,三角座和跟座之间高差较大,但区别明显。m1 三角座嚼面几乎呈正三角形,比跟座宽大。下原尖三角锥状,唇侧面比较尖削。圆锥状的下后尖棱脊不大发育,而下前尖低,呈棱脊状,与下后尖之间有阔宽的齿谷,因而三角凹向舌侧开放。m1 下次尖矮壮,斜脊伸至下后尖后方,下内尖棱向前延伸。五图标本与大多数其他真兽类一样,下臼齿的三角座从前向后逐渐变短,而跟座则相对增长。m3 的跟座窄长,下次小尖向后突出,下内尖明显,有下内尖棱,使跟凹封闭。

产地及层位:昌乐五图;五图群。

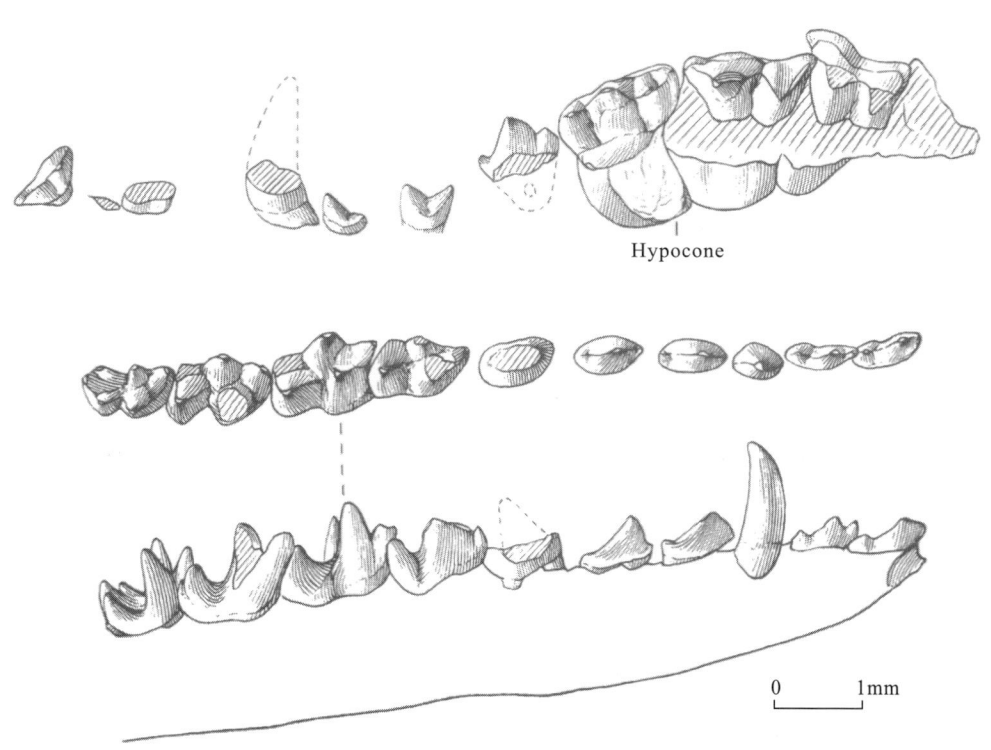

图 3-32 亚洲鼩鼱上、下颊齿冠面视和侧面视
(据童永生和王景文,2006)

猥兽目 Anagalida Szalay et McKenna,1971

假古猬科 Pseudictopidae Sulimski,1968

素因非猬属 *Suyinia*

昌乐素因非猬 *Suyinia changleensis*

（图版 89，图 7；图 3-33）

正型 右下颌骨，存 p4～m3。

特征 个体小，下白齿形态接近 *Haltictops*。但 p4 下前尖较大，跟座窄小，无清楚的下内尖；下白齿三角座和跟座长宽相近，下前尖相对舌位，m1～2 下内尖几乎与下次尖相对，无下内尖棱，跟凹向舌侧开放，m3 跟座较短，齿尖相对较弱。

描述 IVPP V 10715 标本除保留了 p4～m3 外，在 p4 前面还有 4 个齿槽。p4 前面的第 1 个齿槽较大，第 2 个较小，这两个齿槽长度和 p4 长相近。由于已知假古猬的 p3 具双齿根，且长度稍长于 p4，因此推测这 2 个齿槽可能是具双齿根的 p3 的齿槽。p4 前面的第 3 个齿槽小，第 4 个齿槽虽然只有后半部分，但可以肯定比第 3 个齿槽大。虽然不能排除前面的 2 个齿槽是双根的 p2 的齿槽的可能性，但最前面的齿槽大，不能不怀疑 p4 前面的第 4 个齿槽可能是下犬齿的齿槽。如果后一种可能性存在的话，则五图种的单根的 p2 直接与下犬齿接触，p1 已消失。但这一点尚待更完整的标本来确定，还不能排除 p1 存在的可能性。

p4 冠面呈椭圆形，三角座高大，前后不大收缩，跟座低小。三角座上 3 个主尖很明显，下原尖是最大的齿尖，下后尖次之，在下原尖的内侧。下前尖在下原尖的前内侧，相对较小，但很明显。p4 跟座由半圆形的跟脊组成，跟脊上无明显的突起，跟凹封闭。m1 和 m2 呈矩形，三角座和跟座长宽相近。在 m1 上下前尖比较靠前，使三角座显得不如 m2 和 m3 那样前后收缩。在 m1 和 m2 跟座上，下次小尖发育，下内尖明显，但无下内尖棱，因而跟凹不封闭，向舌侧开口，m3 下前尖靠近下后尖，使两齿尖呈孪生状，下次小尖向后强烈突出。

产地及层位：昌乐五图；五图群。

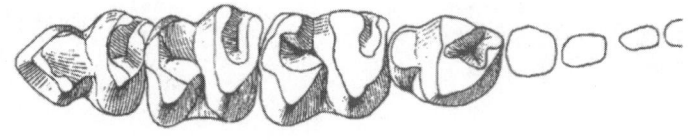

图 3-33 昌乐素因非猬下颊齿冠面视

（据童永生和王景文，2006）

丽猥科 Astigalidae Zhang et Tong,1981

玉萍猥属 *Yupingale*

潍坊玉萍猥 *Yupingale weifangensis*

（图版 89，图 8；图 3-34）

正型 右下颌骨，存 p3～m3。

特征 下颊齿 p3～m3 唇侧高冠,齿带发育,几乎包围整个牙齿。p3 和 p4 前后延长,p3 主尖高,长宽比约为 0.4;p4 更加侧扁,长宽比约为 0.3,下原尖和下后尖愈合,纵脊强,下前尖低小,位于牙齿的前端,跟座延长;下臼齿齿饰在磨蚀早期消失,三角座显著地前后收缩,下前尖和下后尖高度愈合。

描述 仅存的 2 颗下前白齿 p3～4,侧扁。单侧高冠,唇侧比舌侧高。齿带明显,几乎包围整个牙齿。p3～4 为双根齿,p3 比较简单,单尖,有纵向的前、后棱分别伸向牙齿的前、后端,在前棱末端似有小突起。p4 三角座由横脊和低小下前尖组成,横向的强脊高锐,并向后微凸,似乎说明这一纵向的强脊可能是由下原尖和高的下后尖愈合而成的。跟座发育,有跟脊围绕,形成浅的跟凹,但跟脊齿尖不很明显。下臼齿唇侧齿冠较高,三角座和跟座的高差大,三角座前后收缩,下前尖和下后尖孪生,跟座长宽,齿带也很发育。m1 还能看得出下原尖、下后尖和下前尖的位置,而后面 2 个下臼齿三角座上的齿饰已完全磨蚀,在 3 颗下臼齿中,m1 跟座磨蚀最为严重。这种情况或许与 m1 三角座相对的 P4 已早期脱落有关。相对于后面的臼齿,m1 下前尖和下后尖分得较开,从 m3 三角座椭圆形的磨蚀面来判断,其下前尖和下后尖已高度愈合。由于磨蚀,难以判断 m1 和 m2 是否存在下次小尖,但 m3 的下次小尖肯定存在,并强烈地向后突出。从磨蚀面判断,跟凹似封闭,即具下内尖棱。

产地及层位:昌乐五图;五图群。

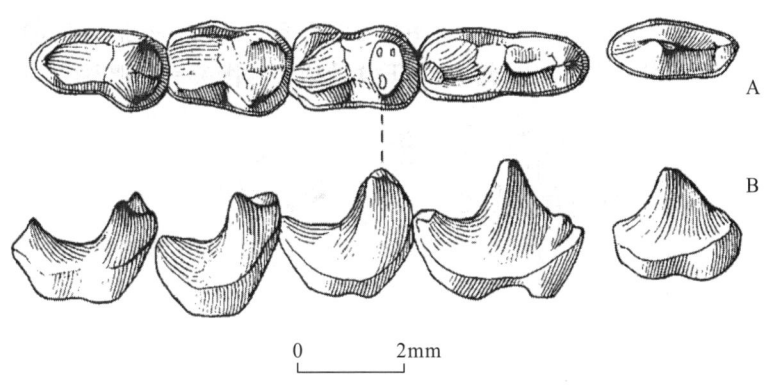

图 3-34 潍坊玉萍狸下颊齿 p3～m3 冠面视(A)和唇侧视(B)
(据童永生和王景文,2006)

灵长目 Primates Linnaeus,1758
　更猴科 Plesiadapidae Trouessart,1897
　　亚洲更猴属 *Asioplesiadapis* Fu,Wang et Tong,2002
　　　杨氏亚洲更猴 *Asioplesiadapis youngi* Fu,Wang et Tong,2002
(图版 89,图 9、10;图 3-35)

正型 右下颌骨水平支,保存完整的 i1 和 p4～m3,以及 p4 和 i1 之间的 3 个齿槽。

特征 个体小,下齿列齿式为 1·0·3·3。下门齿呈矛状,粗壮,长且匍匐,具有明显的下缘尖和下缘脊。p4 三角座仅有一粗壮的下原尖,斜脊清楚,下次尖强,下内尖弱,跟凹浅。

m1～3 三角座前后轻微收缩,三角座与跟座接近等宽,但高于跟座。m1～3 下前尖小而低,与下后尖分离,下原尖与下后尖之间有一深的"V"形谷相隔;下次中凹较浅,下中尖弱;m1～2 的下次小尖很弱;m3 跟座无裂沟,无细褶皱,向后收缩,下次小尖呈锥状,向后突出,形成不大的下次小尖叶。

产地及层位:昌乐五图;五图群。

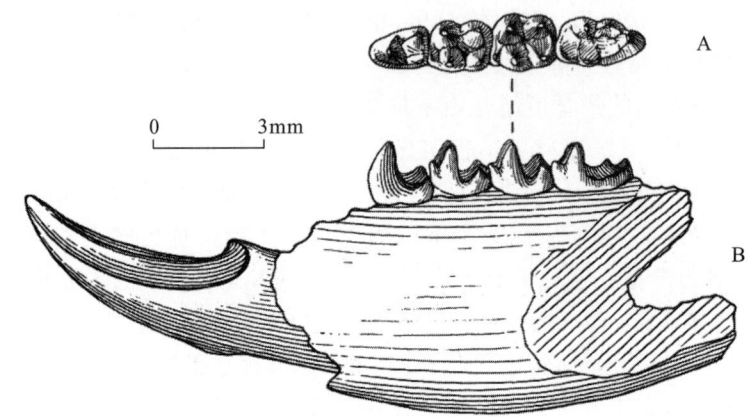

图 3-35 杨氏亚洲更猴右下颌骨冠面视(A)和舌侧视(B)

(据童永生和王景文,2006)

食果猴科 Carpolestidae Simpson,1935

多脊猴属 *Carpocristes* Beard et Wang,1995

东方多脊猴 *Carpocristes oriens* Beard et Wang,1995

(图版 89,图 11;图 3-36、图 3-37)

正型 同一个体的存 p4～m3 和前面牙齿齿槽的左下颌骨以及已变形的腭骨,存有左 P3～M3、右 P3 和一颗上臼齿。

新增标本 存 p4～m2 的右下颌骨(IVPP V 10698.1),存 p4～m2 的左下颌骨(IVPP V 10698.2),存 p4～m2 的左下颌骨(IVPP V 10698.3)和存 p4 的右下颌骨(IVPP V 10698.4)。

特征修订 个体比 *C*.? *hobackensis* 稍小,i1 和 p4 之间有 4 个齿槽。相对于 m1,p4 较延长,主切脊上有 7 个顶尖,缺少明显的后顶尖;从侧面看,p4 顶尖几乎排列成一直线。

产地及层位:昌乐五图;五图群。

高辈猴属 *Chronolestes* Beard et Wang,1995

晚出高辈猴 *Chronolestes simul* Beard et Wang,1995

(图版 89,图 12;图 3-38)

正型 破残的头骨,存左 P1～M3 和右 P2～M2,以及存 i2～p2 和 p4～m3 的左下颌骨。

新增材料 存 dp3～m2 的右下颌骨,2 个右下颌骨,分别存 i1、p4～m3 和 p4～m3,2 个左下颌骨,分别存 i1～m3 和存 p2,p4～m2,存 P2～M3 的左上颌骨,存 I1～2 的右上前颌骨。

特征 与食果猴亚科不同在于有较简单的 I1,缺少远中侧顶尖和近中基部顶尖;P3～4 形

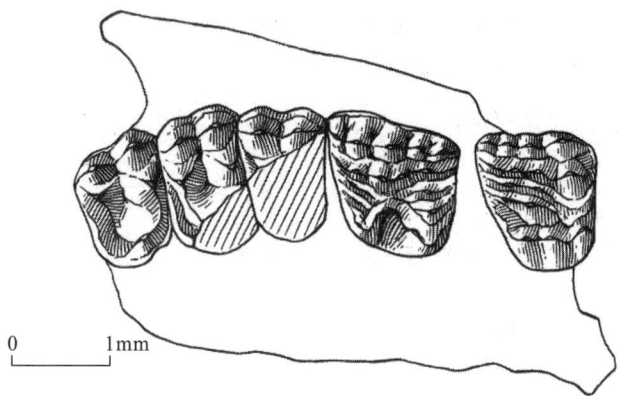

图 3-36 东方多脊猴右 P3～M3 冠面视

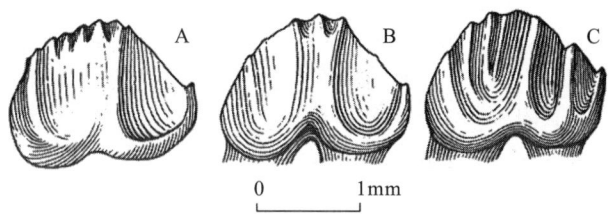

图 3-37 *Carpocristes oriens*（A）、*Carpocristes? hobackensis*（B）和 *Carpodapets cygneus*（C）的右 p4，舌侧视（B 和 C；据 Rose，1976）
（据童永生和王景文，2006）

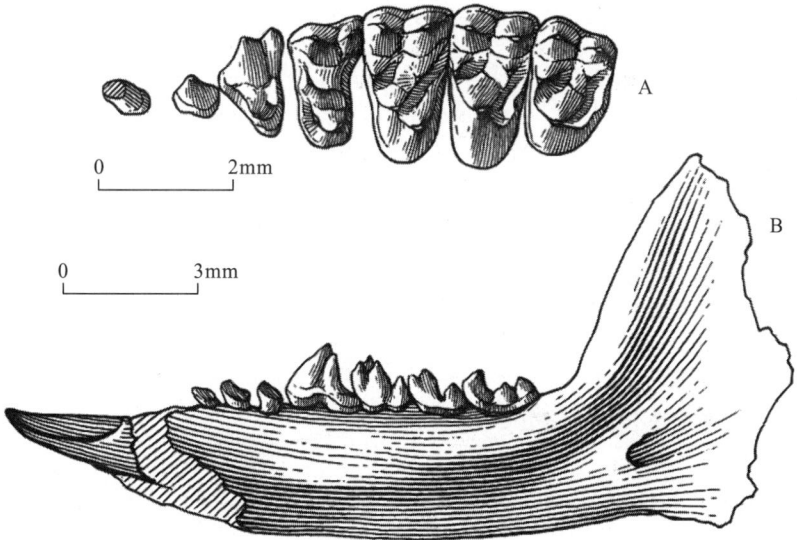

图 3-38 晚出高辈猴上颊齿冠面视（A）和下颌骨舌侧视（B）
（据童永生和王景文，2006）

态简单,只有一个唇侧齿尖,缺少完全的中间脊;上臼齿次尖小或缺失;特别是i1～p4部分,齿骨较长;p4如同食果猴亚科一样过度增大,但顶尖未分化,未形成斜沟齿兽状的刃状脊。

产地及层位:昌乐五图;五图群。

副镜猴科 Paromomyidae Simpson,1940
猎镜猴属 *Dianomomys*
疑猎镜猴 *Dianomomys ambiguus*
(图版89,图13;图3-39)

正型 存i1齿根和p2～m1的左下颌骨。

特征 下齿式可能是2? ·1? ·3·3。p2为单根齿;p3和p4跟尖高大,与三角座之间有很深的"U"形谷;p3特别增大,齿长大于p4和m1;p4具有清楚的下前尖和下后尖;m1三角座不大,前后收缩,下前尖小,舌侧位。

描述和比较 下颌骨水平支相当粗壮,颏孔在p3跟座的下方。i1仅存部分齿根,从齿根和齿槽判断,i1大,匍匐。在i1和p2之间有2个齿槽,可能是c和i2的齿槽。这2个齿槽大小相近,似乎都比p2的齿槽小。p2为单根齿,齿根粗壮,齿冠低,由粗钝的主尖和小跟尖组成。p3为双根齿,比p2大得多,但也是由主尖和跟尖组成。p3主尖高大,齿冠高度约是p2高的2倍,跟尖发育,跟尖高度约是主尖高的一半。主尖和跟尖之间有一很深的"U"形谷。p4三角座几乎呈方形,由一高大的下原尖和低矮的下前尖、下后尖组成。下原尖前棱先向前延伸,后向内拐,抵达下前尖。下后尖小,在下原尖的舌侧。p4跟尖与p3相似,高大,与三角座之间有一很深的"U"形谷。m1三角座有些前后收缩,但其基部膨大。下后尖和下原尖几乎等大,两尖之间有一"V"形谷。下前尖小,在下后尖的前方。在跟座上,下次小尖和下内尖已损坏,但还看得出下次尖是最大的齿尖。斜脊伸至下原尖和下后尖之间"V"形谷的下方,无下中尖,下次中凹较浅。

产地及层位:昌乐五图;五图群。

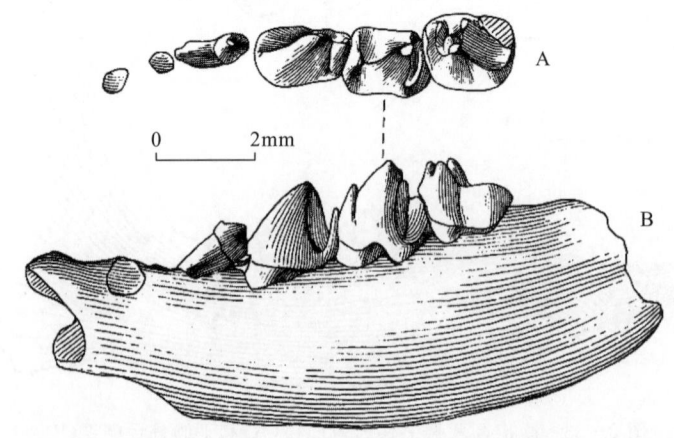

图3-39 疑猎镜猴存i1齿根和p2～m1的左下颌骨冠面视(A)和唇侧视(B)

(据童永生和王景文,2006)

人科 Hominidae Gray,1825

人属 *Homo* Linnaus,1758

智人 *Homo sapiens* Linnaeus

(图版 88,图 13、14)

标本为一左下臼齿。咬合面上有 5 个齿尖,排列成"Y"形。磨蚀一度,远中面无接触痕迹。牙齿不大,长 11.6mm,前部宽 10.2mm,后部宽 10.4mm,高 7.3mm,可能为第 1 或第 2 臼齿。无齿带,颊面基部不鼓出,咬合面副脊不发达,齿前部宽小于后部,牙齿不粗壮等特征都较一般北京猿人下臼齿进步而接近于智人。

产地及层位:新泰刘庄乌珠台;上更新统。

啮齿目 Rodentia Bowdich,1821

斑鼠科 Alagomyidae Dashzeveg,1990

斑鼠属 *Alagomys* Dashzeveg,1990

东方斑鼠(?) *Alagomys? oriensis* Tong et Dawson,1995

(图版 90,图 1;图 3-40)

正型 存下门齿和 p4~m3 的右下颌骨,存下门齿和 m3 的左下颌骨和左 M1~3。

特征修订 与属型种 *A. inopinatus* 不同在于东方种 p4 臼齿化,下臼齿下原尖位置靠前,使三角座更加前后收缩,无下中尖,M1~2 的唇侧齿带比较明显。不同于 *A. russelli* 在于 p4 三角座更加横宽,下臼齿无下中尖,M3 后小尖大。

产地及层位:昌乐五图;五图群。

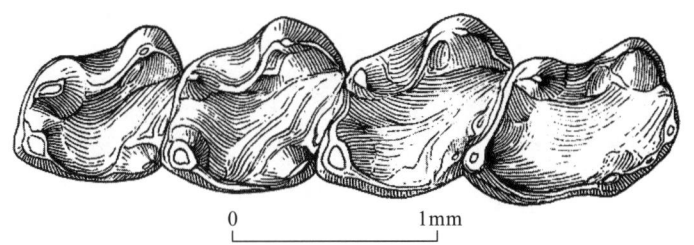

图 3-40 东方斑鼠? 右 p4~m3 冠面视

(据童永生和王景文著,2006)

副鼠科 Paramyidae Miller et Gidley,1918

待明鼠属 *Acritoparamys* Korth,1984

五图待明鼠(?) *Acritoparamys? wutui* Tong et Dawson,1995

(图 3-41)

正型 一段右下颌骨,存 m1~2。

特征 个体比 *Acritoparamys atwateri* 大。与其他待明鼠不同在于下臼齿三角座更加前后收缩。

产地及层位:昌乐五图;五图群。

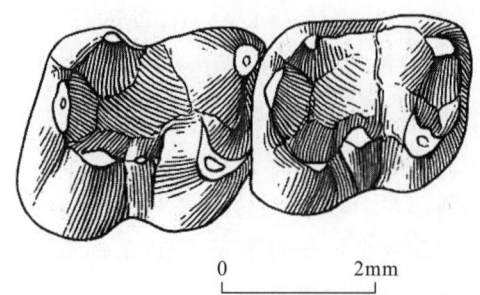

图 3-41 五图待明鼠? 右 m1~2 冠面视

(据童永生和王景文,2006)

泰山鼠属 *Taishanomys* Tong et Dawson,1995

昌乐泰山鼠 *Taishanomys changlensis* Tong et Dawson,1995

(图版 90,图 2;图 3-42)

正型 存下门齿和 m1~3 的左下颌骨。

特征 下颌骨齿缺短,咬肌窝向前伸至 m3 之下。下臼齿低冠,前齿带长,下后尖是最明显的齿尖;下原尖后臂形成三角座的后缘;m1 三角座相对较长。

产地及层位:昌乐五图;五图群。

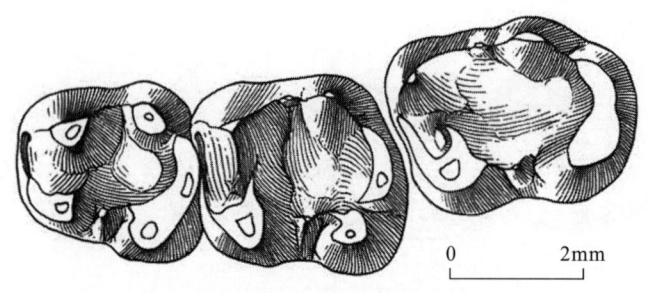

图 3-42 昌乐泰山鼠左下臼齿冠面视

(据童永生和王景文,2006)

小巧泰山鼠 *Taishanomys parvulus*

(图版 90,图 3;图 3-43)

正型 一段左下颌骨,存下门齿基部和 p4~m2。

特征 个体较小。下门齿和 p4 之间的齿缺相对较长;下臼齿三角凹向后开放,下外脊缺失,下中尖位置更靠近下次尖。

描述和比较 下门齿基部较横窄,下门齿和 p4 之间的齿缺长约 3mm,下颊齿低冠。p4 齿尖低钝,三角座侧向较窄,而跟座宽。三角座前后不大收缩,由下原尖和下后尖组成,下后尖明显比下原尖更高大。前齿带弱,与下原尖和下后尖的前侧基部连接。很弱的下后脊将三角凹和跟凹分开。跟座齿尖周边分布,无下次脊。下外脊不发育,有小的下中尖。下次小尖明显,与下内尖之间有齿谷隔开,与下次尖之间也不相连,两尖之间有齿谷。两颗下臼齿形态相近,m1 比 m2 稍小。下臼齿三角座前后不大收缩,尤其是 m1。下臼齿前齿带长,向内延伸到下后尖的前方,与下次尖之间有齿谷相隔,在 m1 上更清楚一些。下后脊短,使三角凹向后开放。下外脊缺失,下中尖位置靠近下次尖。下次小尖侧向延长,与下次尖之间有齿谷,下内尖与下次小尖不相连。

产地及层位:昌乐五图;五图群。

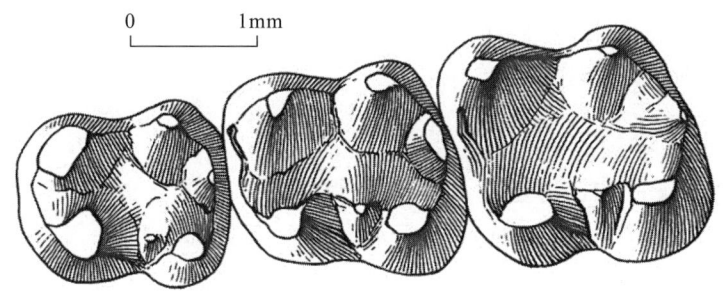

图 3-43 小巧泰山鼠左 p4～m2 冠面视
(据童永生和王景文,2006)

豫鼠科 Yiomyidae Dawson, Li et Qi, 1984
豫鼠属 *Yuomys* Li, 1975
黄庄豫鼠 *Yuomys huangzhuangensis*
(图版 90,图 4)

正型标本 一左上颌残段,具 P4～M2。

特征 大小与豚豫鼠 *Yuomys cavioides* Li, 1975 相近。无中附尖;M1～2,相对窄长,次尖与原尖近于等大,在舌侧以直达齿根的浅沟分开;P4 具次尖和原小尖(脊),次尖(脊)明显小于原尖(脊),二尖以舌侧浅沟分开,浅沟仅限齿冠上半部。

描述 颊齿外缘直,内缘与前后缘成弧形。丘-脊型齿。P4 具原小尖,有明显的原尖(脊)和不明显的次尖(脊),次尖和原尖在舌侧以浅沟分开,浅沟仅限齿冠上半部,原尖明显大于次尖;前尖稍大于后尖,前尖与弱小的原小尖组成前脊,并与原尖(脊)愈合;后尖与后小尖等大,其底相连成为后脊,后脊以一深谷与次尖(脊)分离,斜指原尖;前齿缘外端隆起,形成大的前附尖,内端低弱,起始于原尖前端外侧,约为原脊高的 1/2;后齿缘窄而短,外端微弱,始于后尖的后内方,内端与次脊愈合很好,界限不分。M1～2,长大于宽,次尖发育,与原尖近等大,在舌侧被一明显的浅沟与原尖分开,浅沟直达齿根;前脊与原小尖相对发育,M2 略大于 M1。

产地及层位:曲阜;山旺组。

松鼠科 Sciuridae Gray,1821

梅氏松鼠属 *Meinia*

亚洲梅氏松鼠 *Meinia asiatica* Qiu

(图版 91,图 1、2)

该种是 *Sciuroptera* 类中个体很小的一种。齿式 1·0·2·3/1·0·2·3。颊齿低冠,构造简单;上、下齿凹深,凹中具珐琅质褶嵴。P3 小,柱状。P4 比 M1 小,两者均近方形,都没有次尖,但有强大的前附尖及明显的中附尖、原小尖、后小尖和弱的外脊;M3 次三角形,外侧尖极发达,无后脊。下颊齿菱形;没有下中尖和下中脊,但具下中附尖及前边尖的痕迹;下外脊和下次脊不连续。齿冠釉质层粗糙。

产地及层位:临朐山旺;山旺组。

仓鼠科 Cricetidae Rochebrune,1883

鼢鼠属 *Myospalax* Laxmánn,1769

华北鼢鼠(相似种) *Myospalax* cf. *psilurus* Milne-Edwards

(图版 82,图 7、8)

头骨盾面平,矢状区深凹,矢状脊明显,上、下第 3 臼齿退化。M1 较大,前内侧的第 1 内陷角明显;M2 和 M3 小而退化。下颌骨嘴肌面粗糙深大,下门齿齿根延伸到角突之上;m2 前外侧第 1 内陷角明显,前内侧次生褶曲微弱;m3 极退化,内侧只剩 1 个内陷角,后叶消失。

产地及层位:潍坊;更新统。

科未定

硅藻鼠属 *Diatomys*

山东硅藻鼠 *Diatomys shantungensis* Li

(图版 96,图 1~3)

个体中等的啮齿类,齿式 1·0·1·3/1·0·1·3。门齿釉质层光滑;颊齿低冠,方形,大小相近,具有长的齿根。前臼齿臼齿化,上下臼齿均呈双脊型,在咀嚼面上形成 2 个近于相等的前后釉质脊(环),经磨蚀后两脊在牙齿舌唇两端几乎同时相联。上前臼齿在前脊的前外侧有一小的附脊;下前臼齿的前脊由清楚的三尖组成,中部向前突出。头骨的轮廓与鼠类相似。下颌骨的角突大,与垂直枝在同一平面上。骨骼为适应地面疾走式的结构,呈长尾。

产地及层位:临朐山旺;山旺组。

肉齿目 Creodonta Cope,1875

牛鬣兽科 Oxyaenidae Cope,1877

牛鬣兽属 *Oxyaena* Cope,1874

牛鬣兽(?)(未定种) *Oxyaena*? sp.

(图版 91,图 3;图 3-44)

材料 左上颌骨碎块,存 P4~M1 与 M2 齿槽和一左 P4。

P4 呈三角形,主尖已损坏(长 11.75mm,宽 8.7mm),似乎相当高大。三角凹较低,不大,没有明显的齿尖,但有清楚的前后翼,使三角凹呈半月形的浅盆。前附尖小,后附尖延长成切脊,长达 4.9mm,约是齿长的 2/5。M1 长宽大致相当(长 11.35mm,宽 11.25mm)。前尖和后尖基部孪生,原尖不太退化,前小尖和后小尖小,但仍很清晰。前附尖小,其大小与凹的前附尖相近。后附尖成切脊,长度为 5.3mm,几乎相当于齿长的一半。前尖、后尖的连线和后附尖脊之间的夹角不大,约 120°。M2 的 2 个齿槽横向排列,唇侧和舌侧齿槽间隔大,估计 M2 宽度可能与 M1 宽度相近,P4、M1 和 M2 之间有明显的脉管孔凹。

产地及层位:昌乐五图;五图群。

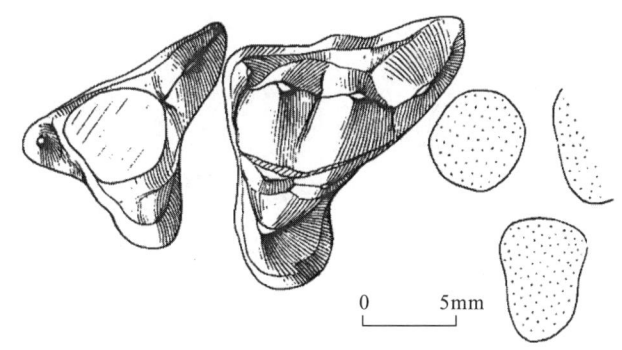

图 3-44　牛鬣兽?(未定种)左 P4～M1 冠面视
(据童永生和王景文,2006)

炭锐兽属　*Anthracoxyaena*
沼泽炭锐兽　*Anthracoxyaena palustris*
(图版 91,图 4、5;图 3-45)

正型　一段右下颌骨,存 dp1,p2～m1。

特征　下前臼齿排列紧凑,主尖粗壮、低钝;dp1 单齿根,p2～4 前面基部有不大的小齿尖,并存在后跟,p4 前面的小齿尖比较发育,其后跟也相对较大;p4 延长,长宽比为 0.49,跟座舌侧齿带比较发育。m1 下前尖和下原尖之间有裂凹,下后尖不退化,呈锥状;跟座比较长宽,下次尖、下内尖和下次小尖明显,跟凹封闭。

描述　下颌骨已碎裂,仅存 5 颗牙齿,最前面的一颗已脱落,贴在 p2 的外侧。这颗牙齿为单根齿,主尖侧扁,有一明显的后跟。之所以认为这颗牙齿是乳齿,是由于主尖的内侧面有垂直的磨蚀面,显然比后面的前臼齿磨蚀程度更严重,在形态上也与已知古鬣兽的 p1 不同。p2 为双齿根,主尖粗壮,在牙齿前端有很小的齿尖,后跟较明显。p3 形态与 p2 相近,稍大,后跟也相对增大。由于 p3 前缘基部破损,从残存的前端部分分析,前面基部小尖估计比 p2 大。p4 比 p3 大很多,与 p2 和 p3 一样,主尖相当粗钝,前端基部小尖增大,跟座下次尖延长,呈脊状,在跟座的舌侧有清楚的齿带。p4 相对比较窄长,长宽比为 0.49。m1 稍小,三角座呈正三角形,下前尖延长成脊,但不像晚期鬣齿兽那样向前位移。p4 下前尖和下原尖之间有裂凹,下后尖不退化,呈锥状。跟座高约是三角座的 1/2,长约是三角座的 3/5,宽度与三角座相近。

跟座的 3 个齿尖相当发育，大小相近。相对而言，下次尖较大，下次小尖高瘦，并有清晰的后齿带从下次小尖斜降到牙齿后外角，与唇侧齿带相连。下内尖低壮，棱低，延续到三角座的基部，形成封闭的跟凹。唇侧齿带虽弱但连续，前端与下原尖前侧齿带相连，后端与下次尖后侧齿带相接。无舌侧齿带。

产地及层位：昌乐五图；五图群。

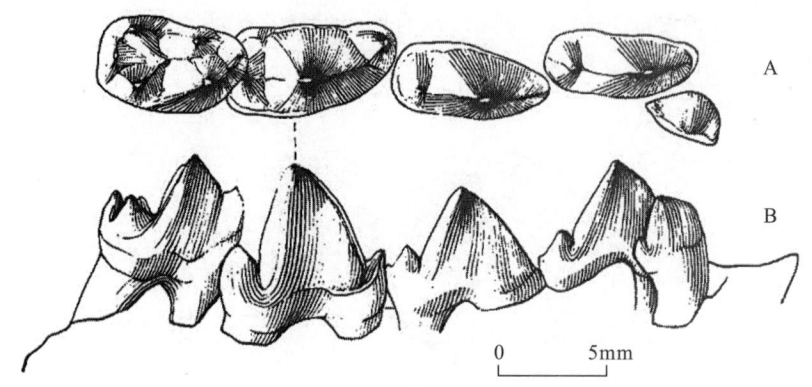

图 3-45 沼泽炭锐兽右 dp1、p2～m1 冠面视（A）和唇侧视（B）

（据童永生和王景文，2006）

鬣齿兽科 Hyaenodontidae Leidy, 1869

半岛鼬属 *Preonictis*

杨氏半岛鼬 *Preonictis youngi*

（图版 91，图 6～8；图 3-46）

正型 可能属于同一个体的左 m1 或 m2，右 p2、p3、m1 或 m2、m3，右 P4、M3，左 DP4 和一犬齿。

归入标本 左 M3。

特征 个体大小与 *Prototomus* 相近，前臼齿侧扁；下臼齿相对延长，下前尖向前位移，下后尖不退化，在下原尖的舌侧，跟座窄长，但仍比三角座短，齿尖清楚，下次尖和下次小尖之间有较深的凹缺，斜脊伸至下后尖的后方，形成窄长的跟凹，M3 后尖仍很明显。牙齿釉质层光滑。

这些零散的牙齿都是从一小块岩石上修理出来的，似为同一个体。下犬齿窄长，牙齿向后弯曲（犬齿基部前后长 2.3mm，宽 1.4mm，高 6mm）。p2 和 p3 高、侧扁，p2 后跟小，p3 后跟大（右 p2 长 2.0mm，宽 1.0mm；右 p3 长 3.2mm，宽 1.5mm）。下臼齿窄长，三角座长稍大于高，下原尖呈角锥状，比其他齿尖高大。下前尖向前位移，下后尖不太退化，位置在下原尖的舌侧，齿尖与下前尖大致等高。跟座不退化，跟长约是齿长的 1/3。跟座的齿尖明显，下次尖较高大，下次小尖和下内尖清楚，下内尖棱虽较低，但延伸至下后尖基部，形成近于封闭的跟凹。斜脊伸向下后尖基部，形成窄长的跟凹，并与牙齿纵轴斜交。在下次尖和下次小尖之间有清楚的凹缺。m3 明显比 m1 或 m2 大，但下后尖相对较小，跟座显短。下次尖更加显著。P4 侧扁，原尖区低小，呈半圆形，居中，与主尖相对，原尖不明显。主尖高，侧向收缩，前附尖显著,后附尖棱较长。M3 横宽,前尖和后尖有些侧向收缩,后尖退化,但仍很明显。原尖前棱发育,伸达前小尖,后棱很弱。前小尖大,前棱伸至前附尖。在后缘齿带上相当于后尖的位置有 2~3 个低小的突起。前尖前棱强烈地向前外方突出,形成外突的前附尖区,使牙齿前缘的宽度远大于后缘宽度。后附尖则弱。DP4 呈三角形,前尖、后尖和原尖几乎等大,原尖具前后棱,前尖前棱发育,后尖后棱长,向后外方伸出。前小尖强,无后小尖。前附尖明显,外架较宽。

产地及层位:昌乐五图;五图群。

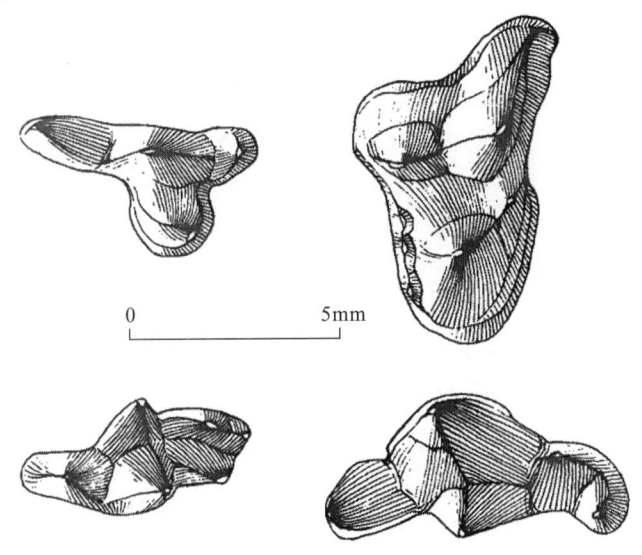

图 3-46 杨氏半岛鼬颊齿冠面视
(据童永生和王景文,2006)

砂犬属 *Thinocyon* Marsh,1872

西周砂犬(?) *Thinocyon sichowensis*? Chow

(图版 88,图 12)

个体特别小。P4、M1 和 M2 的原尖退化,但都清楚地发育。M1 的前、后尖紧密连结,但后尖不十分发育,齿带相当发达。这些特征都和北美的砂犬相似,可能代表了这一属分布于亚洲的一个种。

产地及层位:新泰;始新统。

食肉目 Carnivora Bowdich,1821

古灵猫科 Viverravidae Wortman et Matthew,1899

褐灵猫属 *Variviverra*

朝气褐灵猫 *Variviverra vegetatus*

(图版 91,图 9、10;图 3-47)

正型 不完整的头骨和左、右下颌骨。

归入标本 存 p1~m2 的右下颌骨和可能属于同一个体的 2 颗下门齿、2 颗上犬齿、2 颗上门齿和 3 颗上前臼齿。

特征 大小如 *Protictis schaffi*。犬齿纵棱、纵沟发育。p4 前辅尖细小，与主尖之间缺少明显的凹缺，有后辅尖，跟座简单，m1 三角座呈正三角形，下前尖略比下后尖粗壮，m2 裂凹退化。M1 小尖清楚。

描述 头骨标本已压扁，严重破损，但归入标本保存了较完整的下齿列。

与归入标本同在一小块煤上，有 2 段骨骼上保存门齿，一段 2 颗牙齿，相对较尖细，疑是上门齿，另 2 颗比较强大，疑为下门齿。这 2 颗牙齿简单，有些向后弯，唇侧面微凸，舌侧面较凹，有纵向的中隆从顶端向下延伸，另有 2 条棱脊从顶端向两侧斜降，使牙齿呈矛状。疑为下门齿的 2 颗牙齿相对粗壮，可能是右侧的 i2 和 i3，i3 似较强。下门齿唇侧面较凸，舌侧面微凹，与上门齿一样，也具有纵向的中隆，但较平缓。i2 较对称，i3 外侧棱较长，不太对称。

上、下犬齿很强，有发育的棱脊和齿沟，从顶端向下延到齿根。上犬齿稍显粗壮，前宽后窄，前外侧呈弧形，内侧面较平，使横断面呈扇形。从顶端向后下方延伸的棱脊锐利，向前内侧伸展的纵棱较钝。下犬齿形态与上犬齿相似，但较瘦直。

下颌骨细长，咬肌窝深，联合部向后延长到 p2 之下，具有 2 个颏孔，一个在 p2 前齿根处，另一个在 p3 的下方。

p1 为单根齿，主尖高，主尖前棱较短、较陡，主尖后棱较长、较斜。与犬齿之间有齿隙。

p2 为双根齿，也是单尖齿。主尖后棱更加延长，接近基部较缓，形成初始的跟座。与 p1 和 p3 之间有齿隙。

p3 的形态介于 p2 和 p4 之间，在主尖后棱上出现一个不大的后辅尖，后齿带围成小的跟座，并在后端形成初始小尖。

p4 主尖强大，前辅尖细小，主尖和前辅尖之间没有明显的凹缺。仅有一个后辅尖，后辅尖大，但位置较低，跟座较大，后跟尖明显。

m1 是下颊齿中最大的一颗牙齿。三角座高大，下原尖明显比下前尖和下后尖粗壮、高大。裂凹发育。下前尖与下后尖近于等高，但前者清楚地比后者粗壮，两尖分得较开，使三角座成正三角形，三角凹向舌侧开放。跟座较窄，3 个齿尖大小依次是下次尖、下次小尖和下内尖，下次尖和下内尖位置靠后，跟凹向舌侧开放。

m2 小，三角座和跟座高差不大，三角座低，略高于 m1 的跟座。下原尖较大，下后尖次之，下前尖稍小。三角凹向舌侧开放，无明显的裂凹。跟座较窄，但较延长，下次小尖明显地向后突出。

头骨标本已很破碎，仅左右犬齿、左 P2 和右侧上臼齿保存较完整，其他牙齿破损或失落，与存 p1~m2 的右下颌骨一起出土的还有 P1、P2 和 P4。P1 小，双根，单尖，侧扁。主尖前棱较短，后棱长。P2 延长，侧扁，基部后缘有一小尖。P4 保存不佳，正型标本的 P4 外脊部分已有些破损，但在归入标本中外脊较完整。P4 前宽后窄，原尖高不到主尖高的 1/2，其位置几乎与前附尖相对。前附尖发育，与主尖之间有一"U"形齿凹。后附尖较小，远远地向后外方突出，后附尖棱清楚，主尖与后附尖棱之间的裂凹深且窄。外侧齿带在牙齿的前半部分连续，在后半部分不发育或缺失，后内侧齿带已部分破损，似乎也较连续，前齿带仅在前附尖基部发育。在归入标本上右 M1 和 M2 保存相当完整，M1 横宽，在 3 个主要的齿尖中原尖最大，后尖明显比前尖小。原尖的位置与前尖近于相对,唇侧面较平,有些向后倾斜,其前棱显著比后棱高。前尖和后尖的唇侧面也比较平坦,舌侧面稍凸。原尖前棱伸达前小尖,后棱与后齿带会合。前小尖清晰,后小尖不明显。前附尖强烈地向前外方突出,后附尖低平。除舌侧齿带外,齿带都较连续。

产地及层位:昌乐五图;五图群。

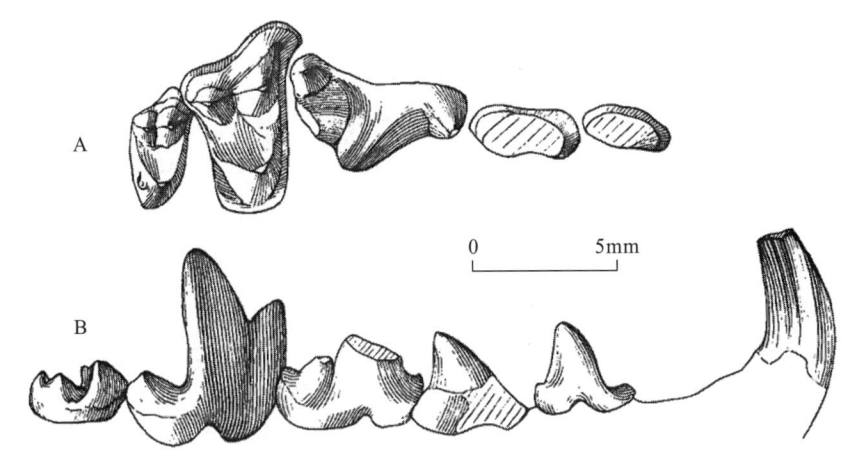

图 3-47　朝气褐灵猫上、下颊齿冠面视(A)或唇侧视(B)
(据童永生和王景文,2006)

细齿兽科　Miacidae Cope,1880
乖犬属　*Zodiocyon*
隐藏乖犬　*Zodiocyon zetesios*
(图版 92,图 1、2;图 3-48)

正型　属于同一个体的右 m1、右 C、右 M1、右 M2 前半部分,左 M2、左 P2 和 P3。

特征　臼齿形态和大小与 *Uintacyon* 类似,但 m1 跟座有低弱的舌侧齿带,上臼齿外架宽,原尖后棱弱,下延到牙齿后缘中部,前小尖强,舌侧齿带弱(M1)或无(M2)。

描述　这些零散的牙齿是从一小块碳质泥岩上修理出来的,有可能是同一个体的散落物。

右 m1 三角座高、宽,下原尖最高大,下前尖和下后尖大致等大。下前尖延长成切脊,下后尖呈角锥状,裂凹发育。跟座低窄,下次尖较强,唇侧面直立,舌侧面向内倾斜,舌侧齿带或下内尖棱低、弱,形成了犀利的后跟。上犬齿强大、锐利,横切面呈半圆形,外侧凸,内侧平,前、后棱有均匀分布的锯齿。P2 侧扁,双齿根,有低小的后跟。P3 双齿根,形态与 P2 相近,但主尖内侧有些向内突出。M1 后尖明显比前尖低小,但两尖侧向都有些收缩。原尖大,具前、后棱,原尖前棱强,伸至前小尖,原尖后棱弱,斜降到牙齿后缘基部。无次尖。前小尖明显,其后棱短,前棱长,无明显的后小尖。外架较宽。前附尖比后附尖发育得多,虽这颗牙齿的前外角有些损坏,但还能看出前附尖棱向前外方适度突出。原尖前后侧齿带发育,使牙齿舌缘呈方形。齿带发育,内侧齿带包围原尖。M2 形态与 M1 相似,不过较小,前附尖也适度地向外突出，后尖更加退化，无后附尖，仅存在后内侧齿带。

产地及层位：昌乐五图；五图群。

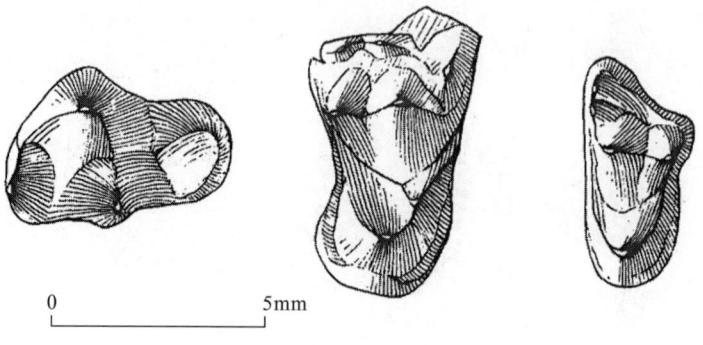

图 3-48 隐藏乖犬上、下臼齿冠面视

（据童永生和王景文，2006）

犬科 Canidae Gray, 1821

双犬属 *Amphicyon* Gray, 1821

孔氏双犬 *Amphicyon confucianus* Young

（图版 82，图 9）

个体较大的种。下颚水平枝厚而深，下沿与齿槽沿平行。下颚孔较大，介于 p1 和 p2 之间。前面的前白齿彼此宽阔地分开，p3 以后的牙齿彼此很靠拢。p3 低而简单，双根，无前、后附尖的痕迹。m1 十分侧扁，长而窄，超过其他种，三角座长，下前尖短，下原尖很高，下后尖小，下跟座长，具明显的下内尖，下次尖强而钝，无下次小尖。

产地及层位：临朐山旺；山旺组。

猫科 Felidae Gray, 1821

虎属 *Felis* Linnaeus, 1758

虎（相似种） *Felis* cf. *tigris* Linnaeus

（图版 78，图 10）

标本为一右上第 3 前白齿，前、后缘齿带很发育，前附尖很弱。齿冠长 23.2mm，其大小和一般特征与虎很相似。

产地及层位：新泰；上更新统。

熊科 Ursidae Gray, 1825

祖熊属 *Ursavus*

东方祖熊 *Ursavus orientalis* Qiu et al.

（图版 82，图 10）

本种是个体微小的 *Ursavus*；前白齿相对更小，裂齿及其后颊齿的冠低，各尖分化弱，M1

外侧后根在前部近端有一纵沟,M2 小于 M1,跟座小,M1 跟座特别宽,M2 跟座较长,比三角座更偏后舌侧。

产地及层位:临朐山旺;山旺组。

熊属 *Ursus* Linnaeus,1758
沂南熊 *Ursus*(*Protarctos*)*yinanensis*

(图版 92,图 3;图 3-49、图 3-50)

正模 属同一成年个体的头骨连有一对下颌。头骨受侧压变扁,骨片多错位叠复,左侧枕区、耳区及颧弓部分缺损。所有上门齿及 P[1] 1～3 都只保留齿槽孔。左下颌 i1～3 及 m3 缺失;右下颌犬齿齿冠断失,i1～3 缺失,ml 下原尖破损。下颌角突末端残缺。

归入标本 单个右 ml,下前尖缺失。

特征 头骨吻部短小,鼓室扁平,下颌联合部外缘与水平支长轴夹角大于 45°。上、下犬齿侧向直径远小于前后向直径。前臼齿数目全。裂齿(P4/ml)裂叶构造退化。P4 缩小而 M1 和 M2 明显增大、伸长。M1 无前、后附尖。M2 跟座占齿长的 1/2,冠面上有较发育的褶皱。ml 三角座与跟座高度一致,下原尖偏向牙齿外缘,下后尖之前没有附尖。

头骨:根据头骨上骨缝未完全愈合,有较发达的矢状脊,颊齿磨蚀程度中等偏深判断,可能为一刚进入成年的个体。头骨较小,狭长,吻部短窄,头长近 280mm,额骨眶上突连线之前的头骨长度约 120mm,与此连线之后头长的比例为 3/4(即面颅部比脑颅部所占的比较小)。门齿区前缘呈抛物线形。鼻骨长 62mm,顶面中央略凹陷,末端的位置与眶窝中间相当。顶视,额骨前端变细,插入鼻骨与上颌骨之间,额颌缝末端位于眶窝前缘或额骨眶上突的中间偏后,由额骨眶上突发出的 2 条显著的"人"字形额脊在额顶缝处会合,会合处超过鳞骨颧突基部的前缘。矢状脊发达,项脊与枕外脊非常发育,枕外脊与矢状脊夹角小于 90°,枕外隆突粗壮。在枕外脊两侧的凹面上有粗糙的肌肉附着痕迹。髁孔位于枕髁基部内侧。

颧弓长度大于 P1 到 M2 的距离,眶下孔侧扁,位于 M1 前尖上方。上颌骨颧突基部前缘起始于 M1 前尖处,后缘止于 M2 中间,下缘在 M2 上方约 8mm。腹视,犬齿前内方有一对门齿孔。颌腭缝最前端与 P4 内尖的位置相当,向后延伸至 M2 前缘。颌腭缝后有 2 对腭前孔。硬腭在中间部位略凹陷,其宽度前后基本一致,近 36mm。硬腭后缘前距 M2 末端约 10mm,后距关节窝约 52mm。腭骨翼突长度与翼骨长度接近。翼骨相对较长,延伸至鼓室前方。翼骨与腭骨的骨缝远在翼管前开口的前方。翼管长约 13mm,其后开口与外侧的颧突关节窝正对。翼管末端接卵圆孔。在关节窝的后壁基部有一关节后孔。关节后突向后延伸,其锐脊状外缘与乳突相连。外耳道在关节后突与乳突之间的凹槽内,十分靠近乳突;鼓室扁平,纵向较长。咽鼓管开口位于鼓室前内侧。外耳道与鼓室部分区分很明显,并基本垂直于鼓室长轴方向,长度与鼓室一致,未超出关节后突后外缘。乳突较发达,副枕突位于乳突与鼓室后侧,但更靠近前者,与鼓室仅在基部相连,虽局部破损,但仍可看出比乳突小。鼓室、乳突及副枕突中间围成一个凹陷,中间有茎乳孔,并由乳突上的一条脊分为两部分。颈动脉孔和后破裂孔位于鼓室后缘与基枕骨交界处。

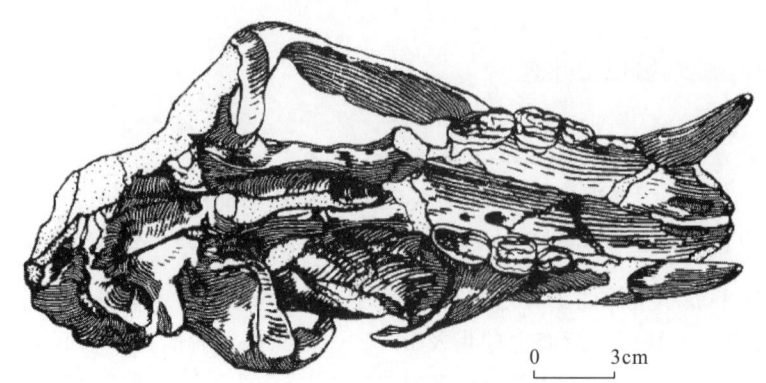

图 3-49　沂南熊头骨腹面视

(据李亦征,1993)

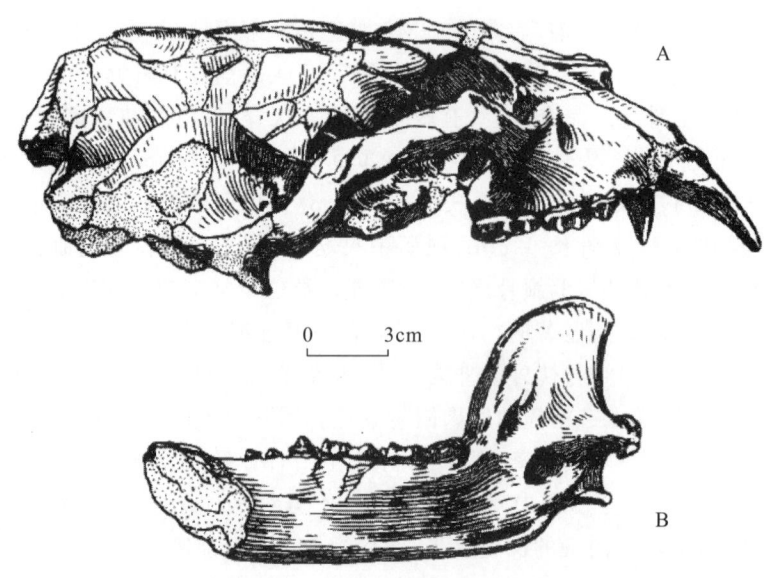

图 3-50　沂南熊头骨(A)及右下颌(B)

(据李亦征,1993)

上齿列,I1 与 I2 的齿槽孔大小接近。I3 齿槽孔最大,与犬齿齿槽孔相接。当上、下颌咬合时,下犬齿伸到 I3 和上犬齿之间的空隙中。犬齿粗壮,齿尖锐利,由齿尖到齿冠基部迅速变粗大,齿根侧扁。从齿尖伸至齿冠基部有 2 条纵脊,分别位于前内侧和后侧,后者更显发达,其内侧有一与之平行的凹槽。牙齿前内侧靠近齿冠基部有一与下犬齿咬合形成的长条形磨蚀面,延伸到齿冠中部。P1～3 的齿槽孔很小,前后排列紧密。

P4 呈三角形,由前尖、后附尖、原尖三部分组成。前尖最粗大,占牙齿全长大于 2/3,锥状,是颊齿中齿尖最高的。前脊钝,后脊锐并直接连向后附尖。前尖的后内侧面平坦,与后附尖内面组成一平整切割面。后附尖矮小,磨蚀后成低平脊状,侧扁,内平外凸,分隔前尖和后附尖的沟在外侧深且长,内侧仅靠上部有一点痕迹,因此裂叶构造不典型。原尖最低小,呈圆钝突起,位于切割面之下正对着裂沟的内侧位置。齿带在四周均较发育。

M1呈矩形,前后伸长。前缘略凹,后缘略凸,内、外壁基本平直,但在牙齿中央略有收缩。前、后尖呈较高的锥状,后尖比前尖略小,二尖都有前后齿脊。没有前、后附尖。后尖后脊歪向牙齿后外角。在前、后尖外侧面,自齿尖到齿带处发育一些规则的细纹。前、后尖占牙齿宽度的近1/2。原尖和次尖磨蚀成一条连通的凹槽。齿带仅在牙齿外、前、内侧发育。后尖后脊与次尖之间围成一扇形磨蚀面,上有简单的褶皱,其余嚼面较光滑。

M2显著延长,跟座发达并向后收缩。前尖、后尖占齿宽的1/3,形态与M1者相似,但更低小。齿脊仍很清楚。原尖为一低长的隆脊,次尖仅微弱发育。从前尖上发出的一些细弱的褶纹伸至凹陷的嚼面中央,同时在前、后尖外侧面自齿尖到齿带发育一些规则的垂直细纹。外侧齿带隐约可见,终止于跟座前端;内侧齿带发育,向后终止于跟座前缘,向前逐渐消失。跟座长约占齿长1/2,向后收缩。跟座表面布满条形褶皱,向前延伸至后尖与次尖之间。由于M2跟座与m3组成一对咬合面,所以两者的发育状况是相互对应的,表现在M2跟座的大小、形态、冠面纹饰发育情况与m3非常相似;M2跟座嚼面转向外上方同样与m3着生位置靠上,嚼面转向内上方相适应。

下颌:下颌全长(在关节突处)为180mm。下颌水平支高度由前向后略有减小,在p3处高为38mm。水平支下缘基本平直。下颌联合部长,后端伸达p2正下方,联合部外缘与水平支长轴夹角大于45°。有2个颏孔,分别位于p3和m1三角座下方。下颌上升支前缘与水平支夹角略小于90°,后缘垂直于水平支长轴,整个上升支向上收缩缓慢,因此冠状突较宽大。关节突宽圆,与齿列嚼面高度一致。角突较发达,位置相当于水平支高度的1/2,向后延伸并略超出关节突。在右下颌上有一明显次角突,左下颌这一特征不明显。咬肌窝深,表面有很多突起和短嵴,供强健的咬肌附着。下颌内面有一大而圆的下颌孔,位于m3与关节突中间偏下方。

下齿列:下犬齿扁长锐利,齿冠基部及齿根横切面为椭圆形,在前内侧和后侧各有一条齿脊,从齿尖一直伸向齿冠基部,前者更发达些,其基部向后有齿带,在牙齿后缘消失。在牙齿后外侧靠近齿尖有一长条形磨蚀面,延伸到齿冠中部。从p1到m3整个齿列呈弧形向外弯曲。m1到m3齿列纵轴与水平支长轴夹角为18°。p1~p3很小、单根,低冠,冠面都呈椭圆状,p1略大,紧靠犬齿,并略有偏转,p2和p3等大。p2与p3、p3与p4之间有齿隙。

p4侧扁,仅有一高大的主尖,主尖后脊比前脊锐利,齿带在四周非常发育,并在牙齿后端抬升形成一小尖。在内齿带靠近牙齿后端约1/3处有一小尖,由此尖发出2条短脊,一条伸向主尖,另一条伸到主尖后脊。

m1前窄后宽。三角座比跟座略长,但高度基本一致,二者之间由一宽谷分开。在谷底隐约可见2条近似平行的弱脊,一条从下后尖至下内尖,另一条从下原尖到下次尖。下前尖位于牙齿前端正中,为低小的钝锥状,与下原尖前脊组成弱的裂叶构造,在其外侧面可见一平整的切割小面,它与P4的切割面对应。下原尖是m1各尖中最粗大的,牙尖偏向牙齿外缘,前脊沿外缘连向下前尖的基部外侧,自下原尖向内侧发出一脊连到下后尖基部。下后尖小,位于下原尖后内侧,比下前尖低,但自外侧能见到。下后尖之前没有附尖,因此三角座向舌侧开放。跟座由并列的2个尖组成并靠近跟座后缘,下次尖较大,但磨蚀得比下内尖低,下内尖低于下后尖。跟座后缘有一条很弱的环状脊。咀嚼面光滑。在齿冠的外侧面,从齿尖垂直向下发出很多规则的细纹。牙齿齿带仅发育在跟座外侧。

m2 呈较规则的矩形。内侧齿尖比外侧高。下原尖为低的隆起,与锥形的下后尖相对,下后尖前后各有一小尖。下原尖与下后尖之间由一弱脊相连,使三角座与跟座隔开,前者占牙齿的 1/3。下次尖为跟座中最大的一个尖,磨蚀得很低,它与下原尖以一细沟分开。下次尖之后隐约可见一小尖。在下次尖的相应位置开始分化为 2 个等大的小尖。三角座和跟座表面较光滑,在跟座前部,从下原尖发出一条脊伸向跟座嚼面中央,釉质已磨蚀掉。牙齿外侧面有均匀分布的垂直细纹,无齿带。

m3 短圆,前缘平。冠面无显著齿尖,只在前外角有一略高的隆起,自上向冠面发出数条褶皱。牙齿冠面四周隆起形成一环状脊,中间的咀嚼面略下凹。无齿带。从外侧看,m3 没有被下颌上升支挡住。它的着生位置靠上而不同于前面的牙齿,冠面向外上方偏转。

产地及层位:沂南;上新统。

半狗科　Hemicyonidae
　　半熊属　*Hemicyon*
　　　杨氏半熊　*Hemicyon*（*Phoberocyon*）*youngi*（Chen）,1981
　　　　（图版 96,图 4、5）

材料　①可能属于同一个体的左 P4～M2(M1 的内半部破损)和左 m2。②属于同一个体的左上颌断块(具 P4～M2)、左下颌断块及右下颌断块。

描述　P4,具典型半熊的上裂齿形态;原尖宽大,位置靠后,达前尖之正内方。前尖相当发育,外壁圆隆,前尖棱很发育,在前尖的前内侧形成一明显的长三角形凹面。后附尖相对较低而短。齿带发育,几乎围绕整个牙齿基部,仅前尖外壁表现较弱,在原尖处最为发育,实际上它形成了原尖的最高处。在前尖基部内侧,原尖的前缘与前尖前端内面形成一角缺刻,原尖的后缘与后附尖形成的缺刻不如前者明显。

M1,横宽近于长方形。前尖比后尖稍高大,原尖和次尖组成一远低于前尖和后尖的弱"W"形嵴。"W"形嵴的前翼一直伸至前尖的前内方,于前尖之基部,顶端分叉,一支与前齿带会合,一支指向前尖顶。"W"形嵴的后翼较短,在后尖的内侧基部与后齿带会合。"W"形嵴与唇侧尖基部形成一个平坦的坡面,舌侧陡高。齿带相当发育,沿齿冠基部环绕整个牙齿,内齿带在舌侧形成宽厚、高耸的齿带"架","架"表面粗糙,与原尖、次尖以沟相隔。齿带在前内角降至齿冠基部,致使原尖前壁显得十分陡高。

M2 比 M1 稍小,形状不规则,整个牙齿呈蚕豆状。前、后尖的外壁斜向后内方,前尖基部外壁光滑圆隆。M2 唇侧尖明显低于 M1 者,后尖尤甚。原尖、次尖不发育,联合成一半弧形的嵴。内齿带特别发育,形成了宽厚的齿带"架","架"表面有一些伸向原尖、次尖脊的"沟纹",齿带"架"与原尖、次尖之间有一浅的沟。由于冠面在外后角低,而舌侧面高,使整个牙齿显得有些歪扭。外齿带和 M1 者相似。次尖之后没发现 L. Ginsburg 所描述的那种在 *Hemicyo* 中所特有的次尖后脊分叉的现象,相反,内嵴的末端伸向下内侧。在 V8116 标本中,内齿带发育较弱,整个牙齿也稍小。

下颌骨较粗壮,下颏孔 3 个,卵圆形,2 个在前(位于 p2 的后下方),1 个在后(位于 p4 的下前方)。左下颌骨前方的2个颏孔大小相差很大,右侧者前2个颏孔大小相近。后面的颏孔右下颌者远大于左下颌骨者。

p1缺损,可见一单根的齿槽。相邻的前面齿之间,都有一个小的齿隙。P2,p3和p4的基本形态一致,皆为双根,从冠面来看,它们的唇侧中部稍凹,而舌侧中部稍凸;主尖之前的附尖不明显。p4明显增大,齿冠也很高,主尖前边的尖明显,主尖后边的尖粗壮。前臼齿齿带不发育。

m1较窄长,下前尖基部齿冠稍有膨大,致使下前尖前缘中部稍稍向后凹入;下原尖和下后尖顶端破损,下后尖贴附于下原尖的内后方,下后尖的顶端低于下前尖脊。下跟座的外后角向后外方突出,使m1的后壁不垂直于齿列长轴,而是斜向前内方。跟座低,下次尖外壁向内上方倾斜。跟座的内缘围以一细脊,其中部被一浅的横沟分为前、后两段。此脊和次尖之间有一纵向浅沟,在此沟的后方,下次尖和下内尖以一弱脊相连,并将此沟封闭。齿带不发育,仅见于下跟座外壁齿冠的基部。

m2接近长方形,但后内角较小,下原尖最大,下次尖外壁和m1一样,斜向内上方。下后尖比下原尖相对低小,且位置靠后。自下原尖向前伸出一半圆形脊与下前尖相连,封闭三角座凹,下前尖与下后尖以一浅沟为界。下三角座相当大,跟座较小,从唇侧观察尤为突出。下次尖低小,下内尖退缩,下内小尖残迹状。跟座凹很浅,其后端也以弱脊封闭。

产地及层位:曲阜;山旺组。

裂齿兽目 Tillodontia Marsh,1875
美爪兽科 Esthonychidae Cope,1883
仲裂兽属 *Paresthonyx*
东方仲裂兽 *Paresthonyx orientalis*
(图版92,图4;图3-51)

正型 右上颌骨具C~M2和I3齿槽,左上颌骨碎块存有C、P2和I3的齿槽。

归入标本 左上颌骨上具P3~M2和一零散的右P2,存P3~P4的左上颌骨碎块和2颗上门齿,可能属于同一个体的零散牙齿:右I3、C、P2、P3、P4、M3和左I2、I3以及零散的左M1和M2。

特征 大小和牙齿形态与北美的*Esthonyx*和*Azygonyx*接近。上犬齿前、后齿隙小或无;无P1、P3和P4的前尖较高、较锐;上臼齿相对短宽,前尖和后尖较尖锐,两尖之间的"V"形谷较深,中央脊弱,外中凹较浅,但相对于*Azygonyx*外架较宽,次尖架较退化。

描述 V10726.3零散的牙齿是从同一块岩石上修理出来的,其中有3颗门齿,由于在这块岩石上没有发现下颊齿,这3颗门齿可能是上门齿,分别是左I2和左、右I3。上门齿增大,齿根长,但无釉质层。齿冠呈尖矛状,但外侧面较凸,内侧面较平坦。两侧具刃状侧缘,近中侧侧缘较长,远中侧侧缘较短,在内侧面有与之平行的纵沟。北美发现的*Esthonyx*具有2个上门齿,I2较大,I3较小。可推测,五图种也可能只有2个上门齿,较大的是I2,较小的是I3。

上犬齿单根、退化,不如上门齿高大,但比P2高。犬齿侧扁,由后向前变窄。在正型标本上,犬齿前方遗留I3齿槽,上犬齿I3之间齿隙小,甚至缺失。犬齿与P2之间的齿隙也不大。P1已退化。

P2双齿根,侧扁,主尖低钝,其后缘基部有一低小的突起。

P3 三齿根,冠面呈三角形。主尖粗壮,在归入标本中其后棱上常有一突起,磨蚀后成椭圆形的磨面,这可能是后尖的雏形。但这在正型标本上并不明显。原尖低小,前、后附尖清楚,后内侧齿带连续,前内侧齿带不发育。

P4 横宽,在前尖后棱上的后尖相当显著,并在内壁上有纵沟与之分开。原尖高大,其前、后棱分别伸向前附尖和后附尖。无小尖。外侧齿带连续,前、后侧齿带低、短,后侧齿带靠近舌端处有一弱棱指向原尖。

M1 横宽,舌缘较尖削。主尖较锐,前尖比后尖稍大,两尖分离,前尖前棱和后尖后棱分别伸至前附尖和后附尖。原尖的前、后棱也分别伸向前、后附尖。前附尖比后附尖发育,强烈地向外突出。中附尖无小尖清楚,并具有前小尖后棱和后小尖前棱。前内侧齿带低、短,后内侧齿带也较低,但较宽、较长。

M2 与 M1 相似,但后尖几乎与前尖等大,前附尖较弱,大小与后附尖相近。这使牙齿前、后部分比较对称。

M3 后附尖退化,前附尖更显得分外发育,更加向外突出。后尖和后小尖明显退化,后内侧齿带短、窄。

产地及层位:昌乐五图;五图群。

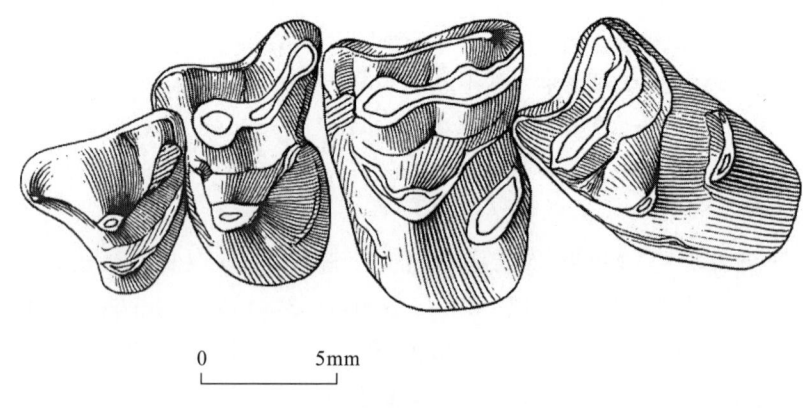

图 3-51 东方仲裂兽左 P3～M2 冠面视

(据童永生和王景文,2006)

豫裂兽科 Yuesthonychidae Tong, Wang et Fu, 2003

豫裂兽属 *Yuesthonyx* Tong, Wang et Fu, 2003

豫裂兽(未定种) *Yuesthonyx* sp.

(图版 91,图 12)

材料 右 m2?

描述和比较 上面记述的 *Paresthonyx orientalis* 上臼齿与北美的 *Esthonyx* 和 *Azygonyx* 相似,但这颗下臼齿与 *Esthonyx* 和 *Azygonyx* 的下臼齿差别明显。三角座夹角较小,外缘不像北美的 *Esthonyx* 和 *Azygonyx* 圆钝。下次小尖向舌侧位移,靠近牙齿的后内侧。下内尖位置在舌缘,与下次小尖之间有凹缺,并有弱棱伸向下次尖后棱。*Esthonyx* 和 *Azyg-*

onyx 下白齿三角座和跟座外缘比较圆钝,下次小尖在后缘的中部,下内尖在牙齿后内角。所以推测上齿列与 *Esthonyx* 和 *Azygonyx* 相似的伸裂兽下白齿应与北美属相近,而与同一地点发现的下白齿与北美种相差很大,因而怀疑这颗牙齿不是东方伸裂兽的下白齿。这颗牙齿与笔者最近记述的丁氏豫裂兽的下白齿相似。两者下三角座前后收缩不明显,下前尖不退化,下次小尖舌侧位,下内尖在舌缘,与下次小尖之间有齿谷相隔。但五图下白齿下内尖有伸向下次尖后棱的弱棱,可与丁氏豫裂兽相区别。

产地及层位:昌乐五图;五图群。

裂齿兽科 Tillotheriidae
  官庄兽属 *Kuanchuanius*
    山东官庄兽 *Kuanchuanius shantungensis* Chow
(图版 72,图 8)

大型裂齿类。下齿列式:3·1·3·3。I_2 巨大,无根,釉质层限于前侧、外侧的大部及内侧的前半部。i3～m3 的排列和结构近似于北美的 *Trogosus*(Marsh),但下颌齿最宽处在第 2 臼齿前叶,第 2 臼齿根座较窄。

产地及层位:新泰;始新统。

中兽目 Mesonychia Van Valen,1969
  软食中兽科 Hapalodectidae Szalay et Gould,1966
    软食中兽属 *Hapalodectes* Matthew,1909
      黄海软食中兽 *Hapalodectes huanghaiensis*
(图版 91,图 13、14;图 3-52、图 3-53)

正型 同一个体的零散上、下颊齿以及部分头骨和下颌骨。

特征 个体明显比 *H. hetangensis* 大,而比其他种小。P2 和 P3 有后跟尖;p4 下前尖明显;上白齿比较横宽,舌侧部分前后较收缩,次尖和前附尖相对发育;M2 前附尖基部有 2 个小突起;M3 无后附尖,次尖较小;在下白齿上有下后尖,下前尖下内侧小突起明显,下外侧小突起弱,在刃状的跟脊上下次尖清晰,无下内尖。矢状脊和额脊显著。

描述 这些牙齿和骨骼散落在一小块碳质泥岩上,可认为是同一个体,包括 1 颗门齿,2 颗上前臼齿,5 颗上臼齿,1 颗 p4,3 颗下白齿和部分顶骨与额骨。顶骨已破碎,但矢状脊和额脊清晰可见。门齿小,侧视近似长方形,基部长宽相近,向上变薄,外壁凸,内壁凹。在 2 块上颌骨碎块上各有 1 颗上前臼齿,可能是 P2 和 P3,这 2 颗前臼齿侧扁,前后延长,侧面视呈三角形,主尖的基部有一后跟尖。上白齿横宽,舌侧部分前后收缩,使牙齿唇缘长度远大于舌缘长度。前尖明显比后尖高大。前附尖发育,M1 前附尖不如 M2 强大,但比同期的软食中兽大。后附尖不如前附尖发育,在 M1 上低小,在 M2 上较大,在 M3 上缺失。上白齿唇侧的 4 个齿尖(前尖、后尖、前附尖和后附尖)侧向收缩,呈纵向排列。M2 前尖的外侧和上内侧各有一个很小的突起,上内侧的小突起相对明显,但 M1 上的 2 个小突起很弱。上白齿原尖几乎和前尖相对,原尖仅有伸向前尖基部的前棱,其后方有一低小但明显的次尖。次尖几乎呈锥状,后有短且弱的齿带或棱脊向外延伸。相对而言,M1和M2的次尖较大,而M3的次尖较小。在M1和M2的前缘舌侧基部有弱的齿带,向舌端增强,p4由一高大的主尖和一刃状的跟座组成。主尖很侧扁,前缘陡直,无凹沟。跟座长度与三角座相近。下臼齿侧扁,有下后尖,下后尖和下原尖近于愈合,下前尖小,在其下方有2个小突起,下外侧小突起很弱,而下内侧的小突起则明显。在牙齿的前臂有一纵向的沟,与前面的牙齿相接。M3下前尖几乎呈刃状。下臼齿由一刃状跟脊组成。下次尖清楚,无下内尖,在m3上下次小尖比较明显。

产地及层位:昌乐五图;五图群。

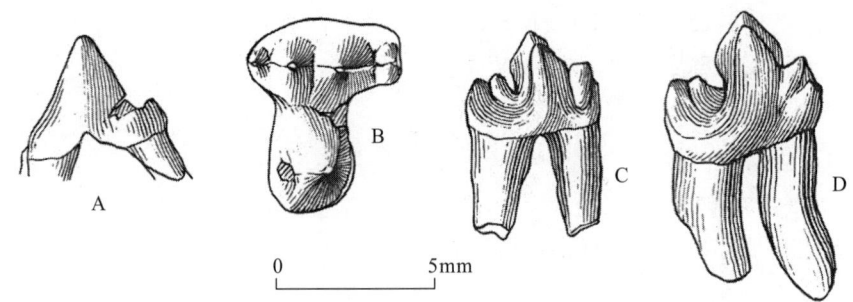

图3-52 黄海软食中兽上、下颊齿冠面视(A、B)和侧面视(C、D)

(据童永生和王景文,2006)

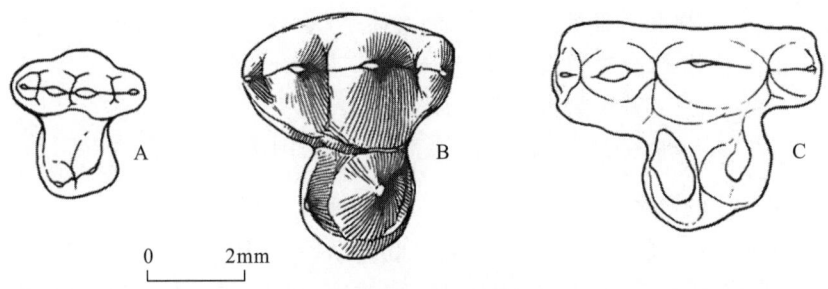

图3-53 软食中兽属河塘种(A)、黄海种(B)和晚种(C)的右M1冠面形态比较

(据童永生和王景文,2006)

中兽科 Mesonychidae Cope,1875

双尖中兽属 *Dissacus* Cope,1881

渤海双尖中兽 *Dissacus bohaiensis*

(图版92,图5;图5-54)

正型 可能属于同一个体的零散下牙,包括下门齿,左p2、p3,左右P4和下臼齿。

特征 一种个体较小的双尖中兽,牙齿长宽与*D. indigenus*和*D. zengi*相近,比其他双尖中兽小10%～40%。p3下前尖不发育,p4下前尖低小,下原尖向后弯曲,舌侧面有一短棱向下延伸;m1和m2大小相近。

描述 这些零散的下牙出自同一小块岩石上,可认为属同一个体。下门齿小,前后收缩,呈凿状；p2 为双根齿，单尖，侧扁，侧面呈三角形，并有一小的后跟尖。p3 由向后倾斜的下原尖和刃状的跟座组成，在下原尖前缘有一很弱小的突起；p4 形态与 p3 相似，但在下原尖顶端有沿舌侧面向下延伸的短棱，同时，下原尖前缘的突起比较清楚，形成初始的下前尖。下臼齿尚存左 m1～2 及右 m1 三角座和 m2，下臼齿侧扁，m1 和 m2 大小和形态相近。三角座由下原尖、下后尖和下前尖组成，齿尖侧向收缩，下原尖大，顶端有一短棱，沿舌侧面向下延伸。下后尖依附在下原尖的内侧，比下原尖低小。在牙齿前端基部有很小的下前尖，m2 的下前尖似比 m1 稍大，有凹缺与下原尖相隔。m1 跟座长度几乎与三角座等长，在下次尖的向内侧延伸的棱脊上有一小突起，或许可认为是退化的下内尖。m2 跟座稍短，棱脊上无小突起（图 3-54）。

产地及层位：昌乐五图；五图群。

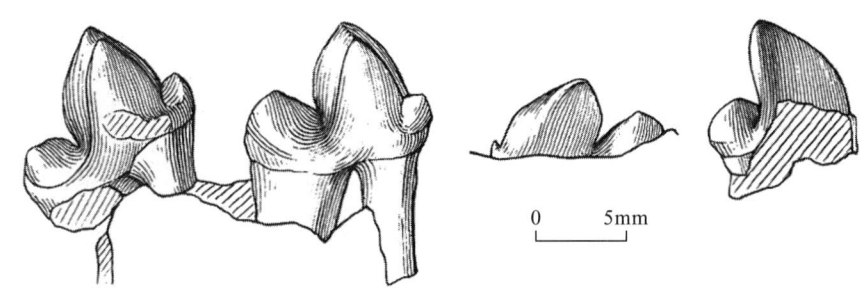

图 3-54　渤海双尖中兽下颊齿舌侧视
（据童永生和王景文，2006）

踝行目　Taligrada Cope, 1883
　　古脊齿兽科(?)　Arehaeolambdidae? Flerov, 1952
　　　　黑脊兽属　*Celaenolambda*
　　　　　　王钊黑脊兽　*Celaenolambda wangzhaoi*
（图版 92，图 6；图 3-55）

正型　可能属于同一个体的 17 颗牙齿：下门齿 4 颗，左下犬齿 1 颗，左右下前臼齿 6 颗，左右下臼齿 5 颗，和上门齿 1 颗。

特征　一种中等大小的踝行类。下门齿扁宽，下犬齿大，形态与 *Barylambda faberi* 的犬齿有些类似；p1 为双根齿，侧扁，但具初始的下前尖、下后尖和下次尖；p4 横宽；下臼齿前尖与后尖近于等大，m1～2 跟座和三角座宽度相近，下内尖棱不发育；m3 跟座延长，下次小尖接近下次尖，下内尖清楚，下内尖棱弱。

描述　正型标本的 17 颗牙齿出自同一块岩石上，因而推测是同一个体。在归入标本中有一颗完好的 p4。因此，五图的下颊齿列几乎完整。与其他亚洲踝行类比较，五图标本有些特殊，因而需要较详细的记述。

下门齿扁宽，i2 前后长约 5.2mm，左右宽约 8.5mm；i3 长约 6.1mm，宽约 8.0mm。下门齿外壁稍凸，内壁有些凹，侧视呈三角形，由一钝的齿尖和两侧侧翼组成。另一个门齿呈凿形，唇侧视呈长方形，顶端有 2 个小尖，与上述的下门齿形态相差较大，却与其他踝行类中见到的上门齿相似，因此疑为上门齿。下犬齿大，粗壮，具前内侧棱和后内侧棱，内壁较平坦，外壁呈半圆形向外突出。下犬齿在形态上有些类似北美的 *Barylambda faberi* 的下犬齿。p1 为双根齿，齿冠侧扁，具初始的下前尖、下后尖和下次尖。p2 形态介于 p1 和 p3 之间，下前尖、下后尖和下次尖比较清楚。p3 长稍大于宽，下次尖虽接近舌面，但斜脊向前外方斜伸到下后脊中部的凹缺处。下前尖前面的基部有一小突起，前后齿带虽弱但近于连续。而在归入标本中 p3 下次尖位置有些向唇侧移动，斜脊向前延伸。p4 与前面的前白齿不同，相对横宽，宽大于长。三角座呈"U"形脊，跟座较短。与归入标本中的 p3 一样，归入标本中的 M 下次尖也相对唇位，斜脊向前延伸。下白齿向后增大，下前尖和下后尖大小相近，下后附尖细小。斜脊伸向下后尖，未直接与下后附尖相连。m1~2 由 2 个"V"形脊组成，夹角约 40°，跟座宽度比三角座稍小，下内尖棱不发育。m3 跟座延长，下次小尖接近下次尖，下内尖清楚，下内尖棱弱。

产地及层位：昌乐五图；五图群。

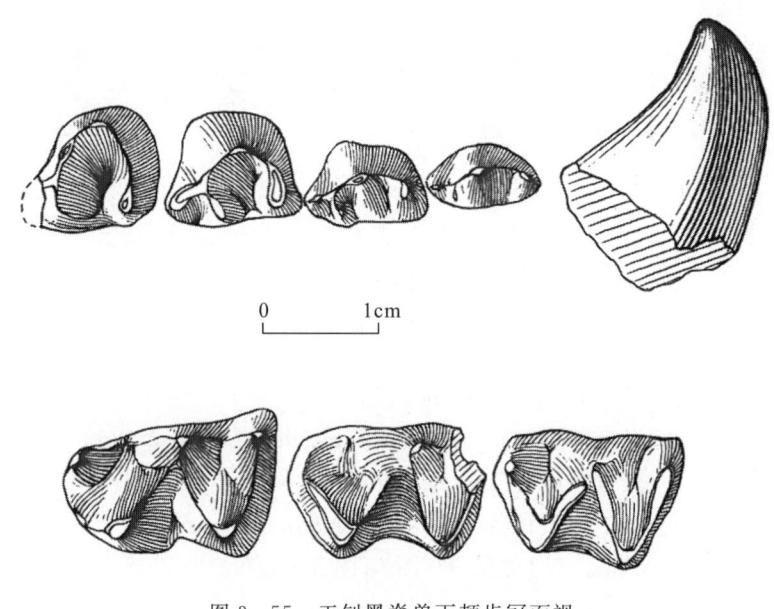

图 3-55 王钊黑脊兽下颊齿冠面视
（据童永生和王景文，2006）

全齿目 Pantodonta Cope, 1873

冠齿兽科 Coryphodontidae Marsh, 1876

五图冠齿兽属 *Wutucoryphodon*

宪武五图冠齿兽 *Wutucoryphodon xianwui*

（图版 92，图 7；图 3-56）

正型 分别存 p4~m2 和 p1~m3 的左、右下颌骨。

描述和对比 左、右下颌骨出自同一块结核。左下颌骨颊齿有些损坏，右侧颊齿保存较完整。下前白齿由三角座"V"形脊和小的跟座组成，三角座"V"形脊的夹角由前向后变小，跟座由前向后增大,下前臼齿前、后齿带明显。p1 为单根齿,与其他前臼齿比较有些侧扁,三角座长,其"V"形脊夹角大。p1 跟座小,具有弱但清晰的斜脊。p2~4 形态相近,牙齿大小向后增大,三角座"V"形脊夹角向后变小,斜脊更加明显。下前臼齿的三角座"V"形脊夹角比 *Asiocoryphodon* 大,与 *Coryphodon* 和 *Heterocoryphodon* 相近。m1 和 m2 形态相近,m2 明显比 m1 大。m1~2 下原尖前棱不太退化,m1 的下原尖前棱相对强壮。m1~2 下后脊和下次脊与牙齿中轴倾斜,斜脊明显,可与晚期的冠齿兽区别。m3 形态与 *coryphodon* 相似,下次小尖大,向后突出,下次小尖分别与下次尖和下内尖相连,无下次脊。在已知的亚洲特有的冠齿兽类中,m3 下次小尖退化或缺失,具有完全的下次脊,与 *Coryphodon* 和五图标本不同。与已知的冠齿兽不同还在于五图标本下臼齿有明显的下后附尖。因此,五图标本的下颊齿形态与 *Coryphodon* 基本相似,由于下臼齿具有明显的下后附尖,可与广泛分布的 *Coryphodon* 相区别,因而自立一属。

产地及层位:昌乐五图;五图群。

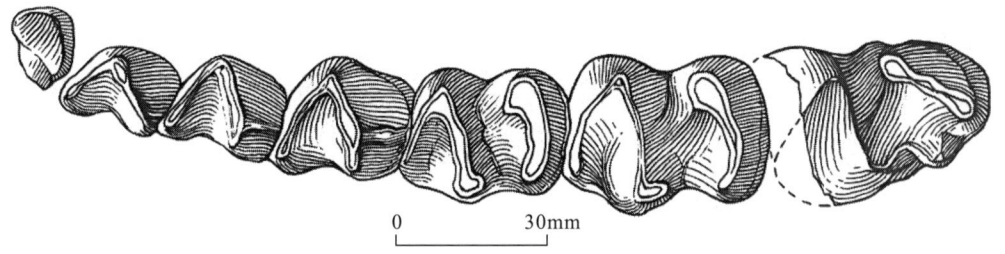

图 3-56 宪武五图冠齿兽右 p1~m3 冠面视
(据童永生和王景文,2006)

异冠齿兽属 *Heterocoryphodon* Lucas et Tong,1987
云通异冠齿兽(?) *Heterocoryphodon? yuntongi*
(图版 72,图 9;图 3-57)

正型 左、右 P4~M3

特征 个体较大(M2 长 41.5mm)。上臼齿具有原尖后棱,在 M1 和 M2 上原尖后棱短,并与次尖前棱连接,使原脊和后尖前棱之间的齿沟舌端封闭;M3 的原尖后棱长,向后外方伸达牙齿后缘中部。M1 和 M2 冠面呈梯形,M2 明显比 M1 大,前小尖退化,次尖发育,具前、后棱,次尖前棱和原尖后棱相连。M3 后尖"V"形脊前棱短,与原脊有些斜交,原尖后棱伸达牙齿后缘。

描述和比较 标本保存不佳,除左 M3 外,其余牙齿齿冠已龟裂,冠面已有不同程度的损坏,但牙齿轮廓尚清楚。尤其是右 M2,齿冠损坏相对较轻。M1 和 M2 大致呈梯形,外侧长度比内侧长。原尖前棱与前小尖和前尖(有人称为前附尖)连接成强大的横脊。原尖后棱短,与次尖前棱连接。与 *Heterocoryphodon flerowi* 的正型标本比较,后尖"V"形脊相对唇位,中附尖近于孤立。次尖发育,具前、后棱,次尖前棱与原尖后棱相连,次尖后棱沿牙齿后缘向后附尖延伸。舌侧齿带围绕原尖,止于次尖基部。

M3 横宽，由原尖、前小尖和前尖(或称前附尖)组成的横脊长，原尖与前小尖之间有凹缺。原尖前棱短，但后棱长，向后外方延伸，包围后尖，伸达牙齿后缘的中部。后尖"V"形脊不完全，其后翼几乎缺失，前翼由后尖和中附尖相连而成，短，向后方偏斜。在后内方齿带上有一小突起，或许可认为是退化了的次尖。

产地和层位：昌乐五图老旺沟；五图群。

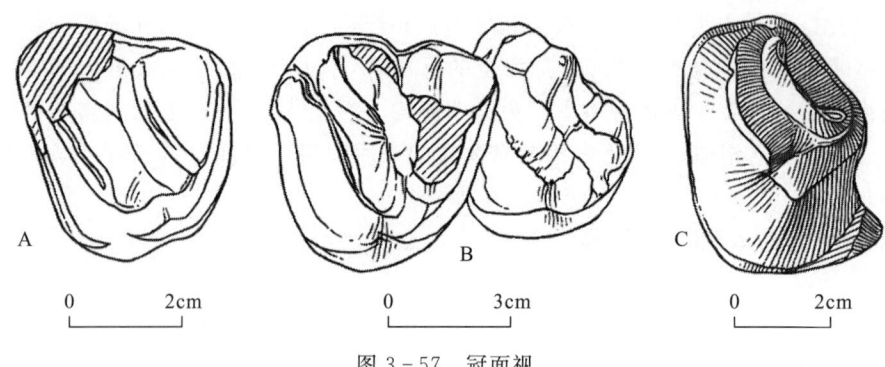

图 3-57 冠面视

弗氏异冠齿兽的左 M2(A)、徐氏异冠齿兽的左 M2~3(B)和云通异冠齿兽？的右 M3(C)

(据童永生和王景文，2006)

冠齿兽属 *Coryphodon* Owen, 1845
费氏冠齿兽 *Coryphodon flerowi* Chow
(图版 98，图 5)

一种大小可与北美 *Coryphodon testis* Cope 和 *C. hamatus* Marsh 相比的冠齿兽，但与该属所有已知种不同之处在于臼齿构造更进步。原尖脊的后脊退化，即牙齿的前脊几乎完全与后面的"V"形脊分离，形成更典型的脊形齿。齿脊十分倾斜，齿带在舌面近于连续，无次尖，仅在齿带的内后缘有小的类似次尖的结构存在。

产地及层位：新泰；始新统。

真恐角兽属 *Eudinoceras*
新泰后冠齿兽 *Eudinoceras xintaiensis* Chow et Qi
(图版 99，图 3)

个体较内蒙古阿山头组的种小；P3 具明显的原尖前棱；M2 原脊上相当于前小尖的位置稍有膨胀，臼齿外脊都很长；下臼齿斜脊很不明显。

产地及层位：新泰；始新统。

恐角兽目 Dinoerata Marsh, 1873
原恐角兽科 Prodinoceratidae Flerov, 1952
蒙古兽属 *Mongolotherium* Flerov, 1952
蒙古兽(?)(未定种) *Mongolotherium*? sp.

(图版 92,图 8,9)

材料 存 p3~m2 的不完整的左下颌骨。

描述和比较 这块标本是五图煤矿生产技术科的员工采集的。下颌骨标本仅存 4 颗牙齿和部分颌下突。m2 处的下颌骨高度为 56mm,颌下突最大深度约为 85mm。从下颌突比较发育来判断,可能是一个雄性成年个体。4 颗牙齿存在完好,m1 明显小于 m2,大小介于 P4 和 m2 之间。

产地及层位:昌乐五图;五图群。

南方有蹄目(?) Notoungulata? Roth, 1903
北柱兽科 Arctostylopidae Schlosser, 1923
客柱兽属 *Migrostylops*
健客柱兽 *Migrostylops roboreus*

(图版 92,图 10~12;图 3-58)

正型 左、右上颌骨和下颌骨。

特征 个体较粗壮。上前白齿前尖褶较明显,P2 和 P3 冠面呈三角形,初始的原尖在牙齿的后内角;P4 长宽接近,齿带在原尖舌侧基部中断。上白齿前附尖呈柱状突出,在冠面上呈方形向外突出,中附尖较显著,假次尖褶相对深窄,前、后侧齿带舌端有些膨大,但不包围原尖基部。p4 下前尖较发育,在下原尖的前方,并有一向前内方延伸的棱脊,斜脊伸达下后尖,下次中凹较深;m1 比 p4 稍小,下前棱较短,下前棱和下原尖伸向前齿带的棱脊之间的平面陡直;m2 和 m3 的下前棱不太退化,跟脊和下内脊之间的舌侧凹较深窄。

描述 这些不完整的上下颌骨和牙齿是从一小块岩石中修理出来的,可能是同一个体。右上颌骨遗留 I2~M3;左上颌骨存有 C~M2 和一颗孤立的 I3,另有一颗门齿依附在腭骨的背面;右下颌骨存有 p1 和 p3~m2;左下颌骨存有 p4~m3。右上颌骨上有一眶下孔,在 P3 后外齿根的上方。

I2 和 I3 侧扁,侧视近似菱形,唇侧面稍平,舌侧面具有垂直的中隆,将舌侧面分成两部分,近中部分已磨损,形成延长的磨蚀面。后舌侧齿带和后唇侧齿带清楚,两侧齿带在牙齿后端基部形成小突起。上犬齿门齿化,大小和形态均与 I3 相近。

P1 小,单根齿。舌侧面中部向内突出,使牙齿基部呈三角形。

P2 三根齿,长大于宽,具初始的原尖。齿冠基部近似直角三角形,牙齿后缘大致与唇缘垂直。舌侧齿带连续,从前附尖处下降到牙齿前内角,然后向后延伸至牙齿后内角,最后向外延伸,到达后附尖。齿带在牙齿的后内角膨大,形成原尖区。牙齿舌面被垂直的中隆分成已磨蚀的前、后部分,仅在原尖区残留釉质层。在外脊唇侧面,主尖的两侧各有一垂直的浅沟,显示出主尖向外突出,形成前尖褶。

P3 与 P2 一样，长大于宽，但明显比 P2 宽，牙齿基部也成直角三角形，牙齿后缘与外脊近于垂直。前尖褶相当清楚。原尖在牙齿的后内角。与 P2 一样，主尖舌面也分成前、后磨蚀面。但前磨蚀面较小，呈三角形，面向前内方；后磨蚀面大，呈四边形，面向后内侧。

P4 横宽，齿宽稍大于齿长，冠面呈锐角三角形，牙齿前后部分近于对称。原尖近于居中，不像 P2 和 P3 那样明显后移。原尖磨蚀后，前后两侧釉质层分别从前外方和后外方伸向牙齿前缘、后缘的中部。外脊在前尖处褶皱，形成外肋，外脊上的前尖前、后棱长度大致相当。外脊舌面已磨蚀，形成相当平整的磨蚀面。前尖褶不如 P3 发育。唇侧面前高后低，唇侧齿带虽弱，但仍看得出从后附尖处向前下方斜降到前附尖基部。无舌侧齿带，前、后侧齿带虽弱，但较清楚。

M1 冠面呈三角形，齿宽大于齿长。外脊平直，前附尖外突成柱状，在嚼面上呈方形外突。在靠近前附尖的外脊唇侧基部有一个小突起，有人称为中附尖。外脊与原尖间的釉质层经磨蚀而消失，仅存原尖和"假次尖"间的舌侧褶，或称为"假次尖褶"。"假次尖褶"浅。原尖前、后棱（其实是向前、后延伸的釉质层）分别到达牙齿前、后缘的中部。前、后齿带比较发育，但不包围原尖。牙齿舌缘比较尖削。

M2 冠面几乎呈四边形，齿长接近齿宽。原尖与"假次尖"间的"假次尖褶"比较深窄，牙齿舌缘不如 M1 尖削，前、后齿带的舌端有些膨大。

M3 不退化，齿长大于 M1 和 M2。舌侧褶或"假次尖褶"较弱，前、后侧齿带舌端明显增大。下颌骨水平支深，在右下颌骨上有 2 个颏孔，前面的一个较大，在 p3 的下方，后面的一个较小，在 p4 的下方。

p1 单根。呈薄片状，在齿冠上纵向排列的 3 个小尖在磨蚀后形成纵脊。中央的小尖较大，并向舌侧突出，在牙齿舌侧面形成垂直向下的肋。在磨蚀后，中央小尖嚼面呈三角形。中央小尖前、后侧的小尖较小，也有向舌侧面突出的垂直的肋，但不如中央小尖那样显著。因此，中央小尖与前、后小尖间有清晰的垂直沟。也就是说，p1 舌侧面有 3 条垂直的肋和 2 条垂直的浅沟。后侧小尖比前侧小尖高大，在嚼面呈椭圆形。前侧小尖磨蚀轻微。从侧面看，p1 唇侧面呈三角形，由上向下收缩。

P4 双根，前后延长。三角座次臼齿化，由下原尖、下前尖和下后尖组成。下前尖较发育，在下原尖前方，并有一明显的棱脊伸向前内方。下前尖和下原尖之间有一较深的齿谷。下后尖较低小，在下原尖后内方，与下原尖和下前尖不在同一直线上。跟座窄长，斜脊呈弧形，延伸到下后尖后壁，形成较深的下次中凹。若以下次中凹为界，三角座和跟座之比为 3∶2。在牙齿的前外角有一小突起，或许就是 Cifelli 等(1989)所说的"下外齿带"。

下臼齿形态彼此相似，由前后收缩的三角座和延长的跟座组成，齿长向后增大。跟座的斜脊向前抵达下原尖的后壁，与后缘脊一起构成平直的纵脊（即跟脊），似可与上臼齿上大致平直的外脊咬合。

m1 齿长比 p4 小。下原尖伸出 3 条棱脊：一是下后脊，伸向粗壮的下后尖；二是向牙齿前缘延伸的短而强的棱脊，终于牙齿前缘中部（通常称为下前脊）；三是伸向牙齿前外角的短粗的棱脊，与前外齿带或 Cifelli 等所说的"下外齿带"相连，这一短棱就是 Cifelli 所称的"下前棱"。"下前棱"和下原尖伸向牙齿前缘中部的棱脊之间的牙齿前壁（外架）陡，明显高于 p4 跟座。跟脊与下内脊之间有较浅的凹。

m2 和 m3 下原尖位于牙齿的前外角,"下前棱"不大退化,与下原尖伸向牙齿前缘中部棱脊形成牙齿前壁,并与前面牙齿的后壁相接。跟脊与下内脊之间的凹槽较深窄。m3 下次小尖向后突出。

产地及层位:昌乐五图;五图群。

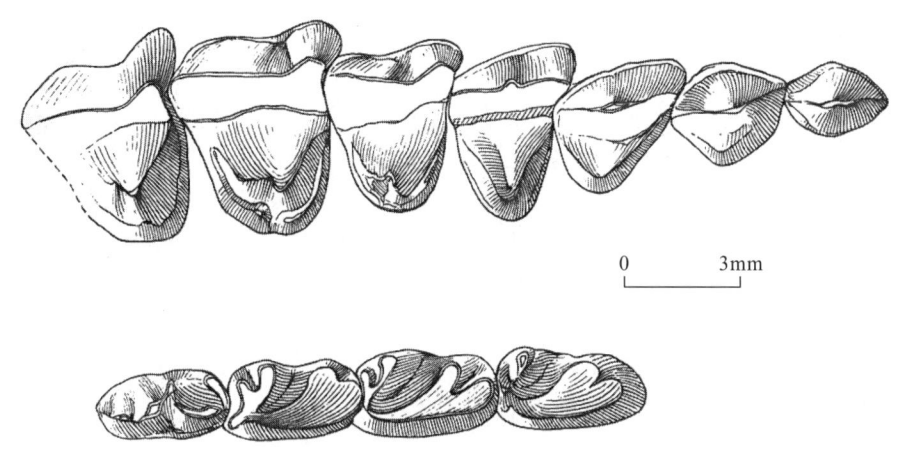

图 3-58　健客柱兽上、下颊齿冠面视
（据童永生和王景文,2006）

玫客柱兽　*Migrostylops rosella*

（图版 93,图 1;图 3-59）

正型　部分头骨,存完整的左、右上颊齿。

归入标本　左下颌骨,存 p4～m3。

特征　个体较小,上前白齿前尖褶较弱,P2 和 P3 冠面近似四边形,原尖相对靠前;P4 齿宽明显大于齿长,齿带环绕原尖。上臼齿前附尖呈弧形突出,在冠面上大致呈半圆形,中附尖弱,假次尖褶浅且宽,舌侧齿带虽弱,但包围原尖。p4 下前尖较低小,其前壁陡直,斜脊伸至下原尖后壁,下次中凹相对较浅;m1 比 p4 稍大,下原尖伸向牙齿前缘的棱脊较长,伸达牙齿前内角,"下前棱"和下原尖伸向前齿带的棱脊之间的凹面向前倾斜;m2 和 m3 的"下前棱"相对退化,跟脊和下内脊之间的舌侧凹较浅宽。

描述　头骨标本顶面已经挤压,顶骨部分缺失。左右侧牙齿保存完好。

头骨已压碎,缺头骨后部。头骨较宽,存有强壮的额脊,鼻骨向后插入额骨。眼眶似未完全封闭,前缘约在 M1 的上方,眶下孔小,在 P4 的上方。上颌骨短深。额弓部分保存,额突在 M3 上方。上颌骨和前颌骨之间的骨缝难以辨认,鼻切迹浅,其后缘在 I3 的上方。

上门齿 3 个,从 I1 向 I3 依次增大。门齿侧扁,唇侧面稍向外突出,舌侧面有一垂直的中隆,从主尖向上延伸到齿带,将门齿舌侧面分成两部分。从磨蚀较轻的右侧门齿可以看出,在 I1 舌侧面上,垂直中隆几乎居中,在 I2 上其位置偏向远中侧,在 I3 上中隆进一步移向远中侧,使舌侧面的近中侧部分明显增长。在磨蚀较严重的左侧门齿上,近中侧部分已磨蚀成三角形的平面,而远中侧还未磨蚀。唇侧齿带不发育,仅在接近远中侧处有微弱的齿带,舌侧齿带相对发育,由牙齿近中端沿舌侧基部延伸到牙齿的远中端,并向远中侧增强,在磨蚀后形成齿跟。门齿远中侧的小突起远不如属型种清楚。

上犬齿门齿化,大小与 I3 相近。不过,舌侧、唇侧齿带比门齿发育。

在前白齿外脊上主尖的前纵棱往往比后纵棱长,前尖褶相对较弱。

P1 单根齿,比上犬齿小。唇侧齿带不发育,舌侧齿带则完全。舌侧齿带左右侧基本对称,使牙齿基部呈等腰三角形。

P2 三根齿,齿冠近似四边形。舌侧齿根靠后,与后外侧齿根相对。原尖位置几乎与主尖相对。冠面分为 2 个磨蚀面,前磨蚀面由主尖前棱下降至齿带,后磨蚀面由主尖后棱下降到原尖区。前、后磨蚀区面积相近。左右牙齿磨蚀程度不一样,左 P2 上原尖区已磨蚀,而右 P2 的原尖区轻微磨蚀。

P3 比 P2 横宽,冠面近于四边形,原尖位置在主尖的后内方。原尖区稍向内突出,牙齿磨蚀比较严重,仅在原尖区残留釉质层。外脊上主尖前棱较长,形成前磨蚀面较大,后磨蚀面较小。

P4 牙齿更加横宽,齿宽明显大于齿长。外脊上主尖前、后棱大体等长,其舌侧磨蚀面较平整。从唇侧看,外脊唇侧面呈四边形,而且前低后高。原尖相当发育,其前、后棱分别伸向牙齿前缘中部和后附尖。舌侧齿带连续,包围原尖舌侧基部。

上白齿 M3 不退化,3 颗牙齿形态相似。

M1 外脊平,前附尖向外突出,不如健客柱兽强烈,在冠面上,前附尖呈半圆形突出。中附尖存在,但不大发育。原尖几乎居中,与假次尖之间的舌侧褶或假次尖褶较弱。原次两侧的釉质层分别延伸到牙齿前、后缘的唇侧部分。在三角座上还能看到釉质层的残留。形成釉质环,也有人称为窝。前后齿带和舌侧齿带连续,形成比较平宽的牙齿舌缘,齿带包围原尖舌侧基部。

产地及层位:昌乐五图;五图群。

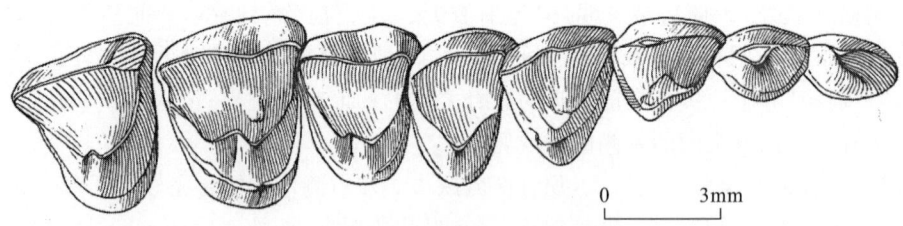

图 3-59 玫客柱兽右上颊齿冠面视

(据童永生和王景文,2006)

"踝节目" "Condylarthra" Cope,1881
伪齿兽科 Phenacodontidae Cope,1881
脊兽属 *Lophocion* Wang et Tong,1997
亚洲脊兽 *Lophocion asiaticus* Wang et Tong,1997

（图版 93,图 2、3；图 3-60）

正型 存 M1～3 的破残的左上颌骨。

特征 上臼齿形态与 *Ectocion* 相近,但更加脊齿化。具伸向前尖的原小尖前棱,形成较完整的前脊,次尖前棱伸至后小尖,与斜向拉长的后小尖一起形成不完全的后脊；舌侧齿带明显,出现在原尖和次尖之间。

产地及层位：昌乐五图；五图群。

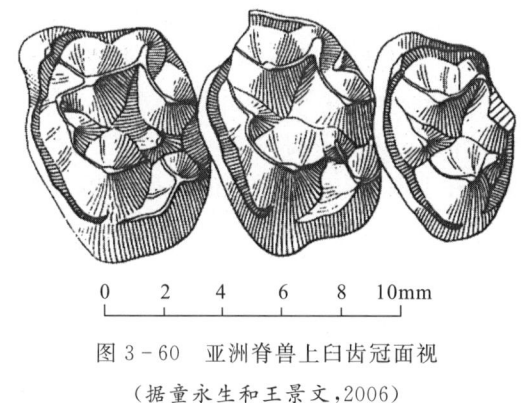

图 3-60 亚洲脊兽上臼齿冠面视
（据童永生和王景文,2006）

豕齿兽科 Hyopsodontidae Trouessart,1879
亚洲豕齿兽属 *Asiohyopsodus*
孔子亚洲豕齿兽 *Asiohyopsodus confuciusi*

（图版 93,图 4、5；图 3-61）

正型 左上颊齿存 P2～M3、具 m1～3 的右下颌和 3 颗零散的门齿。

特征 P1/1 为单根齿,P2 为三根齿；上臼齿存在唇侧齿带,M1～2 次尖相对较小,后小尖有弱棱伸向后尖,M1 前小尖和后小尖具有前、后棱；M3 退化；p2 为双根齿,p4 下前尖不明显；m1 下前尖清楚,m2 下前尖不明显或缺失,m3 则缺失；m1～2 斜脊伸向下后脊的中部,下次尖后棱伸至下次小尖的唇端,下内尖不大；m2 斜脊和下次尖后棱之间的夹角约 120°,下内尖位置比较靠后,下内尖不大；m3 小,下内尖几乎与增大的下次小尖愈合。

描述 在五图盆地老旺沟沟口小煤窑、西上幢和五图煤矿的采集样品中,都发现豕齿兽类化石,形态基本一致,可归入一种。豕齿兽类标本是五图群中最常见的化石之一,其数量远大于其他有蹄动物。这种情况与豕齿兽（*Hyopsodus*）类似,后者在北美早始新世有蹄动物组合中也是占优势的物种。五图盆地的豕齿兽类标本不甚完整,但牙齿仍保存完好。下颌骨水平支比较壮健,其下缘呈弧形,在 m2 处最深,达 5.5～6.0mm。通常有 2 个颏孔,一个在 p4 下方,一个在 p2 或 p1 下方,在 V 10735.2 标本上 m1 前齿根下方还有一小的颏孔或滋养孔。

下颌骨联合部后缘在 p2 下方。垂直支前缘几乎与水平支垂直,髁状突位置较高,高于下颊齿的嚼面;冠状突稍向后弯曲;咬肌窝前缘在 m3 的后方。上颌骨额突前、后缘分别在 M1 和 M3 外侧。

下犬齿比下门齿大,也比 p1 稍大,仅见于 V 10735.9 标本,齿冠已严重磨蚀。

p1 为单根齿,只在 V 10735.1 和 V 10735.9 标本上保存。p1 简单,主尖相当尖锐,具锐利的前、后棱,主尖基部向舌侧突出。

p2 为双根齿,冠面呈卵形,前尖后钝。主尖呈角锥状,较粗钝,主尖有一弱棱向前下方延伸;舌侧棱向下后方伸至牙齿基部,与前棱一起形成近似正三角形的舌侧面;另有一唇后侧棱向后下方伸至后跟,与舌侧棱一起形成较平整的锐角三角面。主尖唇侧面微凸。p2 后内侧基部增宽,后跟脊低弱。

p3 比 p2 大得多,其形态也较后者复杂。主尖的前侧棱明显,在前面基部有时有清楚的突起(下前尖),但在另一些标本上突起较小或缺失。主尖的舌侧棱和唇后侧棱比较明显,后跟脊也相对较强,加上或强或弱的后齿带,形成初始的跟凹。

P4 呈长方形,长略大于宽。p4 下前尖小,下后尖比较稳定,位于主尖的舌侧面,与主尖之间有一"V"形的凹缺,其大小介于主尖和下前尖之间。跟座短宽,后跟脊相对发育,在后跟脊的唇端有一小突起(下次尖),在舌端也有若隐若现的突起(下内尖)。在 V10735.4 和 V10736 标本上,p4 相对横宽,粗壮。

3 个下臼齿中,m2 最大,m1 次之,m3 比 m1 稍小。m1~2 三角座较短,呈平行四边形,跟座宽度与三角座相近,但较延长,跟凹向舌侧开放。m1 通常有较小但清楚的下前尖,在下后尖的前方,两尖之间有浅沟相隔;m2 的下前尖不明显或近于缺失,在 m3 上,则更弱。m1~2 斜脊指向下后脊的中部,形成相对较浅的下次中凹(hypoflexid)。下次尖后棱止于下次小尖唇端,因而,斜脊和下次尖后棱之间夹角较大,尤其是 m2,两棱脊间的夹角约 120°,跟座也较开阔。下内尖相对较小,位置靠后,无下内尖棱。m3 跟座窄,斜脊常伸向下原尖的后舌侧,下次小尖增大,向后突出,不过紧靠下次尖,下内尖小,甚至与下次小尖愈合。

只有 3 块上颌骨标本。在 V10735.10 标本上,左上颌骨上的 P2 前面有一较大的齿槽,在 V10737 标本上,前面第 3 个齿槽也较大,因此推测 P1 为单根齿,或前后齿根已愈合。

P2 为三根齿,有些侧扁,前后略显延长。主尖前、后侧棱清楚,具初始的后附尖,这在正型标本上比较明显。

P3 冠面呈正三角形。原尖小,尖高约是主尖高度的一半,具原尖前棱,伸至主尖基部。前附尖有时比较发育,通常不大。后附尖有时存在,但较弱。唇侧齿带和前、后侧齿带存在,强弱变化较大,在正型标本上齿带则较强,无舌侧齿带。

P4 形态与 P3 相似,但明显比 P3 横宽,更复杂。原尖发育,具原尖前、后棱,原尖前棱短,伸至主尖基部,原尖后棱长,伸达后附尖。前附尖强,有时向前突出形成明显的前附尖区。

M1 横宽,呈长方形。前尖和后尖大致等大,呈低锥状。原尖大,次尖则很小,在原尖的唇后侧,与原尖之间有很浅的齿谷。小尖清楚,前小尖具有前、后棱,分别伸向前尖的前内侧和后内侧基部;后小尖前棱比较清楚,后棱较弱。前附尖和后附尖不大发育,但正型标本上有小的中附尖。前齿带短窄,后齿带从次尖伸至后附尖,唇侧齿带在前尖和后尖唇侧基部,不连续,无舌侧齿带。

M2 比 M1 更加横宽,形态大致如后者。但 M2 次尖更小,前小尖后棱弱,无后小尖后棱,唇侧齿带大体上连续。M3 小,冠面大体呈三角形,后尖退化,无次尖,唇侧齿带近于连续。

产地及层位:昌乐五图;五图群。

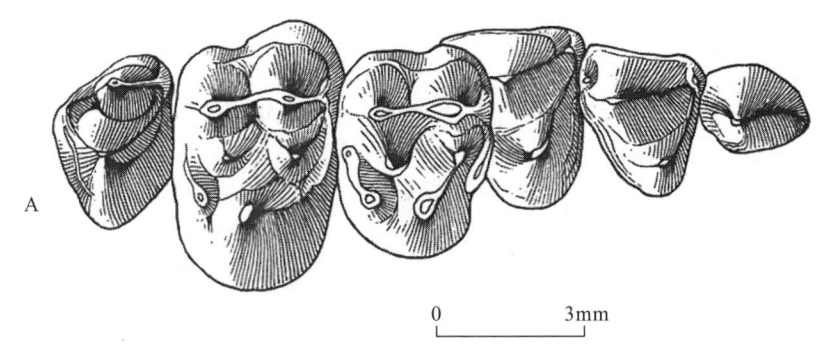

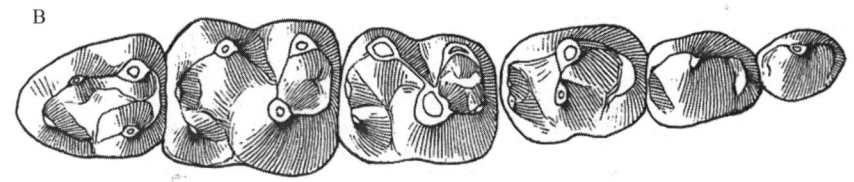

图 3-61 孔子亚洲家齿兽上颊齿(A)和下颊齿(B)冠面视

(据童永生和王景文,2006)

奇蹄目 Perissodactyla Owen,1848
　　始爪兽科 Eomoropidae Matthew,1929
　　　　祖爪兽属 *Pappomoropus*
　　　　　　泰山祖爪兽 *Pappomoropus taishanensis*
　　　　　　(图版 93,图 6、7;图 3-62)

正型 一对下颌骨,左下颌骨保存 i1~m1,右下颌骨存有 i1、c、p2~m3。

特征 个体比 *Eomorous* 小得多的始新世爪兽,并具真兽类完全的下齿式,3·1·4·3。下门齿呈抹刀状,下犬齿不退化,与 p1 之间的齿隙短,p1 和 p2 之间的齿隙长。p2 下前尖明显,p3 下前尖相对较小,下次尖后棱短,p4 下内尖低小,下次尖后棱较短;下臼齿斜脊伸向下后脊中凹的下方,齿带相对发育。

描述 下颌骨仅存水平支,逐渐向后增深,p2 处水平支高为 16mm,m2 处高为 22mm。下颌骨联合部较短,后延至 p2 的前方。颏孔 1 个,在 p1 和 p2 之间齿缺的下方。下齿式完全,3·1·4·3。

下门齿呈抹刀状,i1 最小(左右长为 2.5mm),i2(长为 3.8mm)稍大于 i3(长为 3.5mm)。3 个下门齿之间似乎无大的齿隙。下犬齿退化,侧扁。下犬齿与 p1 之间齿隙短(约 3.5mm)。p1 单根,侧扁,单尖,与 p2 之间有较长的齿隙。p2 也比较侧扁,但有明显的下原尖、下前尖和下次尖。下前尖明显,向前突出在牙齿的前端,在左 p2 下原尖的后内侧棱上还见到很小的下后尖,形成初始的三角座,斜脊向前伸向三角座后壁的中部。p3 与 p2 相似,不过,p3 三角座上的下前尖和下后尖更加发育,跟座有初始的下内尖。p4 的三角座形似臼齿,下原尖前棱向前延伸到牙齿的前外角后,向内拐,抵达下前尖,下前尖很不发育,远不如 p3 那样显著。p4 有清楚的下后附尖。p4 跟座形态与 p3 相似,下内尖小,突出在牙齿后内侧齿带上。下前白齿列(p2~4)长为 23mm,下臼齿列(m1~3)长为 33.4mm。下臼齿相对延长,三角座呈四边形,下后脊高锐,在未磨蚀的牙齿上下后脊中部有些下凹,下后脊与牙齿中轴近于垂直。无明显的下前尖,下原尖前棱先向前内方伸至牙齿的前外角,然后向内沿牙齿前缘延伸到牙齿前内角,另有弱棱沿三角座内缘伸向下后尖前壁,形成四边形的三角座。下臼齿下后附尖发育,斜脊伸向下后脊中凹的下方,因此下次中凹相对较浅。在 m1~2 的下次小尖很弱,轻微地突出在后齿带的中部。下次脊和下后脊一样,中部微凹,与牙齿中轴近于垂直。m3 下次小尖发育,形成第三叶。下臼齿齿带断断续续存在,通常出现在牙齿的后缘和下次中凹处,但在正型标本上 m1 的前齿带连续,m2 和 m3 也有前齿带的残余。m1~2 的后齿带完全,连续,低矮。在 m3 上齿带围绕下次尖的基部。

产地及层位:昌乐五图;五图群。

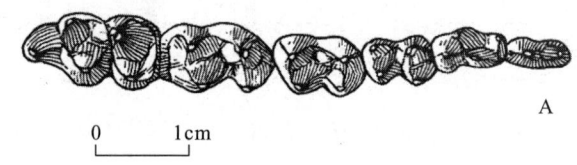

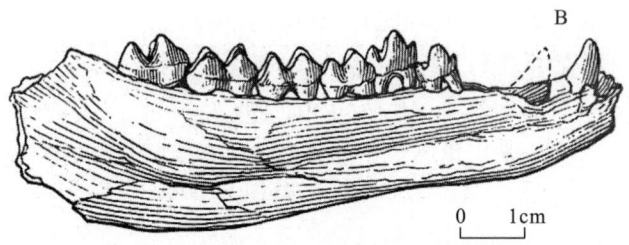

图 3-62 泰山祖爪兽右下颊齿冠面视(A)和内侧视(B)

(据童永生和王景文,2006)

小始爪兽 *Eomoropus minimus* Zdansky,1930

(图版 90,图 5)

同一个体的两列零星下颊齿。

臼齿低冠,下原脊和下次脊均呈明显的新月形。下臼齿三角座为跟座的 2/3;下后附尖与下后尖愈合,界限不分,特别发育突出;下次尖低于下原尖和下内尖;齿带仅 m2 后方明显,其余缺失;m3 延长,下次小尖高于下内尖。下前白齿白齿化,下原尖约为下次尖的 2~3 倍。门齿形若犬齿,舌侧有抹刀状平面。

产地及层位:曲阜;山旺组。

方齿始爪兽 *Eomoropus quadridentatus* Zdansky,1930

(图版 90,图 6)

一破碎上颌,具较完整的上颊齿列,P1～3(或 P2～4),M1～3 仅缺 P4(或 P1)。

P1(P2)双跟,长大于宽。前尖发育;具小的前附尖;后尖低于前尖;后脊明显短,与前脊组成三角环;具明显的前齿带、内齿带、后齿带。P2(P3)宽稍大于长,前附尖发育;前、后尖明显;原尖强大;前脊稍长于后脊,与外脊组成近等边三角环;齿带同 P1。P3 长明显小于宽;前尖比 P2 发育,与前附尖、后附尖、后尖在外壁分别表现为明显的肋(棱);原脊与后脊近等,外脊短,三脊形成顶角朝内的等腰三角环;齿带同 P1。M1 近方形,舌侧稍窄,后叶稍小于前叶,各尖近乎等大,前附尖发育,未磨蚀时突出在外壁前端,现已磨蚀,稍低于前尖,中附尖强烈凸向唇侧与前尖和后尖成为唇侧凹、舌侧凸的新月形;齿带仅存在前缘、后缘和外缘,即无内齿带。M2 长大于宽,前缘后斜,使内缘窄于外缘。后叶稍小于前叶,近乎相等;前附尖强大,耸立在外壁前端;原尖和次尖近乎等大,但原尖稍低于次尖;前尖磨蚀较甚;其他特征同 M1,M3 梯形,后叶约为前叶的 1/2;原小尖高于原尖;原尖比次尖粗壮低矮,原尖相对后移,前附尖强大突出地孤立在前尖的外前方,使 M3 轮廓呈前宽后窄的梯形;齿带仅前缘明显,后缘和外缘只留痕迹;其他特征同 M2。

产地及层位:曲阜;山旺组。

谷氏爪兽属 *Grangeria*

犬齿谷氏爪兽 *Grangeria canina* Zdansky

(图版 94,图 5)

个体稍大于 *Schizotherium avitum* Matthew et Granger,头骨不知,下颌骨很高,接合处截形,下面平坦,角突向后突出。齿式?·1·4·3/?·1·3·3,犬齿强大,以齿缺与颊齿分开。P1 简单,缩短。P2 和 P3 具前脊和后脊,无第 4 尖。p4 和下臼齿具下后附尖。m3 具强大的下次小尖。

产地及层位:新泰;始新统。

戴氏貘科 Depereteltidae Radinskv,Y965

双脊齿貘属 *Diplolophodon*

曲阜双脊齿貘 *Diplolophodon qufuensis*

(图版 90,图 8)

正型标本 一左下颌,附 p4～m3 和 p4 根部。

特征 个体较大。下颌下缘平直,下原脊与下后脊平行,下颊齿较窄长;下臼齿无内、外齿带;p4 下次脊发育完全。

下颌下缘平直;下颊齿较窄长,下原脊与下次脊平行,m3 尚未完全长出,代表一幼年个体。p4～m3 递次增大。p4 臼齿化程度高,下次脊发育完全,下原脊明显高于下次脊。m1 长大于宽,呈明显长方形,前齿带弱,后齿带发育,无内外齿带。m2 两脊顶部向后弯斜,使脊的后面陡直,其他特征同 m1。m3 后端斜向外侧,下次脊比下原脊发育并向后外斜伸。

产地及层位:曲阜;山旺组。

蹄齿犀科 Hyracodontidae Cope, 1879
新脊犀属 *Caenolophus* Matthew et Granger, 1925
越后脊新脊犀 *Caenolophus suprametalophus*
(图版90,图9、10)

正型标本 较完整的一对上颌,具左右P1～M3(仅缺左M1)及不完整的一对下颌,具左p4～m3;右p3～m3。

特征 一种小型的蹄齿犀,略大于熟练新脊犀。M1～3长55mm。上前臼齿P2～4原脊后弯越过后脊。P3～4原脊末端与次尖间有一细沟相隔。第三上臼齿M3后尖和前附尖小,类似于熟练新脊犀。下臼齿m2～3,下后脊,特别是下后尖明显高于下原脊,m3后缘向上向前倾。

描述 上前臼齿P1磨蚀较深。P2～4,特别是P4明显宽大于长,具窄的齿带,原脊在舌侧向后弯伸越过后脊。

P3～4次尖与原脊间有一细沟,初步将其分开。P2～3,后脊短,明显前倾,与外脊约呈60°夹角。M3近梯形,前尖大,前附尖和后小尖与熟练新脊犀的相似。下臼齿m2～3,下次脊明显高于下原脊,下后尖特别显得高突。下前臼齿初步臼齿化,下原脊较高。M1～3长55mm;P1～4长45mm;m1～3长55mm。

产地及层位:曲阜;山旺组。

大新脊犀 *Caenolophus magnus*
(图版86,图7)

正型标本 一右下颌,具p4～m3和一孤立的右P3。
归入标本 一孤立的左M1和一右M1。

特征 比较大的新脊犀。m1～3长60mm,下次脊高于下原脊,仅表现在m2;p1刮勺状,舌面中央具一简单的短舌形横脊,长12mm,宽10mm;p4臼齿化;P3略呈三角形,长17mm,宽17mm,后脊短、直,低于原脊,末端相联,原尖高突,前、内、后齿带发育。M1菱形,长22mm,宽22mm,两横脊向后内方斜伸,脊底宽。

描述 M1菱形,长22mm,宽22mm,重度磨蚀,两横脊脊底宽;向内后方斜伸。P3长17mm,宽17mm,略呈三角形,后脊短直,低于原脊,末端相联,与外脊夹角70°～80°,原尖高,前、内、后齿带宽而发育。p1长12mm,宽10mm,刮勺状,舌面中线有一短而简单的舌状横脊,p4稍臼齿化。m1～3长60mm,m1、m3下原脊与下次脊等高;m2下次脊和下次尖明显高于下原脊。

产地及层位:曲阜;山旺组。

熟练新脊犀 *Caenolophus proficiens* Matthew et Granger, 1925
(图版81,图6)

一破碎的右下颌水平枝后段,具m1～3。

m3后缘陡直,与下原脊平行,上方前倾,但不高于下原脊。m1～3长51mm,m3长

20mm,宽 12mm;m2 长 15mm,宽 11mm;m1 长 16mm,宽 11mm。这件黄庄标本的大小、形态都与熟练新脊犀 *Caenolophus proficiens* 相符,可归此种。

产地及层位:曲阜;山旺组。

小新脊犀 *Caenolophus minimus* Matthew et Granger,1925

(图版 81,图 7)

一孤立的左 M3。

轮廓接近梯形,前尖与前附尖等高,后尖比较收缩,与内蒙古自治区的进步新脊犀 *C. progressus* 类似,但比后者小 30%,长 9mm,宽 10mm。根据描述,恰与 Matthew 和 Granger(1925)描述的小新脊犀的大小大致相当。但 Matthew 和 Granger 描述的材料仅有一个带 m1~2 的下颌(m1~2 长 15mm,全臼齿长 24mm),无法直接对比,暂按其大小和形态归于 *Caenolophus minimus*。

产地及层位:曲阜;山旺组。

等外脊貘科 Isectolophidae Peterson,1919
周李貘属 *Chowliia*
崂山周李貘 *Chowliia laoshanensis*

(图版 93,图 8~11;图 3-63)

正型 保存左、右 P1~M3 的破残上颌骨,以及单个的下门齿、下犬齿、p3 和破残的下颌骨。

特征 颊齿形态接近原始貘形动物 *Cardiolophus*。齿脊适度发育,齿尖清楚,齿冠相对较低。P1~2 为双根齿,较窄长,P2 前后附尖清楚,有时有后尖;上臼齿比较延长,小尖比较清楚;c 和 p1 之间的齿隙很短,p1 和 p2 之间的齿隙较长,p2 和 p3 的下前尖明显,p4 无下内尖;下臼齿的下后附尖比较发育,斜脊斜伸至下后脊的中部;m3 下次尖和下内尖之间凹缺明显。

描述 在采集的标本中归入崂山周李貘的标本数量较多,但保存并不很好。上颊齿齿冠较低。P1 为双根齿,侧向收缩,牙齿基部呈长卵形。牙齿顶端已损坏,估计是单尖齿,主尖前棱短、陡,后棱则斜、长。P2 也为双根齿,单尖,较侧扁。P2 后尖时现时缺,在正型标本上,P2 后尖虽小但很清楚,前、后附尖明显,但在 V10740.2 标本上 P2 后尖缺失,前、后附尖也较弱。在后一标本上,P2 有一向后内侧突出的跟。P3 前尖和后尖大小相近,原尖前棱较发育,无原尖后棱,前附尖大,后附尖小。在正型标本上,P3 比较横宽,原尖前棱上有明显的前小尖,但在 V10740.2 标本上 P3 相对延长,原尖前棱相对更强,而前小尖不大清楚。P4 原尖后棱向前尖和后尖之间的中央棱延伸,前小尖和后小尖比较明显。在正型标本上 P4 原尖还有伸向后附尖的弱棱。上臼齿长宽相近,前小尖和后小尖比较清楚,但变化较大。M3 齿冠呈梯形,前缘宽,后缘窄。

在正型标本上保存的单个下门齿呈抹刀状,顶部较平,左右宽为 2.9mm,向基部收敛,齿冠高为 3.8mm。在正型标本上下犬齿齿冠高为 9.8mm,基部前后长为 4.1mm,顶端略向后弯曲。p1 未保存,在 V10740.7 标本上保存了下犬齿和 p1 齿槽,下犬齿和 p1 之间似无齿隙,或者齿隙很短。p1 和 p2 之间的齿隙相对较长,p2 和 p3 都由延长的三角座和短的跟座组成,这两个牙齿都有明显的下前尖。p2 无明显的下后尖，跟座短窄。p3 下后尖清楚，跟座短宽，下次尖比较清楚。p4 嚼面呈矩形，三角座形如下白齿，但下后附尖不稳定，时有时无。跟座较低，下次尖接近牙齿后缘，后侧齿带和内侧齿带连续，使跟凹封闭，无下内尖和下次小尖。下白齿下后附尖比较发育，斜脊向前内方延伸，到达下原尖和下后尖之间的凹缺附近，与下后附尖不相连。m3 下次尖和下内尖之间虽有脊相连，但两尖间的凹缺较深。

在正型标本上有一颗严重磨蚀的上乳白齿，牙齿的后外角已损坏，前附尖压在左 P1 的下方。后尖和前尖之间的连脊较强，后尖明显比前尖弱。前内侧有一明显的棱脊，可能伸向前附尖，内侧端较膨大，后面有较大的跟。

产地及层位：昌乐五图；五图群。

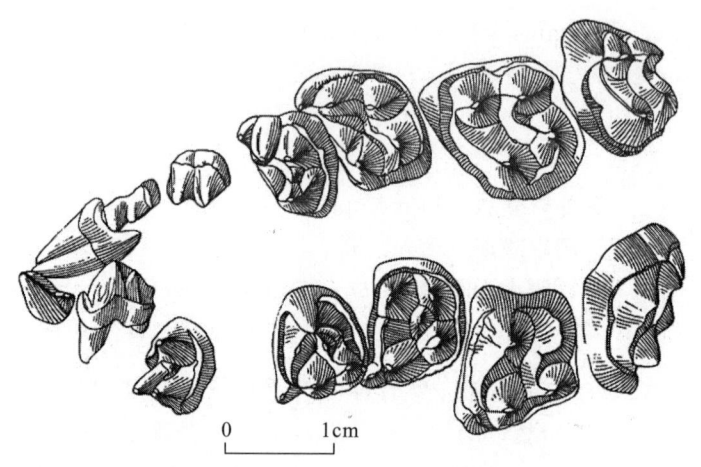

图 3-63　崂山周李貘左、右上颊齿冠面视

（据童永生和王景文，2006）

崂山周李貘（相似种） *Chowliia* cf. *laoshanensis*

（图版 94，图 1）

材料　一对下颌骨，左下颌骨存 p2～m2 和不完整的 m3，右下颌骨存 p2～4 和不完整的 m1～2。

描述和比较　与崂山周李貘很相似，但 p3 下前尖较大，跟座较短，p4 和 m1～2 比较短宽。这些性状似超出崂山种标本的变异范围。

产地及层位：昌乐五图；五图群。

始祖貘属　Homogalax Hay，1899

五图始祖貘　*Homogalax wutuensis* Chow et Li，1965

（图版 94，图 2；图 3-64）

正型　存 P3～M1 的右上颌骨。

特征　大小、结构与北美的 *Homogalax protapirinus* 相近，但 P3、P4 较后者窄，P4 的前

小尖显著，P3 的微弱，M1 轮廓呈斜方形。

产地和层位：昌乐五图；五图群。

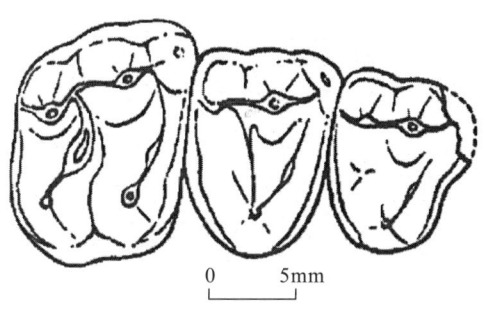

图 3-64　五图始祖貘右 P3～M1 冠面视

（据童永生和王景文，2006）

脊齿貘科　Lophialetidae Radinsky，1965

兼脊貘属　*Ampholophus* Wang et Tong，1996

山东兼脊貘　*Ampholophus luensis* Wang et Tong，1996

（图版 94，图 3；图 3-65）

正型　存 P2～M1 和部分的 M2 的右上颌骨。

特征　颊齿低冠，丘脊形齿，但齿尖清楚。上颊齿前尖、后尖等大，并明显向舌侧倾斜，舌侧齿尖向唇侧倾斜；前附尖较小，靠近前尖；P2 原尖后棱不完全，P3、P4 原尖后棱完全，与原尖前棱一起形成完整的环状脊（有时也称原脊-后脊环）。M1 后小尖明显。

产地及层位：昌乐五图；五图群。

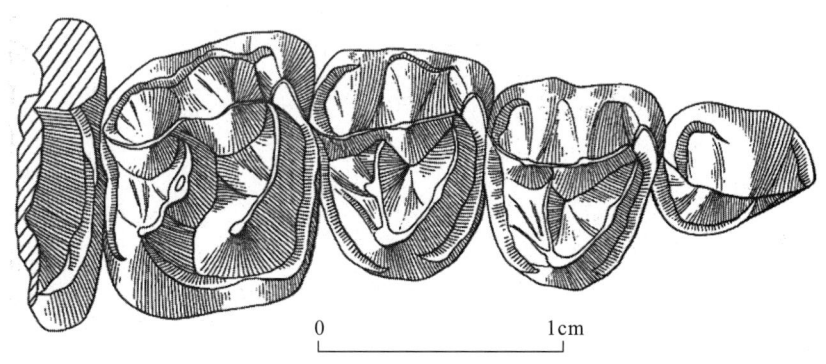

图 3-65　山东兼脊貘右 P2～M2 冠面视

（据童永生和王景文，2006）

齿獏属 *Breviodon*
小短齿獏 *Breviodon minutus* (Matthew et Granger,1925)
(图版 90,图 7)

3 个右下臼齿 p4～m2(山东省博物馆:84007)。

下前脊相对发育,下后脊和下原脊接触点在下原脊高的 1/2 处。p4 长 6.5mm,宽 4.3mm;m1 长 8.0mm,宽 5.5mm;m2 保留长 8.0mm,宽 5.7mm;p4～m2 保留长 22.5mm,全长约 24.5mm。大小、形态都与 *Breviodon minutus* 基本一致,可以认为是同一种,但比河南核桃园标本(童永生,1984)m1 和 m3 相对较宽些。

产地及层位:曲阜;山旺组。

短齿獏属 *Breviodon* Radinsky,1965
微短齿獏 *Breviodon minutum* Matthew et Granger
(图版 65,图 11)

这颗牙与内蒙古的 *Breviodon minutum* 的正型标本比较,大小及形态均近似,但山东省的标本的前附尖比较强大,而后脊则较短。

产地及层位:新泰;始新统。

红山犀属 *Rhodopagus*
莱芜红山犀 *Rhodopagus laiwuensis* Qi et Meng
(图版 94,图 11)

该种个体大;m1 下后脊较高,而 m2 和 m3 的下后脊较低;p3 几乎无下内尖;p4 的下内尖十分微弱。

产地及层位:莱芜;始新统。

马科 Equidae Gray,1821
原古马属 *Propalaeotherium* Gervais,1849
中华原古马 *Propalaeotherium sinensis* Zdansky
(图版 94,图 4)

个体很小,大小可与欧洲的 *Propalaeotherium paroulus* 相比,但白齿齿冠更低,上白齿前附尖更粗壮,P3 和 P4 稍白齿化。

产地及层位:蒙阴;官庄群。

中华马属 *Sinohippus* Zhai,1962
齐氏中华马 *Sinohippus zitteli* (Schlosser)
(图版 72,图 10)

较大型的安琪马类,颊齿较大,尤其是中部颊齿,白齿由前往后渐趋缩小,前白齿由后往前缩小。下门齿前倾,第 1 对下门齿大而粗壮,i2 比 i1 稍小,i3 更小。犬齿也很小。在上颊齿上,前附尖和中附尖发达,二者之间的外脊成宽的"V"字形,后附尖很弱。上臼齿和后面的前臼齿的前缘、外缘长,后缘、内缘短,使咀嚼面成不等边四边形。

产地及层位:章丘;上新统。

三趾马属 *Hipparion* Christol,1832
平颊三趾马 *Hipparion hippidiodus* Sefve
(图版 68,图 10)

身体中等到大型。无眶前窝,鼻切迹短。附褶较弱,原尖呈椭圆形。下颊齿双叶呈环状,p2～m2 具下原附尖。肢骨细长。

产地及层位:章丘;上新统。

沼貘科 Helaletidae Osborn,1892
犀貘属 Heptodon Cope,1882
牛山犀貘 *Heptodon niushanensis* Chow et Li
(图版 94,图 6)

大小与北美的 *Heptodon posticus* 相近,所不同的在于颊齿稍狭,臼齿次尖锥状,原嵴和后嵴较斜,后嵴还较短,舌面的齿缘近于完整。

产地及层位:临朐牛山;山旺组。

真貘科 Tapiridae Burnett,1830
古貘属 *Palaeotapirus*
解家河古貘 *Palaeotapirus xiejiaheensis* Xie
(图版 94,图 7)

该种的结构与欧洲的 *Palaeotaprus helvetius* 相近,但与后者不同的是尺寸稍大,M1 的前附尖很大,而且舌面齿缘不发育。

产地及层位:临朐山旺;山旺组。

近貘属 *Plesiotapirus*
矢木氏近貘 *Plesiotapirus yagii*(Matsumoto,1921)
(图版 95,图 1～3)

正模 左下颌(具 P2～M2)和属于同一个体的 M3。

归入标本 左 P4～M1。标本保存在上海自然博物馆。标本编号:1020。

本书记述标本 呈自然关联状态的头骨、下颌、颈和胸前部。标本保存在山东省山旺古生物博物馆。

特征 大小约与现生最小的南美貘相近。眶前面部很高,眶下孔大约位于面高的中部,自 Prosthion 至鼻切迹后端为向上隆凸的曲线。鼻骨窄短、舌状，后端两侧具小凹陷以容纳鼻憩室之后端。鼻骨后移，其后端在 m3 之后的上方，而前端约位于眶前缘附近；无眶后突。前颌骨鼻突插入上颌骨之中，其后端达 P3 处。下颌颊孔位于 p2 之前。门齿排列紧密，前两对门齿唇面冠高而平直，I3 不特别加大，i3 不变小；上犬齿很小，距 I3 不远，下犬齿退失。颊齿前之齿隙短，C1～P1 短于 P1+P2。上前白齿宽大于长；后尖位置内移，但基部向外扩展，使后尖外壁明显倾斜；内齿带发育，但不完全。P1 原尖大，向外伸出"V"形嵴，其后有很小的"次尖"。p2～p4 半白齿化，内中谷仅在上半部开放，两横脊接近平行。下前白齿后脊嵴形明显，但低于前脊。下白齿中仅 m3 前脊宽于后脊。

头骨鼻-额缝以前的部分很长，额顶部大约只占头全长的 1/4，面部很高。鼻骨是头骨受压变形最厉害的部位，致使两鼻骨都竖立了起来。它们的腹面相向叠压在一起，只是左鼻骨比右侧者更向上错动了一些。鼻骨短小，中缝处最长约 4cm。前端圆钝，侧缘中部稍稍凹入。鼻-额骨缝较平直，自中矢缝向外并稍稍向后倾斜。鼻骨背面微隆，其侧后端没有大多数貘类所具有的容纳鼻憩室后端部的弧形凹槽，但在额骨上，在鼻骨后外角之外方，有一小凹缺，代表了容纳鼻憩室后端的部位。鼻骨的位置很向后移。以鼻-额骨缝外端为准，它位于 M3 之后；而鼻骨前端复原后的位置大约在眼眶前缘附近。额-上颌骨缝自上述的小凹缺向前缓缓下降，在眶后突之前转入眼眶。额-上颌骨缝在眶后突之上及其以后隆起呈嵴状，构成容纳鼻憩室凹区之外界。此嵴和眼眶上缘之间也为一凹面，宽约 13mm。眶前缘位于 M1 后端上方。泪骨在面部出露为一小三角形，位于眼眶前上方。泪骨在眶缘上大约有 2 个泪孔，上面的一个大，通向前下方。上颌骨顶缘隆凸，其后端伸入鼻切迹中，其前端上方伸至前颌骨之内。自顶面看，从前颌骨鼻突后端稍前方开始，上颌骨的顶缘转向中矢方向，因此将鼻孔分成上、下两部分。向后此转向中矢方向的部分逐渐变窄，大约于眶后突的上方即行消失。眶下孔在眼眶之前约 30mm 处，与眼眶下缘大约处于同一水平上，距上颌骨顶缘约 40mm。前颌骨有一细长的鼻突，斜向后上方并插入上颌骨之中，其后端达 P3 的上方。颧弓细弱，其前端起始于 M1 和 M2 之间，先向后平伸，自眼眶后斜向后上方，使关节窝远高于齿槽缘。关节后突下端向前弯曲，下颌关节突和头骨关节后突上半部之间留有宽的空隙。关节后突和乳突在下方不封闭，留有宽的开口。乳突与副枕突愈合，看不出它们的界限，表面粗糙。乳突前端有一斜向前下方的脊；副枕突后缘平直，末端锥形。头骨顶缘自鼻骨以后向后平伸，仅在枕顶部向下弯曲。颞嵴大约在枕面前约 85mm 处形成单一的矢状嵴。

下颌粗壮。外侧面圆隆，最隆处位于 m3 的后下方。下缘较平直，最隆处位于 m2 和 m3 之下方。颏孔位于 p2 之前约 10mm 处。垂直支前缘近于垂直；后缘在关节突之下凹入，然后斜向后下方。

上门齿近于垂直。I1 和 I2 形态接近。齿根断面都是以唇侧为底的等腰三角形，但唇面稍凸，而两侧面则有浅的中凹。齿根和齿冠之间的界限明显。齿冠宽于齿根。齿冠断面也为等腰三角形，但底（唇面）长于两腰。自侧面看，齿冠的唇缘为嵴形，而脊内的部分为凹形，亦即唇侧冠高远大于舌侧。舌侧有齿带。I1 稍大于 I2。I3 齿冠破损，其根的断面区别于 I1 和 I2，呈近椭圆形，向末端收缩缓。因此 I3 的根显得比 I1 和 I2 者稍粗壮些。i1 和 i2 与上门齿在形态上大体相同，但尺寸稍小，且齿冠与齿根不在同一轴线上，它们的唇侧壁也更圆凸。i3 由于保存得太差，其形状不能十分肯定，其齿冠与 i1、i2 不同，可能更接近锥形，而不为三角形,它的齿根至少在唇面也是圆凸的,而不是平的。它在齿槽中着生的位置也有别于它前面的门齿,更近水平些,与 i2 齿根间有较大的空隙。虽然如此,我们根据咬合关系仍把它视作 i3。由于颊齿处于正位咬合状态,门齿的咬合也应是正常的。上述牙齿与 I2 和 I3 咬合,而不是与 I3 和上犬齿咬合。这表明它应为 i3,而不是下犬齿。

上犬齿很小,圆柱形;齿根细长,齿冠则很小。根长至少是冠高的 2 倍。牙齿稍向前下方倾,并稍向后弯曲。它与 I3 间齿隙约 7mm。

颊齿前的齿隙短:上者为 28mm,下者为 47mm。

P1 形状接近三角形,只是前内缘向内凹入。外壁高耸,向内上方倾斜。前尖和后尖在外壁上以沟相分开。此沟至齿冠基部斜向后方。前尖和后尖在外脊内壁上也以一浅沟相隔。前附尖分离不太明显,外壁上也见到它和前尖之间有一浅沟。原尖近锥状,位于前尖之内方。两者之间以一纵沟相隔。自原尖顶端向前外和后外方各伸出一条短脊,前者和前齿带之外半部相连,后者伸向后尖的基部。原尖远低于外脊。次尖很小,瘤状,附于原尖之内后方。内齿带和后齿带连成弧形将牙齿包围。后尖处外齿带也发育。

P2 为一前窄后宽的梯形。外脊与 P1 者相似,只是外壁上的沟表现得更明显,前附尖已从外脊中较明显地分离了出来,只是还很小。原脊斜向内后方,它的外端并不与前尖直接融合,而是以一窄的纵沟分开。后脊弱而短,已磨蚀到齿质暴露。次尖本身较高。自内侧面看,次尖高于原尖,两尖仅在上半部分开,下半部互相愈合,但留有一很深的分隔沟。后齿带与后尖处的外齿带的情况与 P1 者大体一样,前齿带较 P1 者更为发育,并与前附尖连为一体。内齿带在原尖和次尖最隆处消失。齿根 3 个:外侧 2 个,大小相近;内侧 1 个,横向扁。在内侧面上有一弱的中沟,在其外侧面上中沟深,几乎将此根分成前、后 2 个。

P4 与 P3 的区别在于:①从内侧面看,P4 的齿冠稍高于 P3(但在外侧面却不易区别);②P4 的两条横脊更互相平行,在 P3 中其内端稍趋近;③P4 的前附尖在比例上稍大些;④P4 更近长方形,而 P3 前半部窄于后半部。根据上述的判断,P3 稍宽于 P4。这曾使我们怀疑对 P3 和 P4 的判定是否准确。但 P3 的次尖磨蚀比 P4 者深,而且 M1 在宽度上也小于 P4。P3 和 P4 明显地区别于其他上白齿:①整个牙齿的轮廓更趋向横宽;②后尖外壁明显地向内侧倾斜;③横脊在内端不完全分开,自内面看,内壁的下 2/3 或 3/4 都是相连的,将中谷部分地封闭起来。总之,P3 和 P4 还处于半白齿化的水平。

M1 的宽小于 P3 和 P4。M_1 的齿冠自外侧看,低于 P3 和 P4 者,但自内侧看,则高于 P3 和 P4 者,亦即原尖,特别是次尖较高,外脊和横脊在高度上差别不像在前白齿中那样明显。自冠面看,前附尖、前尖和后尖组成一条斜向后内方的脊,其倾斜程度大于前白齿者。但由于 M1 的外缘也是斜向后内方的,所以后尖的外壁不像前白齿那样明显地向内上方倾斜。两横脊间距离宽,后脊内端向后方歪斜显著。中谷向内完全开放。外、后齿带比前面齿发育弱;前齿带与前白齿者同;内齿带前半部较发育,将原尖包围。齿根可能是 4 个。

M2 明显大于 M1,齿冠也更高。横脊更长,更近于互相平行。内齿带仅在中谷处有一残迹,后齿带几乎完全消失。M3 的后尖明显变小、变扁。牙齿的后缘较隆凸,齿带较发育。齿根 4 个,内侧有 2 个。

下颊齿在修理过程中损失较大。左 p2 仅剩下了部分下次脊,但右侧者保存较完整,仅下前尖缺损。从内侧面看,下前尖与下原尖明显地分开。下原尖高大,自顶端向外后、后和内后方各伸出一短嵴。伸向外后方的嵴延伸至基部形成齿冠最宽处；伸向后方的嵴与下次尖相连；而伸向内后方的岭则伸向下后尖。下次脊已形成，但明显低于下原尖。下次尖和下内尖间以一脊相连，使次脊呈"L"形。

左 p3 保存得更不完整；下前尖、下后尖和下内尖皆破失。从保留的部分看，2 个横脊已经形成，但下后脊的纵脊部分，亦即下前尖还相当长。下次脊和 p2 者接近，明显低于下后脊，并以嵴与下原尖相连。

左 p4 保存完整，已高度白齿化。前脊前面有中沟，其后缘内侧有一小的下后附尖的残迹。后脊明显低于前脊，但较前脊更宽。下前嵴齿带状，真正的前齿带位于下前脊之下，但表现很不明显。后齿带较明显，其中部升高，几乎达到后脊中凹的高度。外齿带仅在外中谷处发育，呈小瘤状。

左 m1 内壁破损。前脊前壁更陡直，相对也更宽。后脊与前脊几乎等高。前、后齿带都较发育，后齿带中部仅稍稍向上凸起，离横脊顶端还很远。左 m2 明显大于左 m1，齿冠也更高。左 m3 是颊齿中最大者，后端收缩变圆，后脊也短于前脊。

产地及层位：临朐山旺；山旺组。

科未定

全脊貘属 *Teleolophus* Matthwe et Granger,1925

山东全脊貘 *Teleolophus shandongensis* Chow et Qi

（图版 64，图 9）

该种的主要特征是个体较小，臼齿外脊呈顺滑的"S"形。

产地及层位：新泰；始新统。

犀科 Rhinocerotidae Owen,1845

貘犀属 *Hyrachyus*

后貘犀 *Hyrachyus metalophus* Chow et Qi

（图版 94，图 8）

该种的主要特征是，下前臼齿的下后脊发育；p2～p4 下后脊顶缘位置向牙齿纵向中心线移动；无下内尖。上臼齿外脊上后肋明显；M1～2 具齿带。

产地及层位：新泰；始新统。

静貘犀 *Hyrachyus modestus*（Leidy）

（图版 94，图 9）

上颌骨，仅存颧骨的前半部，与上颌骨之间的界线不清；眼眶前缘可能达到 M2 的前缘处；眶下孔明显，位于 P3 之上；面嵴不很突出，但较明显。P3 仅存很小一部分，可见外侧的 2 个齿根和内侧的 1 个齿根，宽和长都小于 P4，P4 可见突出的前尖和前附尖，外齿带很微弱，前、后齿带明显，前肋突出。M1 冠视方形，前附尖突出，后尖较短，前、后齿带均不明显，前、后肋均较突出。M2 前附尖强大，后尖较长，前、后肋均明显。M3 的前脊明显大于后脊长度，前尖高耸，前附尖强大，后尖较长，前后齿带明显。

下颌骨水平枝比较粗壮,与上升枝几乎垂直相交;下颌孔很大;在 p4 之下的水平枝外侧壁上有一颏孔。p4 残存不全。m1 下后脊和下前脊都比较发育,牙齿周围无齿带。m2 下前脊直达牙齿前缘并将前齿带阻断,下后脊发育但前端并未达到下原脊,无内、外侧齿带。m3 大都破损,长度大于 m2。

产地及层位:莱芜;始新统。

近无角犀属 *Plesiaceratherium* Yong,1937
纤细近无角犀 *Plesiaceratherium gracile* Young
(图版 95,图 10)

大小与无角犀 *Aceratherium* Kaup 相似,门齿大,二门齿的间距宽,前白齿稍臼齿化,P2 三角形,两内脊未分开,P3—P4 较宽短,原脊和后脊未完全分开。前附尖褶弱,臼齿原尖不收缩,前刺强,反前刺弱,无小刺。四肢长而纤细,前肢四指,中间腕骨不与尺骨关节相连,距骨跖面具 3 个宽而显著的关节面。

产地及层位:临朐山旺;山旺组。

山旺近无角犀 *Plesiaceratherium shanwangensis* Wang
(图版 94,图 10)

齿冠较高,无小刺,内齿带发育,无外齿带,前白齿臼齿化程度较纤细,近无角犀高。P2 在舌面原尖和次尖之间的沟很明显;P3~4 臼齿化,反前刺发育,并常常与后脊相连封闭中凹,有弱的前刺。臼齿原尖强烈收缩,次尖收缩较弱,反前刺、前刺发育,但反前刺不与后脊相连,舌面无齿带,外壁较圆凸而垂直,前附尖褶较弱并向外。

产地及层位:临朐山旺;山旺组。

腔齿犀属 *Coelodonta* Bronn,1831
披毛腔齿犀 *Coelodonta antiquitalis* (Blumenbach)
(图版 91,图 11)

头长,鼻骨前端下弯,枕状凸起并向后伸出,鼻骨隔板已骨化,鼻骨与额骨上有瘤状突起的角座。齿冠高,门齿退化。上臼齿 2 个横脊很斜,前刺、小刺发达,上臼齿中以 M2 最长,M3 前脊强,向后包卷,后脊弱,呈扁三角形。下臼齿前叶近方形,后叶近新月形。

产地及层位:新泰刘庄乌珠台;上更新统。

偶蹄目 Artiodactyla Owen,1848
炭兽科 Anthracotheriidae Gill,1872
先炭兽属 *Anthracokeryx*
中华先炭兽 *Anthracokeryx sinensis* (Zdansky,1930)
(图版 95,图 8、9)

一个左下颌水平枝残段,具 P4、m2~3。m2 下原尖前外侧和 m3 前脊后翼破损,1 个右上犬齿和 1 个右下犬齿。

上犬齿尖锐,稍侧扁,根粗大;下犬齿齿尖较上犬齿钝、低。p4 前窄后宽,内缘平直,具内齿带和前齿带,主尖(下原尖)具前后刃,下前尖和下次尖明显分立在主尖前后刃的下方。下次尖新月形;下内尖和下后尖圆锥形。m3 下次尖和下内尖处比前端稍窄;跟座前谷与后谷通;后端有 2 个内外并列高的小尖,外侧一个略大些;珐琅质层具微细皱纹。

产地及层位:曲阜;山旺组。

科未定

五图猪属 *Wutuhyus*

报春五图猪 *Wutuhyus primiveris*

(图版 95,图 4、5;图 3-66)

正型 一对下颌骨,左下颌骨存 p2~m3,右下颌骨存 p1~m3。

特征 一种丘形齿的猪形动物。p1 小,单根,与 p2 之间有短的齿隙;p2~p4 简单,具有初始的下前尖、下次尖和跟座;下臼齿为丘形齿,无下后脊和下次脊,m2~3 下前尖和下后尖呈孪生状;m1~2 的下次尖、下内尖和下次小尖几乎等大;m3 异常增大,跟座延长,下次小尖分裂成 2 个近于等大的小尖,组成下次小尖叶。下颌骨水平支由前向后增深,髁突明显地高出牙齿嚼面。

描述 下颌骨水平支向后增深,p2 处的水平支高约 8mm,m3 三角座处高约 11mm(据右下颌骨),水平支下缘比较平直。冠状突虽然已缺损,但从尚保存的部分上升支判断,其冠状突相当高,髁突明显高于齿列咀嚼面。颏孔 2 个,一在 p2 下方,一在 m1 三角座下方。下颊齿低冠,丘形齿,横脊(下后脊和下次脊)很退化,前臼齿齿列(p1~p4)长为 15.5mm,臼齿列长为 16.1mm。

p1 小,为单根齿,与 p2 之间有齿隙,长约 1mm。主尖侧扁,前棱较陡,后棱斜向下降到牙齿后端基部。

p2 明显比 p1 大,为双根齿。p2 具有初始的下前尖和跟凹,下前尖有弱棱伸向主尖。在跟座上有一低小、不明显的小尖(初始的下次尖),也有很弱的棱脊伸至主尖的后壁。

p3 似 p2,但 p3 下前尖、下次尖和跟座较明显。

p4 似 p3,不过 p4 牙齿更加横宽。

m1 和 m2 呈长方形,三角座略高于和长于跟座,下原尖和下次尖呈低锥状。在三角座上下原尖、下前尖和下后尖明显,下原尖与下前尖和下后尖之间缺少直接连接的棱脊,有一明显齿沟将唇侧和舌侧主尖主体分隔,但有一弧形棱脊连接下原尖和下前尖,常称为下前棱(paracristid)。在 m1 上,下前尖接近下后尖,相对于后者,下前尖有些唇位。而在 d 上,下后尖和下前尖呈孪生状,下前尖紧挨下后尖。跟座由近于等大的下次尖、下内尖和下次小尖组成,无明显的棱脊。下次尖较大,斜脊由下次尖伸向下原尖后侧基部。m1 的斜脊比 m2 发育。下内尖比下次尖稍低小,位置稍靠后。下次小尖相当清楚,呈三角锥状,楔入下次尖和下内尖之间。

m3 长度异常增大,是 m2 长度的 1.55 倍。三角座形态如 m2,不过 m3 下前尖稍大于下后尖。相对于下次尖,下内尖位置稍靠后,斜脊弱。下次小尖分裂成 2 个几乎等大的小尖,并向后突出,形成下次小尖叶。

产地及层位:昌乐五图;五图群。

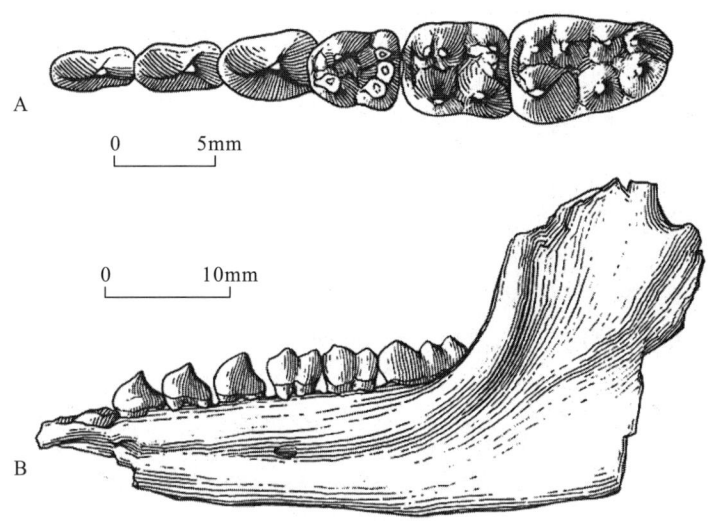

图 3-66　报春五图猪存 p2~m3 的左下颌骨冠面视(A)和外侧视(B)

(据童永生和王景文,2006)

猪科　Suidae Graym1821
　　猪兽属　*Hyotherium* Meyer,1834
　　　　半岛猪兽　*Hyotherium penisulus* Chang
(图版 94,图 12)

本种臼齿长方形,4 个主尖呈 2 个相近的锥形,下次尖趋近新月形,跟座长占 m3 长的 1/3 强,趋于圆形。附属小尖或小瘤不发育,齿带亦不发育。

产地及层位:临朐山旺;山旺组。

　　古猪属　*Palaeochoerus* Pomel,1847
　　　　帕氏古猪(相似种)　*Palaeochoerus* cf. *pascoei* Pilgrim
(图版 94,图 13)

本种 M3 呈不等边四边形,前宽后窄,4 个主尖大小相等,基本上成锥形。中间谷地有明显的小瘤,一个靠近前尖,另一个靠后部。根座由几个珠状小尖连接而成,与 2 个内尖连成一线。齿带在前侧与后侧发育,内侧不明显。除个体小外,均与印度的正型标本很相似。

产地及后位:临朐山旺;山旺组。

鹿科　Cervidae Gray, 1821
柄杯鹿属　*Lagomeryx* Roger, 1904
柯氏柄杯鹿　*Lagomeryx colberti* (Young)
（图版96，图6）

角靠近眼眶，几乎垂直地长在眼眶之上。角柄长，圆柱状，向后弯曲，向上约在全长2/3处分叉成掌状。角柄与掌状角之间无角节，亦无分界的界线。掌状角简单，有2个主分枝，一枝单一，圆柱状，伸向前外方；另一枝向后，扁平，在较高处又分成2枝，一内一外，分枝很短。掌状角很小，与角柄平行。

产地及层位：临朐山旺；山旺组。

皇冠鹿属　*Stephanocemas* Colbert, 1936
汤氏皇冠鹿（相似种）　*Stephanocemas* cf. *thomsoni* Colbert
（图版96，图7）

本种仅见一掌状角碎块，保存有2个分枝，呈宽掌状，前枝圆柱状，与后枝夹角为69°；后枝宽扁，离基部一段距离后又分成2枝。内分枝粗短，呈圆锥状；外分枝较细，亦呈圆锥状，与内分枝夹角为80°。掌状角中心部分未保存，但所有分枝从中心部分水平分出的性质很明显，且掌状角中心部分的背腹面尤其足腹面甚粗糙，可能是与角柄相接的边缘部分。

产地及层位：临朐山旺；山旺组。

柯氏皇冠鹿　*Stephanocemas colberti* Young
（图版97，图2）

本种为小而原始的鹿。角柄相当长，角柄顶端有3个互成120°的圆筒状分枝。前枝（第一枝）的位置稍低于其他2枝，后枝最大，角节部不明显，角柄与分枝部分的接触处有明显的皱纹存在。

产地及层位：临朐山旺；山旺组。

祖鹿属　*Cervavitus* Khomanko, 1913
低枝祖鹿　*Cervavitus demissus* Teilhard et Trassaert
（图版97，图1）

本种个体小，角柄长。眉枝在角节上的位置低，主枝不再分枝。角柄与主枝间的夹角小。主枝后倾（有如角鹿的方式），角表面有适当的沟纹。

产地及层位：章丘；上新统巴漏河组。

大角鹿属 *Megaloceros* Brookes,1828
肿骨大角鹿 *Megaloceros* (*Sinomegaceros*) *pachyosteus* Young
(图版 97,图 3)

本种角短,很扁平;眉枝靠近角节部,与上面分枝在同一平面内,与主枝近于平行延伸。上面分枝愈合成掌状,角节部短。头骨粗壮。下颌水平枝肿大,横切面约呈圆形。牙齿粗壮,齿冠较低,珐琅质粗糙,附尖和齿带很发育。P3~4 内刺很发达;上颊齿有强的外肋,上臼齿沿前肋有很发达的附尖或瘤,内柱发育。p3 下后尖从未形成独立的尖或与下前尖有愈合的趋势。在某些情况下 p4 下后尖与前尖分开。肢骨粗壮。

产地及层位:山东省;中更新统。

鹿属 *Cervus* Linnaeus,1785
葛氏斑鹿 *Cervus* (*Pseudaxis*) *grayi* Zdansky
(图版 97,图 4)

角柄短,角节部粗壮,横切面圆形;眉枝直而简单,靠近角节部与主枝成稍小于 90°的夹角;眉枝与主枝基部有纵沟和粗糙的粒状突起。

产地及层位:历城;中更新统。

大斑鹿 *Cervus* (*Pseudaxis*) *magnus* Zdansky
(图版 97,图 5)

角比葛氏斑鹿小,主枝开始处横切面前面略扁,向上变圆,有 4 个分枝;主枝和眉枝下部有深沟和棱;眉枝明显向内向后弯曲,其基部约与主枝成 90°角;第 2 枝和第 3 枝分叉的距离大大短于葛氏斑鹿。

产地及层位:青州;中更新统。

古鹿科 Palaeomerycidae Lydekker,1883
古鹿属 *Palaeomeryx*
三角古鹿 *Palaeomeryx tricornis* Qiu
(图版 98,图 1~3)

该种在本属内个体小,有时有 p1,p1 与 p2 间的齿隙可很小,长至 10mm 左右。下前臼齿的下后尖发育弱,不形成封闭的内谷。上前臼齿内嵴的内中沟发育弱。上臼齿较短宽,原尖后脊内有珐琅质小褶。颊齿齿带及附柱发育较弱。雄性有一对粗短侧扁的"皮骨角",位于眼眶之上方,角的前缘向后倾斜,其基部伸达眼眶前,后缘呈向前凹入的弧形,基部位于眼眶后缘,"皮骨角"的顶端稍有膨大,角表面粗糙。枕部顶端向后上方延伸,形成末端膨大的"锤形"角状突起。

产地及层位:临朐山旺;山旺组。

牛科 Bovidae Gray,1821

牛属 Bos Linnaeus,1758

原始牛 *Bos primigenius* Bojanus

（图版 94,图 14）

标本为一件残破的左角。角心粗而长,角心直径递减很慢,角横切面近圆形。基部纵沟不明显。角心外侧长 48mm。

产地及层位:潍坊;更新统。

水牛属 *Bubalus* Hamilton-Smith,1827

短角水牛 *Bubalus brevicornis* Young

（图版 97,图 6）

角心短而粗壮,向后斜伸,从顶面看两角心与额骨连接成新月形。三角形的角心上面最宽且平直,近尖端处稍向下凹;前面最窄亦较平直;内面微微凸出,宽度近于前面。角心横切面近基部 2/3 以内多为等腰三角形,近尖端 1/3 则呈半圆形。头骨非常壮大,枕部不很突出,两角心间额骨略隆起,而且上眼窝处微向下凹,上眼窝适当收缩。上枕骨扩大,枕骨脊倾斜,颞颥窝窄而收缩。

产地及层位:昌乐;更新统。

绵羊属 *Ovis* Linnaeus,1758

山东绵羊 *Ovis shantungensis* Matsumoto

（图版 97,图 7）

与现在绵羊相似,但头骨的角后部分较长;眼眶侧向突出较强烈;眼眶卵圆形,前后径大于垂直径;眼眶位置较后面角心位置较前;臼齿与枕髁在同一水平面上;角心较大或中等大小,粗壮,强烈弯曲约呈半圆形,角心的下转部分微侧向张开,角心横切面近三角形,具圆钝的夹角,其中以前外侧角浑圆,而角心的 3 个面中以后内侧面皆宽,向上的面最窄。

产地及层位:青州;下更新统。

翼手目 Chiroptera

蝙蝠科 Vespertilionidae

山旺蝙蝠属 *Shanwangia*

意外山旺蝙蝠 *Shanwangia unexpectuta* Young

（图版 100,图 1）

该种为一相当大的蝙蝠,总长约 100mm。头较小,尾椎 9~10 节,前肢特别大,前指具爪。多数尺度与北美怀俄明下始新统的有爪飞蝠相似。

产地及层位:临朐山旺;山旺组。

长鼻目 Proboscidea Illiger,1811
真象科 Elephantidae Gray,1821
古菱齿象属 *Palaeoloxodon* Matsumoto,1924
诺氏古菱齿象 *Palaeoloxodon naumanni* Makiyama
(图版 100,图 2)

标本为一左上 M3。齿冠面轮廓近长圆形,保存有 14 个齿板。前面 3 个齿板已磨蚀为完整的内环;紧接有 2 个磨蚀;后边的磨蚀为长条形,第 10、11、12 齿板的中间部分呈菱形,第 9、10 齿板中央部分有中尖突。牙齿最大长度 340mm,最大宽度 92mm,齿冠高 160mm,釉层厚 2mm。齿脊频率平均为 5.6。

产地及层位:诸城;上更新统。

原始象属 *Archidiskodon*
平额原始象(相似种) *Archidiskodon* cf. *planifrons* (Falconer et Cautley)
(图版 97,图 8)

一稍破损的 m3 较宽大,保存 7 个完整的齿板,估计至少有 10 个齿板。前 3 个齿板已磨蚀为完整的齿环,中央部分扩大形成明显的中尖突。后 3 个齿板各由 3 个环状小圈组成。最后齿板为跟座,仅由柱状片组成。牙齿最宽处 97mm,齿冠高 165mm,釉质层厚约 3mm,齿脊频率约为 4。这一频率数字近于平额象中最进步类型,但其釉质层较薄,又与一般平额象不尽一致。

产地及层位:蒙阴;下更新统。

潍坊象 *Archidiskodon weifangensis* Jin
(图版 98,图 6、7)

个体很大,额顶骨明显下凹,颞孔深而宽,枕部宽平,稍向后斜,项韧带窝深。门齿粗壮,两门齿从齿鞘部分开始向两侧伸出,中部向上翘,末端向内弯曲;M3 齿冠面和磨蚀面夹角为 59°,宽齿型,高冠,釉质层厚,中间突不发育。下颌骨短而高,水平枝特别肿大,下颌联合处窄,吻突短而小,下颌骨投影呈马蹄形。

产地及层位:潍坊;中更新统。

多尖齿兽目 Multituberculata
尖齿兽属 *Heptaconodon*
钝七尖齿兽 *Heptaconodon dubium* Zdansky
(图版 66,图 9、10)

齿式不明。上臼齿齿冠很低,具进步性的环形齿带,形成一微弱的前附尖,仅在次尖附近稍有中断。所有齿尖都是钝锥形。后尖略大于前尖,但略小于原尖。次尖与前尖大小约相等。原尖和次尖的顶端距牙齿的舌缘颇远。原小尖位于原尖和前尖连线的稍前方。在后尖和次尖间较靠近舌侧处还有一钝的小尖,并与位于咀嚼面中部较靠唇侧的另一小尖连接。无中附尖和后附尖。

产地及层位:蒙阴;官庄群。

伪齿兽集目 Mirorder Phenacodonta

　　福兽属 *Olbitherium* Tong,Wang et Meng,2004

　　　　千禧福兽 *Olbitherium millenarianicus* Tong,Wang et Meng,2004

　　　　　　(图版 95,图 6、7,图 3-67)

正型 存 p1～m3 三角座的右下颌骨。

特征 齿式 3?·1·4·3/3?·1·4·3。C 和 P1 之间齿隙长,但 P1 和 P2 之间无齿隙;P4 无后小尖;上白齿为三根齿,原脊长,与前尖棱相连;M1～2 后小尖小,在次尖的前外方,后小尖有向后外方延伸的棱脊伸向后尖;前附尖大,无中附尖;舌侧齿带包围原尖和次尖;M3 后小尖很退化,次尖具前、后棱。p1 无后跟,p2 后跟尖小,p4 下后附尖显著,无下内尖;m1～2 下次小尖在牙齿后缘的内侧,靠近下内尖,下次尖后棱与下次小尖连接,下内尖和下次小尖相连,未形成下次尖和下内尖直接相连的下次脊,下后附尖弱;m3 延长,下次小尖大,并形成下次小尖叶,下内尖近于孤立。

产地及层位:昌乐五图;五图群。

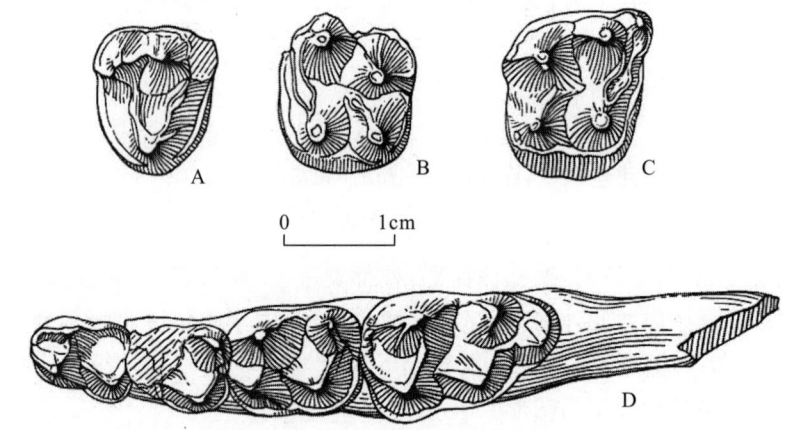

图 3-67　千禧福兽右 P4(A)、左 M1(B)、右 M2(C)和左 p4～m3(D)冠面视

(据童永生和王景文,2006)

4 植物化石描述

高等植物是植物界最大且具有最高级结构的一个类群，它包括苔藓类、蕨类、裸子植物和被子植物。除少数显然是次生性的水生类型外，其余都是陆生的茎叶植物。

植物形态、结构复杂，除原始类群外，都已分化出真正的根、茎、叶和生殖器官等部分，由于蕨类、裸子植物和被子植物具有维管束，因此除苔藓外，它们又统称为维管植物。

植物多以茎、叶的印痕形式保存为化石。

根的形态除因类别而不同外，常因环境不同而异，根部化石最常见于煤层的底板层。

茎是连接叶和根的轴状结构，其功能是输送水分、无机盐和有机养料，支持树冠。按茎的生活类型，植物可分为具高大显著主干的乔木，主干不明显较矮的灌木，攀附他物的藤本，矮小、无木质茎的草本植物及寄生其分植物体的附生植物。

茎的分枝方式有二歧式和单轴式两种类型（图4-1）。二歧分枝由茎顶端分生组织分生出两个大致相等的顶端发育而成，它可进一步分为等二歧分枝和不等二歧分枝。

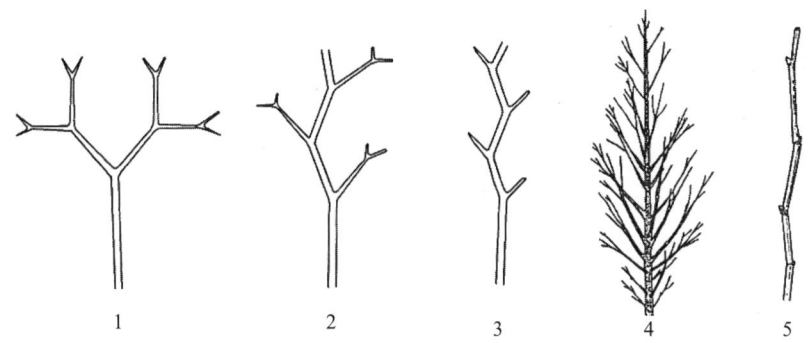

图4-1 茎的分枝方式

（据童金南和殷鸿福，2007）

1.等二歧式；2.不等二歧式；3.二歧合轴式；4.单轴式；5.合轴式

叶是制造有机物的营养器官，其主要功能是光合作用和蒸腾作用，还有一定的吸收作用和繁殖作用。

叶通常由叶柄和叶片组成，有的还有托叶。没有叶柄的称为无柄叶。叶柄上只有1枚叶片的称单叶；叶柄上有多片小叶的称为复叶（图4-2）。

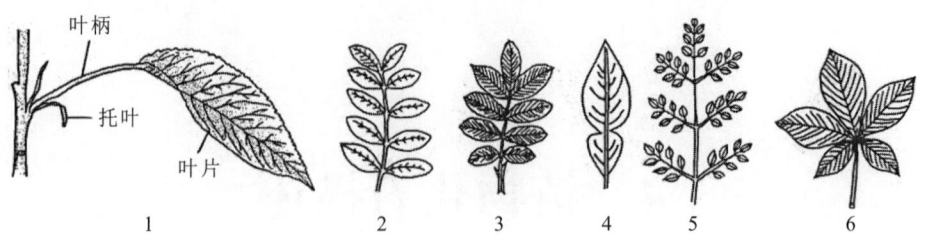

图 4-2　单叶和复叶

（据童金南和殷鸿福，2007）

1. 完全叶的组成（单叶）；2. 偶数单羽状复叶；3. 奇数单羽状复叶；4. 单身复叶；5. 一次羽状复叶；
6. 掌状复叶

叶在枝上排列的方式称为叶序，有互生、对生、轮生、螺旋生等（图 4-3）。

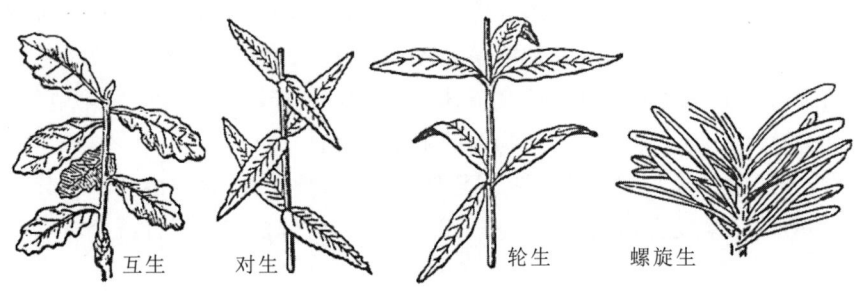

图 4-3　叶序类型

（据童金南和殷鸿福，2007）

叶的形状包括叶的整体轮廓、叶的顶端、基部及叶缘。叶的轮廓通常以叶的长、宽之比及最宽处的部位划分为基本的几何形态（图 4-4～图 4-6）。

叶脉是分布于叶片中的维管束，根据叶脉生长及分枝方式，可分 9 类（图 4-7）。

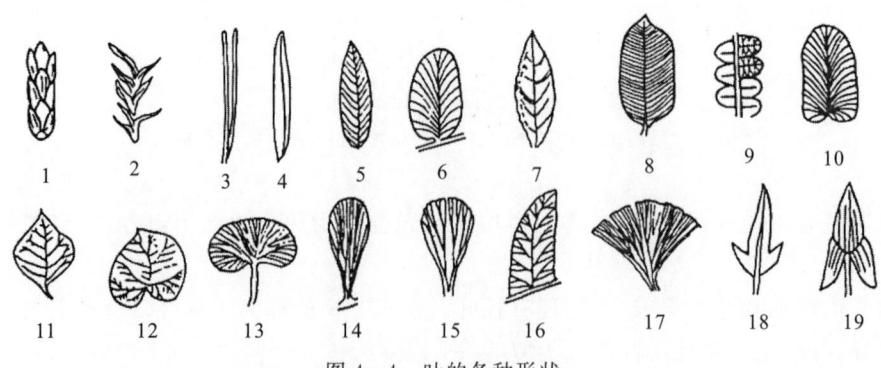

图 4-4　叶的各种形状

（据童金南和殷鸿福，2007）

1. 鳞片形；2. 锥形；3. 针形；4. 条形；5. 披针形；6. 卵形；7. 长椭圆形；8. 矩圆形；9. 方形；10. 舌形；11. 菱形；12. 心形；13. 肾形；14. 匙形；15. 楔形；16. 镰刀形；17. 扇形；18. 戟形；19. 牙形

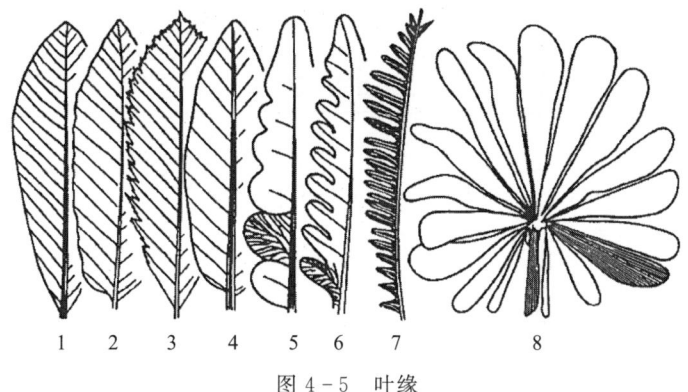

图 4-5 叶缘

（据童金南和殷鸿福，2007）

1. 全缘；2. 锯齿；3. 重锯齿；4. 波状；5. 羽状浅裂；6. 羽状深裂；7. 羽状全裂；8. 掌状分裂

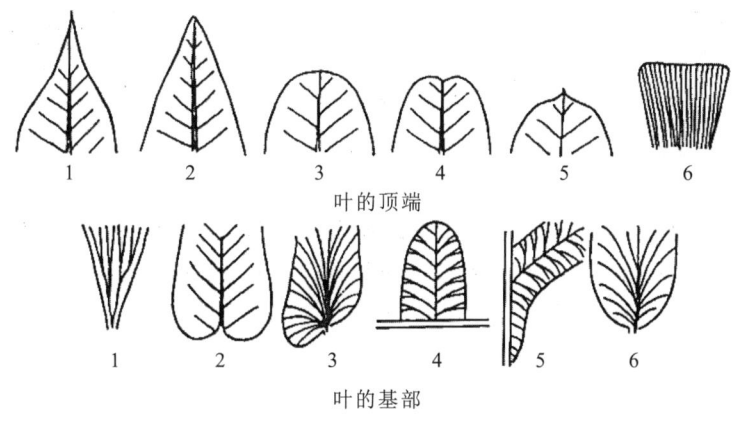

图 4-6 叶的顶端和基部形态

（据童金南和殷鸿福，2007）

叶的顶端：1. 急尖；2. 渐尖；3. 钝圆；4. 凹缺；5. 短尖头；6. 截形
叶的基部：1. 楔形；2. 心形；3. 偏斜；4. 截形；5. 下延；6. 圆形

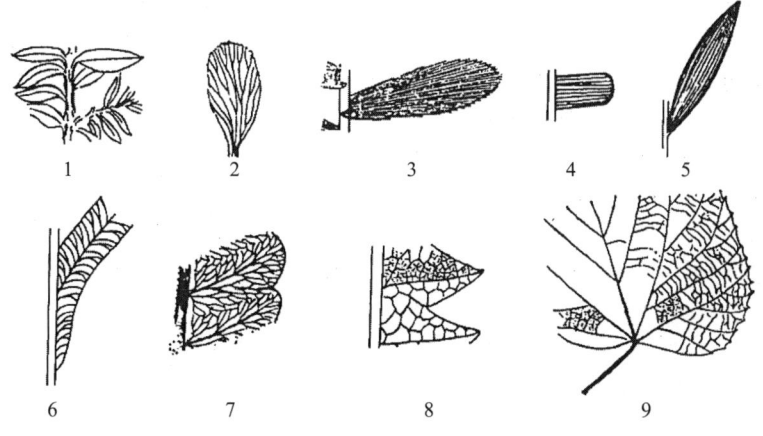

图 4-7 叶脉的类型

（据童金南和殷鸿福，2007）

1. 单脉；2. 扇状脉；3. 放射脉；4. 平行脉；5. 弧形脉；6. 羽状脉及邻脉；7. 简单网脉；
8. 复杂网脉；9. 掌状脉

4.1 硅藻门 Bacillariophyta

硅藻是一类具有色素体的单细胞植物,常由几个或很多细胞个体连结成各式各样的群体。硅藻的形态多种多样。

无壳缝目 Araphidiales
脆杆藻科 Frgilariaccac
脆杆藻属 *Frogilaria*
山东脆杆藻 *Frogilaria shondongensis* Li
(图版97,图9)

壳面线形或线状椭圆形,末端钝圆形。长 25～45μm,宽 9～10μm。轴区呈不规则线形或发育不完全。线条纹较粗,呈平行排列,70μm 中有 10～11 条。

此种与 *Fragilaria bicapitata* A. Mayer 在外形特征上颇为相似,但内部构造不同。前者的轴区断续出现,很像轴区的原始发展阶段;后者是明显的窄线形,线纹数也略有差异。

产地及层位:临朐山旺;中新统。

舟形藻属 *Navicula*
山旺舟形藻 *Navicula shanwangensis* Li
(图版97,图10)

壳面阔椭圆形,末端呈短喙状,顶缘呈较平的圆形。长 38～44μm,宽 23～25μm。轴区窄,呈线披针形,中央区扩大近圆形。脊缝呈较宽的线形。线条纹射出状排列,线条粗,由密点组成。点线条近末端呈明显的聚集状排列,在中部 10μm 中有 6～7 条,在末端 10μm 中有 10～11 条。

产地及层位:临朐山旺;中新统。

桥弯藻属 *Cymbella*
山旺桥弯藻 *Cymbella shanwangensis*
(图版98,图8)

壳面宽披针形,背缘拱形,腹缘在中部明显凸出形成三曲波形,末端呈略尖的圆形,长 48～55μm,宽 17～20μm。轴区线形,中央区几乎不扩大。脊缝呈略扁心的线形。线条纹射出状排列,由密点组成,在 10μm 中有 22～24 个点,线纹 10μm 中有 11～12 条。

产地及层位:临朐山旺;中新统。

羽纹藻属 *Pinnolaria*

羽纹藻（未定种） *Pinnolaria* sp.

（图版 97，图 11）

壳面线形或线状椭圆形，末端圆形。长 115～140μm，宽 17～23μm。轴区披针形，中央区横向扩大直达壳缘。脊缝呈略弯曲的线形，端脊缝向一面弯曲。肋条粗，呈明显的射出状排列，向末端逐渐呈明显的聚集状排列，靠近末端的肋纹呈"S"形，在 10μm 中有 6～7 条。

产地及层位：临朐山旺；中新统。

4.2 沟鞭藻门 Dinoflagellates

沟鞭藻是一类具双鞭毛和纵、横沟的单细胞微小有机体，它是动物还是植物曾一度有争议，可能是处于动物、植物之间的一类过渡性的原生生物，目前生物学家一般认为它是藻类，归入植物界。沟鞭藻的出现，一般认为不晚于三叠纪，繁盛于中、晚侏罗世，中、晚白垩世和古近纪，延续至现代。沟鞭藻是石化的沟鞭藻囊孢，主要见于海相沉积。

甲藻纲 Dinophyceae Pascher，1914

膝沟藻目 Gonyaulacales Taylor，1980

膝沟藻科 Gonyaulacineae Lindemamn，1928

稀管藻属 *Oligosphaeridium* Davey et Williams 1966 emend. Davey 1982

缩短稀管藻 *Oligosphaeridium abbreviatum* Xu et al.，1997 ex He et al. herein

（图版 99，图 4）

中央本体轮廓卵圆形，常因挤压而形状不规则。壁薄，厚度小于 1μm，表面光滑。突起呈短管状，一般等宽，长度约为中央本体长的 1/8～1/6；长稍大于或小于宽；有时为漏斗状、杯状，远极平截或轻微扩张，开放，边缘锯齿状—短刺状，平伸或向后翻转；有个别细突起。在完整的标本上突起为 17～18 条。古口顶式，(tA)型。口盖分离。

中央本体长 45～50μm，宽 36～43.5μm；突起长 5～8μm，宽 3～7.5μm。正模中央本体（不含口盖）长 48μm，宽 43.5μm；突起长 5～6μm，宽 3.3～6μm。

产地及层位：沾化；沙河街组三段上部。

东明稀管藻 *Oligosphaeridium dongmingense* He，Zhu et Jin，1989

（图版 99，图 5）

囊孢刺式，中央本体轮廓近圆形或椭圆形，具较长的突起，由外壁形成，管状或喇叭状，中空，但细喇叭状突起可实心；多数突起在基部稍大，向远极先渐细后扩大为漏斗形或喇叭形，末端张开，远极边缘锐刺状（刺长 2～3μm，一般 6 根）；有的突起末端二分叉，分枝的末端三分叉。突起数量不超过 18 条，主要分布在上壳（大致有 10 条），下壳上约有 7 条；突起的壁多为细窗孔状或细粒状。突起板内式，反映板式符合属征。在腰部缺乏突起。壁较薄，外壁表面具一些稀而短的细脊。未见古口。

囊孢直径 50～60μm,中央本体直径 25～29μm,突起长 10～15μm,中部宽 1.5～4μm,末端宽 10～15μm。正模直径 60μm,中央本体直径 25μm,突起长 12～15μm。

产地及层位:东明;沙河街组三段上部。

同突稀管藻 *Oligosphaeridium homomorphum* He,Zhu et Jin,1989
(图版 99,图 6、7)

囊孢刺式,中央本体轮廓近圆形。具中等长的突起,可见 15～18 条,由外壁形成,喇叭形,中空,远极张开;它们的长短和大小较为一致,通常基部稍大,远极末端迅速扩大为喇叭形,末端边缘完整,平直—波状;突起长 10～13μm,中部宽 2～2.8μm,末端宽 5～10μm;突起板内式,每块板片中央具一条突起,反映腰带突起缺乏。突起的反映板式大致为 4′,6″,6‴,1p,1⁗。壁较薄,表面具稀而弱的颗粒-短皱;突起表面平滑或显稀弱的颗粒,突起末端边缘或具粗糙颗粒结构。古口不明。

囊孢直径 45μm,中央本体直径 22.5～25μm。正模直径 45μm,中央本体直径 25μm,突起长 10～12μm,中部宽 2～2.8μm,末端宽 5～6μm。

产地及层位:东明;沙河街组三段上部。

小稀管藻 *Oligosphaeridium minus* Jiabo,1978
(图版 99,图 8)

囊孢收缩式,中央本体轮廓近圆形。壁薄,表面平滑—微粒状。具 2 种突起:一种为短而宽的中空突起,可达 10 条左右,长 3～8μm,宽 2～2.5μm,末端略不平,扩大为 3.6～4.5μm;另一种为棒状突起,可见 2～3 条,末端分叉,长 3.2～4.5μm,窄于 0.8μm。赤道区缺乏突起。古口存在时为顶式。

中央本体直径 17～24μm。正模中央本体直径 22.5μm。突起长 4μm,宽 2μm,末端宽达 3.6μm。

产地及层位:垦利;沙河街组三段。

卵形稀管藻 *Oligosphaeridium ovatum* He,Zhu et Jin,1989
(图版 99,图 9)

中央本体轮廓卵形,上下壳近等大,但不对称,上壳比下壳稍伸长一些。壁薄,表面平滑或近平滑。具短管状突起 10 余条,大小不一,末端形态多变。末端平整或喇叭形,缺刻状,浅分叉,闭合或张开。在古口的口盖上具 1 条突起,较大,圆柱形,中空,末端开放,长 2.5μm,宽 3～5μm;其他突起长 4～5μm,宽 1.8～3μm;尾突起一般不发达。除顶尾突起外,其他突起分布于前后反映腰区。在赤道区往往具 1～2 条横向褶皱,这或许是腰带的反映。古口顶式,(tA)型,由顶区开裂而成。口盖完全分离或脱落。

中央本体(不包括突起)长 30～31.5μm,宽 25μm。正模中央本体长 31.5μm,宽 25μm。

产地及层位:莘县;沙河街组三段。

美丽稀管藻 *Oligosphaeridium pulcherrimum* (Deflandre et Cookson) Davey et Williams,1966

(图版 100,图 3)

中央本体轮廓近圆形—椭圆形。突起 17~18 条,管状,基部稍宽,从其长度的 1/2 处开始扩展成漏斗状。漏斗的壁具不规则穿孔,远极边缘繸状—刺状,有时少数突起因强烈穿孔远极被细丝状横络联结。反映板式:4′,6″,6‴,0-1p,1″″。古口顶式,(tA)型;口盖原位或脱落。

侧面观中央本体长 52~62.5μm,宽 38~52μm;极面观中央本体直径 41~60.7μm,突起长 24~45μm。

产地及层位:滨州;沙河街组三段上部。

特殊稀管藻 *Oligosphaeridium speciale* Xu et al., 1997 ex He et al. herein

(图版 100,图 4)

中央本体轮廓近圆形,具 17~19 条管状板内突起。尾突起特别宽大,长 14.4~16.2μm,柄部最细处宽 6.2~9.6μm,基部加宽成三角形,远极渐加宽后强烈扩展成喇叭状,宽大于柄部的 2 倍,边缘具长刺。其他突起柄匀称,宽 3~4μm,远极喇叭状,边缘指状—刺状,平伸或向后翻转。古口顶式,(tA)型,口盖仍粘在囊孢上。

中央本体直径 30~37.2μm,突起长 15.4~20μm。正模中央本体直径 30μm,突起长 15.4~18.5μm。

产地及层位:滨州;沙河街组三段上部。

天津藻属 *Tianjinella* He et Sun 1996

短刺天津藻 *Tianjinella brevispinosa* (Xu et al.)

(图版 98,图 9)

囊孢贴近收缩式。中央本体轮廓卵圆形—椭圆形,有时哑铃形。反映板式由板内式环形脊及其上的突起群、古口及少数标本的反映缝所指示。反映横沟近环形,反映纵沟直线形,或具少数突起。上、下囊的环形脊上具 2~6 条突起,一般 3~4 条短突起。突起实心,远极钉头状,自由,偶尔由横络连接,或相邻近的 2 条或数条突起由隔膜连接,但未见整个突起群被连接。反映缝发育极不稳定,多数标本上较难观察。古口顶式,(tA)型。口盖片全部分离或部分粘连。

中央本体长 28.8~41μm,宽 24~37.2μm,突起长 2~6μm。正模中央本体长 32.6μm,宽 30.8μm,突起长 2~2.5μm。

产地及层位:沾化;沙河街组三段上部。

分散天津藻 *Tianjinella displicata* (Xu et al.)

(图版 98,图 10)

囊孢较小,中央本体轮廓卵圆形—椭圆形,两侧边圆凸—微内凹。突起较少,一般每块反映板片 3～4 条,细棒状,远极简单至二分叉,长短不一。突起板内式,基部由脊或隔膜联结成弧形或环形的突起组合;还有不少孤立的突起,基部可具脊,突起组合之间有一定距离。古口发育好,顶式,(tA)型,口盖分离。

中央本体长 27.5～37μm,宽 22～29.5μm,突起长 2.4～5.5μm。正模中央本体长 28.5μm,宽 25μm,突起长 2.4～5μm。

产地及层位:沾化;沙河街组三段上部。

长刺天津藻 *Tianjinella longispinosa*(Xu et al.)
(图版 100,图 5)

贴近收缩式囊孢。中央本体轮廓椭圆形—长椭圆形,侧边微凸凹。突起群板内式,一般由 4～6 条细线状突起组成,基部着生在一个近圆形的脊环上,远极自由,有时可见脊环中断,但突起仍呈簇状分布。反映缝脊有时发育,但常模糊不清。突起大多较细,实心,远极简单或二分叉或三分叉,少数中空,远极扩展。同一标本上突起长短不一,一般赤道两侧的突起较长,而两极的较短。反映板式清楚,与 *Tianjinella brevispinosa* 的一致。古口顶式,4A 型。口盖片彼此分离,脱落或部分粘连。

中央本体长 25.2～36μm,宽 19.2～30μm,突起长 3～8.5μm。正模中央本体长 36μm,宽 30μm,突起长 4～6μm。

产地及层位:沾化;沙河街组三段上部。

蛛网藻属 *Araneosphaera* Eaton,1976
蛛网蛛网藻 *Araneosphaera araneosa* Eaton,1976
(图版 100,图 6)

囊孢刺式,中央本体轮廓亚圆形,表面细纤维网状。突起板内式,顶区和前腰区的突起较短,大多柱状,远极常呈喇叭状,边缘具细齿或小刺;少数细棒状,基部较明显扩大,远极简单或二分叉,有时可见 2～3 条细突起在基部连接;后腰和尾区的突起较长,大多柱状,近极稍粗,远极扩展并由纤维状膜联结,膜上具不规则穿孔和皱网状纹饰。反映横沟的突起退化,或具 1～2 条。在后腰和尾区之间偶见 1 条附加突起。反映板式为:4′,6″,5-6‴,0-1p,1″″。古口前腰式,由第 3 块前腰反映板片脱落而形成,其轮廓呈宽马蹄形。

囊孢长 55.9～72μm,中央本体长 41.5～57.3μm,突起长 10.2～20μm。

产地及层位:垦利;沙河街组三段上部。

心球藻属 *Cordosphaeridium* Eisenack,1963,emend. Davey,1969,He,1991
杯突心球藻 *Cordosphaeridium* (*Cordosphaeridium*) *cantharellus* (Brosius) Gocht,1969
(图版 101,图 1)

囊孢收缩式,中央本体轮廓近圆形,壁中等厚,表面纤维状。突起 20 条左右,板内式,一般较宽大,中空,柄部平直或微收缩,远极喇叭状,边缘向后翻。突起上具许多细条纹,向远极延伸,边缘小刺状;近极形成树根状结构。个别突起远极具深缺刻。同一标本上突起长度近等,宽度可变。古口前腰式,P型。口盖脱落。

中央本体(41μm×38μm)～(50μm×42μm),最大突起长14～19μm。

产地及层位:滨州;沙河街组三段上部。

最小心球藻 *Cordosphaeridium* (*Cordosphaeridium*) *minimum* (Morgenroth) Benedek,1972

(图版100,图7)

中央本体轮廓近圆形。具较短而宽的突起,由外壁形成,其大小和形状变化不大,长短较一致,喇叭形,个别管形,中空,远极张开,末端边缘多数平整—波状,偶尔个别突起远极有开裂或分解为几个小突起的现象。突起壁或多或少显纤维状或弱网状结构。突起板内式,每块反映板片具1条突起,当前的标本上可见10余条突起(一般下壳上的突起保存欠佳),其反映板式基本上符合本属的类型。壁薄,表面短皱状或绳索状。古口轮廓马蹄形,前腰式,P型,由第3块前腰反映板片脱落而成。口盖游离。

囊孢长40～42.5μm,宽40～47.5μm。中央本体长27μm左右,宽21～24μm。突起长7.5～10μm,中部宽3～5μm,末端宽5～10μm。

产地及层位:滨州;沙河街组三段上部。

双体藻属 *Diphyes* Cookson,1965,emend. Davey et Williams,1966

具颈双体藻 *Diphyes colligerum* (Deflandre et Cookson) Cookson,1965

(图版101,图2)

中央本体轮廓近圆形。壁中等厚,由2层组成;外壁表面细粒状或纤维网状—皱网状,形成许多突起。突起的基部宽,直或弯,长短可变,大多细管状—圆锥形,基部中空,向远极变窄,末端钝,头状或有点漏斗状或短二分叉;少数标本上的突起以实心为主,其末端头状;有时赤道区突起的行线指示反映腰带。尾凸特大而显著,圆滑圆柱形或圆锥形,壁较薄,表面微粒状,轮廓线平滑;末端闭合或开放,有时侧面具很短的突起。古口顶式,(tA)型,口盖原位或脱落。

中央本体直径38～45.8μm,个别直径达70μm;尾凸长8.8～13.8μm,个别达31.2μm;中部宽7～13.8μm,个别达20.8μm;其他突起长6.9～15.6μm。澳大利亚的正模中央本体直径33μm,尾凸长20μm,宽13μm,其他突起长13μm。

产地及层位:沾化;沙河街组三段上部。

美球藻属 *Kallosphaeridium* De Coninck,1969

济阳美球藻 *Kallosphaeridium jiyangense* Xu et al., 1997 ex He et al. herein

(图版101,图3)

囊孢贴近收缩式,本体轮廓近圆形—椭圆形,顶尾圆滑或顶部略凸,具许多短棒状突起。突起远极膨大—短分叉,基部加宽成树根状。常见邻近突起的根状物彼此连接组成不完整的网状结构,网脊线状—隔膜状,隔膜较低,或接近突起末端。每一网脊交会处发育一条或数条(最多达5条)突起。同一标本上突起的长度有规律地变化,通常顶部的最短,为1.5～3μm,甚至为颗粒状,往赤道方向逐渐变长,达5μm。壁一般较厚,厚1.5μm左右,但顶区特别薄,厚度小于1μm。突起之间的壁表面具细颗粒状雕纹。古口顶式,(tA)a型,副古口裂缝发育。

本体(36~47.5μm)×(34.5~41μm)。正模本体长42.5μm,宽39.5μm,最大突起长度4.5μm。

产地及层位:沾化;沙河街组。

口盖藻属 *Operculodinium* Wall,1967
小头口盖藻 *Operculodinium capituliferum* He,Zhu et Jin,1989
(图版101,图4)

中央本体轮廓圆形。具短棒状突起,其末端绝大多数为小球形或微二分叉,极少数不膨大也不变锐;突起长度较一致,分布均匀,中等密度,在轮廓线上可见20~28条。壁薄,突起之间的壁表面平滑或呈细粒状。古口明显,前腰式,P型(仅3″),其边缘角状—类似订书钉形,其轮廓近梯形。口盖完全分离,脱落或仍粘连在原位上。

中央本体直径30~31.5μm,突起长2.5~5μm。正模中央本体直径30μm,突起长2.5~5μm。

产地及层位:菏泽;沙河街组一段。

微小口盖藻 *Operculodinium minutum* He,1991
(图版101,图5)

囊孢微小,中央本体轮廓圆形—卵圆形。壁薄,表面平滑;具许多突起,在本体周围有20~30条,细棒状,等宽,直或微弯,其末端简单或少数的微膨大—微分叉;突起的长度为本体直径的1/4~1/3。古口轮廓马蹄形,前腰式,P型,由第3块前腰反映板片遗失而成。口盖脱落或掉进本体腔中。

中央本体直径17~22μm,突起长5μm左右。正模中央本体直径22μm,突起长约5μm。

产地及层位:垦利;沙河街组一段。

中原口盖藻 *Operculodinium zhongyuanense* He,Zhu et Jin,1989
(图版101,图6)

囊孢收缩式,中央本体轮廓近圆形,具大量的棒状突起,在轮廓上可见30~50条。突起直或弯,其长度较一致,末端具明显的短二分叉,分枝一般长1μm左右(正模上的突起分枝较短),很少简单不分叉。突起非板状。壁薄,单层,表面平滑或细粒状—近平滑。古口较明显,轮廓近梯形,前腰式,P型(仅3″)。口盖完全分离,或保存在原位。

中央本体直径19~30μm,突起长4~7.5μm。正模中央本体直径27μm,突起长4~6.5μm。

产地及层位:菏泽;沙河街组一段。

无脊球藻属 *Achomosphaera* Evitt,1963
微小无脊球藻 *Achomosphaera minuta* He,Zhu et Jin,1989
(图版101,图7)

囊孢小,贴近收缩式;中央本体腹背轮廓卵形,长大于宽,上下囊近等大或上囊略大,无顶角、尾角。具一些短突起,棒状,实心,直或弯,末端简单,不膨大也不变细;它们的基部彼此分离,无脊状构造。突起缝式,沿板间缝生长,其反映板式未确定。反映腰带窄,由突起沿反映腰带边缘分布所表示,宽 3μm 左右。反映纵沟不明。壁较薄,单层,具褶皱,突起之间的壁表面平滑。古口显著,轮廓马蹄形,前腰式,P 型,古口较大(高 10μm,宽 15μm),占据囊孢背面的大部分。口盖脱落。

囊孢长 31μm,宽 27.5μm。中央本体长 26.5μm,宽 23.5μm。突起长 2.5～3.5μm。

产地及层位:东明;沙河街组三段上部。

加固藻属 *Impagidinium* Stover et Evitt,1978

具刺加固藻(比较种) *Impagidinium* cf. *aculeatum* (Wall) Lentin et Williams,1981

(图版 101,图 8)

本体卵圆形,无顶、尾凸。壁较厚,由紧贴的 2 层组成,内层厚于外层,外壁表面平滑。反映缝脊较发育,尤其在反映板片的角部最发育,并形成明显的突起,角部之间的脊较低。角部突起多数刺形,但少数突起末端钝或微膨大,尤其在尾部反映缝脊(膜)形成 2 个基部相连的宽的平截形突起。反映板式以反映缝脊所指示,反映腰带和纵沟皆较清楚,古口前腰式,P 型,由第 3 块前腰反映板片脱离而成。口盖游离。

本体长 37.5～38.2μm,宽 34.7～35μm,角部刺长 4.2～7μm。

产地及层位:东营;上更新统。

刺甲藻属 *Spiniferites* Mantell,1850,emend. Sarjeant,1970

本托刺甲藻截管亚种 *Spiniferites bentorii* subsp. *truncatus* (Rossigonal) Lentin et Williams,1973

(图版 101,图 9)

囊孢收缩式,中央本体轮廓宽椭圆形,表面由窄而透明的反映缝脊分成若干反映板片,反映板式为刺甲藻模式种。反映缝脊会合处具中空而短的突起,突起由基部往远端变窄,末端呈截形,不分叉。古口前腰式。

囊孢 58μm×44μm,突起长 8μm。

产地及层位:东营;上更新统。

滨县刺甲藻 *Spiniferites binxianensis* Xu et al., 1997 ex He et al. herein

(图版 101,图 10)

囊孢收缩式,中央本体轮廓卵圆形—近圆形,大致呈梨形。具角位突起和反映缝位冠脊;突起中空或实心,较细长,具纵向条纹,条纹在突起基部呈翼状并过渡为反映缝位隔膜或脊;顶突起简单,基部宽翼状,向上渐尖,远极简单三分叉;隔膜一般较低,但有的与突起等高。发育很高的隔膜稳定地见于尾区,常见于反映纵沟两侧和上下壳的其他部分。成裙状包围尾反映板片的隔膜较完整,腹面缺乏,或由几个宽带状膜片组成,边缘齿状—刺状,或裂片状。隔膜和突起之间的壁表面近光滑。反映板式膝沟藻型,由反映缝位隔膜和脊所指示。反映横沟宽阔,宽为中央本体长的 1/4～1/3。古口发育良好,前腰式,宽马蹄形。

中央本体长 32～41μm,宽 28.5～45.5μm,最大突起长 14～17μm。正模中央本体长 33.7μm,宽 28.5μm,最大突起长 15.5μm。

产地及层位:滨州;沙河街组三段上部。

伸长刺甲藻 *Spiniferites elongatus* Reid,1974
(图版 101,图 11)

囊孢收缩式,中央本体轮廓伸长,为椭圆形。壁由薄弱的 2 层紧贴组成,外层表面平滑。基本的反映板式为 4′,6″,6c,6‴,1p,1⁗。反映板式由良好的反映缝位膜(脊)所指示,反映缝位膜平滑,在尾部发达。突起较长,角部式,中空,直,远极末端锚状三分叉。反映腰带和纵沟明显,前者左旋螺旋形。古口前腰式,P 型,马蹄形,由一块反映板片(3″)脱落而成。口盖游离。

中央本体长 46.9μm,宽 24.3μm。突起长 8.7～10.4μm。反映腰带宽 8μm。

产地及层位:东营;更新统。

冠藻属 *Coronifera* Cookson et Eisenack,1958 emend. Davey 1974,Mao et Norris,1989
微小冠藻 *Coronifera minuta* Xu et al., 1997 ex He et al. herein
(图版 101,图 12)

中央本体轮廓近圆形,稍横宽,壁厚约 1μm,表面近平滑。尾突起大而显著,长宽近等,具数条纵向条纹,向远极延伸成指状—刺状突起,末端二分叉或微膨大。其他突起较细,较多,实心或中空,长度小于中央本体的 1/4,远极微膨大—微分叉;部分突起基部可由脊或隔膜连接。突起分布欠均匀,非板状。古口前腰式,宽马蹄形,P 型。口盖分离。

中央本体长 24μm,宽 30μm。尾突起长 9μm,基部宽 8.5μm;其他突起长小于 4μm。

产地及层位:滨州;沙河街组三段上部。

卵形冠藻? *Coronifera? ovata* Jiabo,1978
(图版 102,图 1)

中央本体轮廓近菱形—近卵形,顶和腰区圆滑凸起。壁薄,两层紧贴,表面微颗粒状。具稀疏均匀分布的细长棒状突起,约 20 条,粗细较均匀,末端微分叉—分叉,长 6～7.5μm。在中央本体的一极(可能为顶部)具一圆锥形顶凸(长 5.5μm),为外壁的延伸,中空,基部宽 6.5μm,向上变锐,末端钝。在另一极(可能为尾部)有一对形状相同、大小相等的尾棘(长 5μm),也为外壁的延伸部分,两尾棘相距约 10μm,中空,末端变尖,基部宽约 2.5μm。在顶凸之下有一近方形的亮区,可能是古口。具核状物。

中央本体长 48.5μm,宽 47.5μm(不包括顶凸和尾棘)。

产地及层位:垦利;沙河街组三段上部。

相异藻属 *Discorsia* Duxbury 1977 emend. Khowaja - Ateequzzaman et al.,1985

扇形相异藻 *Discorsia flabelliformis* Xu et al.,1997 ex He et al. herein

(图版 102,图 2)

囊孢刺式,中央本体轮廓椭圆形。突起管状,大小不等,18～20 条,基部稍宽,大约从突起的 1/5～1/3 处开始向远极扩展,压扁后成扇形,边缘细齿状—小刺状。突起表面具许多纵向条纹,细而直,从远极一直延伸到中央本体表面;2 条突起间的条纹彼此连接,或者错开。壁薄,厚度小于 1μm,表面具条纹。突起的反映板式与属的模式种相同。古口顶式。口盖原位。

中央本体长 28.8～37μm,宽 24～31μm;最大突起长 10.8～16.5μm,宽 6.5～9.6μm。正模中央本体长 28.8μm,宽 24μm;最大突起长 12μm,宽 9.6μm。

产地及层位:滨州;沙河街组三段上部。

飞离藻属 *Dissiliodinium* Drugg,1978

细瘤飞离藻 *Dissiliodinium tuberculatum* Zhu,2004

(图版 101,图 13)

囊孢贴近式,球形,轮廓近圆形,无顶、尾角(凸)及反映腰带和纵沟。原壁厚 0.5～1μm,表面小瘤状或少数标本的表面颗粒夹小瘤状。瘤较稀,其形状和大小欠均一,一般圆锥形或隔板状,其顶部多数圆滑或截顶圆锥形,轮廓线上为短而宽的基部刺状或齿状;瘤较高或低,最高达 1μm,基部宽 1～2μm。反映板式仅以古口所指示。古口前腰式,5P 型,由 5 块前腰反映板片脱落而成,主古口缝平滑或轻微角状,显示一些浅的副古口缝。口盖游离或部分口盖片仍在古口边上黏着,可能第 6 块前腰反映板式和顶区仍与下囊连生在一起。

囊孢直径 45.1～48.6μm。正模直径约 48μm。

产地及层位:东营;上更新统。

炉球藻属 *Escharisphaeridia* Erkmen et Sarjeant,1980

扁平炉球藻 *Escharisphaeridia explanata* (Bujak in Bujak et al.,1980)

(图版 101,图 14)

壳体轮廓卵圆形,尾部略收缩。壁表面近光滑。顶古口,多边形,呈缺刻状。一般古口不在最宽处,宽 24～30μm。口盖一般脱落,少数黏着。

壳体长 35.5～57.7μm,宽 30～56.2μm。

产地及层位:滨州;沙河街组三段下部。

纤维囊藻属 *Fibrocysta* Stover et Evitt,1978

东营纤维囊藻 *Fibrocysta dongyingensis* Xu et al.,1997 ex He et al. herein

(图版 102,图 3)

中央本体轮廓亚圆形,顶凸较显著,顶端尖圆,尾端宽圆。两极各具 1 条较宽大的突起:顶突起板状,基部宽 6～7μm,长可达 7～9μm,远极呈镰形,边缘齿状,或二分枝后再二分叉;

尾突起渐尖,长 11~17.5μm,中空或实心,基部宽,远极二分叉或三分叉,或喇叭形。中央本体还具许多细突起,直立或弯曲,远极二分叉或三分叉。突起分布欠均匀,常见数条突起彼此挨近,基部连成线形—弧形的突起群,或融合成隔膜状,在反映腰带两侧较常见。原壁厚 1μm 左右,表面皱网状。反映板式仅由古口表示,有时腰区两侧突起连接成线状,显示反映腰带。古口前腰式,P 型,轮廓马蹄形。口盖游离。

中央本体长 44~57μm,宽 35.5~48.5μm,突起长(顶尾突起除外)8~17.5μm。正模中央本体长 54.7μm,宽 51.6μm,突起长 9.4μm,尾突起长 18μm,基部宽 7.8μm。

产地及层位:垦利;沙河街组三段上部。

粒网球藻属 *Granoreticella* Jiabo 1978 emend. Xu et al.,1997

粗糙粒网球藻 *Granoreticella aspera* Jiabo,1978

(图版 101,图 15)

壳体轮廓近圆形。壁厚 1~3μm,外层厚于内层或分层不显,表面粒网状。网眼多角形或圆多角形,直径 4~10μm,其内具密集的细颗粒。网脊宽 0.5~3μm,较低矮,具细颗粒。古口前腰式,口盖黏着或脱落,宽 16.6~34.3μm。具核状物。

壳体直径 36.5~55.4μm。正模直径 55μm。

产地及层位:沾化;东营组二段。

显著粒网球藻 *Granoreticella conspicua* Jiabo,1978

(图版 102,图 4)

壳体轮廓近圆形。壁厚 2.6~4μm,分为近等厚的 2 层或层次不清,具粒网状纹饰。网眼多边形,直径 3~10μm(一般 5~6μm),网眼内具颗粒。网脊高,突出于轮廓线外约 1.5μm,宽 1~1.5μm,由 1~2 行颗粒组成,颗粒粗或细。古口前腰式,轮廓多边形。口盖黏着或脱落。

壳体直径 46.2~47.5μm。正模直径 47.5μm。

产地及层位:沾化;东营组。

薄弱粒网球藻 *Granoreticella tenuis* Jiabo,1978

(图版 100,图 8)

壳体轮廓近圆形。壁 1 层,厚 0.5μm。表面清楚,粒网状。网眼较大,直径 5~11μm(一般 7~9μm),不规则的多角形,其内较平滑。网脊由一两行较粗粒棒所组成,宽 1~1.5μm,高凸于壳体的轮廓线之上。古口前腰式。口盖脱落。

壳体直径 49.6~55.4μm。正模 55.4μm×50.2μm。

产地及层位:沾化;东营组。

变异粒网球藻 *Granoreticella variabilis* Jiabo,1978

(图版 102,图 5)

壳体轮廓圆形。壁 2 层,近等厚,厚 1.5~2μm,或可达 3μm,表面粒网状。网眼一般多角形,直径 7~8μm(一般 4~5μm),少数近圆形,直径 2~3μm,网眼内一般无颗粒。网脊微凸,由一或两行明显或较细弱而均匀的颗粒所组成,宽1~1.5μm,壳体的轮廓线波状。古口前腰式,多边形,轮廓线呈"Z"字形。口盖一般原位。

壳体直径37~52.8μm;正模直径37μm。

产地及层位:沾化;东营组。

穴沟藻属 *Lacunodinium* He,1984

开裂穴沟藻 *Lacunodinium fissile* (Jiabo) He, Zhu et Jin, 1989

(图版102,图6)

囊孢轮廓圆或近圆形。无反映纵沟、横沟及顶尾角。壁厚1~1.5μm,2层;外层略厚于内层,表面具较密的小穴状纹饰;穴近圆形—椭圆形,直径0.8~1.5μm,穴基本上限于外层,一般很少穿透内层。轮廓线小凹凸状。古口较大,直径20~28μm,前腰式,P型,其轮廓似马蹄形,其侧视边缘不平直,也不为"Z"字形,经常表现为缺一脚的订书钉形。口盖完全分离,但仍保存于原位上。具棕黄色圆形核状物。

囊孢直径36~49μm。

产地及层位:沾化;东营组下部。

拟箱藻属 *Pyxidinopsis* Habib,1976

粗糙拟箱藻 *Pyxidinopsis asperata* (Jiabo)

(图版102,图7)

壳体侧压轮廓近圆形。壁较厚,1.5~2.6μm(一般2μm),分为近等厚的紧贴的2层或外壁厚于内壁。外壁表面网状,网眼较小,直径1~2μm,网眼内常有颗粒,以及网脊凸起明显,使表面显得很粗糙。轮廓线微波—波状,有的呈毛茸茸状。古口前腰式,P型,其轮廓呈马蹄形,或在壳体侧压时主古口缝为缺一脚的订书钉形。口盖脱落或黏着在原位。常具核状物。

壳体直径42.2~54.1μm;正模直径52.8μm。

产地及层位:沾化;东营组。

甲渤拟箱藻 *Pyxidinopsis jiaboi* (Fensome et al., 1990) Fensome et Williams,2004

(图版102,图8)

壳体侧压轮廓近圆形。壁厚1.5~2μm,少数较薄,近等厚的紧贴的2层,或内壁稍厚。外壁表面网状,网眼多角形或近圆形,直径2~5μm,个别达10μm,有的网眼内似具颗粒。网脊宽0.5~1.2μm,稍凸出轮廓线外。古口前腰式,P型,主古口缝为缺一脚的订书钉形。口盖原位保存。

壳体直径29.1~49.6μm;正模直径47.5μm。

产地及层位:垦利;东营组。

微粒拟箱藻 *Pyxidinopsis microgranulata*(Pan in Xu et al.,1997)

(图版102,图9)

壳体轮廓近圆形。壁厚约3μm,外层厚于内层。表面具密的细颗粒和(或)模糊的网。网眼可见时为多角形,直径4～6μm,网脊模糊,宽约1.2μm,低平,不连续,由细微颗粒相对较发育而显示出来,在壳的轮廓线上几乎不凸出。古口前腰式,P型。口盖脱落或原位保存。

壳体直径40～47μm;正模直径47μm。

产地及层位:沾化;东营组。

细网拟箱藻 *Pyxidinopsis microreticulata*（Jiabo）Pan in Xu et al.,1997

(图版102,图10)

壳体侧压轮廓近圆形。壁较薄,一般一层,厚0.3～1μm。表面细密网状,网眼直径一般1～1.5μm,少数达2μm;网脊微凸,轮廓线微波状。壁常具褶皱。古口前腰式,P型,主古口缝为缺一脚的订书钉形。口盖黏着或脱落。

壳体直径34.3～50.3μm;正模直径42.2μm。

产地及层位:垦利;东营组。

小型拟箱藻 *Pyxidinopsis minor* He,Zhu et Jin,1989

(图版100,图9)

壳体侧压轮廓近圆形,无顶尾凸和反映腰带。壁薄,单层,有褶皱,表面具颗粒-短皱状纹饰,多以短皱为主,纹饰明显或细弱。古口前腰式,P型,其轮廓似拱形。口盖完全分离,但仍保存在原位上。

壳体直径29～35μm;正模直径35μm。

产地及层位:菏泽;沙河街组。

自然拟箱藻 *Pyxidinopsis naturalis* Pan in Xu et al. 1997 ex He et al., herein

(图版100,图10)

壳体侧压轮廓近圆形,壁厚1.8～2μm。表面网状,网眼大,多角形,直径5～15μm,一般大于10μm;网脊细弱,宽1～1.5μm;网脊之间壁表面粗糙或微粒状。古口前腰式,P型,主古口缝为缺一脚的订书钉形。口盖原位。

壳体直径49.6μm;正模直径49.6μm。

产地及层位:沾化;东营组二段。

厚壁拟箱藻 *Pyxidinopsis pachyderma*（Jiabo）Pan in Xu et al.,1997

(图版100,图11)

壳体侧压轮廓近圆形。壁较厚,一般2.5～3μm,最厚达6μm,2层紧贴或层次不清楚,外层厚于内层,内层厚0.5～1μm。外层表面网状。网纹变化较大:或很细密;或网脊短而弯曲,有的其上具均匀而细弱的颗粒,网眼小而不规则(直径小于 2μm);或均匀排列似鱼鳞状,网眼近圆形(直径 2~3μm)。古口存在时前腰式,P 型,主古口缝为缺一脚的订书钉形。口盖原位。

壳体直径 37~52.8μm;正模直径 39.6μm。

产地及层位:垦利;东营组。

开口拟箱藻 *Pyxidinopsis pylomica* (Jiabo) He, Zhu et Jin, 1989
(图版 102,图 11)

壳体侧压轮廓近圆形,无顶尾凸和反映腰带。壁薄,单层,表面颗粒状,常有褶皱;颗粒细或粗,在有的标本上颗粒较高,呈短刺状。古口前腰式,P 型,在壳体边缘其轮廓为缺一脚的订书钉形。口盖已分离,其展开的轮廓为圆梯形,通常保存于原位上。具一个黄绿色圆形核状物。

壳体直径 30~49μm;正模直径 45μm。

产地及层位:沾化;东营组二段。

刺网拟箱藻(?) *Pyxidinopsis? spinoreticulata* (Jiabo) Pan in Xu et al., 1997
(图版 102,图 12)

壳体轮廓近圆形。壁厚 1~1.5μm,分层欠清晰。表面细网状;网眼多角形,很小,直径一般小于 1μm;网脊高,在轮廓线上呈短刺状或锯齿状;刺长 0.5~1μm,基宽 0.8~1μm,末端窄或尖。古口模糊,可能前腰式。

壳体直径 37~42.2μm;正模直径 42.2μm。

产地及层位:垦利;东营组。

多刺甲藻属 *Sentusidinium* Sarjeant et Stover, 1978
分叉多刺甲藻 *Sentusidinium bifidum* (Jiabo) He, Zhu et Jin, 1989
(图版 102,图 13)

囊孢贴近收缩式,本体轮廓近圆形。原壁薄,表面近平滑—微颗粒状,具稀或较密的短棒状突起,其末端一般分叉(个别分枝长 1μm)或微分叉(头状或钉头状),其长 1~4μm。古口存在时,顶式,(tA)型,其边缘呈明显的台阶状或"Z"字形。口盖原位保存或游离。具核状物。

本体直径 27~37μm;正模本体直径 33μm,棒长 3.5μm。

产地及层位:菏泽;沙河街组一段。

双饰多刺甲藻 *Sentusidinium biornatum* (Jiabo) He, Zhu et Jin, 1989
(图版 102,图 14)

囊孢贴近收缩式,本体轮廓近圆形。原壁薄,表面具两类非板位、短而稀疏的突起,一种为粒棒状—短刺状,其长小于 1μm;另一种为短棒状,一般长 2.5μm 左右,可达 4μm。古口存在时,顶式,(tA)型。口盖完全分离但通常原位保存着。

本体直径 26~39.5μm;正模本体直径 32.5μm。

产地及层位:菏泽;沙河街组一段上部。

双饰多刺甲藻双饰亚种 *Sentusidinium biornatum biornatum* Autonym
(图版 102,图 15)

本体轮廓圆形。壁薄,一层,表面微颗粒状和具稀疏的短突起。突起长短不一,一种为粗粒状—短刺状(小于 1μm),一般均匀分布于壳体表面;另一种为棒状,末端较钝,一般不膨大或微膨大,长 1.8~3μm(一般长 2.5μm 左右),少数可达 4μm。一般具顶古口,(tA)型。口盖完全分离但通常原位保存着。具核状物。

本体直径 26~39μm;正模本体直径 32.5μm。

产地及层位:菏泽;沙河街组一段上部。

锥刺多刺甲藻 *Sentusidinium conispinosum* Xu et al.,1997 ex He et al. herein
(图版 103,图 1)

囊孢贴近收缩式,本体轮廓近圆形。突起短而稀疏,长度小于本体直径的 1/10,大多为锥管状,刺腔发达,刺壁薄,末端尖或钝;有少数突起为短棒状,实心,远极短二分叉。壁厚约 2μm,表面颗粒状到毛刺状。古口顶式,(tA)型,开口宽大,有时标本变形,开口变窄。

本体直径 25.4~29.3μm,突起长 2.3~3μm;正模本体直径 29.3μm,突起长 2.5~3μm。

产地及层位:垦利;沙河街组一段中下部。

密刺多刺甲藻 *Sentusidinium densispinum* He,Zhu et Jin,1989
(图版 103,图 2)

囊孢贴近收缩式,本体轮廓圆形。具密集的短棒状突起,实心,直或弯,末端头状—微二分叉,在正模的轮廓上可见 50 条左右(在 10μm 长的轮廓线上的有 4~6 条),有的标本上突起多被折断。壁薄,单层,突起之间的壁表面平滑或呈细粒状。古口存在时可能为顶式,但轮廓不清楚。口盖保存在原位。

本体直径 17.5~33μm,突起长 2.5~6μm;正模本体直径 33μm,突起长 2.5~5.9μm(多数 2μm 左右)。

产地及层位:菏泽;沙河街组一段。

盘山多刺甲藻 *Sentusidinium panshanense* (Jiabo)Islam,1993
(图版 103,图 3)

本体轮廓近圆形。壁较薄,一层,表面微颗粒状。具较密的棒状突起,在模式标本的壳体周围可见 45 条,在个别标本上较稀。突起强直或弯曲,末端常分叉—微分叉,长 4~5μm。具核状物。

本体直径 23~27.5μm；正模本体直径 27.5μm，突起长 4μm。
产地及层位：荷泽；沙河街组一段。

拟网多刺甲藻 *Sentusidinium reticuloides* Xu et al.,1997 ex He et al. herein
（图版 103，图 4）

囊孢贴近收缩式。本体轮廓近圆形。突起锥形—柱形，长度一般小于本体直径的 1/10，实心，或者基部具很小的空腔，与囊孢内腔隔绝；远极微膨大—短分叉。突起基部常为树根状加宽，每一根状物上具 1 条突起，或者数条簇生在一起；有时邻近突起之间的树根状物延伸成脊状，彼此连接成不规则的拟网状结构。网眼内又具细网状—拟网状纹饰；细网眼多角形，直径 1~1.5μm，网脊连续或不连续。古口顶式，主古口缝锯齿状，副古口缝有时发育。口盖脱落。

本体（不包括口盖）(40.5~46.5)μm×(44~49.2)μm，最大突起长度 2~5.5μm；正模本体 40.5μm×44μm，刺长 4μm。
产地及层位：沾化；沙河街组三段上部。

莘县多刺甲藻 *Sentusidinium shenxianense* He,Zhu et Jin,1989
（图版 103，图 5）

囊孢较小，本体轮廓圆形，具较多短棒状突起，在轮廓线上见 20~35 条；突起直或弯，末端钝，有时有微膨大或微分叉的突起。壁薄，单层，突起之间的壁表面平滑。古口顶式，(tA) 型，其轮廓多边形。口盖完全分离，通常脱落，偶尔保存在原位。

本体直径 22.5~28μm，突起长 1.5~5μm（一般 2.5~3.5μm）；正模本体直径 25μm，突起长 2.5~4.5μm。
产地及层位：莘县；沙河街组一段。

空域藻科 Areoligeraceae Evitt,1963
空域藻属 *Areoligera* Lejeune-Carpentier,1938 emend. Williams et Downie 1966
长刺空域藻 *Areoligera longispinata* Xu et al.,1997 ex He et al. herein
（图版 103，图 6）

收缩式囊孢。中央本体透镜体状，背腹面轮廓卵圆形—近半圆形（顶区脱落）。壁厚约 1μm，表面网状，网孔近圆形，直径约 2μm，较均匀。具许多突起组合，由脊或隔膜连接突起基部组成。突起呈线状、柱状或条带状，远极简单分叉，扩展成扇形、镰刀形；远极大多自由，个别具横络。突起长度变化很大，最长可达中央本体宽度的一半，短者仅有中央本体宽度的 1/6 或更短。有些突起组合呈帆状，具不规则穿孔，边缘波状—裂片状、指状。长突起主要分布在周边带上，背腹中央突起短且稀少。突起和突起组合反映板式很模糊。反映纵沟凹明显，偏向一侧。古口顶式，(tA)型。口盖游离或粘连在囊孢上。

中央本体（不包括口盖）长 42.5~47μm，宽 44~54μm，最大突起长 15~20μm；正模中央本体长 47μm，宽 49.5μm，突起长 9~20μm。

产地及层位：垦利；沙河街组三段上部。

多刺空域藻 *Areoligera sentosa* Eaton, 1976
（图版 103，图 7）

囊孢刺式，中央本体轮廓近圆形，顶区脱落后近半圆形。壁厚度小于 1μm，表面呈拟网状。突起组合为许多帆状的膜，远极具许多曲线状的槽和刺，刺端微膨大或分叉。突起组合弓形—环形，主要分布于囊孢的周边带上，背部中央区少，腹部中央区基本缺乏。古口顶式，(tA)型。口盖游离。

中央本体（不包括口盖）长 44～48μm，宽 50～52μm，最大突起长 10～13μm。

产地及层位：垦利；沙河街组三段上部。

T 形空域藻 *Areoligera tauloma* Eaton, 1976
（图版 103，图 8）

囊孢刺式，中央本体轮廓亚圆形，口盖脱离后近半圆形，壁厚 1～1.5μm，表面颗粒状—皱网状。具许多帆状的膜，其远极具曲线状缺刻和许多刺，刺端具"T"字形分叉。突起远极一般自由，有时邻近突起的"丁"字形膜彼此连接，形成桥状横络。突起分布不均匀，多集中在囊孢的周边带，中央区缺乏，或只有少数孤立的细突起。古口发育良好，(tA)型。口盖分离。

中央本体长直径 44μm～52.8μm，短直径为 38μm～41.5μm，最大突起长 8.8～15μm。

产地及层位：垦利；沙河街组三段上部。

瓣膜藻属 *Chiropteridium* Gocht 1960
加利瓣膜藻 *Chiropteridium galea* (Maier) Sarjeant, 1983
（图版 103，图 9）

中央本体轮廓圆形—卵圆形，常因壳顶（口盖）脱落而近半圆形，尾边宽圆或偶尔微内凹，壁厚约 1μm，表面颗粒状—皱网状。突起呈孤立的细棒状、桨状或树枝状，远极略膨大呈复杂的分枝或不规则的缺刻，也可能是基部融合的帆状，边缘呈指状、裂片状，但未见大片的叶状。突起趋向于沿背腹边缘集中，较长，基部常由脊或冠脊连接成突起组合；在背、腹中央区较少，较短，大多孤立存在。古口顶式，(tA)型，其轮廓为"Z"字形，反映纵沟凹较明显，并偏向一侧。口盖完全脱落，或移动后粘在囊孢上。

中央本体（不包括口盖）长 47～50μm，宽 53～58.5μm，突起长 11.5～24μm。

产地及层位：垦利；沙河街组三段上部。

圆藻属 *Circulodinium* Alberti, 1961
细棒圆藻？ *Circulodinium? micibaculatum* (Jiabo)
（图版 103，图 10）

本体轮廓近五边形，边微凹凸。宽钝圆锥形顶凸较明显，尾部凹陷不明显，或微缺刻状。壁薄，一层，表面密布细棒状纹饰，棒直或弯曲，长 1.5～2.5μm，在壁上可互相搭连，呈拟网状—细凸蚀状。具核状物。未见反映腰带和古口。

本体长 46~48.5μm,宽 42.5~47μm;正模的本体长 48.5μm,宽 47μm。

产地及层位:垦利;沙河街组三段上部。

似菱球藻属 *Pararhombodella* Xu et al.,1997 emend. now.
　双形似菱球藻 *Pararhombodella biformoides* Xu et al.,1997 ex He et al. herein
（图版 103,图 11）

中央本体轮廓菱形—近圆形,侧边宽圆隆起,顶、尾部圆滑无角。壁 2 层,除突起基部,内外层贴紧,厚小于 1μm,表面颗粒状—点网状。同一标本上具粗细两类突起:粗突起直径一般 2~4μm,柱形—桨状,中空或实心,表面具纵向条纹,远极扩大成喇叭状、短分叉,或从其长度的 1/3~1/2 处开始复杂分叉;细突起的直径一般 1μm 左右,实心,远极简单分叉或微膨大。同一标本上突起长度基本一致,一般大于中央本体宽的 1/5。粗突起一般板内式,每块反映板片具一条或数条突起;细突起为板内式或非板式。反映板式难以确定。古口顶式,(tA)型。口盖分离。

中央本体(不包括口盖)长 32~39.5μm,宽 22~35μm,突起长 4.5~6μm;正模中央本体(不包括口盖)长 33.1μm,宽 38.5μm,最大突起长 8.5μm。

产地及层位:垦利;沙河街组一段。

　管突似菱球藻 *Pararhombodella tubiforma* (Jiabo)Xu et al.,1997
（图版 103,图 12）

囊孢贴近收缩式,中央本体轮廓近菱形,顶尾及两侧角部钝圆无角。突起大多为短管状—宽管状,少数锥管状;另外还有少量实心的分叉或不分叉的棒状突起,一般较短,长 2~4.5μm。宽突起表面具许多细条纹,一般延伸到中央本体上,以突起为中心呈放射状排列。突起一般板内式,每块反映板片具一条突起,有的反映板片可以缺失突起。大多数突起孤立,有时相邻突起彼此靠近或融合为帆状。壁较薄,一层,厚约 0.8μm,表面近平滑—微颗粒状或条纹状—皱网状;在赤道附近一般具 2 条褶。反映板式为膝沟藻科的:1-4′,6″,0-3c,4-6‴,0-1p,1⁗,由突起和古口所指示。古口顶式,(tA)型,主古口缝轮廓多角形,反映纵沟凹一般较浅,稍偏离中线。第 6 块前腰反映板片顶边高凸。口盖分离。

中央本体(不包括口盖)长 23.5~39.5μm,宽 26~37.5μm;宽突起长 3.5~6μm,基部宽 3.5~8.5μm,末端宽 4~12.5μm。正模中央本体长 31.5μm,宽 33.5μm;侧角部的突起基部宽 4.5~8.5μm,末端宽 7~12.5μm,长 5~6μm;顶尾角部的突起基部宽 4~7μm,末端宽 5.5~8.5μm,长 4.5~6μm。

产地及层位:垦利;沙河街组一段。

科未定
　繁棒藻属 *Cleistosphaeridium* Davey et al.,1966 emend. Eaton et al.,2001
　美丽繁棒藻 *Cleistosphaeridium elegans* He,Zhu et Jin,1989
（图版 103,图 13）

囊孢收缩式,中央本体轮廓为圆形或椭圆形。具整齐而密集的突起,在本体 10μm 长的轮廓线上有 6～8 条；突起细棒形，实心，直或弯，长度一致，粗细匀称，基部不变宽，其末端多数二分叉，分枝长度不一（长 1～2μm），彼此分离；少数突起的末端具较复杂的分叉，有时分枝的末端或者以其自身的延伸部分或细条形横络相联结。突起均匀分布，非板状。壁薄，单层，突起之间的壁表面平滑。顶古口可能存在，在有的标本上可以见到，但其轮廓不清楚。

囊孢直径 40～50μm，中央本体直径 27.5～36μm，突起长 5～7.5μm；正模直径 40μm，中央本体直径 27.5μm，突起长 7.5μm。

产地及层位：菏泽；沙河街组一段。

小繁棒藻 *Cleistosphaeridium minus* Jiabo,1978
（图版 103，图 14）

中央本体小，近球形。壁薄，1 层，表面近平滑—微颗粒状。具长而较直的棒状突起 20 条左右，其末端分叉—微分叉，或不分叉，不膨大，长 4～5.5μm。

中央本体直径 14.5～20μm；正模中央本体直径 20μm，突起长 5μm。

产地及层位：垦利；沙河街组一段。

整齐繁棒藻 *Cleistosphaeridium regulatum* Zhou,1985
（图版 103，图 15）

中央本体轮廓近圆形。壁薄，表面近平滑—微颗粒状。具直而较粗的棒状突起，长度一致（长 5～6μm，宽 1～1.4μm），排列整齐，末端分叉，在本体周围可见 50 余条突起。

中央本体直径 25～33μm；正模中央本体直径 25μm。

产地及层位：垦利；沙河街组一段。

拟网繁棒藻 *Cleistosphaeridium reticuloideum* Xu et al.,1997 ex He et al. herein
（图版 103，图 16）

囊孢收缩式，中央本体亚球形。突起的形状和大小基本一致，一般较细长，线状，实心，个别空心，弯曲或直立；远极二分叉或膨大为头状；基部一般扩展成锥形或球根状，可延伸成脊状物连接邻近突起形成不完整网，网眼形状和大小变化大。壁较薄，厚度 0.5μm 左右，网眼内近光滑。古口发育时为顶式，(tA)型。口盖分离。

中央本体直径(18～26.4)μm×(17.6～25)μm，突起长 3.5～6.9μm；正模的中央本体直径 24.6μm×27.7μm，突起长 5～6μm。

产地及层位：滨州、垦利、利津、广饶、沾化等县；沙河街组一段。

山东繁棒藻 *Cleistosphaeridium shandongense* He,Zhu et Jin,1989
（图版 103，图 17）

中央本体轮廓近圆形，具许多较长的棒状突起，在轮廓上可见 30～50 条。突起实心，直或弯，长短和粗细均较一致，其末端具短二分叉；有的标本上的突起末端分叉不完全，有的钝而不扩大，而有些却分叉明显，分枝长可达 2μm。壁薄，突起之间的壁表面具微粒状。古口存在时顶式,(tA)型。口盖脱落。

中央本体直径 16.5～24.5μm,突起长 5～10μm;正模中央本体直径 22.5μm,突起长 7.5～8μm。

产地及层位:菏泽、东明;沙河街组。

屋甲藻科 Goniodomaceae Fensome et al.,1993

瘤突藻属 *Tuberculodinium* Wall,1967 emend. Wall et Dale,1971

范氏瘤突藻 *Tuberculodinium vancampoae* (Rossignol) Wall,1967

(图版 103,图 18)

囊孢经常顶尾方向压扁,其轮廓圆形,扁圆形,由本体和被层组成,两者均较薄,表面平滑,其间被宽的空腔(被腔)分隔开。原壁上具许多短突起,支撑着被层;突起呈明显的瓶形、双球形或哑铃形,30～40 条,由两部分组成,即大的球形近极部分和小的球形远极部分,远极末端封闭,或大的突起远极张开与相邻的突起远极融合于被层中;突起板内式,在极面观的囊孢上排列成环形,这可能是前、后腰板片的反映,有时在顶尾区亦有小的突起。反映板式以板内突起和古口所表示,反映腰带区缺乏突起。古口尾式,由 3 块尾反映板片脱落而成。口盖复合,游离或部分粘连。

囊孢直径 42.3～145.7μm,本体直径 35.7～97.1μm。大突起长 4.5～24.3μm,最宽4～11μm;小突起长 4μm,宽 2.5μm。

产地及层位:东营;上更新统。

半囊藻属 *Homotryblium* Davey et Williams,1966

短管半囊藻 *Homotryblium abbreviatum* Eaton,1976

(图版 104,图 1)

中央本体轮廓圆形,壁表面颗粒状,具约 26 个板内式突起。突起短,管状,其长约为中央本体直径的 1/3,远极微膨大并张开,末端边缘锯齿状、钝刺状或锐刺状。反映板式为膝沟藻科的特征。古口上囊式。口盖脱落或原位。

中央本体直径 40～59μm,突起长 8～17.3μm,宽 6.9～8.7μm;英格兰的正模中央本体直径 48μm,突起长达 12μm,宽达 8μm。

产地及层位:滨州;沙河街组三段上部。

杯突半囊藻 *Homotryblium caliculum* Bujak in Bujak et al.,1980

(图版 104,图 2)

中央本体轮廓近圆形,易变形;壁薄,表面近平滑。突起 13～23 条,板内式,较短,长度为中央本体直径的 1/4～1/3,柄部管状,近远极处扩张成杯形,或者从靠近基部处开始扩张,漏斗形,远极开放,其边缘完整或呈钝刺状;偶尔有 1～2 条细突起,与杯形的突起等长。古口上壳式。口盖游离或黏着。

中央本体直径 33.6～41μm,突起长 11～15μm。

产地及层位：滨州；沙河街组三段上部。

花管半囊藻短辐亚种 *Homotryblium floripes breviradiatum* (Cookson et Eisenack) Lentin et Williams, 1977

（图版104，图3）

囊孢收缩式，中央本体亚球形，具许多板内突起。突起柱形，实心或空心，基部加宽成树根状，远极扩展，边缘锯齿状—小刺状；突起柄部具许多细条纹，向突起基部延伸到本体上，向突起远极延伸直达刺端。同一标本上突起的长度基本一致，约为中央本体直径的1/10，宽度变化较大，一般2～2.8μm，最大4.8μm，小的只有1μm左右。中央本体壁表面具条纹状—皱网状纹饰，条纹以突起为中心呈放射状排列，不同板片的条纹彼此连接或者错开。古口上壳式。口盖分离。

中央本体直径30～31μm。

产地及层位：垦利；沙河街组一段下部。

细刺半囊藻 *Homotryblium tenuispinosum* Davey et Williams in Davey et al., 1966

（图版104，图4）

中央本体轮廓圆形或卵圆形—椭圆形，脱囊后裂成略不等大的两部分。具许多较细长的突起，突起宽度不一，以较大的突起占多数（宽达7μm），中空，直伸，远极开放并扩大成喇叭形，末端边缘具数根小刺（长达5μm），有的远极可裂开或有纵向增厚的脊纹；较细的突起实心，直或弯，宽1.3～3μm，远极或短分叉或具2个长分枝，这类突起可能位于反映纵沟或腰带。有些标本的突起基部显示明显的环状结构。突起板内式，每块反映板片具1条突起。壁较薄，表面显著颗粒状，但突起表面平滑，有的标本壁表面微颗粒状—略粗糙。古口上壳式。口盖原位保存或脱落。

圆形中央本体的直径52～53μm，其他中央本体长41.9～80μm，一般长48～62μm，宽33.3～60μm，突起长13.5～28μm。

产地及层位：广饶；沙河街组三段上部。

管球藻属 *Hystrichosphaeridium* Deflandre, 1937, emend. Davey et Williams 1966

丽刺管球藻 *Hystrichosphaeridium calospinum* He, Zhu et Jin, 1989

（图版104，图5）

囊孢刺式，中央本体轮廓卵形—近圆形。约具23条较长的突起，由外壁形成，大致分两类：绝大多数为细管状，中空或近极中空而远极实心，除个别突起基部稍宽外，其宽度一般较均匀（宽约1.6μm），长度较一致；末端有的具长的2～3个分枝（分枝长4～10μm），分枝的末端还可具短二分叉；有的突起末端为短刺边状；突起极少呈棒状，见2根，其末端简单（不分叉）。突起较脆，易折断。突起板内式，每块板片具1条突起，突起的反映板式可能为4′, 6″, 6c, 5‴, 1p, 1″″；6条反映腰带突起较清楚；上壳具10条突起，比下壳多。壁薄，外壁表面为稀弱的短脊状。古口未见。

囊孢直径约 60μm,中央本体直径 32.5μm,突起长 17～20μm。

产地及层位:菏泽;沙河街组三段中部。

管形管球藻 *Hystrichosphaeridium tubiferum* (Ehrenberg) Deflandre,1937 emend. Davey et Williams,1966

(图版 104,图 6)

中央本体轮廓圆形,壁 2 层紧贴,外层表面光滑;约有 30 个板内式突起从外层伸出。突起细管状,中空,长不超过中央本体直径。突起远极膨大和开放,其边缘呈锯齿状或叶裂状。赤道处突起较短而纤细。古口模糊。

中央本体直径 36～38μm,突起长 15～19μm。

产地及层位:滨州;沙河街组三段上部。

科未定

杯球藻属 *Batiacasphaera* Drugg 1970

美丽杯球藻 *Batiacasphaera bellula* (Jiabo) Jan du Chêne et al.,1985

(图版 104,图 7)

壳体轮廓近圆形。壁较薄,表面近平滑—微颗粒状;具细而很短的中空的管状突起或瘤,稀疏或中等密度,非板式;突起末端较钝,闭合或开口,宽 1～1.5μm,长 1.5～2.5μm。有的标本尚有稀疏的小棒状突起,末端分叉或不分叉,长 1.5～2μm。古口顶式,(tA)型。口盖游离或原位保存。具核状物。

壳体直径 32～45μm;正模直径 45μm。

产地及层位:垦利;沙河街组一段。

坚固杯球藻 *Batiacasphaera consolida* (Pan in Xu et al.)

(图版 104,图 8)

壳体轮廓近圆形。壁坚实,厚 2.5～3.2μm,表面网状;网眼较大,直径 5～9μm,网脊宽 0.8～1μm。古口顶式,(tA)型。

壳体直径 37.9～42.3μm;正模直径 42.3μm。

产地及层位:沾化;东营组二段。

粒穴杯球藻 *Batiacasphaera granofoveolata* Pan in Xu et al.,1997 ex He et al. herein

(图版 104,图 9)

壳体轮廓近圆形,壁厚约 1.5μm,外层略厚于内层,彼此紧贴在一起。表面具颗粒和穴状纹饰;穴小,圆形至椭圆形,穴径 0.1～0.3μm,分布稀疏,穴之间的壁表面呈细密颗粒状,粗糙,在壳体轮廓线上显示细波浪形。古口顶式。口盖脱落。

壳体直径 42.3μm。

产地及层位:沾化;东营组。

河南杯球藻 *Batiacasphaera henanensis* He, Zhu et Jin, 1989
（图版 104，图 10）

壳体较小，轮廓近圆形，顶凸微显示，无尾凸及反映腰带。壁单层，较薄，表面具短皱夹有少许颗粒，轮廓线细齿状。反映板式仅以古口表示。古口较大，顶式，(tA)型，轮廓线呈"Z"字形，缺刻明显。口盖完全分离，但仍保存在原位上。

壳体直径 24～34μm；正模直径 34μm。

产地及层位：垦利，沙河街组一段下部；菏泽，沙河街组一段上部。

粗粒杯球藻 *Batiacasphaera macrogranulata* Morgan, 1975
（图版 104，图 11）

囊孢贴近式，卵球形—近球形，顶部微隆起。原壁厚约 1μm，表面密布均匀的颗粒状雕纹，雕纹的直径和高度均在 1.5μm 左右，颗粒圆或较尖，相邻颗粒可相连成短皱；常具刀形—镰形褶皱。无反映横沟和纵沟的任何标志，反映板式仅由古口表示。古口顶式，(tA)型。口盖片游离或黏着在囊孢上。副古口缝发育，指示 5～6 块前腰反映板片。

壳体长 45.6～60.2μm，宽 38.4～56.2μm；澳大利亚的正模长 60μm，宽 69μm。

产地及层位：沾化；沙河街组三段上部。

微乳头杯球藻 *Batiacasphaera micropapillata* Stover, 1977
（图版 103，图 19）

壳体中等大小，轮廓近圆形，无顶尾凸和反映腰带。壁较薄，厚约 0.7μm，单层或偶尔见 2 层，表面乳头状—颗粒状，在轮廓线上可见，个别标本的颗粒细弱，轮廓线近平滑；通常有刀状褶皱。反映板式仅以古口表示。古口顶式，(tA)型，其边缘具"V"形缺刻。口盖完全分离，其边缘具几个明显的尖锐的角，仍保存于原位上。

壳体直径 38.5～42.5μm。

产地及层位：沾化；东营组。

椭圆杯球藻 *Batiacasphaera oblongata* (Xu et al.)
（图版 104，图 12）

囊孢轮廓椭圆形，顶、尾微凸。原壁表面具蠕虫状—皱网状低雕纹，并有不规则的褶皱。古口清楚，顶式，(tA)型。口盖分离。

囊孢长 61.2～62.4μm，宽 38.4～45.6μm；正模长 62.4μm，宽 45.6μm。

产地及层位：沾化；沙河街组三段上部。

稀刺杯球藻 *Batiacasphaera oligacantha* He, Zhu et Jin, 1989
（图版 104，图 13）

壳体较小，轮廓近圆形，无顶尾凸和反映腰带。壁薄，单层或分层不清，表面具稀疏颗粒和散生的棒状突起；颗粒较粗，直径 0.8μm 左右；突起颇短，长 1.2～2.5μm，在轮廓线上可见 4 根；整个壁表面显得非常粗糙。反映板式仅以古口表示。古口顶式，(tA)型，其边缘强烈角状。口盖完全分离，仍保存在原位上。

突起总直径 35μm，壳体直径 33μm。

产地及层位：菏泽；沙河街组一段。

皱网杯球藻 *Batiacasphaera retirugosa*（Xu et al.）
（图版 105，图 1）

囊孢轮廓卵圆形—近圆形。原壁表面具细而均匀的皱网状纹饰，由颗粒拉长彼此相连而成；还具不规则的刀形或镰形褶皱。古口清楚，顶式，(tA)型。口盖游离。

囊孢长 55～60μm，宽 51～54.6μm；正模长 60μm，宽 54.6μm。

产地及层位：沾化；沙河街组三段上部。

瘤刺杯球藻 *Batiacasphaera verrucata*（Xu et al.）
（图版 103，图 20）

本体轮廓亚圆形，壁表面具稀疏疣状物。疣高度不超过 2μm，中空，顶端圆滑，壁薄，透明，疣破碎后留下穴状坑；坑圆形—椭圆形，很浅，轮廓线向内弯曲，穴坑直径可变化，1～2.5μm。壁厚实，厚约 2μm，疣之间壁表面颗粒状—"穴网状"。古口可辨认，轮廓多角形，可能为顶式，(tA)型。

本体直径 18.5～26.2μm；正模本体直径 25.4μm。

产地及层位：垦利；沙河街组一段中下部。

滨州藻属 *Binzhoudinium* Xu et al.，1997

膜刺滨州藻 *Binzhoudinium membranospinosum* Xu et al.，1997 ex He et al. herein
（图版 105，图 2）

中央本体轮廓椭圆形—近圆形，一般长稍大于宽。突起主要是角位的，每角具 1 条突起，角间位少，甚至缺乏。大多数突起呈细长棒状，远极自由，分叉，基部由膜或脊相连，少数突起由隔膜联结成带状或扇状膜片，边缘较完整。突起大多集中在两极区，赤道区开阔，反映纵沟的冠脊常跨越赤道连接上下囊，上囊突起的基部常沿反映缝延伸出长短不等的冠脊，形成若干区域，但整个反映板式的辨认困难。古口很可能顶式，较难观察。

中央本体长 31.5～45μm，宽 30.9～40.5μm，最大突起长 8～14.6μm；正模中央本体长 45μm，宽 40.5μm，突起长 8～12μm。

产地及层位：滨州；沙河街组三段上部。

多刺滨州藻 *Binzhoudinium multispinosum* Xu et al.，1997 ex He et al. herein
（图版 105，图 3）

中央本体轮廓椭圆形—近圆形。突起数目多，每个反映板片交会点（角位）上具 1 条较大的突起或者由数条突起组成的突起群,角间位突起也比较多。突起的远极微膨大或微分叉,自由或连结成隔膜,边缘齿状或深裂。突起在两极较集中,赤道区较少,但反映纵沟两侧的冠脊贯通上下囊。反映板式相当模糊,可能与模式种相同。古口很可能为顶式,口盖连生在囊孢上。

中央本体长 38.4~48μm,宽 35.5~40μm,最大突起长 8.4~13μm;正模中央本体长 41.5μm,宽 36μm,突起长 9μm。

产地及层位:滨州;沙河街组三段上部。

蜂巢藻属 *Ceriocysta* Xu et al.,1997

枕状蜂巢藻 *Ceriocysta cervicalis* Xu et al.,1997 ex He et al. herein

(图版 105,图 4)

中央本体长椭球形,两端宽圆。前腰区沿长轴方向变长,反映缝位隔膜发育完好,个别标本在赤道附近有退化现象;顶孔反映板片不明显;尾反映板片宽大。古口发育尚好,似乎为前腰式。

囊孢总长 46.5~65.1μm,宽 41~57μm;中央本体长 32.2~50.8μm,宽 24~38.1μm。正模总长 65.1μm,宽 57.1μm;中央本体长 50.8μm,宽 38.1μm。

产地及层位:沾化;沙河街组三段上部。

厚重蜂巢藻 *Ceriocysta crassa* Xu et al.,1997

(图版 105,图 5)

收缩式或贴近收缩式囊孢。原壁构成近球形的中央本体,具高耸的反映缝位隔膜,在中央本体上形成若干蜂巢状区域;被层仅残留于隔膜的远极边缘或顶突起末端。隔膜薄而透明,表面光滑,无穿孔等构造,与原壁接触处加厚成宽约 1.5μm 的脊;隔膜与隔膜交会处加厚成支柱,当隔膜破损时,成为孤立的突起。被层宽 2~8μm,透明,边缘波状—尖刺状。反映板式可能为:1-2pr,4′,3a,7(5)″,0-2c,5‴,2⁗,1-3s。这些板片的确定比较困难。在上囊顶端有一个小漏斗状顶突,代表顶孔反映板片,它在中央本体上收缩成一个较小的区域,往上渐扩大,远极末端为梯形—圆多角形区域,并被完整的被层覆盖,或者洞开。在腹面顶突之下有一近菱形的第 1 块顶反映板片直伸达反映纵沟顶端。顶反映板片 2′ 和 4′ 分别位于 1′ 上方的左右两侧,明显比 1′ 短,圆六边形。前腰反映板片 1″、2″ 和 6″、7″ 分别位于 2′ 和 4′ 的下方,多角形。其他 3 块前腰反映板片 3″、4″ 和 5″ 大小近等,其中 4″ 为近四边形,顶边平直,底边与下囊的背中的后腰反映板片 3‴ 接触。有时这 3 块反映板片之间的隔膜退化,或仅残留为脊状,此时前腰区似由 5 块板片组成。上囊背部,前腰反映板片之上至顶之间为一开阔区域,没有隔膜,当古口发育时,可见 1~3 块前间反映板片翘起的膜片,其中第 2 块(2a)的顶底边近平行,显示横梁式结构。在这个开阔区内,顶突的下方,可见一个舌状膜片,代表第 3 块顶反映板片 3′,在它的底边一端或两端各发育 1 条细棒状突起。在下囊,5 块后腰反映板片排列成环状,其中背中的反映板片 3‴ 稍大些,呈五边形;宽大的尾区分成左右对称的 2 块尾反映板片 1⁗ 和 2⁗。反映纵沟贯穿上下囊,由 1~3 块反映板片组成,直线形,或略显"S"形。横沟反映板片经常缺失,前后腰反映板片之间仅由一层隔膜分开。但在少数标本上,反映纵沟左右两侧或一侧有1~2块较小的横沟反映板片;或前后腰反映板片之间的隔膜上方出现个别棒状突起,其长度等于膜高,可能是反映横沟边界的标志。古口前间式,3Ia型。口盖片彼此分离,其顶边翘起或折向囊孢内,其后边连生在囊孢上。

囊孢直径39.5~52.5μm,中央本体直径21~30.5μm;正模直径44.7μm,中央本体直径30.8μm。

产地及层位:沾化;沙河街组三段上部。

中间型蜂巢藻 *Ceriocysta intermedia* Xu et al., 1997 ex He et al. herein
(图版105,图6)

中央本体椭球形。反映顶孔的顶突起显著,漏斗形,一般较宽。在朝向赤道区的部分或全部前腰反映板片之间的隔膜退化或缺乏,赤道区裸露。但包围顶和前间反映板片的隔膜基部仍残留部分隔膜或脊,向赤道方向延伸形成若干个区域,指示前腰反映板片的数目。其他反映板片的隔膜仍发育良好,特别是在下囊和反映纵沟周围。古口很可能顶式。

囊孢长49.8~52.4μm,宽42~52.5μm;中央本体长34~41μm,宽31.5~37.5μm。正模长52.4μm,宽52.2μm,中央本体长41μm,宽36.3μm。

产地及层位:沾化;沙河街组三段上部。

斗蓬藻属 *Chlamydophorella* Cookson et Eisenack, 1958
规则斗蓬藻 *Chlamydophorella regularis* (Xu et al.)
(图版105,图7)

囊孢贴近收缩式,全腔式,轮廓亚圆形。原壁坚实,厚约1.5μm;原壁和被层之间由排列紧密的细而均匀的柱状成分连接,光切面上显梳状结构;柱状体末端扩展,其间可由脊状物连结,在被层内面形成不规则的细网状结构;被层薄而透明,连续或不连续,与柱状体接触处微凹,轮廓线波状。反映板式仅由古口表示。古口顶式,(tA)型。口盖分离。

囊孢直径35~49.2μm,中央本体(原囊)直径29~32.3μm;正模囊孢直径38μm,中央本体(原囊)直径32μm。

产地及层位:垦利;沙河街组一段。

丁沟藻属 *Dingodinium* Cookson et Eisenack, 1958
大型丁沟藻 *Dingodinium magnum* Jiabo, 1978
(图版105,图8)

壳体轮廓近椭圆形或圆五边形。壁厚实,两层,外壁表面弱颗粒—近平滑。上壳宽圆锥形,顶凸矮而宽。下壳圆梯形,无尾角。反映横沟不明显,或缺乏。内体轮廓近圆形,除其前部外,与外壁紧贴。古口不明。

壳体长67.9μm,宽60.7μm;内体长53.4μm,宽55.8μm。

产地及层位:滨州;沙河街组四段中部。

富刺藻属 *Impletosphaeridium* Morgenroth,1966 emend. Islam,1993

克罗梅富刺藻 *Impletosphaeridium kroemmelbeinii* Morgenroth,1966

(图版 105,图 9)

中央本体轮廓近圆形,壁厚约 1μm,表面细颗粒状。突起大致分为两类:一类较纤细,远极点状—分叉状;另一类膜状,形如刀片,宽窄可变,远极具 1～3 次分叉。突起分布似不均匀,有的基部连接成线状的小突起组合。

中央本体直径 43.2～54μm,最大突起长 9.5～20μm。

产地及层位:垦利;沙河街组三段上部。

膜突藻属 *Membranilarnacia* Eisenack,1963 emend. Williams et Downie in Davey et al.,1966

漏斗膜突藻 *Membranilarnacia choneta* Xu et al.,1997 ex He et al. herein

(图版 105,图 10)

内壁形成内囊,轮廓圆形—椭圆形、亚四方形;壁较坚实,厚 1μm 左右,表面光滑。外壁(膜)构成外囊,轮廓圆形—椭圆形;壁薄弱,表面细皱状,局部穿孔,轮廓线连续,微波状。内外壁之间由彼此远离的少量柱形物或隔膜支撑。柱状支撑物中空或实心,远极简单或近极处(大约管长的 1/4)开始扩展形成漏斗形,并逐步过渡为外壁。膜状支撑物常出现于囊孢的赤道附近,很薄弱。古口发育较好,宽大而显著,顶式、(tA)型。口盖游离。

囊孢长直径 48～69μm,短直径 33～65.7μm;内囊长直径 36～41.5μm,短直径 22.6～36.2μm。正模直径 64.8μm,内囊直径 36μm×28.8μm。

产地及层位:滨州;沙河街组三段上部。

纤维膜突藻 *Membranilarnacia fibrosa* Jiabo,1978

(图版 105,图 11)

囊孢轮廓近圆形,近卵形—椭圆形。内囊(壁)薄,表面平滑,常褶皱。内囊被一层透明均匀的薄膜(外壁)所包裹,薄膜宽 5～12.5μm,其边缘细波状—细齿状。膜薄而纤弱,常褶皱或边缘缺损,表面平滑或微弱粒状—细皱状,其上显绳索状、纤维束状或假突起状结构,未见刺状、棒状、管状之类的突起,膜平压后显放射状的膜络。一般具多边形顶古口。有核状物。

囊孢总直径(50～62.5)μm×(45～57.5)μm,内囊直径(40～47.5)μm×(30～40)μm;正模总直径约 62.5μm,内囊直径 40μm,膜宽达 12.5μm。

产地及层位:东明;河街组三段。

薄壁膜突藻 *Membranilarnacia leptoderma* (Cookson et Eisenack) Eisenack,1963

(图版 105,图 12)

内囊轮廓亚圆形,大致被同心的外壁膜所包围,内外层膜壁之间由少量彼此远离的细棒支撑着。棒长而直,宽约 1.5μm,远极扩展为膜。内壁稍厚于外壁,厚 1μm,表面近光滑;外膜壁薄弱,常破碎,厚度小于 0.5μm,表面弱皱状,常具不规则褶皱。古口类型不明,可能顶式。

囊孢直径 52～58.6μm,内囊直径 25.5～32.5μm。

产地及层位:滨州;沙河街组三段上部。

稀管膜突藻 *Membranilarnacia paucitubata* He,Zhu et Jin,1989

(图版 105,图 13)

囊孢腔式,轮廓圆盘形。内囊轮廓圆形,壁薄于 1μm,被薄膜状的外壁包裹。同一标本上的膜等宽,其边缘规则完整或有不同程度的破损或被揉皱,表面为弱点皱状或粗糙。膜由内体上的几条突起所支撑;突起呈喇叭形或管形,中空,等长,末端张开,在正模上至少有 3 条,其他标本上有 6～8 条;突起的大小不一,大者较多(中部宽 5.5～10μm,末端宽 10～19μm),小者少见(中部宽 3μm,末端宽 7.5μm)。古口似为顶式,但轮廓模糊。具棕色核状物。

囊孢直径 55～60μm,内囊直径 42.5～45μm,突起长 7.5～10μm,膜宽 7～12μm;正模直径 55μm,内囊直径 42.5μm,膜宽 7.5μm,突起长 7.5μm。

产地及层位:东明;沙河街组三段上部。

疏管藻属 *Paucibucina* Jiabo 1978 emend. Mao et al.,1995

东营疏管藻 *Paucibucina dongyingensis* Jiabo,1978

(图版 105,图 14)

囊孢贴近收缩式,中央本体轮廓近圆形。壁薄,表面微颗粒状。具 2 种突起:一种为喇叭状,中空,末端开放和边缘不平,管壁微粒状,长 7～7.5μm,宽 2～2.8μm,末端宽 5～7.5μm,可见 4～5 条,可能为腰部突起;另一种为棒状,分布于反映纵沟区,见 2 条,末端分叉,一条长 3.8μm,另一条长 6.2μm。古口存在时为上囊式,可能为(tA6P)型。口盖脱落。

中央本体直径 25μm。

产地及层位:垦利;沙河街组一段下部。

简单疏管藻 *Paucibucina simplex* Jiabo,1978

(图版 106,图 1)

囊孢贴近收缩式,极面观中央本体轮廓近圆形。壁较薄,表面微颗粒状。具 4 条宽而中空的管状突起,约均匀排列于中央本体赤道,长 4～5.8μm,宽 2～2.5μm,向末端扩大为 2.5～5μm。具核状物。

中央本体直径 24.5～26μm;正模中央本体直径 25μm,突起长 5.8μm,宽 2.5μm,末端宽 5μm。

产地及层位:菏泽;沙河街组一段。

小盾藻属 *Peltiphoridium* Xu et al.,1997

缩短小盾藻 *Peltiphoridium abbreviatum* Xu et al.,1997 ex He et al. herein

(图版 106,图 2)

囊孢微小,贴近收缩式。中央本体轮廓椭圆形—哑铃形,壁厚 1μm 左右,表面近光滑。

突起较短,17~18条,细管状或柱状,实心或中空,壁厚,基部宽,光切面近环形;远极末端薄膜平台状,平台宽度经常大于突起柄直径的2倍,边缘波状—小齿状。古口存在时为顶式,(tA)型。口盖脱落或粘连。

中央本体长20.5~30μm,宽16~21.5μm,突起长3~5μm;正模中央本体长24.5μm,宽16.5μm,突起长3.5~5μm。

产地及层位:沾化;沙河街组三段上部。

辽宁小盾藻 *Peltiphoridium liaoningense* (Jiabo) Xu et al.,1997

(图版106,图3)

囊孢收缩式,中央本体轮廓卵圆形—椭圆形,两侧边微凸或近平直。壁单层,较坚固,中等厚度或薄,表面细颗粒皱状或粗糙。突起长棒状或细管状,实心或中空,柄部较细长,等宽或基部稍宽;远极末端具膜状平台或膨大为"莲蓬"状,其边缘可具小刺。突起一般分布于本体两端,可见10~15条,板内式,每块反映板片具一条突起。在反映横沟缺乏突起。

中央本体长25~32.5μm,宽17.5~25μm;最大突起长9.5~15μm。正模的中央本体长27.5μm,宽22.5μm;突起长15μm,宽约1.5μm。

产地及层位:沾化;沙河街组三段上部。

椭圆小盾藻 *Peltiphoridium oblongatum* (Jiabo) Xu et al.,1997

(图版106,图4)

较小的收缩式囊孢,中央本体轮廓椭圆形—长椭圆形,有时哑铃形。壁1层,表面平滑—细颗粒状,可褶皱。突起16~18条,分布于中央本体两端,一般较细长,直或稍弯,坚实,柄部等粗,远极末端膨大成"莲蓬"状或漏斗形或平台状,完整无穿孔,其边缘具指状刺;同一标本上的突起长度较一致,一般位于顶的较细,实心;前后腰及尾区的突起较宽,有时为中空管状。从正模的图片看,这类囊孢的突起可能是板内式,每块反映板片具1条突起,突起远极具膜状平台,少数突起远极简单,可能是平台状膜缺损的结果。

中央本体长22~30.5μm,宽12.5~19.6μm;突起长5~14μm,宽1~2.5μm。正模的中央本体长30μm,宽13μm;突起长12.5μm,宽1.5~2.5μm。

产地及层位:沾化;沙河街组三段上部。

泡囊藻属 *Physalocysta* Xu et al., 1997

椭圆泡囊藻 *Physalocysta oblongata* Xu et al.,1997 ex He et al. herein

(图版106,图5)

囊孢和中央本体轮廓均显椭圆形,侧边近平直或凹。反映横沟特别宽,约为中央本体长的1/2,由4~6块纵向伸长的反映板片组成;前、后腰反映板片完全或部分退化,均为2~6块;顶反映板片难确定;尾反映板片较小,多角圆形;反映纵沟清楚,由2~3块反映板片组成,直线形。古口不易观察。

囊孢长38~45.6μm,宽30.3~42.5μm;中央本体长27~38μm,宽19~28μm;赤道区最大膜高7.2~9.5μm。正模总长45.6μm,宽38.4μm;中央本体长36μm,宽25μm;赤道区最

大膜高 8.5μm。

产地及层位:沾化;沙河街组三段上部。

方形泡囊藻 *Physalocysta quadrata* Xu et al., 1997 ex He et al. herein
(图版 106,图 6)

囊孢和中央本体轮廓亚四方形。前、后腰反映板片全部退化或仅残存个别反映板片,但包围顶和尾区的反映缝位隔膜发育较好,边缘较完整。反映横沟宽,由 4~5 块反映板片组成,反映缝位隔膜一般较低,或赤道中部退化成脊状,向两极升高并与两极的反映缝位隔膜连接。顶突起发育或不发育,柱形,末端喇叭形。顶反映板片数目不能确定。尾反映板片 1 块,较宽大。反映纵沟存在时由 1~4 块反映板片组成,但在大多数标本上已退化。古口不清。

囊孢长 29~41μm,宽 29~46.8μm;中央本体长 23.4~35μm,宽 20~26.5μm;赤道区最大膜高 1.5~4μm。正模长 29μm,宽 29μm;中央本体长 23.4μm,宽 20.5μm;赤道区膜高 2μm。

产地及层位:滨州;沙河街组三段上部。

近圆泡囊藻 *Physalocysta rotunda* Xu et al., 1997
(图版 106,图 7)

囊孢和中央本体轮廓均为椭圆形—近圆形。反映缝位隔膜在中央本体上形成许多箱状结构,一般每个箱状单元代表一个反映板片或一组板片。反映横沟宽,其宽度可达中央本体长的 1/2~2/3,一般由 4~6 个反映板片组成,反映缝位隔膜强烈凸,外缘圆弧形。前后腰反映板片常不完整,2~6 块不等,大多为多角圆形,一般很小,且大小不均;由于标本常为赤道面观,顶反映板片的判别很困难,顶区常有 1~4 条突起,其长近等于附近的反映缝位隔膜高,一般位于顶端的一条稍宽,柱形,末端平截,其余的较细,末端简单;尾反映板片多边圆形,较大,占据整个尾区。反映纵沟贯穿上下囊,较窄长,常由 2~4 块反映板片组成,排成直线形,单个反映板片椭圆形—近圆形。古口的确定较困难,以顶区缺乏反映缝位隔膜并破裂为标志,但类型难确定。

囊孢总长 29.8~41μm,宽 32.5~39.6μm;中央本体长 21.6~36μm,宽 21.6~26.5μm;赤道区最大膜高 7~9.5μm。正模长 33.7μm,宽 39.6μm;中央本体长 26.4μm,宽 22μm;赤道区最大膜高 9μm。

产地及层位:滨州;沙河街组三段上部。

简单泡囊藻 *Physalocysta simplex* Xu et al., 1997 ex He et al. herein
(图版 106,图 8)

囊孢和中央本体轮廓均为亚圆形。反映板式简单:前、后腰和纵沟区反映板片几乎全部退化;反映横沟宽大,由 4~5 块反映板片组成;在顶区具 1~2 条突起,顶突起较宽,柱形,顶端平截或漏斗状;尾反映板片 1 块,较宽大。古口不明。

囊孢长 32.4~40μm,宽 30~37μm;中央本体长 23~33.5μm,宽 18~27μm;赤道区隔膜高 7.5~9.7μm。正模长 36μm,宽 36μm;中央本体长 27μm,宽 27μm;赤道区隔膜高 7.5μm。

产地及层位:滨州;沙河街组三段上部。

分离刺藻属 *Sepispinula* Islam,1993

胡氏分离刺藻 *Sepispinula huguoniotii* (Valensi) Islam,1993

(图版106,图9)

中央本体轮廓近圆形—椭圆形。壁薄,表面近平滑—微颗粒状,具许多细突起。突起棒状,较弯,粗细较均匀,近等长,但不同标本上的突起长度可变,末端微分叉—分叉,或微膨大(一般呈小钉头形)。古口存在时顶式。

中央本体直径 20~30μm,突起长 3~4.5μm,宽度常小于 1μm。

产地及层位:垦利;沙河街组一段下部。

山东藻属 *Shandongidium* Xu et al.,1997

棒饰山东藻 *Shandongidium baculatum* Xu et al.,1997 ex He et al. herein

(图版106,图10)

囊孢中央本体椭球形—哑铃形。表面除隔膜外,还有许多细刺;刺远极膨大—分叉,近极有脊或隔膜连接;有些隔膜边缘花边状。在上囊反映缝位脊和隔膜指示的反映板式与属的模式种完全一致;下囊也有隔膜和脊形成的多边形区域,但反映板式的确定较困难。反映横沟内完全缺乏突起,但反映纵沟的隔膜或脊穿过赤道区,纵贯上下囊。古口很可能顶式。

中央本体长 38.1~41μm,宽 32.4~36.5μm,突起长 4~7μm;正模中央本体长 39.6μm,宽36μm,突起长 5μm。

产地及层位:沾化;沙河街组三段上部。

美丽山东藻 *Shandongidium bellulum* Xu et al.,1997 ex He et al. herein

(图版106,图11)

中央本体椭球形—哑铃形,赤道区轻微或强烈收缩,两极宽圆。反映缝位隔膜特别发达,边缘复杂化,裂片状—花边状;冠脊上还有少数细突起,远极短分叉。反映板式的确定很困难,在上囊,由近顶的隔膜基部向赤道延伸的隔膜或脊形成一些港湾状区域,暗示前腰反映板片的轮廓,但它们常被赤道区的纵向条纹复杂化,因此反映板片数目难以确定;另外,由于隔膜的掩盖,顶反映板片的识别也很困难。下囊的隔膜形成许多网格状区域,不显反映板式。壁中等厚度,表面条纹状—皱纹状。古口很可能顶式(原文为3Ia型,以近顶处3块翘起的口盖片为标志)。

中央本体长 36.6~46.5μm,宽 26~40.4μm,突起长 3~7.3μm;正模中央本体长 45μm,宽40.5μm,突起长 6.2μm。

产地及层位:沾化;沙河街组三段上部。

椭圆山东藻 *Shandongidium ellipticum* Xu et al.,1997

(图版106,图12)

囊孢贴近收缩式,中央本体轮廓椭圆形,侧边近平直或稍内凹,被无纹饰的赤道区分成近等大的上下两部分。壁表面的附属物以反映缝位隔膜为主,连续或局部中断,边缘齿状、裂片状—笔架状,裂片边缘和笔架的顶端再分化成复杂的花边状结构。有少数棒形突起,孤立或基部由反映缝脊连接。附属物一般较低,高 3μm 左右,但反映纵沟周围的一般稍高些,高 4~6μm。反映板式由反映缝位隔膜、脊和古口表示。上囊反映板式为 $4',3a,7''$。这些反映板片的确定相当困难。反映横沟区完全缺乏突起,有时一侧或两侧以低脊为界。在下囊有时隔膜或突起排列成行,但反映板式不明确。古口前间式,3Ia 型。口盖由副古口缝分成彼此分离的 3 块,其后边连生在囊孢上。

中央本体长 37.2~52.3μm,宽 29~39.2μm,突起高 3~6μm;正模中央本体长 48.4μm,宽 39.2μm,突起高 3.8μm。

产地及层位:沾化;沙河街组三段上部。

蠕状山东藻 *Shandongidium helmithoideum* Xu et al.,1997 ex He et al. herein
(图版 106,图 13)

中央本体椭球形—哑铃形。具许多蠕虫状弯曲的脊,其上具一些隔膜或短棒,高小于 4μm。脊之间的壁表面穴网状,网眼近圆形,大小较均匀。反映板式由隔膜和脊模糊指示。古口顶式,(tA)型。

中央本体长 39.5~55.5μm,宽 30.8~44μm;正模中央本体长 55.2μm,宽 44μm。

产地及层位:沾化;沙河街组三段上部。

皱网山东藻 *Shandongidium retirugosum* Xu et al.,1997 ex He et al. herein
(图版 106,图 14)

中央本体椭球形—哑铃形,壁较厚,厚 2μm 左右,表面皱网状。突起以较低的反映缝位隔膜为主,其边缘复杂分化,花边状—指状;也有少数棒状的。上囊反映板式较明确;下囊隔膜似沿反映缝发育,但反映板式难确定。古口顶式,(tA)型。

中央本体长 52.8~55μm,宽 41.6~43.2μm,膜高 3~5.2μm;正模中央本体长 55μm,宽 41.6μm,膜高 5.2μm。

产地及层位:沾化;沙河街组三段上部。

变异山东藻 *Shandongidium variabile* Xu et al.,1997 ex He et al. herein
(图版 106,图 15)

中央本体轮廓卵圆形,壁厚约 2μm,具许多低装饰,高度小于中央本体宽的 1/10,以隔膜为主,边缘笔架状、花边状。装饰非板式,常组成网格状结构;网眼多角形,大小欠均匀;但在上囊或沿反映缝分布。赤道区一般缺乏装饰,宽为中央本体长的 1/5~1/4。反映板式仅见于上囊。反映纵沟有时较清楚,以低脊或隔膜为界。古口很可能顶式。

中央本体长 40.4~43.5μm,宽 36~37μm,隔膜高 1~4μm;正模中央本体长 43.5μm,宽 37μm,膜高 1~3.5μm。

产地及层位:沾化;沙河街组三段上部。

宋氏藻属 *Songiella* Sun,1994

低矮宋氏藻 *Songiella brachypoda* Xu et al.,1997 ex He et al. herein

(图版 106,图 16)

中央本体较小,轮廓近圆形。反映缝位隔膜低矮,高 3.2～5.8μm,主要发育于顶尾区界线周围;赤道区开阔,宽为本体长的 1/3～1/2;前后腰反映板片之间的隔膜大多退化,其间的界限由两极的隔膜基部向赤道延伸的隔膜或脊表示;反映顶孔的隔膜形成近柱状顶突起,低矮,顶端平截,洞开或覆以膜,边缘伸展,形状不规则。反映纵沟的隔膜发育、部分退化或全部退化;个别标本上第 3 块顶反映板片后边两端的细棒状突起与顶突起等长,顶端短分叉。壁厚实,表面穴状。穴坑直径 1μm 左右,分布稀疏,不均匀。古口发育时顶式。

中央本体长 33～42μm,宽 27.7～36μm;正模中央本体长 42μm,宽 30μm。

产地及层位:沾化;沙河街组三段上部。

厚壁宋氏藻 *Songiella crassa* Xu et al.,1997 ex He et al. herein

(图版 106,图 17)

中央本体轮廓椭圆形,壁较厚,厚 3～3.5μm,表面具许多近圆形穴坑,直径一般 3～4μm,穴坑之间及穴内具拟网状纹饰。中央本体轮廓线波状。包围顶尾区的反映缝位隔膜发达,顶反映板片之间的隔膜及前、后腰反映板片之间的隔膜部分退化。古口顶式。

中央本体长 44.6μm,宽 35.4μm,最大膜高 10.8μm。

产地及层位:沾化;沙河街组三段上部。

鞍状宋氏藻 *Songiella ephippioidea* Xu et al.,1997 ex He et al. herein

(图版 106,图 18)

中央本体轮廓近方形—近圆形,壁薄,表面近光滑或具颗粒—网状纹饰。顶尾区的反映缝位隔膜退化,但包围顶尾区的隔膜发达,与反映纵沟的隔膜连接,贯通上下囊成马鞍状;上下环形隔膜基部向赤道延伸的隔膜或脊微弱发育,前后腰反映板片的鉴别困难;顶突起大多退化,但有的标本上残留 1 条较细突起,可能是反映顶孔的标志。古口发育时,顶式。口盖连生。

中央本体长 29.3～36μm,宽 29.3～36μm,膜高 10.2～13.2μm;正模中央本体长 36μm,宽 36μm,膜高 13.2μm。

产地及层位:滨州、沾化;沙河街组三段上部。

穴面宋氏藻 *Songiella foveolata* Xu et al.,1997 ex He et al. herein

(图版 106,图 19)

中央本体轮廓椭圆形—长椭圆形,壁厚约 1.5μm,表面穴状;穴坑椭圆形—近圆形,较稀疏,直径 1.5～3μm。反映缝位隔膜高,表面近光滑,无穿孔或褶皱等;反映顶孔的膜(突起)较宽,边缘齿状。包围顶尾区的隔膜随反映缝的方向转折。转折处加厚似棒状。转折处的基部向赤道方向延伸的隔膜或脊颇明显,前腰反映板片界限清楚。在个别标本上,少数后腰反映板片完全被隔膜包围。顶反映板片之间的隔膜发达或退化为脊状,4 块顶反映板片清楚。尾反映板片的隔膜也很发达,与下囊的环形隔膜近等高。赤道区很宽,约为中央本体长 1/3。反映纵沟的隔膜发达并连接上下囊,或部分退化。古口发育时,为顶式。

中央本体长 34.2～39.7μm,宽 25.4～33.3μm,膜高 8～12μm;正模中央本体长 36μm,宽 30μm,膜高 12μm。

产地及层位:沾化;沙河街组三段上部。

小球宋氏藻 *Songiella globula* Xu et al.,1997 ex He et al. herein
(图版 106,图 20)

囊孢较小,中央本体轮廓近圆形,壁表面细皱状。围绕顶尾区的反映缝位隔膜较好,2 块顶反映板片之间的隔膜基本退化殆尽,而反映顶孔的隔膜有时存在,顶突起很短(小于 5μm);反映纵沟的隔膜连续;从两极环形隔膜基部向赤道方向延伸的隔膜或脊一般较短,但能辨认出前后腰反映板片的数目。古口顶式。口盖连生。

中央本体长 27.8～42μm,宽 26.5～38μm,膜高 5～9.7μm;正模中央本体长 42μm,宽 38μm,膜高 9.7μm。

产地及层位:沾化;沙河街组三段上部。

黄骅宋氏藻 *Songiella huanghuaensis* (Jiabo) Sun,1994
(图版 107,图 1)

中央本体轮廓近椭圆形。壁 1 层,表面粗糙—颗粒状。突起分布于中央本体的两极,赤道区缺乏。突起分为两类:一类为宽的膜管状—喇叭状,长 10～15μm,宽 10～17.5μm,可见 7～8 条,它们相互贴在一起;一类为管状,基部稍宽,末端简单,长约 7.5μm,宽 2～3.7μm,可见 2～3 条。此外可能还有短棒状突起。古口发育时,为顶式。具核状物。

中央本体长 30～45μm,宽 25～35μm;正模中央本体长 40μm,宽 32.5μm。

产地及层位:滨州;沙河街组三段上部。

完美宋氏藻 *Songiella intacta* Xu et al.,1997 ex He et al. herein
(图版 107,图 2)

中央本体轮廓卵圆形—椭圆形。反映缝位隔膜除前后腰反映板片之间的部分退化以外,在顶尾反映板片之间发育完全。顶反映板片之间的隔膜高,与反映顶孔的突起等高。前后腰反映板片由包围顶尾区的隔膜基部向赤道方向延伸一定长度的隔膜或脊,形成若干个港湾状区域所指示;有的后腰反映板片被完整的隔膜包围,一般在单个标本上只有 1～2 个。包围尾区的隔膜完整。顶部或赤道区具 1～2 条细突起。古口发育一般较好,顶式,不典型。口盖常脱落。

中央本体长 29.3～45μm,宽 26.5～39.5μm;隔膜高 7～12μm。正模总长 45.2μm,宽 40.6μm;中央本体长 33.7μm,宽 27μm;隔膜高 8.8μm。

产地及层位:沾化;沙河街组三段上部。

细颈宋氏藻 *Songiella leptocaulis* Xu et al., 1997 ex He et al. herein

(图版 107, 图 3)

中央本体轮廓亚圆形—椭圆形。包围顶尾区的反映缝位隔膜发达,高或较低矮;顶区周围的反映缝位隔膜退化,或可残留脊状物;反映顶孔仅以顶部的细突起为标志,突起远极显著扩张,呈平台状;前后腰反映板片之间的隔膜或脊一般发育良好,指示反映板片数目。壁较薄,表面近光滑。古口发育较好,顶式。口盖连生。

中央本体长 32.3~39.2μm,宽 28.5~33.3μm,最大隔膜高 4~9.2μm;正模中央本体长 32.3μm,宽 30.8μm,隔膜高 6.2μm。

产地及层位:沾化;沙河街组三段上部。

长颈宋氏藻 *Songiella longicaulis* Xu et al., 1997 ex He et al. herein

(图版 107, 图 4)

囊孢收缩式。中央本体轮廓卵圆形,壁厚小于 1μm,表面近光滑。反映缝位隔膜发达,主要限于中央本体两极,赤道区基本缺乏。隔膜薄而透明,完整,无穿孔等结构,基部加厚为脊状。顶孔反映板片以顶突起为标志,突起远极洞开或封闭(以完整的膜覆盖)。在扫描电镜下顶孔反映板片由 2 块融合而成。围绕顶区的反映缝位隔膜发达,形成近环形膜带,其基部向赤道方向发育一定长度的隔膜或脊,在环膜下方形成一些港湾状的区域,暗示前腰反映板片的轮廓及数目。反映纵沟的隔膜完整或部分退化,发育良好的纵沟直线形,略显"S"形,由 1~2 块反映板片组成。围绕尾区环形隔膜的基部向赤道方向延伸的膜片或脊指示后腰反映板片之间的界限,其中脊中的后腰反映板片稍宽。在相当数量的标本上 1~2 块后腰反映板片完全被隔膜包围,显示与 *Ceriocysta* 之间的过渡关系。由于前腰反映板片之间的隔膜基本退化,后腰反映板片间的隔膜大部分已退化,赤道区开阔,但在少数标本上,赤道区背部中央有 1~2 条实心突起,长度近等于膜高,可能是反映横沟边界的标志。古口顶式。口盖连生。

中央本体长 26~45μm,宽 25~39.6μm,膜高 7.3~17μm;正模中央本体长 44μm,宽 38.4μm,膜高 10.3~14.6μm。

产地及层位:沾化;沙河街组三段上部。

刺垫藻属 *Stromaphora* Xu et al., 1997

尾突刺垫藻 *Stromaphora caudata* Xu et al., 1997

(图版 107, 图 5)

中央本体轮廓椭圆形。具较多突起,上下囊较集中,赤道区稀疏。突起大体分成两类:粗突起锥形—瓶形,中空或实心,远极扩张或分叉;细突起的基部膨大成球根状,有的具腔,向上突然收缩,然后再向远极扩大,或逐渐收缩成实心的棒,远极一般微膨大—短分叉。一般尾部有一条特别大的突起,锥管形—瓶形,长 5~9μm,基部宽 3.5~6.1μm,远极扩大,边缘细齿状—小刺状;在上下囊上其他的同类突起都比尾突起小,它们与细突起之间逐渐过渡,其精确的数目较难确定。壁较厚,厚 1.5μm 左右,表面细皱状—细网状。古口顶式,可能(tA)型。口盖分离。

中央本体(不包括口盖)长 36.2~45μm,宽 33.7~44μm,突起长 3.5~8.8μm;正模中央本体长 41μm,宽 39.5μm,突起长 3.5~8μm,尾突起长 8.8μm,基部宽 6μm。

产地及层位:滨州;沙河街组三段上部。

卵形刺垫藻 *Stromaphora ovata* Xu et al.,1997 ex He et al. herein
(图版 107,图 6)

中央本体轮廓卵圆形—椭圆形。具许多宽度可变化的非板式突起,基部具宽大的刺腔。一般宽突起呈锥形或瓶形,基部呈树根状,远极扩展或分叉;较窄突起一般实心,基部显著扩大呈球根状,光切面圆环形,柄部柔细,常弯曲,远极简单—短分叉。突起一般较短,一般分布于上下囊,赤道区缺乏或较稀少,赤道区宽度为中央本体长度的 1/5~1/3。古口顶式,(tA)型。

中央本体长 33.6~44.5μm,宽 29.3~41μm,突起长 3.5~7.8μm;正模的中央本体长 40.5μm,宽 32.2μm,突起长 3.5~6μm。

产地及层位:滨州;沙河街组三段上部。

近圆刺垫藻 *Stromaphora rotunda* Xu et al.,1997 ex He et al. herein
(图版 107,图 7)

中央本体轮廓近圆形,具两类短突起:一类为实心的细棒,基部常具发达的刺垫,球根状,中空,光切面圆形,柄部直立或弯曲,远极简单或二分叉;另一类为中空的管,锥形—瓶形,远极开放,平截—喇叭形。突起分布欠均匀,赤道区稍稀疏。有时相邻突起彼此靠近,基部融合,共一个基腔。古口发育时为顶式,(tA)型。口盖原位保存。

中央本体(33μm×32.2μm)~(44μm×42.5μm),突起长 3.6~7.2μm;正模中央本体直径 44μm×42.5μm,突起长达 6.5μm。

产地及层位:滨州;沙河街组三段上部。

四叶藻属 *Tetrachacysta* Backhouse,1988
双凸四叶藻粒面亚种 *Tetrachacysta biconvexa granulata*(Zheng et Liu in Liu et al.)
(图版 107,图 8)

壳体微小,轮廓亚四边形—哑铃形,顶底边平直或微凸凹,两侧边或赤道区凹入较深或许是腰带的反映。四角部凸起,压扁后近圆形,四角隅常见近圆形的褶皱(凸起)或凸出于轮廓线之外。原壁薄,表面颗粒状。古口存在时可能为顶式。口盖原位。

壳体长 22~30.6μm,宽 22~32μm;亚种正模长约 27μm,宽约 32μm。

产地及层位:沾化;沙河街组三段中部。

多刺四叶藻 *Tetrachacysta multispinosa* (Xu et al.)

(图版107,图9)

本体轮廓椭圆形或哑铃形。突起短而多,细棒状,长度一般小于本体宽的1/5,远极钉头状,基部一般由脊联结成不连续的板内式环形突起组合,每一组合的突起一般4～6条。古口发育时,顶式(tA)型。口盖分离。

本体长27～29.5μm,宽20～28.5μm,最大突起长3～5.5μm;正模本体长28.5μm,宽21.5μm,突起长3～5μm。

产地及层位:沾化;沙河街组三段上部。

多甲藻目 Peridiniales Haeckel,1894

多甲藻科 Peridiniaceae Ehrenberg,1831

沧县藻属 *Cangxianella* Xu et al.,1997

伸长沧县藻 *Cangxianella elongata* (Jiabo) Xu et al.,1997

(图版107,图10)

壳体轮廓伸长的五边形,由扁圆的本体和3个伸长的角(1个顶角和2个尾角)所构成,每个角的末端具一坚实的爪状短棒。原壁薄,厚0.5μm左右,表面平滑或呈细颗粒状,有时角上颗粒沿角的伸长方向排列成行。顶面观本体为豆形,腹面略凹。上下壳近等大。上壳圆锥形,侧面凹,上壳从1/3～1/2高度处强烈收缩成窄的顶角,长14.6～39.4μm,角基部(收缩处)宽4.4～8.7μm。下壳倒梯形,侧面微凸,宽大于高,具2个颇长的尾角,在其伸出1/4～1/2处收缩成窄的角,长17.5～36.5μm或更长,基部(收缩处)宽3.5～9.3μm。反映横沟浅弱,微左旋或近环形,宽4～8.2μm,沟边缘窄。反映纵沟限于下壳。古口存在时前腰式,很可能(3P)型。

壳体总长70～106.3μm,宽34.3～75.8μm;正模长95.1μm,宽50.2μm。

产地及层位:沾化;东营组。

破裂沧县藻 *Cangxianella fissurata* (Jiabo) Xu et al.,1997

(图版107,图11)

壳体轮廓伸长五边形。上壳圆锥形,渐细的顶角颇长,具顶孔或坚实的顶棘;下壳梯形,侧边微凸,两尾角叉开,颇长,基部宽,形如鸡腿状,向尾端渐收缩或收缩较突然,末端尖,坚实棒状。反映横沟浅,微螺旋形,宽4～6μm,以低脊为界,微凸出轮廓线。反映纵沟边界不明显。壁单层,表面颗粒—细皱状。古口存在时前腰式,(3P)型,副古口裂缝发育。口盖复合,分别粘在囊孢上。

壳体长94～116μm,宽56.3～62.5μm,尾角距52.5～70μm;正模长大于80μm,宽56.3μm,两尾角分别长40μm左右和50μm左右,尾角距70μm。

产地及层位:沾化;东营组。

粒刺沧县藻 *Cangxianella granospinosa* Pan in Xu et al., 1997 ex He et al. herein

(图版107，图12)

壳体轮廓五边形，1个顶角和2个尾角颇长。壁薄，1层，厚0.4μm；表面粒刺状，长0.4～0.6μm。上下壳近等。上壳圆锥形，高(包括顶角长)61.2μm，角长23.3μm，角基部宽7.3μm。下壳扁梯形，侧边略凸，高(包括2个尾角)40.8μm。尾角基部很宽，伸出不足1/2处突然变窄(宽度约15.8μm)，然后以瘦长的圆锥形角伸出(长23.3～26.2μm)。反映横沟浅，微螺旋形或近环形，宽5μm。反映纵沟长14.6μm，宽19μm。古口前腰式，(3Pa)型。口盖连生。

壳体总长105μm，宽49.6μm，尾角距(在角基部突然变窄处)32.1μm，在角末端相距46.7μm。

产地及层位：沾化；东营组。

双锥藻属 *Diconodinium* Eisenack et Cookson 1960 emend. Morgan, 1977

双锥双锥藻 *Diconodinium biconicum* (Jin, He et Zhu in He et al.) Mao et al., 1995

(图版107，图13)

壳体轮廓双锥形。上下壳近等大，圆锥形；顶角较明显，长2～4μm，顶端较钝。下壳末端较钝，具或不具一居中的弱小尾角，长1～1.5μm。反映腰带可见，位于壳体最宽处，环形，宽2～5μm，其边缘细脊状，脊明显或模糊。壁一层，较薄，表面具明显颗粒；颗粒细或粗，粒径一般约1μm，部分颗粒可连成短皱状。反映板式由古口和反映腰带指示，未见明显的反映缝脊。古口(当明显时)前间式，I型。具核状物。

壳体长43.5～48μm，宽34.5～41.5μm；正模长45μm，宽41.5μm。

产地及层位：东明；沙河街组三段。

短刺双锥藻 *Diconodinium brevispinum* He, Zhu et Jin, 1989

(图版107，图14)

壳体轮廓菱形或双锥形，边近平直或微凸，上下壳近等大，三角形。正模顶部已破损。下壳具一居中的尾角，微微可见，和本体之间过渡，末端钝。反映腰带明显，位于壳体最宽处，环形，宽约6μm，其边缘以细脊为界。无反映纵沟。壁薄，单层，表面具较密的短棒状突起，最长约1.5μm，多数小于1μm，壁表面呈颗粒至短皱状；在反映腰带区中纹饰减少。古口清楚，前间式，I型，轮廓圆梯形(高10μm，上下底宽分别为7μm和12.5μm)。口盖完全分离，但仍保存于原位上。

壳体长42～50μm，宽30.6～50μm；正模长(顶部已损失)50μm，宽50μm。

产地及层位：东明；沙河街组三段中上部。

盖赛罗藻属 *Geiselodinium* Krützsch, 1962

顶齿盖赛罗藻 *Geiselodinium apicidentatum* (Jiabo) Song et He, 1982

(图版107，图15)

壳体轮廓卵圆形，顶端较锐。壁薄(0.8μm)，表面细弱粒状。上壳大于下壳，三角形—圆锥形,侧边略凸,顶部具圆环形加厚,环宽 7.5μm,高约 2μm,其上有坚实的小齿状突起,至少 4 个,高约 1μm,基部宽 1μm,末端锐。下壳梯形—近半圆形,约为上壳高的 1/2,边较凸,尾角不发育或缺乏。反映横沟明显,环形,稍凹陷,宽 6.5μm,边缘以细脊为界。反映纵沟和内体不明显。

壳体长 55.8～59.2μm,宽 43.7～48.5μm;正模长 57.5μm,宽 45μm,反映横沟宽 6.5μm。

产地及层位:垦利;沙河街组四段中部。

门沟藻属 *Laciniadinium* McIntyre,1975

显著门沟藻 *Laciniadinium eminens* Jin,He et Zhu in He et al.,1989

(图版 107,图 16)

壳体轮廓近菱形或圆菱形,长大于宽,上下壳近等大。上壳铃形;具一明显的顶角,圆柱形、乳头状或圆锥形,长 4.5～7μm,宽 3.5～5μm,其表面平滑或穿孔状,顶端钝或圆滑,缺乏顶孔。下壳半圆形,缺乏尾凸。反映腰带赤道位置,环形,宽 4～5μm,不凹入,其边缘饰以细脊。壁较薄,分层不清或仅在顶角基部可见 2 层,表面具稀散的颗粒和短条纹,或为中等密度的短皱和颗粒(皱系颗粒相连而成)。古口不够明显,主古口缝形成宽梯形区,很可能为联合式,(tI3P)a 型。口盖连生。

壳体(包括角)长 43～55μm,宽 40～42μm;正模长 43μm,宽 42μm,顶角长 4.5μm。

产地及层位:东明;沙河街组三段上部。

大头门沟藻 *Laciniadinium macrocephalum* (Jin,He et Zhu in He et al.) Lentin et Williams,1993

(图版 107,图 17)

壳体轮廓五边形,上下壳近等大或上壳略大。上壳为略伸长的等腰三角形,顶部宽大,顶角和本体之间的界线不清,顶端具顶孔。下壳倒梯形,尾边平直或微凹,两尾角不等,或一尾角退化,尾角长 2～4.2μm。反映横沟环形,较浅,其边缘以细脊为界,沟宽 7～7.5μm。反映纵沟模糊不清。壁单层,较薄,表面细颗粒状或平滑。具核状物。反映板式仅以反映横沟和古口表示。古口联合式,(tI3P)a 型。口盖连生。

壳体长 48.3～51.8μm,宽 44.9μm 左右;正模长 51.8μm,宽 44.9μm。

产地及层位:东明;沙河街组三段上部。

微小门沟藻 *Laciniadinium minutum* (He) Chen et al.,1988

(图版 108,图 1)

壳体较小,腹背扁平,轮廓圆五边形,长宽近等,腰部明显地向外鼓。上壳三角形,略大于下壳,顶凸微显示,顶端具顶孔;下壳倒梯形,两尾角缺乏。反映腰带浅,位于壳体最宽处,稍偏于下壳,环形,宽 5μm 左右,其边缘饰以细脊。反映纵沟比反映腰带宽得多,位于下壳的腹面。壁薄,单层,表面具纵向短条纹。古口位于顶部之下的背面,联合式,(tI3P)a 型,在其构成中未包含顶反映板片。

壳体长 37.5~45μm,宽 38.5~40μm;正模长 42.5μm,宽 40μm,反映腰带宽约 5μm,反映纵沟宽约 12μm。

产地及层位:菏泽;沙河街组四段。

细尾门沟藻 *Laciniadinium subtile* (He) Lentin et Williams,1993

(图版 108,图 2)

壳体轮廓五边形,两尾角强烈退化,但其中一个仍有显示,短刺状,末端钝锥形,长 1~3μm,另一个为宽圆形。壁表面细颗粒状,或具纵向短条纹。反映腰带环形,宽 5.5~7μm。古口不明显,可能为联合式,(tI3P)a 型。其他的特征同 *Laciniadinium minutum* 相似。

壳体长 45~47.5μm,宽 38~47.5μm;正模长 47μm,宽 47.5μm,反映腰带宽约 5.5μm,一尾角长约 1.5μm。

产地及层位:菏泽;沙河街组三段。

曙藻属 *Luxadinium* Brideaux et McIntyre,1975

耳状曙藻 *Luxadinium auriculatum* Xu,1987

(图版 108,图 3)

壳体腹背扁,外壁轮廓近五边形,腰部圆凸,长等于或稍大于宽。上壳三角形,侧边近平直;顶角较发达,长 6~11.7μm,基部不收缩,与本体间无明显界限,顶端圆或具一直径约 3μm 的顶孔。下壳倒梯形,边近平直。左尾角较大,近三角形,末端尖或钝,长 6~11μm;右尾角退化或微发育。反映横沟显著,深陷,宽 6~7.4μm,略呈螺旋状,一般两端错开约 1/2 横沟宽,边缘饰以 2 条平行细脊,凸出于壳体侧边,呈棘状。反映纵沟浅,三角形,顶端伸达上壳。外壁厚约 1μm,表面颗粒状,轮廓线呈锯齿状。内体轮廓圆五边形—近圆形,壁稍厚,表面颗粒状,均匀排列,无反映板片的痕迹。内、外壁在角部彼此分离,前腔稍大。古口宽大,联合式,tI+3P 型。口盖复合。通常前间反映板片脱落,而 3 块前腰反映板片由副古口缝分割成彼此分离的口盖片,粘附在反映腰带边缘,原位保持或翻向壳体内部。内古口形状与外古口基本一致,常见顶边内凹。

壳体长 70.3~74.4μm,宽 64.5~67.6μm;内体长 32.6~46.9μm,宽 57.2~59.7μm。正模长 74.4μm,宽 67.5μm;内体长 32.6μm,宽 59.7μm。

产地及层位:广饶;沙河街组四段上部。

贝壳状曙藻 *Luxadinium conchatum* Xu,1987

(图版 108,图 4)

壳体略纵向伸长,外壁轮廓五边形—近卵形。上壳稍大于下壳,三角形,侧边微凸。具 1 个顶角,长 5~9μm,锥形,基部微收缩或不收缩,顶端圆钝或具顶孔。下壳近梯形,侧边近平直。通常左尾角较发育,三角形,末端尖,长 5~6μm;右尾角退化或残存一点。反映横沟显著,微螺旋状,深凹陷,宽 7~7.5μm,边缘脊高。反映纵沟浅,三角形,顶端伸达上壳。外壁薄,表面近光滑或颗粒状。顶、尾角附近可见纵向排列的细褶。内体显著,近球形,表面细颗粒状。内、外壁仅在顶、尾角处分离。前腔较大,后腔狭窄。古口可能为(3I3P)型。内、外古口相一致。口盖游离。

壳体长 64.5～66μm,宽 52.8～55.7μm;内体长 44～48.5μm,宽 44～49.5μm。正模长 64.5μm,宽 52.8μm;内体长 48.5μm,宽 44μm。

产地及层位:垦利;沙河街组四段上部。

东明曙藻 *Luxadinium dongmingense* Jin,He et Zhu in He et al.,1989
（图版 108,图 5）

囊孢角腔式,腹背轮廓圆五边形,本体轮廓近圆形。上下壳近等大。上壳铃形或三角形,顶角通常微显示(系上壳之延伸),或具顶孔;顶角长 2～4μm,正模的顶角瘦小,顶端稍尖。下壳梯形—半圆形,两尾角不发育,大者长 3.4μm,小者基本退化。反映横沟清楚,环形,稍内凹,宽 4～6μm。反映纵沟模糊。壁较薄,2 层;外层表面具稀疏的细颗粒或近平滑;内体十分柔弱,轮廓近圆—椭圆形,表面细颗粒状—近平滑;内体在顶尾角部较清楚。在侧面和外壁较紧贴或微分离。古口联合式,(tI3P)型,其轮廓梯形。口盖脱落或仍原位保存。具核状物。

壳体长 41～52μm,宽 40～50μm;内体长 29～42μm,宽 37.5～45μm。正模长 41μm,宽 40μm;内体长 29μm,宽 37.5μm。

产地及层位:东明;沙河街组三段上部。

伸长曙藻 *Luxadinium elongatum* Jin,He et Zhu in He et al.,1989
（图版 108,图 6）

囊孢贴近式,角腔式,轮廓略伸长五边形,边微凸或直。上下壳近等大或上壳略大。上壳三角形,顶角微显示,由上壳顶部变细而成,顶端钝圆,多数具顶孔。下壳倒梯形,两尾角小,不等大,其中一个退化或缺乏,最大者长 5～6.5μm。反映腰带一般清楚,几乎不凹或浅凹,环形,由平行的脊指示,宽 5～7.5μm。反映纵沟显示或较模糊,宽约 8μm。壁由 2 层组成。外壁十分薄弱,表面平滑或呈细颗粒状。内体明显,轮廓近卵形,壁薄于 1μm,但比外壁厚,表面细颗粒—短皱状或近平滑。除在顶、尾部外,内体和外壁之间彼此接触或紧贴。反映板式由古口和反映腰带表示。古口大,轮廓近梯形,联合式,(tI3P)型。口盖完全分离,脱落或仍保存于原位上。

壳体长 45～59μm,宽 37～50μm;内体长 38～46μm,宽 37.5～45μm。正模长 56μm,宽 50μm;内体长 46μm,宽 45μm。

产地及层位:东明;沙河街组三段。

脆弱曙藻 *Luxadinium friabile* Xu,1987
（图版 108,图 7）

壳体轮廓亚圆形—圆五边形。上壳近半圆形,具一个很小的三角形顶角,长 4～5μm,顶端具圆形小孔。下壳半圆形,略显倒梯形。尾角不发达,常只有一个很小的左尾角;右尾角退化。反映横沟较明显,略显螺旋状,宽 5～7μm,较浅,边缘脊微凸出。反映纵沟模糊。外壁薄弱,易破碎,表面均匀颗粒状。内体较大,近球形,顶端微凸;壁薄,表面颗粒状。未见反映板片的痕迹。内、外壁在角部及反映腰带处分离,前腔颇大。古口宽大,联合式,由失去若干块前间反映板片和前腰反映板片而成。口盖复合,前间反映板片脱落,而前腰反映板片由副古口缝分割成3块口盖片,并黏附在反映腰带上。内古口特征与外古口相同。

壳体长 60～65.5μm,宽 60～67μm;内体长 44～50μm,宽 52.5～58.7μm。正模长 61.6μm,宽 60.5μm;内体长 45.5μm,宽 54.3μm。

产地及层位:广饶;沙河街组四段上部。

大头曙藻 *Luxadinium macrocephalum* Jin,He et Zhu in He et al.,1989

(图版 108,图 8)

囊孢角腔式,腹背轮廓五边形,本体轮廓通常近圆形。上下壳近等大或上壳稍大;上壳有点铃形或三角形,具一特征性的顶角,颇宽大,长 6～7.5μm,顶端圆滑和封闭。下壳梯形,两尾角通常颇退化,其中最大者呈三角形,长 1～2.5μm,有时两尾角呈钝圆形,近等大(长 3.5μm)。反映腰带清楚,赤道位置或稍偏于下壳,环形,不凹入,其边缘以细脊为标志,宽 5～7μm。反映纵沟限于下壳。壁薄,2 层。外层表面细弱皱状或短条纹夹有少许细颗粒或平滑。内体轮廓近圆形,清楚或模糊,表面近平滑;除顶、尾角外,内体和外层壁紧贴或接触—微分离。古口可见时,联合式,(tI3P)型。口盖脱落,有时以主古口缝指示;口盖仍保存于原位上。

壳体长 40～48μm,宽 31.5～42.5μm,内体直径 30～40μm;正模长 41μm,宽 31.5μm,顶角长 7.5μm,内体直径 30μm。

产地及层位:东明;沙河街组三段上部。

平滑曙藻 *Luxadinium psilatum* Jin,He et Zhu in He et al.,1989

(图版 108,图 9)

壳体腹背轮廓五边形,上下壳近等大。上壳三角形,具一明显的顶角,圆柱形,顶端圆滑无顶孔。下壳倒梯形,两尾角不等大:一个为三角形,基部颇宽,末端较尖;另一个尾角圆凸形;它们的基部彼此刚好分离。反映腰带较明显,赤道位置,环形,不凹入,宽约 7.5μm,其边缘饰以细脊。反映纵沟模糊。壁较薄,2 层,外层表面平滑。内体轮廓近圆形,壁薄多褶,表面近平滑;它和外壁之间基本上已分离或仅局部相接触。古口联合式,(tI3P)型。口盖脱落。

壳体长 57.5μm,宽 46μm;内体直径 40μm 左右;顶角长 7.5μm,宽 5.5μm;尾角长 5～7.5μm。

产地及层位:东明;沙河街组三段上部。

特别曙藻 *Luxadinium speciale* Jin,He et Zhu in He et al.,1989

(图版 108,图 10)

囊孢角腔式,轮廓五边形,各边近平直,上下壳近等大。上壳三角形,顶角圆柱形,顶端封闭。下壳倒梯形,两尾角不同程度地退化,其中一个较大,颇特别,肿瘤状(半圆形),长 4.5μm。反映腰带清楚,赤道位置,环形,宽 7μm,其边缘饰以细脊。反映纵沟较宽。壁薄,2 层;外层表面细弱颗粒—短皱状;内体轮廓与本体一致,表面无明显装饰特征;除顶、尾角部外，内体和外层紧贴。古口较明显，轮廓宽梯形，联合式，(tI3P)型。口盖脱落。

壳体长 50μm，宽 51.5μm；顶角长 3μm，尾角长 4.5μm；内体长 40μm，宽 50μm。

产地及层位：东明；沙河街组三段上部。

古多甲藻属 *Palaeoperidinium* Deflandre 1934 emend. Lentin et Williams,1976

角状古多甲藻 *Palaeoperidinium angularium* Xu,1987

(图版 108，图 11)

壳体轮廓多甲藻形，横向伸长，腰部强烈地向外凸。上壳稍大于下壳，三角形，侧边近平直或微凸。顶角高锥形或短钝圆锥形，长 5～20.5μm，顶端尖细或具顶孔。下壳倒梯形，底边和反映腰带相平行。两尾角稍不等大，圆锥形，基部彼此远离；一个较发达，基部宽，末端尖，长 8.5～13.5μm；另一个稍小，末端常较钝。反映横沟较清楚，环形，宽 4～6.8μm，边缘脊微微凸或明显凸出于壳体轮廓线。反映纵沟清楚时，自反映横沟两端向尾端迅速加宽。壁薄，单层，表面细颗粒状—短皱状，粗糙，常具不规则的褶皱。古口不易观察，很可能为联合式，(AtI3P)型，由过顶古口缝指示，位于壳体的腹背压扁面。口盖仍保存于原位。

壳体长 67.5～90.9μm，宽 52.8～73.6μm；正模长 73.3μm，宽 64.5μm。

产地及层位：广饶；沙河街组四段上部。

漏斗古多甲藻 *Palaeoperidinium chonetum* Xu,1987

(图版 108，图 12)

壳体纵向伸长。本体轮廓近五边形，腰部凸出。上壳略大于下壳，倒漏斗状，侧边近平直，顶角基部明显收缩呈肩状。顶角短柱状，长 11.3～14.6μm，顶端圆钝或具一圆形顶孔。下壳倒梯形，侧边近平直，尾边强烈内凹。两尾角近等大，基部宽大，彼此挨近，末端尖，长 9～13.2μm。反映横沟环形，宽 4～5μm，边缘常为断续排列的短褶皱。反映纵沟限于下壳，三角形，深凹，边界模糊。壁薄，单层，表面粗糙，颗粒状—短皱状；有时可具不规则细褶皱。有的标本显示几块反映板片，但不能确定完整的反映板式。古口不易辨认。个别侧位标本显示上壳背部破损脱落，有时可见上壳变薄，均暗示具联合古口的可能。

壳体长 68.5～77.7μm，宽 56.5～71.2μm；正模长 77.7μm，宽 60.1μm。

产地及层位：广饶；沙河街组四段上部。

普通古多甲藻 *Palaeoperidinium commune* Jin,He et Zhu in He et al.,1989

(图版 108，图 13)

壳体轮廓五边形，边近平直，上下壳近等大。上壳三角形，具或不具一个细尖的顶角。下壳倒梯形，尾边平直，一尾角较明显，锥形，长 4～7.5μm，末端较尖；另一尾角完全退化。反映腰带显著或细弱，赤道位置，环形，不凹入，宽约 6μm，其边缘饰以细脊；反映纵沟模糊。壁薄，单层或分层不清，表面颗粒—短皱状。古口明显，联合式，(AtI3P)型，过顶古口裂缝位于反映腰带前边和上壳的腹背压扁面。口盖脱落或仍保存在原位。

壳本长 57.5～57.8μm，宽 47.5～54.4μm；正模长 57.5μm，宽 47.5μm。

产地及层位：菏泽；沙河街组三段中部。

小脚古多甲藻 *Palaeoperidinium humile* Xu, 1987
（图版 108，图 14）

壳体腹背扁。轮廓近圆形，被反映横沟分成近等大的两个半圆形。上壳具一个圆锥形小顶角，长 4～6μm，顶端可具一个小顶孔。两尾角小，彼此远离，大小近等，长 5～6μm。反映横沟较模糊，环形，较浅，宽 5.8～8.8μm。反映纵沟浅，三角形，侧边以低脊为界。壁薄，分层不明显，有时可在壳顶下方见内、外层分离。表面细颗粒状。古口不易观察。少数标本显示 2 个壳顶互相错开，上壳侧边显双轮廓，暗示由过顶古口裂缝形成的联合古口。

壳体长 61.6～73.6μm，宽 60.1～65.1μm；正模长 61.6μm，宽 60.1μm。

产地及层位：广饶；沙河街组四段上部。

卵形古多甲藻 *Palaeoperidinium oviforme* Jin, He et Zhu in He et al., 1989
（图版 108，图 15）

壳体轮廓五边形。上壳大于下壳，圆三角形，侧边近平直，顶角未分化出来，顶端宽圆形。下壳近倒梯形。下壳近倒梯形，较矮，两尾角近等大，三角形，基部宽，为下壳向后延伸部分，彼此不接触，末端钝。反映腰带较清楚，偏于下壳，环形，宽 7μm，其边缘饰以细脊。壁较薄，1 层，表面细弱颗粒状。古口隐蔽，可能为联合式，(AtI3P)型。

壳体长 51.5μm，宽 51.5μm。

产地及层位：东明；沙河街组三段上部。

先多甲藻属 *Phthanoperidinium* Drugg et Loeblich Jr., 1967
弱缝先多甲藻 *Phthanoperidinium tenellum* Jin, He et Zhu in He et al., 1989
（图版 108，图 16）

壳体轮廓近卵形或近圆形，被反映腰带分成近等大的上壳和下壳。上下壳半圆形，顶部具一微小顶角，长约 2μm，尾角缺乏。反映腰带明显，近环形，宽 4～5μm，在轮廓线上几乎不凹，其边缘饰以细脊。反映板式由细的反映缝位脊、反映腰带和古口表示；脊不够连续，但前间反映板片 2a 及下壳上的反映板片 2‴－4‴的形状均较清楚，其中后腰反映板片 3‴有点倒梯形。推测其反映板式和本属的(4′,3a,7″,5‴,2⁗)相一致。壁薄，似单层，反映缝脊之间的壁表面颗粒—短皱状，在反映板片的角部或许有一根短棒状突起伸出(长约 2μm)。古口前腰式，I 型(仅 2a)，轮廓圆六边形，宽大于长。口盖保存在原位。

壳体长 40μm，宽 37μm。

产地及层位：菏泽；沙河街组三段中部。

分离藻属 *Saeptodinium* Harris, 1973
圆形分离藻 *Saeptodinium circulare* Jin, He et Zhu in He et al., 1989
（图版 109，图 1）

囊孢角腔式，腹背轮廓五边形，本体轮廓圆形，上下囊近等大。上囊三角形，具一低矮的顶凸,由外壁形成,顶端宽圆。下囊倒梯形—半圆形,两尾凸呈窄边状或耳垂形或几乎完全缺乏,尾凸之间相距 17～24μm。反映腰带赤道位置,环形,不凹入,宽 5～6μm,其边缘饰以细脊。无反映纵沟标志。壁由 2 层组成;外层薄膜状,表面近平滑;内体明显,轮廓圆形,比外层厚,略显暗色,表面具清晰的细颗粒及一些纵向条纹;除在顶尾凸基部和(或)反映腰带的侧边外腔或多或少发育外,内体和外壁彼此接触或微分离。古口不明。

囊孢长 41.4～52.5μm,宽 35～51.5μm,内体直径 34.5～48μm;正模长 52.5μm,宽 51.5μm,内体直径 48μm。

产地及层位:菏泽;沙河街组三段中部。

微小分离藻 *Saeptodinium minutum* (Jiabo) Lentin et Williams,1989
(图版 109,图 2)

壳体腹背扁平,轮廓鼎形或近圆形,颇像大蒜头。顶角明显伸出,尾角很细小。外壁较薄(1μm),表面具稀瘤、刺或颗粒,显得很粗糙。上壳倒漏斗形,壳顶部显著伸长呈圆锥形的顶突(角),高 10.9～12.5μm,可能具顶孔。下壳近梯形,或具 2 条短小的尾角,等大,末端尖,长 2.5～3μm,尾距 16.2μm。反映横沟环形,赤道位置,一般较浅,宽约 5.5μm,沟边具细脊。反映纵沟位于下壳,伸达反映横沟。内体轮廓近圆形,界限不清楚。古口不明显。

壳体长 32.8～36.4μm,宽 29.1～30μm;内体长 20.6～21μm,宽 25～27μm。正模长 36.4μm,宽 30μm;顶角长 12.5μm;内体长 20.6μm,宽 27μm;反映横沟宽 5.5μm。

产地及层位:滨州;沙河街组四段中部。

卵形分离藻 *Saeptodinium ovatum* (Jiabo) Lentin et Williams,1989
(图版 109,图 3)

壳体伸长,轮廓长五边形,略显椭圆形,侧边近等长,底边较短。外壁厚 0.5～1μm,表面颗粒状,较细弱。上壳等腰三角形,底边略长,侧边平直或微凸。上壳顶端逐渐收缩,故不显顶角或具十分不明显的顶凸,顶端凹陷。下壳梯形,侧边较平直或微凸,底边较平或稍凸凹。尾角很短或不等大,一尾角几乎退化或微伸出壳体轮廓线(1μm),另一尾角长 1.2～3.6μm,尾距达 21.5μm。反映横沟清楚,环形,较浅,在轮廓上略凹或较平,宽 7.3～8.5μm,沟边缘细脊状,微凸出(高 0.5～1.2μm)。反映纵沟限于下壳,顶端伸达反映横沟。内体大,轮廓近圆形,壁薄弱,局部界限不清楚。古口不明显。

壳体长 63～67.9μm,宽 50.9～53.4μm;内体长 41～53.4μm,宽 43.7～52.4μm。正模长 67.9μm,宽 53.4μm;内体长 53.4μm,宽 52.4μm;反映横沟宽 7.3μm。

产地及层位:滨州;沙河街四段中部。

娇球藻属 *Subtilisphaera* Jain et Millepied 1973 emend. Lentin et Williams,1976
东营娇球藻 *Subtilisphaera dongyingensis* (Jiabo) Song et He,1982
(图版 109,图 4)

壳体腹背扁平,轮廓五边形或近圆形,较宽圆。外壁表面颗粒状或近平滑。上壳等于或略大于下壳,三角形或近半圆形,侧边凸出,底边较长,顶角不显著,为上壳小圆锥形突出部分,具顶孔或短而坚实的顶棘。下壳梯形,侧边斜伸或略凸,底边较直,尾角较显著,两尾角不等,一尾角几乎退化或微微可见,长尾角长 5.3~10.2μm,尾距 22~31.5μm。反映横沟环形,凹陷,宽 6.5~11μm,其边缘以窄脊为界。反映纵沟近三角形,顶端伸达反映横沟。内体轮廓近圆形,壁薄。上壳的顶之下有壁变薄区,或为古口之位置,界限不清。

壳体长 60~77.6μm,宽 54.6~70.4μm;内体长 45~65.5μm,宽 47.3~67.9μm。正模长 60μm,宽 57.5μm;内体直径 50μm;反映横沟宽 8.5μm。

产地及层位:滨州;沙河街组四段中部。

阿尔特布藻属 *Alterbidinium* Lentin et Williams,1985

略尖阿尔特布藻 *Alterbidinium acutulum* (Wilson) Lentin et Williams,1985

（图版 109,图 5）

壳体轮廓长五边形,侧边较凸。壁较薄(0.5~0.7μm),2 层,外壁表面细颗粒状或近平滑。上下壳近等或上壳略大。上壳等腰三角形,顶角粗壮或不发育。下壳梯形,尾角不等,右尾角退化,仅微伸出轮廓线,长 0~2μm;左尾角长 5~10μm,末端钝尖。反映横沟环形,边缘以粗脊为界,赤道位置,宽 7~10μm,在壳体轮廓线上明显凹;反映纵沟近三角形,顶端伸达反映横沟边缘。内体轮廓近圆形,壁薄,表面近平滑,除角部外与外壁靠近。古口前间式,圆梯形,长大于宽。

壳体长 57~84.9μm,宽 52.2~69.1μm;内体长 51~57μm,宽 50.9~60.7μm。

产地及层位:滨州;沙河街组四段。

美丽阿尔特布藻 *Alterbidinium bellulum* (He) Lentin et Williams,1993

（图版 109,图 6）

壳体腹背扁平,轮廓五边形,边平直,长稍大于宽。被反映横沟分成近等大或略不等大的两部分;上壳三角形,具一锥形小顶角,顶端钝;下壳稍大,倒梯形,两尾角颇退化,仅其中一个微显示。反映横沟稍偏于上壳,浅平,环形,宽约 8μm,其边缘以细颗粒状脊为标志。反映纵沟不明。外壁表面细颗粒状。内体轮廓椭圆形,壁薄,可褶皱,表面无显著纹饰;它和外壁之间宽分离。古口明显,前间式。口盖脱落。

壳体长 62μm,宽 51μm;内体长 45μm,宽 37μm。

产地及层位:广饶;沙河街组四段上部。

角沟藻属 *Cerodinium* Vozzhennikova 1963 emend. Lentin et Williams,1987

西伯利亚角沟藻 *Cerodinium sibiricum* Vozzhennikova,1963

（图版 109,图 7）

壳体腹背较扁平,轮廓五边形,横向伸长,宽大于或等于长。侧边较平或略凸凹,侧角显著,一般粗强。壁较薄(0.8μm),表面弱颗粒状或粗糙。上壳三角形,侧边略凸,顶角为上壳之收缩部分,呈小圆锥形,顶端或具顶孔。下壳梯形,侧边略凹。尾角近相等,宽而长,很显著,颇厚实,一尾角长 7.5μm,另一尾角长 10μm,尾距达 24.5μm。反映横沟发达,环形,宽 7.5μm,其边缘具脊状凸起,在壳体轮廓线上显著凸出,使壳体轮廓为五边形。反映纵沟三角形,限于下壳,其顶达反映横沟。内体较明显,轮廓扁圆形,填充于壳体内。古口不明。

壳体长大于 52.2μm,宽 58.2μm;内体长大于 38.8μm,宽 58μm。

产地及层位:滨州;沙河街组四段中部。

德弗兰藻属 *Deflandrea* Eisenack 1938 emend. Lentin et Williams,1976
广饶德弗兰藻 *Deflandrea guangraoensis* Xu,1987
（图版 109,图 8）

壳体腹背扁平,轮廓五边形,边近平直,腰部凸出。上壳等于或稍大于下壳,三角形;顶角凸出,圆锥形,顶端圆钝,长 8.5～17.6μm。下壳倒梯形;两尾角彼此远离,左尾角稍大,三角形,末端尖,长 8～14.7μm;右尾角稍小或有点退化,末端较钝。反映横沟明显,环形,宽 7.5～10.5μm,边缘脊较宽,在壳的侧边凸出。反映纵沟很浅,模糊。外壁厚约 1μm,表面颗粒状,分布均匀,轮廓线略显锯齿状。在顶、尾角基部及反映横沟边缘附近,壁明显加厚,呈深棕色。内体宽大,轮廓圆五边形—近圆形;内、外壁仅在顶、尾角基部分离。古口常不发育,存在时为前间式,宽六边形,长宽比值约 0.6。

壳长 73.3～79.2μm,宽 64.5～76.3μm;内体长 48.4～57.2μm,宽 58.6～67.5μm。正模长 76.2μm,宽 73.3μm;内体长 51.3μm,宽 64.5μm。

产地及层位:广饶;沙河街组四段上部。

山东德弗兰藻 *Deflandrea shandongensis* Xu,1987
（图版 109,图 9）

壳体轮廓圆,多甲藻形,本体轮廓近圆形。上、下壳近等大。上壳半圆形,具一圆锥形小顶角,长 3.5～5μm,顶端圆钝或具顶孔;下壳近半圆形,略呈倒梯形。两尾角彼此孤立,大小近等,三角形,末端尖或钝,长 3.5～5μm。反映横沟可辨认,环形,很浅,宽 5.5～7.5μm,边缘脊微凸。外壁较薄,常具不规则褶皱,表面粗糙,颗粒状—拟网状纹饰。内体近球形,宽大,几乎充满整个壳体。内壁较厚,颜色较深,表面弱颗粒状;除角部及反映横沟附近外,内、外壁紧贴。古口前间式,宽大于长,通常发育不好,少数标本可见不连续的主古口缝,显示宽六边形轮廓,有时有副古口缝发育。

壳长 58.7～67.9μm,宽 57.2～61.6μm;内体长 54.5～56.5μm,宽 52.8～58.5μm。正模长 67.9μm,宽 61.6μm;内体长 56.5μm,宽 58μm。

产地及层位:广饶;沙河街组四段上部。

叠足德弗兰藻 *Deflandrea superposita* He,1991
（图版 109,图 10）

壳体腹背扁平,轮廓近五边形,长大于宽,本体轮廓近圆形。上壳比下壳稍大,三角形,侧边近平直或微凹,具一顶角,呈三角形,长 12.5～27μm,无基部收缩,顶端尖或钝。下壳近倒梯形,侧边较平直,尾边凹成钝角形,具2个近等大的尾角,三角形,长17.5～19μm,末端相隔较远(32～42.5μm),但其基部颇宽,彼此总是部分地叠盖,这表明两尾角并非同处于一个平面内。腰部圆滑,无侧凸。反映横沟稍偏下壳,很浅,在壳体侧边几乎不凹入,环形,宽7～7.5μm,其边缘以低脊为标志。反映纵沟可见或模糊。外壁表面细颗粒状或近平滑,在正模的顶角上颗粒呈纵向行线分布,有的被腐蚀的标本在壳体边缘局部具次生的破网皱纹。内体轮廓圆形—椭圆形,表面密集颗粒状或粗糙;它通常在上壳侧边与外壁之间接触,在下壳侧边则以窄的外腔相分离。古口前间式,轮廓清楚,近六边形,宽大于长。口盖完全分离,原位保存。

壳体长97.5～115μm,宽67.5～90μm;内体长62.5～85μm,宽62.5～77.5μm。正模长105μm,宽85μm;内体长72.5μm,宽77.5μm;顶角长17μm,尾角长17.5μm,反映横沟宽7.5μm。

产地及层位:滨州;沙河街组四段上部。

塞内加尔藻属 Senegalinium Jain et Millepied,1973 emend. Stover et Evitt,1978
细粒塞内加尔藻 Senegalinium microgranulatum (Stanley) Stover et Evitt,1978
(图版109,图11)

壳体轮廓近圆形—五边形,较宽圆,侧边较凸。外壁薄(0.5～1μm),表面近平滑或细颗粒状。上壳圆锥形—圆三角形,顶部具一小圆锥形顶凸,其上具顶孔或顶棘。顶凸高7.3μm,基部宽8.5μm;顶棘高5～7.5μm,基部宽4～7.5μm。下壳梯形,边较凸,2条小尾凸近等大或一条略长些:较短的一条伸出壳体轮廓线(0～2μm),略长的一条2～5μm。尾距16～25μm。反映横沟环形,较显著,宽6.5～8.5μm,边缘具窄脊,略凸出轮廓线。反映纵沟三角形,其顶达反映横沟附近。内体在顶尾部有时较明显,轮廓扁圆形,一般薄弱,界限不清。有的标本的上壳有壁变薄区,但古口界限不明。

壳体长41.2～60.7μm,宽48.5～58.2μm;内体长40～44μm,宽48.5～52.2μm。

产地及层位:垦利;沙河街组四段中上部。

渤海藻属 Bohaidina Jiabo,1978,emend. Xu et Mao,1989,Sun,1994
穴网渤海藻 Bohaidina (Bohaidina) alveolae Xu et Mao,1989
(图版109,图12)

囊孢多面体形,轮廓近菱形。上、下囊近等或上囊稍大,顶、尾端圆滑地凸出或尾端略钝圆,有时可见1个长约5μm的尾凸。腰凸4个,腰部的2个非常发育,凸起间凹陷深,背部的2个彼此较靠近,中间为浅的凹陷所隔;凸起的基部较宽大,顶端圆滑。腰部两侧可见2条或1条褶皱,一般背侧1条,腹侧1条。此腰褶的长度和宽度可变,有时可伸达两侧,彼此相连呈环形,有时仅限于腰凸之间;宽度可从数微米至十几微米。当标本未被挤压时腰褶消失。未见反映横沟、纵沟及内体显示。原壁厚约1μm,表面为非板状的坑穴状纹饰,穴坑圆形至椭圆形,在扫描电镜下呈鳞片状,大小不一,直径1～3μm,排列基本均匀,透射光下呈网状。古口前间式,3I或3Ia型,副古口缝发达,指示上囊的反映板式为4′,3a,7″。口盖复合,3块前间反映板片彼此分离,大小近等,常见前缘翘起,后缘连结前腰反映板片区。有时可见其中的1块、

2块或全部移位、扭曲或脱落,其断口不平整或不易观察。背中前间反映板片的前边平直,可能为六边形的横梁式。

囊孢长 54～70μm,宽 49～58.5μm;正模囊孢长 65μm,宽 56μm。

产地及层位:沾化;沙河街组三段上部。

顶棘渤海藻 *Bohaidina (Bohaidina) apicornicula* Jiabo,1978

(图版 109,图 13)

壳体腹背轮廓菱形,边直或微凹,具一个粗强的圆柱状顶棘(角),高 4.5～9.5μm,基部宽 3～10μm。上下壳近等大,圆锥形,侧边微凹,顶稍锐。双腰褶较明显,其间构成扁圆形腰区。腹部腰凸起尚发育,轮廓近椭圆形。壁一层,表面光滑或近平滑。古口不明。

壳体长 53～70.4μm,宽 55.8～58μm;正模壳体长 70.4μm,宽 55.8μm,顶棘(角)高 7.3μm。

产地及层位:垦利;沙河街组二段下部。

不对称渤海藻 *Bohaidina (Bohaidina) asymmetrosa* Jiabo,1978

(图版 109,图 14)

壳体轮廓菱形—近四边形。上下壳不等大,小者矮三角形,顶端圆滑或尖锐,或具微小的顶棘或顶孔;大者三角形—梯形,侧边平直或微凹,末端较宽圆。壁表面纹饰细—粗颗粒状。腰褶不发育或缺失,腹面腰凸起发育,轮廓椭圆形,凸褶的两边近平行,其轮廓颇像环沟在腹面两端的排列。古口不明。

壳体长 36～41.2μm,宽 36～44.5μm;正模长 40μm,宽 41.2μm。

产地及层位:滨州;沙河街组三段中部。

隆背渤海藻 *Bohaidina (Bohaidina) dorsiprominentis* Jiabo,1978

(图版 110,图 1)

壳体保存为立体状,背腹面轮廓为"十"字形或菱形,侧面轮廓"十"字形,顶视轮廓近三角形。上下壳较发达,轮廓三角形—圆锥形。原壁表面细网状,网脊宽 0.6～0.7μm,网眼直径 0.6～1.2μm。腰凸起发达,卵形—近球形;背凸起发育,高 14～21.8μm,宽 16.5～24μm,顶面观为圆锥形—圆柱形,背面观为圆形。古口发育时为前间式,3Ia 型。口盖复合。

壳体长 52.6～68.5μm,宽 38.8～60.7μm;正模长 68.5μm,宽 50.5μm。

产地及层位:垦利;沙河街组三段上部。

纺锤渤海藻 *Bohaidina (Bohaidina) fusiformis* Jiabo,1978

(图版 110,图 2)

壳体纺锤形—菱形,腰区轮廓线平缓凸出,侧边平直或略凹,两端尖。上下壳圆锥形,顶端尖。壁 1 层,表面粗糙,细颗粒—皱网状。腰区不显著。腹面腰凸起较大,但不够明显。古口不明。

壳体长 54.5μm,宽 30μm。

产地及层位:垦利;沙河街组三段中部。

粒面渤海藻 *Bohaidina*（*Bohaidina*）*granulata* Jiabo,1978

（图版 110,图 3）

壳体轮廓近菱形,侧边微凹。上下壳较长,侧边经常凹陷,基部扩大,上部或收缩成窄圆锥形的顶凸。壁 1 层,表面颗粒状,细或粗（直径 0.5～1.2μm）,或局部连成皱纹状。腰褶发育,有时因保存关系,仅 1 条清楚,其间夹扁圆形的腰区。腹面腰凸起发育,轮廓圆形或椭圆形。古口发育时为前间式,I2a 或 3I 型。口盖简单或复合,游离或原位。

壳体长 53.4～99.5μm,宽 48～77.6μm;正模长 88.6μm,宽 72.8μm。

产地及层位:滨州;沙河街组三段。

粒面渤海藻双锥亚种 *Bohaidina*（*Bohaidina*）*granulata biconica* Jiabo,1978

（图版 110,图 4）

壳体轮廓宽纺锤形—双锥形。壁表面纹饰细颗粒状。上下壳伸长,侧边显著凹陷,基部扩大,形成圆锥形的顶、尾凸。

壳体长 63.1～92.2μm,宽 55.8～64.3μm;正模长 80.1μm,宽 57μm。

产地及层位:垦利;沙河街组三段上部。

粒面渤海藻粒面亚种 *Bohaidina*（*Bohaidina*）*granulata granulata* Autonym

（图版 110,图 5）

本亚种的壳体长 72.8～99.5μm,宽 51.5～77.6μm;正模长 88.6μm,宽 72.8μm。其他特征如种征。

产地及层位:垦利;沙河街组三段。

光面渤海藻 *Bohaidina*（*Bohaidina*）*laevigata* Jiabo,1978

（图版 110,图 6）

壳体腹背轮廓菱形、双锥形或圆方形。上下壳较发达,一般显著伸长,多为圆锥形,侧边平直或稍凸,很少凹,顶尾部圆滑或凸。具双腰褶和 2 个腹面腰凸起,因保存位置,有时仅 1 条腰褶和 1 个凸起明显。原壁薄,表面平滑。古口经常不见,当古口发育时为前间式,3Ia 型。口盖复合。

壳体长 53.4～80.1μm,宽 46.1～68.5μm;正模长 77.6μm,宽 60.5μm。

产地及层位:垦利;沙河街组二段上部。

光面渤海藻光面亚种 Bohaidina (Bohaidina) laevigata laevigata Autonym

(图版110,图7)

这一亚种的壳体长67.9~80.1μm,宽54~69.1μm;正模长77.6μm,宽60.5μm。其他特征如种征。

产地及层位:垦利;沙河街组三段。

光面渤海藻小型亚种 Bohaidina (Bohaidina) laevigata minor Jiabo,1978

(图版110,图8)

壳体较小,轮廓近菱形。上下壳长或短,侧边微凹,无顶凸及顶棘。腹面腰凸起显著退化,凸褶常为新月状。古口不明。

壳体长53.4~63.1μm,宽46.1~61.5μm;正模长60.7μm,宽46.1μm。

产地及层位:垦利;沙河街组三段上部。

细网渤海藻 Bohaidina (Bohaidina) microreticulata Jiabo,1978

(图版111,图1)

壳体背腹轮廓菱形;顶面轮廓正三角形,底边稍凹。上下壳较发达,圆锥形—三角形,侧边较直或微凹。腰区窄,或不显著。腰凸起明显,轮廓圆—椭圆形。壁表面细网状;网脊(宽0.6~0.8μm)清楚,网眼较均匀。古口发育时为前间式,3Ia型。口盖复合。

壳体长58.2~80.1μm,宽53.4~68μm;正模长61.9μm,宽58.2μm。

产地及层位:沾化;沙河街组三段。

伸长渤海藻 Bohaidina (Bohaidina) prolata Zhu,He et Jin in He et al.,1989

(图版111,图2)

壳体腹背轮廓伸长菱形,长宽之比接近2∶1,侧边近平直,腰区微凸。上下壳近等大,横向腰部褶不明显,腰区腹面两凸起发育。壁单层,表面颗粒状。古口不明。

壳体长90.3~93μm,宽49~52.3μm;正模长90.3μm,宽49μm。

产地及层位:东明;沙河街组三段上部。

皱网渤海藻皱网亚种 Bohaidina (Bohaidina) retirugosa retirugosa Autonym

(图版111,图3)

壳体轮廓菱形—纺锤形,上下壳较发达,侧边凹,或具顶尾凸。壁1层,表面细网—皱网状。腰褶显著,腹面腰凸起发育,一般大而圆,凸褶环形—半环形。古口发育时为前间式,(3I)或(3Ia)型。口盖复合。

壳体长53.4~94.6μm,宽50~82μm;正模长95μm,宽70μm。

产地及层位:垦利;沙河街组三段中部。

皱网渤海藻宽菱亚种 *Bohaidina*（*Bohaidina*）*retirugosa brachorhombica* Jiabo,1978
（图版111,图4）

壳体轮廓菱形,宽大于长,边较直,腰区轮廓线近平直。上下壳近等大,等腰三角形,壳顶尾部钝而宽,极部角大于直角。壁较厚,表面细皱网状。2条腰褶发达(宽10～15μm),其间构成扁圆形的腰区。腰凸起较发达,轮廓椭圆形,凸褶环形。古口不明。

壳体长55.8～63.1μm,宽72.5～75.2μm;正模长63.1μm,宽75.2μm。

产地及层位:滨州;沙河街组。

皱网渤海藻小型亚种 *Bohaidina*（*Bohaidina*）*retirugosa minor* Jiabo,1978
（图版110,图9）

壳体长53.4～64.3μm,宽50～61.4μm;正模长57.5μm,宽52.5μm。其他特征见种征。

产地及层位:沾化;沙河街组三段。

皱网渤海藻皱网亚种 *Bohaidina*（*Bohaidina*）*retirugosa retirugosa* Autonym
（图版110,图10）

壳体长64.3～95.6μm,宽60.7～82μm;正模长95μm,宽70μm。其他特征如种征。

产地及层位:垦利;沙河街组三段。

槽沟渤海藻 *Bohaidina*（*Bohaidina*）*rivularisa* Jiabo,1978
（图版111,图5）

壳体轮廓菱形,侧边微凹。上下壳圆锥形。壁1层,表面颗粒状。腰区具颇像横沟的凹槽,槽宽约11μm,横向直伸,边缘具宽脊(2～2.5μm),在平面上非常清晰,轮廓线上无显示。凹槽两端具明显腹面凸起,轮廓椭圆形。古口不明。

壳体长67.9μm,宽65.5μm。

产地及层位:垦利;沙河街三段中下部。

皱面渤海藻 *Bohaidina*（*Bohaidina*）*rugosa* Jiabo,1978
（图版111,图6）

壳体轮廓菱形,侧边略凸凹,上下壳发达。腹面腰凸起较大,但欠显著。壁表面为规则皱纹和粗颗粒状(直径0.6～0.8μm),皱纹线条状,长而弯曲(5～10μm)。古口不明。

壳体长56～74μm,宽48～65μm;正模长56μm,宽48μm。

产地及层位:垦利;沙河街组三段。

刺纹渤海藻 *Bohaidina*（*Bohaidina*）*spinosa* Xu et Mao,1989
（图版111,图7）

囊孢陀螺形—双锥形,轮廓菱形—四边形,顶、尾角突出或圆滑,上、下囊近等。腰凸2～3个,通常腹凸较发育,背凸微弱或退化。腰褶1～2条,长度可变,宽2～8μm,或缺失。无反映横沟、纵沟及内体的任何显示。原壁厚 1μm 左右,表面纹饰为非板状的颗粒状—短棒状,棒直或弯曲,直径小于 1μm,长 1.5~2.5μm,顶端尖或微膨大,基部孤立或由低脊相连成短线状、蠕虫状,一般均匀排列,同一标本上的纹饰基本一致。古口发育时为前间式,(3Ia)型,副古口缝较发育。口盖复合式。上囊反映板式为 4′,3a,7″。

囊孢长 40~55.5μm,宽 30~44.5μm;正模长 40μm,宽 34.5μm。

产地及层位:沾化;沙河街组。

刺纹渤海藻纺锤亚种 *Bohaidina (Bohaidina) spinosa fusiformis* (Xu et Mao) Lentin et Williams,1993

(图版 110,图 11)

囊孢纺锤形,顶、尾角明显,腰部肿大,略显腰凸和腰褶。原壁表面纹饰为非板状的短棒刺。古口前间式,显示较模糊,有时可见前间反映板片翘起、变形或顶部下方破碎。

囊孢长 44~55.5μm,宽 31~44.5μm;正模长 50μm,宽 41μm。

产地及层位:沾化;沙河街组三段上部。

刺纹渤海藻方型亚种 *Bohaidina (Bohaidina) spinosa quadrata* (Xu et Mao) Lentin et Williams,1993

(图版 111,图 8)

囊孢轮廓亚四边形,腰凸略显,腰褶发育,颇长。原壁表面纹饰为非板状的短棒刺,基部孤立或由低脊连结成为短线状。古口前间式,常可辨认,分裂 3 块前间反映板片的副古口缝发育。口盖原位。

囊孢长 40~47μm,宽 30~39μm;正模长 40μm,宽 34.5μm。

产地及层位:沾化;沙河街组三段上部。

刺纹渤海藻刺纹亚种 *Bohaidina (Bohaidina) spinosa spinosa* Autonym

(图版 111,图 9)

囊孢轮廓卵圆形,腰部圆滑,腰凸显著或不显著,腰褶常缺失。原壁表面纹饰短棒状。古口明显前间式,前间反映板片常翘起或变形。

囊孢长 40~47μm,宽 30~39μm;正模长 40μm,宽 34.5μm。

产地及层位:沾化;沙河街组三段上部。

东营角凸藻 *Bohaidina (Prominangularia) dongyingensis* (Jiabo)

(图版 111,图 10)

壳体轮廓近三角形,边平直或微凸凹。上下壳不等,大者三角形,顶部圆,小者颇不发育,呈窄边状。腰区或角部的两凸起较弱,圆形—椭圆形,压平后常破裂。腰褶一般显示 1 条。壁 1 层(厚 0.6~1μm),表面近平滑或呈颗粒状。具前间古口。口盖原位。

壳体长46.5～55.8μm,宽46.1～61.9μm;正模长47.5μm,宽54μm。

产地及层位:滨州;东营组三段。

粒面角凸藻 *Bohaidina（Prominangularia）granulata*（Jiabo）
（图版110,图12）

壳体轮廓三角形—圆锥形或近梯形,边平或微凹凸,极部角锐圆或较平。上、下壳颇不等,大者近三角形—圆锥形,小者极不发育,呈窄边状。1条腰褶尚清楚。腰区或角部的两凸起发育,凸起薄而柔弱,平压后呈圆形—椭圆形或镰刀状,有时可伸出轮廓线。壁较薄(0.4～1μm),1层,表面粗或细颗粒状。具核状物。

壳体长26～55.5μm,宽28～62.5μm;正模长38.7μm,宽40μm。

产地及层位:沾北;东营组三段。

光面角凸藻 *Bohaidina（Prominangularia）laevigata*（Jiabo）
（图版111,图11）

壳轮廓三角形,角部锐圆,侧边较平,底边凹陷。上下壳不等,大者三角形—圆锥形,小者极不发育。壁薄(0.5μm左右),1层,表面平滑。腰褶常显1条。腰区或角部具2个大凸起,轮廓圆形—椭圆形,压平后凸褶环形—半环形,可伸出轮廓线。古口存在时前间式。具核状物。

壳体长26～53μm,宽28～54μm;正模长40μm,宽46.2μm。

产地及层位:滨州;沙河街组三段中下部。

百色藻属 *Bosedinia* He,1984
美丽百色藻 *Bosedinia elegans* He,1991
（图版108,图17）

壳体较小,轮廓近圆形,被古口分成明显不等大的两部分,其中口盖约占壳体长的1/3。壁厚约1μm,表面近平滑或被腐蚀。古口颇大,接近或位于壳体的最宽处,联合式,(tAtI)型,其边缘平缓波状。口盖完全分离并黏附在原位上。壳壁浅黄绿色。

壳体长32～32.5μm,宽29～31.5μm,口盖高8～10μm;正模壳体长32μm,宽29μm,口盖高约10μm。

产地及层位:垦利;沙河街组四段中上部。

粒面百色藻 *Bosedinia granulata*（He et Qian）He,1984
（图版111,图12）

壳体轮廓近卵形—近圆形,脱囊后,呈倒蘑菇形、高拱形或圆三角形等。无顶角和尾角,无反映腰带及反映板式。下壳一般大于上壳,常为高拱形。壁薄,可褶皱,表面具颗粒状纹饰;颗粒密或稀,细或粗,在有的标本上偶见几根短棒状突起(长1～2.5μm)。古口位于壳体的最宽处，联合式，(tAtI)型，古口边缘平直，口盖常粘在古口边或脱落。含黄色的核状物。

壳体直径 37.5～60μm；正模壳体直径 55μm，副模壳体直径 50μm。

产地及层位：利津；沙河街组一段。

细皱百色藻亚种 *Bosedinia micirugosa micirugosa* Autonym

（图版 111，图 13）

壳体中等大或小，轮廓近圆形—圆三角形。壁薄，单层或双层紧贴在一起；表面细皱状，皱直或微弯曲；有的皱端略为膨大呈蠕虫状，使表面有颗粒感；部分皱可相连，皱较低，轮廓线微齿状，皱宽 0.6μm 左右，长 2～3.5μm；个别标本或许因腐蚀而使皱纹被掩盖，使表面呈虚网状。具褶皱。古口较大，其宽度接近或小于壳宽，联合式，(tAtI)型，古口轮廓线近平直。口盖联结。具核状物。

壳体直径 30～52.5μm；正模直径 47.5μm。

产地及层位：沾化；东营组。

口盖百色藻 *Bosedinia operculata* (Jiabo) He, 1984

（图版 112，图 1）

壳体轮廓圆三角形，壁薄约 1μm，可见一层或两层紧贴在一起。表面具皱状纹饰；有的皱纹很长呈脑皱状，如正模；其他标本上的皱纹一般较短，排列较密或相互搭连显破网状，有的皱纹较粗糙。壳体轮廓线波状。古口大，接近壳体的最宽处，联合式，(tAtI)型，其边缘平直无缺刻。口盖原位保存。具核状体。

壳体直径 47.5～60μm；正模直径 50.2μm。

产地及层位：临邑；东营组。

黄河藻属 *Huanghedinium* Zhu, He et Jin in He et al., 1989

粒皱黄河藻 *Huanghedinium granorugosum* Zhu, He et Jin in He et al., 1989

（图版 110，图 13）

壳体腹背或多或少扁平，轮廓圆五边形，尾边稍凹，侧边一般微凸或平直。上下壳近等大。上壳三角形，顶角几乎缺乏或微显示，顶端圆滑，少数具顶孔。下壳倒梯形，尾部桃尾形，显示颇退化的两尾凸。反映腰带通常明显，环形，宽 3.9～5μm，其边缘饰以细脊，通常有褶皱相伴生。反映纵沟限于下壳，明显或模糊。壁单层，厚 1μm 左右，表面颗粒状—粒皱状或细粒—近平滑，具刀状褶。反映板式由古口和反映腰带表示。古口较大（长 10.5～12.5μm，宽 12.5～15μm），联合式，(AtI)型。口盖脱落，偶尔掉进壳体内。

壳体长 42.5～59μm，宽 45～65μm；正模长 46μm，宽 53μm，反映腰带宽约 5μm。

产地及层位：菏泽；沙河街组一段上部。

大型黄河藻 *Huanghedinium magnum* Zhu, He et Jin, in He et al., 1989

(图版112,图2)

壳体大,轮廓圆五边形。上、下壳近等大。上壳三角形,侧边稍凸,顶角未分化出来,顶端宽圆;下壳倒梯形,侧边微凸,尾边近平直,尾角已退化。反映腰带较明显,环形,宽 2.5~3μm,在壳体侧边不凹入,其边缘以细脊为标志。壁单层,厚约 1μm,表面颗粒状—粒皱状。反映板式由古口和反映腰带表示。古口较大,联合式,(AtI)型。口盖脱落或掉入壳腔内。

壳体长 72~75μm,宽 69.5~75μm;正模长 75μm,宽 69.5μm。

产地及层位:菏泽;沙河街组一段上部。

副渤海藻属 *Parabohaidina* Jiabo, 1978

粒皱锥藻 *Parabohaidina*（*Conicoidium*）*granorugosa*（Jiabo）

(图版112,图3)

壳体轮廓圆菱形或卵形。壁1层,表面粗颗粒状,或颗粒相连成皱状纹饰。常具褶皱,有时难以分辨腰褶之所在。具一大的核状物。

壳体长 47~55μm,宽 43.1~59μm;正模长 47μm,宽 43.1μm。

产地及层位:垦利;沙河街组三段上部。

粒面锥藻 *Parabohaidina*（*Conicoidium*）*granulata*（He）

(图版108,图18)

壳体轮廓圆锥形,长小于或等于宽,顶部圆滑。壁薄,1层;表面颗粒状,细或粗,粒径 0.6~1μm;有时在个别标本的腰区上,颗粒相连成亚皱网状。腰区横褶发育,1~2条;有时形成环圈状,或许是腰带的反映。具核状物。

壳体长 37.5~55μm,宽 45~62μm;正模长 45μm,宽 60μm;副模长 55μm,宽 62μm。

产地及层位:东明;沙河街组三段。

光面锥藻 *Parabohaidina*（*Conicoidium*）*laevigata*（Jiabo）

(图版112,图4)

壳体轮廓圆三角形。上、下壳不等大,大者近圆锥形,小者几乎不发育,为窄边状。壁薄,1层,表面近平滑,具次生皱纹。

壳体长 38~52.5μm,宽 37.6~55μm;正模壳体长 38.8μm,宽 37.6μm。

产地及层位:垦利;沙河街组三段。

细瘤面锥藻 *Parabohaidina*（*Conicoidium*）*tuberculata*（Jiabo）

(图版112,图5)

壳体轮廓近圆锥形—圆三角形。上、下壳发育不等,小者颇不发育或呈窄边状,浅弓形。壁薄,表面具细瘤;瘤圆形、椭圆形、短条状,大小为 0.5~2.5μm,一般 0.8~1.5μm。同一标本上的瘤大小较一致,排列密而整齐。腰褶或发育,1~2条。具一核状物。

壳体长 35～58μm,宽 37.5～72.5μm;正模长 55μm,宽 72.5μm。

产地及层位:高青;沙河街组三段上部。

拟角副渤海藻 *Parabohaidina*(*Parabohaidina*) *ceratoides* Zhu,He et Jin in He et al.,1989

(图版 112,图 6)

壳体轮廓近纺锤形,本体亚圆形,腰区明显地鼓胀。腰部具 2 条横褶,可能是腰带的反映。上、下壳基部强烈收缩,形状殊异,其中之一退化成长角状(长 18μm,宽约 6μm)。壁 1 层,较薄,表面微粒状—近平滑。具核状物。古口不明。

壳体长 77.5μm,宽 54μm。

产地及层位:菏泽;沙河街组三段中下部。

粒面副渤海藻 *Parabohaidina*(*Parabohaidina*) *granulata* Jiabo,1978

(图版 112,图 7)

壳体轮廓近菱形。上下壳相等或不等,圆锥形或三角形,有的壳体长宽近等。壁薄,1 层,表面颗粒状,粗或细,或呈粒刺状,反映于轮廓线上。2 条腰褶清楚。古口存在时为联合式,(tAtI)a 型,在古口的构成中可能包含顶和前间区。口盖在腹面连生。

壳体长 31.5～60.7μm,宽 32.2～70.4μm;正模长 43.7μm,宽 37.5μm。

产地及层位:垦利;沙河街组三段。

光面副渤海藻 *Parabohaidina*(*Parabohaidina*) *laevigata* Jiabo,1978

(图版 112,图 8)

壳体轮廓近菱形,边平直或微凹。上下壳近等大,圆锥形或锐半圆形—三角形。壁薄,1 层,表面近平滑。2 条腰褶常清楚,腰区边缘平或微凹陷。古口存在时,为联合式,由顶区(顶角基部)开裂而成,(tAtI)a 型。口盖在腹面连生。

壳体长 36.5～81.3μm,宽 36～76.4μm;正模长 72.5μm,宽 52.5μm。

产地及层位:沾化;明化镇组下段。

光面副渤海藻光面亚种 *Parabohaidina*(*Parabohaidina*) *laevigata laevigata* Autonym

(图版 112,图 9)

这一亚种的壳体长 65.5～81.3μm,宽 50.9～67.9μm;正模长 72.5μm,宽 52.5μm。其他特征如种征。

产地及层位:垦利;沙河街组三段。

光面副渤海藻小型亚种 *Parabohaidina* (*Parabohaidina*) *laevigata minor* Jiabo,1978

(图版 112,图 10)

壳体轮廓菱形,四角钝圆。壁薄,一层,表面近光滑。在赤道附近具 2 条近于平行的新月形横褶。古口存在时,联合式,由顶区(顶角基部)开裂而成,(tAtI)a 型。口盖在腹面连生。

壳体长 25.5～61μm,宽 25～59μm;亚种的正模长 55μm,宽 44.4μm。

产地及层位:垦利;沙河街组三段上部。

光面副渤海藻卵形亚种　*Parabohaidina*（*Parabohaidina*）*laevigata ovata* Jiabo,1978
（图版 112,图 11）

壳体轮廓卵圆形。2 条腰褶发达,壳体长小于宽。其他特征如种征。

壳体长 53.4～55.8μm,宽 67.9～76.4μm;正模长 55.8μm,宽 76.4μm。

产地及层位:滨州;沙河街组三段上部。

濮阳副渤海藻　*Parabohaidina*（*Parabohaidina*）*puyangensis* Zhu,He et Jin in He et al.,1989
（图版 112,图 12）

壳体轮廓纺锤形、"十"字形,长大于宽,本体轮廓椭圆形,腰部明显膨大。上、下壳菱形,近相等,侧边强烈地凹入,两极部宽圆形。壁单层,壁较薄,1 层,表面颗粒状,颗粒细或粗。赤道区横向褶明显,或许是腰带的反映。腰区、腹区两侧缺乏凸起。具圆或椭圆形核状物。古口不明。

壳体长 61.9～87.9μm,宽 51.6～64.5μm;正模长 67μm,宽 64.5μm。

产地及层位:东明;沙河街组四段上部。

皱网副渤海藻　*Parabohaidina*（*Parabohaidina*）*retirugosa* Jiabo,1978
（图版 113,图 1）

壳体轮廓近菱形—近纺锤形,边微凹或较平。上、下壳相等或不等,矮圆锥形—圆三角形。壁 1 层(厚 0.4～1μm),纹饰细网状—细皱网状,网眼规则或不规则(直径 0.4～0.7μm)。2 条横向腰褶发达。古口不明。

壳体长 50.9～72.8μm,宽 53.4～77.5μm;正模长 63.7μm,宽 62.5μm。

产地及层位:垦利;沙河街组三段。

瘤面副渤海藻　*Parabohaidina*（*Parabohaidina*）*verrucosa* Jiabo,1978
（图版 113,图 2）

壳体轮廓近椭圆形—近菱形。上、下壳不发育,近半圆形,相等或不等。壁 1 层,厚 1μm,表面疏布瘤状纹饰;瘤近圆形,大小不一(0.8～4μm),分布不均。2 条横向腰褶较清楚。古口不明。

壳体长 46.1μm,宽 50.9μm。

产地及层位:临邑;沙河街组三段。

副多甲藻属　*Paraperidinium* Jin,He et Zhu in He et al.,1989 emend. Mao et al.,1995
美丽副多甲藻　*Paraperidinium bellum* Jin,He et Zhu in He et al.,1989
（图版 112,图 13）

壳体腹背扁平,轮廓为典型的多甲藻形,两侧对称,腰部一般明显地凸出。上壳比下壳略小,三角形,顶凸(角)多少有显示,顶端宽圆和封闭。下壳向后延伸出两尾角,鸡腿形,近等大,彼此叉开或近平行,基部相互接触,向末端渐渐变细;末端多数具坚实的棒状尾棘(长 3μm 左右),少数或被揉皱,尾棘末端较钝;尾角长 8～13μm。反映腰带一般清晰可见,不凹入,环形,其边缘以细脊表示,宽 4.5～6μm。反映纵沟限于下壳,前后等宽,和反映腰带的宽度大致相等。壁单层,表面具皱纹(皱纹基本上为纵向排列)或不完全细网状;壁经常有褶皱。古口大,联合式,(AtI)型,在古口的形成中包含第 3 块顶反映板片和前间区(1a～3a)。口盖通常脱落。由于古口颇发达,上壳经常保存不全。

壳体(包括角)长 40～55μm,宽 30～48μm;正模长 52μm,宽 46μm,尾角长 10μm,反映腰带宽 5.5μm。

产地及层位:菏泽;沙河街组一段上部。

风筝副多甲藻 *Paraperidinium draco* Jin, He et Zhu in He et al., 1989

(图版 111,图 14)

壳体轮廓风筝形、"大"字形或五边形。侧面观本体透镜体形,腰部强烈地鼓胀。上壳为搪瓷杯盖形,具一顶角,圆柱形或圆锥形,顶端圆滑和封闭。下壳较大,有点鞍马形,2 尾角较发达,等大或略不等大,彼此叉开,基部毗邻,向远极渐细,末端棒状;尾角长 12～17μm。反映腰带明显,位于腰部最宽处,在化石状况下总是位于本体的边缘,环形,不凹入,其边缘饰以细脊,反映腰带宽 4～5μm。反映纵沟不明。壁单层,纵向短皱状或不完全的细网状。古口不清楚,很可能为联合式,(AtI)型。

壳体(包括角)长 40～45μm,宽 37.5～41.5μm;正模长 40μm,宽 39μm;顶角长小于 10μm,宽 5μm,尾角长 17μm,反映腰带宽 4μm。

产地及层位:菏泽;沙河街组一段上部。

菱球藻属 *Rhombodella* Cookson et Eisenack 1962 emend. Jiabo 1978, Mao et al., 1995

棘刺菱球藻 *Rhombodella acantha* Xu et al., 1997 ex He et al. herein

(图版 113,图 3)

囊孢贴近收缩式,本体轮廓近菱形,各角部圆凸。原壁表面密布毛发状刺,实心,基部加宽成颗粒状,刺长不超过 6μm,有的仅为颗粒顶端的尖出,长度小于 2μm。刺的分布欠均匀,一般本体的四角部较密集较长,侧边附近较稀较短。古口存在时为联合式,(tAtI)a 型,以一角区开裂所指示,在古口的构成中可能包含顶和前间区。口盖在腹面连生。

壳体长 43.5～58.6μm,宽 33.2～49.2μm,突起长 1.5～6μm;正模的壳体长 58μm,宽 46.5μm,突起长达 5μm。

产地及层位:滨州;沙河街组一段。

裂棒菱球藻 *Rhombodella bifurcata* Jiabo, 1978

(图版 108,图 19)

壳体轮廓菱形—近圆形,边略隆起,角部宽圆。赤道部位具一微弱的反映腰沟,上、下壳或等大。原壁薄于 1μm,表面细颗粒状—微颗粒状,具细长的棒状突起。突起密或稀,在壳体周围30~40条,长4.5~6μm,一般在1/4~1/3处开始分叉,二分叉的末端略膨大。古口联合式,(tAtI)a型,以一角区开裂所指示,在古口的构成中可能包含顶和前间区。口盖在腹面连生。

壳体长3~37.5μm,宽31~35μm;正模壳体长37.5μm,宽35μm,突起长5~6μm。

产地及层位:临邑;沙河街组一段。

美丽菱球藻 *Rhombodella formosa* Zheng et Liu in Liu et al.,1992
(图版108,图20)

壳体轮廓菱形,四角部浑圆。壁薄,1层,表面具粗颗粒状或矮小的管状突起,短管高度不超过1.5μm,末端圆形,一般分布不均。古口联合式,a型,以一角区开裂所指示,在古口的构成中可能包含顶和前间区。口盖在腹面连生。

壳体长28.5~45μm,宽28~40μm;正模壳体长36μm,宽32μm。

产地及层位:莘县;沙河街组一段。

乳凸菱球藻 *Rhombodella papillifera* He,Zhu et Jin,1989
(图版108,图21)

壳体轮廓菱形,具一明显的乳头状尾凸,但缺乏顶凸和侧凸。壁较薄,表面具非常稀少的粒棒状纹饰,长0.8μm左右。具2条横向赤道褶,或许是腰带的反映。古口联合式,(tAtI)a型,以一角区开裂所指示,其边缘角状,在古口的构成中可能包含顶和前间区。口盖在腹面连生。

壳体长40μm,宽39μm。

产地及层位:东明;沙河街组一段下部。

丛突菱球藻 *Rhombodella symphyanthera* He,Zhu et Jin,1989
(图版113,图4)

壳体轮廓菱形,角部钝圆,具短突起,细带状或棒状,末端近平直或微扩大—分叉或缺刻状,分叉的末端为小球形,突起长3.5~7.5μm,宽2.5μm左右。突起主要限于壳体的四角部,在这几个区内的突起略呈丛状分布,在其他部位突起稀少或缺乏。壁较薄,表面近平滑或呈稀的细粒状。在腰部或具1~2条横褶,可能是腰带的反映。古口联合式,(tAtI)a型,以一角区开裂所指示,在古口的构成中可能包含顶和前间区。口盖在腹面连生。

壳体(不包括突起)长33~39μm,宽28.5~34μm;正模壳体长39μm,宽34μm,突起长3.5~6μm。

产地及层位:莘县;沙河街组一段下部。

变异菱球藻 *Rhombodella variabilis* Jiabo,1978
(图版113,图5)

壳体轮廓近菱形—圆菱形,顶、尾及两侧角钝圆,边凹凸或平直。上、下壳近等。壁薄,1层,表面细颗粒状,具短棒状突起;突起一般较密,少数较稀,在壳体周围一般见30~50条。

突起末端平截或钝圆,略膨大或微分叉,一般长 2~3.2μm,个别达 4μm。在正模的赤道部位的棒状突起较少,显一微亮带,附近两侧各有一平行的"腰褶",形似"腰带"。古口联合式,(tAtI)a 型,以一角区开裂所指示,在古口的构成中可能包含顶和前间区。口盖在腹面连生。具核状物。

壳体长 32.5~42.5μm,宽 30~37.5μm;正模壳体长 40μm,宽 37.5μm。

产地及层位:菏泽;沙河街组一段。

瘤突菱球藻 *Rhombodella verruciformis* He, Zhu et Jin, 1989
(图版 113,图 6)

壳体轮廓菱形,四角部钝圆,上下壳近等大,但通常不对称,一般上壳稍伸长。四角部各具一个中空的凸起,颇低矮,呈瘤痣状;瘤或被穿孔,末端封闭。壁较薄,单层或仅在凸起之下可见 2 层,表面平滑或近平滑。在腰区具 2 条横向镰刀状褶,这或许是腰带反映。古口联合式,(tAtI)a 型,以一角区开裂所指示,在古口的构成中可能包含顶和前间区。口盖在腹面连生。

壳体长 31~47μm,宽 30~43.5μm;正模壳体长 31μm,宽 30μm。

产地及层位:莘县;沙河街组一段。

中原藻属 *Zhongyuandinium* Zhu, He et Jin in He et al., 1989
双锥中原藻 *Zhongyuandinium biconicum* Zhu, He et Jin in He et al., 1989
(图版 113,图 7)

壳体凸透镜体形,轮廓双锥形或平行四边形,宽大于长。上、下壳不发达,其形状和大小相同,低圆锥形。腰区强烈扩张;反映腰带位于其内,明显环形,宽 5μm,不凹入,其边缘以细脊为界。原壁表面颗粒状。反映板式以反映腰带和古口表示。古口不够明显,前间式。

壳体长 38.5μm,宽 56.5μm。

产地及层位:菏泽;沙河街组一段上部。

十字中原藻 *Zhongyuandinium craciatum* Zhu, He et Jin in He et al., 1989
(图版 113,图 8)

壳体轮廓"十"字形,一般宽大于长,或长宽近等。腰区强烈鼓胀,呈凸透镜形。上、下壳斗笠形,近等大。上壳顶部具顶棘(圆柱形或棘端微裂开)或顶孔(孔缘有加厚);下壳尾部具或不具一个实心的锥形尾棘;顶、尾棘长 3~4.5μm。反映横沟明显,位于壳体最宽的腰部,环形,浅凹,颇窄,宽 2~4μm,沟边缘的脊明显,在壳体侧边呈短刺状伸出(长 0.5μm)。反映纵沟缺乏。原壁较薄,表面除反映横沟区平滑外,具纵向条纹和细粒或粒皱状纹饰。古口较明显,前间式,I 或 tI 型。

壳体长 54~72.5μm,宽 56~74μm;正模长 69μm,宽 74μm,反映横沟宽约 2.5μm。

产地及层位:菏泽;沙河街组一段上部。

美丽中原藻 *Zhongyuandinium decorosum* Zhu, He et Jin in He et al., 1989

（图版 113，图 9）

壳体轮廓为凹四边形或"十"字形；腰区凸透镜状，向外明显地鼓胀。上、下壳近双锥形或斗笠形，近等大。上壳具顶孔，孔缘加厚（高 1~2.6μm），有时形成一个坚实的圆柱形顶棘，长达 7.9μm；顶角未明显地分化出来。下壳具或不具一坚实的尾部加厚部分（尾棘），锥形或圆柱形，长短可变，长 1.5~7.9μm。反映横沟明显，位于壳体最宽处，环形，宽 3~6.5μm，浅平，其边缘饰以明显的脊（脊高约 0.6μm）。反映纵沟缺乏。壁较薄，单层，表面具纵向条纹和细粒或粒皱状纹饰。古口较明显，较大，前间式，I 或 tI 型。口盖脱落或保存在原位。

壳体长 56.8~76.3μm，宽 49~77.4μm；正模长 74μm，宽 61μm，反映横沟宽 6.5μm。

产地及层位：菏泽；沙河街组一段上部。

伸长中原藻 *Zhongyuandinium elongatum* Zhu, He et Jin in He et al., 1989

（图版 113，图 10）

壳体伸长，菱形，腹背轮廓纺锤形、长菱形，侧边或对应边近等长，上、下壳近等大。上壳圆锥形，顶部平缓，具顶孔，孔径约 5μm，孔缘加厚，加厚部分或微裂开呈短棘状。下壳三角形，通常具一坚实的尾棘，圆柱形、圆锥形或球形，长 5.2~10μm，宽 2.5~3μm；有的尾棘基部稍大，中部稍细，末端扩大为球状。腰区腹面两侧各具一凸起，轮廓圆形或椭圆形。具反映腰带及腰部横向褶皱。原壁较薄，表面颗粒相连成粒皱状，密集均匀；有的颗粒呈纵向排列，构成细脊纹。古口不明显，可能为前间式。

壳体长 62~84μm，宽 30~49.5μm；正模长 70μm，宽 32.5μm。

产地及层位：菏泽；沙河街组一段上部。

伸长中原藻伸长亚种 *Zhongyuandinium elongatum elongatum* Autonym

（图版 113，图 11）

壳体为显著伸长形，腰区圆滑，无明显的腰部鼓胀，腰区腹面两凸起较发达，其他特征同本种征。

壳体长 64.5~75μm，宽 30~38μm；正模长 70μm，宽 32.5μm。

产地及层位：菏泽；沙河街组一段上部。

伸长中原藻宽腰亚种 *Zhongyuandinium elongatum latum* Zhu, He et Jin in He et al., 1989

（图版 113，图 12）

壳体伸长形，腰区明显地横向扩张（向外鼓胀），腰区腹面两侧的凸起中等发育或不显著，其他特征同本种征。

壳体长 61.5~77.5μm，宽 32.5~49.5μm；正模长 77.5μm，宽 49μm。

产地及层位：菏泽；沙河街组一段上部。

粒皱中原藻 *Zhongyuandinium granorugosum* Zhu, He et Jin in He et al., 1989

(图版113,图13)

壳体轮廓菱形,边凹,长大于宽,上、下壳近等大。上壳具一实心的顶棘,乳头状,微开裂或不裂开,下壳也具一坚实的尾棘,圆锥形或乳头状,长 4~5μm。反映横沟较清楚,环形,宽 3~4μm。原壁厚 0.5~1μm,表面具细弱颗粒和粒皱状纹饰,较粗糙。古口较宽大,前间式,(tI)型。

壳体长 59~67μm,宽 44~45.5μm;正模长 59μm,宽 45.5μm。

产地及层位:菏泽;沙河街组一段上部。

小型中原藻 *Zhongyuandinium minus* Zhu, He et Jin in He et al., 1989

(图版113,图14)

壳体较小,轮廓菱形—凹边四边形,长大于宽。上、下壳近等大,各具一坚实的极部构造,顶棘短棒形(长 2μm),尾棘圆柱形或棒形(长 2~2.5μm)。腰区鼓胀,呈扁透镜形。反映横沟明显,位于壳体最宽的腰区,环形,浅平,宽约 3μm,沟边缘脊明显凸出。原壁表面细弱粒状—近平滑。古口不明显,前间式。

壳体长 50~52μm,宽 45~45.9μm;正模长 52μm,宽 45.9μm。

产地及层位:菏泽;沙河街组一段上部。

简单中原藻 *Zhongyuandinium simplex* Zhu, He et Jin, 1989

(图版114,图1)

壳体轮廓菱形,四边深凹,长大于宽。上、下壳均为斗笠形,近等大,顶尾端圆滑或微加厚,但无极部构造(顶尾棘)。腰区凸透镜状。反映横沟清晰,位于壳体最宽的腰区,环形,宽 4μm,沟边缘脊凸出。原壁表面颗粒状—粒皱状,颗粒相连成的纵向脊纹发育。古口不明显,前间式,(I)型。

壳体长 67~69.5μm,宽 51.5~59.5μm;正模长 67μm,宽 51.5μm。

产地及层位:菏泽;沙河街组一段上部。

条纹中原藻 *Zhongyuandinium striatum* Zhu, He et Jin in He et al., 1989

(图版114,图2)

壳体伸长,轮廓纺锤形或"十"字形,上、下壳近等大,侧边强烈地深凹。顶角缺乏,但顶部具乳头状加厚(大小 2μm×3.5μm),其末端凹,为顶孔所在之处。尾部具一坚实的尾棘,通常明显,柄状(圆柱形),长 3.5μm,宽 2.5μm,其表面似穿孔。腰部轮廓横向椭圆形,其腹面两侧可能具凸起。反映横沟位于腰部最宽处,环形,宽 4~5μm,浅凹,其边缘饰以细脊,脊微凸出(高约 1μm)。原壁薄,表面具较发达的长的纵向脊和细颗粒。古口明显,前间式,(I)型。口盖脱落。

壳体长 60~70μm,宽 48~54μm;正模长 70μm,宽 48μm。

产地及层位:菏泽;沙河街组一段上部。

陀螺中原藻陀螺亚种 1 *Zhongyuandinium turbinatum turbinatum* Autonym

（图版 114，图 3）

壳体轮廓陀螺形，手推车轮形。腰区强烈扩大，呈圆盘形，上、下壳基部明显收缩，腰区和上、下壳之间构成车轮与车轴的关系。上壳具顶孔，孔缘加厚或不加厚；下壳具一坚实的尾棘，锥形，长 2.5～5.2μm。反映腰带明显，环绕腰区边缘，宽 4～5μm，其边缘饰以明显的细脊。原壁表面具粒皱状纹饰，皱由颗粒相连而成。古口较明显，较大，前间式，(tI)型。口盖脱落或仍保存在原位。

壳体长 28.5～62μm，宽 45.5～56μm；正模长 62μm，宽 51.5μm。

产地及层位：菏泽；沙河街组一段上部。

陀螺中原藻矮小亚种 *Zhongyuandinium turbinatum pygmeum* Zhu, He et Jin in He et al., 1989

（图版 114，图 4）

壳体陀螺形或手推车轮形，宽大于长，上、下壳明显地缩短、缩小。其他特征同本种征。

壳体长 28.5～40μm，宽 48.5～53.5μm；亚种的正模长 33μm，宽 51.5μm。

产地及层位：菏泽；沙河街组一段上部。

陀螺中原藻陀螺亚种 2 *Zhongyuandinium turbinatum turbinatum* Autonym

（图版 114，图 5）

壳体陀螺形，手推车轮形，上、下壳较长，多数宽大于长或长宽近等，很少长大于宽。其他特征同本种征。

壳体长 41～62μm，宽 45.5～56μm；正模长 62μm，宽 51.5μm。

产地及层位：菏泽；沙河街组一段上部。

蓬突藻属 *Apectodinium* (Costa et Downie 1976) Lentin et Williams, 1977

同形蓬突藻 *Apectodinium homomorphum* (Deflandre et Cookson) Lentin et Williams, 1977

（图版 114，图 6）

囊孢刺式，中央本体轮廓圆菱形—近圆形或圆五边形—亚多角形，侧边微凸，长、宽近相等；具许多突起，以棒状的为主，直或弯，通常仅基部较宽（约 2μm）而中空，向远极变细，实心；末端简单或膨大成小球形，或呈短的二分叉（枝）；有时在侧角处相邻的两突起在基部彼此融合起来，不同标本上的突起的数量可以变化，突起的分布不够规则，一般在本体边缘（尤其角部）较多。反映腰带偶尔有些指示（由横向赤道褶或突起的分布所表示）。壁常常分层不清，内、外层紧压在一起，突起之间的壁表面平滑。内体缺乏或仅在突起基部有点显示。古口存在时前间式，圆四边形。

囊孢长 70～85μm，宽 72.5～87.5μm；中央本体长 45.5～60μm，宽 45～57.5μm，突起长 3.5～22μm。

产地及层位：垦利；沙河街组三段上部。

棘囊藻属 *Echinocysta* Xu et al., 1997
直刺棘囊藻 *Echinocysta echinoides* Xu et al., 1997
（图版114，图7）

囊孢贴近收缩式，中央本体轮廓卵圆形，壁厚约 2μm，表面拟网状和具稀疏的短突起。网脊基本由颗粒或瘤刺基部的树根状脊延伸联结而成，连续或不连续，因此，网眼基本呈多角形，不规则。有相当一部分突起较长，锥刺形，基部树根状，远极轻度扩展或分叉，在反映腰带和纵沟缺乏突起。古口前间式，3I 型，由 3 块前间反映板片脱离而成。口盖分离，或部分口盖片粘连在囊孢上。

中央本体长 36.5～48.8μm，宽 29.5～42μm，最大突起长 3～5μm；正模中央本体长 46.2μm，宽 42μm，突起长 2～3μm。

产地及层位：沾化；沙河街组三段上部。

多刺棘囊藻 *Echinocysta multispinata* Xu et al., 1997 ex He et al. herein
（图版114，图8）

中央本体轮廓近圆形，表面具许多细刺。刺多数实心，少数中空，一般基部加宽，往上收缩成柱形，远极微膨大或分叉，近极翼状延伸与邻近的连接成拟网状结构。网眼内又具拟网状纹饰，由颗粒或短突起基部加宽联结而成。古口前间式，3I 型。口盖分离。

中央本体(41μm×36μm)～(47.7μm×41.5μm)，最大突起长 3～5.5μm；正模中央本体 43.5μm×37μm，突起长 3～5.5μm。

产地及层位：沾化；沙河街组三段上部。

拟网棘囊藻 *Echinocysta reticuloides* Xu et al., 1997 ex He et al. herein
（图版114，图9）

囊孢贴近收缩式，中央本体轮廓卵圆形，壁厚约 2μm，表面拟网状和具稀疏的短突起。突起刺状，远极微膨大或短分叉，近极翼状，横断面星状。部分临近突起翼状脊延伸一定距离，彼此连接成大的拟网状结构。网脊时有中断，网眼不规则。反映横沟和纵沟以缺乏突起为标志，但经常不明显。古口前间式，3I 型。口盖分离。

中央本体长 35.5～46.5μm，宽 30.5～37.5μm，最大突起长 3～5μm；正模中央本体长 43.5μm，宽 36.5μm，突起长 3～4.5μm。

产地及层位：沾化；沙河街组三段上部。

相似藻科 Congruentidiaceae Schiller, 1935
莱氏藻属 *Lejeunecysta* Artzner et Dörhöfer, 1978
迷人莱氏藻 *Lejeunecysta illecebrosa* Jin, He et Zhu in He et al., 1989
（图版114，图10）

壳体轮廓圆五边形，侧边微凸，尾边近平直或微凹。上壳一般大于下壳，三角形，顶角通常未分化出来，个别较明显，长 3.5μm，宽 5μm，顶端钝圆。下壳倒梯形，两尾凸不发达，呈宽圆形或耳垂形，或几乎完全退化。反映腰带较清楚，位于壳体最宽处（近赤道位置），环形，宽 3.5~6μm，其边缘以细脊为界。反映纵沟明显或缺乏。壁单层，厚约 0.8μm，表面具细颗粒状—粒皱状纹饰。反映板式由古口和（或）反映腰带表示。古口较小，前间式，I 型。口盖脱落或进入壳腔内或保存于原位。

壳体长 45~59.5μm，宽 40~60.5μm；正模长 46.5μm，宽 53μm，反映腰带宽约 3.5μm。

产地及层位：东明；沙河街组一段上部。

目未定
科未定
古刺沟藻属 *Palaeohystrichodinium* He, Zhu et Jin, 1989

美丽古刺沟藻 *Palaeohystrichodinium elegans* He, Zhu et Jin, 1989

（图版 114，图 11）

囊孢收缩式；中央本体轮廓椭圆形或近圆形，被反映腰带分成近等大的上、下囊。具许多细突起，棒形，实心，直或弯，长 5~8.5μm，末端膨大，有的呈大头针形，有的具二分叉，个别分枝长 1~3μm；在个别标本上可见到融合的较大突起。具明显的反映腰带和纵沟，由缺乏突起而成；前者较宽，环形，宽 10μm 左右，后者限于下囊，较窄，宽 4.5~6μm。壁薄，单层，表面近平滑—弱皱状。在腹区具黄绿色圆形核状物。古口未见到。

囊孢长 35~40μm，宽 32~37μm；中央本体长 27μm 左右，宽 20~22.5μm。正模长 40μm，宽 35μm；中央本体长 27μm，宽 22μm，突起长 5~8μm，反映腰带宽 10μm，反映纵沟宽 4.5μm。

产地及层位：滨州；沙河街组三段上部。

方形古刺沟藻 *Palaeohystrichodinium quadratum* He, Zhu et Jin, 1989

（图版 114，图 12）

囊孢收缩式，非腔式。中央本体轮廓圆方形，长宽近等，被反映腰带分成等大的两部分。具大量的细突起，实心，直或弯，中等密度，大小较均匀，长度较一致，长 4.5~7.5μm；末端少数较钝，多数膨大或具明显的二分叉，分枝的长可达 2.5μm。反映腰带明显，宽约 5μm，此区缺乏突起。反映纵沟可能存在，但不明显。壁薄，单层，突起之间的壁表面近平滑或弱皱网状。古口未见到。

囊孢长 40~45μm，宽 38~47μm；中央本体长 25~35μm，宽 25~32.5μm。正模长 42.5μm，宽 47μm；中央本体长 32.5μm，宽 32.5μm，突起长 4.5~7.5μm。

产地及层位：东明；沙河街组三段上部。

可疑的沟鞭藻类 Questionable dinoflagellates
弗罗姆藻属 *Fromea* Cookson et Eisenack, 1958

小弗罗姆藻 *Fromea minor* (Jiabo) Lentin et Williams, 1981

（图版 113，图 15）

壳体小，近球形，轮廓近圆形。壁厚 0.8~3μm，一般 1.5~2μm，通常分层不清，或外层较厚;表面平滑或近平滑。古口顶式,轮廓近圆形,直径 10.9～21.1μm。口盖脱落或原位保存。

壳体直径 15.5～28.6μm;正模直径 20μm。

产地及层位:垦利;沙河街组一段。

中原弗罗姆藻 *Fromea zhongyuanensis* He, Zhu et Jin, 1989
（图版 113,图 16）

壳体伸长,轮廓近矩形,两侧边近平行,两极部宽圆。无反映腰带的痕迹。壁薄,1 层,表面平滑—略粗糙。古口宽,顶式,(tA)型,其边缘平直。口盖完全分离,但仍保存于原位上。

壳体(包括口盖)长 20.7～24μm,宽 17～20μm,古口直径 14～16μm;正模(包括口盖)长 24μm,宽 20μm,古口直径 16μm。

产地及层位:东明;沙河街组三段中上部。

四突起藻属 *Tetranguladinium* Yu, Guo et Mao, 1983
闵桥四突起藻 *Tetranguladinium minqiaoense* Qian, Chen et He, 1986
（图版 114,图 13）

壳体轮廓呈"H"形,本体轮廓方形,四角部各具一个长的扁管状突起,由外壁形成;突起两边平行,末端截形,开放。外壁表面较粗糙,具线状褶皱。内壁形成内体,轮廓近圆形,壁薄,表面近平滑。除突起基部外,内体和外壁紧贴。未见反映腰带和古口。

正模壳体(对角线包括突起)74μm×70μm,内体 28μm×30μm,长突起 20μm×9μm,短突起 10μm×6μm。

产地及层位:莘县;沙河街组三段。

4.3　轮藻门　Charophyta

轮藻植物是多细胞的水生植物,藻体构造比较复杂,有类似根、茎、叶的分化。轮藻植物的有性生殖方式为卵式生殖,雌性生殖器官称藏卵器,雄性生殖器官称藏精器。植物体各个部分沉积钙质的能力不一,营养体、藏精器和藏卵器顶部的冠一般钙化微弱,而组成藏卵器的壁的包围细胞能不同程度地钙化,以致形成坚固的钙质壳。所谓轮藻化石,实际上主要是藏卵器钙化壁的化石。

形状与大小:化石藏卵器的大小介于 0.2～3.5mm 之间,以 0.5～1.5mm 最常见。

包围细胞:化石藏卵器的壁为一钙质壳,由 5 条或以上的包围细胞钙化而成。

顶部构造:化石藏卵器的顶部构造可分为有顶孔和无顶孔两种类型。

底孔与底板:藏卵器的底部均有一底孔,并有一底板从内上方将底孔封闭。

外壳:从晚侏罗世开始出现了一类在藏卵器外有附加外壳的棒轮藻。

轮藻主要以藏卵器钙化壁化石的形态学特征和包围细胞生长方向进行分类。轮藻门的轮藻纲分为直立目(Sycidiales)、右旋目(Trochiliscales)和轮藻目(Charales)3 个目。

4 植物化石描述

轮藻纲　Charophyceae
　　轮藻目　Charales
　　　　轮藻科　Characeae
　　　　　　似轮藻属　*Charites* Horn af Rantzien,1959
　　　　　　　　摩拉士似轮藻　*Charites molassica*(Straub) Horn af Rantzien
　　　　　　　　　　（图版 114,图 14）

藏卵器椭球形,长 540μm,宽 360μm,最大宽度位于中部,顶底部尖圆。螺旋细胞凹,细胞间脊窄而高,侧视螺旋环数 13。在顶周,螺旋细胞几乎无变化,至顶心变宽,并正常聚集于一点。底孔小,呈五角形。

产地及层位:商河;东营组。

球果似轮藻　*Charites strobilaearpa*(Reid et Groves) Horn af Rantzien
（图版 114,图 15）

藏卵器长卵形,长 700～868μm,宽 448～560μm,最大宽度位于中部或略偏上,顶底部呈锥形,有时顶ао圆。螺旋细胞凹,细胞沟宽,间脊窄,侧视螺旋环数 10。在顶周,螺旋细胞几乎无变化,至顶心加宽,并正常聚合于一点或一短折线。底孔小,呈五角形。

产地及层位:东明;东营组。

柱状似轮藻　*Charites columinaria*（Wang）Zhang et Wang
（图版 114,图 16）

藏卵器柱形,长 588μm,宽 290μm,两侧近于平行,底部微收缩,末端平。螺旋细胞略平,间脊细,侧视螺旋环数 12。顶部构造不明。底孔小。

产地及层位:博兴;沙河街组一段上部。

宽顶似轮藻　*Charites summa* Xinlun
（图版 114,图 17）

藏卵器小,卵锥形,长 252～280μm,宽 200～206μm,最大宽度位于上部,顶部宽圆,顶心微突出,底部呈锥形。螺旋细胞凹,侧视螺旋环数 7～8。螺旋细胞在顶周宽度、厚度几乎不变,至顶心微加宽后末端成点状聚合。底孔极小,呈五角形。

产地及层位:临邑;沙河街组二段上部。

近三角似轮藻　*Charites paratriangularis* Xinlun
（图版 114,图 18）

藏卵器较小,近三角形或宽卵形,长 420～476μm,宽 354～371μm,最大宽度位于中部之上,顶部宽圆,底部收缩成锥形。螺旋细胞凹,间脊宽而低,有时较窄,侧视螺旋环数 8～9。螺旋细胞在顶周几乎无变化,至顶心处略变宽,并正常聚合在一起。底孔小,呈五角形。

产地及层位:武城;东营组。

橄榄状似轮藻 *Charites oliviformis* Xinlun
(图版 115,图 1)

藏卵器较大,橄榄形或椭球形,长 756~868μm,宽 510~560μm,最大宽度位于中部或中上部,顶底部锥形或圆。螺旋细胞凹,少数平或微凸,侧视螺旋环数 10~11。顶部螺旋细胞凹,在顶心加宽(个别标本略有膨胀)后聚合。底孔小,呈五角形。

产地及层位:东明;沙河街组一段上部。

小纺锤似轮藻 *Charites fusina* Xinlun
(图版 114,图 20)

藏卵器较小,纺锤形或卵球形,长 410~480μm,宽 308~314μm,最大宽度位于中部或略偏上,顶部呈锥形,底部收缩。螺旋细胞凹,间脊细,侧视螺旋环数 8~9。在顶部,螺旋细胞无明显变化,末端加宽后聚合于一短折线。底孔小,呈五角形。

产地及层位:武城;东营组。

窄锥似轮藻 *Charites stenoconica* Xinlun
(图版 114,图 21)

藏卵器长柱形,长 700~708μm,宽 400~406μm,顶部尖圆,底部收缩成尖锥状。螺旋细胞凹,细胞沟宽平,间脊窄,侧视螺旋环数 12。螺旋细胞在顶周的宽度及厚度几乎无变化,至顶心明显加宽后聚合,间脊高。底孔小,呈五角形。

产地及层位:临邑;沙河街组四段上部。

宽锥似轮藻 *Charites subconica* Xinlun
(图版 114,图 19)

藏卵器锥卵形或长卵形,少数近纺锤形,长 500~588μm,宽 420~448μm,最大宽度在中部或中部偏上,向顶底收缩,顶部圆至尖圆,底部呈尖锥形,有时可见不明显的短柄。螺旋细胞微凹至平,间脊低而细,侧视螺旋环数 9,少数 10。螺旋细胞在顶周几乎无变化,至顶心微加宽后聚合于一点。底孔呈五角形。侧壁较薄(约 49μm),未见微细纹理。

产地及层位:垦利;沙河街组二段上部。

奇异似轮藻 *Charites paradoxical* Xinlun
(图版 115,图 2)

藏卵器长椭球形,长 644μm,宽 364μm,最大宽度位于中部,向顶底缓慢收缩,顶部锥形,底部圆,末端平。螺旋细胞凸,细胞脊粗糙,边缘弯曲,中间隐约可见细沟,侧视螺旋环数较多,达 14 环。螺旋细胞在顶周宽度几乎无变化,至顶心加宽后聚合于一点。底孔小,呈五角形。

产地及层位:沾化;沙河街组三段。

格氏轮藻属 *Grambastichara* Horn et Rantzien
旋回格氏轮藻 *Grambastichara tornata* (Reid et Groves) Horn af Rantzien
（图版115，图3）

藏卵器亚柱形或椭圆形，长588~672μm，宽406~504μm，顶部圆或微拱，底部微收缩，末端平。螺旋细胞凸，侧视螺旋环数9。在顶周，螺旋细胞微变薄、变窄，但不形成明显的顶周凹陷，至顶心细胞变宽而平，整个顶部呈馒头状拱起。底孔小，呈五角形。

产地及层位：武城；沙河街组二段上部。

平行格氏轮藻 *Grambastichara parallela* Xinlun
（图版115，图4）

藏卵器长柱形，长896μm，宽532μm，两侧近于平行，顶部圆、拱起，底部钝圆，末端略平。螺旋细胞4个，凸起，侧视螺旋环数13。螺旋细胞在顶周几乎无变化，至顶心加宽后聚合于一短折线。底孔较大，近方形。

产地及层位：临邑；沙河街组三段下部。

高突格氏轮藻 *Grambastichara elevata* Xinlun
（图版115，图5）

藏卵器短柱形，长640μm，宽504μm，顶部膨胀突出，顶极平，底部收缩，末端宽平。螺旋细胞凸，侧视螺旋环数8。螺旋细胞在顶周微变薄变窄，无明显的顶周凹陷，至顶心加宽膨胀，形成一个明显的馒头状拱起，间脊末端聚合于一短折线。底孔中等大小，呈五角形。

产地及层位：武城；沙河街组二段上部。

奕青轮藻属 *Hornichara* Maslov, 1963
匏状奕青轮藻 *Hornichara lagenalis* (Straub) Huang et Xu
（图版115，图6）

藏卵器较小，梨形或近球形，长456~543μm，宽371~429μm，最大宽度位于中部或略偏上，顶部圆或宽圆，底部收缩成柄状。螺旋细胞凹，侧视螺旋环数8~9。螺旋细胞至顶部无明显变化，细胞间脊在顶心略有增高或增高不明显，末端相交于一短波折线。底孔大，呈五角形，具外部凹陷。

产地及层位：垦利；沙河街组二段上部。

辛镇奕青轮藻 *Hornichara xinzhenensis* Xinlun
（图版115，图7）

藏卵器长卵形，长622~700μm，宽480~496μm，最大宽度位于中部或略偏上，顶部圆或宽锥形，底部收缩成柄状。螺旋细胞凹，细胞沟宽，间脊低窄，侧视螺旋环数 9～10。在顶部螺旋细胞无明显变化，顶心间脊较赤道处略增高，末端聚合于一点。底孔较大，呈五角形，具浅的外部凹陷和高突起的边缘。

产地及层位：商河；沙河街组二段上部。

临邑轮藻属 *Linyiechara* Xinlun
光亮临邑轮藻 *Linyiechara clara* Xinlun
（图版 115，图 8）

藏卵器椭球形，少数为倒亚柱形，长 616～714μm，宽 476～588μm，顶部锥形，底部宽圆，末端平。螺旋细胞凸，表面光滑或呈波状，间沟下凹较深，侧视螺旋环数 10～11。在顶部，螺旋细胞变窄（为赤道处的 1/2～4/5），厚度几乎不变或微减薄，至顶心细胞末端聚合于一点。侧壁厚约 67μm，2 层，内层色暗，外层较透明，微细纹理不明显。底孔呈五角形，无外部凹陷，底塞纵切面为短柱形，顶底面平，宽大于高。

产地及层位：临邑；沙河街组三段下部。

球状轮藻属 *Sphaerochara* Miidler,1952
粒形球状轮藻 *Sphaerochara granulifera* (Heer) Madler
（图版 115，图 9）

藏卵器较小，近球形或圆球形，长 390～476μm，宽 340～420μm，最大宽度位于中部，顶部圆或尖圆，底部宽圆，有时略尖。螺旋细胞一般凹，少数平，间脊较细，侧视螺旋环数 10～12。顶部螺旋细胞的宽度和厚度变化不明显，末端聚合于一点。底孔小，外口呈五角形。侧壁厚约 45μm，未见微细纹理。

产地及层位：禹城；沙河街组二段上部。

小球状轮藻 *Sphaerochara parvula* (Reid et Groves) Horn af Rantzien
（图版 115，图 10）

藏卵器小，近球形或近卵形，长 320～392μm，宽 240～320μm，最大宽度位于中部，顶部收缩微突出，底部收缩成尖圆。螺旋细胞凹，间脊细而清晰，侧视螺旋环数 10～11。顶部螺旋细胞的宽度、厚度几乎无变化，细胞末端在顶心聚合于一点。底孔小，外口呈五角形。

产地及层位：武城；沙河街组二段上部。

黑洞球状轮藻 *Sphaerochara headonensis* (Reid et Groves) Horn af Rantzien
（图版 115，图 11）

藏卵器较小，球形，长 410～420μm，宽 392～420μm，最大宽度位于中部，顶底部圆。螺旋细胞凹，细胞沟宽，间脊细，侧视螺旋环数 9。顶部螺旋细胞的宽度与厚度几乎无变化，在顶心聚合于一点。底孔小，外口呈五角形。

产地及层位：禹城；东营组。

较小球状轮藻　*Sphaerochara minor* Xinlun

（图版 115，图 12）

藏卵器小，近球形至球形，长 314～336μm，宽 300～314μm，最大宽度位于中部，顶底部圆至宽圆。螺旋细胞凹，间脊细，侧视螺旋环数 9～10。在顶部，螺旋细胞几乎无变化，末端相聚于一点。底孔小，呈五角形。

产地及层位：潍坊；沙河街组四段上部。

颈轮藻属　*Collichara* Wang et Zhang

盘河颈轮藻　*Collichara panheenis* Xinlun

（图版 115，图 13）

藏卵器大，长椭球形、长卵形，长 896～1148μm，宽 616～812μm，顶部圆，有的标本略显短颈，底部圆至钝圆。螺旋细胞凸，少数平，侧视螺旋环数较多，一般为 13～14，少数 12。在顶周，螺旋细胞几乎无变化，至顶心细胞明显加厚，末端聚合于一点。底孔中等大小，呈五角形。

产地及层位：临邑；沙河街组三段。

迟钝轮藻属　*Amblyochara* Grambast，1962

苏北迟钝轮藻　*Amblyochara subeiensis* Huang et Xu

（图版 115，图 14）

藏卵器较大，宽卵形或椭球形，长 686～784μm，宽 571～657μm，最大宽度位于中部，顶部宽圆，底部窄圆，有时末端平。螺旋细胞凹，有的标本细胞间脊上可见清晰的缝合线，侧视螺旋环数 9～10。螺旋细胞至顶部宽度变化不明显，厚度略有减薄，间脊逐渐变低，末端相交于一短波折线。底孔呈五角形，具外部凹陷。

产地及层位：临邑；沙河街组三段上部。

肥胖迟钝轮藻　*Amblyochara obesa* Xinlun

（图版 116，图 1）

藏卵器大，卵形、亚球形，长 930～1008μm，宽 728～820μm，最大宽度位于中部，顶部近平至宽圆，顶心微突，底部收缩，末端平。螺旋细胞凹至平，间脊细，可见清晰的缝合线，侧视螺旋环数 9～10。顶周螺旋细胞微变窄，厚度不同程度地减薄，至顶心宽度几乎不变，厚度仍变薄，但具小的锥顶。底孔较大，呈五角形，具外部凹陷。

产地及层位：武城；沙河街组三段上部。

亚卵形迟钝轮藻　*Amblyochara subovalis* Xinlun
(图版 115,图 15)

藏卵器卵形,长 657μm,宽 514μm,最大宽度位于中部,顶部亚平,顶心微突出,中上部两侧近于平行,底部微收缩,末端截平。螺旋细胞凹至平,侧视螺旋环数 9。螺旋细胞至顶部宽度不变,厚度明显减薄,末端相交成一不规则的短线。底孔呈五角形。

产地及层位:东明;东营组。

钝头轮藻属　*Obtusochara* Madler,1952
长柱形钝头轮藻　*Obtusochara longicoluminaria* Xu et Huang
(图版 115,图 16)

藏卵器较小,长柱形,长 490μm,宽 294μm,顶部截平,底部微收缩,末端平。螺旋细胞平,侧视螺旋环数较多,达 14 环。顶未保存。底孔小,呈五角形。

产地及层位:昌乐;孔店组。

兰坪钝头轮藻　*Obtusochara lanpingensis* Z. Wang,Huang et S. Wang
(图版 116,图 2)

藏卵器长锥形或亚柱形,长 672μm,宽 420~476μm,最大宽度位于中部或中部偏上,顶部截平,底部收缩成锥形,螺旋细胞平至微凸,侧视螺旋环数 11~12。顶部螺旋细胞钙化减弱,但宽度几乎无变化。底孔小,呈五角形。

产地及层位:潍坊;沙河街组四段下部。

椭圆形钝头轮藻　*Obtusochara elliptica* Z. Wang,Huang et S. Wang
(图版 115,图 17)

藏卵器小,柱形、亚柱形,长 280~308μm,宽 210~224μm,两侧近于平行,顶端截平,底部圆或微收缩。螺旋细胞凹,间脊细,侧视螺旋环数 9。顶部构造不清楚。底孔小。

产地及层位:潍坊;孔店组。

江陵钝头轮藻　*Obtusochara jianglingensis* Wang
(图版 115,图 18)

藏卵器小,卵锥形,长 310~370μm,宽 240~252μm,最大宽度位于中上部或中部,顶部截平,有时顶心微突,底部收缩成锥形。螺旋细胞微凹至微凸,侧视螺旋环数 9~11。顶部螺旋细胞宽度无明显变化,但钙化减弱,至顶心末端相交于一点。底孔小。

产地及层位:潍坊;沙河街组四段下部。

短柱形钝头轮藻　*Obtusochara brevicylindrica* Xu et Huang
(图版 116,图 3)

藏卵器小,短柱形,长 425~600μm,宽 364~468μm,顶部近平,有时顶心微突出,底部略收缩,末端宽圆。螺旋细胞凹,细胞沟宽平,间脊窄而清晰,侧视螺旋环数 8~10。在顶部螺旋细胞宽度几乎无变化,钙化微减弱,末端聚合于一点或一短折线。底孔小,外口呈五角形。

产地及层位:武城;沙河街组三段上部。

短钝头轮藻 *Obtusochara brevis* Xinlun
(图版 116,图 4)

藏卵器较小,近方形,长、宽近等,约 420μm,顶底部截平。螺旋细胞凹,细胞沟内凹凸不平,间脊细,侧视螺旋环数 8。在顶部,螺旋细胞的宽度几乎无变化,但钙化减弱,末端聚合于一点。底孔小,呈五角形。

产地及层位:博兴;沙河街组四段下部。

有盖轮藻属 *Tectochara* L. et N. Grambast,1954
梅里安有盖轮藻 *Tectochara meriani* L. et N. Grambast
(图版 116,图 5)

藏卵器大,卵形或椭球形,长 840~1064μm,宽 700~940μm,最大宽度位于中部或略偏上,顶部截平,底部收缩,末端平。螺旋细胞凸,少数平,侧视螺旋环数 10。在顶周,螺旋细胞明显变窄、变薄,周沟较深,至顶心细胞末端膨胀形成典型的梅花形突起。

侧壁厚(约 136μm),微细纹理发育。底孔大,具宽大的外部凹陷。底塞薄板状,宽度远大于厚度,位于底孔之上。

产地及层位:商河;东营组。

侯氏有盖轮藻 *Tectochara houi* Wang
(图版 116,图 6)

藏卵器较大,宽卵形,长 784μm,宽 672μm,最大宽度位于中部,顶部平,底部收缩,末端截平。螺旋细胞凸,表面光滑,侧视螺旋环数 9。螺旋细胞在顶周变窄变薄形成不连续的顶周凹陷,至顶心细胞末端膨胀形成梅花形突起。底孔大,呈五角形,具外部凹陷。

产地及层位:垦利;东营组。

培克轮藻属 *Peckichara* Grambast,1957
五图培克轮藻 *Peckichara wutuensis* Xinlun
(图版 116,图 7)

藏卵器较大,近球形,长 840~896μm,宽 728~840μm,顶部宽圆,自中下部开始向底部收缩,末端平。螺旋细胞凹至平,表面发育有分布均匀、大小近等、较稀疏的瘤状装饰,侧视螺旋环数 9~10。在顶周,螺旋细胞明显变薄和微变窄,形成顶周凹陷,顶心具低而规则的梅花形突起。底孔大,呈五角星形,具宽大的外部凹陷(宽 230~252μm)。

产地及层位:昌乐;孔店组。

克氏轮藻属 *Croftiella* Horn af Rantzien,1959

矮小克氏轮藻 *Croftiella humilis* Lin et Wang

（图版 116，图 8）

藏卵器宽卵形或亚球形，长 672～743μm，宽 574～629μm，最大宽度在中部，顶部宽圆，顶心微突出，底部尖圆。螺旋细胞凸，少数标本表面略显波状起伏，侧视螺旋环数 8。螺旋细胞在顶周宽度变窄，厚度减薄，具明显的顶周凹陷，至顶心细胞膨胀形成梅花形突起。底孔小，呈五角形，外部凹陷不明显。

产地及层位：武城；沙河街组一段上部。

梨形克氏轮藻 *Croftiella piriformis* Xinlun

（图版 116，图 9）

藏卵器梨形、卵形至长卵形，长 580～644μm，宽 476～504μm，最大宽度位于中部或中部之上，顶部近平，顶心突出，下部收缩微延伸。螺旋细胞平至微凸，侧视螺旋环数 9～10。螺旋细胞在顶周微变窄，但明显减薄，形成较宽的顶周凹陷，至顶心细胞膨胀呈梅花形突起。侧壁厚约 73μm，微细纹理不清楚。底孔较大，呈五角形，具宽大的外部凹陷。

产地及层位：平原；沙河街组二段上部。

现河庄克氏轮藻 *Croftiella xianhezhuangensis* Xinlun

（图版 116，图 10）

藏卵器短卵形，长 530～600μm，宽 430～496μm，最大宽度位于中部偏上，顶部近平，顶心微突，底部收缩成锥形。螺旋细胞凸，表面微显波状起伏，侧视螺旋环数 9～10。顶周螺旋细胞宽度微变窄，厚度明显减薄，形成清楚的顶周凹陷，在顶心细胞膨胀成较低的梅花形突起。底孔小，呈五角形。

产地及层位：垦利；沙河街组二段上部。

梅球轮藻属 *Maedlerisphaera* Horn af Rantzien,1959

乌尔姆梅球轮藻 *Maedlerisphaera ulmensis* (Straub) Horn af Rantzien

（图版 116，图 11）

藏卵器较小，亚球形至球形，长 457～471μm，宽 420～514μm，最大宽度位于中部，顶部圆或宽圆，顶心微突，底部圆或略平。螺旋细胞凸，一般具波状起伏，侧视螺旋环数 9～10，个别为 12。螺旋细胞在顶周变窄、变薄，形成不明显或明显的顶周凹陷，至顶心较顶周处略宽、厚，但仍等于或薄于赤道处，形成不明显、明显的梅花形突起或光滑的低锥状突起。底孔呈五角形，底视一般可见底塞。

产地及层位：东明；东营组。

中华梅球轮藻 *Maedlerisphaera chinensis* Huang et Xu

（图版 116，图 12）

藏卵器较小，近方形，长 392～514μm，宽 364～457μm，最大宽度位于中部，顶部圆或略平,顶心突出,底部圆或亚平。螺旋细胞平至凸,细胞脊微呈波状起伏,侧视螺旋环数 9~10。螺旋细胞在顶周变窄、变薄形成明显的周沟,至顶心又膨胀形成较清楚或不清楚的梅花形突起。底孔小,呈五角形,底视一般可见底塞。

产地及层位:临邑;沙河街组一段下部。

扁球轮藻属　*Gyrogona* Lamarck 1804,ex Lamarck 1822,emend. Grambast 1956

潜江扁球轮藻　*Gyrogona qianjiangica* Wang

(图版 116,图 13)

藏卵器较小,扁球形或亚球形,宽等于或大于长,长 230~486μm,宽 280~486μm,最大宽度位于中部或中部靠上,顶部平或宽圆,顶心突出,底部宽圆或略收缩。螺旋细胞凹至微凸,侧视螺旋环数 6~7。螺旋细胞在顶周无明显变化或微变窄、变薄,少数标本有不明显的顶周凹陷,至顶心末端相交成一点和一短波折线,有时至顶心又变宽加厚,形成不明显的梅花形突起。底孔小,呈五角形。

产地及层位:潍坊;孔店组。

宽扁形扁球轮藻　*Gyrogona supracompressa* Wang et Lin

(图版 116,图 14)

藏卵器扁球形,长 560μm,宽 700μm,最大宽度在中部偏上,上部微收缩,顶部截平,下部收缩呈宽锥状。螺旋细胞凸,表面呈波状起伏,侧视螺旋环数 10。顶周螺旋细胞明显减薄,微变窄,至顶心形成低而微弱的梅花形突起。底孔大,呈五角形,具不明显的外部凹陷。

产地及层位:东明;沙河街组一段上部。

厚球轮藻属　*Grovesichara* Horn af Rantzien,1959

吉兰厚球轮藻　*Grovesichara kielani* Karczewska et Ziembinska

(图版 117,图 1)

藏卵器中等大小,长圆球形、近球形或球形,长 588~714μm,宽 588~629μm,最大宽度位于中部,顶、底部钝圆或尖圆。螺旋细胞一般强烈下凹,少数微凹,细胞沟宽,间脊细,有时突起较高,侧视螺旋环数一般为 8,少数 7。顶部螺旋细胞的宽度几乎无变化,末端聚合于一短折线。

侧壁厚(约 134μm),未见微细纹理。顶部螺旋细胞减薄。底孔中等大小,外部凹陷不明显,底塞纵切面呈倒梯形,厚小于宽,位于底孔的上部。

产地及层位:临邑;沙河街组。

冠轮藻属　*Stephanochara* Grambast,1959

强壮冠轮藻　*Stephanochara fortis* Wang et Lin

(图版 117,图 2)

藏卵器较大,近球形,长 880μm,宽 784μm,最大宽度位于中部,顶部近平,顶心突出,底部窄圆,末端近平。螺旋细胞微凸,表面发育有排列紧密的圆形或椭圆形瘤状装饰,瘤间距离小于瘤的宽度,侧视螺旋环数 9。顶周螺旋细胞变窄和减薄,顶周凹陷明显,顶心细胞末端膨胀形成似梅花形突起的顶瘤。底孔较大,呈五角形,具明显的外部凹陷和高突起的边缘。

产地及层位:武城;东营组。

阜宁冠轮藻 *Stephanochara funingensis* (S. Wang) Z. Wang et Lin
(图版 117,图 3)

藏卵器卵形、长卵形,长 770~857μm,宽 600~680μm,最大宽度位于中部或略偏上,顶部近平,下部略收缩,末端亚平。螺旋细胞凹,间脊较高,细胞沟中发育稀疏的粒状瘤装饰,瘤的间距等于瘤宽的 2~3 倍,侧视螺旋环数 8~10。螺旋细胞至顶部宽度变化不明显,厚度略有缩减,顶周无瘤,顶心有 5 个小粒状的瘤状突起。底孔呈五角形,一般具外部凹陷。

产地及层位:垦利;沙河街组。

短卵形冠轮藻 *Stephanochara breviovalis* Lin et Huang
(图版 117,图 4)

藏卵器短卵形,长 682μm,宽 644μm,最大宽度位于中部,顶部近平,底部略呈锥形收缩,末端平。螺旋细胞凹,细胞沟内有排列稀疏的圆瘤,瘤的间距约为 1~2 个瘤的宽度,侧视螺旋环数 8。顶周螺旋细胞变窄和减薄,形成不明显的顶周凹陷,在顶心每个细胞末端发育一个与侧壁相似的瘤状突起。底孔较大,呈五角形,具外部凹陷。

产地及层位:武城;东营组。

稀少冠轮藻 *Stephanochara parka* Xinlun
(图版 117,图 5)

藏卵器长卵形,长 600~660μm,宽 504~550μm,顶部近平,顶心微拱,底部微收缩,末端平。螺旋细胞微凹至平,其上发育大而稀少的较低的瘤饰,侧视螺旋环数 8~9。顶周螺旋细胞微变窄和减薄,具不明显的顶周凹陷,顶心具 5 个瘤状突起。底孔较小,呈五角形。

产地及层位:临邑;沙河街组三段。

肖庄冠轮藻 *Stephanochara xiaozhuangensis* Xinlun
(图版 117,图 6)

藏卵器较大,宽卵形,长 780~794μm,宽 644μm,顶部近平,顶心微突,底部收缩成锥形。螺旋细胞凹至平,表面装饰变化较大,有些标本具稀疏的圆瘤,间距等于 1~2 个瘤的宽度,另有少数标本具次生脊,其上具有间距不等的粒状瘤,侧视螺旋环数 9~10。螺旋细胞在顶周略变窄、变薄、无瘤,顶周凹陷不明显,至顶心螺旋细胞的宽度与赤道处等宽,并在每个细胞末端发育一个瘤状突起。底孔小,呈五角形。

产地及层位:禹城;沙河街组。

垦利冠轮藻 *Stephanochara kenliensis* Xinlun

（图版 117，图 7）

藏卵器大，椭球形、卵形至长卵形，长 960～1092μm，宽 812～906μm，最大宽度位于中部，顶部宽圆或近平，顶心微突扩底部呈锥形收缩，末端平。螺旋细胞凹至平，表面发育有大而均匀的瘤饰，瘤间距离一般等于或大于瘤的宽度，侧视螺旋环数 10～11。在顶周，螺旋细胞宽度几乎不变或微变窄，钙化轻微减弱，具不明显的顶周凹陷，顶心每个细胞末端发育一个与侧壁相似的瘤状突起。底孔大（宽 130～252μm），呈五角形，有明显的外部凹陷和高突起的边缘。

产地及层位：垦利；沙河街组一段上部。

细粒冠轮藻 *Stephanochara microgranula* Xinlun

（图版 117，图 8）

藏卵器较大，长卵形或宽卵形，长 925～1000μm，宽 714～770μm，最大宽度位于中部偏上，顶部圆至宽圆，下部微收缩。螺旋细胞凹，间脊高而细，细胞沟内具大小近等、分布均匀的细粒状瘤饰，瘤一般低于或等于间脊的高度，间距约为瘤宽的 2～4 倍，侧视螺旋环数 9～11。螺旋细胞在顶部几乎不变，末端相交于一短波折线，顶周无瘤饰，在顶心每个螺旋细胞末端发育一个粒状突起。底孔大，呈五角形。

产地及层位：平原；沙河街组。

万庄冠轮藻 *Stephanochara wanzhuangensis* Xinlun

（图版 117，图 9）

藏卵器大，球形、近球形，长 812～914μm，宽 728～886μm，最大宽度位于中部，顶部亚平或宽圆，底部宽圆，末端平。螺旋细胞凹，表面具瘤状装饰，瘤呈圆形或椭圆形，排列较规则，瘤的间距等于瘤宽的 1～3 倍，侧视螺旋环数 8。螺旋细胞在顶部宽度不变，厚度微变薄，顶周无瘤，在顶心螺旋细胞末端发育 5 个顶瘤。底孔大，呈五角星形，具外部凹陷。

产地及层位：平原；沙河街组二段上部。

新轮藻属 *Neochara* Wang et Lin

华南新轮藻 *Neochara huananensis* Wang et Lin

（图版 117，图 10）

藏卵器较大，柱卵形、椭球形，长 756～920μm，宽 550～706μm，最大宽度位于中部，顶部钝平，顶心微拱，底部微收缩突出，末端平。螺旋细胞平至微凸，细胞脊上具瘤或呈波状起伏，侧视螺旋环数 9～10。顶周螺旋细胞斜切变窄和减薄，具狭窄的开裂沟，顶心发育平缓的梅花形顶盖。底孔呈星形，具宽大的外部凹陷。

产地及层位：昌乐；孔店组。

微波状新轮藻 *Neochara sinuolata* Wang et Lin

（图版 117，图 11）

藏卵器圆柱形，长 756μm，宽 550μm，最大宽度位于中部，顶部宽圆，底部略收缩，末端平。

螺旋细胞微凸,呈较弱的波状起伏,侧视螺旋环数 9。顶周螺旋细胞变窄减薄,细胞脊似中断,具周沟,顶心细胞加宽形成较低的规则的梅花形顶盖。底孔呈五角形,外部凹陷不明显。

产地及层位:潍坊;孔店组。

粗糙新轮藻 *Neochara squalidla* Wang et Lin
（图版 118,图 1）

藏卵器较大,球卵形,长 812μm,宽 700μm,最大宽度位于中部,顶部宽圆,底部收缩突出,末端平。螺旋细胞凸,细胞脊上具波状起伏,侧视螺旋环数 9。螺旋细胞在顶周微减薄,未见明显的顶周凹陷,顶心变宽加厚,形成一个清晰的梅花形突起。底孔呈星形,有宽大的外部凹陷和高突起的边缘。

产地及层位:昌乐;孔店组。

横棒轮藻属 *Rhabdochara* Mher 1955, emend. Grambast 1957
基士京横棒轮藻 *Rhabdochara kisgyonensis* (Rcisky) Grambast
（图版 118,图 2、3）

藏卵器较大,卵形,长 840～870μm,宽 720～728μm,最大宽度位于中部,顶部宽圆,底部收缩,末端平。螺旋细胞凹,并有排列稀疏的横棒装饰,侧视螺旋环数 9。在顶部,螺旋细胞微变窄,间脊亦变低,末端相交成一点或一短波折线。底孔呈五角形。

产地及层位:临邑;沙河街组三段下部;武城,东营组。

哈氏轮藻属 *Harrisichara* Grambast, 1957
云龙哈氏轮藻 *Harrisichara yunlongensis* Z. Wang, Huang et S. Wang
（图版 118,图 4）

藏卵器较大,球卵形或柱卵形,长 784～850μm,宽 672～712μm,顶部近平或微突出,底部延伸呈短柄状,末端平。螺旋细胞平至微凸,表面发育排列较规则和大小近等的较粗的瘤状装饰,侧视螺旋环数 8～9。顶部螺旋细胞宽度几乎不变,钙化减弱,形成一薄的顶板,顶心细胞末端有时具有瘤状突起。底孔呈五角形,具外部凹陷和高突起的边缘。

产地及层位:博兴;东营组。

云龙哈氏轮藻(比较种) *Harrisichara* cf. *yunlongensis* Z. Wang, Huang et S. Wang
（图版 118,图 5）

藏卵器卵形或柱卵形,长 700～728μm,宽 588～616μm,最大宽度位于中部偏上,顶部宽圆,底部收缩,末端近平。螺旋细胞微凹,表面具有稀而粗大的圆形瘤装饰,侧视螺旋环数 8～9。顶周螺旋细胞轻微变窄,钙化明显减弱,顶心微拱,其上隐约可见瘤状突起。底孔呈五角形。

产地及层位:滨州;沙河街组四段中上部。

少瘤哈氏轮藻？ *Harrisichara? rarituberculata* Xinlun

（图版118,图6）

藏卵器长卵形,长532～648μm,宽364～480μm,最大宽度位于中部或中上部,顶部近平,顶心突出,底部收缩延伸呈柄状。螺旋细胞凹,表面发育少而稀的瘤状装饰,侧视螺旋环数9～10。顶周螺旋细胞宽度无明显变化,厚度略减薄,至顶心微变宽后聚合,间脊细,螺旋细胞末端发育有大小不等的圆瘤。底孔较大,呈五角形,具宽、浅的外部凹陷和高突起的边缘。

产地及层位:商河;沙河街组二段上部。

德州哈氏轮藻 *Harrisichara dezhouensis* Xinlun

（图版118,图7）

藏卵器较大,长卵形,长790～820μm,宽600～640μm,最大宽度在中部或中部偏上,顶部宽圆或亚平,底部收缩较快,延伸呈粗柄状。螺旋细胞凹,间脊细,细胞沟内发育有稀疏的细粒瘤状装饰,有时瘤较粗,侧视螺旋环数10。顶部螺旋细胞宽度无明显变化或微变窄,厚度减薄,形成一顶板,其上偶见细瘤。侧壁厚约76μm,具微细纹理。底孔呈五角形,具外部凹陷。底塞呈薄板状,上表面微凸,下表面微凹,宽度远大于厚度,位于底孔之上。

产地及层位:禹城;沙河街组二段上部。

桐柏哈氏轮藻 *Harrisichara tongbaiensis* Xinlun

（图版118,图8）

藏卵器长卵形,长857～971μm,宽571～714μm,最大宽度位于中部或略偏上,顶部圆或尖圆,下部收缩,底部呈小柄状突出。螺旋细胞凹,表面无装饰,侧视螺旋环数9～10。螺旋细胞至顶部略变窄变薄,末端相交于一短波折线。底孔呈五角形,具外部凹陷。

产地及层位:武城;东营组。

拉斯基轮藻属 *Raskyaechara* Horn af Rantzien,1959
霸县拉斯基轮藻 *Raskyaechara baxianensis* Xinlun

（图版118,图9）

藏卵器近球形或球形,长629～784μm,宽629～714μm,最大宽度位于中部,顶部亚平,顶心微拱,底部宽圆。螺旋细胞平至凸,细胞脊宽平,有时细胞间脊上可见缝合线,侧视螺旋环数8,少数可达9。螺旋细胞在顶周突然中断,整个顶部细胞下凹,有的标本在顶部发育1～3个瘤状突起。底孔小,呈五角形。个别标本螺旋细胞在底部突然变薄,至底孔周围螺旋细胞又加厚,形成围绕底孔的底部梅花形突起。

产地及层位:平原;沙河街组二段上部。

山东轮藻属 *Shandongochara* Xinlun
优美山东轮藻 *Shandongochara decorosa* Xinlun

（图版118,图10）

藏卵器大,近球形至椭球形,长868～952μm,宽780～840μm,最大宽度在中部,顶部宽圆,顶心微突,底部圆。螺旋细胞平至微凸,表面发育有与细胞旋转方向一致的椭圆形瘤状装饰或具有拉长的瘤饰,侧视螺旋环数 10～12。螺旋细胞在顶部宽度变窄(为赤道处的 2/3～4/5),厚度减薄,顶心细胞微拱,具小而低的圆锥状突起;从顶部内视来看,细胞至顶心无任何变化。有时边缘略显角状;侧视倒梯形,相邻两侧面下部夹角明显,向上变圆滑或消失;底孔呈五角形,中部凹。宽度大于厚度,占据整个底孔。

产地及层位:临邑;沙河街组三段下部。

4.4 蕨类及种子蕨类植物门 Pteridophyta et Pteridospermopsida

蕨类植物是以孢子繁殖的陆生高等植物,绝大多数都有根、茎、叶之分,但在有性生殖过程中,精子必须在有水的条件下,才能游动至藏卵器内与卵结合,所以除少数外,蕨类植物只适应于潮湿的生存环境。蕨类植物多繁盛于晚古生代,山东省石炭纪—二叠纪煤系地层中富含蕨类化石。

4.4.1 石松纲 Lycopsida

鳞木目 Lepidodendrales

鳞木科 Lepidodendraceae

鳞木属 *Lepidodendron* Sternb., 1820

斜方鳞木 *Lepidodendron posthumii* Jongm. et Goth.

(图版 119,图 1、2)

叶座排列紧密,斜方形或菱形,侧角钝圆,顶、底两端相对尖长。叶痕位于叶座正中略高处,长大于宽,菱形,其上侧边较下侧边长。维管束痕和侧痕位于叶痕侧角连线上,大小相近。叶舌穴紧靠叶痕顶角,颇明显。叶痕上、下部有许多横皱纹。

产地及层位:济宁;太原组。

梭鳞木 *Lepidodendron szeianum* Lee

(图版 119,图 3)

叶座长纺锤形,长度为宽度的 2 倍以上,顶、底两端狭长,略斜,上、下叶座连接或略错开,左右相隔很近,但不紧靠。叶座上、下部有时具中脊,上部的中脊接近顶角处,有"Y"形的浅沟或三角形凹坑;下部的中脊上有一行由小而大的"Y"形或斜"十"字形的凹痕。在叶座的其他部分有极细的平行而不规则的横皱纹。叶痕斜方形,位于叶座中部略高处,宽约等于叶座宽度的 3/4。维管束痕横椭圆形或"U"形,比侧痕略大,位置略高。叶舌穴位于叶痕的顶端之上。

产地及层位:新汶;太原组。

猫眼鳞木 *Lepidodendron oculusfelis* (Abb.) Zeill

（图版119，图4）

叶座纵菱形、斜方形、横菱形或双凸镜形，长宽之比为1∶2~2∶1，排列紧密。叶痕较大，宽微大于长，呈双凸镜形至横菱形，顶、底角宽大，两侧角尖锐，常有侧延线，位于叶座的中、上部，整个略呈猫眼状；维管束痕呈宽"V"形，侧痕较小，圆形，位于两侧角连线上。叶舌穴位于叶痕顶端之上，有时凹陷。叶座表面通常平，偶有微弱脊线和横纹，有时其顶端还有一个三角状小坑。

产地及层位：新汶；太原组。

4.4.2 楔叶纲 Sphenopsida

楔叶目 Sphenophyllates
楔叶科 Sphenophyllaceae
楔叶属 *Sphenophyllum* Koenig,1825

畸楔叶 *Sphenophyllum thonii* Mahr

（图版119，图5）

叶每轮6枚，形状、大小相近，楔形，两侧不对称，最宽处位于叶的中上部，侧边直或微凹，顶端钝圆或伸长，具细长锯齿。叶脉基出2~4条，外弯，多次二歧分叉而成放射状，分别达侧边和顶端。

产地及层位：淄博；山西组。

轮生楔叶 *Sphenophyllum verticillatum* (Schloth.) Brongn.

（图版119，图6）

叶每轮6枚，略呈3对型排列。叶楔形，长约10mm，最宽处约5mm，侧边近平直，顶端钝圆，具尖或钝齿。叶脉较密，基出1~2条，分叉3~4次，直达顶端每一齿内，在顶端有10~20条。

产地及层位：济宁；太原组。

椭圆楔叶 *Sphenophyllum oblongifolium* (Germ. et Kaulf.) Ung.

（图版119，图7）

叶每轮6枚，3对型排列；上2对大小近相等，下对有时甚短小，不紧靠。叶镶嵌明显。叶长楔形，长约7mm，宽约2mm，两侧边微凸，顶端截形或具凹缺。叶脉基出1~2条，分叉1~2次，直达顶端。

产地及层位：淄博；太原组。

脊楔叶　*Sphenophyllum koboense* Kob.

（图版119,图8）

叶每轮6枚,3对型排列,叶镶嵌明显,各具1中脉,两侧不对称。上对最大,略下弯,中脉偏于下侧;中对次之,略上弯,中脉偏于上侧;下对最小,仅为上2对的1/3左右。叶倒卵形,偏斜,边缘具不规则缺刻。中脉到叶中部以上才渐分散;侧脉斜向前伸,分叉数次。

产地及层位:济宁;石盒子群。

截楔叶　*Sphenophyllum costae* Sterz.

（图版119,图9、10）

叶每轮6枚,大小近相等,楔形,长约20mm,宽12mm,全缘,顶端截形,基部特别狭细,柄状。叶脉在叶基有2~4条,分叉3~4次,扇状,与侧边平行。

产地及层位:新汶;石盒子群。

木贼目　Equisetales

芦木科　Asterocalamitaceae

轮叶属　*Annularia* Sternb., 1822

星轮叶　*Annularia stellata*（Schloth.）Wood

（图版119,图11）

叶轮圆形,每轮通常有叶20~40枚,放射状排列。叶倒披针形,顶端尖,基部稍连合,最宽处常位于基部至顶端的2/3处。中脉较粗,几乎为叶宽的1/3。

产地及层位:淄博;太原组。

纤细轮叶　*Annularia gracilescens* Halle

（图版119,图12）

叶轮具上叶缺,在末二级枝上每轮有叶约20枚（长可超过2cm）,在末级枝上每轮有叶10~16枚;同一轮叶大小近等,靠近上叶缺的稍长。叶呈线状、披针形,最宽处为近中部,顶端尖。

产地及层位:新汶;石盒子群。

芦木属　*Calamites* Suck

芦木(未定种)　*Calamites* sp.

（图版119,图13）

标本保留了2个不完整节间的髓模。纵肋和纵沟在节上交错排列。肋直而凸,纵沟窄深,具节下痕。

产地及层位:淄博;太原组。

4 植物化石描述

木贼科 Equisetaceae
似木贼属 *Equisetites*
维基尼亚似木贼(相似种) *Equisetites* cf. *virginicus* Fontain
（图版 119，图 14、15）

茎宽 3.7mm，节间长 5.5mm，节部略微收缩。叶下部宽 0.8mm，彼此连合成鞘状，叶鞘高 3mm，表面光滑；上部彼此分离成齿状，叶齿为长三角形，紧贴茎上，高 2mm；顶端尖，每节有叶齿 9～10 枚。

产地及层位：莱阳；莱阳群。

木贼属 *Equisetum* Linne，1753
山东木贼 *Equisetum shandongense*
（图版 120，图 1）

标本为保存不很完整的茎干化石，但构造清晰，特征明显。茎宽 7mm 以上，节间长 6mm。叶下部宽 1.2mm，彼此联合成叶鞘，叶鞘高 4mm。叶上部分离成叶齿，叶齿高 6mm，渐尖。每轮至少有 10 枚叶，茎的分枝与侧枝近等粗。

产地及层位：莱阳黄崖底；莱阳群水南组。

瓢叶目 Noeggerathiales
齿叶属 Tingina Halle，1925
菱齿叶 *Tingia hamaguchii* Kon'no
（图版 120，图 2）

大叶呈菱形或长椭圆形至倒卵形，与轴成 40°～50°角，基部狭窄而下延，顶端钝圆，紧密排列呈叠瓦状。叶脉数条，自轴伸入基部后分叉数次，大致与侧边平行直达叶的前缘，伸入齿中；在叶中部有脉 10～24 条。小叶呈披针形，与轴平行或成极狭的交角。

产地及层位：淄博；太原组。

华夏齿叶 *Tingia carbonica* (Schenk) Halle
（图版 120，图 3）

大叶与轴成 40°～60°角，叶形变化甚大，基部宽而微斜，顶端截形，一般分裂为 3～5 个不规则的钝或尖的长齿。小叶顶端略呈截形，亦分裂成齿状。叶脉细，常在基部分叉，有 2 条或多条伸入齿中。

产地及层位：淄博；太原组。

科未定
斜羽叶属 *Plagiozamites* Zeill
椭圆斜羽叶 *Plagiozamites oblongifolius* Halle
（图版 120，图 4）

标本保存不全。叶两行，基部半抱茎状，着生于轴两侧。长椭圆形，基部渐狭，顶端钝圆，长 2～7cm，宽 1cm 以上，长为宽的 2～4 倍。叶基有多条叶脉自轴伸出，分叉后直达叶的两侧和顶端。叶缘具尖齿，齿长 1～2mm，其数目几乎与叶脉数相当。

产地及层位：济宁；石盒子群。

4.4.3 真蕨纲和种子蕨纲　Filices et Pteidospermosida

楔羊齿类 Sphenopterides

楔羊齿属 *Sphenopteris* Sternb.

稀囊楔羊齿（稀囊蕨） *Sphenopteris*（*Oligocarpia*）*gothanii* Halle

（图版 120，图 5）

3 次羽状复叶。末次羽片呈披针形、长椭圆形至长卵形，以 60°～70°角伸出。小羽片全缘，基部收缩后又微微下延，顶端钝圆。叶脉较细；中脉与侧脉几乎等粗；侧脉以锐角伸出，不分叉或分叉 1 次。

产地及层位：淄博；石盒子群。

卵晋囊蕨（楔羊齿） *Chansitheca*（*Sphenopteris*）*palaeosilvana* Rege'

（图版 120，图 6）

末次羽片呈三角形至披针形，长达 15mm，与末二级羽轴大致成 60°角。小羽片以 60°角伸出，基部微收缩，呈椭圆形，长约 4mm，顶端钝，边缘具小而圆的裂片。中脉略下延，侧脉不明显。小羽片上每个裂片都有一个孢子囊群。

产地及层位：淄博；石盒子群。

似里白属 *Gleichenites* Seward，1926

日本似里白（相似种） *Gleichenites* cf. *nipponensis* Oishi，1940

（图版 120，图 7）

蕨叶至少 2 次羽状分裂，主轴宽 1～2mm。末次羽片线形，长 2.5～2.8mm，宽 2～4mm，互生或对生，与主轴呈 45°～50°角。小羽片紧挤，极小，半圆形，长 1.5～2mm，宽 1.2mm，以整个基部着生在羽轴上，顶端钝圆。中脉明显，侧脉极少分叉或不分叉，隐约可见略呈圆形的孢子囊群的印痕。

产地及层位：莱阳山前店；莱阳群水南组。

锥叶蕨属 *Coniopteris* Brongn.，1849

膜蕨型锥叶蕨 *Coniopteris hymenophylloides* Brongniart

（图版 120，图 8）

蕨叶 3 次羽状分裂，轴颇细弱。末次羽片狭长，线形至披针形。小羽片呈卵圆形、三角形或倒楔形，顶端多尖锐。羽片和小羽片的大小、形状等均因所处位置的不同而有所变异。中脉很细，以锐角自羽轴伸出，侧脉粗细与中脉大致相等，常分叉 2～3 次，直达裂片的尖端。羽片基部下行第一小羽片变态为爪状分裂的小羽片。小羽片常退缩成柄状,囊群着生于叶脉的末端。

产地及层位:潍坊;坊子组。

布列亚锥叶蕨 *Coniopteris burejensis* (Zalessky) Seward
(图版 121,图 1)

蕨叶 2 次羽状分裂,羽片与轴成 45°~60°角,线形至线状披针形,向顶端渐趋狭窄。小羽片多呈长卵形,愈向羽片顶端愈趋伸长,小羽片基部下延于轴上,边缘深裂或浅裂或微呈波状,顶端尖锐。中脉以锐角自羽轴分出,并以锐角分出与裂片数目相等的侧脉。

产地及层位:潍坊;坊子组。

紫萁目 Osmundales
紫萁科 Osmundaceae
似托第蕨属 *Todites* Seward
细齿似托第蕨 *Todites denticulata* (Brongniart) Krasser
(图版 121,图 4)

蕨叶 2 次羽状分裂,末次羽片细长,线形至披针形。末次羽轴较细,约 1mm,中间具一纵脊。小羽片镰刀形,互生,顶端尖锐,边缘具细齿。中脉消晰,侧脉以 40°角自中脉伸出,分叉 1 次。

产地及层位:潍坊;坊子组。

真蕨目 Eufilicales
双扇蕨科 Dipteridaceae
格子蕨属 *Clathropteris* Brongn., 1828
新月蕨型格子蕨 *Clathropteris meniscioides* Brongniart
(图版 121,图 5)

羽片长带形,边缘浅裂成钝的裂片。主脉明显,侧脉以宽角自主脉伸出,第 3 次脉与侧脉近于垂直,彼此联结成较规则的长方形网格。网格内再分出细脉,细脉分叉联结成长方形或多角形细网脉。

产地及层位:潍坊;坊子组。

海金沙科 Schizaeaceae
鲁福德蕨属 *Ruffordia* Seward, 1894
葛伯特鲁福德蕨 *Ruffordia goepperti* (Dunker) Seward
(图版 122,图 1、2)

营养叶至少 3 次羽状分裂,轴细弱,略扭曲。末次羽片卵形或披针形。小羽片狭楔形、菱形或长卵形,顶端尖锐,边缘分裂成狭线形细裂片。侧脉自中脉分出,每一细裂片有叶脉1～2条。生殖小羽片较营养小羽片短而宽,叶膜退缩。

产地及层位:莱阳;莱阳群。

大羽羊齿类 Gigantopterides
华夏羊齿 *Cathaysiopteris whitei* (Halle) Koidz.
（图版121,图6）

小羽片线形,侧边全缘或波状,基部心形,左右不对称,顶端渐尖。中脉较宽;侧脉以70°～90°角分出后,向前直伸,接近边缘时微向上弯并逐渐分散;细脉羽状,与侧脉约成30°角,细密而明显,在两相邻的侧脉间相遇成缝脉,邻脉与细脉等粗。

产地及层位:淄博;山西组。

栉羊齿类 Pecopterides
栉羊齿属 Pecopteris Brongn
细脉栉羊齿 *Pecopteris tenuicostata* Halle
（图版122,图3）

末次羽片披针形,左右不对称。小羽片质薄,长卵形或镰刀形,基部宽,互相连合,顶端钝或尖。中脉细弱,微粗于侧脉,以锐角伸出,略偏于小羽片下侧,微呈波状,伸至小羽片顶端;侧脉异常稀疏,分叉1～2次,少数3～4次,小羽片顶端的侧脉不分叉。

产地及层位:淄博;石盒子群。

东方栉羊齿 *Pecopteris orientalis* (Schenk) Pot.
（图版122,图4）

末次羽片线形,羽轴坚壮而粗。小羽片舌形至卵形,顶端钝圆,基部下延,或下边先收缩再下延,形成一凹缺。中脉下延,前端略向上弯;侧脉分叉1次或不分叉,基部下边的第一侧脉自中脉下延部分伸出,有时分叉2次。

产地及层位:淄博;石盒子群。

太原栉羊齿 *Pecopteris taiyuanensis* Halle
（图版121,图7）

小羽片舌形或微呈镰刀状,长3～7mm,宽3～4mm,基部略下延,顶端钝圆。中脉清楚而下延,近顶端分叉或分散,侧脉粗而密,弯曲,分叉1～2次,第一次分叉接近中脉;基部下侧第一侧脉自中脉下延部分伸出,弯曲度甚弱,分叉2～3次。

产地及层位:淄博;石盒子群。

长舌栉羊齿 *Pecopteris candolleana* Brongn.
（图版 122，图 5）

末次羽片线形。小羽片长舌形，长为宽的 3.5～5 倍，质厚，边缘背卷，顶端钝圆，基部收缩或其上边收缩，下边微下延。小羽片基部互相连接。中脉粗直；侧脉微呈弧形，二歧合轴式分叉 1～2 次。

产地及层位：济宁；山西组。

河北栉羊齿 *Pecopteris chihliensis* Stockm. et Math.
（图版 122，图 6）

小羽片短舌形或略呈镰刀形，长约 7mm，宽约 4mm，斜生，全缘或微呈波状，顶端钝圆。叶脉细，中脉波状，基部下延，上至小羽片全长 3/4 处分散；侧脉弯曲，分叉 3～4 次。小羽片基部上侧第一侧脉与末级羽轴几乎平行，下侧第一侧脉自中脉下延部分伸出，弯曲度甚强。

产地及层位：济宁；石盒子群。

镰刀栉羊齿（相似种） *Pecopteris* cf. *anderssonii* Halle
（图版 122，图 7）

小羽片镰刀形至长舌形，长约为宽的 1.5 倍，紧挤，顶端钝圆，基部下延。中脉下延，前端微弯，在小羽片顶端分散；侧脉分叉 1 次后，其前 1 支脉或 2 条支脉再分叉 1 次；基部下侧第一侧脉自中脉下延部分伸出，有时可分叉 3 次，弯曲度甚强。

产地及层位：淄博；石盒子群。

弧曲栉羊齿 *Pecopteris arcuata* Halle
（图版 122，图 8）

多次羽叶复叶。末二级羽轴宽约 5mm，具稀疏小瘤。末次羽片披针形至线形，全缘，波状，浅裂至深裂。发育较好的小羽片长约 8mm，宽 4mm，卵形至长椭圆形，全缘，顶端钝圆，基部连合。中脉下延弧曲状；侧脉以狭角伸出，不分叉或分叉 1 次，弯曲方向与中脉相同。全缘和浅裂的末次羽片的中脉（相当于小羽片的中脉和侧脉）呈二歧合轴式分叉，呈束状；脉束的前缘外凸，后缘内凹。脉间有细纹，平行于叶脉。聚合囊为皱囊型。

产地及层位：济宁；石盒子群。

束羊齿属 *Fascipteris* Gu. et Zhi, 1974
垂束羊齿 *Fascipteris recta*
（图版 122，图 9）

小羽片线形，羽状浅裂至深裂，顶端钝圆。叶脉清楚，中脉微曲，侧脉二歧合轴式分叉 8～10 次，偶尔 3～4 次。脉束几乎与中脉垂直，宽约 2mm；第一对支脉向外凸出，其余直伸至边缘。

产地及层位：淄博；石盒子群。

密囊束羊齿 *Fascipteris densata*
（图版 123，图 1）

小羽片镰刀形或披针形，顶端钝，全缘或具圆齿。中脉明显，侧脉以狭角二歧合轴式分叉组成脉束。第一支脉分出后，即弯向边缘，常再分叉 1 次；第二支脉分出后，先以 15°角向顶端延伸，至相当于边缘一圆齿的长度，再分叉 1 次并弯向边缘，与第一支脉略平行。脉束明显弯曲。

产地及层位：淄博；石盒子群。

中国束羊齿 *Fascipteris sinensis*（Stockm. et Math.）
（图版 123，图 2）

小羽片近带形，顶端渐尖，全缘或具圆齿，中脉粗，侧脉近直角伸出，并以狭角二歧合轴式分叉 3～4 次。脉束宽不足 2mm，脉束外侧的 2 条脉离中脉不远就平行直达小羽片边缘。

产地及层位：淄博；石盒子群。

弧束羊齿 *Fascipteris hauei*（Kaw.）
（图版 123，图 3）

小羽片长舌形至椭圆形，长 4cm 以上，全缘或微呈波状，顶端钝圆，基部收缩或下延。叶脉清楚而密；侧脉以锐角伸出后，近单轴式分叉 10 次左右。脉束以同一方向外弯。

产地及层位：淄博；石盒子群。

枝脉蕨属 *Cladophlebis* Brongn.，1849
赫勒枝脉蕨 *Cladophlebis halleiana* Sze
（图版 121，图 2）

蕨叶可能作 2 次以上羽状分裂。羽片狭而长。小羽片自羽轴分出后向侧前方直伸，侧边较直，线形或微呈镰刀状，基部微下延，自基部最宽处缓缓向顶端尖细，至顶端急剧收缩成钝圆形。中脉清晰，侧脉多而密，自中脉以锐角伸出后分叉 3 次。

产地及层位：章丘；侏罗系。

坊子枝脉蕨 *Cladophlebis fangtzuensis* Sze
（图版 121，图 3）

蕨叶可能 2 次羽状分裂。羽片线形至披针形，宽约 2.5cm。小羽片长三角形至舌形，全缘，长约 15mm，宽约 8mm，两侧边平行，至前端 1/3 处突然收缩，顶端尖锐，下侧边略下延于轴上，上侧边略收缩而微呈耳状。中脉以锐角自羽轴伸出，微微曲折直趋尖端；侧脉在小羽片顶端为 1 次分叉，中部通常为 2 次分叉，基部上边为 3 次分叉，而下边常为 2 次分叉。

产地及层位：潍坊；坊子组。

美羊齿类 Callipterides
编羊齿属 *Emplectopteridium* Kaw.
翅编羊齿 *Emplectopteridium alatum* Kaw.
（图版121,图8、9）

小羽片近垂直着生,排列紧密,基部多少相连,卵形至长椭圆形,顶端微呈镰刀状。叶脉明显,羽状为主;中脉以宽角伸出,至顶端分散;侧脉以狭角伸出,立即分叉并联结成长多角形网眼;在小羽片边缘侧脉常平行,很少分叉和联结成网;邻脉也只在近羽轴处分叉并联结成网,间小羽片呈不等边三角形,通常1枚;间羽片通常2枚。

产地及层位:淄博;石盒子群。

丽羊齿属 *Callipteridium* Weiss
朝鲜丽羊齿 *Callipteridium koraiense*（Tok.）Kaw.
（图版123,图4）

小羽片镰刀形,以宽角着生,顶端钝尖,基部常不同程度地相连。中脉明显,不达小羽片顶部即分散;侧脉自中脉以狭角伸出即分叉1次,很快再分叉1次直达边缘;具邻脉。间小羽片1枚,呈不等边三角形或戟形。

产地及层位:济宁;山西组。

座延羊齿类 Alethopterides
蕉羊齿属 *Compsopteris* Zal., 1934
基缩蕉羊齿 *Compsopteris contracta*
（图版123,图5）

小羽片线形至披针形,全缘或偶呈波状,基部一般钝圆、偏斜或呈心形,有时似短柄状,中脉明显,直达小羽片顶端;侧脉细密,分叉2～3次;第一次分叉靠近中脉,分叉后,其后一叉枝外弯并再分叉1次,前一叉枝向小羽片前端延伸短距离后,再急剧外弯并分叉1次。所有叉枝在中途各再分叉1次,彼此以均匀的距离平行地伸至边缘。在边缘每厘米内约有叶脉50条。

产地及层位:淄博;石盒子群。

带羊齿类 Taeniopterides
带羊齿属 *Taeniopteris* Brongn., 1828
宽带羊齿 *Taeniopteris nystroemii* Halle
（图版123,图6）

标本不完整。中脉很粗,叶片着生于中脉腹面;侧脉细,以较大角度伸出,并以80°～90°角直达叶缘,常见在距中脉5mm处分叉1次,在叶缘每1cm内有叶脉22～35条。

产地及层位:济宁;石盒子群。

太原带羊齿 *Taeniopteris taiyuanensis*
（图版 123，图 7）

叶倒披针形或倒卵形，顶端钝圆，最宽处约 12cm。叶片着生于中脉略近腹面处。中脉在基部较宽，约为 8mm，向上很快地变狭细。侧脉细密，微下延，以锐角伸出后立即向外弯出，至叶的中部中脉成 65°～80°角，在叶的上部较斜并略向前弯，在中脉附近分叉 1～2 次，在近边缘处偶再分叉 1 次；在叶中部的边缘每厘米有叶脉 35～50 条。

产地及层位：新汶；太原组。

多脉带羊齿 *Taeniopteris multinervis* Weiss
（图版 123，图 8）

叶披针形，边缘全缘，长至少 20cm。中部宽达 7cm，顶端渐尖至钝圆；叶片着生在中脉的两侧。中脉宽 6mm 左右，侧脉细而清晰，伸出时即分叉 1 次，和中脉成狭角，然后很快外弯和中脉成 70°～90°角，并再二歧分叉 1 次，接近叶缘时微向上弯。在叶缘，每厘米有叶脉 25～45 条，一般为 35 条左右。脉间具许多小黑点痕。

产地及层位：新汶；太原组。

尖头带羊齿 *Taeniopteris mucronata* Kaw.
（图版 123，图 9）

羽状复叶，长 20cm 以上。羽轴平滑，宽 5mm，羽片线形，常微弯曲，长至少 8cm，宽 1～2cm，顶端尖头状，基部心形，钝圆或裂成瓣状。中脉粗，自基部伸至顶端粗细几乎不变，在羽片基部成短柄状，在顶端直伸出羽片外成为尖头。侧脉以狭角自中脉伸出，在基部分叉 1 次后又在不远处再分叉 1 次，常以近于垂直方向伸向叶缘。叶缘每厘米有叶脉 16～28 条，羽片愈大，叶脉愈密。

产地及层位：济宁；山西组。

畸羊齿类 Mariopterides
织羊齿属 *Emplectopteris*
三角织羊齿 *Emplectopteris triangularis* Halle
（图版 123，图 10）

小羽片卵形至三角形，微呈镰刀状弯曲，基部互相连接，顶端钝或尖。末次羽片基部下行第一小羽片较大，呈明显不等边三角形或瓣状，位于末级羽轴基部下延部分，形似间小羽片。叶脉清楚，中脉较弱，常微呈波状弯曲；侧脉在中脉两侧仅 3～4 条，自中脉伸出后作数次二歧分叉，并联结成稀疏而不规则之网脉。

产地及层位：淄博；石盒子群。

4 植物化石描述

脉羊齿类 Neuropterides
脉羊齿属 *Neuropteris* Brongn.，1825
卵脉羊齿 *Neuropteris ovata* Hoffm.
（图版 124，图 1）

小羽片长约 1.5cm，宽不及 1cm，卵形、长椭圆形至舌形，全缘，顶端钝圆，基部偏斜形，基部下边常呈耳状。中脉常延伸到小羽片全长的 3/4 处才分散；侧脉以锐角分出，分叉多次，细密，微弯向两侧。

产地及层位：淄博；太原组。

网羊齿属 *Linopteris*
短网羊齿 *Linopteris brongniartii* Gutb.
（图版 124，图 2）

小羽片卵形至长舌形，基部最宽，呈心形，顶端钝圆。中脉短，不及小羽片长度的 1/2；侧脉分叉数次，并联结成网。网眼呈短粗的多边形，近中脉处稍呈纺锤形，近边缘的短，最密。

产地及层位：淄博；本溪组。

开通目 Caytoniales
鱼网叶属 *Sagenopteris* Presl，1838
莱阳鱼网叶 *Sagenopteria laiyangensis*
（图版 120，图 10）

小叶为扇形，最宽处 2.9cm，长 4.2cm，全缘。基部楔形，迅速向顶端展开。中脉清晰，在基部中间，宽约 1mm，向顶端较快变细，至叶片的 2/3 处分叉消失。侧脉以锐角自中脉伸出，微向外弯，分叉 4 次以上交于叶缘。叶脉互相联结成狭长而稀疏的网眼。

产地及层位：莱阳黄崖底；莱阳群水南组。

胶东鱼网叶 *Sagenopteris jiaodongensis*
（图版 120，图 11）

小叶较小，全缘，长椭圆形。叶的中脉偏斜在基部一边，纤细而清晰，直至中途或近顶端处分叉消失。

自基部至 2/3 处的侧脉，先是以小角度从中脉伸出，分叉 1~2 次后即以较大角度交于叶缘；近顶端的侧脉自中脉伸出后保持伸出方向交于叶缘。整个叶片的侧脉互相联结成稀疏而狭长的网眼。

产地及层位：莱阳大明、西朱兰；莱阳群水南组。

分类不明

掌蕨属 *Chiropteris* Kurr

肾掌蕨 *Chiropteris reniformis* Kaw.

(图版 120,图 9)

柄长约 4cm,宽 2~3mm。叶片宽肾形至扇形,前端全缘或波状。叶脉放射状,细密,多次二歧式分叉并联结成稀疏而狭长的网眼,在叶片边缘网眼变短,每厘米内约有叶脉 30~40 条。

产地及层位:淄博;石盒子群。

4.5 裸子植物门 Gymnospermae

裸子植物是种子植物中较原始的类群,种子裸露在外,无果实包裹,都是多年生木本、乔木或灌木,开始出现于早二叠世,侏罗纪及早白垩世最为繁盛。现生的松柏、银杏等均属裸子植物。

4.5.1 苏铁纲 Cycadopsida

苏铁杉目 Podozamitales

苏铁杉科 Podozamitaceae

苏铁杉属 *Podozamites* Braun,1843

披针苏铁杉 *Podozamites lanceolatus* (Lindley et Hutton) Braun

(图版 124,图 3)

羽轴细,叶呈螺旋状着生,基部收缩,顶端渐细呈钝尖状,最宽处约在中部。叶脉自基部分叉 1~2 次,达叶的顶端。

产地及层位:潍坊;坊子组。

耳羽叶属 *Otozamites* Braun,1843

镰状耳羽叶 *Otozamites falcata* Lan

(图版 123,图 11)

裂片小,长 18mm,宽 4mm,呈标准的镰刀形,上侧边直或微凹,下侧边稍外凸,至前端明显向上弯曲,基部收缩,两基端近于对称,耳状不甚明显。叶脉清晰,自基部呈放射状伸出,交裂片侧边及顶端,分叉 1~3 次。

产地及层位:莱阳;莱阳群。

4.5.2 银杏纲 Ginkgopsida

银杏目 Ginkgopsida
裂银杏属 *Baiera* Braun
纤细裂银杏 *Baiera gracilis* (Bean) Bunbury
（图版124,图4）

叶扇形,柄细长。叶片先深裂至柄端,分为左右略对称的两部分,每一部分常或深或浅地再分裂2~3次,至成为各具4~8或更多个的线形细裂片,裂片最宽处多在其中上部,顶端尖或钝圆。叶脉很细,每一裂片有2~4条。

产地及层位:潍坊;坊子组。

浅田裂银杏 *Baiera asadai* Yabe et Oishi
（图版124,图5）

叶扇形,柄细长。叶片首先深裂至基部,分为左右近于对称的两部分,每一部分再分裂4次,形成总数约29个的线形裂片,内侧的最后裂片大多相互覆盖,最外的裂片左右展开几乎成一直线。最后裂片细狭,最宽处在中、下部,宽约2mm,自此向上慢慢狭缩成尖锐的顶端。叶脉不清楚。

产地及层位:潍坊;坊子组。

似银杏属 *Ginkgoites* Seward
西伯利亚似银杏（相似种）*Ginkgoites* cf. *sibiricus* (Heer) Seward
（图版124,图6）

叶扇形,叶柄未保存。叶片先深裂成左右略对称的两部分,每一部分再分裂成3个裂片。裂片披针形或长舌形,最宽处在中上部,基部缓缓收缩,顶端钝圆。叶脉明显,自叶片基部伸出3条脉,各自二歧式分叉3~4次伸达每个裂片,并在其顶端聚交,每一裂片中上部有4~7条。

产地及层位:莱阳;莱阳群。

线银杏属 *Czekanowskia* Heer
竖直线银杏 *Czekanowskia rigida* Heer
（图版125,图1）

叶细线形,长度不明,宽2mm,两侧边平行竖直,分叉1~2次,基部簇生于鳞片状的短枝上。每一裂片有清晰的4条平行细脉。

产地及层位:潍坊;坊子组。

4.5.3 科达纲 Cordaitopsida

科达目 Cordaitales
科达科 Cordaitaceae
科达属 *Cordaites* Unger, 1850

带科达 *Cordaites principalis* (Germ.) Gein.
（图版125，图2）

叶长带形，上半部最宽，两端渐狭，顶端钝。叶脉平行，每厘米内有20～34条。脉间微凸，常呈瓦楞状，脉间纹细而明显，有4～6条。

产地及层位：淄博、济宁；太原组。

疏脉科达 *Cordaites schenkii* Halle
（图版125，图3）

标本仅保存一部分。叶脉稀疏，不凸起，脉间距不均匀，每厘米内通常有10～11条。脉间纹较粗，稍细于叶脉，一般3条左右。

产地及层位：淄博；山西组。

单纹科达 *Cordaites borassifolia* (Sternb.) Ung
（图版125，图4）

叶长匙形，长可达40cm，宽4～8cm，最宽可达12cm。叶脉细密，每厘米内有20～30条；脉间纹仅有1条。

产地及层位：滕州；太原组。

4.5.4 松柏纲 Coniferopsida

松柏目 Coniferales
杉科 Taxpdoaceae
柏型枝属 *Cupressinocladus* Seward, 1919

莱阳柏型枝 *Cupressinocladus laiyangensis* Lan
（图版125，图5）

营养枝较粗壮，分枝不规则。末级细枝线形，宽约2mm。末二级枝短，分枝少，仅分出1～2个细枝。末三级枝一般呈卵形。叶卵形至长椭圆形，交互对生，顶端钝圆，紧贴于枝上，仅顶端部分微与枝分离。

产地及层位：莱阳；莱阳群。

雅致柏型枝 *Cupressinocladus elegans* (Chow) Chow
(图版 125,图 6)

枝互生,伸展在一个平面上。末 2 次小枝常规则地向两侧各分出 4 个线形细枝。叶小而细长,鳞片状,交互对生,顶端呈一宽的尖角,多数紧贴于枝上,仅顶端尖角部分微与枝分离。

产地及层位:莱阳;莱阳群。

肖楠型柏型枝 *Cupressinocladus calocedruformis* Chen
(图版 125,图 7)

松柏类营养枝。末二级枝披针形,互生,向两侧各分出 2~4 个细枝。末级细枝呈线形,以锐角伸出。叶小而细长,梭标形,交互对生,紧贴枝上,仅顶端尖角部分与枝分离,特别在末二级枝的基部下行第一枚小叶更为明显。叶顶端尖锐,背面有 1 条明显的中肋。枝细弱,宽 1~1.5mm;叶长 2~3mm,游离部分占 1/3。

产地及层位:莱阳黄崖底;莱阳群水南组。

短叶杉属 *Brachyphyllum*
粗肥短叶杉 *Brachyphyllum obesum* Heer
(图版 125,图 8)

枝互生,小枝多,密集,粗而短,顶端钝。叶菱形,紧贴于枝上呈螺旋状排列。背面具细的在顶端聚交的放射状条纹。

产地及层位:莱阳;莱阳群。

厚叶短叶杉 *Brachyphyllum crassum* Heer
(图版 126,图 1)

枝粗壮。末二级枝宽 1~1.3cm;末级枝对生,长 6~10cm,宽 0.8~1cm,以 50°~60°角伸出,顶端钝圆。叶贴生,呈螺旋状排列,表面具细纹,细纹由小圆点组成,向叶顶端聚敛。

产地及层位:莱阳大明;莱阳群水南组。

钝短叶杉 *Brachyphyllum obtusum* Chow et Tsao,1977
(图版 126,图 2)

枝较粗,达 6~7mm,末级小枝宽 3mm 以上。叶长鳞片状,一般长 6~7mm,个别大者可达 1cm,宽一般 4mm,不具棱脊;基部下延,顶端钝圆,边缘完整,呈较疏松的螺旋状排列。叶表面有多条由下陷气孔器形成的沟纹,沟纹大致平行,在叶顶端聚敛。

产地及层位:莱阳大明;莱阳群水南组。

纵型枝属 *Elatocladus*
东北枞型枝 *Elatocladus manchurica* (Yokoyama) Yabe
(图版 126,图 3)

枝颇粗,分枝角约 45°。叶螺旋状排列,长 1.5~2cm,呈披针形和狭三角形,直或微弯,基部最宽,下延,向外强烈地弯曲,与轴线成 90°或小于 90°的宽角,单脉,顶端尖锐。

产地及层位:潍坊;坊子组。

水杉属 *Metasequoia*
二列水杉 *Metasequoia disticha* (Heer) Miki
(图版 125,图 9)

叶细长,交互对生,叶顶渐尖,基部收缩成一短柄。中脉明显。

产地及层位:平度;始新统。

4.5.5 茨康纲 Czekanowskiopsida

茨康目 Czekanowskiales
似管状叶属 *Solenites* Lindley et Hutton,1834,emend. Harris,1951
穆雷似管状叶 *Solenites murrayama* Lindley et Hutton,1834
(图版 126,图 4)

叶细线形,下部宽约 1mm,上部可达 2mm。长达 15cm,顶部未保存,从所保存的部分来看,叶片没有明显的分叉现象。叶脉不清楚。叶的总数 8 枚,整个形状呈楔形,汇集于基部,簇生于短枝上。因保存关系,短枝上的鳞叶不十分明显。

产地及层位:莱阳大明;莱阳群水南组。

4.6 被子植物门 Angiospermae

被子植物是植物界中结构最完善的种子植物,有花生成,又名有花植物。成熟的种子不裸露,有果实包围,故名被子植物,如桃、梨等。被子植物出现于晚侏罗世,自晚白垩世繁盛至今。

双子叶植物纲 Magnoliopsida
杨柳目 Salicales
杨柳科 Salicaceae
杨属 *Populus* Linn,1753
####### 阔叶杨 *Populus latior* Braun
(图版 127,图 1)

叶近于圆形,长、宽近相等,约 9cm。顶端渐尖,叶基心形,叶柄粗壮,叶缘具钝齿。叶脉掌状,自基部伸出 3~5 条。中脉粗;近基部一对侧主脉细而短,与中脉近垂直;另一对侧主脉较粗,与中脉的夹角约 45°。侧脉 3~5 条,与主脉的夹角 50°左右,近叶缘弧曲向上,其细分枝伸达叶缘或齿内。3次脉呈不规则网状。

产地及层位：临朐山旺；山旺组。

锦葵目 Malvales
椴树科 Tiliaceae
紫椴属 *Tilia* L.
古紫椴 *Tilia preamurensis* Hu et Chaney
（图版127,图2）

叶近圆形,长6.5cm,宽4.5cm,顶端急尖,叶基为不对称的浅心形或深心形。叶缘具粗大锯齿,齿端具短芒刺。叶脉掌状五出。中脉强,基部第1对侧主脉不明显。第2对侧主脉与中脉夹角55°左右；侧脉与中脉夹角45°左右；侧主脉具外脉,侧主脉、侧脉及外脉均可伸达叶缘齿；第3次脉垂直于侧脉,在叶缘处可伸达叶齿或弯缺处。

产地及层位：临朐山旺；山旺组。

梧桐科 Sterculiaceae
梧桐属 *Fimiana*
华梧桐 *Fimiana sinomiocenica* Hu et Chaney
（图版129,图2）

叶掌状五裂,长可达13.5cm以上,宽30cm左右。中裂片卵形,顶端未保存。叶基深心形。叶柄粗强。叶脉为掌状七出,中脉略弯曲,第1侧主脉与中脉的夹角以及相邻侧主脉之间的夹角均为30°左右；侧脉较弱,弧曲形,不达缘。

产地及层位：临朐山旺；山旺组。

卫矛目 Celastrales
卫矛科 Celastraceae
卫矛属 *Euonymus* Cliff., 1737
长柄卫矛 *Euonymus protobungeana* Hu et Chaney
（图版127,图3）

叶近菱形,长6cm,宽4.2cm。基部宽楔形,顶端钝尖,叶缘具细密锯齿。叶柄长,略弯曲,长约2cm。叶脉为羽状环结脉序；中脉细,略呈弧形；侧脉更细,与中脉的夹角约45°,略呈弧形,近叶缘处分叉形成脉环。第3次脉形成脉网,近叶缘处形成脉环。

产地及层位：临朐山旺；山旺组。

胡桃目　Juglandales
　　胡桃科　Juglandaceae
　　　　核桃属　*Carya* Nutt.
　　　　　华山核桃　*Carya miocathayensis* Hu et Chaney
　　　　　　　　（图版 127，图 4）

奇数羽状复叶，小叶 5～7 个，大小不等。顶端小叶纺锤形，基部渐狭呈狭楔形，顶端渐尖；侧小叶基部为不对称圆楔形，叶缘均具细密小锯齿，无叶柄。叶脉羽状；顶端小叶的中脉直伸；侧小叶的中脉常略弯曲。侧脉 20 对左右，与中脉夹角为 60°～70°，近基部更大些。侧脉在近叶缘处分叉，形成脉环。第 3 次脉与侧脉以近 90°角相交。在近叶缘处从脉环中伸出些细小分枝，伸达锯齿。

产地及层位：临朐山旺；山旺组。

　　　　胡桃属　*Juglans* Linn.
　　　　　山旺胡桃　*Juglans shanwangensis* Hu et Chaney
　　　　　　　　（图版 127，图 5）

复叶的一个顶端小叶，披针形，长 17cm 以上，宽 7cm。叶基未保存全，顶端尖长，叶缘略呈波状。叶脉为羽状弧曲脉，中脉在叶下部粗，向上逐渐变细；侧脉细，略呈弧形，与中脉夹角在叶基部近 90°，在叶中部约 60°，侧脉在叶缘处分叉。第 3 次脉规则，将相邻侧脉密集相连。

产地及层位：临朐山旺；山旺组。

睡莲目　Nymphaeales
　　金鱼藻科　Ceratophyllaceae
　　　　金鱼藻属　*Ceratophyllum* L.
　　　　　尾金鱼藻　*Ceratophyllum miodemersum* Hu et Chaney
　　　　　　　　（图版 126，图 5）

茎枝较细，可长达 15cm 以上。叶细而微弯曲，1～2 次二歧分叉，叶长 1～2cm，轮生在茎枝的节上。节间长 0.4～1.2cm。

产地及层位：临朐山旺；山旺组。

堇菜目　Violales
　　葫芦科　Cucurbitaceae
　　　　栝楼属　*Trichosanthes* L.
　　　　　脆弱栝楼　*Trichosanthes flagilis* Reid
　　　　　　　　（图版 127，图 6）

种子倒卵形，长 7.5mm，宽 5mm，扁平，顶、底端略收缩。种皮木质，其表面沿边缘有 2～

3 条突起的脊,走向平行于种子的边缘。

产地及层位:临朐山旺;山旺组。

荨麻目　Urticales
桑科　Moraceae
榕树属　*Ficus* L.
长柄榕树　*Ficus longipedia* Geng
(图版 127,图 7)

叶宽倒卵形,长 16cm,宽 8.8cm。叶基宽楔形,叶顶骤尖,叶下部全缘,中部以上具明显的钝锯齿,叶柄细长。叶脉为羽状环结脉序;中脉较细;侧脉细,互生,略呈弧形,约有 9 对,与中脉的夹角约 60°,伸至叶缘处环结;第 3 次脉近 90°从侧脉伸出,形成大网,更次一级脉又在其中构成细密的脉网。

产地及层位:临朐山旺;山旺组。

榆科　Ulmaceae
榉属　*Zelkova* Spach
翁格尔榉　*Zelkova ungeri* Kovats
(图版 129,图 6)

叶长卵形,长 4cm 以上,宽 2.1cm。叶基和顶端均未保存,一般为急尖或长尖形。叶缘具大的单齿,且外缘较内缘长,均微向外突。中脉直,侧脉 8 对左右,与中脉的夹角为 40°左右,侧脉入叶齿。

产地及层位:临朐山旺;山旺组。

山旺榕　*Ficus shanwangensis* Hu et Chaney
(图版 128,图 1)

叶宽倒卵形,长 15.7cm,宽 8cm。叶基宽楔形,叶顶钝尖,叶全缘,叶柄未保存。中脉强,直达叶顶;侧脉 6~8 对,第 1~3 对侧脉弱而短,与中脉的夹角 56°,第 4 对侧脉粗强,与中脉的夹角亦较小,约 45°,且具 7~8 条外脉,近叶顶处侧脉与中脉的夹角增大为 52°;侧脉与外脉在近叶缘处形成脉环。

产地及层位:临朐山旺;山旺组。

壳斗目　Fagales
桦木科　Betulaceae
桦木属　*Betula* Linnaeus,1753
亮叶桦木　*Betula mioluminifera* Hu et Chaney
(图版 128,图 2)

叶卵圆形,长 7cm,宽 4cm。叶顶急尖,叶基圆楔形,叶缘具细密锯齿。中脉直伸;侧脉 10

对左右,基部的一对短,与中脉的夹角较大,其他侧脉与中脉的夹角为40°左右;侧脉直伸达边缘。第3次脉与侧脉近垂直。

产地及层位:临朐山旺;山旺组。

赤杨属 Alnus Mill.
北赤杨 Alnus protomaximowiczii Tanai
(图版128,图3)

叶较大,长三角形,长12.5cm,宽7.5cm。叶基宽楔形至截形,叶顶长尖,叶缘具重锯齿。中脉粗强,直伸达叶顶而逐渐变细;侧脉较强,略呈弧形向上弯曲,近对生羽状排列,有9对左右。侧脉与中脉的交角在中部为45°左右,向叶顶变小,向叶基变大,近70°。第3次脉与侧脉近垂直,整齐地排列于侧脉之间。叶柄粗壮。

产地及层位:临朐山旺;中新统山旺组。

壳斗科 Fagaceae(又名山毛榉科)
槲叶栎属 Dryophyllum
槲叶栎(未定种) Dryophyllum sp.
(图版128,图7)

叶披针形,长6cm,宽1.5cm。叶顶未保存,叶基部下延,叶缘具凹波。叶柄粗强,长1cm。叶脉为羽状达缘脉;侧脉细且伸达齿端。

产地及层位:沾化;沙河街组。

金缕梅目 Hamamelidales
金缕梅科 Hamamelidaceae
银缕梅属 Shaniodendron Deng, Wei et Wang
忍冬叶银缕梅 Shaniodendron viurnifolia (Changey et Hu) Wang et Li
(图版128,图4)

叶卵菱形,长6.5cm,宽3.6cm。叶基狭圆形,顶端长尖,叶缘在上半部波状,下半部全缘。叶柄强,长0.8cm。中脉细,在近顶端略内弯;侧脉5对,互生,与中脉的夹角略有不同,左侧为53°,右侧为43°,伸达叶缘;自近基部侧脉伸出数条外脉,形成脉环;第3次脉细,与侧脉近垂直。

产地及层位:临朐山旺;山旺组。

金缕梅属 Hamamelis Gronov. ex Linn.
绒金缕梅 Hamamelis miomollis Hu et Chaney
(图版127,图8)

叶亚圆形,长11cm,宽9.5cm。叶顶钝尖,叶基心形或肾形,两侧不对称;叶缘具不规则的波状齿;叶柄粗壮,保存不全。叶脉为掌状三出,中脉明显;2条侧主脉与中脉的夹角不等,侧主脉具 5～9 条外脉；侧脉互生,有 4～6 对,与中脉的夹角 40°,侧脉与外脉均伸入叶缘。

产地及层位：临朐山旺；山旺组。

枫香属 *Liquidambar* L.
华枫香 *Liquidambar miosinica* Hu et Chaney
（图版 128,图 5、6）

叶掌状三裂,长 4.7cm 以上。叶基宽圆形,裂片椭圆形,顶端渐尖,叶缘具细锯齿。叶柄未保存全。叶脉掌状三出；中脉较粗直伸；侧主脉与中脉的夹角约 50°,侧主脉略呈弧形向叶基方面弯曲；侧脉细,自主脉伸出,在叶缘处互相连接成脉环；第 3 次脉细,形成多角形小网。

产地及层位：临朐山旺；山旺组。

花藤属 *Berchemiam*
多花藤 *Berchemiam miofloribunda* Hu et Chaney
（图版 129,图 1）

叶卵形,长 6.5cm,宽 3.8cm。顶端钝尖,叶基为截形,叶全缘或微波状。叶柄粗壮,弯曲,长 1cm。叶脉为羽状弧曲脉序；中脉较强,直伸；侧脉略呈弧形,有 9～13 对,近基部的 2～3 对侧脉与中脉的夹角近 80°,其余的为 40°左右；第 3 次脉密集而整齐,彼此平行于侧脉间,与侧脉近于直角。

产地及层位：临朐山旺；山旺组。

无患子目 Sapindales
漆树科 Anacardiaceae
盐肤木属 *Rhus*
古野漆盐肤木 *Rhus miosuccedanea* Hu et Chaney
（图版 129,图 3）

标本为一不完整的羽状复叶,叶轴较粗,顶端小叶具柄,长约 1.1cm。侧小叶对生,叶柄很短。小叶披针形,顶端长尖,基部特别是侧小叶的基部两侧明显不对称。顶端小叶长 5cm 左右,宽 1.9cm；侧小叶长 6.5cm,宽 1.4cm；小叶全缘。叶脉为羽状弧曲脉序；中脉强,略呈弧形,侧脉明显,具 20 对左右。

产地及层位：临朐山旺；山旺组。

槭树科 Acerceae
槭树属 *Acer* Linnaeus,1753
福氏槭 *Acer florini* Hu et Chaney
（图版 129,图 4）

叶掌状三裂,长 6cm 以上,宽 8cm 左右。叶基宽圆形,裂片具长而尖锐的顶端,裂片间的凹缺呈钝圆状。叶全缘。叶脉为掌状五出弧曲脉序,近基部一对侧主脉细弱,非常不明显；中脉及另一对侧主脉粗而明显,直伸入裂片顶端,它们之间的夹角 40°～50°;侧脉细弱,排列稀疏。

产地及层位:临朐山旺;山旺组。

鼠李目 Rhamnales
葡萄科 Vitaceae
葡萄属 *Vitis* Linn.
华葡萄 *Vitis sinica* Guo et Li
(图版 129,图 5)

叶掌状三裂,裂片三角形,侧裂片小,它们与中间片间的凹缺呈圆弧形。叶基呈心状肾形,叶缘具较大、排列稀疏的锯齿。叶脉为掌状三出达缘脉序;中脉直伸,侧主脉达裂片顶端,自侧主脉伸出 6～7 条外脉,均达叶齿;侧脉 5～6 对,直达叶缘齿端,第 3 次脉细,几乎垂直于侧脉,形成不规则长方形网。

产地及层位:临朐山旺;山旺组。

蔷薇目 Rosales
豆科 Leguminosae
豆荚属 *Podogonium* Heer 1857
单籽豆荚 *Podogonium oehningense*(Koenig.)Kirch.
(图版 129,图 7)

叶为羽状复叶,长约 7.5cm,宽约 3.5cm。复叶有约 8 对小叶,小叶对生,具有短的叶柄或近无柄。小叶长圆形或披针形,长 2.4cm 左右,宽 0.8cm 左右;顶端钝圆;基部两侧明显不对称,上侧为圆楔形,下侧下延呈圆形。侧脉细,与中脉夹角 55°左右,在近叶缘处形成脉环;在小叶基部下延的一侧,从中脉基部伸出一条明显的较强的脉,它与中脉的夹角较小,约 25°,直伸达小叶片的中部,然后与侧脉连接成脉环。

产地及层位:临朐山旺;山旺组。

绣球花科 Hydrangeaceae
绣球属 *Hydrangea* L.
披针叶绣球 *Hydrangea lanceolimba* Hu et Chaney
(图版 130,图 1)

叶披针形,长 9.5cm,宽 4cm。叶基宽楔形,叶顶渐尖,叶缘具小锯齿,叶柄粗壮。中脉粗强,略弯曲;侧脉 8～9 对,互生或近对生,与中脉的夹角通常为 45°左右,在叶缘处形成脉环。第 3 次脉不明显。

产地及层位:临朐山旺;山旺组。

樟目　Laurales

樟科　Lauraceae

樟属　*Cinnamomum* Trew

樟(未定种)　*Cinnamomum* sp.

(图版 130,图 2)

叶披针形,长 7.5cm 以上,宽 3.3cm。叶基楔形,顶部未保存,叶全缘。叶脉为离基三出脉;基侧脉与中脉的交点离叶基 0.6cm,与中脉的夹角为 25°左右;侧脉细弱,在叶的近基部可见及;外脉结成脉环。叶革质。

产地及层位:沾化;沙河街组。

4.7　孢子和花粉　Spores and Pollen

孢粉是植物繁殖器官的组成部分,孢子为孢子植物的生殖细胞,花粉为种子植物的雄性生殖细胞。孢子主要有两种基本形态类型,一种是具单缝的两侧对称孢子,另一种是具三缝的辐射对称孢子。

4.7.1　孢子大类　Proximegerminantes

双孔多胞孢属　*Diporicellaesporites* Elsik,1968

内脊双孔多胞孢　*Diporicellaesporites intrastriatus* Fan

(图版 129,图 8)

纺锤形,大小 36.25μm×66.25μm,具双孔,孔径约 2μm;5 个细胞、4 条隔壁,壁厚 4~5μm,具穿孔;外壁厚 2~4μm,上具无数条平行的纵向内脊痕;轮廓线略呈波状。

产地及层位:沾化;黄骅群。

无孔多胞孢属　*Multicellaesporites* Elsik,1968 emend. Shefty et Dilcher,1971

条纹无孔多胞孢　*Multicellaesporites striatus* Li et Fan

(图版 128,图 8)

长椭圆形,大小 17.5μm×35μm;5 个细胞呈"一"字排列,两端的细胞略小,呈半圆形;无孔,隔壁暗或微透明,厚 1~2μm;外壁厚 1.5μm,2 层近等;条纹状纹饰平行于长轴,排列适中,条纹宽 2~3μm,向两端收敛。

产地及层位:垦利;黄骅群。

水藓孢属　*Sphagnumsporites* Raatz,1937

双壁水藓孢　*Sphagnumsporites levipollis* Li et Fan

(图版 128,图 9)

圆形或椭圆形,大小 20~21.5μm;三射线开裂 2~4μm,向赤道部位收敛,射线长约为孢子半径的 4/5；外壁厚约 1.5μm；在亚赤道位置平行于外壁具一圆环褶皱，宽约 1.5μm，外壁与环裙间为一宽 1～1.5μm 的亮环，类似于"双壁"；表面光滑。

产地及层位：沾化；黄骅群。

小水藓孢 *Sphagnumsporites minor* (Krutzsch) Song et Hu
（图版 128，图 10）

圆形—三角形，大小 17.5～21.25μm；三射线直，等于孢子半径；外壁厚约 1.5μm，2 层近等；表面光滑或微粗糙。

产地及层位：沾化；馆陶组。

无缝具网孢属 *Seductisporites* Chlonova, 1961
柴达木无缝具网孢（比较种） *Seductisporites* cf. *qaidamensis* Zhang
（图版 130，图 3）

近圆形，大小 73.75μm；未见三射线，具相当窄的赤道环；外壁厚 2.5～6μm，2 层近等；表面纹饰大网状，网眼呈不规则的多边形，直径 6～20μm，网脊宽 1.5～2.5μm，高约 2μm，网眼内粗糙。

产地及层位：垦利；馆陶组。

光面三缝孢属 *Leiotriletes* Potonie et Kremp, 1954
薄壁光面三缝孢 *Leiotriletes gracilis* (Imgrund) Imgrund, 1960
（图版 126，图 6）

射线小孢子，赤道轮廓三角形，三角呈圆角；三边微向内凹入或向外凸出。三射线细长，直伸至三角顶，射线常裂开，形成加厚呈深色的接触区。孢壁薄、淡黄色。孢子表面平滑。孢子直径 25～36μm。

产地及层位：滕州；太原组。

肿胀光面三缝孢 *Leiotriletes tumidus* Butterworth et Williams, 1958
（图版 130，图 4）

三射线小孢子，赤道轮廓圆角三角形，三角呈圆角，三边向外凸出。三射线相当孢子半径的 2/3 左右，射线常裂开。孢壁较薄，偶见褶皱。孢子表面平滑或具细点状纹饰。孢子直径 60～70μm。

产地及层位：济宁；本溪组。

亚平滑光面三缝孢 *Leiotriletes pseudolevis* Peppers, 1970
（图版 130，图 5）

三缝小孢子，极面轮廓三角形。三边平直或向内凹入，有时向外凸出。三射线直伸至赤道(三角顶),射线两侧具加厚的条带并形成射线脊凸起,脊宽 4～6μm,呈黄褐色,脊在三角顶呈盘形。孢壁薄,常有小褶皱。孢子表面平滑。孢子直径 52～55μm。

产地及层位:济阳;石盒子群上部。

喉状光面三缝孢 *Leiotriletes gulaferus* Potonie et Kremp,1954
（图版 130,图 6）

三缝小孢子,极面轮廓三角形,3 边向外凸出,三角呈圆角。三射线细、直,约等于半径的 3/4,有时裂开,具接触区,呈黄褐色,射线顶端有时加厚、变粗,似唇。孢壁薄,偶有褶皱。孢子表面平滑。孢子直径 55～62μm。

产地及层位:兖州;山西组。

膨胀光面三缝孢 *Leiotriletes inflatus* (Schemel,1950) Potonie et Kremp,1955
（图版 130,图 7）

三射线小孢子,赤道轮廓三角形,三角呈圆角,3 边略向内凹入或向外凸出。三射线长,直伸至三角顶,射线两侧薄的、微弯曲的条带加厚。孢壁薄,黄色,其表面平滑或具内点状结构。孢子直径 35～45μm。描述的孢子直径 38μm。

产地及层位:济宁;本溪组。

侧光面三缝孢 *Leiotriletes adnatus* (Kosanke,1950) Potonie et Kremp,1955
（图版 128,图 11）

三缝小孢子,极面轮廓三角形,3 边向内显著凹入,三角呈圆角。三角线细长,等于半径的 3/4。孢壁较薄,褐色,接触区色较深,呈黄褐色。孢子表面平滑,在高倍镜下可见不清晰的细颗粒纹饰。孢子直径 32～39μm,描述的孢子直径 35μm。

产地及层位:济宁;石盒子群上部。

圆三角形光面三缝孢 *Leiotriletes sphaerotriangulus* Potonie et Kremp,1954
（图版 130,图 8）

三射线小孢子,赤道轮廓圆角三角形,3 边向外强烈凸出,三角顶呈圆角。三射线等于孢子半径的 2/3～3/4。孢子表面平滑或具有内点状结构。孢子直径 45～60μm。描述的孢子直径为 55μm。

产地及层位:济宁;太原组。

侧生光面三缝孢 *Leiotriletes adnatoides* Potonie et Kremp,1955
（图版 130,图 9）

三射线小孢子,赤道轮廓圆角三角形,三角呈圆角,3 边微向内凹入或向外凸出,并呈波浪形。三射线相当于孢子半径的 2/3 左右,射线两侧常具黄褐色的接触区。孢壁薄,黄褐色。

孢子表面平滑或具细点状纹饰。孢子直径 35～50μm。描述的孢子直径为 42μm。

产地及层位：兖州；山西组。

薄光面三缝孢 *Leiotriletes levis* (Kosanke,1950) Potonie et Kremp,1955
(图版 130,图 10)

三射线小孢子,赤道轮廓圆三角形,三角浑圆,2 边向外凸出或略平整。孢子三射线细长,几乎等于孢子半径,射线两侧具深色的接触区。孢壁厚,黄褐色。孢子表面平滑或具细点状结构。孢子直径 38～48μm。描述的孢子直径为 42μm。

产地及层位：济宁；太原组。

芦木孢属 *Calamospora* Schopf,Wilson et Bentall,1944
小型芦木孢 *Calamospora minuta* Bharadwaj,1957
(图版 130,图 11)

三射线小孢子,赤道轮廓圆形。三射线等于半径 1/2～2/3,具明显的三角形接触区,有时裂开。孢壁薄,呈黄褐色,沿孢子边缘具条形褶皱。孢子表面平滑或具内点状结构,孢子直径 35～45μm。

产地及层位：兖州；山西组。

小皱芦木孢 *Calamospora microrugosa* (Ibrahim,1932) Schopf,Wilson et Bentall,1944
(图版 129,图 9)

三射线小孢子,赤道轮廓圆形。三射线细长,等于孢子半径的 1/4～1/3,射线顶端具三角塔形的深色接触区。孢壁薄,常具梭形的褶皱,呈黄色。孢子表面平滑。孢子直径 90～110μm。

产地及层位：聊城；太原组。

短褶叠芦木孢 *Calamospora breviradiata* Kosanke,1950
(图版 130,图 12)

三射线小孢子,赤道轮廓圆形。三射线短,等于孢子半径的 1/4～1/3,射线顶端具明显的三角形的深色接触区,射线两侧还具有加厚的条带。孢壁薄,常具有平行于边缘并呈梭形的褶皱。孢子表面平滑。孢子直径 70～100μm。

产地及层位：聊城；太原组。

透明芦木孢 *Calamospora liquida* Kosanke,1950
(图版 130,图 13)

三射线小孢子,赤道轮廓圆形。三射线清楚,等于孢子半径的 2/5～1/2,有时具接触区,但常不易见。孢壁薄,有时变厚,常形成与孢子轮廓相一致的褶皱。孢子表面平滑,或偶具内点状结构。孢子直径100～120μm。

产地及层位:济宁;山西组。

赫塘芦木孢 *Calamospora hartungiana* Schopf,1944
(图版130,图14)

三射线小孢子,赤道轮廓圆形,有时因挤压而形成弯曲不平整的轮廓。三射线短,等于孢子半径的1/4左右,射线顶端具圆三角形并呈深褐色的接触区,射线常裂开。孢壁薄,呈黄色透明。孢子表面平滑。孢子直径80～110μm。

产地及层位:新汶;山西组。

全裂芦木孢 *Calamospora pedata* Kosanke,1950
(图版130,图15)

三射线小孢子,赤道轮廓圆形。三射线长,等于孢子半径的2/3左右,射线顶端有时出现三角形的接触区,色较深。孢壁较薄,常具大的褶皱,呈黄色。孢子直径45～70μm。描述的孢子直径为62μm。

产地及层位:济宁;太原组。

苍白芦木孢 *Calamospora pallida* (Loose) Schopf,Wilspn et Bentall,1944
(图版131,图1)

三射线小孢子,赤道轮廓圆形。三射线不易见,见时等于孢子半径的1/3左右,射线顶端具三角形并呈黄色的接触区。孢壁薄,常具刀形褶皱,呈黄色。孢子表面平滑或具内点状结构。孢子直径90～110μm。描述的孢子直径为95μm。

产地及层位:济宁;太原组。

点面三缝孢属 *Punctatisporites* Potonie et Kremp,1954

点状点面三缝孢 *Punctatisporites punctatus* (Ibrahim,1932) Ibrahim,1933
(图版130,图16)

三射线小孢子,赤道轮廓三角形,三角呈圆角,3边向外凸出。三射线直伸至三角顶端,常裂开。孢壁薄,呈黄色。孢子表面覆以细点状纹饰。孢子直径40～55μm。描述的标本直径为50μm。

产地及层位:济宁;太原组。

小型点面三缝孢 *Punctatisporites minutus* Kosanke,1950
(图版130,图17)

三射线小孢子,赤道轮廓圆三角形—三角形。三射线等于孢子半径的3/4或半径之长。孢壁薄,呈黄色。孢子表面覆细点状纹饰。孢子直径28～35μm。

产地及层位:兖州;山西组、石盒子群上部。

钳形点面三缝孢 *Punctatisporites labis* Gao
(图版 130,图 18)

三射线小孢子,极面轮廓三角形,3 边微向外凸出,三角呈圆角。三射线细长,射线两侧具加厚的条带,末端分叉并形成钳或弓形脊,射线往往可穿过弓形脊,直伸至壁的内缘。孢壁较厚,褐色。轮廓线清楚,表面具细点状结构。孢子直径 55～70μm,模式标本直径 60μm。

产地及层位:聊城;石盒子群上部。

凸起点面三缝孢 *Punctatisporites aerarius* Williams,1958
(图版 131,图 2)

三射线小孢子,赤道轮廓圆角三角形,3 边向外强烈凸出。三射线等于孢子半径的 3/4 左右,射线两侧具加厚的条带,条带宽 6～8μm,高 2μm,前端分叉。孢壁厚,呈黄褐色。孢子表面覆以不规则的四蚀状纹饰。孢子直径 80～100μm。

产地及层位:聊城;太原组。

斜点面三缝孢 *Punctatisporites obliquus* Kosanke,1950
(图版 130,图 19)

三射线小孢子,极面轮廓三角形,椭圆形—圆形,常因被挤压呈斜形。三射线清晰可见,为半径的 1/2,射线两侧有时具加厚的薄条带。孢壁薄,常褶皱。孢子表面具细点状纹饰,轮廓线边缘呈波状。孢子直径 40～45μm。

产地及层位:兖州;山西组。

蹼形点面三缝孢 *Punctatisporites palmipedites* Ouyang,1964
(图版 130,图 20)

孢子极面圆形或近圆形。三射线细而明显,微弯曲,为半径的 1/3～1/2,射线末端分叉并加厚形成弓形脊,其向外呈蹼形。三射线间有明显的接触区,区内孢壁变薄向内凹入,较外围其他部分透明。孢子轮廓线平整,表明因保存关系间或显出微粗糙。孢壁厚 34μm,棕色—深棕色。孢子直径 55～115μm。

产地及层位:济阳、聊城;石盒子群上部。

粒面三缝孢属 *Granulatisporites* Potonie et Kremp,1954
梨形粒面三缝孢 *Granulatisporites piroformis* Loose,1934
(图版 130,图 21)

三射线小孢子,极面轮廓三角形或梨形,三射线 3 边向内微凹入,三角呈钝圆。三射线细、直,为半径的 2/3,具明显的接触区。孢壁薄,偶见褶皱,黄褐色。孢子表面覆以稀疏、大小较均等的颗粒纹饰,在轮廓线边缘呈颗粒状。孢子直径 38～48μm。

产地及层位:聊城;石盒子群上部。

粒粒面三缝孢 *Granulatisporites granulatus* Ibrahim,1933
（图版 131,图 3）

三射线小孢子,赤道轮廓三角形,三角呈圆角,3 边微向外凸出。三射线直伸至三角顶端,常裂开。孢壁厚,呈黄褐色。孢子表面覆以密的、大小均匀的细颗粒纹饰,颗粒在孢子边缘呈波浪形。孢子直径 28~35μm。

产地及层位:济宁;太原组。

圆形粒面三缝孢属 *Cyclogranisporites* Potonie et Kremp,1954
隐粒圆形粒面三缝孢 *Cyclogranisporites micaceus* (Imgrund) Potonie et Kremp,1955
（图版 131,图 4）

三射线小孢子,赤道轮廓圆形。三射线细而直,等于孢子半径的 3/4,常裂开。孢壁薄,常出现褶皱,黄色。孢子表面覆以大小较均匀的细颗粒纹饰,颗粒基部有时彼此联结,在孢子边缘呈圆形,高和宽相等,其直径约 1.5μm。孢子直径 50~60μm。

产地及层位:济宁;太原组。

小颗粒圆形粒面三缝孢 *Cyclogranisporites orbicularis* (Kosanke) Potonie et Kremp,1955
（图版 131,图 5）

三射线小孢子,极面轮廓椭圆形或圆形。三射线清晰,微弯曲,为半径的 3/4,射线两侧有由细颗粒纹饰并排组成的条带。孢壁厚,沿孢子边缘有时见褶皱,黄褐色。孢子表面覆以小颗粒纹饰,颗粒分布较密,其基部彼此不联结,在轮廓线边缘呈波状凸起。孢子直径 48~60μm。描述的孢子直径 50μm。

产地及层位:济阳;太原组中上部。

刺粒圆形粒面三缝孢 *Cyclogranisporites aureus* (Loose,1934) Potonie et Kremp,1955
（图版 131,图 6）

三射线小孢子,赤道轮廓圆形。三射线细长,常裂开,等于孢子半径的 4/5。孢壁较厚,为 1~2μm,呈褐色,偶见褶皱。孢子表面覆以稀疏的颗粒纹饰,颗粒低平,在孢子边缘呈波浪形,其基部彼此不联结,因此颗粒间距较大。孢子直径 60~70μm。描述的标本直径为 65μm。

产地及层位:聊城;太原组。

细颗粒圆形粒面三缝孢 *Cyclogranisporites microgranus* Bharadwaj,1957
（图版 131,图 7）

三射线小孢子,赤道轮廓圆形。三射线细、弱,等于孢子半径的 2/3 左右。孢壁薄,偶具褶皱,呈黄褐色。孢子表面覆以密集的、大小均匀的颗粒纹饰,颗粒在孢子边缘呈乳头状凸起,其高和直径均为 2~2.5μm,颗粒基部彼此不联结。孢子直径 60~70μm。描述的标本直径 64μm。

产地及层位：滕州；太原组。

微刺三缝孢属 *Planisporites* Potonie et Kremp, 1954
小型微刺三缝孢 *Planisporites minutus* Gao
(图版 131, 图 8)

三射线小孢子，赤道轮廓近圆形。三射线细、弱，等于孢子半径的 2/3 左右。孢壁薄，常见褶皱，呈黄色。孢子表面密布微刺纹饰，刺高 1～1.5μm，刺的基部小于 0.5μm，刺在孢子边缘呈细齿状凸起。孢子直径 35～42μm。描述的标本直径为 38μm。

产地及层位：滕州；太原组。

棘刺三缝孢属 *Acanthotriletes* Potonie et Kremp, 1954
镰棘刺三缝孢 *Acanthotriletes falcatus* (Knox, 1950) Potonie et Kremp, 1955
(图版 131, 图 9)

三射线小孢子，赤道轮廓三角形，3 边向内凹入或微向外凸出。三射线一般延伸至三角顶，常裂开。孢壁较厚，呈褐黄色。孢子表面覆以较规则的刺状纹饰，刺长 4～5μm，基部宽 2～3μm，刺前端弯曲呈镰刀形。孢子直径 25～40μm。

产地及层位：济宁；本溪组。

栗棘刺三缝孢 *Acanthotriletes castanea* Butterwarth et Williams, 1958
(图版 131, 图 10)

三射线小孢子，赤道轮廓三角形，3 边向外强烈凸出，三角呈圆角。三射线细长，直延伸至三角顶，射线有时裂开。孢壁薄，呈黄色。孢子表面覆以栗状棘刺纹饰，刺高 3～4μm，基部宽 1～1.5μm，顶端尖，常弯曲。孢子直径 30～40μm。

产地及层位：滕州；太原组。

疹棘刺三缝孢 *Acanthotriletes papillaris* (Andrejeva) Naumova, 1953
(图版 131, 图 11)

三射线小孢子，赤道轮廓三角形，3 边平整或微弯曲。三射线等于孢子半径的 2/3 左右，常裂开。孢壁薄，偶见褶皱，呈黄色。孢子表面覆以稀疏的凸棘刺纹饰，棘刺长 3～4μm、基部宽 2～2.5μm，绕赤道有 16～20 个刺。孢子直径 30～42μm。

产地及层位：聊城；太原组。

星点棘刺三缝孢 *Acanthotriletes stellarus* Gao
(图版 131, 图 12)

三射线小孢子，赤道轮廓三角形，3 个角呈圆角，3 边向外强烈凸出。三射线直伸至三角顶端,常裂开。孢壁厚,约 2μm,黄褐色。孢子表面覆以稀疏的星点状刺纹,刺长 3～4μm,基部宽 2～3μm,刺的基部彼此不联结,刺顶端尖锐,三角形的每边约有 10 个刺。孢子直径 40～50μm。

产地及层位:新汶;太原组。

三角形棘刺三缝孢 *Acanthotriletes triquetrus* Smith et Butterworth,1967
(图版 131,图 13)

三射线小孢子,赤道轮廓三角形,3 边平整,微向内凹入或凸出。三射线等于孢子半径的 2/3,常裂开,射线顶端偶见不明显的三角形接触区,色较深。孢壁薄,呈黄色。孢子表面覆以稀疏不规则的刺,刺长 4～5μm,基部宽 2～2.5μm,刺刚直,一般不弯曲,在孢子边缘呈棘刺状或刺瘤状凸起。孢子直径 30～45μm。描述的标本直径为 34μm。

产地及层位:新汶;本溪组。

刺面三缝孢属 *Apiculatisporis* Potonie et Kremp,1956
小型刺面三缝孢 *Apiculatisporis minutus* Gao
(图版 131,图 14)

三射线小孢子,极面轮廓圆形或椭圆形。三射线细弱,由于纹饰覆盖,常不易见,见时为孢子半径的 2/3。孢壁薄,常褶皱,呈黄色。孢子表面覆以排列较密的小刺,刺基部彼此不联结,顶端锐尖,在轮廓线边缘呈锯齿状。孢子直径 24～28μm。

产地及层位:济宁;石盒子群上部。

尖毛刺面三缝孢 *Apiculatisporis aculeatus* (Ibrahim,1933)
(图版 131,图 15)

三射线小孢子,赤道轮廓圆形。三射线等于孢子半径的 2/3 左右,常裂开。孢壁薄,偶见褶皱,呈黄色。孢子表面覆以毛刺状纹饰,刺基部宽为刺长的 1/2,刺渐尖形,在孢子边缘呈细刺状凸起,围绕赤道有 80～100 个刺。孢子直径 50～60μm。描述的标本直径为 50μm。

产地及层位:济宁;石盒子群上部。

山西孢属 *Shanxispora* Gao
小型山西孢 *Shanxispora minuta* Gao
(图版 131,图 16)

三射线小孢子,赤道轮廓三角形,3 个角呈圆角,3 边向外凸出。三射线等于孢子半径的 3/4 左右,近极面具 3 条 3～4μm 宽的脊,沿三射线方向直伸至三角赤道之外 3～4μm,脊前端有时加厚。孢壁较厚,呈褐黄色。孢子表面覆以凸刺状纹饰,刺长 3～3.5μm,基部宽 2～3μm,刺前端逐渐变尖。孢子直径 26～35μm。

产地及层位:济宁;太原组。

刺状山西孢 *Shanxispora spinosa* Gao
（图版 131,图 17）

三射线小孢子,赤道轮廓三角形。三射线直伸至三角顶,近极面具 3 条 4~5μm 宽的脊,并伸至三角赤道之外 5~6μm,脊的顶端变粗、弯曲。孢壁较厚,黄褐色。孢子表面覆以棘刺状纹饰,刺长 5~7μm,基部宽 2~3μm,刺前端弯曲。孢子直径 45~60μm。描述的标本直径为 50μm。

产地及层位:新汶煤田;太原组。

颗粒山西孢 *Shanxispora granulata* Gao
（图版 131,图 18）

三射线小孢子,赤道轮廓三角形,3 边略向外弯曲。三射线细长,直伸至三角顶,与射线方向一致的具 3 条 2~3μm 宽的脊（条带）并直伸至三角赤道之外,脊前端微变粗,有时在 3 条脊的顶点具三角形或多角形的空隙区,空隙区宽 5~7μm,可能由 3 条脊彼此联结而成。孢壁薄,黄色。孢子表面覆以细颗粒纹饰。孢子直径 35~42μm。

产地及层位:新汶;太原组。

头形山西孢 *Shanxispora cephalata* Gao
（图版 131,图 19）

三射线小孢子,赤道轮廓三角形,3 边平整或微弯曲。三射线细长,直延伸至三角顶,与射线方向一致具 3 条粗壮的脊,并直伸至三角顶外约 5μm,脊宽 5~7μm,脊前端变粗呈拳头状。孢壁厚,褐黄色。孢子表面覆以不规则的细点状纹饰。孢子直径 35~45μm。描述的标本直径为 38μm。

产地及层位:新汶煤田;太原组。

锐刺山西孢 *Shanxispora acuta* Gao
（图版 131,图 20）

三射线小孢子,赤道轮廓三角形,3 边平整或微弯曲。三射线等于孢子半径之长,常弯曲,近极面具 3 条脊并直伸至三角顶（赤道）之外 3~4μm,脊宽 3~5μm,弯曲,脊前端不加厚仅变成锐尖。孢壁薄,黄色。三射线区的近极赤道面至远极面覆以不很规则的刺状纹饰,刺大小不均,刺长 3~4μm,基部宽 2~3μm,刺前端有时弯曲。孢子直径 45~55μm。

产地及层位:新汶煤田;太原组。

疹瘤三缝孢属 *Pustulatisporites* Potonie et Kremp,1954

乳状疹瘤三缝孢 *Pustulatisporites papillosus* (Knox) Potonie et Kremp,1955
（图版 131,图 21）

三射线小孢子,赤道轮廓三角形,3 角呈圆角,3 边平整或微弯曲。三射线细长,直伸至三角顶部,常裂开。孢壁较薄,黄褐色。孢子表面覆以稀疏的、不规则的块瘤,瘤的基部偶见联结或不联结,其基部宽 4~6μm,高 3~4μm,在间三射线边缘呈齿状凸起。孢子直径40~50μm。

产地及层位:滕州煤田;太原组。

刺瘤三缝孢属 *Lophotriletes* Potonie et Kremp,1954
新刺瘤三缝孢 *Lophotriletes novicus* Singh,1964
(图版 131,图 22)

三射线小孢子,极面轮廓三角形,间三射线 3 边明显向内凹入,3 个角钝圆。本体具明显的接触区。三射线为半径的 2/3,常裂开。孢子表面覆以较稀疏的锥刺纹饰,刺大小不均,其前端钝尖或锐突,基部宽 2~3μm,高 3~4μm,锥刺间彼此分离。孢子直径 30~35μm。

产地及层位:滕州;石盒子群上部。

小毛刺瘤三缝孢 *Lophotriletes microsaetosus* (Loose,1934) Potonie et Kremp,1955
(图版 131,图 23)

三射线小孢子,赤道轮廓三角形,3 个角呈圆角。三射线细长,直伸至三角顶。孢壁厚,黄褐色。孢子表面覆以不规则的刺瘤纹饰,刺的长度为 3~4μm,基部彼此联结,前端钝圆。孢子直径 35~48μm。

产地及层位:济宁;太原组。

三角形刺瘤三缝孢 *Lophotriletes triangulatus* Gao
(图版 131,图 24)

三射线小孢子,赤道轮廓三角形。三射线细长,直伸至三角顶。孢壁厚 3~4μm,褐色。孢子表面覆以不规则的刺瘤,刺瘤长 1~5μm,基部宽 6~7μm,基部有时联结。孢子直径40~50μm。

产地及层位:济宁;太原组。

开平孢属 *Kaipingispora* Quyand et Lu,1980
具饰开平孢 *Kaipingispora ornatus* Quyang et Lu,1980
(图版 131,图 25)

赤道轮廓三角形,3 边微凹,角部呈圆角。三射线细长,等于孢子半径的 3/4。孢壁薄,黄色。孢子表面覆以小粒刺纹饰,刺长约 3μm,基部宽 2~2.5μm。近极面具有不规则的、彼此交叉的、弯曲的脊并延伸至三角顶,在顶部形成刺瘤状的加厚。

产地及层位:济宁;太原组。

叉瘤三缝孢属　*Raistrickia* Potonie et Kremp, 1954
原始叉瘤三缝孢　*Raistrickia prisca* Kosanke, 1950
（图版131，图26）

三射线小孢子，赤道轮廓三角形，3角呈圆角，3边平整或微向外凸出。三射线细长，直伸至三角顶端。孢壁厚，褐色。孢子表面覆以不规则的棒瘤，棒瘤基部和高度大致相等，其宽度为 4～6μm，顶端呈扁平、微凸或渐尖等形状。孢子直径 50～60μm。

产地及层位：济宁；太原组。

暗色叉瘤三缝孢　*Raistrickia nigra* Love, 1960
（图版131，图27）

三射线小孢子，赤道轮廓三角形或圆三角形。三射线粗壮，为孢子半径的3/4，射线两侧具加厚的条带，其宽 3～4μm。孢壁较厚，褐色。孢子表面覆以稀疏的、不规则的棒瘤状纹饰，棒瘤高 5～8μm，基部宽 3～5μm，顶端扁平或凸起，偶见有顶端变尖。孢子直径 50～60μm。

产地及层位：济宁；太原组。

开平叉瘤三缝孢　*Raistrickia kaipingensis* Gao
（图版132，图1）

三射线小孢子，赤道轮廓圆三角形，3角呈圆角，3边向外强烈凸出。由于棒瘤密集，三射线常不易见，可见时等于孢子半径的 2/3～3/4。孢壁厚，褐色。孢子表面覆以密的，有时彼此交叉、重叠的棒瘤，棒瘤高 15～24μm，基部宽 6～7μm，棒瘤顶端呈扁平、微凸、微尖等多种形状，不仅保存十分完好，而且显得非常壮观。孢子直径 80～95μm。

产地及层位：聊城；太原组。

刚刺叉瘤三缝孢　*Raistrickia saetosa* (Loose, 1934) Schopf, Wilson et Bentall, 1944
（图版132，图2）

三射线小孢子，赤道轮廓圆三角形。三射线等于孢子半径的3/4。孢壁厚，黄褐色。孢子表面覆以刚刺或棒瘤状纹饰，刚刺者则刺的前端变尖，刺长 5～6μm，基部宽 4～5μm；如棒瘤者则基部宽等于高的 2/3 左右，前端扁平。孢子直径 50～60μm。

产地及层位：聊城；太原组。

多毛叉瘤三缝孢　*Raistrickia pilosa* Kosanke, 1950
（图版132，图3）

三射线小孢子，赤道轮廓圆形或圆三角形，孢子本体（不包括刺）40～50μm，孢壁厚 5～8μm，黄褐色，三射线细长，由于纹饰掩盖常不明显，可见时射线长为半径的3/4。孢子表面覆以稀疏的棒刺状纹饰，刺高（长）10～12μm，基部宽 3～5μm，棒刺渐尖形，偶见前端不尖而呈扁平者，在轮廓线上棒刺有 20～25 颗。

产地及层位：聊城；太原组。

毛发叉瘤三缝孢 *Raistrickia crinita* Kosanke,1950
（图版 132,图 4）

三射线小孢子,赤道轮廓圆三角形。三射线很长,至少等于孢子半径的 3/4,射线两侧无条带加厚。孢壁厚,黄褐色。孢子表面覆以较密的棒刺和棒瘤纹饰,棒刺长 7～10μm,基部宽 4～5μm,前端尖;呈棒瘤时则前端微凸。孢子直径 60～70μm。

产地及层位:聊城;太原组。

亚毛发叉瘤三缝孢 *Raistrickia subcrinita* Peppers,1970
（图版 131,图 28）

三射线小孢子,赤道轮廓圆三角形,间三射线边凸出呈圆形。三射线直,等于孢子半径的 2/3,射线两侧具加厚的条带,宽 1～2μm。孢壁薄,常见褶皱,黄色。孢子表面覆以较密的棒瘤,棒高 4～6μm,基部宽 2～2.5μm,在轮廓线上有 25～30 颗。孢子直径 45～65μm。

产地及层位:滕州;太原组。

小头叉瘤三缝孢 *Raistrickia microcephalata* Gao
（图版 131,图 29）

三射线小孢子,模式标本直径 40μm×38μm。赤道轮廓三角形,3 边略向内凹入,3 个角呈圆角。三射线粗壮,直伸至三角顶部,常裂开。孢壁薄,黄色。孢子表面覆以稀疏的棒瘤,棒瘤高 4～6μm、基部宽 2.5～3.5μm,前端扁平或微凸,偶见有增大,在轮廓线边缘有 30～35 颗。

产地及层位:济宁;太原组。

短叉瘤三缝孢 *Raistrickia brevistriata* Gao
（图版 131,图 30）

三射线小孢子,赤道轮廓三角形,3 边向内凹入呈弧形。三射线等于孢子半径的 3/4,射线两侧具加厚的条带。孢壁薄,黄色。孢子表面覆以稀疏的、不规则的棒刺,刺长 6～8μm,基部宽 3～4μm,前端扁,有时弯曲。孢子直径 48～58μm。

产地及层位:济宁;太原组。

钢刺三缝孢属 *Horriditriletes* Bharadwaj et Salujha,1964
细尖钢刺三缝孢 *Horriditriletes acuminatus* Gao
（图版 131,图 31）

三射线小孢子,赤道轮廓三角形,间三射线 3 边强烈向内凹入呈弧形,3 个角呈圆角。三射线为半径的 3/4,常裂开。孢子表面覆以刺状纹饰,刺顶部尖或增厚变粗,常弯曲,基部宽 2～2.5μm,高 5～6μm,少数见有 6～8μm,在轮廓线边缘有 25～30 颗。孢子直径 36～44μm。

产地及层位:济宁;石盒子群上部。

新叉瘤三缝孢属 *Neoraistrickia* Potone, 1956
细新叉瘤三缝孢 *Neoraistrickia gracilis* Foster, 1976
(图版 131, 图 32)

三射线小孢子, 极面轮廓圆角三角形, 3 边明显向内凹入或向外凸出。三射线为半径的 3/4, 有时可延至三角顶, 射线两侧具加厚的条带, 条带宽 0.5μm。孢子表面覆以棒瘤, 偶见锥状瘤, 瘤高 1～2μm, 基部宽 0.5～2μm。孢子直径 38～48μm。描述的孢子直径 40μm。

产地及层位: 新汶; 石盒子群上部。

紫萁孢属 *Osmundacidites* Couper, 1953
江川紫萁孢 (比较种) *Osmundacidites* cf. *jiangchuanensis* Chen
(图版 132, 图 5)

近圆形, 大小 40μm; 三射线细弱微弯, 长等于孢子半径; 外壁厚 2～4μm, 外层厚于内层, 沿亚赤道平行外壁有一圈加厚, 宽约 4μm; 小瘤状纹饰, 较紧密排列, 轮廓线小波状。

产地及层位: 沾化; 馆陶组。

冠紫萁孢 *Osmundacidites primarius* (Walf) Sun et Li
(图版 132, 图 6)

近圆形, 大小 48.75μm; 三射线细弱不显; 外壁厚约 1.5μm, 小瘤状纹饰, 其直径一般 2μm, 杂以棒状或刺状。

产地及层位: 沾化; 馆陶组。

粗肋孢属 *Magnastriatites* Germeraad, Hopping et Muller, 1968
华美粗肋孢 *Magnastriatites decora* Li et Fan
(图版 132, 图 7)

三角形-近圆形, 大小 56.75～68.75μm; 三射线直, 伸达赤道。肋条状纹饰, 肋条宽 4～6μm, 其上具均匀的细颗粒; 肋间窄, 宽约 1.5μm, 近光滑; 肋条数少于 10 条, 分布较均匀。

产地及层位: 沾化、垦利; 馆陶组。

宽肋粗肋孢 *Magnastriatites eurystriatus* Li et Fan
(图版 132, 图 8)

近圆形或卵圆形, 大小 (46.5～75)μm×(58.75～87.5)μm; 三射线近直, 伸达赤道。肋条状纹饰, 肋条光滑, 宽 5～8μm, 数量少; 肋间窄, 宽约 2μm, 近光滑; 近极接触区无纹饰。

本新种以肋条宽、肋间窄相似于 *M. decora*, 区别在于前者的肋条光滑无颗粒纹。

产地及层位: 沾化、垦利; 馆陶组。

粒肋粗肋孢(比较种) *Magnastriatites* cf. *granuwstriatus* Li
(图版 132,图 9)

3 个角呈圆形,大小 62.5～66.25μm;肋条状纹饰,肋间均布细颗粒。

当前标本与 *M. gmulastriatus* Li 较相似,但个体较小,故定为比较种。

产地及层位:垦利;黄骅群。

哈氏粗肋孢 *Magnastriatites howardi* Germeraad, Hopping et Muller
(图版 132,图 10)

近圆形或圆三角形,大小 68～105μm;三射线微弯,伸达赤道;肋条状纹饰,肋分布均匀,肋宽与肋间近等,肋及肋间近光滑;近极区无纹饰。

产地及层位:沾化、垦利;馆陶组。

不显粗肋孢 *Magnastriatites indistinctus* Li et Fan
(图版 132,图 11)

圆三角形,大小 47.5～51.25μm;三射线细短直,长为孢子半径的 1/3～2/3,不伸达赤道;肋条状纹饰,肋条细弱不显,能辨认,数量少,分布于远极赤道区,近极接触面光滑;外壁厚 1.5μm,分层不显,轮廓线平滑。

产地及层位:沾化;馆陶组。

具唇粗肋孢 *Magnastriatites labiatus* Li et Fan
(图版 132,图 12)

圆形—圆三角形,大小 50～75μm;三射线具唇,弯曲或强烈弯;唇宽 2～4μm,末端为短分叉,或可伸达赤道;肋条状纹饰,肋宽约 2μm,肋间宽 2～4μm,均近光滑。

产地及层位:垦利、沾化;馆陶组。

小粗肋孢 *Magnastriatites minutus* Li
(图版 132,图 13)

三角形—圆三角形,大小 50～65μm;三射线粗直,伸达赤道;肋条纹饰,肋宽 2～4μm,肋间宽 1～1.5μm;轮廓线平滑,角部小波状或小齿状。

产地及层位:沾化;馆陶组。

粗糙粗肋孢 *Magnastriatites scabiosus* Li et Fan
(图版 133,图 1)

极面轮廓三角形,3 边直或微凸;赤道轮廓椭圆形,大小 53.75～75μm;三射线细弱且直,伸达赤道;外壁较薄,厚约 1.5μm;肋条状纹饰,肋条细密,量多,排列较均匀,肋宽及肋间宽近相等,1～1.5μm,其上均匀分布有粗颗粒或小瘤,显得很粗糙。

产地及层位:沾化;馆陶组。

三角粗肋孢 *Magnastriatites triangulus* Li et Fan
（图版 133，图 2）

三角形，3 边微凹，角部钝或微锐，大小 25～38.75μm；三射线细弱直，或伸达赤道；外壁薄，厚约 1.5μm；肋条纹饰，3 组分别平行于 3 边，在角部相会；肋条数少，每组 7～8 条，肋宽和肋间宽近等，1～1.5μm；近极接触区光滑。

产地及层位：沾化；馆陶组。

块瘤三缝孢属 *Verrucosisporites* Smith et Butterwarth, 1967
小块瘤三缝孢 *Verrucosisporites microtuberosus* (Loose, 1934) Smith et Butterwarth, 1967
（图版 133，图 3）

三射线小孢子，赤道轮廓圆形或椭圆形。三射线简单，等于孢子半径的 1/2～3/4。孢壁薄，常见褶皱，常呈黄色。孢子表面覆以不规则的并呈紧密排列的块瘤，块瘤形状从圆形到多角形，块瘤基部宽 1～4μm（多数 1.5～2μm），块瘤的空隙度为 0.5～5μm，在轮廓线上块瘤顶端呈圆形，有 60～100 粒。孢子直径 60～100μm。描述的标本直径为 68μm。

产地及层位：聊城；太原组。

唐氏块瘤三缝孢 *Verrucosisporites donarii* Potonie et Kremp, 1955
（图版 133，图 4）

三射线小孢子，赤道轮廓圆形或椭圆形，边缘呈齿状。三射线简单，等于孢子半径的 1/2～2/3。孢子表面覆以规则的、单个或彼此联结的块瘤，极面观块瘤呈圆形，多角形，分叉或裂片状，块瘤高 1～3μm，宽一般 1～4μm（多数为 2μm），少数大于 6μm，在轮廓线边缘有 50～80 颗。孢子直径 50～100μm。描述的标本直径为 56μm。

产地及层位：滕州；太原组。

瘤块瘤三缝孢 *Verrucosisporites verrucosus* Ibrahim, 1933
（图版 133，图 5）

三射线小孢子，赤道轮廓圆形或椭圆形，边缘齿状，齿小而清楚。三射线简单，易见，见时等于孢子半径的 1/2～2/3。孢子表面覆以高度不等、排列紧密的块瘤，极面观块瘤呈圆形、多角形或形状不规则，有时也有分叉的；块瘤直径 1～5μm（多数为 2～3μm），最大可超过 6μm，高 1～1.5μm（多数为 1μm），在轮廓线边缘有 40～65 颗，块瘤之间的空隙区一般为 1～2μm，有的可超过 5μm。孢壁厚（不包括纹饰）2～3μm。孢子直径 50～100μm。

产地及层位：聊城；太原组。

真实块瘤三缝孢 *Verrucosisporites verus* (Potonie et Kremp, 1956) Smith et al, 1963
（图版 133，图 6）

三射线小孢子，赤道轮廓圆形或椭圆形。三射线细、直，等于孢子半径的 1/2～2/3。孢壁较薄，偶有褶皱，黄褐色。孢子表面覆以不规则、较小的块瘤，极面观块瘤常不规则，有时呈多角形或盘形,块瘤高 1～1.5μm,基部宽 1～4μm(多数为 1～2.5μm),块瘤凸出沿孢子边缘呈锯齿状,有 60～80 颗,块瘤间的空隙区为 2～5μm,少数超过 5μm,一般所见为 2～4μm。孢子直径 50～95μm。描述的标本直径为 90μm。

产地及层位:聊城;太原组。

蜡纹块瘤三缝孢　*Verrucosisporites cerosus* Butterwarth et Williams,1958
（图版 133,图 7）

三射线小孢子,赤道轮廓圆形。三射线简单、细长,等于孢子半径的 2/3。孢壁厚,黄褐色。孢子表面覆以粒瘤状纹饰,粒瘤细小,排列紧密,常见弯曲并彼此联结,凸出于孢子轮廓线边缘时呈波浪式的椭圆形。孢子直径 42～55μm。

产地及层位:聊城;太原组。

开平块瘤三缝孢　*Verrucosisporites kaipingiensis* Imgrun,1960
（图版 133,图 8）

三射线小孢子,赤道轮廓圆形。三射线简单,不等长,最长相当于孢子半径的 2/3。孢壁厚(孢括纹饰)6～8μm。孢子表面覆以圆形(少数呈盘形)的块瘤纹饰,块瘤大小不均,大块瘤直径 5～15μm,高 4～5μm,在大块瘤之间还有许多小块瘤,彼此重叠,排列紧密,在孢子轮廓线上有 60～70 颗。

地产及层位:聊城;太原组。

碎块瘤三缝孢　*Verrucosisporites perverrucosus* (Loose,1934) Potonie et Kremp,1955
（图版 133,图 9）

三射线小孢子,赤道轮廓圆形至椭圆形,边缘呈不规则的波浪形。三射线简单,常不易见,可见时等于孢子半径的 1/2～2/3。孢壁厚 2.5～4μm,黄褐色。孢子表面覆以各种大小不一的、低而宽的、较规则的和偶见不规则的块瘤。极面观呈圆形、长形或不规则的形状,瘤高 2～4μm(多数 2μm),最大直径 2～11μm(多数 4～5μm),规则瘤平均直径 4～6μm,在孢子轮廓线边缘有 14～20 颗,块瘤间的空隙区为 1～4μm。孢子直径 35～55μm。

产地及层位:济宁;本溪组。

蠕块瘤三缝孢　*Verrucosisporites convolutus* Gao
（图版 133,图 10）

三射线小孢子,极面轮廓圆形。三射线被纹饰覆盖不易见,见时为半径的 2/3,常裂开。孢壁厚,褐色。孢子表面覆以形状不规则的长椭圆形块瘤,常呈蠕瘤状,基部不联结,在轮廓边缘呈波浪形。孢子直径 60～75μm。

产地及层位:新汶;石盒子群上部。

锥块瘤三缝孢　*Verrucosisporites conulus* Gao
(图版 133, 图 11)

三射线小孢子,极面轮廓圆形。三射线为半径的 2/3,常裂开。孢壁较薄,黄褐色。孢子表面覆以锥形块瘤,前端扁平或略钝,呈锥状,基部不联结,块瘤大小不均,一般直径 3～5μm,高 3～4μm。孢子直径 40～55μm。

产地及层位:新汶;石盒子群上部。

残块瘤三缝孢　*Verrucosisporites grandiverrucosus* (Kosanke, 1950) Smith et al, 1963
(图版 133, 图 12)

三射线小孢子,赤道轮廓圆形。三射线简单,清楚可见,大致相当于孢子半径的2/3。孢壁厚 3～4μm,黄褐色。孢子表面覆以不规则的、紧密排列并呈圆顶状的块瘤纹饰,块瘤高约 2μm,宽度不一,在轮廓线边缘大约排列有 70 颗并呈齿状。孢子直径 70～85μm。

产地及层位:新汶;太原组。

柱块瘤三缝孢　*Verrucosisporites cyclindrosus* Gao
(图版 133, 图 13)

三射线小孢子,极面轮廓圆形或椭圆形。三射线被纹饰掩盖常不易见,见时为半径的 2/3,射线细、弱。孢壁厚,棕褐色。孢子表面覆以排列紧密的柱瘤状块瘤纹饰,深裂,基部有时联结,顶部扁平或圆形;本体中部在高倍镜下可见呈块瘤状纹,有时彼此联结。孢子直径 60～70μm。

产地及层位:新汶;石盒子群上部。

钝块瘤三缝孢　*Verrucosisporites setulosus* (Kosanke, 1950) Gao
(图版 133, 图 14)

三射线小孢子,极面轮廓圆形。三射线直,为半径之长,射线两侧具薄的加厚条带,呈暗褐色。孢壁较厚,褐色。孢子表面覆以围绕着中心呈椭圆形或不规则形状的块瘤,从中心向赤道块瘤逐渐增大,块瘤直径 5～12μm,高 3～6μm。孢子直径 70～85μm。

产地及层位:新汶;石盒子群上部。

圆块瘤三缝孢　*Verrucosisporites circinatus* Gao
(图版 133, 图 15)

三射线小孢子,极面轮廓圆形。三射线被瘤掩盖常不易见,见时为半径的 2/3,常裂开。孢壁薄,黄褐色,一般不褶皱。孢子表面覆以较密的圆形瘤,大小不均,大者 4～6μm,小者 2～3μm,在轮廓线边缘呈半圆形凸起。孢子直径 80～95μm。

产地及层位:滕州;石盒子群上部。

锥瘤三缝孢属 *Converrucosisporites* Potonie et Kremp,1954

具饰锥瘤三缝孢 *Converrucosisporites ornatus* (Dybova et Jachowicz,1957) Gao

(图版133,图16)

三射线小孢子,赤道轮廓三角形,3个角呈圆角,3边微向内凹入或凸出。三射线细长,直伸至三角顶,常裂开。孢子壁厚,黄褐色。孢子表面覆以不规则的多角形、盘形的块瘤,块瘤有时彼此联结,高 4~6μm(多数 4~5μm),基部直径 4~7μm。凸出于孢子边缘呈波浪形。孢子直径 40~55μm。描述的孢子直径 42μm。

产地及层位:济宁;太原组。

微小型锥瘤三缝孢 *Converrucosisporites minutus* Gao

(图版133,图17)

三射线小孢子,赤道轮廓三角形,3个角呈圆角,3边微向内凹入或凸出。三射线等于孢子半径的 2/3,常不易见。孢壁较厚,褐色。孢子表面覆以不规则的呈多角形的彼此联结或不联结的块瘤,块瘤高 2~3μm,基部直径 3~5μm(多数 3~4μm),块瘤在孢子轮廓线上呈波浪形。孢子直径 25~28μm。

产地及层位:聊城;太原组。

蠕瘤三缝孢属 *Convolutispora* Hoffmeister,Staplin et Molloy,1955

弯曲蠕瘤三缝孢 *Convolutispora arcuata* Gao

(图版133,图18)

三射线小孢子,赤道轮廓圆形至亚圆形。三射线由于纹饰覆盖,常不易见,可见时等于孢子半径的 2/3。孢壁厚,黄褐色。孢子表面覆以较规则的、长圆形的蠕瘤,基部彼此联结,因此在焦距上升时呈网状,蠕瘤间隙则呈长椭圆形或多角形,在轮廓线边缘呈弯曲的波浪形。孢子直径 40~55μm。

产地及层位:济宁;太原组。

弱蠕瘤三缝孢 *Convolutispora tessellata* Hoffmeister,Staplin et Malloy,1955

(图版134,图1)

三射线小孢子,赤道轮廓圆形—椭圆形。三射线常因纹饰覆盖而不易见,可见时等于孢子半径的 2/3。孢壁厚,有时见褶皱,黄褐色。孢子表面覆以不规则的、排列交错的、彼此联结呈网脊的蠕瘤,纵切面观时,蠕瘤形状各异,但一般呈窄椭圆形,瘤脊宽 2~6μm,高 2~3μm。孢子直径 50~85μm。描述的标本直径为 80μm。

产地及层位:新汶煤田;太原组。

风雅蠕瘤三缝孢 *Convolutispora venusta* Hoffmeister,Staplin et Molloy,1955

(图版134,图2)

三射线小孢子,赤道轮廓圆三角形,3边向外强烈凸出。三射线等于孢子半径的 2/3,常裂开。孢壁厚,黄褐色。孢子表面覆以环绕孢子中心的不规则的蠕瘤状纹饰,瘤呈长椭圆形,基部彼此联结成不规则的网脊,网脊凸出在孢子轮廓边缘呈波浪形。孢子直径 55～70μm。描述的标本直径为 60μm。

产地及层位:济宁;本溪组。

卷蠕瘤三缝孢 *Convolutispora cerebra* Butterwarth et Williams,1958
(图版 134,图 3)

三射线小孢子,赤道轮廓圆形—亚圆形。三射线等于本体半径的 1/2～2/3。孢壁厚,黄褐色。孢子表面覆以粗糙网脊的蠕瘤,瘤外形呈圆形,排列不规则,极面观呈圆形、多角形、长条形或块状,蠕瘤高 1～3μm,最大直径可达 12μm。孢子直径 38～52μm。

产地及层位:聊城;太原组。

壮蠕瘤三缝孢 *Convolutispora roboris* Gao
(图版 134,图 4)

三射线小孢子,极面轮廓圆三角形。三射线被纹饰掩盖,常不易见,见时为半径的 2/3,常裂开。孢壁厚,褐色。孢子表面覆以短而粗壮的蠕瘤,其长直径 8～10μm,宽 5～7μm,高 5～6μm,蠕瘤间深裂,在轮廓线边缘呈近半圆形或块状凸起。孢子直径 60～80μm。

产地及层位:聊城;石盒子群上部。

无突肋纹孢属 *Cicatricosisporites* Potonie et Gelletich,1993
雷州无突肋纹孢(比较种) *Cicatricosisporites* cf. *leizhouensis* Zhang
(图版 134,图 5)

三角形,边微凸凹,角部较锐,大小 55～55.75μm;三射线粗直,伸达角部;肋条纹饰,肋宽而平,宽 2～4μm,在近极平行于三边,排列较紧;轮廓线微波状。

当前标本与 *Cicatricosisporites leizhouensis* Zhang 很相似,但个体较小,定为比较种。

产地及层位:沾化;馆陶组。

石松孢属 *Lycopodiumsporites* Thiergart,1938
渤海石松孢 *Lycopodiumsporites bohaiensis* Fan
(图版 134,图 6)

圆三角形,大小 51.25μm;三射线伸达赤道。网状纹饰,网眼较大,网脊较壮实,突出于轮廓线,网眼内具颗粒。

当前标本与 *L. bohaiensis* 较相似,唯个体较大。

产地及层位:垦利;馆陶组。

微小石松孢 *Lycopodiumsporites minutus* Li et Fan
(图版 134,图 7)

三角形—三角圆形,大小 26.25～36.5μm,模式标本 31.25μm;三射线微弯曲或具窄唇,伸达赤道；外壁厚约 1.5μm，分层不显；纹饰网状，网眼为不规则多角形，直径一般 2～4μm，网脊细弱，脊高 2～4μm，突出于轮廓线、网眼内或具颗粒。

产地及层位：沾化；馆陶组。

凹穴三缝孢属 *Foveolatisporites* Bharadwaj,1955
泡凹穴三缝孢 *Foveolatisporites pemphigosus* Gao
（图版 133，图 19）

三射线小孢子，极面轮廓圆形。三射线细、直，为半径的 2/3，射线常裂开。孢壁厚，常有褶皱，褐色。孢子表面覆以细小凹穴纹饰，密布于孢子表面，在轮廓线边缘呈坑凹状，坑凹穴直径 2～3μm。四穴间距为 3.4μm。孢子直径 60～75μm。描述的孢子直径 70μm。

产地及层位：新汶；石盒子群上部。

连结凹穴三缝孢 *Foveolatisporites junior* Bharadwaj,1957
（图版 133，图 20）

三射线小孢子，赤道轮廓圆形。由于纹饰覆盖，三射线不易见，见时等于孢子半径的 2/3。孢壁较厚，黄色。孢子表面覆以四穴纹饰，凹穴圆形，直径 2～3μm，凹穴间距 22.5μm，在焦距升起时，可见有些凹穴彼此联结并呈小网状，在轮廓线边缘呈凹齿状。孢子直径 55～60μm。

产地及层位：济宁；太原组。

孔凹穴三缝孢 *Foveolatisporites futillis* Felix et Burbridge,1961
（图版 132，图 14）

三射线小孢子，赤道轮廓三角形，3 边向外强烈凸出，3 个角呈圆角。三射线细长，等于孢子半径的 2/3。孢壁薄，黄色。孢子表面覆以凹穴纹饰，凹穴呈圆形，直径 2μm 左右，凹穴间距 3～6μm，在轮廓线边缘呈凹网状。孢子直径 40～50μm。描述的孢子直径为 42μm。

产地及层位：济宁；太原组。

山西凹穴三缝孢 *Foveolatisporites shanxiensis* Gao
（图版 131，图 33）

三射线小孢子，赤道轮廓圆三角形，3 个角呈圆角，3 边向外强烈凸出。三射线细、长，等于孢子半径的长度，偶见裂开。孢壁薄，黄色。孢子表面覆以圆形或椭圆形的凹穴纹饰，凹穴直径 1.5～2μm，凹穴间距 3～4μm。孢子直径 40～60μm。

产地及层位：济宁；山西组。

小网孔三缝孢属 *Microreticulatisporites* Potonie et Kremp,1954
小瘤小网孔三缝孢 *Microreticulatisporites microtuberocosus* (Loose,1934) Potonie et Kremp,1955
（图版 134，图 8）

三射线小孢子，赤道轮廓三角形，3 边向外强烈凸出。三射线细长，直伸至三角顶。孢子壁厚，黄褐色。孢子表面覆以不规则的、多角形的细网孔纹，网孔直径 3～5μm，网脊不规则，厚度不均，似小的链珠状，厚 2～3μm，凸出在孢子边缘呈齿状。孢子直径 48～60μm。描述的孢子直径为 50μm。

产地及层位：新汶；太原组。

内凹小网孔三缝孢 *Microreticulatisporites concavus* Butterworth et Williams, 1958
（图版 134，图 9）

三射线小孢子，赤道轮廓三角形，3 个角呈圆角，3 边向内凹入。三射线直伸至三角顶，常裂开。孢壁薄，黄色。孢子表面覆以不规则的多角形的网孔，网孔直径 3～4μm，网脊不规则，厚 2μm 左右。孢子直径 30～40μm。

产地及层位：滕州；本溪组。

显著小网孔三缝孢 *Microreticulatisporites nobilis* (Wieher, 1934) Knox, 1950
（图版 134，图 10）

三射线小孢子，赤道轮廓三角形。三射线细长，直伸至三角顶。孢壁薄，黄色。孢子表面覆以细而明显的网孔，网孔直径 3～4μm，并呈多角形，网脊厚 2～2.5μm，不规则。在孢子轮廓线边缘呈齿形凸起。孢子直径 30～40μm。

产地及层位：济宁；本溪组。

圆形网孔三缝孢属 *Reticulatisporites* Potonie et Kremp, 1954
亚凸圆形网孔三缝孢 *Reticulatisporites pseudomuricatus* Peppers, 1970
（图版 134，图 11）

三射线小孢子，极面轮廓圆形—椭圆形。三射线常被纹饰盖住不易见，见时为孢子半径的 3/4，射线两侧具加厚的薄条带。孢子壁厚，褐色。孢子表面覆以多边形（四边形—六边形）的网纹，网孔直径一般为 10～15μm，网脊厚 8～10μm，网孔不很规则，凸出于孢子边缘 8～12μm，网脊之间由网膜联结。孢子直径 60～75μm。描述的孢子直径 68μm。

产地及层位：济宁；山西组。

瘤圆形网孔三缝孢 *Reticulatisporites verrucosus* Gao
（图版 134，图 12）

三射线小孢子，极面轮廓圆形。三射线被纹饰所盖常不易见，见时为孢子半径的 2/3～3/4。孢壁厚，褐色。孢子表面覆以网孔，网脊由瘤组成，厚薄不均，一般在网脊交叉处瘤较突出，加厚 3～4，网孔呈多角形，一般为四边形—六边形，不规则，其直径为 6～8μm。在孢子边缘由薄网膜彼此联结。孢子直径 50～60μm。描述的标本直径为 55μm。

产地及层位：济宁；太原组。

凸网圆形网孔三缝孢 *Reticulatisporites muricatus* (Kosanke,1950) Smith et Butterworth,1967

(图版 134,图 13)

三射线小孢子,赤道轮廓圆形,孢子轮廓线边缘具不规则的网脊凸起。三射线清楚,等于孢子半径的 2/3,射线两侧具薄的条带。孢子表面覆以不规则的多边形(五边形—六边形)的大网孔,网孔直径 10~15μm,网脊高 8~10μm,凸出于轮廓线边缘呈齿状,网脊间有薄的网膜联结。孢子直径 70~80μm。

产地及层位:济宁;本溪组。

轮环三缝孢属 *Knoxisporites* (Potonie et Kremp,1954) Neves,1961

变异轮环三缝孢 *Knoxisporites instarrotulae* (Horst,1943) Potonie et Kremp,1955

(图版 134,图 14)

三射线小孢子,赤道轮廓三角形,环壁厚薄不一,黄褐色。三射线直伸至环的内缘,射线两侧具加厚的条带,其厚(宽)5~15μm,在轮廓线边缘呈脊状凸起。孢子直径 50~65μm。

产地及层位:济宁;本溪组。

霍氏轮环三缝孢 *Knoxisporites hageni* Potonie et Kremp,1954

(图版 135,图 1)

三射线小孢子,赤道轮廓三角形,由于挤压,有时呈多角形。射线清晰,直达环的内缘。远极面具 3 条辐射加厚的条带并延伸至近极区彼此交叉联结形成多边形(四边形—五边形)的、薄的空穴区,空穴区偶见细点状纹饰,条带顶端加厚变粗,宽 8~12μm,色深,棕褐色。孢子直径 60~75μm。

产地及层位:聊城;山西组。

小型轮环三缝孢 *Knoxisporites minutus* Gao

(图版 134,图 15)

三射线小孢子,赤道轮廓三角形,3 个角呈圆角。具赤道环。孢壁厚,呈棕褐色。孢子的远极面具 3 条加厚的条带,条带彼此联结,并沿赤道伸至近极形成一三角形的脊圈,脊圈内是一未加厚的空隙区。三射线简单、细长,伸至赤道环的内缘。孢子表面平滑。孢子直径 36~45μm。

产地及层位:济宁;石盒子群上部。

双轮环三缝孢 *Knoxisporites dissidius* Neves,1962

(图版 135,图 2)

三射线小孢子,赤道轮廓圆角三角形,具加厚不均的赤道环,黄褐色。三射线不明显,可见时等于孢子半径的 2/3,在近极面三射线顶端分叉并形成不规则的、薄的多角形空穴区,空穴区内有时见细点状纹饰。远极面具3条并延伸至近极面的条带，条带加厚不均，其厚（宽）度一般在6～7μm之间，条带在孢子边缘呈脊条状凸起。孢子直径50～65μm。描述的孢子直径为60μm。

产地及层位：济宁；太原组。

厚角三缝孢属 Triquitrites Potonie et Kremp, 1954

弓形厚角三缝孢 Triquitrites arculatus (Wilson et Coe, 1940) Schopf, Wilson et Bentall, 1944
（图版134，图16）

三射线小孢子，赤道轮廓三角形，间三射线3边向内凹入呈"弓"形。三射线简单，为孢子半径之长，常裂开。具加厚的耳角，宽12～16μm，厚3～5μm，呈褐色。孢子表面平滑或覆以细点状结构。孢子直径40～50μm。

产地及层位：兖州；山西组。

山西厚角三缝孢 Triquitrites shanxiensis Gao
（图版135，图3）

三射线小孢子，赤道轮廓三瓣形，3边平整。三射线细而直，直伸至耳角内缘。三角具耳角，有时耳角由瘤组成，顶端具瘤状凸起，深褐色。孢壁厚约2.3μm，黄褐色。孢子表面平滑。孢子直径48～60μm。

产地及层位：新汶；本溪组。

棒厚角三缝孢 Triquitrites bacidus Gao
（图版135，图4）

三射线小孢子，赤道轮廓三角形，3边平整或向内凹入，呈三瓣形。孢壁厚，褐色。三射线为半径之长，常裂开。具小的耳角，耳角呈圆锥形，其基部宽6～8μm，高8～10μm，前端变钝角。孢子表面具棒形纹饰，排列稀疏，基部不联结，其基部宽2～2.5μm，高3～5μm，前端钝圆或平整，在轮廓线边缘呈粒柱形凸起。孢子直径45～55μm。描述的孢子直径50μm。

产地及层位：聊城；石盒子群上部。

布氏厚角三缝孢 Triquitrites bransonii Wilson et Hoffmeister, 1956
（图版135，图5）

三射线小孢子，赤道轮廓三瓣形，间三射线3边向内强烈凹入，呈弧形。三射线直伸至耳角内缘，偶见裂开。3个角具长方形的加厚耳角，其直径25～28μm，宽12～16μm，深褐色。孢子表面覆以细点状纹饰。孢子直径55～65μm。

产地及层位：济宁；太原组。

膨胀厚角三缝孢 Triquitrites pannus (Imgrund, 1952) Imgrund, 1960
（图版135，图6）

三射线小孢子，赤道轮廓三瓣形，3边向内凹入呈弧形。三射线简单、细长，直伸至三角顶,常裂开。具加厚的耳角,耳角呈方头形,其宽 20～24μm,厚 10～14μm,前端平整或波形,深褐色。孢子表面覆以内点状结构。孢子直径 60～70μm。

产地及层位:聊城;山西组。

无边厚角三缝孢 *Triquitrites desperatus* Potonie et Kremp,1956
(图版 135,图 7)

三射线小孢子,赤道轮廓三瓣形,3 边向内凹入。三射线伸至耳角的内缘,常裂开。三角具加厚的耳角,直径 20～24μm,耳角顶部凸起,宽 4～8μm,黄褐色。孢壁薄,黄色。孢子表面平滑或有时覆以细点状纹饰。孢子直径 40～50μm。

产地及层位:聊城;太原组。

挤压厚角三缝孢 *Triquitrites additus* Wilson et Hoffmeister,1956
(图版 135,图 8)

三射线小孢子,赤道轮廓三角形,3 边平整或微弯曲。三射线直伸至耳角内侧,偶见弯曲。3 角具不规则的凸瘤耳角,直径 18～24μm,宽 4～8μm,黄褐色。孢壁薄,黄色。孢子表面覆以不规则的颗粒状纹饰。孢子直径 35～48μm。

产地及层位:济宁;太原组。

穗形孢属 *Ahrensisporites* Potonie et Kremp,1954
奎氏穗形孢 *Ahrensisporites querickei*(Horst,1943)Potonie et Kremp,1956
(图版 134,图 17)

三射线小孢子,赤道轮廓三角形,3 边微向外凸出。三射线简单,等于孢子半径的 2/3。间三射线的区域具 3 条弧形的呈波状的条带并延伸至三角顶,形成弓形弦,厚 4～6μm,深褐色,在三角顶部弓形弦加厚到 6～8μm。孢壁薄,黄色。孢子表面覆以细点状纹饰。孢子直径 40～55μm。

产地及层位:济宁;太原组。

鳍环三缝孢属 *Reinschospora* Schopf,Wilson et Bentell,1944
三角形鳍环三缝孢 *Reinschospora triangularis* Kosanke,1950
(图版 134,图 18)

三射线小孢子,赤道轮廓三角形,3 边平整,间三射线间具梳刺,刚直,长 10～12μm,宽 1～1.5μm。三射线为半径之长。孢子直径 55～70μm。

产地及层位:济宁;太原组。

扩大鳍环三缝孢 *Reinschospora magnifica* Kosanke,1950
(图版 135,图 9)

三射线小孢子,赤道轮廓三角形,3 边向内强烈凹入,3 个角呈圆角。三射线简单,等于孢子半径之长,常裂开。间三射线边缘具梳刺,并形成鳍环,刺长 10～14μm,基部宽 2～2.5μm,前端弯曲。孢壁薄,黄色。孢子表面平滑或具细点状结构。孢子直径 50～70μm。

产地及层位:新汶;本溪组。

胀环三缝孢属 *Tantillus* Felix et Burbridge,1967
三角胀环三缝孢 *Tantillus triquetrus* Felix et Burbridge,1967
(图版 134,图 19)

三射线小孢子,赤道轮廓三角形。三射线细,等于孢子半径的 2/3,射线两侧具加厚较薄的条带。孢子具膜状赤道环,黄色。孢子本体和膜环之间具加厚的条带,并延伸至三角顶形成肩状似的加厚,前端变尖,间三射线区域加厚较明显。孢子表面覆以细点状纹饰。孢子直径 25～34μm。描述的孢子直径为 28μm。

产地及层位:新汶煤田;本溪组。

窄环三缝孢属 *Stenozonotriletes* Naumova
光亮窄环三缝孢 *Stenozonotriletes clarus* Ischenko,1958
(图版 135,图 10)

三射线小孢子,赤道轮廓三角形,3 个角呈圆角。三射线细,直伸至环的内缘,射线两侧具加厚的条带,偶见裂开。具窄的赤道环,厚 8～10μm,加厚均匀,黄褐色。孢子表面平滑或偶见内点状结构。孢子直径 75～85μm。描述的孢子直径为 80μm。

产地及层位:济宁;太原组。

硬窄环三缝孢 *Stenozonotriletes stenozonalis* (Waltz,1938) Ischenko,1958
(图版 135,图 11)

三射线小孢子,赤道轮廓三角形,3 边向外强烈凸出,3 个角呈圆角。三射线为孢子半径的 2/3,偶见裂开。具窄的赤道环,厚 6～8μm,加厚均匀。孢子表面覆以较规则的粒点状纹饰,粒点重叠排列,基部彼此联结。孢子直径 100～120μm。描述的孢子直径为 115μm×120μm。

产地及层位:新汶;太原组。

喉唇三缝孢属 *Gulisporites* Imgrund,1960
匙喉唇三缝孢 *Gulisporites cochlearius* Imgrund,1960
(图版 135,图 12)

三射线小孢子,赤道轮廓三角形,3 边微向外凸出。三射线细而长,等于孢子半径之长,有时弯曲,射线两侧具加厚的、常弯曲的条带,其宽 8～12μm,在三角顶部呈喉管状或拳头状凸起,前端有时分叉。具窄的赤道环,环厚 2～8μm,黄褐色。孢子直径 50～90μm。

产地及层位:济宁;石盒子群。

弯曲喉唇三缝孢 *Gulisporites cerevus* Gao
（图版135，图13）

三射线小孢子，赤道轮廓三角形，3边向外凸出，3个角呈圆角。三射线直伸至环的内缘，射线两侧具加厚而弯曲的薄条带，其宽窄不一（2～6μm），一般与射线一致，但也有不一致的，这与沉积环境有关，条带延伸至三角顶，前端常分叉。具窄的赤道环，厚2～3μm，黄色。孢子表面覆以细点状纹饰，细点分布均匀，排列紧密。孢子直径50～60μm。描述的孢子直径50μm。

产地及层位：滕州；太原组。

波状喉唇三缝孢 *Gulisporites curvatus* Gao
（图版135，图14）

三射线小孢子，赤道轮廓三角形，3边向外凸出。具窄的赤道环，环呈波状凸起，厚5～7μm，褐色。三射线细、直，伸至环的内缘，射线两侧具加厚的弯曲的条带，前端有时增大呈拳头状。孢子表面覆以内点状结构。孢子直径38～45μm。描述的孢子直径为40μm。

产地及层位：聊城；太原组。

粗糙喉唇三缝孢 *Gulisporites cereris* Gao
（图版134，图20）

三射线小孢子，赤道轮廓三角形，3边微向外凸出。具窄的、不平整的赤道环，环厚4～6μm，黄褐色。三射线直伸至环的内缘，射线两侧具不平整加厚的条带，其宽5～6μm，前端呈拳头状。孢子表面覆以分布均匀的细粒状纹饰，细粒排列紧密。孢子直径50～60μm。描述的孢子直径为58μm。

产地及层位：滕州；太原组。

光滑喉唇三缝孢 *Gulisporites laevigatus* Gao
（图版135，图15）

小型三缝孢，孢子直径一般仅35～45μm。赤道环薄，宽2～3μm。三射线直伸至环的内缘，两侧具加厚的条带，条带宽3～5μm，其前端呈喉管状，一般不分叉。孢子表面平滑。

产地及层位：济宁；山西组。

波环孢属 *Patellisporites* Ouyand, 1962
煤山波环孢 *Patellisporites meishanensis* Ouyang, 1962
（图版134，图21）

三射线小孢子，极面轮廓圆形—圆三角形，孢子侧面大半球形。三射线细，微弯曲而高起，射线直达本体边缘，射线两侧具薄的加厚条带。赤道偏近极具带环，棕色，环宽6～10μm，环厚度不一，一般偏近极环厚，故呈波状；极面下凹呈碟形，本体微呈黄色。孢子表面平滑或具内点状结构。孢子直径 50～60μm。

产地及层位:济宁;石盒子群上部。

曲环三缝孢属　*Sinulatisporites* Gao
中华曲环三缝孢　*Sinulatisporites sinensis* Gao
（图版 135,图 16）

三射线小孢子,赤道轮廓三角形,3 边向外凸出,3 个角呈钝角。赤道环由瘤组成,与本体界线清楚,厚 10～14μm,在轮廓线边缘呈波曲状凸起。三射线细直,延伸至环的内缘,射线两侧具粗壮的加厚条带,宽 8～10μm,高 2～3μm,在三角顶端呈拳头形。本体表面有的标本具椭圆形的暗色体,表面平滑,偶有细点纹饰。孢子直径大小 55～85μm。

产地及层位:聊城;山西组。

山西曲环三缝孢　*Sinulatisporites shanxiensis* Cao
（图版 135,图 17）

三射线小孢子,赤道轮廓三角形,3 边向外强烈凸起。具赤道环,环由不十分显著的瘤组成,厚 8～10μm,与本体界线清楚,在轮廓线边缘呈曲波状,棕褐色。三射线清楚,直伸环的顶点,射线两侧具加厚粗条带,条带在三角顶增厚,呈拳头形,微弯曲。孢子表面覆以细点状纹饰。孢子直径大小 60～75μm。描述的孢子长径 64μm,短径 56μm。

产地及层位:聊城;山西组。

泡环三缝孢属　*Vesiculatisporites* Gao
分泡环三缝孢　*Vesiculatisporites meristus* Gao
（图版 135,图 18）

三射线小孢子,赤道轮廓三角形,3 边微向外凸出,本体与环界线清楚。具赤道环,环由大的块瘤联结而成,厚 6～8μm。三射线简单,直延伸至环的内缘,射线两侧有窄的加厚条带,宽 4～5μm。本体表面围绕着三射线顶块瘤呈同心形排列。孢子直径 40～60μm。

产地及层位:滕州;下石盒子群。

波泡环三缝孢　*Vesiculatisporites undulatus* Gao
（图版 135,图 19）

三射线小孢子,赤道轮廓三角形。三射线直伸至环的内缘,微弯曲。赤道环由块瘤联结而成,宽 4～5μm;本体表面覆以块瘤纹饰,彼此联结。孢子直径大小 55～65μm。

产地及层位:兖州;山西组。

壮泡环三缝孢　*Vesiculatisporites masculosus* Gao
（图版 135,图 20）

三射线小孢子,赤道轮廓三角形或圆三角形。具赤道环,厚 6～9μm,棕褐色。三射线为本体半径之长，射线两侧具薄的加厚条带，微弯曲。本体与环界线分明，孢子表面具大的块瘤呈圆心形排列，向赤道边缘瘤增大，直径 8~10μm，椭圆形。孢子直径 50~60μm。

产地及层位：济宁；山西组。

丽环孢属　*Callitisporites* Gao
中华丽环孢　*Callitisporites sinensis* Gao
（图版 135，图 21）

三射线小孢子，赤道轮廓三角形，3 个角呈圆角，侧面观半圆形。赤道偏近极具赤道环与轮廓线一致，但偶有不一致，宽 10~16μm，表面覆以小锥刺或刺粒状纹饰，基部不联结，顶端尖，基部宽 2~3μm，高 4~5μm。三射线直延伸至环的内缘，有时直伸至环内，有时分叉，与环吻合并逐渐消失。孢子直径 50~65μm。

产地及层位：济宁；太原组。

盾环三缝孢属　*Crassispora* (Bharadwaj,1957) Bharadwaj,1957
斑点盾环三缝孢　*Crassispora maculosa* (Knox,1950) Sullivan,1964
（图版 136，图 1）

三射线小孢子，赤道轮廓圆形或椭圆形。三射线等于孢子半径的 1/2~3/4，射线两侧具加厚的条带，条带宽 3~4μm，高 4μm，微弯曲，深褐色的赤道环呈歪斜加厚的暗色窄条带，有时褶叠。孢子远极面覆以刺粒状纹饰，在轮廓线边缘呈刺粒状凸起，刺粒不规则，分布较稀。孢子直径 100~120μm。

产地及层位：聊城；太原组。

柯氏盾环三缝孢　*Crassispora kosankei* (Potonie et Kremp, 1954) Bharadwaj,1957
（图版 136，图 2）

三射线小孢子，赤道轮廓圆形—亚圆形，赤道面观稍有点拉长。具歪斜加厚不均的赤道环，环宽 5~8μm，深褐色。三射线几乎与赤道靠近，射线两侧具加厚的条带，条带有时弯曲。三射线顶端分叉并加厚呈弓形脊。孢子外层覆以细颗粒或点状纹饰（或点状内部结构）；远极面覆以小锥刺（刺长约 2μm），刺分布不规则，基部不联结，在轮廓线边缘凸出 2~5μm；近极面无纹饰。

产地及层位：聊城；太原组。

短尖盾环三缝孢　*Crassispora mucronata* Gao
（图版 136，图 3）

三射线小孢子，赤道轮廓圆形—圆三角形。极面观时，见有歪斜的厚环在赤道加厚，厚 10~15μm。三射线简单，几乎延伸至三角顶，前端分叉与赤道环联结，射线两侧具加厚的条带，其宽 4~6μm，高 2~3μm。孢子表面覆以稀疏的瘤粒纹饰，基部彼此不联结，顶端短尖 3~

6μm,在轮廓线边缘呈不平整瘤粒状凸起。孢子直径 85～100μm。描述的孢子长径为95μm,短径 85μm。

产地及层位:聊城;太原组。

小盾环三缝孢 *Crassispora minuta* Cao
(图版 136,图 4)

三射线小孢子,赤道轮廓圆三角形,3 边向外强烈凸出,3 个角呈圆角。三射线常不清楚,见时直伸至环的内缘,射线两侧具加厚的条带,前端分叉形成盾环,环与本体逐渐过渡。孢子表面覆以小锥刺纹饰,分布稀疏,在轮廓线边缘呈齿状凸起。孢子直径 42～52μm。描述的孢子长径 52μm,短径 40μm。

产地及层位:聊城;石盒子群上部。

石松孢属 *Lycospora* Potonie et Kremp, 1954
弱小石松孢 *Lycospora pusilla* (Ibrahim, 1933) Somers, 1972
(图版 135,图 22)

三射线小孢子,赤道轮廓圆形或非常显著的三角形。赤道面观近极面轮廓尖,远极面轮廓内凹。三射线简单或明显凸起,并直伸至赤道,环带明显时没有,出现时环带拉长,并显出一条窄的内暗带,宽约 1.5μm,环带一般厚约 3μm,有时厚度可达孢子本体径的 1/15～1/9。孢子表面平滑或见细点状纹饰。孢子直径 25～35μm。描述的孢子直径为 34μm。

产地及层位:聊城;太原组。

圆形石松孢 *Lycospora rotunda* (Bharadwaj, 1957) Somers, 1972
(图版 136,图 5)

三射线小孢子,赤道轮廓圆形。具赤道环,厚 5～6μm,黄褐色。三射线直伸至环的内缘,射线两侧具加厚的薄条带,厚 2～3μm,弯曲,前端分叉。孢子表面覆以不规则的粒瘤状纹饰,粒瘤排列较紧密,间距仅 2～3μm,在轮廓线边缘呈颗粒状凸起。孢子直径 32～40μm。

产地及层位:滕州;太原组。

小粒石松孢 *Lycospora microgranulata* Bharadwaj, 1957
(图版 135,图 23)

三射线小孢子,赤道轮廓圆三角形,赤道轮廓线呈颗粒状或波状凸起。具赤道环带,环宽 4～6μm,比中央本体色深,黄褐色,中央本体黄色。三射线直伸出环带之外,常具加厚的条带(脊),高 3μm,宽 3～4μm。孢子表面覆以分布均匀但常不规则的小颗粒纹饰,颗粒基部有时彼此联结。孢子直径 30～40μm。

产地及层位:滕州;太原组。

透明石松孢 *Lycospora pellucida* (Wieher) Schopf, Wilson et Bentall, 1944

(图版135,图24)

三射线小孢子,极面观圆形—亚三角形。孢子常压扁,但无方向性,因而可出现各种形状。具较窄的赤道环,环厚2~3μm,黄褐色。三射线清晰,两侧具加厚的窄条带。孢子表面无褶皱,仅覆以小颗粒状纹饰,颗粒基部彼此不联结。孢子直径30~40μm。描述的孢子长径30μm,短径32μm。

产地及层位:滕州;太原组。

微亮石松孢 *Lycospora noctuina* Butterworth et Williams, 1958

(图版135,图25)

三射线小孢子,赤道轮廓圆三角形,外形轮廓线平滑或具细点状纹饰,有时见波状凸起。三射线脊凸起,直或偶见弯曲,射线的宽和高大于2μm,射线延伸至环的内缘,有时伸出环带外缘。环带厚4~8μm。孢子中央体和内环带覆以细颗粒纹饰,少数标本具大颗粒、瘤和宽窄不同的皱纹,并常出现在具环带的中央本体的远极面。环带平滑或具小颗粒纹饰。孢子直径30~40μm。

产地及层位:济宁;太原组。

薄环石松孢 *Lycospora bracteola* Butterworth et Williams, 1958

(图版135,图26)

三射线小孢子,赤道轮廓圆形—圆三角形,具赤道环,环厚3~5μm,赤道环向外逐渐变薄,黄褐色。本体薄,黄色。三射线等于孢子半径的3/4,延伸至三角顶时分叉与赤道环联结;射线两侧有加厚的条带,条带厚2~3μm,微弯曲。孢子表面覆以细点状纹饰。孢子直径75~100μm。描述的孢子长径100μm,短径80μm。

产地及层位:滕州;太原组。

厚环三缝孢属 *Densosporites* Butterworth, Jansonius, Smith et Staplin, 1964

三角厚环三缝孢 *Densosporites triangularis* Kosanke, 1950

(图版136,图6)

三射线小孢子,赤道轮廓亚三角形。中央本体薄,常中空,黄色,常覆以细颗粒纹饰。具厚的赤道环,其厚为本体半径的1/2,深褐色。近极至远极面区域覆以紧密排列的颗粒或瘤状纹饰,颗粒或瘤大小不均,其基部彼此联结。孢子直径55~65μm。描述的孢子长径58μm,短径64μm。

产地及层位:兖州;山西组。

粗糙厚环三缝孢 *Densosporites ruhus* Kosanke, 1950

(图版136,图7)

三射线小孢子,赤道轮廓椭圆形。近极面—远极面区域覆以点状纹饰。具厚的赤道环,其厚为本体半径的 1/2，赤道环边缘排列有不规则的锯齿状凸起，到赤道边缘逐渐变薄，色浅，而赤道环则呈深褐色。孢子直径 60～72μm。描述的孢子直径 68μm×70μm。

产地及层位：聊城；太原组。

加厚厚环三缝孢 *Densosporites anulatus* (Loose,1934) Smith et Butterworth,1967
（图版 136，图 8）

三射线小孢子，赤道轮廓亚三角形。射线简单，常伸至赤道环的内缘。中央本体或内壁层薄。其内里层也薄，而且平滑。有时可见到顶角的乳瘤。环带窄，其宽度为孢子半径的 2/5，轮廓线边缘平滑。孢子直径 50～65μm。

产地及层位：济宁、聊城；太原组。

松厚环三缝孢 *Densosporites spongeosus* Butterworth et Williams,1958
（图版 136，图 9）

三射线小孢子，赤道轮廓圆形、椭圆形或圆三角形。三射线简单，直伸至环的内缘。赤道环厚，其厚为半径的 1/2 左右，向赤道区域变薄，呈褐色。中央本体呈黄色，并覆以细点状，有时为颗粒状或瘤状纹饰；赤道环边缘具刺状（锯齿状凸起）。孢子轮廓线边缘平滑或有齿状凸起。孢子直径 40～60μm。描述的孢子长径为 44μm，短径为 48μm。

产地及层位：聊城；太原组。

触环三缝孢属 *Cirratriradites* Wilson et Coe,1940
扇形触环三缝孢 *Cirratriradites flabeliformis* Wilson et Kosanke,1944
（图版 136，图 10）

三射线小孢子，赤道轮廓圆三角形，3 边向外凸出。具膜状赤道环，膜环薄，黄色，环的宽度为本体半径的 1/3～2/5。本体轮廓与外形相同，壁薄，呈黄褐色。三射线粗壮，直伸至赤道，射线两侧具加厚的条带，其宽 4～6μm。孢子表面覆以不规则的网状纹饰，网彼此联结，呈放射状。孢子直径 60～80μm。

产地及层位：济宁；太原组。

奇异触环三缝孢 *Cirratriradites rarus* Schopf, Wilson et Bentall,1944
（图版 136，图 11）

三射线小孢子，赤道轮廓圆形—三角形，3 边向外凸出，3 个角呈圆角。具膜状赤道环，环宽为本体半径的 2/5，环较薄，黄色，环向外有逐渐变薄之势。本体壁厚，褐色。三射线直伸至赤道，射线两侧具窄的加厚条带。孢子表面覆以不规则的、分布不均的瘤或疤状凸起，其直径一般为 4～5μm，宽 2～3μm，基部彼此不联结。孢子直径 60～80μm。

产地及层位：济宁；本溪组。

壮环三缝孢属 *Brialatisporites* Gao
  砧壮环三缝孢 *Brialatisporites incundus* (Kaiser,1976) Gao
    （图版 136,图 12）

  三射线小孢子,极面轮廓三角形或圆三角形。具膜状赤道环,环宽 12～16μm。三射线细长,直伸至环的内缘或三角顶,射线两侧具窄的条带加厚。孢子表面覆以 2 组纹饰:第一组以小的粒点纹饰为主;第二组具棘刺纹饰,分布很稀疏,呈星点状分布,基部宽 2～3μm,高 3～4μm,前端弯曲。孢子直径 120～140μm。

  产地及层位:聊城;太原组。

坚环三缝孢属 *Hadrohercos* Felix et Burbridge,1967
  硬坚环三缝孢 *Hadrohercos stereon* Felix et Burbridge,1967
    （图版 136,图 13）

  三射线小孢子,赤道轮廓为圆角的亚三角形。三射线直,直伸至环的内缘,射线两侧具加厚的条带。环由 2 层组成,内层由不规则的瘤及其基粒组成,外层由长形的孢瘤所组成,有时呈放射状排列。孢子直径 100～130μm。

  产地及层位:聊城;太原组。

  山西坚环三缝孢 *Hadrohercos shanxiensis* Gao
    （图版 136,图 14）

  三射线小孢子,赤道轮廓亚三角形,3 个角呈圆角,3 边向外凸出。三射线直伸至环的内缘,射线两侧具窄的条带,常裂开。具窄的赤道环,厚仅 4～5μm,褐色。孢子表面覆以排列紧密的细颗粒纹饰,其基部彼此联结。孢子直径 65～75μm。

  产地及层位:济宁;本溪组。

  宁武坚环三缝孢 *Hadrohercos ningwuensis* Gao
    （图版 136,图 15）

  三射线小孢子,赤道轮廓圆三角形,3 个角呈圆角,3 边向外强烈凸出。三射线直伸至环的内缘,射线两侧具窄的加厚条带。具赤道环,环厚 6～8μm,褐色。孢子表面覆以排列紧密的颗粒纹饰,颗粒基部彼此联结,在轮廓线边缘呈齿状。孢子直径 80～100μm。

  产地及层位:济宁;本溪组。

内囊三缝孢属 *Endosporites* Wilson and Coe,1940
  点内囊三缝孢 *Endosporites punctatus* Gao
    （图版 136,图 16）

  三缝小孢子,赤道轮廓椭圆形或圆三角形。本体与外形相同,壁薄,常褶皱。孢壁里层与表层彼此分离,表层膨胀形成膜环,本体与环接触处加厚,褐色,常具放射状褶皱,向赤道边缘呈放射状排列。三射线简单,为本体半径之长,常裂开。孢子表面覆以细网点状纹饰,直径 85~115μm。

产地及层位:滕州;石盒子群上部。

凤尾蕨孢属　*Pterisisporites* Sung et Zheng,1976
粒纹凤尾蕨孢　*Pterisisporites granulatus* Song et Zhang
（图版 136,图 17）

三角形,3 边直或微突,角部浑圆,大小 23.75~27.75μm;三射线细弱,直伸至环内缘;瘤环宽 2~2.5μm;远极面纹饰为颗粒和瘤状,近极面为颗粒或瘤状,轮廓线为小波状。

产地及层位:沾化;馆陶组。

块瘤凤尾蕨孢(比较种)　*Pterisisporites* cf. *tuberus* Song,Li et Zhong
（图版 136,图 18）

三角形,3 边直,角部浑圆,大小 31.25μm;三射线细弱,不伸达环,瘤环宽 2.5~4μm;远极面具块瘤状纹饰,瘤排列不规则,略呈多边形,轮廓线波状。当前标本较 *Pterisisporites tuberus* 个体偏小,瘤环窄,故定为比较种。

产地及层位:垦利;馆陶组。

环带凤尾蕨孢　*Pterisisporites zonatus* Sung et Lee
（图版 136,图 19）

三角形,3 边直,角部浑圆,大小 32.5~33.75μm;赤道环均匀,宽 3~4μm,不显瘤状纹饰;三射线细弱;远极面具块瘤状纹饰,近极面粗糙或具小瘤,轮廓线呈平展的小波状。

产地及层位:垦利;馆陶组。

大网孢属　*Zlivisporis* Pacltova,1961
山东大网孢　*Zlivisporis shandongensis* Li et Fan
（图版 137,图 1）

三角圆形,大小 78.75μm;三射线粗强,微开裂,伸达赤道;外壁厚 3~5μm,外层厚于内层,具窄的膜;大网状纹饰,网眼多边形,直径大于 10μm,个别可达 20μm;网脊窄而粗强,向赤道部位变弱;网眼内粗糙,具次级小网。

本新种以个体大,大网内具次级小网而不同于属内其他种。

产地及层位:沾化;馆陶组。

波缝孢属　*Undulatisporites* Pflug,1953
壮实波缝孢　*Undulatisporites undulapolus* Brenner
（图版 136,图 20）

三角形,3 边微凸,角部浑圆,大小 42.5μm;三射线波状弯曲,其弯曲程度较强,唇状加厚与射线融为一起,显示粗壮的射线,宽 2~5μm,射线长等于孢子半径,末端短分叉;外壁厚 1~1.5μm,表面光滑。

产地及层位:沾化;馆陶组。

光面单缝孢属 *Laevigatosporites* Alpern et Doubinger,1973

较大光面单缝孢 *Laevigatosporites maximus* (Loose,1934) Potonie et Kremp,1956
(图版 137,图 2)

单缝小孢子,极面轮廓椭圆形,侧面肾形。单射线直,为长轴直径的 2/3~3/4,常裂开。孢壁薄,常出现不规则的褶皱,黄色。孢子表面平滑或具内点结构。孢子直径 100~130μm。

产地及层位:聊城、滕州;太原组。

小光面单缝孢 *Laevigatosporites perminutus* Alpern,1958
(图版 136,图 21)

单缝小孢子,极面轮廓椭圆形。单裂缝细,等于孢子直径的 3/4,常裂开。孢壁薄,常褶皱,黄色。孢子表面平滑,轮廓线边缘也呈平滑。孢子直径 20~30μm。

产地及层位:聊城;太原组。

普通光面单缝孢 *Laevigatosporites vulgaris* (Ibrahim,1934) Alpern et Doubinger,1973
(图版 136,图 22)

单缝小孢子,极面轮廓椭圆形。孢子单裂缝为长轴直径的 1/3~1/2,表面平滑或具内点状结构,孢子轮廓线边缘平滑。孢子直径 12~100μm,长宽比值为 0.4~1。

产地及层位:聊城、济宁、滕州;太原组。

线纹光面单缝孢 *Laevigatosporites striatus* Alpern,1958
(图版 137,图 3)

单缝小孢子,极面轮廓椭圆形。单裂缝等于长轴直径的 2/3~3/4,有时裂开。孢壁薄,偶有褶皱,黄色。孢子表面具彼此交叉的细线纹,细线纹中的一组线纹的排列方向大致平行于长轴,另一组线纹则与第一组线纹斜交。孢子直径 60~70μm,宽 36~40μm。

产地及层位:聊城;山西组。

微小光面单缝孢 *Laevigatosporites minimus* (Wilson et Coe,1940) Schopf, Wilson and Bentall,1944
(图版 136,图 23)

单裂缝小孢子,极面轮廓肾形或椭圆形,壁常有褶皱,黄色。单射线为直径的 2/3,简单。孢子表面平滑,或偶有内点结构。小孢子直径 25~33μm。描述的标本长径 32μm,短径为 21μm。

产地及层位:聊城;山西组。

大一头沉孢属 *Macrotorispora* Gao,1981

华夏大一头沉孢 *Macrotorispora cathayensis* Chen,1979

（图版137,图4）

孢子极面轮廓椭圆形或矩形。单射线明显,粗强,常裂开,为孢子长轴直径1/3～2/3。外壁厚8～9μm,加厚部分24～28μm,加厚位于长轴的一端,矩形,深棕色。孢子表面覆以细颗粒纹饰。

产地及层位:聊城;石盒子群上部。

大型大一头沉孢 *Macrotorispora gigantea* (Ouyang) Gao in Chen,1919

（图版137,图5）

极面轮廓圆形至宽椭圆形,侧面肾形。大小(160～100)μm×(110～65)μm,一般120μm×80μm。单射线明显,粗强,为长轴直径之长,射线两侧常具加厚条带,前端偶有分叉。表面平滑,内点状或细粒刺纹饰。外壁多在一侧加厚,但也有一端加厚,加厚部分5～22μm不等,一般不加厚部分7μm左右,特别加厚部分22μm,深棕色。

产地及层位:滕州、聊城;石盒子群上部。

中型大一头沉孢 *Macrotorispora media* (Ouyang) Chen,1979

（图版137,图6）

孢子极面卵圆形,侧面略呈肾形或斧形,直径大小(85～60)μm×(62～45)μm,平均约70μm×55μm,描述的标本长径48～80μm,短径44～76μm。单射线清晰可见,为孢子长轴的2/3。表面多为颗粒纹饰,光切面平整,一般厚5～7μm。孢子一端或近一端加厚,厚16～22μm。

产地及层位:聊城;石盒子群上部。

一头沉孢属 *Torispora* Alpern,Doubinger et Horst,1965

小斧一头沉孢 *Torispora securis* (Balme) Alpern,Doubinger et Horst,1965

（图版136,图24）

单缝小孢子,极面轮廓长椭圆形,孢子的形状据埋藏保存方式而定。单缝清晰可见,平行于长轴,单射线非常清晰,直或微弯曲。孢子一端加厚呈新月形或短矩形,加厚部分色深呈褐色。孢子表面具细点状纹饰。孢子直径25～40μm。

产地及层位:济宁;太原组。

瘤面一头沉孢 *Torispora verrucosa* Alpern,1958

（图版136,图25）

单缝小孢子,极面轮廓长椭圆形。单裂缝常不易见,见时为长轴直径的3/4。孢子一端加厚呈各种形式,有时像帽状,加厚部分常和长轴一致,深褐色。孢子表面覆以瘤状纹饰,瘤基部彼此联结。孢子直径 28～38μm。

产地及层位:济宁;本溪组。

光面一头沉孢 *Torispora laevigata* Bharadwaj,1957
（图版 136,图 26）

单缝小孢子,极面轮廓圆形—长椭圆形。单裂缝直,为长轴直径的 4/5。孢子的一端或侧边加厚,常平行或不平行于单裂隙,加厚部分呈深褐色。孢壁厚。孢子表面平滑。孢子直径 24～32μm。

产地及层位:聊城;石盒子群上部。

点面单缝孢属 *Punctatosporites* Alpern et Doubinger,1973
细点点面单缝孢 *Punctatosporites punctatus* (Kosanke,1950) Potonie et Kremp,1956
（图版 136,图 27）

具直、弯曲、膨胀的单缝小孢子,极面轮廓椭圆形。单射线细,等于长轴直径的 3/4,延伸至假环内缘。孢壁厚,黄褐色。孢子表面覆以清晰的呈不规则排列的小颗粒纹饰,其直径为 1/3μm。孢子直径 17～47μm,长宽之比大于或等于 0.8。

产地及层位:济宁;太原组。

粒点面单缝孢 *Punctatosporites granifer* (Potonie et Kremp,1956) Alpern and Doubinger,1973
（图版 136,图 28）

单缝小孢子,极面轮廓椭圆形—宽椭圆形。单射线清晰,具不同长度的缝,缝直,有时裂开。孢壁厚薄不一,厚者 2～3μm,薄者 0.5～1μm,有时形成假环。孢子表面覆以小锥粒纹饰,锥粒直径 1/3～1/2μm。孢子直径 20～42μm,长宽比值 1.25。

产地及层位:聊城;太原组。

圆形点面单缝孢 *Punctatosporites rotundus* (Bharadwaj,1957) Alpern et Doubinger,1973
（图版 137,图 7）

单缝小孢子,极面轮廓圆形—椭圆形。单射线清晰且直,有时见弯曲或裂开。孢子外壁颇厚,黄色,孢子表面具小锥粒纹饰,锥粒宽和高相等,或宽度大于高度,锥粒直径大约 0.66μm。孢子直径 16～35μm,平均直径 24μm。

产地及层位:兖州;太原组。

小型点面单缝孢 *Punctatosporites minutus* (Ibrahim,1933) Alpern et Doubinger,1973
（图版 136,图 29）

单缝小孢子,极面轮廓圆形—椭圆形。单射线清晰而完整,长,但不伸至孢缘。孢子壁薄时,见有褶皱,孢壁粗厚并形成假环。孢子表面覆以细颗粒纹饰,颗粒明显,一般小于 1/3μm。孢子直径 15～30μm,长宽比值在 1～1.6 之间。

产地及层位:滕州;太原组。

刺面单缝孢属 *Spinosporites* Alpern,1958
皮氏刺面单缝孢 *Spinosporites peppersi* Alpern,1958
(图版 135,图 27)

孢子两面对称,外形轮廓椭圆形。射线清晰,直,常裂开,等于孢子长轴直径之长。孢壁厚约 2μm,黄褐色。孢子表面覆以粗刺,其长约 1.5μm,刺前端变圆,2 个或 3 个刺彼此联结为不规则的低脊。横切面在油镜下观察时,刺形各种各样,局部还可见似刺状纹饰,刺基部宽 1～2μm。孢子边缘具扇形的刺状纹饰,轮廓线边缘约 35 颗。孢子直径 30～35μm。

产地及层位:济宁;太原组。

小刺刺面单缝孢 *Spinosporites spinosus* Alpern,1958
(图版 135,图 28)

单缝小孢子,极面轮廓梯形或长条形。单射线由于刺密而不易见。外壁常加厚,其表面覆以众多的、排列紧密的刺纹,刺长 1～2μm,基部宽 1μm。孢子直径 25～55μm。

产地及层位:滕州;太原组。

条纹单缝孢属 *Striatosporites* Bharadwaj,1955
中等条纹单缝孢 *Striatosporites medius* Gao
(图版 137,图 8)

单缝小孢子,极面轮廓椭圆形或窄椭圆形,单裂缝为长轴之长或相当于长轴直径的 3/4,两侧偶见加厚的条带。孢壁较厚,偶见褶皱,黄褐色。孢子表面覆以 2 组条纹,条纹特征与 *Striatosporites major* 相似,但本种的 2 组条纹斜交。孢子直径 70～80μm,长宽比值在 1～1.6 之间。

产地及层位:济宁;石盒子群上部。

瘤面单缝孢属 *Thymospora* Alpern et Doubinger,1973
亚什瘤面单缝孢 *Thymospora pseudothiessenii* (Kosanke) Wilson et Venkataehala,1963
(图版 135,图 29)

单缝小孢子,极面轮廓椭圆形—圆形,子午方向呈豆形、梨形或不规则形状。单射线常出现,但不固定出现,射线窄,无加厚的条带,射线长为长轴直径的 2/3～3/4。孢子表面覆以瘤状纹饰、褶皱或鸡冠形,有时纹变粗大,远极面的纹饰比近极面要密。孢子直径 20.45μm。

产地及层位:济宁;太原组。

什氏瘤面单缝孢 *Thymospora thiessenii* (Kosanke) Wilson et Vankataehala, 1963
(图版 135, 图 30)

单裂缝小孢子, 极面轮廓长椭圆形, 少褶皱, 孢子两面对称。单射线大于孢子长轴直径的 1/2。孢壁厚 1~2μm, 脊(瘤)暗褐色或黄褐色。孢子表面覆以瘤状纹饰, 瘤彼此联结呈脊状凸起。孢子直径 28~32μm。

产地及层位: 济宁; 山西组。

暗色瘤面单缝孢 *Thymospora obscura* (Kosanke, 1950) Wilson et Venkataehala, 1963
(图版 135, 图 31)

单缝小孢子, 极面轮廓宽椭圆形。单射线常等于孢子长轴直径的 2/3~3/4, 有的标本由于纹饰覆盖, 射线不清楚, 射线两侧有加厚的条带。孢壁厚 2~2.5μm。孢子表面具点粒状纹饰, 因此轮廓线边缘不平整, 在低倍显微镜下观察时, 粒点清楚。孢子直径 28~34μm。

产地及层位: 济宁; 太原组。

梯纹单缝孢属 *Columinisporites* Peppers, 1964
格子梯纹单缝孢 *Columinisporites clatratus* Kaiser, 1976
(图版 137, 图 9)

单缝小孢子, 极面轮廓椭圆形, 子午方向呈豆形。单裂缝可见, 等于长轴直径的 3/4~4/5。本体表面覆以 2 组肋纹: 第 1 组肋纹(6~8 条)与孢子长轴平行; 第 2 组肋纹细, 数量多, 相间距离 2~4μm, 横切第 1 组肋纹。周壁宽 5~12μm, 金黄色—亮黄色; 外壁厚 1~2μm。孢子表面平滑。孢子长径 91~134μm, 短径 62~87μm。

产地及层位: 聊城; 太原组。

开平梯纹单缝孢 *Columinisporites kaipingiensis* Gao
(图版 137, 图 10)

单缝小孢子, 极面轮廓宽椭圆形或圆形, 子午方向呈豆形。单射线不易见, 见时为长轴直径 3/4~4/5。孢子表面(周壁)覆有 2 组平行和垂直长轴的肋纹: 第 1 组(5~6 条)与长轴平行; 第 2 组细肋纹(梯纹)大致垂直或横切第 1 组肋纹, 有时彼此交叉, 间距 35μm, 呈凸起(1~1.5μm)。本体深褐色, 周壁黄色。孢子长径 85~130μm, 短径 80~90μm。

产地及层位: 新汶; 山西组。

圆形梯纹单缝孢 *Columinisporites ovalis* Peppers, 1964
(图版 137, 图 11)

孢子两面对称, 极面轮廓豆形—椭圆形。可能是单裂缝小孢子, 但裂缝常不易见。孢子表面覆以 2 组肋条(脊)纹, 一组大致平行于长轴的吻合和分叉的肋(脊)纹, 肋纹宽约 2.5μm, 高 1μm, 5~6 条, 多达 10 条。孢壁厚约 1μm。孢子直径 80~90μm。

产地及层位: 新汶; 太原组。

条带单缝孢属 *Striolatospora* Ouyang et Lu,1980

山西条带单缝孢 *Striolatospora shanxiensis* Gao

(图版137,图12)

单缝小孢子,极面轮廓椭圆形—圆形,在子午方向呈豆形。单射线常被纹饰所盖,为长轴直径的2/3,沿长轴方向覆以粗壮条纹,在条纹两端彼此分叉,每面具10~14条。孢子长径110~130μm,短径65~75μm。描述的孢子长径110μm,短径70μm。

产地及层位:聊城;山西组。

稀条带单缝孢 *Striolatospora rarifasciatus* Zhou,1980

(图版134,图22)

单缝小孢子,极面轮廓椭圆形、近圆形。单裂缝可见或不易见。外壁厚约1.5μm。孢子表面覆以9~12条肋纹,肋纹平行于孢子长轴,表面除肋纹外,其余部分光滑。孢子个体较大,其长径88~115μm,短径84~95μm。模式种的长径为115μm,短径为98μm。

产地及层位:济阳;太原组。

水龙骨科 Polypodiaceae

石苇孢属 *Cyclophorusisporites* Song et Li ex Zhang,1981

埕北石苇孢 *Cyclophorusisporites chengbeiensis* Li et Fan

(图版137,图13)

椭圆形或豆形,大小(51.25~58.75)μm×(75~82.5)μm;单射线细弱,长为孢子长的2/3;外壁较薄,厚约1.5μm,易褶皱;表面稀布小瘤状纹饰,瘤的大小很不均匀,直径1~4μm,高约2μm,基部不收缩,分布很不均匀,轮廓见稀疏小突。

产地及层位:沾化;馆陶组。

水龙骨单缝孢属 *Polypodiaceaesporites* Thiergart,1938,1940

规则水龙骨单缝孢 *Polypodiaceaesporites adiscordatus* (Krutzsch) Wang et Zhou

(图版137,图14)

近卵形,大小33.78μm×60μm;单射线细或具窄唇,长约为孢子长轴的1/2;外壁厚约1.5μm,分层不显,表面近平滑。

产地及层位:沾化;馆陶组。

厚壁水龙骨单缝孢 *Polypodiaceaesporites crassicoides* (Krutzsch) Li

(图版137,图15)

椭圆形,大小25μm×48.75μm;单射线长为孢子长轴的3/4,具唇状加厚;外壁厚4~5μm,外层倍厚于内层,表面近光滑。

产地及层位:沾化;黄骅群。

卵形水龙骨单缝孢 *Polypodiaceaesporites ovatus* (Wilson et Webster) Sun et Zhang

(图版137,图16)

宽圆形,大小 26.25μm×46.25μm;单射线长为孢子长轴的 2/3;外壁厚约 1.5μm,表面近光滑。

产地及层位:沾化;黄骅群。

具环水龙骨孢属 *Polypodiaceoisporites* Potonie,1951

小具环水龙骨孢 *Polypodiaceoisporites minutus* Nagy

(图版137,图17)

三角形,3 边微凹,3 个角呈钝圆,大小 33.75μm;三射线细而微曲,不伸达环;赤道环宽 3~4μm;纹饰瘤状,其直径 2~3μm。

产地及层位:沾化;黄骅群。

规则具环水龙骨孢 *Polypodiaceoisporites regularis* Zhang

(图版138,图1)

三角形,3 边微凸,角部浑圆,大小 35μm;三射线细,伸达环内缘;赤道环平滑,宽4~6μm,在角部稍变窄;纹饰瘤状,形状不规则。

产地及层位:沾化;黄骅群。

窄边具环水龙骨孢 *Polypodiaceoisporites stenozonus* Song et Hu

(图版138,图2)

三角形,3 边微凸,角部浑圆,大小 36.25μm;三射线细而微曲,伸达环内边缘;瘤状纹饰,瘤低平,形状不规则,相互紧靠;赤道环宽 6μm,环在角部微宽于边部。

产地及层位:惠民;黄骅群。

瘤面水龙骨单缝孢属 *Polypodiisporites* Potonie,1934 ex 1956

无巢瘤面水龙骨单缝孢 *Polypodiisporites afavus* (Krutzsch) Sun et Li

(图版138,图3)

近豆形,大小 37.5μm×56.25μm;具单射线,长为孢子长轴的 2/3;外壁厚约 1.5μm,外层厚于内层;表面纹饰小瘤状,瘤排列紧密,轮廓线小锯齿状。

产地及层位:沾化;馆陶组。

普通瘤面水龙骨单缝孢(比较种) *Polypodiisporites* cf. *communicus* Song et Li

(图版138,图4)

豆形或椭圆形,大小(32.5~46.25)μm×(53.75~67.5)μm;具单射线,长为孢子长轴的 4/5;外壁厚约 2μm,外层厚于内层;表面纹饰小瘤状,瘤多呈多角形或椭圆形,瘤径 2~3μm,

轮廓线小波状。

产地及层位：沾化；馆陶组。

大瘤瘤面水龙骨单缝孢 *Polypodiisporites megafavus* (Krutzsch) Song et Zhong

（图版 138，图 5）

豆形或卵形，大小 (35～43.75)μm×(53.75～66.25)μm；具单射线，长约等于孢子长轴的 1/2～2/3；外壁厚 2～4μm，具瘤状纹饰，瘤粗大，多边形，直径 4～5μm，向远极面瘤有所变小，轮廓线为大的线波状。

产地及层位：沾化；馆陶组。

巨型瘤面水龙骨单缝孢 *Polypodiisporites maximus* Li et Fan

（图版 138，图 6）

豆形，近极面平直，远极面强烈拱曲，大小 56.25μm×82.5μm；具单射线，长约为孢子长轴的 2/3；外壁厚 3～6μm，外层厚于内层数倍；瘤状纹饰，瘤径一般 4～6μm，最大可达 10μm，高 2～6μm，向远极面瘤径有变小的趋势；瘤排列均匀，瘤上显细颗粒，瘤间平滑不显负网图案，轮廓线大波状。

产地及层位：惠民；馆陶组。

4.7.2 花粉大类 Pollenites

韦氏粉属 *Wilsonites* Kosanke,1959

雅致韦氏粉 *Wilsonites delicatus* (Kosanke,1950) Kosanke,1959

（图版 138，图 7）

具三裂缝的小孢子，包括环室气囊在内，外形轮廓呈圆形，环室气囊覆盖远极面和近极面的大部分。本体圆形，壁薄，常褶皱。三裂缝清晰可见，直延伸至本体外缘，裂缝两侧具薄的加厚条带。环室气囊表面平滑或呈不规则的小网，花粉直径 80～120μm。

产地及层位：新汶；太原组。

单缝周囊粉属 *Potonieisporites* Bharadwaj,1954

新单缝周囊粉 *Potonieisporites novicus* Bharadwaj

（图版 138，图 8）

外形轮廓椭圆形成卵形，本体与外形相同。本体表面具 2 次褶皱，呈小半圆形垂直于长轴。近极面具单裂缝，常裂开，几乎等于半径之长。本体表面覆以细点状纹饰，气囊偶有褶皱，覆以网孔纹饰。本体直径大小 100～150μm。

产地及层位：新汶；石盒子群上部。

忽视单缝周囊粉　*Potonieisporites neglectus* Potonie et Lele, 1959
（图版138,图9）

具单裂缝的周囊粉,极面轮廓椭圆形,本体与外形相同,由于同心褶皱,似心形。本体常具与长轴直径垂直的褶皱,呈小半圆形,近极面具单裂缝,直伸至本体边缘。本体表面覆以小点状纹饰,气囊表面覆以小网孔或小瘤纹饰。描述的标本直径 70μm,短径 50μm。本体长径 40μm,短径 38μm。

产地及层位:新汶;石盒子群上部。

努氏粉属　*Nuskoisporites* Potonie et Klaus, 1954
厚努氏粉　*Nuskoisporites pachytus* Gao
（图版138,图10）

单气囊花粉,极面轮廓（包括气囊）圆形,中央本体赤道轮廓圆形。环室单气囊沿赤道膨胀包围本体,气囊的宽度为本体半径 1/2 至半径之长。近极和远极各保留从极部几乎达赤道被气囊包围的圆形区。壁厚,本体表面覆以小粒点结构,气囊表面覆以网孔纹饰,向赤道方向网孔增大,网壁变厚。描述的标本直径 120μm。本体直径 80μm。

产地及层位:聊城;石盒子群上部。

周囊粉属　*Florinites* Schopf, Wilson et Bentall, 1944
变异周囊粉　*Florinites diversiformis* Kosanke, 1950
（图版138,图11）

具三印痕的单气囊小孢子,极面轮廓椭圆形,有时由于褶皱而形成圆形,褶皱多在远极区。本体远极面偶见 3 条印痕,似三射线,但常不易见。本体表面平滑,气囊表面覆以细网纹饰,气囊内缘网孔小,向赤道逐渐增大,气囊和本体接触处加厚,黄褐色。花粉直径 70～80μm,宽 50～65μm。本体直径 40～45μm,宽 30～35μm。

产地及层位:滕州煤田;太原组。

宁武周囊粉　*Florinites ningwunensis* Gao
（图版138,图12）

外形轮廓椭圆形,本体圆形,本体厚,深褐色,表面具细点状纹饰。气囊包围远极全部和近极大部,本体表面覆以小网孔纹饰,轮廓边缘平整。本体直径大小 70～85μm。描述的标本长 85μm,宽 60μm。

产地及层位:聊城;石盒子群上部。

小型周囊粉　*Florinites minutus* Bharadwaj, 1957
（图版137,图18）

花粉个体小（一般 40μm 以下）,极面轮廓椭圆形,本体与外形相同。气囊的宽度为本体半径之长,花粉表面覆以不规则的小网孔纹饰。描述的标本大小为 30μm×55μm。

产地及层位:聊城、济阳;石盒子群上部。

透明周囊粉 *Florinites pellucidus* (Wilson et Coe,1940) Wilson,1953
(图版 138,图 13)

具单气囊的小孢子,极面轮廓卵圆形—椭圆形,本体小,一般为半径的 1/2,椭圆形,壁薄,常具放射状褶皱。除小部分远极区外,其余大部分被气囊所包围,内层同外层彼此分离。三射线印痕不清楚,一般不见。花粉表面覆以不规则的多角形网孔,网孔呈放射状,一般本体中部网孔小,轮廓线边缘网孔增大,轮廓线边缘不平整,呈小粒点状。花粉大小 70μm×110μm。

产地及层位:济宁;太原组。

中空周囊粉 *Florinites junior* Potonie et Kremp,1956
(图版 138,图 14)

单气囊小孢子,极面轮廓圆形或椭圆形,单气囊的宽度等于本体直径的 2 倍,本体黄褐色。气囊表面覆以不规则的细网孔纹饰,网孔在本体边缘小,向赤道逐渐增大。本体近圆形,有时挤压呈圆三角形,常中空。孢子边缘常具不规则的褶皱。花粉大小 50μm×90μm。

产地及层位:济宁、聊城;太原组。

古型周囊粉 *Florinites antiquus* Schopf,1944
(图版 137,图 19)

单气囊的小孢子,极面轮廓椭圆形,具环室气囊。本体远极面全部被气囊所包围,本体近圆形,30μm×25μm,本体边缘常具不规则的褶皱。花粉本体偶见不清晰的三射线印痕,表面平滑。单气囊较厚,不易褶皱,花粉表面覆以细网孔纹饰。气囊长径 75μm,短径 60μm。

产地及层位:济宁;太原组。

网孔周囊粉 *Florinites pumicosus* (Ibrehim,1933) Potonle et Kremp,1956
(图版 138,图 15)

单气囊小孢子,极面轮廓圆形或近圆形,轮廓线边缘平滑,极面观本体近圆形。本体约占花粉直径的 1/2,未见三射线印痕,远极沟未见。单气囊表面平滑,薄,本体中部具不发育的内网状结构,网孔小于 3μm,网脊小于 1μm,黄褐色。花粉长径 90μm,短径 80μm。

产地及层位:聊城;太原组。

圆形周囊粉 *Florinites ovalis* Bharadwaj,1957
(图版 138,图 16)

具单气囊的小孢子,极面轮廓圆形或椭圆形,本体圆形,厚,黄褐色。远极面全被气囊包围,近极面除本体外均被气囊包围。花粉表面覆以清晰的多角形网孔,呈梭形排列,在轮廓线边缘凸起呈小齿状。单气囊的宽为本体直径的 2 倍,描述的花粉长 70μm,宽 60μm。本体直径 25μm。

产地及层位：聊城；太原组。

内点周囊粉 *Florinites visendus* (Loose) Schopf, Wilson et Bentall, 1944
（图版 138，图 17）

单气囊小孢子，极面轮廓圆形，本体极小，为半径的 1/4 左右，本体与气囊之间界线不清楚。花粉表面覆以不规则的内点状或内网状结构，在扫描电镜下观察，呈点状，在轮廓线边缘呈细齿状凸起。花粉大小 35～50μm。

产地及层位：聊城；太原组。

中等周囊粉 *Florinites mediapudens* (Loose, 1934) Potonie et Kremp, 1956
（图版 137，图 20）

单气囊小孢子，极面轮廓卵形，极轴短于赤道轴，本体清晰可见，卵形—圆形，常具不规则的褶皱，本体为长轴直径 1/2，未见三射线印痕。单气囊薄，常褶皱，表面具内网状结构或网状纹饰，网孔小于 2μm，网脊小于 1μm，在轮廓线边缘呈细粒点状凸起。本体表面平滑，黄褐色。花粉大小 60μm×80μm。

产地及层位：兖州；太原组。

柯达粉属 *Cordaitina* Samoilovich, 1953

具缘柯达粉 *Cordaitina marginata* (Luber et Waltz, 1941) Hart, 1964
（图版 138，图 18）

轮廓圆形—椭圆形，边缘显著弯曲，不平整。中央本体大致呈圆形，具有较明显的三射线印痕，射线简单，为本体半径的 2/3。气囊宽度为花粉直径的 1/5，侧面观与本体交叠部分比例为 2∶1。花粉直径 55～65μm。描述的标本直径 66μm。

产地及层位：滕州；石盒子群上部。

具饰柯达粉 *Cordaitina ornata* (Luber, 1939) Samoilovich, 1953
（图版 139，图 1）

外形轮廓圆形—亚圆形，中央本体椭圆形，本体与气囊界线不十分清楚，为渐变关系。本体表面覆以小颗粒纹饰，没有三射线印痕，气囊厚薄不均。气囊在近极面交叠部分加厚，为本体半径的 1/4 左右，远极面与气囊完全一致，气囊表面覆以网点状纹饰。花粉直径 70～75μm。描述的标本直径 70μm。

产地及层位：新汶；石盒子群上部。

松型粉属 *Pityosporites* Manum, 1960

维斯发松型粉 *Pityosporites westphalensis* Williams, 1955
（图版 137，图 21）

花粉粒本体近极面轮廓圆形，沿长轴方向拉长，本体小于包括气囊在内的整个花粉粒长度,宽度几乎和花粉粒宽度相等。双气囊和本体的联结线和花粉赤道轴一致,气囊完全分离,在亚赤道区域也不联结。本体在远极区域变薄,花粉近极区帽缘表面平滑至具细粒状纹饰。远极区大部被气囊所掩盖,被掩盖部分平滑或具细点状纹饰,气囊内缘具网状纹饰,在气囊基部突然消失。描述的花粉长 60μm,宽 32μm。本体长 38μm,宽 30μm。

产地及层位:聊城;太原组。

侧囊粉属 *Sulcatisporites* Bharadwaj,1960
斑点侧囊粉 *Sulcatisporites peristictus* Gao
(图版 138,图 19)

双气囊花粉,极面轮廓椭圆形—圆形,中央本体薄,常不清楚,本体与外形相同,常不清晰。本体远极面具单沟,呈倒卵形,垂直长轴方向两端增大,本体中部变窄,气囊与本体界线不清楚,为逐渐过渡,气囊垂直远极赤道两侧,小于半圆形,表面覆以细点状纹饰。花粉大小为 46μm×52μm。

产地及层位:滕州;石盒子群上部。

阿里粉属 *Alisporites* Daugherty
山西阿里粉 *Alisporites shanxiensis* Gao
(图版 139,图 2)

双气囊花粉,极面轮廓椭圆形,两边倾斜,本体椭圆形,表面内点状结构。远极赤道面具双气囊,半圆形或小于半圆形,气囊间有一萌发沟,常不清楚,表面具内网孔纹饰。气囊(25~30)μm×(35~40)μm。

产地及层位:滕州;石盒子群下部。

灿烂阿里粉 *Alisporites splendens* (Leschik,1956) Foster,1975
(图版 138,图 20)

双气囊花粉,赤道轮廓椭圆形,气囊彼此分离,呈半圆形。本体近圆形,气囊和本体接触处加厚,黄褐色。花粉远极面具窄沟,沟的长度几乎与高相等,远极面表面平滑或有一凹穴区。本体表面覆以细点状纹饰,气囊表面覆以不规则的小网纹饰。花粉大小 50~60μm,气囊宽 20~28μm,高 20~30μm。本体宽 30μm,高 32~34μm。

产地及层位:聊城;太原组。

马什阿里粉属 *Alisporites mathallensis* Clarke,1965
(图版 138,图 21)

双气囊花粉,极面轮廓椭圆形,本体窄椭圆形,帽加厚,直延伸至赤道,表面具细点状纹饰。气囊在远极赤道两侧,大于半圆形,气囊间有一垂直于长轴的沟,其长度等于本体宽,该特征在化石标本中清晰可见,气囊表面覆以小网孔纹饰,向赤道方向网孔增大。描述的标本大小为 62μm×42μm,本体 26μm,气囊 30μm。

产地及层位:济阳;石盒子群上部。

薛氏粉属　*Schopfipollenites* Potonie et Kremp,1954
　　点薛氏粉　*Schopfipollenites punctatus* Gao
（图版139,图3）

外形轮廓椭圆形或纺锤形,个体大,描述的标本长210μm,宽128μm,壁厚10μm。长轴方向具有不十分明显的沟褶,大致平行于长轴,沟褶的对面也具有相同的沟褶,在长轴两端聚合。花粉表面覆以大小不均的细粒点状纹饰,基部彼此联结。

产地及层位：兖州；石盒子群上部。

聚囊粉属　*Vesicaspora* (Schemel,1951) Wilson et Venkatachala,1963
　　古型聚囊粉　*Vesicaspora antiquus* Gao
（图版138,图22）

双气囊花粉,极面轮廓椭圆形,本体圆形,本体在远极面不清晰,在近极面加厚形成帽,向气囊逐渐变薄,气囊彼此分离,向远极倾斜,呈纺锤形。本体表面覆以细点状纹饰,气囊表面具小网孔纹饰。描述的标本直径70μm,高36μm。本体直径38μm,高20μm。

产地及层位：聊城；太原组。

韦氏聚囊粉　*Vesicaspora wilsonii* (Schemel,1951) Wilson et Yenkataehala,1963
（图版138,图23）

双气囊花粉,在赤道面常压缩,气囊和本体均为椭圆形。气囊的高度大于本体高,极面观气囊椭圆形,本体三角形,气囊包围着本体。气囊表面平滑或具小粒状纹饰,有时具小网孔纹饰。描述的标本长50μm,宽38μm。

产地及层位：聊城；太原组。

瓣囊粉属　*Bascanisporites* Balme et Hennelly,1956
　　弯曲瓣囊粉　*Bascanisporites undosus* Balme et Hennelly,1956
（图版139,图4）

单气囊花粉,中央本体的赤道轮廓圆形或椭圆形。具短的三射线,外壁平滑或具细颗粒。气囊着生为一窄的赤道带,其赤道通常呈瓣形（裂片状）、圆形,气囊表面具疤状或内网状纹饰。

产地及层位：滕州；石盒子群上部。

隐缝二囊粉属　*Labiisporites* Leschik,1956
　　小型隐缝二囊粉　*Labiisporites minutus* Gao
（图版138,图24）

双气囊花粉,极面轮廓椭圆形,本体与外形相同,薄,表面内点状结构。气囊大于半圆形,与本体接触处呈新月形,表面小网孔纹饰,近极表面具有一条带状的褶皱,并略长于本体。描述的标本大小为 60μm×31μm,本体大小为 32μm×28μm。

产地及层位:滕州;石盒子群下部。

折缝二囊粉属 *Limitisporites* Klaus,1963

畸形折缝二囊粉 *Limitisporites monstruosus* (Luber et Waltz,1935) Hart,1960

(图版 137,图 22)

双气囊花粉,赤道轮廓椭圆形,气囊和本体均为圆形。气囊与本体在赤道两侧接触,显著加厚,黄褐色。近极帽缘薄,覆以小点状或疤点状纹饰,近极面具一条与长轴平行的缝(沟),等于本体半径之长。气囊表面覆以不规则的小网纹饰,花粉大小为 50~60μm。

产地及层位:济宁;太原组。

小型折缝二囊粉 *Limitisporites minutus* Gao

(图版 132,图 15)

双气囊花粉,极面轮廓椭圆形,本体与外形相同。气囊位于本体赤道两侧,呈半圆形,彼此分离,分离部分呈双凸弯曲。远极面具一条平行于长轴的褶皱(沟),长度相当本体直径,气囊小,呈半圆形。本体表面覆以细点状纹饰,气囊表面覆以小网孔纹饰,花粉大小为 40~50μm。

产地及层位:济宁;太原组。

宽折缝二囊粉 *Limitisporites latus* Gao

(图版 139,图 5)

双气囊花粉,极面轮廓宽椭圆形,本体窄椭圆形,薄,浅黄色。气囊彼此分离,呈半圆形,气囊与本体之间逐渐过渡。远极面具平行于长轴方向的褶皱(沟),大致相当本体半径,有时裂开。本体表面具细点纹饰,气囊表面具小网孔纹饰。描述的标本直径 112μm,高 80μm。本体直径 60μm。

产地及层位:济宁;本溪组。

斜折缝二囊粉 *Limitisporites strabus* Gao

(图版 139,图 6)

双气囊花粉,极面轮廓椭圆形,本体近圆形,气囊半圆形。本体近极加厚形成帽,向气囊方向逐渐变薄,以至消失。气囊彼此分离,呈倾斜状,远极面具平行长轴的褶皱(沟),弯曲。本体表面平滑或内点状结构,气囊表面覆以点状或小网孔纹饰。花粉大小为 60μm×80μm,高 40~60μm;本体直径 36~60μm;气囊直径 22~26μm,高 50μm。

产地及层位:济宁;太原组。

直折缝二囊粉 *Limitisporites rectus* Leschik,1956

(图版 132,图 16)

双气囊花粉,极面轮廓椭圆形,本体椭圆形或圆形,表面细点状纹饰。近极面具一直的单缝,联结气囊,气囊大于半圆形,表面小网孔纹饰。描述的标本大小为76μm×50μm,本体大小为30μm×50μm,气囊为36μm×58μm。

产地及层位:济宁;石盒子群上部。

长圆折缝二囊粉 *Limitisporites oblongus* Gao
(图版132,图17)

双气囊花粉,赤道轮廓长圆形或长椭圆形,本体与外形相同。帽厚2～3μm,表面具细点状纹饰。气囊位于赤道两侧,被一条不清楚的单裂缝联结,气囊大于半圆形,表面覆以不清晰的小网孔纹饰。花粉长95μm,宽55μm。本体长58μm,宽50μm。气囊长10～44μm,高45μm。

产地及层位:聊城;石盒子群上部。

宽囊粉属 *Platysaccus* Potonie et Kremp,1954
山西宽囊粉 *Platysaccus shanxiensis* Gao
(图版139,图7)

双气囊花粉,赤道轮廓哑铃形,本体圆形,气囊呈半球形,比本体大。本体远极面具一条带,与长轴平行,联结两气囊,气囊与本体接触处呈新月形或扁平。本体表面覆以细点状纹饰,气囊表面小网孔纹饰。描述的标本长64μm,宽42μm;本体直径30μm,气囊直径36μm。

产地及层位:济宁;石盒子群上部。

扁宽囊粉 *Platysaccus plautus* Gao
(图版139,图8)

双气囊花粉,极面轮廓呈宽的哑铃形,本体小,圆形。双气囊彼此分离,气囊大于本体,大于半圆形,气囊与本体接触处加厚,黄褐色,常呈不规则褶皱。本体表面为细点状,气囊表面为小网孔纹饰。描述的标本直径80μm,高42μm,本体直径24μm,高30μm。

产地及层位:济宁;太原组。

二肋粉属 *Lueckisporites* Potonie,1958
韦克二肋粉 *Lueckisporites virkkiae* Potonie et Klaus,1954
(图版132,图18)

双气囊花粉,中央本体由平滑的内壁组成,本体长轴具一短的、窄的条脊,与长轴平行,将本体分离成两部分。气囊覆盖远极面,表面内网孔结构。描述的花粉长56μm,宽24μm。本体直径25μm,气囊直径18μm。

产地及层位:聊城;石盒子群上部。

二叠二肋粉 *Lueckisporites permianus* Gao
(图版139,图9)

单维束型的双气囊花粉,赤道轮廓椭圆形,本体与外形相同。具透明的肋条将本体分离为2个豆形体,肋条窄,前端分叉。气囊大于半圆形,彼此分离。描述的标本直径86μm,宽

60μm。本体长 34μm,宽 44μm,气囊直径 44μm。

产地及层位:聊城;石盒子群上部。

壮囊粉属 *Valiasaccites* Bose et Kar,1966

壮壮囊粉 *Valiasaccites validus* Bose et Kar,1966

（图版 139,图 10）

双气囊花粉,赤道轮廓卵圆形,本体椭圆形或梯形。远极面具单沟,大致等于本体之长。气囊在长轴赤道与本体联结,接触处呈反透镜形,气囊半圆形,表面小网孔纹饰。描述的标本长 90μm,宽 36μm。本体直径 48μm,气囊直径 24μm,高 22μm。

产地及层位:滕州;石盒子群上部。

古粉属 *Anticapipollis* Ouyang,1980

曲古粉 *Anticapipollis gausos* Gao

（图版 139,图 11）

双气囊花粉,极面轮廓椭圆形,描述的标本长径 110μm,短径 44μm。本体窄椭圆形,内网孔结构。气囊远极倾斜并增大,但不完全联结。近极赤道观呈新月形,小网孔纹饰,远极可能有一沟(?),气囊与本体之间有一空隙区,空隙区平滑或内点状结构。

产地及层位:滕州;山西组。

沟唇粉属 *Cheileidonites* Doubinger,1957

开平沟唇粉 *Cheileidonites kaipingiensis* Gao

（图版 139,图 12）

花粉极面轮廓长椭圆形或梭形,两端锐尖,远极面具长的褶皱形成沟,沟被褶皱包围,黄褐色,褶皱长几乎与长轴直径相等,花粉表面覆以细点状纹饰。花粉长 100~130μm,宽 40~45μm。

产地及层位:济宁;太原组。

开通粉属 *Vitreisporites* Jansonius,1952

记号开通粉 *Vitreisporites signatus* Leschik,1955

（图版 139,图 13）

双气囊花粉,赤道轮廓长椭圆形,帽薄,内网状至内点状结构,极面观气囊半圆形,具远极倾角,壁薄,内网状结构,网孔小于 1μm。描述的标本长 24~40μm,宽 18~23μm。本体直径 16~22μm,气囊 14~16μm。

产地及层位:济宁;石盒子群上部。

苏铁粉属 *Cycadopites* Wilson et Webster,1946

杯苏铁粉 *Cycadopites cymbatus* Balme et Hennelly,1956

（图版 139,图 14）

轮廓椭圆形、纺锤形或梭形,具远极沟,沿沟边常褶皱或加厚,有时彼此重叠,黄褐色。沟为长轴之长,末端张开或变尖,中部内卷的边常闭合。花粉表面平滑或具内点状结构,直径 80～100μm。

产地及层位:聊城;石盒子群上部。

槭粉属 *Aceripollenites* Nagy,1969

细条纹槭粉 *Aceripouenites microstriatus* (Song et Lee) Zhu
(图版 139,图 15)

椭圆形,大小(21.5～27.5)μm×(40～41.25)μm;三沟细长,伸达两极;外壁厚 1～1.5μm;纹饰细条纹状,条纹由颗粒组成,轮廓线呈小微波状或平滑。

当前标本的特征与本种模式标本相似,仅轮廓略瘦。

产地及层位:沾化;馆陶组。

细粒槭粉 *Aceripollenites microgranulatus* Thiele-Pfeiffer
(图版 139,图 16)

椭圆形或长椭圆形,大小(17.5～21.25)μm×(31.2～33.75)μm;三沟细长,伸达极区;外壁厚 1.5～2μm,分层不显;纹饰细条纹状,条纹由细颗粒组成,条纹平行于长轴分布,轮廓线平滑。

当前标本与 *A. microtriatus* 相似,但个体明显小,条纹更细。

产地及层位:沾化;馆陶组。

微小槭粉 *Aceripollenites minutus* Li et Fan
(图版 139,图 17)

椭圆形,两端略锐;大小(18.75～22.5)μm×(22.5～26.5)μm;具拟三孔沟,三沟细长,伸达两极;外壁厚 1.5～2μm,2 层近等,外层基柱明显;表面纹饰细条纹状,条纹由细颗粒组成,轮廓线平滑。

产地及层位:沾化;馆陶组。

厚壁槭粉(比较种) *Aceripollenites* cf. *pachydermus* Zhu
(图版 139,图 18)

圆形,大小 25μm×(32.5～36.25)μm;三沟长达两极区;外壁厚 2.5～3.5μm,外层厚于内层,其上见基柱层;纹饰条纹状,条纹由颗粒组成,轮廓线较平滑。

当前标本与柴达木盆地同种特征相似,可能是由于保存位置关系,外壁无厚薄变化,故定为比较种。

产地及层位:沾化;馆陶组。

条纹三沟粉属 *Striatricolpites* Van der Hammen,1956

宽条纹三沟粉 *Striatricolpites euryensis* Li et Fan
(图版 139,图 19)

宽椭圆形或扁圆形,长 40～43.75μm,宽 43.75～57.5μm,沿赤道轴伸长。具三孔沟,沟细深截外壁,长达极区。外壁厚2～2.5μm,2层近等,外层显短基柱层。纹饰粗条纹状,条纹由颗粒组成,轮廓线小波状。

产地及层位:惠民;馆陶组。

八角枫粉属 *Alangiopollis* Krutzsch 1962
八角枫粉 *Alangiopollis barghoornianum* (Traverse) Krutzsch
(图版140,图1)

近圆形,大小56.25～67.5μm。具三孔沟,沟较长,超过花粉半径的1/2,呈模形,孔大,宽于沟。表面密布棒状纹饰,棒长2.5～3.5μm,呈放射分布或构成网纹。轮廓线齿状。

产地及层位:垦利;馆陶组。

胜利八角枫粉 *Alangiopollis shengliensis* Zhu et Li
(图版140,图2)

圆或三角圆形,大小43.5～46.25μm。具三孔沟,沟较长,为花粉半径的1/2～2/3,微裂开,呈窄模形;孔宽超过沟。表面密布小瘤—短棒,平面构成不规则的网或皱网。轮廓线呈小波状。

产地及层位:临邑;馆陶组。

枫香粉属 *Liquidambarpollenites* Raatz,1937
规则枫香粉 *Liquidambarpollenites regularis* Li et Fan
(图版140,图3)

近圆形,大小30～38.75μm;具散孔14～18个,孔圆形—椭圆形,孔径4～6μm;散孔的位置分布很规则,围绕极区的孔10～12个,沿赤道位置4～6个;具孔膜,其上见细颗粒;外壁厚1.5～2μm,2层近等,表面纹饰细颗粒状。

产地及层位:沾化;馆陶组。

漆树粉属 *Rhoipites* Wodehouse,1933
魏尔漆树粉 *Rhoipites villensis* (Thomson) Song et Zheng
(图版140,图4)

椭圆或宽椭圆形,大小(30～31.25)μm×(25～26.25)μm。具三孔沟,沟长达两极,沟边隆起明显,向两极迅速变窄并消失;孔椭圆形,横长伸出沟边隆起。外壁厚1.5～2μm,外层厚于内层,其上显基柱构造。纹饰颗粒状。轮廓线微波状起伏。

产地及层位:沾化;馆陶组。

伸长漆树粉 *Rhoipites protensus* (Takahashi) Zheng
(图版140,图5)

椭圆形,大小(13.75～15)μm×(17.5～20)μm。具三孔沟,沟长达两极,显沟腔;孔卵形,横长。外壁厚 1~1.5μm,外层厚于内层。纹饰颗粒状。轮廓线微波状起伏。

产地及层位:垦利;馆陶组。

冬青粉属 *Ilexpollenites* Thiergart,1937 ex Potonie,1960
冬青粉 *Ilexpollenites iliacus* Potonie
(图版 140,图 6)

赤道面观椭圆形—宽椭圆形,极面观近开裂圆形,大小(22.5~27.5)μm×(27.5~36.25)μm。具三孔沟,沟细长或开裂;孔小不显。外壁具密集的棒瘤状纹饰。棒长 3~5μm,瘤径 2~4μm,极区和沟间区棒瘤更为发育,向沟区变细。轮廓线粗棒瘤突起。

产地及层位:沾化;馆陶组。

带形冬青粉 *Ilexpollenites lanceolatus* Zhu
(图版 140,图 7)

带形,两端略锐,大小(41.3~44.5)μm×(21.5~22.0)μm。具三孔沟,沟细长,达两极,沟边加厚带清晰,呈长带形,向两极变尖;孔小不甚明显。纹饰棒瘤状,瘤长 2~4μm,瘤径 2~3μm,排列较密而均匀。轮廓线密布棒瘤。

产地及层位:垦利;馆陶组。

桤木粉属 *Alnipollenites* Potonie,1931
美丽桤木粉 *Alnipollenites bellatus* Li et Fan
(图版 140,图 8)

五边形,边直,大小 30.0~32.5μm;具 5 孔,角部位置,孔室和环明显,孔间弓形带很发育,呈双褶,一条强烈而均匀弯曲如弓,另一条直如弦,整粒花粉形成美丽的图案;外壁薄,厚约 1μm,至孔处加厚,表面光滑。

产地及层位:垦利;馆陶组。

抚顺桤木粉(比较种) *Alnipollenites* cf. *fushunensis* Sung et Zhao
(图版 140,图 9)

多边形,边直,大小 26.25μm;具 6 孔,角部位置,孔属桤木型,孔间弓形带弯曲;极部具一圆形加厚环,环内减薄,环径约 10μm;外壁厚 1.5μm,表面微粗糙。

产地及层位:垦利;馆陶组。

方形桤木粉 *Alnipollenites quadrapollenites* (Rouse) Sun,Du et Sun
(图版 140,图 10)

四方形,边直或微凸,大小 17~20μm;具 4 孔,角部位置孔室较小,孔处外壁外层略突起;孔间弓形带沿边直伸,表面具微颗粒。

当前标本具有 A. quadrapollenites 的典型特征,仅孔处外壁外层隆起幅度较小。
产地及层位:垦利;黄骅群。

桦粉属　*Betulaepollenites* Potonie,1934 ex 1960
冷湖桦粉　*Betulaepollenites lenghuensis* Song et Zhu
(图版 140,图 11)

三角形,三边直或微凸,角部锐或截形,大小 20~23.75μm;三孔位于角部,扁圆形,孔径 2μm,孔间弓形脊沿亚赤道延伸;外壁厚 1~1.5μm,分层不清,孔处外层增厚成孔环,表面光滑或微粗糙。
产地及层位:沾化、垦利;黄骅群。

枥粉属　*Carpinipites* Srivastava 1966
亚三角枥粉　*Carpinipites subtriangulus* (Stanley) Guan
(图版 140,图 12)

三角形,3 边凸,角部钝圆,大小 31.25μm;三孔角部位置,孔处壁不加厚,略翘起,不成孔环;外壁薄,厚约 1μm,表面近光滑。
产地及层位:沾化;黄骅群。

拟榛粉属　*Momipites* Wodehouse,1953
埕北拟榛粉　*Momipites chengbeiesus* Li et Fan
(图版 140,图 13)

圆三角形,3 边凸,大小 28.25μm;三孔角端位置,孔小,直径约 2.5μm;外壁厚 1~1.5μm,分层不明,孔处略加厚呈孔唇。一极具"三射线"褶痕,指向孔间区(或近于垂直 3 边)。表面粗糙。
产地及层位:沾化;馆陶组。

副桤木粉属　*Paraalnipollenites* Hills et Wallace,1969
中新副桤木粉　*Paraalnipollenites miocaenicus* Li et Fan
(图版 140,图 14)

轮廓三角形,3 边直或微凸,大小 20~22.5μm;三孔角部位置,孔小,具弱孔环,孔间弓形脊细弱,直或略弧形。极部具一加厚环,环中减薄,界线清晰,环的直径 8~14μm;外壁厚 1~1.5μm,分层不显,表面粗糙。
产地及层位:垦利;馆陶组。

忍冬粉属　*Lonicerapollis* Krutzsch,1962
葛氏忍冬粉　*Lonicerapollis gallwitzii* Krutzsch
(图版 140,图 15)

圆三角形,大小 43.75~62.5μm。具三孔沟,角端位置,孔大;沟短小,略伸出孔区。外壁厚 2～4μm，外层厚于内层，其上基柱层发达，内层于孔处与外层分离而形成孔底。纹饰均布密集的细刺，刺间颗粒状。轮廓线见刺状突起。

产地及层位：惠民；馆陶组。

冷湖忍冬粉 *Loniccrapollis lenghuensis* Song et Zhu
（图版 140，图 16）

圆三角形，大小 38.75～41.25μm。具三孔沟，沟短常开裂；孔为倒漏斗形。外壁厚 2～2.5μm，2 层近等，微显基柱结构。表面密布小刺，刺间具颗粒，轮廓线小刺状。极区微显三辐射痕，向赤道部位展开。

产地及层位：沾化；馆陶组。

拟三缝忍冬粉 *Loniccrapollis triletus* Zheng
（图版 140，图 17）

三角形，边直或微凸，大小 45μm。具三孔沟，角端位置，孔大，沟短，不超出孔区。外壁厚 2μm，2 层近等。纹饰小刺状，刺间具颗粒。极区显"三缝"状褶皱，宽 5～6μm，伸向角端，止于孔底，或微弯曲。轮廓线见小刺。

产地及层位：沾化；明化镇组下段。

细刺忍冬粉 *Loniccrapollis microspinosus* Zhu
（图版 140，图 18）

三角圆形—圆形，大小 31.25～50μm。具三孔沟，沟细直，伸出孔区；孔大，椭圆形，孔底明显。外壁厚 1.5～2μm，2 层近等，孔处外层微加厚，略外挠，内层里弯形成孔底。纹饰密集细刺状，刺长 1.5～2μm，微出轮廓线，刺间颗粒状。

产地及层位：沾化；馆陶组。

石竹粉属 *Caryaphyllidites* Couper,1960
小石竹粉 *Caryaphyllidites minutus* Song et Zhu
（图版 140，图 19）

近圆形，大小 16.25～19.4μm；具散孔 15～20 个，孔径 2～3μm，孔居于不明显的凹陷中；表面具细颗粒状纹饰；外壁厚 1～1.5μm，外层厚于内层，其上基柱层发育，轮廓线平滑。

产地及层位：沾化；黄骅群。

薄弱石竹粉 *Caryaphyllidites tenius* Song et Zhu
（图版 140，图 20）

近圆形，大小 21.5～25μm；具散孔 20～30 个，孔径 3～5μm，孔间距等于或略小于孔径，孔或处于凹陷中，或具孔膜盖，外壁厚 1～1.5μm，2 层等厚，其上见基柱层；表面纹饰颗粒状，轮廓线近平滑。

产地及层位:沾化;黄骅群。

瓦克拉维粉属 *Vaclavipollis* Krutzsch, 1966
辐射瓦克拉维粉(比较种) *Vaclavipollis* cf. *radiatus* Song
(图版140,图21)

近圆形,大小42.5μm;具散孔,可能7个孔,孔被五边星状的窄带所环绕,其上纹饰不显;窄带内具细颗粒状纹饰,壁厚2μm,轮廓线平滑。

产地及层位:沾化;黄骅群。

藜粉属 *Chenopodipollis* Krutzsch, 1966
地肤型藜粉 *Chenopodipollis kochioides* Song
(图版140,图22)

近圆形,大小25~26.5μm;具散孔,孔数多于70个,孔圆形,直径约1.5μm;外壁厚约1.5μm,纹饰细颗粒状,轮廓线小波状。

产地及层位:沾化;黄骅群。

大藜粉 *Chenopodipollis maxinus* Nagy
(图版140,图23)

近圆形,大小41.25μm;具散孔,孔数多达60个,孔近圆形,孔径2~4μm,孔缘平整,无孔膜;外壁厚约1.5μm,表面纹饰细点状或粗糙,轮廓线小波状。

产地及层位:沾化;黄骅群。

小藜粉 *Chenopodipollis minor* Song
(图版140,图24)

近圆形,大小17.5~20μm;具散孔40~60个,分布均匀,孔圆形,直径1~1.5μm;外壁厚约1.5μm,外层厚于内层;表面纹饰细颗粒状,轮廓线小波状。

产地及层位:沾化;黄骅群。

多坑藜粉 *Chenopodipollis multiplex* (Weyl. et Pr.) Krutzsch
(图版140,图25)

近圆形,大小26.88μm;具散孔,孔数多于40个,孔圆,直径2~3μm,孔间距大于孔径;外壁厚约1.5μm,表面纹饰细颗粒状,轮廓线小波状。

产地及层位:沾化;黄骅群。

晚第三纪藜粉 *Chenopodipollis neogenicus* Nagy
(图版140,图26)

近圆形,大小25~25.62μm;散孔多于30个,孔近圆形,直径2μm;外壁厚2~2.5μm;外层厚于内层，颗粒状纹饰，轮廓线小波状。

产地及层位：沾化；黄骅群。

蒿粉属 *Artemisiaepollenites* Nagy, 1969
小蒿粉 *Artemisiaepollenites minor* Song
（图版 140, 图 27）

近圆形或三裂圆形，大小 13.5～17.5μm。具三孔沟，沟长达极区；孔位于沟中部，孔径约 2μm。外壁厚 1.5～2μm，外层呈月牙形弯曲，向沟边减薄，其上显基柱结构。盖层上显微刺或粗糙，表面颗粒状。

产地及层位：沾化；黄骅群。

谢露拉蒿粉 *Artemisiaepollenites sellularis* Nagy
（图版 140, 图 28）

三裂圆形，大小 18.75～22.5μm，具三孔沟，沟为半径长的 1/3～1/2；孔径 3～4μm。外壁厚 3～4μm，呈眉形，外层倍厚于内层，基柱结构清晰。盖层具细微刺，纹饰细网状。

产地及层位：沾化；黄骅群。

刺三孔沟粉属 *Echitricolporites* van der Hammen et Germeraad, Hopping et Muller, 1968
锥刺刺三孔沟粉 *Echitricolporites conicus* Song et Zhu
（图版 140, 图 29）

三角圆形，大小 36.25μm。具三孔沟，沟开裂尚宽，孔不甚明显。外壁厚约 2μm，局部基棒清晰。纹饰锥刺状，分布密而均匀，刺基宽 2～4μm，顶尖而微弯，刺长 3～5μm，刺间显颗粒。

产地及层位：垦利；馆陶组。

细刺刺三孔沟粉 *Echitricolporites microechinatus* (Trevisan) Zheng
（图版 141, 图 1）

三角圆形，大小 30μm。具三孔沟，沟裂较宽，孔形不显。外壁结实，厚约 2μm。纹饰小刺状，刺长 2.5～5μm，分布较密。

产地及层位：沾化；黄骅群。

管花菊粉属 *Tubulijloridites* Cookson, 1947 et Potonie, 1960
巨型管花菊粉 *Tubulijloridites grandis* Nagy
（图版 141, 图 2）

近圆形，大小 41μm。具三孔沟，沟短，微开裂，孔形不显。外壁很厚，厚度大于 6μm，其上基棒十分发育。盖层上具宽锥刺，刺基宽 4～6μm，刺高 2～4μm。

产地及层位：垦利；馆陶组。

山东粉属 *Shandongpollis* Li et Fan

垦利山东粉 *Shandongpollis kenliensis* Li et Fan

(图版141,图3、4)

圆三角形,大小25～27.5μm。具三孔沟,孔圆,宽大于沟;沟长约为花粉半径的2/3,开裂呈卵圆形,向赤道和极部收缩,沟膜显著,与沟同形。外壁厚1～1.5μm,表面纹饰平滑或具细粒。

产地及层位:垦利;馆陶组。

普通山东粉 *Shandongpollis communis* Li et Fan

(图版141,图5)

圆三角形,大小36.25μm。具三孔沟,孔大而圆,宽大于沟;沟长为花粉半径的4/5,开裂近卵形,其间沟膜与之同形。外壁厚1.5μm,2层近等。表面略显粗糙。轮廓线平滑。

本种以个体较大,沟较长不同于 *S. kenliensis*。

产地及层位:垦利;馆陶组。

十字花粉属 *Cruciferacipites* Zheng,1989

锦致十字花粉 *Cruciferacipites elegans* Zheng

(图版141,图6)

椭圆形,大小(22.5～23.25)μm×(37.5～38.5)μm;三沟细长,伸达两极;外壁厚1.5～2μm,外层厚于内层,其上基柱层明显;表面纹饰细网状,网眼直径1～1.5μm,向两极略变细,轮廓线小波状。

当前标本与渤海海域同种相似,仅个体略大点。

产地及层位:沾化;黄骅群。

山萝卜粉属 *Scabiosapollis* Song et Zhong,1976

密刺山萝卜粉 *Scabiosapollis densispinosus* Song et Zhu

(图版141,图7)

椭圆形,大小60μm×75μm。具三沟,沟短,为花粉长轴的2/3。外壁厚大于5μm,外层倍厚于内层,其上基棒结构发育,并盖以密刺,刺长3～4μm,轮廓线刺状突起。

产地及层位:沾化;馆陶组。

双条山萝卜粉(比较种) *Scabiosapollis* cf. *distriatus* Song et Zhu

(图版141,图8)

宽椭圆形,大小68.75μm×81.25μm。三沟较短,裂缝状,长为花粉长轴的2/3。外壁较厚,外层倍厚于内层,向极部更为增厚,其上基柱层极为发育,呈条带状,覆盖层为细弱的刺纹。轮廓线小波状。

产地及层位：垦利；馆陶组。

胡颓子粉属 *Elaeagnacites* Ke et Shi,1978
粗糙胡颓子粉 *Elaeagnacites asper* Zheng
（图版 141,图 9）

三角形,边微凸,大小 37.5～47.5μm。具三孔沟,角端位置,沟细,中等长度；孔宽大,孔室明显。外壁厚 1～1.5μm,内、外层于孔处分离,外层外凸,内层相连成孔底。表面粗糙,细网至皱网状纹饰,轮廓线平滑。

产地及层位：沾化；馆陶组。

三角胡颓子粉 *Elaeagnacites triangulus* Song et Zhu
（图版 141,图 10）

三角形,边直或微凹,大小 35μm。具三孔沟,角端位置,沟短,裂缝状；孔处外壁内、外层分离形成半圆形孔室,孔隆起不高,不超出轮廓线。外壁厚约 1.5μm,表面微粗糙。

产地及层位：沾化；馆陶组。

杜鹃粉属 *Ericipites* Wodehouse,1933
杜鹃粉 *Ericipites ericicus* (Pot.) Potonie
（图版 141,图 11）

四合体,紧密堆积,呈近等的凹边三角形,角部浑圆,3 边微凹,直径约 48.25μm。单粒花粉近圆形,直径 30～35μm,具三孔沟,沟短不达极区,孔小一般不易见。外壁厚 1.5～2.5μm,2 层近等,表面光滑或具细颗粒。

产地及层位：惠民；馆陶组。

美丽杜鹃粉 *Ericipites callidus* (Potonie) Krutzsch
（图版 141,图 12）

圆三角形,大小 31.25～33.75μm,具三孔沟。外壁厚约 1.5μm,分层不显。颗粒状纹饰,轮廓线平滑。

产地及层位：垦利；馆陶组。

大戟粉属 *Euphorbiacites* Zaklinskaya ex Li,Sung and Li,1978
美丽大戟粉 *Euphorbiacites formosus* Zheng
（图版 141,图 13）

椭圆或宽椭圆形,大小(32.5～36.25)μm×(20～25)μm。具三孔沟,沟长达两极,显沟腔；孔圆形,中等大小。外壁厚 1.5～2μm,2 层近等。纹饰均匀网状,网脊宽与网眼直径相等,轮廓线显小齿突起。

产地及层位:垦利;馆陶组。

马科杜尔大戟粉 *Euphorbiacites marcodurensis* (Pflug et Thomson) Zheng
(图版 141,图 14)

椭圆形,大小(21.5～35)μm×(25～42.5)μm。具三孔沟,沟长达两极,显沟腔;孔小而圆,孔沟均被沟腔所包围。外壁厚2～3μm,外层厚于内层。纹饰网状,向沟边稍变细。轮廓线波状。

产地及层位:垦利;馆陶组。

细网大戟粉 *Euphorbiacites microreticulatus* Li, Song et Li
(图版 141,图 15)

椭圆形,大小(26.25～28.75)μm×(36.25～42.5)μm。具三孔沟,沟长达两极;孔大而明显,圆形或椭圆形,孔径达10μm。外壁厚2～3μm,2层近等,外层显基棒构造。细网状纹饰,轮廓线细齿状。

产地及层位:垦利;馆陶组。

卵形大戟粉 *Euphorbiacites ovatus* Zheng
(图版 141,图 16)

宽椭圆形或卵形,两极略锐。大小(40～46.3)μm×(23.5～39)μm。三孔沟,沟长达两极,显沟腔;孔圆形,略宽于沟。外壁厚2～3.5μm,外层厚于内层,其上基柱层发育。表面网状纹饰,沟边和极区略细,沟间区网粗并纵向拉长。轮廓线波状、齿轮状。

产地及层位:垦利;馆陶组。

薄极大戟粉 *Euphorbiacites tenuipolatus* Zheng
(图版 141,图 17)

椭圆形,大小(20～22.5)μm×(40～42.5)μm。具三孔沟,沟长达两极,显沟腔;孔圆形,孔沟被沟腔所包围。外壁厚2～2.5μm,向两极减薄。网状纹饰,有向两极网眼变细的趋势。轮廓线小波状。

产地及层位:沾化;馆陶组。

瓦棱逊大戟粉 *Euphorbiacites wallensenensis* (Pflug) Li, Song et Li
(图版 141,图 18)

椭圆形,大小(20～26.5)μm×(33.75～42.5)μm。具三孔沟,沟长达两极,具宽的沟腔;孔圆或扁圆形。外壁厚2～2.5μm,外层厚于内层,其上显基柱构造。网状纹饰,向沟边网眼变细。

产地及层位：垦利；馆陶组。

西里拉粉属 *Cyrillaceaepollenites* Murrigen et Pflug,1951 et Potonie,1960

小型西里拉粉 *Cyrillaceaepollenites exactus* (Pot.) Potonie

(图版141,图19)

近圆形,大小16.5～20μm。具三孔沟,沟长达极区,孔小。外壁厚1.5～2μm,坚实,表面光滑。

产地及层位：垦利；馆陶组。

大型西里拉粉(比较种) *Cyrillaceaepollenites* cf. *megaexactus* (Pot.) Potonie

(图版141,图20)

近圆形或宽椭圆形,大小(20～25)μm×(20～21.5)μm。当前标本个体偏大,沟边隆起弱或不显。

产地及层位：沾化；馆陶组。

小圆孔西里拉粉 *Cyrillaceaepollenites miniporus* Zheng

(图版141,图26)

近圆形,大小17.5～21.5μm。具三孔沟,沟细长,显沟腔；孔小,圆形,外缘微加厚。外壁厚1.5μm,2层近等。表面光滑。

产地及层位：垦利；馆陶组。

禾本粉属 *Graminidites* Cookson et Potonie,1960

纤细禾本粉 *Graminidites gracilis* Krutzsch

(图版141,图21)

近圆形,大小20～25μm；具单孔,直径2～2.5μm,孔环宽约2μm；外壁厚约1μm,表面略粗糙。

产地及层位：沾化；黄骅群。

双孔禾本粉？ *Graminidites*? *biporus* Li et Fan

(图版141,图22)

近圆形,大小41.3μm。具双孔,孔图,亚赤道位置,两孔相距较近,直径1.5～2μm,孔环明显,环厚2.5～3μm；外壁厚1.5μm,分层不显,表面纹饰细颗粒状,具次生褶皱,轮廓线平滑。

产地及层位：垦利；馆陶组。

平滑禾本粉 *Graminidites laevigatus* Krutzsch
(图版 141,图 23)

卵形,大小 31.5～37.5μm;具单孔,直径 2～3.5μm,孔环宽 2μm;外壁厚约 1μm,表面平滑多褶皱。

产地及层位:沾化;黄骅群。

中型禾本粉 *Graminidites media* Cookson
(图版 141,图 24)

近圆形,大小 36.25～43.75μm;具单孔,圆形,直径 4～6μm,孔环宽约 2.5μm;外壁厚 1～1.5μm,表面平滑或粗糙,常具次生褶皱。

产地及层位:垦利;黄骅群。

小孔禾本粉 *Graminidites microporus* Song et Zhu
(图版 141,图 25)

近圆形,大小 30μm;具小单孔,直径 1～1.5μm,孔环不显,厚约 2μm;外壁薄,厚约 1μm,表面平滑,具褶皱。

产地及层位:沾化;黄骅群。

菱粉属 *Sporotrapoidites* Klaus,1954

埃特曼菱粉 *Sporotrapoidites erdtmanii* (Nagy) Nagy
(图版 142,图 1)

赤道轮廓菱形或扁圆形,极面轮廓三角形或圆三角形,大小(30～40)μm×(31.5～47.5)μm(不包括外壁褶皱);具大三孔,孔径 14～8.75μm,沿赤道排列;外壁厚 2～4μm,外层厚于内层,外层至孔处减薄;具 3 条外壁褶痕,在孔处相连,在极区结成"Y"形或"△"形,颗粒状的外壁褶皱一般沿 3 条外壁褶痕及围孔分布;纹饰平滑或粗糙或呈小瘤状。

产地及层位:垦利;黄骅群。

黄河菱粉 *Sporotrapoidites huangheensis* Li et Fan
(图版 142,图 2)

侧面轮廓圆菱形,四边微凸;极面轮廓近等边三角形,3 边直,角部锐圆,大小(53.75～71.25)μm×(53.75～75)μm,近于等轴;具赤道排列的三孔,孔较小,直径 5～12μm;外壁厚 3.75～7.2μm,至少 2 层,外层厚于内层,其上具细的基柱层,外层在极部加厚,孔处先加厚再变薄;内层在孔处亦加厚再迅速减薄;外壁褶皱不甚发育,3 条褶痕在极部以 120°角相交,向赤道穿过孔区;外壁纹饰细网状。

产地及层位:沾化;馆陶组。

小菱粉 *Sporotrapoidites minor* Guan
（图版 142，图 3）

侧面轮廓菱形或扁圆形,赤道轮廓圆三角形,大小(21.25～30)μm×(28.75～31.25)μm;三孔赤道位置,孔径 8～16μm;外壁厚 2.5～3.5μm,外层厚于内层;3 条外壁褶皱在极部相连呈"Y"形,壁皱仅见于孔区和极部,宽度大于 2μm,表面平滑或具细颗粒。

产地及层位:沾化;黄骅群。

渭河菱粉 *Sporotrapoidites weiheensis* (Sun et Fan) Guan
（图版 142，图 4）

极面轮廓三角形,3 边直或略凸;侧面轮廓扁圆形,纵向伸长,大小(40～50)μm×51.25μm(不包括外壁皱);三孔沿赤道分布,孔径 8～14μm;外壁厚 2.5～6.2μm,向孔处略减薄,外壁皱不明显,仅 3 条外壁褶痕在极区结成"Y"形,其上发育有粒网状外壁皱,在极区和孔区厚度最大;表面平滑或具细颗粒纹饰,在极区和孔区为粒网状。

产地及层位:沾化;黄骅群。

山核桃粉属 *Caryapollenites* Raatz,1937

锦致山核桃粉 *Caryapollenites elegans* (Manyk.) Sun et Fan
（图版 142，图 5）

近圆形,大小 36.25～39.75μm;具 3 孔,亚赤道位置,孔圆,直径 2～3μm;外壁薄,厚 1～1.5μm,2 层近等。表面纹饰细网或不规则网状,轮廓线近平滑。

产地及层位:沾化;黄骅群。

锦致山核桃粉（比较种） *Caryapollenites* cf. *elegans* (Manyk.) Sun et Fan
（图版 142，图 6）

近圆形,大小 40～45.6μm;具 3 孔,亚赤道位置,孔圆形或椭圆形,直径 2.5～4μm;外壁厚 1.5～2.5μm,2 层近等;表面纹饰不规则网状。

当前标本特征与 *C. elegans* 相近,但个体较大,纹饰不规则而不同,故定为比较种。

产地及层位:沾化;黄骅群。

大型山核桃粉 *Caryapollenites grandus* Li et Fan
（图版 142，图 7）

圆三角形,大小 46.25～56.25μm;3 孔亚赤道位置,孔径 2.5～4μm;外壁厚 1.5～2μm,2 层近等,表面粗糙,轮廓线近平滑。本新种以个体大(大于 46μm)不同于现存各种。

产地及层位:垦利;馆陶组。

近孔山核桃粉 *Caryapollenites juxtaporipites* (Wodeh.) Sun,Du et Sun
（图版 142，图 8）

圆三角形,大小 30μm;3 孔亚赤道位置,孔径 1.5～2μm;外壁厚 1.5μm,分层不显,表面光滑或粗糙。

产地及层位：垦利；黄骅群。

三角山核桃粉（比较种） Caryapollenites cf. triangulus (Pflug) Krutzsch
（图版142，图9）

圆三角形，大小26.5～39.37μm；3孔亚赤道位置，孔圆，直径1.5～2μm；外壁厚1.5μm，2层近等，表面平滑。

产地及层位：沾化；馆陶组。

胡桃粉属 Juglanspollenites Raa, 1937
假胡桃粉 Juglanspollenites pseudoides Li et Fan
（图版142，图10）

圆三角形，大小31.25μm；6个圆形孔，胡桃孔形，有3个孔位于角部，另3个孔处于边中部亚赤道位置，孔径1.5～2μm；外壁薄，厚约1μm，分层不明显，表面粗糙。

本新种以其孔数较多和孔形简单而具有胡桃粉属特征，以其孔的位置和外形轮廓而不同于属内其他各种。

产地及层位：沾化；黄骅群。

四孔胡桃粉（比较种） Juglanspollenites cf. tetraporus Sung et Tsao
（图版142，图11）

圆四边形，边凸，角锐圆，大小35～36.25μm，具4孔，角端位置，孔小无环，直径2～2.5μm；外壁较薄，厚约1μm，分层不明，表面平滑或微粗糙。

当前标本较J. tetraporus 轮廓近圆，个体较大，故定为比较种。

产地及层位：沾化；黄骅群。

枫杨粉属 Pterocaryapollenites Raatz, 1938 ex Potonie, 1960
具环枫杨粉（比较种） Pterocaryapollenites cf. annulatus Song
（图版142，图12）

多边形，大小32.5～38.75μm；具6个孔，分布于赤道角部位置，枫杨孔形；外壁厚1.5μm，孔区外层隆起较高，内层不达孔区，孔环清晰；表面粗糙，显不规则网状，轮廓线近平滑。

产地及层位：沾化；馆陶组。

唇形三沟粉属 Labitricolpites Ke et Shi, 1978
致密唇形三沟粉 Labitricolpites densus Song
（图版142，图13）

椭圆形或宽椭圆形，大小(17.8～21.5)μm×(26.5～27.5)μm；3条沟长达两极，沟窄而深截;外壁厚2～3μm,极部外壁略厚,外层厚于内层,其上具基柱层。纹饰颗粒状,轮廓线平滑。

产地及层位:沾化;黄骅群。

粗糙唇形三沟粉(比较种) *Labitricolpites* cf. *scabiosus* Ke et Shi
（图版142,图14）

花粉轮廓椭圆形,大小36.25μm×48.7μm;3沟深切外壁,几乎伸达极区,末端不变尖;外壁厚2～2.5μm,2层等厚,外层略显基柱层;纹饰颗粒状或拉长,轮廓线平滑。

产地及层位:垦利;黄骅群。

边沟孔粉属 *Margocolporites* Ramanujan,1966 ex Srivastava,1969
封维汉边沟孔粉 *Margocolporites vanwijhei* Germeraad,Hopping et Muller
（图版142,图15）

近圆形,大小43.75μm。具3孔沟,沟膜发达呈模形,尖部指向极区,在极部几乎相连,沟位于沟膜赤道中部与沟膜同形同向;孔圆形,微向外凸,孔径3～5μm,沟膜与萌发间区接触处隆脊发达。外壁厚2～3μm,外层厚于内层,网状纹饰,沟膜上为弱网状。

产地及层位:沾化;馆陶组。

百合粉属 *Liliacidites* Couper,1953
胜利百合粉 *Liliacidites shenglipollis* Li et Fan
（图版142,图16）

椭圆形,大小(46～47.5)μm×(66～67.25)μm;具单沟,几乎贯穿全长;外壁厚2.5～4μm,外层厚于内层,其上具短的基柱层,覆盖层为均匀的棒瘤状,棒瘤在平面上构成网状,网眼向两端变小,轮廓线呈小波状。

产地及层位:沾化;馆陶组。

木兰粉属 *Magnolipollis* Krutzsch,1970
大型木兰粉(比较种) *Magnolipollis* cf. *grandus* Song et Zheng
（图版142,图17）

树叶形或长椭圆形,大小(43.75～45)μm×(101.25～115)μm,由中部向两极逐渐变锐;具单沟,长达极区,沟边直,内腔大;外壁厚约1.5μm;表面纹饰颗粒状至弱网状,轮廓线平滑。

产地及层位:沾化;馆陶组。

苘麻粉属 *Abutilonacidites* Guan et Zheng
渤海苘麻粉 *Abutilonacidites bohaiensis* Guan et Zheng
（图版142,图18）

圆形或近圆形,大小43.75～5μm;3孔沟,偶见4孔沟,沟短,一般不伸出孔区或略长于孔径;孔大,直径 4～6μm,孔环发育,环宽 2～4μm;外壁厚 2.5～4.5μm,外层厚于内层,外层具基柱层;表面密布均匀的锥形刺,刺高 3.5～6μm,刺基宽 4～6.5μm,顶端锐,刺间密布颗粒。

产地及层位:沾化;黄骅群。

胜利苘麻粉 *Abutilonacidites shenglioides* Li et Fan
（图版 143,图 1）

近圆形,大小 3～41.25μm;3 孔沟明显,沟短,不伸出孔区,孔大而圆,孔径 3～5.5μm,孔环显著,环宽 2～4μm;外壁厚 1.5～3.5μm,分层不显,基柱层不甚发育;表面锥刺状纹饰,分布稀疏,刺高 2～4μm,基部宽 2～4μm,末端较钝,刺间光滑。

本新种以锥刺低矮、分布稀疏、刺间光滑、个体略小不同于 *A. bohaiensis*。

产地及层位:沾化;黄骅群。

小苘麻粉 *Abutilonacidites minor* Li et Fan
（图版 143,图 2）

圆形或近圆形,大小 27.5～31.25μm;具 3 孔沟,孔小,直径 2.5～3μm,孔环窄,沟略微伸出孔区;外壁厚 2～2.5μm,2 层近等,基柱不甚发育;表面纹饰锥刺矮小,略伸出轮廓线,分布均匀,刺高 1.5～2.5μm,基部宽 1.5～3μm,末端锐,刺间或有细颗粒。

当前新种个体小(一般小于 30μm)、刺矮小不同于其他种。

产地及层位:沾化;黄骅群。

楝粉属 *Meliaceoidites* Wang 1978,1980

柔弱楝粉 *Meliaceoidites delicatus* Zheng
（图版 142,图 20）

宽椭圆形,大小(17.5～5)μm×(23.5～28.75)μm。具 3 孔沟,沟窄长达两极,沟腔不甚发育;孔较小,横向伸长,向两侧尖灭。外壁厚 1～1.5μm,外层厚于内层。表面纹饰细颗粒—弱网状,轮廓线平滑。

产地及层位:垦利;馆陶组。

淮安楝粉 *Meliaceoidites huaianensis* Zheng
（图版 142,图 19）

椭圆形,大小(13.75～23.75)μm×(11.25～18.75)μm,具 3 孔沟,沟细长伸达两极;孔横长呈菱形。外壁厚约 1μm,2 层近等,表面光滑。

产地及层位:垦利;馆陶组。

大型楝粉 *Meliaceoidites major* Song et G. W. Liu
（图版 143,图 3）

长椭圆形,大小 30μm×45μm。具 3 孔沟,沟边明显加厚;孔呈菱形。外壁厚约 2μm,2 层近等。表面纹饰粗糙,轮廓线平滑。

产地及层位:垦利;馆陶组。

莲粉属　*Nelumboipollis* Li et Fan
椭圆莲粉　*Nelumboipollis ellipticus* Li et Fan
(图版143,图4)

圆形,大小(43.75～56.25)μm×(66.25～81.25)μm;3沟明显,伸达两极,略显沟边褶皱。外壁较薄,厚1.5～2.5μm,2层等厚。纹饰短棒状,排列紧密,显均匀的网状,轮廓线小波状。本种以椭圆形轮廓、薄的外壁、均匀棒网状为特征。

产地及层位:沾化;馆陶组。

伸长莲粉　*Nelumboipollis elongatus* Li et Fan
(图版143,图5)

长椭圆形,两端浑圆,两侧平直或略凸,大小(37.5～41.52)μm×(67.5～71.25)μm;3沟细,长达两极;外壁厚2.5～3.0μm,外层厚于内层;纹饰短棒状,排列较紧密,显不均匀网状,轮廓线小波状。本种以长椭圆形和不均匀网状不同于其他种。

产地及层位:沾化;馆陶组。

莲型莲粉　*Nelumboipollis nelumboides* (Song et Zhu) Li et Fan
(图版143,图6)

宽椭圆形,模式标本58.75μm×68.75μm;三沟长,伸达两极,在赤道部位略开裂;外壁较厚,厚3～4.5μm,外层厚于内层。纹饰短棒状,棒长2.5～3.5μm,棒头略膨大,紧密排列,平面上反映为不规则网状,轮廓线为小波状。

产地及层位:沾化;黄骅群。

睡莲粉属　*Nymphaeacidites* Sah,1967
小睡莲粉　*Nymphaeacidites minor* (Nagy) Zheng
(图版143,图7)

圆形,大小26.25～31.25μm;具环状沟,沟窄,宽1～1.5μm,偏向远极,平行于赤道轮廓;外壁厚1～1.5μm,分层不明;表面具刺状纹饰,刺分布较密而均匀,刺细长,长3～4μm,轮廓线上见细长刺突。

产地及层位:沾化;黄骅群。

厚壁睡莲粉　*Nymphaeacidites pachydermus* Zheng
(图版143,图8)

近圆形,大小31.25～32.5μm;具环状沟,沟窄,宽1.5～2μm,偏向远极,平行于赤道轮廓线;外壁厚 2.5~3.5μm;表面纹饰细刺状,分布较稀疏,刺长 2~3μm;刺间粗糙,轮廓线上刺状突起明显。

产地及层位:沾化;馆陶组。

岑粉属 *Fraxinoipollenites* Potonie,1951
粗糙岑粉(比较种) *Fraxinoipollenites* cf. *asper* Zheng
(图版 143,图 9)

宽椭圆形,两端钝圆,大小(27.5~32.5)μm×(33.75~35)μm;具 3 拟孔沟,沟长达极区;外壁厚约 2μm,外层厚于内层;表面纹饰粗颗粒状,局部显不规则的网状,轮廓线小齿状。

产地及层位:垦利;黄骅群。

粒纹岑粉 *Fraxinoipollenites granulatus* Sung et Lee
(图版 143,图 10)

椭圆形,两端浑圆,大小(26.25~28.75)μm×(37.5~38.75)μm;具 3 拟孔沟,沟长伸达极区,因沟底破裂而显拟孔;外壁较薄,厚约 1.5μm;表面纹饰致密颗粒状,轮廓线上明显具颗粒。

产地及层位:垦利;黄骅群。

椭圆岑粉 *Fraxinoipollenites oblongatus* Song et Zhu
(图版 143,图 11)

椭圆形,两端锐圆,大小 25μm×40μm;具 3 孔沟,沟长达极区,略显沟底破裂;外壁厚 1.5μm,2 层近等;表面纹饰短棒状,显不规则网纹,轮廓线细齿状。

产地及层位:垦利;黄骅群。

卵形岑粉(比较种) *Fraxoipollenites* cf. *ovatus* Song et Zhu
(图版 143,图 12)

卵圆形,大小 21.5~28.75μm;具 3 孔沟,沟长达极区,具沟腔;外壁厚 1~1.5μm,外层厚于内层;其上基柱层明显,纹饰细网状,轮廓线细齿状。

产地及层位:沾化;黄骅群。

木犀粉属 *Oleoidearumpollenites* Nagy,1969
中华木犀粉 *Oleoidearumpollenites chinensis* Nagy
(图版 143,图 13)

近圆形或扁圆形,大小 31.5~37.5μm;具 3 孔沟,孔形不显,沟短宽;外壁厚 2~3μm,由基棒构成,棒顶微膨大,向沟边逐渐变细;纹饰网状,网脊由颗粒组成;轮廓线小波状。

产地及层位:垦利;馆陶组。

连翘型木犀粉 *Oleoidearumpollenites forsythiaformis* Song et Zhu
（图版 143,图 14）

极面观圆形,赤道面观椭圆形,大小 25～30μm。具 3 孔沟,孔形不显,沟较宽。外壁厚 1.5～2μm,内层很薄,外层由基棒构成,棒顶或微膨大。网状纹饰,网脊由颗粒组成。

产地及层位:沾化;馆陶组。

女贞型木犀粉 *Oleoidearumpollenites ligustiformis* Song et Zhu
（图版 143,图 15）

近圆形或扁圆形,大小 27.5～32.5μm。具 3 孔沟,孔形不显,沟不深截。外壁厚 4～4.5μm,内层均匀厚约 1.5μm,外层为基棒层,棒长 4～5μm,棒端明显膨大,向孔沟边变短、变细。纹饰网状,网脊由颗粒构成。轮廓线为棒状。

产地及层位:沾化;馆陶组。

大型木犀粉 *Oleoidearumpollenites major* Zhu
（图版 143,图 16）

近圆形,大小 40～41.5μm。具 3 孔沟,沟短微裂开,孔圆形。外壁厚 3～4μm,内层厚 1～1.5μm,外层密集基棒层,棒长 2～2.5μm。在平面上反映为网状纹饰,网脊较宽,网眼较大,直径 3～4μm,向极区和孔沟区变小。轮廓线波状起伏。

产地及层位:沾化;馆陶组。

柳叶菜粉属 *Corsinipollenites* Nakoman,1965
拟丁香蓼柳叶菜粉 *Corsinipollenites ludwigioides* Krutzsch
（图版 143,图 17）

圆三角形,大小 37.5μm。3 孔大,赤道位置,孔径 7～8μm,孔环发育,环宽 2.5～3μm,外壁厚约 2μm,纹饰细颗粒状。

产地及层位:沾化;馆陶组。

粗粒柳叶菜粉 *Corsinipollenites crassigranulatus* Zhu
（图版 143,图 18）

三角形,3 边微凸,大小 46.25～50μm。具 3 孔,角端位置,孔大而近圆形,微突出或不突出轮廓线,孔径 4～6μm,孔环窄,环宽 2～3μm。外壁厚 1～1.5μm,2 层近等。表面纹饰粗颗粒,局部颗粒拉长呈弱网状,轮廓线微波状。

产地及层位:垦利;馆陶组。

露兜树粉属 *Pandaniidites* Eisik,1968
希宾露兜树粉 *Pandaniidites shiabensis* (Simpson) Eisik
（图版 143,图 19）

圆形或近圆形,大小 27.5～32.5μm;具单孔,圆形,孔径 2.5～3.5μm,孔环弱;外壁厚

1～1.5μm,纹饰小刺状,刺粗短,分布稀疏而均匀;刺长 1～2μm,基部宽,顶端尖,略伸出轮廓线。

产地及层位:沾化;馆陶组。

瘤刺露兜树粉 *Pandaniidites verruspinus* Guan
(图版 143,图 20)

圆形或卵圆形,大小 22.5～23.75μm;单孔小,孔径 1.5～2μm;外壁厚 1～1.5μm,瘤刺状纹饰,分布较均匀,刺高约 1.5μm,基部宽 2～2.5μm,顶端钝;轮廓见零星小刺突起。

产地及层位:沾化;馆陶组。

浮萍型露兜树粉 *Pandaniidites lemnoides* Li et Fan
(图版 143,图 21)

近圆形—三角圆形,大小 25～28.75μm;单孔明显,孔径 2.5～3.5μm,孔环宽 1.5～2.5μm;外壁厚 1.5～2.5μm,外层厚于内层;纹饰小刺状,分布密而均匀,刺长 1.5～2.5μm,基部宽,顶端锐,多数伸出轮廓线外。

产地及层位:垦利、沾化;馆陶组。

蓼粉属 *Persicarioipollis* Krutzsch,1962
美丽蓼粉 *Persicarioipollis bellulus* Li et Fan
(图版 143,图 22)

近圆形,大小 27.5～36.25μm;网状纹饰,网脊由双排粗长的基柱组成,基柱排列规则,由于基柱长,在外壁部位形成厚 6～10μm 向外辐射的环,整粒花粉宛如向日葵。网穴或为圆形,穴径 2～3μm,轮廓线小波状。

产地及层位:垦利;黄骅群。

法国蓼粉 *Persicarioipollis franconicus* Krutzsch
(图版 144,图 1)

近圆形,大小 52.5～54.36μm,网穴状纹饰,网脊由双列粗强的基柱构成,网穴呈弯曲的多边形,直径一般 8～12μm,网穴中充满颗粒纹,轮廓线城垛状。

产地及层位:沾化;黄骅群。

孤东蓼粉 *Persicarioipollis gudongensis* Li et Fan
(图版 143,图 23)

近圆形或椭圆形,大小 33.13～36.25μm;网穴状纹饰,网脊由 2 列短棒状、颗粒状或小瘤状基柱层构成,网穴多边形或不规则形,穴径 4～6μm,网穴中一般光滑;具散孔,分布于网穴中,孔径 2～3μm;外壁厚 2.5～4μm,外层厚于内层数倍,其上基柱层为短棒状,轮廓线小波状。

产地及层位:垦利;黄骅群。

年轻蓼粉 *Persicarioipollis juvenalis* Guan
(图版144,图2)

近圆形,大小43.75~46.25μm;网穴状纹饰,网脊由单列基柱层构成,网穴多边形,直径8~12μm,网穴内见密集颗粒状纹饰,轮廓线城垛状。

产地及层位:沾化;黄骅群。

罗莎蓼粉 *Persicarioipollis lusaticus* Krutzsch
(图版144,图3)

近圆形,大小31~37.5μm;皱网状纹饰,网脊由单列基柱层构成,向外辐射排列较规则,网穴多边形,直径2~4μm,局部见细颗粒,轮廓线小波状或锯齿状。

产地及层位:沾化;黄骅群。

小蓼粉 *Persicarioipollis minor* Krutzsch
(图版144,图4)

近圆形或椭圆形,大小21.25~28.75μm;皱网状纹饰,网脊由单列基柱构成,网穴多角形,穴径3~5μm,穴中颗粒明显,轮廓线波状或城垛状。

产地及层位:沾化;黄骅群。

上新蓼粉 *Persicarioipollis pliocenicus* Krutzsch
(图版144,图5)

近圆形,大小51.25~55μm;网穴状纹饰,网脊由2行粗短基柱构成,网穴为规则的5~6μm,直径5~8μm,网穴中密集颗粒纹,轮廓线城垛状。

产地及层位:沾化、垦利;黄骅群。

三角蓼粉 *Persicarioipollis triangulus* Li et Fan
(图版144,图6)

三角形或圆三角形,3边直或略凸,大小37~38.8μm;网穴状纹饰,网脊由单列基柱构成,基柱高强,网穴多边形或不规则,穴径4~6μm;具散孔,孔径小,散布于网穴中;外壁厚3~5μm,外层厚于内层,其上基柱发育。轮廓线城垛状。

本新种以三角形轮廓不同于其他种。

产地及层位:惠民;黄骅群。

毛茛粉属 *Ranunculacidites* Sah,1967
开裂毛茛粉 *Ranunculacidites abruptus* Li et Fan
(图版144,图7)

开裂圆形,大小41.25μm,3沟长,深截达极部,开裂很宽,呈倒三角形,赤道部位裂开达20μm;沟膜仅在极区残留,可能较宽;外壁厚约1.5μm,分层不明显,纹饰颗粒状,向赤道部位颗粒拉长构成弱网状,轮廓线小齿状。

产地及层位:沾化;馆陶组。

小毛茛粉 *Ranunculacidites minor* Song et Li
(图版 144,图 8)

三裂圆三角形,大边微突,大小 25μm;具 3 沟,角部位置,明显开裂,沟长达极区,沟膜不显,部分残存;外壁厚约 1.5μm,外层厚于内层,纹饰小刺状,刺长小于 1μm,表面粗颗粒状,轮廓线见密小刺。

产地及层位:垦利;馆陶组。

真毛茛粉 *Ranunculacidites verus* Song et Li
(图版 144,图 9)

三角圆形,3 边微突,三角裂开,大小 35～41.25μm;外壁厚约 1.5μm,外层厚于内层;纹饰颗粒状,分布均匀,轮廓线显示细齿状颗粒。

产地及层位:沾化;黄骅群。

普通毛茛粉 *Ranunculacidites vulgaris* Song et Li
(图版 144,图 10)

三裂圆形,大小 40～63.75μm。具 3 沟,沟较长而开裂,沟膜残存。外壁厚 3～4μm,外层厚于内层,其上基柱发育。表面纹饰小刺状,刺间颗粒均匀。

产地及层位:沾化;馆陶组。

华美毛茛粉 *Ranunculacidites elegans* Li et Zhu
(图版 144,图 11)

圆四边形,大小 55μm。具 4 沟,沟较短裂开,长为半径的 1/2,沟膜不显。外壁较厚,厚 3～4μm,外层厚于内层,其上基柱层明显。表面纹饰均匀细颗粒。

产地及层位:沾化;馆陶组。

鼠李粉属 *Rhamnacidites* (Chitaley,1951) Potonie,1960
小鼠李粉 *Rhamnacidites minor* Zhou
(图版 144,图 12)

圆三角形,大小 15μm。具 3 孔沟,沟较长达极区;孔圆形。外壁厚 1μm,表面光滑。

产地及层位:垦利;馆陶组。

南海鼠李粉(比较种) *Rhamnacidites* cf. *nanhaiensis* Song,Li et Zheng
(图版 144,图 13)

三角形,边直或微凸,大小 18.75μm。具 3 孔沟,沟几乎伸达极区,沟缘加厚明显,但较窄；孔近圆形。外壁厚约1.5μm，孔处外层微变薄。表面纹饰略粗糙。

产地及层位：沾化；馆陶组。

乌口树粉属 *Tarennipollis* Zhu
东营乌口树粉 *Tarennipollis dongyingensis* Zhu
(图版144，图14)

圆形，大小20～21.5μm，模式标本21.25μm。具3孔沟，沟浅较宽，伸达极区，末端尖，具颗粒状沟膜；孔横长，轮廓线不甚清楚。外壁薄，厚约1μm，表面细颗粒或弱网状纹饰，轮廓线微不平滑。

产地及层位：沾化、垦利；馆陶组。

芸香粉属 *Rutaceaeoipollis* Sung et Tsao (Ms), 1977
扁圆芸香粉 *Rutaceaeoipollis oblatus* Zheng
(图版144，图15)

近圆形，大小(17.5～20)μm×(18.5～20)μm。具3孔沟，沟细长达两极；孔横长呈缝状，与沟"十"字相交。外壁厚1～1.5μm，外层略厚于内层。纹饰颗粒—细网状，轮廓线微波状起伏。

产地及层位：惠民、垦利；馆陶组。

带形芸香粉 *Rutaceaeoipollis cingulatus* Song, Li et Zheng
(图版144，图16)

椭圆形，大小(21.25～22.25)μm×(30～35)μm。具3孔沟，沟细长达两极，略显沟边加厚；孔开口大，长方形，横向伸长三孔几乎相连，与沟"十"字相交。外壁厚约1.5μm，表面纹饰粗糙，轮廓线平滑。

产地及层位：沾化；馆陶组。

小孔芸香粉 *Rutaceaeoipollis parviporus* Zheng
(图版144，图17)

宽椭圆形，大小21.25μm×(22.5～25)μm。具3孔沟，沟长达两极，孔开口小，横长，与沟呈"十"字相交，外壁较薄，厚约1μm。表面纹饰颗粒状至弱网状，轮廓线小波状。

产地及层位：沾化；馆陶组。

微小芸香粉 *Rutaceaeoipollis minutus* Zhu
(图版144，图18)

椭圆形，大小(18.75～21.25)μm×(21.25～23.75)μm。具3孔沟，沟长达两极，显沟边加厚带；孔缝状，与沟"十"字相交。外壁厚约1.5μm。表面纹饰粗糙。

产地及层位：沾化；馆陶组。

圆形芸香粉 *Rutaceaeoipollis rotundus* Zhu et Li
(图版 144，图 19)

圆形，大小 18.75～21.25μm。具 3 孔沟，沟长达极区，沟边加厚带明显；孔宽缝状，横向伸长与沟"十"字相交。外壁厚 2～2.5μm，外层厚于内层，外层显均匀的基柱层。表面粗糙，或显细网状。

产地及层位：垦利；馆陶组。

棒粒芸香粉（比较种） *Rutaceaeoipollis* cf. *baculogranus* Song et Qian
(图版 144，图 20)

花粉粒赤道轮廓宽椭圆形至椭圆形，大小(23.75～25)μm×(26.25～31.25)μm。具 3 孔沟，沟长达极区，显沟边加厚带，沟宽缝状或长矩形，横向伸长与沟"十"字相交。外壁厚 1.5～2μm，2 层近等。外层为密列的基棒层，棒伸出轮廓线 1～2μm，平面上不构成网。

产地及层位：垦利；馆陶组。

细条纹芸香粉 *Rutaceaeoipollis microstrius* Li et Zhu
(图版 144，图 21)

宽椭圆形，大小 30μm×32.5μm。具 3 孔沟，沟细长达极，沟边加厚带窄；孔矩形，横向伸长，超出沟区。外壁厚约 2μm，2 层近等。表面纹饰细条纹，条纹由细颗粒构成，条纹似定向排列有放射之感，因此轮廓线显毛刺状。新种以孔宽矩形，纹饰细条纹不同于现存各种。

产地及层位：垦利；馆陶组。

梭罗粉属 *Reevesiapollis* Krutzsch，1970
泰梭罗粉 *Reevesiapollis siameniformis* Guan et Zheng
(图版 144，图 22)

圆四角形，大小 20μm。具 4 孔沟，赤道位置，孔较宽大，略呈漏斗形；沟细短不超出孔区。外壁厚约 1.5μm，外层厚于内层，孔环明显。纹饰细网状，轮廓线小齿状起伏。

产地及层位：垦利；馆陶组。

椴粉属 *Tiliaepollenites* Pot. ex Potonie et Vnitz，1934
东营椴粉 *Tiliaepollenites dongyingensis* Zhu
(图版 144，图 23)

三角形，大小 36.25μm。具 4 孔沟，沟短不伸出孔区；孔略横长，孔环发育。外壁厚 2.5～3μm，2 层近等，孔处强烈加厚呈孔环。极区外层加厚形成"Y"形带，带宽 8～10μm，凸出部分指向孔间区，半圆形孔环位于"Y"形凹部，均未接触。表面纹饰细颗粒，轮廓线平滑。

产地及层位：垦利；馆陶组。

细粒纹椴粉 *Tiliaepollenites microgranulatus* Zhu
(图版 145,图 1)

圆三角形—圆形,大小 33～41.25μm,模式标本 41.25μm。具 3 孔沟,沟较长,未伸出孔区,长 4～8μm;孔略横长,孔环发达,略呈半圆。外壁厚 2～2.5μm,2 层近等,至孔处强烈加厚呈孔环。表面纹饰均匀的细颗粒,轮廓线平滑。

产地及层位:沾化;馆陶组。

具盖粉属 *Operculumpollis* Sun, Kong et Li, 1980
具盖粉 *Operculumpollis operculatus* Sun, Kong et Li
(图版 144,图 24)

近圆形或三裂圆形,大小 21.25～23.75μm。具 3 沟,沟膜模形。外壁网状纹饰。轮廓线细齿状。

产地及层位:沾化;馆陶组。

朴粉属 *Celtispollenites* Ke et Shi, 1978
大型朴粉 *Celtispollenites major* Li et Fan
(图版 145,图 2)

近圆形,大小 41.25～43.25μm;具 6～8 个孔,孔圆形,直径 4～5μm,分布不规则,孔环明显,环宽 2～3μm,孔膜光滑;外壁厚 1～1.5μm,表面光滑或微颗粒,轮廓线平滑。

产地及层位:惠民;馆陶组。

细粒纹朴粉 *Celtispollenites microgranulatus* Li
(图版 144,图 25)

近圆形,大小 20～22.5μm;具 3～4 个孔,分布于赤道位置,孔圆形,直径约为 2μm,具孔环;外壁较薄,厚 1μm,表面细颗粒状。

产地及层位:沾化;馆陶组。

三孔朴粉(比较种) *Celtispollenites* cf. *triporatus* Sun et Li
(图版 145,图 3)

近圆形,大小 26.25～38.75μm;具 3 孔,分布于赤道或亚赤道位置,孔小,直径 1.5～2.5μm,孔环宽 2μm;外壁厚 1.5～2μm,2 层近等,表面平滑或细颗粒状。

产地及层位:沾化;馆陶组。

榆粉属 *Ulmipollenites* Wolff 1934
粒纹榆粉 *Ulmipollenites granupollenites* (Rouse) Sun et Li
(图版 145,图 4)

四边形,边近直,大小 23.75～26.25μm;具 4 个孔,赤道角部位置,孔边微加厚,不成孔环；外壁厚约1.5μm，表面纹饰颗粒状或弱颗粒状，轮廓线平滑或微显波状。

产地及层位：垦利；馆陶组。

中新榆粉 *Ulmipollenites miocaenicus* Nagy
（图版145，图5）

近圆形，略显棱角，大小28.75～35μm；具4～6个孔，赤道位置；外壁厚1～1.5μm，表面纹饰细皱状—细网状，轮廓线微波状。

本种以近圆形轮廓和细网状纹饰区别于其他种。

产地及层位：沾化；黄骅群。

点皱榆粉 *Ulmipollenites stilatus* Nagy
（图版145，图6）

近四边形，边直或微凸，大小32～40μm；具4个孔，角部位置；外壁厚约1.5μm，表面纹饰较粗，脑皱状，或相互连通呈网；轮廓线波状。

产地及层位：沾化；黄骅群。

青海粉属 *Qinghaipollis* Zhu,1985
椭圆青海粉 *Qinghaipollis ellipticus* Zhu
（图版145，图7）

椭圆形，大小(18.75～20)μm×(28.75～32.5)μm。具3孔沟，沟长达两极，显沟边加厚，并向极部减弱；孔缝线状，横长，或穿过沟边加厚带。外壁厚薄不均，极部和赤道部位加厚为4～4.5μm，其余约3μm，外层厚于内层数倍，显基柱结构。纹饰细点状，轮廓线平滑。

产地及层位：沾化；馆陶组。

小青海粉 *Qinghaipollis minor* Zhu
（图版144，图26）

宽椭圆形，大小20μm×22.5μm。具3孔沟，沟细长伸达极区，微显加厚带，赤道部位更为明显；孔裂缝状，横长穿过沟边加厚带，与沟"十"字相交。外壁厚度不均，极部和赤道部位厚达3～4μm，其余部位厚2～3μm，外层厚于内层，显基棒结构。表面纹饰弱网状，轮廓线微波状。

产地及层位：沾化；馆陶组。

圆形青海粉 *Qinghaipollis rotundus* Zhu
（图版145，图8）

近圆形，大小32.5μm。具3孔沟，沟细长达极区，不显沟边加厚带；孔裂缝状，横向伸长，与沟"十"字相交。外壁很厚，极部和赤道部位达6.5μm，其余厚4～5μm，外层厚于内层数倍，显基柱结构。表面纹饰粗糙,轮廓线平滑。

产地及层位:垦利;馆陶组。

厚极青海粉 *Qinghaipollis pachypolarus* Zhu
(图版 145,图 9)

椭圆形,两端略锐,大小 23.75μm×31.25μm。具 3 孔沟,沟长达极区,沟边加厚带弱;孔长缝状,与沟"十"字相交。外壁厚 4~6μm,外层厚于内层数倍,在两极部剧烈加厚。表面平滑。本新种以两极略锐、极部外壁特厚不同于现有种。

产地及层位:垦利;馆陶组。

拟白刺粉属 *Nitrariadites* Zhu et Xi
大型阿尔金拟白刺粉(相似种) *Nitrariadites altunshanensis* cf. *major* Zhu et Xi
(图版 145,图 10)

椭圆形,两极略锐,大小 33.75μm×50μm。具 3 孔沟,沟长达两极,沟边具加厚带;孔大,呈菱形。外壁厚 2.5μm,极部加厚至 5μm,外层厚于内层,其上显基柱结构,表面纹饰弱网状。

产地及层位:垦利,馆陶组。

小型阿尔金拟白刺粉(相似种) *Nitrariadites altunshanensis* cf. *minor* Zhu et Xi
(图版 145,图 11)

椭圆形—宽椭圆形,大小(22.5~27.5)μm×(30~35)μm。具 3 孔沟,沟长伸达两极,沟边加厚带不明显;孔呈菱形。外壁厚 2~2.5μm,极部加厚可达 4~5μm,外层厚于内层,其上具基棒结构,纹饰斑点状。

产地及层位:惠民;馆陶组。

普通拟白刺粉 *Nitrariadites communis* Zhu et Xi
(图版 145,图 12)

椭圆形,两端宽圆,大小(22.5~31.5)μm×(40~42.5)μm。具 3 孔沟,沟细长伸达两极,沟边带加厚明显,并向两极变窄减弱;孔呈菱形或"猫眼"形。外壁厚薄不均,两极和赤道部位常加厚。加厚带一般厚 2.5~5μm,其余厚 1.5~2.5μm,外层厚于内层,其上显基柱结构。表面纹饰斑点或内网状,轮廓线平滑。

产地及层位:垦利;馆陶组。

巨大拟白刺粉 *Nitrariadites maximus* Zhu et Xi
(图版 145,图 13)

椭圆形,大小(25~31.25)μm×(45~47)μm。本种以体积大区别于 *N. communis*,其他特征相同。

产地及层位：垦利；馆陶组。

微小拟白刺粉 *Nitrariadites minimus* Zhu et Xi
(图版 145，图 14)

椭圆形，大小(22.5～27.5)μm×(33.5～37.5)μm。具 3 孔沟，沟细长达两极，沟边加厚带窄；孔菱形，透镜形或"猫眼"形。外壁厚薄不均，赤道和极部常加厚达 2.5～5μm，其余部位 1.5～2μm，外层厚于内层。纹饰斑点状，轮廓线平滑。

产地及层位：沾化；馆陶组。

小拟白刺粉 *Nitrariadites minor* (Wang) Zhu
(图版 145，图 15)

椭圆或宽椭圆形，大小(15～21.75)μm×(22.5～30)μm。具 3 孔沟，沟细长伸达两极，沟边加厚带明显，并向两极变尖变弱；孔菱形或"猫眼"形。外壁厚 2.5～3.5μm，层次清晰，外层厚于内层。纹饰光滑—细颗粒状，轮廓线平滑。

产地及层位：沾化；馆陶组。

厚极拟白刺粉(比较种) *Nitrariadites* cf. *pachypolarus* Zhu et Xi
(图版 145，图 16)

椭圆形，两端略锐，大小 30μm×41.25μm。具 3 孔沟，沟窄伸达两极，具沟边加厚带；孔菱形。外壁厚 4～5μm，在极部强烈加厚至 7μm，外层厚于内层，显基柱结构。表面纹饰弱网状，轮廓线平滑。

产地及层位：沾化；馆陶组。

近圆拟白刺粉 *Nitrariadites subrotundus* Zhu et Xi
(图版 145，图 17)

宽椭圆形至近圆形，大小(18.75～26.25)μm×(18.15～30)μm；具 3 孔沟，沟细长伸达两极，沟边加厚带明显，尤其在赤道部位；孔菱形、"猫眼"形或矩形；外壁厚薄不均，极部和赤道部位通常加厚达 3～5μm，其余厚 2～3μm，外层厚于内层，具基棒结构。纹饰斑点状—微网状，轮廓线平滑。

产地及层位：垦利；馆陶组。

伏平粉属 *Fupingopollenites* Liu, 1985
粒纹伏平粉 *Fupingopollenites granulatus* Zhu et Li
(图版 145，图 18)

圆三角形，大小 45～51.3μm。具 3 孔沟，沟细或裂开，伸达极区，孔形不清。外壁厚 2.5～3.5μm，外层厚于内层，显基柱构造。孔间弓形带较宽，在极部构成"Y"形。表面纹饰粗颗粒状。

产地及层位：沾化；馆陶组。

小伏平粉 *Fupingopollenites minor* Song et Zhu
（图版 145，图 19）

近圆形或圆三角形，大小 30～39μm。具 3 孔沟，沟细直，长为花粉半径的 2/3；孔扁圆形，外壁较薄，厚 1.5～2.5μm。赤道和极区基柱层发育，极区细皱网—细网。轮廓线小波状。

产地及层位：垦利；馆陶组。

小型伏平粉 *Fupingopollenites minutus* Liu
（图版 145，图 20）

三角形—近圆形，大小 39.5～43.5μm。具 3 孔沟，沟细直伸达两极，孔形不清。外壁厚薄不均，在两极、赤道区和孔间区加厚呈脊状，基柱层粗强，极区加厚脊呈"Y"形，与沟间区加厚带相连，脊间相对形成若干个变薄区，孔沟边缘亦有加厚脊。纹饰网或近网状，轮廓线微起伏。

产地及层位：沾化；馆陶组。

瓦克斯道夫伏平粉 *Fupingopollenites wackersdorfensis* (Thiele-Pfeiffer) Liu
（图版 145，图 21）

圆三角形—近圆形，大小 40～48.75μm。具 3 孔沟，沟细直，长为花粉半径的 2/3；孔大，或呈扁圆形；外壁厚薄不均，两极、沟间区和赤道区较厚，基柱结构发育，加厚带明显，极区呈"Y"形，与沟间区相连，相对在表面形成若干减薄区。表面纹饰皱网状，轮廓线微波状起伏。

产地及层位：垦利；馆陶组。

厚壁伏平粉 *Fupingopoilenites pachydermus* Zhu
（图版 145，图 22）

三角形—近圆形或椭圆形，大小 4～55μm，模式标本 55μm。具 3 孔沟，沟略短，约为花粉半径的 1/2；孔大，近圆或扁圆形，孔径 5～6μm。外壁厚达 5～8μm，基柱结构明显，厚度略有不均，极区和沟间区稍有加厚，极部"Y"形脊窄而弱，和孔间区相连，减薄区不明显。纹饰细网状，显示向赤道辐射排列，轮廓线微波状起伏。

产地及层位：垦利；馆陶组。

弱皱伏平粉 *Fupingopollenites inbecillus* Liu
（图版 145，图 23）

圆形或圆三角形，大小 35～38.5μm。具 3 孔沟，沟细直；孔椭圆形，内孔略显横长。外壁厚薄不均，极部和沟间区常加厚，基柱结构清晰，加厚脊形态不甚规则，其间显示减薄区。表面纹饰弱皱网状。

产地及层位：沾化；馆陶组。

网面三沟粉属 *Retitricolpites* Van der Hammen 1956 emend. Pierce 1961
适宜网面三沟粉 *Retitricolpites delicatulus* (Couper) Wang
（图版 146，图 1）

长椭圆形，两端微钝圆，大小(23.75～25)μm×(42.5～43.75)μm；3 沟长达两极，外壁厚 1.5～2μm。表面纹饰细网状，分布均匀，轮廓略呈小波状。

产地及层位：沾化；馆陶组。

椭圆网面三沟粉 *Retitricolpites ellipticus* Li, Song et Li
（图版 146，图 2）

长椭圆形，两端宽圆，大小 18.75μm×43.75μm；3 沟细长伸达极区；外壁厚 2～2.5μm，有向极部增厚的趋势，外层厚于内层，其上基柱层明显；纹饰粗网状，轮廓线小齿状。

产地及层位：垦利；馆陶组。

网面三孔沟粉属 *Retitricolporites* Van der Hammen, 1956 emend. Vander Hammen (Wijmetra), 1964
巨大网面三孔沟粉 *Retitricolporites maximus* Zhu
（图版 146，图 3）

赤道轮廓椭圆形—长椭圆形，极面轮廓三角圆形，大小(46.25～55)μm×(57.5～86.25)μm。具 3 孔沟，沟长达极，显较宽的沟边褶；孔椭圆形，横长，宽度不超出沟边褶。外壁厚 2～2.5μm，分层不明显。表面纹饰呈清晰而均匀的细网状。轮廓线微波状起伏。

产地及层位：沾化；馆陶组。

扁三沟粉属 *Tricolpites* (Erdtman, 1947; Cookson, 1947; Rohse, 1949) Couper, 1953, emend. Potonie, 1960
大扁三沟粉(比较种) *Tricolpites* cf. *magnus* Song
（图版 146，图 4）

三裂圆三角形，3 边近直或微凸，大小 57.2～58.75μm；3 沟短而开裂，其长为半径的 1/3～1/2，沟裂宽，沟边近平直；外壁薄，厚 1μm，分层不明显；表面纹饰细网状，轮廓线小波状。

产地及层位：沾化；馆陶组。

基棒三孔沟粉属 *Pilatricolporites* Song et Qian, 1989
东营基棒三孔沟粉 *Pilatricolporites dongyingensis* Zhu
（图版 145，图 24）

椭圆形或宽椭圆形，大小(33.8～39.0)μm×(27.5～28.8)μm。具 3 孔沟，沟长达极，沟边加厚明显,孔宽缝状,横向伸长,超出沟边加厚带,与沟呈"十"字相交,孔缘加厚加宽。外壁厚 1.5~2μm,分层不明显。表面密布棒状纹饰,棒长 2~3μm,多数末端膨大,排列欠整齐,突出于轮廓线。

  产地及层位:沾化;馆陶组。

小型基棒三孔沟粉　　Pilatricolporites minor Zhu
(图版 145,图 25)

  近卵形,大小 22.5μm×18.8μm。具 3 孔沟,沟长达极,略显沟边加厚带;孔缝状,宽超过沟区,孔边加厚带窄而明显。外壁厚 1~1.5μm。表面密布短棒,棒长 1μm,末端膨大,不显网状。

  产地及层位:垦利;馆陶组。

瘤三孔沟粉属　　<i>Verrutricolporites</i> Vander Hammen et Wijmstra,1964

细瘤瘤三孔沟粉　　<i>Verrutricolporites microverruensis</i> Li et Zhu
(图版 146,图 5)

  椭圆形—近圆形,大小(21.25~26.75)μm×(28.75~42.5)μm。具 3 孔沟,沟长达极,显沟边加厚带;孔小,椭圆形,孔缘微加厚,不伸出沟边区。外壁厚 1.5~2μm,2 层近等。表面均布瘤纹,瘤径 1~1.5μm。轮廓线细齿状。

  产地及层位:沾化;馆陶组。

5 牙形石

牙形石又名牙形刺,其大小一般在 0.1~0.5mm 之间,颜色呈琥珀褐色、灰黑色或黑色,透明或不透明。

牙形石的定向:具细齿的一面称为口面,相反的一面即具基腔的一面称为反口面。牙形石的主齿常弯曲,其弯曲的凸面称为前,而凹面称为后;如果主齿不弯曲,则根据基腔位置定前后,近基腔的一端为前方,远离基腔的一端为后方;如果主齿不明显,则根据细齿的高低定向,细齿高的一端为前方,低的一端为后方。

分离的牙形石骨骼分子大致可分为 4 类不同形态:锥型、分枝型、耙型、梳型。

曲颚牙形石属 *Streptognathodus* Stauffer et Plummer,1932

附城曲颚牙形石 *Streptognathodus fuchengensis* Zhao,1981

(图版 146,图 6、7)

口视:齿台轮廓矛形,外侧比内侧略凸,表面平或略凹,具 10 条左右横脊,横脊直,互相平行,从侧边缘起,终止于中沟两侧,不穿越中沟,基本与齿台长轴垂直。自由齿片在齿台上延为一约占齿台总长度 1/3 的隆脊,齿台前端隆脊两侧有纵沟和纵脊。中沟细而浅,直达齿台末端,最宽最深点在近隆脊处,中沟仅占齿台宽度的 1/6 左右,最宽不过 1/5。齿台两侧无附叶发育。

侧视:略上拱,自由齿片底边直或略下斜,其上具 10 个左右细齿,细齿基部愈合,顶部分离。

反口视:基腔宽大,不对称,自由齿片处为一细沟。

产地及层位:淄博;太原组。

细长曲颚牙形石 *Streptognathodus elongatus* Gunnell,1933

(图版 146,图 8~10)

口视:齿台轮廓细长,长宽之比约为 4:1,两侧近平行,微向内弯曲,无附叶,中沟窄而深,断面呈"V"形,中沟自后向前加深,齿台横脊在 10 条以上,横脊向前变短,在齿台前端成瘤状纵脊;自由齿片在齿台中部会入齿台,向后延伸成一占齿台长度的 1/3 的隆脊。

侧视:自由齿片底边直,其上具十几个细齿,齿台后部略向下弯。

反口视:基腔宽大,在自由齿片处为一细沟。

产地及层位:济宁;太原组。

纤细曲颚牙形石 *Streptognathodus gracilis* Stauffer et Plummer,1932

(图版 146,图 11、12)

口视:齿台轮廓细长,后端尖,口表面具 10 条左右横脊,中沟较深,仅具内侧附叶,由一个或几个瘤组成,齿台隆脊约占齿台长的1/3。

侧视:微上拱,自由齿片具12个左右从前向后高度变低的细齿。

反口视:基腔宽大,不对称,自由齿片处为一细沟。

产地及层位:新汶、肥城;太原组。

优美曲颚牙形石 *Streptognathodus elegantulus* Stauffer et Plummer,1932
（图版146,图13、14）

口视:轮廓长,枪矛状,后端略尖,中前部最宽;无附叶,口表面凹,中沟宽,断面呈宽阔"U"形;具10条左右横脊;自由齿片在齿台上向后延伸为一约占齿台长度1/2的隆脊,隆脊后的中沟中可有几个低矮的瘤,排列与隆脊方向一致,齿台略向内弯曲。

侧视:自由齿片直,中下部加厚,向外微凸,其上具10余个基部愈合、顶部分离的细齿,前部的略大。

反口视:基腔宽阔,不对称,外侧扩张较大,自由齿片处为一细沟。

产地及层位:新汶、肥城;太原组。

瓦包恩曲颚牙形石 *Streptognathodus wabaunsensis* Gunnell,1933
（图版146,图15）

口视:齿台轮廓宽叶形,后部钝尖,不对称,外侧凸度大于内侧,口面平或略凹,具10条左右横脊,前面或后面1~2条横脊为连续脊,末端横脊常呈放射状排列,中沟浅而细;仅具较大的内侧附叶,其位置靠前,由5个左右的瘤组成;隆脊最长不到齿台长的1/2。

侧视:自由齿片细齿约12个,自由齿片后部中间向齿台方向逐渐加厚并平滑会入齿台。

反口视:基腔大,不对称。

产地及层位:长清、临沂;太原组。

微小曲颚牙形石 *Streptognathodus parvus* Dunn,1966
（图版146,图16）

口视:个体小,齿台窄细,自由齿片延入齿台成一占齿台长度1/2~2/3或更长的、低而愈合的隆脊,齿台后部末端有2~4条平行的横脊,隆脊后延穿过横脊,附叶可有可无,如果有也很窄,仅由几个瘤组成。

侧视:齿台通常上拱,每侧具一明显凸缘。

反口视:基腔窄,不对称。

产地及层位:新汶、肥城;太原组。

长隆脊曲颚牙形石 *Streptognathodus oppletus* Ellison,1941
（图版146,图17）

口视:齿台轮廓长,近对称,附叶发育不好,可有可无,如有也仅由1~2个瘤组成;口面具

6～12条横脊；自由齿片在齿台上延伸为一占齿台长度约 1/2 的隆脊，其末端后延成瘤列，瘤与齿台后部两侧横脊排成行，齿台后部 1/2 通常平或下凹。

侧视：齿台圆滑上拱，中前部最高，自由齿片由十几个细齿组成。

反口视：基腔轮廓近透镜形，自由齿片处为一与基腔相连的细沟。

产地及层位：长清、肥城；太原组。

近颚牙形石属 *Anchignathodus* Sweet, 1970

微小近颚牙形石 *Anchignathodus minutus* (Ellison, 1941)

（图版 146，图 18）

齿片型牙形石。齿片直或略弯曲，微上拱。齿片长宽之比约为 3∶1，前方有一大主齿，主齿侧视三角形。主齿后有 10 个左右的细齿，与主齿大小区别明显，向后有七八个细齿基本等长，后端处明显变小。齿片基部的中后部两侧扩张，形成一宽大基腔，基腔占反口缘的 1/2 以上，基腔大而深，达齿片高度的 1/2，外侧扩张略大于内侧。齿片前底边直，前基角多为锐角，前边缘可有小细齿发育。

产地及层位：新汶；太原组。

典型近颚牙形石 *Anchignathodus typicalis* Sweet, 1970

（图版 146，图 19）

齿体片型。主齿与细齿分异不明显，主齿处为齿片的最高点，主齿直立或稍后倾，侧视呈三角形，其后具 10 个左右的细齿，主齿与细齿在高度上自前向后依次减低。齿体可稍有拱曲或侧弯。反口面基腔大，向两侧扩张强烈，致使齿体的长宽之比为 2∶1～2.5∶1，基腔轮廓椭圆形，其顶低于主齿，其长度占齿体总长度的 2/3 左右，基腔末端变尖，向前变为细沟。

产地及层位：济宁；太原组。

肿牙形石属 *Cordylodus* Pander, 1856

角肿牙形石 *Cordylodus angulatus* Pander, 1856

（图版 147，图 1）

复合型牙形石，主齿明显，微后曲，前缘呈脊状，后缘窄圆，两侧扁平，微凸。主齿具有白色物质。主齿基部向后延伸成齿突，并其后缘具有 4～5 个彼此分离的锯齿，锯齿扁，横切面为长椭圆形，锯齿向后倾斜的程度由前而后增加。基部两侧扁，基部前基角呈角状。基腔大，尖顶微弯，指向前方，基腔前坡强烈后凹，并与基部前缘近直角相交，而后坡呈弧形向上拱曲。基部反口缘轮廓呈扁透镜状。

产地及层位：莱芜；炒米店组。

林氏肿牙形石 *Cordylodus lindstroemi* Druce et Jones, 1971

（图版 147，图 2）

复合型牙形石，主齿前倾或后倾，两侧扁凸，多数标本的前、后缘脊锐利。基部一般较大，基部后方向后延伸成一后突起,其上具有 1~5 个锯齿。锯齿呈薄片状,其基部互为融合,向上互为分离,前、后缘脊锐利。基腔浅,除有一个主基腔尖顶之外另有 1~3 个次一级的尖顶,为本种的最重要特征。主尖顶靠近主齿基部的中前方,次一级尖顶则位于锯齿下方。

产地及层位:莱芜黄羊山;炒米店组。

居中肿牙形石 *Cordylodus intermedius* Furnish,1938
(图版 147,图 3)

复合型牙形石,由一个明显的主齿和具有锯齿的基部组成,齿体微扭。主齿常具有白色物质。有些标本的主齿向后弯曲,而基部前缘向后弯,使齿体前缘呈"S"形。主齿横切面呈椭圆形。基部大,向后膨胀,浑圆地向后拱起,其上具有数目不等的锯齿。锯齿互为分离,均后倾。锯齿两侧近平,前、后缘则锐利。基腔大而深,其前坡后凹,而后坡则后凸,基腔尖顶指向前缘。

产地及层位:莱芜黄羊山;炒米店组。

先祖肿牙形石 *Cordylodus proavus* Müller,1959
(图版 147,图 4)

原始的复合型牙形石,由圆型分子和扁型分子组成。

圆型分子:主齿为 *Proconodontus* 型,两侧扁平,对称或不对称。前、后缘脊发育。主齿的上部白色物质发育。基部大,两侧微凸,横切面呈透镜状,前、后缘脊锐利。基腔深而大,其前、后坡均匀的向外凸,尖顶指向主齿的后半部。反口面呈椭圆形。后基部上具有 1~5 个锯齿,彼此分离,细而长。

扁平分子:主齿大,外侧较凸,而内侧则较平或微凹,前、后缘脊锐利。主齿向内侧扭曲。基腔大,尖顶位于主齿的中部,主齿两侧不对称的膨胀,基部后突起上具有 3~6 个锯齿,锯齿基部互相融合而两侧较扁,前、后缘脊锐利。

产地及层位:莱芜黄羊山;炒米店组。

圆柱牙形石属 *Teridontus* Miller,1980
中村圆柱牙形石 *Teridontus nakamurai* (Nogami,1967)
(图版 147,图 5)

齿锥与基部长度之比为 1~2。在低层位的标本基部长,而高层位者则短。齿锥近直立到稍后倾,有时末端向前稍翘。横切面近圆形。多数标本中白色物质发育。其下限位于齿体弯曲部位,与生长轴直交。在高层位的某些标本中齿锥横切面呈六边形。基部近对称,横切面呈圆形—圆三角形—椭圆形,其长短轴之比为 1~2。基腔较深,可达齿体最大弯曲处。多数标本具有基充。

产地及层位:莱芜黄羊山;炒米店组。

纤细圆柱牙形石 *Teridontus gracilis* (Furnish,1938)
(图版 147,图 6)

齿体由齿锥和基部组成。齿锥近直立,细而长,其长度为基部的 3~4 倍,横切面圆形或椭圆形。齿锥白色物质沿生长轴分布。在较低层位的标本中，白色物质从基腔尖顶开始向上变粗；而在较高层位的标本中，则变细。基部呈短锥形，横切面圆形或椭圆形。基腔占据大部分基部，其前坡紧靠基部前缘，尖顶可达齿体最大弯曲处。

产地及层位：莱芜黄羊山；炒米店组。

疑问牙形石属 *Problematoconites* Müller, 1959
穿孔疑问牙形石 *Problematoconites perforata* Müller, 1959
（图版147，图7）

一类古老的单锥牙形石。齿壁较厚，基腔深，齿体显著地向后方弯曲。齿锥与基部分异不明显。基部横切面呈椭圆形，向上变为近圆形。近基缘处常可见圆孔。反口缘常因破裂而成不平整的边缘。

产地及层位：莱芜黄羊山；炒米店组。

原牙形石属 *Proconodontus* Miller, 1969
寒武原牙形石 *Proconodontus cambricus* (Miller, 1969)
（图版147，图8）

齿壁薄，基腔深入，显著侧扁，不发育或于齿顶附近少量发育白色物质。本种是多分子种，共包括3种分子，即对称型分子（symmetricus element）、不对称型分子（asymmetricus element）和箭牙形石型分子（oistodontiform element）。该标本为不对称型分子（asymmetricus element），除左右不对称这一重要特点外，其他特征基本与对称型分子相同。齿体一侧凸，另一侧平凸。近基缘处的齿体内侧常显著膨胀。可见到左、右型标本。

产地及层位：莱芜；凤山阶上部。

伸长原牙形石 *Proconodontus elongatus* Zhang
（图版147，图9）

单锥型牙形石。齿体细长，向后微弯。基腔深，可达近齿顶处。左右对称或不对称。前方较浑圆，后方常发育较锐利的缘脊。齿体不对称时，表现为一侧较平，另一侧基部膨胀，以致造成基部横断面呈扁三角形状。齿体对称时，横断面近于卵圆形，但后方仍显著收缩而发育为较锐利的缘脊。

产地及层位：蒙阴；崮山阶。

米勒原牙形石 *Proconodontus muelleri* Miller, 1969
（图版147，图10）

由3种分子组成。

对称型分子：齿体左右对称，后弯程度可大可小，略侧扁，齿锥同基部分异不明显。前后方均有缘脊发育，尤以后方显著。基腔深，可达齿顶。反口缘附近略膨胀。

不对称型分子：齿体向后弯曲较明显。反口缘内或外侧常膨胀。基部横切面近三角形。前后方皆有缘脊，后方者更为明显。基腔深，可达齿顶。有左、右型标本之分。

箭牙形石型分子：齿体略侧扁，齿锥近直，前后方均有缘脊发育。基腔深，可达齿顶附近。基部向后方显著突出，口缘角近直角。齿锥左右不对称，内侧基部略有膨胀。可见左、右型标本。

产地及层位：莱芜黄羊山；炒米店组。

诺峰原牙形石 *Proconodontus notchpeakensis* Miller，1969
（图版147，图11）

单锥型牙形石，齿体略小，基腔中等程度深入。基腔顶以上常有明显的白色物质发育。本种为一多分子器官种，共包括3种分子，即对称型分子（symmetricus element）、不对称型分子（asymmetricus element）和箭牙形石型分子（oistodon tiformelement）。

对称型分子齿体细长，直或略后倾，微侧扁，两侧基本对称。近基缘处，横断面近椭圆形，若仔细观察，前、后方可见微弱棱脊发育。向上，横断面趋于圆形。基腔可深达齿体弯曲处，基腔顶以上常有明显的白色物质发育。

不对称型分子齿体侧扁，略小。齿锥直立或后弯，并常向一侧微弯，基部在内侧显著膨胀而形成一圆滑的隆起。基腔中等深入，达齿体显著转弯处，基腔顶以上白色物质显著发育。

箭牙形石型分子齿体较小。齿锥侧扁，略后倾。前、后方皆有缘脊显著发育。齿锥较长，基部较短，并向后方微有突出。左右不对称，凹侧基部的齿壁显著膨胀，呈较圆滑的隆起。该隆起向上达基腔顶附近消失。基腔不深，仅达齿体转弯处，基腔顶以上白色物质显著发育。可见到左、右型标本。

产地及层位：蒙阴、莱芜；凤山阶。

变异原牙形石 *Proconodontus transmutatus* Xu et Xiang
（图版147，图12）

单锥型牙形石。齿体基部两侧近平，前缘浑圆，后缘窄圆，齿锥细，向后弯曲，其尖顶微扭，基部与齿锥分化明显，形态与 *Proconodontus notchpeakensis* 十分相近。然而，在基部表面发育有较多的小刺纹饰和横向纹饰。小刺纹饰尤其在基部的后、侧部多而密。齿锥扭、弯曲，横切面圆。基部宽、扁，反口缘轮廓长卵形。齿锥和基部分化明显。基腔大而深，可达齿锥弯曲部。

产地及层位：莱芜；凤山阶。

圆齿牙形石属 *Rotundoconus* An et Zhang
三隆圆齿牙形石 *Rotundoconus tricarinatus*（Nogami，1967）
（图版148，图1）

齿顶浑圆，棱脊圆滑等特征与 *Rotundoconus jingxiensis* 相似，其区别在于本种的三棱型分子为 Acodus 型，而四棱型分子为 Hertzina 型。

产地及层位：莱芜黄羊山；炒米店组。

原沃尼昂塔牙形石属 *Prooneotodus* Müller et Nogami,1971
加勒廷原沃尼昂塔牙形石 *Prooneotodus gallatini*（Müller,1959）
（图版 148,图 2）

单锥型牙形石。齿体侧扁,由下而上收缩较为显著。齿体上部微向后弯曲。齿面光滑。基部横切面常为浑圆的椭圆形,但齿体近顶部变为圆形。齿壁较厚,基腔深,可达齿体的最大弯曲处之上。

产地及层位：莱芜黄羊山；炒米店组。

奥札克牙形石属 *Ozarkodina* Branson et Mehl,1933
细齿奥札克牙形石 *Ozarkodina delicatula*（Stauffer et Plummer,1932）
（图版 147,图 13）

齿体片状,薄,细齿的基部厚度最大,微拱曲,略弯。前、后 2 个齿片长度不等,其上具细齿：前齿片长,其上细齿多；后齿片短,细齿少。所有细齿均侧扁,基部愈合,均向后倾斜,但倾斜角度不一,后齿片上的倾斜大。前齿片宽度大于后齿片,其上细齿也较后齿片细齿长大。主齿近中部,其长度一般为细齿的 2～3 倍,与后齿片所成的角度约为 90°,与前齿片成钝角。有些标本的齿片末端强烈内弯。反口面基腔小,位于主齿之下,向前后齿片延为一细沟。

产地及层位：莱芜；炒米店组。

同锯牙形石属 *Synprioniodina* Ulrich et Bassler,1926
微齿同锯牙形石 *Synprioniodina microdenta* Ellison,1941
（图版 147,图 14）

两个片状齿耙通常在一个平面上构成一大 40°～55°的角,两齿耙一般不等长,其上均具大小近等、排列紧密、侧方扁平、基部愈合的尖锐细齿,齿耙上细齿与齿片基部的交角在两个齿耙上不等,一个齿耙上略大,另一个略小（通常在短的齿耙上的角度小）,所有细齿略内弯。主齿顶生,大约是其他细齿长的 2 倍,侧扁,锐尖,断面透镜形,略内弯,基部内侧常扩张为一齿褶,外侧一般不扩张,主齿之下为一深的圆锥形基腔,向两个齿耙延为细沟。

产地及层位：济宁；太原组。

新颚齿牙形石属 *Neognathodus* Dunn,1970
巴氏新颚齿牙形石 *Neognathodus bassleri*（Harris et Hollingsworth,1933）
（图版 148,图 3）

齿台大,阔叶状,前部宽,后端圆,台内缘直,外缘微弯。隆脊两侧台面不等,外宽内窄,具横脊 12～14 条,长短不一,后部排列成放射状。隆脊直或微向内侧弯曲,直达末端,其上具瘤。自由齿片等于或略小于台长,较完整的标本上有细齿 12 个。隆脊两侧纵沟发育。侧视齿台上拱,拱顶在齿台中部,侧缘向中轴方向倾斜。反口面具基腔,其边缘外张。

产地及层位:肥城;太原组。

朗德新颚齿牙形石　*Neognathodus roundyi* (Gunnell, 1931)
(图版 148,图 4)

齿体矛状,齿台口视近矛头形,侧向微弯。隆脊纵贯齿台,与一侧齿垣相交成锐角,其上可见基本愈合的瘤状细齿。隆脊两侧齿台发育不等,一侧完整,为一列瘤或横脊,与隆脊以"V"形沟相隔,二者高度近等;另一侧齿台发育不全,仅在前部微微可见,其上有 1~4 个瘤,其高度明显低于隆脊和另一侧齿垣。自由齿片高,前 1/3 处细齿最大,基腔深广,具裙状衬边。

产地及层位:新汶;太原组。

欣德牙形石属　*Hindeodella* Rexroad et Furnish, 1964
优美欣德牙形石　*Hindeodella delicatula* Stauffer et Plummer, 1932
(图版 147,图 15)

齿体耙形,齿耙长而直,有的标本后齿耙在后部微弯;齿体前末端向内向下弯曲,形成前侧齿耙,内弯角约 90°,下弯与齿耙交角小于 90°,并具不等的细齿 5~7 个。主齿位于前侧齿耙弯曲处略偏后,内弯和后倾,为大细齿的 3~4 倍。长的后齿耙上有大小相间的细齿,一般两大细齿间有 2~6 个内弯的小细齿。齿耙后末端呈抹刀状。反口面底缘锐利,其上有一齿槽,主齿下有一微微扩张的扁豆状基腔。

产地及层位:淄博;太原组。

多齿欣德牙形石　*Hindeodella multidenticulata* Murray et Chronic, 1965
(图版 146,图 20)

齿体耙状,其主要特征和 *Hindeodella megadenticulata* Murray et Chronic 相似,其区别在于本种前侧齿耙上不具第二主齿,而为 4 个微内弯的指状细齿,下部末端为一小的齿突。前侧齿耙与后齿耙轴的交角先为 50° 下弯,然后 90° 向下。本种和 *Hindeodella delicatula* 颇为接近,但后者齿耙末端为抹刀状,主齿位于前侧齿耙转弯处略偏后。

产地及层位:新汶;太原组。

异颚牙形石属　*Idiognathodus* Gunnell, 1931
优美异颚牙形石　*Idiognathodus delicatus* Gunnell, 1931
(图版 148,图 5、6)

齿台口视轮廓叶状,直或微内弯,前 1/3 处最宽,末端尖。具内、外附叶,其上各有瘤 1~20 个不等。齿台口面具横脊 6~18 条,与中轴近垂直。自由齿片具细齿 10~16 个,往后延伸成隆脊,其长为台长之 1/4。隆脊两侧之纵沟和纵脊明显。反口面基腔深而广,自由齿片处为一细沟。

产地及层位:新汶、济宁、肥城;太原组。

棒状异颚牙形石 *Idiognathodus claviformis* Gunnell,1931
(图版148,图7)

齿体粗大。齿台口视宽而粗壮,棒形,前1/3处最宽,末端钝圆,微内弯。具双叶,内叶较大,与齿台无明显界线,其上具瘤6～25个,可构成瘤列或脊,但排列杂乱。口面横脊不连续,有时横脊与瘤断续相间;在幼年期标本上仅见横向瘤列而无横脊;横脊和瘤列均与中轴斜交。台缘通常外凸。自由齿片与台长相等,其上具细齿。隆脊短,纵沟与纵脊亦短,且向前下方斜倾。反口面基腔深而广,腔壁具宽广的放射状的波状起伏,在保存良好的标本上可见细而密的同心纹。

产地及层位:滕州、肥城;太原组。

山西异颚牙形石 *Idiognathodus shanxiensis* Wan et Ding
(图版148,图8)

齿体台型,口视齿台纤细,内弯显著,呈镰形,中部最宽,前后窄细,末端锐尖。口面具8～12条横脊,与齿台中轴斜交。齿台表面沿中轴线微凹。两侧附叶发育,与齿台分界清楚,内叶大于外叶;内叶以一凹面向内侧的弧形浅沟与齿台分界,其上有瘤2(幼年期标本)～12个(成年期标本),一般排列成大致与横脊平行的行;外叶呈与齿台中轴平行的瘤列,其长可达齿台中部,幼年期标本瘤数仅为1～2个,中年期标本6～8个,排成一行,老年期标本瘤数可达14个以上,排成3行。齿台前部隆脊两侧的纵沟和纵脊发育,内侧纵脊呈弧形弯曲,凸面向内并与其后之附叶和齿台的界线成一明显的"S"形;外侧纵脊与隆脊及外叶上的瘤列平行。自由齿片长与台长远等,前高后低,其上具侧方扁平、基部愈合、顶端分离的细齿10～12个,前大后小。隆脊短或基本缺失。侧视齿体微上拱,拱顶近齿台中前部。反口面基腔开阔,不对称,自由齿片处为一细沟。

产地及层位:济宁;太原组。

大叶异颚牙形石 *Idiognathodus magnificus* Stauffer et Plummer,1932
(图版148,图9)

口视齿台长而粗壮,末端钝尖,前1/3处最宽,微内弯。具内外叶,内叶大,其上具瘤、瘤列或脊,瘤列或脊与中轴近于平行或斜交,瘤数量多可达25个,变化很大;内叶与齿台分界明显,外叶与齿台分界不清。台面具横脊6～12条,与中轴微斜交,于中轴处可略向前凸。自由齿片与台长近等,其上有细齿约12个。隆脊短,纵脊明显。反口面为不对称的深而开阔的基腔,沿中轴线有一细沟。

产地及层位:肥城;太原组。

整洁异颚牙形石 *Idiognathodus tersus* Ellison,1941
(图版148,图10)

齿体矛状,个体较小。口视齿台纤细,末端尖,中部偏前最宽。无附叶。侧视齿体上拱。

口面沿中轴微凹,具横脊6~15条,一般8条,与中轴近垂直。自由齿片与台长近等,其上细齿约12个,前部略大。隆脊约为台长之1/3,其两侧的纵沟和纵脊发育。反口面为基腔,其边缘外张成齿裙,在齿片处为一细沟。

产地及层位:济宁;太原组。

后矛牙形石属 *Metalonchodina* Branson et Mehl,1941
双齿后矛牙形石 *Metalonchodina bidenta* (Gunnell,1931)
（图版148,图11）

齿体强烈拱曲,前齿耙短,为一向下延伸的齿突。主齿长大,位于后齿耙前末端,断面为菱形。后齿耙长,向后向下凸伸,其上有5个分离的内弯的细齿,其中前末端的一个较大,在基部内侧与主齿相连而膨大。反口面内侧有一小的基腔。

产地及层位:滕州;太原组。

韦斯特加特牙形石属 *Westergaardodina* Müller,1959
黄羊山韦斯特加特牙形石 *Westergaardodina huangyangshanensis*
（图版148,图12）

齿体呈半圆形的副牙形石分子。生长层明显,同样呈半圆形。齿体向基部方向增厚。反口面发育浅的基沟。

产地及层位:莱芜;炒米店组。

矢牙形石属 *Acontiodus* Pander,1856
相邻矢牙形石(亲近种) *Acontiodus* aff. *propinquus* Furnish,1938
（图版149,图1）

两侧近对称,齿体收缩率较大。齿锥直立或前倾,横切面前凸后凹,呈新月形,前缘浑圆凸起,后缘凹呈明显的沟,两侧缘脊钝,且靠近后面。基部很短,后部微膨胀,反口缘近椭圆形。基腔浅,呈张开的三角锥状。

区域分布:北美下奥陶统;牙形石动物群。

产地及层位:莱芜;凤山阶。

耳叶牙形石属 *Aurilobodus* Xiang et Zhang
耳叶耳叶牙形石 *Aurilobodus aurilobus* (Lee,1975)
（图版149,图2、3）

基部具耳的 *Aurilobodus*,由对称和不对称的双分子组成。对称型分子齿体片状,两侧对称,由一个高的片状主齿和基部两个耳状侧齿组成。

主齿高,片状,垂直于反口缘向上生长。两侧具薄而宽的片状侧缘脊,两侧肋脊的侧边缘近平行,向齿顶微收缩。沿主齿后方中线位置具一条后脊,后隆脊高,其脊缘锐利,向前加宽,变厚。后隆脊在基部向后延伸,其延伸部分中空,为基腔位置所在。两侧各具一耳状侧齿,其顶部钝圆,侧边向上微收缩或与齿体中轴近平行。基部底缘平或微向下凸。基腔中等深,并向侧齿下方延伸成槽。基腔唇缘向后翻转,后视轮廓近半圆形或三角形。

不对称型分子齿体片状,不对称,由一个高而大的主齿和一个耳状侧齿组成。

主齿高,微向侧方弯,收缩率中等,侧边具薄而锐利的刀状缘脊。沿后方中部具一条宽圆的低隆脊。前方微凸。

基部向后折转弯曲。基腔唇缘向后翻转,基腔向一侧方延至耳状侧齿下方,成槽状,且为"之"字形开口。由于耳状侧齿可位于主齿的左或右方,故该分子可分左、右型。

产地及层位:莱芜;中奥陶统。

薄体耳叶牙形石 *Aurilobodus leptosomatus* An,1982
(图版149,图4、5)

由对称型分子和不对称型分子组成的双分子种。齿体侧宽而薄,齿锥收缩率大。基部侧宽,反口缘平或上凹,在中后方膨胀,呈一圆形突起。基腔浅,向后张开,由基部后突起处向两侧裂缝状延伸。

对称型分子两侧对称,前凸后凹,齿体直或微向后弯曲。齿锥后视收缩率大,前后薄,呈片状,前凸,具宽而低的隆脊,由齿顶伸达基部。两侧缘脊薄而锐利,脊缘直并微后倾,与薄而锐利的基部侧缘相交呈一个大的钝角,成熟的标本在交接处裂开,使基部两侧成耳,而幼年的标本表现不明显,多数的标本齿体两侧均有成耳的趋势。基部侧宽,前视基部沿反口缘呈一窄的收缩带;后视中部由后隆脊之下向后膨胀,呈一高而浑圆的突起;反口缘中部强烈上凹或平直。基腔浅,中部开阔,然后呈裂缝状向两侧延伸,基腔尖顶位于近前缘脊中部。不对称型分子颜色、形态与对称型分子大体相似。但齿体两侧不对称,齿锥微向后侧方弯曲。两侧缘脊不同,一侧窄、一侧宽,窄侧缘脊短而内凹,宽侧缘脊长而外凸。基部与齿锥分界不明显,窄侧缘脊于基部下伸短,而宽侧缘脊于基部下伸长,两侧基角钝圆,夹角一大、一小。

产地及层位:莱芜;马家沟群。

简单耳叶牙形石 *Aurilobodus simplex* Xiang et Zhang
(图版149,图6、7)

该种为对称和不对称片状齿体,齿体较厚,缺乏耳或锯齿之类的构造,基腔开阔。

标本由对称型和不对称型分子组成。

对称型分子齿体片状,两侧对称,前面平滑无脊,微凸,两侧各具一薄而宽的刀状缘脊,侧缘脊在齿体下部宽、上部窄,使齿体外形如一个高的等腰三角形。沿齿体后面中线位置具一条高的后隆脊,其脊缘锐利,向前变厚变宽。在齿体基部,后隆脊向后延伸,其中为基腔位置所在。反口缘侧视平或中部微向上凹。基腔唇缘翻转。开口近三角形,基腔在反口面向两侧延伸成槽沟。

不对称型分子齿体片状,稍向后侧方扭。两侧具锐利的刀状缘脊,凸侧缘脊宽,凹侧缘脊窄,前者宽度约为后者的2倍。齿体后方具一条宽圆的低隆脊,后隆脊在基部加宽,并向后膨胀。前面圆滑地前凸。基腔开口大,靠后,唇缘向后翻转。

产地及层位:莱芜;中奥陶统。

八陡牙形石属 *Badoudus* Zhang
八陡八陡牙形石 *Badoudus badouensis* Zhang
（图版 148,图 13）

骨片状的牙形石,主齿不明显,稍大于锯齿,位于中间靠后方。锯齿基部融合,上部 1/3 分离。锯齿向前方逐渐变短,向后快速变短。齿体在 1/2 高度上最厚。基部微向上拱。基腔浅,向前后方延伸,在主齿底部稍膨大。

标本骨片型牙形石,薄而高,在主齿底部稍拱。骨片上紧密地排列着 10～20 个锯齿,主齿较锯齿稍大,但不明显,位于中间靠后方。前骨片稍高于后骨片,锯齿近于直立,紧靠主齿的锯齿稍后倾。后骨片上的锯齿稍小于前骨片上的,后倾。锯齿基部融合,上部 1/4～1/3 处分离,齿间沟浅,齿顶尖,口缘锋利。反口缘近直线状,在主齿底稍上拱。基腔如线状,前后延伸,在主齿底部处稍膨大。齿体纵切面观由反口缘向上 1/3 处,向侧方膨胀,由此向反口缘逐渐变薄。

产地及层位:博山;八陡组。

似针牙形石属 *Belodina* Ethington,1959
扁平似针牙形石 *Belodina compressa*(Branson et Mehl,1933)
（图版 149,图 8、9）

这是一个双分子的种,由 belodiniform element 和 eobelodiniform element 组成。

belodiniform element 齿体扇,为两侧近对称的复合型牙形石,齿体向前横伸,外侧具一条纵向的沟,前边缘圆润。主齿后方具有 5～10 个或 10 个以上大小较均匀的锯齿,锯齿基部融合,到上部约 1/3 处锯齿分离,齿间沟从顶到底都较深而明显,齿顶尖。基部向后方扩张成踵状,具有两个锥状的基腔;后面的腔窄长,前面的腔较宽而深,其尖顶指向前。

eobelodiniform element 两侧不对称的单锥牙形石,齿锥强烈地向后弯曲,内侧具低隆脊,外侧平凸,前后边薄,刀刃状,横切面扁。基部向后延伸,口缘和齿体的后边缘相交为一个锐角,基部在内侧轻微的膨胀。基部侧视踵状,反口缘呈微波状。基腔深达齿体弯曲处,尖顶指向前方。

产地及层位:博山;八陡组。

富牙形石属 *Dapsilodus* Cooper,1976
变异富牙形石 *Dapsilodus mutatus*(Branson et Mehl,1933)
（图版 149,图 10）

齿体为单锥型,其前缘平缓弯曲,曲度小,后缘迅速弯曲,曲度大。基部和齿锥分化不明显,侧扁。齿锥横切面呈棱形,而基部则呈薄片形。前、后缘脊锐利。齿体两侧的中部具一明显的肋脊。基腔呈高三角形。

产地及层位:博山;八陡组。

相似富牙形石　*Dapsilodus similaris* (Rhodes,1953)

（图版 149，图 11）

镰牙形石型分子（drepanodontiform element）齿体，下部直，上部向后弯曲，横切面为透镜状，上部厚而下部薄，下部侧视向上逐渐变窄，而齿体上部收缩率小，前、后缘具缘脊，侧面宽圆，基部长，前、后缘脊明显。外侧边平缓凸，内侧边稍凸或近平。基腔深，达齿体中部，侧视为简单高三角形，反口面为透镜状。表面光滑，无饰。

产地及层位：博山；八陡组。

端牙形石属　*Distacodas* Hinde,1879

帕氏端牙形石(?)　*Distacodas? palmeri* Müller,1959

（图版 149，图 12）

齿体高锥状，两侧对称，均匀地向后弯曲。齿锥与基部无明显分化。前后及两侧都具锐利的棱脊，4 条棱脊从齿顶一直延伸到反口缘。由 4 条棱脊分开的 4 个侧面都微向内凹。齿体横切面菱形。齿壁薄。基腔深，尖顶可达齿顶。反口缘平。有的标本侧面上具横纹。

产地及层位：莱芜；长山阶。

镰牙形石属　*Drepanodus* Pander,1856

扭曲镰牙形石　*Drepanodus streblus* An

（图版 148，图 14）

单锥型牙形石，两侧近对称，基部高，后基角稍向后伸长，基腔较深，达到齿锥弯曲处。齿锥后倾，两侧接近对称，横切面为扁的透镜状。外侧凸，内侧微凸，前、后边缘薄。齿顶微向内弯曲。基部高，后基角稍向后延伸，后基角小于 30°。侧视反口缘向上凹。基腔大而深，达齿体弯曲处，基腔尖顶指向前方，基腔侧视前坡稍向后凹，而后坡平直。

产地及层位：博山；八陡组。

支架牙形石属　*Erismodus* Branson et Mehl 1933

典型支架牙形石　*Erismodus typus* Branson et Mehl,1933

（图版 148，图 15、16）

骨棒状复合型牙形石，主齿近直立，并显著向下方延伸形成一厚实的舌状突起。两侧骨棒排列近对称，各发育 4～5 个锯齿。基腔呈低锥状，位于主齿下方并向两侧略有延伸。基腔后缘微有膨胀，齿体常呈琥珀光泽。

产地及层位：泗水、博山；奥陶系八陡组。

怪齿牙形石属　*Erraticodon* Dzik,1978

唐山怪齿牙形石　*Erraticodon tangshanensis* Yang et Xu

（图版 146，图 21）

粗壮的复合型牙形石，常见的齿体呈乳白色。基腔一般较浅。由 cordylodontiform el.、

plectospathognathiform el.、trichonodelliform el.、prioniodini form el.、hindeodelliform el. 及 anguladontiform el. 六种类型的分子组成。其中 plectospathognathiform el. 又包括具前齿突和具后齿突的两种类型，anguladontiform el. 为一长的锯齿列，略近于 E. balticus Dzik, 1978 的 spathognathiform el.，但后齿突末端明显向内侧折曲。

此标本为 prioniodiniform element（似锯牙形石型分子），为复合型牙形石，齿体较粗壮，两侧近对称至不对称。主齿明显，略微扭曲。其前、后缘脊较锐利。前缘脊在基部形成一个短的前齿突，并具 1~3 个分离或融合的锯齿，有的标本锯齿明显向内侧弯曲，一些标本则不明显。后缘脊在基部形成一个明显的后齿突，其上具 3~5 个锯齿，锯齿上部分离，下部融合。锯齿大小不规则。主齿和锯齿的横切面均近圆形。基腔位于主齿之下，浅锥状，并分别延伸至 2 个齿突的末端。

产地及层位：莱芜；中奥陶统。

费里克塞牙形石属 *Fryxellodontus* Miller, 1969
无饰费里克塞牙形石 *Fryxellodontus inornatas* Müller, 1969
（图版 150，图 1）

依 Müller(1969) 的定义，这是一个多分子的牙形石种，包括扁平分子（planus element）、锯齿分子（serratus element）、对称型分子（symmetricus element）和中间分子（intermedius element）。目前只见扁平分子，描述如下。齿体两侧扁平，半圆形。侧视，前边半圆形，后边稍直或波状。前边不具脊或仅具狭窄的隆脊。后缘脊薄而宽，龙骨状，其宽度约为齿体宽度的一半，它从反口缘延伸到齿顶，有的标本后缘脊中部向右侧方弯曲，使其为波状。后缘脊上未分化出锯齿。基腔大而深，其尖顶近达齿锥顶部，并向后弯曲。基腔中空，未见白色物质充填其中。由于标本半透明，琥珀色，因而基腔轮廓清晰可见。

产地及层位：莱芜；凤山阶。

费氏牙形石属 *Furnishina* Müller, 1959
不对称费氏牙形石 *Furnishina asymmetrica* Müller, 1959
（图版 150，图 2）

齿锥稍向后并向侧弯，横切面呈三角形或圆三角形。齿体前面平，两侧具脊，后边具脊或较圆，3 条脊从齿顶向下延伸至反口缘。后棱脊偏向一侧，使齿体两侧明显不对称。基部大，不对称地向侧方膨胀。基部前面和两侧面微向内凹。基腔深而大，占据整个基部，其尖顶达齿体最大弯曲部位。

产地及层位：莱芜；上寒武统。

费氏费氏牙形石 *Furnishina furnishi* Müller, 1959
（图版 150，图 3~5）

Furnishina furnishi 按形态大致可分为 3 种类型（Nogami, 1966）分别描述如下。
symmetricus element 齿体短，齿体向后均匀的弯曲。前面平，向下延伸至基部，形成一

宽而平的前平面。前两侧不具脊或仅具弱的肋脊。两个侧面对称发育,二者在后边相交形成后棱脊。齿锥横切面上部圆,中、下部略呈圆三角形。基部向后延伸。反口缘前面平,后边微向外翻转,使其轮廓近半圆形。基部壁薄,基腔深,其尖顶近达齿体中上部。

subsymmetricus element 齿体明显地分为齿锥和基部两部分。齿锥直而细,直立或稍向后弯。其前平面向两侧加宽,形成2条宽而平的前侧缘脊。前侧缘脊在基部加宽。齿锥后边宽圆或具棱脊。基部前面平,向两侧及后方膨胀,尤其向两侧更为剧烈。基部壁薄,基腔深,其尖顶几乎达齿顶。

asymmetricus element 齿锥相对于第1、2种类型来说稍粗,直立或稍向后弯,其横切面在齿顶部分圆,向下变为前面平后边圆的圆三角形。齿锥向基部逐渐变粗。基部稍膨大,向后延伸,前面平,反口缘形态近三角形。基腔较深,其尖顶达齿体最大弯曲部位。

产地及层位:莱芜;中上寒武统。

宽齿费氏牙形石 *Furnishina latuspa* Zhang
(图版150,图6)

齿壁甚薄,基腔深。齿基及齿锥在侧视图上皆较宽。前方齿面光滑,略斜。基部向后方强烈突出。

标本齿锥近直立或略后倾。基部显著扩大。前方齿面略斜,以致可以区分出前方和侧方的棱脊。侧棱脊形成于齿体的外侧,故内侧发育一较平坦的齿面。基部向后方强烈突出,齿锥的后缘脊及基部口缘处的棱脊皆发育得比较锐利,后者向后方显著延长。由于齿基及齿锥在侧视图上皆较宽,齿锥由下而上的收缩率显然较大。本种可见到左、右型标本。

产地及层位:蒙阴;张夏组顶部。

舌形费氏牙形石 *Furnishina lingulata* Xiang
(图版150,图7)

齿体基部向后舌形伸长的 *Furnishina*。

标本齿体由齿锥和一个舌状基部组成。齿锥直,后倾,齿顶微向前弯,横切面近三角形。基部舌形,前面具一个平面,后边向后舌状延伸,其延伸长度为齿锥长度的1~2倍(或更长)。舌状基部很低,从口缘到反口缘的平均高度一般为基部前后长度的一半以下。口缘具脊或不具脊。基部壁薄。基腔大,占据整个基部,尖顶达齿体最大弯曲部位。

产地及层位:莱芜;崮山阶。

三角费氏牙形石 *Furnishina triangulata* Xiang et Zhang
(图版150,图8、9)

短锥状,稍不对称。前方具宽而平的面,向两侧加宽形成2条薄而宽的前侧脊片。齿体的前平面、两侧面以及横切面形态呈三角形。

标本齿体短锥状,向后弯曲占前平面宽,三角形,向两侧加宽形成两条刀状前侧脊片。齿体最大宽度在前面,侧方具2个三角形的侧面,其下面宽,上面窄。两侧面在后方相交形成锐利的后缘脊。后缘脊居中或稍偏一侧。齿体横切面呈三角形。反口缘波状。基腔深,尖顶几达齿顶。

产地及层位:蒙阴、莱芜;张夏组、崮山组。

赫茨牙形石属 *Hertzina* Müller,1959
美洲赫茨牙形石 *Hertzina americana* Müller,1959
(图版 150,图 10、11)

齿体高,锥状。齿锥和基部无明显分化。齿体上部 1/3 较细,并微向后弯曲,下部 2/3 稍膨胀。齿体后边具一平坦或微向内凹的面,其两侧各具一条锐利的棱脊,棱脊从基部向上延伸,几乎达齿顶。多数标本两侧不对称,少数对称。不对称齿体的外侧面微凸,内侧面平或微凹,前边窄圆;对称齿体的外、内、前 3 个面分化不明显,前边宽圆,两侧微凹。基腔深,尖顶近达齿顶。齿体壁薄,保存良好的标本表面能见横向生长纹。

产地及层位:莱芜;长山阶。

双叶赫茨牙形石(?) *Hertzina? bilobata* Xiang
(图版 151,图 1、2)

齿锥直。基部向侧后方分裂为 2 个叶片状基部。

标本齿体由齿锥和基部组成。齿锥直,后倾,前边具 1 条、后边具 2 条棱脊,前棱脊更锐利。齿锥横切面近三角形。基部向后膨大,分化为 2 个侧叶,两侧叶在口缘靠近齿锥部位融合,向后分离。每一个侧叶之上方口缘部位各具一口缘脊。两侧叶在齿体的前基部完全分离。基腔浅,不明显,其尖顶位于齿锥与基部结合部位,未深入到齿锥内。

产地及层位:莱芜;张夏阶顶部。

角状赫茨牙形石(?) *Hertzina? cornuta* Xiang
(图版 151,图 3、4)

齿体角锥状。外侧面宽,微凸。后面狭窄,并偏向内侧。前边具锐利的棱脊。

标本齿体高锥状,齿尖细,微向后弯。下部直立。两侧不对称。前后棱脊和内侧棱脊锐利。内侧棱脊稍靠后。3 条棱脊从齿顶一直延伸到反口缘,并将齿体分隔为 3 个不相等的面。外侧面最宽,微向外凸,内侧面和后面微凹,后面较狭窄,并偏向内侧。齿体横切面三角形。齿壁薄。基腔深,尖顶深达齿顶。反口缘波状。

依齿体的弯曲方向与内侧棱脊的相互关系,可将该种分出左、右型。

产地及层位:莱芜;上寒武统长山阶。

刺瘤牙形石属 *Hirsutodontus* Miller,1969
稀少刺瘤牙形石 *Hirsutodontus rarus* Miller,1969
(图版 151,图 5、6)

两侧近对称的短而小的卵形单锥牙形石。齿锥顶部钝圆,齿顶略向后弯,齿体收缩率极小。基部稍膨大,横切面由顶部至基部为圆形到近圆形。齿体上饰有紧密排列的刺瘤,近反口缘处有无刺瘤带。基腔大,深达齿体的 1/3 处。反口缘椭圆形。

产地及层位:莱芜;上寒武统凤山阶。

帆牙形石属 *Histiodella* Harris,1962
稀少帆牙形石 *Histiodella infrequensa* An
(图版 149,图 13)

骨片状牙形石,齿体小,侧视为一前端宽圆的四角形。口缘具明显的锯齿,反口缘近直,主齿下部膨胀,具一浅的基腔。

标本骨片型牙形石,齿体小,呈近四角形,长度与高度之比约为 3∶2。两侧对称。前端宽圆,后端较陡。较明显的主齿位于后部,且后倾。口缘后端陡斜。前端近平。前、后口缘具许多锯齿。锯齿和主齿的横切面均为透镜形。锯齿大部分融合,仅在顶部分离。反口缘近直,且于主齿之下明显地向内侧膨胀。基腔位于反口缘的膨胀处,为一浅的凹穴,并以细的裂缝分别延伸至齿体的前、后两端。

产地及层位:莱芜;中奥陶统。

斜牙形石属 *Loxodus* Furnish,1938
分离斜牙形石 *Loxodus dissectus* An
(图版 149,图 14)

薄骨片状牙形石,齿体最大高度位于前部,锯齿之间的融合线延伸至近反口缘。基部低。基腔位于齿体前端,仅略显膨胀。

标本骨片状牙形石。齿体薄,其最大高度位于中偏前部。前端宽圆,向后缓缓变窄,后端窄圆。外侧面凸,内侧面四。口缘微拱,且具许多扁平而细小的锯齿。锯齿大部分融合。锯齿向后倾斜,锯齿与反口缘的夹角由前向后逐次变小。反口缘直,前端明显地向口缘收缩。基部明显地向内折曲,基腔位于反口缘的前端,仅略显膨胀,并以细的裂缝沿反口缘延伸至齿体的末端。

产地及层位:莱芜;马家沟群下部。

微腔牙形石属 *Microcoelodus* Branson et Mehl,1933
对称微腔牙形石 *Microcoelodus symmetricus* Branson et Mehl,1933
(图版 151,图 7)

齿体由一个大的主齿和两个具锯齿的侧骨棒组成。主齿细而长,直立或后倾,前面宽圆,后面具一条宽圆的隆脊,两侧具锐利的肋脊。主齿基部向后稍膨胀,有的标本前基部微向下突出。

两侧骨棒以主齿基部向后侧下方生长,其上各具几个分离的锯齿。锯齿短而直,横切面圆形到椭圆形。两个侧骨棒相对于主齿而对称。

基腔不深,低锥状,其尖顶位于主齿基部的中央靠前。基腔向两侧骨棒延伸,形成反口面的浅槽。齿体琥珀色,半透明。

产地及层位:博山、聊城;八陡组。

米勒齿牙形石属 *Muellerodus* Miller,1980
直立米勒齿牙形石 *Muellerodus erectus* Xiang
（图版 151,图 8）

种特征:齿体直立,前边浑圆,后边狭窄。两侧或一侧具脊。标本是一个双分子种,按侧肋脊的分布,可分为对称型和不对称型两个分子。

对称型分子齿体高锥状,齿锥和基部无明显分化,收缩率较小,均匀地微向后弯曲,两侧对称。两个前侧面凸,使二者在前面的结合部位浑圆;而两个后侧面微凹,使其在后边的结合部位窄圆,但齿体前后均无脊。两侧各具一条锐利的棱脊,侧棱脊居中或稍靠前,脊锋指向后方。齿壁薄。基腔深,尖顶深达齿顶。有的标本表面可见横纹。齿体淡褐黄色。

不对称型分子齿体两侧不对称,外侧面微凸,其上无棱脊,内侧面中线附近具1条棱脊。两侧较扁平,前后浑圆。其余特征与对称型分子基本相同。

产地及层位:莱芜;上寒武统长山阶。

厄兰米勒齿牙形石 *Muellerodus oelandicus* (Müller,1959)
（图版 151,图 9）

不对称的单锥牙形石。齿锥强烈地向后弯曲,齿尖稍向上翘,轻微地向侧方扭曲,横切面近椭圆形。齿体的一侧近基部具棱脊并一直延至反口缘。基部向后张开,基腔深,顶尖深达齿锥弯曲处。

产地及层位:莱芜;上寒武统崮山阶。

波美拉米勒齿牙形石 *Muellerodus pomeranensis* (Szaniawski,1971)
（图版 151,图 10）

两侧不对称的单锥型牙形石。齿锥细长且强烈地向后弯曲,横切面近圆形。齿体前方微凸。基部很宽而膨大,后方凸,向两侧圆弧状凹下。两侧后方具脊,从齿体的1/3到反口缘处越来越明显。反口缘近似菱形。反口缘侧向宽度往往超过整个齿的高度。基腔很大而深,其尖顶达齿锥弯曲处。

产地及层位:莱芜;上寒武统崮山阶。

野上齿牙形石属 *Nogamiconus* Miller,1980
中华野上齿牙形石 *Nogamiconus sinensis* (Nogami,1966)
（图版 151,图 11）

两侧不对称的单锥型牙形石,外形呈低三角形,稍向后倾。前侧方有1条从齿顶延伸至反口缘的薄棱脊。后方为1个高三角形的面。内侧靠后方具有1条棱脊。齿锥横切面为低三角形。基腔大而深,几乎达到齿顶。反口缘为不规则的三角形。

产地及层位:莱芜;上寒武统崮山阶。

箭牙形石属 *Oistodus* Pander,1856
强壮箭牙形石 *Oistodus sthenus* Zhang
（图版 151,图 12）

单锥型牙形石,齿体较大,齿锥后倾,微弯。基部向后伸长,口缘平直,口缘角约为 45°,前基角约 80°。基部后端尖,反口缘中部向下稍凸。反口面两侧稍膨胀。

标本为单锥型牙形石,齿体较大。齿锥强烈地后倾,前后边缘刀刃状,横切面透镜状。内侧具较粗的隆脊,外侧稍凸。基部向后延伸,内前侧凸起延伸至反口缘。口缘锐利,平直的向后延伸,口缘角约为 45°。反口缘侧中部向下凸。基腔长而浅,内侧中部较膨大,两端变窄。前基角为 80°左右,基部后端尖。

产地及层位:利津义和庄;中奥陶统。

潘氏牙形石属 *Panderodus* Ethington,1959
纤细潘氏牙形石 *Panderodus gracilis* (Branson et Mehl,1933)
（图版 152,图 1、2）

这是一个多分子的器官种。Bergstrom 和 Sweet 等(1966)认为,该种由形式种 *P. gracilis*、*P. compressus* 和一个过渡序列(transi tional series)的 *Panderodus* 组成。分别描述如下。

gracilis element 齿体长而细,从基部到齿顶均匀地向后弯曲,或下部较直,中部的曲率较大。齿体前边宽圆,后边较狭窄,内、外两侧各具一条纵沟,内侧沟宽浅,外侧沟深而明显,两条纵沟将宽圆的前边和狭窄的后边分开。内侧沟位于齿锥前 1/3 左右,外侧沟位于后 1/2 左右。这两条沟与宽圆的前边接合处各为一条棱脊,两条棱脊的脊锋均指向后方。齿锥后边具一条锐利的后缘脊。两侧具数条线脊。

基部高,约为齿体高度的 1/2。沿基部侧面的中线部位微向内收缩,使反口缘轮廓近梨形。基腔深达齿体高度的 1/2,其尖顶位于齿体最大弯曲部位,基腔前坡靠近基部前边缘。

compressus element 齿体短而宽,其最大宽度为高度的 1/3～1/2。齿锥前倾,最大弯曲点在齿体中部。齿体前边较厚,前缘脊锐利或稍浑圆,后边较薄,后缘脊锐利。齿体外侧面靠后 1/3 位置具一条纵沟,它从基部一直延伸到齿顶。

基部横宽,外前侧面稍凸,内侧面稍平,基部两侧近中线位置向内收缩成浅槽。基腔深而大,深度达齿体高度的 1/2 左右,尖顶靠近齿锥前边缘,基腔前后坡直,侧视呈三角形。

该分子最突出的特征是两侧十分扁平。

transitional element 齿体宽度变化较大,可宽,可窄,向后均匀地弯曲。前边缘具一条向内歪的棱脊,它与内侧面结合部为一条纵沟。后边缘具一条狭窄的后缘脊。内侧面平,在齿体下半部沿内侧面中线向内凹成一宽浅的槽,这条浅槽向反口面变宽变深。外侧面靠前半部凸出,后半部低平,其间具一条纵沟。基部后边向后延长。基腔深达齿体高度的 1/2,尖顶靠前边缘,前后坡直。

该序列最明显的特征是内侧面平,外侧面凸,外侧面最大凸度靠前,使齿体横切面近三角形。它的宽度和高度变化较大,较细长的类型与 gracilis element 接近,较宽扁的类型与 compressus element 接近,但多数标本更接近于 gracilis element。因 transitional element 的前边具缘脊,gracilis element 的前边宽圆,二者是可区别的。

虽然该序列是作为 *P. gracilis* 和 *P. compressus* 之间的过渡序列,但又与后二者是不连续的,易于区别的,因此后二者仍可作为各自独立的形式种而存在。

产地及层位:博山、利津义和庄;八陡组。

副锯颚牙形石属 *Paraserratognathus* An
肥胖副锯颚牙形石 *Paraserratognathus obesus* Yang
(图版 152,图 3、4)

齿体肥胖,齿锥短小,基部高大且明显膨胀。齿体具肋脊,且在基部附近呈叠瓦状排列。齿体后面宽圆的隆脊上具数条明显的次级细棱脊。

标本为一反曲的单锥型牙形石,由齿锥和基部组成,齿体肥胖,两侧近对称。齿锥短,横切面透镜形。前面圆润地凸起,后面具宽圆的隆脊,隆脊上具数条明显的次级棱脊。隆脊两侧各具一宽而深的凹沟。齿体具肋脊,并分别由基部的两侧后方向齿锥前方延续,且逐渐减弱,直至在齿锥尖顶下部的前方两侧消失,致使齿体 3/4 高处的肋脊数目不等;并在基部附近分别明显地向各自一侧呈叠瓦状排列。两侧具有肩状构造。基部高且明显膨胀,基部前面中央处具一明显的"V"字形凹槽,并向齿锥逐渐减弱,最终变平。反口面轮廓近圆形。基腔深至齿体的最大弯曲处,为一开阔的圆锥形,基腔尖顶近于齿体的前缘。

产地及层位:莱芜;下奥陶统。

褶牙形石属 *Plectodina* Stauffer,1935
爪齿褶牙形石 *Plectodina onychodonta* An et Xu
(图版 152,图 5、6)

由 subcordylodontiform、cyrtoniodontiform、dichognathiform、prioniodiniform、trichonodelliform 以及 zygognathiform element 共 6 个分子组成。subcordylodontiform el. 口缘角大,dichognathiform el. 前缘脊末端常具有锯齿,prioniodiniform el. 后突起的锯齿低而稀少,trichonodelliform el. 的两侧突起末端较高,zygognathiform el. 的一侧突起只有一个大锯齿。

标本 subcordylodontiform el. 主齿外侧凸,内侧近平,内侧前后边具棱脊,锯齿大而多,反齿锥较小。cyrtoniodontiform el. 反齿锥明显,主齿基部内侧膨胀,锯齿与 subcordylodontiform el. 很接近。dichognathiform el. 前缘脊的下部向侧方扭,成为突起,其上常具有 2~3 个锯齿,内侧突起和后突起上的锯齿很接近,短而互为分离,prioniodiniform el. 齿体较高,前突起上的锯齿发育,有 6~7 个,高,而且顶端分离,下部融合,后突起上的锯齿少而低,互为分离,主齿明显,反口缘向上凹。trichonodelliform el. 主齿稍大,后侧方具 2 个突起,突起末端高,锯齿亦大。zygognathiform el. 齿体扭,主齿稍大,一侧突起上仅有 1 个锯齿,与主齿大约等大,另一侧突起上约有8~9个锯齿,向末端变小,约呈瘤状。

产地及层位:莱芜;中奥陶统。

圆原沃尼昂塔牙形石 *Prooneotodus rotundatus* (Druce et Jones,1911)

(图版152,图7)

单锥型牙形石。齿体较长,齿锥微后倾。横断面圆或近圆。齿壁较薄,基腔深可达齿顶。一般说来,齿面较光滑,但某些标本的表面显得粗糙,在高倍镜下(约300倍)呈现粒状特点。

产地及层位:莱芜;上寒武统凤山阶。

主要参考文献

安太庠,张放,向维达,等,1983.华北及邻区牙形石[M].北京:科学出版社.
保尔·赛雷诺,1994.鸟臀类恐龙的系统演化[J].四川文物(S1):18-41.
陈均远,2004.动物世界的黎明[M].南京:江苏科学技术出版社.
陈树清,2010.山东诸城恐龙化石发掘新成果[J].化石(1):9-11.
崔贵海,2000.我国的恐龙[J].生物学通报,35(2):7-11.
单怀广,李经荣,姚益民,等,1997.山东北部晚第三纪生物群[M].北京:石油工业出版社.
董枝明,2011.百年中国十大恐龙明星[J].化石(2):70-79.
方晓思,岳昭,凌虹,2009.近十五年来蛋化石研究概况[J].地球学报,30(4):523-542.
高克勤,1986.山东临朐中新世锄足蟾类化石及临朐蟾蜍的再研究[J].古脊椎动物学报,24(1):63-73.
关绍曾,1989.山东莱阳盆地早白垩世中期非海相介形类[J].微体古生物学报,6(2):179-188.
关绍曾,庞其清,萧宗正,1997.鲁西南莱芜、蒙阴、平邑盆地早第三纪地层的划分和对比[J].化工矿产地质,19(3):149-161.
关绍曾,庞其清,萧宗正,1997.山东平邑盆地始新世介形类[J].微体古生物学报,14(3):321-340.
何承全,宋之琛,祸幼华,2009.中国沟鞭藻化石[M].北京:科学出版社.
侯连海,张福成,顾玉才,1999.中国中生代鸟类研究概述[J].江苏地质,23(3):129-140.
侯连海,周忠和,2000.山东山旺发现中新世大型猛禽化石[J].古脊椎动物学报,38(2):104-110.
胡承志,1973.山东诸城巨型鸭嘴龙化石[J].地质学报(2):45-72.
黄宝仁,王尚启,1988.山西垣曲和山东蒙阴等地始新世介形类[J].微体古生物学报,5(4):385-394.
黄宗理,张良弼,2005.地球科学大辞典[M].北京:地质出版社.
季强,2009.中国恐龙蛋研究的历史与现状[J].地球学报,30(3):285-290.
贾跃明,2013.古生物化石保护与管理暨贯彻落实《古生物化石保护条例》100问[M].北京:地质出版社.
蒋汉朝,王明镇,张锡麒,等,2002.山东济宁煤田(东区)晚古生代孢粉组合[J].地质科学,37(1):47-61.
蒋汉朝,张锡麒,王明镇,1999.济宁唐阳井田晚古生代含煤岩系孢粉组合及其地质时代[J].山东矿业学院学报(自然科学版),18(4):79-84.

蒋汉朝,张锡麒,王明镇,等,2002.山东济宁煤田(东区)本溪组和太原组牙形刺生物地层[J].地层学杂志,26(1):27-38.

李超,张锡麒,王明镇,1998.新汶煤田太原组与山西组孢粉组合研究[J].山东矿业学院学报,17(1):15-23.

李传夔,1974.山东临朐中新世啮齿类化石[J].古脊椎动物与古人类,12(1):43-53.

李家英,1982.山东山旺中新世硅藻组合[J].植物学报,2(5):456-467.

李建军,白志强,魏青云,2011.内蒙古鄂托克旗下白垩统恐龙足迹[M].北京:地质出版社.

李锦玲,王宝忠,1987.记山东山旺钝吻鳄(Alligator)一新种[J].古脊椎动物学报,25(3):199-207.

李经荣,徐金鲤,杨育梅,1992.山东北部地区古新统孢粉组合[J].古生物学报,31(4):445-462.

李奎,1998.蜥脚类恐龙(Sauropoda)的分类[J].岩相古地理,18(2):39-47.

李日辉,LOCKLEY M G,刘明渭,2005.山东莒南早白垩世新类型鸟类足迹化石[J].科学通报,50(8):783-787.

李日辉,LOCKLEY M G,MATSUKAWA M,等,2008.山东莒南地质公园发现小型兽脚类恐龙足迹化石 *Minisauripus*[J].地质通报,27(1):121-125.

李日辉,刘明渭,LOCKLEY M G,2005.山东莒南后左山恐龙公园早白垩世恐龙足迹化石初步研究[J].地质通报,24(3):277-280.

李亦征,1993.记山东沂南上新世熊属一新种[J].古脊椎动物学报,31(1):44-60.

李云通,1985.山东昌乐县五图组的非海栖腹足类化石[C]//地层古生物论文集.北京:中国地质学会.

李云通,1986.山东平邑官庄组的非海栖软体动物化石[J].中国地质科学院院报(12):69-81.

林启彬,姚益民,向维达,等,1988.山东孤北地区渐新世微古昆虫群及其生态环境[J].微体古生物学报,5(4):331-345.

刘德正,金念显,1986.山东蒙阴地区下寒武统馒头组新三叶虫[J].山东地质,2(1):114-121。

刘金远,赵资奎,2004.山东莱阳晚白垩世恐龙蛋化石一新类型[J].古脊椎动物学报,42(2):166-170.

刘亚光,1999.江西恐龙蛋的分类及层位[J].江西地质,13(1):3-7.

卢衍豪,1965.中国各门类化石:中国的三叶虫[M].北京:科学出版社.

卢衍豪,朱兆玲,2001.山东长清张夏中寒武统徐庄阶三叶虫[J].古生物学报,40(3):279-293.

南京大学地质系,古生物地史学教研室,1980.古生物学[M].北京:地质出版社.

钱迈平,2006.华夏龙谱(37):巨型山东龙(*Shantungosaurus gigantus* Hu,1974)[J].江苏地质,(1):40.

钱迈平,2007.华夏龙谱(43):中国谭氏龙(*Tanius sinensis* Winan,1929)[J].江苏地质,

31(3):163-164.

邱占祥,阎德发,贾航,1986.山东山旺新发现的大型熊类化石[J].古脊椎动物学报,2(3):182-194.

邱占祥,阎德发,孙博,1991.记山东山旺貘类一新属[J].古脊椎动物学报,29(2):119-135.

曲日涛,杨景林,王启飞,等,2006.鲁西南地区官庄群的地层对比及时代讨论[J].地层学杂志,30(4):356-365.

沙金庚,2009.世纪飞跃——辉煌的中国古生物学[M].北京:科学出版社.

山东省地质矿产局区域地质调查队,1990.山东莱阳盆地地层古生物[M].北京:地质出版社.

沈炎彬,1981.胶东白垩纪叶肢介[J].古生物学报,20(6):518-526.

盛金章,1962.中国各门类化石:中国的䗴类[M].北京:科学出版社.

石荣琳,1989.山东曲阜晚始新世黄庄动物群[J].古脊椎动物学报,27(2):87-102.

石油化学工业部石油勘探开发规划研究院,中国科学院南京地质古生物研究所,1978.渤海沿岸地区新生代有孔虫[M].北京:科学出版社.

石油化学工业部石油勘探开发规划研究院,中国科学院南京地质古生物研究所,1978.渤海沿岸地区早第三纪腹足类[M].北京:科学出版社.

石油化学工业部石油勘探开发规划研究院,中国科学院南京地质古生物研究所,1978.渤海沿岸地区早第三纪沟鞭藻类和疑源类[M].北京:科学出版社.

石油化学工业部石油勘探开发规划研究院,中国科学院南京地质古生物研究所,1978.渤海沿岸地区早第三纪介形类[M].北京:科学出版社.

石油化学工业部石油勘探开发规划研究院,中国科学院南京地质古生物研究所,1978.渤海沿岸地区早第三纪轮藻[M].北京:科学出版社.

斯行健,李星学,1963.中国各门类化石:中国中生代植物[M].北京:科学出版社.

宋香锁,张锡麒,王明镇,2005.山东新汶煤田太原组小有孔虫动物群及石炭—二叠系界线的探讨[J].微体古生物学报,22(1):47-58.

宋之琛,1959.山西垣曲系上部的孢粉组合[J].古生物学报,7(5):353-366.

苏维,黄兴龙,王明镇,等,2006.山东滕县煤田石炭—二叠纪孢粉组合[J].微体古生物学报,23(4):399-418.

苏维,张继胜,张锡麒,等,2006.山东肥城煤田本溪组—太原组牙形刺[J].地质论评(2):145-152.

孙博,1999.山旺植物化石[M].济南:山东科学技术出版社.

孙革,张立君,周长付,等,2011.30亿年来的辽宁古生物[M].上海:上海科技教育出版社.

天津地质矿产研究所,1984.华北地区古生物图册[M].北京:地质出版社.

童金南,殷鸿福,2007.古生物学[M].北京:高等教育出版社.

童永生,1989.中国始新世中、晚期哺乳动物群[J].古生物学报,28(5):663-682.

童永生,李茜,王元青,2005.古近系研究新进展[J].地层学杂志,29(2):109-113.

童永生,王景文,2006.山东昌乐五图盆地早始新世哺乳动物群[C]//中国科学院南京地质古生物研究所,古脊椎动物与古人类研究所.中国古生物志[M].北京:科学出版社.

王存义,甄朔南,1963.山东、广东爬行动物蛋化石埋藏方式的观察[J].古脊椎动物与古人类,7(4):368-369.

王德有,何萍,张克伟,2000.河南省恐龙蛋化石研究[J].河南地质,18(1):15-31.

王家文,常峰,1997.山东郯城王氏组被子植物花粉研究[J].合肥工业大学学报(自然科学版),20(6):99-102.

王军,1994.记山东泗水真恐角兽属一新种[J].古脊椎动物学报,32(3):200-208.

王开发,张玉兰,蒋辉,1982.山东诸城晚白垩世孢粉组合的发现及其地质意义[J].地质科学(3):336-337.

王丽霞,赵闯,杨杨,2012.恐龙画报[M].长沙:湖南科学技术出版社.

王丽霞,赵闯,杨杨,2012.翼龙画报[M].长沙:湖南科学技术出版社.

王启飞,卢辉楠,1999.山西恒曲盆地始新世轮藻植物群[J].微体古生物学报,16(2):152-166.

王世进,万渝生,张增奇,等,2014.山东国家级地质公园主要地质遗迹及形成演化[J].山东国土资源,30(2):1-6.

吴启成,2020.辽宁古生物化石珍品[M].北京:地质出版社.

武桂春,姚建新,纪占胜,等,2005.山东莱芜地区晚寒武世炒米店组牙形石生物地层学研究[J].微体古生物学报,22(2):185-195.

武汉地质学院古生物教研室,1980.古生物学教程[M].北京:地质出版社.

徐金鲤,潘昭仁,杨育梅,等,1997.山东胜利油区早第三纪沟鞭藻类和疑源类[M].东营:中国石油大学出版社.

杨臣琼,1990.山东油气区早第三纪轮藻[C]//中国油气区地层古生物论文集(二)(山东油气区专辑)[M].北京:石油工业出版社.

杨式溥,张建平,杨美芳,2004.中国的遗迹化石[M].北京:科学出版社.

余汶,王惠基,1963.中国各门类化石:中国的腹足类化石[M].北京:科学出版社.

张和,2010.中国古生物化石[M].北京:地质出版社.

张俊峰,1991.中生代晚期中蜉类昆虫新探[J].古生物学报,30(6):679-704.

张俊峰,张希雨,1990.山东山旺蝉类和蜉类昆虫化石[J].古生物学报,29(3):337-348.

张蜀康,2010.中国白垩纪蜂窝蛋化石的分类订正[J].古脊椎动物学报,48(3):203-219.

张艳霞,2014.山东诸城晚白垩世恐龙动物群研究进展[J].山东国土资源,30(3):40-46.

张玉光,2009.始祖鸟与鸟类起源[J].自然杂志,31(1):20-26.

张增奇,刘明渭,宋志勇,等,1996.山东省岩石地层[M].武汉:中国地质大学出版社.

张增奇,张成基,王世进,等,2014.山东省地层侵入岩构造单元划分对比意见[J].山东国土资源,30(3):1-23.

赵金科,梁希洛,邹西平,等,1965.中国各门类化石:中国的头足类[M].北京:科学出版社.

赵美玉,1985.山东蒙阴早白垩世青山组介形类[J].微体古生物学报,2(2):189-196.

赵喜进,李敦景,韩岗,等,2007.山东的巨大诸城龙[J].地球学报,28(2):111-122.

赵秀丽,李守军,张锡麒,2006.山东济阳坳陷二叠纪孢粉组合[J].微体古生物学报,23(2):165-174.

赵秀丽,张锡麒,王明镇,等,2007.山东兖州东滩早二叠世孢粉组合[J].地质学报,8(1):9-15.

赵资奎,1994.恐龙蛋——恐龙化石中的珍品[J].生物学通报,29(2):4-7.

赵资奎,蒋元凯,1974.山东莱阳恐龙蛋化石的显微结构研究[J].中国科学(1):63-77.

甄朔南,李建军,韩兆宽,等,1996.中国恐龙足迹研究[M].成都:四川科学技术出版社.

郑晓廷,2006.地球生物起源[M].济南:山东科学技术出版社.

郑晓廷,2009.鸟类起源[M].济南:山东科学技术出版社.

中国科学院北京植物研究所,南京地质古生物研究所,1978.中国植物化石[M].北京:科学出版社.

中原石油勘探局勘探开发研究院,中国科学院南京地质古生物研究所,1988.东濮地区早第三纪轮藻[M].东营:中国石油大学出版社.

周家健,1990.山东山旺中中新世鲤科化石[J].古脊椎动物学报,28(2):95-127.

周家健,1992.山东山旺中中新世鳅科化石[J].古脊椎动物学报,30(1):71-76.

周明镇,1951.山东莱阳白垩纪后期恐龙化石及蛋化石[J].中国地质学会志,31(1-4):89-96.

周浙昆,ARATA M,2005.一些东亚特有种子植物的化石历史及其植物地理学意义[J].云南植物研究(5):3-24.

LI R, LOCKLEY M G, MATSUKAWA M, et al, 2011. An unusual theropod track assemblage from the Cretaceous of the Zhucheng area, Shandong Province[J]. China Cretaceous Research, 32(4): 422-432.

索 引

A

化石名称	页码	图版	图
Abutilonacidites bohaiensis Guan et Zheng　渤海苘麻粉	535	142	18
Abutilonacidites minor Li et Fan　小苘麻粉	536	143	2
Abutilonacidites shenglioides Li et Fan　胜利苘麻粉	536	143	1
Acanthotriletes castanea Butterwarth et Williams, 1958　粟棘刺三缝孢	478	131	10
Acanthotriletes falcatus (Knox, 1950) Potonie et Kremp, 1955　镰棘刺三缝孢	478	131	9
Acanthotriletes papillaris (Andrejeva) Naumova, 1953　疹棘刺三缝孢	478	131	11
Acanthotriletes stellarus Gao　星点棘刺三缝孢	478	131	12
Acanthotriletes triquetrus Smith et Butterworth, 1967　三角形棘刺三缝孢	479	131	13
Acaroceras altocameratum Chen et Qi　高房弱环角石	113	26	2
Acaroceras curtum Chen et Qi　短形弱环角石	112	25	14
Acaroceras endogastrum Chen, Qi et Chen　内弯弱环角石	111	25	11
Acaroceras gracile Chen et Qi　细长弱环角石	112	26	1
Acaroceras multiseptatum Chen et Qi　多壁弱环角石	112	25	15
Acaroceras semicollum Chen et Qi　半领弱环角石	112	25	13
Acaroceras stenotubulum Chen et Qi　窄管弱环角石	111	25	12
Acaroceras ventrolobatus Chen et Qi　腹叶弱环角石	112	25	16
Acer florini Hu et Chaney　福氏槭	469	129	4
Aceripollenites cf. *pachydermus* Zhu　厚壁槭粉（比较种）	521	139	18
Aceripollenites microgranulatus Thiele-Pfeiffer　细粒槭粉	521	139	16
Aceripollenites minutus Li et Fan　微小槭粉	521	139	17

索 引

Aceripouenites microstriatus (Song et Lee) Zhu 细条纹槭粉	521	139	15
Achomosphaera minuta He, Zhu et Jin, 1989 微小无脊球藻	374	101	7
Acontiodus aff. *propinquus* Furnish, 1938 相邻矢牙形石(亲近种)	561	149	1
Ahrensisporites querickei (Horst, 1943) Potonie et Kremp, 1956 奎氏穗形孢	495	134	17
Alagomys? *oriensis* Tong et Dawson, 1995 东方斑鼠(?)	317	90	1
Alangiopollis barghoornianum (Traverse) Krutzsch 八角枫粉	522	140	1
Alangiopollis shengliensis Zhu et Li 胜利八角枫粉	522	140	2
Alisporites shanxiensis Gao 山西阿里粉	516	139	2
Alisporites splendens (Leschik, 1956) Foster, 1975 灿烂阿里粉	516	138	20
Alisporites mathallensis Clarke, 1965 马什阿里粉属	516	138	21
Alligator luicus Li et Wang 鲁钝吻鳄	291	99	1,2
Allodahlia shanwangensis Zhou 山旺异蠼螋	258	67	2
Alnipollenites bellatus Li et Fan 美丽桤木粉	523	140	8
Alnipollenites cf. *fushunensis* Sung et Zhao 抚顺桤木粉(比较种)	523	140	9
Alnipollenites quadrapollenites (Rouse) Sun, Du et Sun 方形桤木粉	523	140	10
Alnus protomaximowiczii Tanai 北赤杨	467	128	3
Alterbidinium acutulum (Wilson) Lentin et Williams, 1985 略尖阿尔特布藻	413	109	5
Alterbidinium bellulum (He) Lentin et Williams, 1993 美丽阿尔特布藻	413	109	6
Amblyochara obesa Xinlun 肥胖迟钝轮藻	439	116	1
Amblyochara subeiensis Huang et Xu 苏北迟钝轮藻	439	115	14
Amblyochara subovalis Xinlun 亚卵形迟钝轮藻	440	115	15
Ammocypris favosa Bojie, 1978 蜂窝瘤星介	190	48	4
Ammocypris verrucosa Bojie, 1978 多疣瘤星介	190	48	3
Ammodiscus parvus Reitlinger, 1950 小型砂盘虫	38	3	14
Ammoma batava (Hofker) 荷兰卷转虫	52	9	6
Ammonia annectens (Parker et Jones) 同现卷转虫	51	9	3
Ammonia aomoriensis (Asano) 青盛卷转虫	51	9	1
Ammonia batava (Hofker) 巴达维卷转虫	51	9	2
Ammonia japonica (Hada) 日本卷转虫	52	9	5
Ammonia takanabensis (Ishizaki) 高锅卷转虫	52	9	4

Ammonia tepida (Cushman)　微温卷转虫	51	8	26
Ammovertella shanxiensis Xia et Zhang　山西砂旋虫	39	4	11
Amnicola sp.　河边螺（未定种）	87	17	20
Amnicola zhuchengensis Pan　诸城河边螺	86	17	19
Amphicyon confucianus Young　孔氏双犬	326	82	9
Ampholophus luensis Wang et Tong,1996　山东兼脊貘	351	94	3
Amphoton deois (Walcott)　女神双耳虫	128	27	12
Amplovalvata sp.　大盘螺（未定种）	86	17	9～11
Ampullatocephalina bifida Lu et Qian　两分瓶鞍虫	129	35	15
Amyda linchüensis Yen　临朐鳖	291	82	1
Anchignathodus minutus (Ellison,1941)　微小近颚牙形石	554	146	18
Anchignathodus typicalis Sweet,1970　典型近颖牙形石	554	146	19
Anchlastrum (*Uncacylus*) *rursapiculum* Youluo,1914　卷顶小钩曲螺	103	19	4
Ancylus ninghaiensis Youluo　宁海曲螺	103	21	18
Annularia gracilescens Halle　纤细轮叶	450	119	12
Annularia stellata (Schloth.) Wood　星轮叶	450	119	11
Anomala amblobelia Zhang　钝圆异丽龟	260	70	1
Anomocarella chinensis Walcott　中华小无肩虫	142	32	5、6
Anosteira shantungensis Cheng　山东无盾龟	291	81	4
Anthracoceras sp.　石炭菊石（未定种）	124	27	1
Anthracokeryx sinensis (Zdansky,1930)　中华先炭兽	357	95	8、9
Anthracoxyaena palustris　沼泽炭锐兽	321	91	4、5
Anticapipollis gausos Gao　曲古粉	520	139	11
Aojia spinosa Resser et Endo　刺青地虫	140	31	10
Aortomima shandongensis Zhang et al.　山东脉毛蚊	250	62	7
Apectodinium homomorphum (Deflandre et Cookson) Lentin et Williams,1977　同形蓬突藻	431	114	6
Apiculatisporis aculeatus (Ibrahim,1933)　尖毛刺面三缝孢	479	131	15
Apiculatisporis minutus Gao　组小型刺面三缝孢	479	131	14
Apis miocenica Hong　中新蜜蜂	270	72	3
Aplexa macilenta wutuensis Li　瘦单饰螺五图亚种	98	18	14
Aplexa normalis Li　端正单饰螺	98	18	15
Aplexa sp.　单饰螺（未定种）	99	18	16
Araneosphaera araneosa Eaton,1976　蛛网蛛网藻	372	100	6

Archendoceras conipartitum Chen et Qi 锥隔膜始内角石	113	22	9
Archidiskodon cf. *planifrons* (Falconer et Cautley) 平额原始象（相似种）	363	97	8
Archidiskodon weifangensis Jin 潍坊象	363	98	6、7
Areoleta quadrivenosa Zhang 方室姬蜂	268	71	5
Areoligera longispinata Xu et al.,1997 ex He et al. herein 长刺空域藻	383	103	6
Areoligera sentosa Eaton,1976 多刺空域藻	384	103	7
Areoligera tauloma Eaton,1976 T形空域藻	384	103	8
Armenoceras fuchouense (Endo) 复州阿门角石	119	24	9
Armenoceras manchuroense (Kobayashi) 满州阿门角石	119	24	10
Armenoceras resseri Endo 富氏阿门角石	119	24	13
Armenoceras richthofeni (Frech) 李氏阿门角石	119	24	12
Armenoceras submarginale (Grabau) 亚缘阿门角石	119	24	11
Armenoceras tani (Grabau) 谭氏阿门角石	118	24	8
Artemisiaepollenites sellularis Nagy 谢露拉蒿粉	527	140	28
Artemisiapollenites minor Song 小蒿粉	527	140	27
Asialepis sinensis Woodward 中华亚洲鱼	287	77	4
Asiochaoborus tenuous 窄形亚洲幽蚊	244	63	2
Asiohyopsodus confuciusi 孔子亚洲豖齿兽	343	93	4、5
Asioictops mckennai 麦氏亚洲猭	301	88	8
Asioplesiadapis youngi Fu,Wang et Tong,2002 杨氏亚洲更猴	313	89	9、10
Asterorotalia subtrispinosa (Ishizaki) 亚三刺星轮虫	52	10	9
Astrononion italicum Cushman et Edwards 意大利星诺宁虫	56	10	4、5
Atrirabus shandongensis 山东黑步甲	259	68	1
Aulacera peichuangensis Ozaki 北庄犁沟层孔虫	61	11	7、8
Aulacopsis laiyangensis 莱阳拟姬蜂	269	71	7
Aurilobodus aurilobus (Lee,1975) 耳叶耳叶牙形石	561	149	2、3
Aurilobodus leptosomatus An,1982 薄体耳叶牙形石	562	149	4、5
Aurilobodus simplex Xiang et Zhang 简单耳叶牙形石	562	149	6、7
Auroratherium sinense Tong et Wang,1997 中华晨兽	300	88	3、4
Austrocypris levis Bojie,1978 光滑南星介	163	41	9
Austrocypris posticaudata Bojie,1978 后翘南星介	163	41	8
Aviculopecten cf. *dupontesi* Mansuy 河口燕海扇（近似种）	68	11	15

B

化石名称	页码	图版	图
Badoudus badouensis Zhang　八陡八陡牙形石	563	148	13
Baiera asadai Yabe et Oishi　浅田裂银杏	461	124	5
Baiera gracilis (Bean MS) Bunbury　纤细裂银杏	461	124	4
Bailiella lantenoisi (Mansuy)　兰氏毕雷氏虫	133	29、30	12、13、1、2
Balanobius edentis Zhang　无齿瘿象	265	70	4
Barbus linchüensis Young et Tchang　临朐鲅	284	79	2
Barbus scotti Young et Tchang　司氏鲅	285	79	3
Barnesoceras lentiexpansum Flower　凸扩展巴恩斯角石	115	22	15
Bascanisporites undosus Balme et Hennelly, 1956　弯曲瓣囊粉	517	139	4
Batiacasphaera bellula (Jiabo) Jan du Chêne et al., 1985　美丽杯球藻	389	104	7
Batiacasphaera consolida (Pan in Xu et al.)　坚固杯球藻	389	104	8
Batiacasphaera granofoveolata Pan in Xu et al., 1997 ex He et al. herein　粒穴杯球藻	389	104	9
Batiacasphaera henanensis He, Zhu et Jin, 1989　河南杯球藻	390	104	10
Batiacasphaera macrogranulata Morgan, 1975　粗粒杯球藻	390	104	11
Batiacasphaera micropapillata Stover, 1977　微乳头杯球藻	390	103	19
Batiacasphaera oblongata (Xu et al.)　椭圆杯球藻	390	104	12
Batiacasphaera oligacantha He, Zhu et Jin, 1989　稀刺杯球藻	390	104	13
Batiacasphaera retirugosa (Xu et al.)　皱网杯球藻	391	105	1
Batiacasphaera verrucata (Xu et al.)　瘤刺杯球藻	391	103	20
Beedeina konnoi (Ozawa)　今野氏比德䗴	30	2	10、11
Beedeina pseudokonnoi (Sheng)　假今野氏比德䗴	30	2	12
Beedeina pseudokonnoi longa (Sheng)　假今野氏比德䗴长型亚种	30	3	5
Beedeina pseudonytvica (Sheng)　假聂特夫比德䗴	31	3	7
Beedeina pulchella (Grozdilova)　美丽比德䗴	30	3	4
Beedeina rauserae (Chernova)　劳梭氏比德䗴	31	2	13
Beedeina ulitinensis (Rauser)　乌利丁比德䗴	31	3	6
Beedeina yangi (Sheng)　杨氏比德䗴	31	2	14
Bellamya lapidea (Hende)　硬环棱螺	82	16	4、5

Bellamya purificata (Heude) 梨形环棱螺	81	16	3
Belodina compressa (Branson et Mehl, 1933) 扁平似针牙形石	563	149	8、9
Benedictia? antiqua Youluo 古老本氏螺(?)	88	18	1、2
Berchemiam miofloribunda Hu et Chaney 多花藤	468	129	1
Bergeronites ketteleri (Monke) 喀氏贝氏虫	146	27	9
Berocypris elliptica Bojie, 1978 椭圆瓜星介	202	51	5
Berocypris striata Bojie, 1978 指纹瓜星介	201	51	4
Betula mioluminifera Hu et Chaney 亮叶桦木	467	128	2
Betulaepollenites lenghuensis Song et Zhu 冷湖桦粉	524	140	11
Bibio ventricosus Zhang 扁肿毛蚊	250	65	4
Binzhoudinium membranospinosum Xu et al., 1997 ex He et al. herein 膜刺滨州藻	391	105	2
Binzhoudinium multispinosum Xu et al., 1997 ex He et al. herein 多刺滨州藻	391	105	3
Biomphalaria sp. 双脐螺(未定种)	103	21	19
Bisulcocypris shandongensis (Shu et Sun, 1958) 山东双槽金星介	217	54	4、5
Bithynia cf. *hebeiensis* Yu et Pan (MS) 河北豆螺(比较种)	77	15	10
Bithynia mengyinense Grabau 蒙阴豆螺	77	15	5、6
Bithynia pyriformis Xia 梨形豆螺	77	15	7
Bithynia shanjiasiensis Xia 单家寺豆螺	77	15	8、9
Bithynia (*Sierraia*) sp. 豆螺(未定种)	78	16	1
Blackwelderia paronai (Airaghi) 帕氏蝴蝶虫	144	32	17、18
Blackwelderia sinensis (Bergeron) 中华蝴蝶虫	144	32	16
Bohaidina (*Bohaidina*) *alveolae* Xu et Mao, 1989 穴网渤海藻	415	109	12
Bohaidina (*Bohaidina*) *apicornicula* Jiabo, 1978 顶棘渤海藻	416	109	13
Bohaidina (*Bohaidina*) *asymmetrosa* Jiabo, 1978 不对称渤海藻	416	109	14
Bohaidina (*Bohaidina*) *dorsiprominentis* Jiabo, 1978 隆背渤海藻	416	110	1
Bohaidina (*Bohaidina*) *fusiformis* Jiabo, 1978 纺锤渤海藻	416	110	2
Bohaidina (*Bohaidina*) *granulata* Jiabo, 1978 粒面渤海藻	417	110	3
Bohaidina (*Bohaidina*) *granulata biconica* Jiabo, 1978 粒面渤海藻双锥亚种	417	110	4
Bohaidina (*Bohaidina*) *granulata granulata* Autonym 粒面渤海藻粒面亚种	417	110	5

Bohaidina (*Bohaidina*) *laevigata* Jiabo,1978　光面渤海藻	417	110	6
Bohaidina (*Bohaidina*) *laevigata laevigata* Autonym　光面渤海藻光面亚种	418	110	7
Bohaidina (*Bohaidina*) *laevigata minor* Jiabo,1978　光面渤海藻小型亚种	418	110	8
Bohaidina (*Bohaidina*) *microreticulata* Jiabo,1978　细网渤海藻	418	111	1
Bohaidina (*Bohaidina*) *prolata* Zhu,He et Jin in He et al.,1989　伸长渤海藻	418	111	2
Bohaidina (*Bohaidina*) *retirugosa brachorhombica* Jiabo,1978　皱网渤海藻宽菱亚种	419	111	4
Bohaidina (*Bohaidina*) *retirugosa minor* Jiabo,1978　皱网渤海藻小型亚种	419	110	9
Bohaidina (*Bohaidina*) *retirugosa retirugosa* Autonym　皱网渤海藻皱网亚种1	418	111	3
Bohaidina (*Bohaidina*) *retirugosa retirugosa* Autonym　皱网渤海藻皱网亚种2	419	110	10
Bohaidina (*Bohaidina*) *rivularisa* Jiabo,1978　槽沟渤海藻	419	111	5
Bohaidina (*Bohaidina*) *rugosa* Jiabo,1978　皱面渤海藻	419	111	6
Bohaidina (*Bohaidina*) *spinosa fusiformis* (Xu et Mao) Lentin et Williams,1993　刺纹渤海藻纺锤亚种	420	110	11
Bohaidina (*Bohaidina*) *spinosa quadrata* (Xu et Mao) Lentin et Williams,1993　刺纹渤海藻方型亚种	420	111	8
Bohaidina (*Bohaidina*) *spinosa spinosa* Autonym　刺纹渤海藻刺纹亚种	420	111	9
Bohaidina (*Bohaidina*) *spinosa* Xu et Mao,1989　刺纹渤海藻	419	111	7
Bohaidina (*Prominangularia*) *dongyingensis* (Jiabo)　东营角凸藻	420	111	10
Bohaidina (*Prominangularia*) *laevigata* (Jiabo)　光面角凸藻	421	111	11
Bohaidina (*Prominangularia*) *granulata* (Jiabo)　粒面角凸藻	421	110	12
Bos primigenius Bojanus　原始牛	362	94	14
Bosedinia elegans He,1991　美丽百色藻	421	108	17
Bosedinia granulata (He et Qian) He,1984　粒面百色藻	421	111	12
Bosedinia micirugosa micirugosa Autonym　细皱百色藻亚种	422	111	13
Bosedinia operculata (Jiabo) He,1984　口盖百色藻	422	112	1
Boultonia cheni Ho　陈氏尔顿蜓	25	6	1

化石名称	页码	图版	图
Boultonia gracilis (Ozawa) 柔布尔顿蜓	25	5	10
Boultonia willsi Lee 威尔斯氏布尔顿蜓	25	1	19
Brachyphyllum crassum Heer 厚叶短叶杉	463	126	1
Brachyphyllum obesum Heer 粗肥短叶杉	463	125	8
Brachyphyllum obtusum Chow et Tsao,1977 钝短叶杉	463	126	2
Bradyina lepida Reitlinger,1950 精致布拉迪虫	46	8	6、7
Bradyina longmentaensis Xia et Zhang 龙门塔布拉迪虫	46	8	3
Bradyina minima Reitlinger,1950 微小布拉迪虫	47	8	8
Bradyina pauciseptata Reitlinger,1950 少隔壁布拉迪虫	47	8	10
Bradyina potanini Venukoff,1889 波塔尼氏布拉迪虫	46	8	5
Bradyina samarica Reitlinger,1950 萨马尔布拉迪虫	46	8	2
Bradyina shanxiensis Xia et Zhang 山西布拉迪虫	46	8	4
Bradyina tarassovi Bugush,1963 塔拉索夫氏布拉迪虫	47	8	9
Breviodon minutum Matthew et Granger 微短齿貘	352	65	11
Breviodon minutus (Matthew et Granger,1925) 小短齿貘	352	90	7
Breviredlichia wangyaensis 汪崖短莱得利基虫	127	27	7
Brialatisporites incundus (Kaiser,1976) Gao 砧壮环三缝孢	503	136	12
Bubalus brevicornis Young 短角水牛	362	97	6
Bufo linquensis Young 临朐蟾蜍	289	80	2
Bulinus (*Pyrgophysa*) *yonganensis* Youluo 永安塔滴螺	100	18	25
Buxtonia sp. 波斯通贝（未定种）	63	10	15

C

化石名称	页码	图版	图
Caenolophus magnus 大新脊犀	348	86	7
Caenolophus minimus Matthew et Granger,1925 小新脊犀	349	81	7
Caenolophus proficiens Matthew et Granger,1925 熟练新脊犀	348	81	6
Caenolophus suprametalophus 越后脊新脊犀	348	90	9、10
Callitisporites sinensis Gao 中华丽环孢	499	135	21
Calamites sp. 芦木（未定种）	450	119	13
Calamospora breviradiata Kosanke,1950 短褶叠芦木孢	474	130	12
Calamospora hartungiana Schopf,1944 赫塘芦木孢	475	130	14

Calamospora liquida Kosanke, 1950　透明芦木孢	474	130	13
Calamospora microrugosa (Ibrahim, 1932) Schopf, Wilson et Bentall, 1944　小皱芦木孢	474	129	9
Calamospora minuta Bharadwaj, 1957　小型芦木孢	474	130	11
Calamospora pallida (Loose) Schopf, Wilspn et Bentall, 1944　苍白芦木孢	475	131	1
Calamospora pedata Kosanke, 1950　全裂芦木孢	475	130	15
Callipteridium koraiense (Tok.) Kaw.　朝鲜丽羊齿	457	123	4
Callograptus discoides Lin　盘形无羽笔石	273	74	1
Callograptus pennatus Lin　羽状无羽笔石	274	74	3
Callograptus staufferi Ruedemann　斯氏无羽笔石	274	73	8
Callograptus turriculatus Lin　塔形无羽笔石	273	73	7
Callograptus villus Lin　蓬松无羽笔石	273	74	2
Calosoma cf. *maderae* Fabricius　马德拉步甲(相似种)	260	68	3
Camarocypris elliptica Bojie, 1978　椭圆拱星介	197	50	2
Camarocypris longa Bojie, 1978　长形拱星介	198	50	5
Camarocypris ovata Bojie, 1978　卵形拱星介	198	50	4
Camarocypris trapezoidea Bojie, 1978　梯形拱星介	197	50	3
Campeloma liui Chow　刘氏肩螺	83	15	23
Campeloma sp.　肩螺(未定种)	84	17	2、3
Camponotus shanwangensis Hong　山旺木蚁	270	72	2
Candona aurata Bojie, 1978　金光玻璃介	173	44	2
Candona biconcave (Bojie, 1978)　双凹玻璃介	173	43	17
Candona cantianensis Lee, 1966　蓝田玻璃介	171	43	6
Candona carraeformistenuis Bronstein, 1947　怪形玻璃介	174	44	4
Candona cf. *rectangulata* Hao　直角形玻璃介(比较种)	172	43	13
Candona detersa Chen, 2002　干净玻璃介	173	43	16
Candona dongxinensis Shan et Zhang, 1997　东辛玻璃介	171	43	4、5
Candona mantelli Jones, 1888　曼氏玻璃介	172	43	15
Candona mengyinensis Huang et Gou, 1988　蒙阴玻璃介	170	43	2
Candona mira (Bojie, 1978)　奇玻璃介	173	44	1
Candona planus Yuan　扁平玻璃介	172	43	10、11
Candona postirotunda Bojie, 1978　后圆玻璃介	174	44	6
Candona protensa Bojie, 1978　伸延玻璃介	172	43	14

Candona pseudobicompressa Shan et Zhang,1997 假双压玻璃介	171	43	3
Candona pseudoplanus Shan et Zhang,1997 假扁平玻璃介	172	43	12
Candona subkunteyiensis Shan et Zhang,1997 近昆特依玻璃介	171	43	7
Candona subplanus Shan et Zhang,1997 近扁平玻璃介	171	43	8、9
Candona symmetrica Bojie,1978 对称玻璃介	174	44	5
Candona viriosa Bojie,1978 粗壮玻璃介	174	44	3
Candonia longitera Bojie,1978 长圆玻璃介	174	44	7
Candoniella albicans (Brady),1956 纯净小玻璃介	175	44	9
Candoniella candida Hao,1974 光亮小玻璃介	175	44	8
Candoniella dorsicamura Bojie,1978 曲背小玻璃介	175	44	10
Candoniella marcida Mandelstam,1961 凋萎小玻璃介	175	44	11
Candonopsis recta Bojie,1978 直景玻璃介	176	44	14
Candonopsis renqiuensis Bojie,1978 任丘景玻璃介	176	44	13
Cangxianella elongata (Jiabo) Xu et al.,1997 伸长沧县藻	404	107	10
Cangxianella fissurata (Jiabo) Xu et al.,1997 破裂沧县藻	404	107	11
Cangxianella granospinosa Pan in Xu et al.,1997 ex He et al. herein 粒刺沧县藻	405	107	12
Carbula aff. *crassiventris* (Dallas) 红角辉蝽(亲近种)	236	59	9
Carinulorbis yonganensis Youluo 永安圆棱螺	102	19	3
Carpinipites subtriangulus (Stanley) Guan 亚三角枥粉	524	140	12
Carpocristes oriens Beard et Wang,1995 东方多脊猴	314	89	11
Carylapollenites cf. *elegans* (Manyk.) Sun et Fan 锦致山核桃粉(比较种)	533	142	6
Carya miocathayensis Hu et Chaney 华山核桃	466	127	4
Caryaphyllidites minutus Song et Zhu 小石竹粉	525	140	19
Caryaphyllidites tenius Song et Zhu 薄弱石竹粉	525	140	20
Caryapollenites cf. *triangulus* (Pflug) Krutzsch 三角山核桃粉(比较种)	534	142	9
Caryapollenites elegans (Manyk.) Sun et Fan 锦致山核桃粉	533	142	5
Caryapollenites grandus Li et Fan 大型山核桃粉	533	142	7

Caryapollenites juxtaporipites (Wodeh.) Sun, Du et Sun 近孔山核桃粉	533	142	8
Caspilla compta (Bojie, 1978) 精美里海介	180	45	11
Caspiocypris equiprocera (Bojie, 1978) 等高里海金星介	181	46	2
Caspiocypris longiquadrata (Bojie, 1978) 矩形里海金星介	181	46	1
Caspiolla aequalis (Bojie, 1978) 均称里海介	180	45	12
Caspiolla elata (Bojie, 1978) 高形里海介	181	45	15
Caspiolla posticonvexa (Bojie, 1978) 后凸里海介	180	45	14
Caspiolla sagmaformis (Bojie, 1978) 鞍状里海介	180	45	13
Cathaica antiqua Li 古老中国蜗牛	106	19	23
Cathaica fasciola (Draparnaud) 彩带中国蜗牛	106	19	20
Cathaica taiguensis Guo 太谷中国蜗牛	106	19	21、22
Cathaysiopteris whitei (Halle) Koidz. 华夏羊齿	454	121	6
Caviumbonia pyrguloides Youluo 塔螺型凹顶螺	95	21	13
Celaenolambda wangzhaoi 王钊黑脊兽	335	92	6
Cellanthus ibericum (Schrodt) 艾比里厄花室虫	55	10	1
Celtispollenites microgranulatus Li 细粒纹朴粉	545	144	25
Celtispollenites cf. *triporatus* Sun et Li 三孔朴粉（比较种）	545	145	3
Celtispollenites major Li et Fan 大型朴粉	545	145	2
Ceratophyllum miodemersum Hu et Chaney 尾金鱼藻	466	126	5
Ceriocysta cervicalis Xu et al., 1997 ex He et al. herein 枕状蜂巢藻	392	105	4
Ceriocysta crassa Xu et al., 1997 厚重蜂巢藻	392	105	5
Ceriocysta intermedia Xu et al., 1997 ex He et al. herein 中间型蜂巢藻	393	105	6
Cerodinium sibiricum Vozzhennikova, 1963 西伯利亚角沟藻	413	109	7
Cervatitus demissus Teilhard et Trassaert 低枝祖鹿	360	97	1
Cervus (*Pseudaxis*) *grayi* Zdansky 葛氏斑鹿	361	97	4
Cervus (*Pseudaxis*) *magnus* Zdansky 大斑鹿	361	97	5
Changia chinensis Sun 中华章氏虫	148	34	7
Changlelestes dissetiformis Tong et Wang, 1993 深裂昌乐蜠	308	89	4、5
Changlosaurus wutuensis Young 五图昌乐蜥	292	80	6
Changshania conica Sun 锥形长山虫	148	33	16
Changshania equalis Sun 相等长山虫	148	34	5

Chansitheca（*Sphenopteris*）*palaeosilvana* Rege' 卵晋囊蕨（楔羊齿）	452	120	6
Chaoboropsis longipedalis 长肢拟幽蚊	245	63	4、5
Charites columinaria（Wang）Zhang et Wang 柱状似轮藻	435	114	16
Charites fusina Xinlun 小纺锤似轮藻	436	114	20
Charites molassica（Straub）Horn af Rantzien 摩拉士似轮藻	435	114	14
Charites oliviformis Xinlun 橄榄状似轮藻	436	115	1
Charites paradoxical Xinlun 奇异似轮藻	436	115	2
Charites paratriangularis Xinlun 近三角似轮藻	435	114	18
Charites stenoconica Xinlun 窄锥似轮藻	436	114	21
Charites strobilaearpa（Reid et Groves）Horn af Rantzien 球果似轮藻	435	114	15
Charites subconica Xinlun 宽锥似轮藻	436	114	19
Charites summa Xinlun 宽顶似轮藻	435	114	17
Cheileidonites kaipingiensis Gao 开平沟唇粉	520	139	12
Chenopodipollis kochioides Song 地肤型藜粉	526	140	22
Chenopodipollis maxinus Nagy 大藜粉	526	140	23
Chenopodipollis minor Song 小藜粉	526	140	24
Chenopodipollis multiplex（Weyl. et Pr.）Krutzsch 多坑藜粉	526	140	25
Chenopodipollis neogenicus Nagy 晚第三纪藜粉	526	140	26
Chinocypris dongyingensis Bojie,1978 东营华星介	167	42	12、13
Chinocythere alata Bojie,1978 具翼华花介	210	53	6
Chinocythere asperispinata Shan et Cai,1978 粗刺华花介	213	53	18
Chinocythere bella Geng et Li,1978 美丽华花介	204	51	14
Chinocythere bicuspidata Hou et Ge,1978 双峰华花介	209	52	13
Chinocythere bispinata Li et Lai,1978 二刺华花介	206	51	22
Chinocythere carnispinata Cai et Li,1978 厚肥刺华花介	208	52	11
Chinocythere carnituberosa Cai et Yang,1978 胖多瘤华花介	213	53	20
Chinocythere carnosa Shan et Li,1978 肥大华花介	214	53	21
Chinocythere cornispinata Geng et Shan,1978 角刺华花介	206	52	3
Chinocythere cymbiformis Bojie,1978 舟形华花介	210	53	7
Chinocythere densa Shan et Yu,1978 紧密华花介	210	53	4
Chinocythere dongyingensis Hou et Shan,1978 东营华花介	205	51	19
Chinocythere exquisita Hou et Ge,1978 精细华花介	203	51	13

Chinocythere extensa Shan et Duan,1978 伸展华花介	209	53	1、2
Chinocythere fabaeformis Shan et Yu,1978 豆形华花介	210	53	5
Chinocythere helicina Li et Lai,1978 蜗角华花介	214	53	23
Chinocythere huiminensis Li et Lai,1978 惠民华花介	206	52	2
Chinocythere impolita Li et Lai,1978 粗面华花介	203	51	11
Chinocythere longa Shan et Li,1978 长形华花介	212	53	13
Chinocythere longicymbiformis Shan et Ge,1978 长舟形华花介	211	53	9
Chinocythere longiquadrata Shan et Chen,1978 长矩华花介	211	53	12
Chinocythere longispinata Shan et Ge,1978 长刺华花介	209	52	14
Chinocythere macra Hou et Shan,1978 细长华花介	205	51	18
Chinocythere macrosulcata Cai et Li,1978 大槽华花介	207	52	5
Chinocythere medispinata Cai et Xu,1978 中刺华花介	204	51	16
Chinocythere megacephalota Li et Lai,1978 大头华花介	215	53	24
Chinocythere minuscula Cai et Yang,1978 极小华花介	211	53	11
Chinocythere multicornuta Shan et Cai,1978 多角华花介	213	53	17
Chinocythere oculotuberosa Huang et Shan,1978 眼瘤华花介	207	52	6
Chinocythere opima Shan et Li,1978 丰满华花介	214	53	22
Chinocythere pingfangwangensis Shan et Yu,1978 平方王华花介	209	53	3
Chinocythere posticostata Huang et Shan,1978 后脊华花介	206	52	4
Chinocythere praebrevis Huang et Shan,1978 前宽华花介	208	52	10
Chinocythere quadrinodosa Geng et Shan,1978 四瘤华花介	207	52	8
Chinocythere quadrispinata Huang et Shan,1978 四刺华花介	207	52	7
Chinocythere septinodosa Shan et Cai,1978 七疣华花介	212	53	15
Chinocythere septispinata Shan et Cai,1978 七刺华花介	212	53	16
Chinocythere sexspinota Li et Lai,1978 六刺华花介	205	51	20
Chinocythere shahejieensis Li et Lai,1978 沙河街华花介	208	52	9
Chinocythere spinisalata Shan et Zhao,1978 翼刺华花介	211	53	8
Chinocythere strumosa Li et Lai,1978 瘤凸华花介	205	51	21
Chinocythere subcornuta Shan et Shi,1978 亚角华花介	212	53	14
Chinocythere tricuspidata Bojie,1978 三峰华花介	208	52	12
Chinocythere trispinata Hou et Shan,1978 三刺华花介	204	51	15
Chinocythere tuberosa Shan et Li,1978 多瘤华花介	213	53	19
Chinocythere usualis Huang et Ge,1978 普通华花介	206	52	1
Chinocythere vasca Gang et Zhang,1978 瘦小华花介	203	51	12

Chinocythere ventricosta Shan et Huang,1978　腹脊华花介	211	53	10
Chinocythere verrucosa Hou et Huang,1978　多粒华花介	204	51	17
Chironomaptera gregaria（Grabau）　群集隐翅幽蚊	239	61	6、7
Chironomaptera vesca Kalugina　瘦隐翅幽蚊	240	60	7
Chiropteridium galea（Maier）Sarjeant,1983　加利瓣膜藻	384	103	9
Chiropteris reniformis Kaw.　肾掌蕨	460	120	9
Chlamydophorella regularis（Xu et al.）　规则斗蓬藻	393	105	7
Choristites pavlovi（Stuckenberg）　巴夫洛夫分喙石燕	64	12	1
Choristites priscus（Eichwald）　先期分喙石燕	65	12	6
Choristites shantungensis Ozaki　山东分喙石燕	64	12	2
Choristites trautscholdi（Stuckenberg）　陶斯赫德分喙石燕	65	12	5
Choristites wutzuensis Ozaki　务子分喙石燕	64	12	3
Choristites yavorski（Fredericks）　雅沃斯基分喙石燕	65	12	4
Chowliia cf. *laoshanensis*　崂山周李貘（相似种）	350	94	1
Chowliia laoshanensis　崂山周李貘	349	93	8～11
Chronolestes simul Beard et Wang,1995　晚出高辈猴	314	89	12
Chuangia batia（Walcott）　刺庄氏虫	129	34	1、2
Chuangia subquadrangulata Sun　次方形庄氏虫	148	34	3、4
Cicadoides orientalis　东方类蝉	229	56	4
Cicadoides shandongensis　山东类蝉	230	56	5
Cicatricosisporites cf. *leizhouensis* Zhang　雷州无突肋纹孢(比较种)	490	134	5
Cinnamomum sp.　樟（未定种）	471	130	2
Cipangopaludina bohaiensis Youluo　渤海圆田螺	82	16	6
Circulodinium? micibaculatum（Jiabo）　细棒圆藻(?)	384	103	10
Cirratriradites flabeliformis Wilson et Kosanke,1944　扇形触环三缝孢	502	136	10
Cirratriradites rarus Schopf. Wilson et Bentall,1944　奇异触环三缝孢	502	136	11
Cladophlebis fangtzuensis Sze　坊子枝脉蕨	456	121	3
Cladophlebis halleiana Sze　赫勒枝脉蕨	456	121	2
Clathropteris meniscioides Brongniart　新月蕨型格子蕨	453	121	5
Clavellaria bicolor Zhang　双色大叶蜂	267	71	4
Cleistosphaeridium elegans He,Zhu et Jin,1989　美丽繁棒藻	385	103	13
Cleistosphaeridium minus Jiabo,1978　小繁棒藻	386	103	14

Cleistosphaeridium regulatum Zhou, 1985　整齐繁棒藻	386	103	15
Cleistosphaeridium reticuloideum Xu et al., 1997 ex He et al. herein　拟网繁棒藻	386	103	16
Cleistosphaeridium shandongense He, Zhu et Jin, 1989　山东繁棒藻	386	103	17
Climacammina procera Reitlinger, 1950　伸长梯状虫	42	7	7
Climacammina valvulinoides Lange, 1925　似瓣状梯状虫	42	7	8
Cloresmus ambzmodestus　近褐竹缘蝽	236	60	3
Clothonopsis miocenica　中新拟正尾丝蚁	238	61	4
Clypostemma petila Zhang　瘦华唇仰泳蝽	231	57	8
Cnathopogon shanwangensis　山旺颌须鮈	280	76	2
Cobitis longipectoralis　长胸鳍花鳅	286	77	3
Coelodonta antiquitalis (Blumenbach)　披毛腔齿犀	357	91	11
Collichara panheenis Xinlun　盘河颈轮藻	439	115	13
Columinisporites clatratus Kaiser, 1976　格子梯纹单缝孢	509	137	9
Columinisporites kaipingiensis Gao　开平梯纹单缝孢	509	137	10
Columinisporites ovalis Peppers, 1964　圆形梯纹单缝孢	509	137	11
Compsopteris contracta　基缩蕉羊齿	457	123	5
Coniopteris burejensis (Zalessky) Seward　布列亚锥叶蕨	453	121	1
Coniopteris hymenophylloides Brongniart　膜蕨型锥叶蕨	452	120	8
Converrucosisporites minutus Gao　微小型锥瘤三缝孢	489	133	17
Converrucosisporites ornatus (Dybova et Jachowicz, 1957) Gao　具饰锥瘤三缝孢	489	133	16
Convolutispora arcuata Gao　弯曲蠕瘤三缝孢	489	133	18
Convolutispora cerebra Butterwarth et Williams, 1958　卷蠕瘤三缝孢	490	134	3
Convolutispora roboris Gao　壮蠕瘤三缝孢	490	134	4
Convolutispora tessellata Hoffmeister Staplin et Malloy, 1955　弱蠕瘤三缝孢	489	134	1
Convolutispora venusta Hoffmeister Staplin et Molloy, 1955　风雅蠕瘤三缝孢	489	134	2
Coptoclalva longipoda Ping　长肢刺甲	267	58	3、4
Coptoclavisca grandioculus Zhang　大眼小刺甲	267	58	5
Coptostylus orientalis Sandberger, 1872　东方刺柱螺	81	15	22
"*Corbicula* (*Mesocorbicula*)" cf. *yumenensis* Gu　玉门"中兰蚬"(相似种)	73	13	16

"*Corbicula* (*Mesocorbicula*)" *tetoriensis* Kobayashi et Suzuki 手取"兰中蚬"	74	13	17
Cordaites borassifolia (Sternb.) Ung 单纹科达	462	125	4
Cordaites principalis (Germ.) Gein. 带科达	462	125	2
Cordaites schenkii Halle 疏脉科达	462	125	3
Cordaitina marginata (Luber et Waltz, 1941) Hart, 1964 具缘柯达粉	515	138	18
Cordaitina ornata (Luber), 1939 Samoilovich, 1953 具饰柯达粉	515	139	1
Cordosphaeridium (*Cordosphaeridium*) *cantharellus* (Brosius) Gocht, 1969 杯突心球藻	372	101	1
Cordosphaeridium (*Cordosphaeridium*) *minimum* (Morgenroth) Benedek, 1972 最小心球藻	373	100	7
Cordylodus angulatus Pander, 1856 角肿牙形石	554	147	1
Cordylodus intermedius Furnish, 1938 居中肿牙形石	555	147	3
Cordylodus lindstroemi Druce et Jones, 1971 林氏肿牙形石	554	147	2
Cordylodus proavus Müller, 1959 先祖肿牙形石	555	147	4
Coreanoceras triangular Chen 三角朝鲜角石	116	22	17、18
Corixopsis tuanwangensis 团旺拟划蝽	234	57	12
Coronifera minuta Xu et al., 1997 ex He et al. herein 微小冠藻	376	101	12
Coronifera? ovata Jiabo, 1978 卵形冠藻(?)	376	102	1
Corsinipollenites crassigranulatus Zhu 粗粒柳叶菜粉	539	143	18
Corsinipollenites ludwigioides Krutzsch 拟丁香蓼柳叶菜粉	539	143	17
Coryphodon flerowi Chow 费氏冠齿兽	338	98	5
Costovalvata minuta Youluo 微小肋盘螺	85	17	5
Crassispora kosankei (Potonie et Kremp, 1954) Bharadwaj, 1957 柯氏盾环三缝孢	499	136	2
Crassispora maculosa (Knox, 1950) Sullivan, 1964 斑点盾环三缝孢	499	136	1
Crassispora minuta Cao 小盾环三缝孢	500	136	4
Crassispora mucronata Gao 短尖盾环三缝孢	499	136	3
Crepicephalina damia (Walcott) 达米小裂头虫	134	30	9、10
Crepocypris hebeiensis Bojie, 1978 河北鞋星介	202	51	6
Cribrogenerina borealis Xia et Zhang 北方筛串虫	42	7	9
Cribrogenerina gigas var. *oviformis* (Morozova, 1949) 巨大筛串虫卵形变种	43	7	11

Cribrogenerina maxima（Lee et Chen,1930） 最大筛串虫	42	7	10
Cristocypris subturgida Cao,1985 近膨胀冠金星介	187	47	17
Croftiella humilis Lin et Wang 矮小克氏轮藻	442	116	8
Croftiella piriformis Xinlun 梨形克氏轮藻	442	116	9
Croftiella xianhezhuangensis Xinlun 现河庄克氏轮藻	442	116	10
Cruciferacipites elegans Zheng 锦致十字花粉	528	141	6
Cryptobairdia coryelli（Roth et Skinner,1931） 柯氏隐土菱介	191	48	8
Cuneopsis cf. *subovata* Huang et Wei 近卵形楔蚌（比较种）	72	14	13
Cuneopsis kenliensis Qi 垦利楔蚌	73	14	14
Cupes longus 长形长扁甲	265	70	6
Cupressinocladus calocedruformis Chen 肖楠型柏型枝	463	125	7
Cupressinocladus elegans（Chow）Chow 雅致柏型枝	463	125	6
Cupressinocladus laiyangensis Lan 莱阳柏型枝	462	125	5
Cycadopites cymbatus Balme et Hennelly,1956 杯苏铁粉	520	139	14
Cyclobuttsoceras wenshuiense Chen 汶水环巴茨角石	122	25	9
Cyclocypris binhaiensis Hou,1982 滨海球星介	165	42	1
Cyclocypris cf. *caleulaformis* Yuan 小卵石球星介（比较种）	165	41	21
Cyclocypris changleensis Bojie 昌乐球星介	165	41	20
Cyclocypris glacialis Schneider,1988 冰球星介	165	42	2
Cyclocypris obese Tian,1982 肥球星介	165	41	18、19
Cyclogranisporites aureus（Loose,1934）Potonie et Kremp,1955 刺粒圆形粒面三缝孢	477	131	6
Cyclogranisporites micaceus（Imgrund）Potonie et Kremp,1955 隐粒圆形粒面三缝孢	477	131	4
Cyclogranisporites microgranus Bharadwaj,1957 细颗粒圆形粒面三缝孢	477	131	7
Cyclogranisporites orbicularis（Kosanke）Potonie et Kremp,1955 小颗粒圆形粒面三缝孢	477	131	5
Cyclophorus robustus Li 粗壮圆螺	86	19	7、8
Cyclophorusisporites chengbeiensis Li et Fan 埕北石苇孢	510	137	13
Cymbella shanwangensis 山旺桥弯藻	368	98	8
Cypria camerata Bojie,1978 拱形丽星介	166	42	4
Cypria luminosa Bojie,1978 明亮丽星介	166	42	3
Cypridea（*Pseudocypridina*）*paratera* Cao 似圆形假伟星女星介	184	39	6、7

Cypridea (*Pseudocypridina*) *tera* (Su)　圆形假伟星女星介	184	39	5
Cypridea cavernosa Galeeva,1955　穴状女星介	185	47	7、8
Cypridea cf. *multispinosa* Hou,1958　多刺女星介(比较种)	186	47	11
Cypridea cf. *vitimensis* Mandelstam,1955　维季姆女星介(相似种)	186	47	12
Cypridea changluensis Zhao,1985　常路女星介	185	47	3、4
Cypridea koskulensis Mandelstam,1958　科斯库女星介	185	46	22、23
Cypridea laiyangensis Cao,1985　莱阳女星介	187	47	15
Cypridea mengyinensis Cao,1985　蒙阴女星介	186	47	9、10
Cypridea shandongensis Zhao,1985　山东女星介	185	47	5、6
Cypridea sp.　女星介(未定种)	184	46	20、21
Cypridea submengyinensis Hou　近蒙阴女星介	187	47	14
Cypridea tumida Ye　膨胀乌鲁威里女星介	186	47	13
Cypridea zhujiazhuangensis Guan,1989　朱家庄女星介	185	47	1、2
Cyprinotus altilis Bojie,1978　肥实美星介	162	41	6
Cyprinotus igneus Bojie　火红美星介	163	41	15
Cyprinotus tutus Bojie,1978　安全美星介	162	41	7
Cyprinotus xiaozhuangensis Bojie,1978　肖庄美星介	162	41	5
Cypris changyiensis Bojie,1978　昌邑金星介	157	38	1
Cypris chunhuaensis Bojie　纯化金星介	157	38	4
Cypris decaryi Gautheir　德卡里金星介	156	37	11、12
Cypris distensa Gu et Sun　伸长金星介	157	38	5
Cypris kenliensis Gou,1978　垦利金星介	157	38	3
Cypris shenglicunensis Bojie,1978　胜利村金星介	157	38	2
Cyprois symmetrica Wu et Zhou,1979　对称柔星介	181	46	3、4
Cyrillaceaepollenites cf. *megaexactus* (Pot.) Potonie　大型西里拉粉(比较种)	531	141	20
Cyrillaceaepollenites exactus (Pot.) Potonie　小型西里拉粉	531	141	19
Cyrillaceaepollenites miniporus Zheng　小圆孔西里拉粉	531	141	26
Czekanowskia rigida Heer　竖直线银杏	461	125	1

D

化石名称	页码	图版	图
Damesella paronai（Airaghi） 帕氏德氏虫	144	31	14
Damonella albicans Zhao,1985 纯净达蒙介	167	42	5、6
Damonella huobashanensis Zhao,1982 火把山达蒙介	166	42	7、8
Dapsilodus mutatus（Branson et Mehl,1933） 变异富牙形石	563	149	10
Dapsilodus similaris（Rhodes,1953） 相似富牙形石	564	149	11
Darwinula stevensoni（Brady et Robertson） 斯氏达尔文介	221	54	30
Darwinula cf. *leguminella*（Forbes） 小豆荚达尔文介（相似种）	221	55	1
Darwinula laiyangensis Cao 莱阳达尔文介	221	55	4、5
Darwinula leguminella（Forbes） 小豆荚达尔文介	221	55	2、3
Dascillus shandongianus Zhang 山东花甲	264	69	4
Deckerella artiensis Morozova,1949 阿蒂德克虫	43	7	12
Deckerella gracilis Reidinger,1950 细长德克虫	43	7	13
Deflandrea guangraoensis Xu,1987 广饶德弗兰藻	414	109	8
Deflandrea shandongensis Xu,1987 山东德弗兰藻	414	109	9
Deflandrea superposita He,1991 叠足德弗兰藻	414	109	10
Dendrograptus cepaceous Lin 细葱树笔石	275	74	10
Dendrograptus diminutus Lin 矮小树笔石	274	72	7
Dendrograptus flatus Lin 平底树笔石	274	74	4
Dendrograptus hallianus（Prout） 霍氏树笔石	274	74	5、6
Dendrograptus nadicaulis Lin 裸茎树笔石	275	74	9
Dendrograptus pronus Lin 下弯树笔石	275	75	1
Dendrograptus pullulans Lin 抽芽树笔石	275	75	2、3
Densosporites anulatus（Loose,1934）Smith et Butterworth,1967 加厚厚环三缝孢	502	136	8
Densosporites ruhus Kosanke,1950 粗糙厚环三缝孢	501	136	7
Densosporites spongeosus Butterworth et Williams,1958 松厚环三缝孢	502	136	9
Densosporites triangularis Kosanke,1950 三角厚环三缝孢	501	136	6
Dianomomys ambiguus 疑猎镜猴	316	89	13
Diatomys shantungensis Li 山东硅藻鼠	320	96	1～3

Diceratocephalus armatus Lu 刺状双刺头虫	147	33	11
Diceratocephalus ezhuangensis Qiu et Liu 峨庄双刺头虫	147	33	12
Diconodinium biconicum (Jin, He et Zhu in He et al.) Mao et al., 1995 双锥双锥藻	405	107	13
Diconodinium brevispinum He, Zhu et Jin, 1989 短刺双锥藻	405	107	14
Dictyoclostus houyüensis (Ozaki) 后峪网格长身贝	64	11	14
Dictyoclostus taiyuanfuensis (Grabau) 太原网格长身贝	63	11	12
Dictyoclostus uralicus (Tschernyschew) 乌拉尔网格长身贝	64	11	13
Dictyonema wenheense Lin 汶河网格笔石	272	73	4
Dictyonema wutingshanense anhuiense Lin 五顶山网格笔石安徽亚种	273	73	5、6
Dictyoolithus jiangio 蒋氏网形蛋	295	86	4
Dimorphoptychia speciosa Li 奇特双形褶螺	76	19	5、6
Dingodinium magnum Jiabo, 1978 大型丁沟藻	393	105	8
Diphyes colligerum (Deflandre et Cookson) Cookson, 1965 具颈双体藻	373	101	2
Diplolophodon qufuensis 曲阜双脊齿貘	347	90	8
Diporicellaesporites intrastriatus Fan 内脊双孔多胞孢	471	129	8
Discoactinoceras platyventrum Chen et Liu 平腹盘珠角石	121	25	5、6
Discoactinoceras wuyangshanense Chen et Liu 五阳山盘珠角石	120	25	4
Discorsia flabelliformis Xu et al., 1997 ex He et al. herein 扇形相异藻	377	102	2
Dissacus bohaiensis 渤海双尖中兽	334	92	5
Dissiliodinium tuberculatum Zhu, 2004 细瘤飞离藻	377	101	13
Distacodas? *palmeri* Müller, 1959 帕氏端牙形石(?)	564	149	12
Djungarica sp. 准噶尔介(未定种)	191	48	9
Djungarica? *convexa* 凸准噶尔介(?)	191	48	10、11
Domatoceras sp. 礼饼角石(未定种)	124	26	12
Dongyingia biglobicostata Bojie, 1978 双球脊东营介	195	49	7
Dongyingia criusicornuta Bojie, 1978 羊角东营介	196	49	11
Dongyingia florinodosa Bojie, 1978 花瘤东营介	197	50	1
Dongyingia impolita Bojie, 1978 粗糙东营介	196	49	10
Dongyingia inflexicostata Bojie, 1978 弯脊东营介	194	48	26
Dongyingia labiaticostata Bojie, 1978 唇形脊东营介	195	49	3～5

Dongyingia longicostata Bojie, 1978 长脊东营介	195	49	6
Dongyingia magna Shu et Sun 大东营介	194	48	16
Dongyingia minicostata Bojie, 1978 小脊东营介	196	49	9
Dongyingia mininflexicostata Bojie, 1978 微弯脊东营介	194	49	2
Dongyingia nodosicostata Bojie, 1978 瘤脊东营介	197	49	13、14
Dongyingia recticostata Bojie, 1978 正脊东营介	195	49	8
Dongyingia veta Bojie, 1978 古老东营介	196	49	12
Dorypyge richthofeni Dames 李氏叉尾虫	128	27、29	10、14
Dorypygella typicalis Walcott 标准小叉尾虫	145	28	4
Drepanodus streblus An 扭曲镰牙形石	564	148	14
Drepanura premesnili Bergeron 璞氏蝙蝠虫	145	33	2、3
Dryophyllum sp. 槲叶栎（未定种）	468	128	7

E

化石名称	页码	图版	图
Ecculiomphalus sp. 松旋螺（未定种）	76	15	1
Echinocysta echinoides Xu et al., 1997 直刺棘囊藻	432	114	7
Echinocysta multispinata Xu et al., 1997 ex He et al. herein 多刺棘囊藻	432	114	8
Echinocysta reticuloides Xu et al., 1997 ex He et al. herein 拟网棘囊藻	432	114	9
Echitricolporites conicus Song et Zhu 锥刺刺三孔沟粉	527	140	29
Echitricolporites microechinatus (Trevisan) Zheng 细刺刺三孔沟粉	527	141	1
Eilura zaozhuangensis Lin 枣庄卷尾虫	136	31	2、3
Elaeagnacites asper Zheng 粗糙胡颓子粉	529	141	9
Elaeagnacites triangulus Song et Zhu 三角胡颓子粉	529	141	10
Elaprraella microforma Lu et Qian 小型轻巧虫	150	35	16
Elatocladus manchurica (Yokoyama) Yabe 东北枞型枝	463	126	3
Elphidium advenum (Cushman) 异地希望虫	54	9	14
Elphidium cf. *hokkaidoense* Asano 北海道希望虫（比较种）	54	9	10
Elphidium clavatum Cushman 棍形希望虫	54	9	11
Elphidium hispidulum Cushman 茸毛希望虫	53	9	9

Elphidium ibericum（Schrodt） 艾比里厄希望虫	54	9	13
Elphidium shandongensis He et Hu 山东希望虫	54	9	12
Elphidium sp. 希望虫（未定种）	53	9	15
Emmericia circuliformis Youluo 环唇埃默氏螺	79	15	15
Empleetopteridium alatum Kaw. 翅编羊齿	457	121	8、9
Emplectopteris triangularis Halle 三角织羊齿	458	123	10
Endosporites punctatus Gao 点内囊三缝孢	503	136	16
Engonius alviolatus（Hong） 槽形角伪瓢虫	264	69	5
Eoclarkoceras subcurvatum（Kobayashi） 亚弓始克拉克角石	110	22	6
Eodiaphragmoceras sinense Chen et Qi 中国始横隔膜角石	110	22	4、5
Eohesperinus latus 宽形婚蚊	246	64	2
Eoisotelus orientalis Wang 东方古等称虫	149	34	13
Eomarginifera longispina var. *lobata*（Schellwien） 长刺始围脊贝叶状变种	63	10	14
Eomarginifera pusilla（Schellwien） 弱小始围脊贝	63	10	13
Eomoropus minimus Zdansky,1930 小始爪兽	346	90	5
Eomoropus quadridentatus Zdansky,1930 方齿始爪兽	347	90	6
Eosestheria cf. *middendorfii*（Jones） 米氏东方叶肢介（相似种）	153	36	8
Eosestheria cf. *jingangshanensis* Chen 金刚山东方叶肢介（相似种）	153	36	9
Eosestheria elongata（Kobayashi et Kusumi） 长形东方叶肢介	153	36	6
Eosestheria lingyuanensis Chen 凌源东方叶肢介	153	36	7
Eosoptychoparia kochibei（Walcott） 巨智部氏东方褶颊虫	132	29	8
Eostromatoceras meditubulum Chen 中管始孔角石	123	26	8
Eotaitzuia cf. *shuiyuensis* Zhang et Yuan,1980 水峪始太子虫（近似种）	137	35	1
Eponides blancoensis Brady 布兰科上穹虫	53	9	7
Epophthalmia zotheca Zhang 室长足蜓	255	66	5
Equisetites cf. *virginicus* Fontain 维基尼亚似木贼（相似种）	451	119	14、15
Equisetum shandongense 山东木贼	451	120	1
Ericipites callidus（Potonie）Krutzsch 美丽杜鹃粉	529	141	12
Ericipites ericicus（Pot.）Potonie 杜鹃粉	529	141	11
Erismodus typus Branson et Mehl,1933 典型支架牙形石	564	148	15、16
Erraticodon tangshanensis Yang C. S. et Xu 唐山怪齿牙形石	564	146	21
Escharisphaeridia explanata（Bujak in Bujak et al.,1980） 扁平炉球藻	377	101	14

化石名称	页码	图版	图
Eucypris albata Bojie, 1978 纯洁真星介	160	40	11
Eucypris applanata Bojie, 1978 扁平真星介	160	40	9
Eucypris beizhenensis Bojie, 1978 北镇真星介	161	40	12
Eucypris infantilis (Lubimova) 幼稚真星介	159	40	3、4
Eucypris inflata Sars, 1903 胖真星介	161	40	14
Eucypris lelingensis Bojie, 1978 乐陵真星介	160	40	10
Eucypris modica Cao, 1985 寻常真星介	159	40	5、6
Eucypris shandongensis Zheng 山东真星介	160	40	7
Eucypris tostiensis Khand 托斯提真星介	159	40	1、2
Eucypris weifangensis Bojie, 1978 潍坊真星介	161	40	13
Eucypris wutuensis Bojie, 1978 五图真星介	160	40	8
Euestheria aff. *shandanensis* Chen 山丹真叶肢介(亲近种)	153	36	5
Euestheria shandongensis Chen 山东真叶肢介	152	36	4
Euestheria taniiformis (Zaspelova) 近圆形真叶肢介	152	36	3
Euonymus protobungeana Hu et Chaney 长柄卫矛	465	127	3
Euphemites sp. 包旋螺(未定种)	76	15	3
Euphorbiacites formosus Zheng 美丽大戟粉	529	141	13
Euphorbiacites marcodurensis (Pflug et Thomson) Zheng 马科杜尔大戟粉	530	141	14
Euphorbiacites microreticulatus Li, Song et Li 细网大戟粉	530	141	15
Euphorbiacites ovatus Zheng 卵形大戟粉	530	141	16
Euphorbiacites tenuipolatus Zheng 薄极大戟粉	530	141	17
Euphorbiacites wallensenensis (Pflug) Li, Song et Li 瓦棱逊大戟粉	530	141	18
Expansaphis laticosta 宽缘膨胀蚜	223	56	1
Expansaphis ovata 卵形膨胀蚜	222	55	13
Ezhuangia shandongensis Qiu et Liu 山东峨庄虫	128	28	1

F

化石名称	页码	图版	图
Farnishina asymmetrica Müller, 1959 不对称费氏牙形石	565	150	2
Fascipteris densata 密囊束羊齿	456	123	1
Fascipteris hauei (Kaw.) 弧束羊齿	456	123	3

Fascipteris recta　垂束羊齿	455	122	9
Fascipteris sinensis (Stockm. et Math.)　中国束羊齿	456	123	2
Felis cf. *tigris* Linnaeus　虎（相似种）	326	78	10
Fibrocysta dongyingensis Xu et al.,1997 ex He et al. herein　东营纤维囊藻	377	102	3
Ficus longipedia Geng　长柄榕树	467	127	7
Ficus shanwangensis Hu et Chaney　山旺榕	467	128	1
Fimiana sinomiocenica Hu et Chaney　华梧桐	465	129	2
Florinites antiquus Schopf,1944　古型周囊粉	514	137	19
Florinites diversiformis Kosanke,1950　变异周囊粉	513	138	11
Florinites junior Potonie et Kremp,1956　中空周囊粉	514	138	14
Florinites mediapudens (Loose,1934) Potonie et Kremp,1956　中等周囊粉	515	137	20
Florinites minutus Bharadwaj,1957　小型周囊粉	513	137	18
Florinites ningwunensis Gao　宁武周囊粉	513	138	12
Florinites ovalis Bharadwaj,1957　圆形周囊粉	514	138	16
Florinites pellucidus (Wilson et Coe,1940) Wilson,1953　透明周囊粉	514	138	13
Florinites pumicosus (Lbrehim,1933) Potonle et Kremp,1956　网孔周囊粉	514	138	15
Florinites visendus (Loose) Schopf,Wilson et Bentall,1944　内点周囊粉	515	138	17
Formica linquensis Zhang　临朐蚁	270	72	1
Forticupes laiyangensis　莱阳强壮长扁甲	266	70	7
Fothergilla viburnifolia Hu et Chaney　忍冬叶银缕梅	468	128	4
Foveola tisporites futillis Felix et Burbridge,1961　孔凹穴三缝孢	491	132	14
Foveolatisporites junior Bharadwaj,1957　连结凹穴三缝孢	491	133	20
Foveolatisporites pemphigosus Gao　泡凹穴三缝孢	491	133	19
Foveolatisporites shanxiensis Gao　山西凹穴三缝孢	491	131	33
Fraxinoipollenites cf. *asper* Zheng　粗糙岑粉（比较种）	538	143	9
Fraxinoipollenites granulatus Sung et Lee　粒纹岑粉	538	143	10
Fraxinoipollenites oblongatus Song et Zhu　椭圆岑粉	538	143	11
Fraxoipollenites cf. *ovatus* Song et Zhu　卵形岑粉（比较种）	538	143	12
Frogilaria shandongensis Li　山东脆杆藻	368	97	9

Fromea minor (Jiabo) Lentin et Williams, 1981　小弗罗姆藻	433	113	15
Fromea zhongyuanensis He, Zhu et Jin, 1989　中原弗罗姆藻	434	113	16
Fryxellodontus inornatas Miller, 1969　无饰费里克塞牙形石	565	150	1
Fuchouia spinosa Chang　刺复州虫	128	27	13
Fupingopollenites pachydermus Zhu　厚壁伏平粉	549	145	22
Fupingopollenites granulatus Zhu et Li　粒纹伏平粉	548	145	18
Fupingopollenites inbecillus Liu　弱皱伏平粉	549	145	23
Fupingopollenites minor Song et Zhu　小伏平粉	549	145	19
Fupingopollenites minutus Liu　小型伏平粉	549	145	20
Fupingopollenites wackersdorfensis (Thiele-Pfeiffer) Liu　瓦克斯道夫伏平粉	549	145	21
Furnishina furnishi Müller, 1959　费氏费氏牙形石	565	150	3～5
Furnishina latuspa Zhang　宽齿费氏牙形石	566	150	6
Furnishina lingulata Xiang　舌形费氏牙形石	566	150	7
Furnishina triangulata Xiang et Zhang　三角费氏牙形石	566	150	8、9
Fuscicupes parvus　小形棕长扁甲	266	71	1
Fusiella longissima Zhang et Zhou　长微纺锤蜓	24	1	16
Fusiella mui Sheng　穆氏微纺锤蜓	23	1	13
Fusiella typica extensa Rauser　标准微纺锤蜓延伸亚种	24	1	15
Fusiella typica sparsa Sheng　标准微纺锤蜓少圈亚种	23	1	14
Fusocandona equalis Bojie, 1978　相等纺锤玻璃介	178	45	5
Fusocandona longicostata Bojie, 1978　长脊纺锤玻璃介	179	45	8
Fusocandona magna Bojie, 1978　大纺锤玻璃介	179	45	6
Fusocandona shangheensis Bojie, 1978　商河纺锤玻璃介	179	45	9
Fusocandona xinglongtaiensis Bojie, 1978　兴隆台纺锤玻璃介	179	45	7
Fusocandona zhanhuaensis (Bojie, 1978)　沾化纺锤玻璃介	179	45	10
Fusulina cylindrica Fischer　筒形纺锤蜓	29	1	23
Fusulina kunlunzhengensis Zhang et Zhou　昆仑镇纺锤蜓	30	3	3
Fusulina longitermina Zhang et Zhou　长极纺锤蜓	29	3	2
Fusulina pankouensis (Lee)　畔沟纺锤蜓	28	2	7
Fusulina quasicylindrica (Lee)　似筒形纺锤蜓	29	2	9
Fusulina quasicylindrica megaspherica Sheng　似筒形纺锤蜓大初房亚种	29	3	1
Fusulina quasifusulinoides Rauser　似纺锤蜓状纺锤蜓	29	2	8

Fusulina schellwieni (Staff) 谢尔文氏纺锤蜓	28	2	6
Fusulinella bocki Moeller 薄克氏小纺锤蜓	25	1	22
Fusulinella fluxa (Lee et Chen) 松柔小纺锤蜓	26	2	4
Fusulinella laxa Sheng 松卷小纺锤蜓	26	2	5
Fusulinella obesa (Sheng) 肥小纺锤蜓	26	2	2
Fusulinella provecta (Sheng) 高级小纺锤蜓	26	2	1
Fusulinella pseudobocki (Lee et Chen) 假薄克氏小纺锤蜓	26	2	3

G

化石名称	页码	图版	图
Galba mengyinensis Pan 蒙阴土蜗	96	17	13、14
Galba sphaira Pan 球形土蜗	97	17	15、16
Galba zhaoshipoensis Zhu 赵石坡土蜗	96	17	12
Gangetia brevirota Youluo 短圆恒河螺	92	19	29、30
Gangetia longirota Youluo 长圆恒河螺	92	19	31
Gansuplecia triporata Hong(MS) 三孔甘肃祇毛蚊	248	64	8
Geinitzina postcarbonica Spandel,1901 后石炭格涅茨虫	39	4	13
Geinitzina spaodeli var. *plana* Lipina,1949 斯潘德尔格涅茨虫平坦变种	40	3	17
Geiselodinium apicidentatum (Jiabo) Song et He,1982 顶齿盖赛罗藻	405	107	15
Geotrupoides nodusus 瘤状类粪金龟子	260	68	5
Ginkgoites cf. *sibiricus* (Heer) Seward 西伯利亚似银杏（相似种）	461	124	6
Gleichenites cf. *nipponensis* Oishi,1940 日本似里白（相似种）	452	120	7
Glenocypris elliptica Bojie,1978 椭圆洼星介	200	50	16
Glenocypris glabra Bojie,1978 光滑洼星介	200	50	14
Glenocypris nodosa Bojie,1978 具瘤洼星介	200	50	15
Globivalvulina minima Reidinger,1950 小球瓣虫	45	8	1
Glomospira dublicata Lipina,1949 双重球旋虫	39	3	15
Glomospira regularis Lipina,1949 规则球旋虫	38	3	13
Gnathopogon macrocephala (Young et Tchang) 1936 大头颌须鮈	279	76	1
Gonioceras alarium Chen 翼棱角石	121	26	11

Gonioceras badouense Chen et Liu 八陡棱角石	121	26	9
Gonioceras centrale Chen 中心棱角石	121	26	10
Gracilitipula asiatica 亚洲细大蚊	243	62	8
Grambalftiehara elevata Xinlun 高突格氏轮藻	437	115	5
Grambastichara parallela Xinlun 平行格氏轮藻	437	115	4
Grambastichara tornata (Reid et Groves) Horn af Rantzien 旋回格氏轮藻	437	115	3
Graminidites gracilis Krutzsch 纤细禾本粉	531	141	21
Graminidites laevigatus Krutzsch 平滑禾本粉	532	141	23
Graminidites media Cookson 中型禾本粉	532	141	24
Graminidites microporus Song et Zhu 小孔禾本粉	532	141	25
Graminidites? biporus Li et Fan 双孔禾本粉(?)	531	141	22
Grangeria canina Zdansky 犬齿谷氏爪兽	347	94	5
Granoreticella aspera Jiabo,1978 粗糙粒网球藻	378	101	15
Granoreticella conspicua Jiabo,1978 显著粒网球藻	378	102	4
Granoreticella tenuis Jiabo,1978 薄弱粒网球藻	378	100	8
Granoreticella variabilis Jiabo,1978 变异粒网球藻	378	102	5
Granulatisporites granulatus Ibrahim,1933 粒粒面三缝孢	477	131	3
Granulatisporites piroformis Loose,1934 梨形粒面三缝孢	476	130	21
Grovesichara kielani Karczewska et Ziembinska 吉兰厚球轮藻	443	117	1
Guangbeinia lijiaensis Bojie,1978 李家广北介	202	51	9
Guangbeinia xinzhenensis Bojie,1978 辛镇广北介	203	51	10
Gulisporites cereris Gao 粗糙喉唇三缝孢	497	134	20
Gulisporites cerevus Gao 弯曲喉唇三缝孢	497	135	13
Gulisporites cochlearius Imgrund,1960 匙喉唇三缝孢	496	135	12
Gulisporites curvatus Gao 波状喉唇三缝孢	497	135	14
Gulisporites laevigatus Gao 光滑喉唇三缝孢	497	135	15
Gyraulus shandongensis Youluo 山东小旋螺	100	18	23
Gyraulus sp. 小旋螺(未定种)	100	18	24
Gyrogona qianjiangica Wang 潜江扁球轮藻	443	116	13
Gyrogona supracompressa Wang et Lin 宽扁形扁球轮藻	443	116	14
Gyromelania xinzhenensis Youluo 辛镇圆黑螺	79	15	14

H

化石名称	页码	图版	图
Hadrohercos ningwuensis Gao 宁武坚环三缝孢	503	136	15
Hadrohercos shanxiensis Gao 山西坚环三缝孢	503	136	14
Hadrohercos stereon Felix and Burbridge,1967 硬坚环三缝孢	503	136	13
Hamamelis miomollis Hu et Chaney 绒金缕梅	468	127	8
Hapalodectes huanghaiensis 黄海软食中兽	333	91	13、14
Harrisichara cf. *yunlongensis* Z. Wang,Huang et S. Wang 云龙哈氏轮藻(比较种)	446	118	5
Harrisichara dezhouensis Xinlun 德州哈氏轮藻	447	118	7
Harrisichara tongbaiensis Xinlun 桐柏哈氏轮藻	447	118	8
Harrisichara yunlongensis Z. Wang,Huang et S. Wang 云龙哈氏轮藻	446	118	4
Harrisichara? rarituberculata Xinlun 少瘤哈氏轮藻(?)	447	118	6
Hebeinia favosa Bojie,1978 蜂窝河北介	199	50	11
Hebeinia subtriangularis Bojie,1978 近三角河北介	199	50	10
Hemicyon(*Phoberocyon*)*youngi*(Chen),1981 杨氏半熊	330	96	4、5
Heptaconodon dubium Zdansky 钝七尖齿兽	363	66	9、10
Heptodon niushanensis Chow et Li 牛山犀貘	353	94	6
Herpetocyprella wutuensis Bojie 五图小爬星介	175	44	12
Hertzina americana Müller,1959 美洲赫茨牙形石	567	150	10、11
Hertzina? bilobata Xiang 双叶赫茨牙形石(?)	567	151	1、2
Hertzina? cornuta Xiang 角状赫茨牙形石(?)	567	151	3、4
Heterocoryphodon? yuntongi 云通异冠齿兽(?)	337	72	9
Heterocypris cf. *incongruens*(Ramdohr,1808) 非调和异星介	163	41	10、11
Heterocypris formalis(Schneider,1963) 正式异星介	163	41	12
Heterocypris latiovata(Bojie,1978) 宽卵异星介	164	41	17
Heterocypris niuzhuangensis(Shan et Zhang) 牛庄异星介	164	41	13、14
Heterocypris tongbinensis(Bojie,1978) 通滨小豆介	188	41	16
Hindeodella delicatula Stauffer et Plummer,1932 优美欣德牙形石	559	147	15
Hindeodella multidenticulata Murray et Chronic,1965 多齿欣德牙形石	559	146	20
Hipparion hippidiodus Sefve 平颊三趾马	353	68	10

Hippeutis umbilicalis (Benson)　大脐圆扁旋螺	102	19	1、2
Hirsutodontus rarus Miller,1969　稀少刺瘤牙形石	567	151	5、6
Histiodella infrequensa An　稀少帆牙形石	568	149	13
Hoeloceras yimengshanense Chen et Liu　沂蒙山霍尔角石	120	25	2、3
Homo sapiens Linnaeus　智人	317	88	13、14
Homogalax wutuensis Chow et Li,1965　五图始祖貘	350	94	2
Homotryblium abbreviatum Eaton,1976　短管半囊藻	387	104	1
Homotryblium caliculum Bujak,1980　杯突半囊藻	387	104	2
Homotryblium floripes breviradiatum (Cookson et Eisenack) Lentin et Williams,1977　花管半囊藻短辐亚种	388	104	3
Homotryblium tenuispinosum Davey et Williams in Davey et al.,1966　细刺半囊藻	388	104	4
Honanaspis honanensis Chang,1959　河南河南盾壳虫	141	32	1、2
Honanaspis lui Chang　卢氏河南盾壳虫	140	31	13
Hopeiella alticonica Youluo　高锥小河北螺	101	18	27
Hopeiella sp.　小河北螺(未定种)	101	18	26
Hopeiella speciosa Youluo　特殊小河北螺	101	18	28
Hopeioceras mathieui (Grabau) emend. Obata　马底幼氏河北角石	116	22	19
Hornichara lagenalis (Straub) Huang et Xu　鲍状奕青轮藻	437	115	6
Hornichara xinzhenensis Xinlun　辛镇奕青轮藻	437	115	7
Horriditriletes acuminatus Gao　细尖钢刺三缝孢	483	131	31
Houmengia houmengensis Qiu　后孟后孟虫	136	28	2
Hsuchuangia hsuchuangensis (Lu)　徐庄徐庄虫	134	30	3
Hsuchuangia longiceps　长头徐庄虫	134	30	6~8
Hsuchuangia lüliangshanensis Zhang et Wang,1985　吕梁山徐庄虫	134	30	4、5
Huabeinia costatispinata Bojie,1978　脊刺华北介	192	48	18
Huabeinia postideclivis Bojie,1978　后斜华北介	193	48	21、22
Huabeinia primitiva Bojie,1978　原始华北介	194	49	1
Huabeinia trapezoidea Bojie,1978　梯形华北介	193	48	19、20
Huabeinia triangulata Bojie,1978　三角华北介	193	48	23、24
Huabeinia unispinata Bojie,1978　单刺华北介	192	48	17
Huabeinia yonganensis Bojie,1978　永安华北介	194	48	25
Huaiheceras exogastrum Chen et Qi　外腹淮河角石	111	22	7

化石名称	页码	图版	图
Huanghedinium granorugosum Zhu, He et Jin in He et al., 1989 粒皱黄河藻	422	110	13
Huanghedinium magnum Zhu, He et Jin, in He et al., 1989 大型黄河藻	423	112	2
Hydrangea lanceolimba Hu et Chaney 披针叶绣球	470	130	1
Hydrobia liuqiaoensis Youluo 柳桥水螺	89	19	24、25
Hydrobia sp. 水螺（未定种）	89	19	26
Hydrobia sp. 螹螺（未定种）	86	17	17、18
Hylobius plenus Zhang 丰富树皮象	265	70	3
Hylomysoides qiensis 齐地类毛猬	306	89	2
Hyotherium penisulus Chang 半岛猪兽	359	94	12
Hyrachyus metalophus Chow et Qi 后貘犀	356	94	8
Hyrachyus modestus (Leidy) 静犀貘	356	94	9
Hystrichosphaeridium calospinum He, Zhu et Jin, 1989 丽刺管球藻	388	104	5
Hystrichosphaeridium tubiferum (Ehrenberg) Deflandre, 1937 emend. Davey et Williams, 1966 管形管球藻	389	104	6

I

化石名称	页码	图版	图
Idiognathodus claviformis Gunnell, 1931 棒状异颚牙形石	560	148	7
Idiognathodus delicatus Gunnell, 1931 优美异颚牙形石	559	148	5、6
Idiognathodus magnificus Stauffer et Plummer, 1932 大叶异颚牙形石	560	148	9
Idiognathodus shanxiensis Wan et Ding 山西异颚牙形石	560	148	8
Idiognathodus tersus Ellison, 1941 整洁异颚牙形石	560	148	10
Ilexpollenites iliacus Potonie 冬青粉	523	140	6
Ilexpollenites lanceolatus Zhu 带形冬青粉	523	140	7
Ilyocyprimorpha amplonodosa Bojie, 1978 大瘤土形介	191	48	6
Ilyocyprimorpha jinanensis Bojie, 1978 济南土形介	190	48	5
Ilyocyprimorpha nodosa Bojie, 1978 疣状土形介	191	48	7
Ilyocypris bradyi Sars, 1890 布氏土星介	182	46	8
Ilyocypris dunschanensis Mandelstam, 1963 独山土星介	182	46	6、7

化石名称	页码	图版	图
Ilyocypris gibba (Ramdohr,1808)　隆起土星介	182	46	5
Ilyocypris gudaoensis Shan et Qu　孤岛土星介	183	46	12、13
Ilyocypris liuqiaoensis Bojie,1978　柳桥土星介	183	46	15
Ilyocypris paraerrabundis Li,1983　似浪游土星介	183	46	14
Ilyocypris salebrosa Stepanaitys　后膨土星介	182	46	10、11
Ilyocypris subpulchra Yang　近美丽土星介	182	46	9
Impagidinium cf. *aculeatum* (Wall) Lentin et Williams,1981　具刺加固藻（比较种）	375	101	8
Impletosphaeridium kroemmelbeinii Morgenroth,1966　克罗梅富刺藻	394	105	9
Inouyella peiensis Resser et Endo　北小井上虫	137	31	8
Inouyia cf. *capax* (Walcott)　宽井上虫（相似种）	138	34	16
Inouyops brevica Zhang　短形井上形虫	138	34	15
Inouyops longispinus Zhang et Yuan　长刺井上形虫	138	34	14
Irvingella taitzuhoensis Lu　太子河小伊尔文虫	147	33	14

J

化石名称	页码	图版	图
Jiaodongia maershanensis Hong　马尔山胶东蜻	233	58	6
Jingxidiscus lushangfenensis (Hong,1981)　卢尚坟京西盘甲	261	68	7
Jinnania ruichengensis Lin et Wu　芮城晋南虫	150	35	8
Juglans shanwangensis Hu et Chaney　山旺胡桃	466	127	5
Juglanspollenites cf. *tetraporus* Sung et Tsao　四孔胡桃粉（比较种）	534	142	11
Juglanspollenites pseudoides Li et Fan　假胡桃粉	534	142	10

K

化石名称	页码	图版	图
Kaipingispora ornatus Quyang et Lu,1980　具饰开平孢	481	131	25
Kaitunia cf. *triangula* Li　三角形开通介（相似种）	162	41	3、4

化石名称	页码	图版	图
Kallosphaeridium jiyangense Xu et al.,1997 ex He et al. herein　济阳美球藻	373	101	3
Kaolishania pustulosa Sun　丘疹蒿里山虫	146	33	8、9
Kenliospira conica Xia　锥形垦利螺	83	17	1
Kenliospira xianhezhenensis Xia　仙河镇垦利螺	83	16	11
Knoxisporites dissidius Neves,1962　双轮环三缝孢	493	135	2
Knoxisporites hageni Potonie et Kremp,1954　霍氏轮环三缝孢	493	135	1
Knoxisporites instarrotulae (Horst,1943) Potonie et Kremp,1955　变异轮环三缝孢	493	134	14
Knoxisporites minutus Gao　小型轮环三缝孢	493	134	15
Kogenoceras curvatum Zou　弯曲高原角石	123	26	7
Kogenoceras huroniforme Shimizu et Obata　休伦高原角石	123	26	5
Kogenoceras jiaolongense Chen et Liu　蛟龙高原角石	123	26	6
Kuanchuanius shantungensis Chow　山东官庄兽	333	72	8

L

化石名称	页码	图版	图
Labechia changchiuensis Ozaki　章丘拉贝希层孔虫	61	11	3、4
Labechia chingchiachuangensis Ozaki　青家庄拉贝希层孔虫	61	11	5、6
Labechiella crassa Dong　粗小拉贝希层孔虫	60	11	1、2
Labiisporites minutus Gao　小型隐缝二囊粉	517	138	24
Labitricolpites cf. *scabiosus* Ke et Shi　粗糙唇形三沟粉(比较种)	535	142	14
Labitricolpites densus Song　致密唇形三沟粉	534	142	13
Labrosa labrosa Youluo　宽唇宽唇螺	80	15	18
Laccotrephes cf. *robustus* Stal　大长蝎蝽(相似种)	233	67	3
Laciniadinium eminens Jin,He et Zhu in He et al.,1989　显著门沟藻	406	107	16
Laciniadinium macrocephalum (Jin,He et Zhu in He et al.) Lentin et Williams,1993　大头门沟藻	406	107	17
Laciniadinium minutum (He) Chen et al.,1988　微小门沟藻	406	108	1
Laciniadinium subtile (He) Lentin et Williams,1993　细尾门沟藻	407	108	2
Lacunodinium fissile (Jiabo) He,Zhu et Jin,1989　开裂穴沟藻	379	102	6

Lacyprinas scotti（Young et Tchang）1936　司氏鲁鲤	278	75	6
Laevigatosporites maximus（Loose,1934）Potonie et Kremp,1956　较大光面单缝孢	505	137	2
Laevigatosporites minimus（Wilson et Coe,1940）Schppf,Wilson and Bentall,1944　微小光面单缝孢	505	136	23
Laevigatosporites perminutus Alpern,1958　小光面单缝孢	505	136	21
Laevigatosporites striatus Alpern,1958　线纹光面单缝孢	505	137	3
Laevigatosporites vulgaris（Ibrahim,1934）Alpern et Doubinger,1973　普通光面单缝孢	505	136	22
Lagomeryx colberti（Young）　柯氏柄杯鹿	360	96	6
Laiyangia delicatula Zhang　精细莱阳蠊	257	55	8
Lamprotula（*Parunio*）*shandongensis* Qi　山东丽蚌（准珠蚌）	73	14	15
Laostaphylinus fuscus Zhang　棕石隐翅虫	263	58	9
Laostaphylinus nigritellus Zhang　暗石隐翅虫	263	59	5
Lathrobium gensium Zhang　实拉隐翅虫	262	69	1
Leiaspis shuiyuensis Wu et Lin　水峪光滑盾壳虫	129	131	11、12
Leiotriletes adnatoides Potonie et Kremp,1955　侧生光面三缝孢	473	130	9
Leiotriletes adnatus（Kosanke,1950）Potonie et Kremp,l955　侧光面三缝孢	473	128	11
Leiotriletes gracilis（Imgrund）Imgrund,1960　薄壁光面三缝孢	472	126	6
Leiotriletes gulaferus Potonie et Kremp,1954　喉状光面三缝孢	473	130	6
Leiotriletes inflatus（Schemel,1950）Potonie et Kremp,1955　膨胀光面三缝孢	473	130	7
Leiotriletes levis（Kosanke,1950）Potonie et Kremp,1955　薄光面三缝孢	474	130	10
Leiotriletes pseudolevis Peppers,1970　亚平滑光面三缝孢	472	130	5
Leiotriletes sphaerotriangulus Potonie et Kremp,1954　圆三角形光面三缝孢	473	130	8
Leiotriletes tumidus Butterworth et Williams,1958　肿胀光面三缝孢	473	130	4
Lejeunecysta illecbrosa Jin,He et Zhu in He et al.,1989　迷人莱氏藻	432	114	10
Lepidodendron oculusfelis（Abb.）Zeill　猫眼鳞木	449	119	4
Lepidodendron posthumii Jongm. et Goth.　斜方鳞木	448	119	1、2
Lepidodendron szeianum Lee　梭鳞木	448	119	3

Leuciscus miocenicus Young et Tchang 中新雅罗鱼	285	78	8
Leucocythere dorsotuberosa Huang,1984 背瘤白花介	216	54	29
Levisia agenor（Walcott） 优美李维斯虫	136	31	4
Liaoningaspis taitzehoensis Chu 太子河辽宁虫	146	33	10
Liaoyangaspis bassleri（Resser et Endo） 巴氏辽阳虫	142	31	17
Liliacidites shenglipollis Li et Fan 胜利百合粉	535	142	16
Limitisporites latus Gao 宽折缝二囊粉	518	139	5
Limitisporites minutus Gao 小型折缝二囊粉	518	132	15
Limitisporites monstruosus（Luber et Waltz,1935）Hart,1960 畸形折缝二囊粉	518	137	22
Limitisporites oblongus Gao 长圆折缝二囊粉	519	132	17
Limitisporites rectus Leschik,1956 直折缝二囊粉	518	132	16
Limitisporites strabus Gao 斜折缝二囊粉	518	139	6
Limnocythere armata Li et Lai,1978 具刺湖花介	219	54	23
Limnocythere changyiensis Bojie 昌邑湖花介	218	54	17
Limnocythere cinctura Mandelstam 带形湖花介	217	54	13、14
Limnocythere costata Cai et Liu,1978 隆脊湖花介	220	54	26
Limnocythere dectyophora Li et Lai,1978 网状湖花介	218	54	16
Limnocythere dorsiconvexa Huang et Ge,1978 背隆湖花介	219	54	21
Limnocythere gudaoensis Shan et Qu 孤岛湖花介	217	54	9、10
Limnocythere longipileiformis Shan et Li,1978 长帽形湖花介	220	54	27
Limnocythere luculenta Livental 光滑湖花介	217	54	11、12
Limnocythere nodosa Li et Lai,1978 瘤凸湖花介	219	54	20
Limnocythere pellucida Hou et Shan,1978 清楚湖花介	218	54	19
Limnocythere posticoncava Hou et Shan,1978 后凹湖花介	218	54	18
Limnocythere postispinata Shan et Li,1978 后刺湖花介	220	54	24
Limnocythere striatituberosa Geng et Shan,1978 纹瘤湖花介	219	54	22
Limnocythere trinodosa Shan et Li,1978 三瘤湖花介	220	54	25
Limnocythere weixianensis Li et Lai,1978 潍县湖花介	217	54	15
Limnocythere yonganensis Shan et Li,1978 永安湖花介	220	54	28
Limois shanwangensis（Hong） 山旺丽蜡蝉	224	56	2
Linopteris brongniartii Gutb. 短网羊齿	459	124	2
Linquornis gigantis Yeh 硕大临朐鸟	296	87	3
Linyiechara clara Xinlun 光亮临邑轮藻	438	115	8

Liopeishania sp. 光滑北山虫（未定种）	143	32	10
Liostracina krausei Monke 克氏光壳虫	147	33	13
Liquidambar miosinica Hu et Chaney 华枫香	468	128	5、6
Liquidambarpollenites regularis Li et Fan 规则枫香粉	522	140	3
Liratina tuozhuangensis Youluo 蛇庄旋脊螺	85	17	6
Liratina? hedobia Youluo 基座旋脊螺（?）	85	17	7
Lisania bura（Walcott） 瘤刺李三虫	140	31	9
Lonchinouyia armata（Walcott） 持械矛刺井上虫	138	34	17
Lonicerapollis gallwitzii Krutzsch 葛氏忍冬粉	524	140	15
Lonicerapollis lenghuensis Song et Zhu 冷湖忍冬粉	525	140	16
Lonicerapollis microspinosus Zhu 细刺忍冬粉	525	140	18
Lonicerapollis triletus Zheng 拟三缝忍冬粉	525	140	17
Lophocarinophyllum sp. 顶柱脊板珊瑚（未定种）	60	10	10
Lophocion asiaticus Wang et Tong,1997 亚洲脊兽	343	9	2、3
Lophotriletes microsaetosus（Loose,1934）Potonie et Kremp,1955 小毛刺瘤三缝孢	481	131	23
Lophotriletes novicus Singh,1964 新刺瘤三缝孢	481	131	22
Lophotriletes triangulatus Gao 三角形刺瘤三缝孢	481	131	24
Loxodus dissectus An 分离斜牙形石	568	149	14
Luchenus erinaceanus 似猬山东猬	304	88	5～7
Lucyprinus linchiiensis（Young et Tchang）1936 临朐鲁鲤	277	75	4、5
Ludictyon vesiculatum Ozaki 泡沫鲁网层孔虫	62	10	10、11
Lueckisporites permianus Gao 二叠二肋粉	519	139	9
Lueckisporites virkkiae Potonie et Klaus,1954 韦克二肋粉	519	132	18
Luia typica Chang 标准卢氏虫	143	32	8
Lunanoceras changshanense Chen et Qi 场山鲁南角石	110	22	3
Lunanoceras precordium Chen et Qi 横隔膜鲁南角石	110	22	1、2
Luxadinium auriculatum Xu,1987 耳状曙藻	407	108	3
Luxadinium conchatum Xu,1987 贝壳状曙藻	407	108	4
Luxadinium dongmingense Jin,He et Zhu in He et al.,1989 东明曙藻	408	108	5
Luxadinium elongatum Jin,He et Zhu in He et al.,1989 伸长曙藻	408	108	6
Luxadinium friabile Xu,1987 脆弱曙藻	408	108	7

Luxadinium macrocephalum Jin,He et Zhu in He et al.,1989　大头曙藻	409	108	8
Luxadinium psilatum Jin,He et Zhu in He et al.,1989　平滑曙藻	409	108	9
Luxadinium speciale Jin,He et Zhu in He et al.,1989　特别曙藻	409	108	10
Lycopodiumsporites bohaiensis Fan　渤海石松孢	490	134	6
Lycopodiumsporites minutus Li et Fan　微小石松孢	490	134	7
Lycoptera laiyangensis　莱阳狼鳍鱼	288	78	3～7
Lycoptera sinensis Woodward,1901　中华狼鳍鱼	287	78	1、2
Lycopterocypris contrita Lubimova,1956　破损狼星介	164	55	7
Lycopterocypris infantilis Lubimova,1956　幼稚狼星介	164	55	6
Lycoriomimodes ovatus　卵形狼毛蚊	248	64	5
Lycospora bracteola Butterworth et Williams,1958　薄环石松孢	501	135	26
Lycospora microgranulata Bharadwaj,1957　小粒石松孢	500	135	23
Lycospora noctuina Butterworth et Williams,1958　微亮石松孢	501	135	25
Lycospora pellucida (Wieher) Schopf,Wilson et Bentall,1944　透明石松孢	501	135	24
Lycospora pusilla (Ibrahim,1933) Somers,1972　弱小石松孢	500	135	22
Lycospora rotunda (Bharadwaj,1957) Somers,1972　圆形石松孢	500	136	5
Lymnaea binxianensis Youluo　滨县椎实螺	97	18	17
Lyogyrus beizhenensis Youluo　北镇松圈螺	87	17	22
Lyogyrus cylindricus Youluo　柱形松圈螺	87	17	21
Lysiogyrus costatus Youluo　横肋圆松螺	87	17	23
Lysiogyrus longicollus Youluo　长颈圆松螺	88	17	24

M

化石名称	页码	图版	图
Macronotus tuanwangensis　团旺大背板吉丁虫	261	68	6
Macropelobates cratus Hao　强壮大锄足蟾	289	80	3
Macrotorispora cathayensis Chen,1979　华夏大一头沉孢	506	137	4
Macrotorispora gigantea (Ouyang) Gao, in Chen,1919　大型大一头沉孢	506	137	5
Macrotorispora media (Ouyang) Chen,1979　中型大一头沉孢	506	137	6

Maedlerisphaera chinensis Huang et Xu 中华梅球轮藻	442	116	12
Maedlerisphaera ulmensis (Straub) Horn af Rantzien 乌尔姆梅球轮藻	442	116	11
Magnastriatites cf. *granulastriatus* Li 粒肋粗肋孢(比较种)	485	132	9
Magnastriatites decora Li et Fan 华美粗肋孢	484	132	7
Magnastriatites eurystriatus Li et Fan 宽肋粗肋孢	484	132	8
Magnastriatites howardi Germeraad, Hopping et Muller 哈氏粗肋孢	485	132	10
Magnastriatites indistinctus Li et Fan 不显粗肋孢	485	132	11
Magnastriatites labiatus Li et Fan 具唇粗肋孢	485	132	12
Magnastriatites minutus Li 小粗肋孢	485	132	13
Magnastriatites scabiosus Li et Fan 粗糙粗肋孢	485	133	1
Magnastriatites triangulus Li et Fan 三角粗肋孢	486	133	2
Magnirabus furvus 黑色大头步甲	259	67	5、6
Magnolipollis cf. *grandus* Song et Zheng 大型木兰粉(比较种)	535	142	17
Manchuriella macar (Walcott) 乐小东北虫	141	31	15
Mansuyia orientalis (Grabau) Sun 东方满苏虫	146	33	6、7
Mantoushania subconica Lu et Chu 似锥形馒头山虫	130	28	8
Mareda sp. 马里达虫(未定种)	151	35	4
Margocolporites vanwijhei Germeraad, Hopping et Muller 封维汉边沟孔粉	535	142	15
Marstonia bucciniformis Youluo 喇叭口麦氏螺	90	19	27
Marstonia inflata Wang 膨胀麦氏螺	90	20	9
Marstonia? culma Xia 茎麦氏螺(?)	90	20	8
Martinia glabra (Martin) 光面马丁贝	66	12	8
Mediocypris shandongensis Shan et Zhang 山东中星介	158	39	1、2
Megacypris longiquadrata Bojie, 1978 矩形宏星介	202	51	7
Megacypris yihezhuangensis (Bojie, 1978) 义和庄宏星介	202	51	8
Megaloceros (*Sinomegaceros*) *pachyosteus* Young 肿骨大角鹿	361	97	3
Megapalaeolenus fengyangensis (Chu) 凤阳大古油栉虫	127	27	8
Meimuna miocenica 中新世绍蟟	229	58	1、2
Meinia asiatica Qiu 亚洲梅氏松鼠	320	91	1、2
Melanoides floristriata Youluo 花纹拟黑螺	80	15	20
Melanoides tuozhuangensis Youluo 坨庄拟黑螺	80	15	19

Meliaceoidites delicatus Zheng　柔弱楝粉	536	142	20
Meliaceoidites huaianensis Zheng　淮安楝粉	536	142	19
Meliaceoidites major Song et Liu　大型楝粉	536	143	3
Membranilarnacia choneta Xu et al.,1997 ex He et al. herein　漏斗膜突藻	394	105	10
Membranilarnacia fibrosa Jiabo,1978　纤维膜突藻	394	105	11
Membranilarnacia leptoderma（Cookson et Eisenack）Eisenack,1963　薄壁膜突藻	394	105	12
Membranilarnacia paucitubata He,Zhu et Jin,1989　稀管膜突藻	395	105	13
Mengyinaia mengyinensis（Grabau）　蒙阴蒙阴蚌	68	12	13、14
Mengyinaia tugrigensis（Martinson）　土格里蒙阴蚌	68	12	11、12
Menocephalites abderus（Walcott）　无誉壮头虫	137	30	16
Mesanthocoris brunneus　棕色中花蝽	235	59	3
Mesobrachyopteryx shandongensis　山东中短翅伪大蚊	251	65	7
Mesocacia pulla Zhang　近黑象天牛	264	70	2
Mesoccus lutarius Zhang　泥生眼叶蝉	222	55	10
Mesochaoborus zhangshanyingensis（Hong）　张三营中幽蚊	242	62	6
Mesocochliopa sp.　中旋壳螺（未定种）	96	18	6、7
Mesocorixa nanligezhuangensis　南李格庄中划蝽	233	58	7
Mesodmops dawsonae Tong et Wang,1994　道森拟间异兽	299	88	1、2
Mesolanistes laiyangensis Yu　莱阳中屠螺	77	15	4
Mesolocustopsis sinica　中国中拟螽	257	66	8
Mesolygaeus laiyangensis Ping　莱阳中蝽	231	57	9、10
Mesomphrale asiatica　亚洲中窗虻	254	66	3
Mesopleciofungivora martynovae　马氏中邻捻蕈蚊	246	64	1
Mesopyrrhocoris fasciata　色带中红蝽	234	59	1
Mesorhagiophryne incerta　可疑蟎蟾虻	253	65	10
Mesorhagiophryne robusta　强壮中蹸蟾虻	253	65	9
Mesostaphylinus laiyangensis Zhang　莱阳中生隐翅虫	262	68	9
Mesostratiomyia laiyangensis　莱阳中水虻	254	66	2
Mesotrichocera laiyangensis　莱阳中毛角大蚊	243	63	1
Mesowutinoceras discoides Chen　盘形中五顶角石	118	24	7
Metacypris datongensis Wang　大同圆星介	215	54	6
Metacoryphodon xintaiensis Chow et Qi　新泰后冠齿兽	338	99	3

Metacypris changzhouensis Chen,1965　常州圆星介	215	54	8
Metacypris miaogouensis Chen　庙沟圆星介	215	54	7
Metalonchodina bidenta (Gunnell,1931)　双齿后矛牙形石	561	148	11
Metanomocarella rectangula Chang　长方形后小无肩虫	142	32	7
Metasequoia disticha (Heer) Miki　二列水杉	464	125	9
Micromelania monilifera Youluo　串珠微黑螺	78	15	12、13
Micropachycephalosaurus hongtuyanensis Dong　红土崖小肿头龙	294	85	9
Microreticulatisporites concavus Butterworth et Williams,1958　内凹小网孔三缝孢	492	134	9
Microreticulatisporites microtuberocosus (Loose,1934) Potonie et Kremp,1955　小瘤小网孔三缝孢	491	134	8
Microreticulatisporites nobilis (Wieher,1934) Knox,1950　显著小网孔三缝孢	492	134	10
Mictocoelodus symmetricus Branson et Mehl,1933　对称微腔牙形石	568	151	7
Mictosaukia callisto (Walcott)　公主杂索克虫	149	34	11
Migrostylops roboreus　健客柱兽	339	92	10～12
Migrostylops rosella　玫客柱兽	341	93	1
Miheichthys shandongensis　山东弥河鱼	282	77	2
Millerella minuta Sheng　微小密勒蜓	21	1	1
Mimallactoneura tuanwangensis　团旺小奇脉毛蚁	248	64	6
Miniocypris caudate Bojie,1978　尖尾小星介	169	42	21
Miniocypris dissimilaris (Bojie,1978)　异形小星介	169	42	22
Miniocypris extensa (Bojie,1978)　伸长小星介	169	42	23
Miniocypris mera Bojie,1978　纯洁小星介	168	42	18
Miniocypris subaequalis Bojie,1978　近等腰小星介	169	42	20
Miniocypris subtriangularis Bojie,1978　近三角小星介	169	42	19
Miniocypris triangalaris (Bojie,1978)　三角小星介	170	42	24
Mionatrix diatomus Sun　硅藻中新蛇	292	79	8
Miopetalura shanwangica Zhang　山旺中新古蜓	255	66	4
Momipites chengbeiesus Li et Fan　埕北拟榛粉	524	140	13
Mongolianella laiyangensis Guan,1989　莱阳蒙古介	192	48	12、13
Mongolocypris distributa (Stankevitch,1974)　分布蒙古金星介	158	39	3、4
Mongolotherium? sp.　蒙古兽(?)(未定种)	339	92	8、9
Muellerodus pomeranensis (Szaniawski,1971)　波美拉米勒齿牙形石	569	151	10

化石名称	页码	图版	图
Muellerodus erectus Xiang 直立米勒齿牙形石	569	151	8
Muellerodus oelandicus (Müller,1959) 厄兰米勒齿牙形石	569	151	9
Multicellaesporites striatus Li et Fan 条纹无孔多胞孢	471	128	8
Myospalax cf. *psilurus* Milne-Edwards 华北鼢鼠(相似种)	320	82	7、8

N

化石名称	页码	图版	图
Nakamuranaia subrotunda Gu et Ma,1976 近圆中村蚌	69	13	4
Nakamuranaia yongkangensis Gu et Ma,1976 永康中村蚌	69	13	3
Nakamuranaia shoachangensis Ma,1980 寿昌中村蚌	69	13	5
Nakamuranaia aff. *chingshanensis* (Grabau) 青山中村蚌(亲近种)	69	13	1
Nakamuranaia chingshanensis (Gbau) 青山中村蚌	68	12	15
Nakamuranaia elliptica Ma,1980 椭圆中村蚌	70	13	6
Nakamuranaia elogata Gu et Ma 长中村蚌	69	13	2
Nakamuranaia zhujiazhuangensis Ding 朱家庄中村蚌	69	12	16
Navicula shanwangensis Li 山旺舟形藻	368	97	10
Nelumboipollis ellipticus Li et Fan 椭圆莲粉	537	143	4
Nelumboipollis elongatus Li et Fan 伸长莲粉	537	143	5
Nelumboipollis nelumboides (Song et Zhu) Li et Fan 莲型莲粉	537	143	6
Neoaganides sp. 新缓菊石(未定种)	124	26	13、14
Neochara huananensis Wang et Lin 华南新轮藻	445	117	10
Neochara sinuolata Wang et Lin 微波状新轮藻	445	117	11
Neochara squalidla Wang et Lin 粗糙新轮藻	446	118	1
Neognathodus bassleri (Harris et Hollingsworth,1933) 巴氏新颚齿牙形石	558	148	3
Neognathodus roundyi (Gunnell,1931) 朗德新颚齿牙形石	559	148	4
Neoraistrickia gracilis Foster,1976 细新叉瘤三缝孢	484	131	32
Neospirifer fasciger (Keyserling) 簇状新石燕	65	12	7
Neostaffella cuboides (Rauser) 近正方新史塔夫蜓	23	1	10
Neostaffella khotunensis (Rauser) 克何屯新史塔夫蜓	23	1	11
Neostaffella panxianensis (Chang) 盘县新史塔夫蜓	22	1	9
Neostaffella sphaeroidea (Ehrenberg) 似球形新史塔夫蜓	22	1	8

Neostaffella subquadrata (Grozdilova et Lebedeva)　亚方形新史塔夫蟆	23	1	12
Neuropteris ovata Hoffm.　卵脉羊齿	459	124	1
Ninghainia alatispinata Bojie,1978　翅刺宁海介	170	43	1
Ninghainia minispinata Bojie,1978　小刺宁海介	170	42	25
Ninghainia uncinata Bojie,1978　钩刺宁海介	170	42	26
Nippononaia cf. *sinensis* Nie　中国日本蚌（相似种）	70	13	9
Nippononaia laiyangensis Ma　莱阳日本蚌	70	13	7
Nippononaia zhujiazhuangensis Ma　朱家庄日本蚌	70	13	8
Nitrariadites altunshanensis cf. *minor* Zhu et Xi Ping　小型阿尔金拟白刺粉（相似种）	547	145	11
Nitrariadites altunshanensis cf. *major* Zhu et Xi Ping　大型阿尔金拟白刺粉（相似种）	547	145	10
Nitrariadites cf. *pachypolarus* Zhu et Xi Ping　厚极拟白刺粉（比较种）	548	145	16
Nitrariadites communis Zhu et Xi Ping　普通拟白刺粉	547	145	12
Nitrariadites maximus Zhu et Xi Ping　巨大拟白刺粉	547	145	13
Nitrariadites minimus Zhu et Xi Ping　微小拟白刺粉	548	145	14
Nitrariadites minor (Wang) Zhu　小拟白刺粉	548	145	15
Nitrariadites subrotundus Zhu et Xi Ping　近圆拟白刺粉	548	145	17
Nodosaria grandis Lipina,1949　大节房虫	49	8	17
Nodosaria hejinensis Xia et Zhang　河津节房虫	48	8	14
Nodosaria longissima Suleimanov.,1949　长节房虫	49	8	18
Nodosaria netchajewi Cherdynzev,1914　涅恰耶夫节房虫	49	8	19
Nodosaria sinensis Xia et Zhang　中国节房虫	48	8	15
Nodosaria zhesiensis Xia et Zhang　哲斯节房虫	48	8	16
Nogamiconus sinensis (Nogami,1966)　中华野上齿牙形石	569	151	11
Nonion cf. *nicobarense* Cushman　尼科巴诺宁虫（比较种）	55	10	2
Nonionella auricula Heron－Allen et Earland　耳状小诺宁虫	56	10	3
Notonectopsis sinica　中国拟仰蝽	231	59	2
Nuskoisporites pachytus Gao　厚努氏粉	513	138	10
Nybyoceras cryptum Flower　隐尼比角石	119	24	14
Nymphaeacidites minor (Nagy) Zheng　小睡莲粉	537	143	7
Nymphaeacidites pachydermus Zheng　厚壁睡莲粉	537	143	8

O

化石名称	页码	图版	图
Obtusochara brevicylindrica Xu et Huang 短柱形钝头轮藻	440	116	3
Obtusochara brevis Xinlun 短钝头轮藻	441	116	4
Obtusochara elliptica Z. Wang, Huang et S. Wang 椭圆形钝头轮藻	440	115	17
Obtusochara jianglingensis Z. Wang 江陵钝头轮藻	440	115	18
Obtusochara lanpingensis Z. Wang, Huang et S. Wang 兰坪钝头轮藻	440	116	2
Obtusochara longicoluminaria Xu et Huang 长柱形钝头轮藻	440	115	16
Oiophassus nycterus Zhang 夜独蝙蝠蛾	258	67	4
Oistodus sthenus Zhang 强壮箭牙形石	570	151	12
Olbitherium millenarianicus Tong, Wang et Meng, 2004 千禧福兽	364	95	6、7
Oleoidearumpollenites chinensis Nagy 中华木犀粉	538	143	13
Oleoidearumpollenites forsythiaformis Song et Zhu 连翘型木犀粉	539	143	14
Oleoidearumpollenites ligustiformis Song et Zhu 女贞型木犀粉	539	143	15
Oleoidearumpollenites major Zhu 大型木犀粉	539	143	16
Oligoneuroides huadongensis Zhang 华东寡脉细蜂	272	59	7
Oligosphaeridium abbreviatum Xu et al., 1997 ex He et al. herein 缩短稀管藻	369	99	4
Oligosphaeridium dongmingense He, Zhu et Jin, 1989 东明稀管藻	369	99	5
Oligosphaeridium homomorphum He, Zhu et Jin, 1989 同突稀管藻	370	99	6、7
Oligosphaeridium minus Jiabo, 1978 小稀管藻	370	99	8
Oligosphaeridium ovatum He, Zhu et Jin, 1989 卵形稀管藻	370	99	9
Oligosphaeridium pulcherrimum (Deflandre et Cookson) Davey et Williams, 1966 美丽稀管藻	371	100	3
Oligosphaeridium speciale Xu et al., 1997 ex He et al. herein 特殊稀管藻	371	100	4
Oölithes megadermus Young 厚皮圆形蛋	295	86	6
Oölithes spheroides Young 短圆形蛋	295	86	5
Opeas changleensis Li 昌乐钻子螺	107	16	17
Operculodinium capituliferum He, Zhu et Jin, 1989 小头口盖藻	374	101	4
Operculodinium minutum He, 1991 微小口盖藻	374	101	5
Operculodinium zhongyuanense He, Zhu et Jin, 1989 中原口盖藻	374	101	6

Operculumpollis operculatus Sun, Kong et Li 具盖粉	545	144	24
Ordosoceras quasilineatum Chang 似线鄂尔多斯角石	113	23	2
Ormoceras centrale (Kobayashi et Matumoto) 中央链角石	117	24	3、4
Ormoceras nudum (Endo) 裸链角石	118	24	5
Ormoceras subcentrale Kobayashi 亚中心链角石	118	24	6
Orthestheriopsis sp. 似直线叶肢介(未定种)	156	37	10
Osmundacidites cf. *jiangchuanensis* Chen 江川紫萁孢(比较种)	484	132	5
Osmundacidites primarius (Walf) Sun et Li 冠紫萁孢	484	132	6
Otozamites falcata Lan 镰状耳羽叶	460	123	11
Ovassiminea globula Xia 球形卵拟沼螺	96	21	16、17
Ovicimex laiyangensis 莱阳卵臭虫	236	59	4
Oviparosiphum latum 宽形卵蚜	222	55	12
Ovis shantungensis Matsumoto 山东绵羊	362	97	7
Oxyaena? sp. 牛鬣兽(?)(未定种)	320	91	3
Ozarkodina delicatula (Stauffer et Plummer, 1932) 细齿奥札克牙形石	558	147	13
Ozawainella angulata (Colani) 角状小泽蜓	22	5	11
Ozawainella krasnokamski Safonova 克拉斯诺卡姆斯克小泽蜓	22	1	7
Ozawainella mosquensis Rauser 莫斯科小泽蜓	22	1	6
Ozawainella preastellae Rauser 前施特拉氏小泽蜓	21	1	5
Ozawainella stellae Manukalova 施特拉氏小泽蜓	21	1	4
Ozawainella turgida Sheng 肿小泽蜓	21	1	2
Ozawainella vozhgalica Safonova 伏芝加尔小泽蜓	21	1	3

P

化石名称	页码	图版	图
Pachyphloia lanceolata Maclay, 1954 剑形厚壁虫	40	2	17
Pachyphloia linae (Maclay, 1954) 林娜氏厚壁虫	40	2	16
Pagodia buda Resser et Endo 芽形宝塔虫	149	34	12
Paladilhia (*Liaohenia*) *sinensis* Youluo 中国辽河螺	89	20	1、2
Palaeancylus cf. *orientalis* Yu 东方古精螺(比较种)	100	20	21
Palaeapis beiboziensis Hong 北泊子古蜜蜂	270	73	2、3

Palaeathalia laiyangensis Zhang　莱阳古菜叶蜂	267	59	6
Palaeochoerus cf. *pascoei* Pilgrim　帕氏古猪(相似种)	359	94	13
Palaeohystrichodinium elegans He, Zhu et Jin, 1989　美丽古刺沟藻	433	114	11
Palaeohystrichodinium quadratum He, Zhu et Jin, 1989　方形古刺沟藻藻	433	114	12
Palaeoleuca sinensis Yen　中国古白螺	99	18	20、21
Palaeolimnadia baitianbaensis Chen　白田坝古渔乡叶肢介	151	35	17
Palaeolimnadia chuanbeiensis Shen　川北古渔乡叶肢介	152	35	18
Palaeolimnadia longmenshanensis Shen　龙门山古渔乡叶肢介	152	36	1
Palaeolimnadia? jiaodongensis　胶东古渔乡叶肢介(?)	152	36	2
Palaeolimnobia laiyangensis Zhang et al.　莱阳古沼大蚊	239	61	5
Palaeoloxodon naumanni Makiyama　诺氏古菱齿象	363	100	2
Palaeomeryx tricornis Qiu　三角古鹿	361	98	1～3
Palaeoneilo sp.　古尼罗蛤(未定种)	67	12	17
Palaeoperidinium angularium Xu, 1987　角状古多甲藻	410	108	11
Palaeoperidinium chonetum Xu, 1987　漏斗古多甲藻	410	108	12
Palaeoperidinium commune Jin, He et Zhu in He et al., 1989　普通古多甲藻	410	108	13
Palaeoperidinium humile Xu, 1987　小脚古多甲藻	411	108	14
Palaeoperidinium oviforme Jin, He et Zhu in He et al., 1989　卵形古多甲藻	411	108	15
Palaeopetia laiyangensis Zhang　莱阳古钻蝇	251	64	7
Palaeotapirus xiejiaheensis Xie　解家河古貘	353	94	7
Palaeotextularia consobrina Lipina, 1948　相关古串珠虫	40	7	2
Palaeotextularia longiseptata var. *crassa* Lipina, 1948　长隔壁古串珠虫厚壁变种	40	7	1
Palaeotextularia majiagouensis Xia et Zhang　马家沟古串珠虫	41	7	4
Palaeotextularia paracommunis (Reitlinger, 1950)　拟普通古串珠虫	41	7	5
Palaeotextularia quasioblonga Xia et Zhang　似长椭圆形古串珠虫	41	7	6
Palaeotextularia wuanensis Xia et Zhang　武安古串珠虫	41	7	3
Pandaniidites lemnoides Li et Fan　浮萍型露兜树粉	540	143	21
Pandaniidites shiabensis (Simpson) Eisik　希宾露兜树粉	539	143	19
Pandaniidites verruspinus Guan　瘤刺露兜树粉	540	143	20
Panderodus gracilis (Branson et Mehl, 1933)　纤细潘氏牙形石	570	152	1、2

Pappomoropus taishanensis 泰山祖爪兽	345	93	6、7
Paraalnipollenites miocaenicus Li et Fan 中新副桤木粉	524	140	14
Parabithynia crassilabia Youluo 厚唇副豆螺	78	15	11
Parabithynia minuta Youluo 微小副豆螺	78	14	16
Parabohaidina（*Conicoidium*）*granulata*（He） 粒面锥藻	423	108	18
Parabohaidina（*Conicoidium*）*tuberculata*（Jiabo） 细瘤面锥藻	423	112	5
Parabohaidina（*Conicoidium*）*granorugosa*（Jiabo） 粒皱锥藻	423	112	3
Parabohaidina（*Conicoidium*）*laevigata*（Jiabo） 光面锥藻	423	112	4
Parabohaidina（*Parabohaidina*）*laevigata ovata* Jiabo,1978 光面副渤海藻卵形亚种	425	112	11
Parabohaidina（*Parabohaidina*）*laevigata minor* Jiabo,1978 光面副渤海藻小型亚种	424	112	10
Parabohaidina（*Parabohaidina*）*puyangensis* Zhu,He et Jin in He et al.,1989 濮阳副渤海藻	425	112	12
Parabohaidina（*Parabohaidina*）*ceratoides* Zhu,He et Jin in He et al.,1989 拟角副渤海藻	424	112	6
Parabohaidina（*Parabohaidina*）*granulata* Jiabo,1978 粒面副渤海藻	424	112	7
Parabohaidina（*Parabohaidina*）*laevigata* Jiabo,1978 光面副渤海藻	424	112	8
Parabohaidina（*Parabohaidina*）*laevigata laevigata* Autonym 光面副渤海藻光面亚种	424	112	9
Parabohaidina（*Parabohaidina*）*retirugosa* Jiabo,1978 皱网副渤海藻	425	113	1
Parabohaidina（*Parabohaidina*）*verrucosa* Jiabo,1978 瘤面副渤海藻	425	113	2
Paracandona euplectella（Robertson,1889） 真织似玻璃介	176	44	15
Parafossarulus striatulus（Benson） 纹沼螺	89	20	5、6
Parafossarulus subangulatus（Martens） 钝角沼螺	90	20	7
Paragunnia bathyconica Qiu 宽锥形拟贡宁虫	132	29	6
Parakoldinioidia typicalis Endo 标准副拟柯尔定虫	151	35	5
Parapleciofungivora triangulata 三角形准邻捻蕈蚊	247	63	8
Paraperidinium bellum Jin,He et Zhu in He et al.,1989 美丽副多甲藻	425	112	13
Paraperidinium draco Jin,He et Zhu in He et al.,1989 风筝副多甲藻	426	111	14

Paraplectogyra pannusaeformis (Shlykova,1951) 褴褛型拟扭曲虫	48	8	13
Pararhombodella biformoides Xu et al.,1997 ex He et al. herein 双形似菱球藻	385	103	111
Pararhombodella tubiforma (Jiabo) Xu et al.,1997 管突似菱球藻	385	103	12
Paraserratognathus obesus Yang 肥胖副锯颚牙形石	571	152	3、4
Paratendipes laiyangensis 莱阳准摇蚊	240	62	2
Paratendipes tuanwangensis 团旺准摇蚊	241	62	3
Paresthonyx orientalis 东方仲裂兽	331	92	4
Paroviparosiphum opimum Zhang et al. 胖近卵蚜	224	55	11
Patellisporites meishanensis Ouyang,1962 煤山波环孢	497	134	21
Paucibucina dongyingensis Jiabo,1978 东营疏管藻	395	105	14
Paucibucina simplex Jiabo,1978 简单疏管藻	395	106	1
Pecopteris arcuata Halle 弧曲栉羊齿	455	122	8
Pecopteris candolleana Brongn. 长舌栉羊齿	455	122	5
Pecopteris cf. *anderssonii* Halle 镰刀栉羊齿（相似种）	455	122	7
Pecopteris chihliensis Stockm. et Math. 河北栉羊齿	455	122	6
Pecopteris orientalis (Schenk) Pot. 东方栉羊齿	454	122	4
Pecopteris taiyuanensis Halle 太原栉羊齿	454	121	7
Pecopteris tenuicostata Halle 细脉栉羊齿	454	122	3
Peckichara wutuensis Xinlun 五图培克轮藻	441	116	7
Peishanemys latipons Bohlin 宽边北山龟	290	80	5
Peishania convexa Resser et Endo 拱曲北山虫	143	32	9
Peltiphoridium abbreviatum Xu et al.,1997 ex He et al. herein 缩短小盾藻	395	106	2
Peltiphoridium liaoningense (Jiabo) Xu et al.,1997 辽宁小盾藻	396	106	3
Peltiphoridium oblongatum (Jiabo) Xu et al.,1997 椭圆小盾藻	396	106	4
Periplaneta hylecoeta Zhang 林大蠊	256	67	1
Peronopsis liaotungensis (Resser et Endo) 辽东胸针形球接子	126	26	15
Persicarioipollis bellulus Li et Fan 美丽蓼粉	540	143	22
Persicarioipollis franconicus Krutzsch 法国蓼粉	540	144	1
Persicarioipollis gudongensis Li et Fan 孤东蓼粉	540	143	23
Persicarioipollis juvenalis Guan 年轻蓼粉	541	144	2
Persicarioipollis lusaticus Krutzsch 罗莎蓼粉	541	144	3
Persicarioipollis minor Krutzsch 小蓼粉	541	144	4

Persicarioipollis pliocenicus Krutzsch 上新蓼粉	541	144	5
Persicarioipollis triangulus Li et Fan 三角蓼粉	541	144	6
Petiolaphioides shandongensis 山东类柄蚜	227	57	3
Petiolaphis laiyangensis 莱阳柄蚜	227	57	1、2
Phacocypris ampla Bojie,1978 高大小豆介	188	47	18
Phacocypris fanjiaensis Bojie,1978 樊家小豆介	189	47	21
Phacocypris linjiaensis Bojie,1978 林家小豆介	188	45	25
Phacocypris longa Bojie,1978 细长小豆介	189	47	19
Phacocypris nodosa Bojie,1978 有瘤小豆介	190	48	2
Phacocypris panheensis Bojie,1978 盘河小豆介	189	47	20
Phacocypris pisiformis Bojie,1978 豆状小豆介	188	46	24
Phacocypris porrecta Bojie,1978 长形小豆介	189	48	1
Phacocypris shangjiaensis Bojie,1978 商家小豆介	189	46	26
Phthanoperidinium tenellum Jin, He et Zhu in He et al.,1989 弱缝先多甲藻	411	108	16
Physa changleensis Youluo 昌乐滴螺	98	18	12
Physa jingangkouensis Pan 金刚口滴螺	97	18	8
Physa ringentis Youluo 扩口滴螺	98	18	13
Physa shantungensis Yen 山东滴螺	97	18	9、10
Physa subcylindrica Youluo 近柱状滴螺	98	18	11
Physalactinoceras breviconicum Chen et Qi 短锥泡珠角石	115	23	13
Physalactinoceras bullatum Chen et Qi 水泡泡珠角石	114	23	12
Physalactinoceras changshanense Chen et Qi 场山泡珠角石	115	24	1、2
Physalocysta oblongata Xu et al.,1997 ex He et al. herein 椭圆泡囊藻	396	106	5
Physalocysta quadrata Xu et al.,1997 ex He et al. herein 方形泡囊藻	397	106	6
Physalocysta rotunda Xu et al.,1997 近圆泡囊藻	397	106	7
Physalocysta simplex Xu et al.,1997 ex He et al. herein 简单泡囊藻	397	106	8
Picticupes tuanwangensis 团旺绣花长扁甲	266	71	2、3
Pilatricolporites dongyingensis Zhu 东营基棒三孔沟粉	550	145	24
Pilatricolporites minor Zhu 小型基棒三孔沟粉	551	145	25
Pimla amplifemura Lin 粗腿蝶姬蜂	268	72	4～6
Pimla impuncta Lin 无疹蝶姬蜂	269	73	1
Pinnolaria sp. 羽纹藻(未定种)	369	97	11
Pityosporites westphalensis Williams,1955 维斯发松型粉	515	137	21

Plagiozamites oblongifolius Halle 椭圆斜羽叶	451	120	4
Planisporites minutus Gao 小型微刺三缝孢	478	131	8
Planorbarius mongolicus Popova 蒙古类扁卷螺	103	21	20、21
Planorbis sp. 扁卷螺(未定种)	103	21	22
Platycyprinus mirabilis 奇异扁鲤	278	75	7
Platysaccus plautus Gao 扁宽囊粉	519	139	8
Platysaccus shanxiensis Gao 山西宽囊粉	519	139	7
Plebiellus obsoletus Wu et Lin 无沟小平凡虫	143	35	12
Plecia spinula Zhang 刺叉脉毛蚊	250	65	3
Pleciomimella parva 小形小毛蚊	247	64	3
Pleciomimella? *longiradiata* 长径小邻捻毛蚊(?)	247	64	4
Plectodina onychodonta An et Xu 爪齿褶牙形石	571	152	5、6
Plectogyra baschkirica Potievskaya,1964 巴斯基尔扭曲虫	47	8	11
Plectogyra minuta (Reitlinger,1950) 小扭曲虫	47	8	12
Plectopyloides bellus Li 美丽类扭口螺	106	19	18、19
Plectopyloides cretacous Yen 白垩类纽口螺	105	19	16、17
Plectronoceras cf. *cambria*（Walcott） 寒武短棒角石(相似种)	109	21	24
Plesiaceratherium gracile Young 纤细近无角犀	357	95	10
Plesiaceratherium shanwangensis Wang 山旺近无角犀	357	94	10
Plesiagraulos tienshihfuensis（Endo） 田师付似野营虫	138	31	6
Plesioleuciscus miocenicus（Young et Chang）1936 中新似雅罗鱼	281	76	3、4
Plesioleuciscus nitidus 优美似雅罗鱼	282	76	5
Plesiotapirus yagii（Matsumoto,1921） 矢木氏近貘	353	95	1～3
Plicatounio（*Lioplicatounio*）*hunanensis* Zhang 湖南褶珠蚌(光褶珠蚌)	71	13	15
Plicatounio（*Plicatounio*）*zhuchengensis* Ma 诸城褶珠蚌(褶珠蚌)	71	13	14
Plinachtus fossilis 化石普缘蝽	237	60	4
Podogonium oehningense（Koenig.）Kirch. 单籽豆荚	470	129	7
Podozamites lanceolatus（Lindley et Hutton）Braun 披针苏铁杉	460	124	3
Polydesmia canaliculata Lorenz 管杯多泡角石	117	23	5、6
Polydesmia watanabei Kobayashi 渡边多泡角石	117	23	8
Polydesmia zuezshanense Chang 桌子山多泡角石	117	23	7
Polypodiaceaesporites adiscordatus（Krutzsch）Wang et Zhou 规则水龙骨单缝孢	510	137	14

Polypodiaceaesporites crassicoides (Krutzsch) Li 厚壁水龙骨单缝孢	510	137	15
Polypodiaceaesporites ovatus (Wilson et Webster) Sun et Zhang 卵形水龙骨单缝孢	511	137	16
Polypodiaceoisporites minutus Nagy 小具环水龙骨孢	511	137	17
Polypodiaceoisporites regularis Zhang 规则具环水龙骨孢	511	138	1
Polypodiaceoisporites stenozonus Song et Hu 窄边具环水龙骨孢	511	138	2
Polypodiisporites afavus (Krutzsch) Sun et Li 无巢瘤面水龙骨单缝孢	511	138	3
Polypodiisporites cf. *communicus* Song et Li 普通瘤面水龙骨单缝孢（比较种）	511	138	4
Polypodiisporites maximus Li et Fan 巨型瘤面水龙骨单缝孢	512	138	6
Polypodiisporites megafavus (Krutzsch) Song et Zhong 大瘤瘤面水龙骨单缝孢	512	138	5
Polystomellina discorbinoides Yabe et Hanzawa 圆盘多口虫	55	9	16
Populus latior Al. Braun 阔叶杨	464	127	1
Poriagraulos nanum (Dames) 小型毛孔野营虫	137	30	17
Poshania poshanensis Chang 博山博山虫	137	31	5
Potamocyprella acuta Bojie,1978 尖尾小河星介	167	42	11
Potamocyprella bella Bojie,1978 整齐小河星介	166	42	9
Potamocyprella trapezoidea Bojie,1978 梯形小河星介	167	42	10
Potamocypris acuta Shan et Zhang 尖尾河星介	159	39	10
Potamocypris praedeplanata (Shan et Zhang) 前扁河星介	159	39	11、12
Potamocypris shanwangensis Zheng,1870 山旺河星介	158	39	8、9
Potonieisporites neglectus Potonie et Lele,1959 忽视单缝周囊粉	513	138	9
Potonieisporites novicus Bharadwaj 新单缝周囊粉	512	138	8
Preonictis youngi 杨氏半岛鼬	322	91	6～8
Proasaphiscina mantoushanensis 馒头山小原附栉虫	141	32	3、4
Probaicalia sp. 前贝加尔螺（未定种）	79	14	17
Problematoconites perforata Müller,1959 穿孔疑问牙形石	556	147	7
Proconodontus cambricus (Miller,1969) 寒武原牙形石	556	147	8
Proconodontus elongatus Zhang 伸长原牙形石	556	147	9
Proconodontus muelleri Miller,1969 米勒原牙形石	556	147	10
Proconodontus notchpeakensis Miller,1969 诺峰原牙形石	557	147	11
Proconodontus transmutatus Xu et Xiang 变异原牙形石	557	147	12

Procynops miocenicus Young 中新原螈	288	78	9
Profusulinella parva (Lee et Chen) 小原小纺锤蜓	27	5	13
Prooneotodus gallatini (Müller, 1959) 加勒廷原沃尼昂塔牙形石	558	148	2
Prooneotodus rotundatus (Druce et Jones, 1911) 圆原沃尼昂塔牙形石	572	152	7
Propalaeotherium sinensis Zdansky 中华原古马	352	94	4
Prosaukia tawenkouensis Sun 大汶口原索克虫	149	34	9、10
Prososthenia sp. 前壮螺（未定种）	89	20	3、4
Protactinoceras lunanense Chen et Qi 鲁南原珠角石	114	23	11
Protactinoceras magnitubulum Chen et Qi 大体管原珠角石	114	23	9、10
Proteroscarabaeus baissensis Nikritin, 1971 巴依萨原金龟子	260	68	4
Protoscelis tuanwangensis 团旺原腿甲	259	68	2
Protriticites niumaolingensis Sheng 牛毛岭原麦蜓	32	5	12
Protriticites rarus Sheng 松原麦蜓	31	3	8
Pseudancylastrum jingangkouensis Pan 金刚口假小曲螺	100	18	22
Pseudoacrida cf. *costata* Lin 前缘伪蝗（相似种）	258	55	9
Pseudocandona bicostata Bojie, 1978 双列疣假玻璃介	177	44	20
Pseudocandona bipapalata Bojie, 1978 二疣假玻璃介	177	44	18
Pseudocandona dezhouensis Bojie, 1978 德州假玻璃介	176	44	16
Pseudocandona longinodosa Bojie, 1978 一疣假玻璃介	176	44	17
Pseudocandona magna Bojie, 1978 大假玻璃介	177	45	1
Pseudoglandulina inepta Lin, 1978 不相称假橡果虫	49	8	20
Pseudohyria aff. *gobiensis* MacNeil 戈壁假嬉蚌（亲近种）	71	13	12、13
Pseudohyria cardiiformis (Martinson) 乌蛤形假嬉蚌	71	13	10、11
Pseudoplecia ovata 卵形假祯毛蚊	249	65	2
Pseudocandona quadripapalata Bojie, 1978 四疣假玻璃介	177	44	19
Pseudoplesiagraulos maozhuangensis Lu et Chu 毛庄假似野营虫	139	31	7
Pseudorasbora macrocephala Young et Tchang 大头麦穗鱼	285	80	1
Pseudorinia elongata Yen 细长假螺喙	104	19	9、10
Pseudorotalia schroeteriana (Parker et Jones) 施罗特假轮虫	52	10	8
Pseudoschwagerina gerontica Dunbar et Skinner 老假希瓦格蜓	38	4	2
Pseudoschwagerina uddeni Beede et Kniker 乌登氏假希瓦格蜓	38	4	3
Pseudoskimoceras marginale (Endo) 偏管假北极角石	122	25	8
Pseudozaphrentoides sp. 假拟内沟珊瑚（未定种）	60	10	11
Psilostracus carinatus Lu et Chu 中脊裸壳虫	130	28	6

Psilostracus changqingensis Lu et Chu 长清裸壳虫	130	28	7
Psilostracus mantoensis (Walcott) 馒头裸壳虫	130	28	5
Psittacosaurus sinensis Young 中国鹦鹉嘴龙	293	86	1
Psittacosaurus youngi Chao 杨氏鹦鹉嘴龙	294	85	8
Psylla gabeiensis Lin 孤北木虱	238	56	6
Pterisisporites cf. *tuberus* Song, Li et Zhong 块瘤凤尾蕨孢(比较种)	504	136	18
Pterisisporites granulatus Song et Zhang 粒纹凤尾蕨孢	504	136	17
Pterisisporites zonatus Sung et Lee 环带凤尾蕨孢	504	136	19
Pterocaryapollenites cf. *annulatus* Song 具环枫杨粉(比较种)	534	142	12
Pterygocypris caudata Bojie, 1978 尖尾翼星介	168	42	15
Pterygocypris laticaudata Bojie, 1978 宽尾翼星介	168	42	16
Pterygocypris longa Bojie, 1978 长形翼星介	168	42	17
Pterygocypris fureata Bojie, 1978 燕尾翼星介	167	42	14
Ptychaspis subglobosa (Grabau) Sun 亚球形褶盾虫	148	34	6
Ptycholorenzella xuzhuangensis 徐庄褶劳伦斯虫	139	35	2
Ptyctolorenzella rugosa Lin et Wu 皱纹褶劳伦斯虫	139	35	3
Punctatisporites aerarius Butterworth et Williams, 1958 凸起点面三缝孢	476	131	2
Punctatisporites labis Gao 钳形点面三缝孢	476	130	18
Punctatisporites minutus Kosanke, 1950 小型点面三缝孢	475	130	17
Punctatisporites obliquus Kosanke, 1950 斜点面三缝孢	476	130	19
Punctatisporites palmipedites Ouyang, 1964 蹼形点面三缝孢	476	130	20
Punctatisporites punctatus (Ibrahim, 1932) Ibrahim, 1933 点状点面三缝孢	475	130	16
Punctatosporites granifer (Potonie et Kremp, 1956) Alpern et Doubinger, 1973 粒点面单缝孢	507	136	28
Punctatosporites minutus (Ibrahim, 1933) Alpern et Doubinger, 1973 小型点面单缝孢	507	136	29
Punctatosporites punctatus (Kosanke, 1950) Potonie et Kremp, 1956 细点点面单缝孢	507	136	27
Punctatosporites rotundus (Bharadwaj, 1957) Alpern et Doubinger, 1973 圆形点面单缝孢	507	137	7
Pupilla simplexa Li 简单蛹螺	104	19	11
Pupoides (*Ischnopupoides*) sp. 拟蛹螺(拟弱蛹螺)(未定种)	105	19	14

Pupoides (*Ischnopupoides*) *antiquus* Yu et Wang　古老拟蛹螺（拟弱蛹螺）	105	19	13
Pupoides (*Pupoides*) *eocenicus* Li　始新拟蛹螺（拟蛹螺）	105	19	15
Pupoides (*Ischnopupoides*) *pracus* Li　稀少拟蛹螺（拟弱蛹螺）	105	19	12
Pustulatisporites papillosus (Knox) Potonie et Kremp,1955　乳状疹瘤三缝孢	480	131	21
Putrella lui Sheng　卢氏普德尔蜓	32	4	1
Pyrgula? *tricarinata* Youluo　三脊塔螺(?)	91	21	14
Pyrgula subtilicarinata Youluo　细棱塔螺	91	21	15
Pyxidinopsis asperata (Jiabo)　粗糙拟箱藻	379	102	7
Pyxidinopsis jiaboi (Fensome et al.,1990) Fensome et Williams, 2004　甲渤拟箱藻	379	102	8
Pyxidinopsis microgranulata (Pan in Xu et al.,1997)　微粒拟箱藻	380	102	9
Pyxidinopsis microreticulata (Jiabo) Pan in Xu et al.,1997　细网拟箱藻	380	102	10
Pyxidinopsis minor He,Zhu et Jin,1989　小型拟箱藻	380	100	9
Pyxidinopsis naturalis Pan in Xu et al.,1997 ex He et al. herein　自然拟箱藻	380	100	10
Pyxidinopsis pachyderma (Jiabo) Pan in Xu et al.,1997　厚壁拟箱藻	380	100	11
Pyxidinopsis pylomica (Jiabo) He,Zhu et Jin,1989　开口拟箱藻	381	102	11
Pyxidinopsis? *spinoreticulata* (Jiabo) Pan in Xu et al.,1997　刺网拟箱藻(?)	381	102	12

Q

化石名称	页码	图版	图
Qiaotouaspis shandongensis Lu et Chu　山东桥头盾壳虫	131	28、29	11、1
Qicyprinus shanwangensis　山旺齐鲤	279	75	8
Qilulestes schieboutae　席氏齐鲁猬	307	89	3
Qiluornis taishanensis　泰山齐鲁鸟	297	98	4
Qinghaipollis ellipticus Zhu　椭圆青海粉	546	145	7
Qinghaipollis minor Zhu　小青海粉	546	144	26
Qinghaipollis pachypolarus Zhu　厚极青海粉	547	145	9

化石名称	页码	图版	图
Qinghaipollis rotundus Zhu　圆形青海粉	546	145	8
Quadraticephalus walcotti Sun　华氏方头虫	149	34	8
Quasifusulina arca Lee　弓形似纺锤蜓	27	5	9
Quasifusulina cayeuxi (Deprat)　凯佑氏似纺锤蜓	27	5	8
Quasifusulina compacta (Lee)　紧捲似纺锤蜓	28	6	3
Quasifusulina longissima (Moeller)　长似纺锤蜓	27	6	2
Quinqueloculina akneriana rotunda (Gerke)　阿卡尼五玦虫圆形亚种	50	8	24
Quinqueloculina complanata (Gerke et Issaeva)　平坦五玦虫	59	8	23
Quinqueloculina contorta d'Orbigny　扭转五玦虫	50	8	25
Quinqueloculina seminula (Linné)　半缺五玦虫	49	8	21
Quinqueloculina subungeriana Serova　亚恩格五玦虫	50	8	22

R

化石名称	页码	图版	图
Raistrickia brevistriata Gao　短叉瘤三缝孢	483	131	30
Raistrickia crinita Kosanke, 1950　毛发叉瘤三缝孢	483	132	4
Raistrickia kaipingensis Gao　开平叉瘤三缝孢	482	132	1
Raistrickia microcephalata Gao　小头叉瘤三缝孢	483	131	29
Raistrickia nigra Love, 1960　暗色叉瘤三缝孢	482	131	27
Raistrickia pilosa Kosanke, 1950　多毛叉瘤三缝孢	482	132	3
Raistrickia prisca Kosanke, 1950　原始叉瘤三缝孢	482	131	26
Raistrickia saetosa (Loose, 1934) Schopf. Wilson et Bentall, 1944　刚刺叉瘤三缝孢	482	132	2
Raistrickia subcrinita Peppers, 1970　亚毛发叉瘤三缝孢	483	131	28
Rana basaltica Young　玄武蛙	289	79	4
Ranunculacidites abruptus Li et Fan　开裂毛茛粉	541	144	7
Ranunculacidites elegans Li et Zhu　华美毛茛粉	542	144	11
Ranunculacidites minor Song et Li　小毛茛粉	542	144	8
Ranunculacidites verus Song et Li　真毛茛粉	542	144	9
Ranunculacidites vulgaris Song et Li　普通毛茛粉	542	144	10
Raskyaechara baxianensis Xinlun　霸县拉斯基轮藻	447	118	9
Redlichia chinensis Walcott　中华莱得利基虫	127	27	4

Redlichia murakamii Resser et Endo 村上氏莱得利基虫	127	27	5
Redlichia nobilis Walcott 著目莱得利基虫	127	27	6
Redlichia (*R.*) *daiguensis* 岱崮莱得利基虫	126	27	2
Redlichia (*R.*) *dongshanensis* 东山莱得利基虫	126	27	11
Redlichia (*R.*) *yimengensis* 沂蒙莱得利基虫	126	27	3
Reduvius diatomus 硅藻猎蝽	237	60	5、6
Reduvius shandongianus 山东猎蝽	238	61	1～3
Reesidella micra Pan 微小小里氏螺	88	18	3、4
Reevesiapollis siameniformis Guan et Zheng 泰梭罗粉	544	144	22
Reinschospora magnifica Kosanke,1950 扩大鳍环三缝孢	495	135	9
Reinschospora triangularis Kosanke,1950 三角形鳍环三缝孢	495	134	18
Reticulatisporites muricatus (Kosanke,1950) Smith et Butterworth,1967 凸网圆形网孔三缝孢	493	134	13
Reticulatisporites pseudomuricatus Peppers,1970 亚凸圆形网孔三缝孢	492	134	11
Reticulatisporites verrucosus Gao 瘤圆形网孔三缝孢	492	134	12
Retitricolpites delicatulus (Couper) Wang 适宜网面三沟粉	550	146	1
Retitricolpites ellipticus Li,Song et Li 椭圆网面三沟粉	550	146	2
Retitricolpites maximus Zhu 巨大网面三孔沟粉	550	146	3
Rhabdochara kisgyonensis (Rcisky) Grambast 基士京横棒轮藻	446	118	2、3
Rhamnacidites cf. *nanhaiensis* Song, Li et Zheng 南海鼠李粉（比较种）	542	144	13
Rhamnacidites minor Zhou 小鼠李粉	542	144	12
Rhinocypris jurassica (Martin,1940) 侏罗侏罗刺星介	184	46	18、19
Rhinocypris mengyinensis Zhao,1985 蒙阴刺星介	183	46	16、17
Rhipidobiattina nanligezhuangensis 南李格庄扇蠊	257	66	7
Rhodopagus laiwuensis Qi et Meng 莱芜红山犀	352	94	11
Rhoipites protensus (Takahashi) Zheng 伸长漆树粉	522	140	5
Rhoipites villensis (Thomson) Song et Zheng 魏尔漆树粉	522	140	4
Rhombodella acantha Xu et al.,1997 ex He et al. herein 棘刺菱球藻	426	113	3
Rhombodella bifurcata Jiabo,1978 裂棒菱球藻	426	108	19
Rhombodella formosa Zheng et Liu in Liu et al.,1992 美丽菱球藻	427	108	20
Rhombodella papillifera He,Zhu et Jin,1989 乳凸菱球藻	427	108	21
Rhombodella symphyanthera He,Zhu et Jin,1989 丛突菱球藻	427	113	4
Rhombodella variabilis Jiabo,1978 变异菱球藻	427	113	5
Rhombodella verruciformis He,Zhu et Jin,1989 瘤突菱球藻	428	113	6

化石名称	页码	图版	图
Rhus miosuccedanea Hu et Chaney 古野漆盐肤木	469	129	3
Rosenella woyuensis Ozaki 窝峪罗森层孔虫	61	11	9
Rotundoconus tricarinatus (Nogami, 1967) 三隆圆齿牙形石	557	148	1
Ruffordia goepperti (Dunker) Seward 葛伯特鲁福德蕨	453	122	1、2
Rugosofusulina alpina (Schellwien) 阿尔卑褶皱壁𦈡	37	6	9
Rugosofusulina complicata (Schellwien) 复褶皱壁𦈡	37	5	1
Rugosofusulina gigantea Zhong et Zhou 大皱壁𦈡	37	4	6
Rugosofusulina prisca (Ehrenberg) 古代褶皱壁𦈡	37	6	10
Rugosofusulina valida (Lee) 健壮皱壁𦈡	37	4	7
Ruichengaspis regularis Zhang et Yuan 规则芮城盾壳虫	150	35	9
Ruichengella ruichengensis Zhang et Yuan 芮城小芮城虫	150	35	11
Ruichengella triangularis Zhang et Yuan 三角形小芮城虫	150	35	10
Rutaceaeoipollis cf. *baculogranus* Song et Qian 棒粒芸香粉(比较种)	544	144	20
Rutaceaeoipollis cingulatus Song, Li et Zheng 带形芸香粉	543	144	16
Rutaceaeoipollis microstrius Li et Zhu 细条纹芸香粉	544	144	21
Rutaceaeoipollis minutus Zhu 微小芸香粉	543	144	18
Rutaceaeoipollis oblatus Zheng 扁圆芸香粉	543	144	15
Rutaceaeoipollis parviporus Zheng 小孔芸香粉	543	144	17
Rutaceaeoipollis rotundus Zhu et Li 圆形芸香粉	544	144	19

S

化石名称	页码	图版	图
Saeptodinium circulare Jin, He et Zhu in He et al., 1989 圆形分离藻	411	109	1
Saeptodinium minutum (Jiabo) Lentin et Williams, 1989 微小分离藻	412	109	2
Saeptodinium ovatum (Jiabo) Lentin et Williams, 1989 卵形分离藻	412	109	3
Sagenopteria laiyangensis 莱阳鱼网叶	459	120	10
Sagenopteris jiaodongensis 胶东鱼网叶	459	120	11
Scabiosapollis cf. *distriatus* Song et Zhu 双条山萝卜粉(比较种)	528	141	8
Scabiosapollis densispinosus Song et Zhu 密刺山萝卜粉	528	141	7
Schizaphis cnecopsis Lin 黄揭二叉蚜	225	56	7
Schizodus shandongensis Liu 山东裂齿蛤	72	12	9
Schizopteryx lacustris 湖泊开翅蜣	232	60	1、2

Schizopteryx shandongensis Hong 山东开翅蜡	232	55	14
Schizopteryx shandongensis Hong 山东裂翅蝉	228	57	4～7
Schopfipollenites punctatus Gao 点薛氏粉	517	139	3
Schubertella elongata, Sheng 展苏伯特蜓	25	3	16
Schubertella kingi Dunbar et Skinner 金氏苏伯特蜓	24	1	18
Schubertella lata elliptica Sheng 宽松苏伯特蜓椭圆亚种	24	1	17
Schubertella obscura Lee et Chen 昧苏伯特蜓	24	4	10
Schwagerina amushanensis Sheng 阿木山希瓦格蜓	34	6	4
Schwagerina boshanensis Zhang et Zhou 博山希瓦格蜓	32	5	2
Schwagerina cervicalis (Lee) 枕形希瓦格蜓	34	5	7
Schwagerina erucaria (Schwager) 虫状希瓦格蜓	33	5	5
Schwagerina flexa Zhang et Zhou 弯曲希瓦格蜓	32	5	3
Schwagerina japonica (Gümbel) 日本希瓦格蜓	33	4	9
Schwagerina leei Sheng 李氏希瓦格蜓	33	4	8
Schwagerina nathorsti (Staff et Wedekind) 那托斯特希瓦格蜓	34	6	5
Schwagerina nathorsti var. *laxa* (Lee) 那托斯特希瓦格蜓宽松变种	34	6	6
Schwagerina nobilis (Lee) 高尚希瓦格蜓	35	6	7
Schwagerina paragregaria (Rauser) 拟普通希瓦格蜓	33	5	6
Schwagerina richthofeni var. *speciosa* (Lee) 李希霍芬希瓦格蜓华丽变种	35	2	15
Schwagerina richthofeni (Schellwien) 李希霍芬氏希瓦格蜓	33	5	4
Schwagerina vulgaris (Schellwien) 平常希瓦格蜓	35	6	8
Scileptictis simplus 简单影狼	302	88	9～11
Scileptictis stenotalus 窄跟影狼	304	89	1
Scutemys tecta Wiman 盖板龟	290	79	5～7
Seductisporites cf. *qaidamensis* Zhang 柴达木无缝具网孢（比较种）	472	130	3
Selkirkoceras minutum Chen et Liu 小型塞尔扣克角石	120	24	15
Senegalinium microgranulatum (Stanley) Stover et Evitt, 1978 细粒塞内加尔藻	415	109	11
Sentusidinium bifidum (Jiabo) He, Zhu et Jin, 1989 分叉多刺甲藻	381	102	13
Sentusidinium biornatum biornatum Autonym 双饰多刺甲藻双饰亚种	382	102	15
Sentusidinium biornatum (Jiabo) He, Zhu et Jin, 1989 双饰多刺甲藻	381	102	14

Sentusidinium conispinosum Xu et al.,1997 ex He et al. herein 锥刺多刺甲藻	382	103	1
Sentusidinium densispinum He,Zhu et Jin,1989　密刺多刺甲藻	382	103	2
Sentusidinium panshanense (Jiabo) Islam,1993　盘山多刺甲藻	382	103	3
Sentusidinium reticuloides Xu et al.,1997 ex He et al. herein 拟网多刺甲藻	383	103	4
Sentusidinium shenxianense He,Zhu et Jin,1989　莘县多刺甲藻	383	103	5
Sepispinula huguoniotii (Valensi) Islam,1993　胡氏分离刺藻	398	106	9
Shandongidium baculatum Xu et al.,1997 ex He et al. herein 棒饰山东藻	398	106	10
Shandongidium bellulum Xu et al.,1997 ex He et al. herein 美丽山东藻	398	106	11
Shandongidium ellipticum Xu et al.,1997　椭圆山东藻	398	106	12
Shandongidium helmithoideum Xu et al.,1997 ex He et al. herein 蠕状山东藻	399	106	13
Shandongidium retirugosum Xu et al.,1997 ex He et al. herein 皱网山东藻	399	106	14
Shandongidium variabile Xu et al.,1997 ex He et al. herein 变异山东藻	399	106	15
Shandongochara decorosa Xinlun　优美山东轮藻	447	118	10
Shandongodes lithodes Zhang　石化山东蜂	271	59	8
Shandongornis shanwangensis Yeh　山旺山东鸟	296	87	2
Shandongpollis communis Li et Fan　普通山东粉	528	141	5
Shandongpollis kenliensis Li et Fan　垦利山东粉	528	141	3、4
Shantungaspis aclis (Walcott)　刺山东盾壳虫	130	28	9
Shantungaspis orientalis (Endo et Resser)　东方山东盾壳虫	131	28	10
Shantungia spinifera Walcott　刺状山东虫	146	33	5
Shantungosaurus giganteus Hu　巨型山东龙	292	82	2～6
Shantungosuchus chühsiensis Yong　莒县山东鳄	291	81	5
Shanwangia unexpectuta Young　意外山旺蝙蝠	362	100	1
Shanxiella rara Lin et Wu　珍奇小山西虫	141	35	7
Shanxispora acuta Gao　锐刺山西孢	480	131	20
Shanxispora cephalata Gao　头形山西孢	480	131	19
Shanxispora granulata Gao　颗粒山西孢	480	131	18
Shanxispora minuta Gao　小型山西孢	479	131	16

Shanxispora spinosa Gao 刺状山西孢	480	131	17
Shirakiella elongata Kobayashi 引长小素木虫	129	28	3
Siberiograptus polycladus Lin 多枝西伯利亚笔石	276	74	7
Siberiograptus simplex Lin 简单西伯利亚笔石	276	74	8
Sigarella tenuis 窄形小希加划蝽	234	57	11
Simulium? ventricum Lin 腹蚋(?)	250	65	5
Sinaeschnidia heshankowensis Hong,1965 黑山沟中国蜓	255	66	6
Sinamia zdanskyi Stensio 师氏中华弓鳍鱼	287	77	1
Sinanas diatomas Yeh 硅藻中华河鸭	296	87	1
Sinemys lens Wiman 圆镜中国龟	290	80	4
Sinochaoborus dividus 分支中国幽蚊	244	63	3
Sinocicadia shandongensis 山东中国蝉	224	56	3
Sinoeremoceras breviconicum Chen et Qi 短锥中华缓角石	114	22	13
Sinoeremoceras foliosum Chen et Qi 多叶中华缓角石	113	22	11、12
Sinoeremoceras zaozhuangense Chen et Qi 枣庄中华缓角石	113	22	10
Sinohippus zitteli (Schlosser) 齐氏中华马	352	72	10
Sinolesta lata Hong et Wang,1988 宽形中国盗蝇	251	65	6
Sinonemestrius tuanwangensis 团旺曲脉虻	252	65	8
Sinoplanorbis conjungens Yu et Pan (MS) 连接中华扁卷螺	102	18	30
Sinoplanorbis intermedia Yu et Pan (MS) 中间中华扁卷螺	102	15	25
Sinoplanorbis planospiralis Youluo 平旋中华扁卷螺	101	18	29
Sinosilphia punctata 斑点中国埋葬虫	262	68	8
Sinostaphylina nanligezhuangensis 南李格庄中国隐翅虫	263	69	2
Sinotendipes tuanwangensis 团旺中国摇蚊	242	62	5
Sinulatisporites shanxiensis Cao 山西曲环三缝孢	498	135	17
Sinulatisporites sinensis Gao 中华曲环三缝孢	498	135	16
Solenites murrayama Lindley et Hutton,1834 穆雷似管状叶	464	126	4
Solenoparia beroe (Walcott) 女海神沟肋虫	135	30	12
Solenoparia sp. 沟肋虫(未定种)	135	31	1
Solenoparia (*Plesisolenoparia*) *ruichengensis* Zhang et Yuan 芮城似沟肋虫	135	30	13
Solenoparia (*Plesisolenoparia*) *angustilimbata* Lu et Chu 狭缘似沟肋虫	135	30	14
Songiella brachypoda Xu et al.,1997 ex He et al. herein 低矮宋氏藻	400	106	16

Songiella crassa Xu et al.,1997 ex He et al. herein 厚壁宋氏藻	400	106	17
Songiella ephippioidea Xu et al.,1997 ex He et al. herein 鞍状宋氏藻	400	106	18
Songiella foveolata Xu et al.,1997 ex He et al. herein 穴面宋氏藻	400	106	19
Songiella globula Xu et al.,1997 ex He et al. herein 小球宋氏藻	401	106	20
Songiella huanghuaensis (Jiabo) Sun,1994 黄骅宋氏藻	401	107	1
Songiella intacta Xu et al.,1997 ex He et al. herein 完美宋氏藻	401	107	2
Songiella leptocaulis Xu et al.,1997 ex He et al. herein 细颈宋氏藻	402	107	3
Songiella longicaulis Xu et al.,1997 ex He et al. herein 长颈宋氏藻	402	107	4
Sphaeochara granulifera (Heer) Madler 粒形球状轮藻	438	115	9
Sphaerium jeholense (Grabau) 热河球蚬	74	14	2
Sphaerium laiyangense Chen 莱阳球蚬	74	14	4
Sphaerium ovalis (Rammelmeyer) 卵形球蚬	75	14	7
Sphaerium pujiangense Gu et Ma 浦江球蚬	74	14	3
Sphaerium shantungense (Grabau) 山东球蚬	74	13	18
Sphaerium tani Grabau 谭氏球蚬	75	14	8、9
Sphaerium wiljuicum (Martinson) 威留球蚬	75	14	5、6
Sphaerium yanbianense Gu et Wen 延边球蚬	74	14	1
Sphaerochara headonensis (Reid et Groves) Horn af Rantzien 黑洞球状轮藻	438	115	11
Sphaerochara minor Xinlun 较小球状轮藻	439	115	12
Sphaerochara parvula (Reid et Groves) Horn af Rantzien 小球状轮藻	438	115	10
Sphagnumsporites levipollis Li et Fan 双壁水藓孢	471	128	9
Sphagnumsporites minor (Krutzsch) Song et Hu 小水藓孢	472	128	10
Sphenophyllum costae Sterz. 截楔叶	450	119	9、10
Sphenophyllum koboense Kob. 脊楔叶	450	119	8
Sphenophyllum oblongifolium (Germ. et Kaulf.) Ung. 椭圆楔叶	449	119	7
Sphenophyllum thonii Mahr 畸楔叶	449	119	5
Sphenophyllum verticillatum (Schloth.) Brongn. 轮生楔叶	449	119	6
Sphenopteris (*Oligocarpia*) *gothanii* Halle 稀囊楔羊齿(稀囊蕨)	452	120	5
Spiniferites bentorii truncatus (Rossigonal) Lentin et Williams,1973 本托刺甲藻截管亚种	375	101	9
Spiniferites binxianensis Xu et al.,1997 ex He et al. herein 滨县刺甲藻	375	101	10

索 引

Spiniferites elongatus Reid,1974　伸长刺甲藻	376	101	11
Spinosporites peppersi Alpern,1958　皮氏刺面单缝孢	508	135	27
Spinosporites spinosus Alpern,1958　小刺刺面单缝孢	508	135	28
Spiroloculina laevigala Cushman et Todd　光滑抱环虫	53	10	6
Spiroloculina soldanii Fornasini　索尔达抱环虫	56	10	7
Spiroplectammina conspecta Reidinger,1950　概观旋织虫	39	4	12
Sporotrapoidites erdtmanii (Nagy) Nagy　埃特曼菱粉	532	142	1
Sporotrapoidites huangheensis Li et Fan　黄河菱粉	532	142	2
Sporotrapoidites minor Guan　小菱粉	533	142	3
Sporotrapoidites weiheensis (Sun et Fan) Guan　渭河菱粉	533	142	4
Stemmogaster celata Zhang　隐冠姬蜂	268	71	6
Stenothyra aductis Youluo　收缩狭口螺	92	20	12
Stenothyra binxianensis Youluo　滨州狭口螺	93	20	17
Stenothyra cancellata Youluo　网饰狭口螺	92	20	13、14
Stenothyra damintunensis Youluo　大民屯狭口螺	93	20	18
Stenothyra? eversilabia Youluo　翻唇狭口螺(?)	94	21	3、4
Stenothyra paritis Youluo　均匀狭口螺	93	20	19、20
Stenothyra paucilineata Youluo　少纹狭口螺	93	20	15
Stenothyra shandongensis Youluo　山东狭口螺	94	21	2
Stenothyra shengliensis Youluo　胜利狭口螺	92	20	10、11
Stenothyra striata Youluo　细纹狭口螺	93	20	16
Stenothyra (*Basilirata*) *chezhensis* Youluo　车镇底脊螺	95	21	8、9
Stenothyra (*Basilirata*) *nodilirata* Youluo　瘤脊底脊螺	94	21	5
Stenothyra (*Basilirata*) *spiralis* Youluo　旋脊底脊螺	94	21	6、7
Stenothyra (*Basilirata*) *turrita* Youluo　白塔底脊螺	95	21	10、11
Stenozonotriletes clarus Ischenko,1958　光亮窄环三缝孢	496	135	10
Stenozonotriletes stenozonalis (Waltz,1938) Ischenko,1958　硬窄环三缝孢	496	135	11
Stenthyrella kenliensis Youluo　垦利小狭口螺	95	21	12
Stephanocare richthofeni Monke　李氏王冠头虫	144	33	1
Stephanocemas cf. *thomsoni* Colbert　汤氏皇冠鹿(相似种)	360	96	7
Stephanocemas colberti Young　柯氏皇冠鹿	360	97	2
Stephanochara breviovalis Lin et Huang　短卵形冠轮藻	444	117	4
Stephanochara fortis Z.Wang et Lin　强壮冠轮藻	443	117	2

Stephanochara funingensis (S.Wang) Z. Wang et Lin 阜宁冠轮藻	444	117	3
Stephanochara kenliensis Xinlun 垦利冠轮藻	445	117	7
Stephanochara microgranula Xinlun 细粒冠轮藻	445	117	8
Stephanochara parka Xinlun 稀少冠轮藻	444	117	5
Stephanochara wanzhuangensis Xinlun 万庄冠轮藻	445	117	9
Stephanochara xiaozhuangensis Xinlun 肖庄冠轮藻	444	117	6
Stereoplasmoceras machiakouense Grabau 马家沟灰角石	123	26	4
Stereoplasmoceras pseudoseptatum Grabau 假隔壁灰角石	122	26	3
Stipitalocythere costata Shan et Li,1978 瘤脊柄花介	216	54	3
Stipitalocythere longa Li et Lai,1978 长柄花介	216	54	1
Stipitalocythere simpla Li et Shan,1978 简单柄花介	216	54	2
Stolbovoceras boreale Balaschov 北方斯托博角石	120	25	1
Straparollus poshanensis (Ozaki) emend. Wang 博山圆脐螺	76	15	2
Stratiomyopsis robusta 粗壮拟水虻	253	66	1
Streblochondria sp. 扭海扇（未定种）	67	12	10
Streptognathodus elegantulus Stauffer et Plummer,1932 优美曲颚牙形石	553	146	13、14
Streptognathodus elongatus Gunnell,1933 细长曲颚牙形石	552	146	8～10
Streptognathodus fuchengensis Zhao,1981 附城曲颚牙形石	552	146	6、7
Streptognathodus gracilis Stauffer et Plummer,1932 纤细曲颚牙形石	552	146	11、12
Streptognathodus oppletus Ellison,1941 长隆脊曲颚牙形石	553	146	17
Streptognathodus parvus Dunn,1966 微小曲颚牙形石	553	146	16
Streptognathodus wabaunsensis Gunnell,1933 瓦包恩曲颚牙形石	553	146	15
Striatosporites medius Gao 中等条纹单缝孢	508	137	8
Striatricolpites euryensis Li et Fan 宽条纹三沟粉	521	139	19
Striolatospora rarifasciatus Zhou,1980 稀条带单缝孢	510	134	22
Striolatospora shanxiensis Gao 山西条带单缝孢	510	137	12
Stromaphora caudata Xu et al.,1997 尾突刺垫藻	402	107	5
Stromaphora ovata Xu et al.,1997 ex He et al. herein 卵形刺垫藻	403	107	6
Stromaphora rotunda Xu et al.,1997 ex He et al. herein 近圆刺垫藻	403	107	7
Struthio anderssoni Lowe 安氏鸵鸟	296	86	2
Subtilisphaera dongyingensis (Jiabo) Song et He,1982 东营娇球藻	412	109	4
Succinea dongyingensis Youluo 东营琥珀螺	104	21	23
Sulcatisporites peristictus Gao 斑点侧囊粉	516	138	19

	页码	图版	图
Sunaphis laiyangensis 莱阳孙氏蚜	226	56	9
Sunaphis shandongensis 山东孙氏蚜	225	56	8
Sunaspis laevis Lu 光滑孙氏盾壳虫	144	32	14、15
Sunochaoborus laiyangensis 莱阳孙氏幽蚊	245	63	6、7
Sunoplecia curvata 弯曲孙氏祇毛蚊	249	65	1
Suyinia changleensis 昌乐素因非猬	312	89	7
Synprioniodina microdenta Ellison,1941 微齿同锯牙形石	558	147	14
Szeaspis reticulatus Chang 网形斯氏盾壳虫	142	31	16

T

化石名称	页码	图版	图
Taeniopteris mucronata Kaw. 尖头带羊齿	458	123	9
Taeniopteris multinervis Weiss 多脉带羊齿	458	123	8
Taeniopteris nystroemii Halle 宽带羊齿	457	123	6
Taeniopteris taiyuanensis 太原带羊齿	458	123	7
Taishania taianensis Sun 泰安泰山虫	147	33	15
Taishanomys changlensis Tong et Dawson,1995 昌乐泰山鼠	318	90	2
Taishanomys parvulus 小巧泰山鼠	318	90	3
Taitzehoella taitzehoensis extensa Sheng 太子河太子河蟠延伸亚种	28	1	21
Taitzehoella taitzehoensis Sheng 太子河太子河蟠	28	1	20
Taitzuia sp. 太子虫(未定种)	136	30	15
Talicypridea reticulata (Szczechura,1978) 网纹类女星介	187	47	16
Talpilestes asiatica 亚洲鼹鼩	310	89	6
Tanichthys ningjiagouensis 宁家沟谭氏鱼	283	79	1
Tanius laiyangensis Zhen 莱阳谭氏龙	294	83	8
Tantillus triquetrus Felix et Burbridge,1967 三角胀环三缝孢	496	134	19
Tarennipollis dongyingensis Zhu 东营乌口树粉	543	144	14
Tectochara meriani L. et N. Grambast 梅里安有盖轮藻	441	116	5
Teetoehara houi Wang 侯氏有盖轮藻	441	116	6
Teinistion lansi Monke 兰氏宽甲虫	145	33	4
Teleolophus shandongensis Chow et Qi 山东全脊貘	356	64	9
Tendipopsis colorata 彩色拟摇蚊	240	62	1

Tengfengia sp. 登封虫（未定种）	133	29	9
Tengfengia (*Luguoia*) *luguoensis* 鲁国登封虫	133	29	10、11
Teridontus gracilis (Furnish, 1938) 纤细圆柱牙形石	555	147	6
Teridontus nakamurai (Nogami, 1967) 中村圆柱牙形石	555	147	5
Terrapene culturalia Yeh 文化地平龟	290	81	1～3
Tetraceroura sp. 四角尾虫（未定种）	135	30	11
Tetrachacysta biconvexa granulata (Zheng et Liu in Liu et al.) 双凸四叶藻粒面亚种	403	107	8
Tetrachacysta multispinosa (Xu et al.) 多刺四叶藻	404	107	9
Tetranguladinium minqiaoense Qian, Chen et He, 1986 闵桥四突起藻	434	114	13
Tetrataxis conica Ehrenberg, 1880 锥形四房虫	44	7	18
Tetrataxis eomaxima Putrja, 1956 始最大四房虫	44	7	19
Tetrataxis laibinensis Lin, 1978 来宾四房虫	44	7	17
Tetrataxis lata Bugush et Juferev, 1962 宽松四房虫	44	7	15
Tetrataxis latispiralis Reitlinger, 1950 松旋四房虫	44	7	16
Tetrataxis media Vissarionova, 1948 中间四房虫	45	7	22
Tetrataxis minima Lee et Chen, 1930 微小四房虫	45	7	20
Tetrataxis planolocula Lee et Chen, 1930 平室四房虫	45	7	21
Tetrataxis shanxiensis Xia et Zhang 山西四房虫	43	7	14
Thamnifendipes vegetabilis 活泼灌木准摇蚊	241	62	4
Thanasimus taenianus Zhang 带状郭公甲	263	69	3
Thinocyon sichowensis? Chow 西周砂犬（?）	323	88	12
Thymospora obscura (Kosanke, 1950) Wilson et Venkataehala, 1963 暗色瘤面单缝孢	509	135	31
Thymospora pseudothiessenii (Kosanke) Wilson et Venkataehala, 1963 亚什瘤面单缝孢	508	135	29
Thymospora thiessenii (Kosanke) Wilson et Vankataehala, 1963 什氏瘤面单缝孢	509	135	30
Tianjinella brevispinosa (Xu et al.) 短刺天津藻	371	98	9
Tianjinella displicata (Xu et al.) 分散天津藻	371	98	10
Tianjinella longispinosa (Xu et al.) 长刺天津藻	372	100	5
Tianjinospira monostichophyma Youluo 单列瘤天津螺	81	15	21
Tilia preamurensis Hu et Chaney 古紫椴	465	127	2

Tiliaepollenites dongyingensis Zhu 东营椴粉	544	144	23
Tiliaepollenites microgranulatus Zhu 细粒纹椴粉	545	145	1
Tingia carbonica (Schenk) Halle 华夏齿叶	451	120	3
Tingia hamaguchii Kon'no 菱齿叶	451	120	2
Todites denticulata (Brongniart) Krasser 细齿似托第蕨	453	121	4
Tofangoceras pauciannulatum Kobayashi 少环豆房沟角石	122	25	10
Torispora laevigata Bharadwaj,1957 光面一头沉孢	507	136	26
Torispora securis (Balme) Alpern,Doubinger et Horst,1965 小斧一头沉孢	506	136	24
Torispora verrucosa Alpern,1958 瘤面一头沉孢	506	136	25
Trichosanthes flagilis Reid 脆弱栝蒌	466	127	6
Tricolpites cf. *magnus* Song 大扁三沟粉（比较种）	550	146	4
Trifurcatoceras nakamurai Obata 中村氏三叉角石	116	23	3
Triquitries arculatus (Wilson et Coe,1940) Schopf,Wilson et Bentall,1944 弓形厚角三缝孢	494	134	16
Triquitrites additus Wilson et Hoffmeister,1956 挤压厚角三缝孢	495	135	8
Triquitrites bacidus Gao 棒厚角三缝孢	494	135	4
Triquitrites bransonii Wilson et Hoffmeister,1956 布氏厚角三缝孢	494	135	5
Triquitrites desperatus Potonie et Kremp,1956 无边厚角三缝孢	495	135	7
Triquitrites pannus (Imgrund,1952) Imgrund,1960 膨胀厚角三缝孢	494	135	6
Triquitrites shanxiensis Gao 山西厚角三缝孢	494	135	3
Triticites boshanensis Zhang et Zhou 博山麦蜓	35	3	10
Triticites huanglienhsiaensis Chen 黄练峡麦蜓	36	4	4
Triticites parvulus (Schellwien) 小麦蜓	36	3	11
Triticites shandongensis Zhang et Zhou 山东麦蜓	36	3	9
Triticites simplex (Schellwien) 简单麦蜓	36	4	5
Triticites subnathorsti Lee 亚那托斯特氏麦蜓	36	3	12
Tropidina? *bellireticulata* Youluo 丽网转旋螺（?）	85	17	8
Truncatella gudongensis Xia 孤东截螺	91	21	1
Truncatella weixianensis Youluo 潍县截螺	91	19	28
Tsinania canens (Walcott) 发状济南虫	143	32	13
Tsintaosaurus spinorhinus Young 棘鼻青岛龙	293	85	6、7

化石名称	页码	图版	图
Tuberculodinium vancampoae (Rossignol) Wall, 1967 范氏瘤突藻	387	103	18
Tuberocypris gibbosa (Bojie, 1978) 鼓包结星介	178	45	4
Tuberocyproides kenliensis Bojie, 1978 垦利拟结星介	200	50	13
Tuberocyproides sulcata Bojie, 1978 斜槽拟结星介	199	50	12
Tubulijlorridites grandis Nagy 巨型管花菊粉	527	141	2
Tulotomoides aspericarinata Youluo 旋脊阶状似瘤田螺	82	16	7、8
Tulotomoides sp. 似瘤田螺(未定种)	83	16	10
Tulotomoides spiralicostata Youluo 旋脊似瘤田螺	82	16	9
Tuozhuangia acclinia Bojie, 1978 倾斜坨庄介	199	50	8、9
Tuozhuangia alispinata Bojie, 1978 翼刺坨庄介	198	50	7
Tuozhuangia semirotunda Bojie, 1978 半圆坨庄介	198	50	6
Typhlocypris camerata (Bojie, 1978) 拱形盲星介	178	45	3
Typhlocypris sinensis (Bojie, 1978) 中华盲星介	178	45	2
Tyrannosaurus cf. *rex* Osborn 凶暴霸王龙(相似种)	294	86	3

U

化石名称	页码	图版	图
Ulmipollenites granupollenites (Rouse) Sun et Li 粒纹榆粉	545	145	4
Ulmipollenites miocaenicus Nagy 中新榆粉	546	145	5
Ulmipollenites stilatus Nagy 点皱榆粉	546	145	6
Undulatisporites undulapolus Brenner 壮实波缝孢	504	136	20
Unio cf. *submoldavicus* Huang et Wei 近摩尔达维亚珠蚌(比较种)	72	14	11、12
Unio obrutschewi Martinson 翘鼻珠蚌	72	14	10
Ursavus orientalis Qiu et al. 东方祖熊	326	82	10
Ursus (*Protarctos*) *yinanensis* 沂南熊	327	92	3

V

化石名称	页码	图版	图
Vaclavipollis cf. *radiatus* Song 辐射瓦克拉维粉(比较种)	526	140	21
Valiasaccites validus Bose and Kar, 1966 壮壮囊粉	520	139	10

Valvata ringentis Youluo 扩口盘螺	84	16	15、16
Valvata suturalis Grabau 圆形盘螺	84	16	12～14
Valvata (*Cincinna*) *zhuchengensis* Pan 诸城高盘螺	84	15	24
Valvata (*Cincinna*) *applanata* Youluo 扁平高盘螺	84	17	4
Valvulineria sadonica Asano 佐渡瓣饰虫	53	9	8
Variviverra vegetatus 朝气褐灵猫	323	91	9、10
Verrucosisporites cerosus Butterwarth et Williams,1958 蜡纹块瘤三缝孢	487	133	7
Verrucosisporites circinatus Gao 圆块瘤三缝孢	488	133	15
Verrucosisporites conulus Gao 锥块瘤三缝孢	488	133	11
Verrucosisporites convolutus Gao 蠕块瘤三缝孢	487	133	10
Verrucosisporites donarii Potonie et Kremp,1955 唐氏块瘤三缝孢	486	133	4
Verrucosisporites grandiverrucosus (Kosanke,1950) Smith et al,1963 残块瘤三缝孢	488	133	12
Verrucosisporites kaipingiensis Imgrun,1960 开平块瘤三缝孢	487	133	8
Verrucosisporites microtuberosus (Loose,1934) Smith et Butterwarth,1967 小块瘤三缝孢	486	133	3
Verrucosisporites perverrucosus (Loose,1934) Potonie et Kremp,1955 碎块瘤三缝孢	487	133	9
Verrucosisporites setulosus (Kosanke,1950) Gao 钝块瘤三缝孢	488	133	14
Verrucosisporites verrucosus Ibrahim,1933 瘤块瘤三缝孢	486	133	5
Verrucosisporites verus (Potonie et Kremp,1956) Smith et al,1963 真实块瘤三缝孢	486	133	6
Verruoesisporites cyclindrosus Gao 柱块瘤三缝孢	488	133	13
Verrutricolporites microverruensis Li et Zhu 细瘤瘤三孔沟粉	551	146	5
Vesicaspora antiquus Gao 古型聚囊粉	517	138	22
Vesicaspora wilsonii (Schemel) Wilson et Venkatachala,1963 韦氏聚囊粉	517	138	23
Vesiculatisporites masculosus Gao 壮泡环三缝孢	498	135	20
Vesiculatisporites meristus Gao 分泡环三缝孢	498	135	18
Vesiculatisporites undulatus Gao 波泡环三缝孢	498	135	19
Vitis sinica Guo et Li 华葡萄	470	129	5
Virgatocypris striata Bojie,1978 细纹纹星介	161	41	2
Virgatocypris triangularis Bojie,1978 三角纹星介	161	41	1
Vitreisporites signatus Leschik,1955 记号开通粉	520	139	13

| *Viviparus demolita*（Heude）　平滑田螺 | 81 | 16 | 2 |

W

化石名称	页码	图版	图
Wanwanoceras lunanense Chen et Qi　鲁南湾湾角石	114	22	14
Weijiaspis maozhuangensis Lu et Chu　毛庄魏集盾壳虫	132	29	5
Weishanhuceras rarum Chen et Qi　稀奇微山湖角石	111	22	8
Wennanoceras costatum Chen　肋汶南角石	121	25	7
Westergaardodina huangyangshanensis　黄羊山韦斯特加特牙形石	561	148	12
Wilsonites delicatus（Kosanke,1950）Kosanke,1959　雅致韦氏粉	512	138	7
Wutucoryphodon xianwui　宪武五图冠齿兽	336	92	7
Wutuhyus primiveris　报春五图猪	358	95	4、5

X

化石名称	页码	图版	图
Xintaia panchegouensis Zhang　盘车沟新泰虫	145	35	13、14
Xiyingia longa Bojie,1978　长西营介	201	51	3
Xiyingia luminosa Bojie,1978　光亮西营介	201	51	1
Xiyingia magna Bojie,1978　大西营介	201	51	2
Xyelecia xiejiaheensis（Hong）　解家河异鞘蜂	271	70	5

Y

化石名称	页码	图版	图
Yabeia laevigata Resser et Endo　光滑矢部虫	139	34	18
Yanjiesheria kyongsangensis（Kobayashi et Kido）　庆尚延吉叶肢介	154	37	2、3
Yanjiestheria cf. *yumenensis*（Chang et Chen）　玉门延吉叶肢介(比较种)	155	37	7
Yanjiestheria chekiangensis（Novojilov）　浙江延吉叶肢介	155	37	4

化石名称	页码	图版	图
Yanjiestheria longa Chen, 1981　长壳延吉叶肢介	155	37	5
Yanjiestheria qiancaoensis Shen　前曹延吉叶肢介	155	37	6
Yanjiestheria quadratoides Chen et Shen, 1982　近方形延吉叶肢介	156	37	9
Yanjiestheria sacciformis Shen　囊状延吉叶肢介	154	36	11
Yanjiestheria sinensis shandongensis Shen　中华延吉叶肢介山东亚种	154	36、37	12、1
Yanjiestheria sinensis（Chi）　中华延吉叶肢介	154	36	13
Yanjiestheria wannanensis Chen et Shen, 1982　皖南延吉叶肢介	155	37	8
Yanjiestheria zhuchengensis Shen　诸城延吉叶肢介	154	36	10
Yaojiayuella diversa Lin et Wu　前扩小姚家峪虫	131	29	3
Yaojiayuella ocellata Lin et Wu　小眼小姚家峪虫	131	29	2
Yaojiayuella zhangxiaensis Lu et Chu　张夏小姚家峪虫	131	29	4
Yehlioceras pupoides Chen et Liu　蛹状冶里角石	116	22	16
Yehlioceras yehliense（Grabau）emend. Obata　冶里冶里角石	115	23	1
Yimengshanoceras longiconicum Chen et Qi　长锥沂蒙山角石	116	23	4
Yonganospira costata Youluo　粗永安螺	79	15	16、17
Yongkangia angularia Pan　角状永康螺	88	18	5
Youngornis gracilis Yeh　秀丽杨氏鸟	297	87	4
Yuanophylloides sp.　拟袁氏珊瑚（未定种）	60	10	12
Yuesthonyx sp.　豫裂兽（未定种）	332	91	12
Yuomys huangzhuangensis　黄庄豫鼠	319	90	4
Yupingale weifangensis　潍坊玉萍狸	312	89	8

Z

化石名称	页码	图版	图
Zaptychius zhuchengensis Pan　诸城褶襞螺	99	18	18、19
Zelkova ungeri Kovats　翁格尔榉	467	129	6
Zhongtiaoshanaspis cf. *ruichengensis* Zhang et Yuan, 1980　芮城山盾壳虫（近似种）	140	32	12
Zhongtiaoshanaspis sp.　中条山盾壳虫（未定种）	140	32	11
Zhongyuandinium elongatum Zhu, He et Jin in He et al., 1989　伸长中原藻	429	113	10

Zhongyuandinium biconicum Zhu, He et Jin in He et al., 1989 双锥中原藻	428	113	7
Zhongyuandinium craciatum Zhu, He et Jin in He et al., 1989 十字中原藻	428	113	8
Zhongyuandinium decorosum Zhu, He et Jin in He et al., 1989 美丽中原藻	429	113	9
Zhongyuandinium elongatum elongatum Autonym 伸长中原藻伸长亚种	429	113	11
Zhongyuandinium elongatum latum Zhu, He et Jin in He et al., 1989 伸长中原藻宽腰亚种	429	113	12
Zhongyuandinium granorugosum Zhu, He et Jin in He et al., 1989 粒皱中原藻	430	113	13
Zhongyuandinium minus Zhu, He et Jin in He et al., 1989 小型中原藻	430	113	14
Zhongyuandinium simplex Zhu, He et Jin, 1989 简单中原藻	430	114	1
Zhongyuandinium striatum Zhu, He et Jin in He et al., 1989 条纹中原藻	430	114	2
Zhongyuandinium turbinatum pygmeum Zhu, He et Jin in He et al., 1989 陀螺中原藻矮小亚种	431	114	4
Zhongyuandinium turbinatum turbinatum Autonym 陀螺中原藻陀螺亚种1	431	114	3
Zhongyuandinium turbinatum turbinatum Autonym 陀螺中原藻陀螺亚种2	431	114	5
		83	1～7
Zhuchengosaurus maximus Zhao 巨大诸城龙	293	84	1～12
		85	1～5
Ziboaspidella latilimbata Lu et Chu 宽边小淄博壳虫	132	35	6
Ziboaspis laevigatus Chang 光滑淄博盾壳虫	132	29	7
Ziziphocypris simakovi (Mandelstam, 1956) 西氏枣星介	192	48	14、15
Zlivisporis shandongensis Li et Fan 山东大网孢	504	137	1
Zodiocyon zetesios 隐藏乖犬	325	92	1、2

化石图版说明及图版

图 版 1

1. *Millerella minuta* Sheng,×80；淄博，太原组底部。
2. *Ozawainella turgida* Sheng,×40；淄博，太原组底部。
3. *Ozawainella vozhgalica* Safonova,×40；淄博，太原组底部。
4. *Ozawainella stellae* Manukalova,×40；淄博，太原组底部。
5. *Ozawainella preastellae* Rauser,×40；淄博，太原组底部。
6. *Ozawainella mosquensis* Rauser,×40；淄博，太原组底部。
7. *Ozawainella krasnokamski* Safonova,×40；淄博，太原组底部。
8. *Neostaffella sphaeroidea* (Ehrenberg),×25；淄博，太原组底部。
9. *Neostaffella panxianensis* (Chang),×25；淄博，太原组底部。
10. *Neostaffella cuboides* (Rauser),×25；淄博，太原组底部。
11. *Neostaffella khotunensis* (Rauser),×25；淄博，太原组底部。
12. *Neostaffella subquadrata* (Grozdilova et Lebedeva),×25；淄博，太原组底部。
13. *Fusiella mui* Sheng,×40；淄博，太原组底部。
14. *Fusiella typica sparsa* Sheng,×40；淄博，太原组底部。
15. *Fusiella typica extensa* Rauser,×40；淄博，太原组底部。
16. *Fusiella longissima* Zhang et Zhou,×40；淄博，太原组底部。
17. *Schubertella lata elliptica* Sheng,×40；淄博，太原组底部。
18. *Schubertella kingi* Dunbar et Skinner,×40；淄博，太原组底部。
19. *Boultonia willsi* Lee,×40；淄博，太原组。
20. *Taitzehoella taitzehoensis* Sheng,×25；淄博，太原组底部。
21. *Taitzehoella taitzehoensis extensa* Sheng,×25；淄博，太原组底部。
22. *Fusulinella bocki* Moeller,×15；新汶，太原组底部。
23. *Fusulina cylindrica* Fischer,×15；淄博，太原组底部。

图 版 2

1. *Fusulinella provecta* (Sheng),×15；淄博，太原组底部。

2. *Fusulinella obesa* (Sheng), ×15；淄博，太原组底部。

3. *Fusulinella pseudobocki* (Lee et Chen), ×15；淄博，太原组底部。

4. *Fusulinella fluxa* (Lee et Chen), ×15；淄博，太原组底部。

5. *Fusulinella laxa* Sheng, ×20；淄博。太原组底部。

6. *Fusulina schellwieni* (Staff), ×20；济宁，太原组底部。

7. *Fusulina pankouensis* (Lee), ×15；淄博，太原组底部。

8. *Fusulina quasifusulinoides* Rauser, ×15；淄博，太原组底部。

9. *Fusulina quasicylindrica* (Lee), ×15；淄博，太原组底部。

10、11. *Beedeina konnoi* (Ozawa), ×15；淄博，太原组底部。

12. *Beedeina pseudokonnoi* (Sheng), ×15；淄博，太原组底部。

13. *Beedeina rauserae* (Chernova), ×15；淄博，太原组底部。

14. *Beedeina yangi* (Sheng), ×15；淄博，太原组底部。

15. *Schwagerina richthofeni* var. *speciosa* (Lee), ×15；淄博，太原组。

16. *Pachyphloia linae* (Maclay, 1954), ×60；新汶，太原组。

17. *Pachyphloia lanceolata* Maclay, 1954, ×60；新汶，太原组。

图　版　3

1. *Fusulina quasicylindrica megaspherica* Sheng, ×15；淄博，太原组底部。

2. *Fusulina longitermina* Zhang et Zhou, ×10；淄博，太原组底部。

3. *Fusulina kunlunzhengensis* Zhang et Zhou, ×15；淄博，太原组底部。

4. *Beedeina pulchella* (Grozdilova), ×15；淄博，太原组底部。

5. *Beedeina pseudokonnoi longa* (Sheng), ×15；淄博，太原组底部。

6. *Beedeina ulitinensis* (Rauser), ×15；淄博，太原组底部。

7. *Beedeina pseudonytvica* (Sheng), ×15；淄博，太原组底部。

8. *Protriticites rarus* Sheng, ×15；淄博，太原组。

9. *Triticites shandongensis* Zhang et Zhou, ×15；淄博，太原组。

10. *Triticites boshanensis* Zhang et Zhoug, ×20；淄博，太原组。

11. *Triticites parvulus* (Schellwien), ×15；淄博，太原组。

12. *Triticites subnathorsti* Lee, ×15；淄博，太原组。

13. *Glomospira regularis* Lipina, 1949, ×60；聊城，太原组。

14. *Ammodiscus parvus* Reitlinger, 1950, ×50；新汶，太原组。

15. *Glomospira dublicata* Lipina, 1949, ×40；新汶，太原组。

16. *Schubertella elongata*, Sheng, ×40；淄博，太原组。

17. *Geinitzina spaodeli* var. *plana* Lipina, 1949, ×50；新汶，太原组。

图 版 4

1. *Putrella lui* Sheng,×15;淄博,太原组底部。
2. *Pseudoschwagerina gerontica* Dunbar et Skinner,×10;淄博,太原组。
3. *Pseudoschwagerina uddeni* Beede et Kniker,×10;淄博,太原组。
4. *Triticites huanglienhsiaensis* Chen,×15;济宁,太原组。
5. *Triticites simplex* (Sehellwien),×11;济宁,太原组。
6. *Rugosofusulina gigantea* Zhang et Zhou,×7;淄博,太原组。
7. *Rugosofusulina valida* (Lee),×10;淄博,太原组。
8. *Schwagerina leei* Sheng,×10;淄博,太原组。
9. *Schwagerina japonica* (Gümbel),×10;淄博,太原组。
10. *Schubertella obscura* Lee et Chen,×40;淄博,太原组底部。
11. *Ammovertella shanxiensis* Xia et Hang,×40;新汶,太原组。
12. *Spiroplectammina conspecta* Reidinger,1950,×50;新汶,太原组。
13. *Geinitzina postcarbonica* Spandel,1901,×50;聊城,太原组。

图 版 5

1. *Rugosofusulina complicata* (Schellwien),×10;淄博,太原组。
2. *Schwagerina boshanensis* Zhang et Zhou,×10;淄博,太原组。
3. *Schwagerina flexa* Zhang et Zhou,×10;淄博,太原组。
4. *Schwagerina richthofeni* (Schellwien),×10;淄博,太原组。
5. *Schwagerina erucaria* (Schwager),×10;淄博,太原组。
6. *Schwagerina paragregaria* (Rauser),×10;淄博,太原组。
7. *Schwagerina cervicalis* (Lee),×10;淄博,太原组。
8. *Quasifusulina cayeuxi* (Deprat),×10;淄博,太原组。
9. *Quasifusulina arca* Lee,×10;淄博,太原组。
10. *Boultonia gracilis* (Ozawa),×36;新汶,太原组。
11. *Ozawainella angulata* (Colani),×30;新汶,太原组。
12. *Protriticites niumaolingensis* Sheng,×15;淄博,太原组。
13. *Profusulinella parva* (Lee et Chen),×30;淄博,太原组。

图 版 6

1. *Boultonia cheni* Ho,×40;新汶,太原组。
2. *Quasifusulina longissima* (Moeller),×15;新汶,太原组。
3. *Quasifusulina compacta* (Lee),×15;新汶,太原组。

4. *Schwagerina amushanensis* Sheng，×8；淄博，太原组。

5. *Schwagerina nathorsti* Staff et Wedekind，×15；淄博，太原组。

6. *Schwagerina nathorsti* var. *laxa* (Lee)，×15；淄博，太原组。

7. *Schwagerina nobilis* (Lee)，×15；淄博，太原组。

8. *Schwagerina vulgaris* (Schellwien)，×10；淄博，太原组。

9. *Rugosofusulina alpina* (Schellwien)，×15；济宁，太原组。

10. *Rugosofusulina prisca* (Ehrenberg)，×15；济宁，太原组。

图 版 7

1. *Palaeotextularia longiseptata* var. *crassa* Lipina，1948，×50；聊城，太原组。

2. *Palaeotextularia consobrina* Lipina，1948，×50；聊城，太原组。

3. *Palaeotextularia wuanensis* Xia et Zhang，×50；聊城，太原组。

4. *Palaeotextularia majiagouensis* Xia et Zhang，×20；新汶，太原组。

5. *Palaeotextularia paracommunis* (Reitlinger，1950)，×20；新汶，太原组。

6. *Palaeotextularia quasioblonga* Xia et Zhang，×40；新汶，太原组。

7. *Climacammina procera* Reitlinger，1950，×40；新汶，太原组。

8. *Climacammina valvulinoides* Lange，1925，×15；新汶，太原组。

9. *Cribrogenerina borealis* Xia et Zhang，×50；新汶，太原组。

10. *Cribrogenerina maxima* (Lee et Chen，1930)，×20；新汶，太原组。

11. *Cribrogenerina gigas* var. *oviformis* (Morozova，1949)，×15；新汶，太原组。

12. *Deckerella artiensis* Morozova，1949，×60；新汶，太原组。

13. *Deckerella gracilis* Reidinger，1950，×20；新汶，太原组。

14. *Tetrataxis shanxiensis* Xia et Zhang，×50；新汶，太原组。

15. *Tetrataxis lata* Bugush et Juferev，1962，×40；新汶，太原组。

16. *Tetrataxis latispiralis* Reitlinger，1950，×40；新汶，太原组。

17. *Tetrataxis laibinensis* Lin，1978，×40；新汶，太原组。

18. *Tetrataxis conica* Ehrenberg，1880，×20；聊城，太原组。

19. *Tetrataxis eomaxima* Putrja，1956，×60；新汶，太原组。

20. *Tetrataxis minima* Lee et Chen，1930，×60；新汶，太原组。

21. *Tetrataxis planolocula* Lee et Chen，1930，×46；聊城，太原组。

22. *Tetrataxis media* Vissarionova，1948，×20；聊城，太原组。

图 版 8

1. *Globivalvulina minima* Reidinger，1950，×50；聊城，太原组。

2. *Bradyina samarica* Reitlinger，1950，×40；新汶，太原组。

3. *Bradyina longmentaensis* Xia et Zhang，×50；新汶，太原组。

4. *Bradyina shanxiensis* Xia et Zhang,×50;新汶,太原组。

5. *Bradyina potanini* Venukoff,1889,×15;新汶,太原组。

6、7. *Bradyina lepida* Reitlinger,1950,×40;新汶、聊城,太原组。

8. *Bradyina minima* Reitlinger,1950,×40;新汶,太原组。

9. *Bradyina tarassovi* Bugush,1963,×60;新汶,太原组。

10. *Bradyina pauciseptata* Reitlinger,1950,×50;新汶、聊城,太原组。

11. *Plectogyra baschkirica* Potievskaya,1964,×50;新汶,太原组。

12. *Plectogyra minuta* (Reitlinger,1950),×50;新汶,太原组。

13. *Paraplectogyra pannusaeformis* (Shlykova,1951),×50;新汶,太原组。

14. *Nodosaria hejinensis* Xia et Zhang,×40;聊城,太原组。

15. *Nodosaria sinensis* Xia et Zhang,×40;新汶,太原组。

16. *Nodosaria zhesiensis* Xia et Zhang,×40;新汶,太原组。

17. *Nodosaria grandis* Lipina,1949,×40;新汶,太原组。

18. *Nodosaria longissima* Suleimanov.,1949,×60;新汶,太原组。

19. *Nodosaria netchajewi* Cherdynzev,1914,×55;新汶,太原组。

20. *Pseudoglandulina inepta* Lin,1978,×60;新汶,太原组。

21. *Quinqueloculina seminula* (Linné),a.少室面视,b.口视,×60;惠民,明化镇组。

22. *Quinqueloculina subungeriana* Serova,a.多室面视,b.口视,×60;滨县,平原组。

23. *Quinqueloculina complanata* (Gerke et Issaeva),a.多室面视,b.口视,×60;惠民,明化镇组。

24. *Quinqueloculina akneriana rotunda* (Gerke),a.多室面视,b.少室面视,×60;乐陵,平原组。

25. *Quinqueloculina contorta* d'Orbigny,a.多室面视,b.少室面视,×60;垦利,平原组。

26. *Ammonia tepida* (Cushman),a.腹视,b.壳缘视,×60;惠民,明化镇组。

图 版 9

1. *Ammonia aomoriensis* (Asano),a.腹视,b.壳缘视,×60;惠民,明化镇组。

2. *Ammonia batava* (Hofker),a.背视,b.腹视,×60;惠民,明化镇组。

3. *Ammonia annectens* (Parker et Jones),a.腹视,b.壳缘视,×30;垦利,平原组。

4. *Ammonia takanabensis* (Ishizaki),腹视,×80;垦利,平原组。

5. *Ammonia japonica* (Hada),腹视,×80;垦利,平原组。

6. *Ammoma batava* (Hofker),a.背视,b.腹视,×80;惠民,明化镇组。

7. *Eponides blancoensis* Brady,a.腹视,b.壳缘视,×100;惠民,明化镇组。

8. *Valvulineria sadonica* Asano,a.背视,b.壳缘视,×100;惠民,明化镇组。

9. *Elphidium hispidulum* Cushman,侧视,×80;惠民,明化镇组。

10. *Elphidium* cf. *hokkaidoense* Asano,侧视,×80;惠民,明化镇组。

11. *Elphidium clavatum* Cushman,a.侧视,b.壳缘视,×100;惠民,明化镇组。

12. *Elphidium shandongensis* He et Hu,侧视,×80;惠民,明化镇组。

13. *Elphidium ibericum* (Schrodt),侧视,×60;惠民,明化镇组。

14. *Elphidium advenum* (Cushman),a.侧视,b.壳缘视,×80;惠民,明化镇组。

15. *Elphidium* sp.,侧视,×60;惠民,明化镇组。

16. *Polystomellina discorbinoides* Yabe et Hanzawa,壳缘视,×60;垦利,明化镇组。

图 版 10

1. *Cellanthus ibericum* (Schrodt),a.侧视,b.壳缘视,×60;惠民,明化镇组。

2. *Nonion* cf. *nicobarense* Cushman,a.侧视,b.壳缘视,×80;惠民,明化镇组。

3. *Nonionella auricula* Heron-Allen et Earland,背视,×80;惠民,明化镇组。

4、5. *Astrononion italicum* Cushman et Edwards,4.侧视;5a.侧视,5b.壳缘视,×80;惠民,明化镇组。

6. *Spiroloculina laevigala* Cushman et Todd,a.侧视,b.口视,×45;滨县,平原组。

7. *Spiroloculina soldanii* Fornasini,侧视,×45;垦利,平原组。

8. *Pseudorotalia schroeteriana* (Parker et Jones),a.背视,b.腹视,×30;垦利,平原组。

9. *Asterorotalia subtrispinosa* (Ishizaki),腹视,×60;沾化,平原组。

10. *Lophocarinophyllum* sp.,×3.5;淄博,太原组。

11. *Pseudozaphrentoides* sp.,×1.3;淄博,太原组。

12. *Yuanophylloides* sp.,×5;淄博,太原组。

13. *Eomarginifera pusilla* (Schellwien),腹视,×1;淄博,太原组。

14. *Eomarginifera longispina* var. *lobata* (Schellwien),腹视,×3;淄博,太原组。

15. *Buxtonia* sp.,腹视,×1;淄博,太原组。

图 版 11

1、2. *Labechiella crassa* Dong,1.纵切面,2.弦切面,均×6;章丘韩家庄,马家沟群。

3、4. *Labechia changchiuensis* Ozaki,3.纵切面,4.弦切面,均×6;章丘孟家峪,马家沟群。

5、6. *Labechia chingchiachuangensis* Ozaki,5.纵切面,6.弦切面,均×6;章丘青家庄,马家沟群。

7、8. *Aulacera peichuangensis* Ozaki,7.纵切面,×8,8.横切面,×1.3;章丘北庄,马家沟群。

9. *Rosenella woyuensis* Ozaki,纵切面,×3;博山窝峪,马家沟群。

10、11. *Ludictyon vesiculatum* Ozaki,10.纵切面,11.斜切面,均×8;章丘北庄,马家沟群。

12. *Dictyoclostus taiyuanfuensis* (Grabau),腹视,×1;淄博,太原组。

13. *Dictyoclostus uralicus* (Tschernyschew),腹视,×1;淄博,太原组。

14. *Dictyoclostus houyüensis* (Ozaki),腹视,×1;淄博,太原组

15. *Aviculopecten* cf. *dupontesi* Mansuy,左壳,×1.3;济宁,山西组

图 版 12

1. *Choristites pavlovi*（Stuckenberg），腹视，×1；淄博，太原组。
2. *Choristites shantungensis* Ozaki，腹视，×1；淄博，太原组。
3. *Choristites wutzuensis* Ozaki，腹视，×1；淄博，太原组。
4. *Choristites yavorski*（Fredericks），×1；淄博，太原组。
5. *Choristites trautscholdi*（Stuckenberg），腹视，×1；济宁，太原组。
6. *Choristites priscus*（Eichwald），侧视，×1；济宁，太原组。
7. *Neospirifer fasciger*（Keyserling），腹视，×1；淄博，太原组。
8. *Martinia glabra*（Martin），腹视，×1；淄博，太原组。
9. *Schizodus shandongensis* Liu，右侧视，×1；淄博，太原组。
10. *Streblochondria* sp.，右壳，×3；淄博，太原组。
11、12. *Mengyinaia tugrigensis*（Martinson），11.左壳内模侧视，12.双壳内模背视，均× 0.75；蒙阴，莱阳群杨家庄组。
13、14. *Mengyinaia mengyinensis*（Grabau），13.双壳内模背视，14.左壳内模侧视，均× 1；蒙阴，莱阳群杨家庄组。
15. *Nakamuranaia chingshanensis*（Gbau），左壳内模侧视，×1.5；莱阳，莱阳群曲格庄组。
16. *Nakamuranaia zhujiazhuangensis* Ding，左壳内模侧视，×1.5；莱阳，莱阳群曲格庄组。
17. *Palaeoneilo* sp.，右侧视，×3.5；济宁，太原组。

图 版 13

1. *Nakamuranaia* aff. *chingshanensis*，右壳内模侧视，×1；莱阳，莱阳群曲格庄组。
2. *Nakamuranaia elogata* Gu et Ma，右壳内模侧视，×1.5；莱阳，莱阳群曲格庄组。
3. *Nakamaranaia yongkangensis* Gu et Ma，左内模，×2.5；莱阳朱家庄，青山群后夼组。
4. *Nakamaranaia subrotunda* Gu et Ma,1976，左内模，×1；莱阳朱家庄，青山群后夼组。
5. *Nakamaranata shoachangensis* Ma,1980，左内模，×2.5；莱阳朱家庄，青山群后夼组。
6. *Nakamuranaia elliptica* Ma,1980，右内模，×1；莱阳朱家庄，青山群后夼组。
7. *Nippononaia laiyangensis* Ma，右壳内模侧视，×1；莱阳，莱阳群曲格庄组。
8. *Nippononaia zhujiazhuangensis* Ma，左壳内模侧视，×2；莱阳，莱阳群曲格庄组。
9. *Nippononaia* cf. *sinensis* Nie，左壳侧视，×1；莱阳，莱阳群曲格庄组。
10、11. *Pseudohyria cardiiformis*（Martinson），10.右壳侧视，11.左壳侧视，均×1；诸城，王氏群红土崖组。
12、13. *Pseudohyria* aff. *gobiensis* MacNeil，12.左壳侧视，13.右壳内模侧视，均×1；诸城，王氏群红土崖组。

14. *Plicatounio（Plicatounio）zhuchengensis* Ma,左壳侧视,×0.7;诸城,王氏群红土崖组。

15. *Plicatounio（Lioplicatounio）hunanensis*,右壳内模侧视,×1;诸城,王氏群红土崖组。

16. "*Corbicula（Mesocorbicula）*" cf. *yumenensis* Gu,左壳侧视,×8;蒙阴,大盛群田家楼组。

17. "*Corbicula（Mesocorbicula）*" *tetoriensis* Kobayashi et Suzuki,右壳侧视,×3;蒙阴,莱阳群杨家庄组。

18. *Sphaerium shantungense*（Grabau）,右左壳内模侧视,×3;胶州,王氏群辛格庄组。

图 版 14

1. *Sphaerium yanbianense* Gu et Wen,右壳侧视,×3;诸城,王氏群辛格庄组。

2. *Sphaerium jeholense*（Grabau）,右壳侧视,×8;蒙阴,大盛群田家楼组。

3. *Sphaerium pujiangense* Gu et Ma,左壳侧视,×5;蒙阴,大盛群田家楼组。

4. *Sphaerium laiyangense* Chen,右壳内模侧视,×8;诸城,王氏群辛格庄组。

5、6. *Sphaerium wiliuicum*（Martinson）,均为右壳侧视,均×8;诸城,大盛群田家楼组。

7. *Sphaerium ovalis*（Rammelmeyer）,左壳侧视,×1;诸城,王氏群辛格庄组。

8、9. *Sphaerium tani* Grabau,8.右壳侧视,×4;9.右壳内模侧视,×3;莱阳,王氏群。

10. *Unio obrutschewi* Martinson,左壳侧视,×1;诸城,莱阳群杨家庄组。

11、12. *Unio* cf. *submoldavicus* Huang et Wei,11.左侧视,12.右内视,均×1;垦利,馆陶组。

13. *Cuneopsis* cf. *subovata* Huang et Wei,右侧视,垦利,馆陶组。

14. *Cuneopsis kenliensis* Qi,a.右侧视,正模;b.单壳背视;c.右内视;垦利,馆陶组。

15. *Lamprotula（Parunio）shandongensis* Qi,a.右侧视,正模;b.左壳侧视;c.双壳背视;均×1;垦利,明化镇组。

16. *Parabithynia minuta* Youluo,口视,×7;垦利,沙河街组一段下部。

17. *Probaicalia* sp.,斜视,×7;蒙阴,上侏罗统。

图 版 15

1. *Ecculiomphalus* sp.,×0.5;淄川土峪,五阳山组。

2. *Straparollus poshanensis*（Ozaki）emend.Wang,背视,×1;淄博,上石炭统。

3. *Euphemites* sp.,右侧视,×5;济宁,太原组。

4. *Mesolanistes laiyangensis* Yu,顶视,×3;莱阳,王氏群。

5、6. *Bithynia mengyinense* Grabau,5.侧视,6.口视,均×2.5;蒙阴,上侏罗统。

7. *Bithynia pyriformis* Xia,a.b.口、背视,×5;正模;垦利,馆陶组。

8、9. *Bithynia shanjiasiensis* Xia,8.背视,×15;副模;垦利,黄骅群。9.口视,×7,正模;滨州,黄骅群。

10. *Bithynia* cf. *hebeiensis* Yu et Pan (MS),背视,×7;博兴,沙河街组四段上部。
11. *Parabithynia crassilabia* Youluo,口视,×7;垦利,沙河街组。
12、13. *Micromelania monilifera* Youluo,12.口视,×2;13.口视,×3;滨州,东营组。
14. *Gyromelania xinzhenensis* Youluo,口视,×3;垦利,沙河街组。
15. *Emmericia circuliformis* Youluo,口视,×7;垦利,沙河街组一段至东营组三段下部。
16、17. *Yonganospira costata* Youluo,16.口视,17.背视,×20;垦利,沙河街组。
18. *Labrosa labrosa* Youluo,背视,×7;无棣,东营组。
19. *Melanoides tuozhuangensis* Youluo,口视,×3;滨州、垦利,沙河街组。
20. *Melanoides floristriata* Youluo,背视,×3;垦利,沙河街组。
21. *Tianjinospira monostichophyma* Youluo,背视,×7;无棣,东营组。
22. *Coptostylus orientalis* Sandberger,1872,口视,×1.5;垦利,沙河街组。
23. *Campeloma liui* Chow,口视,×1.7;莱阳,王氏群。
24. *Valvata* (*Cincinna*) *zhuchengensis* Pan,口视,×10;诸城,莱阳群。
25. *Sinoplanorbis intermedia* Yu et Pan (MS),顶视,×7;博兴,沙河街组。

图 版 16

1. *Bithynia* (*Sierraia*) sp.,a.背视,b.腹视,×20;垦利,明化镇组。
2. *Viviparus demolita* (Heude),a.口视,b.背视,×2;垦利,馆陶组。
3. *Bellamya purificata* (Heude),a.口视,b.背视,×1.5;垦利,馆陶组。
4、5. *Bellamya lapidea* (Heude),4.背视,×1.5;垦利,馆陶组。5.口视,×2;垦利,明化镇组。
6. *Cipangopaludina bohaiensis* Youluo,背视,×1;滨州,东营组二段。
7、8. *Tulotomoides aspericarinata* Youluo,7.口视,8.背视,均×3;滨州、垦利,沙河街组。
9. *Tulotomoides spiralicostata* Youluo,背视,×3;垦利,沙河街组二段上部。
10. *Tulotomoides* sp.,a.口视,b.背视,×5;垦利,馆陶组。
11. *Kenliospira xianhezhenensis* Xia,a.口视,b.背视,c.顶视,d.底视,×1.5;副模;垦利,馆陶组。
12~14. *Valvata suturalis* Grabau,12.背视,13.底视,14.口视,均×3;蒙阴,水南组。
15、16. *Valvata ringentis* Youluo,15.顶视,16.底视,×7;博兴,东营组二段。
17. *Opeas changleensis* Li,口视,×8;昌乐,五图群。

图 版 17

1. *Kenliospira conica* Xia,a.口视,b.背视,均×2;正模;垦利,馆陶组。
2、3. *Campeloma* sp.,2.口视,3.背视,均×2;莱阳,王氏群。
4. *Valvata* (*Cincinna*) *applanata* Youluo,口视,×7;博兴、垦利,沙河街组。
5. *Costovalvata minuta* Youluo,顶视,×10;滨州,沙河街组一段下部。

6. *Liratina tuozhuangensis* Youluo, 顶视, ×7; 垦利, 沙河街组。

7. *Liratina? hedobia* Youluo, 顶视, ×7; 垦利, 沙河街组。

8. *Tropidina? bellireticulata* Youluo, 顶视, ×10; 垦利, 沙河街组。

9~11. *Amplovalvata* sp., 9.斜视, 10.口视, 11.背视, 均×5; 蒙阴, 上侏罗统。

12. *Galba zhaoshipoensis* Zhu, 口视, ×20; 垦利, 明化镇组。

13、14. *Galba mengyinensis* Pan, 13.口视, 14.背视, 均×20; 蒙阴, 青山群。

15、16. *Galba sphaira* Pan, 15.口视, 16.背视, 均×20; 蒙阴, 青山群。

17、18. *Hydrobia* sp., 17.口视, 18.背视, 均×7; 莱阳, 王氏群。

19. *Amnicola zhuchengensis* Pan, 口视, ×5; 诸城, 王氏群。

20. *Amnicola* sp., 口视, ×5; 垦利, 馆陶组。

21. *Lyogyrus cylindricus* Youluo, 背视, ×10; 滨州, 沙河街组。

22. *Lyogyrus beizhenensis* Youluo, 背视, ×10; 滨州, 沙河街组一段下部。

23. *Lysiogyrus costatus* Youluo, 背视, ×10; 商河, 沙河街组。

24. *Lysiogyrus longicollus* Youluo, 口视, ×10; 商河, 沙河街组。

图 版 18

1、2. *Benedictia? antiqua* Youluo, 1.口视, 2.背视, 均×4; 垦利, 沙河街组。

3、4. *Reesidella micra* Pan, 3.口视, 4.背视, 均×7; 莱阳, 王氏群。

5. *Yongkangia angularia* Pan, 口视, ×5; 诸城, 王氏群。

6、7. *Mesocochliopa* sp., 6.口视, 7.顶视, 均×20; 诸城, 王氏群。

8. *Physa jingangkouensis* Pan, 背视, ×2; 莱阳, 王氏群。

9、10. *Physa shantungensis* Yen, 9.口视, 10.背视, 均×3.5; 昌乐, 五图群。

11. *Physa subcylindrica* Youluo, 背视, ×7; 昌乐, 孔店组。

12. *Physa changleensis* Youluo, 背视, ×20; 昌乐, 孔店组二段。

13. *Physa ringentis* Youluo, 背视, ×20; 垦利, 沙河街组。

14. *Aplexa macilenta wutuensis* Li, 背视, ×1.9; 昌乐, 五图群。

15. *Aplexa normalis* Li, 背视, ×1.6; 昌乐, 五图群。

16. *Aplexa* sp. 背视, ×1.8; 昌乐, 五图群。

17. *Lymnaea binxianensis* Youluo, 背视, ×5; 滨州, 沙河街组四段下部。

18、19. *Zaptychius zhuchengensis* Pan, 18.口视, 19.背视, 均×7; 诸城, 王氏群。

20、21. *Palaeoleuca sinensis* Yen, 20.口视, 21.背视, 均×15; 昌乐, 五图群。

22. *Pseudancylastrum jingangkouensis* Pan, 右侧视, ×10; 莱阳, 王氏群。

23. *Gyraulus shandongensis* Youluo, 顶视, ×7; 垦利, 沙河街组至东营组。

24. *Gyraulus* sp., 顶视, ×20; 诸城, 王氏群。

25. *Bulinus*（*Pyrgophysa*）*yonganensis* Youluo, 背视, ×20; 垦利, 沙河街组。

26. *Hopeiella* sp., 顶视, ×15; 垦利, 馆陶组。

27. *Hopeiella alticonica* Youluo, 底视, ×7; 博兴, 沙河街组。

28. *Hopeiella speciosa* Youluo,背视,×7;博兴,沙河街组。
29. *Sinoplanorbis planospiralis* Youluo,顶视,×7;昌乐,孔店组。
30. *Sinoplanorbis conjungens* Yu et Pan (MS),顶视,×7;博兴,沙河街组。

图 版 19

1、2. *Hippeutis umbilicalis* (Benson),1.底视,×20;临邑,馆陶组。2.顶视,×20;垦利,明化镇组。
3. *Carinulorbis yonganensis* Youluo,顶视,×5;垦利,沙河街组。
4. *Anchlastrum* (*Uncacylus*) *rursapiculum* Youluo,1914,顶视,×10;垦利,沙河街组。
5、6. *Dimorphoptychia speciosa* Li,5.口视,6.顶视,均×7;昌乐,五图群。
7、8. *Cyclophorus robustus* Li,7.口视,8.顶视,均×1;昌乐,五图群。
9、10. *Pseudorinia elongata* Yen,9.口视,10.背视,均×3;昌乐,五图群。
11. *Pupilla simplexa* Li,口视,×7;昌乐,五图群。
12. *Pupoides* (*Ischnopupoides*) *pracus* Li,口视,×6;昌乐,五图群。
13. *Pupoides* (*Ischnopupoides*) *antiquus* Yu et Wang,背视,×7;昌乐,五图群。
14. *Pupoides* (*Ischnopupoides*) sp.,口视,×8;昌乐,五图群。
15. *Pupoides* (*Pupoides*) *eocenicus* Li,口视,×10;昌乐,五图群。
16、17. *Plectopyloides cretacous* Yen,16.口视,17.顶视,均×1.5;昌乐,五图群。
18、19. *Plectopyloides bellus* Li,18.口视,19.顶视,均×1.5;昌乐,五图群。
20. *Cathaica fasciola* (Draparnaud),a.顶视,b.底视,×4;商河,明化镇组
21、22. *Cathaica taiguensis* Guo,21.顶视,×7;禹城,明化镇组。22a.底视,22b.口视,×5;禹城,明化镇组。
23. *Cathaica antiqua* Li,顶视,×1.8;昌乐,五图群。
24、25. *Hydrobia liuqiaoensis* Youluo,24.口视,25.背视,均×7;博兴,沙河街组。
26. *Hydrobia* sp.,口视,×7;垦利,馆陶组。
27. *Marstonia bucciniformis* Youluo,背视,×7;垦利,沙河街组。
28. *Truncatella weixianensis* Youluo,侧视,×10;昌乐,孔店组二段。
29、30. *Gangetia brevirota* Youluo,29.口视,30.背视,均×7;商河、垦利,沙河街组。
31. *Gangetia longirota* Youluo,口视,×7;商河、广饶,沙河街组至东营组。

图 版 20

1、2. *Paladilhia* (*Liaohenia*) *sinensis* Youluo,1.口视,2.背视,均×7;垦利,沙河街组。
3、4. *Prososthenia* sp.,3.口视×7,4.背视,均×15;垦利,馆陶组。
5、6. *Parafossarulus striatulus* (Benson),5a.口视,5b.背视,均×5;6a.口视,6b.背视,均×5;垦利,馆陶组。
7. *Parafossarulus subangulatus* (Martens),a.口视,b.背视,均×5;垦利,馆陶组。

8. *Marstonia? culma* Xia, a.口视, b.背视, 均×7; 正模。垦利, 明化镇组。

9. *Marstonia inflata* Wang, 背视, ×15; 垦利, 明化镇组。

10、11. *Stenothyra shengliensis* Youluo, 10.口视, 11.背视, 均×7; 垦利, 沙河街组。

12. *Stenothyra aductis* Youluo, 背视, ×7; 垦利, 沙河街组。

13、14. *Stenothyra cancellata* Youluo, 5.口视, 6.背视, 均×7; 垦利, 沙河街组。

15. *Stenothyra paucilineata* Youluo, 口视, ×7; 垦利, 沙河街组。

16. *Stenothyra striata* Youluo, 背视, ×7; 垦利, 沙河街组。

17. *Stenothyra binxianensis* Youluo, 背视, ×7; 滨州, 沙河街组。

18. *Stenothyra damintunensis* Youluo, 背视, ×7; 垦利, 沙河街组。

19、20. *Stenothyra paritis* Youluo, 19.口视, 20.背视, ×7; 广饶, 沙河街组。

21. *Palaeancylus* cf. *orientalis* Yu, 顶视, ×13.5; 昌乐, 五图群。

图 版 21

1. *Truncatella gudongensis* Xia, 口视, ×15; 正模。垦利, 馆陶组。

2. *Stenothyra shandongensis* Youluo, 口视, ×7; 垦利, 沙河街组。

3、4. *Stenothyra? eversilabia* Youluo, 3.口视, 4.背视, 均×7; 无棣, 东营组二段。

5. *Stenothyra*（*Basilirata*）*nodilirata* Youluo, 背视, ×7; 无棣、垦利, 沙河街组。

6、7. *Stenothyra*（*Basilirata*）*spiralis* Youluo, 6.口视, 7.背视, 均×7; 垦利, 东营组。

8、9. *Stenothyra*（*Basilirata*）*chezhensis* Youluo, 8.口视, 9.背视, 均×7; 无棣, 东营组二段。

10、11. *Stenothyra*（*Basilirata*）*turrita* Youluo, 10.口视, 11.背视, 均×7; 无棣, 东营组。

12. *Stenthyrella kenliensis* Youluo, 背视, ×7; 垦利, 沙河街组。

13. *Caviumbonia pyrguloides* Youluo, 口视, ×7; 无棣, 东营组。

14. *Pyrgula? tricarinata* Youluo, 背视, ×7; 垦利, 沙河街组。

15. *Pyrgula subtilicarinata* Youluo, 背视, ×20; 商河, 沙河街组。

16、17. *Ovassiminea globula* Xia, 16.背视, ×4; 正模, 17.口视, 副模; 均×2; 垦利, 馆陶组。

18. *Ancylus ninghaiensis* Youluo, 顶视, ×7; 垦利, 沙河街组。

19. *Biomphalaria* sp., 顶视, ×4; 禹城, 馆陶组。

20、21. *Planorbarius mongolicus* Popova, 20.顶视, ×7; 21a.顶视, 21b.底视, 均×4; 临邑、高青, 馆陶组。

22. *Planorbis* sp., a.底视, b.顶视, 均×4; 广饶, 馆陶组。

23. *Succinea dongyingensis* Youluo, 背视, ×3; 滨州, 沙河街组。

24. *Plectronoceras* cf. *cambria*（Walcott）, 纵断面, ×5; 济南, 上寒武统凤山阶。

图版 22

1、2. *Lunanoceras precordium* Chen et Qi,1.纵断面,2.体管局部放大,均×10;枣庄陶庄,上寒武统凤山阶。

3. *Lunanoceras changshanense* Chen et Qi,纵断面,×1.5;枣庄陶庄,上寒武统凤山阶。

4、5. *Eodiaphragmoceras sinense* Chen et Qi,4.体管局部放大,×6.5;5.纵断面,×3;枣庄陶庄,上寒武统凤山阶。

6. *Eoclarkoceras subcurvatum*(Kobayashi),纵断面。枣庄陶庄,上寒武统凤山阶。

7. *Huaiheceras exogastrum* Chen et Qi,纵断面,×0.5;枣庄陶庄,上寒武统凤山阶。

8. *Weishanhuceras rarum* Chen et Qi,纵断面,×2.5;枣庄陶庄,上寒武统凤山阶。

9. *Archendoceras conipartitum* Chen et Qi,纵断面。枣庄陶庄,上寒武统凤山阶。

10. *Sinoeremoceras zaozhuangense* Chen et Qi,纵断面。枣庄陶庄,上寒武统凤山阶。

11、12. *Sinoeremoceras foliosum* Chen et Qi,11.纵断面,12.体管局部放大,均×5;枣庄陶庄,上寒武统凤山阶。

13. *Sinoeremoceras breviconicum* Chen et Qi,纵断面。枣庄陶庄,上寒武统凤山阶。

14. *Wanwanoceras lunanense* Chen et Qi,纵断面,×1.5;枣庄陶庄,上寒武统凤山阶。

15. *Barnesoceras lentiexpansum* Flower,纵断面,×2;淄川东峪东村,三山子组 b 段。

16. *Yehlioceras pupoides* Chen et Liu,腹视;新泰汶南,三山子组 a 段。

17、18. *Coreanoceras triangular* Chen,17.体管侧视,18.体管前视;新泰汶南,三山子组 a 段。

19. *Hopeioceras mathieui*(Grabau)emend. Obata,纵断面;淄川东峪东村,三山子组 a 段。

图版 23

1. *Yehlioceras yehliense*(Grabau)emend. Obata,纵断面,×1.5;淄川东峪东村,三山子组 a 段。

2. *Ordosoceras quasilineatum* Chang,纵断面;章丘水龙洞,北庵庄组。

3. *Trifurcatoceras nakamurai* Obata,体管纵断面,×0.5;淄川土峪,五阳山组。

4. *Yimengshanoceras longiconicum* Chen et Qi,纵断面;淄博八陡,五阳山组。

5、6. *Polydesmia canaliculata* Lorenz,5.纵断面,6.纵断面;均×0.7;新泰汶南,北庵庄组。

7. *Polydesmia zuezshanense* Chang,纵断面;×0.5;新泰汶南,北庵庄组。

8. *Polydesmia watanabei* Kobayashi,纵断面;新泰汶南,北庵庄组。

9、10. *Protactinoceras magnitubulum* Chen et Qi,9.纵断面,×1;10.体管局部放大,×2.5;枣庄陶庄,上寒武统凤山阶。

11. *Protactinoceras lunanense* Chen et Qi,纵断面;枣庄陶庄,上寒武世凤山阶。

12. *Physalactinoceras bullatum* Chen et Qi,体管局部放大,×5;枣庄陶庄,上寒武统凤山阶。

13. *Physalactinoceras breviconicum* Chen et Qi,纵断面,×2;枣庄陶庄,上寒武统凤山阶。

图 版 24

1、2. *Physalactinoceras changshanense* Chen et Qi,1.纵断面,×5;2.局部放大,×5;枣庄陶庄,上寒武统凤山阶。

3、4. *Ormoceras centrale*(Kobayashi et Matumoto),3.横断面,×0.5;淄川梨峪口。4.纵断面,×0.7;新泰汶南,北庵庄组。

5. *Ormoceras nudum*(Endo),纵断面;新泰汶南,五阳山组。

6. *Ormoceras subcentrale* Kobayashi,纵断面;淄川土峪,五阳山组。

7. *Mesowutinoceras discoides* Chen,纵断面,×0.7;新泰汶南,北庵庄组。

8. *Armenoceras tani*(Grabau),纵断面,×1.5;淄博八陡及淄川土峪,五阳山组。

9. *Armenoceras fuchouense*(Endo),纵断面;淄川土峪,五阳山组。

10. *Armenoceras manchuroense*(Kobayashi),纵断面;淄博八陡,五阳山组。

11. *Armenoceras submarginale*(Grabau),纵断面;淄博八陡,五阳山组。

12. *Armenoceras richthofeni*(Frech),纵断面;淄博八陡,五阳山组。

13. *Armenoceras resseri* Endo,纵断面;淄川土峪,五阳山组。

14. *Nybyoceras cryptum* Flower,纵断面,×2;淄博八陡,五阳山组。

15. *Selkirkoceras minutum* Chen et Liu,纵断面;淄博八陡,五阳山组。

图 版 25

1. *Stolbovoceras boreale* Balaschov,纵断面;淄博八陡,五阳山组。

2、3. *Hoeloceras yimengshanense* Chen et Liu,2.腹视,3.横断面,均×0.7;新泰汶南,五阳山组。

4. *Discoactinoceras wuyangshanese* Chen et Liu,体管纵断面,×0.7;新泰汶南,五阳山组。

5、6. *Discoactinoceras platyventrum* Chen et Liu,5.纵断面,6.横断面,章丘水龙洞,五阳山组。

7. *Wennanoceras costatum* Chen,纵断面;新泰汶南,五阳山组。

8. *Pseudoskimoceras marginale*(Endo),纵断面,×0.5;淄博八陡,北庵庄组。

9. *Cyclobuttsoceras wenshuiense* Chen,纵断面,×2.15;新泰汶南,五阳山组。

10. *Tofangoceras pauciannulatum* Kobayashi,纵断面;淄川土峪,五阳山组。

11. *Acaroceras endogastrum* Chen,Qi et Chen,纵断面,枣庄陶庄,上寒武统凤山阶。

12. *Acaroceras stenotubulum* Chen et Qi,纵断面,枣庄陶庄,上寒武统凤山阶。

13. *Acaroceras semicollum* Chen et Qi,纵断面,枣庄陶庄,上寒武统凤山阶。
14. *Acaroceras curtum* Chen et Qi,纵断面,×2;枣庄陶庄,上寒武统凤山阶。
15. *Acaroceras multiseptatum* Chen et Qi,体管局部放大,×5;枣庄陶庄,上寒武统凤山阶。
16. *Acaroceras ventrolobatus* Chen et Qi,纵断面,×2;枣庄陶庄,上寒武统凤山阶。

图 版 26

1. *Acaroceras gracile* Chen et Qi,纵断面,×5;枣庄陶庄,上寒武统凤山阶。
2. *Acaroceras altocameratum* Chen et Qi,纵断面;枣庄陶庄,上寒武统凤山阶。
3. *Stereoplasmoceras pseudoseptatum* Grabau,纵断面;淄博八陡,五阳山组。
4. *Stereoplasmoceras machiakouense* Grabau,纵断面;缁博八陡,五阳山组。
5. *Kogenoceras huroniforme* Shimizu et Obata,纵断面,×0.5;新泰汶南,北庵庄组。
6. *Kogenoceras jiaolongense* Chen et Liu,纵断面;淄博八陡,北庵庄组。
7. *Kogenoceras curvatum* Zou,纵断面,×0.7;新泰汶南,北庵庄组。
8. *Eostromatoceras meditubulum* Chen,纵断面;淄博八陡,八陡组。
9. *Gonioceras badouense* Chen et Liu,纵断面,×0.5;淄博八陡,八陡组。
10. *Gonioceras centrale* Chen,纵断面;淄博八陡,八陡组。
11. *Gonioceras alarium* Chen,纵断面;淄博八陡,八陡组。
12. *Domatoceras* sp.,侧视,×1;淄博,太原组。
13、14. *Neoaganides* sp.,4.前视,5.侧视,均×8;济宁,太原组。
15. *Peronopsis liaotungensis* (Resser et Endo),头、尾各×5;淄川杨庄,张夏组。

图 版 27

1. *Anthracoceras* sp.,侧视,×24;济宁,太原组。
2. *Redlichia* (*R.*) *daiguensis*,头盖,×1.3;蒙阴岱崮,馒头组。
3. *Redlichia* (*R.*) *yimengensis*,头盖,×2;蒙阴岱固,馒头组。
4. *Redlichia chinensis* Walcott,头盖,×1.5;长清张夏,下寒武统龙王庙阶。
5. *Redlichia murakamii* Resser et Endo,头盖,×2;苍山燕桂山,下寒武统龙王庙阶。
6. *Redlichia nobilis* Walcott,头盖,×2;枣庄半湖,下寒武统龙王庙阶。
7. *Breviredlichia wangyaensis*,头盖,副模,×2;蒙阴野店汪崖,馒头组。
8. *Megapalaeolenus fengyangensis* (Chu),头盖,×6;沂南孙祖,朱砂洞组。
9. *Bergeronites ketteleri* (Monke),尾部,×2;嘉祥东焦城,上寒武统崮山阶。
10. *Dorypyge richthofeni* Dames,头盖,×3;苍山鲁城,张夏组。
11. *Redlichia* (*R.*) *dongshanensis*,头盖,×2;蒙阴岱固,馒头组。
12. *Amphoton deois* (Walcott),头盖,×1.5;苍山鲁城、淄川杨庄,张夏组。
13. *Fuchouia spinosa* Chang,头盖,×6;莱芜九龙山,张夏组。

图 版 28

1. *Ezhuangia shandongensis* Qiu et Liu,头盖,×2;淄川峨庄,张夏组。
2. *Houmengia houmengensis* Qiu,头盖,×10;枣庄后孟,徐庄阶。
3. *Shirakiella elongata* Kobayashi,头盖,×5;苍山下村,上寒武统长山阶。
4. *Dorypygella typicalis* Walcott,尾部,×6;泰安大汶口,上寒武统崮山阶。
5. *Psilostracus mantoensis* (Walcott),头盖,×3;长清张夏,中寒武统毛庄阶。
6. *Psilostracus carinatus* Lu et Chu,头盖,×4;长清张夏,中寒武统毛庄阶。
7. *Psilostracus changqingensis* Lu et Chu,头盖,×5;长清张夏,中寒武统毛庄阶。
8. *Mantoushania subconica* Lu et Chu,头盖,×8;长清张夏,中寒武统毛庄阶。
9. *Shantungaspis aclis* (Walcott),头盖,×6;长清张夏,中寒武统毛庄阶。
10. *Shantungaspis orientalis* (Endo et Resser),头盖,×8;长清张夏,中寒武统毛庄阶。
11. *Qiaotouaspis shandongensis* Lu et Chu,头盖,×6;长清张夏,中寒武统毛庄阶。

图 版 29

1. *Qiaotouaspis shandongensis* Lu et Chu,尾部,×8;长清张夏,中寒武统毛庄阶。
2. *Yaojiayuella ocellata* Lin et Wu,头盖,×4;沂源平地庄,中寒武统毛庄阶。
3. *Yaojiayuella diversa* Lin et Wu,头盖,×6;长清张夏,中寒武统毛庄阶。
4. *Yaojiayuella zhangxiaensis* Lu et Chu,头盖,×2;沂源平地庄,中寒武统毛庄阶。
5. *Weijiaspis maozhuangensis* Lu et Chu,头盖,×6;长清张夏,中寒武统毛庄阶。
6. *Paragunnia bathyconica* Qiu,头盖,×5;枣庄唐庄,中寒武统毛庄阶。
7. *Ziboaspis laevigatus* Chang,头盖,×2;莒县鸡山,中寒武统毛庄阶。
8. *Eosoptychoparia kochibei* (Walcott),头盖,×5;莒县鸡山,张夏组。
9. *Tengfengia* sp.,头盖,×4;长清张夏,中寒武统徐庄阶。
10、11. *Tengfengia (Luguoia) luguoensis*,10.尾部,11.头盖,均×3.5,正模;长清张夏,中寒武统徐庄阶。
12、13. *Bailiella lantenoisi* (Mansuy),12.头盖,13.均×2.5;长清张夏,中寒武统徐庄阶。
14. *Dorypyge richthofeni* Dames,尾部,×2;苍山鲁城,张夏组。

图 版 30

1、2. *Bailiella lantenoisi* (Mansuy),1.背壳,×2.5;2.头盖,×3.5;长清张夏,中寒武统徐庄阶。
3. *Hsuchuangia hsuchuangensis* (Lu),尾部,×4;长清张夏,中寒武统徐庄阶。
4、5. *Hsuchuangia lüliangshanensis* Zhang et Wang,4.头盖,×4;5.尾部,×2;长清张夏,中寒武统徐庄阶。

6～8. *Hsuchuangia longiceps*,6.尾部,×2,副模;7.尾部,×2.7,副模;8.头盖,×2.7,正模;长清张夏,中寒武统徐庄阶。

9、10. *Crepicephalina damia*(Walcott),9.头盖,×2;10.尾部,×3;长清崮山、沂水五山,中寒武统张夏阶。

11. *Tetraceroura* sp.,尾部,×3;长清崮山,张夏组。

12. *Solenoparia beroe*(Walcott),头盖,×3;长清崮山,中寒武统张夏组。

13. *Solenoparia*(*Plesisolenoparia*) *ruichengensis* Zhang et Yuan,头盖,×3;沂源平地庄,中寒武统徐庄阶。

14. *Solenoparia*(*Plesisolenoparia*) *angustilimbata* Lu et Chu,头盖,×3.5;长清张夏,中寒武统毛庄阶。

15. *Taitzuia* sp.,头盖,×1.5;长清崮山,张夏组。

16. *Menocephalites abderus*(Walcott),头盖,×5;长清崮山,张夏组。

17. *Poriagraulos nanum*(Dames),头盖,×5;淄川杨庄,中寒武统徐庄阶。

图 版 31

1. *Solenoparia* sp.,头盖,×4.5;长清张夏,中寒武统徐庄阶。

2、3. *Eilura zaozhuangensis* Lin,均×2.5;枣庄,中寒统世张夏阶。

4. *Levisia agenor*(Walcott),头盖,×7;长清崮山,张夏组。

5. *Poshania poshanensis* Chang,头盖,×4;莱芜九龙山,张夏组。

6. *Plesiagraulos tienshihfuensis*(Endo),头盖,×5;莒县鸡山,中寒武统毛庄阶。

7. *Pseudoplesiagraulos maozhuangensis* Lu et Chu,头盖,×6;长清张夏,中寒武统毛庄阶。

8. *Inouyella peiensis* Resser et Endo,头盖,×2;长清崮山,张夏组。

9. *Lisania bura*(Walcott),头盖,×6;长清崮山,张夏组。

10. *Aojia spinosa* Resser et Endo,头盖,×2.5;淄川杨庄,张夏组。

11、12. *Leiaspis shuiyuensis* Wu et Lin,11.头盖,×2;12.尾部,×2;薛城袁家寨,中寒武统徐庄阶。

13. *Honanaspis lui* Chang,×3.5;长清张夏,中寒武统徐庄阶。

14. *Damesella paronai*(Airaghi),头盖,×1;长清崮山,中寒武统张夏阶。

15. *Manchuriella macar*(Walcott),头盖,×2;莒县鸡山,张夏组。

16. *Szeaspis reticulatus* Chang,头盖,×4;博山姚家峪,张夏组。

17. *Liaoyangaspis bassleri*(Resser et Endo),头盖,×3;薛城谷山,中寒武统张夏阶。

图 版 32

1、2. *Honanaspis honanensis* Chang,1.背壳,×3.5;2.头盖,×4;长清张夏,中寒武统徐庄阶。

3、4. *Proasaphiscina mantoushanensis*,3.左下角尾部,×1.5;副模,4.头盖,×2;正模,长清张夏,中寒武统徐庄阶。

5、6. *Anomocarella chinensis* Walcott,5.头盖,6.尾部,均×1.5;淄川杨庄,张夏组。

7. *Metanomocarella rectangula* Chang,头盖,×5;费县许家崖,中寒武统张夏组。

8. *Luia typica* Chang,头盖,×2;博山,张夏组。

9. *Peishania convexa* Resser et Endo,头盖,×3;费县许家崖,张夏组。

10. *Liopeishania* sp.,头盖,×2.5;莱芜九龙山,中寒武统张夏阶。

11. *Zhongtiaoshanaspis* sp.,头盖,×2;沂源平地庄,中寒武统徐庄阶。

12. *Zhongtiaoshanaspis* cf. *ruichengensis* Zhang et Yuan,头盖,×6;长清张夏,中寒武统徐庄阶。

13. *Tsinania canens*(Walcott),尾部,×2;长清崮山,上寒武统凤山阶。

14、15. *Sunaspis laevis* Lu,14.头盖,嘉祥土山集,15.尾部,均×3;长清张夏,中寒武统徐庄阶。

16. *Blackwelderia sinensis*(Bergeron),头盖,×1;新泰汶南,上寒武统崮山阶。

17、18. *Blackwelderia paronai*(Airaghi),17.头盖,18.尾部,均×1;淄川杨庄,上寒武统崮山阶。

图 版 33

1. *Stephanocare richthofeni* Monke,头盖,×1;淄川杨庄,上寒武统崮山阶。

2、3. *Drepanura premesnili* Bergeron,2.头盖,3.尾部,均×1;新泰汶南,上寒武统崮山阶。

4. *Teinistion lansi* Monke,头盖,×4;长清崮山,上寒武统崮山阶。

5. *Shantungia spinifera* Walcott,头盖,×3;新泰汶南,上寒武统崮山阶。

6、7. *Mansuyia orientalis*(Grabau)Sun,6.头盖,×5;7.尾部,×3;泰安蒿里山,上寒武统长山阶。

8、9. *Kaolishania pustulosa* Sun,8.头,9.尾,均×3;泰安蒿里山,上寒武统长山阶。

10. *Liaoningaspis taitzehoensis* Chu,头盖,×1;淄川杨庄,上寒武统崮山阶。

11. *Diceratocephalus armatus* Lu,头,×5;莱芜九龙山,上寒武统崮山阶。

12. *Diceratocephalus ezhuangensis* Qiu et Liu,头盖,×3;淄川杨庄,上寒武统崮山阶。

13. *Liostracina krausei* Monke,头盖,×4;淄川杨庄,上寒武统崮山阶。

14. *Irvingella taitzuhoensis* Lu,头盖,×2;沂源牛心崮,上寒武统长山阶。

15. *Taishania taianensis* Sun,头盖,×4;泰安蒿里山,上寒武统长山阶。

16. *Changshania conica* Sun,头盖,×5;沂源牛心崮,上寒武统长山阶。

图 版 34

1、2. *Chuangia batia*(Walcott),1.头,2.尾,均×2;长清崮山、苍山下村,上寒武统长

山阶。

3、4. *Chuangia subquadrangulata* Sun,头盖,尾部,均×2;淄川杨庄,上寒武统长山阶。

5. *Changshania equalis* Sun,头盖,×2;博山源泉,上寒武统长山阶。

6. *Ptychaspis subglobosa* (Grabau) Sun,头盖,×1.5;淄川杨庄,上寒武统凤山阶。

7. *Changia chinensis* Sun,头盖,×2;苍山下村,上寒武统凤山阶。

8. *Quadraticephalus walcotti* Sun,头盖,×2;淄川东峪东村,上寒武统凤山阶。

9、10. *Prosaukia tawenkouensis* Sun,9.头盖,10.尾部,均×1;淄川东峪东村,上寒武统凤山阶。

11. *Mictosaukia callisto* (Walcott),头盖,×2;淄川东峪东村,上寒武统凤山阶。

12. *Pagodia buda* Resser et Endo,头盖,×6;苍山下村,上寒武统凤山阶。

13. *Eoisotelus orientalis* Wang,尾部,×1;淄博八陡,马家沟群北庵庄组。

14. *Inouyops longispinus* Zhang et Yuan,头盖,×5;莒县鸡山,中寒武统徐庄阶。

15. *Inouyops brevica* Zhang,头盖,×4;费县麦楂山,中寒武统徐庄阶。

16. *Inouyia* cf. *capax* (Walcott),头盖,×3.5;淄川杨庄,中寒武统徐庄阶。

17. *Lonchinouyia armata* (Walcott),头盖,×6;新泰汶南,中寒武统徐庄阶。

18. *Yabeia laevigata* Resser et Endo,头盖,×4;长清崮山,张夏组。

图 版 35

1. *Eotaitzuia* cf. *shuiyuensis* Zhang et Yuan,1980,头盖,×5;长清张夏,中寒武统徐庄阶。

2. *Ptycholorenzella xuzhuangensis*,头盖,×8;正模;长清张夏,中寒武统徐庄阶。

3. *Ptyctolorenzella rugosa* Lin et Wu,头盖,×4;嘉祥土山集,中寒武统徐庄阶。

4. *Mareda* sp.,尾部,×1.5;长清崮山,上寒武统凤山阶。

5. *Parakoldinioidia typicalis* Endo,头盖,×3;淄川东峪东村,上寒武统凤山阶。

6. *Ziboaspidella latilimbata* Lu et Chu,头盖,×10;长清张夏,中寒武统毛庄组。

7. *Shanxiella rara* Lin et Wu,头盖,×2;嘉样土山集,中寒武统徐庄阶。

8. *Jinnania ruichengensis* Lin et Wu,头盖,×3;淄川沂源,中寒武统徐庄阶。

9. *Ruichengaspis regularis* Zhang et Yuan,头盖,×3.5;莱芜九龙山,中寒武统徐庄阶。

10. *Ruichengella triangularis* Zhang et Yuan,头盖,×10;长清张夏,中寒武统徐庄阶。

11. *Ruichengella ruichengensis* Zhang et Yuan,头盖,×2;费县许家崖,中寒武统徐庄阶。

12. *Plebiellus obsoletus* Wu et Lin,头盖,×1;费县许家崖,张夏组。

13、14. *Xintaia panchegouensis* Zhang,13.头盖,14.尾部,均×3;新泰汶南,上寒武统崮山阶。

15. *Ampullatocephalina bifida* Lu et Qian,头盖,×3;长清崮山,上寒武统长山阶。

16. *Elaphraella microforma* Lu et Qian,头盖,×15;泰安蒿里山,上寒武统长山阶。

17. *Palaeolimnadia baitianbaensis* Chen,右瓣外模,×10;蒙阴,坊子组。

18. *Palaeolimnadia chuanbeiensis* Shen,左瓣外模,×10;蒙阴,坊子组。

图 版 36

1. *Palaeolimnadia longmenshanensis* Shen,右瓣外模,×10;蒙阴,坊子组。
2. *Palaeolimnadia? jiaodongensis*,左瓣外模,×3.5;诸城。莱阳群。
3. *Euestheria taniiformis* (Zaspelova),左瓣外模,×10;蒙阴,坊子组。
4. *Euestheria shandongensis* Chen,左瓣,×10;蒙阴,坊子组。
5. *Euestheria* aff. *shandanensis* Chen,左瓣外模,×10;蒙阴,坊子组。
6. *Eosestheria elongata* (Kobayashi et Kusumi),左瓣外模,×4;蒙阴,大盛群田家楼组。
7. *Eosestheria lingyuanensis* Chen,右瓣外模。×4;蒙阴,大盛群田家楼组。
8. *Eosestheria* cf. *middendorfii* (Jones),右瓣,×4;蒙阴,大盛群田家楼组。
9. *Eosestheria* cf. *jingangshanensis* Chen,右瓣外模。×4;蒙阴,大盛群田家楼组。
10. *Yanjiestheria zhuchengensis* Shen,左瓣外模,×4;诸城,莱阳群。
11. *Yanjiestheria sacciformis* Shen 左瓣外模,×2;诸城,莱阳群。
12. *Yanjiestheria sinensis shandongensis* Shen,左瓣,×4;诸城,王氏群辛格庄组。
13. *Yanjiestheria sinensis* (Chi),左瓣,×4;莱阳,莱阳群。

图 版 37

1. *Yanjiestheria sinensis shandongensis* Shen,右瓣,×4;诸城,王氏群辛格庄组。
2、3. *Yanjiesheria kyongsangensis* (Kobayashi et Kido),2.左瓣外模,3.右瓣外模,均×4;诸城,王氏群辛格庄组。
4. *Yanjiestheria chekiangensis* (Novojilov),左瓣内模,×4;诸城,莱阳群。
5. *Yanjiestheria longa* Chen,右瓣内模,×4;海阳,莱阳群。
6. *Yanjiestheria qiancaoensis* Shen,左瓣外模,×4;诸城,王氏群辛格庄组。
7. *Yanjiestheria* cf. *yumenensis* (Chang et Chen),左瓣外模,×3.2;海阳,莱阳群。
8. *Yanjiestheria wannanensis* Chen et Shen,1982,右瓣外模,×4.4;莱阳大明二蹬子山,莱阳群。
9. *Yanjiestheria quadratoides* Chen et Shen,1982,左瓣,×6;莱阳黄崖底钓鱼台,莱阳群。
10. *Orthestheriopsis* sp.,右瓣内模,×10;莱阳,莱阳群曲格庄组。
11、12. *Cypris decaryi* Gautheir,11.右视,12.背视,均×30;临朐山旺,牛山组。

图 版 38

1. *Cypris changyiensis* Bojie,1978,a.右视,b.背视,正模;昌邑,孔店组。
2. *Cypris shenglicunensis* Bojie,1978,a.右视,b.背视,正模;垦利,沙河街组。
3. *Cypris kenliensis* Gou,1978,a.右视,b.背视,正模;垦利,沙河街组。

4. *Cypris chunhuaensis* Bojie,a.右视,b.背视,正模;博兴,沙河街组。

5. *Cypris distensa* Gu et Sun,a.右视,b.背视,×40;近模。沾化,明化镇组下段。

图 版 39

1、2. *Mediocypris shandongensis* Shan et Zhang,1a.外视,1b.内视,右瓣,雌性,×27;正模;2a.内视,2b.内视,同一壳体的右,左瓣,雄性,均×27;副模;垦利,馆陶组。

3、4. *Mongolocypris distributa* (Stankevitch,1974),4.右视,5.背视,均×40;莱阳,王氏群。

5. *Cypridea* (*Pseudocypridina*) *tera* (Su),内模右视,×40;诸城,王氏群。

6、7. *Cypridea* (*Pseudocypridina*) *paratera* Cao,6.右视,7.背视,均×30;诸城,王氏群。

8、9. *Potamocypris shanwangensis* Zheng,1870,8.左视,9.背视,均×50;临朐山旺,山旺组。

10. *Potamocypris acuta* Shan et Zhang,a.左视,b.背视,正模,×60;垦利,明化镇组。

11、12. *Potamocypris praedeplanata* (Shan et Zhang),11a.左视,11b.背视,副模,均×60;12a.左视,12b.背视,正模,均×60;垦利,明化镇组。

图 版 40

1、2. *Eucypris tostiensis* Khand,1.右视,2.背视,均×40;诸城,王氏群。

3、4. *Eucypris infantilis* (Lubimova),3.右视,4.背视,均×40;莱阳,莱阳群曲格庄组。

5、6. *Eucypris modica* Cao,1985,5.背视,6.右视,均×40;莱阳,王氏群。

7. *Eucypris shandongensis* Zheng,右视,×5;临朐牛山,牛山组。

8. *Eucypris wutuensis* Bojie,1978,a.右视,b.背视,正模,昌邑,孔店组二段。

9. *Eucypris applanata* Bojie,1978,a.右视,b.背视,正模。商河,沙河街组一段。

10. *Eucypris lelengensis* Bojie,1978,a.右视,b.背视,c.前视,副模。济阳,沙河街组。

11. *Eucypris albata* Bojie,1978,a.右视,b.背视,正模。商河,沙河街组四段。

12. *Eucypris beizhenensis* Bojie,1978,a.右视,b.背视,正模。禹城,沙河街组四段。

13. *Eucypris weifangensis* Bojie,1978,a.右视,b.背视,正模。昌乐,孔店组。

14. *Eucypris inflata* Sars,1903,外视,右瓣,近模,×60;滨州,明化镇组。

图 版 41

1. *Virgatocypris triangularis* Bojie,1978,a.右视,b.背视,c.前视,正模;垦利,沙河街组二段。

2. *Virgatocypris striata* Bojie,1978,右外视,正模;垦利,沙河街组三段。

3、4. *Kaitunia* cf. *triangula* Li,3.右视,4.背视,均×50;蒙阴,大盛群田家楼组。

5. *Cyprinotus xiaozhuangensis* Bojie,1978,a.背视,b.后视,正模。武城,沙河街组二段。

6. *Cyprinotus altilis* Bojie,1978,a.右视,b.背视,c.前视,正模。博兴,沙河街组四段。

7. *Cyprinotus tutus* Bojie,1978,a.右视,b.背视,c.前视,正模。垦利,沙河街组二段。

8. *Austrocypris posticaudata* Bojie,1978,右视,正模;博兴,沙河街组四段。

9. *Austrocypris levis* Bojie,1978,a.右视,b.前视,正模,商河,沙河街组四段。

10、11. *Heterocypris* cf. *incongruens* (Ramdohr,1808),10.右视,11.背视,均×40;临朐牛山,牛山组。

12. *Heterocypris formalis* (Schneider,1963),a.右视,b.背视,近模,×60;沾化,馆陶组上段。

13、14. *Heterocypris niuzhuangensis* (Shan et Zhang),13.背视,副模,×60;14.右视,正模,×60;垦利,明化镇组上段。

15. *Cyprinotus igneus* Bojie,a.右视,b.背视,正模;商河,沙河街组四段。

16. *Heterocypris tongbinensis*(Bojie,1978),a.右视,b.背视,c.前视,正模;东明,沙河街组。

17. *Heterocypris latiovata*(Bojie,1978),a.右视,b.背视,正模;临邑,东营组三段。

18、19. *Cyclocypris obese* Tian,1982,18.右视,19.背视,均×50;蒙阴,大盛群田家楼组。

20. *Cyclocypris changleensis* Bojie,a.右视,b.背视,正模;昌乐,孔店组二段。

21. *Cycloeypris* cf. *caleulaformis* Yuan,完整壳右视,×46;莱阳,青山群后夼组。

图 版 42

1. *Cyclocypris binhaiensis* Hou,1982,a.右视,b.背视,近模,×60;庆云,馆陶组上段。

2. *Cyclocypris glacialis* Schneider,1988,a.右视,b.背视,近模,×60;广饶,明化镇组上段。

3. *Cypria luminosa* Bojie,1978,a.右视,b.背视,正模。利津,沙河街组。

4. *Cypria camerata* Bojie,1978,a.右视,b.背视,c.前视,正模。临邑,沙河街组四段。

5、6. *Damonella albicans* Zhao,1985,5.右视,6.背视,均×40;蒙阴,大盛群田家楼组。

7、8. *Damonella huobashanensis* Zhao,1982,7.右视,8.背视,均×40;蒙阴,大盛群田家楼组。

9. *Potamocyprella bella* Bojie,1978,a.右视,b.背视,正模。临邑,沙河街组三段。

10. *Potamocyprella trapezoidea* Bojie,1978,外视,左瓣,正模。垦利,沙河街组三段。

11. *Potamocyprella acuta* Bojie,1978,a.右视,b.背视,正模。高青,沙河街组。

12、13. *Chinocypris dongyingensis* Bojie,1978,正模,右肌痕,14.背视,均×51;渤海岸,东营组三段。

14. *Pterygocypris fureata* Bojie,1978,a 腹视,b.后视,正模;垦利,沙河街组三段。

15. *Pterygocypris caudata* Bojie,1978,a.右视,b.后视,正模;临邑,沙河街组四段。

16. *Pterygocypris laticaudata* Bojie,1978,a.右视,b.背视,副模;惠民,东营组三段。

17. *Pterygocypris longa* Bojie,1978,a.右视,b.腹视,正模;临邑,沙河街组四段。

18. *Miniocypris mera* Bojie,1978,右瓣外视,正模;垦利,沙河街组三段。

19. *Miniocypris subtriangularis* Bojie,1978,a.右视,b.背视,正模;平原,沙河街组。
20. *Miniocypris subaequalis* Bojie,1978,a.右视,b.背视,正模;博兴,沙河街组四段。
21. *Miniocypris caudate* Bojie,1978,a.右视,b.背视,正模;博兴,东营组三段。
22. *Miniocypris dissimilaris* (Bojie,1978),a.右视,b.前视,正模;滨州,东营组二段。
23. *Miniocypris extensa* (Bojie,1978),a.右视,b.背视,正模;临邑,东营组三段。
24. *Miniocypris triangalaris* (Bojie,1978),a.右视,b.背视,正模;商河,东营组三段。
25. *Ninghainia minispinata* Bojie,1978,a.外视,b.前视,左瓣,正模;垦利,沙河街组二段。
26. *Ninghainia uncinata* Bojie,1978,a.背视,b.左瓣外透视,正模;垦利,沙河街组三段。

图 版 43

1. *Ninghainia alatispinata* Bojie,1978,a.外视,b.右瓣腹视,正模。垦利,沙河街组三段。
2. *Candona mengyinensis* Huang et Gou,1988,雌性右壳外透视,×60;蒙阴,始新统。
3. *Candona pseudobicompressa* Shan et Zhang,1997,左瓣外视,×40;正模。垦利,馆陶组上段。
4、5. *Candona dongxinensis* Shan et Zhang,1997,4.背视,正模,×40;5.右视,副模,×40;垦利,明化镇组上段。
6. *Candona cantianensis* Lee,1966,右视,近模,×40;垦利,明化镇组上段。
7. *Candona subkunteyiensis* Shan et Zhang,1997,a.右视,b.背视,均×40;正模。垦利,明化镇组上段。
8、9. *Candona subplanus* Shan et Zhang,1997,8.右瓣内视,副模,9a.外视,9b.背视,左瓣,均×40;正模;沾化,馆陶组上段。
10、11. *Candona planus* Yuan,10a.右外视,10b.左外视,均×40,近模;11.右瓣外视,雄性,×40;近模;沾化,馆陶组上段。
12. *Candona pseudoplanus* Shan et Zhang,1997,右瓣,a.外视,b.内视,×40;副模;沾化,馆陶组上段。
13. *Candona* cf. *rectangulata* Hao,完整个体右视,×40;莱阳金刚口,王氏群金刚口组。
14. *Candona protensa* Bojie,1978,a.右视,b.背视,正模;东明,沙河街组三段。
15. *Candona mantelli* Jones,1888,a.右视,b.背视,正模;垦利,沙河街组。
16. *Candona detersa* Chen,2002,a.右视,b.背视,正模;垦利,沙河街组二段。
17. *Candona biconcave* (Bojie,1978),a 右瓣外视,b.背视,正模;垦利,沙河街组三段。

图 版 44

1. *Candona mira* (Bojie,1978),a.右视,b.背视,正模;博兴,沙河街组四段。
2. *Candona aurata* Bojie,1978,外视,右瓣,正模;垦利,沙河街组三段。

3. *Candona viriosa* Bojie,1978,a.右视,b.背视,正模;高青,沙河街组三段。

4. *Candona carraeformistenuis* Bronstein,1947,a.右视,b.背视,近模;垦利,沙河街组三段。

5. *Candona symmetrica* Bojie,1978,a.右视,b.背视,正模;垦利,沙河街组三段。

6. *Candona postirotunda* Bojie,1978,a.外视,b 左瓣背视,正模;滨州,沙河街组二段。

7. *Candonia longitera* Bojie,1978,a.右视,b.背视,正模;滨州,沙河街组二段。

8. *Candoniella candida* Hao,1974,右视。莱阳,王氏群。

9. *Candoniella albicans* (Brady),1956,a.右视,b.背视,近模。临朐,济阳群。

10. *Candoniella dorsicamura* Bojie,1978,a.外视,b.背视,正模。沾化,济阳群。

11. *Candoniella marcida* Mandelstam,1961,a.左瓣背视,b.外透视,正模。垦利,沙河街组三段。

12. *Herpetocyprella wutuensis* Bojie,a.右视,b.背视,正模;临邑,孔店组二段。

13. *Candonopsis renqiuensis* Bojie,1978,a.右视,b.背视,副模;临邑,东营组二段。

14. *Candonopsis recta* Bojie,1978,a.右视,b.背视,正模;平原,沙河街组二段。

15. *Paracandona euplectella* (Robertson,1889),a.右视,b.背视,近模;临朐,济阳群。

16. *Pseudocandona dezhouensis* Bojie,1978,a.右视,b.背视,正模;平原,地沙河街组三段。

17. *Pseudocandona longinodosa* Bojie,1978,a.右视,b.背视,正模;广饶,沙河街组三段。

18. *Pseudocandona bipapalata* Bojie,1978,a.背视,b.外透视,正模;滨州,沙河街组三段。

19. *Pseudocandona quadripapalata* Bojie,1978,a.右视,b.背视,正模;垦利,沙河街组三段。

20. *Pseudocandona bicostata* Bojie,1978,a.右视,b.背视,正模;博兴,沙河街组三段。

图 版 45

1. *Pseudocandona magna* Bojie,1978,a.右视,b.背视,正模;垦利,沙河街组二段。

2. *Typhlocypris sinensis* (Bojie,1978),a.右视,b.背视,正模;商河,沙河街组。

3. *Typhlocypris camerata* (Bojie,1978),a.右视,b.背视,正模;垦利,沙河街组。

4. *Tuberocypris gibbosa* (Bojie,1978),a.外视,b.腹视,左瓣,正模;博兴,沙河街组三段。

5. *Fusocandona equalis* Bojie,1978,a.右视,b.腹视,副模;临邑,东营组三段。

6. *Fusocandona magna* Bojie,1978,a 右视,b.背视,正模;博兴,东营组三段。

7. *Fusocandona xinglongtaiensis* Bojie,1978,外视,右瓣,副模;商河,沙河街组三段。

8. *Fusocandona longicostata* Bojie,1978,左瓣,外视,正模;垦利,东营组二段。

9. *Fusocandona shangheensis* Bojie,1978,a.右视,b.腹视,正模;商河,东营组三段。

10. *Fusocandona zhanhuaensis* (Bojie,1978),a.外视,b.背视,右瓣,正模;沾化,东营组三段。

11. *Caspilla compta* (Bojie,1978),a.右视,b.背视,正模;临邑,沙河街组三段。

12. *Caspiolla aequalis* (Bojie, 1978), a. 右视, b. 背视, 正模; 武城, 沙河街组三段。
13. *Caspiolla sagmaformis* (Bojie, 1978), a. 右视, b. 背视, 正模; 临邑, 沙河街组三段。
14. *Caspiolla posticonvexa* (Bojie, 1978), a. 右视, b. 腹视, 正模; 禹城, 东营组二段。
15. *Caspiolla elata* (Bojie, 1978), a. 右视, b. 背视, 正模; 垦利, 东营组二段。

图 版 46

1. *Caspiocypris longiquadrata* (Bojie, 1978), a. 右视, b. 背视, 正模, 博兴, 沙河街组三段。
2. *Caspiocypris equiprocera* (Bojie, 1978), a. 右视, b. 背视, 正模。利津, 沙河街组三段。
3、4. *Cyprois symmetrica* Wu et Zhou, 1979, 3. 左视, 4. 背视, 诸城, 王氏群辛格庄组。
5. *Ilyocypris gibba* (Ramdohr, 1808), 右视, ×50; 临朐山旺, 山旺组。
6、7. *Ilyocypris dunschanensis* Mandelstam, 1963, 6. 背视, 7. 右视, 近模, 均×60; 滨州, 黄骅群。
8. *Ilyocypris bradyi* Sars, 1890, a. 外视, b. 背视, 左瓣, 近模, ×40; 垦利, 明化镇组上段。
9. *Ilyocypris subpulchra* Yang, 外视, 左瓣, 近模, ×40; 垦利, 明化镇组上段。
10、11. *Ilyocyplris salebrosa* Stepanaitys, 10. 右瓣外视, 11. 右瓣背视, 近模, 均×40; 垦利, 明化镇组上段。
12、13. *Ilyocypris gudaoensis* Shan et Qu, 12. 右瓣外视, 13. 外视, 副模, 均×60; 沾化, 馆陶组上段。
14. *Ilyocypris paraerrabundis* Li, 1983, a. 右视, b. 背视, 近模。垦利, 沙河街组二段。
15. *Ilyocypris liuqiaoensis* Bojie, 1978, a. 右视, b. 背视, 正模。博兴, 沙河街组四段。
16、17. *Rhinocypris mengyinensis* Zhao, 1985, 16. 右视, 17. 背视, 均×40; 蒙阴, 大盛群田家楼组。
18、19. *Rhinocypris jurassica* (Martin, 1940), 18. 右视, 19. 背视, 均×40; 蒙阴, 大盛群田家楼组。
20、21. *Cypridea* sp., 20. 背视, 21. 左视, 均×40; 蒙阴, 大盛群田家楼组。
22、23. *Cypridea koskulensis* Mandelstam, 1958, 22. 右视, ×45; 23. 右视, ×54; 莱阳, 莱阳群曲格庄组。
24. *Phacocypris pisiformis* Bojie, 1978, a. 右视, b. 背视, 正模; 垦利, 东营组三段。
25. *Phacocypris linjiaensis* Bojie, 1978, a. 左视, b. 前视, 正模; 惠民, 东营组三段。
26. *Phacocypris shangjiaensis* Bojie, 1978, a. 右视, b. 前视, 正模; 阳信, 东营组三段。

图 版 47

1、2. *Cypridea zhujiazhuangensis* Guan, 1989, 1. 正模, 左视, ×55; 2. 背视, ×60; 莱阳, 莱阳群曲格庄组。
3、4. *Cypridea changluensis* Zhao, 1985, 3. 右视, 4. 背视, 均×40; 蒙阴, 大盛群田家楼组。

5、6. *Cypridea shandongensis* Zhao,1985,5.右视,6.背视,均×40;蒙阴,大盛群田家楼组。

7、8. *Cypridea cavernosa* Galeeva,1955,7.内核右视,8.内核背视,均×40;诸城,王氏群。

9、10. *Cypridea mengyinensis* Cao,1985,9.右视,10.背视,均×40;蒙阴,大盛群田家楼组。

11. *Cypridea* cf. *multispinosa* Hou,1958,内核背视,均×40;蒙阴,大盛群田家楼组。

12. *Cypridea* cf. *vitimensis* Mandelstam,1955,右视,×40;蒙阴,大盛群田家楼组。

13. *Cypridea tumida* Ye,背视,均×40;莱阳,莱阳群曲格庄组。

14. *Cypridea submengyinensis* Hou,左视,×40;蒙阴,大盛群田家楼组。

15. *Cypridea laiyangensis* Cao,1985,右视,×40;莱阳,王氏群。

16. *Talicypridea reticulata* (Szczechura,1978),右视,×50;莱阳,王氏群。

17. *Cristocypris subturgida* Cao,1985,背视,×50;莱阳,王氏群。

18. *Phacocypris ampla* Bojie,1978,右视,正模。惠民,东营组二段。

19. *Phacocypris longa* Bojie,1978,a.右视,b.背视,正模;临邑,沙河街组。

20. *Phacocypris panheensis* Bojie,1978,a.右视,b.背视,正模;临邑,沙河街组下部。

21. *Phacocypris fanjiaensis* Bojie,1978,a.右视,b.左视,正模;惠民,东营组三段。

图 版 48

1. *Phacocypris porrecta* Bojie,1978,a.右视,b.背视,正模;惠民,东营组三段。

2. *Phacocypris nodosa* Bojie,1978,a.左视,b.前视,正模;临邑,东营组二段。

3. *Ammocypris verrucosa* Bojie,1978,右视,正模;垦利,沙河街组三段。

4. *Ammocypris favosa* Bojie,1978,a 右透视,b.腹视,正模;垦利,沙河街组三段。

5. *Ilyocyprimorpha jinanensis* Bojie,1978,a.右视,b.背视,正模;广饶,沙河街组三段。

6. *Ilyocyprimorpha amplonodosa* Bojie,1978,左视,正模;高青,沙河街组三段。

7. *Ilyocyprimorpha nodosa* Bojie,1978,a.右视,b.前视,正模;高青,沙河街组三段。

8. *Cryptobairdia coryelli* (Roth et Skinner,1931),a.右视,b.背视,均×22;新汶,太原组。

9. *Djungarica* sp.,左壳内模外视,×30;莱阳,莱阳群曲格庄组。

10、11.*Djungarica? convexa*,10 正模,右视,×20;11 正模,背视,×18;莱阳,莱阳群曲格庄组。

12、13. *Mongolianella laiyangensis* Guan,1989,正模,12 右视,13 背视,均×31;莱阳,莱阳群。

14、15.*Ziziphocypris simakovi* (Mandelstam,1956),14 右视,15 背视,均×40;莱阳,莱阳群曲格庄组。

16. *Dongyingia magna* Shu et Sun,右视,×20;沾化,沙河街组三段。

17. *Huabeinia unispinata* Bojie,1978,a.右视,b.背视,正模;广饶,沙河街组。广饶,沙河街组。

18. *Huabeinia costatispinata* Bojie，1978，a.右视，b.背视，均×20；副模；滨州、临邑，沙河街组三段。

19、20. *Huabeinia trapezoidea* Bojie，1978，19 背视，临邑，沙河街组三段。20 右视，副模；无棣，沙河街组三段。

21、22. *Huabeinia postideclivis* Bojie，1978，21.背视；临邑，沙河街组三段。22.右视，副模；临邑，沙河街组三段。

23、24. *Huabeinia triangulata* Bojie，1978，23a.右视，23b.背视，正模；无棣，沙河街组三段。24.背视，副模；无棣，沙河街组三段。

25. *Huabeinia yonganensis* Bojie，1978，a.右视，b.背视，正模；博兴，沙河街组三段。

26. *Dongyingia inflexicostata* Bojie，1978，a.右视，b.背视，正模；临邑，东营组二段。

图 版 49

1. *Huabeinia primitiva* Bojie，1978，a.右视，b.背视，正模；博兴，沙河街组三段。

2. *Dongyingia mininflexicostata* Bojie，1978，a.右视，b.背视，正模；垦利，东营组二段。

3～5. *Dongyingia labiaticostata* Bojie，1978，3a.右视，3b.背视，正模；4.背视，左瓣，副模；5.内视，右瓣；沾化，东营组三段。

6. *Dongyingia longicostata* Bojie，1978，a.右视，b.背视，正模；渤海岸，东营组二段。

7. *Dongyingia biglobicostata* Bojie，1978，a.右视，b.腹视，正模；沾化，东营组二段。

8. *Dongyingia recticostata* Bojie，1978，左瓣外视，正模；博兴，东营组二段。

9. *Dongyingia minicostata* Bojie，1978，a.右视，b.腹视，正模；渤海岸，东营组二段。

10. *Dongyingia impolita* Bojie，1978，a.右视，b.腹视，正模；临邑，东营组二段。

11. *Dongyingia criusicornuta* Bojie，1978，a.右视，b.前视，正模；利津，东营组三段。

12. *Dongyingia veta* Bojie，1978，a.右视，b.背视，正模；惠民，东营组二段。

13、14. *Dongyingia nodosicostata* Bojie，1978，13.左瓣外视，正模；垦利，东营组二段。14.左瓣腹视，副模；垦利，东营组二段。

图 版 50

1. *Dongyingia florinodosa* Bojie，1978，a.右视，b.腹视，正模；临邑，东营组二段。

2. *Camarocypris elliptica* Bojie，1978，a.右视，b.背视，正模；垦利，沙河街组二段。

3. *Camarocypris trapezoidea* Bojie，1978，a.右视，b.背视，正模；垦利，沙河街组三段。

4. *Camarocypris ovata* Bojie，1978，右视，正模；垦利，沙河街组三段。

5. *Camarocypris longa* Bojie，1978，a.右视，b.前视，正模；垦利，沙河街组二段。

6. *Tuozhuangia semirotunda* Bojie，1978，a.右视，b.背视，正模；垦利，沙河街组三段。

7. *Tuozhuangia alispinata* Bojie，1978，a.外视，b.背视，右瓣，正模；垦利，沙河街组二段。

8、9. *Tuozhuangia acclinia* Bojie，1978，8.腹视，正模，9.右视，副模；武城，沙河街组三段。

10. *Hebeinia subtriangularis* Bojie，1978，a.右视，b.背视，正模；商河，东营组二段。

11. *Hebeinia favosa* Bojie,1978,左瓣外视,正模;禹城,东营组三段。
12. *Tuberocyproides sulcata* Bojie,1978,a.外视,b.腹视,正模;垦利,沙河街组二段。
13. *Tuberocyproides kenliensis* Bojie,1978,a.右视,b.背视,正模;垦利,东营组三段。
14. *Glenocypris glabra* Bojie,1978,左瓣外视,正模;临邑,沙河街组下部。
15. *Glenocypris nodosa* Bojie,1978,背视,正模;临邑,沙河街组下部。
16. *Glenocypris elliptica* Bojie,1978,右瓣外视,正模;临邑,沙河街组下部。

图 版 51

1. *Xiyingia luminosa* Bojie,1978,a.右视,b.背视,正模;渤海岸,沙河街组。
2. *Xiyingia magna* Bojie,1978,a.右视,b.背视,正模;垦利,东营组三段。
3. *Xiyingia longa* Bojie,1978,a.右视,b.背视,正模;沾化,沙河街组上部。
4. *Berocypris striata* Bojie,1978,a.右视,b.背视,正模;博兴,东营组二段。
5. *Berocypris elliptica* Bojie,1978,右腹视,副模;垦利,东营组三段。
6. *Crepocypris hebeiensis* Bojie,1978,右瓣外视,正模;沾化,东营组三段。
7. *Megacypris longiquadrata* Bojie,1978,a.右视,b.背视,正模;临邑,东营组三段。
8. *Megacypris yihezhuangensis* (Bojie,1978),左瓣外视,正模;沾化,东营组三段。
9. *Guangbeinia lijiaensis* Bojie,1978,a.右视,b.背视,正模;渤海岸,沙河街组上部。
10. *Guangbeinia xinzhenensis* Bojie,1978,左瓣,a.外视,b.背视,正模;垦利,沙河街组。
11. *Chinocythere impolita* Li et Lai,1978,a.左视,b.背视,正模;临邑,东营组二段。
12. *Chinocythere vasca* Gang et Zhang,1978,a.右视,b.背视,正模;利津,东营组三段。
13. *Chinocythere exquisita* Hou et Ge,1978,a.背视,b.外透视,右瓣,正模;博兴,东营组二段。
14. *Chinocythere bella* Geng et Li,1978,a.左视,b.腹视,正模;商河,沙河街组。
15. *Chinocythere trispinata* Hou et Shan,1978,左视,整亮,正模;临邑,东营组二段。
16. *Chinocythere medispinata* Cai et Xu,1978,背视,副模;商河,东营组三段。
17. *Chinocythere verrucosa* Hou et Huang,1978,右瓣,a.后视,b.内视,正模;垦利,沙河街组二段。
18. *Chinocythere macra* Hou et Shan,1978,左视,正模;沾化,沙河街组二段。
19. *Chinocythere dongyingensis* Hou et Shan,1978,a.右视,b.背视,正模;利津,东营组二段。
20. *Chinocythere sexspinota* Li et Lai,1978,a.外视,b.背视,右瓣,正模;商河,沙河街组。
21. *Chinocythere strumosa* Li et Lai,1978,a.右视,b.背视,副模;滨州,东营组二段。
22. *Chinocythere bispinata* Li et Lai,1978,a.左视,b.背视,正模;垦利,沙河街组。

图 版 52

1. *Chinocythere usualis* Huang et Ge,1978,a.左视,b.腹视,c.后视,正模;垦利,沙河街组

三段至二段。

2. *Chinocythere huiminensis* Li et Lai,1978,a.左视,b.背视,正模;商河,沙河街组三段。

3. *Chinocythere cornispinata* Geng et Shan,1978,a.右视,b.后视,正模;禹城,东营组二段。

4. *Chinocythere posticostata* Huang et Shan,1978,a.右视,b.腹视,正模;滨州,沙河街组二段。

5. *Chinocythere macrosulcata* Cai et Li,1978,左视,副模;博兴,东营组三段。

6. *Chinocythere oculotuberosa* Huang et Shan,1978,a.左视,b.背视,c.腹视,正模;利津,东营组二段。

7. *Chinocythere quadrispinata* Huang et Shan,1978,a.右视,b.背视,正模;商河,东营组三段。

8. *Chinocythere quadrinodosa* Geng et Shan,1978,a.左视,b.腹视,正模;沾化,东营组三段。

9. *Chinocythere shahejieensis* Li et Lai,1978,外视,右瓣,正模;商河,东营组三段。

10. *Chinocythere praebrevis* Huang et Shan,1978,左视,正模;垦利,东营组二段。

11. *Chinocythere carnispinata* Cai et Li,1978,a.右视,b.背视,正模;利津,东营组三段。

12. *Chinocythere tricuspidata* Bojie,1978,外视,左瓣。正模;沾化,东营组三段。

13. *Chinocythere bicuspidata* Hou et Ge,1978,外视,左瓣,正模;商河,东营组三段。

14. *Chinocythere longispinata* Shan et Ge,1978,右瓣,a.外视,b.后视,正模;博兴,东营组三段。

图 版 53

1、2. *Chinocythere extensa* Shan et Duan,1978,1.左瓣,外视,副模,2.外透视,正模;沾化,东营组三段。

3. *Chinocythere pingfangwangensis* Shan et Yu,1978,左瓣,a.外视,b.背视,c.腹视,正模;滨州,沙河街组二段。

4. *Chinocythere densa* Shan et Yu,1978,a.右视,b.背视,正模;博兴,东营组二段。

5. *Chinocythere fabaeformis* Shan et Yu,1978,a.右视,b.背视,正模;武城,沙河街组三段。

6. *Chinocythere alata* Bojie,1978,a.右视,b.背视,正模;武城,沙河街组三段。

7. *Chinocythere cymbiformis* Bojie,1978,右视,正模;博兴,沙河街组。

8. *Chinocythere spinisalata* Shan et Zhao,1978,a.右视,b.腹视,正模;禹城,东营组三段。

9. *Chinocythere longicymbiformis* Shan et Ge,1978,a.左视,b.背视,正模;博兴,沙河街组四段。

10. *Chinocythere ventricosta* Shan et Huang,1978,a.左视,b.背视,正模;博兴,沙河街组四段。

11. *Chinocythere minuscula* Cai et Yang,1978,右瓣内视,正模;商河,东营组三段。

12. *Chinocythere longiquadrata* Shan et Chen,1978,a.右视,b.腹视,副模;渤海岸,沙河街组。

13. *Chinocythere longa* Shan et Li,1978,a.左视,b.背视,正模;禹城,东营组三段。

14. *Chinocythere subcornuta* Shan et Shi,1978,a.右视,b.腹视,正模;禹城,东营组二段。

15. *Chinocythere septinodosa* Shan et Cai,1978,a.左视,b.背视,正模;垦利,沙河街组二段。

16. *Chinocythere septispinata* Shan et Cai,1978,a.右视,b.背视,正模;临邑,沙河街组三段。

17. *Chinocythere multicornuta* Shan et Cai,1978,左瓣外视,正模;沾化,东营组二段。

18. *Chinocythere asperispinata* Shan et Cai,1978,a.右视,b.背视,正模;高青,东营组三段。

19. *Chinocythere tuberosa* Shan et Li,1978,右视,正模;高青,东营组二段。

20. *Chinocythere carnituberosa* Cai et Yang,1978,a.外视,b.腹视,左瓣,正模;沾化,东营组三段。

21. *Chinocythere carnosa* Shan et Li,1978,a.右视,b.背视,正模;利津,沙河街组三段。

22. *Chinocythere opima* Shan et Li,1978,a.外视,b.内视,右瓣,正模;垦利,沙河街组三段。

23. *Chinocythere helicina* Li et Lai,1978,a.外视,b.背视,左瓣,正模;垦利,沙河街组三段。

24. *Chinocythere megacephalota* Li et Lai,1978,a.外视,b.腹视,左瓣,正模;垦利,沙河街组二段。

图 版 54

1. *Stipitalocythere longa* Li et Lai,1978,a.内视,b.背视,左瓣,正模;垦利,沙河街组下部。

2. *Stipitalocythere simpla* Li et Shan,1978,左视,正模;广饶,沙河街组下部。

3. *Stipitalocythere costata* Shan et Li,1978,a.外视,b.背视,右瓣,正模;博兴,沙河街组下部。

4、5. *Bisulcocypris shandongensis* (Shu et Sun,1958),4.背视,5.背视;沾化,孔店组。

6. *Metaccypris datongensis* Wang,a.右视,b.背视,近模;垦利,明化镇组上段。

7. *Metacypris miaogouensis* Chen,右视,诸城,王氏群辛格庄组。

8. *Metacypris changzhouensis* Chen,1965,左瓣,a.外视,右视,b.背视,近模;昌邑,孔店组二段。

9、10. *Limnocythere gudaoensis* Shan et Qu,9.外视,正模。10.外视,副模;沾化,馆陶组上段。

11、12. *Limnocythere luculenta* Livental,11.外视,右瓣,近模,×30;12.外视,右瓣,雄性,近模,×30;广饶,黄骅群。

13、14. *Limnocythere cinctura* Mandelstam,右瓣,13.外视,近模,14.右瓣外视,近模,均×40;惠民,黄骅群。

15. *Limnocythere weixianensis* Li et Lai,1978,a.右视,b.背视,正模;临邑,济阳群。

16. *Limnocythere dectyophora* Li et Lai,1978,内视,正模;博兴,沙河街组四段。

17. *Limnocythere changyiensis* Bojie,左瓣,a.外视,b.腹视,正模;临邑,孔店组二段。

18. *Limnocythere posticoncava* Hou et Shan,1978,a.右视,b.背视,正模;禹城,沙河街组三段。

19. *Limnocythere pellucida* Hou et Shan,1978,a.右视,b.腹视,正模;垦利,沙河街组二段。

20. *Limnocythere nodosa* Li et Lai,1978,a.右视,b.背视,正模;广饶,沙河街组四段。

21. *Limnocythere dorsiconvexa* Huang et Ge,1978,a.右视,b.腹视,正模;博兴,沙河街组四段。

22. *Limnocythere striatituberosa* Geng et Shan,1978,a.背视,b.后视,正模;博兴,沙河街组四段。

23. *Limnocythere armata* Li et Lai,1978,a.右视,b.腹视,正模;禹城,沙河街组。

24. *Limnocythere postispinata* Shan et Li,1978,a.左视,b.背视,正模;临邑,东营组二段。

25. *Limnocythere trinodosa* Shan et Li,1978,a.右视,b.背视,正模;博兴,沙河街组四段。

26. *Limnocythere costata* Cai et Liu,1978,a.右视,b.背视,副模;武城,沙河街组二段。

27. *Limnocythere longipileiformis* Shan et Li,1978,a.右视,b.背视,正模;博兴,沙河街组四段。

28. *Limnocythere yonganensis* Shan et Li,1978,a.外视,b 内透视,左瓣,正模;垦利,沙河街组三段。

29. *Leucocythere dorsotuberosa* Huang,1984,外视,左瓣,×40;广饶,明化镇组上段。

30. *Darwinula stevensoni* (Brady et Robertson) 右视,×60;广饶,明化镇组上段。

图 版 55

1. *Darwinula* cf. *leguminella* (Forbes),近模,右视,×60;莱阳,莱阳群曲格庄组。

2、3. *Darwinula leguminella* (Forbes),2.右视,3.背视,均×50;蒙阴,大盛群田家楼组。

4、5. *Darwinula laiyangensis* Cao,4.左视,5.背视,均×50;莱阳,莱阳群曲格庄组。

6. *Lycopterocypris infantilis* Lubimova,1956,内模左视,×46;莱阳,青山群后夼组。

7. *Lycopterocypris contrita* Lubimova,1956,内模右视,×46;莱阳,青山群后夼组。

8. *Laiyangia delicatula* Zhang,虫体全貌,×3.8;莱阳,莱阳群。

9. *Pseudoacrida* cf. *costata* Lin,前后翅,×3.5;莱阳,莱阳群。

10. *Mesoccus lutarius* Zhang,虫体全貌,×6.5;莱阳,莱阳群。

11. *Paroviparosiphum opimum* Zhang et al.,虫体全貌,×12;莱阳,莱阳群。

12. *Oviparosiphum latum*,正模,成虫带左前,后翅,腹视,×10;莱阳团旺镇西,莱阳群水南组。

13. *Expansaphis ovata*，正模，成虫带 2 对翅，背视，×13；莱阳团旺镇西，莱阳群水南组。

14. *Schizopteryx shandongensis* Hong，成虫，×3.5；莱阳，莱阳群水南组。

图 版 56

1. *Expansaphis laticosta*，正模，成虫带翅，背视，×10；莱阳团旺镇西，莱阳群水南组。

2. *Limois shanwangensis*（Hong），虫体全貌，×3；临朐山旺，山旺组。

3. *Sinocicadia shandongensis*，正模，成虫，1 对前翅重叠，侧视，×6.4；莱阳团旺南李格庄，水南组。

4. *Cicadoides orientalis*，正模，成虫带翅，背视，×9；莱阳团旺镇西，莱阳群水南组。

5. *Cicadoides shandongensis*，正模，成虫带 1 对翅，背视，×10；莱阳团旺镇西，莱阳群水南组。

6. *Psylla gabeiensis* Lin，成虫，×27.5；东营孤北，沙河街组。

7. *Schizaphis cnecopsis* Lin，成虫，×14；东营孤北，沙河街组。

8. *Sunaphis shandongensis*，正模，成虫带翅，腹视，×9；莱阳团旺镇西，水南组。

9. *Sunaphis laiyangensis*，正模，成虫带翅，×7；莱阳团旺镇西，水南组。

图 版 57

1、2. *Petiolaphis laiyangensis*，1.成虫带翅，背视，×14；2.成虫，正模，背视，×10；莱阳团旺镇西，水南组。

3. *Petiolaphioides shandongensis*，正模，成虫带翅，背视，×11；莱阳团旺镇西，水南组。

4～7. *Schizopteryx shandongensis* Hong，4.正模标本，×4；5.正模标本，×3；6.副模标本，×3；7.×4；莱阳沐浴店北泊子，水南组。

8. *Clypostemma pelila* Zhang，虫体全貌，×3.5；莱阳，莱阳群。

9、10. *Mesolygaeus laiyangensis* Ping，9.幼虫，×6；10.成虫，×6.7；莱阳，莱阳群。

11. *Sigarella tenuis*，正模，成虫，背视，×8；莱阳团旺李格庄西，水南组。

12. *Corixopsis tuanwangensis*，正模，成虫，背视，×12.5；莱阳团旺镇西，水南组。

图 版 58

1、2. *Meimuna miocenica*，1.虫体全貌，×1.5；2.复翅和后翅，×2.3；临朐山旺，山旺组。

3、4. *Coptoclalva longipoda* Ping，4.幼虫，×2；5.成虫，×1；莱阳，莱阳群。

5. *Coptoclavisca grandioculus* Zhang，成虫，×10；莱阳，莱阳群。

6. *Jiaodongia maershanensis* Hong，正模标本，1×4；莱阳，莱阳群。

7. *Mesocorixa nanligezhuangensis*，正模，成虫带翅，侧视，×8.3；莱阳团旺镇西，水南组。

8. *Laostaphylinus fuscus* Zhang，虫体全貌，×10；莱阳，莱阳群。

图 版 59

1. *Mesopyrrhocoris fasciata*,正模,成虫带翅,背视,×8;莱阳团旺镇南李格庄,水南组。
2. *Notonectopsis sinica*,正模,成虫带翅,背视,×6.5;莱阳团旺镇南李格庄,水南组。
3. *Mesanthocoris brunneus*,正模,成虫背视,×4;莱阳团旺镇南李格庄,水南组。
4. *Ovicimex laiyangensis*,正模,成虫背视,×9;莱阳团旺镇南李格庄,水南组。
5. *Laostaphylinus nigritellus* Zhang,虫体全貌,×10;莱阳,莱阳群。
6. *Palaeathalia laiyangensis* Zhang,虫体全貌,×6.5;莱阳,莱阳群。
7. *Oligoneuroides huadongensis* Zhang,虫体全貌,×8;莱阳,莱阳群。
8. *Shandongodes lithodes* Zhang,虫体全貌,×5.5;莱阳,莱阳群。
9. *Carbula* aff. *crassiventris* (Dallas),×4;临朐山旺,山旺组。

图 版 60

1、2. *Schizopteryx lacustris*,1.雌性成虫,×6;2.幼虫背面保存标本,×3.5;莱阳南李格庄,莱阳群。
3. *Cloresmus ambzmodestus*,×2.7;临朐山旺,山旺组。
4. *Plinachtus fossilis*,×1.8;临朐山旺,山旺组。
5、6. *Reduvius diatomus*,5.虫体全貌,×3.2;6.半鞘翅和后翅,×6.2;临朐山旺,山旺组
7. *Chironomaptera vesca* Kalugina,成虫,×4.5;莱阳,莱阳群。

图 版 61

1~3. *Reduvius shandongianus*,1.虫体标本正面,×2.6;2.虫体标本反面×2.8;3.头部,×6.7;临朐山旺,山旺组。
4. *Clothonopsis miocenica*,正模标本,背视,×4.7;莱阳南李格庄,莱阳群。
5. *Palaeolimnobia laiyangensis* Zhang et al.,虫体侧视,×4.4;莱阳,莱阳群。
6、7. *Chironomaptera gregaria* (Grabau),6.成虫,×6.6;7.踊,×6.6;莱阳,莱阳群。

图 版 62

1. *Tendipopsis colorata*,正模,成虫带翅,×4.4;莱阳团旺镇西,水南组。
2. *Paratendipes laiyangensis*,正模,成虫带翅,×4.2;莱阳团旺镇西,水南组。
3. *Paratendipes tuanwangensis*,正模,成虫带翅,侧视,×8.5;莱阳团旺镇西,水南组。
4. *Thamnifendipes vegetabilis*,正模,成虫带翅,×8;莱阳团旺镇西,水南组。
5. *Sinotendipes tuanwangensis*,正模,成虫带翅,×3.1;莱阳团旺镇西,水南组。
6. *Mesochaoborus zhangshanyingensis* (Hong),虫体侧视,×6.2;莱阳,莱阳群。

7. *Aortomima shandongensis* Zhang et al., 虫体全貌, ×10; 莱阳, 莱阳群。

8. *Graciliti pula asiatica*, 正模, 成虫带翅, 侧视, ×12; 莱阳团旺镇南李格庄, 水南组。

图 版 63

1. *Mesotrichocera laiyangensis*, 正模, 成虫带翅, ×4; 莱阳团旺镇南李格庄, 水南组。

2. *Asiochaoborus tenuous*, 正模, 成虫带翅, ×3.6; 莱阳团旺镇西, 莱阳群。

3. *Sinochaoborus dividus*, 成虫带翅, 背视, ×6.5; 莱阳团旺镇西, 莱阳群。

4、5. *Chaoboropsis longipedalis*, 4. 正模, 成虫带翅, 背视, ×10; 5. 成虫带翅, 背视, ×8; 莱阳团旺镇西, 莱阳群。

6、7. *Sunochaoborus laiyangensis*, 正模, 6. 成虫带翅, 倒视, ×5.5; 7. 成虫带翅, 侧视, ×8; 莱阳团旺镇西, 莱阳群。

8. *Parapleciofungivora triangulata*, 正模, 成虫带翅, 侧视, ×6; 莱阳团旺镇西, 水南组。

图 版 64

1. *Mesopleciofungivora martynovae*, 正模, 成虫带翅, 侧视, ×8; 莱阳团旺镇西, 水南组。

2. *Eohesperinus latus*, 正模, 成虫带翅, 侧视, ×10; 莱阳南李格庄, 水南组。

3. *Pleciomimella parva*, 正模, 成虫带翅, 背视, ×12; 莱阳团旺镇西, 水南组。

4. *Pleciomimella? longiradiata*, 正模, 成虫带翅, 侧视, ×9.2; 莱阳团旺镇西, 莱阳群。

5. *Lycoriomimodes ovatus*, 正模, 成虫带翅, 侧视, ×11.8; 莱阳团旺镇西, 莱阳群水南组。

6. *Mimallactoneura tuanwangensis*, 正模, 成虫带翅, 侧视, ×6; 莱阳团旺镇西南李格庄, 莱阳群水南组。

7. *Palaeopetia laiyangensis* Zhang, 虫体企貌, ×16; 莱阳, 莱阳群。

8. *Gansuplecia triporata* Hong(MS), 成虫带翅, 侧视, ×8; 莱阳团旺镇西南李格庄, 莱阳群水南组。

9. *Teleolophus shandongensis* Chow et Qi, M2, ×1; 新泰, 始新统。

图 版 65

1. *Sunoplecia curvata*, 正模, 成虫带翅, 背侧视, ×8; 莱阳团旺镇西, 水南组。

2. *Pseudoplecia ovata* 正模, 成虫带翅, ×10; 莱阳团旺镇西, 水南组。

3. *Plecia spinula* Zhang, 虫体全貌, ×3.5; 临朐山旺, 山旺组。

4. *Bibio ventricosus* Zhang, 虫体全貌, ×2; 临朐山旺, 山旺组。

5. *Simulium? ventricum* Lin, 成虫, ×6.5; 东营孤北, 沙河街组。

6. *Sinolesta lata* Hong et Wang, 1988, 正模, 成虫带翅, 背视, ×6; 莱阳团旺镇西, 水南组。

7. *Mesobrachyopteryx shandongensis*, 正模, 成虫带翅, ×6.5; 莱阳团旺镇西, 水南组。

8. *Sinonemestrius tuanwangensis*，正模，左翅，×5；莱阳团旺镇西，水南组。
9. *Mesorhagiophryne robusta* 正模，成虫带翅，侧视，×5；莱阳团旺镇西，水南组。
10. *Mesorhagiophryne incerta*，正模，成虫带翅，侧视，×5.5；莱阳团旺镇西，水南组。
11. *Breviodon minutum* Matthew et Granger，M^1，×1；新泰，始新统。

图 版 66

1. *Stratiomyopsis robusta*，正模，成虫带翅，背侧视，×12；莱阳团旺镇西，水南组。
2. *Mesostratiomyia laiyangensis*，正模，成虫带翅，背视，×14；莱阳团旺镇西，水南组。
3. *Mesomphrale asiatica*，正模，成虫带翅，×12；莱阳团旺镇西，水南组。
4. *Miopetalura shanwangica* Zhang，前后翅，×1.3；临朐山旺，山旺组。
5. *Epophthalmia zotheca* Zhang，前后翅，×1；临朐山旺，山旺组。
6. *Sinaeschnidia heshankowensis* Hong，1965，成虫带3个尾叶，×2；莱阳团旺镇南李格庄，水南组。
7. *Rhipidobiattina nanligezhuangensis*，正模，成虫带翅，×2；莱阳团旺镇南李格庄，水南组。
8. *Mesolocustopsis sinica*，正模，右前翅，×3.2；莱阳团旺镇南李格庄。水南组。
9、10. *Heptaconodon dubium* Zdansky，9.右上臼齿外侧视，×1.5；10.右上臼齿冠面视，×3；蒙阴，官庄群。

图 版 67

1. *Periplaneta hylecoeta* Zhang，虫体全貌，×1.4；临朐山旺，山旺组。
2. *Allodahlia shanwangensis* Zhou，虫体全貌，×3.5；临朐山旺，山旺组。
3. *Laccotrephes* cf. *robustus* Stal，虫体全貌，×1.3；临朐山旺，山旺组。
4. *Oiophassus nycterus* Zhang，前、后翅，×2.1；临朐山旺，山旺组。
5、6. *Magnirabus furvus*，正模，成虫，6.×9.4；7.×9；莱阳团旺镇西，水南组。

图 版 68

1. *Atrirabus shandongensis*，正模，背视，×8；莱阳团旺镇西，水南组。
2. *Protoscelis tuanwangensis*，正模，成虫，背视，×10；莱阳团旺镇西，水南组。
3. *Calosoma* cf. *maderae* Fabricius，虫体全貌，×1.3；临朐山旺，山旺组。
4. *Proteroscarabaeus baissensis*，成虫，带鞘翅和膜翅，×5；莱阳团旺镇西，水南组。
5. *Geotrupoides nodusus*，正模，鞘翅，×9；莱阳团旺镇西，水南组。
6. *Macronotus tuanwangensis*，正模，成虫，背视，×10；莱阳团旺镇西，水南组。
7. *Jingxidiscus lushangfenensis* (Hong，1981)，成虫，背视，×8；莱阳团旺镇西，水南组。
8. *Sinosilphia punctata*，正模，成虫，背视，×10；莱阳团旺镇南李格庄，水南组。

9. *Mesostaphylinus laiyangensis* Zhang,虫体侧视,×3.5;莱阳,莱阳群。

10. *Hipparion hippidiodus* Sefve,下颊齿,嚼面视,×1;章丘,上新统。

图 版 69

1. *Lathrobium gensium* Zhang,虫体全貌,×5.4;临朐山旺,山旺组。
2. *Sinostaphylina nanligezhuangensis*,正模,成虫背侧面,×4;莱阳团旺镇南李格庄,水南组。
3. *Thanasimus taenianus* Zhang,虫体全貌,×10;临朐山旺,山旺组。
4. *Dascillus shandongianus* Zhang,虫体侧视,×5;临朐山旺,山旺组。
5. *Engonius alviolatus*(Hong),虫体全貌,×7;临朐山旺,山旺组。

图 版 70

1. *Anomala amblobelia* Zhang,虫体全貌,×2;临朐山旺,山旺组。
2. *Mesocacia pulla* Zhang,虫体全貌,×0.8;临朐山旺,山旺组。
3. *Hylobius plenus* Zhang,虫体侧视,×5;临朐山旺,山旺组。
4. *Balanobius edentis* Zhang,虫体侧视,×18;临朐山旺,山旺组。
5. *Xyelecia xiejiaheensis*(Hong),虫体全貌,×5;临朐山旺,山旺组。
6. *Cupes longus*,正模标本,背视,×4;临朐山旺,山旺组。
7. *Forticupes laiyangensis*,正模,成虫背视,×5.8;莱阳团旺镇西,水南组。

图 版 71

1. *Fuscicupes parvus*,正模,成虫,背视,×16.2;莱阳团旺镇西,水南组。
2、3. *Picticupes tuanwangensis*,正模,成虫;2.背视,3.腹视,均×3.5;莱阳团旺镇西,水南组。
4. *Clavellaria bicolor* Zhang,虫体全貌,×2;临朐山旺,山旺组。
5. *Areoleta quadrivenosa* Zhang,虫体全貌,×3.2;临朐山旺,山旺组。
6. *Stemmogaster celata* Zhang,虫体全貌,×11.2;莱阳,莱阳群。
7. *Aulacopsis laiyangensis*,正模,成虫带翅,背视,×14;莱阳团旺镇西,水南组。

图 版 72

1. *Formica linquensis* Zhang,虫体企貌,×9;临朐山旺,山旺组。
2. *Camponotus shanwangensis* Hong,虫体全貌,×3.5;临朐山旺,山旺组。
3. *Apis miocenica* Hong,虫体全貌,×2.5;临朐山旺,山旺组。
4~6. *Pimla amplifemura* Lin,4.成虫,×6;5.成虫,×4;6.成虫,×4;东营孤北,沙河

街组。

7. *Dendrograptus diminutus* Lin，×6；正模。沂南仙姑山，炒米店组。

8. *Kuanchuanius shantungensis* Chow，右下颌骨及左下颌骨的联合部，×0.35；新泰，始新统。

9. *Heterocoryphodon? yuntongi*，右上颌骨存颊齿，冠面视，×0.4；昌乐五图老旺沟，五图群。

10. *Sinohippus zitteli*（Schlosser），右 P4 或 M1，嚼面视，×1；章丘，上新统。

图 版 73

1. *Pimla impuncta* Lin，成虫，×6；东营孤北，沙河街组。

2、3. *Palaeapis beiboziensis* Hong，正模标本，同一个标本，2.×3，3.×6.5；莱阳沐浴店北泊子，莱阳群。

4. *Dictyonema wenheense* Lin，×3；泰安大汶口，炒米店组。

5、6. *Dictyonema wutingshanense anhuiense* Lin，5.×3；新泰纸坊庄，炒米店组。

7. *Callograptus turriculatus* Lin，×3；新泰纸坊庄，炒米店组。

8. *Callograptus staufferi* Ruedemann，×4；苍山大炉，炒米店组。

图 版 74

1. *Callograptus discoides* Lin，×3；正模；泰安大汶口，炒米店组

2. *Callograptus villus* Lin，×3；正模；新泰纸坊庄，炒米店组。

3. *Callograptus pennatus* Lin，×3；新泰纸坊庄，炒米店组。

4. *Dendrograptus flatus* Lin，×3.5；苍山大炉，炒米店组。

5、6. *Dendrograptus hallianus*（Prout），均×4；5.沂南，上寒武统凤山阶；6.苍山大炉，炒米店组。

7. *Siberiograptus polycladus* Lin，×6；沂南界湖，炒米店组。

8. *Siberiograptus simplex* Lin，正模，×4；沂南界湖，炒米店组。

9. *Dendrograptus nadicaulis* Lin，正模，×2；沂南仙姑山，炒米店组。

10. *Dendrograptus cepaceous* Lin，正模，×6；新泰纸坊庄，炒米店组。

图 版 75

1. *Dendrograptus pronus* Lin，×4；正模。泰安大汶口，炒米店组。

2、3. *Dendrograptus pullulans* Lin，2.×6；苍山大炉，炒米店组；3.正模，×4；沂南仙姑山，炒米店组。

4、5. *Lucyprinus linchiiensis*（Young et Tchang）1936，4.右侧视，×0.6；5.咽齿，×12；临朐山旺，山旺组。

6. *Lacyprinas scotti*（Young et Tchang）1936，左侧视，×0.65；临朐山旺，山旺组。

7. *Platycyprinus mirabilis*，右侧视，×0.6；临朐山旺，山旺组。

8. *Qicyprinus shanwangensis*，左侧视，×0.6；临朐山旺，山旺组。

图 版 76

1. *Gnathopogon macrocephala*（Young et Tchang）1936，右侧视，×2；临朐山旺，山旺组。

2. *Cnathopogon shanwangensis*，右侧视，×2；临朐山旺，山旺组。

3、4. *Plesioleuciscus miocenicus*（Young et Chang），3.右侧视，×2；4.右侧视，×1；临朐山旺，山旺组。

5. *Plesioleuciscus nitidus*，右侧视，×2；临朐山旺，山旺组。

图 版 77

1. *Sinamia zdanskyi* Stensio，×0.5；莱阳，莱阳群。

2. *Miheichthys shandongensis*，右侧视，×3；临朐山旺，山旺组。

3. *Cobitis longipectoralis*，左侧视，×1；临朐山旺，山旺组。

4. *Asialepis sinensis* Woodward，左侧视，×1；莱阳，莱阳群。

图 版 78

1、2. *Lycoptera sinensis* Woodward，1901，1.左侧视，莱阳团旺镇西；2.左侧视，均×1；莱阳，水南组。

3～7. *Lycoptera laiyangensis*，3.左侧视（正面），×1；4.上神经棘，×0.5；5.左侧视，×2.2；6.右侧躯干部，×1；7.尾部，×2.1；莱阳，水南组。

8. *Leuciscus miocenicus* Young et Tchang，右侧视，×1；临朐山旺，山旺组。

9. *Procynops miocenicus* Young，个体背印痕，×2；临朐山旺，山旺组。

10. *Felis* cf. *tigris* Linnaeus，左 M2，舌面视，×1；新泰，上更新统。

图 版 79

1. *Tanichthys ningjiagouensis*，尾部左侧视，×1；新泰，莱阳群水南组。

2. *Barbus linchüensis* Young et Tchang，右侧视，×1；临朐山旺，山旺组。

3. *Barbus Scotti* Young et Tchang，左侧视，×1；临朐山旺，山旺组。

4. *Rana basaltica* Young，个体腹印痕，×1.5；临朐山旺，山旺组。

5～7. *Scutemys tecta* Wiman，头骨。4.背视，5.腹视，6.侧视，均×0.75；新泰，水南组。

8. *Mionatrix diatomus* Sun，腹侧印痕，×0.5；临朐山旺，山旺组。

图 版 80

1. *Pseudorasbora macrocephala* Young et Tchang,右侧视,×1;临朐山旺,山旺组。
2. *Bufo linquensis* Young,正型标本,×0.7;临朐山旺,山旺组。
3. *Macropelobates cratus* Hao,骨架腹视,×0.4;临朐山旺,山旺组。
4. *Sinemys lens* Wiman,腹甲腹视,约×0.7;新泰,水南组。
5. *Peishanemys latipons* Bohlin,背甲背视,×0.15;莱阳,青山群。
6. *Changlosaurus wutuensis* Young,左上颌骨外侧视,×3;昌乐,五图群。

图 版 81

1~3. *Terrapene culturalia* Yeh,1.背甲背视,2.腹甲腹视,3.甲壳左侧视,均×0.7;泰安,临沂组。
4. *Anosteira shantungensis* Cheng,×0.25;临朐,五图群。
5. *Shantungosuchus chühsiensis* Young,骨架的负型,×0.2;莒县,水南组。
6. *Caenolophus proficiens* Matthew et Granger,1925,右下颌具 M_{1-4} 嚼面视。×0.65;曲阜,山旺组。
7. *Caenolophus minimus* Matthew et Granger,1925,M3 嚼面视。×0.65;曲阜,山旺组。

图 版 82

1. *Amyda linchüensis* Yen,头骨背视,×0.25;临朐牛山,五图群。
2~6. *Shantungosaurus giganteus*,2 头骨后部顶面视,×1/12;3 左方骨侧面视×1/5;4 完整骨架,×1/200;5 右轭骨外面视,×1/5;6 前齿骨上面视,×1/5;诸城,王氏群。
7、8. *Myospalax* cf. *psilurus* Milne-Edwards,7.左下颌骨嚼面和外侧面,8.头骨腭面和顶面,均×1;潍坊,更新统。
9. *Amphicyon confucianus* Young,右下颌,冠面视,×0.4;临朐山旺,山旺组。
10. *Ursavus orientalis* Qiu et al.,具 P4~M2 的左上颌舌侧视,×1.7;临朐山旺,山旺组。

图 版 83

1~7. *Zhuchengosaurus maximus* Zhao,1.头骨,2.方骨,3.颧方骨,4.上颌骨,5.齿骨,6.枢椎,7.颈椎,诸城龙骨涧,王氏群下部辛格庄组。
8. *Tanius laiyangensis* Zhen,荐部脊椎腹视,×0.13;莱阳,王氏群。

图 版 84

1~12. *Zhuchengosaurus maximus* Zhao, 1. 背椎, 2. 荐椎, 3, 4. 尾椎, 5. 肋骨, 6. 胸骨, 7. 肩胛骨, 8. 肱骨, 9. 尺骨, 10. 肠骨, 11. 耻骨, 12. 股骨, 诸城龙骨涧, 王氏群下部辛格庄组。

图 版 85

1~5. *Zhuchengosaurus maximus* Zhao, 1. 前足, 2. 后足, 3. 坐骨, 4. 胫骨, 5. 腓骨。诸城龙骨涧, 王氏群下部辛格庄组。

6、7. *Tsintaosaurus spinorhinus* Young, 6. 完整骨架, 约×0.003; 7. 头骨手1侧视, ×0.1; 莱阳, 王氏群。

8. *Psittacosaurus youngi* Chao, 头骨右侧视, ×0.7; 莱阳, 下白垩群青山群。

9. *Micropachycephalosaurus hongtuyanensis* Dong, 五个相愈合的荐椎, ×0.45; 莱阳, 王氏群。

图 版 86

1. *Psittacosaurus sinensis* Young, 骨架背视, ×0.25; 莱阳, 下白垩统青山群。
2. *Struthio anderssoni* Lowe, 蛋化石, 约×0.3; 济南, 第四系。
3. *Tyrannosaurus* cf. *rex* Osborn, 牙齿侧面视, ×1; 诸城, 王氏群。
4. *Dictyoolithus jiangio*, 莱阳, 王氏群红土崖组。
5. *Oölithes spheroides* Young, ×0.25; 莱阳, 王氏群。
6. *Oölithes megadermus* Young, 分蛋壳, 侧面视, ×1; 莱阳, 王氏群。
7. *Caenolophus magnus*, 右下具P3~M3, 侧视。×0.65; 曲阜, 山旺组。

图 版 87

1. *Sinanas diatomas* Yeh, ×0.2; 临朐山旺, 山旺组。
2. *Shandongornis shanwangensis* Yeh, ×0.17; 临朐山旺, 山旺组。
3. *Linquornis gigantis* Yeh, ×0.1; 临朐山旺, 山旺组。
4. *Youngornis gracilis* Yeh, ×0.5; 临朐山旺, 山旺组。

图 版 88

1、2. *Mesodmops dawsonae* Tong et Wang, 1994, 1. 下门齿(i1)和下颊齿唇侧视, ×4.5; 2. 下门齿(i1)和第四下前臼齿(p4), 唇侧视, ×3; 昌乐五图, 五图群。

3、4. *Auroratherium sinense* Tong et Wang,1997,3.头骨,背面视,4.左下颌骨存门齿,犬齿和7颗犬后齿,唇侧视,均×1.3;昌乐五图,五图群。

5~7. *Luchenus erinaceanus*,5.门齿,犬齿和颊齿冠面视,×5;6.门齿,犬齿和颊齿,唇侧视,×5;7.上颊齿(P2~M2),冠面视,×8;昌乐五图,五图群。

8. *Asioictops mckennai*,头骨腹面视,×3.5;昌乐五图,五图群。

9~11. *Scileptictis simplus*,9.颊齿(缺 Pl)冠面视,×2;10.犬齿,前白齿和第一下白齿(c~m1),冠面视,×2.5;11.右下颌骨存犬齿,前白齿和第一下白齿唇侧视,×2;昌乐五图,五图群。

12. *Thinocyon sichowensis* ? Chow,右上颌,具 P4~M1 的牙齿和 M2 的齿槽冠面视,×4.5;新泰,始新统。

13、14. *Homo sapiens* Linnaeus,13.左下臼齿,咬合面,14.左下臼齿,舌面,均×1.7;新泰刘庄乌珠台,上更新统。

图 版 89

1. *Scileptictis stenotalus*,犬齿和颊齿冠面视,×2.6;昌乐五图,五图群。

2. *Hylomysoides qiensis*,门齿,犬齿和颊齿冠面视,×7;昌乐五图,五图群。

3. *Qilulestes schieboutae*,犬齿和颊齿(缺 p2)冠面视,×13;昌乐五图,五图群。

4、5. *Changlelestes dissetiformis* Tong et Wang,1993,4.犬齿和颊齿(C~M3)冠面视,5.第二,三门齿,犬齿和颊齿(缺 m3)冠面视,均×8;昌乐五图,五图群。

6. *Talpilestes asiatica*,颊齿冠面视,×8;昌乐五图,五图群。

7. *Suyinia changleensis*,部分颊齿冠面视,×4;昌乐五图,五图群。

8. *Yupingale weifangensis*,部分颊齿冠面视,×4;昌乐五图,五图群。

9、10. *Asioplesiadapis youngi* Fu,Wang et Tong,2002,9.右下颊齿冠面视,×7;10.第一下门齿(il)和颊齿,唇侧视,×4;昌乐五图,五图群。

11. *Carpocristes oriens* Beard et Wang,1995,右上颌骨部分颊齿(P3~M3)冠面视,×4;昌乐五图,五图群。

12. *Chronolestes simul* Beard et Wang,1995,右下颌骨存部分颊齿冠面视,×6;昌乐五图,五图群。

13. *Dianomomys ambiguus*,门齿齿根和部分颊齿冠面视,×7.5;昌乐五图,五图群。

图 版 90

1. *Alagomys*? *oriensis* Tong et Dawson,1995,颊齿(p4~m3)冠面视,×10;昌乐五图,五图群。

2. *Taishanomys changlensis* Tong et Dawson,1995,存门齿和白齿唇侧视,×2;昌乐五图,五图群。

3. *Taishanomys paruulus*,颊齿冠面视,×10;昌乐五图,五图群。

4. *Yuomys huangzhuangensis*,部分左上颊具 P4～M2 嚼面视。×0.65;曲阜,山旺组。

5. *Eomoropus minimus* Zdansky,1930,右 i2～3,c,p1(或 p2) m2～3 嚼面视。×0.65;曲阜,山旺组。

6. *Eomoropus quadridentatus* Zdansky,1930,左 P1～3,M1～3 嚼面视,×0.65;曲阜,山旺组。

7. *Breviodon minutus* (Matthew et Granger,1925),右 p4～m2 嚼面视,×0.65;曲阜,山旺组。

8. *Diplolophodon qufuensis*,右下颌具 p4～m3 嚼面视,×0.65;曲阜,山旺组。

9、10. *Caenolophus suprametalophus*,9 上颌,缺左 M1 嚼面视,10 下颌,具右 p3～m3,左 p4～m3,均×0.65;嚼面视。曲阜,山旺组。

图 版 91

1、2. *Meinia asiatica* Qiu,1 骨架印模,×0.25;2. 左 P3～M1,M3,×5;临朐山旺,山旺组。

3. *Oxyaena*? sp.,左上颌骨存 P4～M1 和 M2 齿槽,×2;昌乐五图,五图群。

4、5. *Anthracoxyaena palustris*,4 右下颌骨存部分颊齿冠面视,×3;5 右下颌骨存部分颊齿侧面视,×3;昌乐五图,五图群。

6～8. *Preonictis youngi*,6 左第一下臼齿或第二下臼齿冠面视.×9;7 右第三下臼齿冠面视,×9;8 右第四上前臼齿冠面视,×9;昌乐五图,五图群。

9、10. *Variviverra vegetatus*,9 大部分颊齿,冠面视,×1.1;10 犬齿和大部分颊齿(c～m2)冠面视,×1.1;昌乐五图,五图群。

11. *Coelodonta antiquitalis* (Blumenbach),左 P4 冠面视,×0.75;新泰刘庄乌珠台,上更新统。

12. *Yuesthonyx* sp.,右第二下臼齿? 冠面视,×3;昌乐五图,五图群。

13、14. *Hapalodectes huanghaiensis*,13 右第一上臼齿冠面视,×8;14 左第二下臼齿,冠面视,均×8;昌乐五图,五图群。

图 版 92

1、2. *Zodiocyon zetesios*,1 右第一下臼齿冠面视,2 左第二上臼齿冠面视,均×9;昌乐五图,五图群。

3. *Ursus* (*Protarctos*) *yinanensis*,正模,×1/3;左下颌唇面视 left mandible, labial view。沂南,上新统。

4. *Paresthonyx orientalis*,第三门齿齿槽,犬齿和颊齿冠面视,×1;昌乐五图,五图群。

5. *Dissacus bohaiensis*,部分臼齿(m1～2)冠面视,×3;昌乐五图,五图群。

6. *Celaenolambda wangzhaoi*,零散的左下颊齿冠面视,×1;昌乐五图,五图群。

7. *Wutucoryphodon xianwui*,颊齿冠面视,×0.5;昌乐五图,五图群。

8、9. *Mongolotherium*? sp.,8 部分颊齿冠面视,×1;9 左下颌骨存部分颊齿唇侧视,

×0.4;昌乐五图,五图群。

10～12. *Migrostylops roboreus*,10.部分颊齿冠面视,昌乐五图,五图群。11.犬齿和大部分颊齿,冠面视,12 左下颌骨存部分颊齿,冠面视,均×2;昌乐五图,五图群。

图 版 93

1. *Migrostylops rosella*,牙齿腹面视,×1.5;昌乐五图,五图群。

2、3. *Lophocion asiaticus* Wang et Tong,1997,2.左下臼齿冠面视,3.部分颊齿,冠面视,均×2;昌乐五图,五图群。

4、5. *Asiohyopsodus confuciusi*,4.破残的右上颌骨存颊齿冠面视,5.右颊齿冠面视,均×4;昌乐五图,五图群。

6、7. *Pappomoropus taishanensis*,6.部分颊齿,冠面视,×1;7.部分颊齿,唇侧视(labial view),×0.6;昌乐五图,五图群。

8～11. *Chowliia laoshanensis*,8.上颌骨存左、右颊齿,冠面视,×0.6;9.左下颌骨,唇侧视,×1.0;10.部分左侧下颊齿冠面视,×1.0;11.右第三下臼齿冠面视,×1.5;昌乐五图,五图群。

图 版 94

1. *Chowliia* cf. *laoshanensis*,左下颌骨存颊齿冠面视,×1.5;昌乐五图,五图群。

2. *Homogalax wutuensis* Chow et Li,1965,左第三下臼齿冠面视,×1.5;昌乐五图,五图群。

3. *Ampholophus luensis* Wang et Tong,1996,右上颌骨存部分颊齿冠面视,×1.5;昌乐五图,五图群。

4. *Propalaeotherium sinensis* Zdansky,右 M1～M2 冠面视,×2;蒙阴,官庄群。

5. *Grangeria canina* Zdansky,具 p3～m1 右下颌外侧面视,×0.5;新泰,始新统。

6. *Heptodon niushanensis* Chow et Li,具 P2～M3 的左上颌骨,×0.8;临朐牛山,牛山组。

7. *Palaeotapirus xiejiaheensis* Xie,面左 P4～M1,唇面,×1.3;临朐山旺,山旺组。

8. *Hyrachyus metalophus* Chow et Qi,p2～m2,约×1;新泰,始新统。

9. *Hyrachyus modestus* (Leidy),p4～m3 冠面视和唇面视,×1;莱芜,始新统。

10. *Plesiaceratherium shanwangensis* Wang,具 P2～M3 的左上颌冠面视,×0.3;临朐山旺,山旺组。

11. *Rhodopagus laiwuensis* Qi et Meng,p3～m3 冠面视,×1;莱芜,始新统。

12. *Hyotherium penisulus* Chang,具 M2 后半及 M3 的左下颌冠面视,×0.65;临朐山旺,山旺组。

13. *Palaeochoerus* cf. *pascoei* Pilgrim,右 M3 冠面视,×1;临朐山旺,山旺组。

14. *Bos primigenius* Bojanus,左角,×0.1;潍坊,更新统。

图 版 95

1~3. *Plesiotapirus yagii* (Matsumoto,1921),1.头骨,下颌,劲和胸前部。临朐山旺,山旺组。2.下齿,3.完整头骨,均×1/6;临朐山旺,山旺组。

4、5. *Wutuhyus primiveris*,4 左下颌骨存颊齿唇侧视,昌乐五图,五图群。5 左下颌骨存颊齿,冠面视,均×1.2;昌乐五图,五图群。

6、7. *Olbitherium millenarianicus* Tong,Wang et Meng,2004,6 左下颌骨存部分颊齿,冠面视,×1;7 右第三上白齿,冠面视,×2;昌乐,五图群。

8、9. *Anthracokeryx sinensis* (Zdansky,1930),8.部分左下颌具 P4,M2~3 嚼面视;9.上、下犬齿;曲阜,山旺组。

10. *Plesiaceratherium gracile* Young,右后足前视,×0.16;临朐山旺,山旺组。

图 版 96

1~3. *Diatomys shantungensis*,1.正型标本,一具近完整并带有毛须痕迹的侧压骨骼,×1/3;2.侧压骨骼的前半身,副型标本,×0.5;3.右 P4~M3,×2.5;山旺,山旺组。

4、5. *Hemicyon* (*Phoberocyon*) *youngi* (Chen),1981,4.完整左上齿列(具 P4~M2)顶面观,5.不完整右下颌顶面视,均×0.6;曲阜,山旺组。

6. *Lagomeryx colberti* (Young),右角前视,约×0.4;临朐山旺,山旺组。

7. *Stephanocemas* cf. *thomsoni* Colbert,掌状角碎块,背面视,×0.7;临朐山旺,山旺组。

图 版 97

1. *Cervatitus demissus* Teilhard et Trassaert,右角侧视,×0.5;章丘,巴漏河组。

2. *Stephanocemas colberti* Young,角,×0.7;临朐山旺,山旺组。

3. *Megaloceros* (*Sinomegaceros*) *pachyosteus* Young,具 M3 右下颌骨外侧面视,×0.75;山东省,中更新统。

4. *Cervus* (*Pseudaxis*) *grayi* Zdansky,角的眉枝和主枝底部,×0.4;历城,中更新统。

5. *Cervus* (*Pseudaxis*) *magnus* Zdansky,完整右角内视,×0.25;青州,中更新统。

6. *Bubalus brevicornis* Young,头骨额面视,约×0.1;昌乐,更新统。

7. *Ovis shantungensis* Matsumoto,头骨前视。约×0.1;青州,下更新统。

8. *Archidiskodon* cf. *planiforns* (Falconer et Cautley),M3 冠面视,×0.25;蒙阴,下更新统。

9. *Frogilaria shandongensis* Li,壳面视,×1000;临朐山旺,中新统。

10. *Navicula shanwangensis* Li,壳面视,×1000;临朐山旺,中新统。

11. *Pinnolaria* sp.,壳面视,×1000;临朐山旺,中新统。

图 版 98

1～3. *Palaeomeryx tricornis* Qiu,1.头骨,×0.2;2.雄性元整骨架.×0.04;3.雌性完整骨架,约×0.04;临朐山旺,山旺组。

4. *Qiluornis taishanensis*,正型标本,腹侧视,×0.25;临朐山旺,山旺组。

5. *Coryphodon flerowi* Chow,左 M2 冠面视,×1.25;新泰,始新统。

6、7. *Archidiskodon weifangensis* Jin,6.左门齿,×8;7.上齿嚼面视,×1;潍坊,中更新统。

8. *Cymbella shanwangensis*,壳面视,×1000;临朐山旺,中新统。

9. *Tianjinella brevispinosa* (Xu et al.),正模,×650;沾化,沙河街组三段上部。

10. *Tianjinella displicata* (Xu et al.),正模,×650;沾化,沙河街组三段上部。

图 版 99

1、2. *Alligator luicus* Li et Wang,1.头骨背视,腹视,×0.5;临朐山旺,山旺组。2.背视,×1.5;临朐山旺,山旺组。

3. *Metacoryphodon xintaiensis* Chow et Qi,P2～M3,×0.25;新泰,始新统。

4. *Oligosphaeridium abbreviatum* Xu et al.,1997 ex He et al. herein,正模,×650;沾化,沙河街组三段上部。

5. *Oligosphaeridium dongmingense* He,Zhu et Jin,1989,正模,×600;东明,沙河街组三段上部。

6、7. *Oligosphaeridium homomorphum* He,Zhu et Jin,1989,×600;7.正模,东明,沙河街组三段上部。

8. *Oligosphaeridium minus* Jiabo,1978,正模,×680;垦利,沙河街组三段。

9. *Oligosphaeridium ovatum* He,Zhu et Jin,1989,×600;莘县,沙河街组三段。

图 版 100

1. *Shanwangia unexpectuta* Young,蝙蝠腹侧视,×0.8;临朐山旺,山旺组。

2. *Palaeoloxodon naumanni* Makiyama,左 M3 爵面视,×0.4;诸城,上更新统。

3. *Oligosphaeridium pulcherrimum* (Deflandre et Cookson) Davey et Williams,1966,×500;滨州,沙河街组三段上部。

4. *Oligosphaeridium speciale* Xu et al.,1997 ex He et al. herein,正模,×650;滨州,沙河街组三段上部。

5. *Tianjinella longispinosa* (Xu et al.),×650;沾化,沙河街组三段上部。

6. *Araneosphaera araneosa* Eaton,1976,×650;垦利,沙河街组三段上部。

7. *Cordosphaeridium* (*Cordosphaeridium*) *minimum* (Morgenroth) Benedek,1972,×650;滨州,沙河街组三段上部。

8. *Granoreticella tenuis* Jiabo,1978,×650；沾化，东营组。

9. *Pyxidinopsis minor* He,Zhu et Jin,1989,×600；菏泽，沙河街组。

10. *Pyxidinopsis naturalis* Pan in Xu et al.,1997 ex He et al. herein,正模,×650；沾化，东营组二段。

11. *Pyxidinopsis pachyderma* (Jiabo) Pan in Xu et al.,1997,×680；垦利，东营组。

图 版 101

1. *Cordosphaeridium* (*Cordosphaeridium*) *cantharellus* (Brosius) Gocht,1969,×650；滨州，沙河街组三段上部。

2. *Diphyes colligerum* (Deflandre et Cookson) Cookson,1965,×600；沾化，沙河街组三段上部。

3. *Kallosphaeridium jiyangense* Xu et al.,1997 ex He et al. herein,正模,×650；沾化，沙河街组。

4. *Operculodinium capituliferum* He,Zhu et Jin,1989,×800；菏泽，沙河街组一段。

5. *Operculodinium minutum* He,1991,×650；垦利，沙河街组一段。

6. *Operculodinium zhongyuanense* He,Zhu et Jin,1989,×600；菏泽，沙河街组一段。

7. *Achomosphaera minuta* He,Zhu et Jin,1989,正模,×500；东明，沙河街组三段上部。

8. *Impagidinium* cf. *aculeatum* (Wall) Lentin et Williams,1981,×600；东营，上更新统。

9. *Spiniferites bentorii truncatus* (Rossigonal) Lentin et Williams,1973,×500；东营，上更新统。

10. *Spiniferites binxianensis* Xu et al.,1997 ex He et al. herein,×650；滨州，沙河街组三段上部。

11. *Spiniferites elongatus* Reid,1974,×600；东营，更新统。

12. *Coronifera minuta* Xu et al.,1997 ex He et al. herein,正模,×650；滨州，沙河街组三段上部。

13. *Dissiliodinium tuberculatum* Zhu,2004,×600；东营，上更新统。

14. *Escharisphaeridia explanata* (Bujak in Bujak et al.,1980),×680；滨州，沙河街组三段下部。

15. *Granoreticella aspera* Jiabo,1978,×500；沾化，东营组二段。

图 版 102

1. *Coronifera*? *ovata* Jiabo,1978,正模,×800；垦利，沙河街组三段上部。

2. *Discorsia flabelliformis* Xu et al.,1997 ex He et al. herein,正模,×650；滨州，沙河街组三段上部。

3. *Fibrocysta dongyingensis* Xu et al.,1997 ex He et al. herein,正模,×650；垦利，沙河

街组三段上部。

4. *Granoreticella conspicua* Jiabo,1978,×800;沾化,东营组。

5. *Granoreticella variabilis* Jiabo,1978,×800;沾化,东营组。

6. *Lacunodinium fissile* (Jiabo) He,Zhu et Jin,1989,正模,×800;沾化,东营组下部。

7. *Pyxidinopsis asperata* (Jiabo),×800;沾化,东营组。

8. *Pyxidinopsis jiaboi* (Fensome et al.,1990) Fensome et Williams,2004,×800;垦利,东营组。

9. *Pyxidinopsis microgranulata* (Pan in Xu et al.,1997),×650;沾化,东营组。

10. *Pyxidinopsis microreticulata* (Jiabo) Pan in Xu et al.,1997,×650;垦利,东营组。

11. *Pyxidinopsis pylomica* (Jiabo) He,Zhu et Jin,1989,×650;沾化,东营组二段。

12. *Pyxidinopsis? spinoreticulata* (Jiabo) Pan in Xu et al.,1997,正模,×680;垦利,东营组。

13. *Sentusidinium bifidum* (Jiabo) He,Zhu et Jin,1989,×800;菏泽,沙河街组一段。

14. *Sentusidinium biornatum* (Jiabo) He,Zhu et Jin,1989,×600;菏泽,沙河街组一段上部。

15. *Sentusidinium biornatum* subsp. *biornatum* Autonym,×600;菏泽,沙河街组一段上部。

图 版 103

1. *Sentusidinium conispinosum* Xu et al.,1997 ex He et al. herein,a.光切面,b.显示顶古口,×650;垦利,沙河街组一段中下部

2. *Sentusidinium densispinum* He,Zhu et Jin,1989,正模,×600;菏泽,沙河街组一段。

3. *Sentusidinium panshanense* (Jiabo) Islam,1993,×800;菏泽,沙河街组一段。

4. *Sentusidinium reticuloides* Xu et al.,1997 ex He et al. herein,正模,×650;沾化,沙河街组三段上部。

5. *Sentusidinium shenxianense* He,Zhu et Jin,1989,正模,×600;莘县,沙河街组一段。

6. *Areoligera longispinata* Xu et al.,1997 ex He et al. herein,正模,×650;垦利,沙河街组三段上部。

7. *Areoligera sentosa* Eaton,1976,×650;垦利,沙河街组三段上部。

8. *Areoligera tauloma* Eaton,1976,×650;垦利,沙河街组三段上部。

9. *Chiropteridium galea* (Maier) Sarjeant,1983,×650;垦利,沙河街组三段上部。

10. *Circulodinium? micibaculatum* (Jiabo),正模,×680;垦利,沙河街组三段上部。

11. *Pararhombodella biformoides* Xu et al.,1997 ex He et al. herein,正模,×650;垦利,沙河街组一段。

12. *Pararhombodella tubiforma* (Jiabo) Xu et al.,1997,×650;垦利,沙河街组一段。

13. *Cleistosphaeridium elegans* He,Zhu et Jin,1989,×600;正模。菏泽,沙河街组一段。

14. *Cleistosphaeridium minus* Jiabo,1978,×650;垦利,沙河街组一段。

15. *Cleistosphaeridium regulatum* Zhou,1985,正模,×800;垦利,沙河街组一段。

16. *Cleistosphaeridium reticuloideum* Xu et al.,1997 ex He et al. herein,×650;垦利,沙河街组一段。

17. *Cleistosphaeridium shandongense* He,Zhu et Jin,1989,正模,×600;菏泽,沙河街组。

18. *Tuberculodinium vancampoae*（Rossignol）Wall,1967,×280;东营,上更新统。

19. *Batiacasphaera micropapillata* Stover,1977,×650;沾化,东营组。

20. *Batiacasphaera verrucata*（Xu et al.）,×650;垦利,沙河街组一段中下部。

图 版 104

1. *Homotryblium abbreviatum* Eaton,1976,×500;滨州,沙河街组三段上部。

2. *Homotryblium caliculum* Bujak in Bujak et al.,1980,×650;滨州,沙河街组三段上部。

3. *Homotryblium floripes breviradiatum*（Cookson et Eisenack）Lentin et Williams,1977,正模,×485;垦利,沙河街组一段下部。

4. *Homotryblium tenuispinosum* Davey et Williams in Davey et al.,1966,×500;广饶,沙河街组三段上部。

5. *Hystrichosphaeridium calospinum* He,Zhu et Jin,1989,正模,×600;菏泽,沙河街组三段中部。

6. *Hystrichosphaeridium tuberiferum*（Ehrenberg）Deflandre,1937 emend. Davey et Williams,1966,×650;滨州,沙河街组三段上部。

7. *Batiacasphaera bellula*（Jiabo）Jan du Chêne et al.,1985,正模,×740;垦利,沙河街组一段。

8. *Batiacasphaera consolida*（Pan in Xu et al.）,正模,×650;沾化,东营组二段。

9. *Batiacasphaera granofoveolata* Pan in Xu et al.,1997 ex He et al. herein,正模,×650;沾化,东营组。

10. *Batiacasphaera henanensis* He,Zhu et Jin,1989,正模,×600;垦利,沙河街组一段下部。

11. *Batiacasphaera macrogranulata* Morgan,1975,×650;沾化,沙河街组三段上部。

12. *Batiacasphaera oblongata*（Xu et al.）,正模,×650;沾化,沙河街组三段上部。

13. *Batiacasphaera oligacantha* He,Zhu et Jin,1989,正模,×600;菏泽,沙河街组一段。

图 版 105

1. *Batiacasphaera retirugosa*（Xu et al.）,正模,×650;沾化,沙河街组三段上部。

2. *Binzhoudinium membranospinosum* Xu et al.,1997 ex He et al. herein,×650;滨州,沙河街组三段上部。

3. *Binzhoudinium multispinosum* Xu et al.,1997 ex He et al. herein,×650;滨州,沙河街组三段上部。
4. *Ceriocysta cervicalis* Xu et al.,1997 ex He et al. herein,×650;沾化,沙河街组三段上部。
5. *Ceriocysta crassa* Xu et al.,1997,×650;沾化,沙河街组三段上部。
6. *Ceriocysta intermedia* Xu et al.,1997 ex He et al. herein,正模,×650;沾化,沙河街组三段上部。
7. *Chlamydophorella regularis* (Xu et al.),×650;垦利,沙河街组一段。
8. *Dingodinium magnum* Jiabo,1978,正模,×800;滨州,沙河街组四段中部。
9. *Impletosphaeridium kroemmelbeinii* Morgenroth,1966,×650;垦利,沙河街组三段上部。
10. *Membranilarnacia choneta* Xu et al.,1997 ex He et al. herein,正模,×650;滨州,沙河街组三段上部。
11. *Membranilarnacia fibrosa* Jiabo,1978,×600;东明,沙河街组三段上部。
12. *Membranilarnacia leptoderma* (Cookson et Eisenack) Eisenack,1963,×650;滨州,沙河街组三段上部。
13. *Membranilarnacia paucitubata* He,Zhu et Jin,1989,×600;东明,沙河街组三段上部。
14. *Paucibucina dongyingensis* Jiabo,1978,正模,×800;垦利,沙河街组一段下部。

图 版 106

1. *Paucibucina simplex* Jiabo,1978,×600;菏泽,沙河街组一段。
2. *Peltiphoridium abbreviatum* Xu et al.,1997 ex He et al. herein,正模,×650;沾化,沙河街组三段上部。
3. *Peltiphoridium liaoningense* (Jiabo) Xu et al.,1997,×680;沾化,沙河街组三段上部。
4. *Peltiphoridium oblongatum* (Jiabo) Xu et al.,1997,×650;沾化,沙河街组三段上部。
5. *Physalocysta oblongata* Xu et al.,1997 ex He et al. herein,×650;沾化,沙河街组三段上部。
6. *Physalocysta quadrata* Xu et al.,1997 ex He et al. herein,正模,×650;滨州,沙河街组三段上部。
7. *Physalocysta rotunda* Xu et al.,1997,×650;滨州,沙河街组三段上部。
8. *Physalocysta simplex* Xu et al.,1997 ex He et al. herein,正模,×650;滨州,沙河街组三段上部。
9. *Sepispinula huguoniotii* (Valensi) Islam,1993,×650;垦利,沙河街组一段下部。
10. *Shandongidium baculatum* Xu et al.,1997 ex He et al. herein,×650;沾化,沙河街组三段上部。
11. *Shandongidium bellulum* Xu et al.,1997 ex He et al. herein,a.侧视,b.光切面,c.顶

视, ×650; 沾化, 沙河街组三段上部。

12. *Shandongidium ellipticum* Xu et al., 1997, ×650; 沾化, 沙河街组三段上部。
13. *Shandongidium helmithoideum* Xu et al., 1997 ex He et al. herein, 正模, ×650; 沾化, 沙河街组三段上部。
14. *Shandongidium retirugosum* Xu et al., 1997 ex He et al. herein, 正模, ×650; 沾化, 沙河街组三段上部。
15. *Shandongidium variabile* Xu et al., 1997 ex He et al. herein, 正模, ×650; 沾化, 沙河街组三段上部。
16. *Songiella brachypoda* Xu et al., 1997 ex He et al. herein, 正模, ×650; 沾化, 沙河街组三段上部。
17. *Songiella crassa* Xu et al., 1997 ex He et al. herein, ×650; 沾化, 沙河街组三段上部。
18. *Songiella ephippioidea* Xu et al., 1997 ex He et al. herein, 正模, ×650; 沾化, 沙河街组三段上部。
19. *Songiella foveolata* Xu et al., 1997 ex He et al. herein, ×650; 沾化, 沙河街组三段上部, a. 侧视, b. 顶视。沾化, 沙河街组三段上部。
20. *Songiella globula* Xu et al., 1997 ex He et al. herein, ×650; 沾化, 沙河街组三段上部。

图 版 107

1. *Songiella huanghuaensis* (Jiabo) Sun, 1994, ×680; 滨州, 沙河街组三段上部。
2. *Songiella intacta* Xu et al., 1997 ex He et al. herein, ×650; 沾化, 沙河街组三段上部。
3. *Songiella leptocaulis* Xu et al., 1997 ex He et al. herein, ×650; 沾化, 沙河街组三段上部。
4. *Songiella longicaulis* Xu et al., 1997 ex He et al. herein, 正模, ×650; 沾化, 沙河街组三段上部。
5. *Stromaphora caudata* Xu et al., 1997, ×650; 滨州, 沙河街组三段上部。
6. *Stromaphora ovata* Xu et al., 1997 ex He et al. herein, ×650; 滨州, 沙河街组三段上部。
7. *Stromaphora rotunda* Xu et al., 1997 ex He et al. herein, 正模, ×650; 滨州, 沙河街组三段上部。
8. *Tetrachacysta biconvexa granulata* (Zheng et Liu in Liu et al.), 正模, ×680; 沾化, 沙河街组三段中部。
9. *Tetrachacysta multispinosa* (Xu et al.), ×650; 山东沾化, 上始新统沙河街组三段上部。
10. *Cangxianella elongata* (Jiabo) Xu et al., 1997, ×650; 沾化, 东营组。
11. *Cangxianella fissurata* (Jiabo) Xu et al., 1997, ×650; 沾化, 东营组。
12. *Cangxianella granospinosa* Pan in Xu et al., 1997 ex He et al. herein, 正模, ×650;

沾化,东营组。

13. *Diconodinium biconicum*（Jin,He et Zhu in He et al.）Mao et al.,1995,×600;东明,沙河街组三段。

14. *Diconodinium brevispinum* He,Zhu et Jin,1989,正模,×600;东明,沙河街组三段中上部。

15. *Geiselodinium apicidentatum*（Jiabo）Song et He,1982,正模,×800;垦利,沙河街组四段中部。

16. *Laciniadinium eminens* Jin,He et Zhu in He et al.,1989,×600;东明,沙河街组三段上部。

17. *Laciniadinium macrocephalum*（Jin,He et Zhu in He et al.）Lentin et Williams,1993,×600;东明,沙河街组三段上部。

图 版 108

1. *Laciniadinium minutum*（He）Chen et al.,1988,×500;菏泽,沙河街组四段。

2. *Laciniadinium subtile*（He）Lentin et Williams,1993,正模,×500;菏泽,沙河街组三段。

3. *Luxadinium auriculatum* Xu,1987,×580;广饶,沙河街组四段上部。

4. *Luxadinium conchatum* Xu,1987,×600;垦利,沙河街组四段上部。

5. *Luxadinium dongmingense* Jin,He et Zhu in He et al.,1989,×600;东明,沙河街组三段上部。

6. *Luxadinium elongatum* Jin,He et Zhu in He et al.,1989,×600;东明,沙河街组三段。

7. *Luxadinium friabile* Xu,1987,×580;广饶,沙河街组四段上部。

8. *Luxadinium macrocephalum* Jin,He et Zhu in He et al.,1989,副模,×600;东明,沙河街组三段上部。

9. *Luxadinium psilatum* Jin,He et Zhu in He et al.,1989,正模,×600;东明,沙河街组三段上部。

10. *Luxadinium speciale* Jin,He et Zhu in He et al.,1989,正模,×600;东明,沙河街组三段上部。

11. *Palaeoperidinium angularium* Xu,1987,×500;广饶,沙河街组四段上部。

12. *Palaeoperidinium chonetum* Xu,1987,×580;广饶,沙河街组四段上部。

13. *Palaeoperidinium commune* Jin,He et Zhu in He et al.,1989,正模,×600;菏泽,沙河街组三段中部。

14. *Palaeoperidinium humile* Xu,1987,×580;广饶,沙河街组四段上部。

15. *Palaeoperidinium oviforme* Jin,He et Zhu in He et al.,1989,正模,×600;东明,沙河街组三段上部。

16. *Phthanoperidinium tenellum* Jin,He et Zhu in He et al.,1989,正模,×600;菏泽,沙河街组三段中部。

17. *Bosedinia elegans* He,1991,×680;垦利,沙河街组四段中上部。
18. *Parabohaidina* (*Conicoidium*) *granulata* (He),×600;东明,沙河街组三段。
19. *Rhombodella bifurcata* Jiabo,1978,×600;临邑,沙河街组一段。
20. *Rhombodella formosa* Zheng et Liu in Liu et al.,1992,×680;莘县,沙河街组一段。
21. *Rhombodella papillifera* He,Zhu et Jin,1989,正模,×600;东明,沙河街组一段下部。

图 版 109

1. *Saeptodinium circulare* Jin,He et Zhu in He et al.,1989,正模,×600;菏泽,沙河街组三段中部。
2. *Saeptodinium minutum* (Jiabo) Lentin et Williams,1989,正模,×800;滨州,沙河街组四段中部。
3. *Saeptodinium ovatum* (Jiabo) Lentin et Williams,1989,正模,×600;滨州,沙河街组四段中部。
4. *Subtilisphaera dongyingensis* (Jiabo) Song et He,1982,正模,×500;滨州,沙河街组四段中部。
5. *Alterbidinium acutulum* (Wilson) Lentin et Williams,1985,×800;滨州,沙河街组四段。
6. *Alterbidinium bellulum* (He) Lentin et Williams,1993,正模,×500;广饶,沙河街组四段上部。
7. *Cerodinium sibiricum* Vozzhennikova,1963,×800;滨州,沙河街组四段中部。
8. *Deflandrea guangraoensis* Xu,1987,正模,×580;广饶,沙河街组四段上部。
9. *Deflandrea shandongensis* Xu,1987,正模,×580;广饶,沙河街组四段上部。
10. *Deflandrea superposita* He,1991,正模,×500;滨州,沙河街组四段上部。
11. *Senegalinium microgranulatum* (Stanley) Stover et Evitt,1978,×800;垦利,沙河街组四段中上部。
12. *Bohaidina* (*Bohaidina*) *alveolae* Xu et Mao,1989,×800;沾化,沙河街组三段上部。
13. *Bohaidina* (*Bohaidina*) *apicornicula* Jiabo,1978,正模,×800;垦利,沙河街组二段下部。
14. *Bohaidina* (*Bohaidina*) *asymmetrosa* Jiabo,1978,正模,×800;滨州,沙河街组三段中部。

图 版 110

1. *Bohaidina* (*Bohaidina*) *dorsiprominentis* Jiabo,1978,a.背视,b.极面观,c.侧视,均×550;垦利,沙河街组三段上部。

2. *Bohaidina*（*Bohaidina*）*fusiformis* Jiabo,1978,正模,×680;垦利,沙河街组三段中部。

3. *Bohaidina*（*Bohaidina*）*granulata* Jiabo,1978,×600;滨州,沙河街组三段 。

4. *Bohaidina*（*Bohaidina*）*granulata biconica* Jiabo,1978,正模,×680;垦利,沙河街组三段上部。

5. *Bohaidina*（*Bohaidina*）*granulata granulata* Autonym,正模,×500;垦利,沙河街组三段。

6. *Bohaidina*（*Bohaidina*）*laevigata* Jiabo,1978,正模,×720;垦利,沙河街组二段上部。

7. *Bohaidina*（*Bohaidina*）*laevigata laevigata* Autonym,×600;垦利,沙河街组三段。

8. *Bohaidina*（*Bohaidina*）*laevigata minor* Jiabo,1978,正模,×680;垦利,沙河街组三段上部。

9. *Bohaidina*（*Bohaidina*）*retirugosa minor* Jiabo,1978,×600;沾化,沙河街组三段。

10. *Bohaidina*（*Bohaidina*）*retirugosa retirugosa* Autonym,1993,×600;垦利,沙河街组三段。

11. *Bohaidina*（*Bohaidina*）*spinosa fusiformis*（Xu et Mao）Lentin et Williams,1993,正模,×800;沾化,沙河街组三段上部。

12. *Bohaidina*（*Prominangularia*）*granulata*（Jiabo）,×600;沾北,东营组三段。

13. *Huanghedinium granorugosum* Zhu,He et Jin in He et al.,1989,副模,×600;菏泽,沙河街组一段上部。

图 版 111

1. *Bohaidina*（*Bohaidina*）*microreticulata* Jiabo,1978,×600;沾化,沙河街组三段。

2. *Bohaidina*（*Bohaidina*）*prolata* Zhu,He et Jin in He et al.,1989,正模,×600;东明,沙河街组三段上部。

3. *Bohaidina*（*Bohaidina*）*retirugosa retirugosa* Autonym,正模,×800;垦利,沙河街组三段中部。

4. *Bohaidina*（*Bohaidina*）*retirugosa brachorhombica* Jiabo,1978,正模,×800;滨州,沙河街组。

5. *Bohaidina*（*Bohaidina*）*rivularisa* Jiabo,1978,正模,×800;垦利,沙河街组三段中下部。

6. *Bohaidina*（*Bohaidina*）*rugosa* Jiabo,1978,正模,×800;垦利,沙河街组三段。

7. *Bohaidina*（*Bohaidina*）*spinosa* Xu et Mao,1989,×800;沾化,沙河街组。

8. *Bohaidina*（*Bohaidina*）*spinosa quadrata*（Xu et Mao）Lentin et Williams,1993,正模,×600;沾化,沙河街组三段上部。

9. *Bohaidina*（*Bohaidina*）*spinosa spinosa* Autonym,正模,×800;沾化,沙河街组三段上部。

10. *Bohaidina*（*Prominangularia*）*dongyingensis*（Jiabo），正模，×900；滨州，东营组三段。

11. *Bohaidina*（*Prominangularia*）*laevigata*（Jiabo），×680；滨州，沙河街组三段中下部。

12. *Bosedinia granulata*（He et Qian）He，1984，×600；利津，沙河街组一段。

13. *Bosedinia micirugosa micirugosa* Autonym，正模，×600；沾化，东营组。

14. *Paraperidinium draco* Jin，He et Zhu in He et al.，1989，×600；菏泽，沙河街组一段上部。

图　版　112

1. *Bosedinia operculata*（Jiabo）He，1984，正模，×800；临邑，东营组。

2. *Huanghedinium magnum* Zhu，He et Jin，in He et al.，1989，×600；菏泽，沙河街组一段上部。

3. *Parabohaidina*（*Conicoidium*）*granorugosa*（Jiabo），×680；垦利，沙河街组三段上部。

4. *Parabohaidina*（*Conicoidium*）*laevigata*（Jiabo），×600；垦利，沙河街组三段。

5. *Parabohaidina*（*Conicoidium*）*tuberculata*（Jiabo），6. 正模，×800；高青，沙河街组三段上部。

6. *Parabohaidina*（*Parabohaidina*）*ceratoides* Zhu，He et Jin in He et al.，1989，正模，×600；菏泽，沙河街组三段中下部。

7. *Parabohaidina*（*Parabohaidina*）*granulata* Jiabo，1978，正模，×800；垦利，沙河街组三段。

8. *Parabohaidina*（*Parabohaidina*）*laevigata* Jiabo，1978，×800；沾化，明化镇组下段。

9. *Parabohaidina*（*Parabohaidina*）*laevigata laevigata* Autonym，×680；垦利，沙河街组三段。

10. *Parabohaidina*（*Parabohaidina*）*laevigata minor* Jiabo，1978，正模，×680；垦利，沙河街组三段上部。

11. *Parabohaidina*（*Parabohaidina*）*laevigata ovata* Jiabo，1978，正模，×800；滨州，沙河街组三段上部。

12. *Parabohaidina*（*Parabohaidina*）*puyangensis* Zhu，He et Jin in He et al.，1989，×600；东明，沙河街组四段上部。

13. *Paraperidinium bellum* Jin，He et Zhu in He et al.，1989，×600；菏泽，沙河街组一段上部。

图　版　113

1. *Parabohaidina*（*Parabohaidina*）*retirugosa* Jiabo，1978，正模，×590；垦利，沙河街组三段。

2. *Parabohaidina*（*Parabohaidina*）*verrucosa* Jiabo,1978,正模,×800;临邑,沙河街组三段。

3. *Rhombodella acantha* Xu et al.,1997 ex He et al. herein,×650;滨州,沙河街组一段。

4. *Rhombodella symphyanthera* He,Zhu et Jin,1989,×600;莘县,沙河街组一段下部。

5. *Rhombodella variabilis* Jiabo,1978,×600;菏泽,沙河街组一段。

6. *Rhombodella verruciformis* He,Zhu et Jin,1989,正模,×600;莘县,沙河街组一段。

7. *Zhongyuandinium biconicum* Zhu,He et Jin in He et al.,1989,正模,×600;菏泽,沙河街组一段上部。

8. *Zhongyuandinium craciatum* Zhu,He et Jin in He et al.,1989,正模,×600;菏泽,沙河街组一段上部。

9. *Zhongyuandinium decorosum* Zhu,He et Jin in He et al.,1989,副模×600;菏泽,沙河街组一段上部。

10. *Zhongyuandinium elongatum* Zhu,He et Jin in He et al.,1989,正模,×600;菏泽,沙河街组一段上部。

11. *Zhongyuandinium elongatum elongatum* Autonym,×600;菏泽,沙河街组一段上部。

12. *Zhongyuandinium elongatum latum* Zhu,He et Jin in He et al.,1989,×600;菏泽,沙河街组一段上部。

13. *Zhongyuandinium granorugosum* Zhu,He et Jin in He et al.,1989,×600;菏泽,沙河街组一段上部。

14. *Zhongyuandinium minus* Zhu,He et Jin in He et al.,1989,×600;菏泽,沙河街组一段上部。

15. *Fromea minor*（Jiabo）Lentin et Williams,1981,×650;垦利,沙河街组一段。

16. *Fromea zhongyuanensis* He,Zhu et Jin,1989,正模,×600;东明,沙河街组三段中上部。

图　版　114

1. *Zhongyuandinium simplex* Zhu,He et Jin,1989,×600;菏泽,沙河街组一段上部。

2. *Zhongyuandinium striatum* Zhu,He et Jin in He et al.,1989,×600;菏泽,沙河街组一段上部。

3. *Zhongyuandinium turbinatum turbinatum* Autonym,×600;菏泽,沙河街组一段上部。

4. *Zhongyuandinium turbinatum pygmeum* Zhu,He et Jin in He et al.,1989,正模,×600;菏泽,沙河街组一段上部。

5. *Zhongyuandinium turbinatum turbinatum* Autonym,×600;菏泽,沙河街组一段上部。

6. *Apectodinium homomorphum*（Deflandre et Cookson）Lentin et Williams,1977,×680;垦利,沙河街组三段上部。

7. *Echinocysta echinoides* Xu et al.,1997,×650;沾化,沙河街组三段上部。
8. *Echinocysta multispinata* Xu et al.,1997 ex He et al. herein,正模,×650;沾化,沙河街组三段上部。
9. *Echinocysta reticuloides* Xu et al.,1997 ex He et al. herein,×650;沾化,沙河街组三段上部。
10. *Lejeunecysta illecebrosa* Jin,He et Zhu in He et al.,1989,×600;东明,沙河街组一段上部。
11. *Palaeohystrichodinium elegans* He,Zhu et Jin,1989,×650;滨州,沙河街组三段上部。
12. *Palaeohystrichodinium quadratum* He,Zhu et Jin,1989,正模,×600;东明,沙河街组三段上部。
13. *Tetranguladinium minqiaoense* Qian,Chen et He,1986,×600;莘县,沙河街组三段。
14. *Charites molassica*(Straub)Horn af Rantzien,×34;a.顶视,b.侧视,c.底视;商河,东营组。
15. *Charites strobilaearpa*(Reid et Groves)Horn af Rantzien,×34;侧视;东明,东营组。
16. *Charites columinaria*(Wang)Zhang et Wang,×34;侧视;博兴,沙河街组一段上部。
17. *Charites summa* Xinlun,×34;a.顶视,b.侧视,c.底视;临邑,沙河街组二段上部。
18. *Charites paratriangularis* Xinlun,×34;a.顶视,b.侧视,c.底视;武城,东营组。
19. *Charites subconica* Xinlun,×34;a.顶视,b.侧视,c.底视;垦利,沙河街组二段上部。
20. *Charites fusina* Xinlun,×34;a.顶视,b.侧视,c.底视;武城,东营组。
21. *Charites stenoconica* Xinlun,×34;a.顶视,b.侧视,c.底视;临邑,沙河街组四段上部。

图 版 115

1. *Charites oliviformis* Xinlun,×34;a.顶视,b.侧视,c.底视;东明,沙河街组一段上部。
2. *Charites paradoxical* Xinlun,×34;a.顶视,b.侧视,c.底视;沾化,沙河街组三段。
3. *Grambastichara tornata*(Reid et Groves)Horn af Rantzien,×34;a.顶视,b.侧视,c.底视;武城,沙河街组二段上部。
4. *Grambastichara parallela* Xinlun,×34;a.顶视,b.侧视,c.底视;临邑,沙河街组三段下部。
5. *Grambalftiehara elevata* Xinlun,×34;a.顶视,b.侧视,c.底视;武城,沙河街组二段上部。
6. *Hornichara lagenalis*(Straub)Huang et Xu,×34;a.顶视,b.侧视,c.底视;垦利,沙河街组二段上部。
7. *Hornichara xinzhenensis* Xinlun,×34;a.顶视,b.侧视,c.底视;商河,沙河街组二段上部。
8. *Linyiechara clara* Xinlun,×34;a.顶视,b.侧视,c.底视;临邑,沙河街组三段下部。

9. *Sphaeochara granulifera* (Heer) Madler,×34;a.顶视,b.侧视,c.底视;禹城,沙河街组二段上部。

10. *Sphaerochara parvula* (Reid et Groves) Horn af Rantzien,×34;a.顶视,b.侧视,c.底视;武城,沙河街组二段上部。

11. *Sphaerochara headonensis* (Reid et Groves) Horn af Rantzien,×34;a.顶视,b.侧视,c.底视;禹城,东营组。

12. *Sphaerochara minor* Xinlun,×34;a.顶视,b.侧视,c.底视;潍坊,沙河街组四段上部。

13. *Collichara panheenis* Xinlun,×34;a.顶视,b.侧视,c.底视;临邑,沙河街组三段。

14. *Amblyochara subeiensis* Huang et Xu,×34;a.顶视,b.侧视,c.底视;临邑,沙河街组三段上部。

15. *Amblyochara subovalis* Xinlun,×34;a.顶视,b.侧视,c.底视;东明,东营组。

16. *Obtusochara longicoluminaria* Xu et Huang,×34;a.顶视,b.侧视,c.底视;昌乐,孔店组。

17. *Obtusochara elliptica* Z. Wang,Huang et S. Wang,×34;侧视,潍坊,孔店组。

18. *Obtusochara jianglingensis* Z. Wang,×34;a.顶视,b.侧视,c.底视;潍坊,沙河街组四段下部。

图 版 116

1. *Amblyochara obesa* Xinlun.,×34;a.顶视,b.侧视,c.底视;武城,沙河街组三段上部。

2. *Obtusochara lanpingensis* Z. Wang,Huang et S. Wang,×34;a.顶视,b.侧视,c.底视;潍坊,沙河街组四段下部。

3. *Obtusochara brevicylindrica* Xu et Huang,×34;a.顶视,b.侧视,c.底视;武城,沙河街组三段上部。

4. *Obtusochara brevis* Xinlun,×34;a.顶视,b.侧视,c.底视;博兴,沙河街组四段下部。

5. *Tectochara meriani* L. et N. Grambast,×34;a.顶视,b.侧视,c.底视;商河,东营组。

6. *Teetoehara houi* Wang,×34;a.顶视,b.侧视,c.底视;垦利,东营组。

7. *Peckichara wutuensis* Xinlun,×34;a.顶视,b.侧视,c.底视;昌乐,孔店组。

8. *Croftiella humilis* Lin et Wang,×34;a.顶视,b.侧视,c.底视;武城,沙河街组一段上部。

9. *Croftiella piriformis* Xinlun,×34;a.顶视,b.侧视,c.底视;平原,沙河街组二段上部。

10. *Croftiella xianhezhuangensis* Xinlun,×34;a.顶视,b.侧视,c.底视;垦利,沙河街组二段上部。

11. *Maedlerisphaera ulmensis* (Straub) Horn af Rantzien,×34;a.顶视,b.侧视,c.底视;东明,东营组。

12. *Maedlerisphaera chinensis* Huang et Xu,×34;a.顶视,b.侧视,c.底视;临邑,沙河街组一段下部。

13. *Gyrogona qianjiangica* Wang,×34;a.顶视,b.侧视,c.底视;潍坊,孔店组。

14. *Gyrogona supracompressa* Wang et Lin, ×34; a.顶视, b.侧视, c.底视; 东明, 沙河街组一段上部。

图 版 117

1. *Grovesichara kielani* Karczewska et Ziembinska, ×34; a.顶视, b.侧视, c.底视; 临邑, 沙河街组。
2. *Stephanochara fortis* Wang et Lin, ×34; a.顶视, b.侧视, c.底视; 武城, 东营组。
3. *Stephanochara funingensis* (S.Wang) Z.Wang et Lin, ×34; a.顶视, b.侧视, c.底视; 垦利, 沙河街组。
4. *Stephanochara breviovalis* Lin et Huang, ×34; a.顶视, b.侧视, c.底视; 武城, 东营组。
5. *Stephanochara parka* Xinlun, ×34; a.顶视, b.侧视, c.底视; 临邑, 沙河街组三段。
6. *Stephanochara xiaozhuangensis* Xinlun, ×34; a.顶视, b.侧视, c.底视; 禹城, 沙河街组。
7. *Stephanochara kenliensis* Xinlun, ×34; a.顶视, b.侧视, c.底视; 垦利, 沙河街组一段上部。
8. *Stephanochara microgranula* Xinlun, ×34; a.顶视, b.侧视, c.底视; 平原, 沙河街组。
9. *Stephanochara wanzhuangensis* Xinlun, ×34; a.顶视, b.侧视, c.底视; 平原, 沙河街组二段上部。
10. *Neochara huananensis* Wang et Lin, ×34; a.顶视, b.侧视, c.底视; 昌乐, 孔店组。
11. *Neochara sinuolata* Wang et Lin, ×34; a.顶视, b.侧视, c.底视; 潍坊, 孔店组。

图 版 118

1. *Neochara squalidla* Wang et Lin, ×34; a.顶视, b.侧视, c.底视; 昌乐, 孔店组。
2、3. *Rhabdochara kisgyonensis* (Rcisky) Grambast, 2.×34; 侧视, 武城, 东营组。3.×34; a.顶视, b.侧视, c.底视; 临邑, 沙河街组三段下部。
4. *Harrisichara yunlongensis* Wang, Huang et Wang, ×34; a.顶视, b.侧视, c.底视; 博兴, 东营组。
5. *Harrisichara* cf. *yunlongensis* Wang, Huang et Wang, ×34; a.顶视, b.侧视, c.底视; 滨州, 沙河街组四段中上部。
6. *Harrisichara*? *rarituberculata* Xinlun, ×34; a.顶视, b.侧视, c.底视; 商河, 沙河街组二段上部。
7. *Harrisichara dezhouensis* Xinlun, ×34; a.顶视, b.侧视, c.底视; 禹城, 沙河街组二段上部。
8. *Harrisichara tongbaiensis* Xinlun, ×34; a.顶视, b.侧视, c.底视; 武城, 东营组。
9. *Raskyaechara baxianensis* Xinlun, ×34; a.顶视, b.侧视; 平原, 沙河街组二段上部。
10. *Shandongochara decorosa* Xinlun, ×34; a.顶视, b.侧视, c.底视; 临邑, 沙河街组三段下部。

图 版 119

1、2.*Lepidodendron posthumii* Jongm. et Goth.,1.×1,2.×3;济宁,太原组。
3.*Lepidodendron szeianum* Lee,×0.6;新汶,太原组。
4.*Lepidodendron oculusfelis* (Abb.) Zeill,×1;新汶,太原组。
5.*Sphenophyllum thonii* Mahr,×1;淄博,山西组。
6.*Sphenophyllum verticillatum* (Schloth.) Brongn.,×4;济宁,太原组。
7.*Sphenophyllum oblongifolium* (Germ. et Kaulf.) Ung.,×3;淄博,太原组。
8.*Sphenophyllum koboense* Kob.,×1;济宁,石盒子群。
9、10.*Sphenophyllum costae* Sterz.,×1;新汶,石盒子群。
11.*Annularia stellata* (Schloth.) Wood,×1;淄博,太原组。
12.*Annularia gracilescens* Halle,×1;新汶,石盒子群。
13.*Calamites* sp.,×1;淄博,太原组。
14、15.*Equisetites* cf. *virginicus* Fontain,14.×2,15.×1;莱阳,莱阳群。

图 版 120

1.*Equisetum shandongense*,×3;莱阳黄崖底,莱阳群水南组。
2.*Tingia hamaguchii* Kon'no,×1;淄博,太原组。
3.*Tingia carbonica* (Schenk) Halle,×1;淄博,太原组。
4.*Plagiozamites oblongifolius* Halle,×1;济宁,石盒子群。
5.*Sphenopteris* (*Oligocarpia*) *gothanii* Halle,×3;淄博,石盒子群。
6.*Chansitheca* (*Sphenopteris*) *palaeosilvana* Regé,×1;淄博,石盒子群。
7.*Gleichenites* cf. *nipponensis* Oish,×2;莱阳山前店,莱阳群水南组。
8.*Coniopteris hymenophylloides* Brongniart,×1;潍坊,坊子组。
9.*Chiropteris reniformis* Kaw.,×1;淄博,石盒子群。
10.*Sagenopteris laiyangensis*,正模;莱阳黄崖底,莱阳群水南组。
11.*Sagenopteris jiaodongensis*,正模,×2;莱阳大明、西朱兰,莱阳群水南组。

图 版 121

1.*Coniopteris burejensis* (Zalessky) Seward,×1;潍坊,坊子组。
2.*Cladophlebis halleiana* Sze,×3;章丘,侏罗系。
3.*Cladophlebis fangtzuensis* Sze,末次羽片,×1;潍坊,坊子组。
4.*Todites denticulata* (Brongniart) Krasser,末二次羽片,×1;潍坊,坊子组。
5.*Clathropteris meniscioides* Brongniart,×1;潍坊,坊子组。
6.*Cathaysiopteris whitei* (Halle) Koidz,×4;淄博,山西组。

7. *Pecopteris taiyuanensis* Halle,×1;淄博,石盒子群。

8、9. *Empleetopteridium alatum* Kaw.,均×1;淄博,石盒子群。

图 版 122

1、2. *Ruffordia goepperti* (Dunker) Seward,1.生殖叶,×1;莱阳,莱阳群。2.营养叶,×1;莱阳,莱阳群。

3. *Pecopteris tenuicostata* Halle,×2;淄博,石盒子群。

4. *Pecopteris orientalis* (Schenk) Pot.,×2;淄博,石盒子群。

5. *Pecopteris candolleana* Brongn.,×1;济宁,山西组。

6. *Pecopteris chihliensis* Stockm. et Math.,×3;济宁,石盒子群。

7. *Pecopteris* cf. *anderssonii* Halle,×1;淄博,石盒子群。

8. *Pecopteris arcuata* Halle,3,末次羽片浅裂,4,末二次羽片;济宁,石盒子群。

9. *Fascipteris recta*,×1;淄博,石盒子群。

图 版 123

1. *Fascipteris densata*,×2.5;淄博,石盒子群。

2. *Fascipteris sinensis* (Stockm. et Math.),×4;淄博,石盒子群。

3. *Fascipteris hallei* (Kaw.),×4;淄博,石盒子群。

4. *Callipteridium koraiense* (Tok.) Kaw.,×3;济宁,山西组。

5. *Compsopteris contracta*,×4;淄博,石盒子群。

6. *Taeniopteris nystroemii* Halle,×1;济宁,石盒子群。

7. *Taeniopteris taiyuanensis*,×1;新汶,太原组。

8. *Taeniopteris multinervis* Weiss,×1;新汶,太原组。

9. *Taeniopteris mucronata* Kaw.,小羽片,×3;济宁,山西组。

10. *Emplectopteris triangularis* Halle,×1;淄博,石盒子群。

11. *Otozamites falcata* Lan,×2;莱阳,莱阳群。

图 版 124

1. *Neuropteris ovata* Hoffm.,×1;淄博,太原组。

2. *Linopteris brongniartii* Gutb.,×1;淄博,本溪组。

3. *Podozamites lanceolatus* (Lindley et Hutton) Braun,×0.5;潍坊,坊子组。

4. *Baiera gracilis* (Bean MS) Bunbury,×1;潍坊,坊子组。

5. *Baiera asadai* Yabe et Oishi,生殖叶,×1;潍坊,坊子组。

6. *Ginkgoites* cf. *sibiricus* (Heer) Seward,×1;莱阳,莱阳群。

图 版 125

1. *Czekanowskia rigida* Heer,×1;潍坊,坊子组。
2. *Cordaites principalis* (Germ) Gein.,×1;淄博,太原组。
3. *Cordaites schenkii* Halle,×1;淄博,山西组。
4. *Cordaites borassifolia* (Sternb.) Ung,×0.6,滕州,太原组。
5. *Cupressinocladus laiyangensis* Lan,×1;莱阳,莱阳群。
6. *Cupressinocladus elegans* (Chow) Chow,×1;莱阳,莱阳群。
7. *Cupressinocladus calocedruformis* Chen,×2;莱阳黄崖底,莱阳群水南组。
8. *Brachyphyllum obesum* Heer,×2;莱阳,莱阳群。
9. *Metasequoia disticha* (Heer) Miki,×1;平度,始新统。

图 版 126

1. *Brachyphyllum crassum* Heer,×1;局部放大,叶片构造。莱阳大明。莱阳群水南组。
2. *Brachyphyllum obtusum* Chow et Tsao,1977,莱阳大明,莱阳群水南组。
3. *Elatocladus manchurica* (Yokoyama) Yabe,×1;潍坊,坊子组。
4. *Solenites murrayama* Lindley et Hutton,1834,莱阳大明,莱阳群水南组。
5. *Ceratophyllum miodemersum* Hu et Chaney,×1;临朐山旺,山旺组。
6. *Leiotriletes gracilis* (Imgrund) Imgrund,1960,×500;滕州,太原组。

图 版 127

1. *Populus latior* Al. Braun,×1;临朐山旺,山旺组。
2. *Tilia preamurensis* Hu et Chaney,×1;临朐山旺,山旺组。
3. *Euonymus protobungeana* Hu et Chaney,×1;临朐山旺,山旺组。
4. *Carya miocathayensis* Hu et Chaney,×0.4;临朐山旺,山旺组。
5. *Juglans shanwangensis* Hu et Chaney,×0.4;临朐山旺,山旺组。
6. *Trichosanthes flagilis* Reid,×5;临朐山旺,山旺组。
7. *Ficus longipedia* Geng,×0.5;临朐山旺,山旺组。
8. *Hamamelis miomollis* Hu et Chaney,×1;临朐山旺,山旺组。

图 版 128

1. *Ficus shanwangensis* Hu et Chaney,×0.6;临朐山旺,山旺组。
2. *Betula mioluminifera* Hu et Chaney,×1;临朐山旺,山旺组。
3. *Alnus protomaximowiczii* Tanai,×0.5;临朐山旺,山旺组。

4.*Fothergilla viburnifolia* Hu et Chaney,×1；临朐山旺，山旺组。

5、6.*Liquidambar miosinica* Hu et Chaney,均×1；临朐山旺，山旺组。

7.*Dryophyllum* sp.,×1；沾化，沙河街组。

8.*Multicellaesporites striatus* Li et Fan,×800；垦利，黄骅群。

9.*Sphagnumsporites levipollis* Li et Fan,×800；沾化，黄骅群。

10.*Sphagnumsporites minor*（Krutzsch）Song et Hu,×800；沾化，馆陶组。

11.*Leiotriletes adnatus*（Kosanke,1950）Potonie et Kremp,1955,×480；济宁，石盒子群上部。

图 版 129

1.*Berchemiam miofloribunda* Hu et Chaney,×1；临朐山旺，山旺组。

2.*Fimiana sinomiocenica* Hu et Chaney,约×0.35；临朐山旺，山旺组。

3.*Rhus miosuccedanea* Hu et Chaney,×0.6；临朐山旺，山旺组。

4.*Acer florini* Hu et Chaney,×1；临朐山旺，山旺组。

5.*Vitis sinica* Guo et Li,×0.5；临朐山旺，山旺组。

6.*Zelkova ungeri* Kovats,×1；临朐山旺，山旺组。

7.*Podogonium oehningense*（Koenig.）Kirch.,×0.6；临朐山旺，山旺组。

8.*Diporicellaesporites intrastriatus* Fan,×800；沾化，黄骅群。

9.*Calamospora microrugosa*（Ibrahim,1932）Schopf,Wilson et Bentall,1944,×600；聊城，太原组。

图 版 130

1.*Hydrangea lanceolimba* Hu et Chaney,×1；临朐山旺，山旺组。

2.*Cinnamomum* sp.,×1；沾化，沙河街组。

3.*Seductisporites* cf. *quidamensis* Zhang,×800；垦利，馆陶组。

4.*Leiotriletes tumidus* Butterworth et Williams,1958,×500；济宁，本溪组。

5.*Leiotriletes pseudolevis* Peppers,1970,×500；济阳，石盒子群上部。

6.*Leiotriletes gulaferus* Potonie et Kremp,1954,×500；兖州，山西组。

7.*Leiotriletes inflatus*（Schemel,1950）Potoniè et Kremp,1955,×500；济宁，本溪组。

8.*Leiotriletes sphaerotriangulus* Potonie et Kremp,1954,×480；济宁，太原组。

9.*Leiotriletes adnatoides* Potonie et Kremp,1955,×480；兖州，山西组。

10.*Leiotriletes levis*（Kosanke,1950）Potonie et Kremp,1955,×500；济宁，太原组。

11.*Calamospora minuta* Bharadwaj,1957,兖州，山西组。

12.*Calamospora breviradiata* Kosanke,1950,×600；聊城，太原组。

13.*Calamospora liquida* Kosanke,1950,×480；济宁，山西组。

14.*Calamospora hartungiana* Schopf,1944,×480；新汶，山西组。

15.*Calamospora pedata* Kosanke,1950,×480;济宁,太原组。

16.*Punctatisporites punctatus* (Ibrahim,1932) Ibrahim,1933,×480;济宁,太原组。

17.*Punctatisporites minutus* Kosanke,1950,×480;兖州,石盒子群上部。

18.*Punctatisporites labis* Gao,×600;聊城,石盒子群上部。

19.*Punctatisporites obliquus* Kosanke,1950,×480;兖州,山西组。

20.*Punctatisporites palmipedites* Ouyang,1964,×500;济阳、聊城,石盒子群上部。

21.*Granulatisporites piroformis* Loose,1934,×480;聊城,石盒子群上部。

图 版 131

1.*Calamospora pallida* (Loose) Schopf,Wilspn et Bentall,1944,×500;济宁,太原组。

2.*Punctatisporites aerarius* Butterworth Williams,1958,×600;聊城,太原组。

3.*Granulatisporites granulatus* Ibrahim,1933,×480;济宁,太原组。

4.*Cyclogranisporites micaceus* (Imgrund) Potonie et Kremp,1955,×500;济宁,太原组。

5.*Cyclogranisporites orbicularis* (Kosanke) Potonie et Kremp,1955,×480;齐阳,太原组中上部。

6.*Cyclogranisporites aureus* (Loose,1934) Potonie et Kremp,1955,×600;聊城,太原组。

7.*Cyclogranisporites microgranus* Bharadwaj,1957,×500;滕州,太原组。

8. *Planisporites minutus* Gao,×500;滕州,太原组。

9.*Acanthotriletes falcatus* (Knox,1950) Potonie et Kremp,1955,×500;济宁,本溪组。

10.*Acanthotriletes castanea* Butterwarth et Williams,1958,×500;滕州,太原组。

11.*Acanthotriletes papillaris* (Andrejeva) Naumova,1953,×600;聊城,太原组。

12.*Acanthotriletes stellarus* Gao,×500;新汶,太原组。

13.*Acanthotriletes triquetrus* Smith et Butterworth,1967,×500;新汶,本溪组。

14.*Apiculatisporis minutus* Gao,×500;济宁,石盒子群上部。

15.*Apiculatisporis aculeatus* (Ibrahim,1933),×480;济宁,石盒子群上部。

16.*Shanxispora minuta* Gao,×500;济宁,太原组。

17.*Shanxispora spinosa* Gao,×500;新汶煤田,太原组。

18.*Shanxispora granulata* Gao,×480;太原组。

19.*Shanxispora cephalata* Gao,×500;新汶煤田,太原组。

20.*Shanxispora acuta* Gao,×500;新汶煤田,太原组。

21.*Pustulatisporites papillosus* (Knox) Potonie et Kremp,1955,×500;滕州煤田,太原组。

22.*Lophotriletes novicus* Singh,1964,×480;滕州,石盒子群上部。

23.*Lophotriletes microsaetosus* (Loose,1934) Potonie et Kremp,1955,×480;济宁,太原组。

24. *Lophotriletes triangulatus* Gao,×500;济宁,太原组。

25. *Kaipingispora ornatus* Quyang et Lu,1980,×480;济宁,太原组。

26. *Raistrickia prisca* Kosanke,1950,×500;济宁,太原组。

27. *Raistrickia nigra* Love,1960,×500;济宁,太原组。

28. *Raistrickia subcrinita* Peppers,1970,×500;滕州,太原组。

29. *Raistrickia microcephalata* Gao,×500;济宁,太原组。

30. *Raistrickia brevistriata* Gao,×500;济宁,太原组。

31. *Horriditriletes acuminatus* Gao,×500;济宁,石盒群上部。

32. *Neoraistrickia gracilis* Foster,1976,×500;新汶,石盒子群上部。

33. *Foveolatisporites shanxiensis* Gao,×480;济宁,山西组。

图 版 132

1. *Raistrickia kaipingensis* Gao,×600;聊城,太原组。

2. *Raistrickia saetosa*（Loose,1934）Schopf. Wilson et Bentall,1944,×600;聊城,太原组。

3. *Raistrickia pilosa* Kosanke,1950,×600;聊城,太原组。

4. *Raistrickia crinita* Kosanke,1950,×600;聊城,太原组。

5. *Osmundacidites* cf. *jiangchuanensis* Chen,×800;沾化,馆陶组。

6. *Osmundacidites primarius*（Walf）Sun et Li,×800;沾化,馆陶组。

7. *Magnastriatites decora* Li et Fan,×500;沾化、垦利,馆陶组。

8. *Magnastriatites eurystriatus* Li et Fan,×500;沾化、垦利,馆陶组。

9. *Magnastriatites* cf. *granulastriatus* Li,×800;垦利,黄骅群。

10. *Magnastriatites howardi* Germeraad,Hopping et Muller,×500;沾化、垦利,馆陶组。

11. *Magnastriatites indistinctus* Li et Fan,×800;沾化,馆陶组。

12. *Magnastriatites labiatus* Li et Fan,×500;垦利、沾化,馆陶组。

13. *Magnastriatites minutus* Li,×500;沾化,馆陶组。

14. *Foveolatisporites futillis* Felix et Burbridge,1961,×500;济宁,太原组。

15. *Limitisporites minutus* Gao,×480;济宁,太原组。

16. *Limitisporites rectus* Leschik,1956,济宁,石盒子群上部。

17. *Limitisporites oblongus* Gao,×500;聊城,石盒子群上部。

18. *Lueckisporites virkkiae* Potonie et Klaus,1954,×600;聊城,石盒子群上部。

图 版 133

1. *Magnastriatites scabiosus* Li et Fan,×800;沾化,馆陶组。

2. *Magnastriatites triangulus* Li et Fan,×800;沾化,馆陶组。

3. *Verrucosisporites microtuberosus*（Loose,1934）Smith et Butterwarth,1967,×600;聊

城,太原组。

4.*Verrucosisporites donarii* Potonie et Kremp,1955,×500;滕州,太原组。

5.*Verrucosisporites verrucosus* Ibrahim,1933,×600;聊城,太原组。

6.*Verrucosisporites verus*（Potonie et Kremp,1956）Smith et al,1963,×600;聊城,太原组。

7.*Verrucosisporites cerosus* Butterwarth et Williams,1958,×600;聊城,太原组。

8.*Verrucosisporites kaipingiensis* Imgrun,1960,×600;聊城,太原组。

9.*Verrucosisporites perverrucosus*（Loose,1934）Potonie et Kremp,1955,×500;济宁,本溪组。

10.*Verrucosisporites convolutus* Gao,×500;新汶,石盒子群上部。

11.*Verrucosisporites conulus* Gao,×500;新汶,石盒子群上部。

12.*Verrucosisporites grandiverrucosus*（Kosanke,1950）Smith et al,1963,×500;新汶,太原组。

13.*Verruoesisporites cyclindrosus* Gao,×500;新汶,石盒子群上部。

14.*Verrucosisporites setulosus*（Kosanke,1950）Gao,×500;新汶,石盒子群上部。

15.*Verrucosisporites circinatus* Gao,×500;滕州,石盒子群上部。

16.*Converrucosisporites ornatus*（Dybova et Jachowicz,1957）Gao,×480;济宁,太原组。

17.*Converrucosisporites minutus* Gao,×600;聊城,太原组。

18.*Convolutispora arcuata* Gao,×500;济宁,太原组。

19.*Foveolatisporites pemphigosus* Gao,×480;新汶,石盒子群上部。

20.*Foveolatisporites junior* Bharadwaj,1957,×500;济宁,太原组。

图 版 134

1.*Convolutispora tessellata* Hoffmeister Staplin et Malloy,1955,×500;新汶煤田,太原组。

2.*Convolutispora venusta* Hoffmeister Staplin et Molloy,1955,×500;济宁,本溪组。

3.*Convolutispora cerebra* Butterwarth et Williams,1958,×600;聊城,太原组。

4.*Convolutispora roboris* Gao,×500;聊城,石盒子群上部。

5.*Cicatricosisporites* cf. *leizhouensis* Zhang,×800;沾化,馆陶组。

6.*Lycopodiumsporites bohaiensis* Fan,×800;垦利,馆陶组。

7.*Lycopodiumsporites minutus* Li et Fan,×800;沾化,馆陶组。

8.*Microreticulatisporites microtuberocosus*（Loose,1934）Potonie et Kremp,1955,×500;新汶,太原组。

9.*Microreticulatisporites concavus* Butterworth et Williams,1958,×500;滕州,本溪组。

10.*Microreticulatisporites nobilis*（Wieher,1934）Knox,1950,×500;济宁,本溪组。

11.*Reticulatisporites pseudomuricatus* Peppers,1970,×500;济宁,山西组。

12.*Reticulatisporites verrucosus* Gao,×480;济宁,太原组。

13. *Reticulatisporites muricatus* (Kosanke,1950) Smith et Butterworth,1967,×500；济宁,本溪组。
14. *Knoxisporites instarrotulae* (Horst,1943) Potonie et Kremp,1955,×500；济宁,本溪组。
15. *Knoxisporites minutus* Gao,×500；济宁,石盒子群上部。
16. *Triquitries arculatus* (Wilson et Coe,1940) Schopf,Wilson et Bentall,1944,×600；兖州,山西组。
17. *Ahrensisporites querickei* (Horst,1943) Potonie et Kremp,1956,×480；济宁,太原组。
18. *Reinschospora triangularis* Kosanke,1950,×500；济宁,太原组。
19. *Tantillus triquetrus* Felix et Burbridge,1967,×500；新汶煤田,本溪组。
20. *Gulisporites cereris* Gao,×500；滕州,太原组。
21. *Patellisporites meishanensis* Ouyang,1962,×480；济宁,石盒子群上部。
22. *Striolatospora rarifasciatus* Zhou,1980,×500；济阳,太原组。

图　版　135

1. *Knoxisporites hageni* Potonie et Kremp,1954,×600；聊城,山西组。
2. *Knoxisporites dissidius* Neves,1962,×500；济宁,太原组。
3. *Triquitrites shanxiensis* Gao,×500；新汶,本溪组。
4. *Triquitrites bacidus* Gao,×600；聊城,石盒子群上部。
5. *Triquitrites bransonii* Wilson et Hoffmeister,1956,×480；济宁,太原组。
6. *Triquitrites pannus* (Imgrund,1952) Imgrund,1960,×500；聊城,山西组。
7. *Triquitrites desperatus* Potonie et Kremp,1956,×500；聊城,太原组。
8. *Triquitrites additus* Wilson et Hoffmeister,1956,×500；济宁,太原组。
9. *Reinschospora magnifica* Kosanke,1950,×500；新汶,本溪组。
10. *Stenozonotriletes clarus* Ischenko,1958,×500；济宁,太原组。
11. *Stenozonotriletes stenozonalis* (Waltz,1938) Ischenko,1958,×350；新汶,太原组。
12. *Gulisporites cochlearius* Imgrund,1960,×600；济宁,石盒子群。
13. *Gulisporites cerevus* Gao,×480；滕州,太原组。
14. *Gulisporites curvatus* Gao,×500；聊城,太原组。
15. *Gulisporites laevigatus* Gao,×480；济宁,山西组。
16. *Sinulatisporites sinensis* Gao,×500；聊城,山西组。
17. *Sinulatisporites shanxiensis* Cao,×500；聊城,山西组。
18. *Vesiculatisporites meristus* Gao,×500；滕州,下石盒子群。
19. *Vesiculatisporites undulatus* Gao,×500；兖州,山西组。
20. *Vesiculatisporites masculosus* Gao,×480；济宁,山西组。
21. *Callitisporites sinensis* Gao,×480；济宁,太原组。

22. *Lycospora pusilla* (Ibrahim,1933) Somers,1972,×600;聊城,太原组。

23. *Lycospora microgranulata* Bharadwaj,1957,×500;滕州,太原组。

24. *Lycospora pellucida* (Wieher) Schopf,Wilson et Bentall,1944,×500;滕州,太原组。

25. *Lycospora noctuina* Butterworth et Williams,1958,×480;济宁,太原组。

26. *Lycospora bracteola* Butterworth et Williams,1958,×500;滕州,太原组。

27. *Spinosporites peppersi* Alpern,1958,×500;济宁,太原组。

28. *Spinosporites spinosus* Alpern,1958,×480;滕州,太原组。

29. *Thymospora pseudothiessenii* (Kosanke) Wilson et Venkataehala,1963,×600;济宁,太原组。

30. *Thymospora thiessenii* (Kosanke) Wilson et Vankataehala,1963,×480;济宁,山西组。

31. *Thymospora obscura* (Kosanke,1950) Wilson et Venkataehala,1963,×500;济宁,太原组。

图 版 136

1. *Crassispora maculosa* (Knox,1950) Sullivan,1964,×500;聊城,太原组。

2. *Crassispora kosankei* (Potonie et Kremp,1954) Bharadwaj,1957,×500;聊城,太原组。

3. *Crassispora mucronata* Gao,×500;聊城,太原组。

4. *Crassispora minuta* Cao,×600;聊城,石盒子群上部。

5. *Lycospora rotunda* (Bharadwaj,1957) Somers,1972,×500;滕州,太原组。

6. *Densosporites triangularis* Kosanke,1950,×500;兖州,山西组。

7. *Densosporites ruhus* Kosanke,1950,×600;聊城,太原组。

8. *Densosporites anulatus* (Loose,1934) Smith et Butterworth,1967,×600;聊城,太原组。

9. *Densosporites spongeosus* Butterworth et Williams,1958,×600;聊城,太原组。

10. *Cirratriradites flabeliformis* Wilson et Kosanke,1944,×500;济宁,太原组。

11. *Cirratriradites rarus* Schopf. Wilson et Bentall,1944,×500;济宁,本溪组。

12. *Brialatisporites incundus* (Kaiser,1976) Gao,×600;聊城,太原组。

13. *Hadrohercos stereon* Felix et Burbridge,1967,×600;聊城,太原组。

14. *Hadrohercos shanxiensis* Gao,×500;济宁,本溪组。

15. *Hadrohercos ningwuensis* Gao,×350;济宁,本溪组。

16. *Endosporites punctatus* Gao,×500;腾州,石盒子群上部。

17. *Pterisisporites granulatus* Song et Zheng,×800;沾化,馆陶组。

18. *Pterisisporites* cf. *tuberus* Song,Li et Zhong,×800;垦利,馆陶组。

19. *Pterisisporites zonatus* Sung et Lee,×800;垦利,馆陶组。

20. *Undulatisporites undulapolus* Brenner,×800;沾化,馆陶组。

21. *Laevigatosporites perminutus* Alpern,1958,×600;聊城,太原组。
22. *Laevigatosporites vulgaris* (Ibrahim,1934) Alpern et Doubinger,1973,×500;聊城、济宁、滕州,太原组。
23. *Laevigatosporites minimus* (Wilson et Coe,1940) Schppf,Wilson et Bentall,1944,×600;聊城,山西组。
24. *Torispora securis* (Balme) Alpern,Doubinger et Horst,1965,×480;济宁,太原组。
25. *Torispora verrucosa* Alpern,1958,×480;济宁,本溪组。
26. *Torispora laevigata* Bharadwaj,1957,×600;聊城,石盒子群上部。
27. *Punctatosporites punctatus* (Kosanke,1950) Potonie et Kremp,1956,×480;济宁,太原组。
28. *Punctatosporites granifer* (Potonie et Kremp,1956) Alpern et Doubinger,1973,×500;聊城,太原组。
29. *Punctatosporites minutus* (Ibrahim,1933) Alpern et Doubinger,1973,×500;滕州,太原组。

图 版 137

1. *Zlivisporis shandongensis* Li et Fan,×800;沾化,馆陶组。
2. *Laevigatosporites maximus* (Loose,1934) Potonie et Kremp,1956,×500;聊城、滕州,太原组。
3. *Laevigatosporites striatus* Alpern,1958,×600;聊城,山西组。
4. *Macrotorispora cathayensis* Chen,1979,×500;聊城,石盒子群上部。
5. *Macrotorispora gigantea* (Ouyang) Gao,in Chen,1919,×350;聊城、滕州,石盒子群上部。
6. *Macrotorispora media* (Ouyang) Chen,1979,×600;聊城,石盒子群上部。
7. *Punctatosporites rotundus* (Bharadwaj,1957) Alpern et Doubinger,1973,×500;兖州,太原组。
8. *Striatosporites medius* Gao,×500;济宁,石盒子群上部。
9. *Columinisporites clatratus* Kaiser,1976,×600;聊城,太原组。
10. *Columinisporites kaipingiensis* Gao,×500;新汶,山西组。
11. *Columinisporites ovalis* Peppers,1964,×500;新汶,太原组。
12. *Striolatospora shanxiensis* Gao,×600;聊城,山西组。
13. *Cyclophorusisporites chengbeiensis* Li et Fan,×800;沾化,馆陶组。
14. *Polypodiaceaesporites adiscordatus* (Krutzsch) Wang et Zhou,×800;沾化,馆陶组。
15. *Polypodiaceaesporites crassicoides* (Krutzsch) Li,×800;沾化,黄骅群。
16. *Polypodiaceaesporites ovatus* (Wilsou et Webster) Sun et Zhang,×800;沾化,黄骅群。
17. *Polypodiaceoisporites minutus* Nagy,×800;沾化,黄骅群。

18. *Florinites minutus* Bharadwaj,1957,×500;济阳,石盒子群上部。

19. *Florinites antiquus* Schopf,1944,×480;济宁,太原组。

20. *Florinites mediapudens* (Loose,1934) Potonie et Kremp,1956,×500;兖州,太原组。

21. *Pityosporites westphalensis* Williams,1955,×500;聊城,太原组。

22. *Limitisporites monstruosus* (Luber et Waltz,1935) Hart,1960,×480;济宁,太原组。

图 版 138

1. *Polypodiaceoisporites regularis* Zhang,×800;沾化,黄骅群。
2. *Polypodiaceoisporites stenozonus* Song et Hu,×800;惠民,黄骅群。
3. *Polypodiisporites afavus* (Krutzsch) Sun et Li,×800;沾化,馆陶组。
4. *Polypodiisporites* cf. *communicus* Song et Li,×800;沾化,馆陶组。
5. *Polypodiisporites megafavus* (Krutzsch) Song et Zhong,×800;沾化,馆陶组。
6. *Polypodiisporites maximus* Li et Fan,×800;惠民,馆陶组。
7. *Wilsonites delicatus* (Kosanke,1950) Kosanke,1959,×500;新汶,太原组。
8. *Potonieisporites novicus* Bharadwaj,×500;新汶,石盒子群上部。
9. *Potonieisporites neglectus* Potonie et Lele,1959,×500;新汶,石盒子群上部。
10. *Nuskoisporites pachytus* Gao,×600;聊城,石盒子群上部。
11. *Florinites diversiformis* Kosanke,1950,×500;滕州煤田,太原组。
12. *Florinites ningwunensis* Gao,×600;聊城,石盒子群上部。
13. *Florinites pellucidus* (Wilson et Coe,1940) Wilson,1953,×500;济宁,太原组。
14. *Florinites junior* Potonie et Kremp,1956,×600;济宁、聊城,太原组。
15. *Florinites pumicosus* (Lbrehim,1933) Potonle et Kremp,1957,×480;济宁、聊城,太原组。
16. *Florinites ovalis* Bharadwaj,1957,×600;聊城,太原组。
17. *Florinites visendus* (Loose) Schopf,Wilson et Bentall,1944,×600;聊城,太原组。
18. *Cordaitina marginata* (Luber et Waltz,1941) Hart,1964,×500;滕州,石盒子群上部。
19. *Sulcatisporites peristictus* Gao,×500;滕州,石盒子群上部。
20. *Alisporites splendens* (Leschik,1956) Foster,1975,×480;聊城,太原组。
21. *Alisporites mathallensis* Clarke,1965,×500;济阳,石盒子群上部。
22. *Vesicaspora antiquus* Gao,×500;聊城,太原组。
23. *Vesicaspora wilsonii* (Schemel) Wilson et Venkatachala,1963,×500;聊城,太原组。
24. *Labiisporites minutus* Gao,×500;滕州,石盒子群下部。

图 版 139

1. *Cordaitina ornata*（Luber），1939 Samoilovich，1953，×500；新汶，石盒子群上部。
2. *Alisporites shanxiensis* Gao，×500；滕州，石盒子群下部。
3. *Schopfipollenites punctatus* Gao，×250；兖州，石盒子群上部。
4. *Bascanisporites undosus* Balme et Hennelly，1956，×500；滕州，石盒子群上部。
5. *Limitisporites latus* Gao，×500；济宁，本溪组。
6. *Limitisporites strabus* Gao，×500；济宁，太原组。
7. *Platysaccus shanxiensis* Gao，×500；济宁，石盒子群上部。
8. *Platysaccus plautus* Gao，×600；济宁，太原组。
9. *Lueckisporites permianus* Gao，×500；聊城，石盒子群上部。
10. *Valiasaccites validus* Bose et Kar，1966，×500；滕州，石盒子群上部。
11. *Anticapipollis gausos* Gao，×600；滕州，山西组。
12. *Cheileidonites kaipingiensis* Gao，×500；济宁，太原组。
13. *Vitreisporites signatus* Leschik，1956，×600；济宁，石盒子群上部。
14. *Cycadopites cymbatus* Balme et Hennelly，1956，×500；聊城，石盒子群上部。
15. *Aceripouenites microstriatus*（Song et Lee）Zhu，×800；沾化，馆陶组。
16. *Aceripollenites microgranulatus* Thiele-Pfeiffer，×800；沾化，馆陶组。
17. *Aceripollenites minutus* Li et Fan，×800；沾化，馆陶组。
18. *Aceripollenites* cf. *pachydermus* Zhu，×800；沾化，馆陶组。
19. *Striatricolpites euryensis* Li et Fan，×800；惠民，馆陶组。

图 版 140

1. *Alangiopollis barghoornianum*（Traverse）Krutzsch，×800；垦利，馆陶组。
2. *Alangiopollis shengliensis* Zhu et Li，×800；临邑，馆陶组。
3. *Liquidambarpollenites regularis* Li et Fan，×800；沾化，馆陶组。
4. *Rhoipites villensis*（Thomson）Song et Zheng，×800；沾化，馆陶组。
5. *Rhoipites protensus*（Takahashi）Zheng，×800；垦利，馆陶组。
6. *Ilexpollenites iliacus* Potonie，×800；沾化，馆陶组。
7. *Ilexpollenites lanceolatus* Zhu，×800；垦利，馆陶组。
8. *Alnipollenites bellatus* Li et Fan，×800；垦利，馆陶组。
9. *Alnipollenites* cf. *fushunensis* Sung et Zhao，×800；垦利，馆陶组。
10. *Alnipollenites quadrapollenites*（Rouse）Sun，Du et Sun，×800；垦利，黄骅群。
11. *Betulaepollenites lenghuensis* Song et Zhu，×800；沾化、垦利，黄骅群。
12. *Carpinipites subtriangulus*（Stanley）Guan，×800；沾化，黄骅群。
13. *Momipites chengbeiesus* Li et Fan，×800；沾化，馆陶组。

14. *Paraalnipollenites miocaenicus* Li et Fan, ×800; 垦利, 馆陶组。
15. *Lonicerapollis gallwitzii* Krutzsch, ×800; 惠民, 馆陶组。
16. *Lonicerapollis lenghuensis* Song et Zhu, ×800; 沾化, 馆陶组。
17. *Lonicerapollis triletus* Zheng, ×800; 沾化, 明化镇组下段。
18. *Lonicerapollis microspinosus* Zhu, ×800; 沾化, 馆陶组。
19. *Caryaphyllidites minutus* Song et Zhu, ×800; 沾化, 黄骅群。
20. *Caryaphyllidites tenius* Song et Zhu, ×800; 沾化, 黄骅群。
21. *Vaclavipollis* cf. *radiatus* Song, ×800; 沾化, 黄骅群。
22. *Chenopodipollis kochioides* Song; 沾化, 黄骅群。
23. *Chenopodipollis maxinus* Nagy, ×800; 沾化, 黄骅群。
24. *Chenopodipollis minor* Song, ×800; 沾化, 黄骅群。
25. *Chenopodipollis multiplex* (Weyl. et Pr.) Krutzsch, ×800; 沾化, 黄骅群。
26. *Chenopodipollis neogenicus* Nagy, ×800; 沾化, 黄骅群。
27. *Artemisiapollenites minor* Song, ×800; 沾化, 黄骅群。
28. *Artemisiaepollenites sellularis* Nagy, ×800; 沾化, 黄骅群。
29. *Echitricolporites conicus* Song et Zhu, ×800; 垦利, 馆陶组。

图 版 141

1. *Echitricolporites microechinatus* (Trevisan) Zheng, ×800; 沾化, 黄骅群。
2. *Tubulijloridites grandis* Nagy, ×800; 垦利, 馆陶组。
3、4. *Shandongpollis kenliensis* Li et Zhu, ×800; 垦利, 馆陶组。
5. *Shandongpollis communis* Li et Fan, ×800; 垦利, 馆陶组。
6. *Cruciferacipites elegans* Zheng, ×800; 沾化, 黄骅群。
7. *Scabiosapollis densispinosus* Song et Zhu, ×500; 垦利, 馆陶组。
8. *Scabiosapollis* cf. *distriatus* Song et Zhu, ×800; 垦利, 馆陶组。
9. *Elaeagnacites asper* Zheng, ×800; 沾化, 馆陶组。
10. *Elaeagnacites triangulus* Song et Zhu, ×800; 沾化, 馆陶组。
11. *Ericipites ericicus* (Pot.) Potonie, ×800; 惠民, 馆陶组。
12. *Ericipites callidus* (Potonie) Krutzsch, ×800; 垦利, 馆陶组。
13. *Euphorbiacites formosus* Zheng, ×800; 垦利, 馆陶组。
14. *Euphorbiacites marcodurensis* (Pflug et Thomson) Zheng, ×800; 垦利, 馆陶组。
15. *Euphorbiacites microreticulatus* Li, Song et Li ×800; 垦利, 馆陶组。
16. *Euphorbiacites ovatus* Zheng, ×800; 垦利, 馆陶组。
17. *Euphorbiacites tenuipolatus* Zheng, ×800; 沾化, 馆陶组。
18. *Euphorbiacites wallensenensis* (Pflug) Li, Song et Li, ×800; 垦利, 馆陶组。
19. *Cyrillaceaepollenites exactus* (Pot.) Potonie, ×800; 垦利, 馆陶组。
20. *Cyrillaceaepollenites* cf. *megaexactus* (Pot.) Potonie, ×800; 沾化, 馆陶组。

21. *Graminidites gracilis* Krutzsch，×800；沾化，黄骅群。
22. *Graminidites? biporus* Li et Fan，×800；垦利，馆陶组。
23. *Graminidites laevigatus* Krutzsch，×800；沾化，黄骅群。
24. *Graminidites media* Cookson，×800；垦利，黄骅群。
25. *Graminidites microporus* Song et Zhu，×800；沾化，黄骅群。
26. *Cyrillaceaepollenites miniporus* Zheng，×800；垦利，馆陶组。

图 版 142

1. *Sporotrapoidites erdtmanii*（Nagy）Nagy，×800；垦利，黄骅群。
2. *Sporotrapoidites huangheensis* Li et Fan，×800；沾化，馆陶组。
3. *Sporotrapoidites minor* Guan，×800；沾化，黄骅群。
4. *Sporotrapoidites weiheensis*（Sun et Fan）Guan，×800；沾化，黄骅群。
5. *Caryapollenites elegans*（Manyk.）Sun et Fan，×800；沾化，黄骅群。
6. *Carylapollenites* cf. *elegans*（Manyk.）Sun et Fan，×800；沾化，黄骅群。
7. *Caryapollenites grandus* Li et Fan，×800；垦利，馆陶组。
8. *Caryapollenites juxtaporipites*（Wodeh.）Sun, Du et Sun，×800；垦利，黄骅群。
9. *Caryapollenites* cf. *triangulus*（Pflug）Krutzsch，×800；沾化，馆陶组。
10. *Juglanspollenites pseudoides* Li et Fan，×800；沾化，黄骅群。
11. *Juglanspollenites* cf. *tetraporus* Sung et Tsao，×800；沾化，黄骅群。
12. *Pterocaryapollenites* cf. *annulatus* Song，×800；沾化，馆陶组。
13. *Labitricolpites densus* Song，×800；沾化，黄骅群。
14. *Labitricolpites* cf. *scabiosus* Ke et Shi，×800；垦利，黄骅群。
15. *Margocolporites vanwijhei* Germeraad, Hopping et Muller，×800；沾化，馆陶组。
16. *Liliacidites shenglipollis* Li et Fan，×800；沾化，馆陶组。
17. *Magnolipollis* cf. *grandus* Song et Zheng，×800；沾化，馆陶组。
18. *Abutilonacidites bohaiensis* Guan et Zheng，×800；沾化，黄骅群。
19. *Meliaceoidites huaianensis* Zheng，×800；垦利，馆陶组。
20. *Meliaceoidites delicatus* Zheng，×800；垦利，馆陶组。

图 版 143

1. *Abutilonacidites shenglioides* Li et Fan，×800；沾化，黄骅群。
2. *Abutilonacidites minor* Li et Fan，×800；沾化，黄骅群。
3. *Meliaceoidites major* Song et Liu，×800；垦利，馆陶组。
4. *Nelumboipollis ellipticus* Li et Fan，×800；沾化，馆陶组。
5. *Nelumboipollis elongatus* Li et Fan，×800；沾化，馆陶组。
6. *Nelumboipollis nelumboides*（Song et Zhu）Li et Fan，×800；沾化，黄骅群。

7. *Nymphaeacidites minor* (Nagy) Zheng,×800;沾化,黄骅群。
8. *Nymphaeacidites pachydermus* Zheng,×800;沾化,馆陶组。
9. *Fraxinoipollenites* cf. *asper* Zheng,×800;垦利,黄骅群。
10. *Fraxinoipollenites granulatus* Song et Lee,×800;垦利,黄骅群。
11. *Fraxinoipollenites oblongatus* Song et Zhu,×800;垦利,黄骅群。
12. *Fraxoipollenites* cf. *ovatus* Sung et Zhu,×800;沾化,黄骅群。
13. *Oleoidearumpollenites chinensis* Nagy,×800;垦利,馆陶组。
14. *Oleoidearumpollenites forsythiaformis* Song et Zhu,×800;沾化,馆陶组。
15. *Oleoidearumpollenites ligustiformis* Song et Zhu,×800;沾化,馆陶组。
16. *Oleoidearumpollenites major* Zhu,×800;沾化,馆陶组。
17. *Corsinipollenites ludwigioides* Krutzsch,×800;沾化,馆陶组。
18. *Corsinipollenites crassigranulatus* Zhu,×800;垦利,馆陶组。
19. *Pandaniidites shiabensis* (Simpson) Eisik,×800;沾化,馆陶组。
20. *Pandaniidites verruspinus* Guan,×800;沾化,馆陶组。
21. *Pandaniidites lemnoides* Li et Fan,×800;垦利、沾化,馆陶组。
22. *Persicarioipollis bellulus* Li et Fan,×800;垦利,黄骅群。
23. *Persicarioipollis gudongensis* Li et Fan,×800;垦利,黄骅群。

图 版 144

1. *Persicarioipollis franconicus* Krutzsch,×800;沾化,黄骅群。
2. *Persicarioipollis juvenalis* Guan,×800;沾化,黄骅群。
3. *Persicarioipollis lusaticus* Krutzsch,×800;沾化,黄骅群。
4. *Persicarioipollis minor* Krutzsch,×800;沾化,黄骅群。
5. *Persicarioipollis pliocenicus* Krutzsch,×800;垦利,黄骅群。
6. *Persicarioipollis triangulus* Li et Fan,×800;惠民,黄骅群。
7. *Ranunculacidites abruptus* Li et Fan,×800;沾化,馆陶组。
8. *Ranunculacidites minor* Song et Li,×800;垦利,馆陶组。
9. *Ranunculacidites verus* Song et Li,×800;沾化,黄骅群。
10. *Ranunculacidites vulgaris* Song et Li,×800;沾化,馆陶组。
11. *Ranunculacidites elegans* Li et Zhu,×800;沾化,馆陶组。
12. *Rhamnacidites minor* Zhou,×800;垦利,馆陶组。
13. *Rhamnacidites* cf. *nanhaiensis* Song,Li et Zheng,×800;沾化,馆陶组。
14. *Tarennipollis dongyingensis* Zhu,×800;垦利,沾化,馆陶组。
15. *Rutaceaeoipollis oblatus* Zheng,×800;垦利,馆陶组。
16. *Rutaceaeoipollis cingulatus* Song,Li et Zheng,×800;惠民,沾化,馆陶组。
17. *Rutaceaeoipollis parviporus* Zheng,×800;沾化,馆陶组。
18. *Rutaceaeoipollis minutus* Zhu,×800;沾化,馆陶组。

19. *Rutaceaeoipollis rotundus* Zhu et Li，×800；垦利，馆陶组。
20. *Rutaceaeoipollis* cf. *baculogranus* Song et Qian，×800；垦利，馆陶组。
21. *Rutaceaeoipollis microstrius* Li et Zhu，×800；垦利，馆陶组。
22. *Reevesiapollis siameniformis* Guan et Zheng，×800；垦利，馆陶组。
23. *Tiliaepollenites dongyingensis* Zhu，×800；垦利，馆陶组。
24. *Operculumpollis operculatus* Sun，Kong et Li，×800；沾化，馆陶组。
25. *Celtispollenites microgranulatus* Li，×800；沾化，馆陶组。
26. *Qinghaipollis minor* Zhu，×800；沾化，馆陶组。

图 版 145

1. *Tiliaepollenites microgranulatus* Zhu，×800；沾化，馆陶组。
2. *Celtispollenites major* Li et Fan，×800；惠民，馆陶组。
3. *Celtispollenites* cf. *triporatus* Sun et Li，×800；沾化，馆陶组。
4. *Ulmipollenites granupollenites* (Rouse) Sun et Li，×800；垦利，馆陶组。
5. *Ulmipollenites miocaenicus* Nagy，×800；沾化，黄骅群。
6. *Ulmipollenites stilatus* Nagy，×800；沾化，黄骅群。
7. *Qinghaipollis ellipticus* Zhu，×800；沾化，馆陶组。
8. *Qinghaipollis rotundus* Zhu，×800；垦利，馆陶组。
9. *Qinghaipollis pachypolarus* Zhu，×800；垦利，馆陶组。
10. *Nitrariadites altunshanensis* cf. *major* Zhu et Xi Ping，×800；垦利，馆陶组。
11. *Nitrariadites altunshanensis* cf. *minor* Zhu et Xi Ping，×500；惠民，馆陶组。
12. *Nitrariadites communis* Zhu et Xi Ping，×800；垦利，馆陶组。
13. *Nitrariadites maximus* Zhu et Xi Ping，×800；垦利，馆陶组。
14. *Nitrariadites minimus* Zhu et Xi Ping，×800；沾化，馆陶组。
15. *Nitrariadites minor* (Wang) Zhu，×800；沾化，馆陶组。
16. *Nitrariadites* cf. *pachypolarus* Zhu et Xi Ping，×800；沾化，馆陶组。
17. *Nitrariadites subrotundus* Zhu et Xi Ping，×800；垦利，馆陶组。
18. *Fupingopollenites granulatus* Zhu et Li，×800；沾化，馆陶组。
19. *Fupingopollenites minor* Song et Zhu，×800；垦利，馆陶组。
20. *Fupingopollenites minutus* Liu，×800；沾化，馆陶组。
21. *Fupingopollenites wackersdorfensis* (Thiele-Pfeiffer) Liu，×800；垦利，馆陶组。
22. *Fupingopollenites pachydermus* Zhu，×800；垦利，馆陶组。
23. *Fupingopollenites inbecillus* Liu，×800；沾化，馆陶组。
24. *Pilatricolporites dongyingensis* Zhu，×800；沾化，馆陶组。
25. *Pilatricolporites minor* Zhu，×800；垦利，馆陶组。

图 版 146

1. *Retitricolpites delicatulus* (Couper) Wang,×500;沾化,馆陶组。
2. *Retitricolpites ellipticus* Li,Song et Li,×800;垦利,馆陶组。
3. *Retitricolporites maximus* Zhu,×800;沾化,馆陶组。
4. *Tricolpites* cf. *magnus* Song,×800;沾化,馆陶组。
5. *Verrutricolporites microverruensis* Li et Zhu,×800;沾化,馆陶组。
6、7. *Streptognathodus fuchengensis* Zhao,1981,6.口视,×86;7.口视,×50;淄博,太原组。
8~10. *Streptognathodus elongatus* Gunnell,1933,8.口视,×60;9.反口视,×60;10.侧视,×60;济宁,太原组。
11、12. *Streptognathodus gracilis* Stauffer et Plummer,1932,11.口视,×51;12.反口视,×51;肥城,太原组。
13、14. *Streptognathodus elegantulus* Stauffer et Plummer,1932,13. 侧口视,×50;肥城,太原组.14.口视,×50;新汶,太原组。
15. *Streptognathodus wabaunsensis* Gunnell,1933,口视,×100;长清,太原组。
16. *Streptognathodus parvus* Dunn,1966,口视,×50;新汶、肥城,太原组。
17. *Streptognathodus oppletus* Ellison,口视,×100;长清、肥城,太原组。
18. *Anchignathodus minutus*,口视,×50;新汶,太原组。
19. *Anchignathodus typicalis* Sweet,侧视,×110;济宁,太原组。
20. *Hindeodella multidenticulata* Murray et Chronic,侧视,×50;新汶,太原组。
21. *Erraticodon tangshanensis* Yang et Xu,外侧视,×85;莱芜,中奥陶统。

图 版 147

1. *Cordylodus angulatus* Pander,侧视,×50;莱芜,炒米店组。
2. *Cordylodus lindstroemi* Druce et Jones,1971,侧视,×50;莱芜黄羊山,炒米店组。
3. *Cordylodus intermedius* Furnish,侧视,×65;莱芜黄羊山,炒米店组。
4. *Cordylodus proavus* Müller,侧视,×88;莱芜黄羊山,炒米店组。
5. *Teridontus nakamurai* (Nogami,1967),侧视,×160;莱芜黄羊山,炒米店组。
6. *Teridontus gracilis* (Furnish,1938),侧视,×100;莱芜黄羊山,炒米店组。
7. *Problematoconites perforata* Müller,侧视,×95;莱芜黄羊山,炒米店组。
8. *Proconodontus cambricus* (Miller,1969),侧视,×95;莱芜,凤山阶上部。
9. *Proconodontus elongatus* Zhang,侧视,×114;蒙阴,崮山阶。
10. *Proconodontus muelleri* Müller,1969,×123;莱芜黄羊山,炒米店组。
11. *Proconodontus notchpeakensis* Miller,1969,内侧视,×240;莱芜,凤山阶。
12. *Proconodontus transmutatus* Xu et Xiang,侧视,×224;莱芜,凤山阶。

13. *Ozarkodina delicatula* (Stauffer et Plummer,1932),侧视,×75;莱芜,炒米店组。

14. *Synprioniodina microdenta* Ellison,1941,侧视,×86;济宁,太原组。

15. *Hindeodella delicatula* Stauffer et Plummer,口视,×78;淄博,太原组。

图 版 148

1. *Rotundoconus tricarinatus* (Nogami,1967),侧视,×100;莱芜黄羊山,炒米店组。

2. *Prooneotodus gallatini* (Müller,1959),侧视,×160;莱芜黄羊山,炒米店组。

3. *Neognathodus bassleri* (Harris et Hollingsworth,1933),口视,×50;肥城,太原组。

4. *Neognathodus roundyi* (Gunnell,1931),口视,×50;新汶,太原组。

5、6. *Idiognathodus delicatus* Gunnell,1931,5.口视,×50;济宁,太原组。6.侧视,×50;肥城,太原组。

7. *Idiognathodus claviformis* Gunnell,1931,口视,×86;肥城,太原组。

8. *Idiognathodus shanxiensis* Wan et Ding,口视,×100;济宁,太原组。

9. *Idiognathodus magnificus* Stauffer et Plummer,1932,口视,×86;肥城,太原组。

10. *Idiognathodus tersus* Ellison,1941,口视,×50;济宁,太原组。

11. *Metalonchodina bidenta* (Gunnell,1931),侧视,×54;滕州,太原组。

12. *Westergaardodina huangyangshanensis*,正模(Holotype),后视,×140;莱芜,炒米店组。

13. *Badoudus badouensis* Zhang,侧视,×65;博山,八陡组。

14. *Drepanodus streblus* An,侧视,×72;博山,八陡组。

15、16. *Erismodus typus* Branson et Mehl,1933,15.前视,×40;16.后视,×131;泗水、博山,八陡组。

图 版 149

1. *Acontiodus* aff. *propinquus* Furnish,1938,后视,×192;莱芜,凤山阶。

2、3. *Aurilobodus aurilobus* (Lee,1975),2.×68;3.右型,×67;莱芜,中奥陶统。

4、5. *Aurilobodus leptosomatus* An,4.前视,×160;5.后视,×40;莱芜,马家沟群。

6、7. *Aurilobodus simplex* Xiang et Zhang,后视,6.×102,7.×112;莱芜,中奥陶统。

8、9. *Belodina compressa* (Branson et Mehl,1933),8.内侧视,×323;9.外侧视,×187;博山,八陡组。

10. *Dapsilodus mutatus* (Branson et Mehl,1933),侧视,×187;博山,八陡组。

11. *Dapsilodus similaris* (Rhodes,1953),外侧视,×75;博山,八陡组。

12. *Distacodas? palmeri* Müller,1959,侧视,×198;莱芜,长山阶。

13. *Histiodella infrequensa* An,侧视,×221;莱芜,中奥陶统。

14. *Loxodus dissectus* An,侧视,×170;莱芜,马家沟群下部。

图 版 150

1. *Fryxellodontus inornatas* Miller,1969,侧视,×128;莱芜,凤山阶。
2. *Farnishina asymmetrica* Müller,1959,后视,×198;莱芜,上寒武统。
3～5. *Furnishina furnishi* Müller,1959,3.侧视,×160;长山阶,4.后视,×112;崮山阶, 5.后视,×160;崮山阶。
6. *Furnishina latuspa* Zhang,侧视,×221;蒙阴,张夏组顶部。
7. *Furnishina lingulata* Xiang,侧视,×165;莱芜,崮山阶。
8、9. *Furnishina triangulata* Xiang et Zhang,8.×160;莱芜,崮山阶。9.后视,×231;蒙阴,张夏组。
10、11. *Hertzina americana* Müller,1959,10.×160;侧视;11.×192;侧后视,莱芜,长山阶。

图 版 151

1、2. *Hertzina? bilobata* Xiang,1.侧后视,2.顶视,均×264;莱芜,张夏组顶部。
3、4. *Hertzina? cornuta* Xiang,侧视;3.左型,×198;4.右型,×231;莱芜,上寒武统长山阶。
5、6. *Hirsutodontus rarus* Miller,1969,侧视,5.×306;6.×250;莱芜,上寒武统凤山阶。
7. *Mictocoelodus symmetricus* Branson et Mehl,1933,后视。×111;博山、聊城,八陡组。
8. *Muellerodus erectus* Xiang,侧视,×272;莱芜,上寒武统长山阶。
9. *Muellerodus oelandicus* (Müller,1959),侧视,×289;莱芜,上寒武统崮山阶。
10. *Muellerodus pomeranensis* (Szaniawski,1971),侧视,×289;莱芜,上寒武统崮山阶。
11. *Nogamiconus sinensis* (Nogami,1966),侧视,×170;莱芜,上寒武统崮山阶。
12. *Oistodus sthenus* Zhang,侧视,×131;利津义和庄,中奥陶统。

图 版 152

1、2. *Panderodus gracilis* (Branson et Mehl,1933),1.×136;外侧视,2.×136;内侧视;博山、利津义和庄,八陡组。
3、4. *Paraserratognathus obesus* Yang,3.后视,4.侧视,均×131;莱芜,下奥陶统。
5、6. *Plectodina onychodonta* An et Xu,5.侧视,×102;6.内侧视,×170;莱芜,中奥陶统。
7. *Prooneotodus rotundatus* (Druce et Jones,1911),侧后视,×187;莱芜,上寒武统凤山阶。

724　图版 1

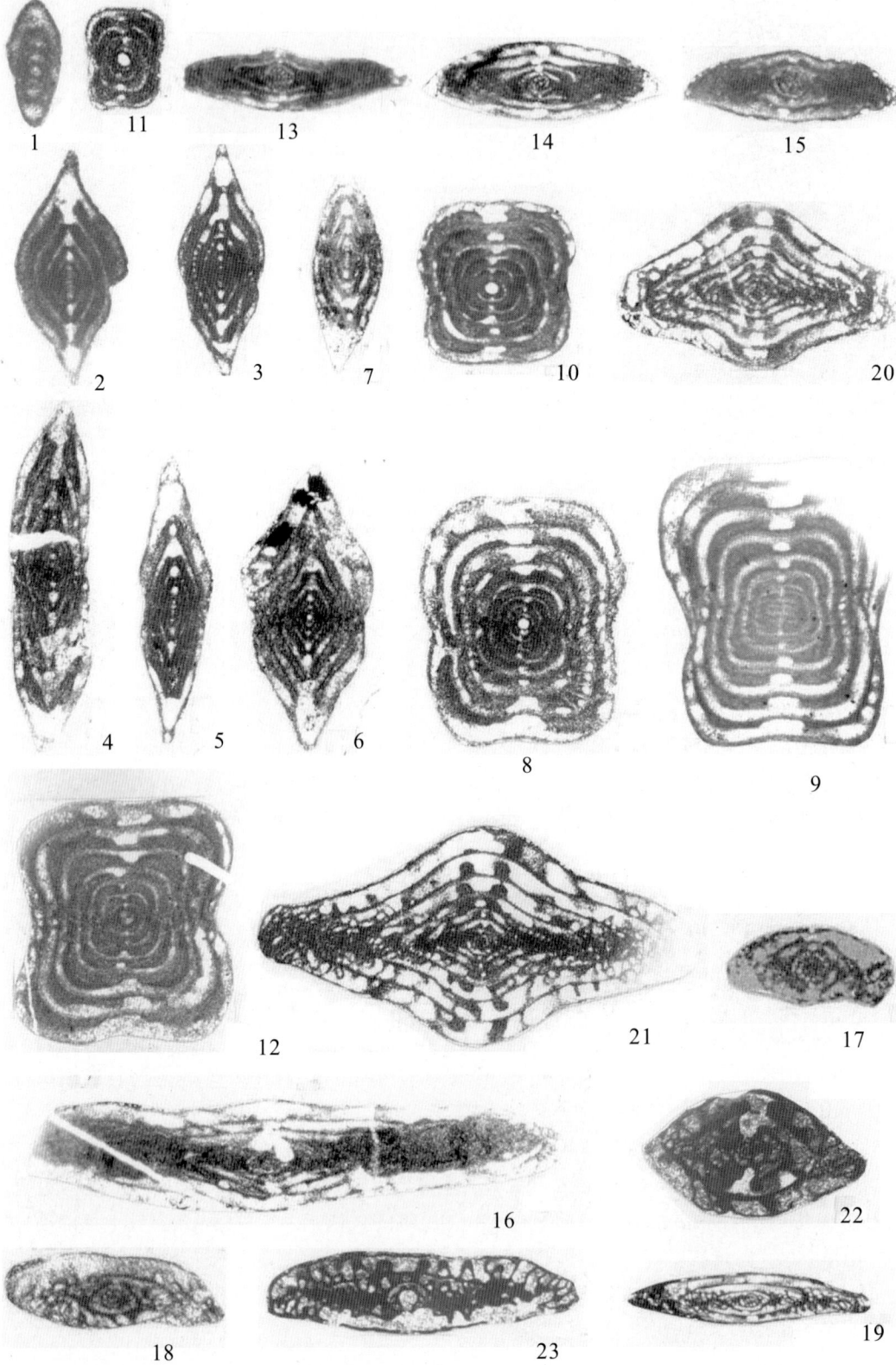

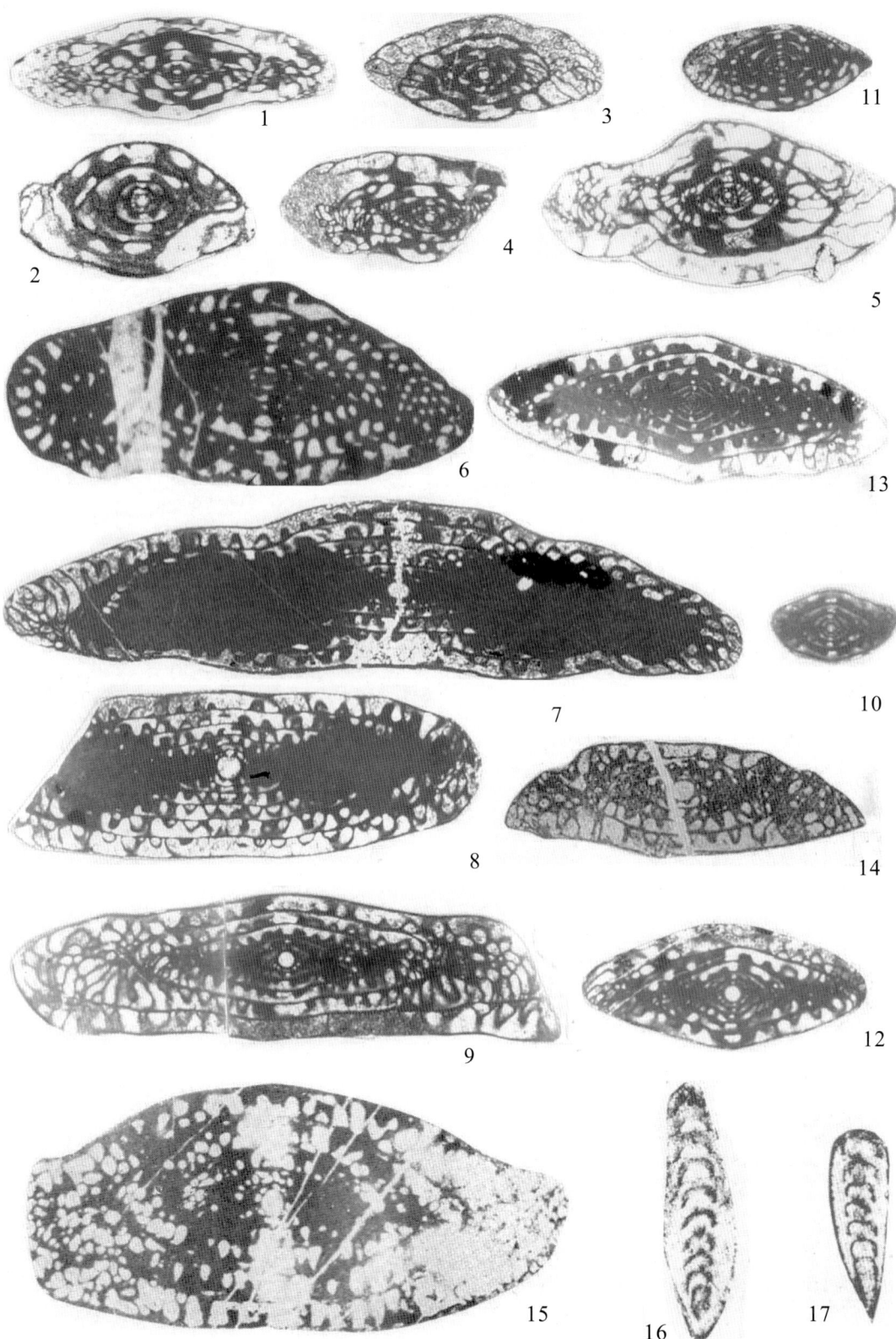

图版 3

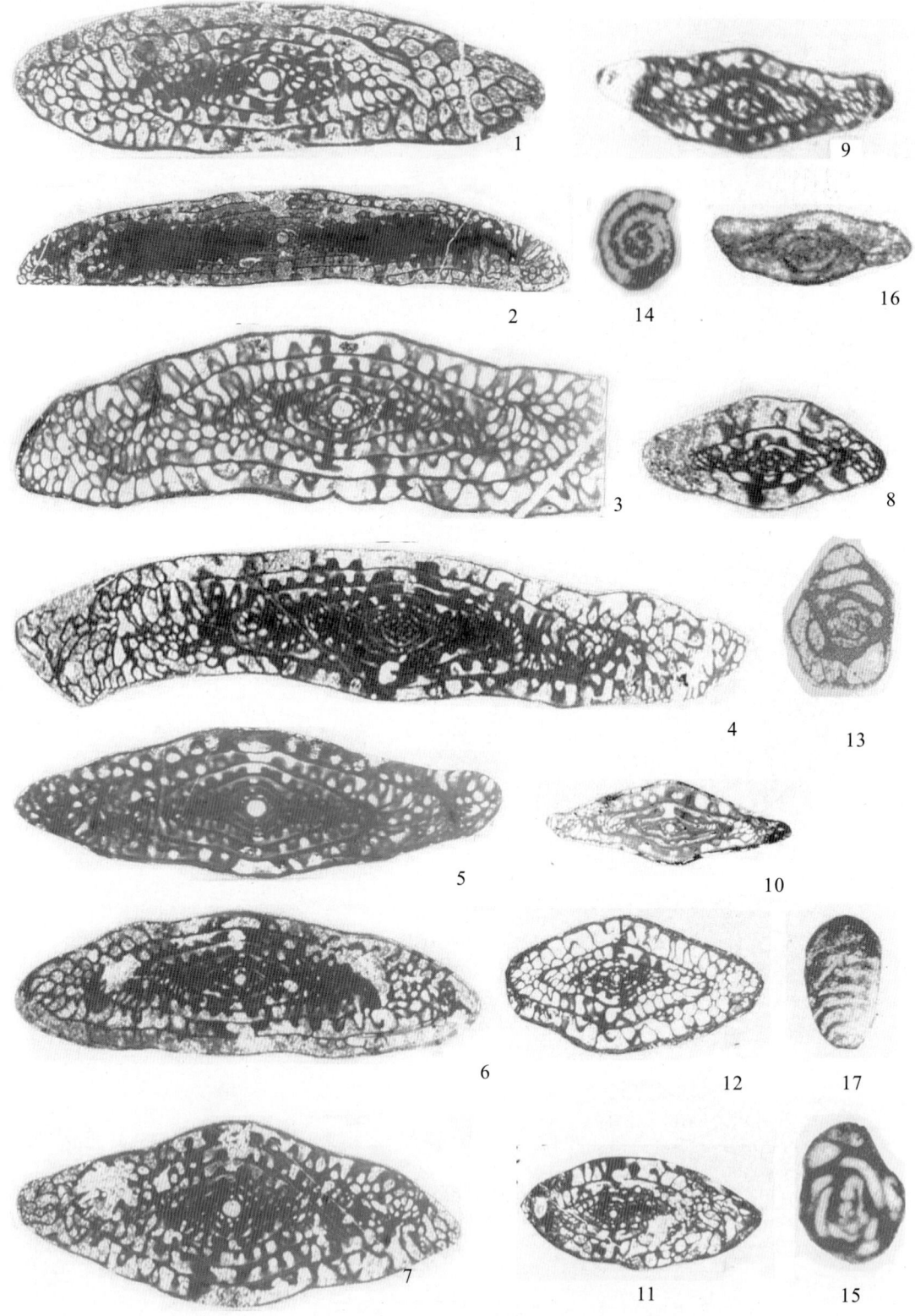

图版 4

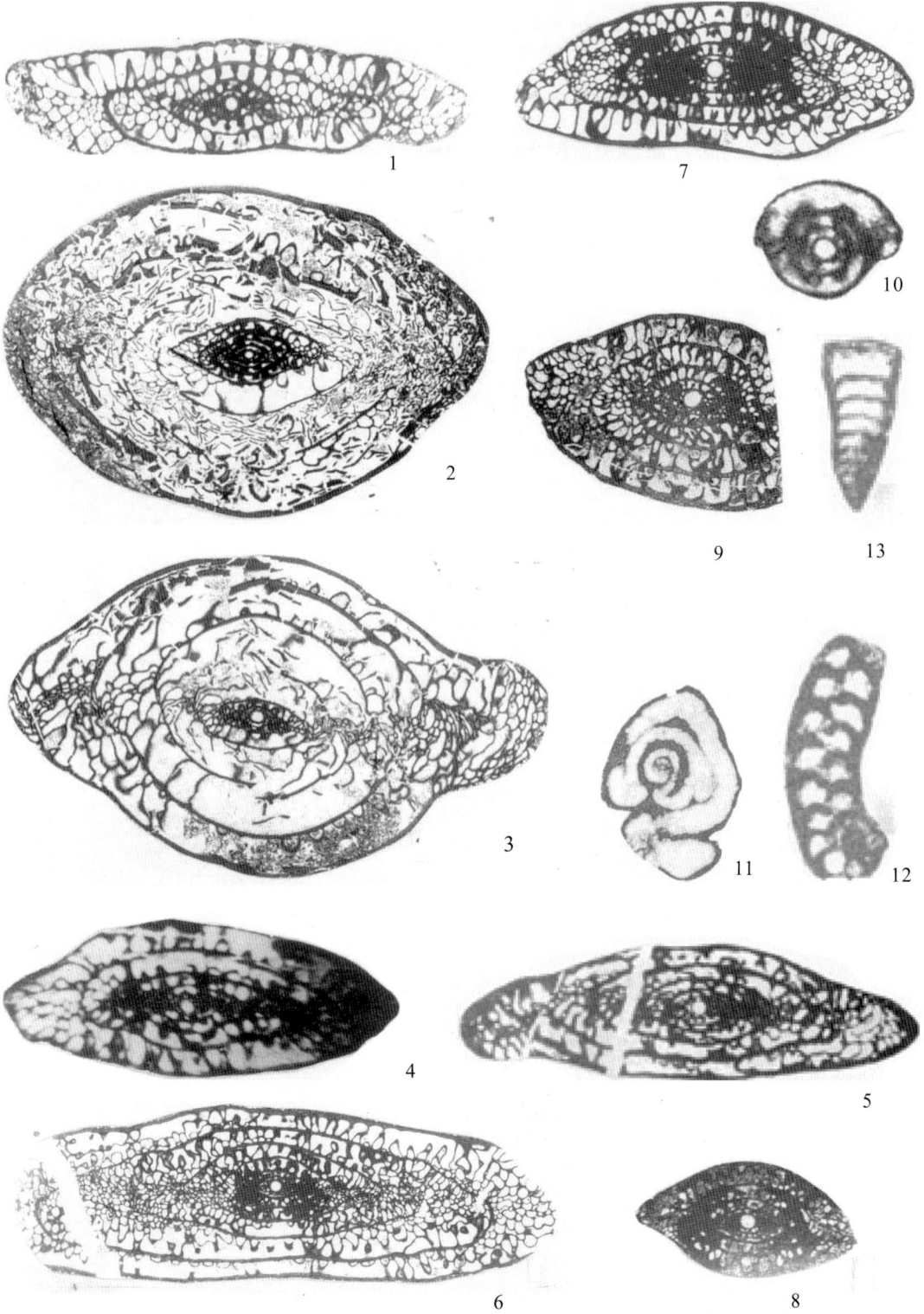

图版 5

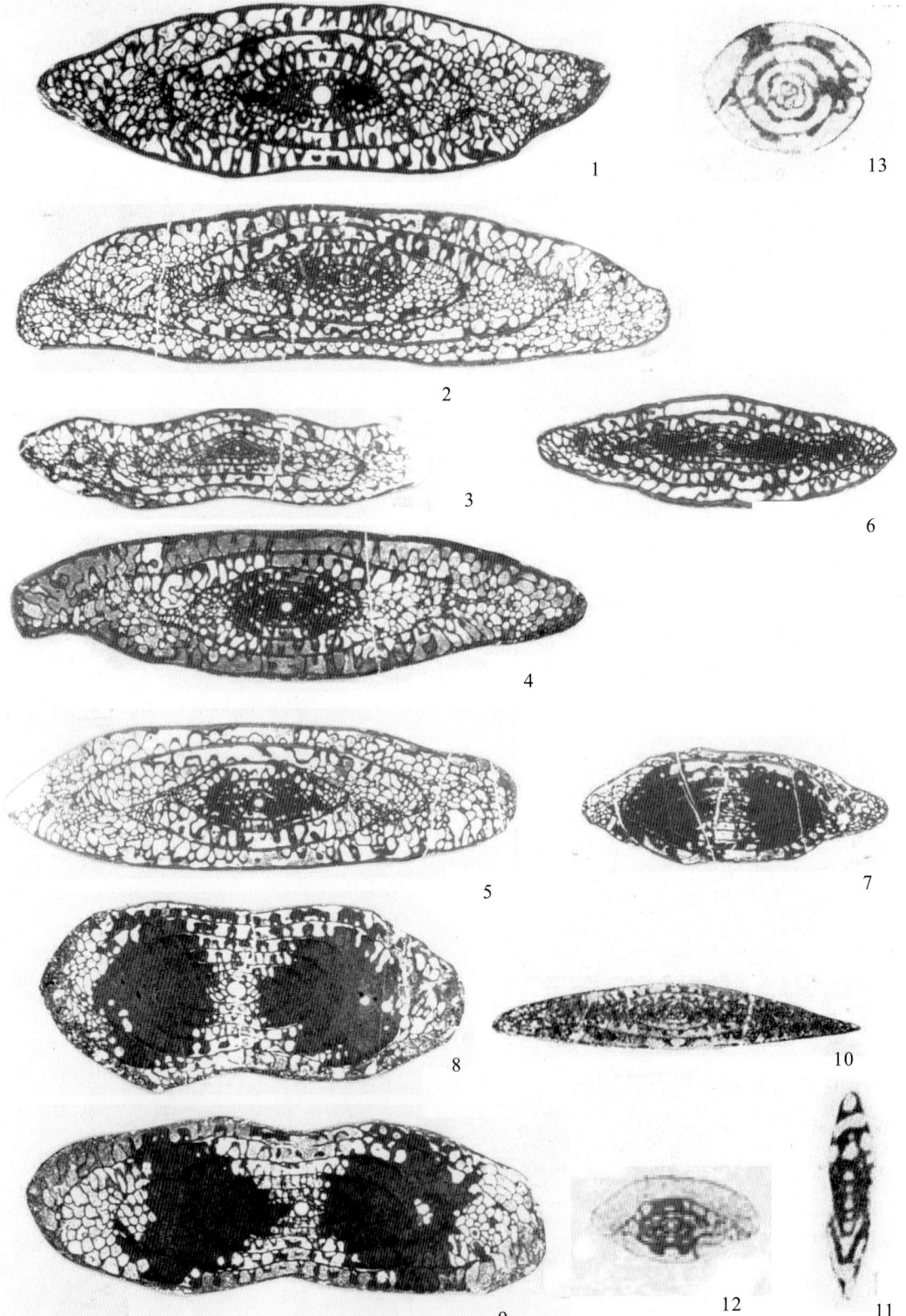

图版 6

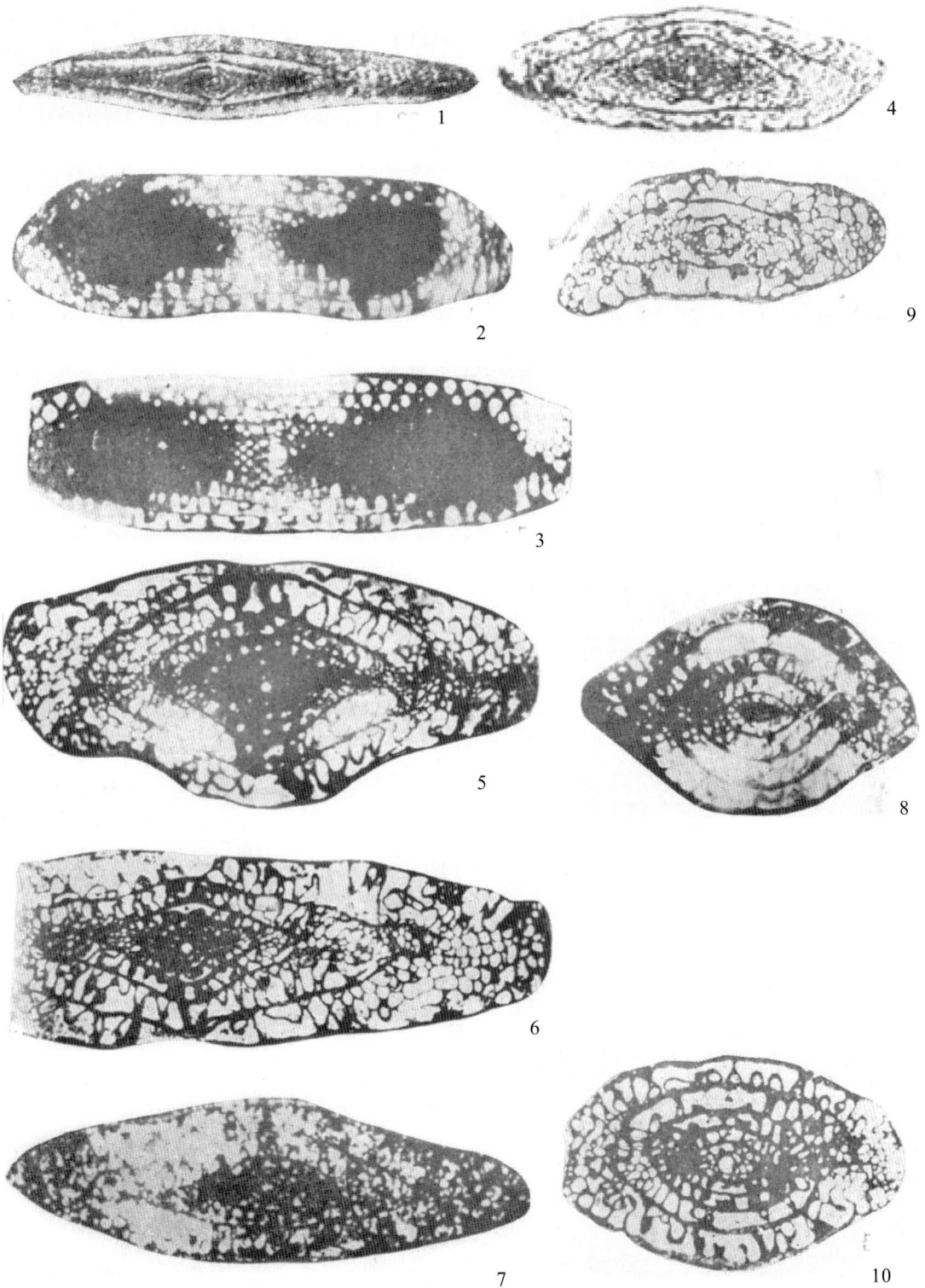

图版 7

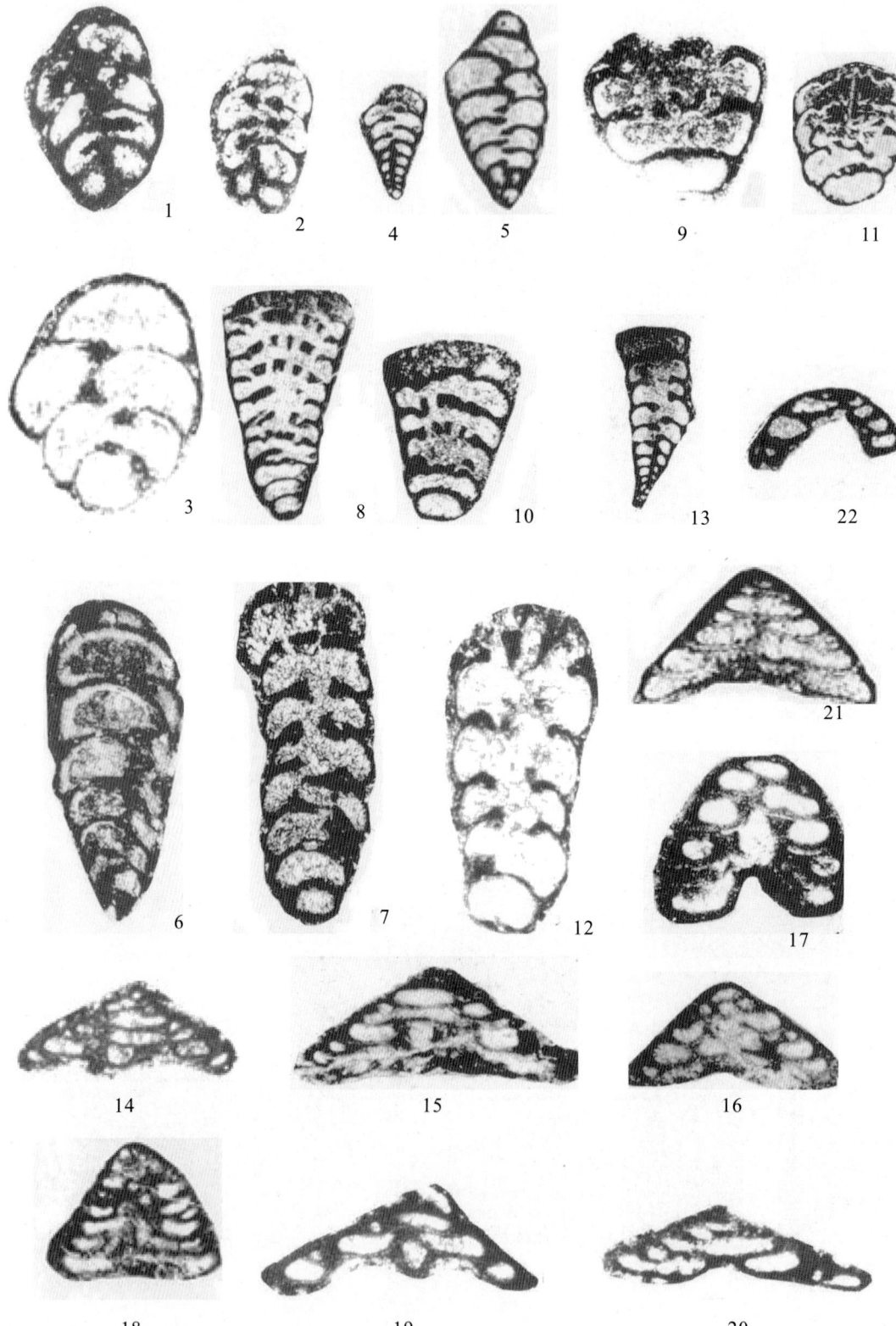

图版 8

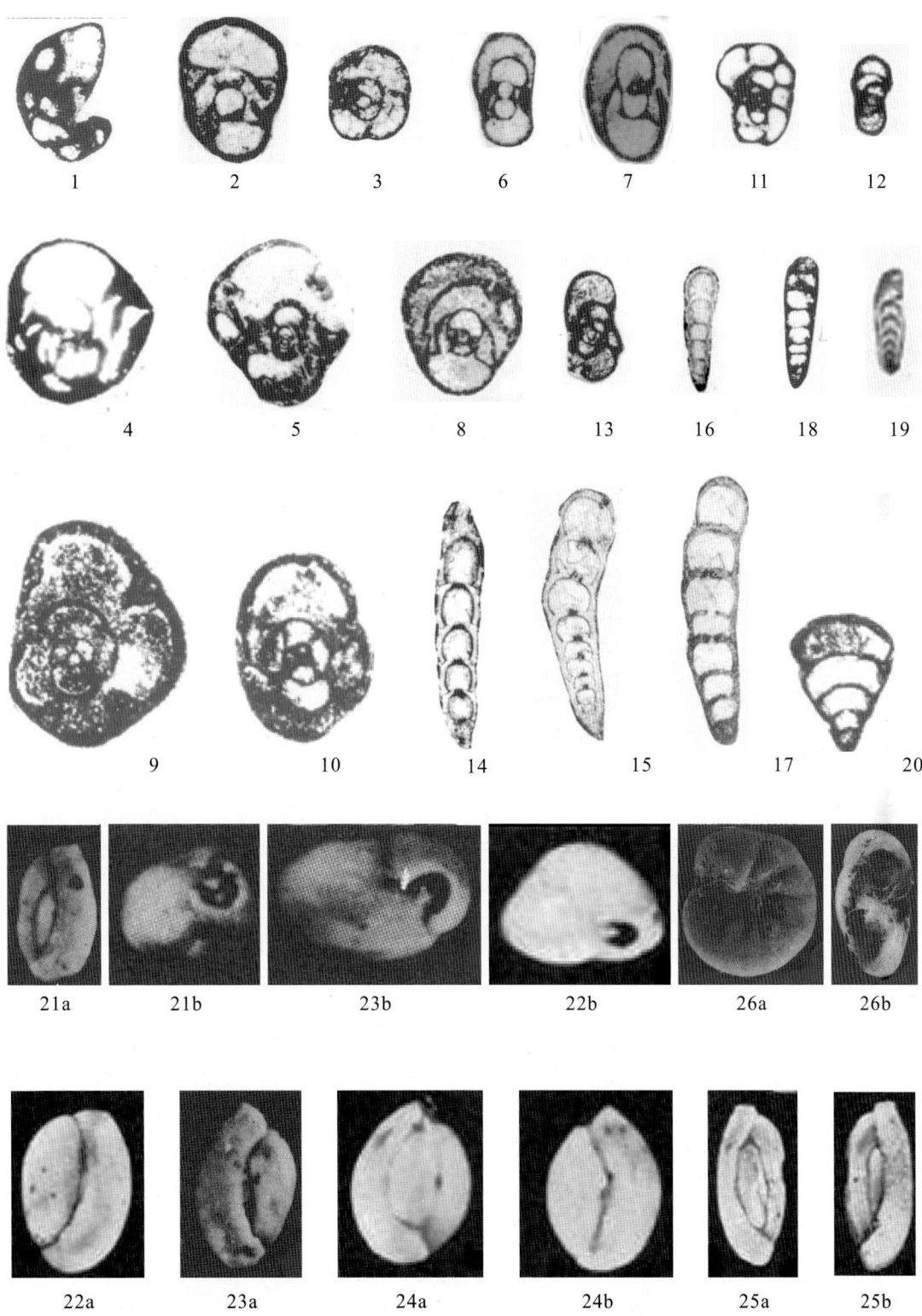

图版 9

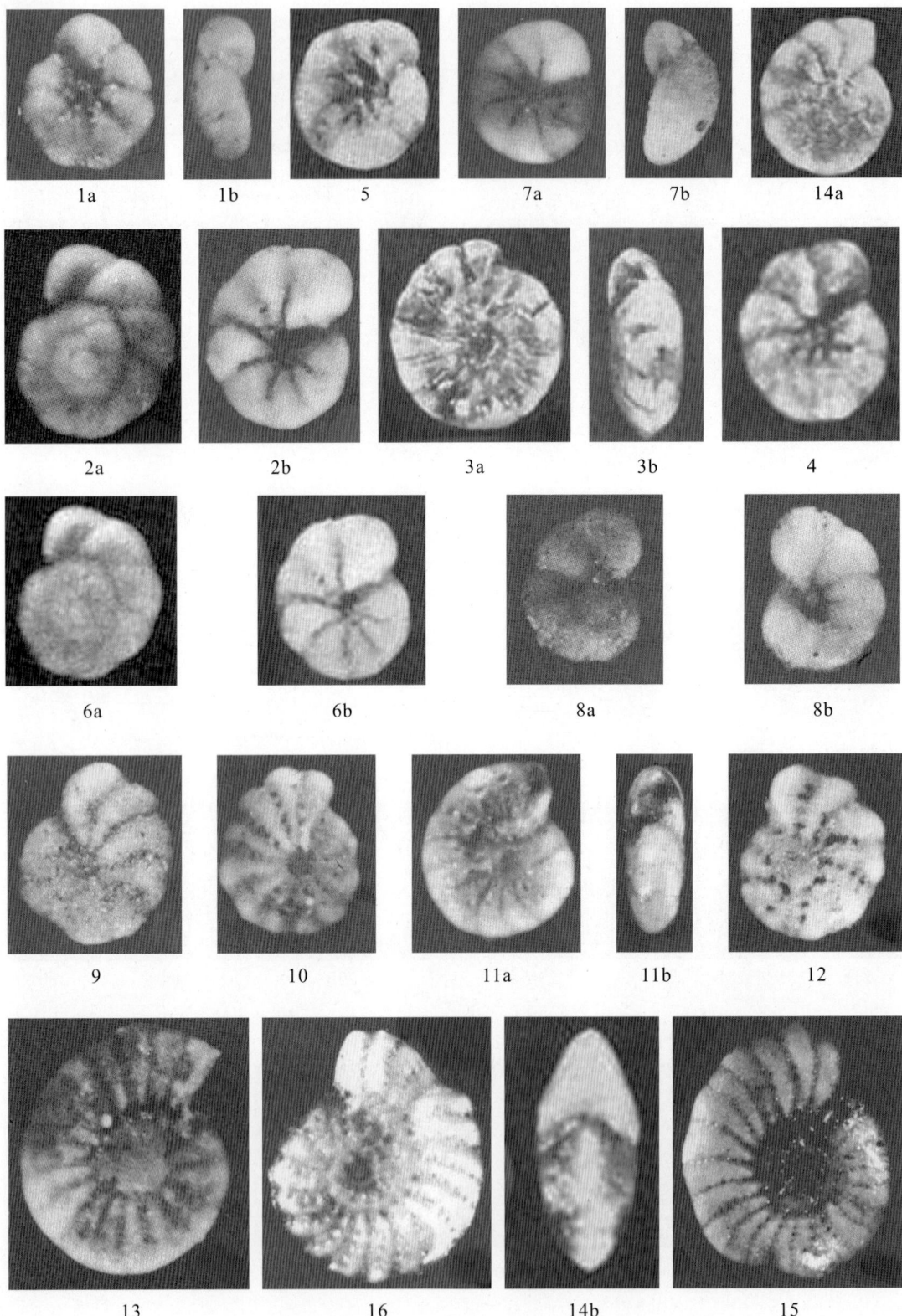

图版 10

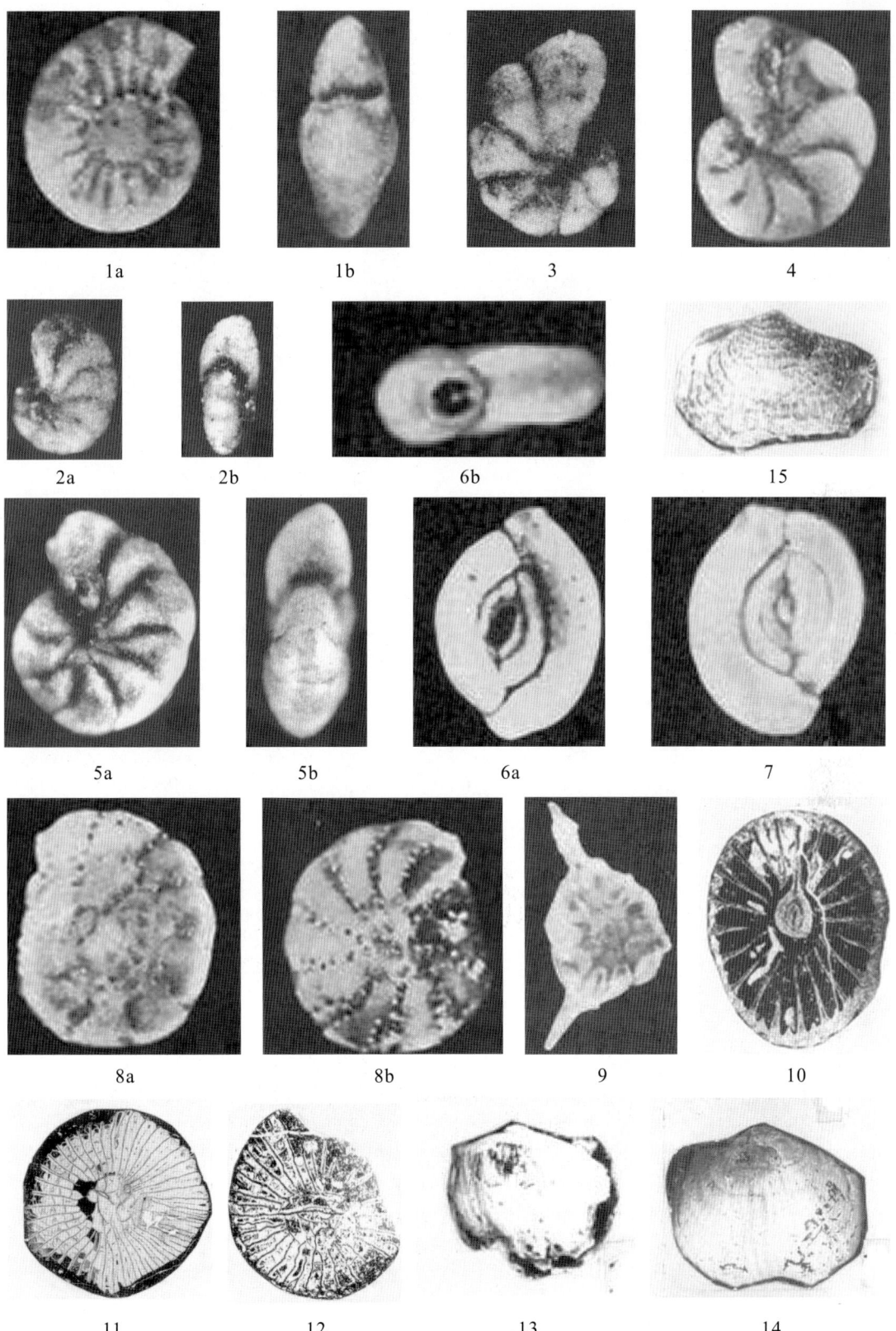

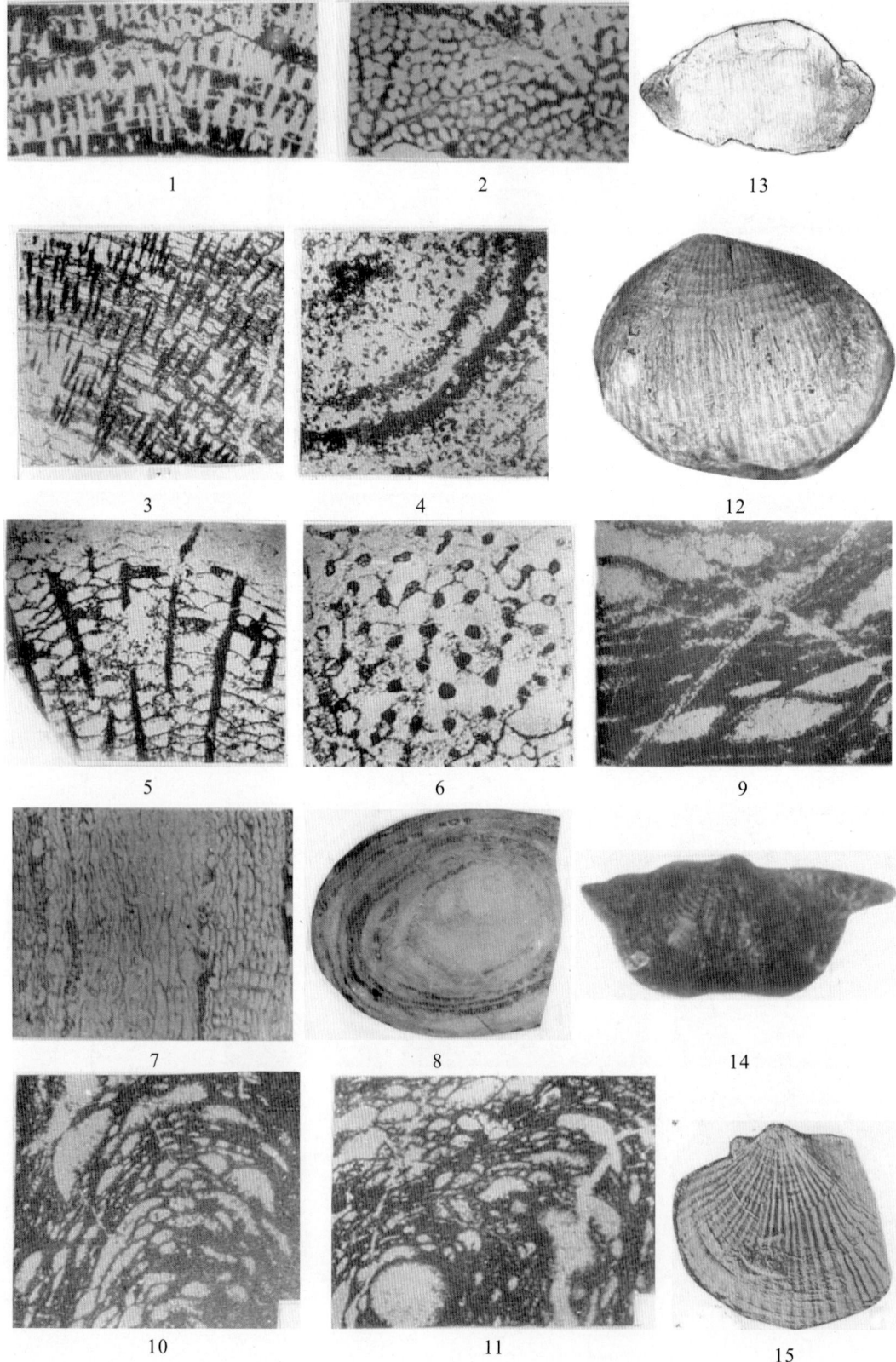

图版 12

图版 13

图版 14

图版 15

图版 16

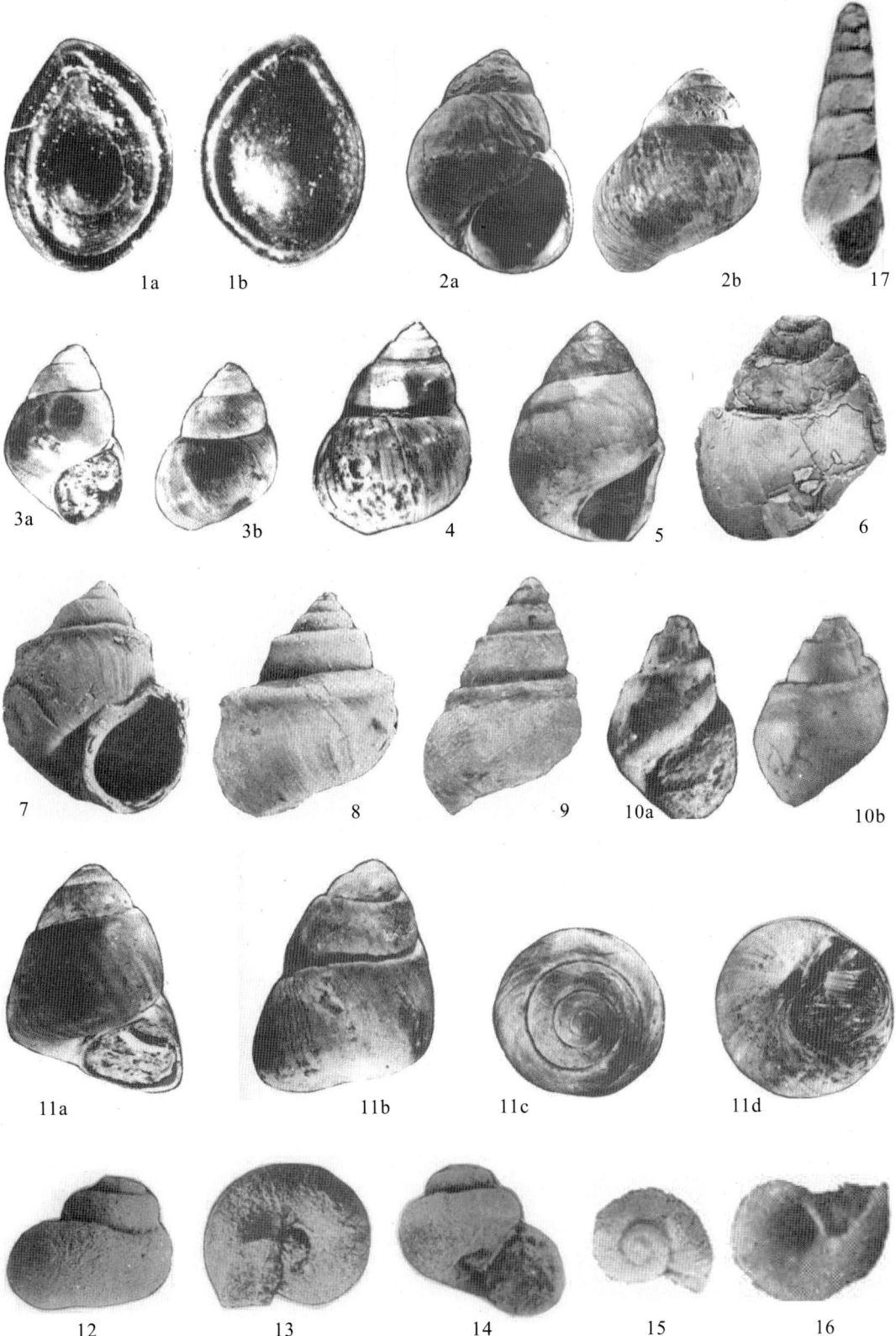

图版 17

图版 18

图版 19

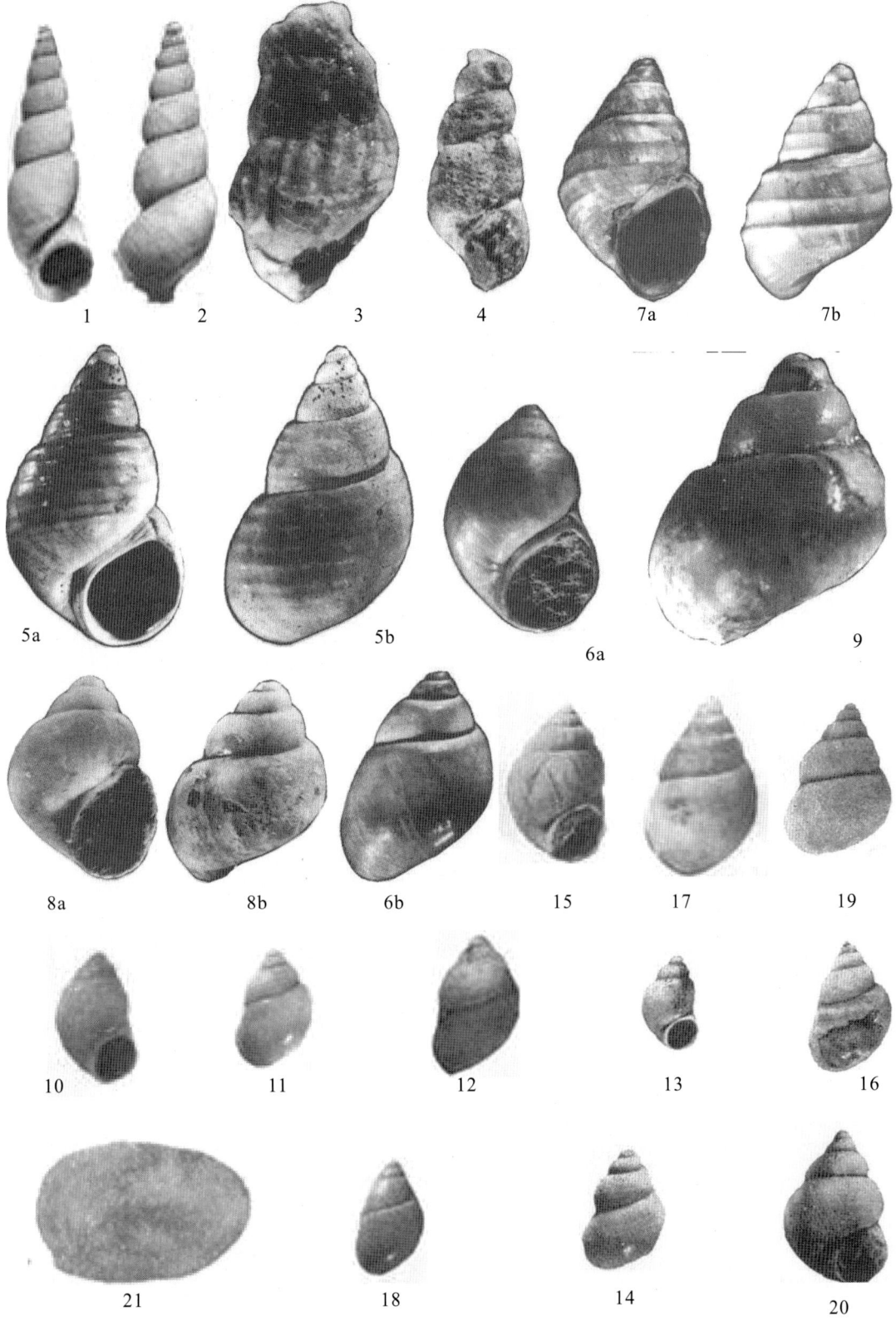

图版 21

图版 22

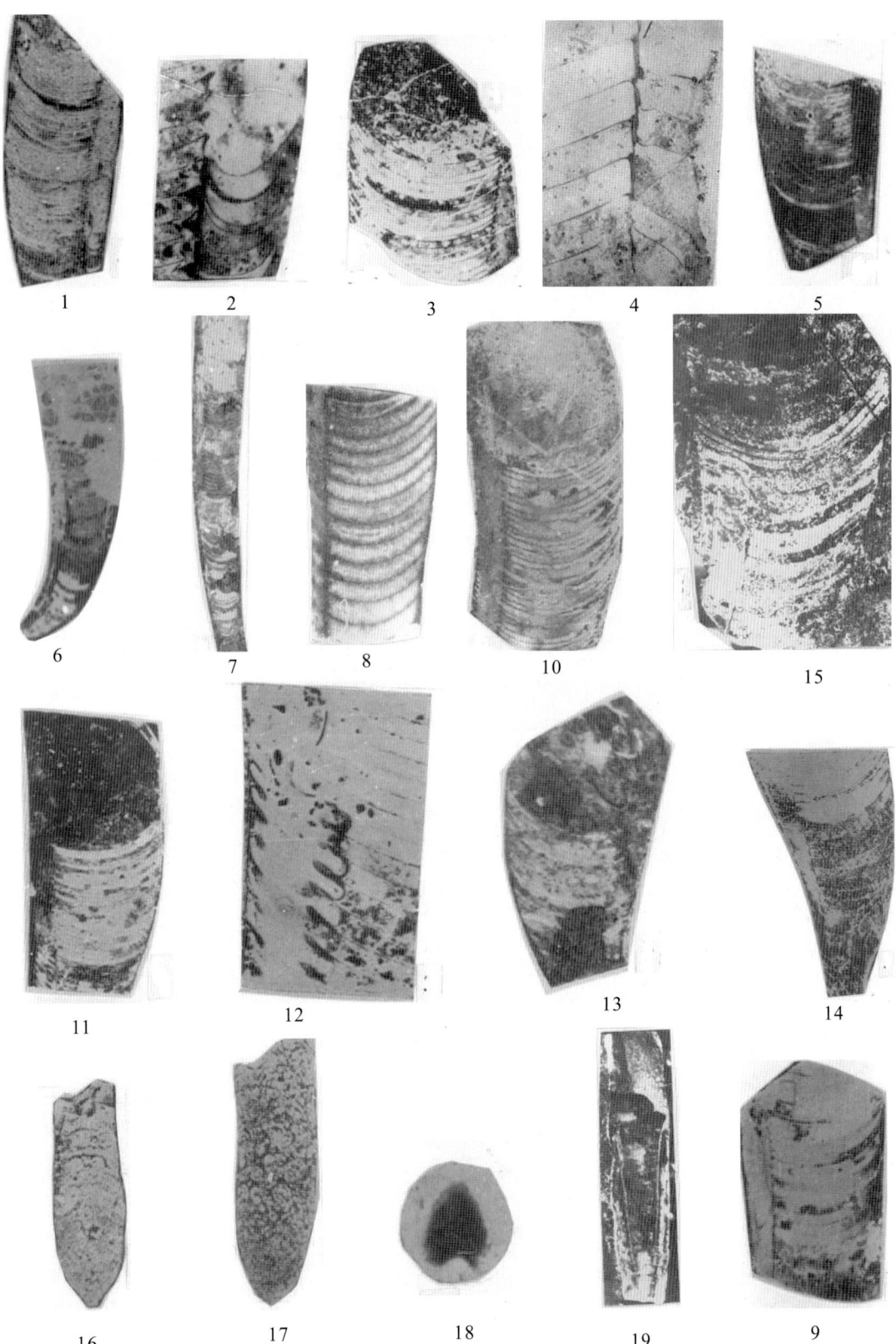

图版 23

图版 24

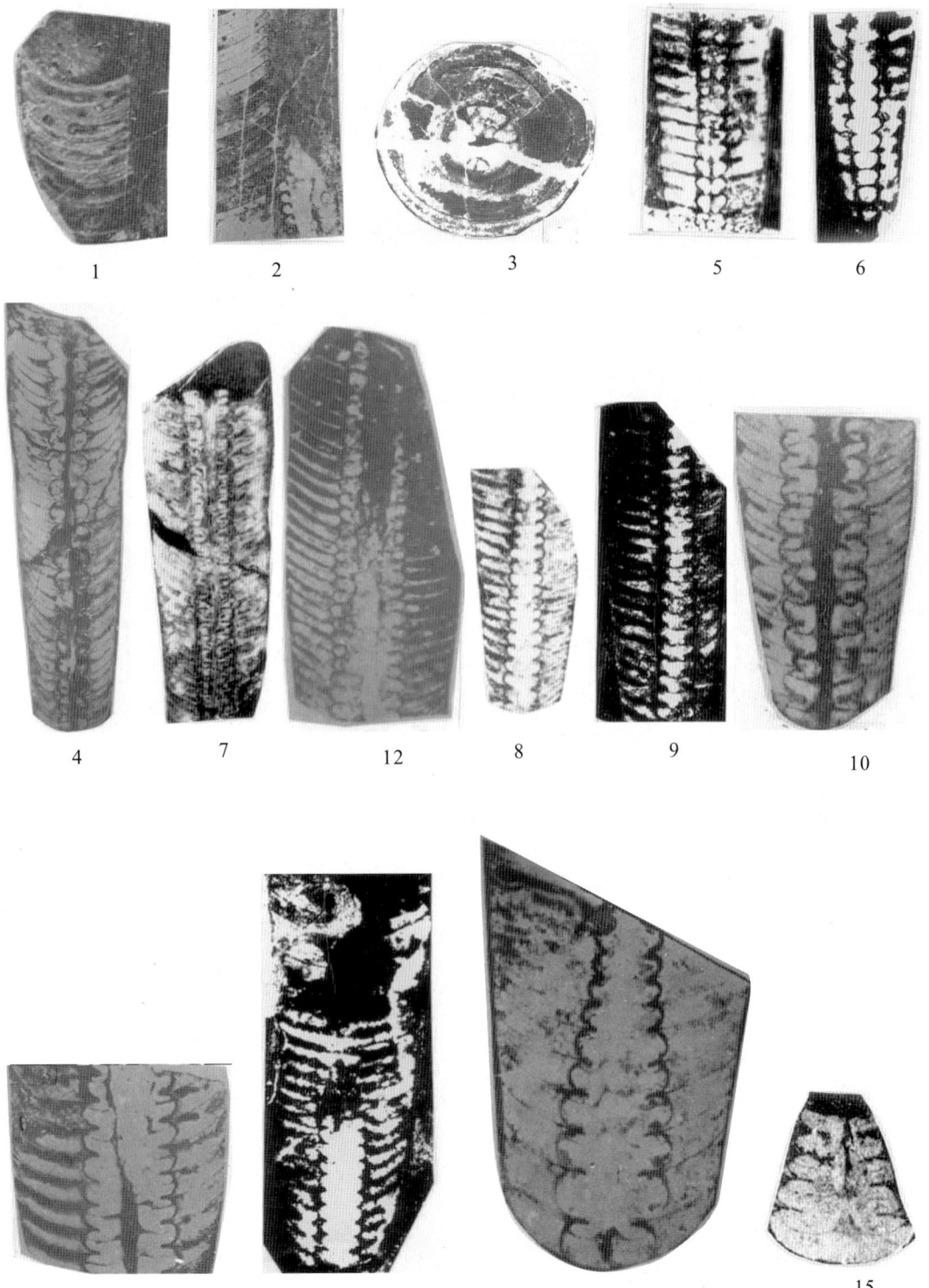

图版 25

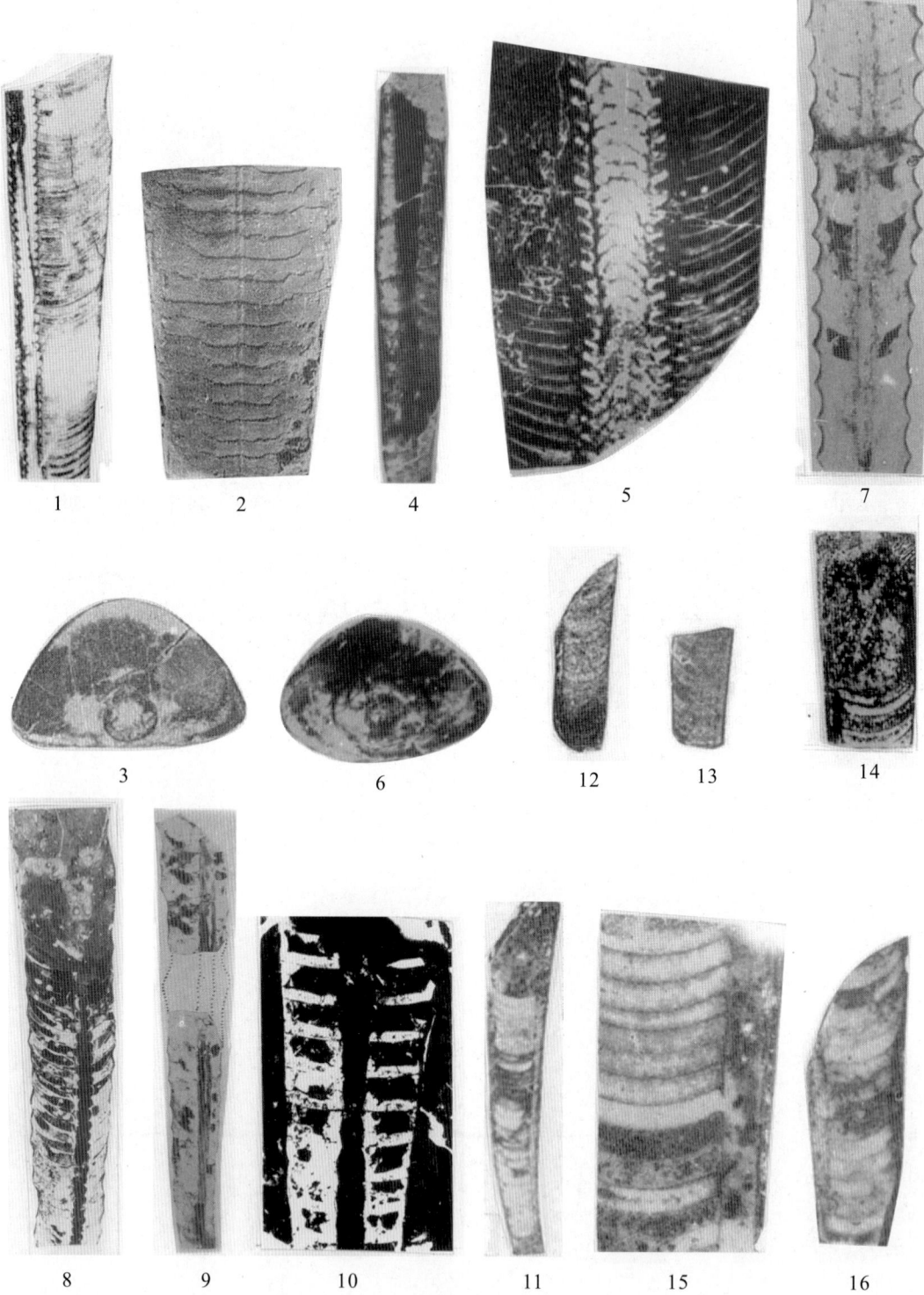

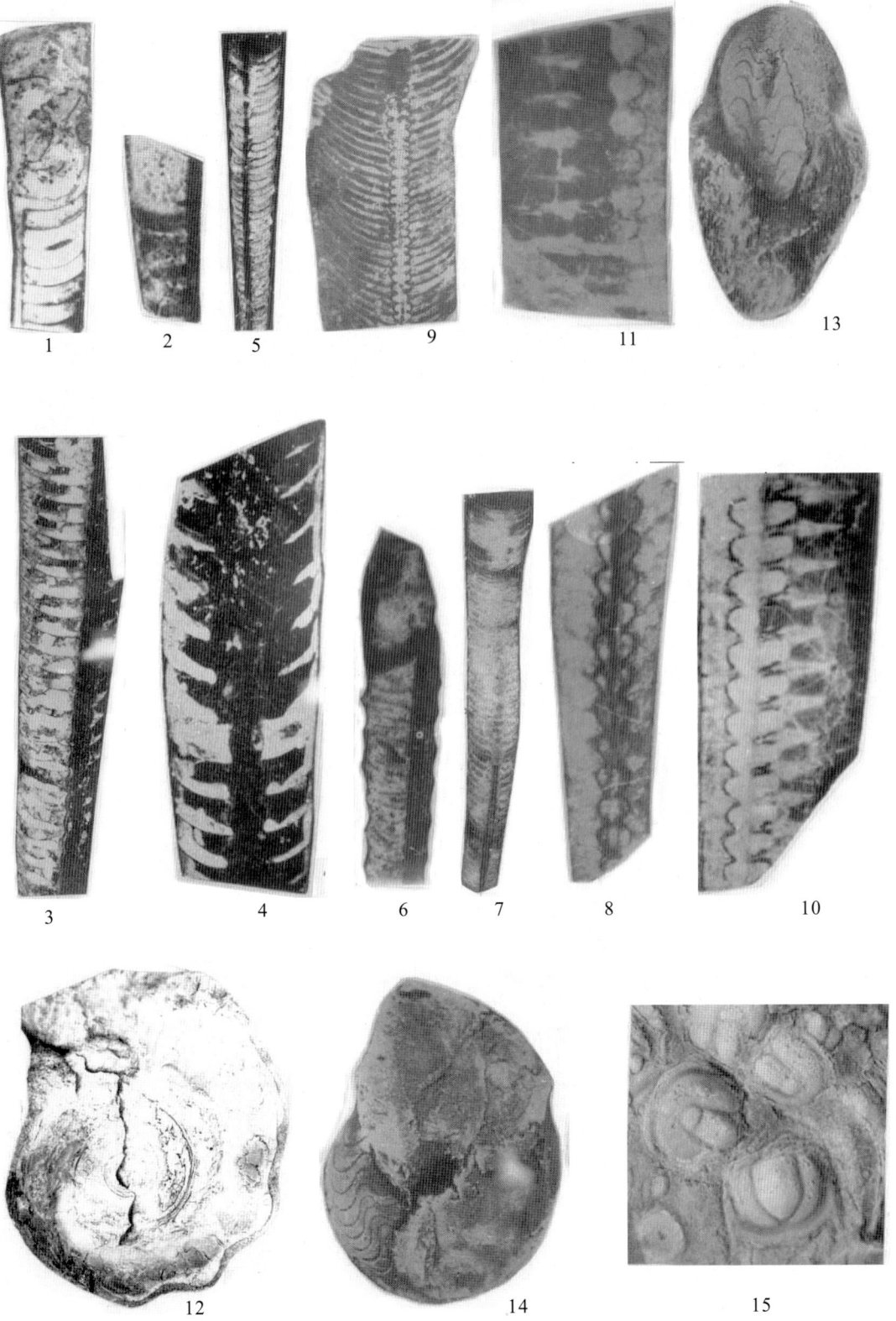

图版 26

图版 27

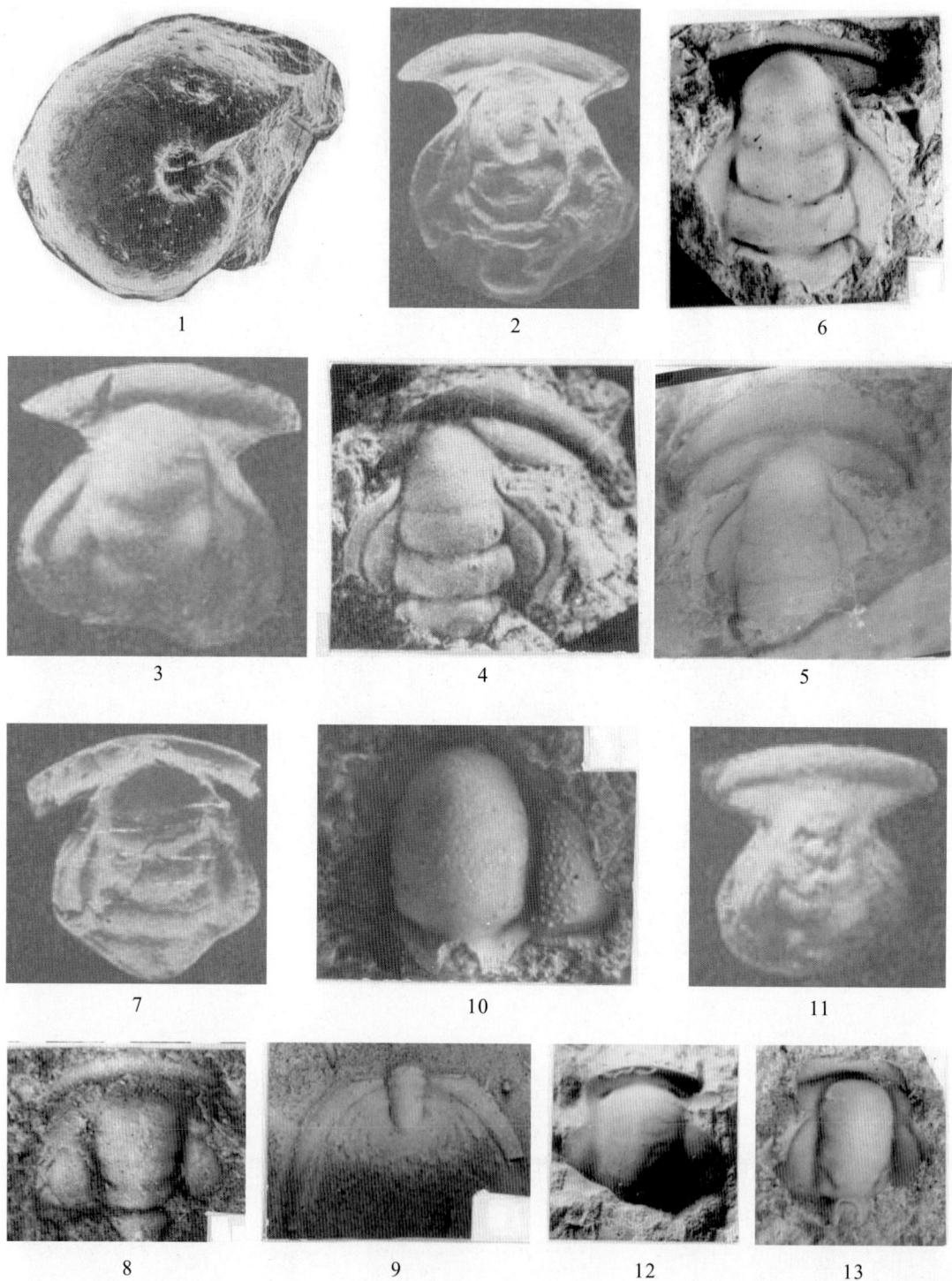

图版 28

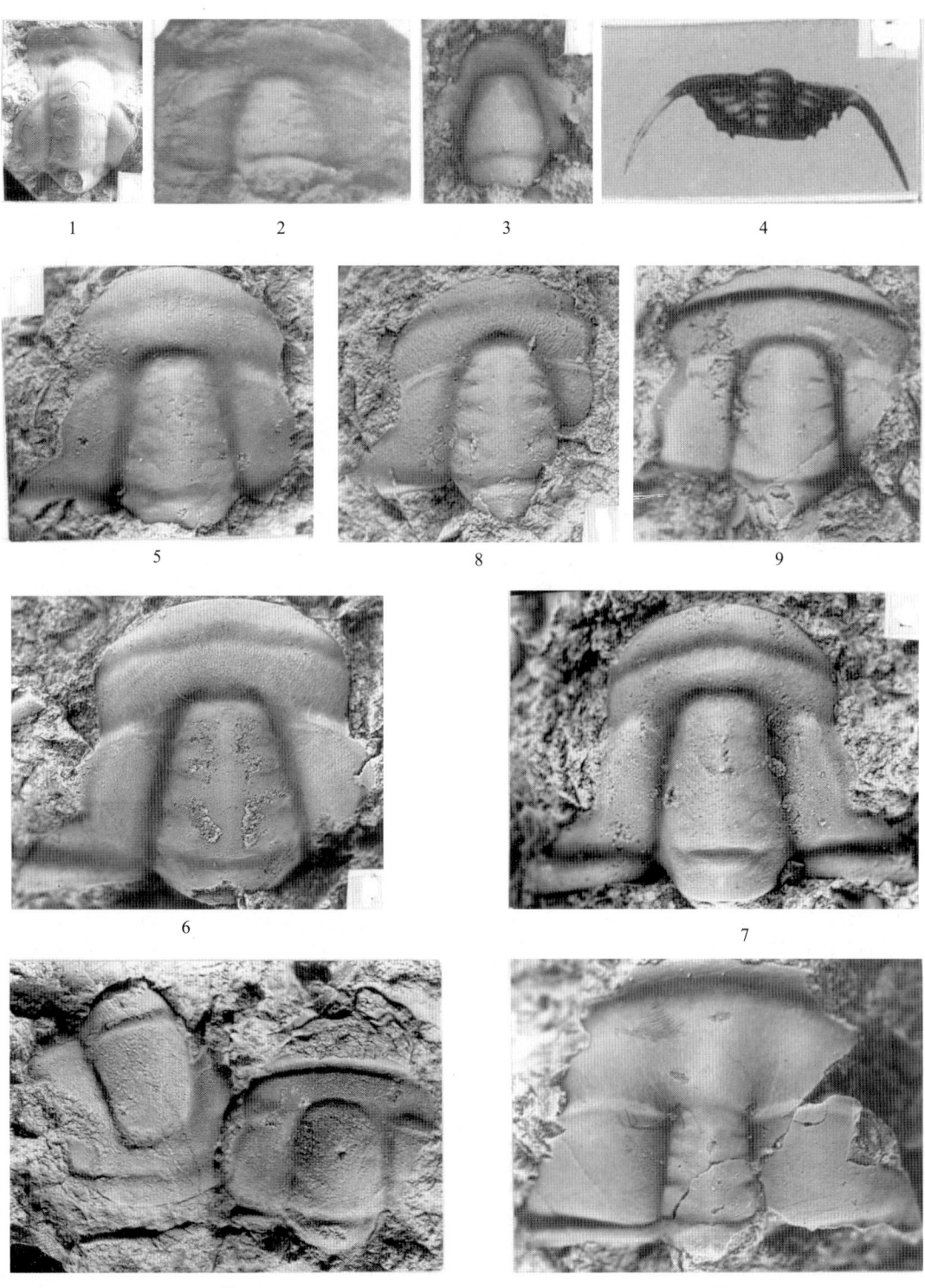

图版 29

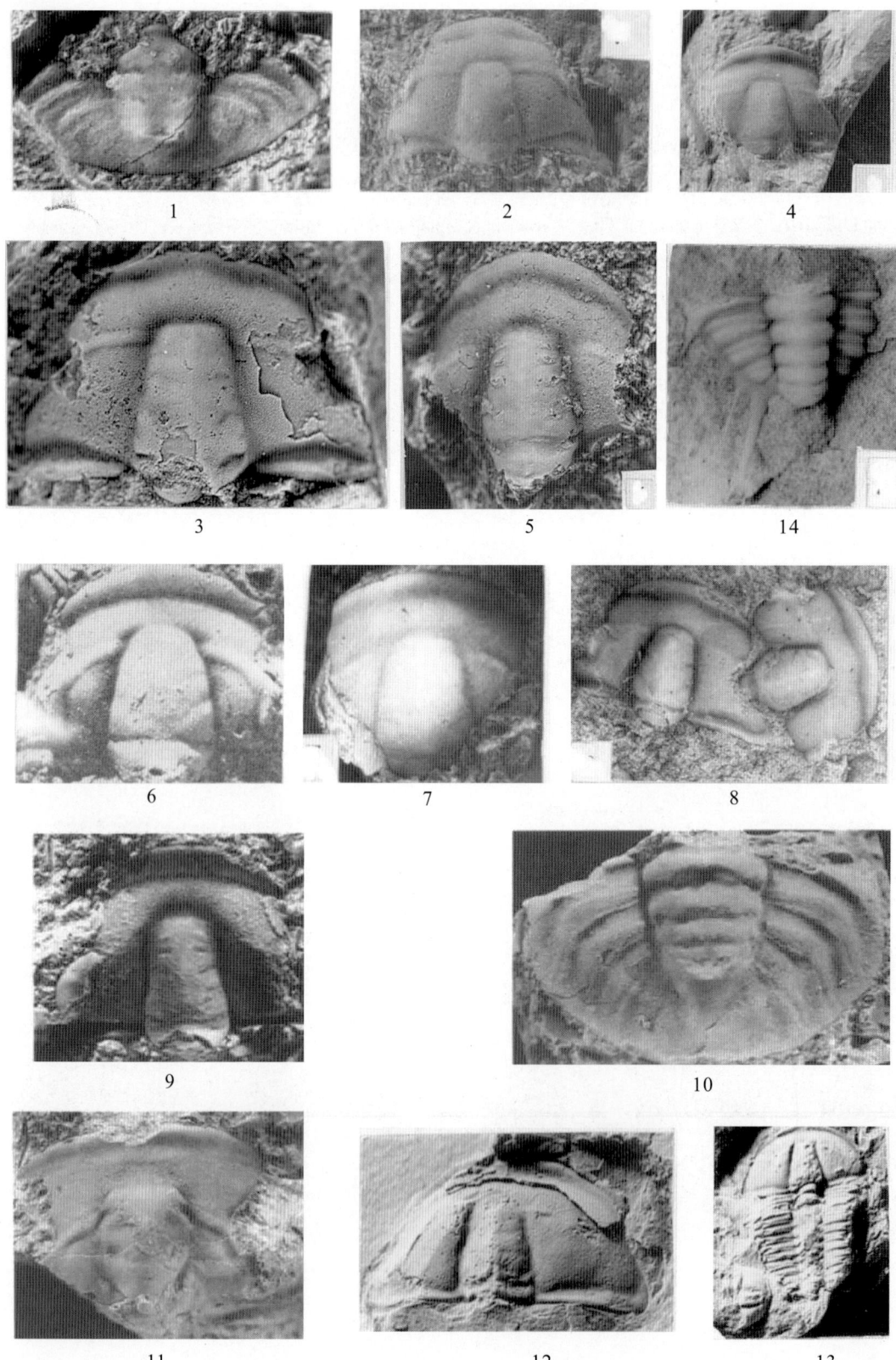

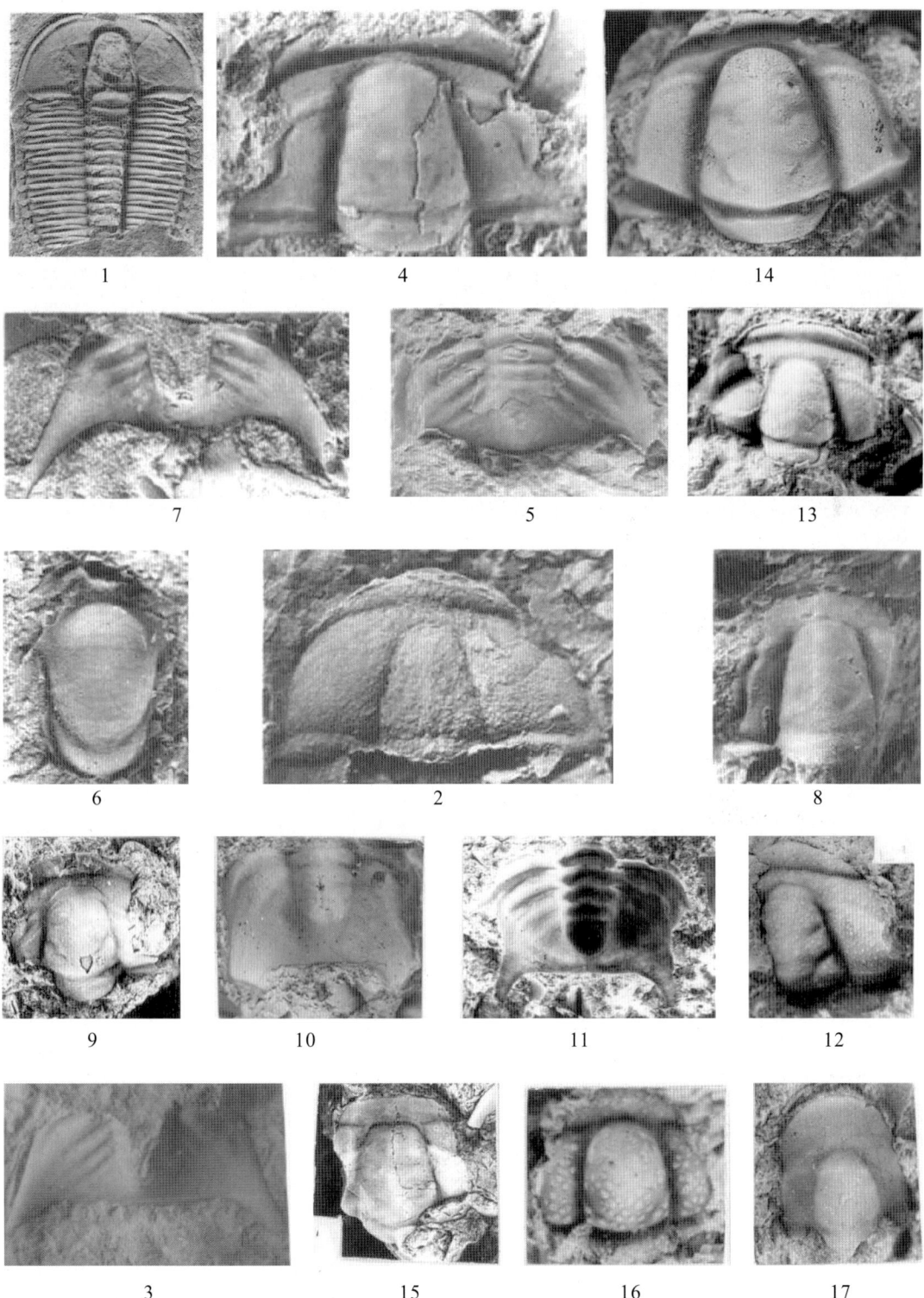

图版 31

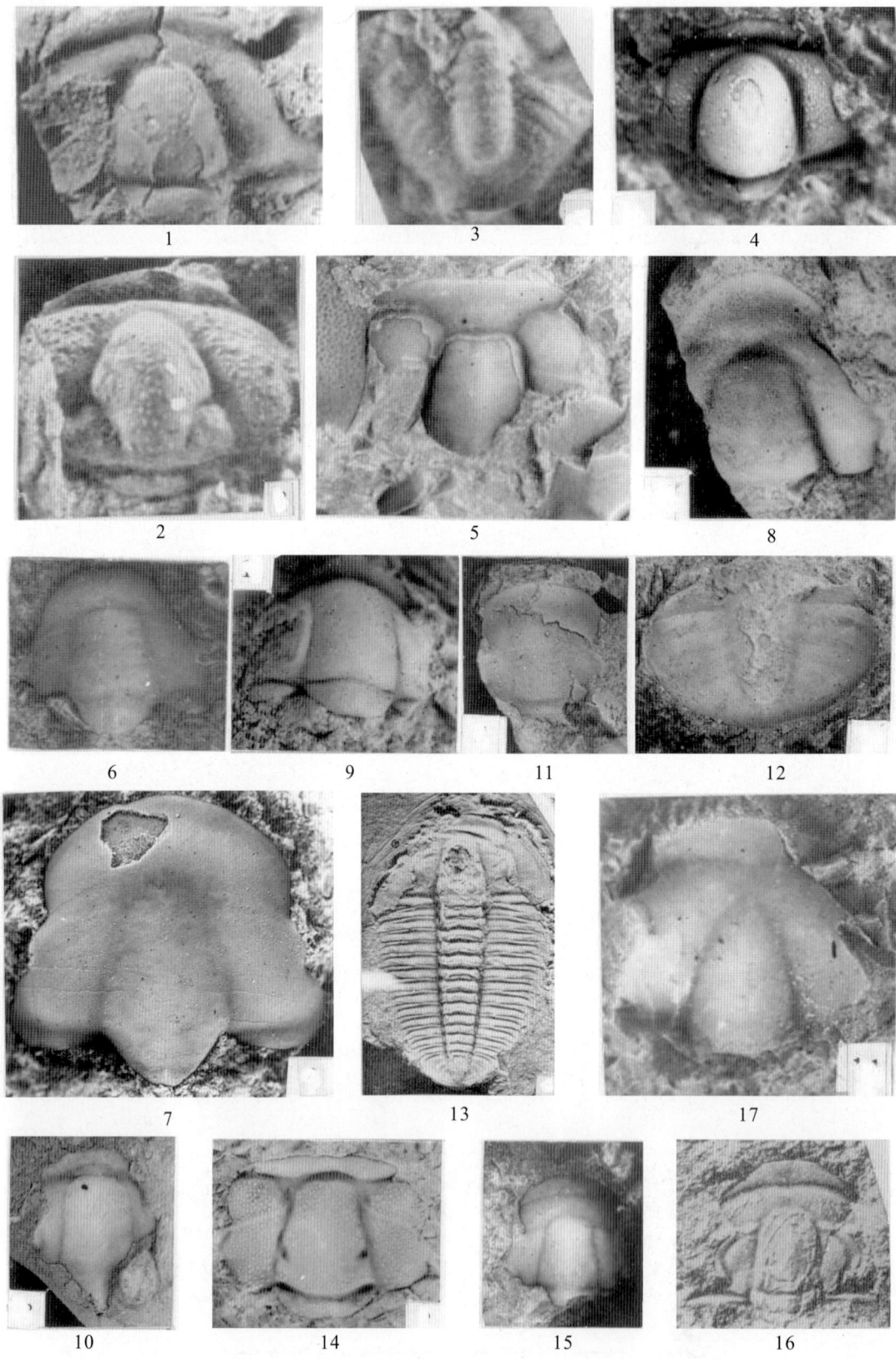

图版 32

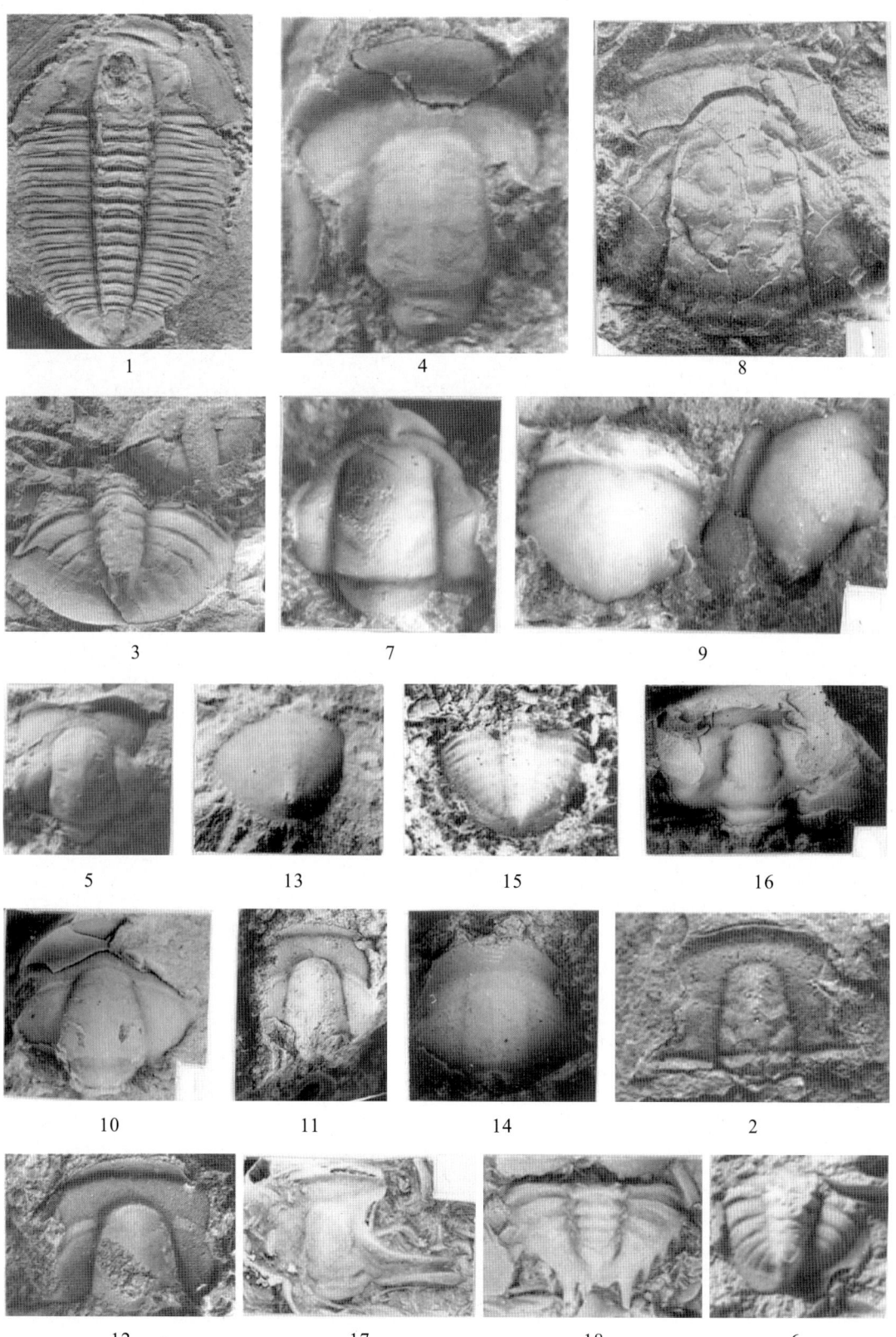

图版 33

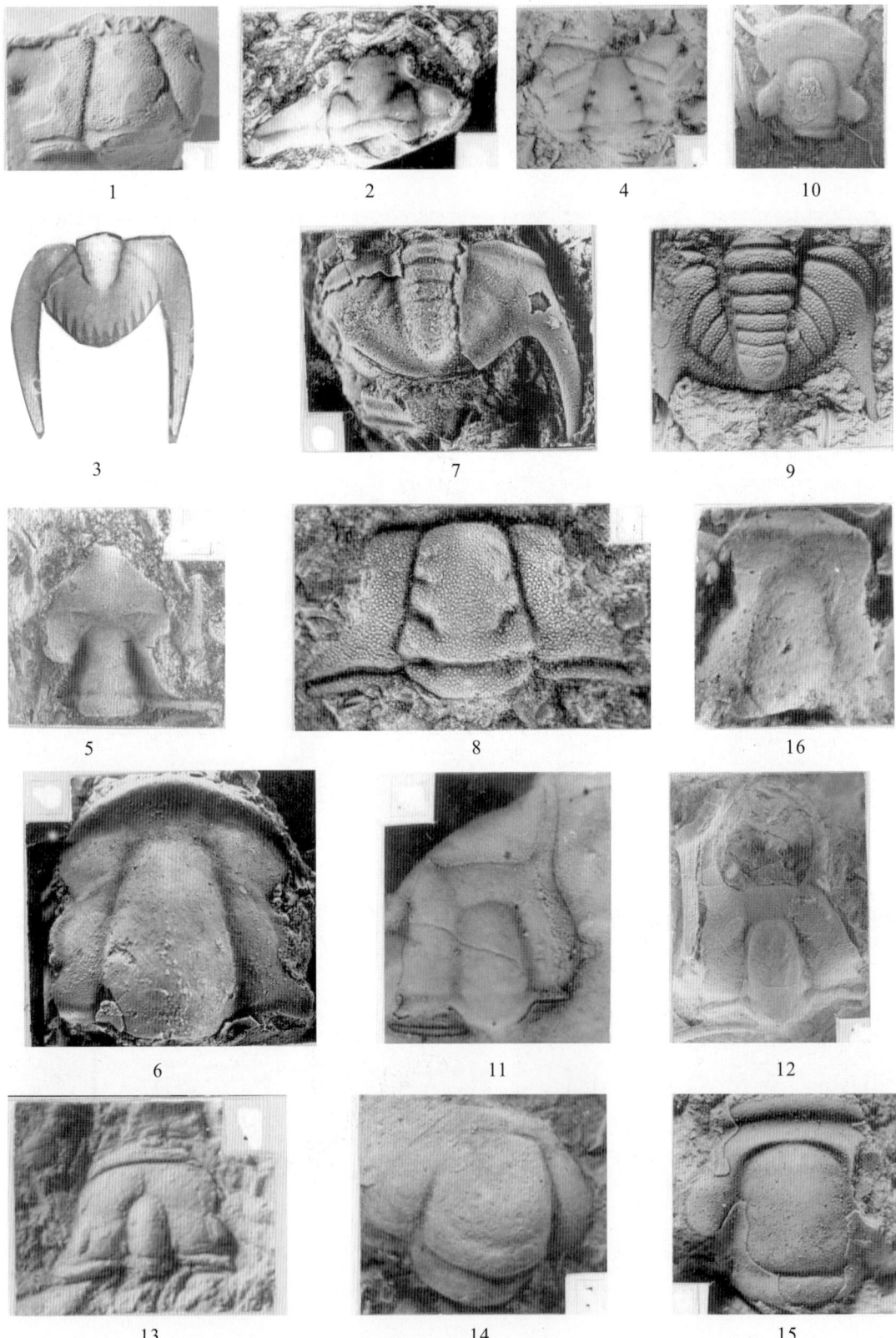

图版 34

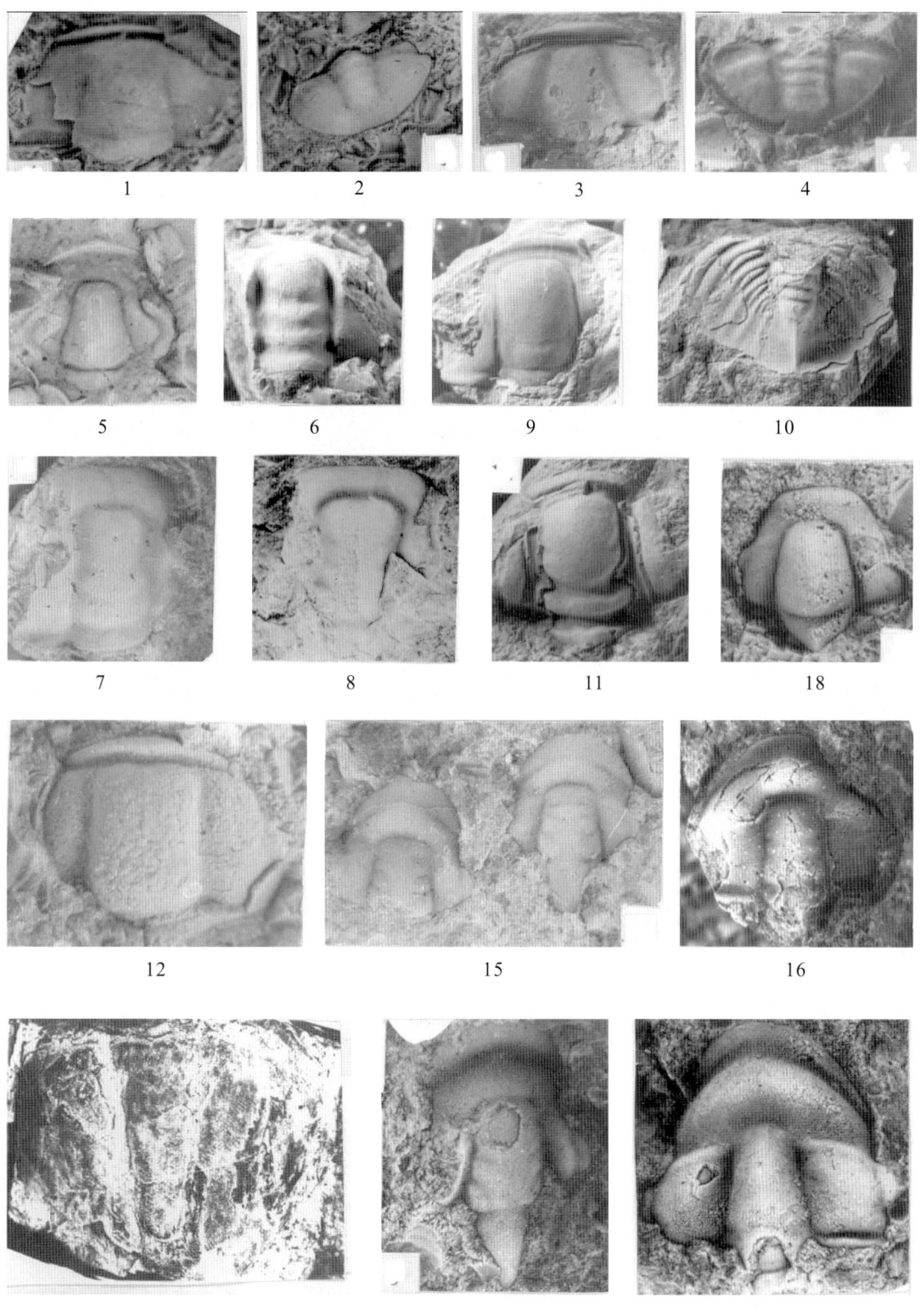

图版 35

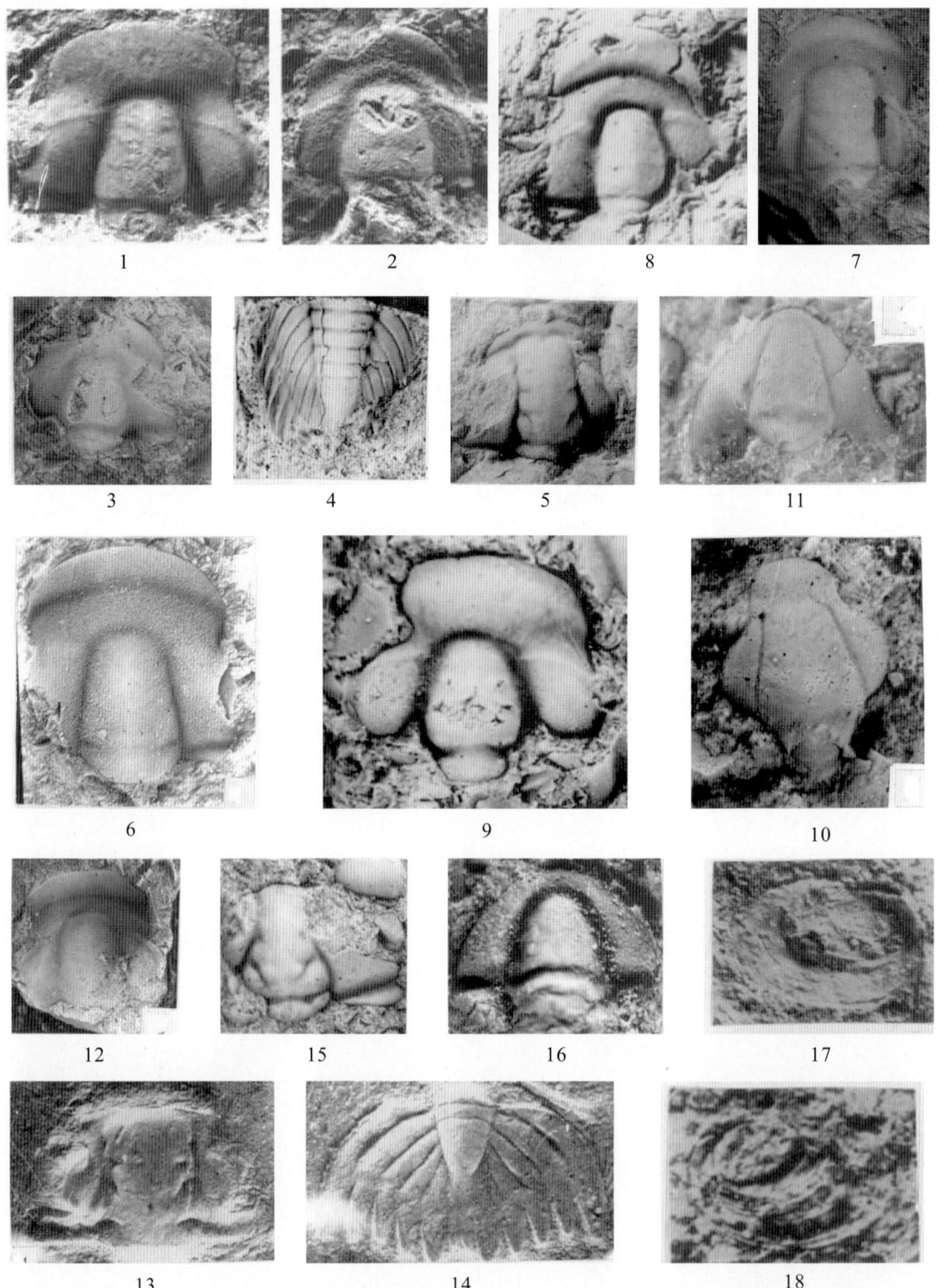

图版 36

图版 37

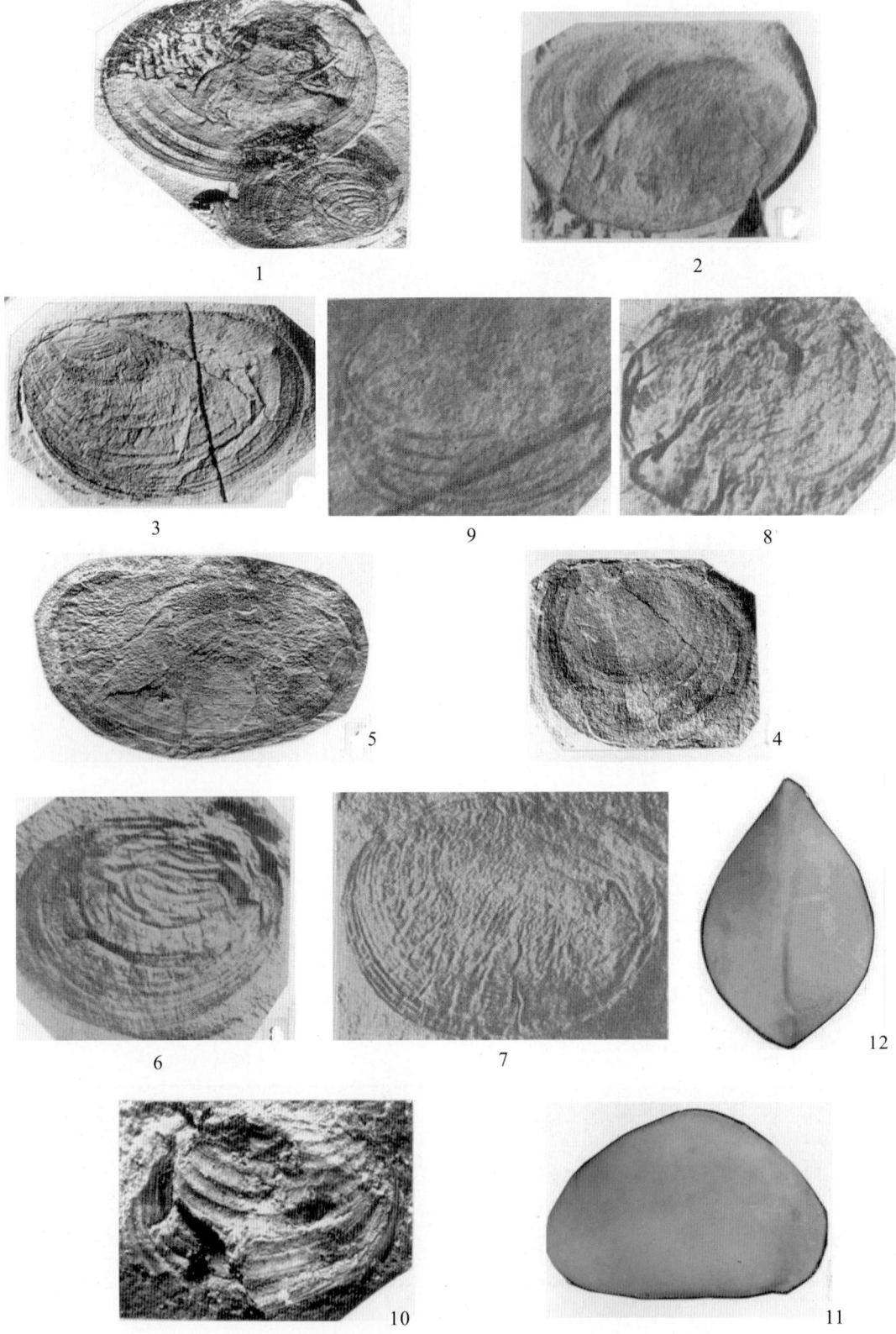

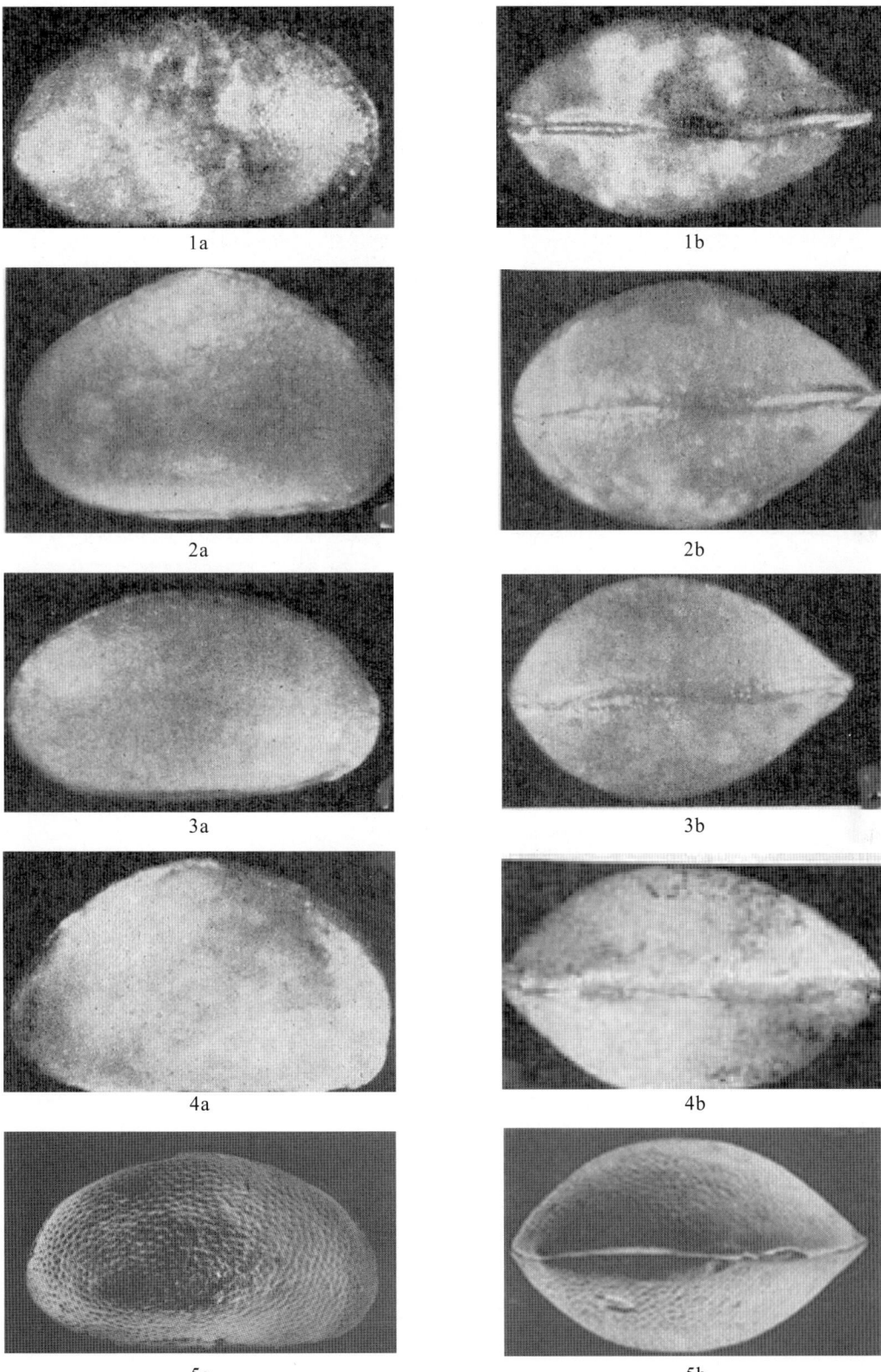

图版 39

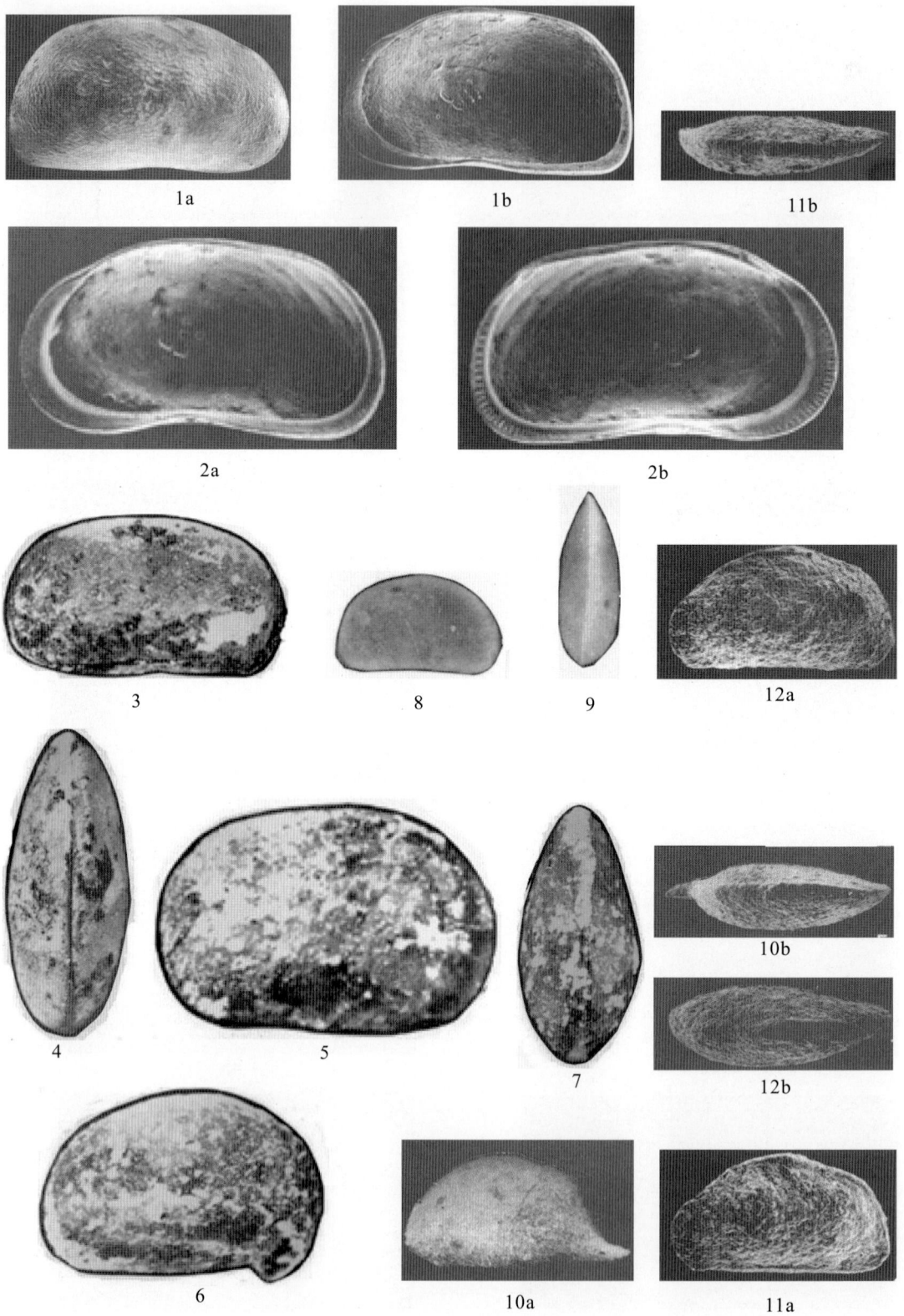

图版 40

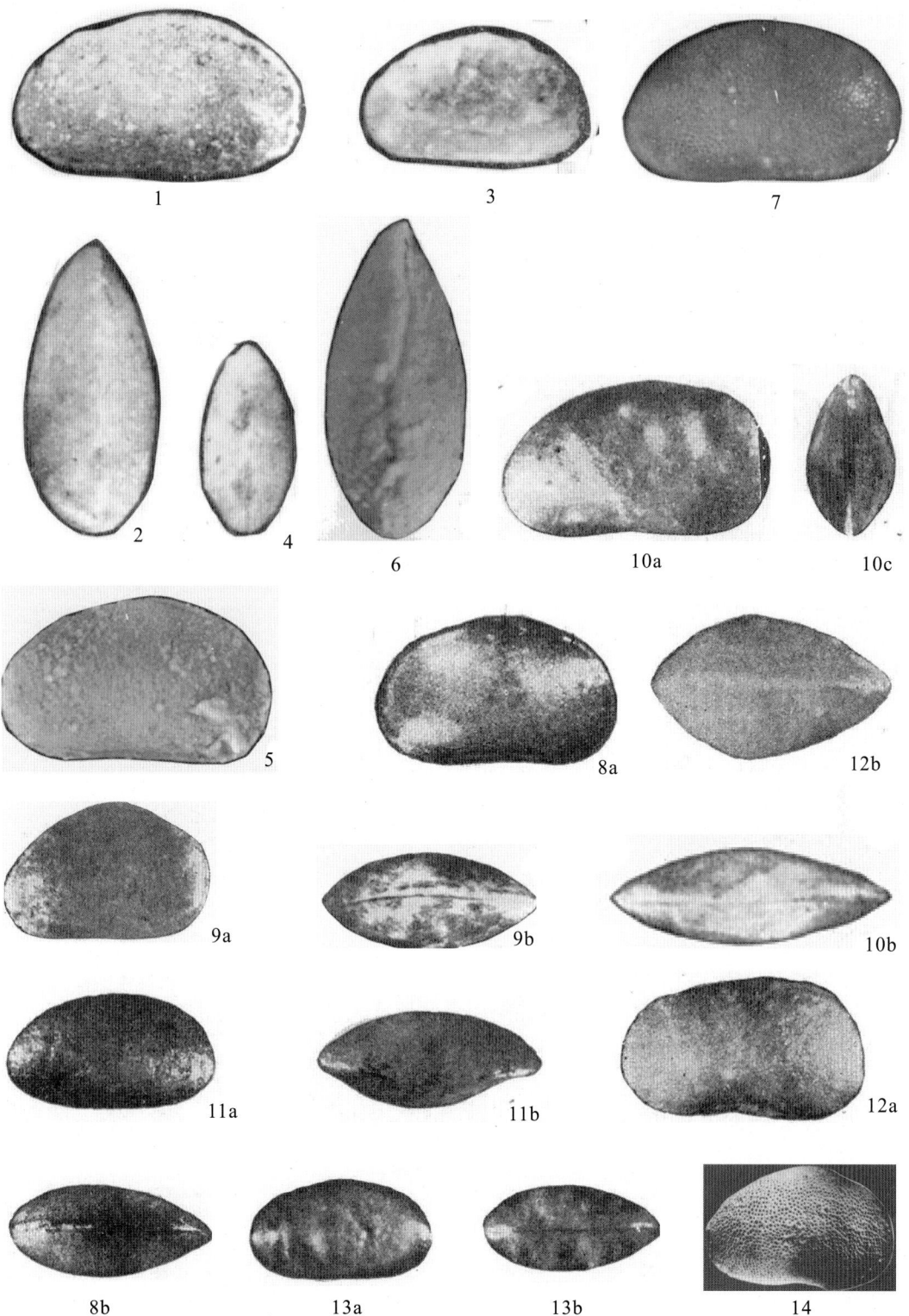

图版 41

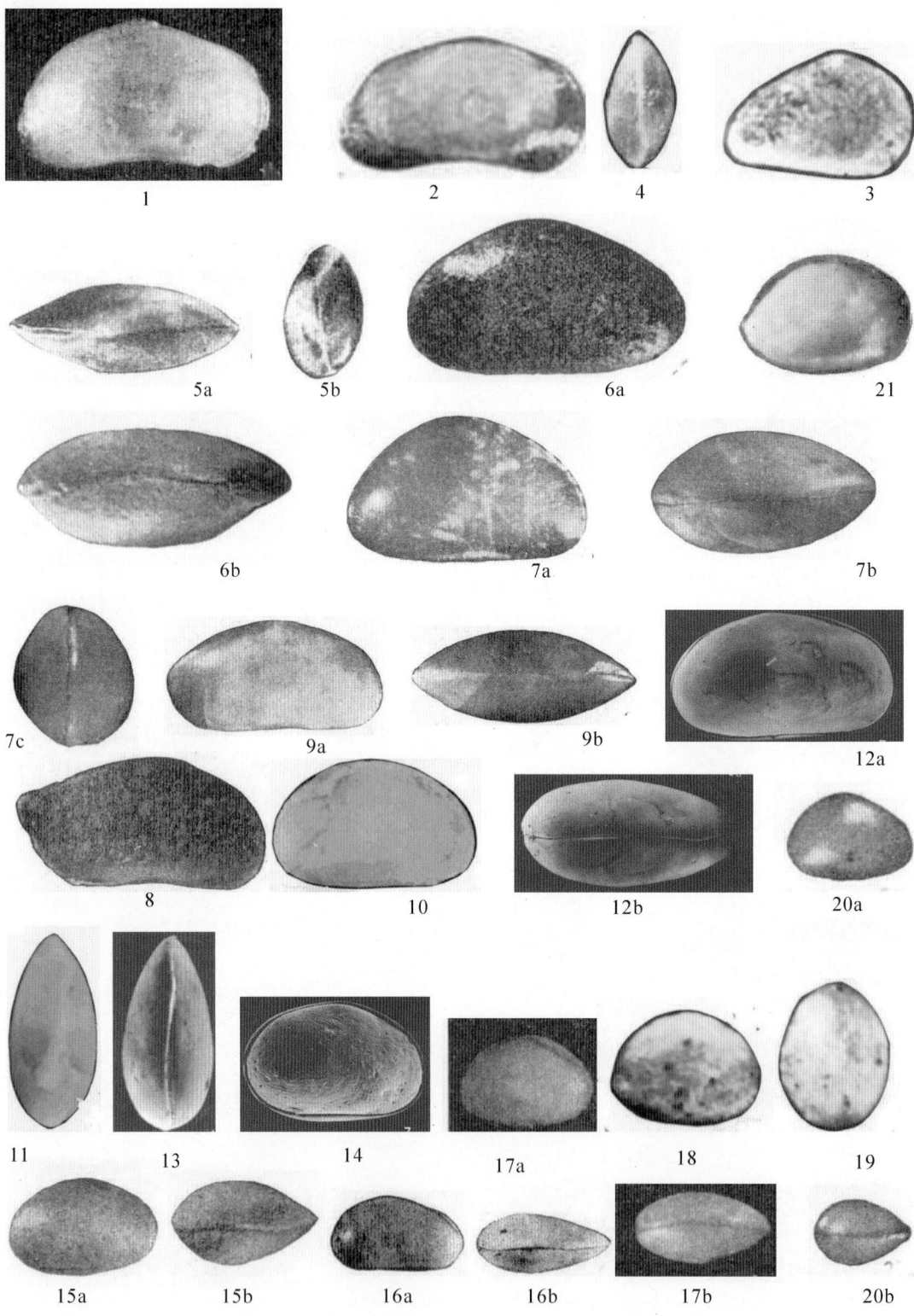

图版 42

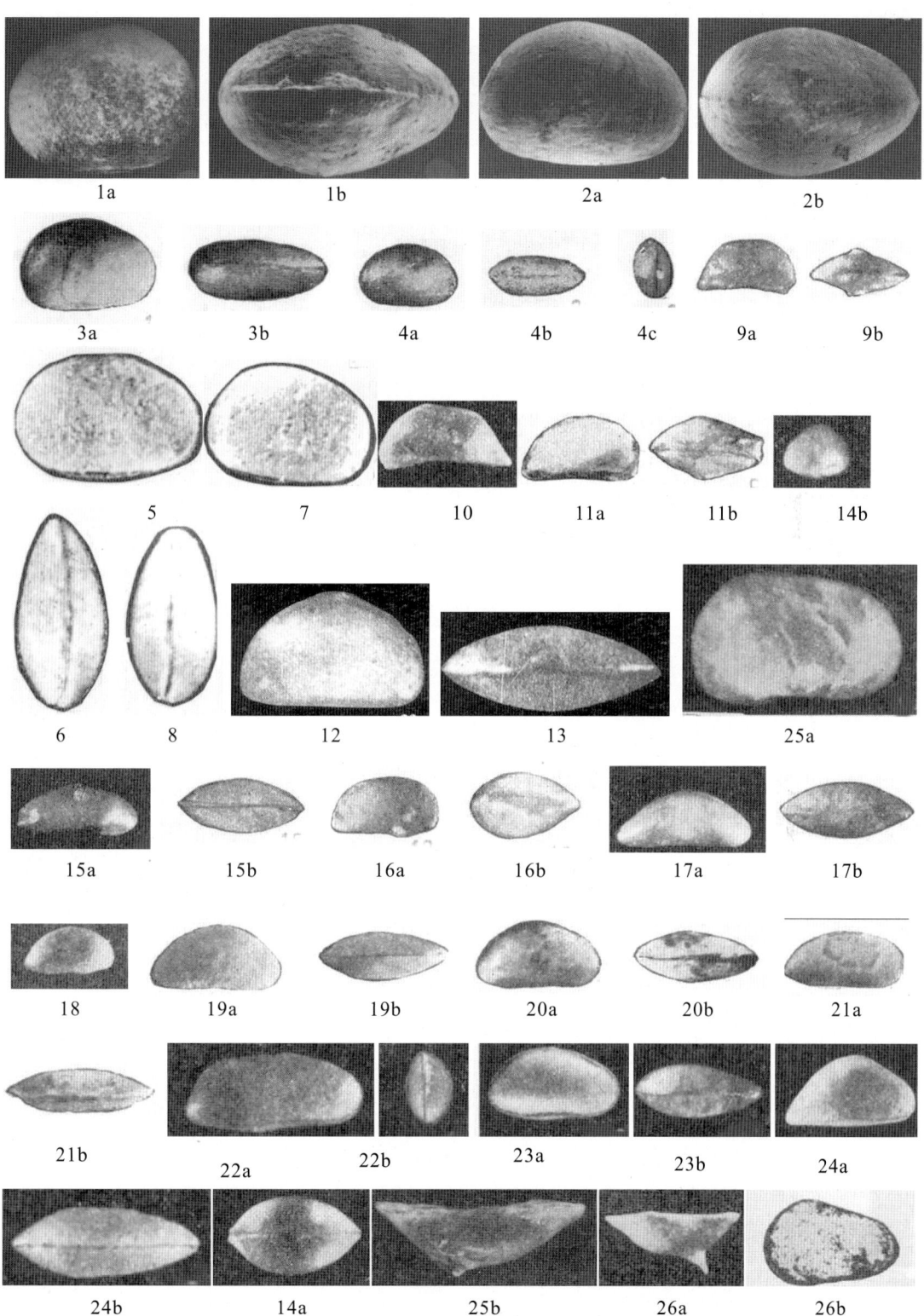

图版 43

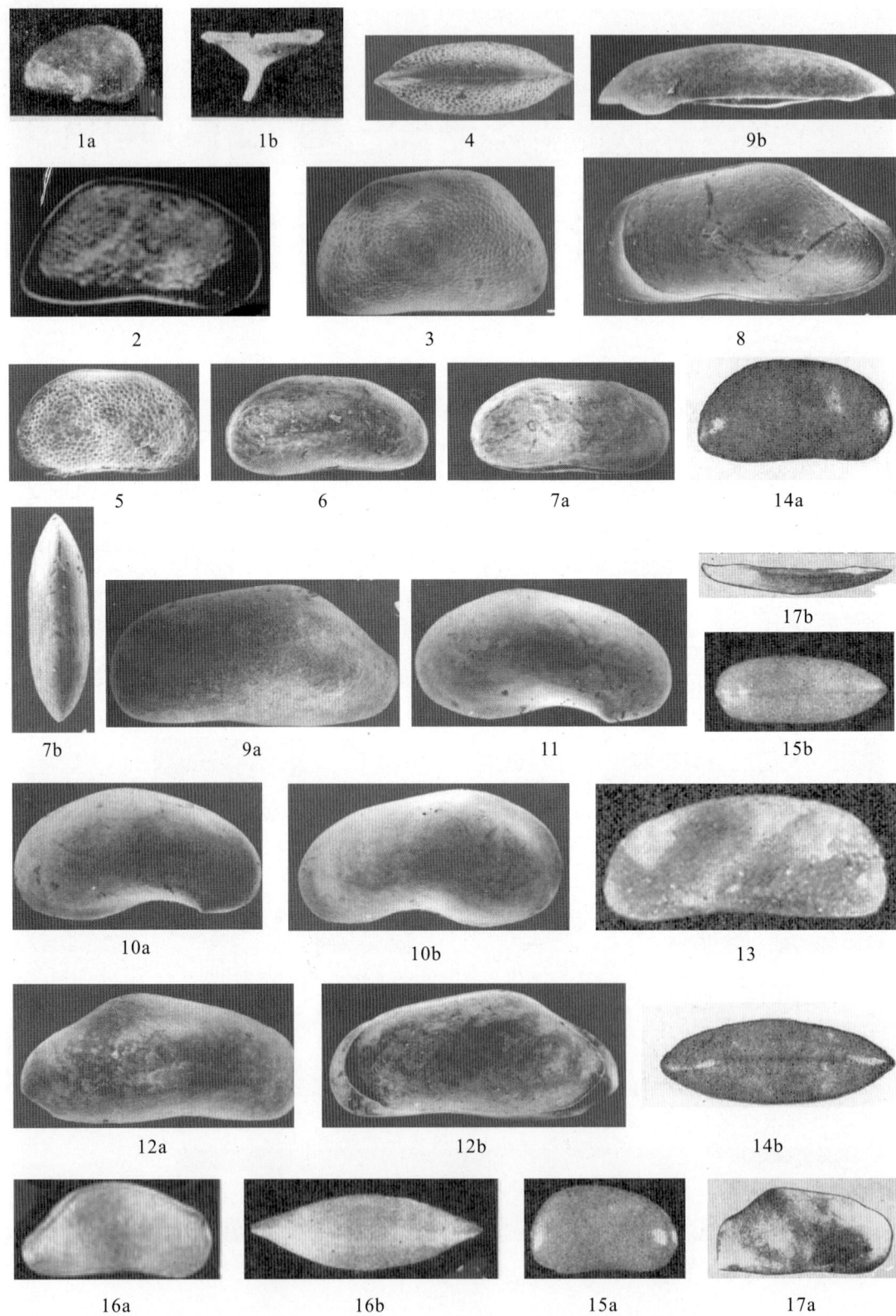

图版 44

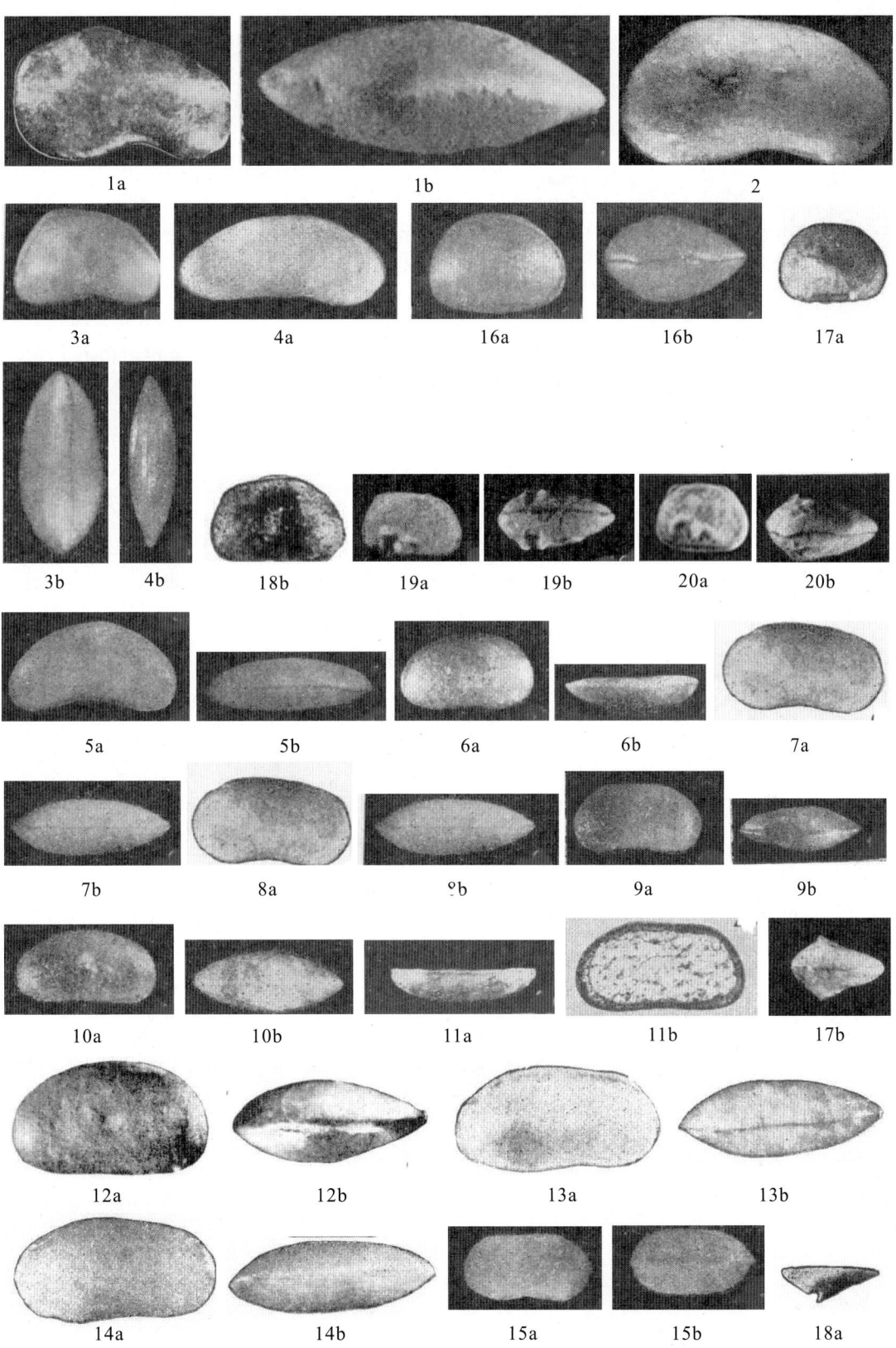

图版 45

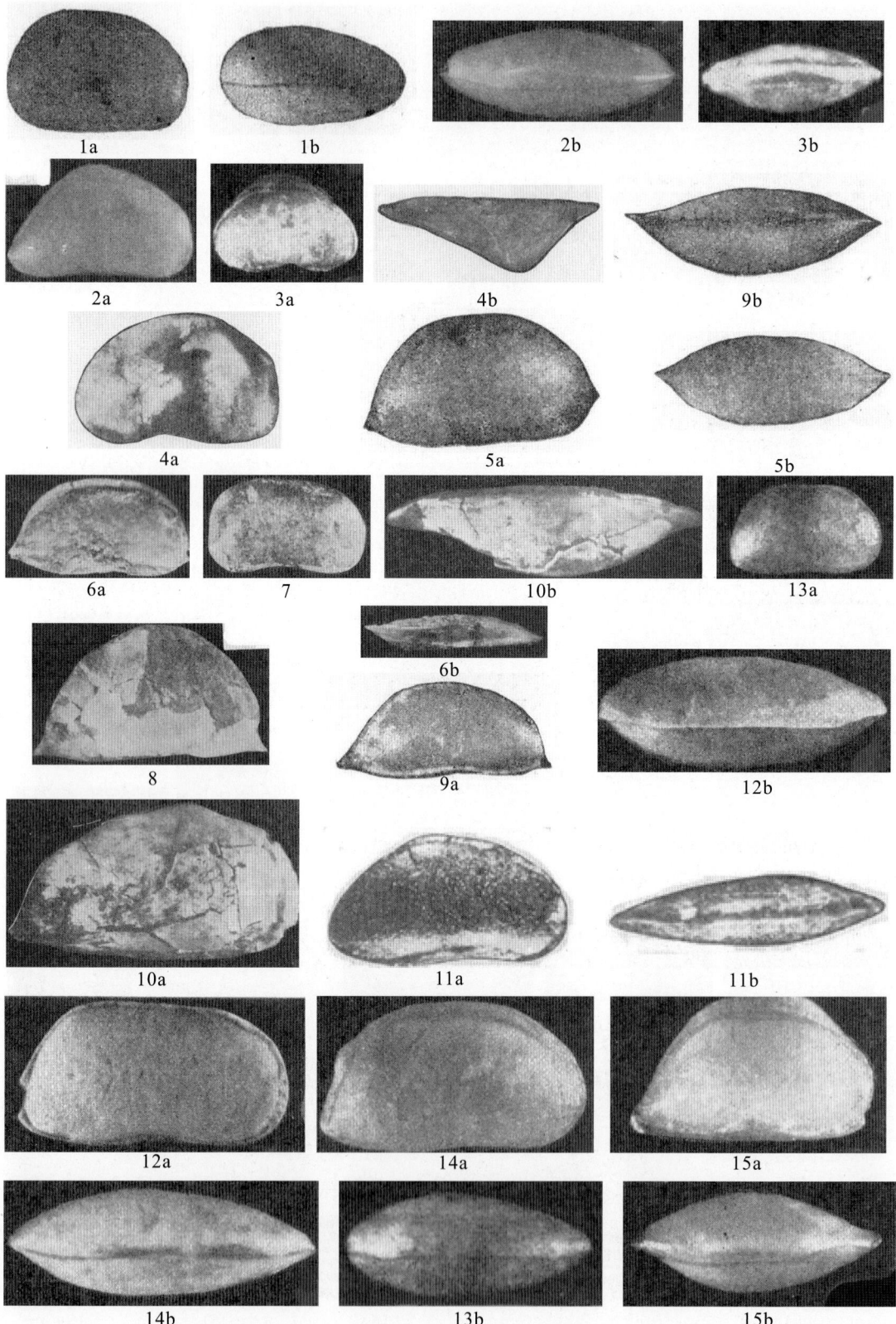

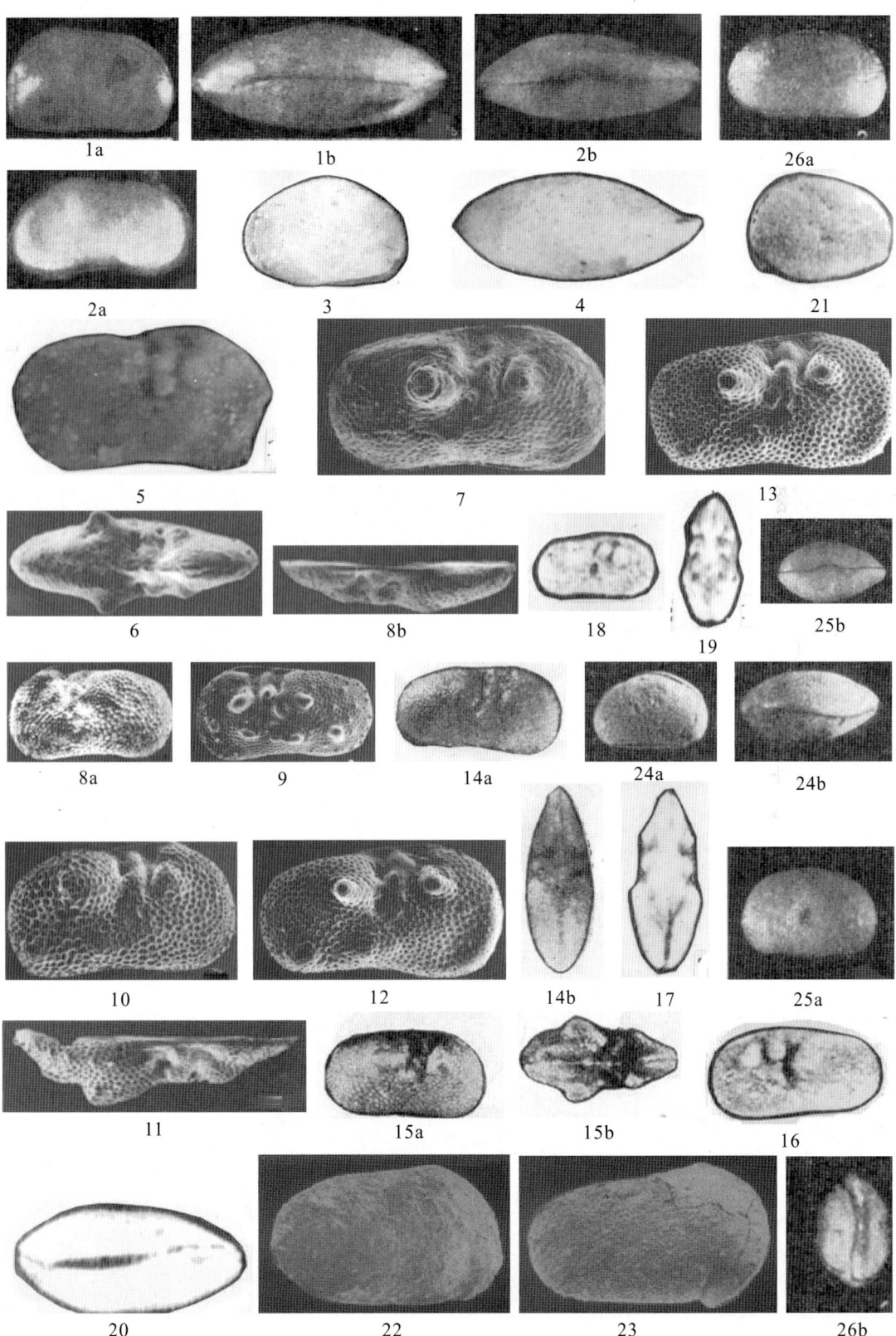

图版 47

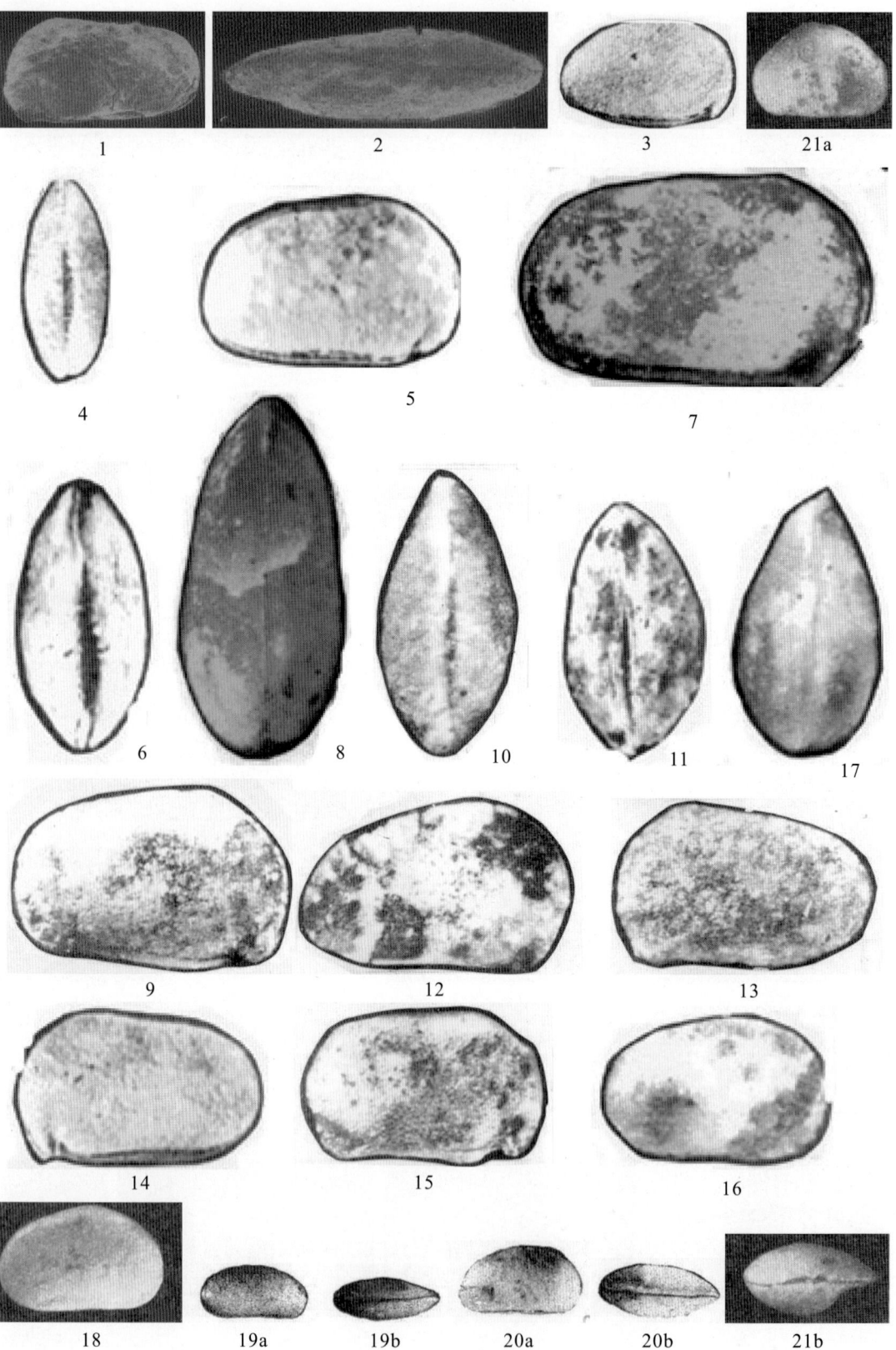

图版 48

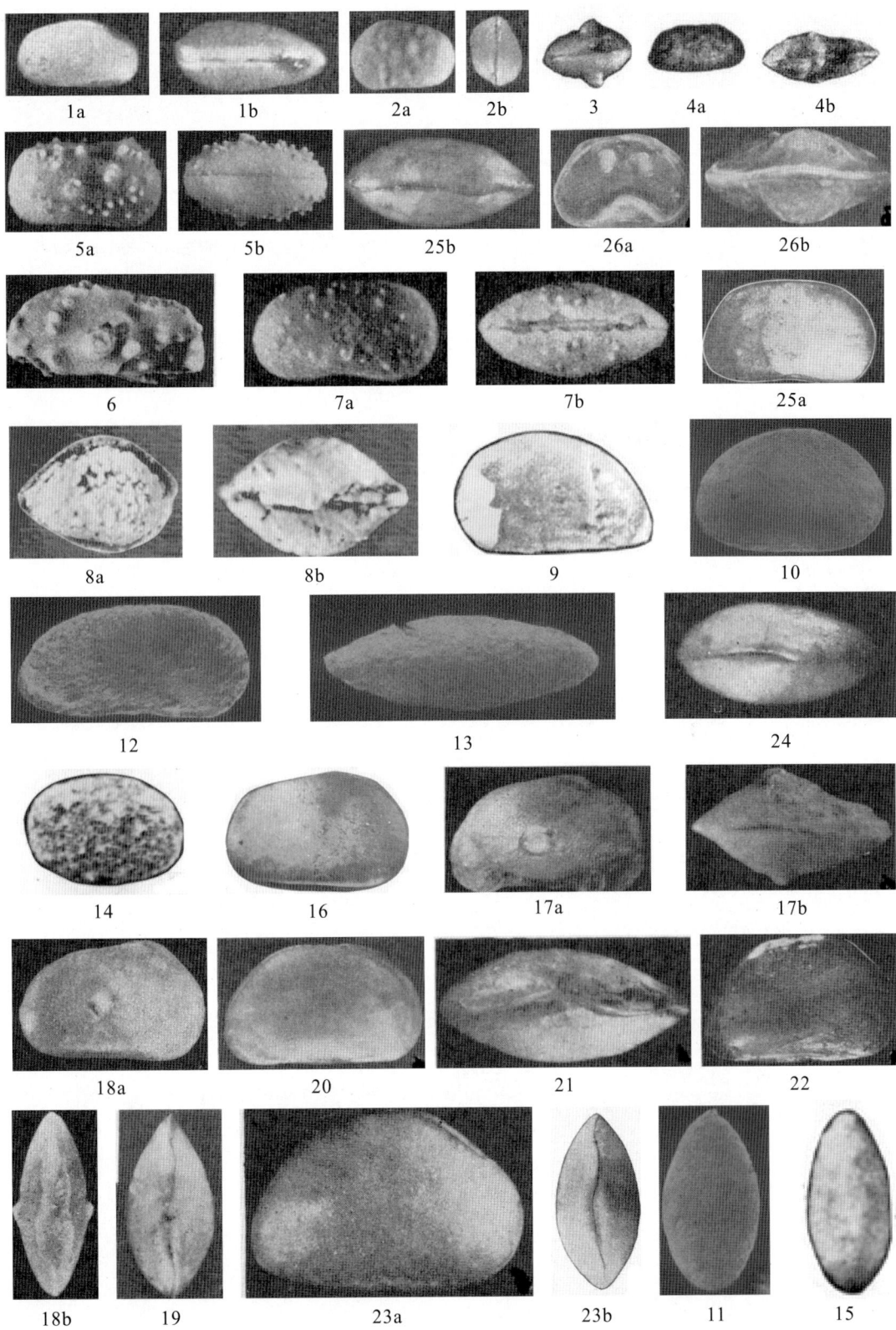

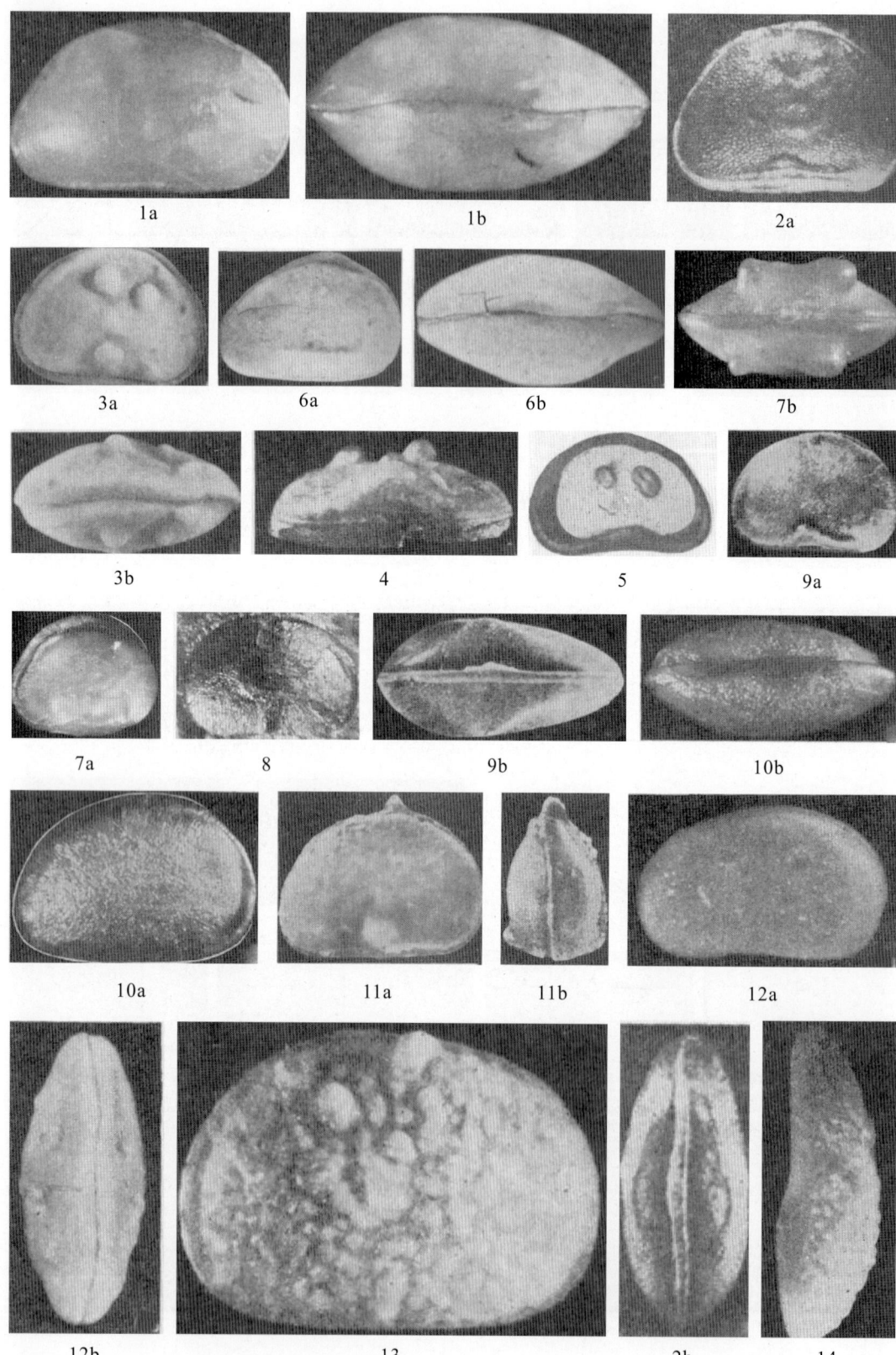

图版 50

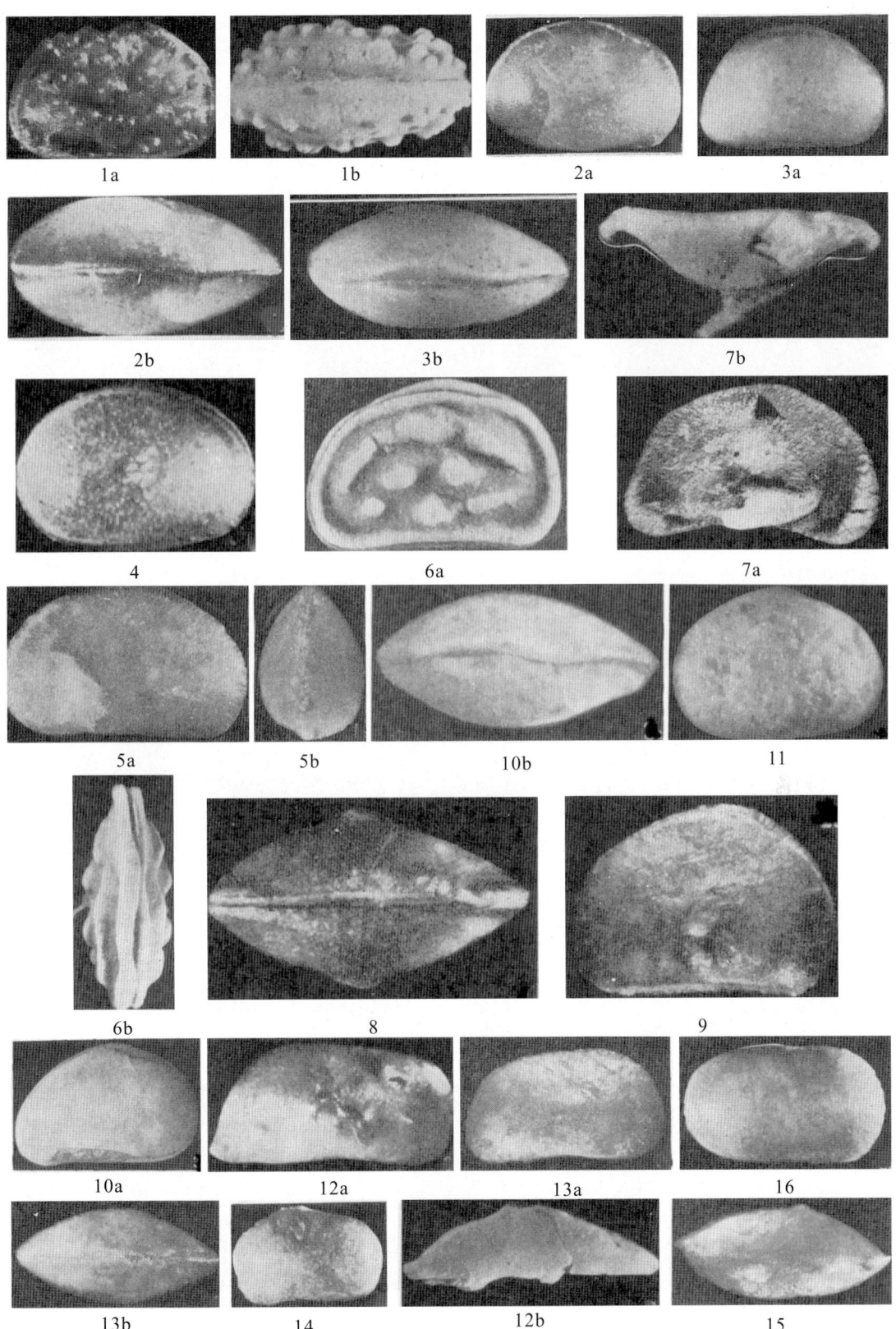

图版 51

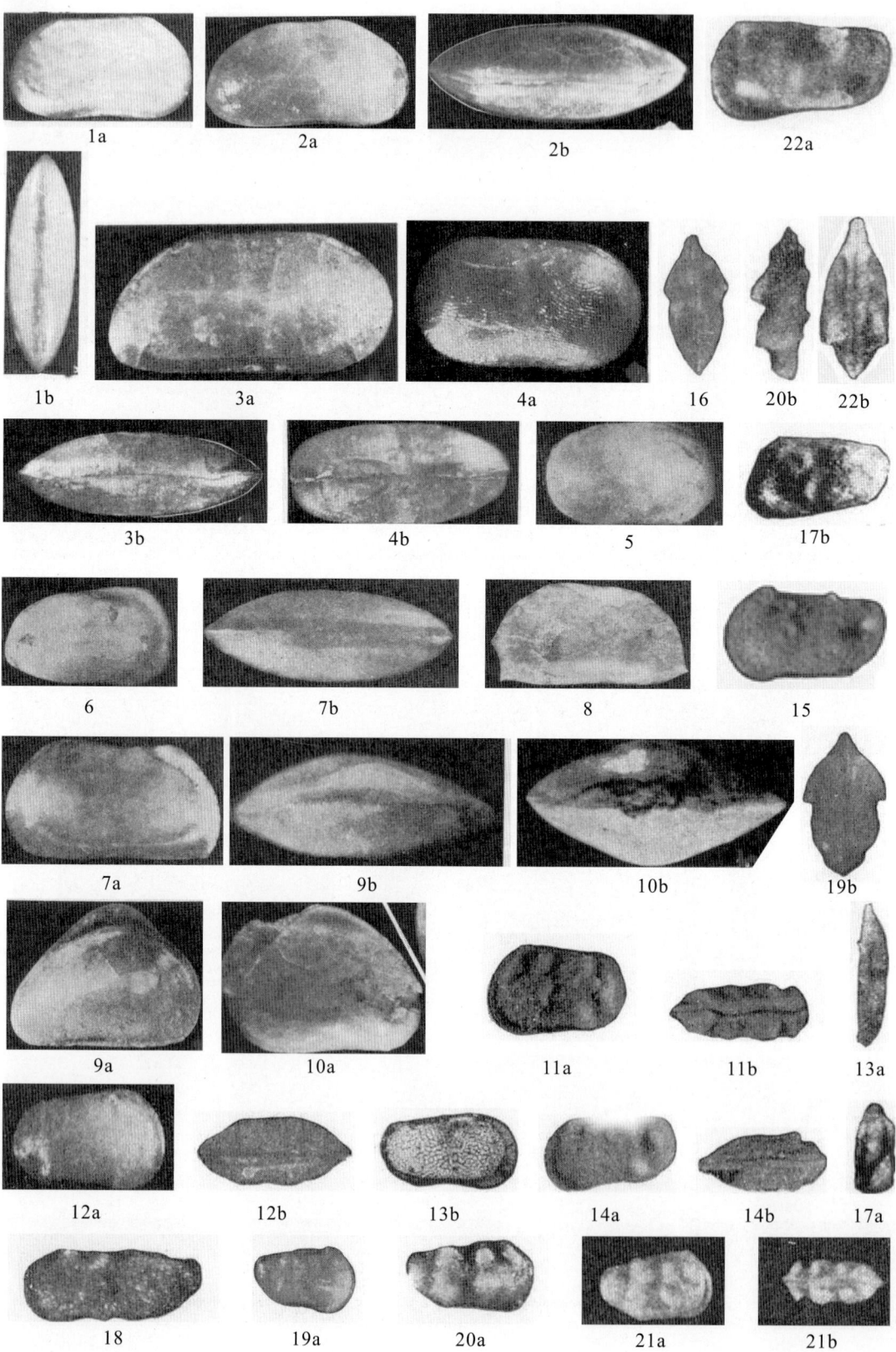

图版 52

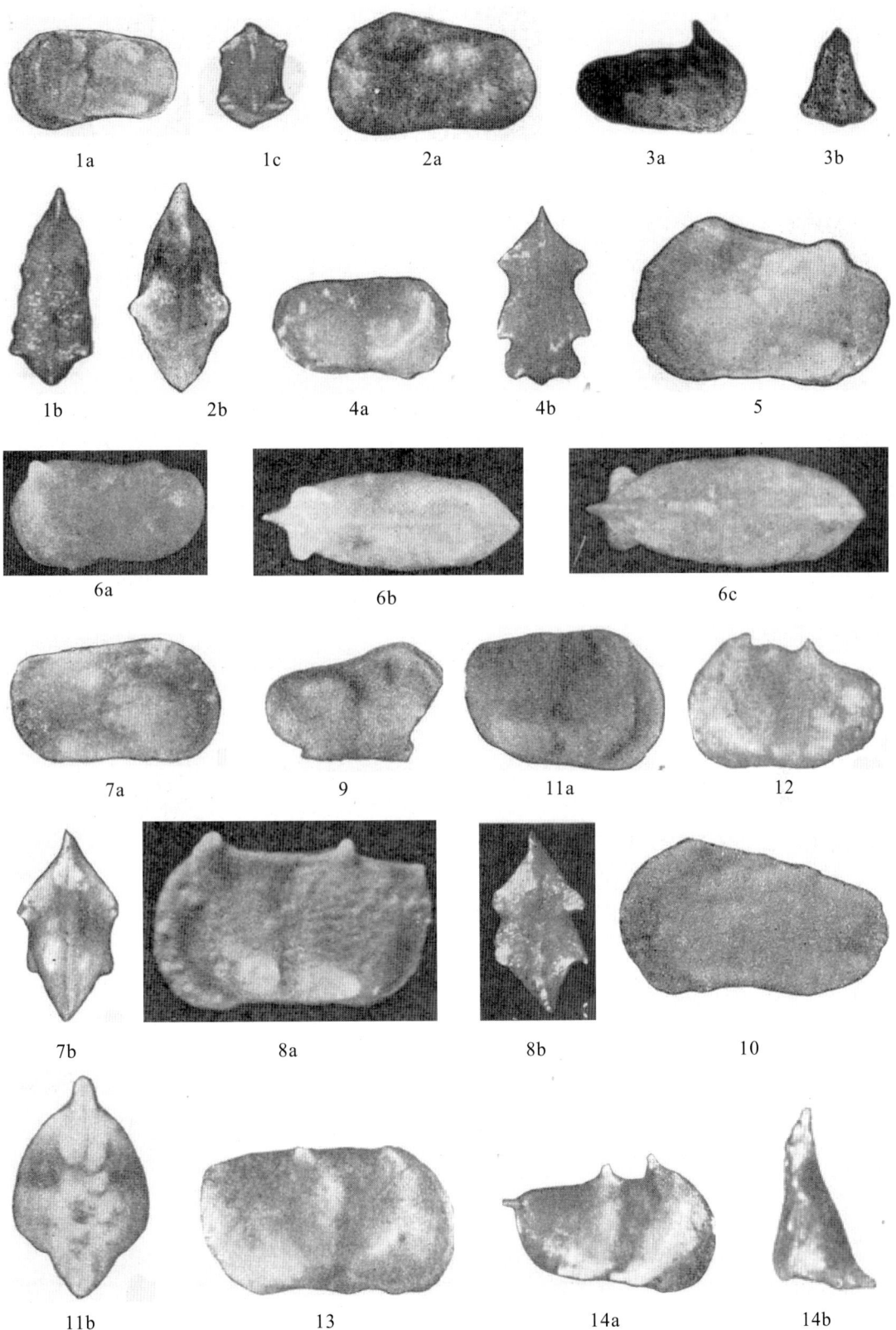

图版 53

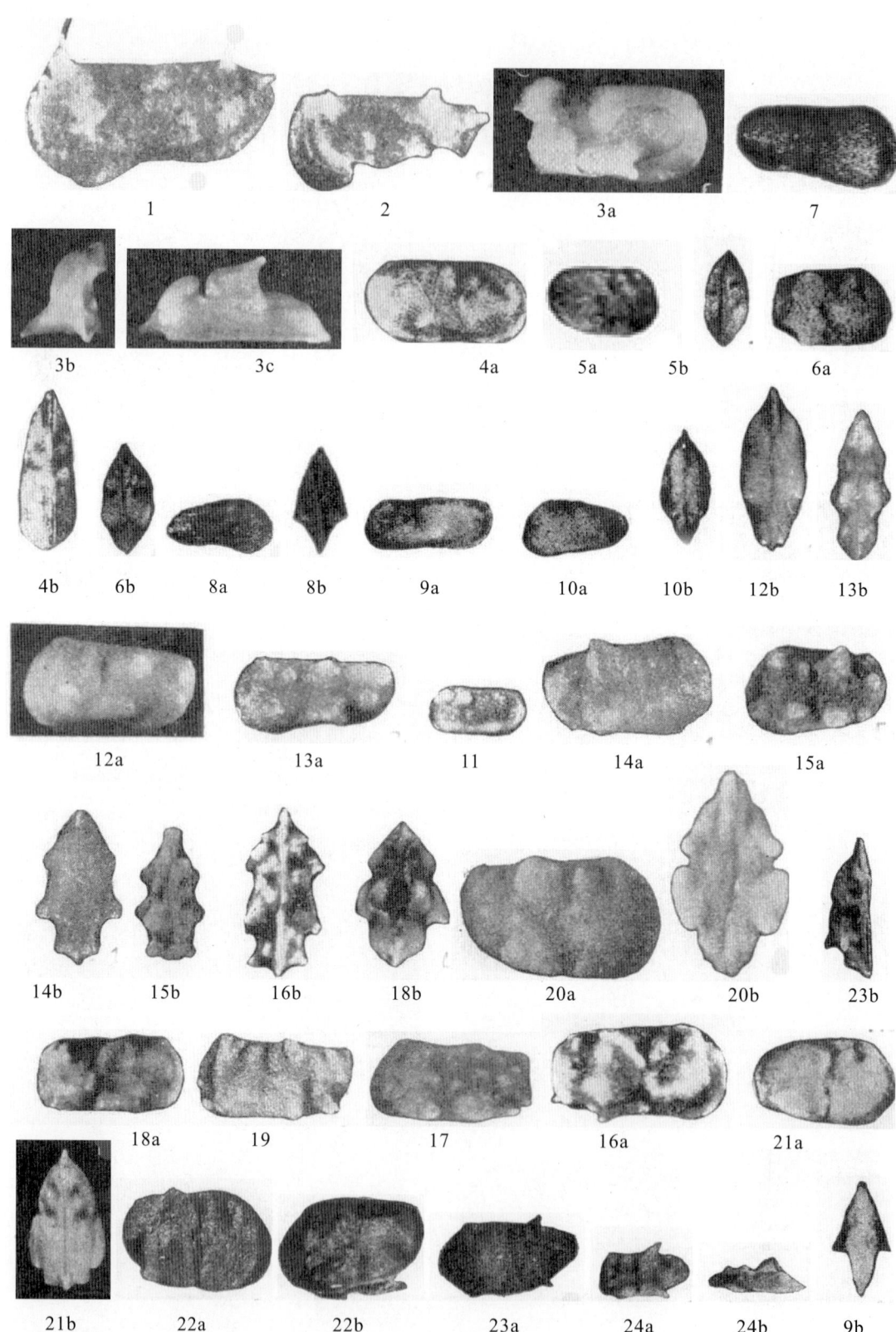

图版 54

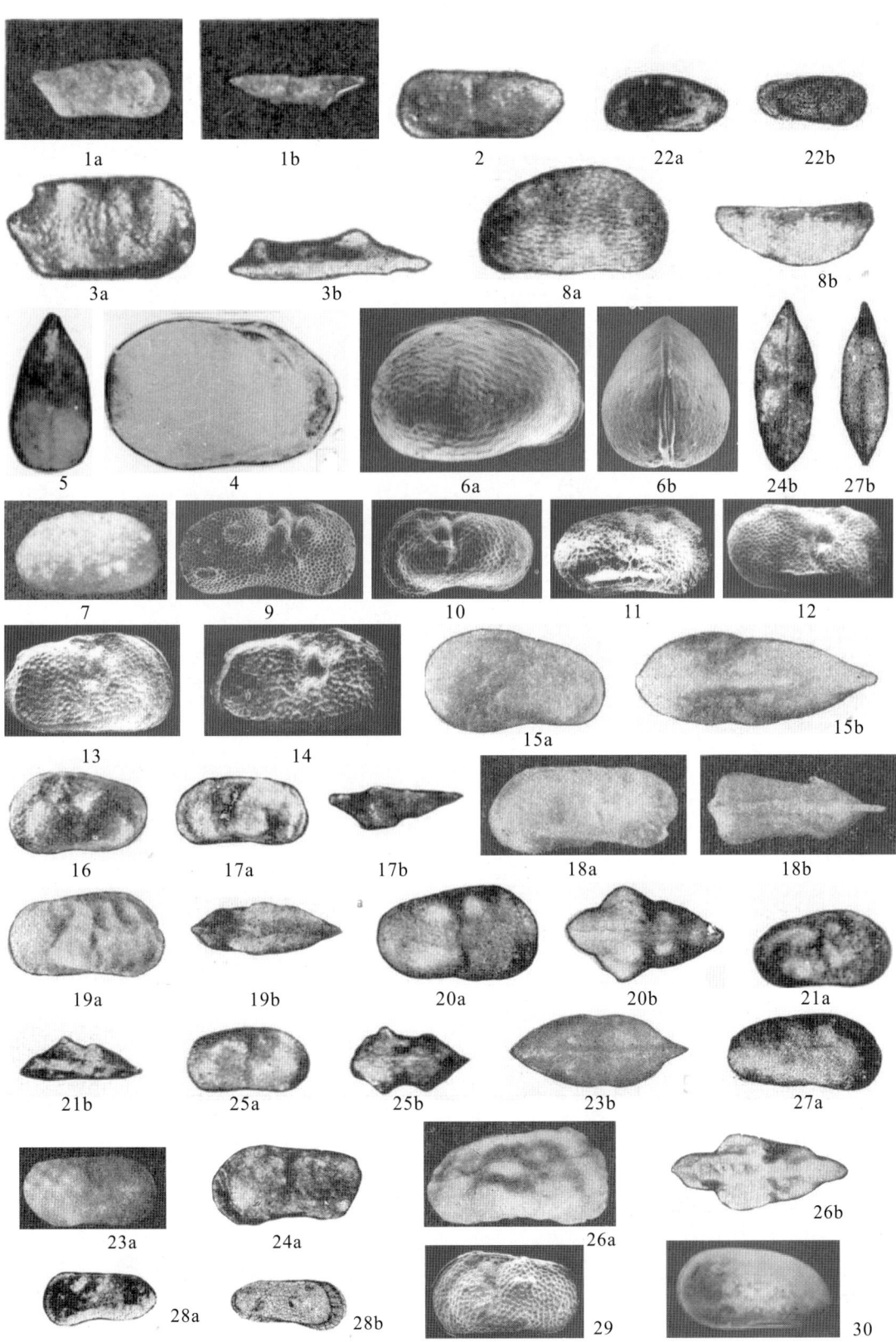

图版 55

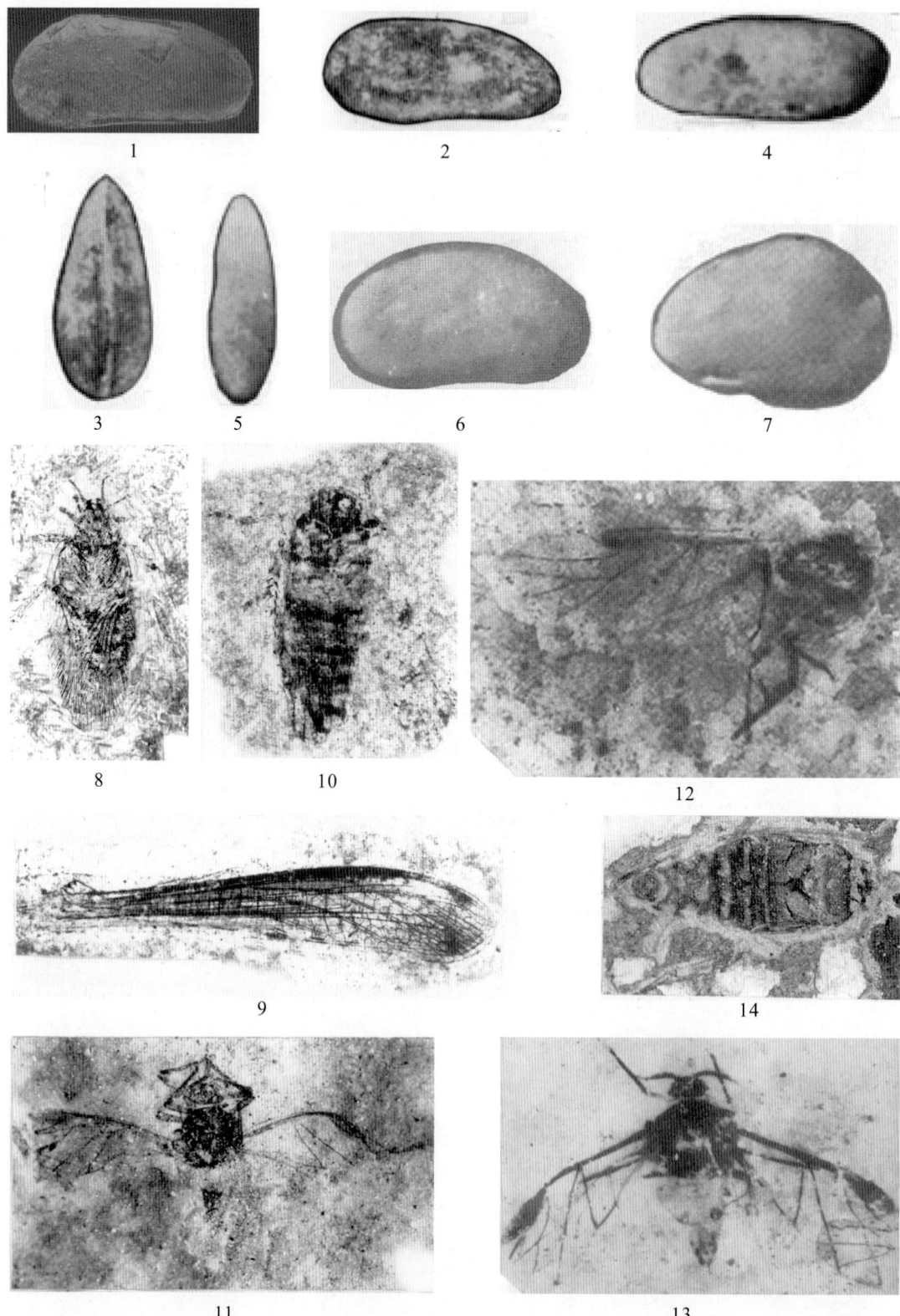

图版 56

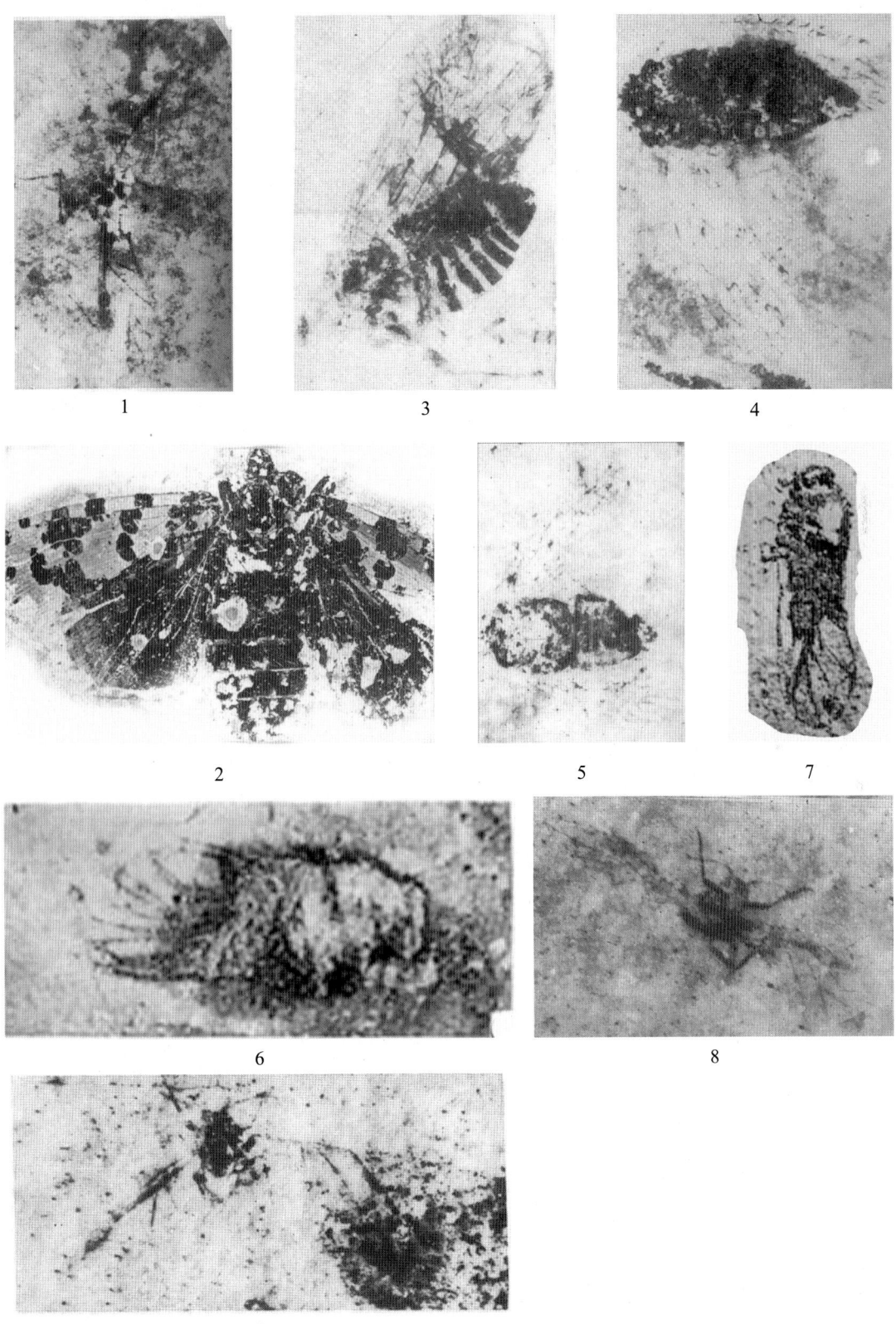

图版 57

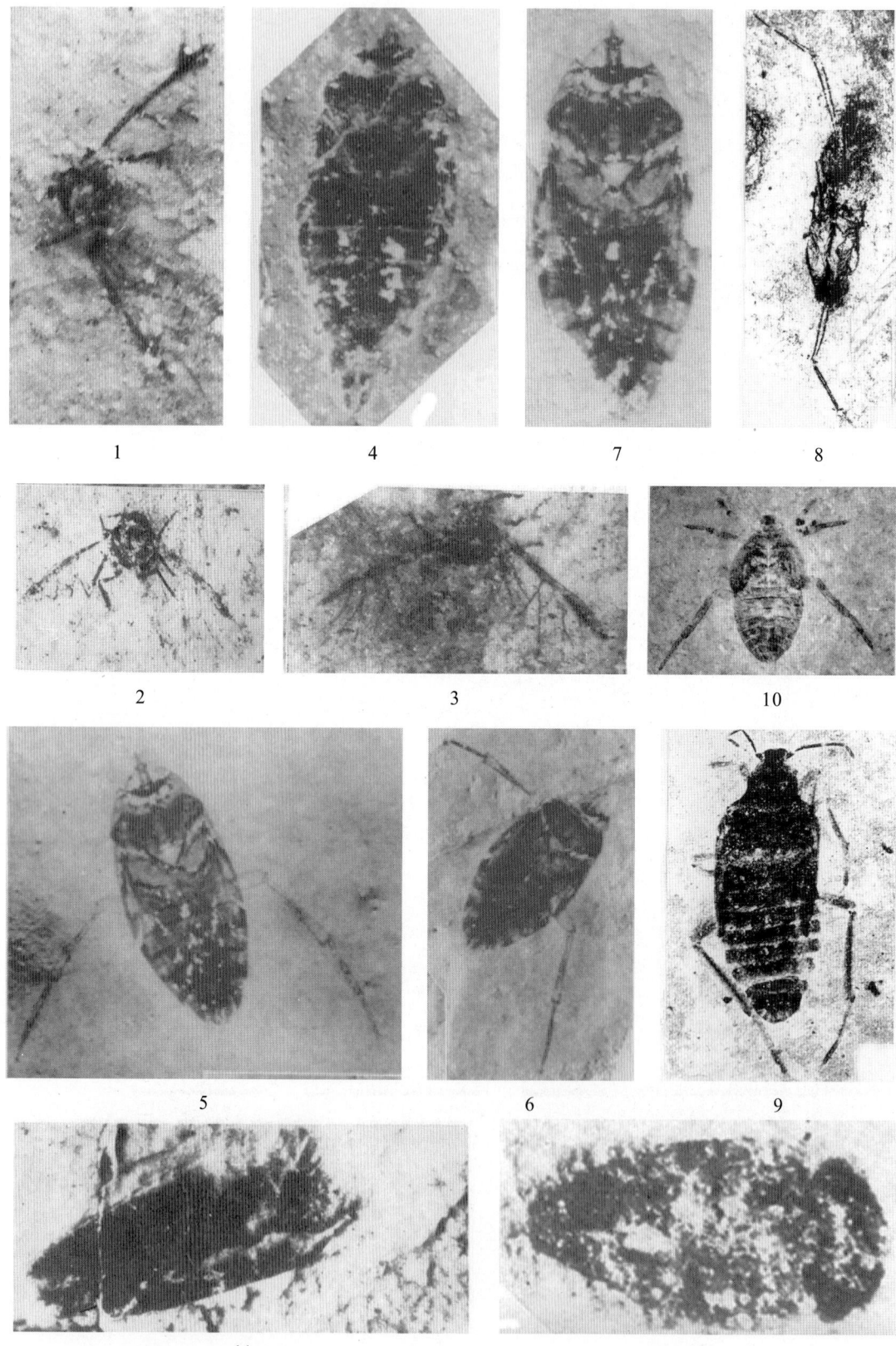

图版 58

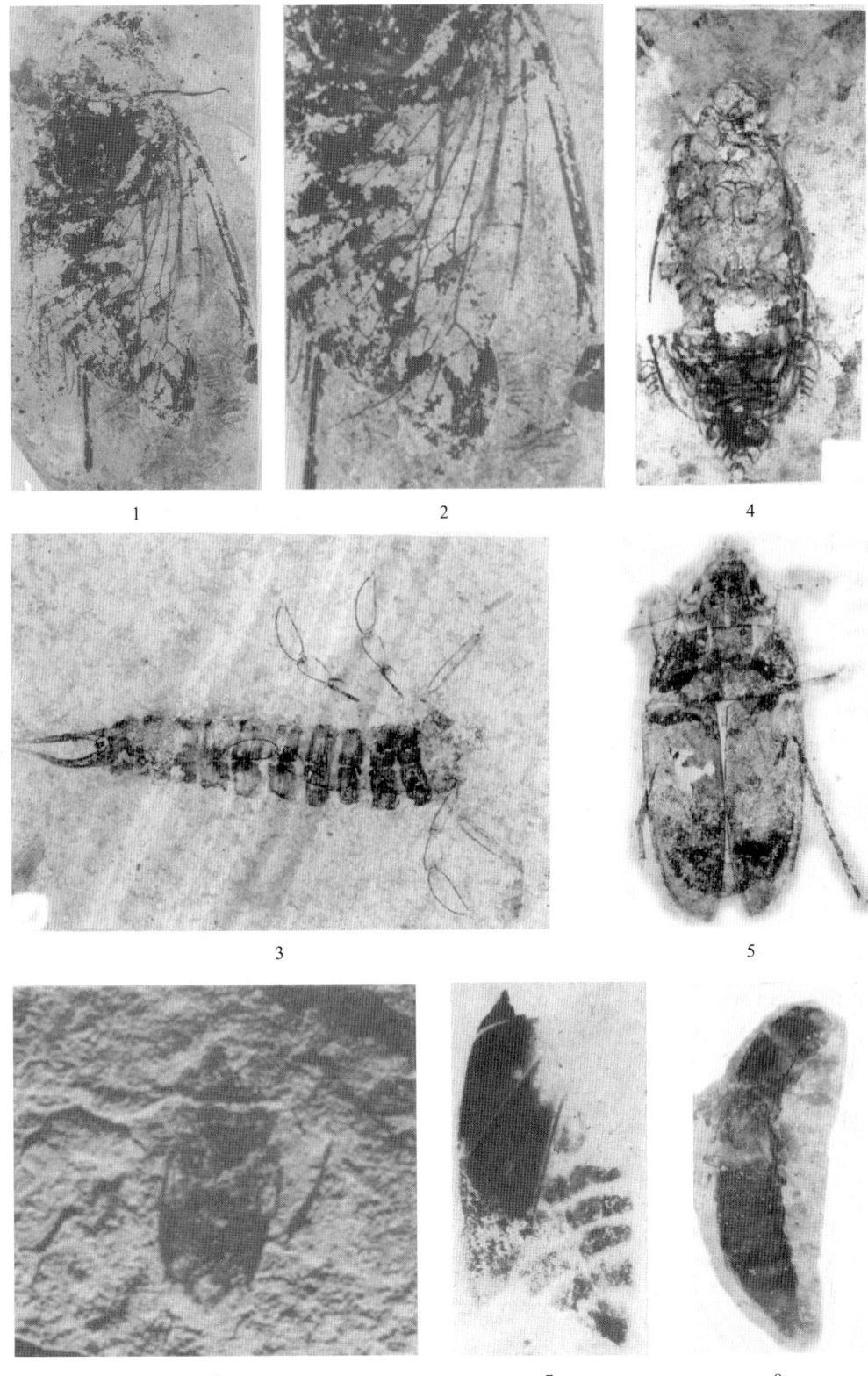

图版 59

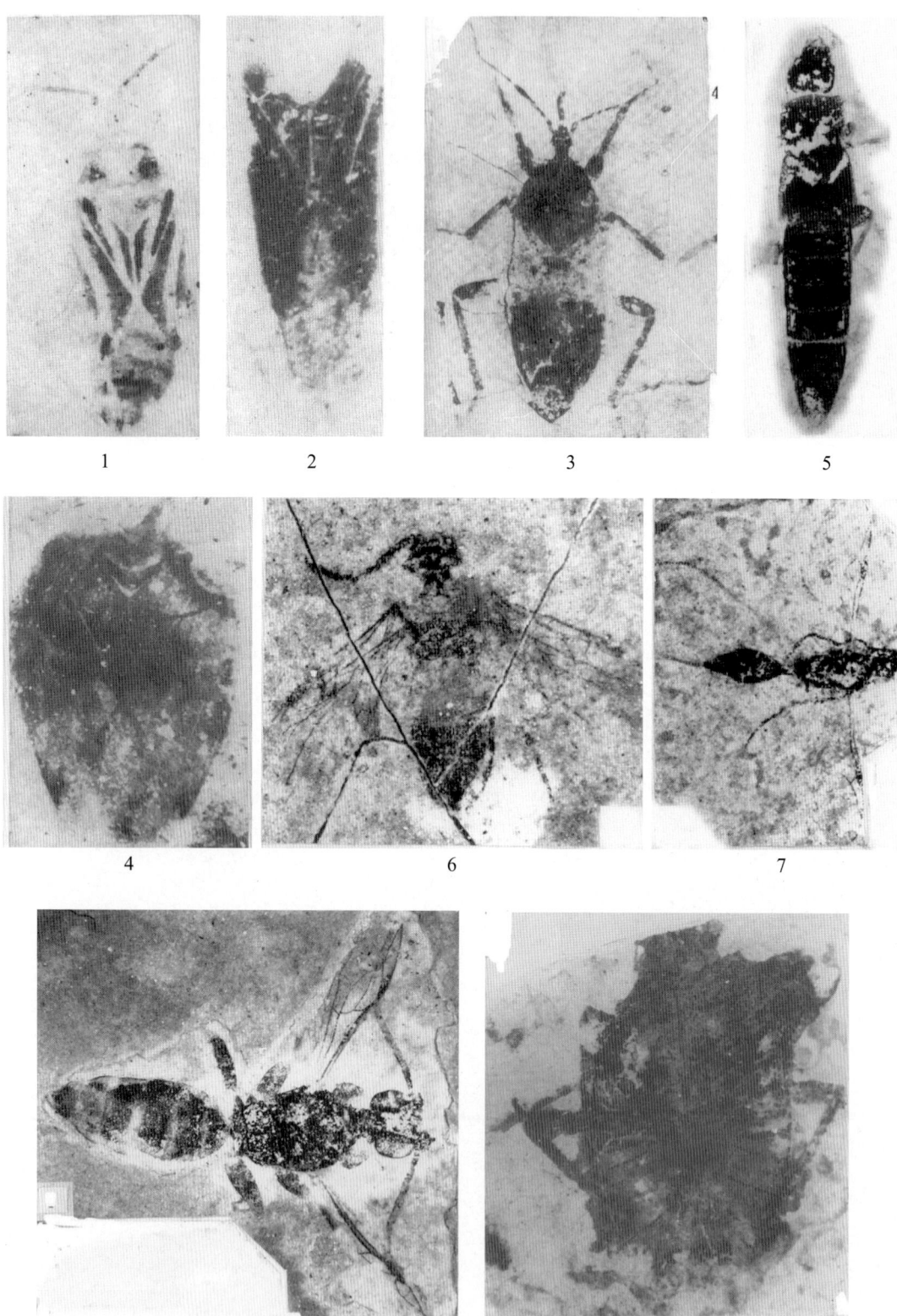

图版 60

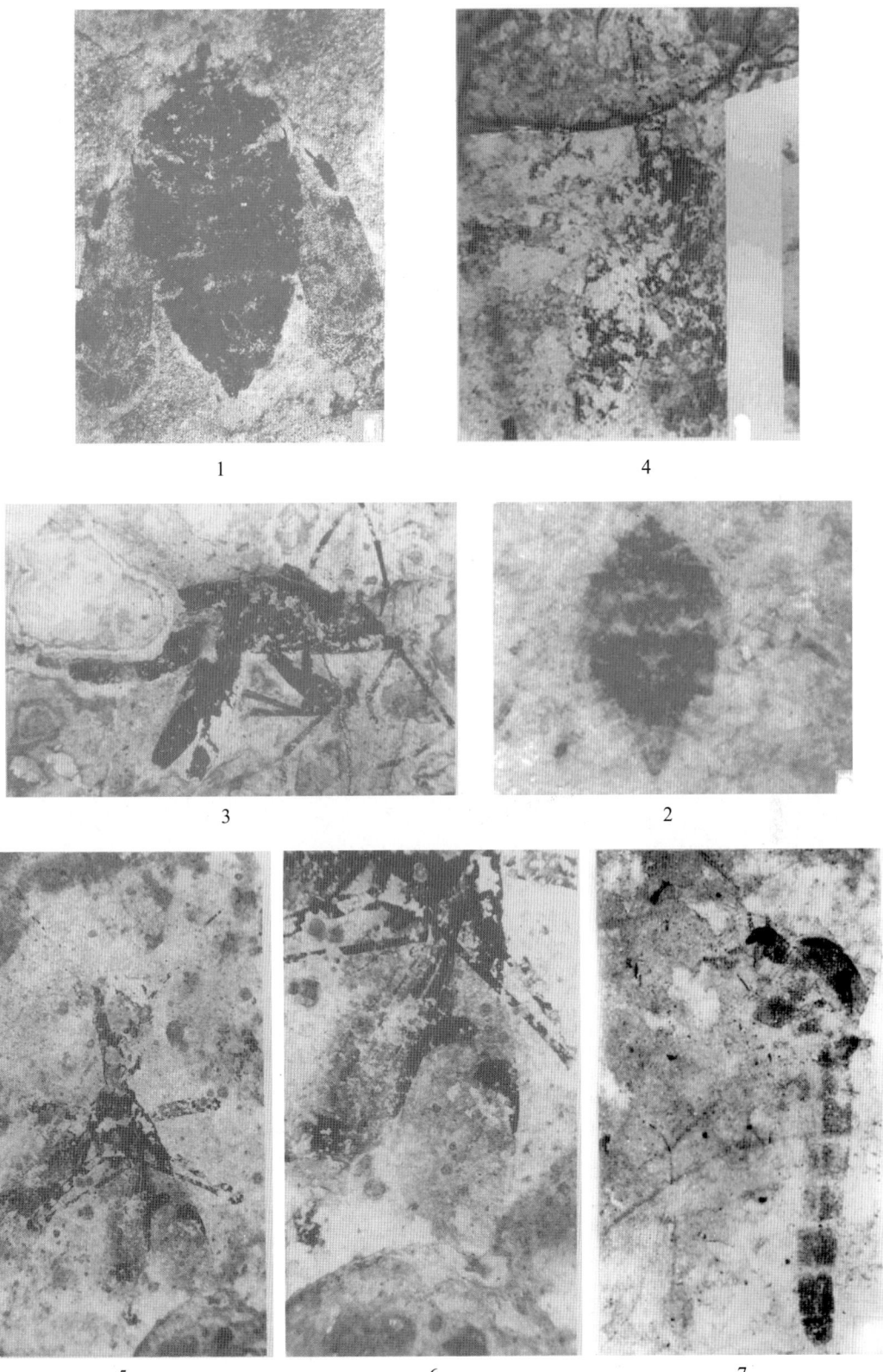

图版 61

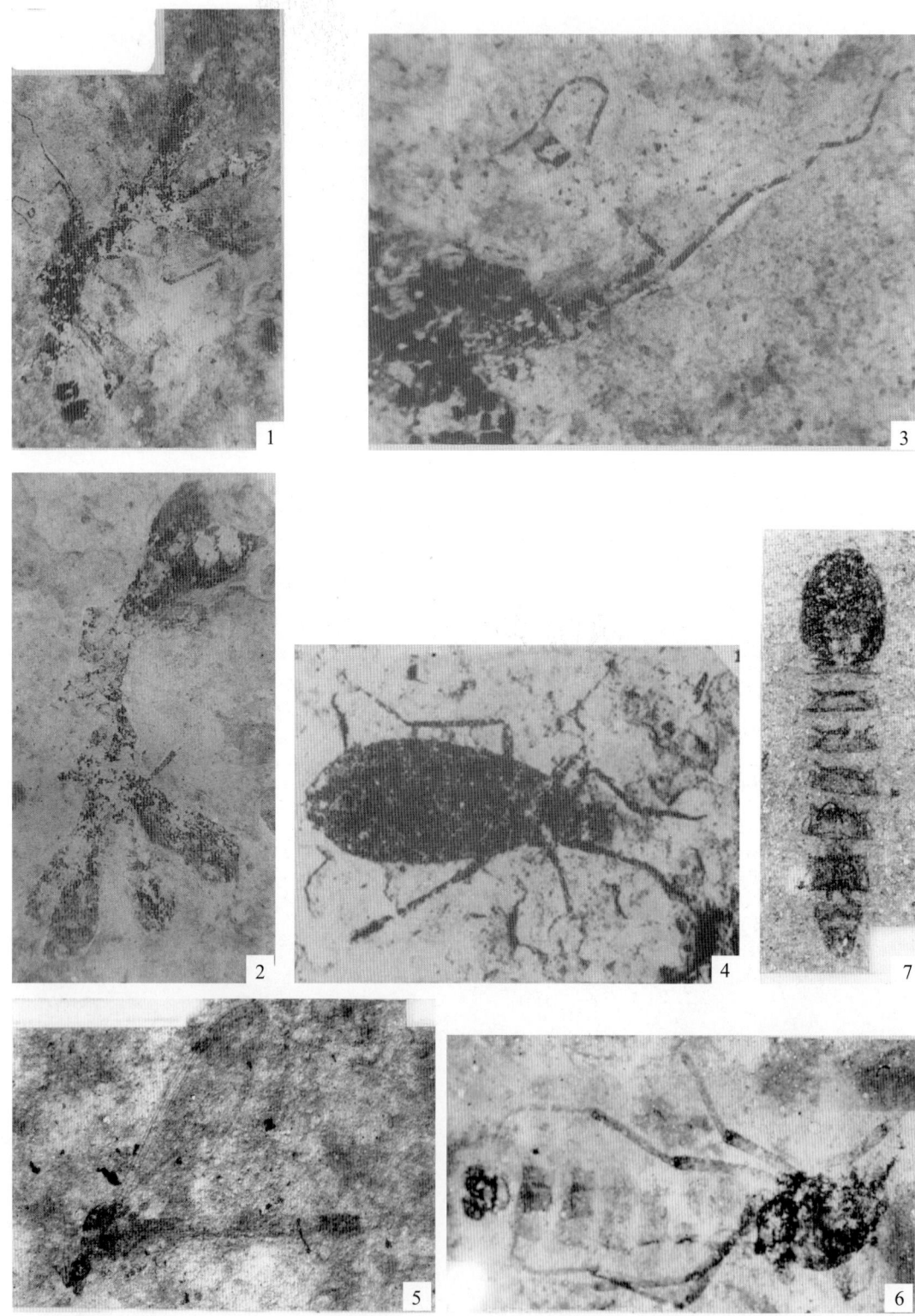

图版 62

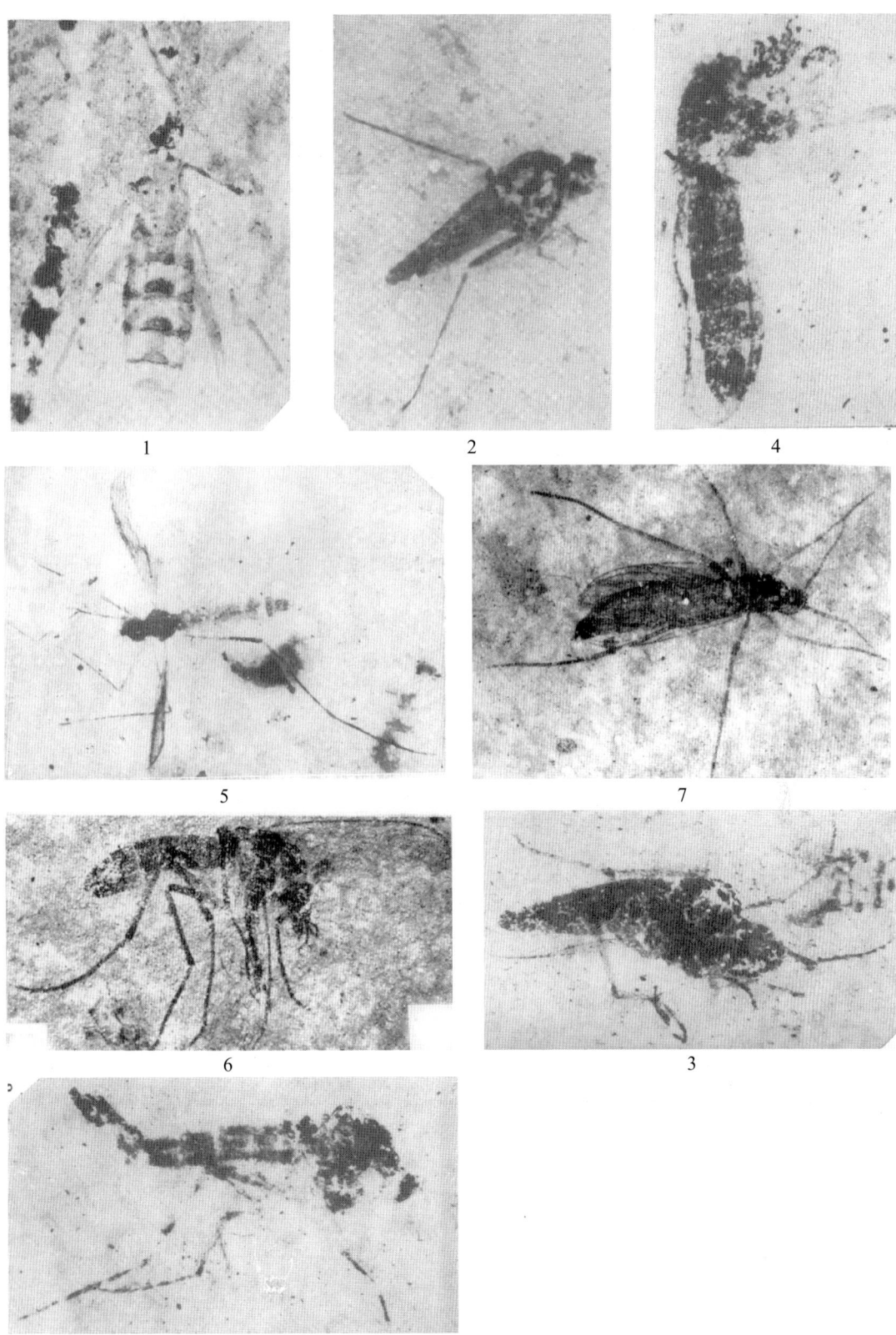

图版 63

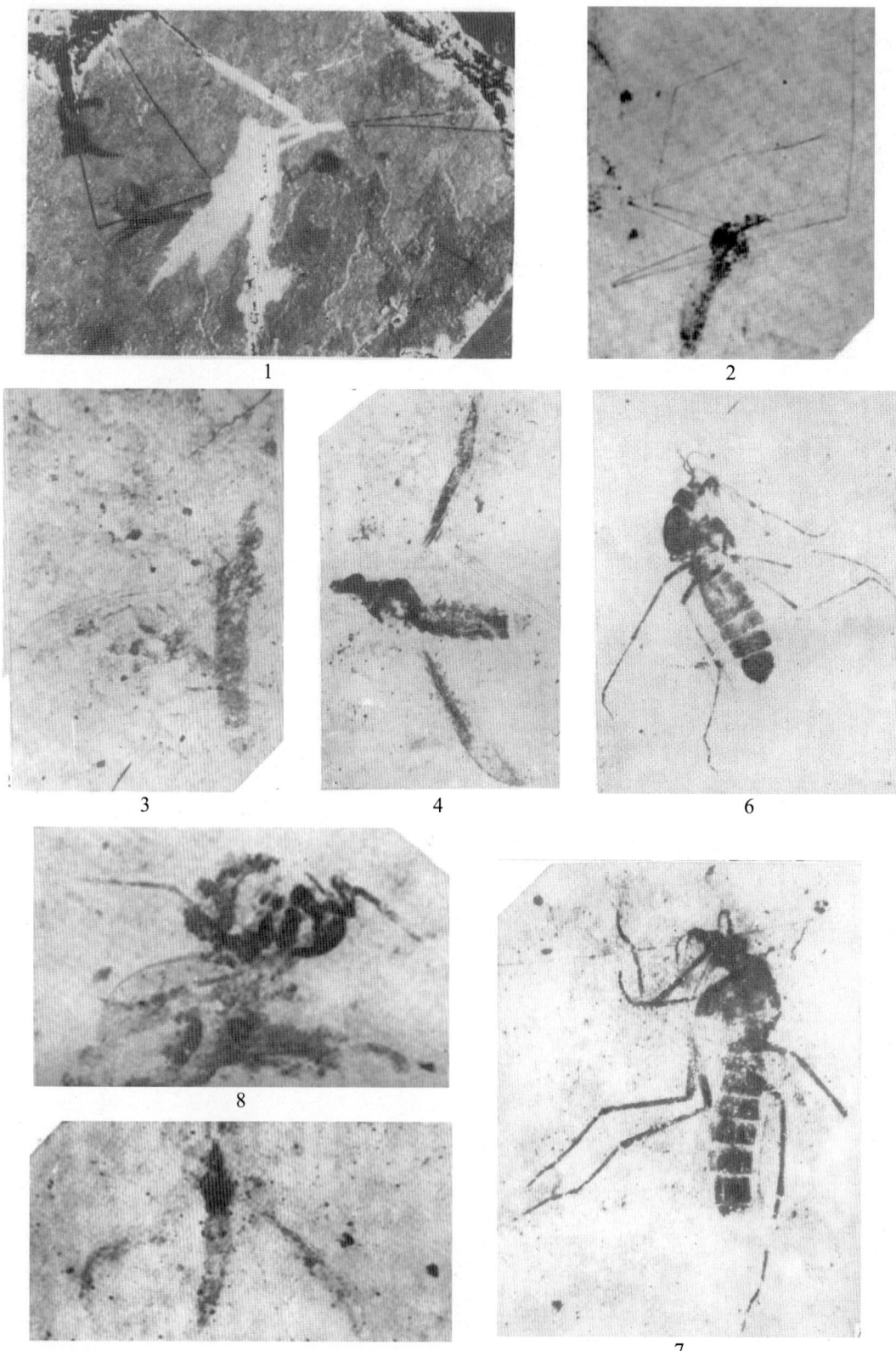

图版 64

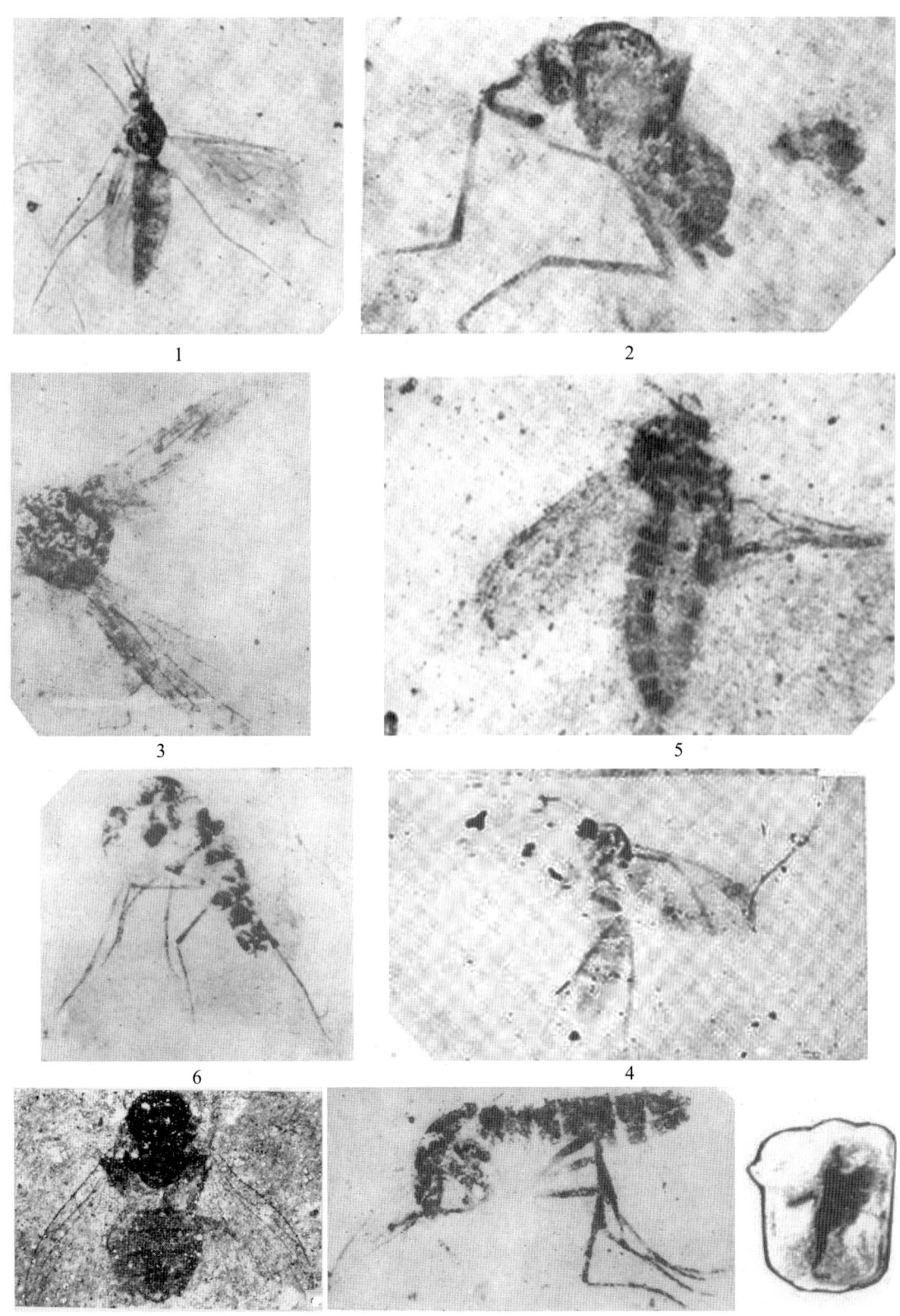

图版 65

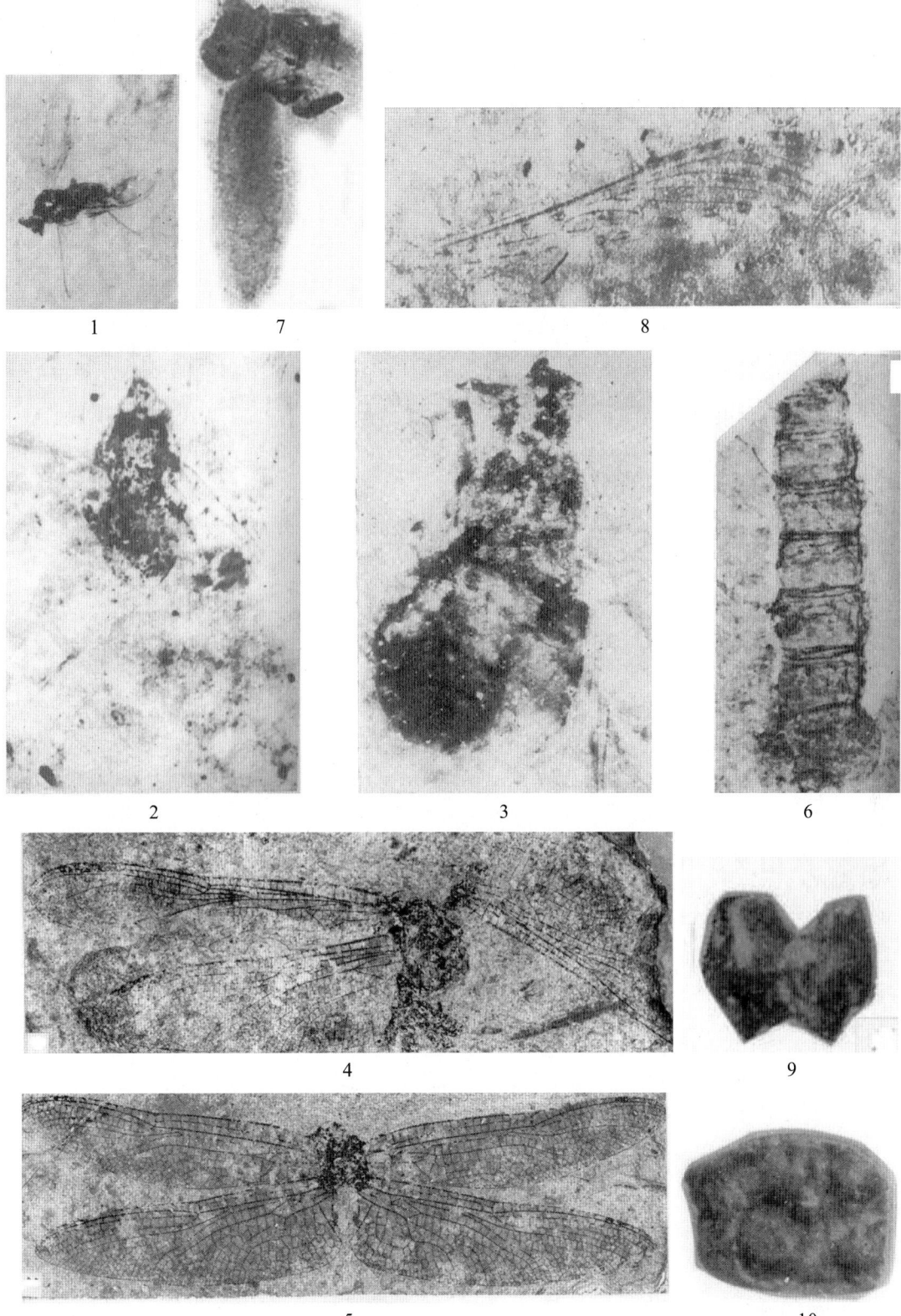

图版 66

图版 67

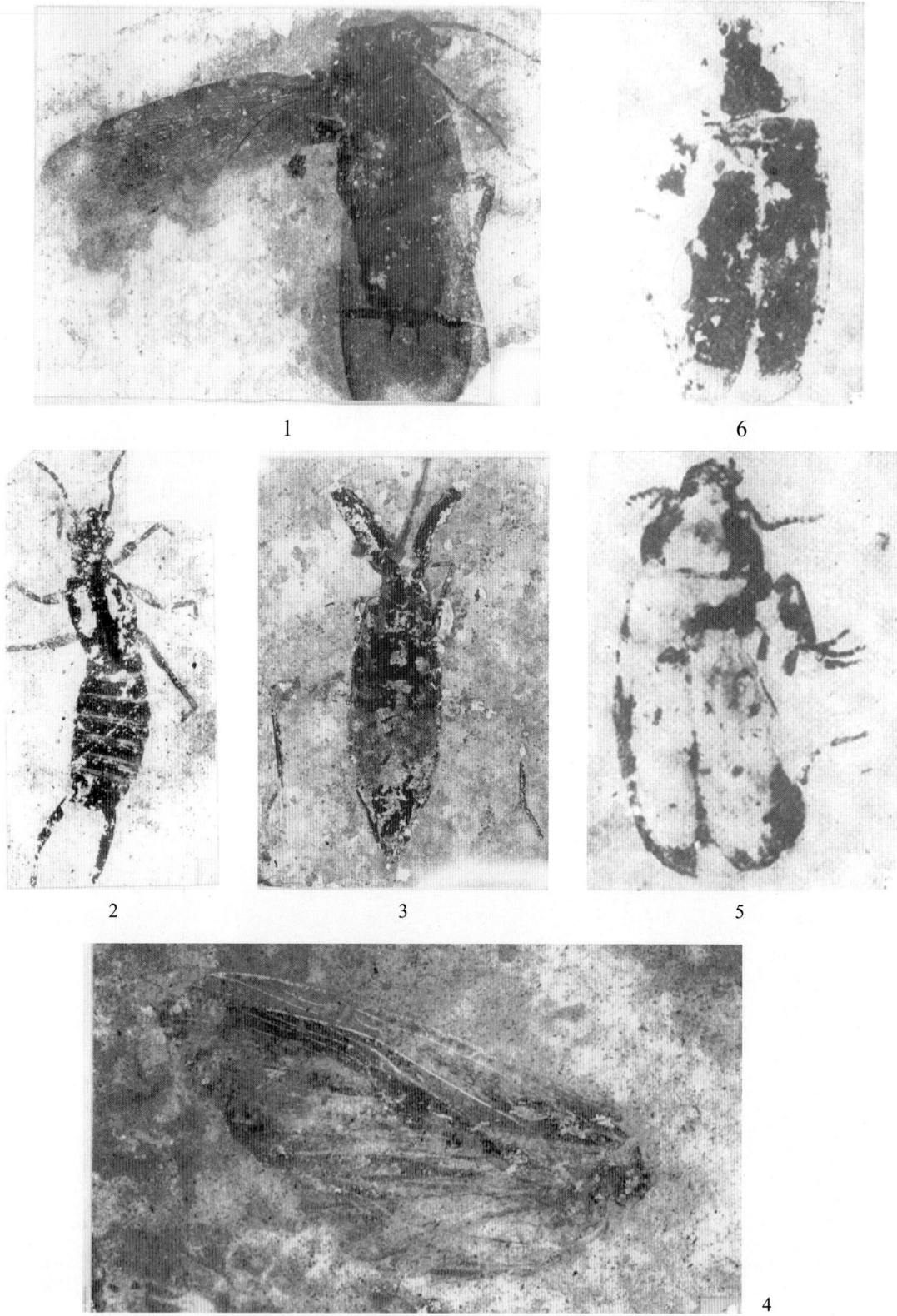

图版 68

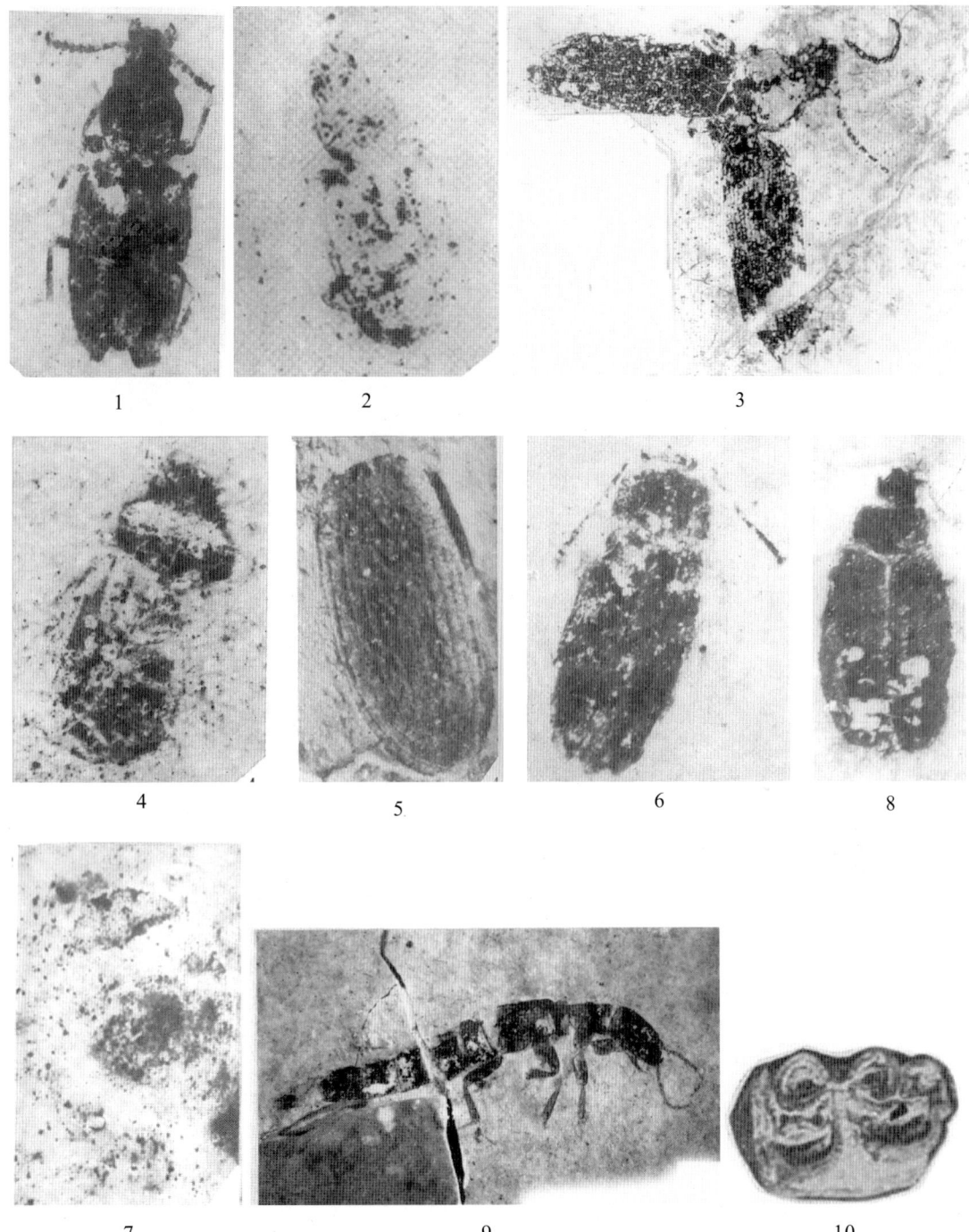

图版 69

1

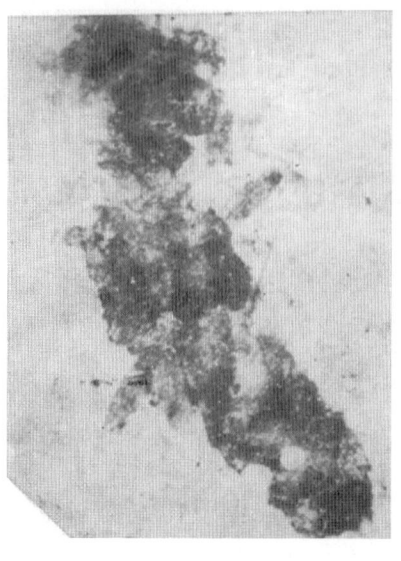
2

3

4

5

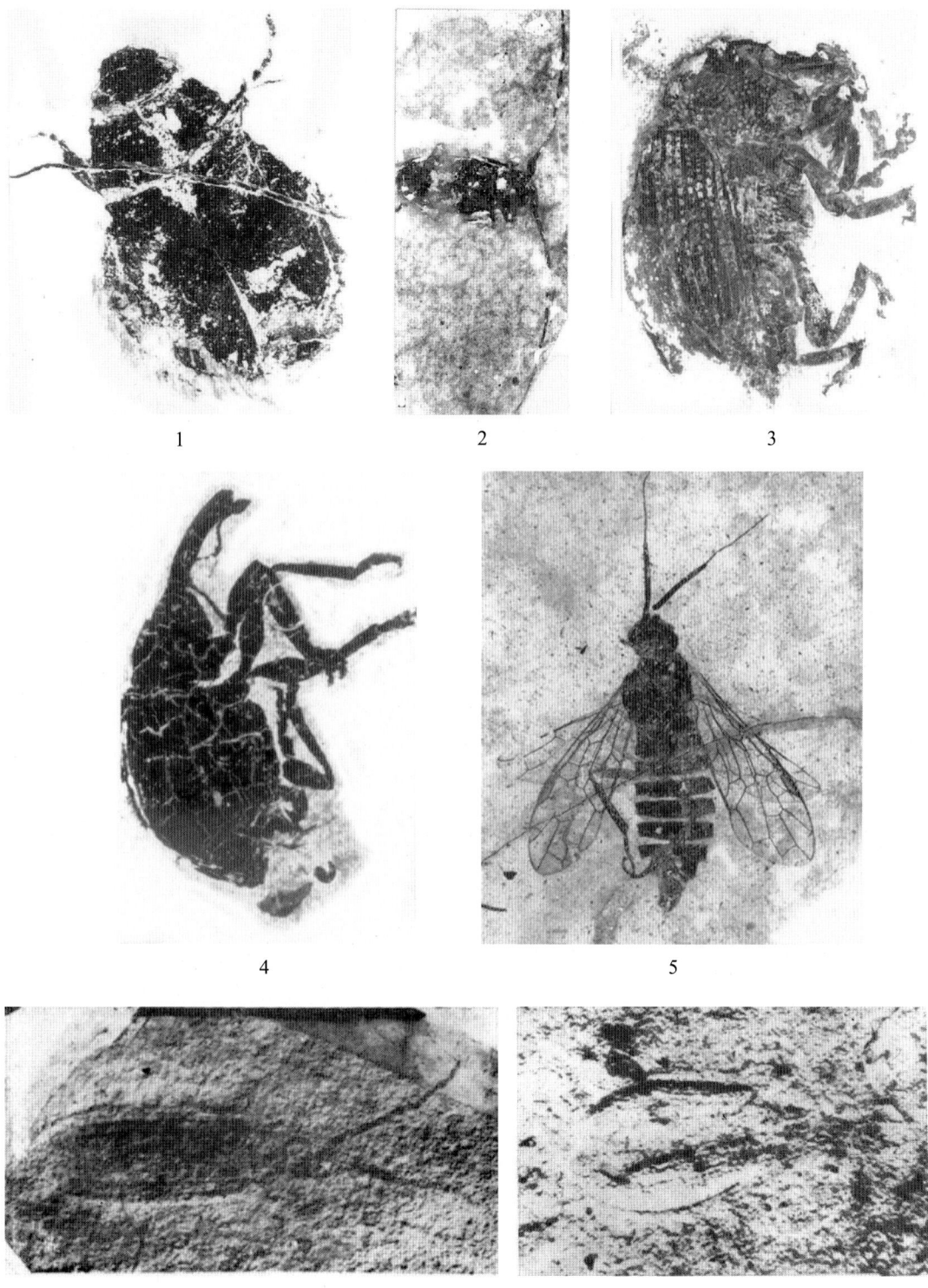

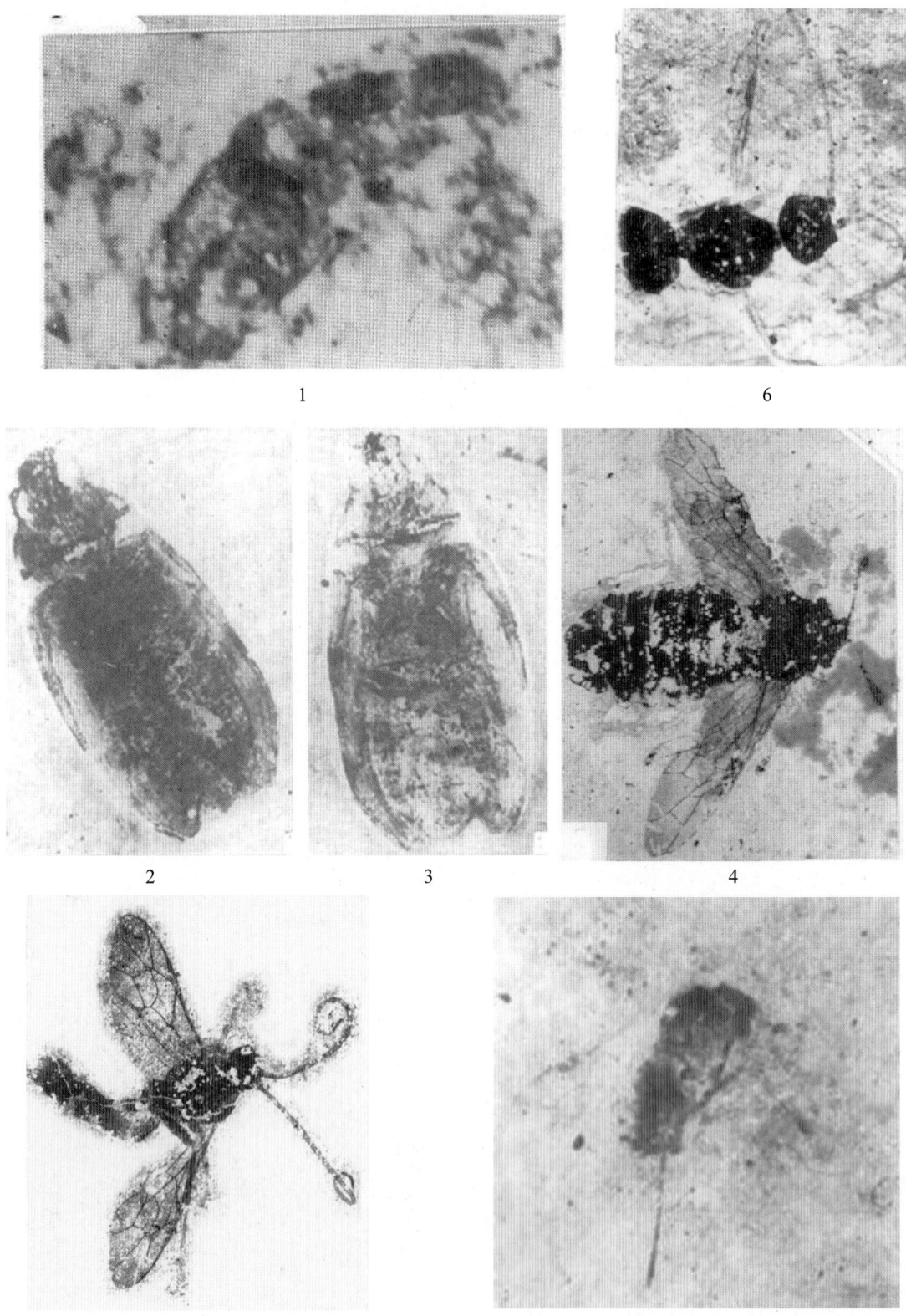

图版 72

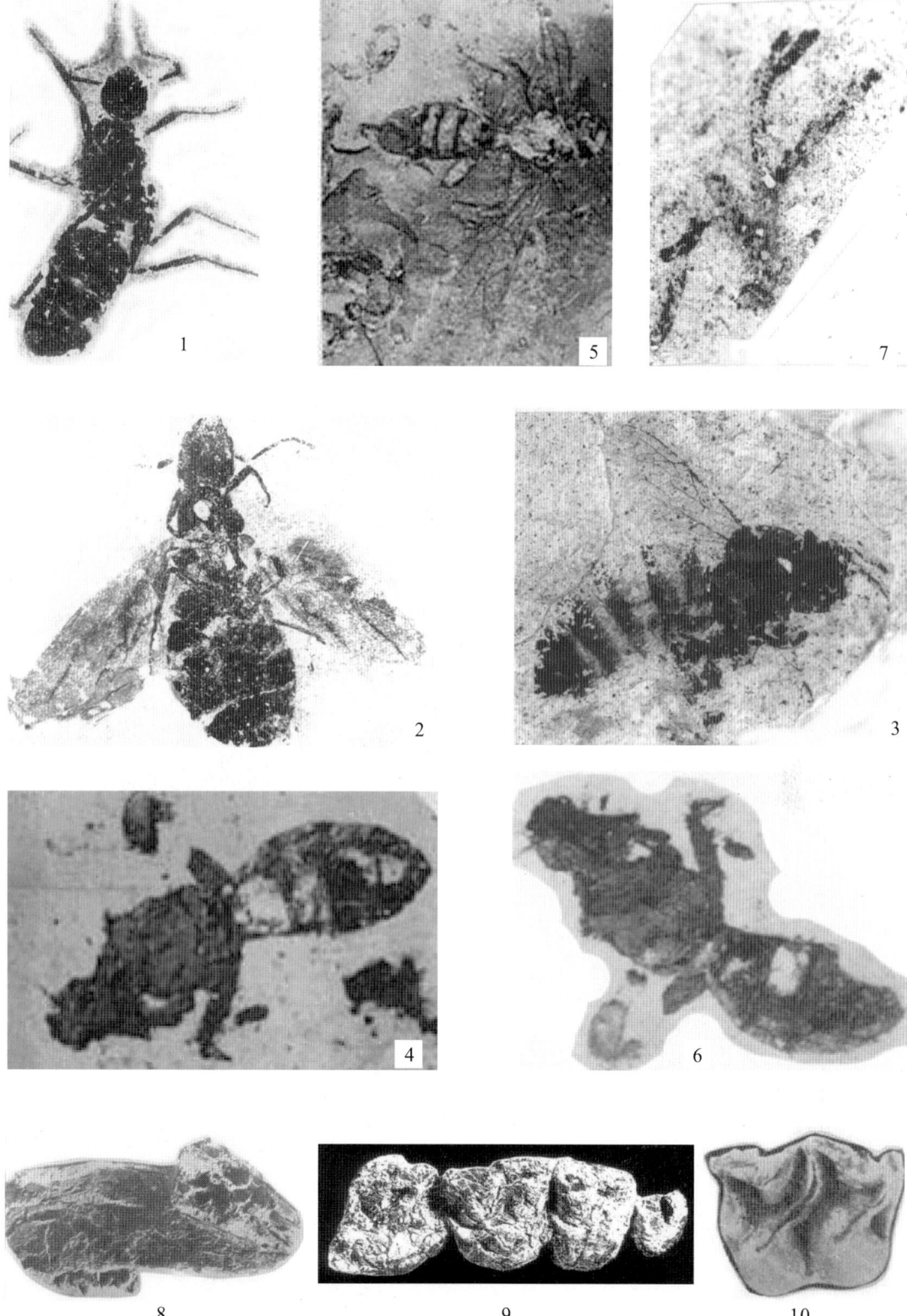

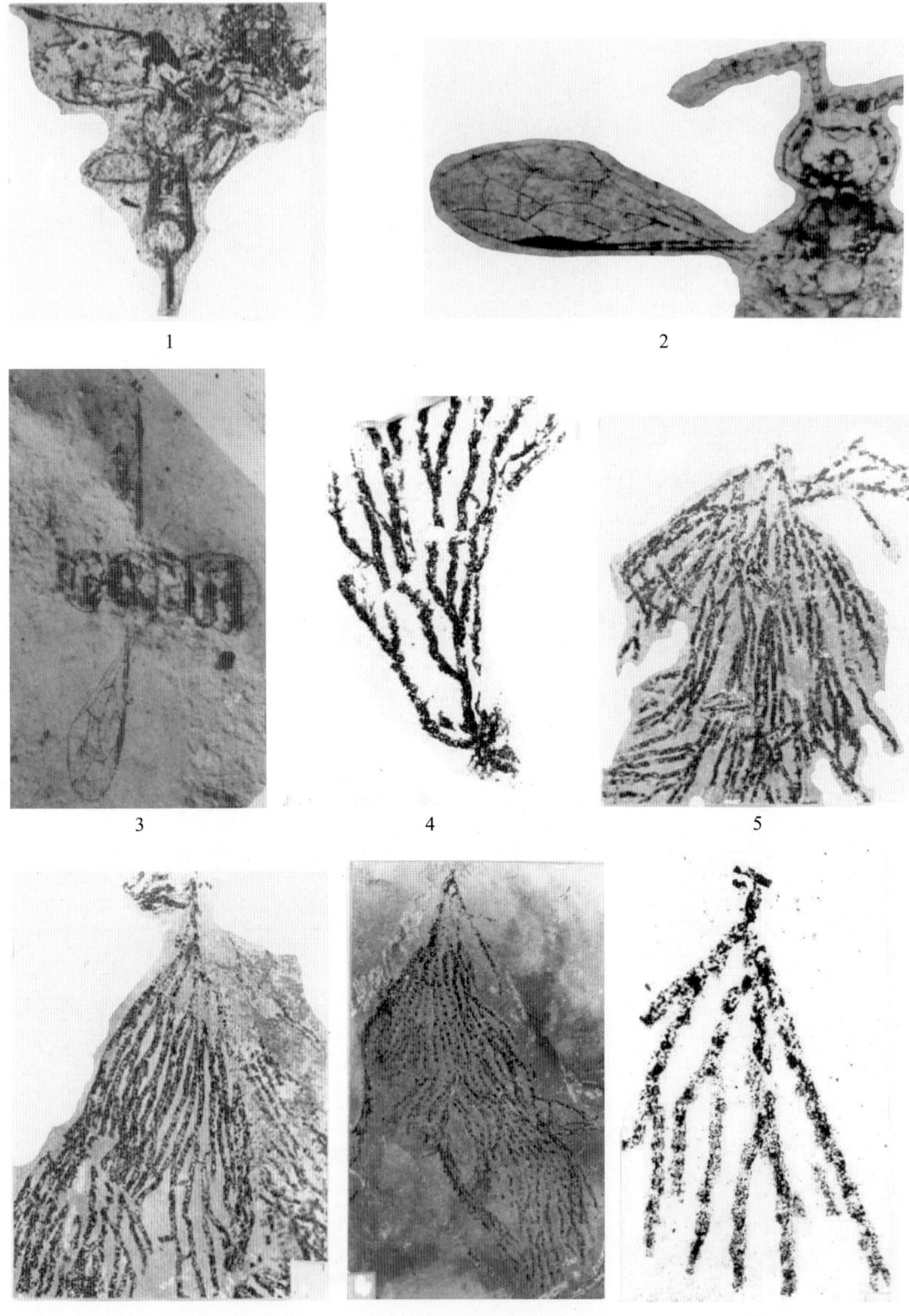

图版 73

图版 74

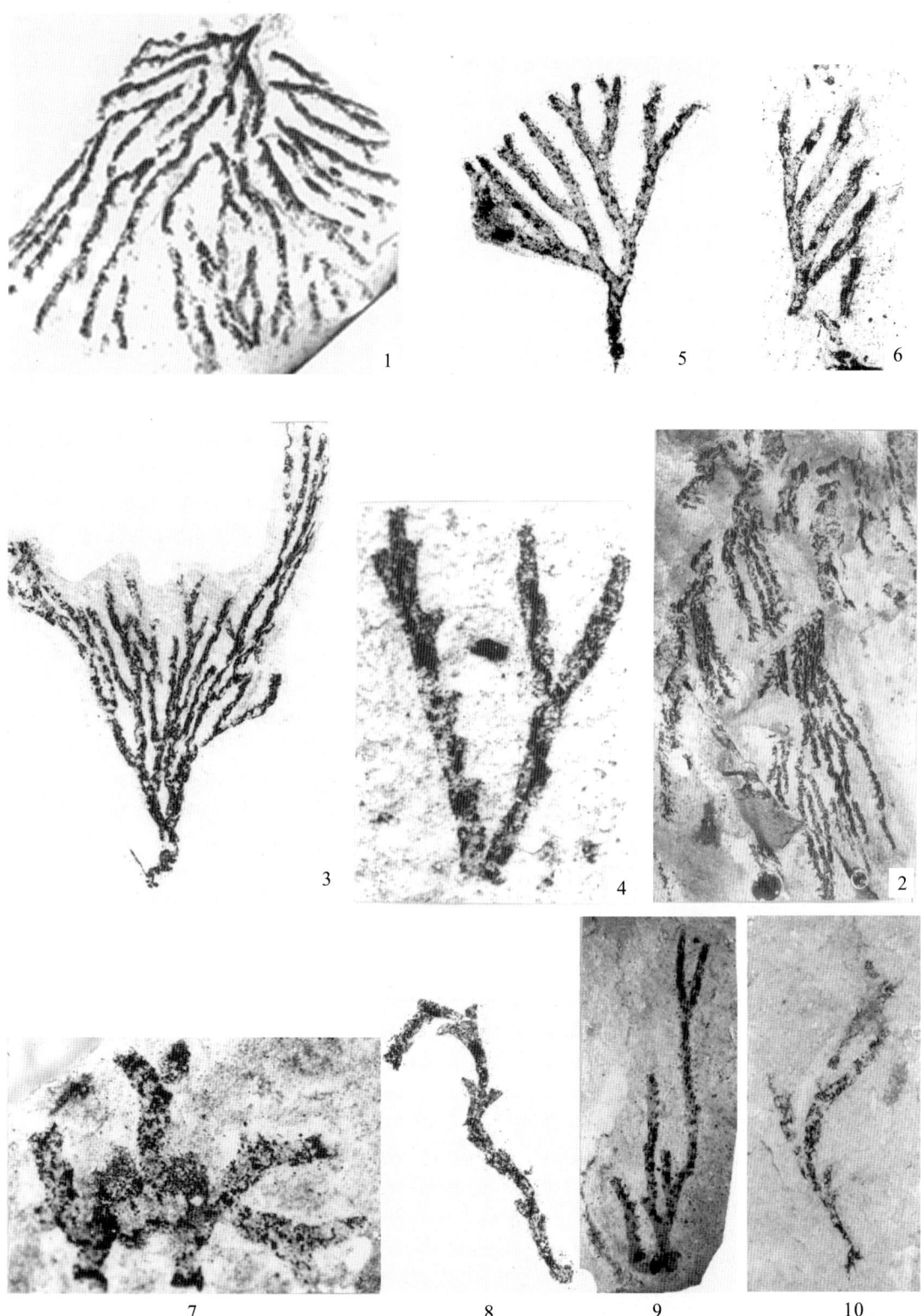

798 图版 75

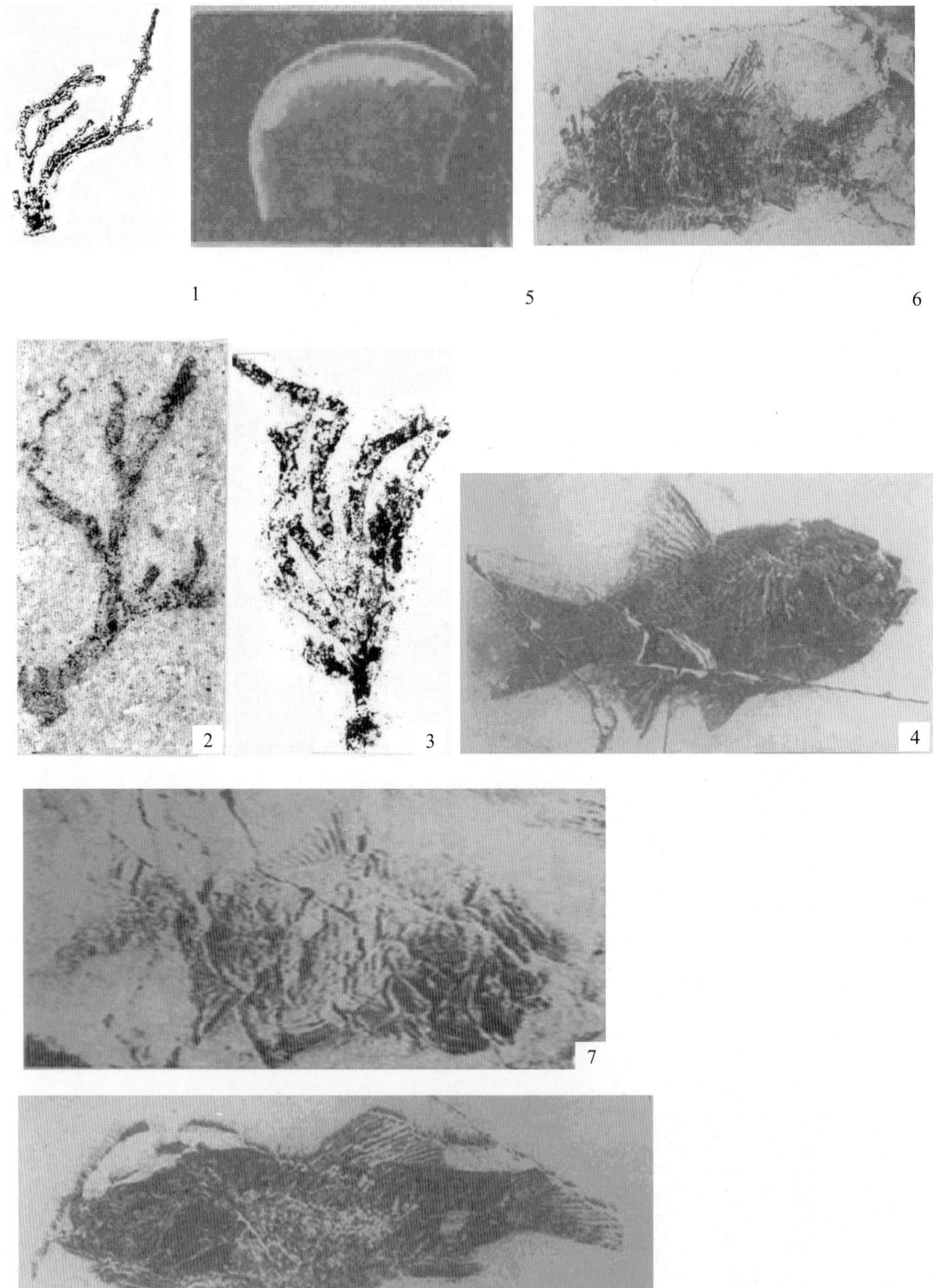

图版 76

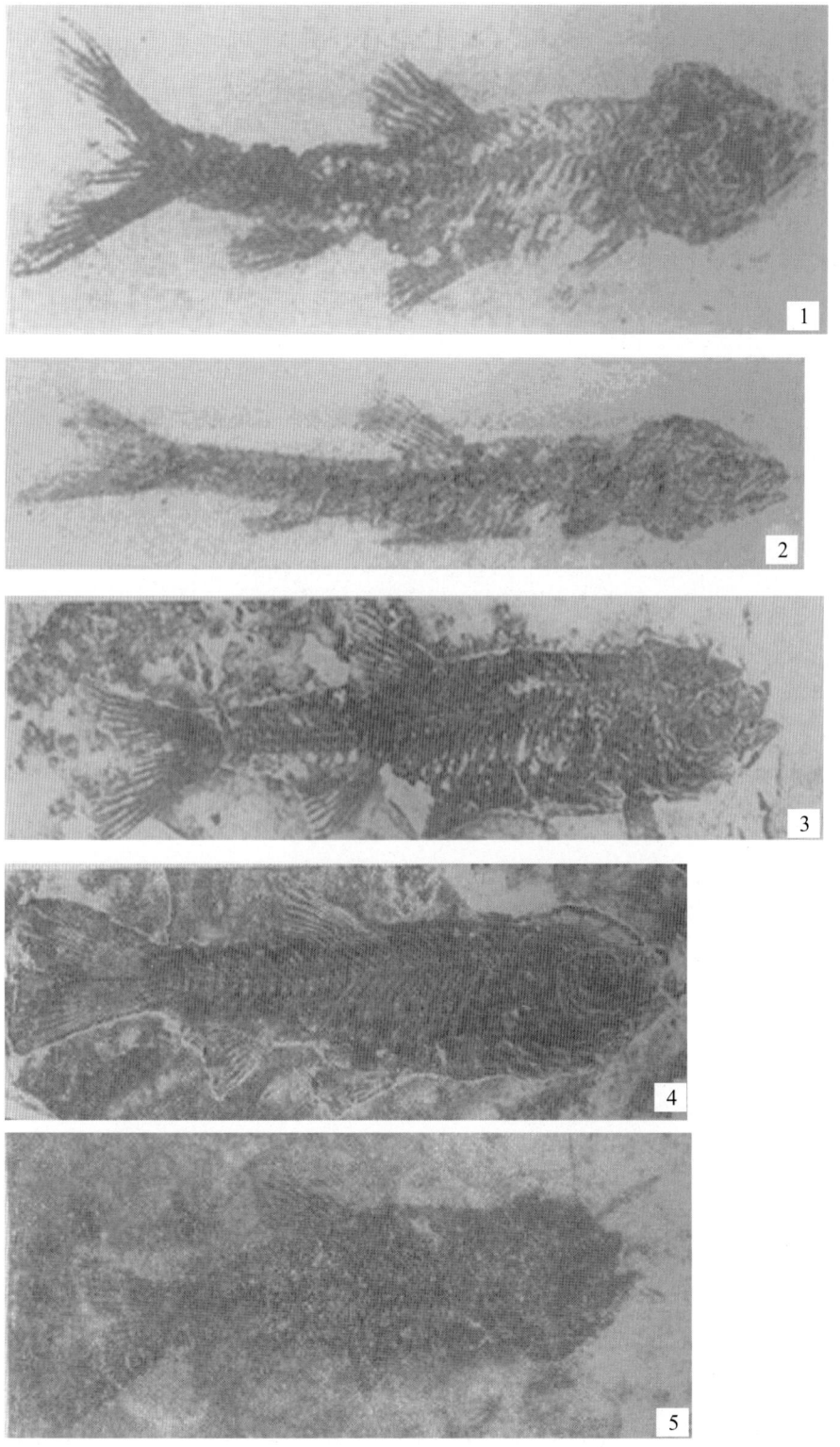

图版 77

1

2

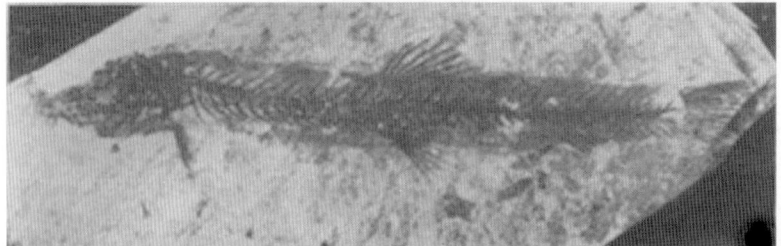

3

4

图版 78

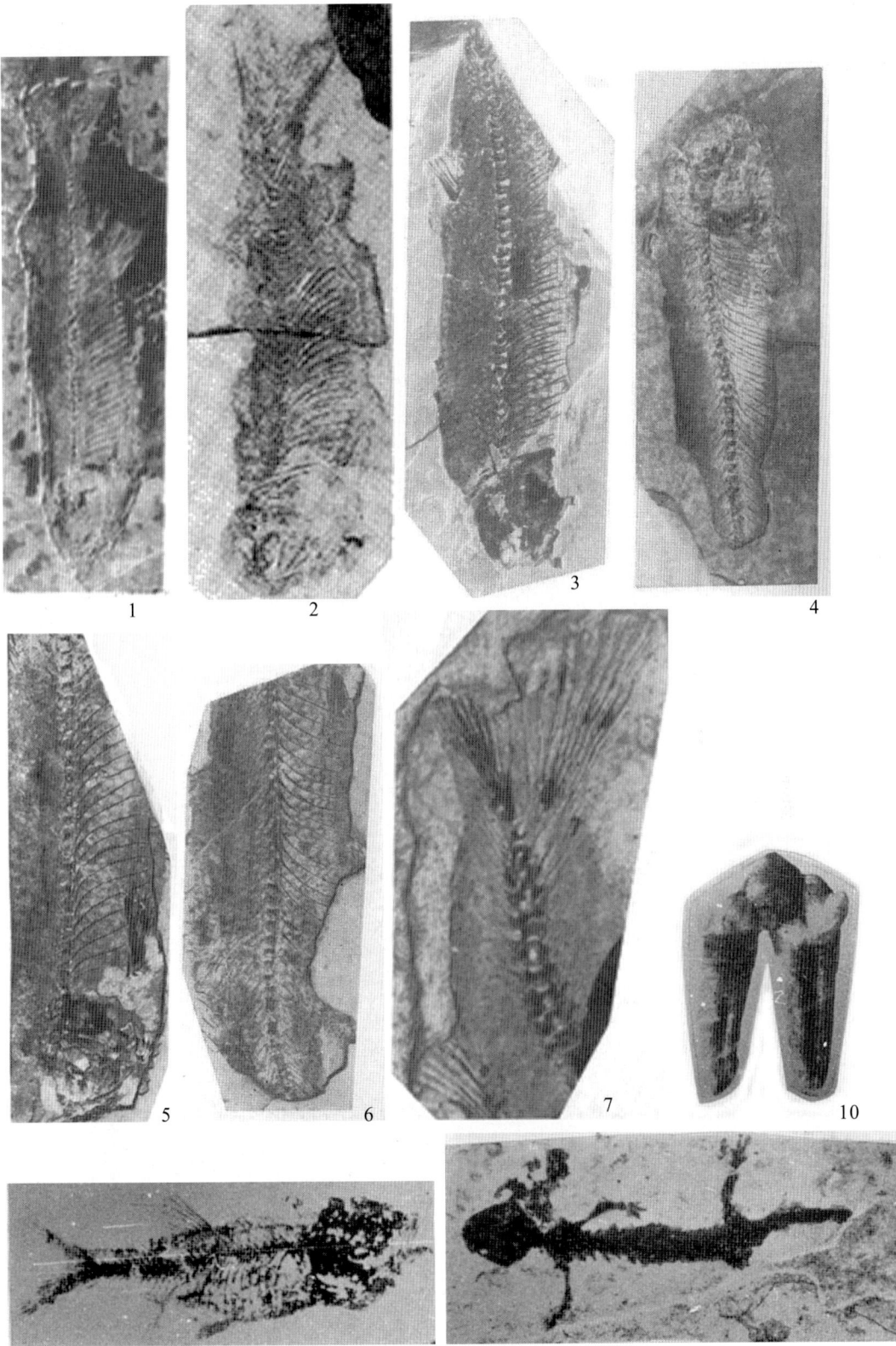

图版 79

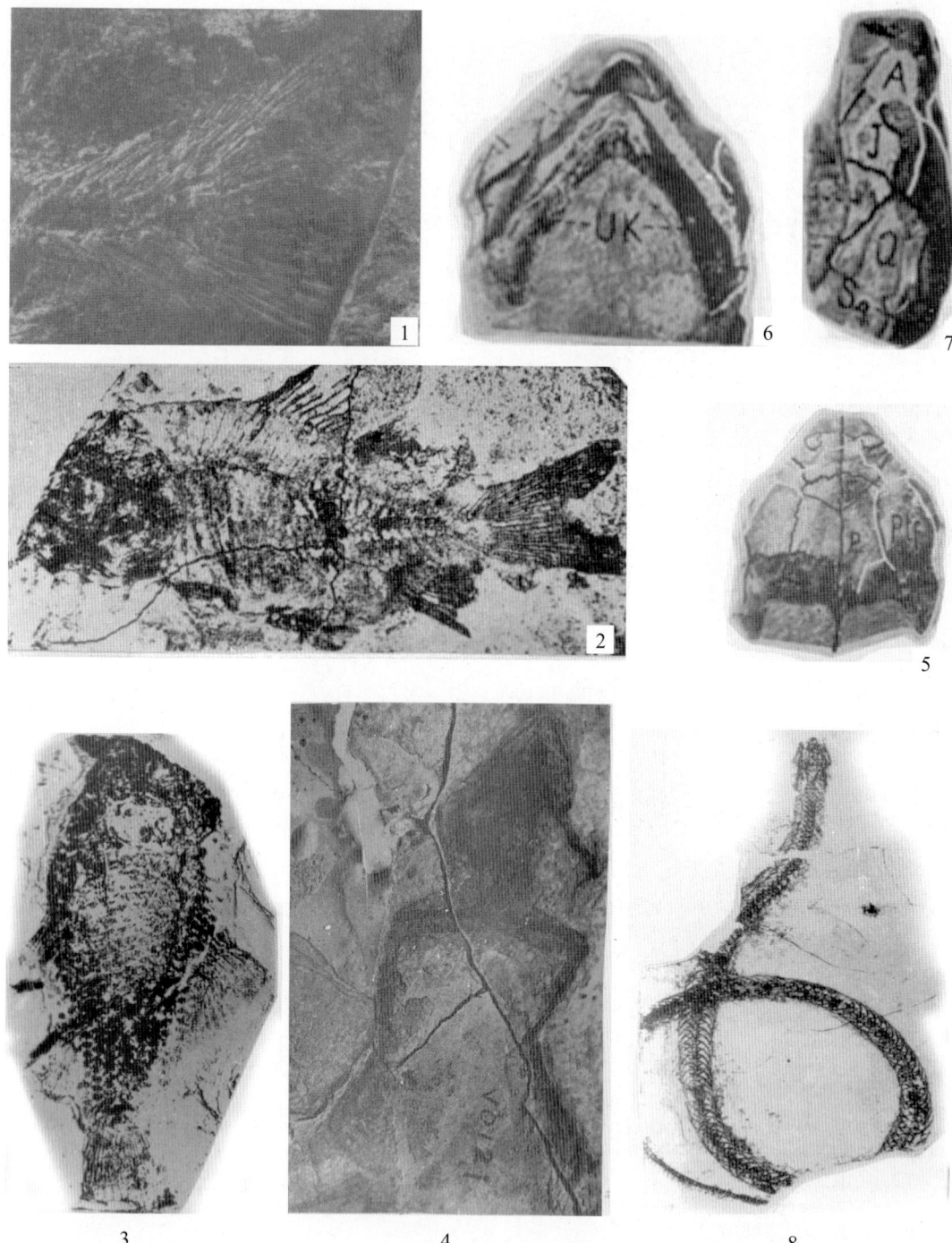

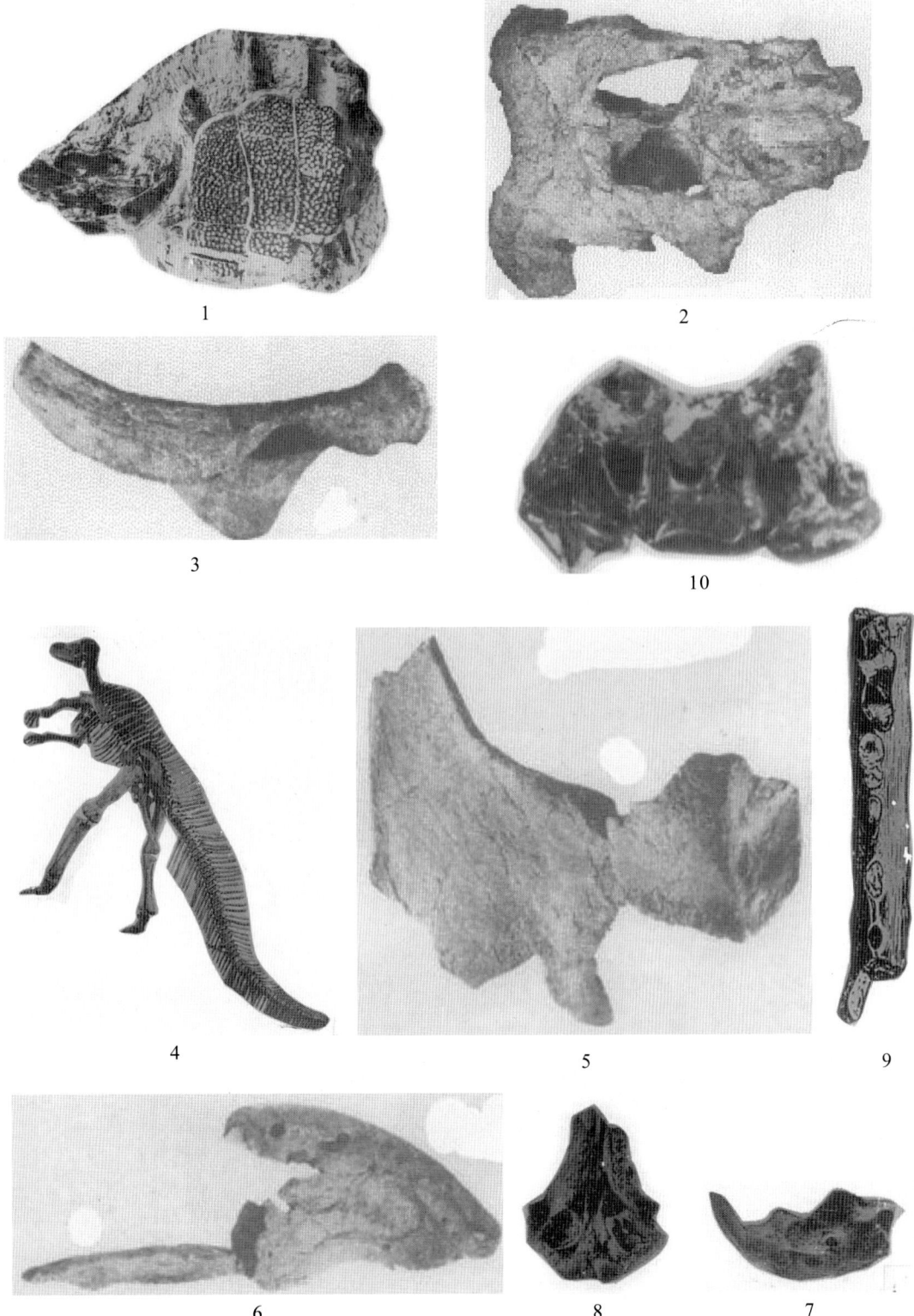

图版 82

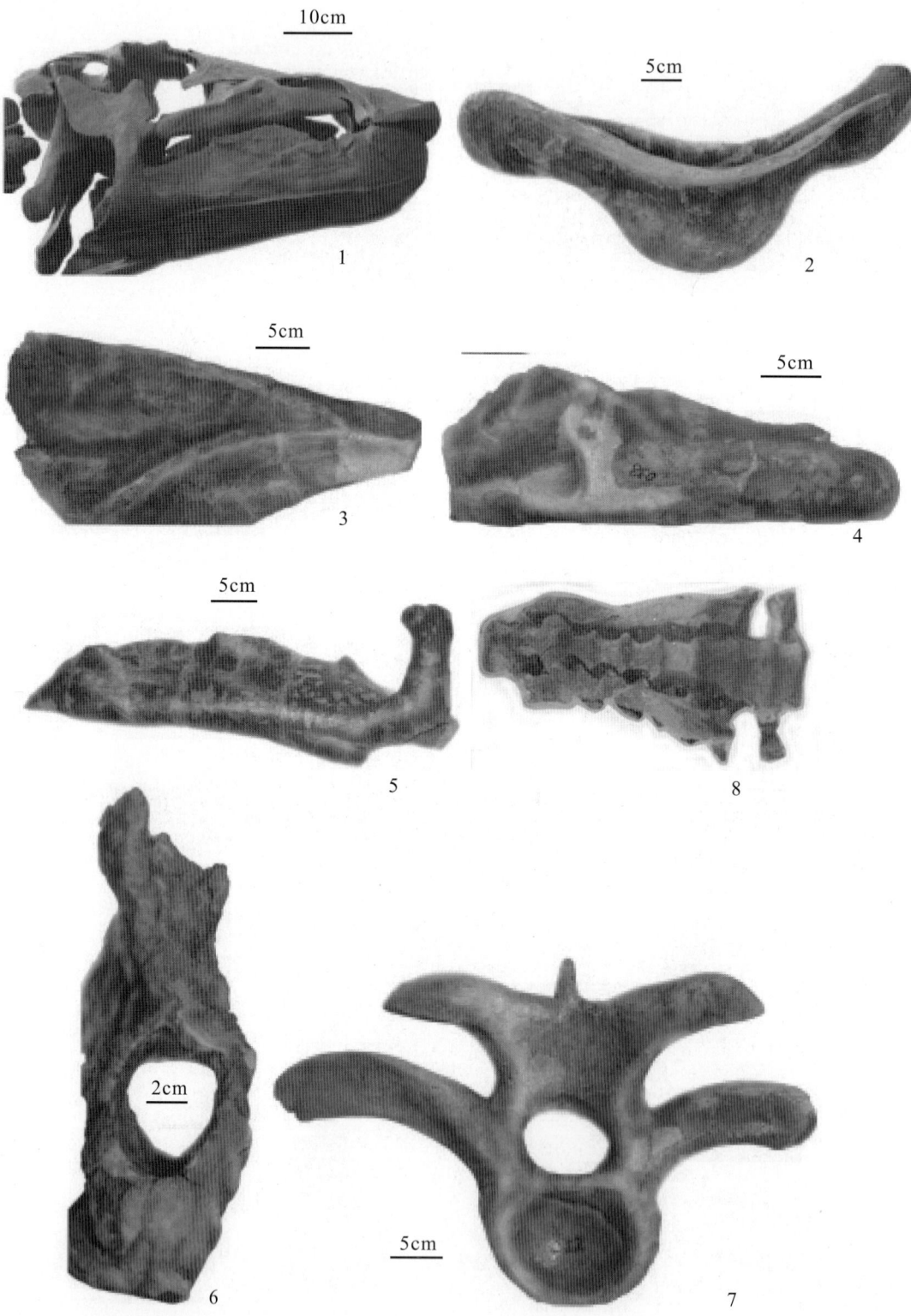

图版 84

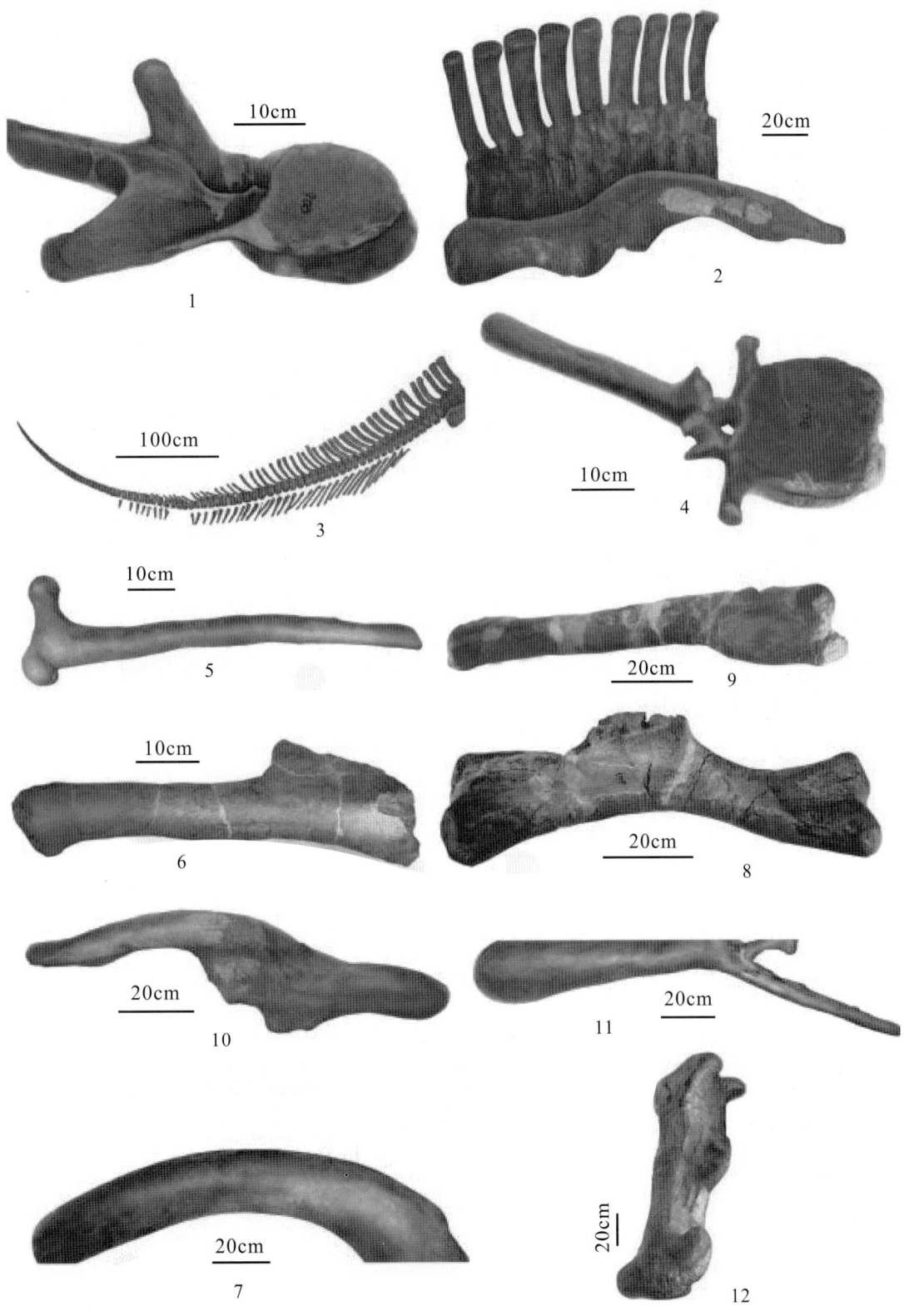

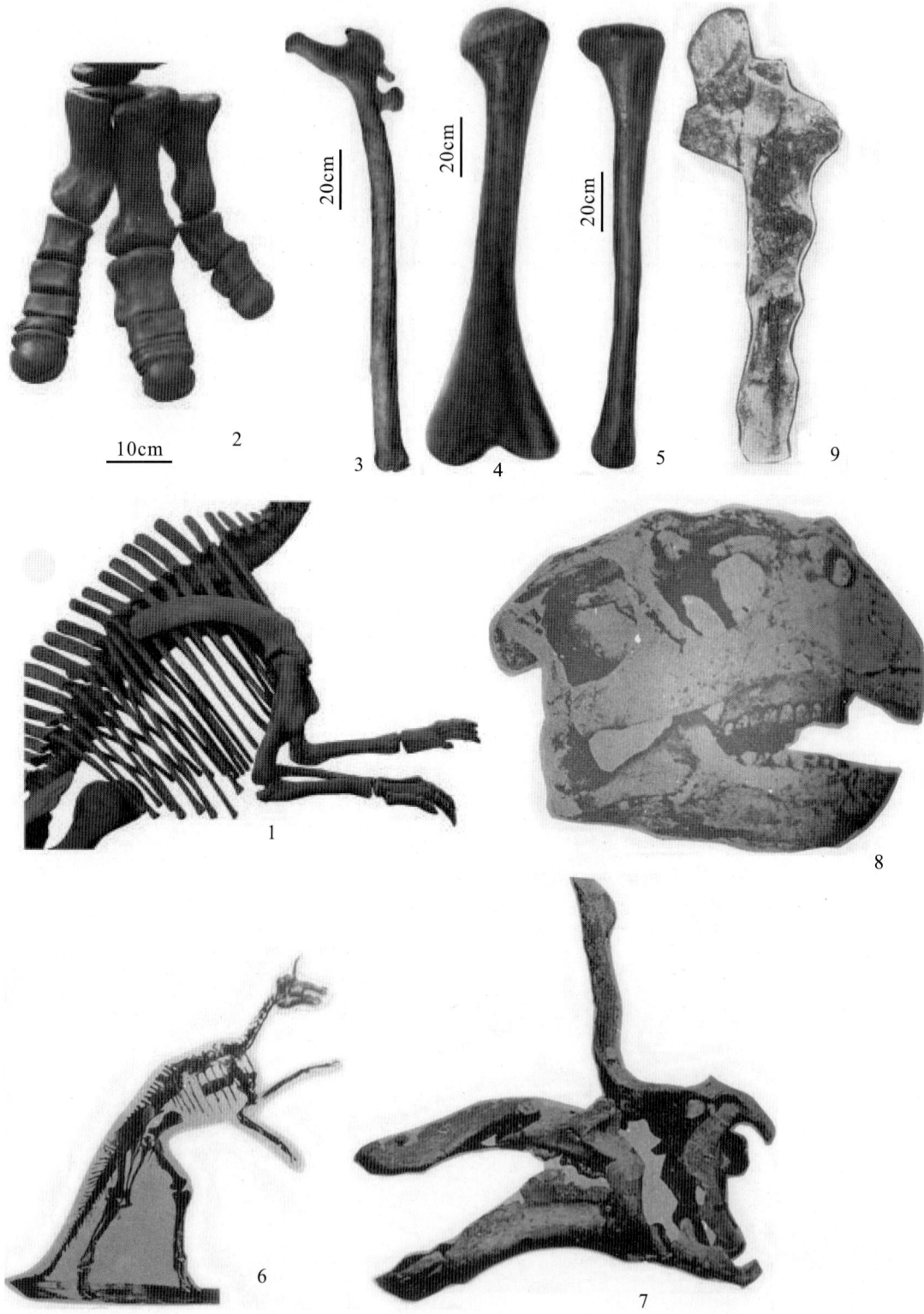

图版 86

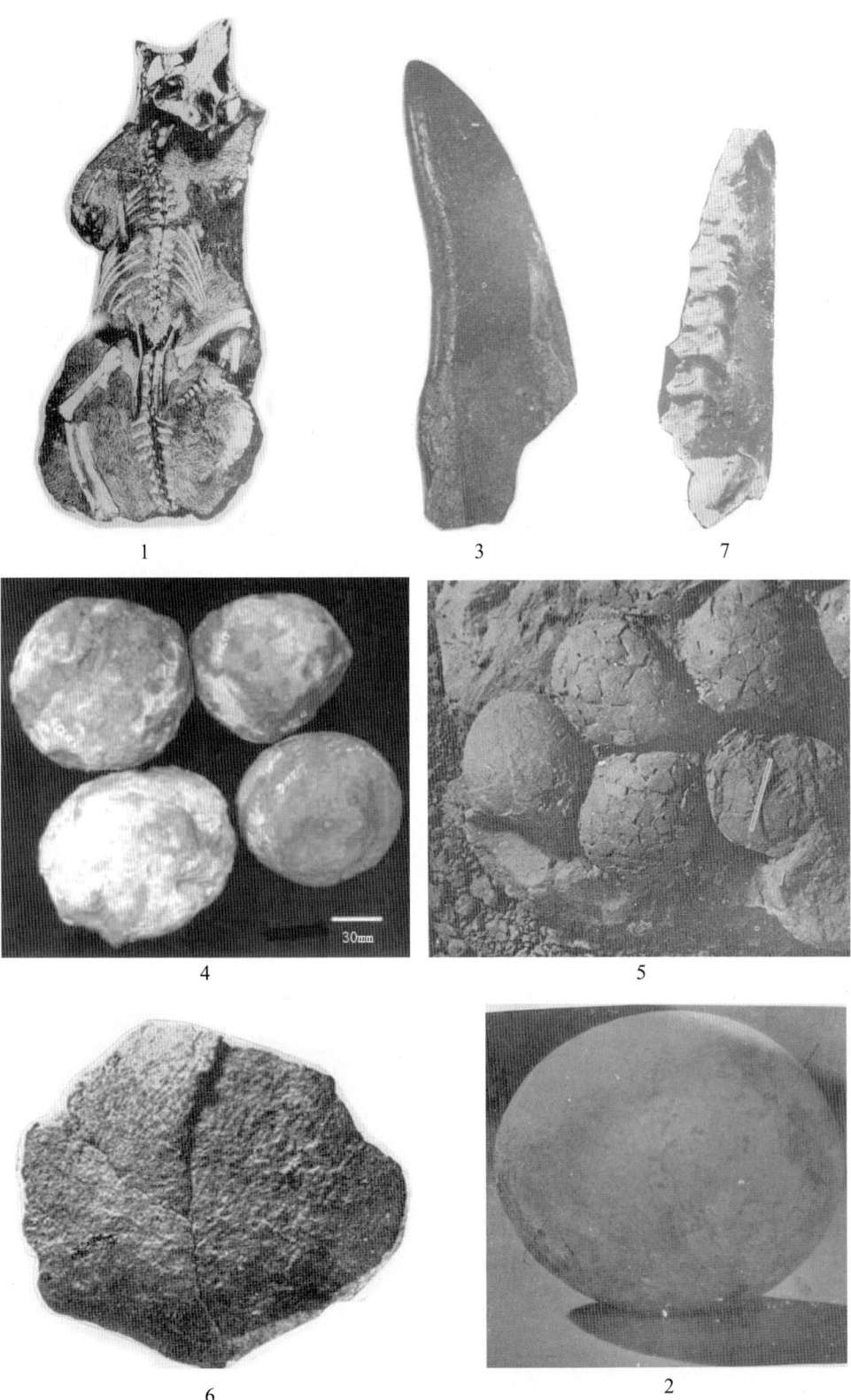

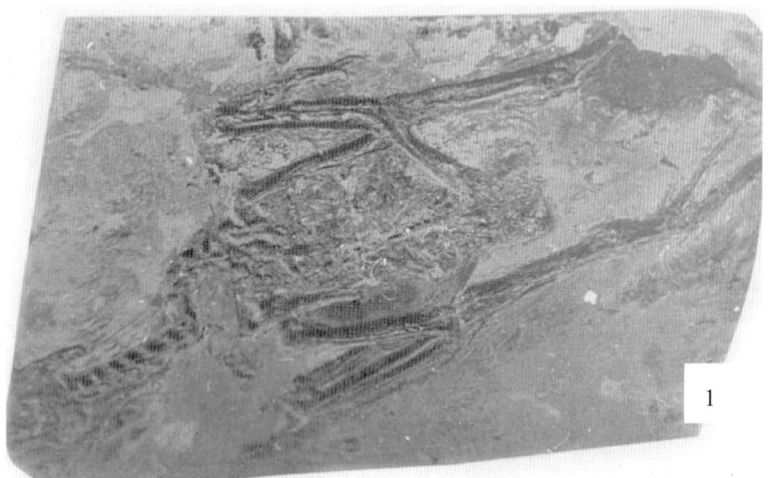

1

2

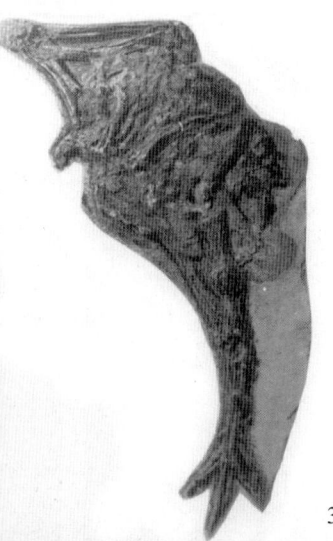

3

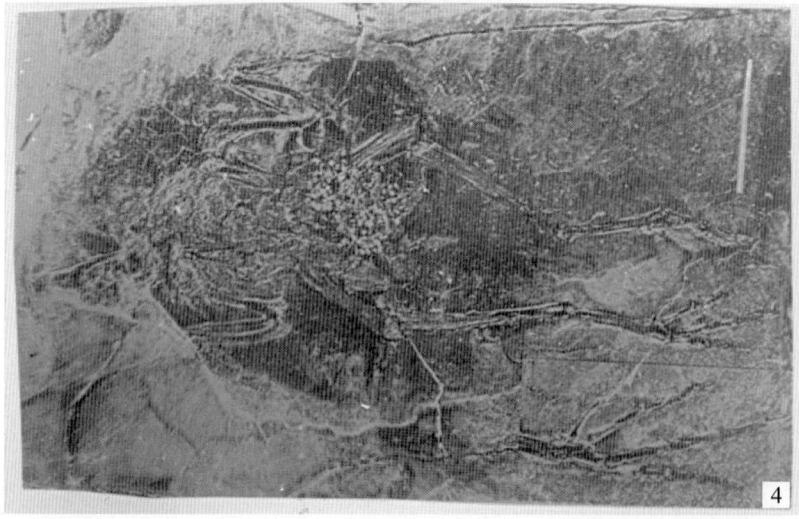

4

图版 88

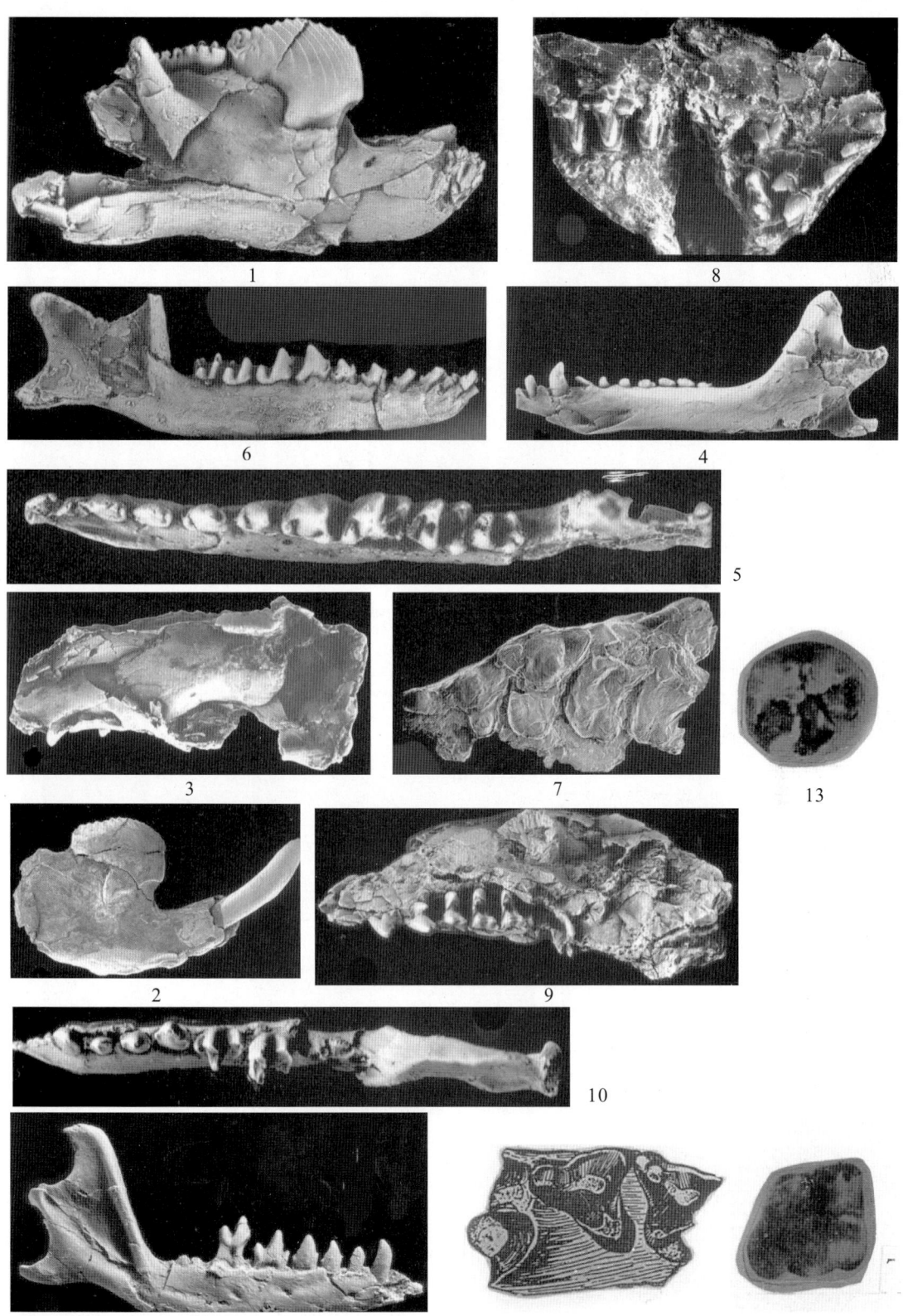

图版 89

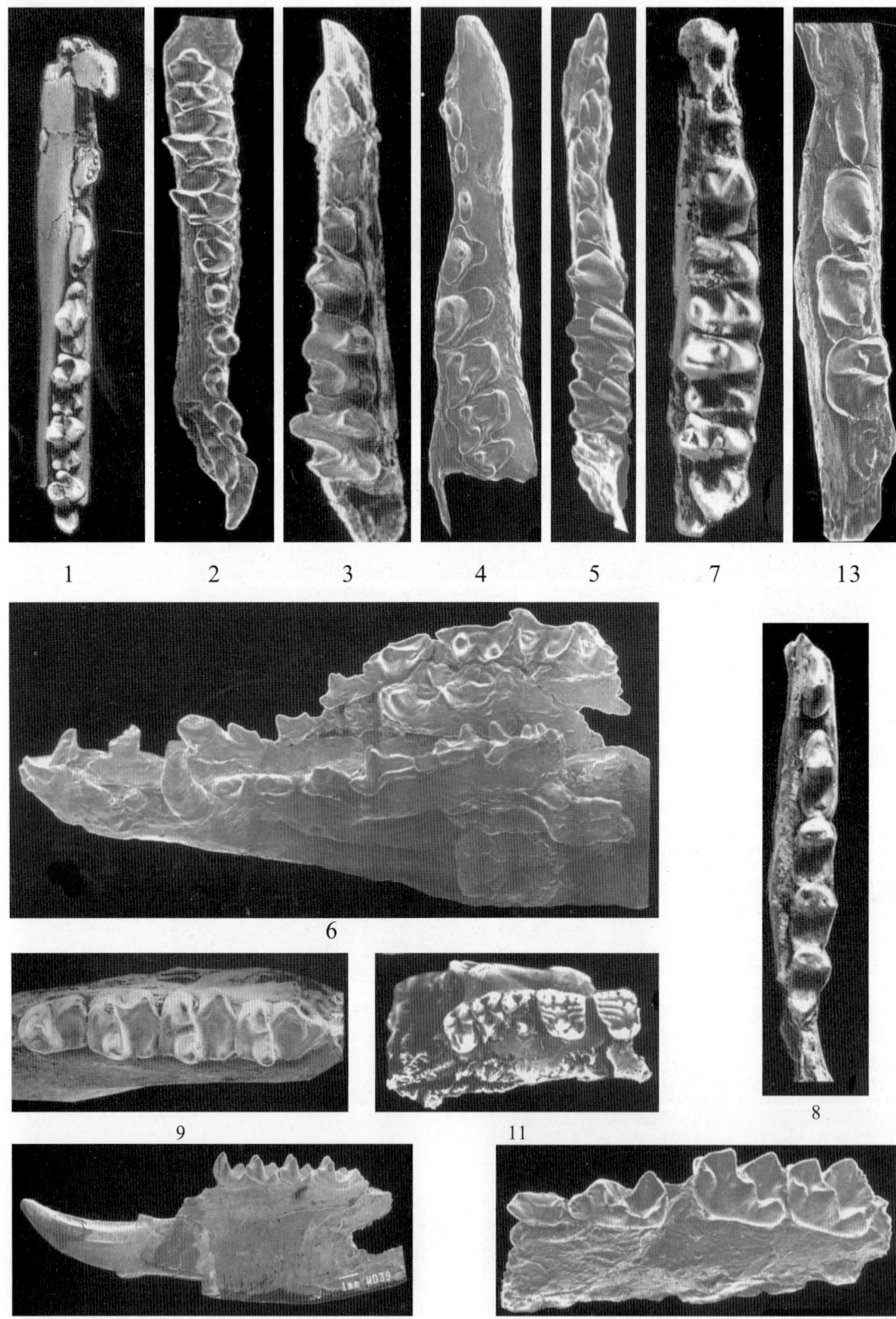

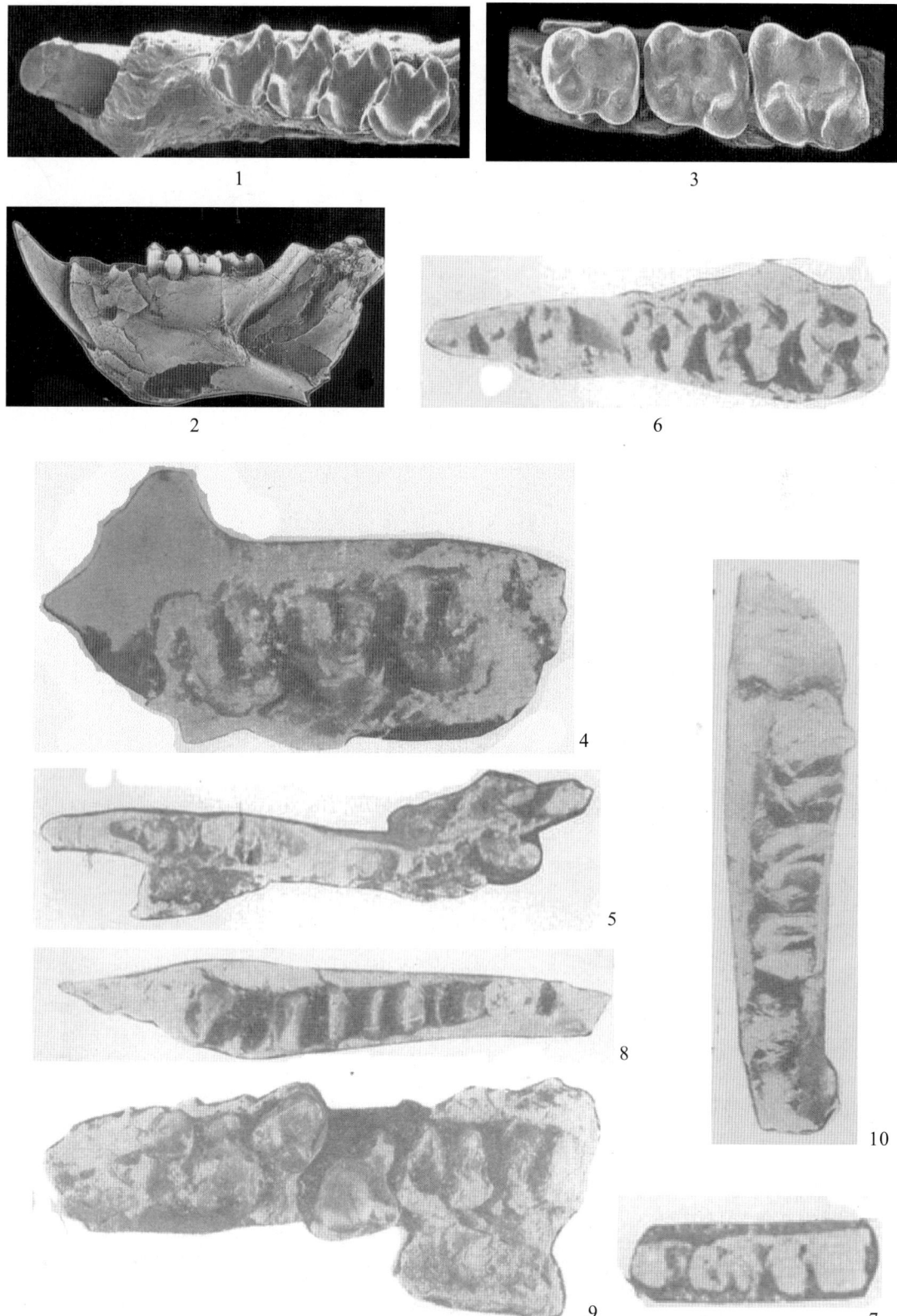

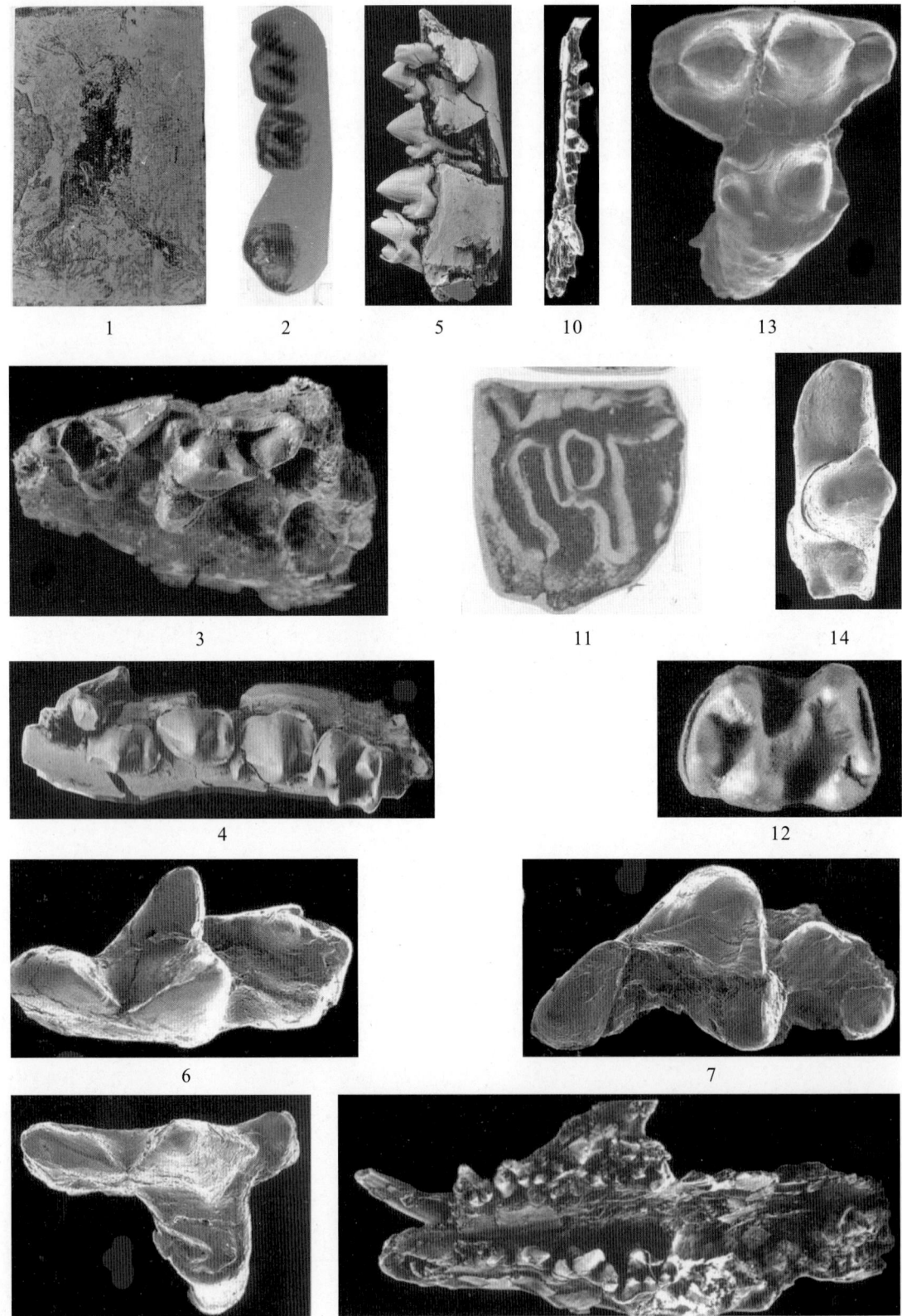

图版 91

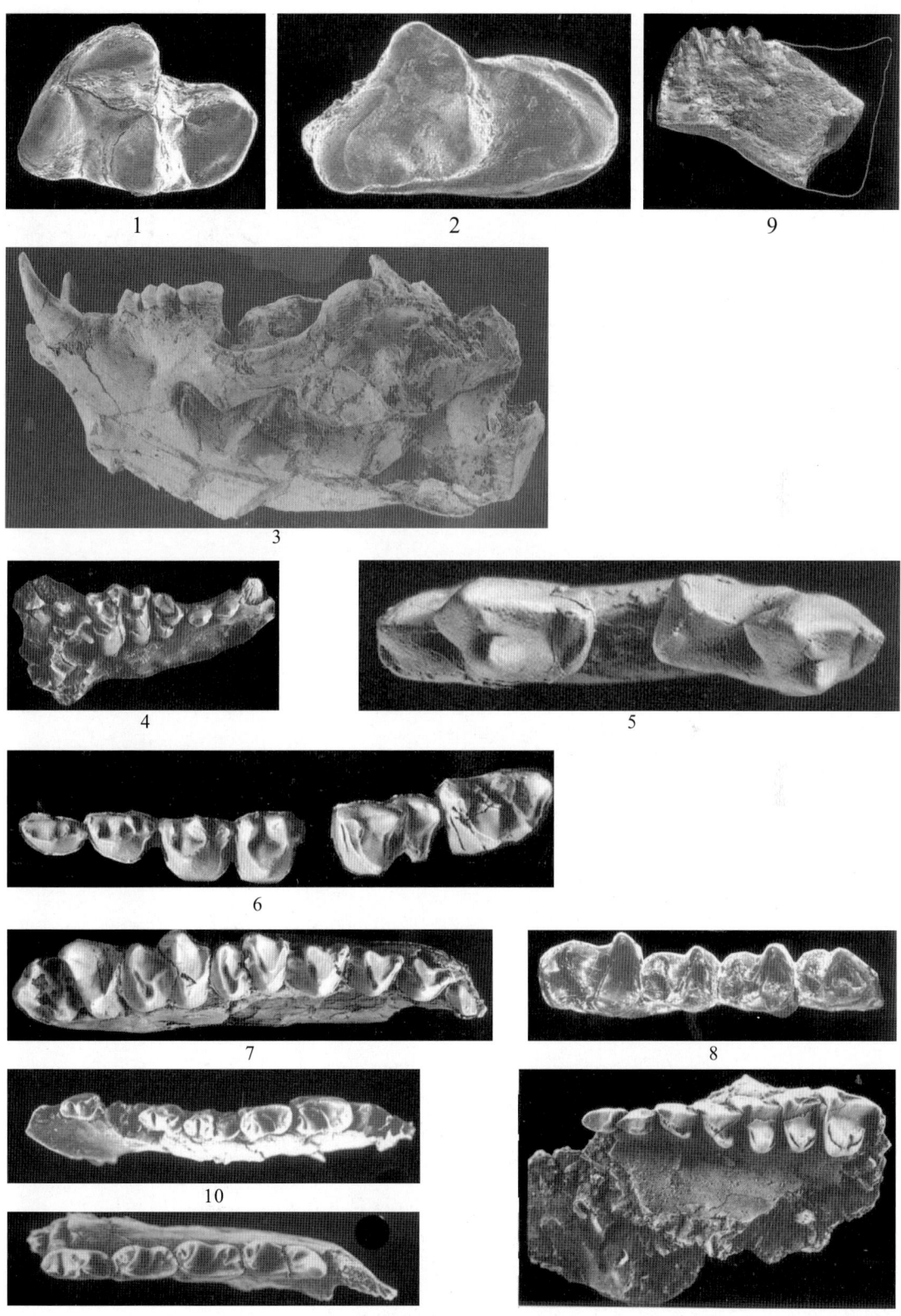

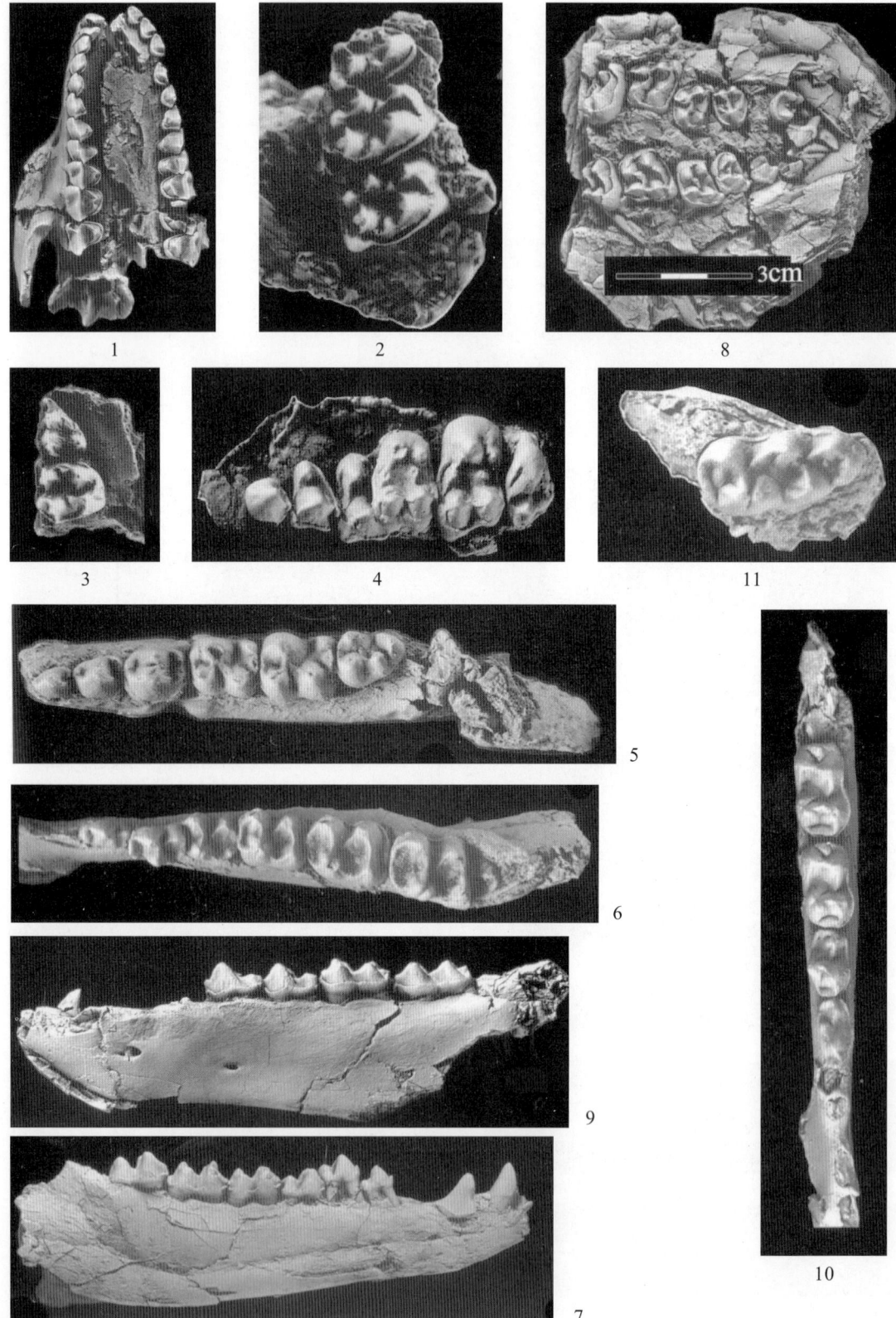

图版 93

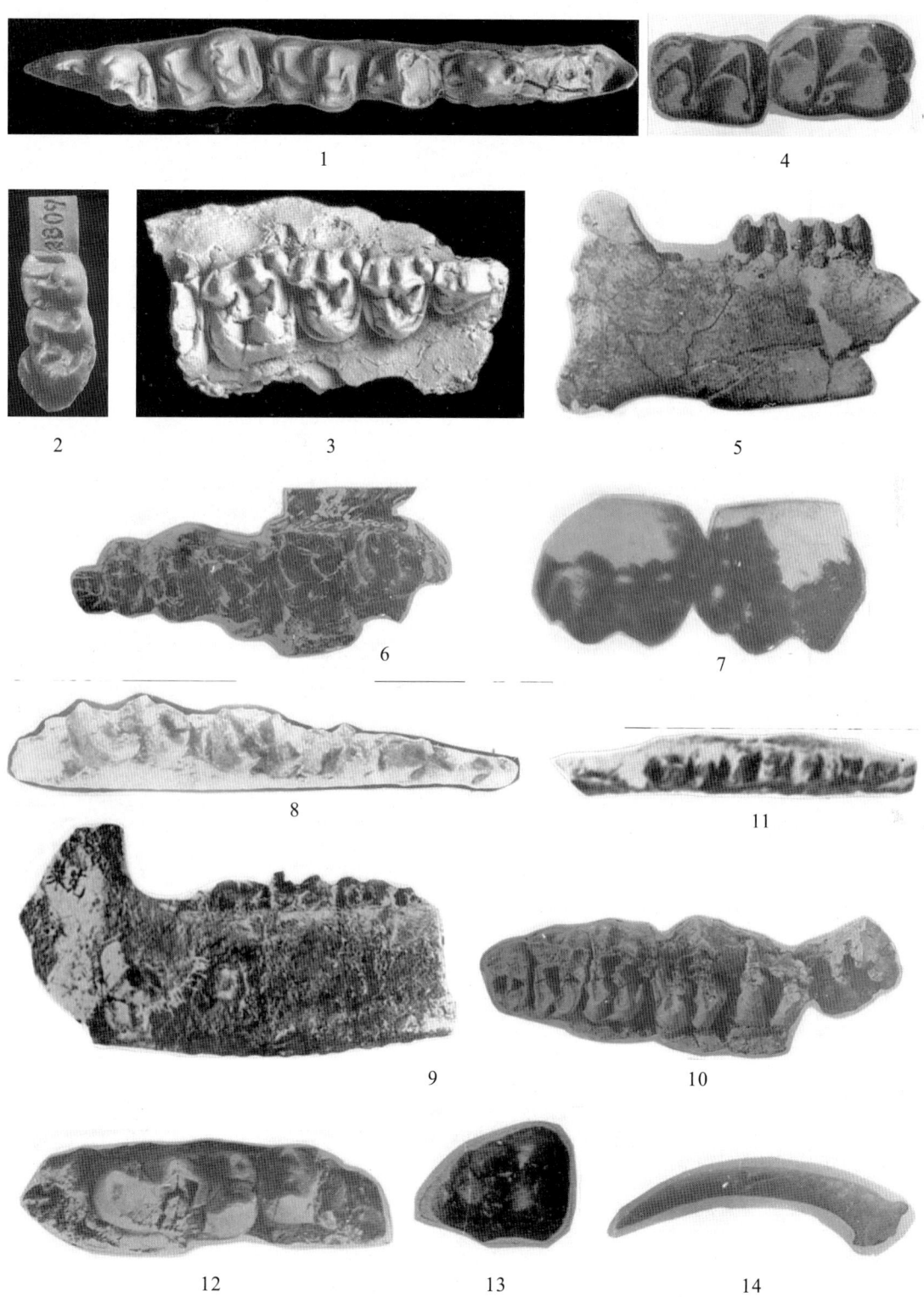

图版 94

图版 95

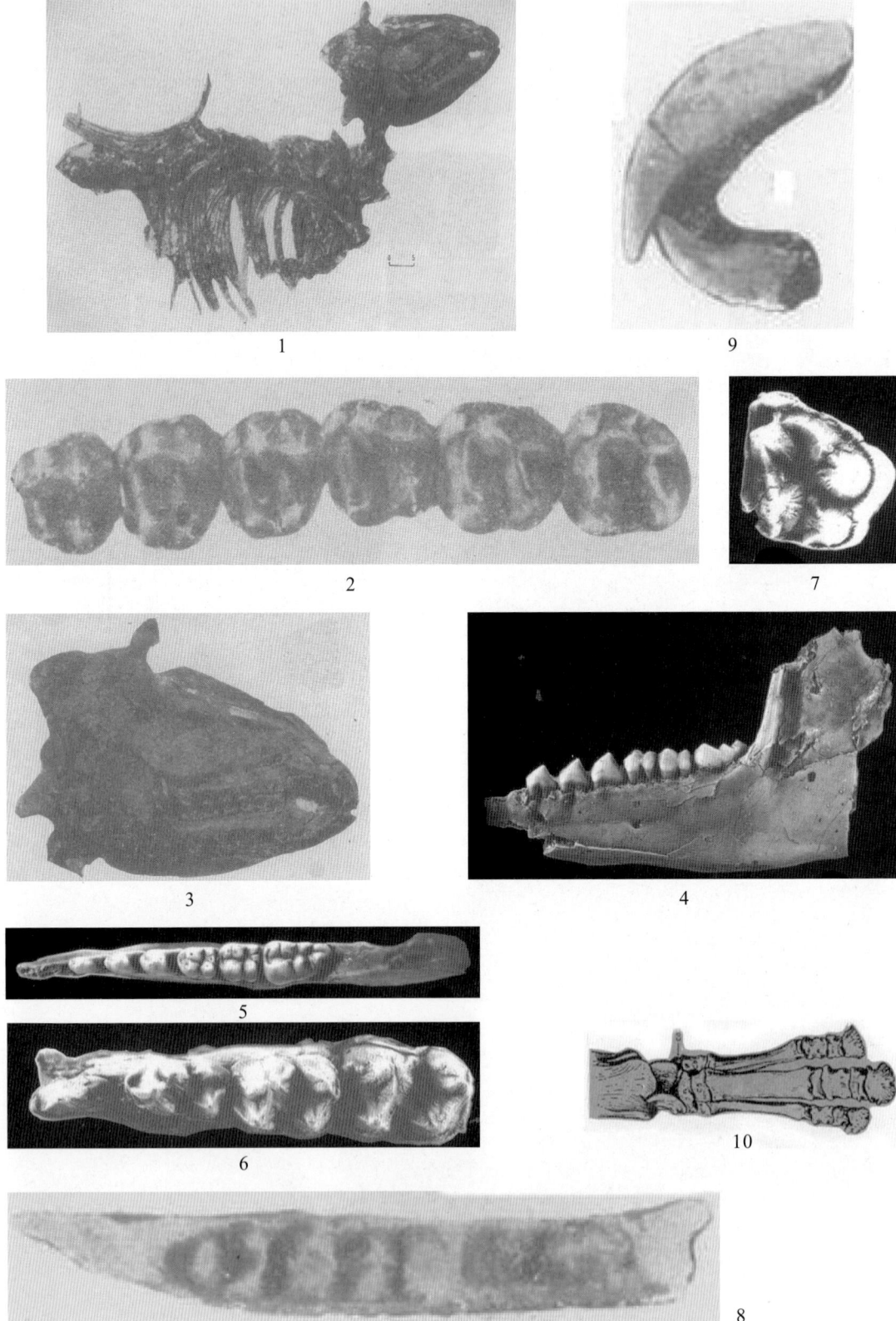

图版 96

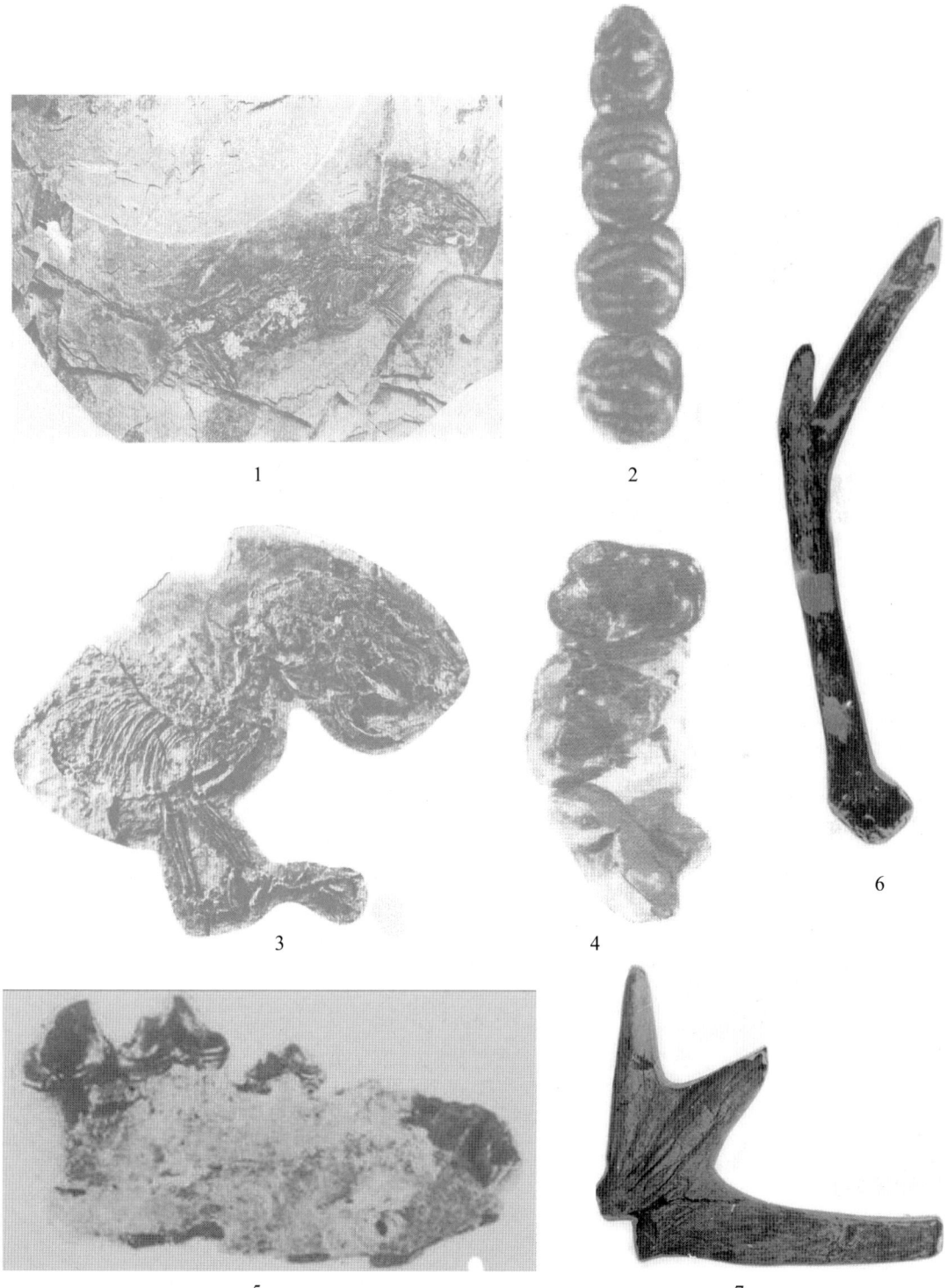

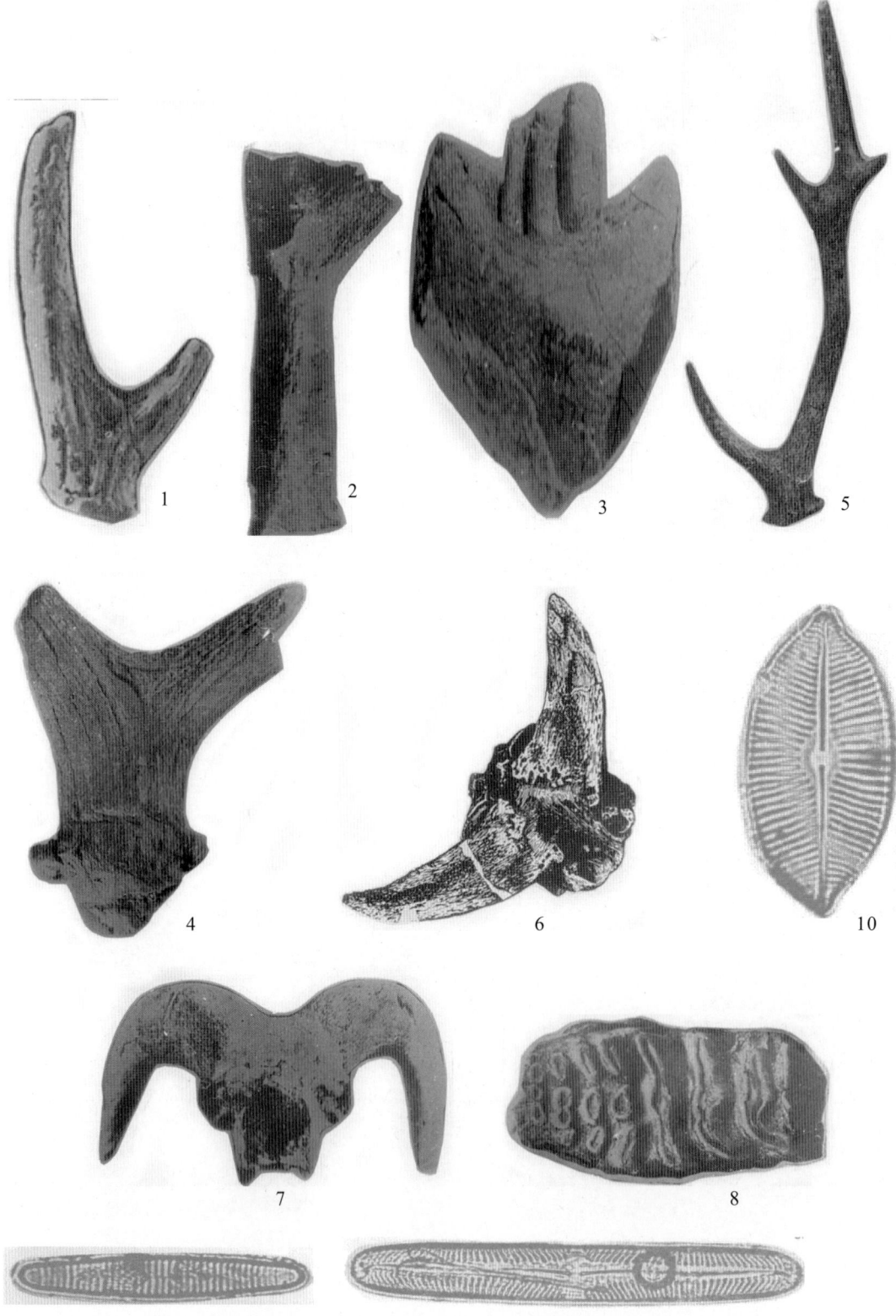

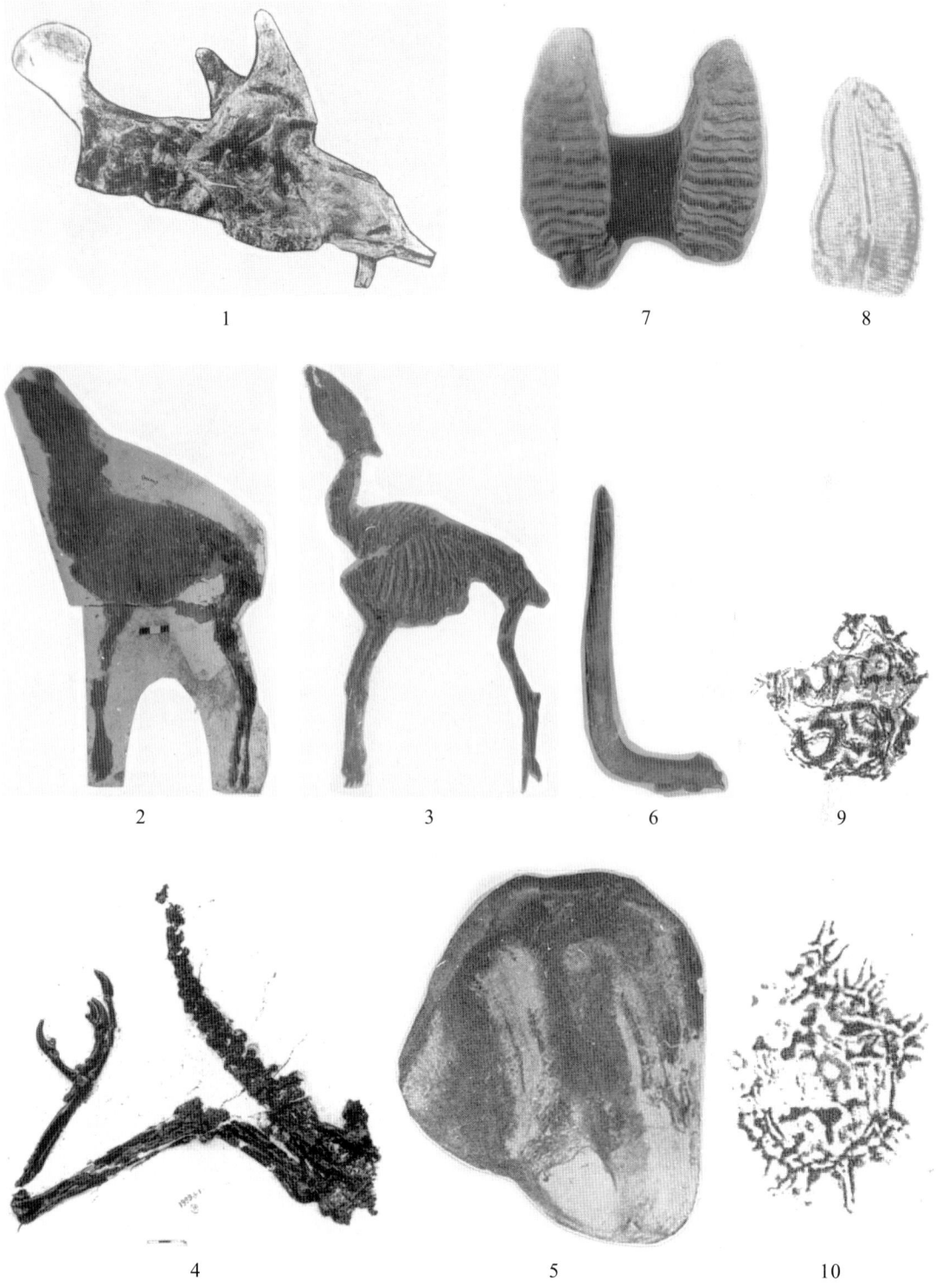

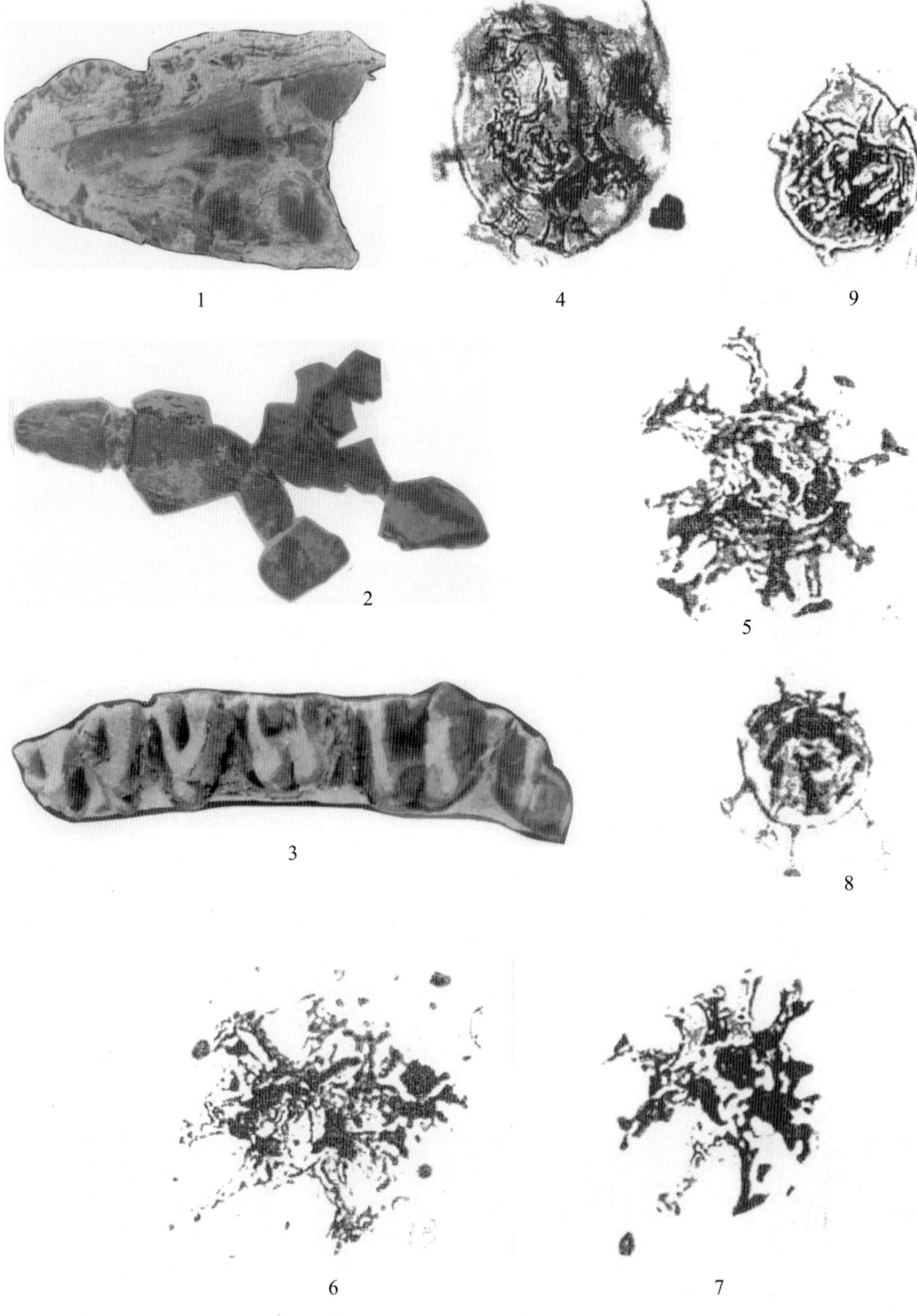

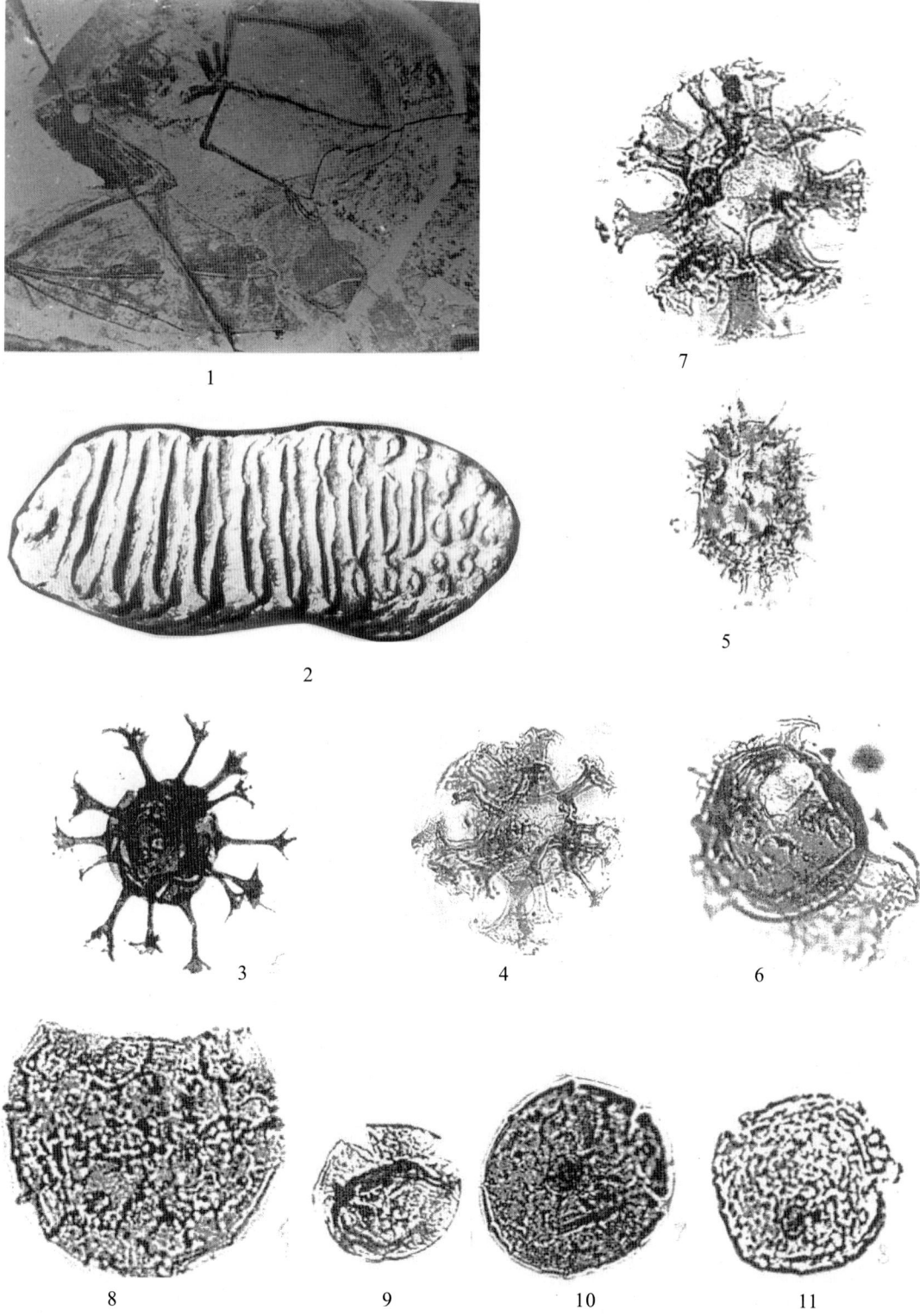

图版 101

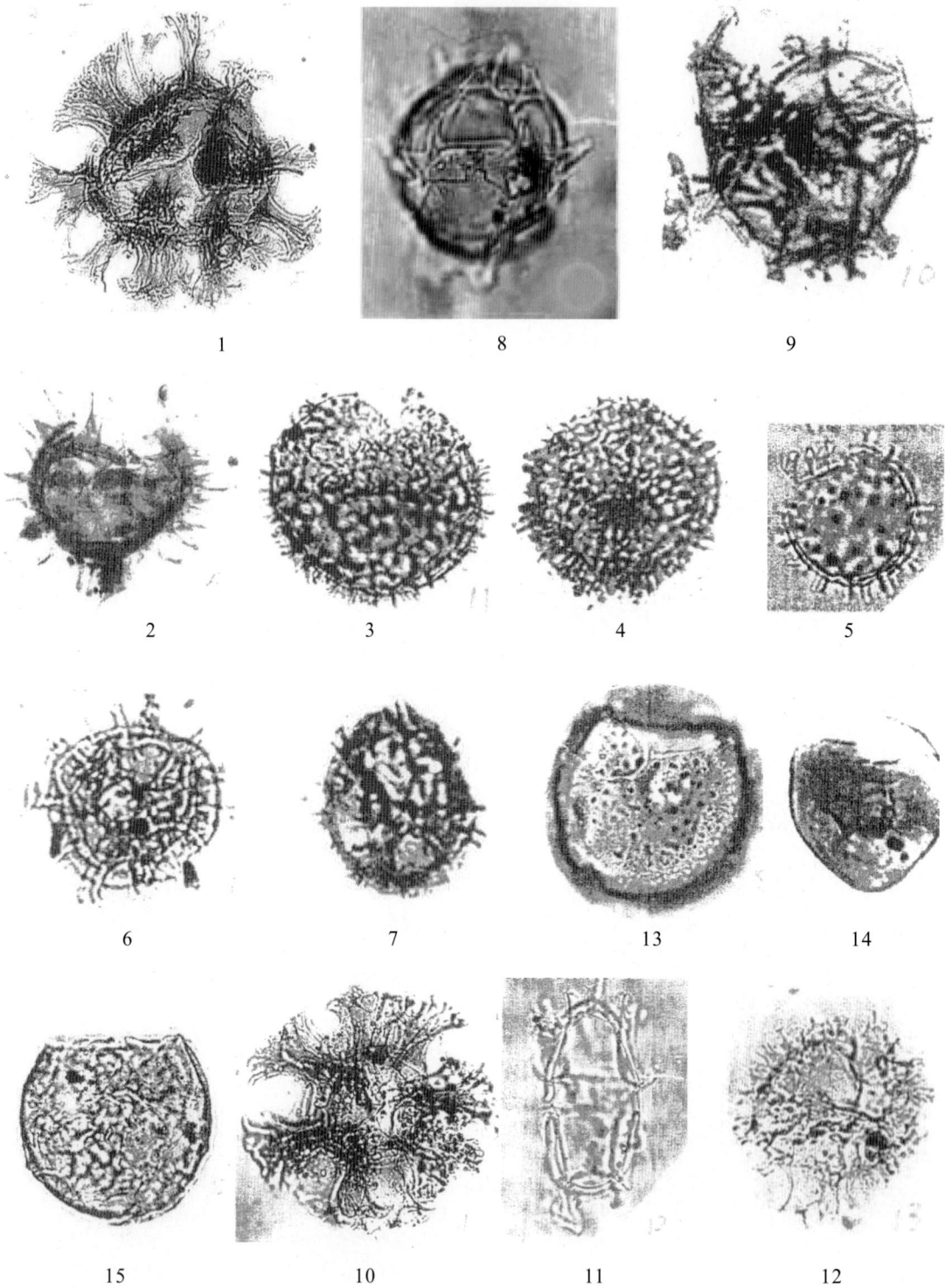

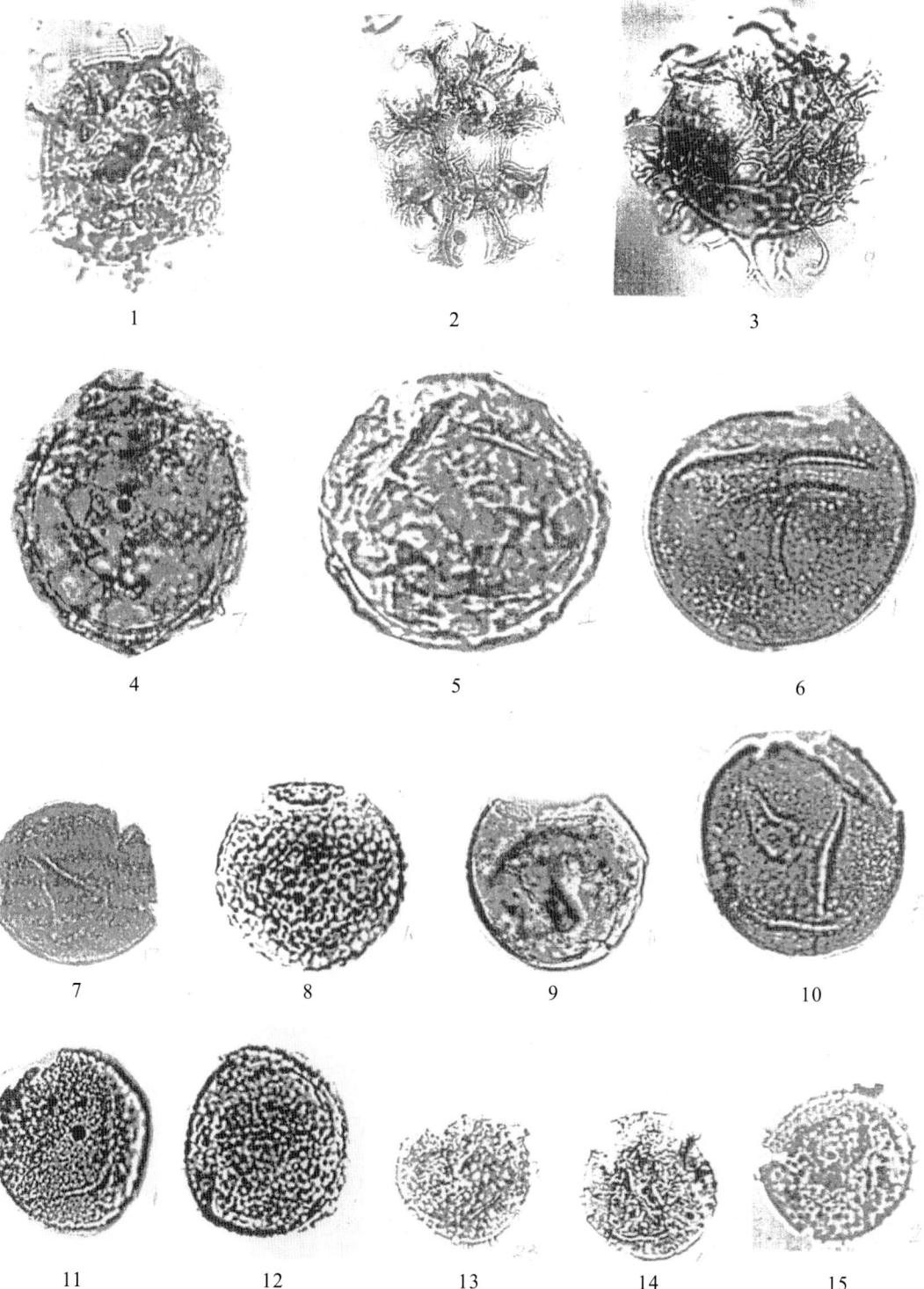

图版 103

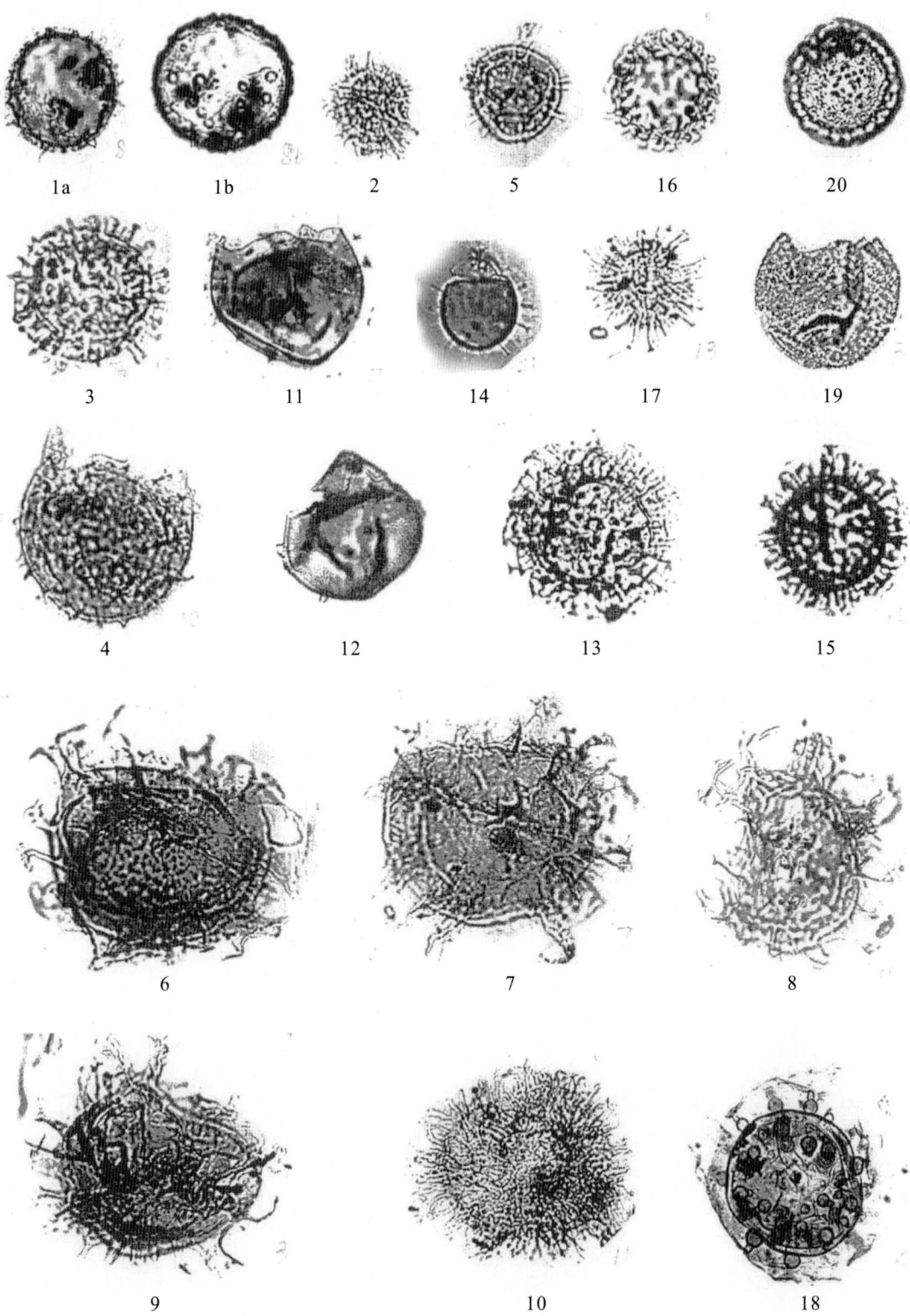

图版 104

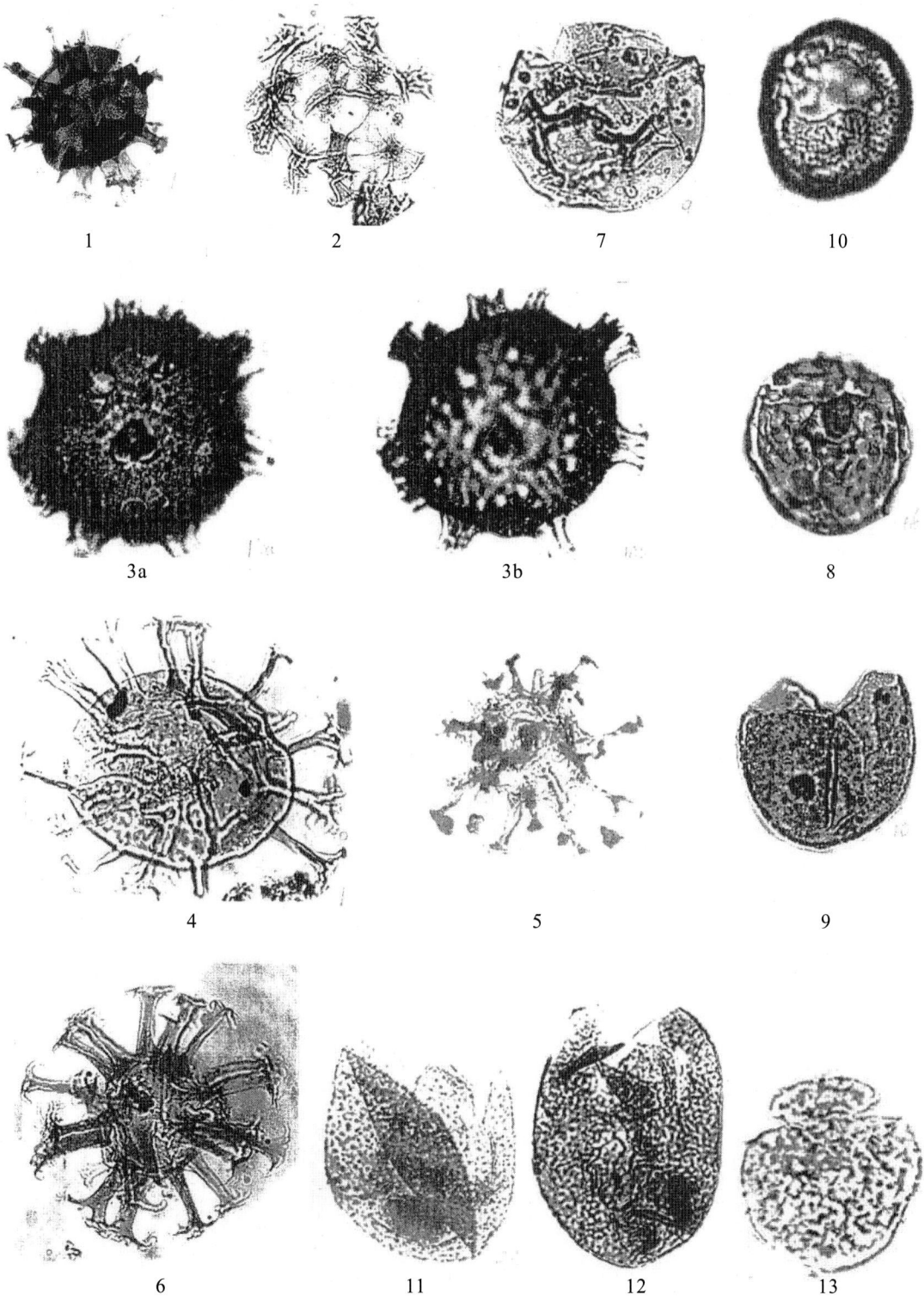

图版 105

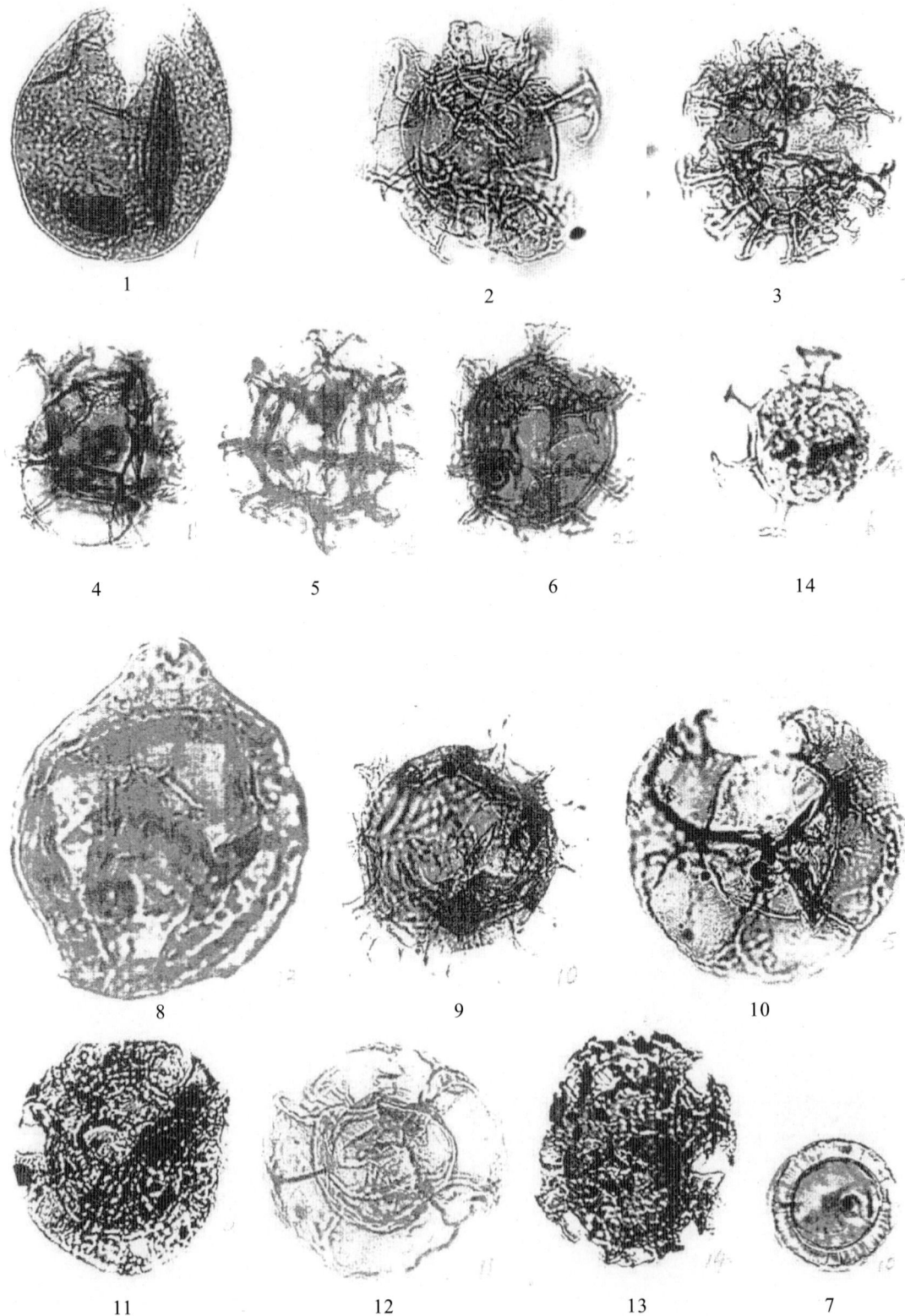

图版 106

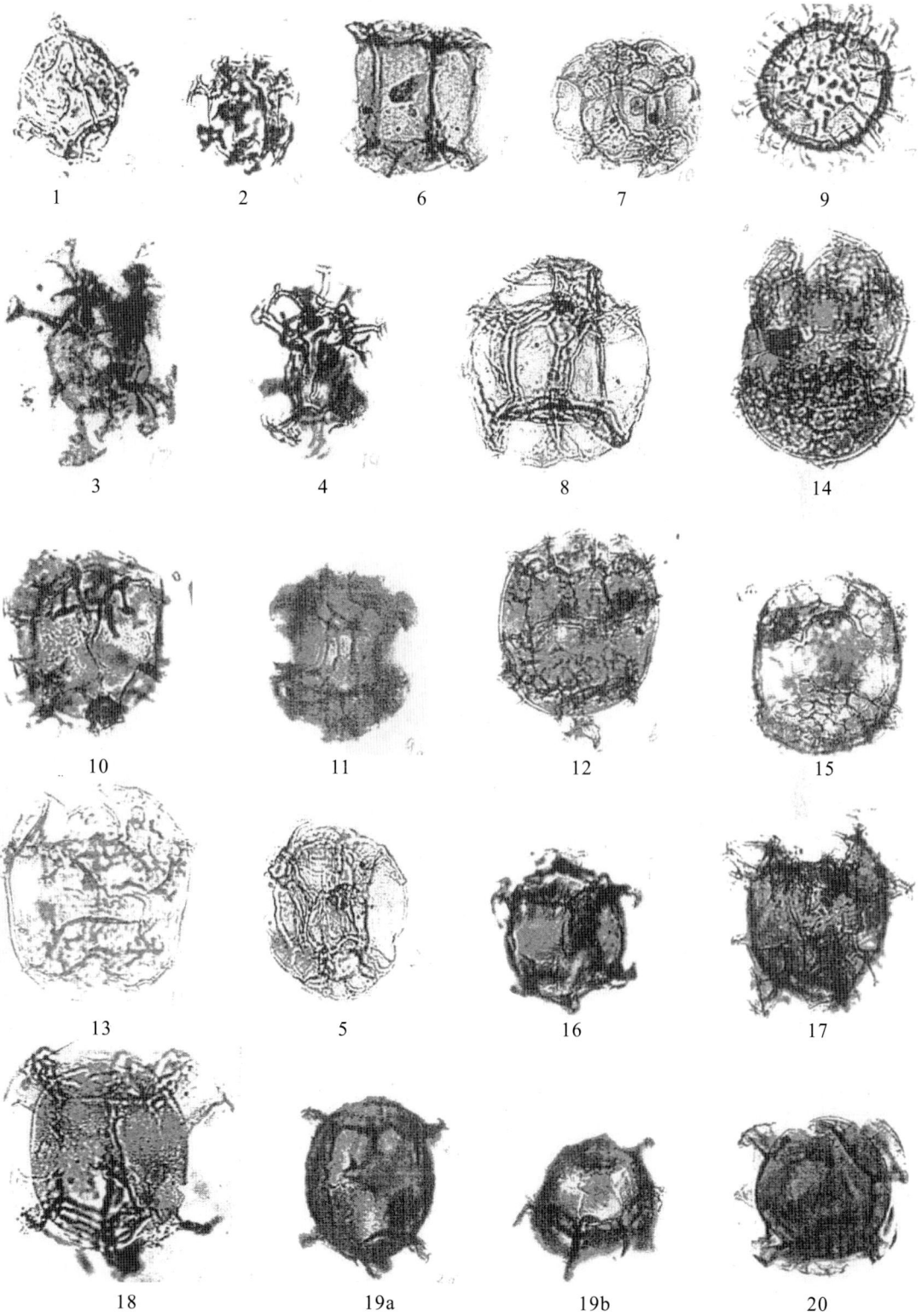

图版 107

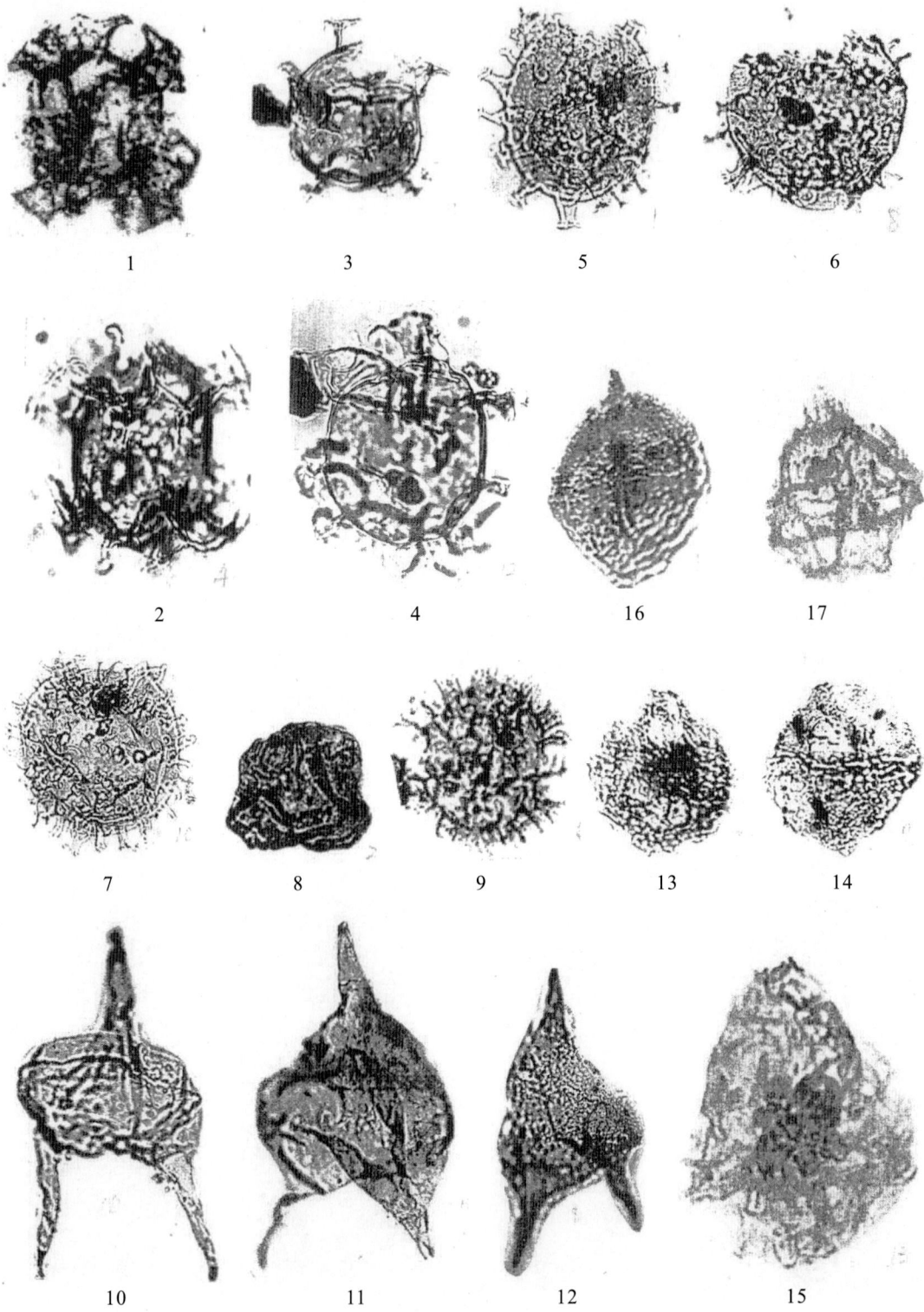

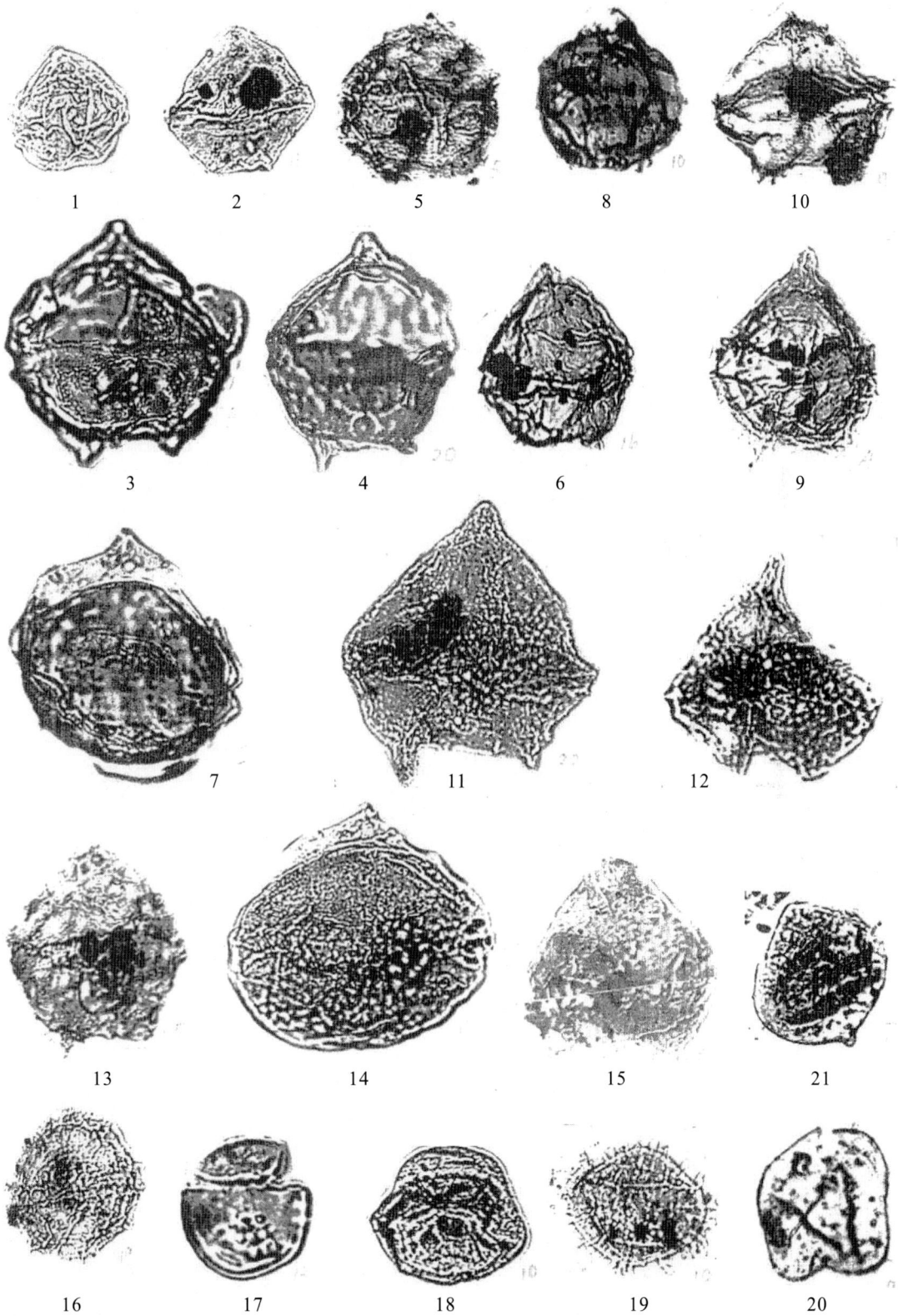

图版 109

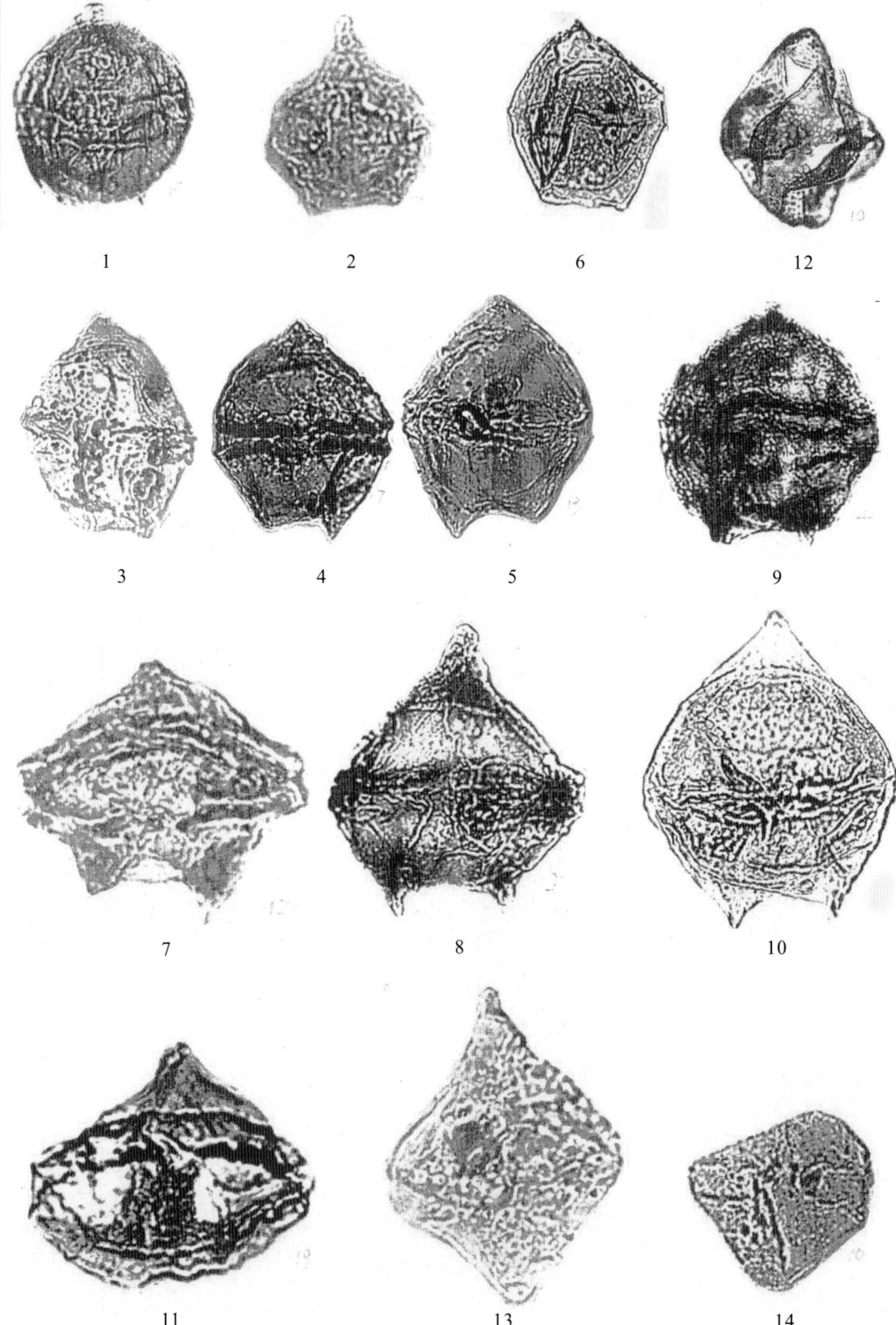

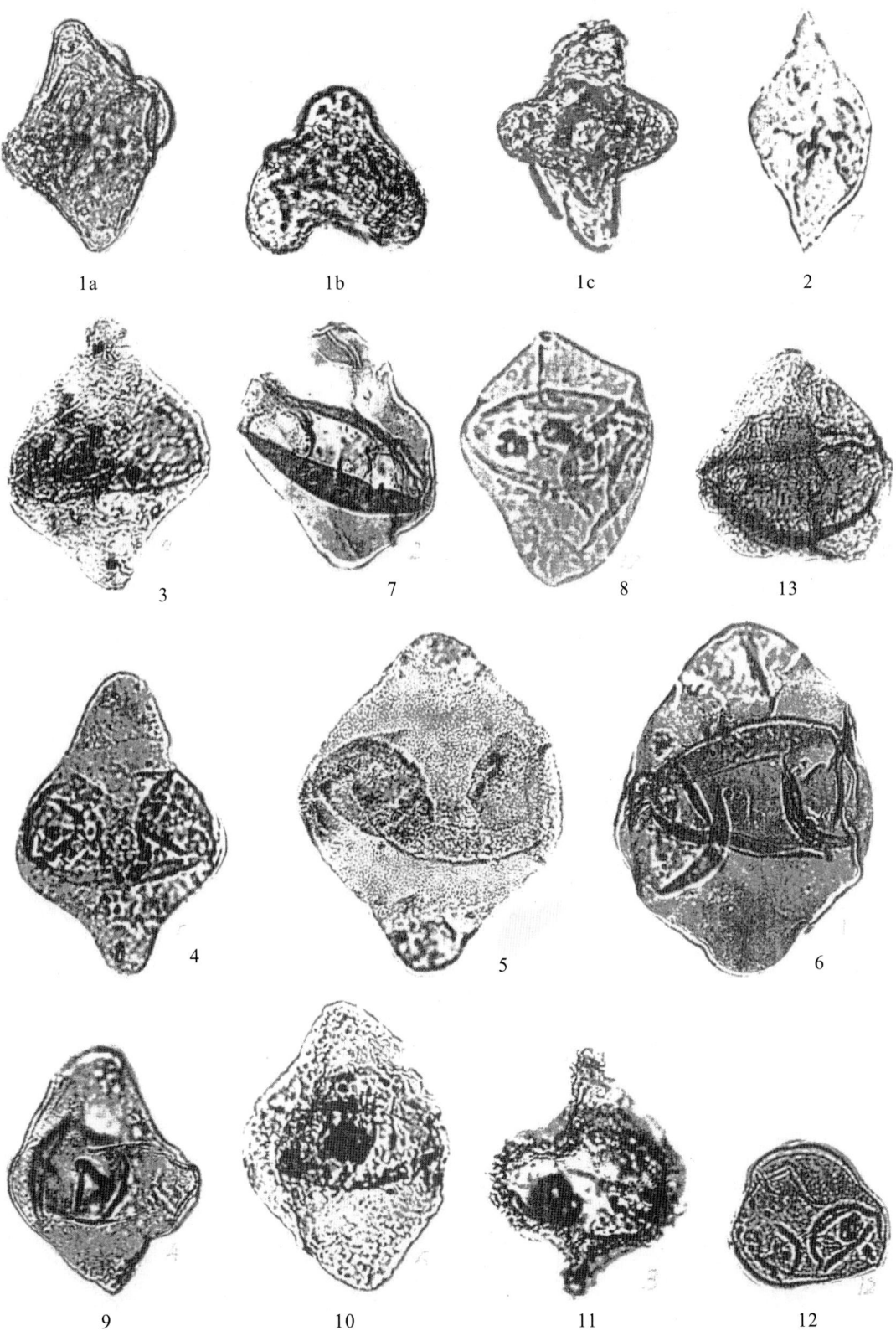

图版 111

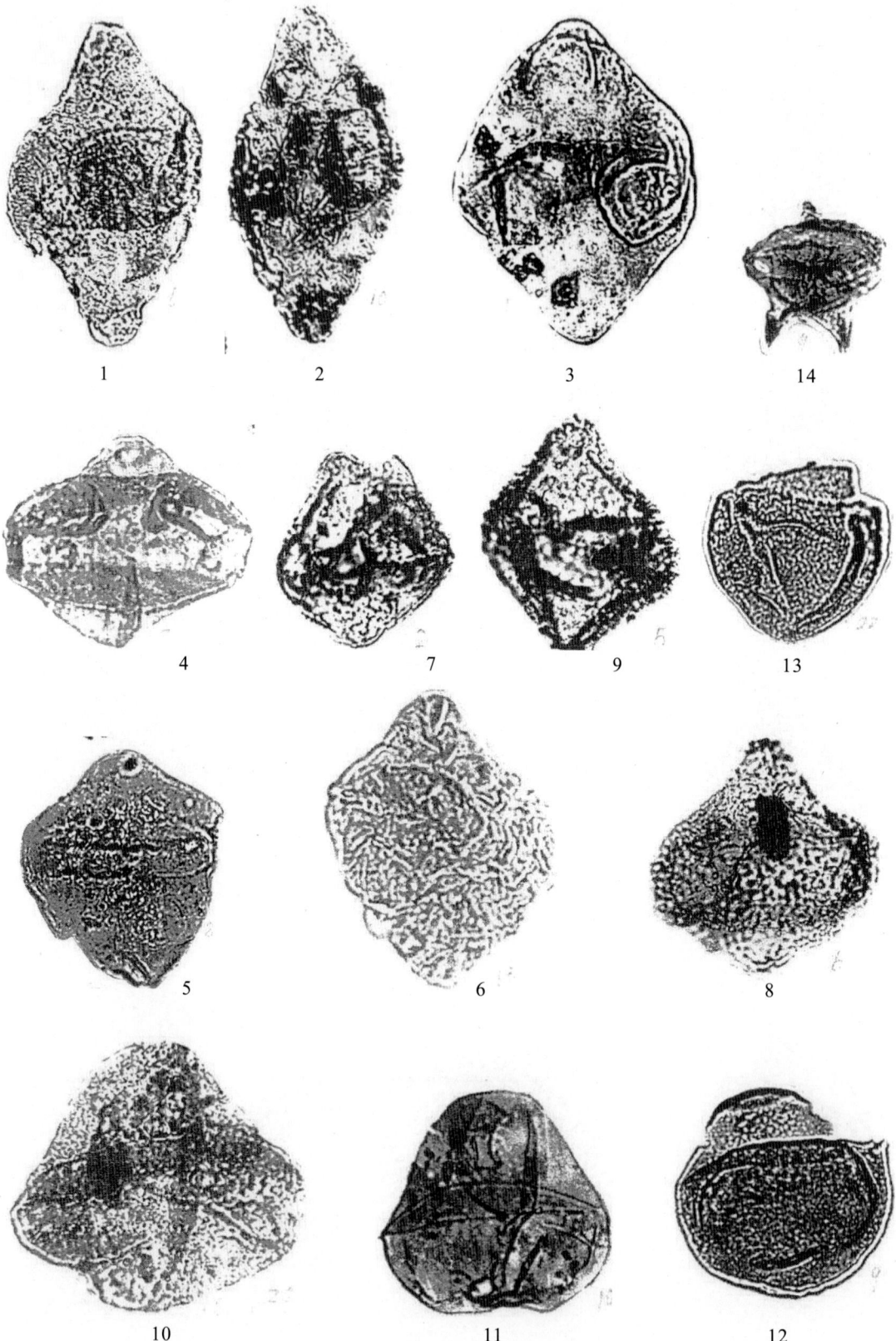

图版 112

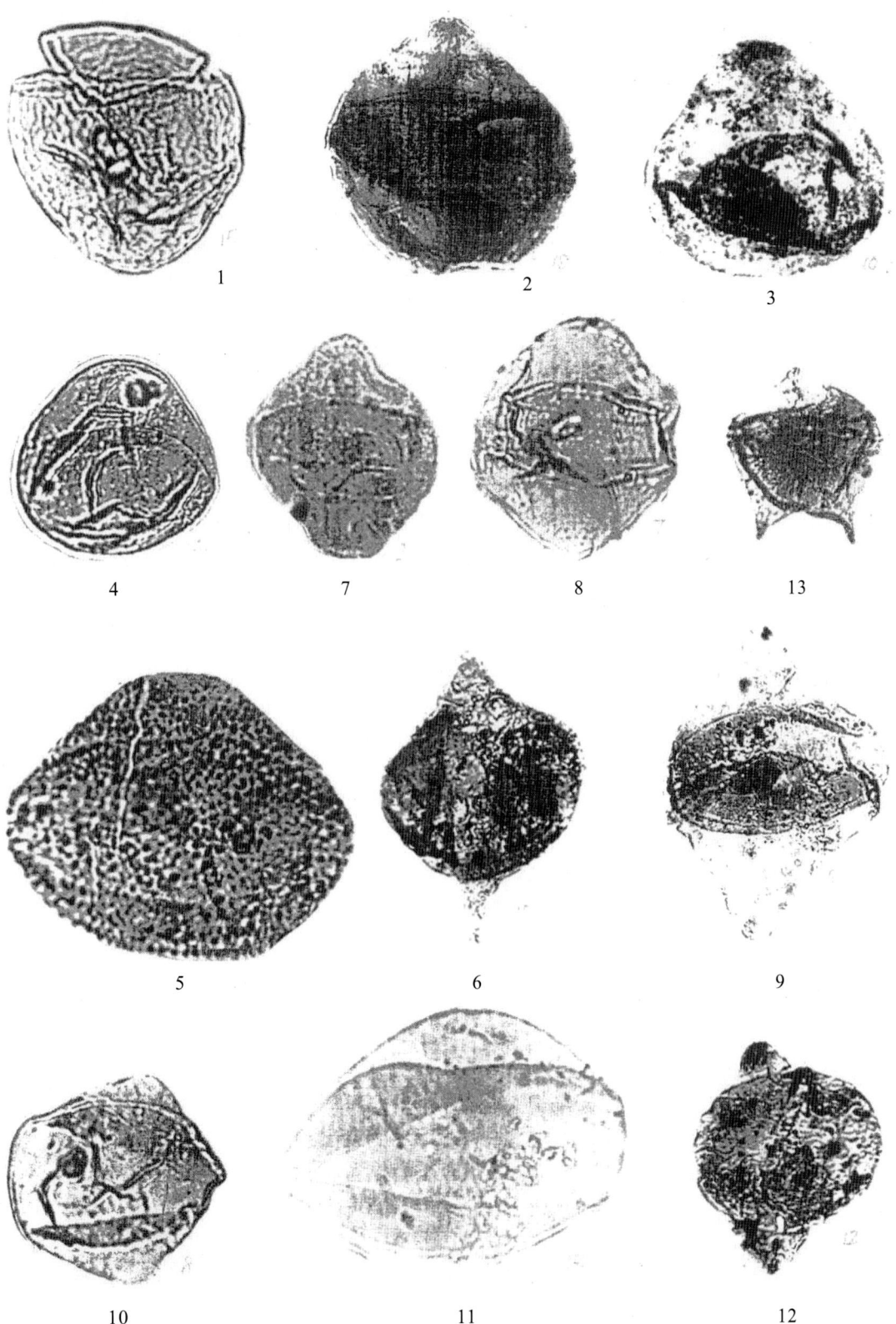

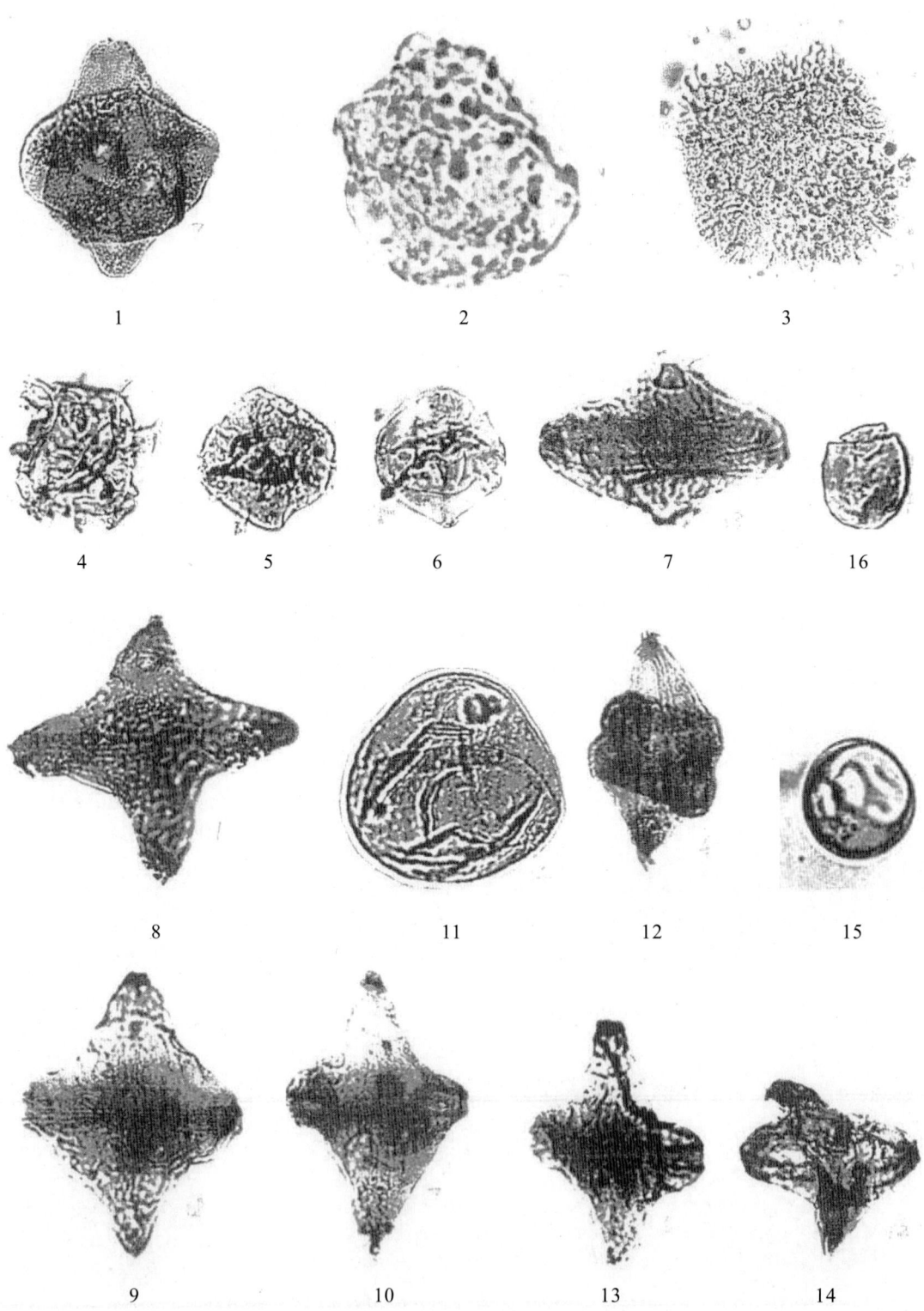

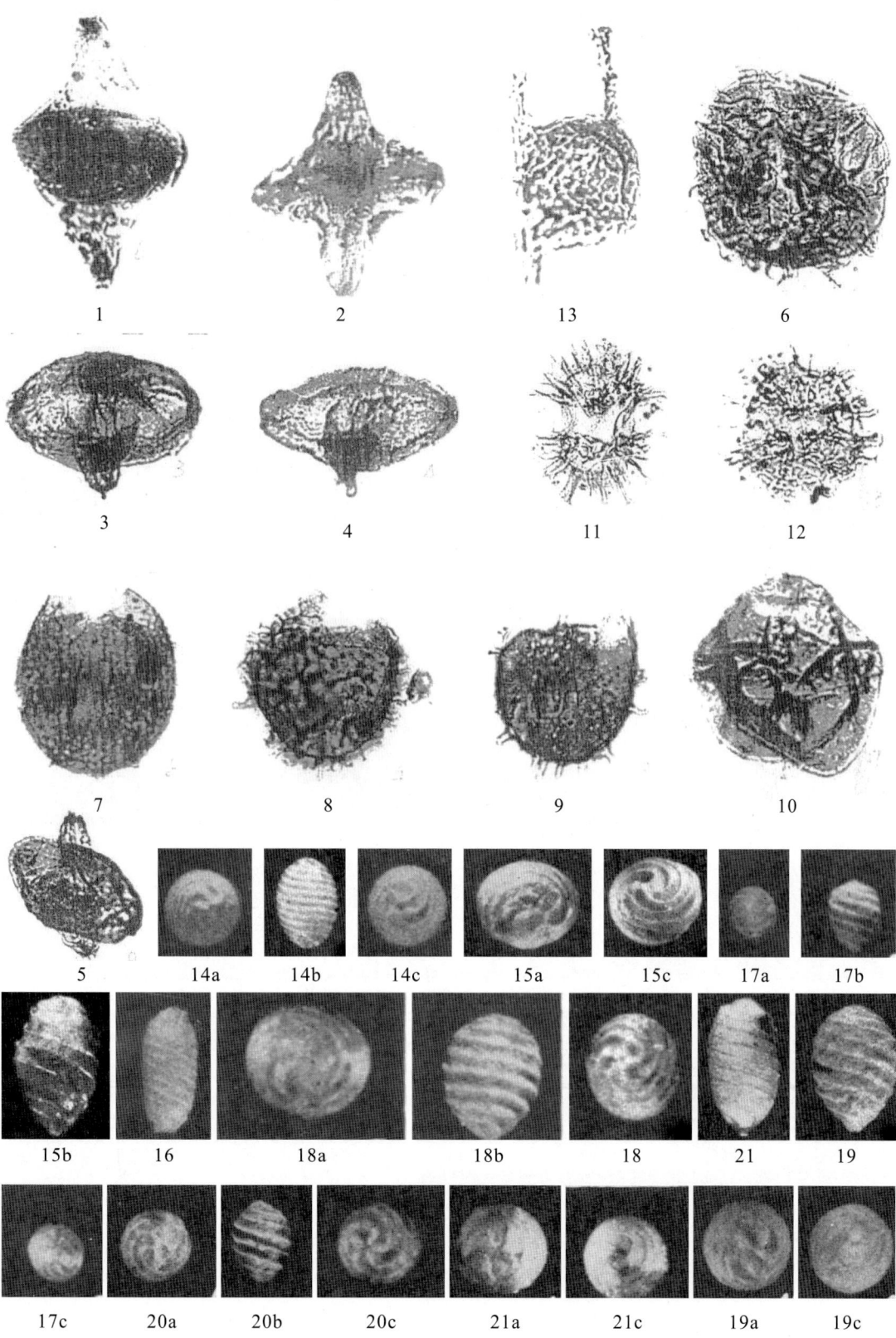

图版 115

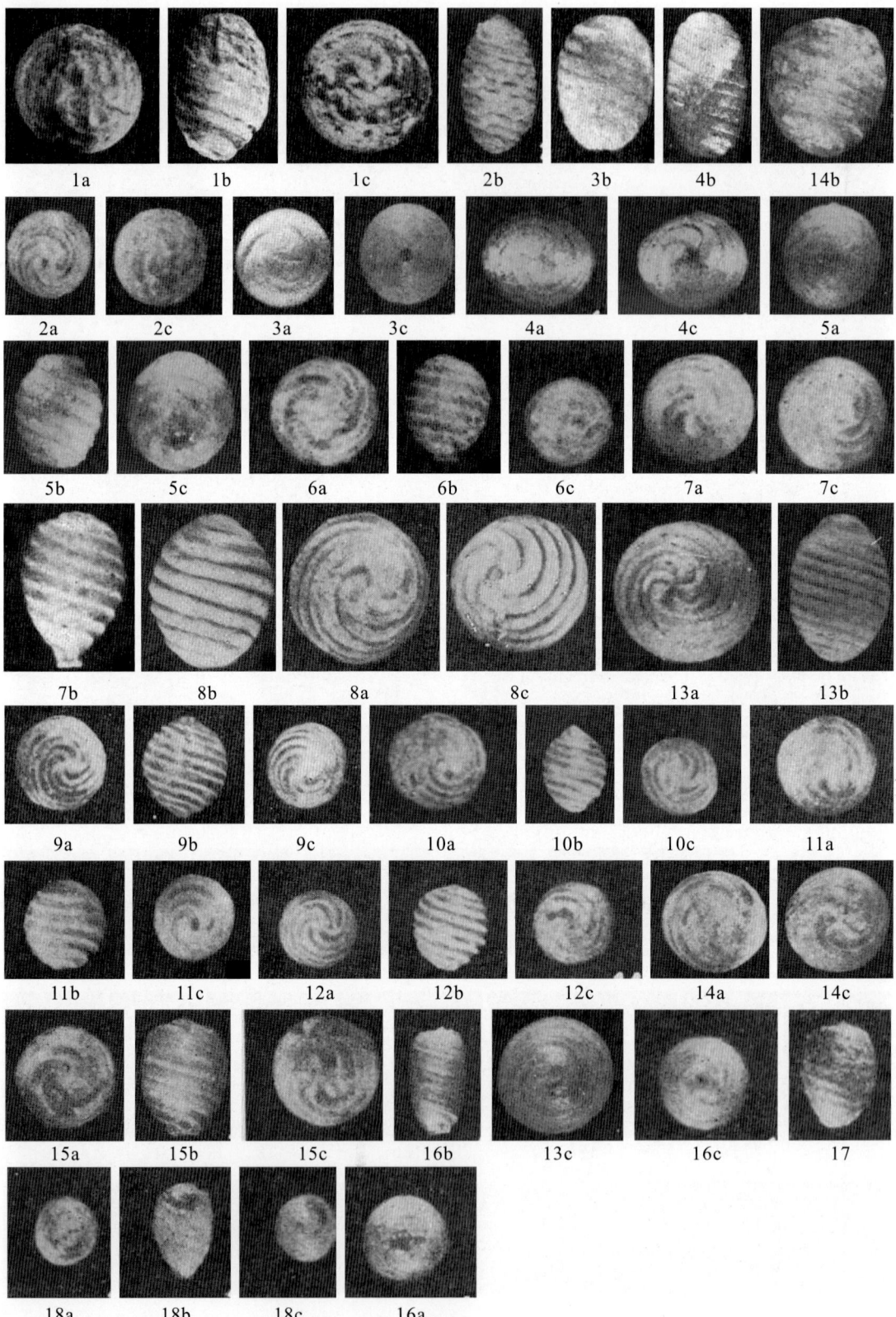

图版 116

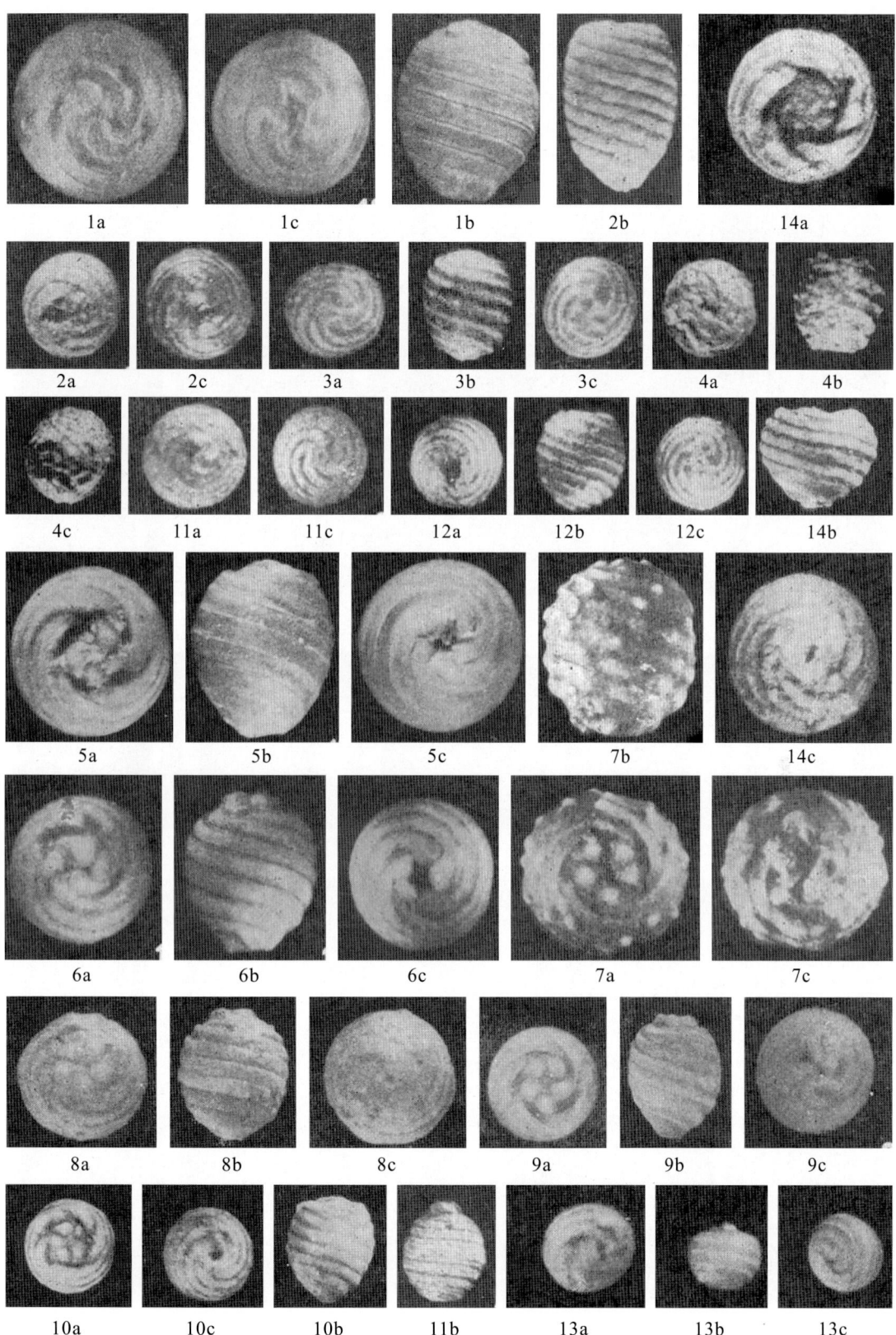

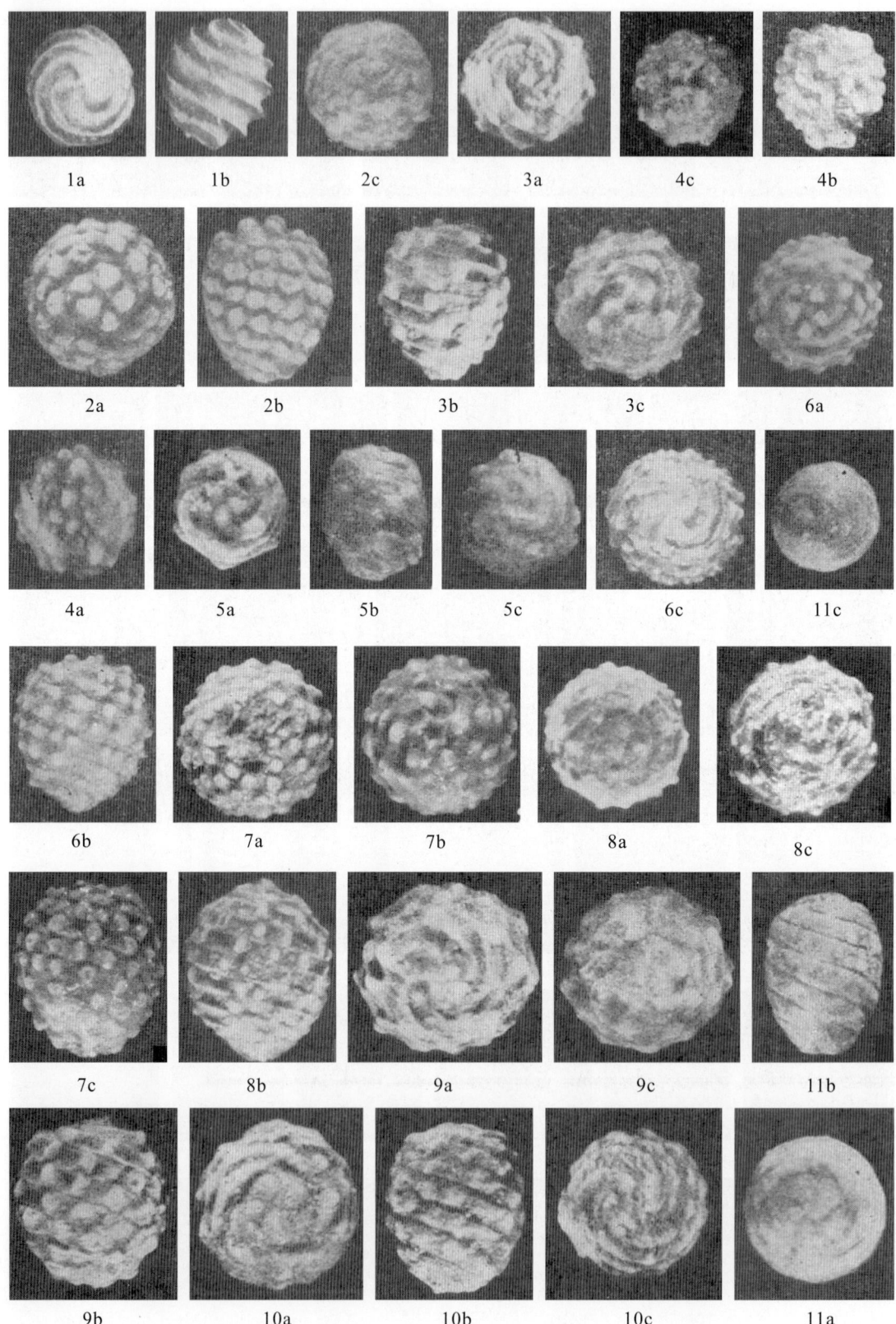

图版 118

图版 119

图版 121

图版 122

图版 124

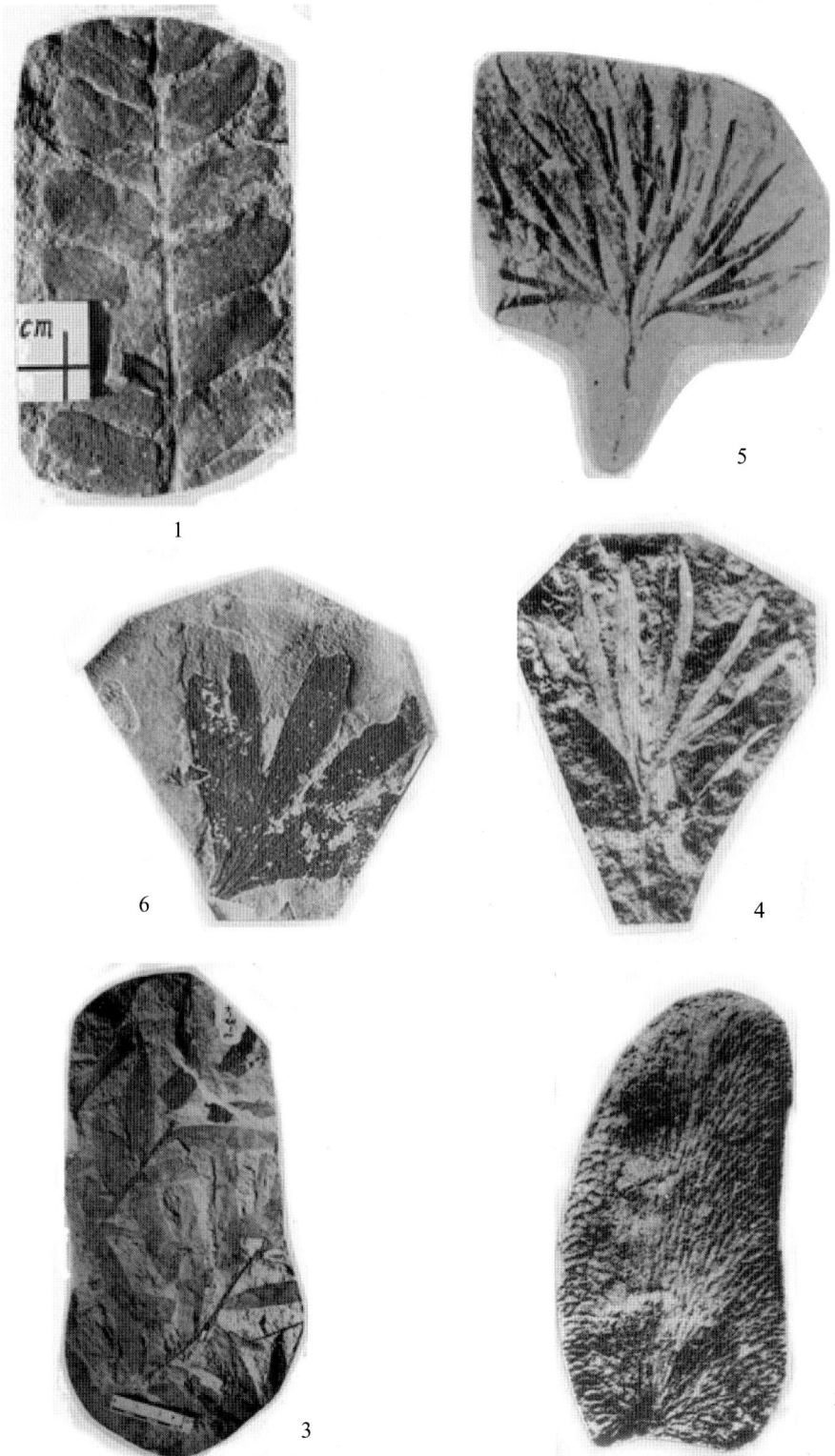

图版 125

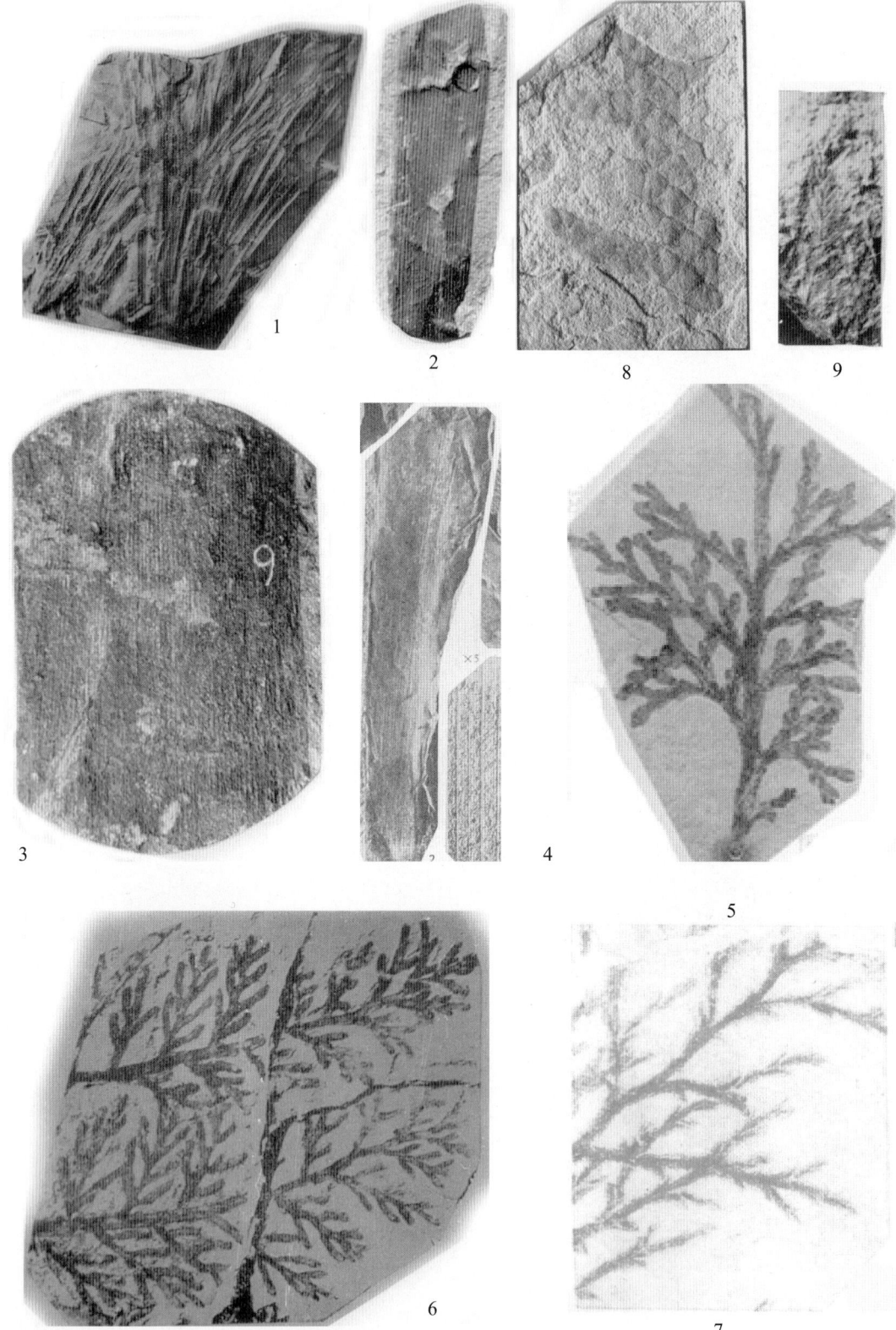

图版 126

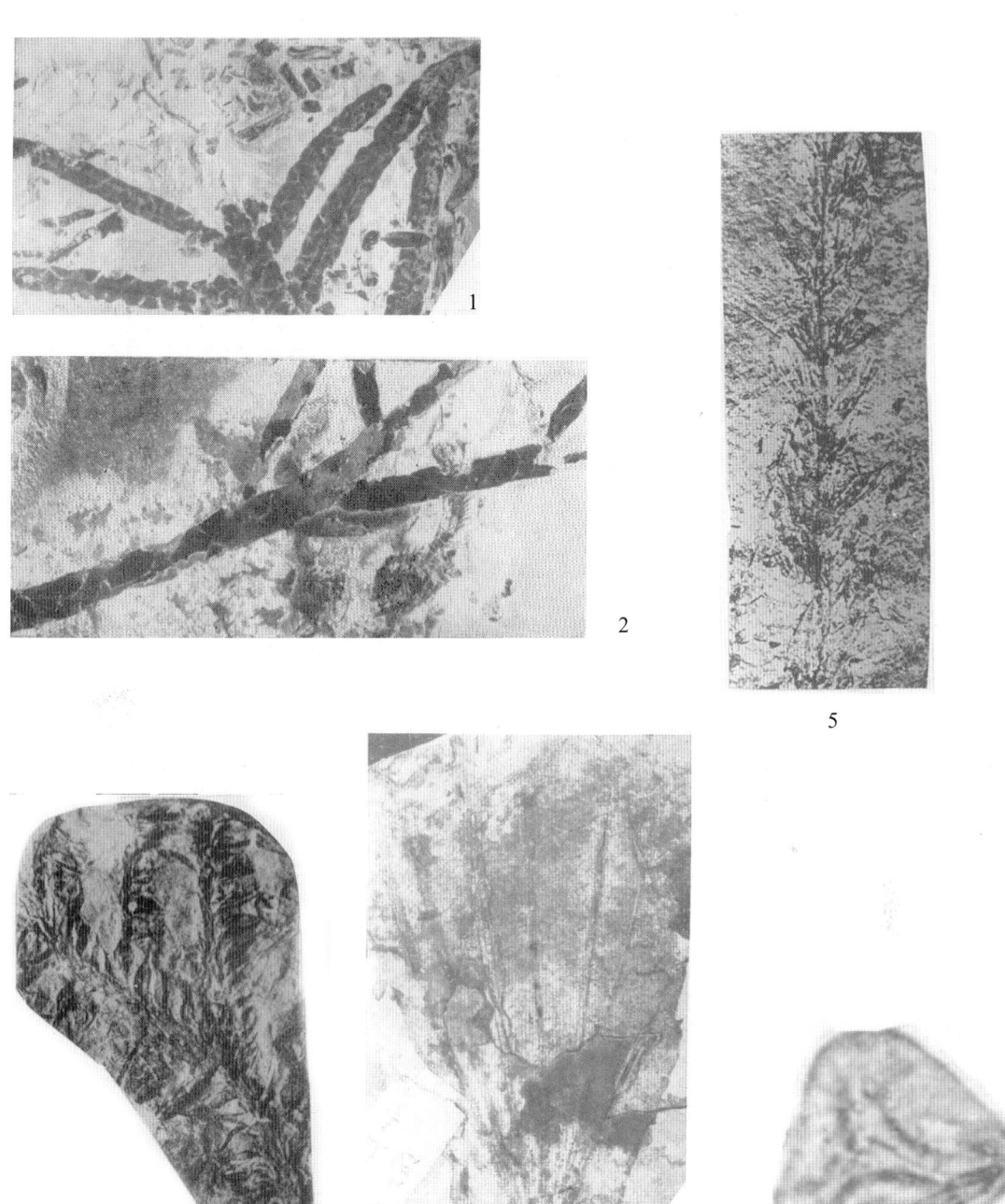

图版 127

图版 129

图版 130

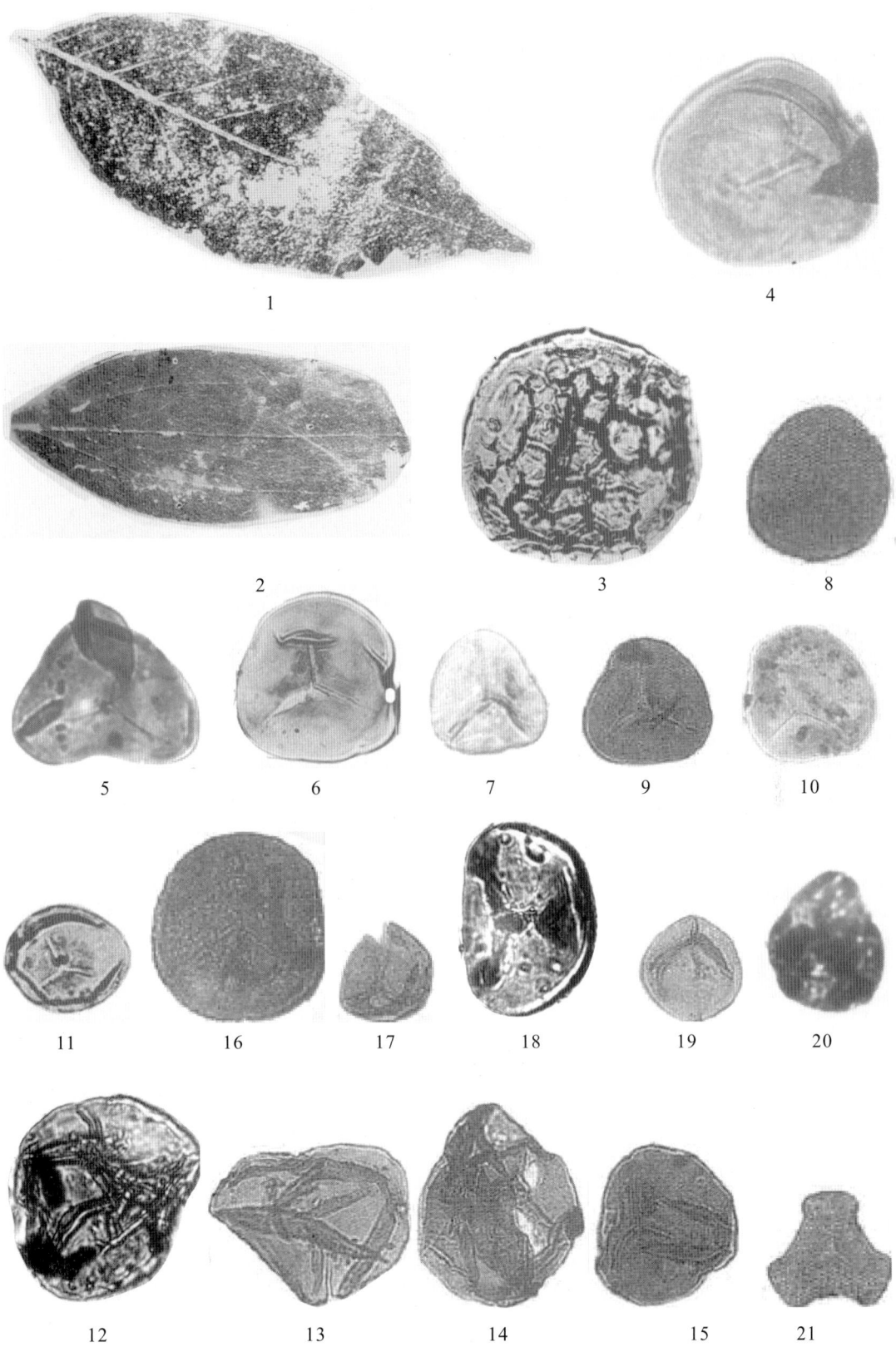

图版 131

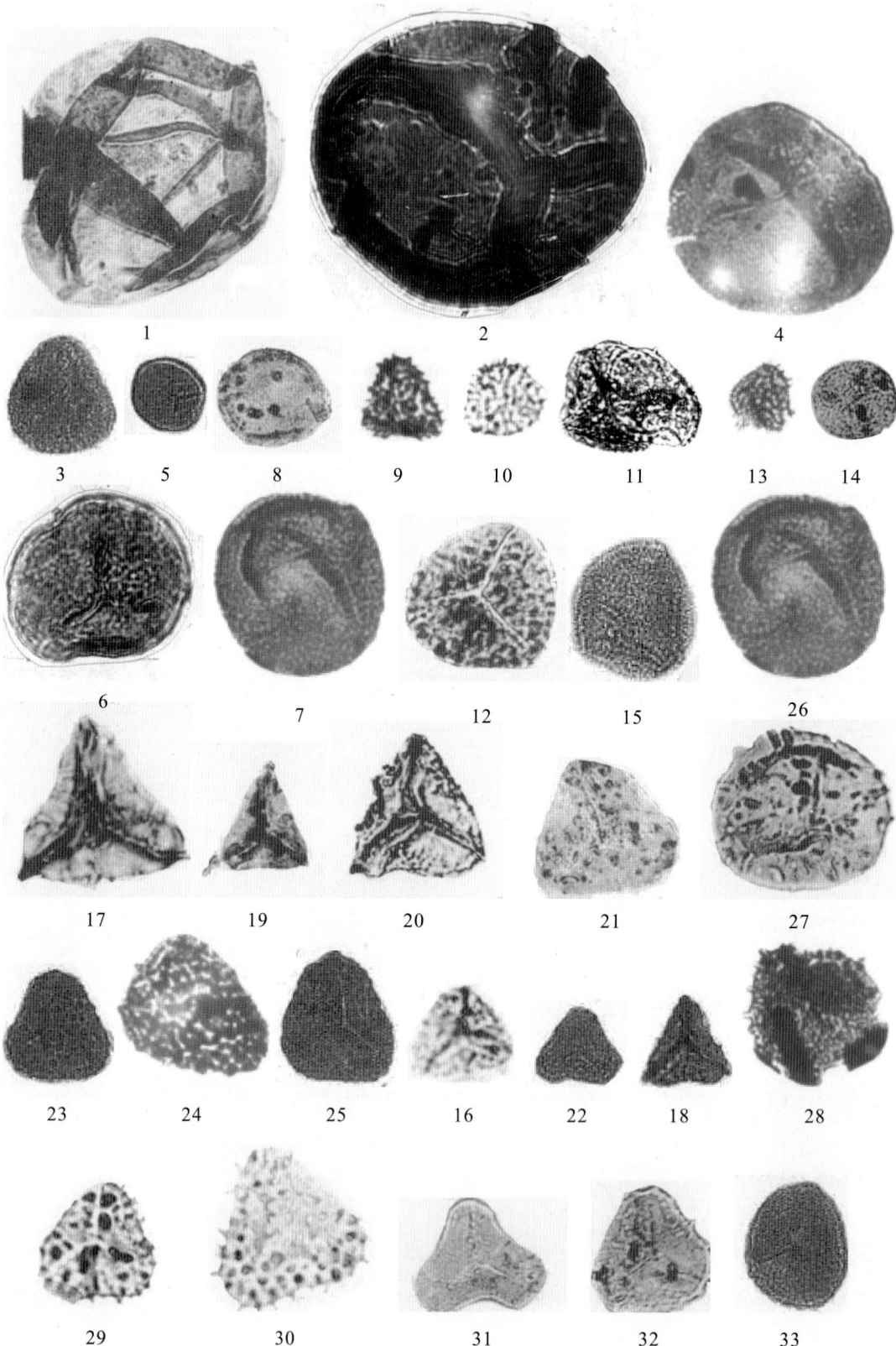

图版 132

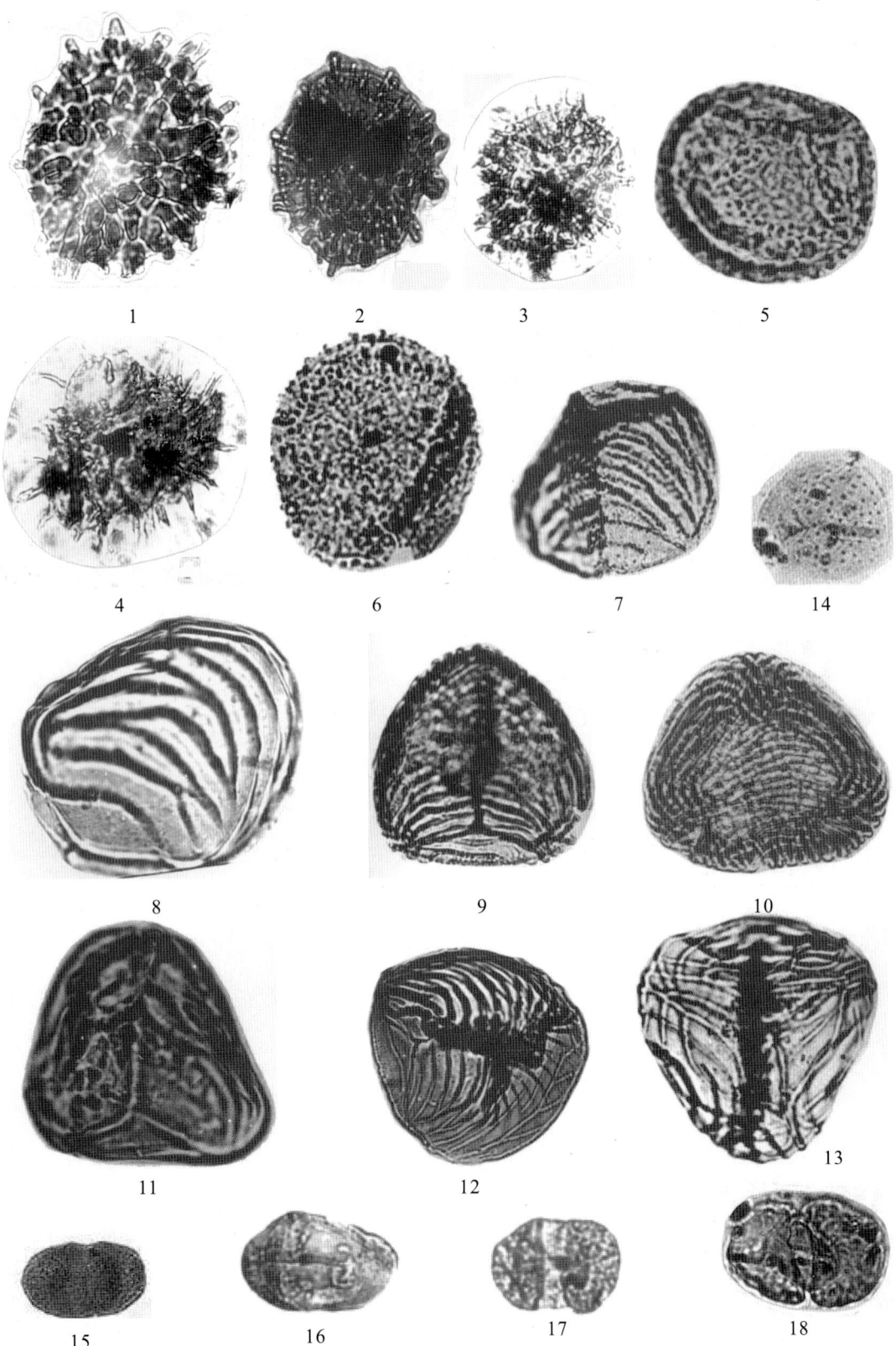

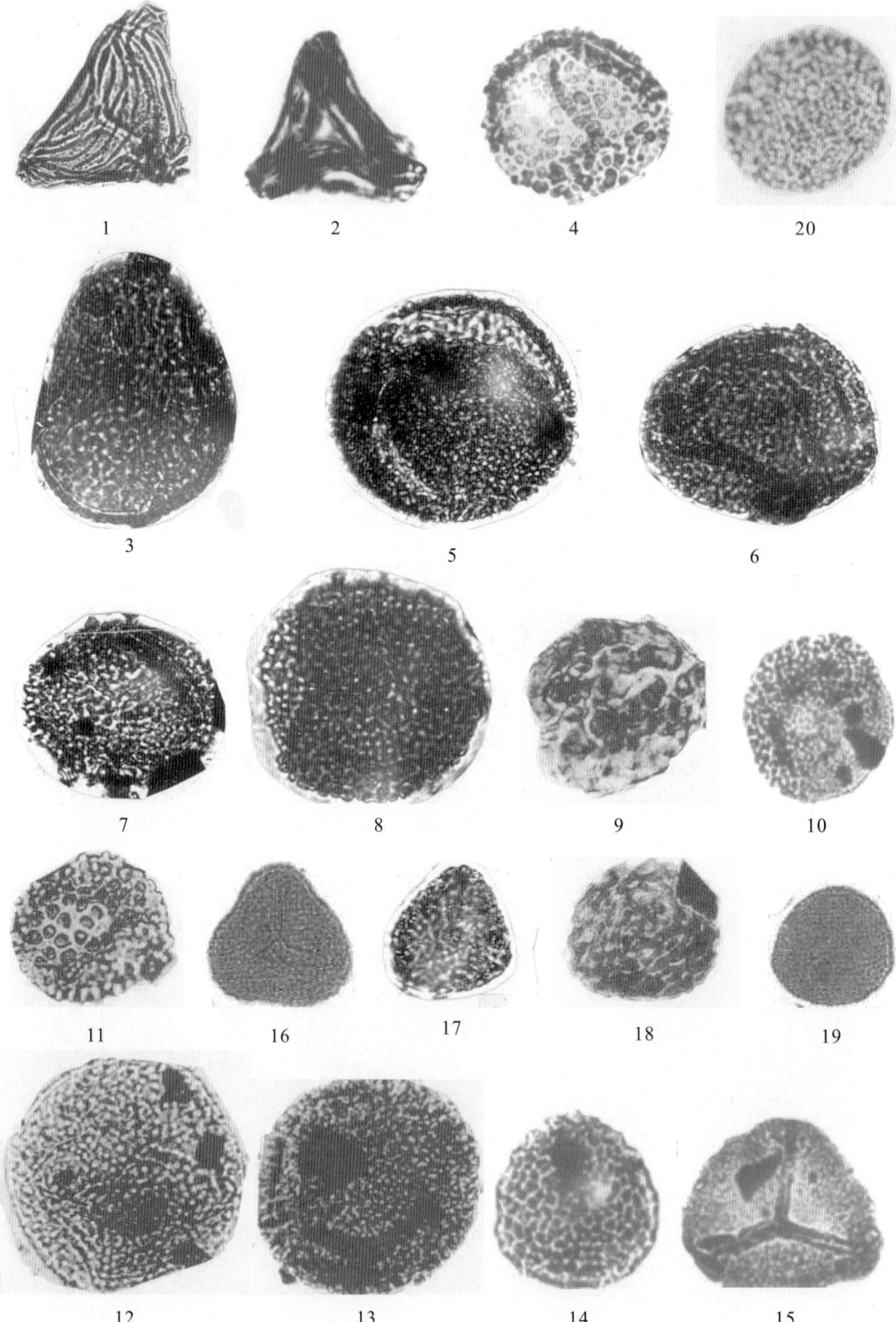

图版 133

图版 134

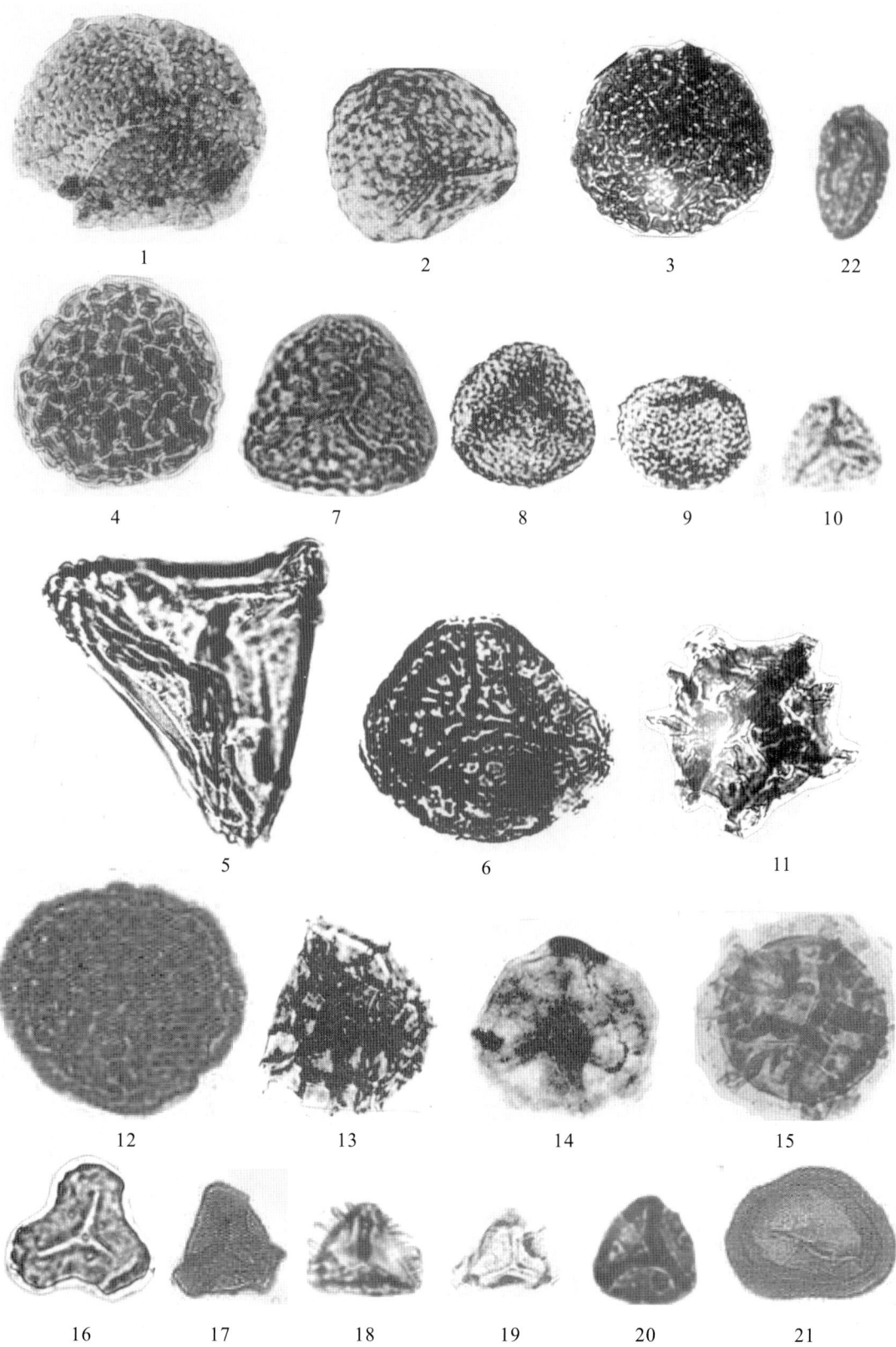

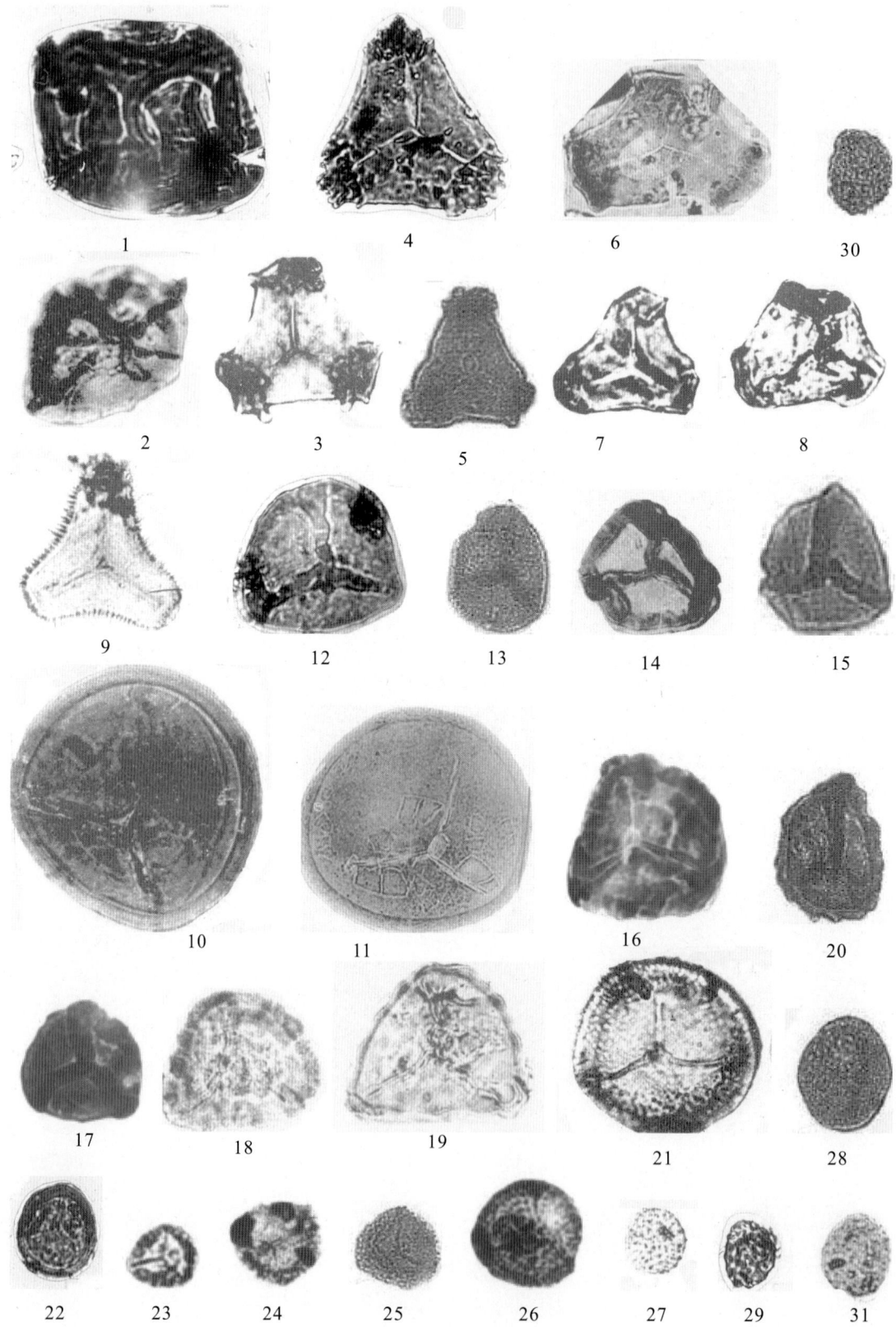

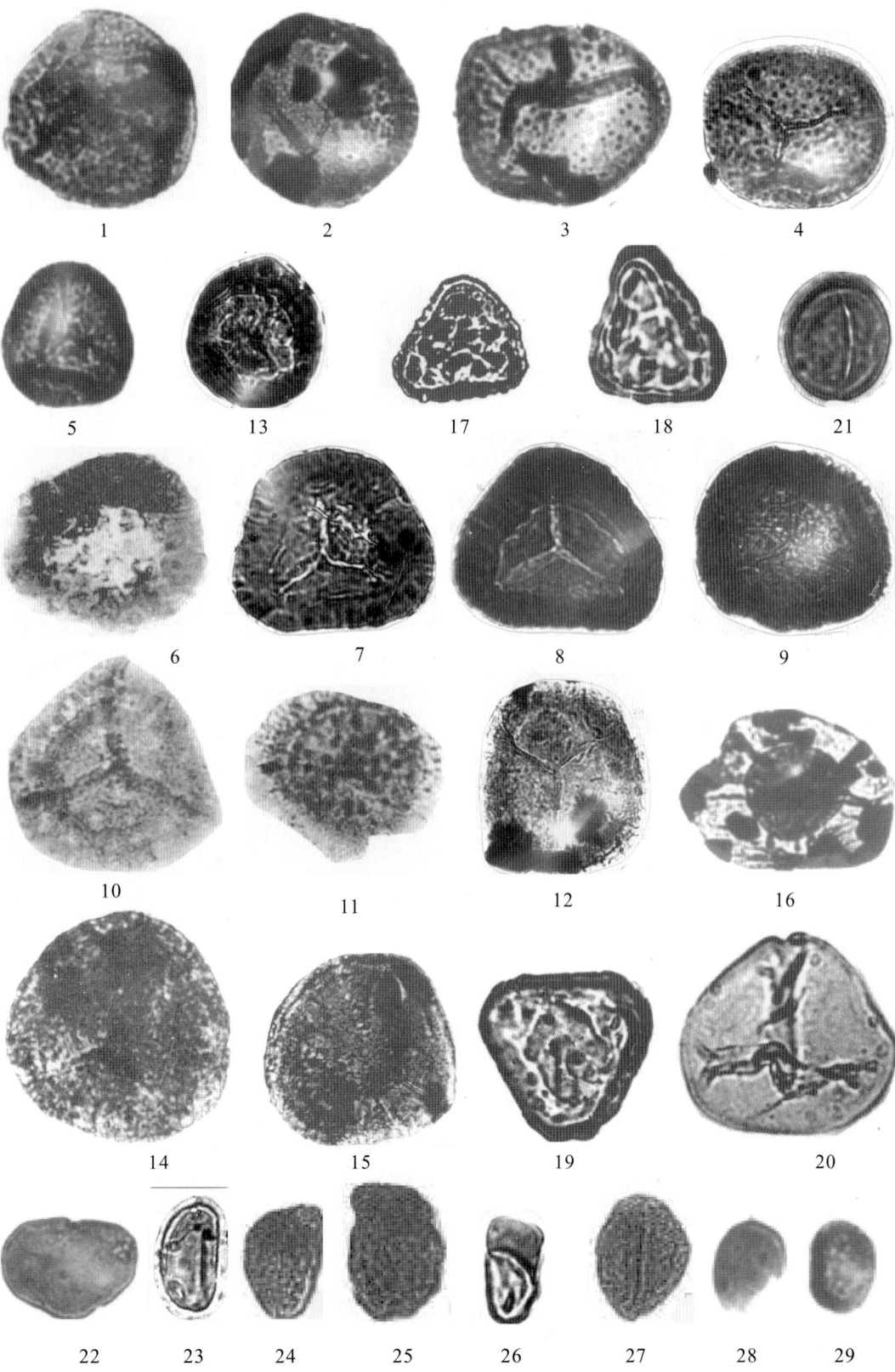

图版 137

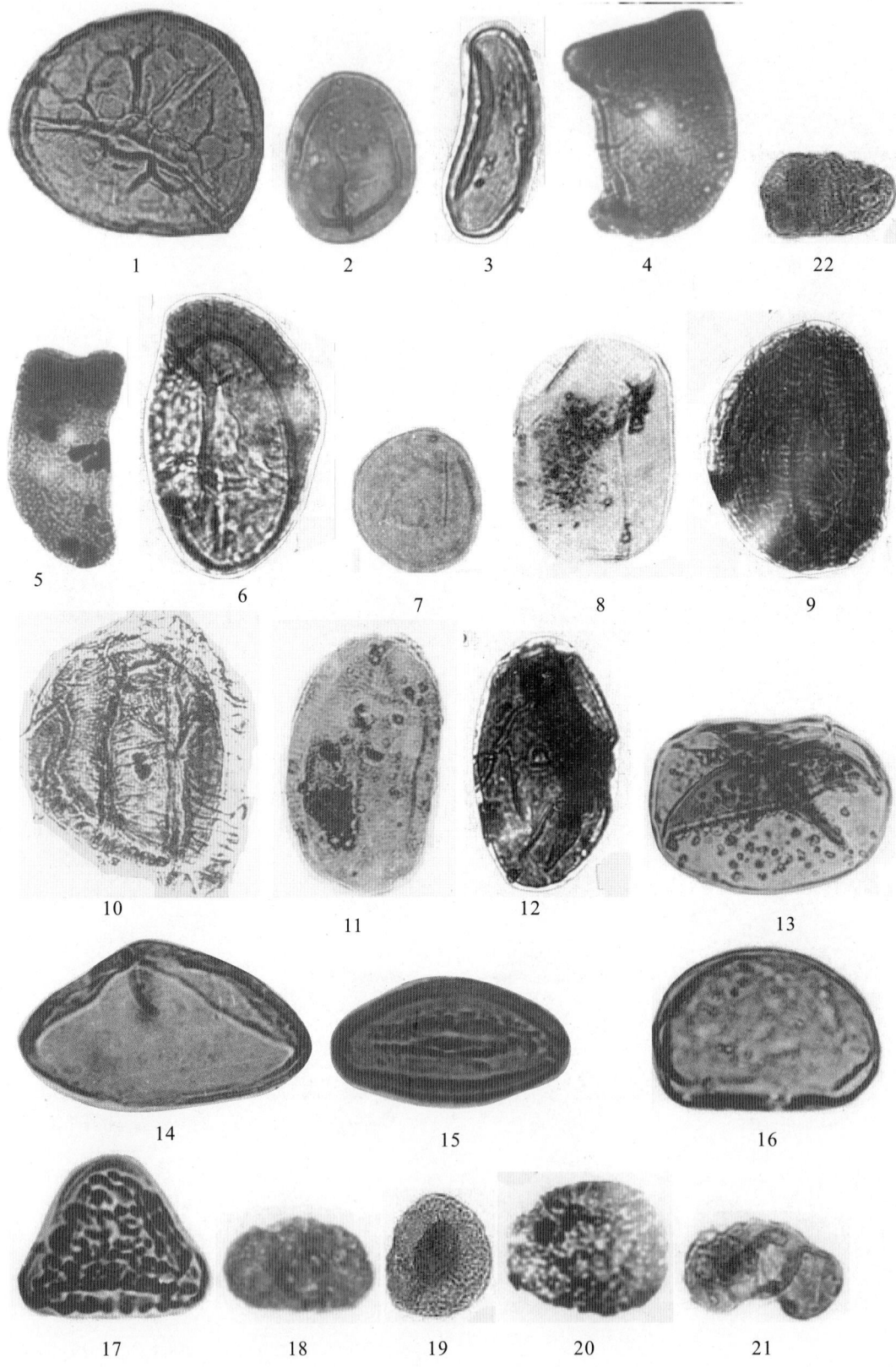

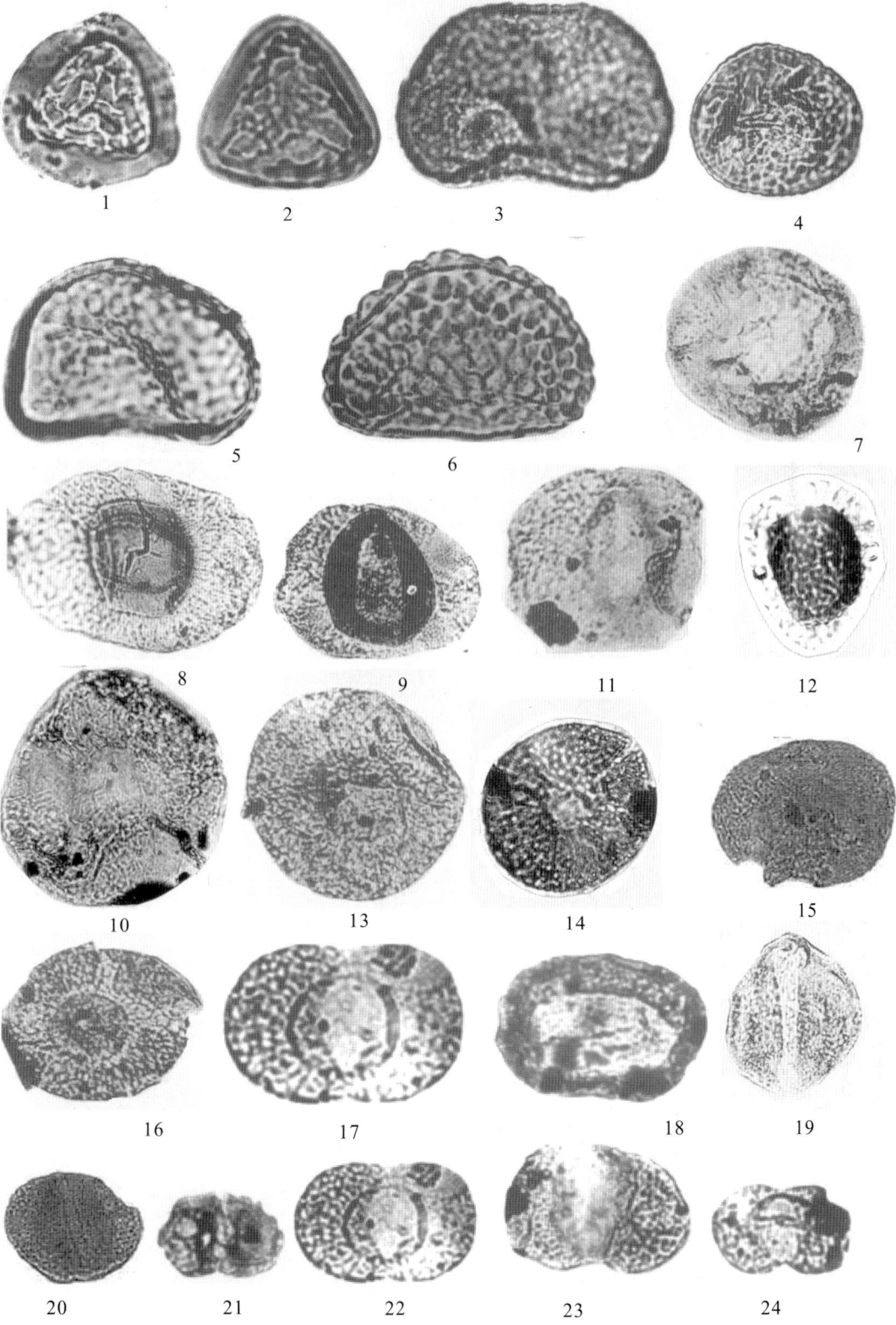

图版 139

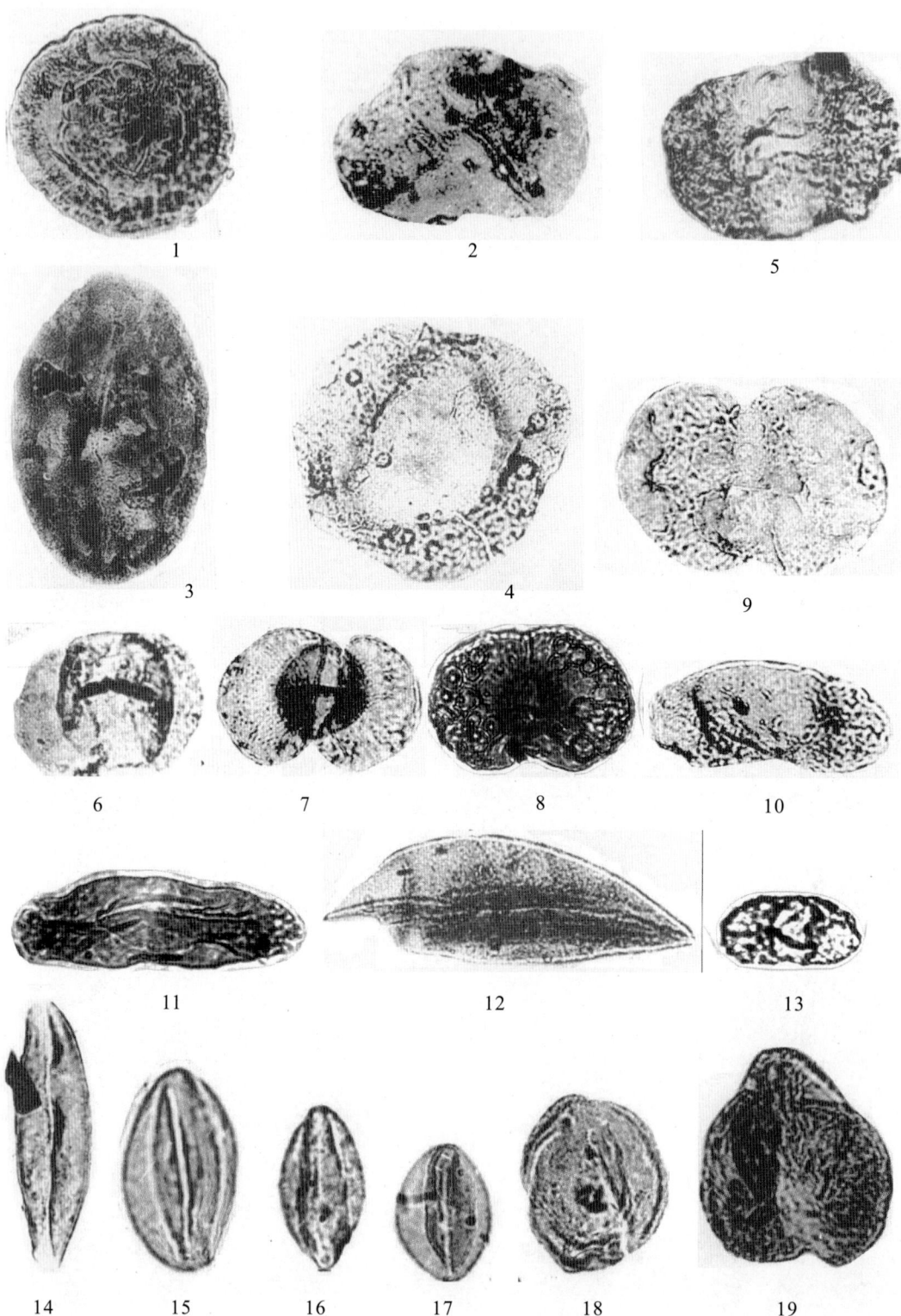

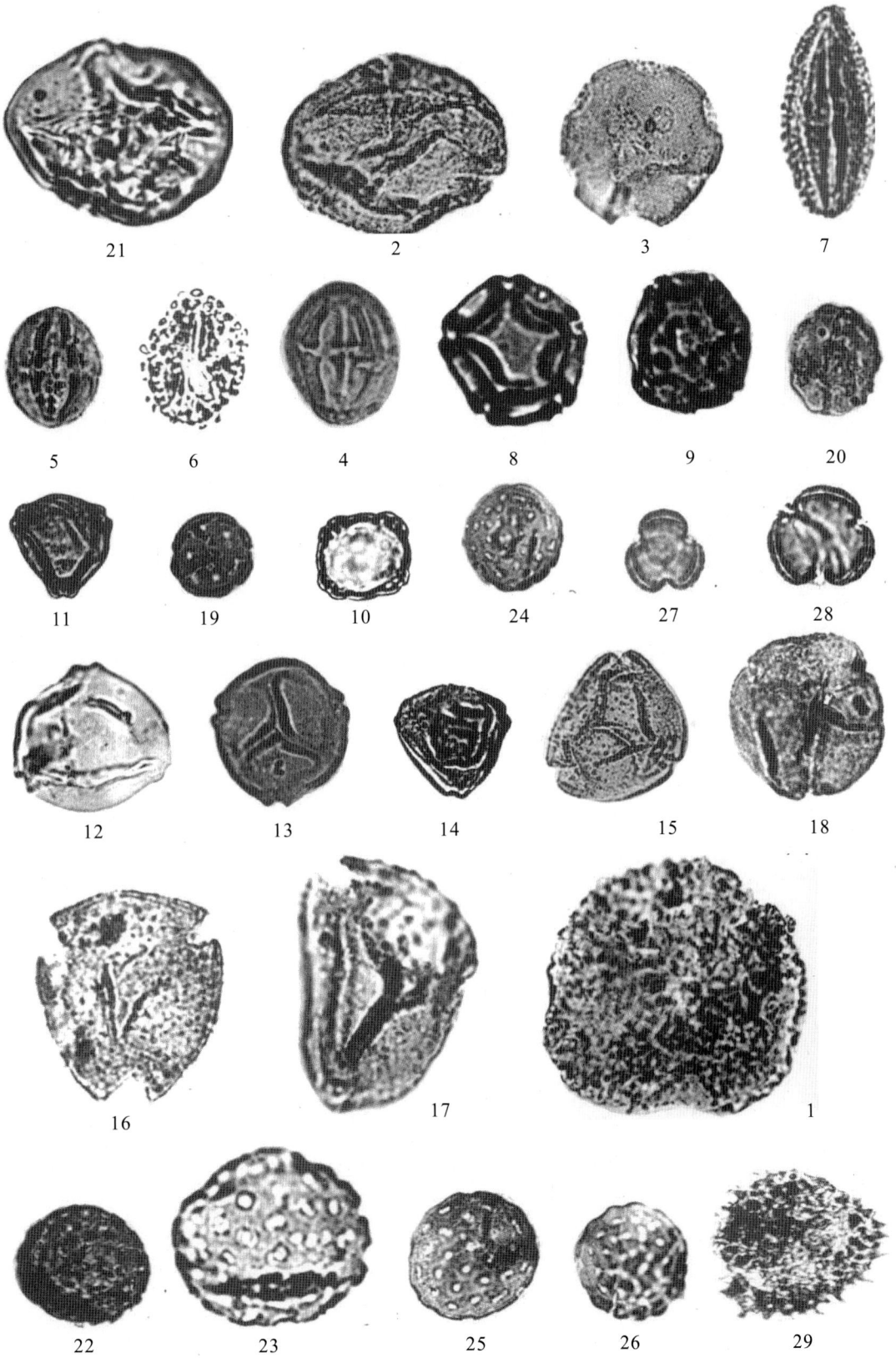

图版 140

图版 141

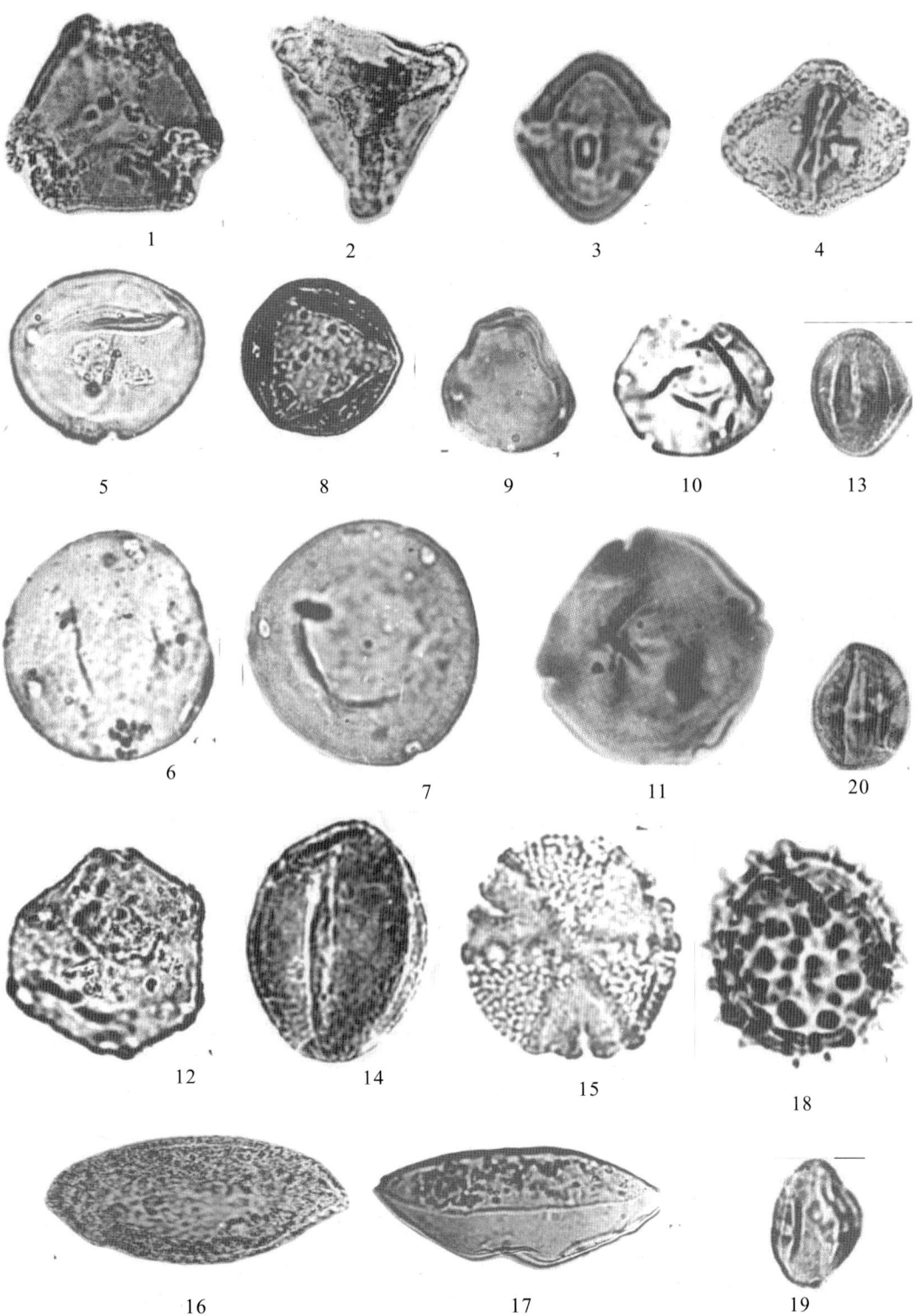

图版 143

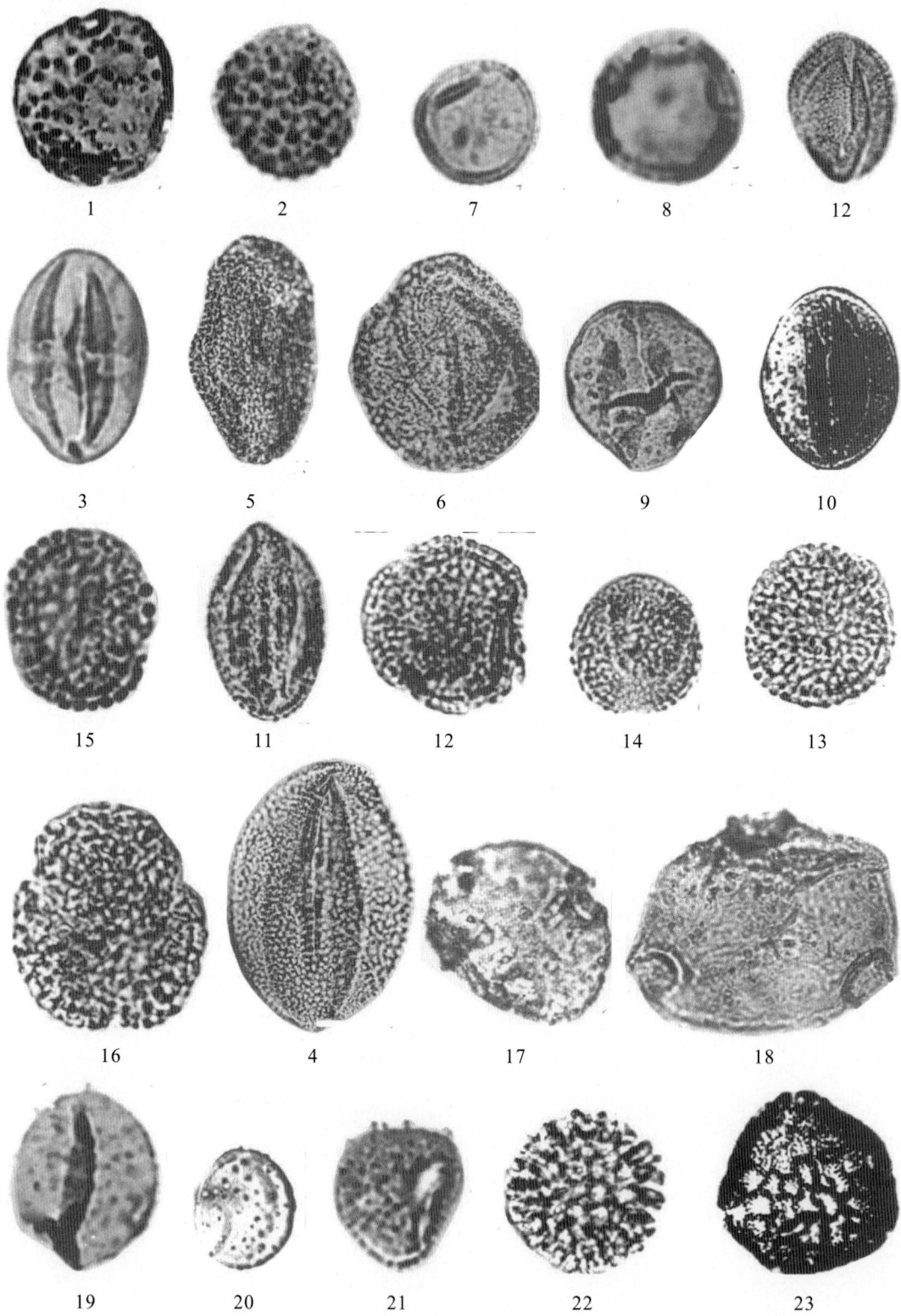

图版 144

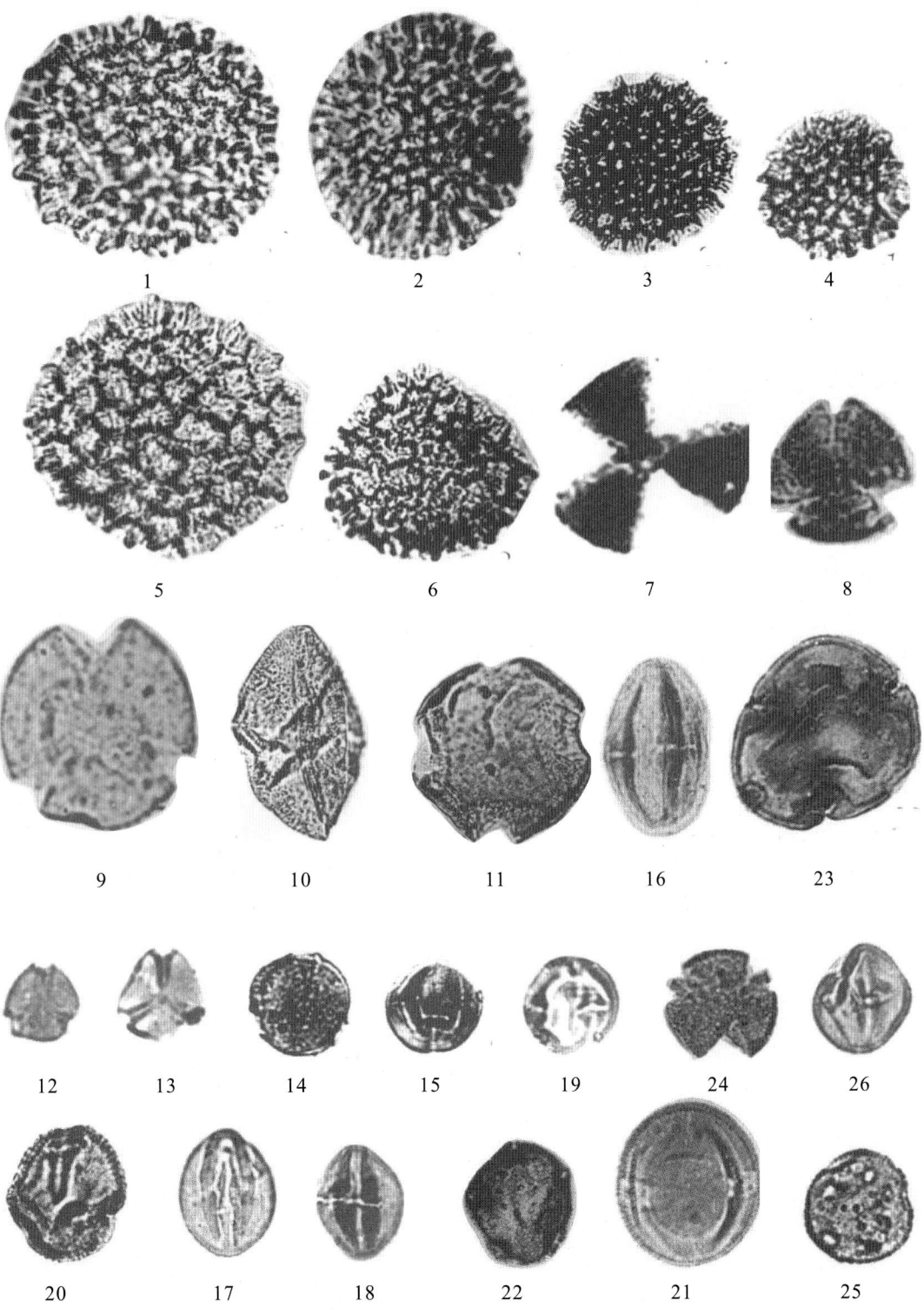

图版 145

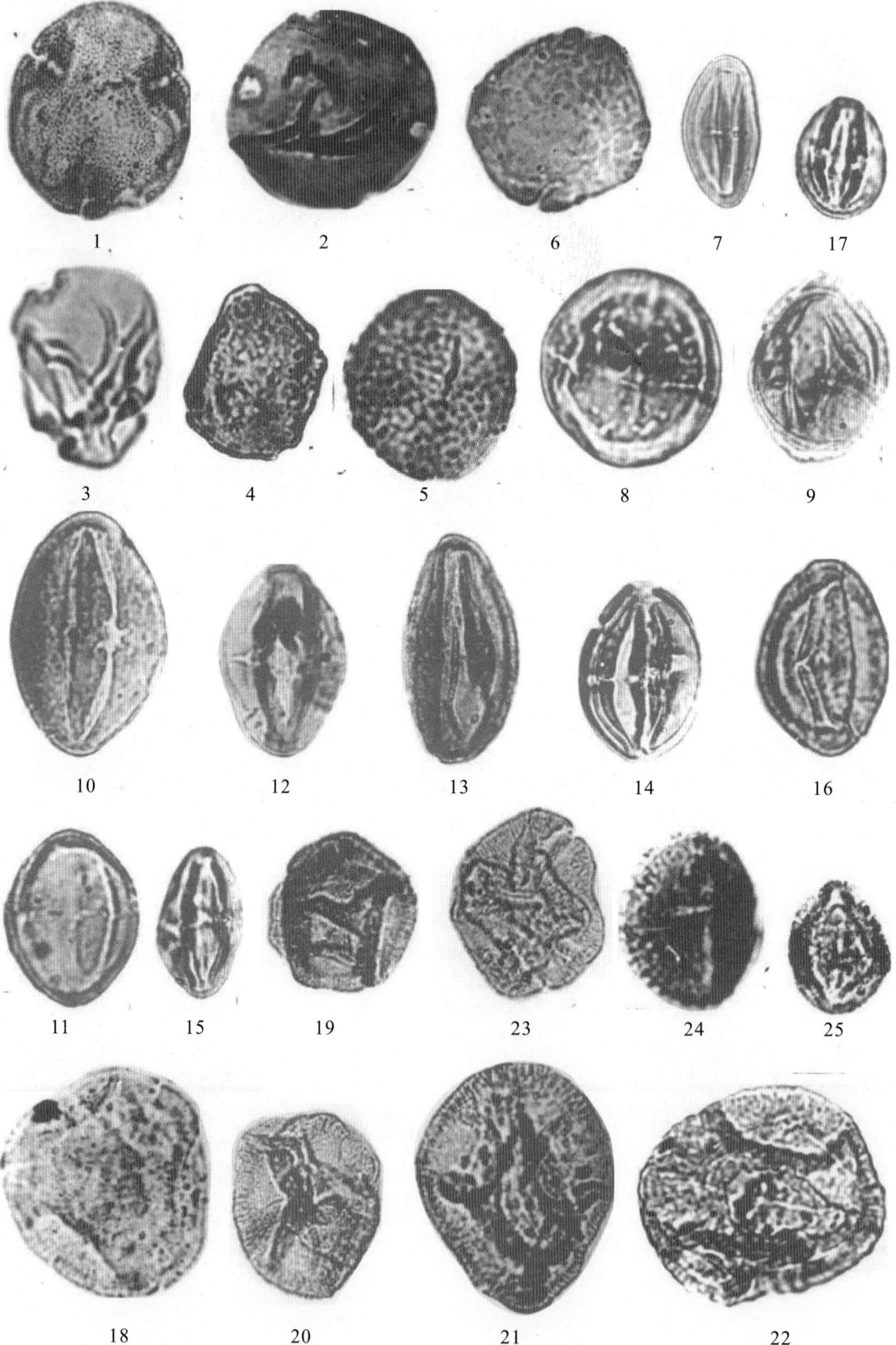

图版 146

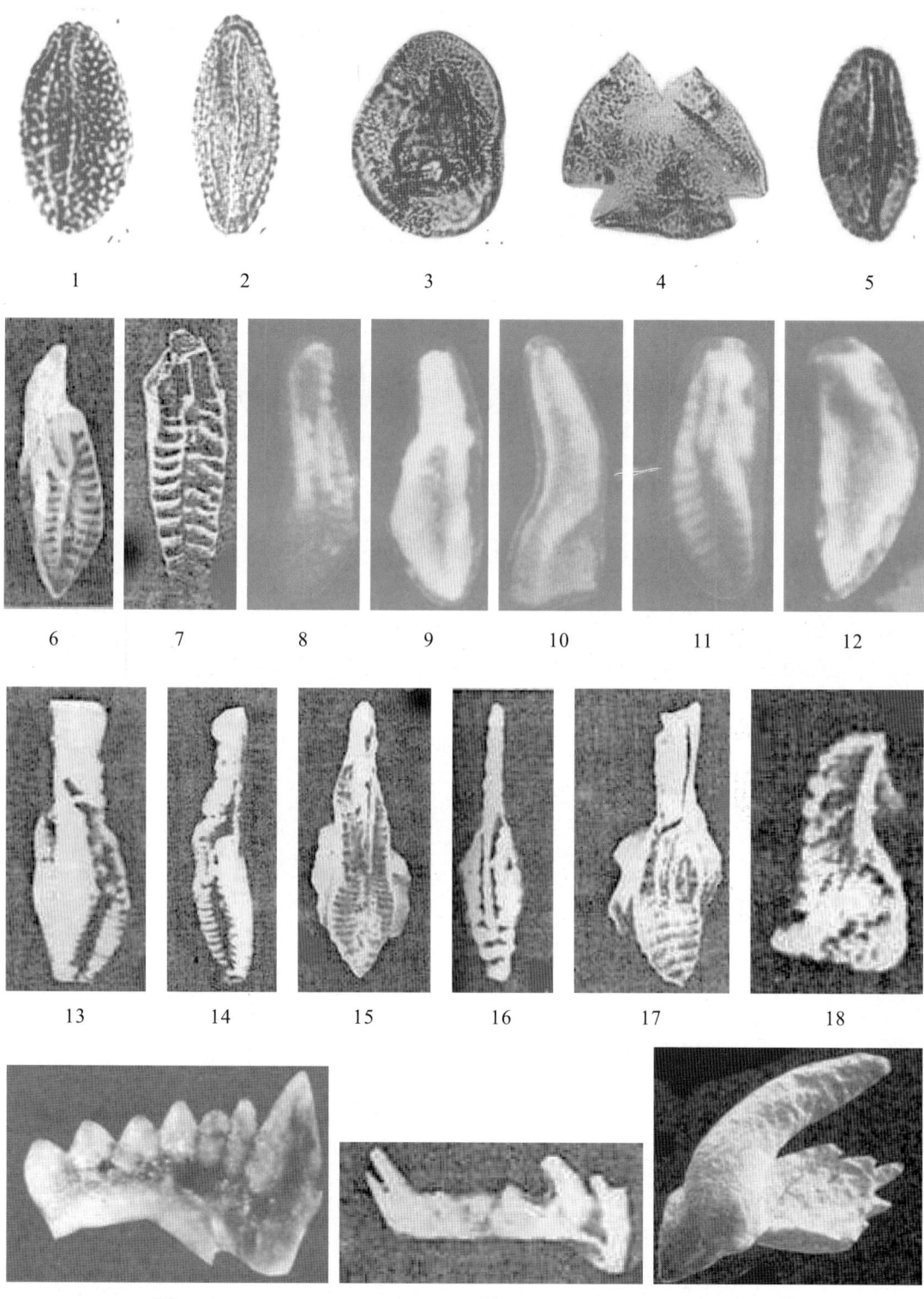

图版 147

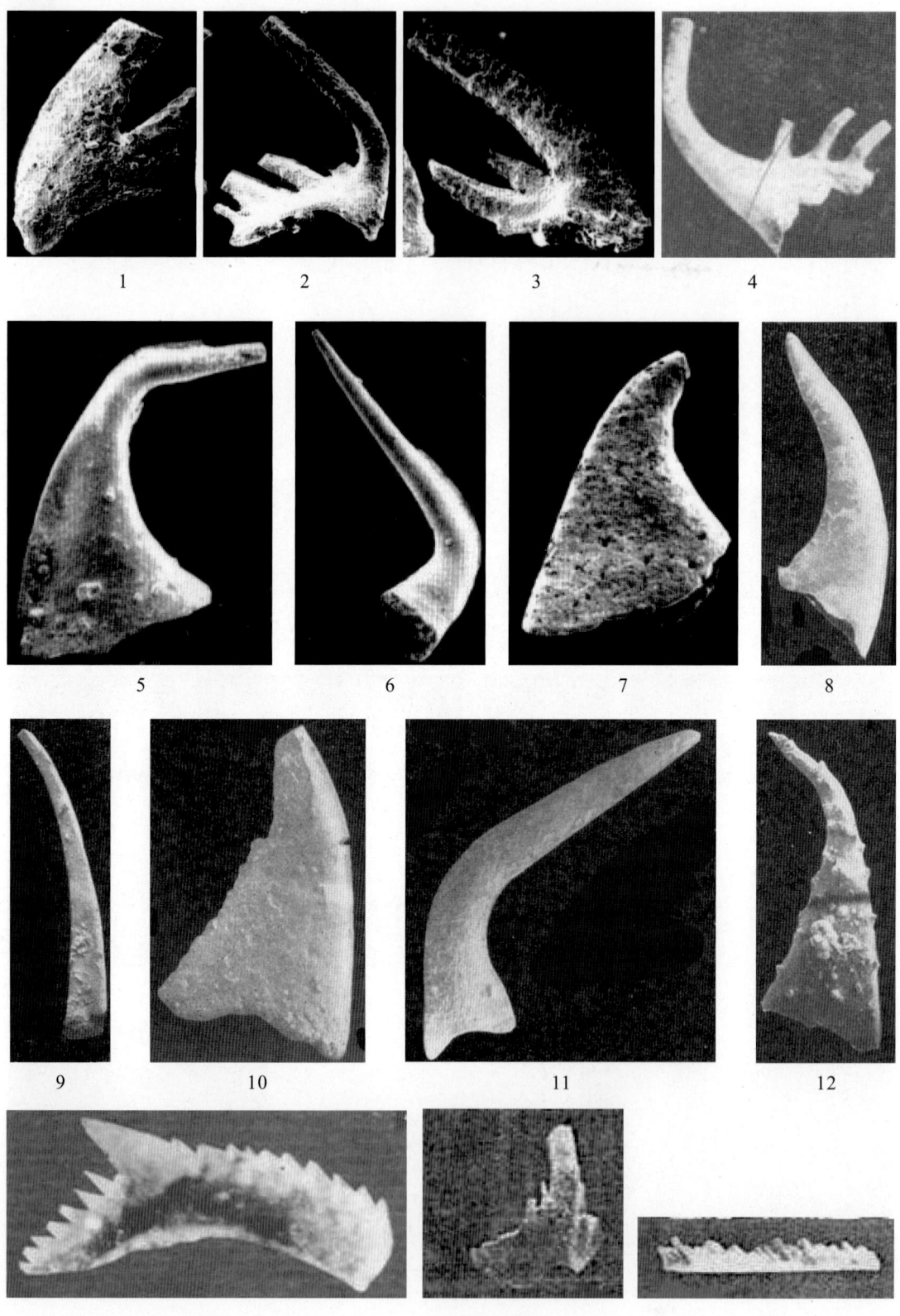

图版 148

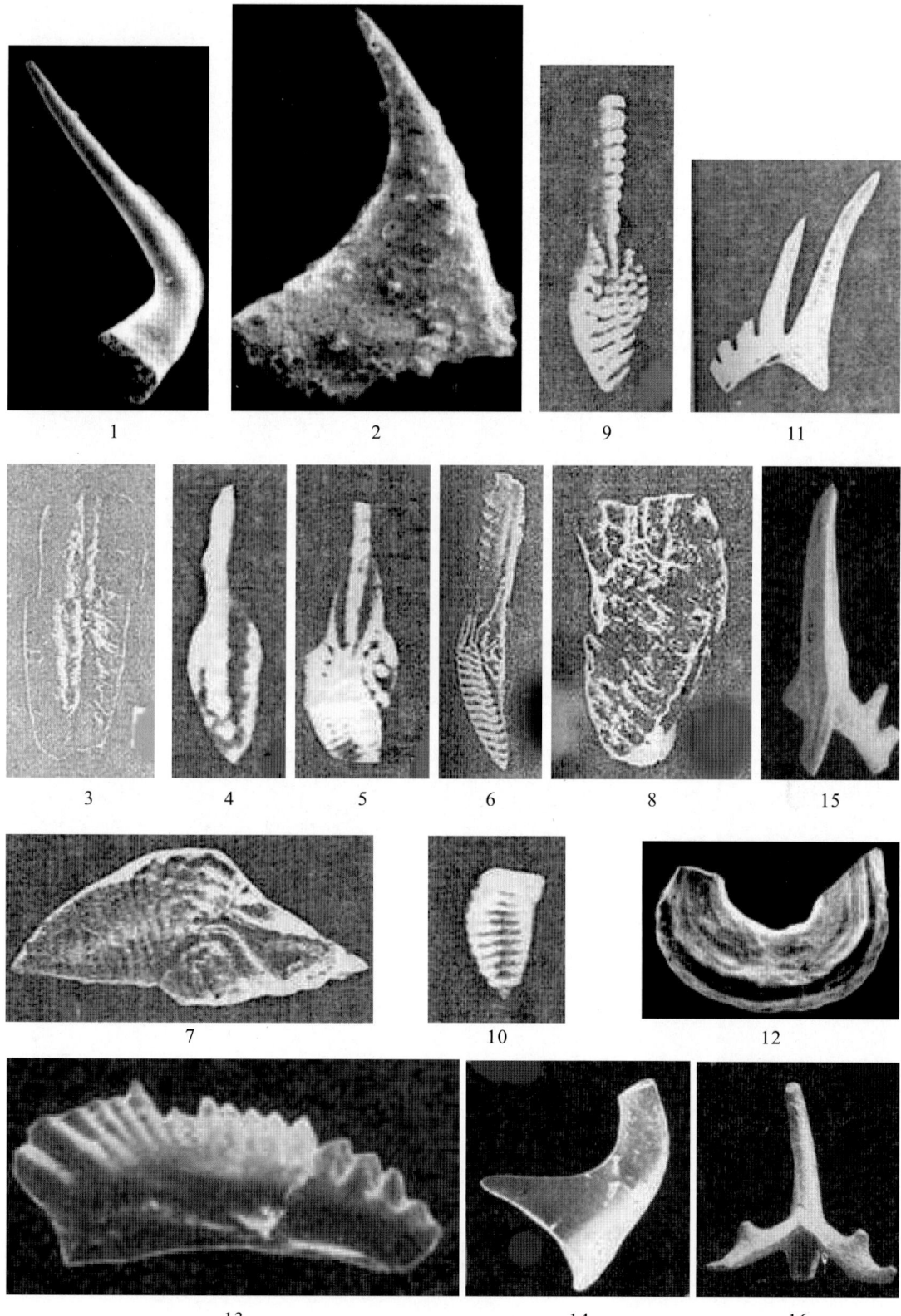

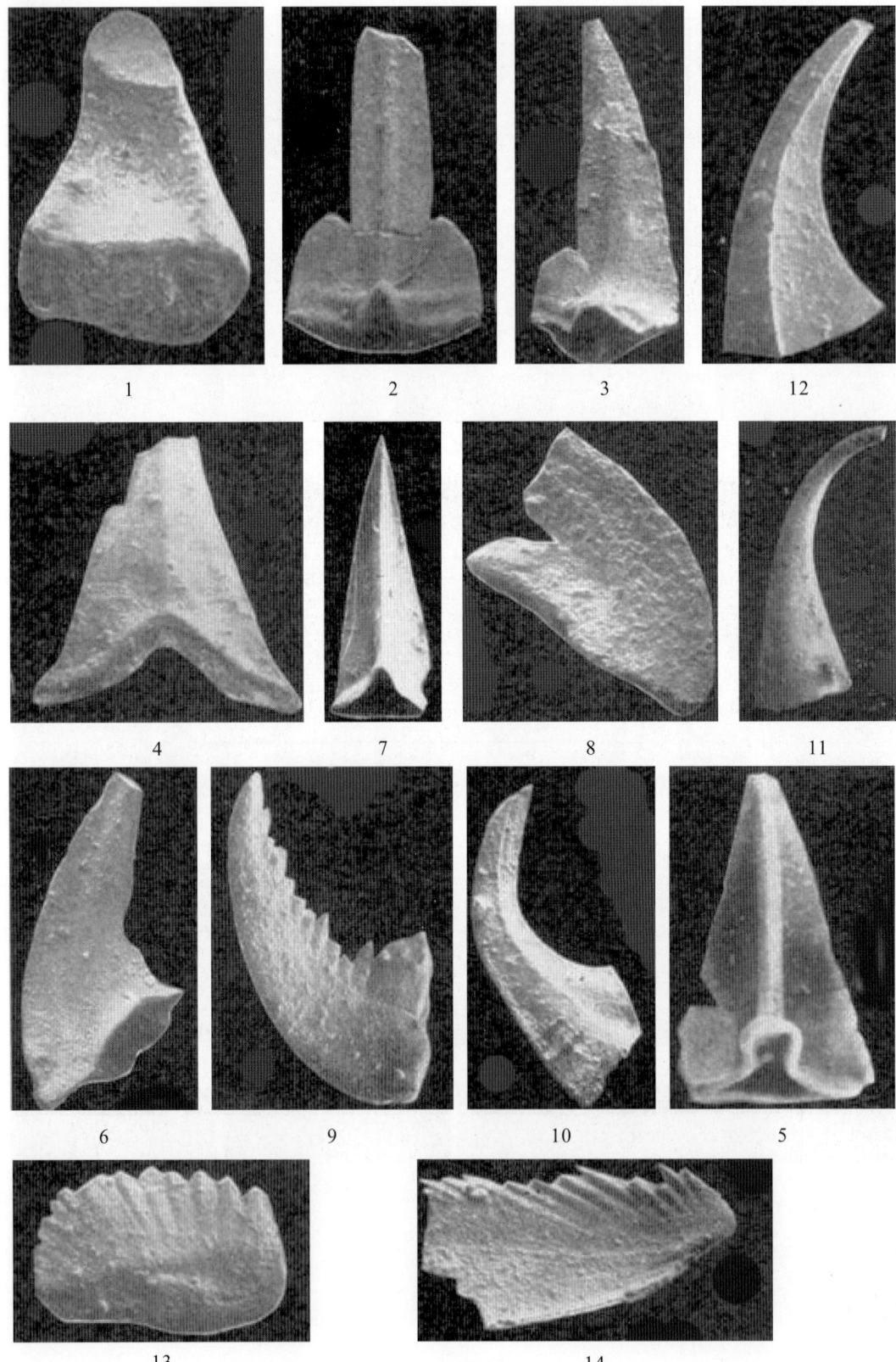

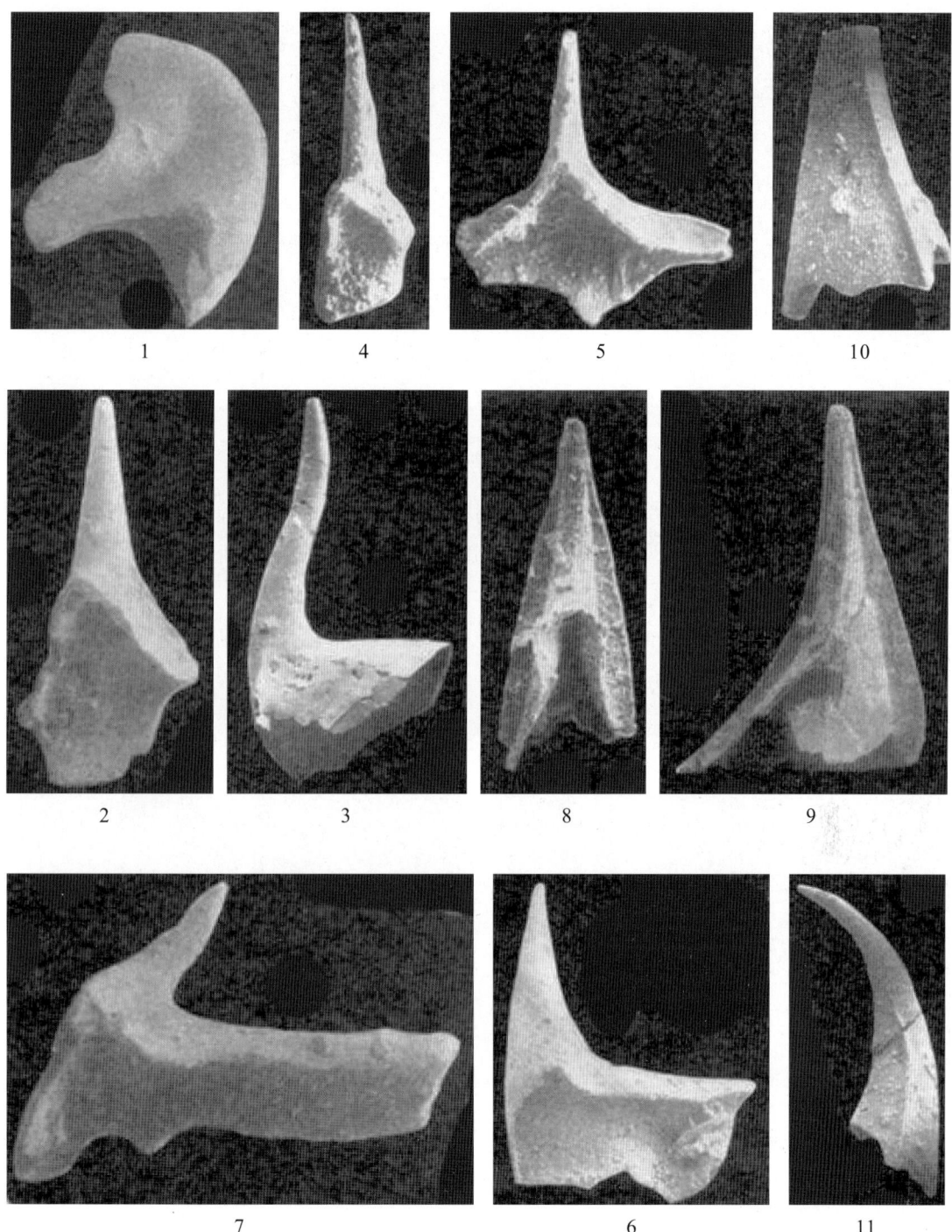

图版 151

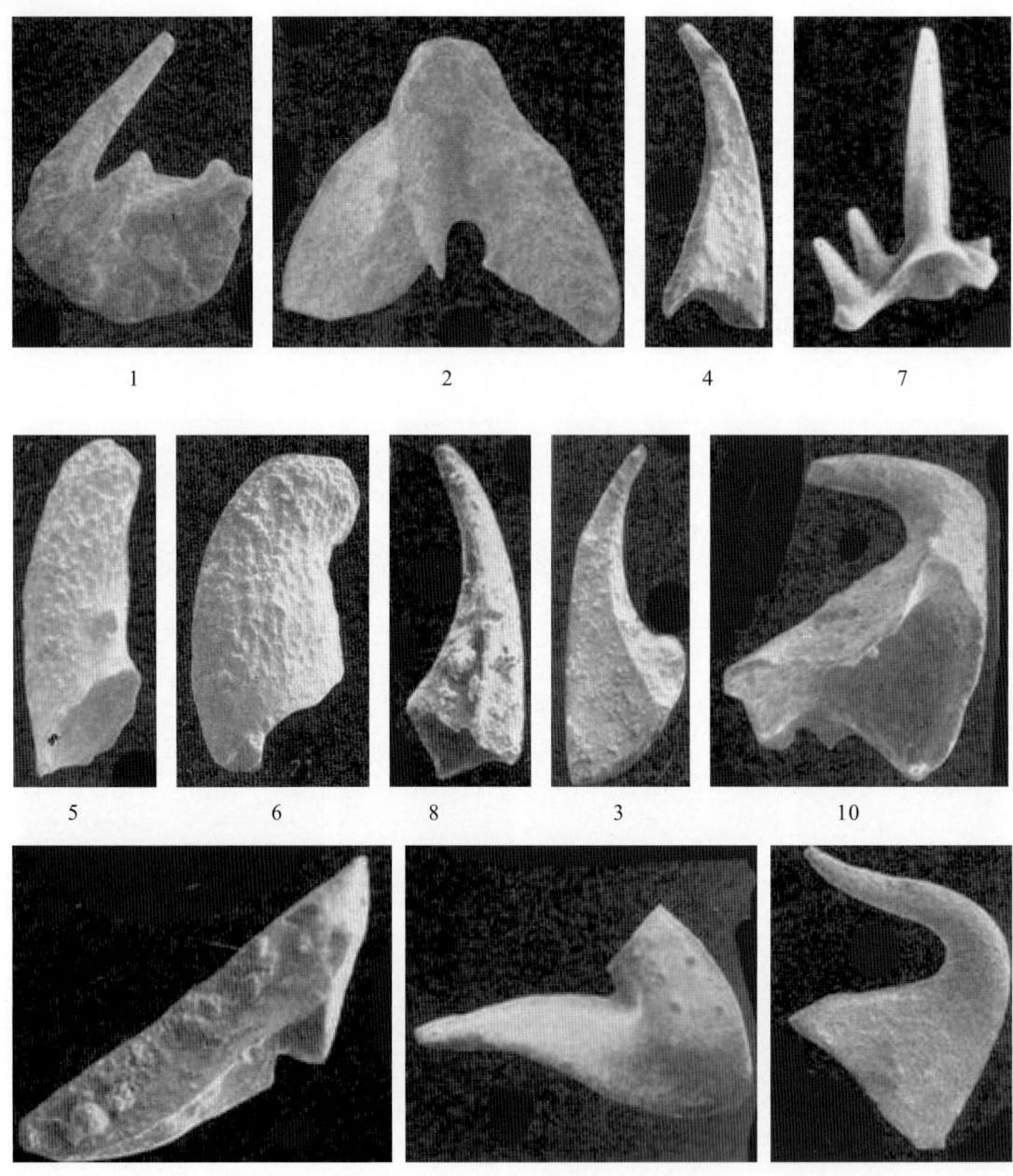

图版 152

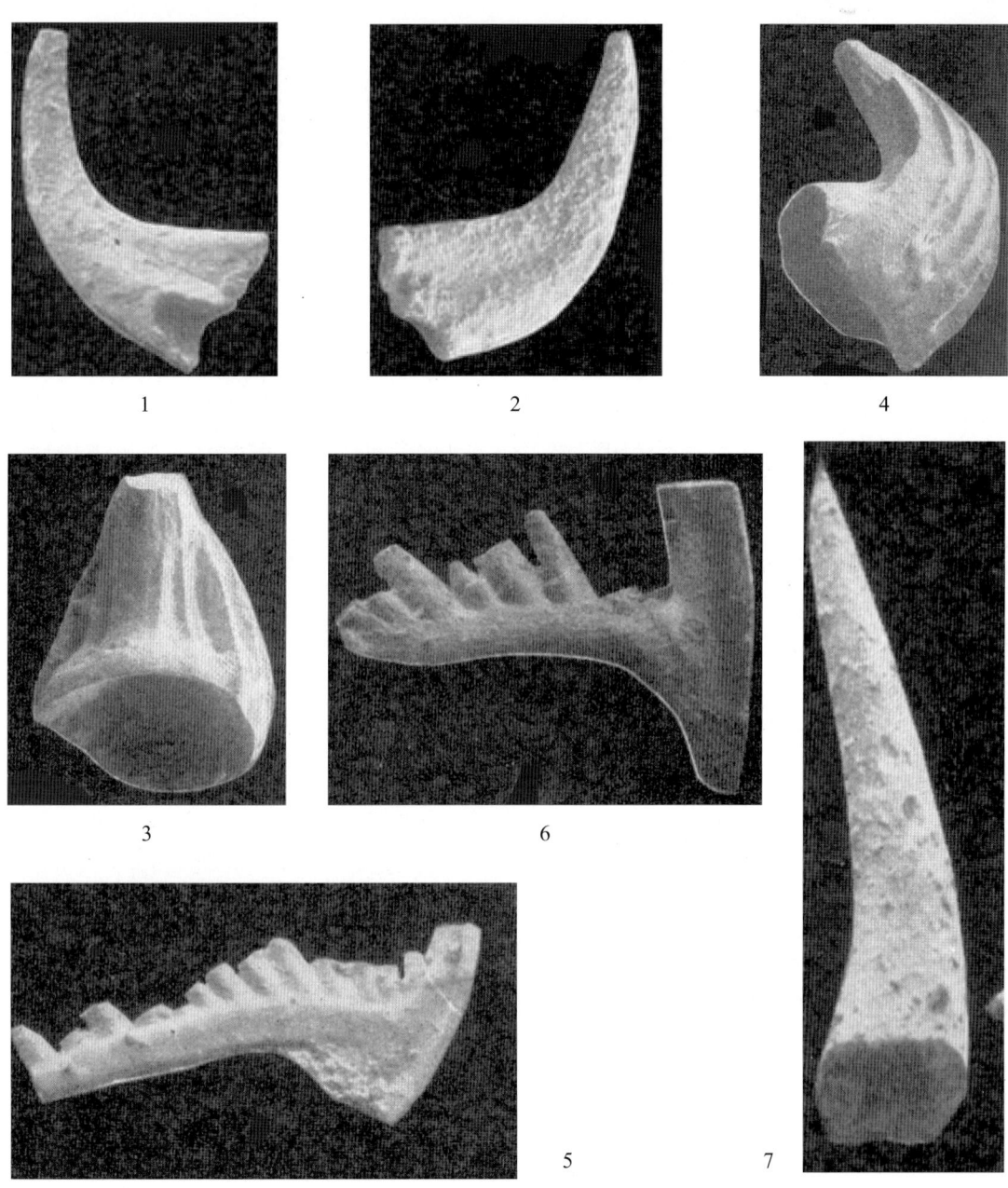